U0199773

高山蔬菜产业技术研究

Research on Technology of Vegetable on Highland

邱正明　主编

科学出版社

北　京

内 容 简 介

本书基于在高山蔬菜产业技术研究方面的两百余项试验总结和研究报告，调研分析了我国高山蔬菜产业发展现状和产业技术需求，探索了高山不同海拔气候、生物因子变化规律、不同海拔高山蔬菜病虫害发生规律；开展了高山特有蔬菜资源鉴定、评价、功能营养成分分析；整理了高山蔬菜茬口、品种多样化技术，高山蔬菜避雨栽培、生态栽培、标准化栽培技术，主要病虫害绿色生态防控技术，高山特有菜用植物资源发掘利用技术，高山蔬菜采后处理技术等方面的研究成果。

本书也是国家大宗蔬菜产业技术体系相关专家的协同努力成果，对广大从事高山蔬菜科研、生产、加工等方面的科技和管理人员都具有重要参考价值。

图书在版编目（CIP）数据

高山蔬菜产业技术研究/ 邱正明主编. —北京：科学出版社，2018.6
ISBN 978-7-03-055149-8

Ⅰ. ①高… Ⅱ. ①邱… Ⅲ. ①高山区—蔬菜园艺 Ⅳ. ①S63

中国版本图书馆 CIP 数据核字（2017）第 269267 号

责任编辑：罗 静 刘 晶 / 责任校对：郑金红
责任印制：肖 兴 / 封面设计：北京铭轩堂广告设计有限公司

科学出版社 出版
北京东黄城根北街 16 号
邮政编码：100717
http://www.sciencep.com
中国科学院印刷厂 印刷
科学出版社发行 各地新华书店经销
*
2018 年 6 月第 一 版 开本：889×1194 1/16
2018 年 6 月第一次印刷 印张：46 1/4
字数：1 470 000
定价：368.00 元
（如有印装质量问题，我社负责调换）

编委会名单

序　一

高山种菜自古有之，但传统的种植方式是山区农民零星的、粗放的、自种自食的栽培形式，真正意义上的现代高山蔬菜，是指利用高海拔区域夏季自然冷凉气候条件，在高山(海拔 1200 m 以上)、半高山(海拔 800～1200 m)可耕地生产的天然反季节商品蔬菜。

我国规模化的高山商品蔬菜生产开始于 20 世纪 80 年代中期，湖北的火烧坪、浙江的云和是典型代表，发展到现在已扩展到 18 个省(自治区、直辖市)约 3000 万亩，产值逾 1000 亿元，成为我国夏季无公害蔬菜供应的亮点。我国高山蔬菜产业由于成本低、品质好、无公害、天然错季节，在市场机制作用下发展越来越快，在弥补城市蔬菜淡季市场、促进高山地区农民脱贫致富、解决城乡劳动就业、推动山区乡村振兴战略方面发挥了重要作用，取得了显著经济效益和社会效益。

由于高山蔬菜产业属于快速发展起来的新型产业，国内外对此研究并不深入，在此背景下，湖北省农业科学院高山蔬菜团队二十多年来常年扎根高海拔山区，针对高山蔬菜产业发展过程中存在的一些实际问题，在总结各地高山菜农多年生产实践摸索出的大量有益经验基础上，专门从事高山蔬菜产业技术研究，获得了丰富而宝贵的一手研究资料，在探索高山不同海拔气象因子与蔬菜耕作制度变化规律和高山蔬菜病虫发生时空规律，以及高山蔬菜生态栽培技术、高山特有植物资源的发掘利用、高山专用栽培品种的筛选和选育等方面进行了较为系统的研究，开创性地建立起高山蔬菜学科研究体系，并取得了很有价值的阶段性研究成果。本书分门别类地对其近年研究进行了梳理总结，对加强我国高山蔬菜产业技术研究具有重要作用。

全书以调研报告、试验总结报告、科技论文方式呈现，内容丰富，既有理论与方法，又有成果与应用，实用性和指导性强，对高山蔬菜技术研究和产业发展具有借鉴作用，对从事高山蔬菜育种、生态栽培、病虫害防控及相关学科研究的科研人员来说是一份很有价值的重要参考资料。

方智远

中国工程院院士

2017 年 8 月 10 日于北京

序　二

我国高山蔬菜生产涉及全国 18 个省(自治区、直辖市)70 多个县市,高山蔬菜产业在市场机制作用下快速发展,产业地域特色和市场优势明显。在全面深化农业供给侧改革和实现精准扶贫的新形势下,提高高山蔬菜质量效益,加快提升产品综合竞争力,增进产业可持续发展能力,对稳定实现山区精准扶贫和农产品供求新格局下保障市场夏季鲜菜供应都具有十分重要意义。

高山蔬菜产业利用高海拔山区夏季自然冷凉气候条件和优质生态环境生产天然反季节商品蔬菜,是优质农产品生产和"两型"农业发展的重要组成部分。高山蔬菜基地是我国夏秋时节蔬菜实现绿色生产的战略资源,高山蔬菜产品在自然灾害相对较多的夏秋季节弥补蔬菜"秋淡"市场不足,是我国夏季避灾农业的重要组成部分。高山蔬菜产业还是具有出口潜力的外向型产业,是创汇农业的一部分;高山蔬菜产业作为帮助山区农民脱贫致富的区域性优势产业,还是带动山区三产发展和促进山区新农村建设的重要推进器。

但是随着高山蔬菜产业的不断发展,高山蔬菜产区开垦失度、高度连作,生态问题开始显现。过度商业化开发、不科学的病虫防治方式,使病虫害呈日益加重趋势;种类单一、茬口集中导致效益不稳;采后处理技术落后制约产品市场半径。针对这些问题,作者团队系统开展了高山蔬菜产业技术研究工作,本书分类整理了团队近年在高山蔬菜产业技术研究方面的 200 余项试验总结和研究报告,共分为六个部分:第一部分为高山蔬菜产业技术需求分析,论述了我国中部长江流域高山蔬菜、西北部坝上河西黄土高原冷凉蔬菜和西部云贵青藏高原夏秋蔬菜产业发展现状、存在问题与对策;第二部分为高山蔬菜生态栽培技术研究,整理了高山不同海拔气候、生物因子、避雨栽培、生态栽培、标准化栽培等方面技术成果;第三部分为高山蔬菜病虫害绿色防控技术研究,整理了高山蔬菜病虫害发生规律、绿色生态防控技术等方面成果;第四部分为高山特有菜用植物资源发掘利用技术研究,整理了高山特有蔬菜资源鉴定、评价、功能营养成分分析、驯化栽培等方面成果;第五部分为高山蔬菜茬口、品种多样化技术研究,介绍了选育的品种、茬口模式、品种比较试验等方面成果;第六部分为高山蔬菜采后处理技术研究,简述了十字花科、茄科、山野稀特蔬菜采后处理等方面成果。

该书也是国家大宗蔬菜产业技术体系相关专家的协同努力成果,值得推荐,是以为序。

国家大宗蔬菜产业技术体系首席科学家

2017 年 10 月 31 日于武汉

目　录

第五篇　高山蔬菜茬口、品种多样化技术研究

第六篇　高山蔬菜采后处理技术研究

第一篇

高山蔬菜产业技术需求分析

第一章 我国高山蔬菜产业区域分布与技术需求

第一节 我国高山蔬菜产业发展现状与产业技术需求

广义的高山蔬菜是指利用高海拔地区夏季自然冷凉气候条件生产的天然错季节蔬菜产品，我国高山蔬菜产业经过近 30 年的发展生产规模逐年扩大，2016 年播种面积已达 4200 万亩[①]（其中基地面积 2800 万亩，异地调出播种面积约 2500 万亩），产量 9002 万吨，产值约 1700 亿元，在满足我国人口密集区夏季鲜菜供应和山区农民增收致富方面发挥着重要作用。同时，高山产业在快速发展的过程中也逐步暴露出一些问题。我们在"2016 年全国高山蔬菜产业技术研讨会"交流内容基础上，对我国高山蔬菜产业发展情况及技术需求综述如下，供参考指正。

一、高山蔬菜产业发展的现实意义

1. 因蔬菜产业供给侧改革，实现"上菜下运"，满足夏季鲜菜均衡供应

近年来，一方面，在市场机制作用下农业产业结构不断调整促进蔬菜产业不断发展，我国蔬菜保障有效供给能力不断提升，全国蔬菜年播种面积达 3.4 亿亩，产量 7.9 亿吨，蔬菜总体供求平衡有余；另一方面，我国幅员辽阔，区域地理气候和市场消费习惯多样化，水平气候带（纬度）和垂直气候带（海拔）差异导致的大市场大流通格局基本形成，各地靠区位和地域优势参与市场竞争，瞄准目标市场发展蔬菜产业。高山蔬菜产业就是在这一背景下逐步发展壮大的。

我国蔬菜异地流通情况总体表现为冬季以南方暖区喜温及耐热蔬菜"南菜北运"（低纬度向高纬度地区）为主，夏季则以高海拔地区喜冷凉和喜温蔬菜"上菜下运"（高海拔向低海拔地区、高纬度向低纬度地区）居多。高山蔬菜在满足我国夏季蔬菜均衡供应方面发挥着重要作用。

2. 投入少、规模大、效益高，带动高寒山区农村实行精准扶贫

我国高山蔬菜产区大多集中分布在秦巴山区、武陵山区、大别山区、六盘山区、云贵高原等老、少、边、穷、库的偏远山区，部分是我国连片贫困地区和红色老区，交通不便，自然资源相对匮乏。但高山蔬菜产业是少数几个能大规模和持续为山区农民带来明显经济效益的新型产业，带动了山区农民就近就业，同时流通产业链也带动了当地二、三产业的链条式发展，为山区农民发挥地域优势促进新农村建设起到引领作用。高山蔬菜产区一般亩均投入 500 元以下，亩均收益 2000～10 000 元，投入少，见效快，多年持续。例如，湖北火烧坪、浙江云和、安徽岳西、贵州毕节、重庆武隆、河北坝上、陕西太白、宁夏固原等都是知名的高山蔬菜生产产区，高山（高原）蔬菜早已成为当地精准扶贫的支柱产业。

3. 病虫少、品质优，是我国保障夏季蔬菜食品质量和数量安全的战略资源

一方面，夏秋季节也常常是我国农业自然灾害的多发时段，每年的洪涝水灾、虫灾旱灾、台风冰雹等时有发生，而此时正值高山蔬菜的主产期，实践证明高山蔬菜在几次大型自然灾害时期对保障市场的蔬菜供应都起到了关键作用，是我国夏季避灾农业的重要组成部分。

另一方面，随着人民生活水平的逐步提高，保障蔬菜食品安全已成为蔬菜生产的重大课题，无公害蔬菜生产在冬季由于虫害较少和棚膜覆盖阻隔作用还相对容易实现，但在高温多湿和病虫普发的夏季，能保障蔬菜食品达到无公害的有效手段却不多，至少是成本很高。而此时的高山区域气候凉爽病虫相对较少，加之山高路远，工厂少，无"三废"（废气、废水、废渣）污染，昼夜温差大，日照和紫外线照射充足，露

---

① 1 亩≈666.67m²。

地蔬菜健壮生长，基本不用或很少用农药和辅助设施，不仅成本低，而且品质优良、天然避虫效果好，蔬菜产品优质、安全、廉价，是我国夏季无公害蔬菜生产战略性基地的理想选择。只要我们对现有宝贵的高山蔬菜基地资源加以科学规划和保护，按生态农业的理念加以管理，高山蔬菜将永远是我国优质农产品生产和节能低耗型生态农业的重要组成部分。

二、我国高山蔬菜产业区域分布与产业发展现状

在全球暖化背景下，各国纷纷利用本国高海拔地区自然冷凉气候条件解决低海拔地区热季鲜菜供应问题。我国幅员辽阔，山地为主(占国土陆地面积的 2/3)，地势西高东低，由于具体地理地貌和气候特征的差异，我国高山蔬菜产区可大体归类为三大产区(表 1-1)。

表 1-1 我国高山蔬菜区域分布情况

	中部长江流域	北部坝上河西走廊	西部高原
习惯称呼	高山蔬菜	冷凉蔬菜	夏秋蔬菜
一般海拔	600～2600m	1400～2600m	1200～4400m
年降水量	1100～1800mm	300～600mm	800～1200mm
平均日照时间	<10h	>10h	9～10h
空气湿度	70%～80%	40%～50%	50%～60%
地势土壤	山地坡耕，偏酸沙壤	地势平坦，偏碱壤土	缓坡、较平坦
耕地、生态	可耕地，需防水土流失	可浇地，防过度取用地下水	防干旱，土壤酸化
种植茬口	海拔梯度排开播种，多数两茬	播期相对集中，多数一茬	多品种排开播种，多两茬
种植种类	十字花科、茄果、豆类为主	十字花科、叶菜为主体	叶菜、茄果为主
病虫为害	病多虫少	病少虫多	居中
蔬菜品质	脆嫩多汁，纤维少，不耐贮运	干物质含量高，耐贮运	居中
集中上市期	6～10 月	7～9 月	6～10 月
产品市场	主供南部、中部、东部市场	主供华北其以南市场	主供中部、东南部市场

1. 中部长江流域高山蔬菜(约 800 万亩，异地外调 80%以上)

(1)主产地：湖北、湖南、重庆、四川、安徽、浙江、福建、广西等地。

(2)目标市场：华南、华东、华中、华北。

(3)主导产品：白萝卜、扁圆甘蓝、大白菜、西兰花、红果番茄、微辣青辣椒、四季豆、莴苣等。

(4)主要特点：海拔 600～2600m 高山种植，年降水量 1100～1600mm，雨热同季；露地为主，少量避雨栽培；虫害较少，病害偏多；蔬菜含水量高，品种脆嫩，不耐贮运；排开播种，分批上市；产业化程度较高。

(5)主要问题：连作障碍较重，有水土流失现象，种类偏少，规模受可耕土地和劳动力制约，劳动力成本上升(表 1-2)。

表 1-2 中部长江流域高山蔬菜情况表

	基地面积/万亩	播种面积/万亩	年总产量/万吨	年总产值/亿元
湖北	170	245	465	67.0
湖南	26.0	48.0	102	19.5
重庆	50.0	98.0	335	96.4

续表

	基地面积/万亩	播种面积/万亩	年总产量/万吨	年总产值/亿元
四川	119	206	606	101.2467
安徽	22.2	24.4	51.2	14.336
浙江	40.0	40.0	80.0	25.0
福建	66.7	110	152.38	65.0
广西	5.0	10.0	13.0	5.0
合计	498.9	781.4	1804.58	418.48

2. 北部坝上河西走廊、黄土高原冷凉蔬菜(1660 万亩，异地外调约 60%)

(1)主产地：河北、陕西、山西、甘肃、宁夏、内蒙古等地。

(2)目标市场：华北、华东、华中、华南。

(3)主导产品：大白菜(娃娃菜)、圆球甘蓝、白萝卜、芹菜、番茄、红青辣椒、菜心、芥蓝、胡萝卜、花椰菜、莴苣、荷兰豆等。

(4)主要特点：海拔 1400～2600m 高原川谷可浇地，年降水量 400～600mm，光照充足；叶菜露地栽培，果菜少部分日光温室及少量塑料大棚；病害较少，虫害偏多，蔬菜干物质含量高，较耐贮运；大体同季播种，上市较集中。

(5)主要问题：地下水过度采用，规模受水源条件和市场制约，上市较集中，销售倚重外地市场，市场风险随规模扩大而加大，产业化程度偏低(表 1-3)。

3. 西部云贵、青藏高原夏秋蔬菜(1842 万亩，异地外调约 50%)

(1)主产地：云南、贵州、青海、西藏。

(2)目标市场：本地、华南、华中、港澳地区。

表 1-3　北部坝上河西走廊、黄土高原冷凉蔬菜情况表

	基地面积/万亩	播种面积/万亩	年总产量/万吨	年总产值/亿元
河北	150	180	800	160
山西	298	338	886	145
陕西	108	125	262	71.0
甘肃	400	617.00	1159.00	217.00
宁夏	112.2	123.8	239.2	34.2
内蒙古	280	280	1067	89.0
合计	1348.2	1663.8	4413.2	716.2

(3)主导产品：红青辣椒、番茄、菜心、芥蓝、芥菜、生菜、大白菜(娃娃菜)、甘蓝、花椰菜、豌豆、葱蒜等。

(4)主要特点：海拔 1200～4400m 高原坝子地、部分山区坡地，年降水量 800～1200mm，光照充足；露地为主，少量避雨叶菜；病虫害中度发生，海拔丰富，分期、分批、分区域播种，分品种、分区域、分批上市。

(5)主要问题：雨水分布不均，偶遇干旱；离市场运距太远，市场分散，规模受市场制约(表 1-4)。

表 1-4　西部云贵、青藏高原夏秋蔬菜情况表

	基地面积/万亩	播种面积/万亩	年总产量/万吨	年总产值/亿元
云南	210	438	690	138.6
贵州	600	1287	1930	405
青海	57	57	105	10.26
西藏	35.81	42	66.99	26.79
合计	902.81	1824	2791.99	580.6

此外，近年来，高纬度的东北地区(含黑龙江、吉林和辽宁三省及内蒙古东四盟)在策略性调减玉米等大田旱作作物的同时，也在尝试利用东北夏季冷凉气候资源及相对充足的北方水资源和土地资源，满足本区域鲜菜供应的同时，瞄准南方市场需求适度发展夏季蔬菜，开展"北菜南运"，这会是高山蔬菜市场供应的有益补充。

三、高山蔬菜产业发展中的具体问题

高山蔬菜产业经过三十年的快速发展，规模和发展势头与日俱增。高山蔬菜在平衡经济、生态和社会效益的过程中积累了不少经验，值得我们去总结和分享；国家大宗蔬菜产业技术体系也围绕产业技术瓶颈进行协同研发并取得系列技术成果，在生长中广泛应用；而与此同时一些潜在的问题也逐步显现，制约着该产业进一步的可持续健康发展，累积的一些现实问题需要我们去分析和面对。

1. 高山区蔬菜主产种植种类、品种相对单一，茬口相对集中，产业效益随着规模的扩大而提高

目前高山蔬菜种植品种大多是甘蓝、大白菜、萝卜等，少量番茄、辣椒，其他精细品种的种植比例过小，不能满足淡季市场的多样化需求，由于品种和茬口过于集中，生产效益风险随面积的不断扩大而增大，少量品种的相对集中上市给销售带来压力，间断性的"菜贱伤农"现象偶有发生。一方面，需要加强中介协会组织，对各地高山蔬菜的生产和供应进行总体规划与协同布局；另一方面，需要进一步研发高山蔬菜种类、品种、茬口多样化技术，加强高山特色蔬菜植物资源的开发利用。

2. 缺乏针对高山特殊生态的科学栽培管理技术规范，老区生产效率下降，高山蔬菜增效潜力未得到充分发挥

高山地理地貌和小气候相对特殊，主要表现为温度和湿度日较差大、坡耕地单向淋溶现象重、异地供应运距远等特点，要求品种抗病抗逆性强、耐贮运、耐抽薹、商品性好，栽培措施上要求绿色生态，最大限度扬长避短，发挥高山高品质优势。但大多高山蔬菜栽培仍沿用山下品种和技术，导致基地高度连作、偏施化肥等，使土壤肥力下降，连作性病虫害发生日益增多，进而造成生产成本不断升高而产量、品质和效益不断下滑的趋势，使高山蔬菜的生产效率下降，高山蔬菜增效潜力未得到充分发挥。需要培养高山蔬菜专用品种满足生产需求，扭转高端品种依赖进口的局面，研究高山蔬菜病虫发生规律和绿色防控技术措施，研发高山蔬菜高效茬口模式和绿色生态的配套栽培技术规范。

3. 高山蔬菜采后处理技术滞后，制约了高山蔬菜的市场半径和品种多样化选择

尽管很多高山蔬菜产地开始普及采后商品化整理和产地预冷，但高山蔬菜的销售季节正值高温季节，缺乏有效的冷链系统和针对性的采后处理技术，一般高山鲜菜的运销不超过 2000km，许多在高山可以种植的精细蔬菜由于贮运条件的限制而不能生产，使高山蔬菜的市场潜力得不到充分拓展。需要分门别类地研发高山高原地区主要蔬菜的产地采后处理和贮运技术规范，建立健全高山蔬菜冷链生鲜物流技术和装备体系。

4. 生态问题显现，影响产业可持续发展

我国高山高原夏季冷凉气候资源伴随高山土壤和水资源十分珍稀，在直接经济利益的驱使下，配套基地管理政策与科学栽培管理规范的建立滞后，使高山蔬菜生产中的诸多生态问题初见端倪。由于高山可耕地资源有限，且高山区域自身生态相对脆弱，需要研发如高山避雨、二高山聚雨微灌等高山水资源利用技术和高山土壤保育技术，制订科学合理的生态型高山蔬菜基地选择与管理办法，进行有效的保护性开发，这对引导该产业的可持续健康发展至关重要。

5. 机械化应用率低，劳动力缺乏，管理粗放，信息化程度不高，品质和品牌优势降低

高山地广人稀，本来劳动力不充足，加之大部分地区以传统耕作为主，标准化生产技术水平低，机械化程度不高，生产劳动力成本大幅度提高，高山蔬菜的品牌效应没有得到发挥，高山蔬菜产品"优质不优价"。需要总结山区农民的智慧，研发适合高山高原耕种的中小型机械，研发山区蔬菜优质、轻简化栽培技术和模式，提高山蔬菜生产和流通的信息化水平。

（邱正明）

第二节 全国高山高原蔬菜种类与海拔分布情况

在市场经济作用下，我国高山、高原夏菜产业发展很快，为摸清我国南部高山高原蔬菜产业基本情况，在国家大宗蔬菜产业技术体系组织下，2016年张家口、兰州、太原、西宁、呼和浩特、银川、西安、长沙、洞庭湖、鄂西、重庆、川南、拉萨、成都、贵阳、昆明、杭州、合肥、南宁、桂林、福州等综合试验站和相关岗位专家对我国18个高山蔬菜主产区的产业情况进行了调研统计，基本情况汇总如下。

一、产业规模情况

如表1-5 "2016年全国高山高原（高海拔）蔬菜主产区高山高原蔬菜产业规模统计情况"可知，18个主产区蔬菜基地总面积11 306.51万亩，播种面积36 209.4万亩，年产总量40 840.26万吨，年总产值8731.586亿元；施蔬菜基地总面积2387.7万亩，播种面积4219.1万亩，年产总量15 984.9万吨，年总产值3502.63亿元。其中，中南部高山蔬菜基地总面积427.2万亩，播种面积661.4万亩，年产总量1639.2万吨，年总产值323.4827亿元；北部高原冷凉蔬菜基地总面积1348.2万亩，播种面积1663.8万亩，年产总量4413.2万吨，年总产值716.2亿元；西部高原夏秋蔬菜基地总面积1589.81万亩，播种面积1824万亩，年产总量2791.99万吨，年总产值580.656亿元。设施和高山高原蔬菜分别占本省的20%～25%，在当地蔬菜生产中占有重要地位。

二、地域、海拔分布情况

由表1-5和表1-6 "我国高山蔬菜海拔和地域分布基本情况"可知，我国高山高原蔬菜主要分布在：湖北、四川等8个中南部省份，河北、甘肃等6个北部省份，云南、贵州等4个西部高原省份，主要分布在海拔800～2600m的边远少数民族地区，涉及140多个县（市）。

三、主要种类和上市期

由表1-7～表1-9各地高山高原蔬菜种类和上市期可知，高海拔的高山蔬菜种类以喜冷凉的十字花科萝卜、大白菜、甘蓝、菜心、芥蓝、莴苣、芹菜等叶菜为主；中高海拔的高山高原蔬菜种类主要以喜温的番茄、辣椒、豆类的四季豆等为主；主要上市期集中在6～9月，高海拔地区比低海拔地区上市期晚10～30天不等。蔬菜销售的目标市场，四大区域各有不同。

表1-5　2016年全国高山高原（高海拔）蔬菜主产区高山高原蔬菜产业规模统计情况

区域	省份	蔬菜				设施蔬菜				高山蔬菜(800万亩) / 高原冷凉蔬菜(800万亩) / 高原夏秋蔬菜(900万亩)			
		基地面积/万亩	播种面积/万亩	年总产量/万吨	年总产值/亿元	基地面积/万亩	播种面积/万亩	年总产量/万吨	年总产值/亿元	基地面积/万亩	播种面积/万亩	年总产量/万吨	年总产值/亿元
中部长江流域	湖北	870	19 700	4 100	1 010	171	360	1 100	350	170	245	465	67.0
	湖南	798	1 995	3 950	680	145	406	852	155	26.0	48.0	102	19.5
	重庆	202	1 097.5	1 780.47	400	70.0	220	480	115	50.0	98.0	335	96.4
	四川	821	2 024.4	4 240.8	1 260.93	220	380	2 065.3	452.73	119	206	606	101.2467
	安徽	1 100	1 650	3 600	600	370	520	1 870	364	22.2	24.4	51.2	14.336
	浙江	600	927.2	1 775.7	461.7	80	170	500	136	40.0	40.0	80.0	25.0
	福建	453.0	1 133.68	1 790.37	484.95	100	120	350	158	66.7	110	152.38	65.0
	广西	612.2	18 314.85	2 786.37	586					5.0	10.0	13.0	5.0
	合计	5 456.2	46 842.63	24 023.71	5 584.63	1 156	2 176	7 217.3	1 730.73	498.9	781.4	1 804.58	418.48
北部坝上、河西走廊、黄土高原	河北	1 200	2 000	8 000	1 620	480	1 020	5 000	1 000	150	180	800	160
	山西	537	652	2 215	377	154	231	1 202	236	298	338	886	145
	陕西	550	755	1 670	510	200	300	870	250	108	125	262	71.0
	甘肃	786	786	1 802	335	100	159	634	118	400	617	1 159	217
	宁夏	196.7	183.9	497.6	85.8	84.5	60.1	258.4	51.6	112.2	123.8	239.2	34.2
	内蒙古	510	510	1 817	276	230	230	750	187	280	280	1 067	89.0
	合计	3 779.7	4 886.9	16 001.6	3 203.8	1 248.5	2 000.1	8 714.4	1 842.6	1 348.2	1 663.8	4 413.2	716.2
西部云贵、青藏高原	云南	1 100	1 886.4	2 282.7	463.3	60.0	130	307.2	61.5	210	438	690	138.6
	贵州	1 925	1 925	2 881	605	18	18	56	9.8	687	1 287	1 930	405
	青海	75	75	161	20.06	5.2	15	40	16	57	57	105	10.26
	西藏	35.81	42	66.99	26.796					35.81	42	66.99	26.796
	合计	3 135.81	3 928.4	5 391.69	1 115.156	83.2	163	403.2	87.3	989.81	1 824	2 791.99	580.656
总计		12 371.71	55 657.93	45 417	9 903.63	2 487.7	4 339.1	16 334.9	3 660.63	2 836.91	4 269.2	9 009.77	1 715.34

表 1-6　我国高山蔬菜海拔和地域分布基本情况

省份	基地面积/万亩	播种面积/万亩	年总产量/万吨	年总产值/亿元	海拔 800~1200m 分布地区	海拔 1200~1600m 分布地区	海拔 1600m 以上分布地区
湖北	170	245	465	67	宜昌市长阳土家族自治县椰坪镇沙地、秀峰桥、八角庙、椰坪，资丘镇柳松坪、龙舟坪镇；恩施土家族苗族自治州利川市团堡元宝乡、凉雾乡、柏杨镇、南坪乡、五峰土家族自治县、兴山县、郧归县、夷陵区	宜昌市长阳土家族自治县、五峰土家族自治县、归县、兴山县；恩施土家族苗族自治州利川市团堡镇、谋道镇、柏杨镇、汪营镇、恩施市巴东县、鹤峰县	宜昌市长阳土家族自治县、五峰土家族自治县
湖南	26	48	102	19.5	郴州市、永州市、邵阳市、湘西土家族苗族自治州等	张家界市桑植县、湘西土家族苗族自治州、常德市石门县亚瓶山、株洲市炎陵县	
安徽	22.2	24.4	51.2	14.336	安庆市潜山县、太湖县、岳西县、池州市石台县、霍山县、六安市金寨县、黄山市歙县	安庆市岳西县、六安市金寨县、霍山县、合肥、黄山市歙县	
四川	119	206	606	101.2467	甘孜藏族自治州泸定县、阿坝藏族羌族自治州汶川县、茂县沿河谷地带，广元市利州区、达州市大竹县、达州市、宣汉县、昭化区、巴中市巴州区、泸州市合江县、叙永县、通川区、剑阁县、古蔺县、乐山市峨眉山市山区等	甘孜藏族自治州泸定县、康定县、九龙县、阿坝藏族羌族自治州汶川县、茂县河谷上游河坝地区、广元市朝天天、旺苍县、金川县、达州市达州市、宣汉县、巴中市巴州区、古蔺县、凉山彝族自治州冕宁县、普格县、阿坝藏族羌族自治州理县、乐山市峨眉山市山区等	阿坝藏族羌族自治州汶川县、松潘县、马尔康市、红原县、九寨沟县、黑水县、甘孜藏族自治州泸定县、康定县、凉山彝族自治州美姑县、盐源县、越西县、布拖县、普格县、冕宁县、合理县、会东县等
重庆	50	98	335	96.4	武隆县、酉阳土家族苗族自治县、彭水苗族土家族自治县、黔江区、城口区、巫溪县、南川区、巫山县	武隆县、南川区、石柱土家族自治县、丰都县、巫溪县、城口县	武隆县、酉阳土家族苗族自治县、巫溪县、开县、石柱土家族自治县
浙江	40	40	80	25	丽水市、金华市、杭州市、温州市	丽水市	
福建	67	110	152	65	宁德市屏南县、周宁县、福州市闽侯县、三明市大田县、尤溪县、永安市等		
广西	5.0	10.0	13.0	5.0	桂林市资源县车田苗族乡、两水苗族乡、海洋乡、大境瑶族乡	桂林市资源县车田苗族乡、瓜里乡	
河北	150	180	800	160	张家口市、承德市坝上	张家口市坝上	
甘肃	400	617.00	1159.0	217.0	陇南市、天水市、庆阳市、平凉市	定西市、兰州市、白银市、河西五市	天水市、定西市、兰州市、白银市、甘南藏族自治州、临夏回族自治州、河西五市
宁夏	112.2	123.8	239.2	34.2	引黄灌区	中部干旱带	南部山区
陕西	108	125	262	71	延安市、铜川市、咸阳市、宝鸡市、商洛市商州区、榆林市、渭南市、汉中市、安康市、西安市	铜川市、宝鸡市、商洛市商洛市区、安康市	宝鸡市、咸阳市、铜川市、安康市
山西	298	338	886	145	晋东南		
青海	57	57	105	10.2			青海省全省
西藏	35.81	42	66.99	26.79			西藏大多数区域
云南	210	438	690	138.6			云南大多数地区

表1-7　中部长江流域各地高山蔬菜种类、上市期和目标市场情况

	海拔/m	播种面积/万亩	主要上市期/月份	主要输出种类	目标市场
湖南蔬菜总面积1995万亩，其中高山蔬菜48万亩	800~1200	38	7~10	辣椒、番茄、茄子、甜玉米、生姜等	湖南本地、广州等地
	1200~1600	10	7~10	萝卜、大白菜、甘蓝	湖南本地、广州等地
四川蔬菜总面积2024万亩，其中高山蔬菜206万亩	800~1200	63	4~11	菊科(莴笋)、十字花科类(甘蓝、萝卜、白菜)、茄科(辣椒、茄子、番茄)、豆科(四季豆、豇豆)、瓜类(西胡瓜、黄瓜)、甜玉米	成都、重庆、陕西、兰州、武汉等地
	1200~1600	81	4~10	菊科(莴笋)、十字花科类(甘蓝、萝卜、白菜)、茄科(辣椒、茄子、番茄)、豆科(四季豆、豌豆、豇豆)、瓜类(西胡瓜、胡豆、黄瓜)、葱蒜类(洋葱、葱、蒜薹)	成都、重庆、陕西、兰州、武汉、广东等地
	1600以上	62	5~11	莴笋、十字花科类(甘蓝、萝卜、白菜)、茄科(番茄)、豆科(四季豆、无筋豆、豇豆、菜豆)、葱蒜类(洋葱、葱、蒜薹)	成都、重庆、上海、青海、云南等地
安徽蔬菜总面积1650万亩，其中高山蔬菜24.4万亩	800左右	14.3	6~10	茭白、四季豆、瓠瓜、黄瓜等	武汉、合肥、南昌
	800~1200	10	6~11	茭白、四季豆、番茄、南瓜、生姜、辣椒等	武汉、合肥、寿光、池州、黄山、浙江、上海等
湖北高山蔬菜总面积1900万亩，其中高山蔬菜面积为201.6万亩	800~1200	67.6	4~11	辣椒、番茄、四季豆、大白菜、结球甘蓝、黄瓜、茄子、莼菜、山药、魔芋	宜昌、沙市、武汉、长沙、重庆、贵州、南昌、合肥、上海、香港、以及日本、韩国
	1200~1600	146	4~11	辣椒、番茄、茄子、青花菜、大白萝卜、结球甘蓝	东莞、福州、上海、南京、武汉、长沙、合肥等30多个城市
	1600以上	58	7~11	白萝卜、四季豆、结球甘蓝、大白菜	虎门、福州、上海、南京、合肥、温州等50多个城市
重庆高山蔬菜总面积1097万亩，其中高山蔬菜面积为98万亩	800~1200	47	6~11	叶菜类、瓜类、茄果类、豆类菜等	重庆及其周边
	1200~1600	40	7~10	叶菜类、茄果类、豆类菜、甘蓝类等	重庆及其周边
	1600以上	11	8~9	叶菜类、大白菜、甘蓝、萝卜	重庆及其周边

表1-8 北部河西走廊及坝上高原蔬菜种类、上市期和目标市场情况

	海拔/m	播种面积/万亩	主要上市期/月份	主要输出种类	目标市场
陕西蔬菜总面积755万亩，其中高原蔬菜125万亩	800~1200	80	5~10	茄果类、瓜类、根茎类、白菜类、豆类、叶菜类	当地和周边地区
	1200~1600	42	6~10	白菜类、根茎类、豆类、茄果类、叶菜类	西安、兰州、成都、重庆、北京、广州、郑州、银川、南京、合肥、福州、长沙、太原、上海、南宁
	1600以上	3	8~9	白菜类、根茎类、豆类、叶菜类	西安、成都、重庆、广州、郑州、合肥、武汉、长沙、福州、太原、南京、南宁、上海、南宁
甘肃蔬菜总面积786万亩，其中高原蔬菜617万亩	800~1200	180	4~12	娃娃菜、甘蓝、花椰菜、莴笋、大白菜、水萝卜、韭菜、蒜薹、蒜头、芹菜、油菜、西葫芦等	兰州、西安、张掖地区、成都、江浙沿海地区等
	1200~1600	360	6~10	甘蓝、花椰菜、娃娃菜、莴笋、大白菜、芹菜青花菜、胡萝卜、结球莴苣、菠菜、西葫芦等	兰州、西藏、新疆、青海、浙江、江苏、广州、香港、中亚五国等
	1600以上	77	6~9	娃娃菜、甘蓝、花椰菜、青笋、紫叶莴苣、洋葱、蒜苗、胡萝卜、架豆、荷兰豆、甜脆豆、蚕豆等	成都、浙江、江苏、广州、上海、香港、中亚五国等
宁夏蔬菜总面积184万亩，其中高原蔬菜124万亩	800~1200	72.8	6~10	番茄、辣椒、甘蓝、娃娃菜、菜心、才蓝	北京、上海、广州、深圳、香港
	1200~1600	9.8	6~10	辣椒、番茄、甘蓝、娃娃菜	甘肃、陕西、内蒙古
	1600以上	41.2	6~9	辣椒、芹菜、娃娃菜、甘蓝、萝卜、菜花、西兰花、白菜、胡萝卜	安徽、湖南、湖北、广东、上海、甘肃、河南、陕西
河北蔬菜总面积2000万亩，其中高原蔬菜180万亩	1200~1600	180	7~9	叶菜、根茎类及豆类蔬菜	北京、天津、上海、福建、广东等
山西蔬菜总面积652万亩，其中高原蔬菜338万亩	800~1200	56	8~10	新鲜预冷	华北、长江下游、华南及港澳地区

表 1-9　西部云贵、青藏高原蔬菜种类、上市期和目标市场情况

	海拔/m	播种面积/万亩	主要上市期/月份	主要输出种类	目标市场
青海地区蔬菜总面积 75 万亩，其中高原蔬菜 57 万亩	1600 以上	57	5～10	白菜、娃娃菜、胡萝卜、大蒜、蒜苗、大葱、莴苣、荷兰豆、甘蓝、线辣椒	广东、湖南、河南、浙江、北京、湖北
西藏地区蔬菜总面积 35.81 万亩	1600 以上	35.81	4～10	大宗蔬菜、马铃薯	当地供应

（邱正明）

第三节　高山蔬菜产业优势与战略价值分析

一、我国高山蔬菜基本情况

高山种菜自古有之，传统的高山蔬菜是零星的、粗放的、山区农民自种自食的栽培形式，蔬菜品种主要有芸豆、马铃薯、生姜、山药、魔芋、白菜、萝卜、山黄瓜及葛等野生蔬菜。而真正意义上的现代高山蔬菜是指在高山(海拔 1200m 以上)、二高山(海拔 800～1200m)可耕地，利用高海拔区域夏季的自然冷凉气候条件生产的夏秋季上市的天然反季节商品蔬菜。

规模化的高山商品蔬菜生产开始于 20 世纪 80 年代中期(湖北的火烧坪、浙江的云和是典型代表)，发展到现在的重庆、贵州等 18 个省份 120 个县(市)1000 万亩以上，产值愈 200 亿元，已成为我国夏季无公害蔬菜供应的新亮点。高山地区主要以甘蓝、萝卜、大白菜等喜冷凉的十字花科蔬菜为主，二高山地区则主要以喜温的辣椒、番茄、四季豆为主。由于成本低、品质好、无公害、天然错季节，高山蔬菜在我国呈现迅猛发展的势头。

二、高山蔬菜的产业优势

1. 低成本无公害、品质优

绿色食品系指经专门机构认定，许可使用绿色食品标志的无污染的安全、优质、营养食品。高山蔬菜是我国发展夏季无公害绿色食品蔬菜的理想产地，充分利用高山"天然冷库"的自然气候条件及优质生态环境，将"无公害"与"反季节"、"生态"与"高效"在山区有机结合。

利用高山优良的生态环境发展绿色食品蔬菜具有得天独厚的有利条件：一方面，由于 6～9 月的高温暴雨及相伴而来的病虫害使广大低山平原地区蔬菜(尤其是喜冷凉蔬菜)的生长环境条件变得恶劣，蔬菜生产成本提高，质量与产量下降，而此时海拔 800～1600m 的高山地区日均温度仅有 15～25℃，土壤疏松，土层深厚，有机质含量高，酸碱度适中，非常适合蔬菜(尤其是喜冷凉蔬菜)生长，病虫害也较少，生态环境保护较好的高山基地蔬菜生产基本不使用(或很少使用)农药，是低成本发展夏季天然反季节无公害蔬菜的理想场所。

另一方面，高山可耕地远离城市闹市区，山高人稀，空气清新、水质清澈、土壤和水质无"三废"污染，是一方未被污染的净土，各类蔬菜作物的生产基本都能达到无公害绿色食品标准，在很多地方高山蔬菜已成为无公害的代名词。

此外，高山蔬菜还具有品质优势：因高山地区昼夜温差大，利于蔬菜作物生长发育和物质积累，蔬菜产品可溶性固形物含量高，营养丰富；高山区域空气湿度高，所以高山蔬菜质地脆嫩多汁，商品性好。

2. 天然反季节、市场好

蔬菜生产从 20 世纪 80 年代中期开始，特别是 90 年代以来随着全国性农业结构调整步伐的加快，蔬菜产业获得了快速发展，为平抑蔬菜市场淡季，发展最快的是各类反季节蔬菜生产，如"春提早"、"返秋"、"秋延后"等，所有这些反季节蔬菜都是在逆境下生长，植株生长虚弱，抗逆性差，病虫为害严重，蔬菜

生产靠的是大量化学投入品的过度使用，以及大棚和遮阳网等实施来实现蔬菜产品的错季节供应，不仅成本高，而且效果差。而高山蔬菜是利用夏季高山区域天然的冷凉气候条件，在适宜季节（"顺境"下）生产错季节蔬菜产品，蔬菜植株自身生长健壮，抗逆性强，病虫为害少，因此高山蔬菜生产属于天然反季节蔬菜生产，不仅成本低，而且效果好，产品市场竞争力强。

从我国蔬菜市场流通来看，自从实施"菜篮子工程"以来，蔬菜供应即进入大市场大流通格局，但蔬菜的异地流通主要是10月份至翌年5月份，由于南北气候差异而导致的蔬菜南北交易为主，但在每年6～9月份全国气候基本处于相同的高温时节（日均温28～35℃），南北气候差异不明显，蔬菜异地交易量相对较少，而此时更多的则是山上对山下的交流，是点对面的交流，总体供不应求。高山蔬菜的主体销售市场是我国南方及中东部40多个大中城市，少量销往港澳台地区和日本、韩国；同时东南亚各国此时也大多处于高温季节，对高山蔬菜的潜在市场需求更大。

由于生长期短、生产成本低、产品品质好、市场广阔，使高山蔬菜生产效益近年来总体保持较高效益的势头。高山蔬菜一般亩平均单季产量为3000～4000kg，亩产值200～4000元不等，而成本一般不到1000元，单季纯收入一般为2000～3000元，高的可达到6000～8000元，高山蔬菜种植大户年纯收入高的可达8万～20万元，这样的经济效益在高山地区是很不容易的。

3. 致富山区农民，效益显著

我国高山蔬菜主要生产基地基本分布于贫困山区，高山蔬菜产业是难得的一个稳定致富山区农民的山区朝阳特色产业。实践证明，利用山区资源发展高山蔬菜是一条高山农民脱贫致富的门路。例如，湖北省长阳县火烧坪乡，地处海拔1800m的高山地带，全乡共9800人，1985年人均纯收入仅为54元，1986年该地发挥高山独特的气候优势，开发高山蔬菜，2005年全乡共发展蔬菜面积5万亩，蔬菜收入1亿元，人均10 204元，被称为"湖北高山第一乡"，闯出了高山贫困地区脱贫致富的新路子，在许多高山蔬菜专业村不断涌现出一批十万元户、百万元户甚至千万元户，产生了良好的社会经济效益。

高山蔬菜生产周期短、见效快，并迅速发展成为地方农业经济的一大支柱产业，不仅在解决华中、华南、华东大中城市夏秋时节无公害蔬菜供应方面发挥了重要作用，也为高山地区农民探索了一条脱贫致富之路。同时在高山蔬菜作为主导产业形成规模后，还有力带动了基地与冷藏、加工配套形成产业链的延伸，带动了第三产业的发展，解决了农村剩余劳动力就业。高山蔬菜产业的发展带动了种子、农药、肥料、农膜等生产资料的销售，带动了工业产品的销售，带动了运输业的发展，带动了宾馆住宿、餐饮业等服务业的发展。例如，仅湖北长阳一县高山菜区的宾馆已发展到300多家，其他服务业已发展到1000多家，每年在生产、转运、冷藏加工、包装、销售等环节第三产业中可吸纳2万多人就业。高山蔬菜产业的发展有利于在山区统筹城乡发展，缩小城乡差别，有利于山区的社会主义和谐新农村的建设。

三、发展高山蔬菜生产的现实意义

高山蔬菜栽培的区域、生产季节和产品上市时间和平原地区都有所不同，发展高山蔬菜具有其特殊的意义。

(1)高山蔬菜产品弥补蔬菜"秋淡"市场不足，是我国避灾农业的重要组成部分。一方面由于我国长江中下游及周边地区受季风气候影响，周期性的蔬菜供应的两大淡季"春淡"和"秋淡"期间蔬菜市场供应相对紧张，此时高山蔬菜产品能很好地弥补蔬菜"秋淡"市场不足，对稳定菜价功不可没；另一方面，夏秋时节常常是我国农业自然灾害的多发时段，每年的洪涝水灾、虫灾旱灾、台风冰雹等时有发生，而此时正值高山蔬菜的主产期，实践证明高山蔬菜在几次大型自然灾害时期对保障市场的蔬菜供应都起到了关键作用。

(2)高山蔬菜基地是我国夏秋时节无公害蔬菜生产的战略资源，是优质农产品生产和节能低耗型生态农业的重要组成部分。随着人民生活水平的逐步提高，保障蔬菜食品安全已成为蔬菜生产的最重大课题，而现有阶段由于多方面因素的影响，我们的无公害蔬菜生产在冬季由于虫害较少和棚膜覆盖作用还相对容易实现，但在高温多湿和病虫普发的夏季，能保障蔬菜食品达到无公害的有效手段却不多，至少是成本很高。此时的高山区域气候凉爽病虫又少，加之山高路远、工厂少、无"三废"（废气、废水、废渣）污染，露地蔬菜健壮生长，基本不用或很少用农药和辅助设施，不仅成本低，而且品质优良，天然避虫效果好，蔬菜产品既优质又安全，还廉价，是我国夏季无公害蔬菜生产战略性基地的理想选择。只要我们对现有宝贵的高山蔬菜基地资源加以科学规划和保护，按生态农业的理念加以管理，高山蔬菜将永远是我国优质农产品生产和节能低耗型生态农业的重要组成部分。

(3)高山蔬菜产业是最具出口潜力的外向型产业，是创汇农业的一部分。高山蔬菜产业的最根本优势在于能在高温季节为高气温区域提供优质廉价的喜冷凉蔬菜产品，其产品市场是每年 6~9 月份山下的高温市场区域，而此时除我国大部地区外，广大的东南亚区域也都处在日均温 28℃以上，是高山蔬菜供应稳定的目标市场(该区域基本消费人口 12 亿以上)。此外，由于高山蔬菜的优质无公害，高山蔬菜在日本、韩国等地出口量与日俱增，只要在高山蔬菜的采后处理方面的技术跟上，高山蔬菜的出口潜力是广阔而巨大的。

(4)高山蔬菜作为帮助山区农民脱贫致富的区域性优势产业，是带动山区三产业发展和促进山区新农村建设的重要推进器。高山地区(无论是高山还是半高山)历来十分贫穷，交通落后、信息闭塞，冬季气候寒冷，温饱问题一直没有解决。高山蔬菜产区多处于经济欠发达的贫困山区，高山蔬菜产业的兴起，为高山地区农民变劣势为优势、发挥夏秋温凉气候特点探索出了一条致富之路，高山蔬菜产业已成为山区的特色产业，是高山农民脱贫致富的好门路。

高山蔬菜作为山区农业主要经济作物还可以调整农业内部结构，改变了过去农业单一种植粮食作物，合理调配品种，增加农民收入。高山蔬菜种植面积形成规模后，基地与冷藏、包装、加工配套，形成产业链，可实现产业化和经营规模化，成为地方特色经济，成为地方农业经济的一大支柱产业。此外，通过高山蔬菜的规模化开发，可以显著改善当地交通运输、通讯等条件，可由蔬菜销售带动其他农产品的销售；通过开发高山蔬菜，使农民种田的科技意识得到增强，科技、教育、文化、卫生、信息及商贸等多方面事业都得到发展，特别是蔬菜产业化形成后，可以增加很多就业岗位，搞活第二、第三产业，推动各项社会事业的发展。

(邱正明　姚明华　朱凤娟　郭凤领　肖长惜　郭　兰　周雄祥)

第四节　我国各地高山高原(高海拔)蔬菜产业主要技术问题

一、湖北

(1)品种相对单一，茬口集中，缺乏专用品种和科学轮作间作套作栽培模式。
(2)生态环境包括高山蔬菜废弃物生物处理问题等需要进一步治理。
(3)急需土壤酸化治理技术及土壤修复技术。
(4)急需高山蔬菜病虫害绿色防控技术及高山十字花科蔬菜根肿病生物防控技术。
(5)高山蔬菜采后处理技术滞后，采后处理及加工转化率低，急需科学的采后加工及商品化包装贮运技术。

二、重庆

(1)品种结构单一。以萝卜、白菜、甘蓝等十字花科品种为主，结构单一，市场容易出现大起大落。品种结构调整推进速度缓慢，原有品种的替代工作还没有形成产业化。
(2)生产技术落后。栽培技术相对比较粗放，标准化程度不高，产业链建设比较滞后。
(3)连作障碍突出。以十字花科根肿病为代表的连作障碍严重，土壤酸化程度明显，病虫害发生危害有加重的趋势。
(4)生态破坏严重。过度开荒对原有的森林生态系统破坏严重，导致水土流失，植被恢复难度大。

三、四川

(1)连作障碍严重，土壤可持续生产能力受到威胁。

(2)科技支撑不够，科技推广力量不足。

(3)种植户文化水平不高，新技术推广应用难度大。

(4)真正发挥作用的龙头企业不多，组织化程度不高。

(5)劳动力缺乏，劳动效率低。

(6)采后商品化处理程度低，市场销售半径受限。

四、安徽

(1)基础设施薄弱，抗灾害能力差。

(2)栽培种类单一、品种老化，抗病性与抗逆性较弱。

(3)适宜山区的集约化育苗技术匮乏。

(4)缺乏适宜山区的节本增效栽培技术。

(5)规模化生产与山区生态环保、产品安全之间的矛盾突出。

(6)高山蔬菜产地的冷藏保鲜、长途运输的保鲜等技术比较落后。

(7)山区蔬菜产品流通成本高、损耗大、时效低。

(8)山区蔬菜的品牌效应没有得到发挥，山区有机蔬菜产品"优质不优价"。

五、浙江

部分产区连作障碍日趋严重。

由于山地栽培的蔬菜种类相对比较局限，一些产区连年种植四季豆、豇豆、番茄、茄子等单一品种，根腐病、青枯病、枯萎病、黄萎病等连作障碍性病害发生日趋严重，病虫害治理问题日益突出，影响山地蔬菜安全生产及其产量、效益。茭白受气温等影响，有的年份孕茭推迟，产量品种下降，影响效益。

六、河北

(1)病虫害防治技术。

(2)节水灌溉技术。

七、陕西

(1)基地分散，总体规模偏小。

(2)组织化程度低，企业带动能力不强。

(3)技术支撑能力弱，新技术应用率低。

(4)基础设施落后，抗御自然灾害能力不强。

(5)劳动力不足，产业规模和水平受到制约。

(6)连作障碍、病虫害威胁，制约产业发展。

八、甘肃

(1)自主产权品种匮乏。目前甘肃高原夏秋蔬菜种植的花椰菜、青花菜、娃娃菜、西芹、洋葱、菠菜等基本是进口品种占主导地位。其他蔬菜品种也有部分市场被进口品种所占有。整体看国产品种占有率约在40%左右。

(2)专业化育苗体系不健全。高原夏菜育采用育苗移栽的约占30%，多数采用直播栽培，专业化育苗企业少。甘肃高原夏菜种植区域较分散，多为梯田，种苗运输困难较大。

(3)质量安全监管需要进一步加强。随着种植年限的延长，土传病害、叶面病害及虫害发生逐年有加重的趋势，农药使用量也逐年增加，如榆中、安定甘蓝枯萎病已经给生产造成了很大威胁。

(4)蔬菜加工贮藏能力不足。甘肃省目前蔬菜贮藏冷库总容量约 300 万吨，蔬菜总产量约 1100 万吨，预冷处理能力基本可以满足，但不具备储存调蓄能力。

(5)尾菜无害化处理难度大。夏菜大量产生尾菜的蔬菜种类主要包括娃娃菜(替代大白菜)、甘蓝、西芹、花椰菜、西兰花五大类，根据产生的环节分为田间尾菜和库区尾菜，从尾菜总量构成看，由于种植面积的不同，娃娃菜尾菜约占总量的 50%，西芹占 15%，甘蓝、花椰菜、西兰花各占 10%，其他占 5%；从对环境主要产生危害和污染的库区尾菜总量分析，娃娃菜约占总量的 65%，西芹 10%，甘蓝、花椰菜、西兰花占 15%，其他占 10%。甘肃年剩余各类尾菜总量约有 400 万吨。

(6)生产组织化程度低，缺乏专业营销队伍(合作社、企业等)。许多蔬菜种植区域成立了许多专业合作社，但没有发挥作用。

九、宁夏

(1)品种多乱杂，主导品种不突出。

(2)标准化生产技术水平低，产品商品率不高。

(3)机械化应用率低，劳动生产效率有待大幅度提高。

(4)水肥一体化技术体系不成熟。

十、内蒙古

(1)冷凉蔬菜栽培品种老旧、混杂，商品品质和复合抗性较弱。

(2)栽培技术及耕作模式落后、机械化程度低。

(3)田间管理粗放，水供应不精准、农药施用经验化。

(4)加工型蔬菜销售市场不稳定，导致蔬菜种植面积起伏不定。

(5)市场建设滞后，流通不畅。批发市场"软、硬件"建设不足，功能不完善。

(6)龙头企业少，贮藏、保鲜、加工等环节薄弱。

(7)信息不畅的问题比较突出。

(8)生产结构不合理。

十一、山西

(1)对夏秋冷凉蔬菜生产重视程度不够。

(2)种植结构相对单一，市场风险大。

(3)连作障碍严重，影响夏秋冷凉蔬菜的可持续发展。

(4)机械化程度低，影响蔬菜种植效益。

(5)经济效益不稳定，影响蔬菜生产者的积极性。

(6)存在蔬菜质量安全问题，影响蔬菜产业健康发展。

十二、贵州

(1)育苗技术落后。一方面，与蔬菜产业发展紧密关联的工厂化育苗基地极度缺乏，目前贵州省仅在威宁、罗甸、汇川、大方等地有几家年育苗 1000 万株左右的商品化育苗中心，商品化育苗能力弱；另一方面，整体来说农户自行育苗，生产成本高，这在一定程度上制约了贵州省夏秋蔬菜产业的快速发展。

(2)克服连作障碍的技术匮乏。贵州山多地少，人均耕地面积仅 0.7 亩，农户不得不连作生产，连作障碍严重。在乌蒙山区的威宁、七星关区，耐寒、半耐寒蔬菜连作引起的十字花科根肿病已经大面积危害。在贵州大部分地区，连作造成的番茄青枯病、黄瓜枯萎病、南方根结线虫危害已经越来越严重。在贵州独山，青枯病造成的减产面积已经达到 30%。在开阳县南龙乡，因为番茄青枯病减产绝收面积达到 70%。在罗甸、关岭，黄瓜枯萎病造成减产 70%，在局部已经发现黄瓜、番茄南方根结线虫危害，造成绝收。

但是，克服连作障碍最重要的嫁接育苗技术还没有广泛推广。贵州番茄种植大县独山，2016 年番茄嫁接面积 800 亩，而该县番茄栽培面积 2 万亩，嫁接比率仅 4%；在关岭、罗甸，番茄嫁接育苗才刚刚起步。

(3)雨热同季造成病害严重。贵州生态环境良好，但夏秋气候特点为雨热同季，造成蔬菜发病严重。在关岭县，因为解决不了番茄病害，番茄栽培面积锐减。部分地区如独山县，番茄不得不采用简易避雨设施来保证稳产和商品品质。

(4)新品种引进工作滞后。贵州全省 7 月份平均气温 17～28℃，最低的属乌蒙山区代表县威宁县 7 月份平均气温只有 17.6℃，特别适合喜凉蔬菜的种植。当地合作社能把菜萝卜种出水果萝卜的品质，但就是缺乏水果萝卜品种的引进和示范，不能很好地调整当地蔬菜品种结构。

十三、青海

(1)蔬菜新品种更新换代速度慢，新优品种获得渠道不畅通。

(2)蔬菜种子、种苗及农资供应渠道不健全，假冒伪劣产品流通市场，需加强监管。

(3)缺少标准化规模化生产模式，集约化育苗与机械化水平程度低。

(4)农民技术水平落后，大部分地区以传统耕作为主，机械化程度低，管理粗放，产量低。

十四、西藏

(1)品种问题：如耐抽薹白菜、萝卜，内地品种基本上都不同程度出现抽薹。

(2)肥料问题：有机肥缺乏，主要靠牧区牛羊粪做肥，如产业化缺肥。

(3)病虫害问题：连作障碍严重。

(4)绿色防控问题：高效低毒农药效果，生物防治中天敌成活率低。

(邱正明)

第二章 中部长江流域高山蔬菜产业现状分析

第一节 长江流域高山蔬菜区域分布

长江流域高山蔬菜区域分布见表 2-1。

表 2-1 长江流域高山蔬菜区域分布

	地点	海拔区段/m	上市期/月份	主要种类
湖南	邵阳：雪峰山、城步等地	800～1200	7～10	番茄、红茄、萝卜等
	湘西：八面山、腊尔山、白云山、羊峰山	800～1200	7～10	辣椒、生姜、萝卜、大白菜、甜玉米、青花菜
	张家界：桑植白石、永定区崇山等	800～1300	7～10	萝卜、莴笋、白菜、番茄、辣椒等
	郴州、永州	700～1000	7～10	辣椒、生姜、茄子、四季豆等
	常德市石门县壶瓶山	800～1200	7～10	辣椒、萝卜、白菜等
四川	秦巴山区	800～1600	5～10	菊科(莴笋)，十字花科类(甘蓝、萝卜、白菜)，茄科(辣椒、茄子、番茄)豆科(四季豆、无筋豆、豇豆)，瓜类(西胡瓜、黄瓜)，甜玉米
	川西高原和山地区	800～3400	4～10	同上
	大小凉山山区	800～2800	5～11	菊科(莴笋)，十字花科类(甘蓝、萝卜、白菜)，茄科(辣椒、茄子、番茄)；豆科(四季豆、无筋豆、豇豆)，瓜类(西胡瓜、黄瓜)，葱、蒜类(洋葱、蒜薹)
	乌蒙山区	800～1600	4～11	菊科(莴笋)，十字花科类(甘蓝、萝卜、白菜)，茄科(辣椒、茄子、番茄)；豆科(四季豆、无筋豆、豇豆)，瓜类(西胡瓜、黄瓜)，甜玉米
安徽	六安市金寨县	800～1200	7～10	茭白、四季豆、辣椒、生姜、南瓜
	六安市霍山县	800 左右	7～9	茭白、四季豆、辣椒
	岳西县	800 左右	6～10	茭白、四季豆、黄瓜、瓠瓜、辣椒等
	潜山县	800 左右	7～9	辣椒、茄子
	太湖县	800 左右	7～9	辣椒、茄子
	石台县	800～1200	7～9	辣椒、番茄
	休宁县	800 左右	6～10	茄子、辣椒
	歙县	800～1200	6～10	茄子、四季豆、辣椒、番茄
湖北	宜昌市:长阳土家族自治县	800～1600	4～11	白菜、辣椒、四季豆、黄瓜、番茄、萝卜、甘蓝
	宜昌市:五峰土家族自治县、兴山县、秭归县、远安县、夷陵区等	800～1600	4～11	白菜、辣椒、四季豆、黄瓜、番茄、萝卜、甘蓝
	恩施市、咸丰县、宣恩县、鹤峰县、来凤县、建始县等	800～600	5～11	白萝卜、辣椒、番茄、茄子、青花菜、大白菜、甘蓝、四季豆
	利川市：团堡镇、谋道镇、柏杨镇、汪营镇、元宝镇、凉雾镇、南坪镇等	800～1600	4～11	辣椒、番茄、茄子、莼菜、山药、魔芋、大白菜、甘蓝、白萝卜
重庆	渝东南	800～2000	6～11	叶菜类、茄果类、豆类、瓜类等
	渝东北	800～2000	6～11	叶菜类、茄果类、豆类、瓜类等
	"一圈"区域	800～1200	1～12	叶菜类、茄果类、豆类、瓜类等

（邱正明）

第二节　湖北省高山蔬菜

一、产业现状

高山蔬菜是长江中下游区域的特色优势产业，发展势头迅猛，在平衡蔬菜市场供应、增加山区农民收入和加快山区新农村建设等方面做出了巨大贡献，在我国夏季无公害蔬菜供应中具有战略意义。湖北省的高山蔬菜产业经过 30 年的发展，规模已居全国首位，基地主要分布在鄂西山区(宜昌、恩施、襄樊、十堰)，生产基地面积已愈 170 万亩，播种面积近 245 万亩，总产量 465 万吨，总产值 67 亿元以上。高山蔬菜主要分布在二高山(海拔 800～1200m)和高山地区(海拔 1200～2200m)，6～9 月海拔 800～1600m 的高山地区日均温度仅有 15～25℃，非常适合喜冷凉蔬菜的生长，是发展夏季反季节无公害蔬菜的理想场所。高山地区以甘蓝、萝卜、大白菜等喜冷凉的十字花科蔬菜为主，二高山地区则以喜温的辣椒、番茄、四季豆、甜玉米等为主；已形成生产、加工、销售一条龙的产业链。湖北省长阳土家族自治县是全国高山蔬菜产业的发源地，是全国重点蔬菜生产信息监测县之一，到 2016 年，长阳高山蔬菜基地已达 30 万亩，年种植面积 50 万亩，年商品产量 120 万吨，蔬菜产值逾 20 亿元，平均亩产值 2268 元。高山蔬菜冷藏、包装、物流、服务、劳务、引资等方面经营收入达到 10 亿元，占全县农业总产值的 35%。2015 年，恩施土家族苗族自治州(简称恩施州)高山蔬菜播种面积 90 万亩，产量 135 万吨，产值 15 亿元。利川市种植面积最大，建成了齐岳山 10 万亩甘蓝基地、40 万亩通过农业部认证的绿色食品原料基地。其次是恩施州、巴东县和鹤峰县。

高山蔬菜供应 6～11 月"秋淡"市场具有广阔的发展空间和良好的市场前景。湖北高山蔬菜产品 80% 以上销往外省，东到上海，南到广州、深圳、福建等地，成为全国夏季蔬菜产品大流通中的新亮点。通过反季节栽培，上市多种蔬菜，缓解了我国华中、华东、华南地区大中城市夏秋蔬菜淡季矛盾。30 年来，高山蔬菜历经了从小面积到连片规模经营，从结构单一到品种多元化，从常规生产到绿色食品标准化生产，从粗放经营到产品加工品牌营销，从国内市场到国际市场的跨越式发展，高山蔬菜已成为高山人民脱贫致富奔小康的支柱产业，也是农业发展的优势产业。

二、种业发展情况

湖北高山蔬菜自 1986 年长阳率先起步，至今已经历 20 多年的发展历程。高山蔬菜从无到有，由小到大，由少到多，稳步发展。目前，湖北的高山蔬菜种植已扩展到恩施、十堰、襄樊、神农架等鄂西北和鄂西南地区，面积已达到 160 万亩。种类主要包括大白菜、白萝卜、甘蓝、番茄、辣椒、四季架豆、黄瓜、茄子等。其中大白菜种植面积约 30 万亩，白萝卜种植面积约 40 万亩，甘蓝种植面积约 46 万亩，番茄种植面积 18 万亩，辣椒种植面积约 12 万亩，四季架豆约 2 万亩，黄瓜、茄子和其他品种共计约 12 万余亩。由于高山蔬菜的大面积发展，给湖北省蔬菜种业发展开辟了一个全新的领域。但是，回顾过去，蔬菜种业也存在许多问题。

1. 高山蔬菜种业产生经济效益可观

目前，湖北高山蔬菜总面积 160 万亩，其中大白菜 30 万亩，需种子 30 万袋，按每袋平均利润 15 元计算，可创利 450 万元；白萝卜 40 万亩，需种子 80 万罐，按每罐平均利润 30 元计算，可创利 2400 万元；甘蓝 46 万亩，需种子 92 万袋(每袋 25g)，按每袋平均利润 0.5 元计算，可创利 46 万元；番茄 18 万亩，需种子 54 万袋(每袋 10g)，按每袋平均利润 5 元计算，可创利 270 万元；辣椒 12 万亩，需种子 24 万袋(每袋 25g)，按每袋平均利润 2 元计算，可创利 48 万元；四季架豆 2 万亩，需种子 10 万千克，按每千克平均利润 3 元计算，可创利 30 万元；其他种子约创利 100 万元。所以，160 万亩高山蔬菜带来的种业产业年直接效益是 3244 万元，产生的经济效益明显。

2. 高山蔬菜种业的发展产生良好的社会效益

一是增强了农业科技竞争力。优良的品种是农业产业发展的基石，高山蔬菜种子产业的发展为高山蔬菜生产发稳健发展奠定了良好的科技基础，通过高山蔬菜种业的健康发展，新的品种面积扩大是必然的，新品种的推广对高山蔬菜品种结构调整启动具有无可替代的保障作用，而在各种业公司之间为了抢占市场，必然又会刺激新优品种的不断推陈出新，以更优质更廉价的种子应对市场，这也将间接促进和推动我国蔬菜育种的不断进步，带来了科学创造和研究，增强科技竞争，有力地推动社会进步。二是扩大就业面，一方面，优良种子为高山菜农带来经济效益的同时，也将客观鼓励和推动高山蔬菜生产面积的扩大，吸纳更多的城乡劳动力从事高山蔬菜产业；另一方面，各种业公司要拓展自己的业务，必须招聘员工，到公司为其服务。这些应聘员工根据公司招聘要求，大多是大学毕业生，所以种业的发展解决了部分大学生的就业问题。

三、产业存在的主要问题

迅猛发展的高山蔬菜逐渐暴露出一系列生产技术和生态环境问题，制约着产业的可持续健康发展。

(1)高山蔬菜多年来种植品种相对单一，茬口集中，缺乏专用品种和科学轮作间作套作栽培模式。由于品种和茬口单一集中，生产效益风险随面积的不断扩大而增大，少量品种的相对集中上市给销售带来压力，间断性的"菜贱伤农"现象偶有发生，效益不稳，高山蔬菜的增效潜力未得到充分发挥。高山地区多年来沿用平原地区的品种，缺乏针对高山气候特点的高山蔬菜专用品种，急需筛选适合高山种植的蔬菜专用品种、高效茬口模式和配套栽培技术，优化产业结构，提高种植效益。

(2)生态环境包括高山蔬菜废弃物生物处理问题等需要进一步治理。高山地区坡耕地，由于历史的原因，蔬菜产区农民"重眼前、轻长远"的思想影响，局部地区出现水土流失情况，水土流失导致耕层减少，土壤有机质降低，同时长期单一品种种植导致土壤酸化严重，土壤生态急需改善。此外，高山蔬菜产业每年产生尾(废弃)菜特别多，如长阳县高山蔬菜产业每年产生尾(废弃)菜 20 万吨以上，高山地区种植大白菜、萝卜、甘蓝等蔬菜，商品采收后大部分外叶及大量残次产品被遗留下来，到处堆放，严重污染环境，成为病虫害的滋生源，影响周边的蔬菜健康生长。急需一套避雨覆盖、地膜覆盖、土坎+生物埂方式、高山蔬菜废弃物生物处理技术，变废为宝，迅速转化成可再生利用的回田肥料，提高大田有机质，减少肥料投入成本，节本增效。

(3)急需土壤酸化治理技术及土壤修复技术。高山蔬菜种植基地多年连作、种植户为了高产盲目增施化肥，长期大量施用化肥导致土壤酸化，近年来酸化有蔓延的趋势。酸化严重的甚至引起土壤结构层破坏，土壤板结，盐渍化加重，重金属沉积，作物根系发育受限，土壤中肥料无法吸收，植株生长停滞，有些甚至完全绝产，严重影响农民的效益。急需一套科学的测土配方施肥，适当减少化肥用量，增加有机肥及功能生物菌肥的施用，增加生物菌肥、解 P 解 K，提高土壤肥力，节本增效。

(4)急需高山蔬菜病虫害绿色防控技术及高山十字花科蔬菜根肿病生物防控技术。高山低温多湿、二高山高温干旱等独特的气候特点造成独特的病虫害发生规律，高山蔬菜基地多年连作，连作障碍(根肿病、土壤酸化、新型病害不断出现)发生日益增多，2008 年开始根肿病在长阳局部地区流行并迅速蔓延。该病具有传播快、致病力强的特点，根肿病对十字花科蔬菜生长造成毁灭性的影响，高山十字花科蔬菜种植占有很大的比例，而化学药剂(科佳、福帅德等)的防效有限，并且对土壤有部分的副作用。蔬菜生产中病虫害危害程度有加重趋势，防控难度加大，进而造成生产成本不断增加而产量、品质和效益不断下滑的趋势，使高山蔬菜的生产效率下降，生态和安全问题显现，急需一套保障产品质量安全的高山蔬菜病虫害绿色防控技术。

(5)高山蔬菜采后处理技术滞后，采后处理及加工转化率低。急需科学的采后加工及商品化包装储运技术。高山夏季反季节生产，蔬菜产品以点对面从冷凉的高山地区往炎热的平原地区长途运输销售，产品在长途运输过程中容易发热变烂。目前高山蔬菜产品采后处理方面主要是以简单分级处理后鲜销上市，附加值低，特别是对部分精细蔬菜预冷技术薄弱，产后损失率高，深加工产品开发处于空白，产品加工转化率不足 10%，资源浪费大。生鲜蔬菜的保鲜期及货架期降低，影响产品销售半径及产品提档，从而影响农民效益提升。急需科学的采后加工及商品化包装储运技术，提高产品的保鲜期，延长货架期，减少损耗，扩大销售半径，提高产品的价值。

（6）基础设施建设落后。目前交通大通道打通了，但不少高寒偏远地方还不通过公路，生产资料进山和产品下山均靠肩挑背扛，不仅难以降低生产成本，而且严重影响到产品销售；高山蔬菜基地沟、渠、路不配套，多为"望天收"，抵御自然灾害的能力不强。基础设施和技术装备水平滞后，加剧了结构性、季节性、区域性蔬菜价格的大幅波动。

四、高山蔬菜种业存在的问题

1. 一品多名，品种雷同

把同一品种更改包装名称上市，如某一白萝卜品种可改成 3～5 个名称，"换汤不换药"，导致农民眼花缭乱无从选择，同种异名的现象在高山蔬菜种业普遍存在。

2. 品种良莠不齐，品种入市门槛低

许多品种并未进行试验、示范，而是直接由生产商供应到零售商，并未经种子管理部门登记备案，由零售商又直接供应到户。种子不经试种，往往难以确定其对当地气候因子的适应性。现在许多白萝卜品种，种植出来后，有的先期抽薹，有的抗病力低下，有的没有根形等，待收获时重新种植，时间已来不及，误了一季生产，损失严重。谁来承担责任？种子供应商会说是气候问题，农户会说是种子问题，所以矛盾很大，造成社会不稳定。

3. 品种后期服务跟不上

有些种子公司为了追求利益，不管种子质量，只求量、不求质，派出的业务员也为了维护公司利益和自身效益，一味推销种子，有的业务员根本不懂业务，不知道自己推销的蔬菜种子长出来是什么形状、什么颜色，在生产中张冠李戴的情况时有发生。

4. 赊销方式扰乱正常经营秩序

高山蔬菜生产是露地生产，是露天工厂，受水分、温度、土壤、光照等许多因子影响，有许多时候，即使是一个好品种也因此受到影响，而不能正常生长，由于赊销，如果蔬菜生长不良，农户没有蔬菜出售，反过来，农户也会找借口赖账，并由此产生许多矛盾。

5. 国外品种充斥市场

现有的高山蔬菜高档市场基本被国外垄断，除辣椒和甘蓝外，其他种类的品种以日本、韩国等的品种居多，既增加了检疫病害传入的风险，种子价格也普遍偏高。

五、经验与建议

1. 加大科技投入，针对产业存在的问题开展科研攻关，加强科技支撑力度

立足科技创新，针对产业存在的问题，科研机构和大中专院校开展从品种、茬口、土肥、病虫植保、采后加工、生态等多层次产业技术研发，加快研发一批新品种、新技术、新模式。

（1）筛选和应用高山蔬菜专用品种及应用高效种植模式，推广高山蔬菜品种茬口多样化技术。①遴选出 28 种适合高山种植的高效蔬菜作物，实现高山蔬菜的种类多样化。②选育和筛选适合高山栽培的抗病抗逆高山蔬菜专用品种 67 个，提高了品种的生态适应性，也提高了产品市场竞争力。③确定不同海拔山区高山蔬菜的生产分布规律及适宜的种植期，总结出梯度排开播种技术。④研究总结了多种大宗菜和精细菜合理搭配布局高效茬口模式。高山专用品种可增强作物抗逆性、商品性、产量，减少农药用量，提高农户种植效益。高山栽培的大宗蔬菜与精细蔬菜合理搭配布局高效茬口模式，优化产业种植结构，实现品种多样化，提高品种的生态适应性，让高山蔬菜种植一茬变多茬、连作变轮作、品种大宗变精细，年均复种2～3 茬，年均亩均产值比传统模式显著增收。

（2）应用和普及栽培技术规程。在进行萝卜、番茄、结球甘蓝、大白菜、辣椒等蔬菜生产和采收处理

过程中，普及绿色食品高山蔬菜生产技术规程，达到规范种植、标准化管理的目的。通过测土平衡施肥、有机和无机肥配合施用减少化肥的施用量，提高蔬菜品质和菜农种植效益。

(3)应用和推广病虫害绿色防控技术。应用杀虫灯、防虫网、诱虫板、功能微生物、自然天敌等防控措施，减少化学农药的使用量，减少环境污染，保障食品安全。高山十字花科蔬菜根肿病生物防控技术与非十字花科蔬菜轮作、选用筛选出来的高抗根肿病的'金锦3号'大白菜等品种，以及采用生物农药NBF-926控制十字花科蔬菜根肿病发生。

(4)示范和推广生态栽培技术。开展沟厢改造及生物护埂技术、高山避雨覆盖技术(包括避雨凉棚和地膜覆盖技术)等生态栽培技术措施。减缓水土流失，消减土壤有害病原菌，大幅减轻土传病害，改善土壤结构，平衡营养，使水肥利用率提高。

(5)示范和应用先进的采后处理技术。加强高山蔬菜采后加工及残次品加工技术研究与示范。建立高山蔬菜采收-清洗-整理-分级-包装-田间预冷商品化处理技术规范及残次品加工技术规范，提高产品附加值，提档增值增效。

(6)摸索高山蔬菜废弃物资源化利用技术。针对高山地区开发的低温高活性秸秆腐熟剂产品；含水量大的高山萝卜、甘蓝和大白菜与秸秆联合堆肥发酵技术；果菜类蔬菜秸秆快速堆肥腐熟技术。

2. 依托资源优势，打造高山蔬菜品牌，促进产业提档升级，增强市场竞争力

依托高山天然的"绿色"资源，着力发展生态、安全、环保、高效的特色蔬菜，加大了无公害产品、绿色食品认证和产地认定的工作力度，积极申报了无公害食品和绿色食品，努力培植高山蔬菜品牌。2009年，"火烧坪"牌高山蔬菜获得了湖北省著名商标，2014年荣获中国驰名商标。目前，"火烧坪"牌结球甘蓝、大白菜、白萝卜，"憨哥"牌番茄、辣椒，"紫台山"牌四季豆、莴苣等产品获得了国家"A级绿色食品证书"，"三品"数量在全省同类县(市)中位居首位。积极组织参与由湖北蔬菜协会举办的"百优蔬菜"和"十大名菜"评选活动，长阳县"火烧坪"白萝卜荣获全省"十大名菜"称号，"火烧坪包儿菜"获得国家地理标志称号。通过"火烧坪"高山蔬菜系列品牌的发展壮大，不断提高了长阳高山蔬菜的知名度和市场竞争力。利川市共申请注册蔬菜品牌36个，共19家企业、20个商标、49个产品获得有机食品、绿色食品和无公害农产品认证。"利川山药"、"利川莼菜"、"利川天上坪"(甘蓝、大白菜、白萝卜)获得国家地理证明商标保护；"利川龙船水乡山药"、"利川山野莼菜"获有机认证。已获批创建全国绿色食品蔬菜原料标准化基地40万亩；利川为湖北省蔬菜大县，"利川天上坪高山甘蓝"为"湖北十大名优蔬菜"；"利川莼菜"、"利川山药"在2011年全国区域农产品公共品牌价值评估中，品牌价值分别为4.6亿元和5.1亿元。

3. 强化龙头企业建设，培育壮大市场主体，深入推进产业化经营

健全蔬菜生产、加工、销售产业链，重点强化龙头企业的培育，采取招商引资、资产重组、控股参股、兼并租赁等综合措施，培育壮大一批联结生产基地和销售市场、拉动力强的蔬菜产业龙头企业。培育以农民为主体的蔬菜专业合作组织，规范运作行为，保障会员合法权益，增强凝聚力。大力推广"龙头企业+专业合作社+农户+基地"模式，鼓励企业与专业合作经济组织和农民建立起利益共享、风险共担的一体化经营机制。

一是加快发展蔬菜加工业，努力构建多元化、系列化、专业化的产品加工体系，提升产业集成度和资源利用率。营造良好的发展环境，积极引进和扶持龙头企业。在继续培育和发展冷库加工群体的基础上，扶持湖北华康食品有限公司、火烧坪高山蔬菜集团等现有加工龙头企业开展高山蔬菜深加工，生产适销对路的特色蔬菜系列食品。研究制订一系列吸引外商及国内外企业、客商投资蔬菜绿色食品加工业的优惠政策，发展壮大蔬菜加工业。利川市现有蔬菜龙头企业15家，蔬菜专业合作组织达到120个。其中涉及蔬菜生产、加工、营销等各个环节。利川高山蔬菜经过近几年的迅猛发展，产业规模增长迅速，蔬菜产业已成为县域经济主导产业之一。2016年利川市南坪蔬菜专业合作社、利川市振辉无土栽培专业合作社成功申报国家级专业合作社。

二是强化市场体系建设，不断开拓国际国内市场。引导农村经纪人、物流公司、营销大户、经济能人等中介组织在自愿互利的基础上形成联合经营体系，并把产、加、销各个环节、行业组织连接起来，联合开拓国内

外市场，实现深购远销。加大产地批发市场和全国各大中型农产品专业市场营销网点等市场体系建设，强化营销机制创新，充分运用连锁超市经营、配送销售、网上交易等现代经营方式和手段，促进特色蔬菜产销直挂。

4. 推行标准化生产。严格产品质量，确保产品安全

一是不断加强无公害标准化生产的宣传和技术培训，充分利用广播、电视、印发宣传资料、设立宣传牌等多种形式加大宣传力度，利用多种形式和途径积极组织并开展无公害生产技术培训，增强农民发展无公害生产的意识，真正做到每户农民有一个技术明白人，提高农民无公害蔬菜生产的自觉性。

二是加强蔬菜产品的检验、检测。建立健全蔬菜检测体系，加强高山蔬菜产地和市场检测，搞好菜区源头治理，确保产品质量安全。

三是严格对农药、肥料等农业投入品的监督管理，常年组织专班开展定期和经常性地对高山蔬菜产区农药、肥料等农业投入品市场进行全面检查，严格查处销售违禁农药的违法行为，在全省乃至全国第一个禁止有机磷单剂农药在蔬菜产区销售和使用，真正做到从源头上确保蔬菜产品的质量和安全，严把投入品准入关。我们充分发挥农产品质量安全监督职能，在蔬菜生产的关键环节和集中上市时间，组织大量技术人员，大力开展对各地区蔬菜产品的检验、检测，确保进入市场销售的蔬菜产品农残不超标，严把市场准出关，使长阳高山蔬菜直供北京奥运和上海世博会，畅销韩国、俄罗斯等国家。我们以宜昌市创建全国最佳食品安全放心城市为契机，在全县高山蔬菜重点产区探索建立了蔬菜安全追溯制度，"扫一扫"二维码即可找到冷库业主、生产农户等信息，实现了"从田间到市场"的全程质量可控可管。

5. 大力发展高山蔬菜加工，不断延伸销售市场

到目前为止，全县高山蔬菜已有冷库 67 家、机组 112 台、库门 224 个，总库容量 48 867m³，日预冷量可达 1200t 左右；有蔬菜生产合作社 105 家，其中有 55 家合作社在蔬菜主产区资丘、渔峡口、椰坪、贺家坪、火烧坪，引领 6100 户农民走合作经营道路，实行规模化生产，年种植蔬菜 18 万亩，生产量达 54 万吨，年产值达 5.1 亿元；全县有蔬菜深加工企业 4 家，包装生产企业 4 家，其中生产加工能力较强的是湖北华康食品公司和宜昌巴楚蔬菜科技开发有限公司。湖北华康食品自 2011 年成立，注册资金 5000 万元，生产车间占地 1200m²，以生产加工脆皮萝卜、萝卜丝、萝卜条、酱菜为主，自 2013 年投产以来，产品逐步由超市走向北方部分市场，如安徽合肥和芜湖、山东潍坊等地，年销售产品 15 000t 左右，产值 900 万元。宜昌巴楚蔬菜科技开发有限公司自 2008 年成立以来，集包装生产、蔬菜预冷、加工物流于一体，年生产包装箱 200 万个，预冷销售蔬菜 4 万吨，在贺家坪镇紫台村建有 2000 亩避雨设施栽培大棚，有效地解决了番茄遇雨灾、冷冻等灾害天气染病的实际生产难题，并延长了采收期，亩增产达 5000 斤①以上，增收达 15 000 元以上。高山蔬菜新型经营主体，以及冷藏、包装、加工业的不断兴起，大力延伸高山蔬菜销售市场，带动了蔬菜价格的稳步提高，促进了高山菜农的增收。

6. 强化环境保护，确保生态安全

采取得力措施，对产区内 25°以上的坡耕地进行退耕还林、还药、还草，制止毁草种菜、毁林开荒和陡坡垦覆现象发生，防止水土流失。同时，加强产区内环境监测工作力度，建立产区内环境监测管理体系，完善环境监测制度，确保产区内良好的生态环境；积极采取休耕轮作、调酸补钙、配方施肥、土壤有机质提升和土壤酸化治理、以畜养田等措施，全面提高菜区土壤地力，开展耕地修复等工作；开展农膜和残膜回收、再生资源利用；加强坡耕地治理，大力推广生物埂治理措施，减少水土流失；开发尾(废弃)菜和农作物秸秆综合利用项目，从根本上解决农业生态环境和高山蔬菜标准园建设问题。全县采取了多项措施，近几年通过世行贷款、水保工程等项目对火烧坪等地蔬菜产地生态环境进行了治理和保护，其中退耕还林还草总面积达到 5000 亩，基地栽植生物埂(植物篱)30 万株，修造 U 形槽 20 000m，建水土过滤池 400 多个，聚雨灌溉池 560 多口，田间作业道 40 000m。此外，大力推广根际生态修复技术、物理和生物防虫防病技术、微蓄微灌技术、测土配方施肥技术、轮作换茬和深耕改土技术等，使土壤生态得到了一定的改善。

---

① 1 斤=500g。

7. 健全农产品质量安全监管体系

建立健全蔬菜质量安全监控网，完善基地、企业自检与专业检测机构抽检相结合的监测体系。支持蔬菜生产基地、龙头企业、蔬菜合作组织、农产品批发市场建设农产品检测室。建立蔬菜质量安全追溯制度和市场准入制度，健全投入品使用记录和生产档案。强化产地环境监测与治理，严格农业投入品源头控制，把好植物检疫关口，推广标准化生产技术，加强蔬菜"三品一标"认证管理，确保产品质量安全。

（邱正明）

六、应对市场采取的策略和措施

1. 提高种子入市门槛

俗话说"土肥水种、密保管工"，其中把"种"排在前面，说明正确选种的重要性，农业相关部门及地方政府应加强市场监管，提高种子零售商的经营门槛，可以采取交保证金、加强相关企业技术培训、持证上岗等措施，让零售商承担一定市场风险。另外，要确保进货渠道。

2. 严格种子上市程序

某一新品种上市，必须先试验、示范再行推广，才能保证该品种是否适应当地种植。种子管理部门可以与蔬菜科研机构、职能部门联合，选定专业试种基地，把不同的众多品种集中试验，选定一个或多个优良品种在当地作为主推品种种植，并把优良种子的遗传物质、生物学特性建档保存，以供种质比对。

3. 加强新品种推广力度

种子管理部门除做好种子档案的建立外，还应勤检查市场，摸清经营情况，有机结合县域蔬菜项目，把板块基地建设、示范园建设、生态保护建设等多个项目有机结合，树品牌、打名牌、建"一村一品、一乡一品、一品多销"（即多渠道销售），真正给种子销售市场一个宽松而不失严肃的环境。

4. 建立专业蔬菜育苗场

专业蔬菜育苗场是现代蔬菜产业的发展趋势，是现代蔬菜集约化生产的体现，也是现代蔬菜育苗技术的体现。建立专业蔬菜育苗场，一是能错开播期，避免集中上市。二是可以利用异地育苗，在低海拔育苗、高海拔移栽，使蔬菜幼苗避开低温，减少先期抽薹现象的发生。三是可以培养一批专业育苗人才队伍，激活乡镇农技站现有局面。乡镇农技站由于近几年的改制，呈现出并不十分景气的局面，通过建立专业育苗场，启用技术人才，责任到人、具体到事，与经济效益挂钩，可以探索出一条建设农村基层人才队伍的新路子。

5. 聘请专家作为常年顾问

通过聘请专家顾问方式，由专家进行不定期种子销售技术讲座、种子管理讲座、宣传种子法等有关种业的技术和知识，让经销商认识种子经营的重要性，让菜农了解良种良法的重要性，相互理解，共促种业的和谐发展和可持续发展。

6. 加强品种选育

加强高山蔬菜专用品种的选育，培育一批具有我国自主知识产权的高山蔬菜优良新品种。

（李鹏程　王兴国　向希才）

七、发挥区位优势，促进湖北外向型蔬菜产业发展

1. 湖北外向型蔬菜产业背景

(1)蔬菜产业在保障人民健康生活、促进农民增收、平衡农产品国际贸易、分担城乡就业压力等方面意义重大

蔬菜瓜果提供人体所必需的矿物质、维生素、氨基酸营养物质及粗纤维等其他保健物质，是提高生活

品质保障人民现代健康生活不可或缺的必备副食品。与此同时，经过新一轮的农村产业结构调整，蔬菜产业规模连续 20 多年保持了较高速度增长，蔬菜已成为我国除粮食以外的第一大作物，是种植业中促进农民增收最具活力的重要支柱产业。我国瓜菜播种面积为 2144.82 万公顷，占世界的 43.25%，是世界第一蔬菜生产大国。我国蔬菜净产值年均 4700 多亿元，占种植业总产值的 35% 以上；蔬菜对全国 9 亿农民人均纯收入的贡献额为 370 多元，而且是现金收入。此外，蔬菜种植为全国农村解决了 9460 多万人就业，蔬菜运销和加工为城乡居民解决了 9900 多万人就业。

随着经济全球化、市场一体化进程的推进，加剧了全球蔬菜生产基地布局的调整和蔬菜贸易格局的改变。欧美等发达国家蔬菜生产由于受劳动力资源短缺和劳动力成本大幅度上升的影响，蔬菜生产总量呈稳中有降的趋势，而中国、印度等亚洲发展中国家蔬菜生产发展迅猛。在加入世贸组织以后，蔬菜也是我国具有较强国际竞争力的农产品之一，出口快速增长且潜力巨大。近年我国蔬菜出口形势保持持续增长，2003 年出口量 552.69 万吨，出口额 30.68 亿美元，贸易顺差 29.96 亿美元，占同期全国农产品贸易顺差的 119.98%。这表明，我国蔬菜产品继续保持较强的竞争优势，在平衡农、牧、渔业产品国际贸易中的地位和作用十分突出。

(2)高山菜、水生菜、露地越冬菜等领域地域特色和外向优势明显，湖北蔬菜产业举足轻重

湖北是蔬菜的适宜产区，也是全国蔬菜主产区之一，十三大类 560 多个种类的蔬菜能四季生长，周年供应。湖北商品蔬菜(包括西甜瓜)播种面积近十年来一直保持强劲的增长势头，蔬菜产业迅猛发展。全省瓜菜年播种面积近年来稳定在 1650～1850 万亩，产量 340 亿 kg，总产量在全省种植业居第一位，产业规模列全国第四位；其中喜冷凉露地越冬蔬菜 400 多万亩，产量 150 亿 kg，产值 60 亿元；高山蔬菜 120 万亩，产量近 50 亿 kg，产值 30 亿元；莲藕等水生蔬菜约 90 万亩，产量 20 亿 kg，产值近 20 亿元；三类产业规模均居全国首位；西甜瓜 150 万亩，产量 39 亿 kg，排在全国第七位。全省瓜菜总产值 330～370 亿元，占种植业总产值的 30%～35%，在全省种植业居中第一位。

自 20 世纪 80 年代后期放开蔬菜市场，实施"菜篮子"工程以来，我国蔬菜早已摆脱"统购统销"的桎梏，形成了全国大市场、大流通的产销格局，在这一格局中，湖北省以高山蔬菜、水生蔬菜、露地越冬菜为主体包括魔芋、食用菌、菜用土豆、山野菜、红菜薹等在内的地域特色蔬菜产业的产业优势逐步突显，产品 80% 以上销往省外及国外，年外销产值达到 150 多亿元，在满足我国夏、冬时节蔬菜供应和促进湖北省菜农增收方面发挥着重要作用。

随着国内人民生活水平的逐步提高和中国的入世，国内外两个市场对蔬菜产业的发展提出了新的要求，抓住机遇，突出特色，依靠科技进步全面提升湖北外向型(省外及国外)瓜菜产业整体水平势在必行。

2. 湖北外向型蔬菜的区位优势及产业制约因素分析

在全国各地商品蔬菜大发展，供求总量趋于平衡的大背景下，我国商品蔬菜基地逐步向优势区域转移，各地蔬菜通过低成本和优质特色参与大流通、大循环并取得市场优势；在新的格局变革过程中，湖北蔬菜经过多轮的市场选择和技术积淀已逐步出现自身特色，认真审慎分析湖北特有的地理及气候等自然条件与区位优势，对于面向国内、国际两个市场因势利导发展外向型蔬菜产业至关重要。

(一)喜冷凉露地越冬菜，规模逐年扩大

1)基本情况

喜冷凉的露地越冬菜指在秋冬及早春季节在大田露地种植的大宗蔬菜，如春秋大白菜、小白菜、甘蓝、花菜、萝卜、芥菜、红菜薹等十字花科叶菜，洋葱、大蒜、韭菜、茭头等葱蒜类；秋冬莴苣、西芹、蚕豆、豌豆、早毛豆、春土豆等其他耐寒种类蔬菜。这类蔬菜以嘉鱼潘湾、襄阳双沟的越冬甘蓝、大白菜，云梦、天门的花菜、甘蓝，荆州、武汉周边的红菜薹、莴苣、毛豆，钟祥、广水、孝感的大蒜、小香葱、地膜土豆等为代表，涉及近 20 个主产县(市)，占湖北省全年蔬菜生产总量的 40% 以上，也是湖北省近年来面积扩展最快的蔬菜种类。此类产品大部分销往河南以北和重庆以西的我国西部、北部大部分城市，是我国冬春及"春淡"鲜菜供应的主产地之一。

2)区位优势

从全国冬季蔬菜产地格局来看,每年 10 月到翌年 4 月,我国北方大部分地区日均气温在 0℃以下,冰天雪地,露地蔬菜无法生长,面积有限的大棚蔬菜生产成本也较高,只能生产价格相对较高的瓜类和茄果类蔬菜;而我国南方大部分地区则暖意融融,露地蔬菜也以价格相对较高的瓜类、茄果类蔬菜或搭架的豆类蔬菜为主;而以湖北为中心的华中大部分地区日均气温在 5~10℃,比较适合较耐低温的十字花科蔬菜及部分葱蒜类与叶菜类蔬菜的生产,虽然价格偏低,但成本更低,病虫也少,生产的喜冷凉蔬菜值优价廉,市场区位优势明显。此外,湖北属传统农业大省,粮棉油主产区,推广"粮-菜"和"棉-菜"模式,在大农业农作区发展此类露地越冬菜具有明显的效益比较优势和市场优势。

3)主要问题

(1)基地相对分散,大的区域划块与整合不够,产业链条不长,规模化优势未充分体现,总体效益受周边生产面积的增减和"暖冬"气候的影响程度等因素影响,市场波动较大。

(2)主产品的前后精细品种搭配需要进一步优化,周年茬口模式有待进一步调整。

(3)产业配套服务与增产增效技术支撑体系有待加强。

(二)高山蔬菜,方兴未艾

1)基本情况

高山蔬菜即在二高山(海拔 800~1200m)和高山(海拔 1200~1800m)可耕地,利用高海拔地区夏季自然冷凉气候条件生产的天然反季节商品蔬菜。现在种植的高山蔬菜主要是以甘蓝、大白菜、萝卜、花菜等十字花科蔬菜为主,其次为辣椒、番茄、胡萝卜、芹菜、四季豆等。在市场机制作用下,湖北省高山蔬菜近年发展势头迅猛,基地面积 60 万~70 万亩,播种面积约 120 万亩,涉及 14 个主产县(市)40 多个主产乡(镇),主要分布在鄂西部山区(宜昌、恩施、十堰、襄樊、神农架林区),高山蔬菜单季亩产值 1500~2000元,已逐步发展为带动山区农民增收的支柱产业之一。湖北省高山蔬菜总体产业规模居全国首位,是名副其实的高山蔬菜种植大省,在全球气候变暖背景下产业发展潜力巨大,前景十分广阔。高山蔬菜产品销往我国中、东和南部大部分地区,是我国夏季喜冷凉和喜温蔬菜无公害生产的重要战略基地。

2)区位优势

从我国蔬菜市场流通来看,蔬菜的异地流通主要是 10 月至翌年 5 月期间由于南北气候差异而导致的蔬菜南北交易为主,但在每年 6~9 月期间全国气候基本处于相同的高温时节(日均温 28~35℃),南北气候差异不明显,蔬菜异地交易量相对较少,而此时更多的则是山上对山下的交流,是点对面的交流,总体供不应求。高山蔬菜的主体销售市场是我国南方及中东部四十多个大中城市,少量销往港澳台地区和日本、韩国;同时广大的东南亚各国此时也大多处于高温季节,对高山蔬菜的潜在市场需求更大。另一方面,从水平方向看,我国虽然山地资源丰富,但往北降雨不够(年均不足 400mm),往南山地耕作层不够(不足2cm),往西路途遥远(运费每斤 0.4 元以上),往东海拔高度不足(800m 以下),所以,湖北为中心的高山蔬菜商品生产区位优势独特。

从质量上讲,高山蔬菜不仅天然反季节市场好,而且可低成本实现无公害、品质优。例如,湖北省鄂西山区是我国发展夏季无公害绿色食品蔬菜的理想产地,充分利用高山"天然冷库"的自然气候条件及优质生态环境,将"无公害"与"反季节"、"生态"与"高效"在山区有机结合,利用高山优良的生态环境发展绿色食品蔬菜具有得天独厚的有利条件。一方面,由于 6~9 月的高温暴雨及相伴而来的病虫害使广大低山平原地区蔬菜(尤其是喜冷凉蔬菜)的生长环境条件变得恶劣,蔬菜生产成本提高,质量与产量下降。而此时海拔 800~1600m 的高山地区日均温度仅有 15~25℃,土壤疏松,土层深厚,有机质含量高,酸碱度适中,非常适合蔬菜(尤其是喜冷凉蔬菜)生长,病虫害也较少,能低成本实现夏季蔬菜的无公害。另一方面,高山可耕地远离城市闹市区,山高人稀,空气清新、水质清澈、土壤和水质无"三废"污染,是一方未被污染的净土,各类蔬菜作物的生产基本都能达到无公害绿色食品标准。此外,高山蔬菜还因高山地区昼夜温差大,空气湿度高,所以高山蔬菜质地脆嫩多汁,商品性好。

3）制约因素

湖北省高山蔬菜在迅猛发展的同时也暴露出一些问题，影响着该产业的可持续健康发展：①种植品种相对单一，茬口集中，效益不稳，高山蔬菜的增效潜力未得到充分发挥；②缺乏针对高山蔬菜的科学栽培管理技术规范，老区生产效率下降；③生态问题显现；④高山蔬菜采后处理技术滞后，制约高山蔬菜的市场半径和品种多样化选择。

（三）水生蔬菜，得天独厚

1）基本情况

水生蔬菜是指莲、茭白、荸荠、芡实、菱、莼菜、慈姑、豆瓣菜等一类在湿地环境生长的蔬菜，在湖北广泛栽培的近 20 种水生蔬菜中又以莲（藕莲、籽莲和花莲）、芋头、茭白、荸荠等居多，占水生蔬菜总量的 80%以上。全省水生蔬菜年生产总面积达 90 余万亩，主要分布在江汉平原周边的低洼湖区和水稻主产区，面积、产量均居全国首位，藕-稻模式的普及使莲藕的栽培在周边省份迅速扩大，产品销往我国偏南、偏北和偏西地区。

2）区位优势

由于受自然气候条件限制，水生蔬菜的生产仅局限于我国长江中下游及以南的湖区周边区域，生产量有限；而由于大多数水生蔬菜产品为保健食品，水生蔬菜产品的消费遍及全球各地，使水生蔬菜在国际农产品贸易中占有明显优势，水生蔬菜已成为我国重要出口农产品之一，除日本等东南亚国家外，每年在澳大利亚及欧美各国均有极大的出口空间。我国是水生蔬菜原产国之一，品种资源相对丰富，栽培历史悠久，在世界水生蔬菜生产及研究中占有重要地位，目前，我国水生蔬菜主要分布在长江流域、珠江流域及黄淮流域。湖北气候湿润，雨量充沛，雨热同季，水网密布，湿地资源十分丰富，素有"千湖之省"的美誉，且水田面积充足土壤肥沃，淤泥深厚，发展水生蔬菜的条件得天独厚。

3）主要问题

①在销售方面，现有保鲜贮藏技术不能满足日益增长的国内外市场（尤其是供应欧美市场）的要求；②在生产上缺少抗病资源，缺乏健全的水生蔬菜安全生产技术体系；③在加工方面，缺少专用品种，与加工技术设备不匹配，加工成本偏高，且新兴加工产品花色偏少。

（四）其他区域特色蔬菜，稳步发展

1）红菜薹、藠头

红菜薹又名紫菜薹，是小白菜的一个变种。红菜薹原产于武汉市洪山区，是湖北省特产蔬菜，年栽培面积约 50 万亩。红菜薹生产主要集中在湖北、湖南、四川三省，近年来作为优质高档蔬菜引种到全国各地栽培，是长江流域秋冬季节不可或缺的一道传统佳肴。红菜薹产业中的主要问题是菜薹商品品质下降，外销储运和包装技术滞后。藠，学名薤，葱属百合科，宿根草本蔬菜，宜腌制做佐餐风味食品，有食疗美容价值，在日本、韩国及东南亚其他国家有较大的需求市场。武汉市郊主产数万亩，产业连作病害影响产量，加工环节薄弱影响价格，江西、湖南等新型基地拓展挤压湖北市场空间。

2）食用菌、魔芋

我国是世界食用菌生产第一大国，食用菌年产值达到 480 亿元，产量达到 1200 万吨，年出口额达到 11.3 亿美元；湖北省食用菌种植面积 1.5 亿平方米，鲜品产量约 60 万吨，年产值约 25 亿元，年出口创汇额 1.38 亿美元（占全省农产品出口创汇总额的 30%）。湖北省栽培的食用菌种类除传统的香菇、木耳、银耳、茯苓、平菇外，还引进了白灵菇、双孢蘑菇、巴西菇、灵芝、茶树菇、鸡腿菇、金针菇、杏鲍菇、草菇、真姬菇的栽培，大大地丰富了食用菌产品的种类，提高了经济效益。食用菌产业已经成为主产区的支柱产业和农民脱贫致富的重要途径。目前面临的主要问题有科技投入不足、菌种管理有待规范、龙头企业不大不强。魔芋属天南星科多年生草本植物，其干物质的主要成分是葡苷聚糖（KGM），在国际上被称为"保健食品"，市场前景十分广阔。魔芋为喜阴、喜湿、不耐寒、怕渍水的作物，生长环境要求特殊，全世界范围内适宜种植的区域极为有限，我国主要分布区仅在湖北、湖南、四川、重庆、云南、贵州等地。湖北省山区独特的自然环境极适合魔芋生长，鄂西及鄂西北的二高山以上地区是种植魔芋的理想之地，年种植规模 55 万亩，加工企业 100 多家，年产值 15 亿元。产业制约因素主要是连作病害严重影响生产，精加工新产品薄弱影响出口创汇效率。

　　3) 山地稀特蔬菜

　　山地稀特蔬菜是指主要在山区生长和种植的特色明显且由于栽培稀少而市场上鲜见的一类蔬菜产品。稀特蔬菜的营养价值一般不同于大宗蔬菜，它的风味、食用价值和食用方法独具特色且多种多样。近年来，随着人们生活水平的不断提高，对稀特蔬菜的需求数量也在不断增加，同时有些稀特蔬菜还是出口创汇的重要蔬菜品种，国际市场对特色蔬菜的需求数量也很大。湖北省生产的山地稀特蔬菜主要有薇菜、莼菜、山药、蕨菜、葛、襄荷、鱼腥草、箬叶、葛仙米、地衣、刺嫩芽、鸭儿芹、天葱、天蒜等，产地分布于鹤峰、利川、五峰等县，其中大部分产品以出口日本、韩国及欧洲各国为主，年创汇近 5000 万美元。湖北省鄂西山区雨水充沛(年降水 1200～1800mm)，植被丰富，发展山地稀特蔬菜区位优势明显。产业制约因素在于产地规划与保护、产品的加工工艺改进和驯化栽培技术(除薇菜、莼菜、山药外，其他以自然生长为主)的提高。

　　4) 西瓜、甜瓜

　　西瓜和甜瓜是人们普遍喜爱的"夏季水果之王"，全球西瓜种植面积 3900 万亩，甜瓜 1450 万亩，位列世界十大水果第五。我国的西甜瓜年种植面积稳定在 1800 万亩以上，总产值年均约为 165 亿元。2002年湖北省将西瓜列为主要农作物，全省西甜瓜种植面积近几年保持在 150 万亩以上，产量约 40 亿千克，年产值 22 亿～25 亿元，是湖北省重要经济作物。其中，武汉市周边(蔡甸、江夏、鄂州)的中小棚小果型礼品西瓜和甜瓜，江汉平原(荆州、洪湖、监利、潜江、荆门、仙桃)等地优质无籽西瓜和露地套种甜瓜，鄂西北地区(襄樊、枣阳、宜城、十堰)等地晚熟西瓜都在稳步发展，鄂西高山、半高山地区也开始尝试发展高山反季节西瓜。产业主要问题一是缺乏耐湿抗病的优质西瓜、甜瓜主栽品种，前期低温阴雨育苗困难及后期高温暴雨坐果困难影响西瓜稳产；二是栽培方式单一，上市过于集中，常出现季节性的"卖瓜难"。

　　3. 关于加强湖北省外向型蔬菜产业建设的建议

　　1) 优化湖北省外向型蔬菜基地规划与布局，整合现有特色板块，给予政策和项目扶持，形成跨县域的大型商品化蔬菜基地群落

　　作为湖北省六大优势农业板块之一的蔬菜板块，经过五年的努力，外向型蔬菜产业布局的雏形基本显现，但随着粮食价格上涨，劳动力成本的上升，在已经逐步与国际市场接轨的我国蔬菜大市场、大流通格局背景下，我国蔬菜基地格局正悄然发生着根本性变化，基地逐步向低成本的适宜地区集中，在此过程中，湖北省的主要商品蔬菜基地也在经历着不同程度的消长变化，如何及时把握市场变化脉络，审时度势，发挥区位优势，优化布局，整合现有蔬菜产业基地，做大做强湖北省外向型特色蔬菜产业便显得尤为重要。

　　(1) 以嘉鱼、孝感为核心的农作区发展喜冷凉露地越冬蔬菜，区域包括嘉鱼、天门、仙桃、云梦、安陆、襄阳、当阳、广水、武汉市郊等县(市)；技术上重点做好主栽品种的选择和高效配茬作物的遴选，政策上主要是规范和加强产地市场和绿色通道建设，鼓励产地运销大户和菜农协会等中介组织的发展。

　　(2) 以宜昌、恩施为主体的鄂西山区发展高山蔬菜、山地稀特蔬菜和魔芋，区域包括长阳、秭归、兴山、五峰、巴东、利川、恩施、鹤峰、保康、竹山等县(市)；技术上重点做好高山蔬菜品种和茬口多样化技术与生态栽培措施的集成及应用，魔芋软腐和白绢病害防治，魔芋加工新产品的研发，山地稀特蔬菜驯化栽培；政策上主要是加强高山蔬菜、山地稀特蔬菜和魔芋基地的规划及管理，加强基地道路、排灌等基础设施建设，鼓励高山蔬菜产地运销大户和基地冷库建设，扶持山野稀特蔬菜和魔芋加工龙头企业的发展壮大。

　　(3) 以江汉平原为中心，沿湖沿江发展水生蔬菜，以莲藕为主导，加强籽莲、芡实、芋头等水生蔬菜生产，区域包括洪湖、汉川、监利、仙桃、石首、公安、仙桃、鄂州等县(市)；技术上重点加强整藕贮藏保鲜技术的研究；政策上主要是扶持水生蔬菜出口创汇企业和基地的建设与壮大。

（4）以随州为代表的鄂北岗地发展食用菌和优质西甜瓜，区域包括随州、枣阳、房县、宜城、老河口、襄阳等县（市）；技术上主要是优质菌种、优质西甜瓜健康种子种苗的繁育；政策上主要是外销品牌的整合与建设，产地基础设施与产地市场建设的扶持。

2）面向国际、国内两个市场，以企业为龙头，加强特色型外向型蔬菜生产基地中介服务体系与公共服务平台建设

板块农业的核心（主轴）是可规模化商业化运作的优势农产品（主导农产品），这个优势是指市场优势，有特色就有市场，有市场的产品才有效益，有效益的产品生产基地才能形成规模，联结成板块。而龙头企业是产业的主角，中介组织是润滑剂，公共服务平台黏结剂。

（1）湖北省亟待培植的龙头企业与中介组织包括：基地种植大户、产地预冷运销大户、蔬菜商品化整理净菜包装配送公司、蔬菜加工出口企业等。

（2）湖北省亟待扶持建设的公共服务平台包括：①大型农贸市场和种子种苗、生产资料市场建设：利用湖北居中区位优势，将武汉发展为我国少数几个蔬菜产品及种苗等蔬菜技术产品的重要集散地之一；②省级蔬菜行业协会与行业网站建设：由基地菜农、涉菜企业、蔬菜生产技术服务与行政主管部门、大专院校与科研院所参加的省级蔬菜行业协会是组织和规范蔬菜产业重要环节的主要力量，健康的行业协会可为产业的健康发展保驾护航；省级蔬菜行业网站可搭建全省蔬菜产业信息与技术交流的公共服务平台。

3）依托湖北农业科技创新体系，联合攻关，攻克湖北省蔬菜产业中共性技术难题

湖北省是农业生产大省、科技强省，涉农大专院校和科研院所二十多个，应建立健全湖北省农业科技创新体系，加大科技投入力度，跨学科在蔬菜科学研究方面进行科技攻关，攻克湖北省蔬菜产业中带共性的技术难题：①湖北外向型蔬菜产业基地与产品的科学规划布局及周年高效茬口设计；②主要瓜菜品种资源（耐高温高湿和低温弱光阴雨）创新技术，优质瓜菜新品种选育及配套高效栽培技术；③以蔬菜连作病害（如十字花科根肿病、瓜类枯萎病、茄果类青枯病和黄萎病、莲藕的腐败病、薯蓣类的软腐病、根接线虫等）为主体的主要蔬菜作物的重大病虫害的无害化防治与土壤（板结、酸化、地有机质下降）综合改良技术；④生态型高山蔬菜标准化安全生产技术（包括品种茬口多样化技术、生态栽培技术、安全生产技术、采后处理技术等）；⑤优质莲藕、红菜薹、山地稀特蔬菜等的贮藏保鲜和包装技术；⑥耐储运、喜冷凉露地越冬蔬菜的主栽品种筛选与周年高效配茬技术；⑦山地稀特蔬菜的驯化栽培技术和产品加工工艺的改进提高；等等。这些共性技术难题的攻克对湖北省外向型特色蔬菜产业的可持续健康发展将起到关键性作用。

（邱正明　姚明华　戴照义）

第三节　湖北省恩施土家族苗族自治州高山蔬菜

恩施土家族苗族自治州（简称恩施州）位于湖北省西南部，地处云贵高原东延武陵山脉与大巴山之间，东连荆楚、南接潇湘、西邻渝黔、北靠神农架。这里夏季气候冷凉，雨量充沛，日照充足，特别适合喜温怕热的高山蔬菜生长。在国家农业部和湖北省农业厅等上级部门大力支持下，恩施州高山蔬菜产业历经三十多年的探索与发展，正加速从零星小菜园走向相对集中的大板块，从自给自足的小生产走向规模经营的大生产，从千家万户小菜蓝走向国际国内的大市场，已成为促进高山地区农业增效、农民增收致富的重要途径和区域优势产业，成为湖北省鄂西高山蔬菜经济带核心区。恩施州不仅是"湖北高山蔬菜第一州"，而且已成为"全国高山蔬菜第一州"。

一、产业现状

1. 生产规模稳步发展

2015 年，全州高山蔬菜播种面积 90 万亩，产量 135 万吨，产值 15 亿元。"十二五"期间，全州高山蔬菜面积、产量、产值年均增长率保持在 5% 以上。利川市种植面积最大，建成了齐岳山 10 万亩甘蓝基地、

40 万亩通过农业部认证的绿色食品原料基地。其次是恩施市、巴东县和鹤峰县。

2. 区域特色逐渐形成

20 世纪 80 年代中期,恩施州仅有利川齐跃山、石板岭和恩施大山顶种植高山蔬菜,面积不足 1000 亩,品种也仅有甘蓝和胡萝卜等。

如今,全州建成了分布在海拔 800m 以上二高山及高山地区 38 个乡镇的三大高山蔬菜板块,即以巴东、建始、鹤峰为核心,以东南沿海大中城市为主要销售市场的东部板块;以恩施、宣恩为核心,农超对接就近销售为主的中部板块;以利川、咸丰为核心,以成都、重庆为主要销售市场的西部板块。

种植品种主要有 6 个,其中白萝卜 28 万亩、大白菜 18 万亩、甘蓝 15 万亩、辣椒 7 万亩、番茄 5 万亩、胡萝卜 2 万亩、其他 15 万亩。其他如西兰花、四季豆、茄子、莴笋、豇豆等品种规模逐年扩大,形成了供应中南市场的高山夏秋蔬菜生产基地。

3. 组织化程度不断提高

蔬菜企业、农民专业合作组织等新型经营主体成为推动高山蔬菜产业发展的主导力量。全州从事高山蔬菜生产、加工和销售的龙头企业 100 余家,专业合作组织 400 余家。

规模以上龙头企业 44 家。其中,国家级 1 家,即湖北长友现代农业股份有限公司;省级龙头企业 10 家,包括恩施高岭惠农农业有限责任公司、恩施巨鑫现代农业开发有限公司等;州级龙头企业 33 家。

一大批合作社成长为国家级、省级和州级示范社。来凤县三丰薯业专业合作社、来凤县凤头姜专业合作社被评定为"国家农民合作社示范社"。湖北省农业厅《关于认定湖北省第二批农民合作社示范社的通报》(鄂农函[2013]277 号)中,恩施州从事高山蔬菜生产的巴东县佳华蔬菜专业合作社、利川南坪蔬菜专业合作社被命名为"湖北省第二批农民合作社示范社"。《省农业厅关于公布湖北省农民专业合作社示范社名单的通知》(鄂农函[2015]303 号)中,恩施州鹤峰县高原蔬菜专业合作社、恩施市观音塘蔬菜专业合作社、建始金穗蔬菜种植专业合作社等十余家高山蔬菜专业合作社上榜。

全州企业及合作社与基地农户建立订单基地规模超过 30 万亩,占高山蔬菜基地面积的 30%。

4. 科技支撑作用进一步凸显

一是新品种、新技术引进及推广不断加强。州县农业部门与湖北省农科院、湖北民族学院等科研单位联合,先后在恩施市沙地乡开展高山蔬菜品种与茬口试验、在利川市南坪镇建立高山蔬菜新优品种展示示范园、在恩施市龙凤镇二坡村建立设施栽培与休闲农业观光试验示范基地。恩施州农业局蔬菜办与湖北省农科院多年合作的"高山蔬菜品种与茬口多样化技术"课题获 2009 年省科技进步二等奖。全州高山蔬菜新优品种普及率超过 95%,设施栽培、避雨栽培及水肥一体化等技术得到推广应用。

二是大力开展模式创新。在高山蔬菜产业发展进程中,形成了多种产业化经营模式。主要模式有:"公司＋基地＋农户"的龙头带动模式,"公司＋农户"的订单农业模式,"专业合作组织＋农户"的组织带动模式,"流通中介＋农户"的流通带动模式。其中与湖北民院合作创立的"筛选品种+配套技术+业主+基地+农户+储运+市场"的《高海拔地区蔬菜产业开发模式》获省科技成果推广二等奖。

三是加强新型职业农民培养。充分利用阳光工程项目,为蔬菜企业、专业合作组织培养经营管理人才和新型职业农民。各级农业部门技术推广人员还经常到基地、企业、重点乡镇、专业村开展技术培训和技术咨询等活动,高山蔬菜产区农民科技生产意识大幅提高。

5. 质量安全水平显著提升

强化高山蔬菜生产过程质量安全监管。各级农业部门以国家农业部蔬菜标准园建设为引领,建成了一批标准化生产示范区,其中通过国家农业部绿色食品原料基地认定 2 个,面积合计 45 万亩;给业主发放生产记录本,要求企业和生产大户建立生产记录档案,逐步完善从产品到源头的质量监管追溯体系建设;强化质量安全监管督查,2015 年 7 月,对全州 8 个县(市)高山蔬菜开展了农残安全监督抽检,10 月下旬至 11 月上旬,对全州蔬菜主产区农资经营和生产主体质量安全监管责任落实情况进行了暗访督查,对部分蔬菜生产和农资经营主体进行了查处。

2015年全州通过"三品一标"产品认证，并处于有效期的产品81个。其中，有机食品2个，地理标志产品10个，包括利川市蔬菜行业协会"天上坪甘蓝、白萝卜、大白菜"等。绿色食品认证蔬菜69个，包括恩施巨鑫公司、巴东佳华公司等高山蔬菜企业和专业合作组织。

随着蔬菜产品质量与安全水平的不断提升，恩施州高山蔬菜在国内外的知名度显著提高，品牌影响力进一步增强。"大山鼎"高山蔬菜品牌认定为"湖北优质高山蔬菜"品牌，并列入全省"十二五"重点支持品牌。沃尔玛(中国)投资有限公司认定恩施州大山鼎高山蔬菜产区为"沃尔玛蔬菜专供基地"。

二、主要问题

1. 产业规模小、层次低

虽然近年来高山蔬菜产业得到了长足的发展，但资源优势没有转化为产业优势、规模优势、竞争优势，产业总体规模偏小，基地建设标准不高，生产经营比较粗放，存在广种薄收现象。高山蔬菜标准化生产基地虽已超过40万亩，但仅占基地总面积的一半左右。种植品种相对单一，"大路"菜、低档菜所占比重较大，精细菜所占比重较小；茬口相对集中，生产效益风险随面积的不断扩大而增大。

2. 产业化经营水平不高

一是市场主体规模小。全州从事蔬菜生产经营的企业少而散，实力弱小，营销能力不足，自身缺乏抵御市场风险的能力，带动产业发展的作用受限。蔬菜专业合作社大多管理不规范，缺乏凝聚力，组织带动产业发展的能力不强。二是采后处理及加工转化率低。高山蔬菜采后处理技术滞后，目前主要是以简单分级处理后鲜销上市，制约了市场半径和品种多样化选择。加工产品不多，深加工产品开发处于空白，产品加工转化率不足10%，资源浪费大。三是营销体系不完善。蔬菜生产与销售网络没有形成，贮运冷链脱节，产地市场缺乏，流通交易手段落后。

3. 基础设施建设落后

目前交通大通道打通了，但不少高寒偏远地方还不通过公路，生产资料进山和产品下山均靠肩挑背扛，不仅难以降低生产成本，而且严重影响到产品销售；高山蔬菜基地沟、渠、路不配套，多为"望天收"，抵御自然灾害的能力不强。基础设施和技术装备水平滞后，加剧了结构性、季节性、区域性蔬菜价格的大幅波动。

4. 科技服务力量薄弱

蔬菜产业科研人员少，农技推广机构不健全，严重制约了高山蔬菜产业的发展。从调查的情况来看，不少地区高山蔬菜的种植技术比较落后，蔬菜单产水平比较低，很多地方主要依靠生产面积的扩大来提高总量，获取更多的收入。

三、经验与建议

1. 加强科技服务体系建设

加强"湖北省高山蔬菜研究中心"能力建设，支持科研机构和大中专院校开展多层次产业研究，加快研发一批新品种、新技术、新模式。鼓励农业大中专院校扩大蔬菜、园艺包括加工、营销及管理专业招生规模，培养专业人才和新型现代农民。健全州、县(市)、乡(镇)三级农业技术推广服务体系，创新运作机制，提高服务效率，兴办一批高效菜园示范样板。充分发挥"阳光工程"、"雨露计划"等培训平台作用，加大对菜农的培训力度，提高菜农科技素质和技术到田率。

2. 深入推进产业化经营

以实施"万亩乡镇千亩村"工程为抓手，按照"一乡一品、一村一品"发展思路，以标准化菜园建设为重点推进高山蔬菜板块基地建设，建设一批专业乡镇、专业村、专业大户。加强龙头企业培植，采取招商引资、资产重组、控股参股、兼并租赁等综合措施，培育壮大一批联结生产基地和销售市场、拉动力强的蔬菜产业龙头企业。大力培育以农民为主体的蔬菜专业合作组织，规范运作行为，保障会员合法权益，增强凝聚力。大力推广"龙头企业＋专业合作社+农户＋基地"模式，鼓励企业与专业合作经济组织和农民建立起利益共享、风险共担的一体化经营机制。加快发展蔬菜加工业，努力构建多元化、系列化、专业化的产品加工体系，提升产业集成度和资源利用率。依托恩施大山鼎高山蔬菜产业联盟，进一步做大做强"大山鼎"品牌，放大品牌效应，提升市场竞争力。

3. 健全农产品质量安全监管体系

建立健全蔬菜质量安全监控网，完善基地、企业自检与专业检测机构抽检相结合的监测体系。支持蔬菜生产基地、龙头企业、蔬菜合作组织、农产品批发市场建设农产品检测室。建立蔬菜质量安全追溯制度和市场准入制度，健全投入品使用记录和生产档案。强化产地环境监测与治理，严格农业投入品源头控制，把好植物检疫关口，推广标准化生产技术，加强蔬菜"三品一标"认证管理，确保产品质量安全。

4. 建立蔬菜种苗专业化基地

健全蔬菜良种繁育体系，充分挖掘和发挥蔬菜种质资源的潜力和优势，建立专业化的蔬菜新品种选育和繁育基地，推进蔬菜苗种工厂化、产业化生产，增强供苗供种能力。鼓励和支持各类蔬菜企业开展蔬菜品种创新基地建设，推动蔬菜产业健康发展。

5. 加大对蔬菜产业的投入力度

一是争取国家级、省级项目投入。抢抓国家西部开发、新一轮扶贫和湖北武陵山试验区建设等机遇，多渠道、多层次、多方式争取项目支持。二是增加地方政府资金投入。各级有关部门要将有关专项资金向蔬菜产业倾斜，每年安排一定比例的科技三项经费用于支持产业科研和开发；地方一般预算，要安排一定比例资金，用于蔬菜基地建设和技术服务等方面。三是加大金融机构信贷投入。通过财政贴息、信用担保等方式，引导金融机构扩大对蔬菜产业的信贷规模。积极培育适合"三农"发展的村镇银行、信贷公司和农村资金互助社等新型农村金融机构，引导和支持金融机构将业务向农村延伸，解决农村贷款难问题。四是加大招商引资力度。鼓励和支持龙头企业引进战略投资者与合作伙伴，促进龙头企业做大做强。注重产业链配套招商，着力引进精深加工及配套产业等方面的龙头企业和技术、资金密集型重大项目。

6. 建立风险保障机制

探索将政策性商业保险引入蔬菜生产和销售领域，政府出资设立蔬菜风险基金，逐步建立政府支持、市场化运作、企业和农户广泛参与的蔬菜产业发展的风险防范机制。

第四节　湖北省利川市高山蔬菜

一、产业现状

1. 高山蔬菜面积稳中有升

2016 年利川市蔬菜面积已达 56 万亩，基地面积 46.6 万亩，其中白菜 8 万亩，萝卜 11 万亩，甘蓝 10 万亩，辣椒、茄子、番茄等精细蔬菜 10 万亩，魔芋 4 万亩，山药 1.8 万亩，莼菜 1.8 万亩。2016 年，全市已形成 6 大高山蔬菜板块，分别是齐岳山高山蔬菜板块、麻山板块、金子山板块、佛宝山板块、石板岭板块、寒池高山蔬菜板块。目前，全市现有蔬菜龙头企业 15 家，蔬菜专业合作组织达到 120 个，其中涉及蔬菜生产、加工、营销等各个环节。全市共申请注册蔬菜品牌 36 个，共 19 家企业、20 个商标、49 个产品获得有机食品、绿色食品和无公害农产品认证。"利川山药"、"利川莼菜"、"利川天上坪"（甘蓝、大白菜、白萝卜）获得国家地理证明商标保护；"利川龙船水乡山药"、"利川山野莼菜"获有机认证。已获批创建全国绿色食品蔬菜原料标准化基地 40 万亩；利川为湖北省蔬菜大市，"利川天上坪高山甘蓝"为"湖北十大名优蔬菜"；"利川莼菜"、"利川山药"在 2011 年全国区域农产品公共品牌价值评估中，品牌价值分别为 4.6 亿元和 5.1 亿元。利川高山蔬菜经过近几年的迅猛发展，产业规模增长迅速，蔬菜产业已成为县域经济主导产业之一。2016 年利川市南坪蔬菜专业合作社、利川市振辉无土栽培专业合作社成功申报国家级专业合作社。

2. 高山蔬菜区域优势更加突出

利川市已形成高山大宗蔬菜、山药、莼菜、魔芋、山野菜五大特色鲜明的优势高山特色蔬菜产业，并形成六大高山蔬菜板块。湖北省三个蔬菜大县中，嘉鱼是露地越冬蔬菜优势产区，武汉新洲区是城郊菜篮子设施蔬菜的典范，而利川则是夏秋露地高山蔬菜的代表。《国家农业部2010－2015年全国蔬菜区域发展规划》已把利川市列为云贵高原夏秋蔬菜优势区域之首，去年又把利川纳入全国580个蔬菜重点监测基点县。利川生态型高山蔬菜产业优势逐步显现。

3. 产业化发展取得突破

全市蔬菜生产、加工、流通各个环节发展迅速，企业、专业合作组织在逐步壮大，设备在更新换代，产品在提档升级。一批新的企业和专业合作组织已积极投入蔬菜产业中来。例如，南坪蔬菜专业合作社与省农科院合作建立高山蔬菜标准化示范基地3000亩；利川市山野食品公司在汪营貊垅、井坝村新建莼菜基地500多亩；利川市振辉无土蔬菜栽培专业合作社团堡镇野猫水村建立蔬菜无土栽培标准化大棚生产基地500亩，按照现代设施蔬菜标准生产黄瓜、番茄等中高档精细菜，极大地带动当地设施蔬菜的迅猛发展。这些企业和专业合作组织的涌入，给蔬菜产业注入新的活力，有力促进了产业发展。

二、主要问题

1. 特色蔬菜规模发展滞后，不适应现代蔬菜产业发展需求

目前利川特色蔬菜如利川莼菜、利川山药、利川魔芋实际基地面积均在1.8万亩、1.8万亩和4万亩左右。利川市共创建40万亩全国绿色食品蔬菜原料标准化基地，已申报创建大白菜10万亩、白萝卜10万亩、甘蓝10万亩、魔芋4万亩、莼菜3万亩、山药3万亩。从这一数据看，我们在规模发展特色蔬菜产业上还有较长的一段路要走。同时由于长期规模不够，导致这些产业的龙头加工企业难以做大做强，也极大限制了社会民间资本及外资的投入，因此突破性发展特色蔬菜产业实现规模化发展迫在眉睫。

2. 产业投入不足

推进产业快速发展，须有正常、持续稳定的资金投入。近年来，尽管全市各级各部门努力加大对蔬菜产业的投入力度，但较其他地区相比投入的规模远远不够，与我市蔬菜产业的实际需求很不适应。标准化基地建设、品牌打造、企业提档升级、科技推广体系建设、市场体系建设等方面存在的诸多问题，都必须依靠增加投入来解决。投入不足，是目前我市发展蔬菜产业过程中的瓶颈问题。

三、经验与建议

1. 抓调度监测，确保蔬菜有效供给

为及时掌握全市蔬菜产销动态情况，加强行业管理和生产指导，根据国家农业部把利川纳入全国580个蔬菜重点监测基点县要求，按照省、州蔬菜办的文件精神，结合我市实际，对全市蔬菜主要品种继续深入地进行调度监测，重点高度监测大白菜、白萝卜、结球甘蓝、黄瓜、番茄、辣椒、菜豆、普通白菜、菠菜、胡萝卜共10个品种。调度指标包括播种面积、产量、上市量、购销量、在园面积、销售市场及渠道等。一是抓市内基地蔬菜产品结构调整，改传统大白菜、白萝卜、结球甘蓝为高山菜豆、辣椒、黄瓜等中高档精细菜；二是抓全市蔬菜产品生产及市场购销价格监测，给蔬菜经营大户提供准确翔实的价格变化，指导他们购进、调出蔬菜产品，平抑物价，确保全市大宗蔬菜产品市场整体供应基本稳定。

2. 抓基地建设，做大高山蔬菜板块规模

按照2016年全市蔬菜工作实施方案，重点抓全市蔬菜产业链建设工作，一批设施蔬菜专业村及利中盆地中高档精细菜专业基地成为新亮点，如南坪乡露地标准化样板基地、柏杨大雁水生蔬菜标准化基地、柏杨见天高山魔芋标准化基地、团堡野猫水村大棚西甜瓜基地、元堡乡元堡村食用菌生产基地等。

在基地建设上，建立以"政府投入为引导、业主投入为主体"的开发机制，吸引了大批蔬菜开发企业、农民专业作组织和生产大户积极参与。例如，利川南坪蔬菜专业合作社在南坪乡柴林村建设高山蔬菜标准

园 3000 亩，重点打造生态农业及观光农业。随着利川交通的进一步改善，将会有更多的企业参与蔬菜产业发展，必将促进利川高山蔬菜优势板块做大做强。

在开发机制上，积极探索土地流转、土地租赁发展模式，到目前为止，全市蔬菜土地流转、土地租赁规模已达 5 万亩。

3. 抓政策落实，优化产业发展环境

为优化产业发展环境，蔬菜办根据《湖北省人民政府关于推进新一轮"菜篮子"工程建设的意见》，并结合实际，以市蔬菜产业领导小组为主体，每年召开全市蔬菜工作会议，同时召集市公安局、市农行、市信用联社、市交通局、市土管局、财政局等相关单位协调解决蔬菜产业发展中的"绿色通道"、企业融资、土地合理流转等诸多问题。

4. 抓品牌打造，促进产业提档升级

依托利川市蔬菜行业协会，由协会培育、政府支持，通过企业强强联合及资产重组等形式，集中打造"利川天上坪"品牌。一是推进品牌使用。市蔬菜行业协会审查许可，利川市有 3 家蔬菜龙头企业正着手使用"天上坪"品牌。二是在全省稳步推广品牌，2012 年年初，首届湖北省名优蔬菜新闻发布会上，"利川天上坪高山甘蓝"荣获湖北省"十大名优蔬菜"并获金奖。三是以企业为主体在周边各大城市设立销售专柜（铺），大力推介品牌。已有利川恩健生态旅游公司与武汉白沙洲蔬菜批发市场合作建立"利川天上坪"高山蔬菜专销平台。四是积极引进外资投入利川高山蔬菜产业，建立"利川天上坪"高山蔬菜专供基地，充分利用利川中百仓储蔬菜专柜重点推介"天上坪"产品及品牌。

5. 抓科技创新，加快成果转化力度

一是借助"616 工程"省农科院对口帮扶我市高山蔬菜产业契机，与省农科院蔬菜专家邱正明团队合作，引进番茄良种 20 个、西甜瓜良种 12 个、辣椒良种 120 个，建立谋道镇花园村"两减一增"及根肿病防治标准化示范基地 100 亩。二是推广新技术和新模式，重点推广利中盆地及低海拔设施蔬菜栽培技术、魔芋套种及林下栽培技术、利川山药打孔栽培技术及蔬菜春提早和蔬菜集中式育苗新技术，并取得明显成效。模式推广主要推行"公司+合作社+基地+农户"和"品种+技术+农户+业主+市场"开发模式，积极探索和完善土地承包、租赁经营模式。四是组织蔬菜技术培训和业务咨询。上半年共组织蔬菜技术人员到团堡、汪营、南坪开展技术培训 10 次，培训人员 2000 人次，印发技术资料 3000 份。

6. 抓项目建设，增强产业发展后劲

抓住国家农业部蔬菜标准园创建项目机会，继续申报利川露地高山蔬菜标准园创建项目；抓住省级蔬菜生产建设专项资金落实情况，积极申报省级高山蔬菜标准化生产示范项目；抓住中央 1 号文件关于蔬菜产业发展的相关精神，搞好项目研究和储备；抓住国家武陵山区片区开发契机，搞好利川高山蔬菜重大项目编制与申报。同时充分发挥"616 工程"及省农科院专家影响力，加强合作，搞好湖北省农水院、农业厅、科技厅、发改委等单位相关项目申报工作。

7. 加大保护农业生态环境力度

建议实行最严格的耕地保护制度，稳定耕地规模，确保农业用地；实施高产创建、测土配方施肥、土壤有机质提升和土壤酸化治理，改善耕地质量，提高肥力；开展农膜和残膜回收、再生资源利用和耕地修复等工作；加大农业面源污染防治力度，大力开展病虫害综合防控，实行统防统治；搞好农残控制，推广应用高效化肥和低毒低残留农药，规范使用化学除草剂。

（何文远）

第五节　　湖北省宜昌市高山蔬菜

随着宜昌市新一轮"菜篮子"工程的推进，蔬菜产业得到快速发展，使自给率、质量合格率、老百姓满意度大大提高，老百姓得到了真正的实惠，同时注重品牌的树立及龙头企业的大力支持，目前已经取得颇好的成绩，特别是高山蔬菜的发展，在全省乃至全国具有一定影响力。在我们长期工作中，分别同各企业和地方技术人员总结交流了蔬菜产业经营模式，分析探究了影响宜昌市高山蔬菜产业发展的瓶颈和症结，讨论研究了宜昌市高山蔬菜产业健康发展的对策和措施。

一、产业现状

2015 年年底蔬菜总播面达到 178 万亩，总产量 395 万吨，总产值 109 亿元。其中，高山蔬菜基地面积稳定在 60 万亩，总播面达到 95 万亩，总产量 195 万吨，总产值 45 亿元。

二、主要问题

(一)蔬菜产业发展存在的问题

1. 政策对产业发展扶持力度不够，企业资金运转不灵

"菜篮子"工程是宜昌市一项重大工程，但政府的扶持力度远远不够。一是没有把蔬菜产业纳入宜昌农业主导产业，出台的相关政策远远不够，且没有重大项目资金的融入；二是对企业扶持政策不够。蔬菜示范基地的前期建设，尤其是基础设施建设，需要大量资金，企业法人普遍反映前期的基地建设投入巨大，对于水、电、道路、滴管、沟渠等的投入成本过大，而补贴很少；在高山避雨栽培大棚建设上没有补贴资金。这样一来，就会套牢一些中小型企业的资金，使企业资金周转不灵，造成运作困难；而且引入资金也比较困难，如采用银行贷款和民间融资，由于没有出台相应政策，往往造成利息过高，负担过重。

2. 质量安全检验检测体系不健全，没有实现质量安全检验检测全覆盖

"菜篮子"工程提倡的是无公害的蔬菜，目前企业的检测中心配备不齐全，即便配备了检测仪器的企业，操作规范性仍然欠缺，没有严格的检验检测及信息化监控体系来规范。目前市面上的蔬菜，不仅有示范基地的蔬菜，还有其他一些基地生产的蔬菜，而这些蔬菜并没有得到相应的检验检测，种植期间质量控制是否到位也不得而知，这就造成示范基地生产的蔬菜与其他蔬菜出现无序竞争，实现不了"优质优价"，无形之中加大了蔬菜示范基地生产成本，削弱了市场竞争力。

3. 蔬菜产业发展的技术支持以及技术人才的缺乏

蔬菜产业的发展需要必要的技术和人才支撑，市政府对技术队伍建设和技术水平提高缺乏足够支持，主要体现在三个方面：①没有一个公共信息技术交流平台，以方便蔬菜行业的技术人员交流；②蔬菜产业是高技术产业，对技术人员要求高，蔬菜技术人员不仅要掌握专业知识，还要把握市场动态和国家政策，而目前蔬菜技术人员整体素质还有待提高；③实践出真知，企业大多雇佣老牌的蔬菜技术人员，他们有经验但缺乏信息化技术知识等。

4. 企业负责人个人管理水平不高，对市场把握不准

蔬菜产业的发展，靠政府引导、相关部门的参与，但真正主导产业的发展归根结底要靠企业。企业负责人的重视程度、管理水平决定着产业的发展，部分企业领导对蔬菜产业发展的复杂性认识不足，管理水平不高，对市场把握不准，没有真心投入到这个产业发展中来，造成企业混乱，打乱仗，职责划分不明确，而且技术人员配备较少，导致企业亏损。

5. 市场秩序混乱，品牌效应不足

目前各个企业采取的销售模式多样，销售渠道没有进行有效整合，无法形成高山蔬菜的品牌效应，成为高山蔬菜产品营销企业发展的瓶颈。

6. 机械化操作不高，造成劳动力费用高

蔬菜种植本来就是一种劳动密集型的工作，生产期间投入大量劳动力，造成劳动力费用偏高。目前企业所能雇佣的劳动工人主要特点如下。①老龄化。男工普遍在 60 岁以上，女工普遍在 55 岁以上，原因在于农村的年轻人大都在外面打工。②技术水平低。工人多数是文盲或者半文盲状态，这就造成先进的技术推进迟缓。③一般采用临时雇佣，没有一个长期的保证，从而使工人对待工作的责任心与积极性不高。目前滴灌系统与沼液的输送结合起来使用也存在技术上的问题，导致机械化程度不高，只能加大劳动力的投入率，加重企业的负担。科技是第一生产力，今后的机械化代替人工是一个必然的趋势。

(二)蔬菜科研、技术推广目前存在的突出问题

1. 科技创新能力不强，为蔬菜产业提供科技支撑能力不足

过去我们总是以蔬菜技术推广、技术培训、新品种引进、试验、示范等为主，科技创新能力不强，很多条件都不具备，科技基础性工作薄弱，按照蔬菜产业发展的需求，对照蔬菜科学技术的先进水平，与一些高水平的科研院所迅速发展的现状相比，自主创新能力仍然不强，科技成果不多，科研方向与蔬菜产业发展需求联系得不够紧密，制约蔬菜产业发展的一些关键科学技术问题亟待突破，为蔬菜产业提供科技支撑的能力不足。

2. 人才问题存在潜在危机，队伍建设有待加强

科技人才队伍的整体结构还不尽合理，优秀青年人才匮乏，青年科技人才储备不足。部分学科及研究领域发展后劲不足，缺乏高层次领军人物及优秀青年骨干，尚未形成合理的人才梯队。高级技术人才缺乏的问题愈显突出，从事基础性、辅助性工作人员不足，一些关键技术岗位后继无人，技术支撑力量亟待加强。管理、辅助及服务部门人员老化现象严重，年龄和知识结构急需改善。人才引进在很大程度上受到编制的限制。这些问题若不能妥善解决，将直接影响研究所未来事业发展。

(三)当前高山蔬菜产业存在的重大技术难题

(1)高山蔬菜如何进行集约化生产，解决品种结构布局，提高生产效益。

(2)如何利用生物技术克服蔬菜连作障碍：高山蔬菜主要以十字花科蔬菜根肿病为主，如何利用蔬菜土壤调理优化技术，改善蔬菜生产环境。

(3)高山蔬菜基地普遍存在不合理施肥和滥用农药问题。

三、几点建议

(一)产业发展配套政策的建议

(1)建议以市政府的名义发布关于宜昌市蔬菜产业发展的指导意见，做到蔬菜产业的切实发展落实到实处，不要只体现在红头文件上。

(2)建立长期、配套、有效、稳定的政策，让企业安心放手去做。

(3)制定银行贷款财政贴息政策。

(4)加大基础设施建设扶持的力度，争取一切可利用的项目来源，支撑农业的发展。

(5)设立蔬菜科技研发基金。

(6)制定财政奖励政策。

(7)完善现有政策的标准，以及不明确政策的改正和修订。

(二)加大对科研、技术推广的支持力度

(1)保证有一支健全的科研、技术推广队伍。按照蔬菜产业发展布局和蔬菜科技创新需求，择优引进人才，优化人才结构，建设优秀团队。针对我所目前人才队伍存在的矛盾和问题，研究制定具体措施，落实人才队伍建设规划。

(2)保证有一定的经费支持科研，技术推广部门与企业、合作社合作建立试验站，加大新技术推广力度，支持合作社、企业培养自己的技术人才。

（三）提高企业、合作社领导者管理水平

加强对企业、合作社领导者管理水平、业务能力的提高，开展企业间的交流学习，可以走出去、请进来，打破家族式管理方式，建立现代企业管理模式。

（韩玉萍）

第六节　湖北省长阳土家族自治县高山蔬菜

近年来，长阳土家族自治县(以下简称长阳县)高山蔬菜产业在县委、县政府的正确领导下，在上级主管部门的关心支持和精心指导下，立足生态环境和自然资源优势，将特色资源优势转化为经济发展优势，大力发展高山蔬菜，使高山蔬菜产业成为长阳县高山地区农民脱贫致富的支柱产业。现将有关情况汇报如下。

一、全县蔬菜产业基本情况

长阳县高山蔬菜产业发展起步于 1986 年，至今已有 30 年，是全国高山蔬菜产业的发源地。30 年来，长阳县高山蔬菜基地由小到大，种植品种由少到多，销售半径由窄到宽，生产水平由低到高，种菜农民由贫到富。到 2016 年，全县高山蔬菜基地面积达到 30 万亩，播种面积(含复种)达到 50 万亩。11 个乡镇中有 10 个乡镇发展高山蔬菜，其中种植规模大的有 5 个乡镇。高山蔬菜总商品量达到 120 万吨，蔬菜产值 20 亿元，平均亩产值 2268 元，高山蔬菜冷藏、包装、物流、服务、劳务、引资等方面经营收入达到 10 亿元。近几年，长阳县高山蔬菜种植种类现有 6 大类 30 个品种，既有大宗蔬菜，也有精细特菜，生产的产品 82%通过采后处理，然后净菜上市，占 18%的产品流通到本省县市中、小农产品交易市场。高山蔬菜销售区域以华东、华中、华南以及华北部分省、市，销往 52 个大、中城市，最远销售半径 1500km，现有高山蔬菜冷库 67 座、包装厂 3 家、深加工企业 4 家。2008 年"火烧坪"高山蔬菜直供奥运，2010 年又直供上海世博，长阳高山蔬菜的影响力进一步扩大。2012 年，长阳被农业部纳入"全国蔬菜生产信息监测网点"，是宜昌市仅有的两个监测点之一。高山蔬菜产业链每年吸纳和转移 2 万多农村剩余劳动力从事加工、运输、劳务及第三产业，带动了周边地区经济的发展。

二、主要经验做法

（一）强化组织领导，加大产业服务力度

为抓好全县高山蔬菜产业，县委、县政府高度重视，先后成立了蔬菜办公室和高山蔬菜产业发展领导小组，充实和完善了高山蔬菜科研机构——长阳高山蔬菜研究所，引进了龙头企业——火烧坪高山蔬菜集团公司，使高山蔬菜的生产、加工、销售和服务得到了有力保障。同时，大力改善产区内交通运输条件，完善电力、通信、引水等基础设施，开通农产品运输绿色通道，为高山蔬菜的发展提供了有力保证，确保了高山蔬菜产业的健康发展。另外，长阳县在认真做好产业调研的前提下，在产业发展之初就结合县情和产业实际，制定了 2011～2015 年高山蔬菜产业发展规划，2015 年下半年又制定了"十三五"发展规划，细化了产业发展的目标、重点和建设内容，并锲而不舍地按规划逐步实施。

（二）严格产品质量，推行标准化生产

一是不断加强无公害生产的宣传和技术培训。充分利用广播、电视、印发宣传资料、设立宣传牌等多种形式加大宣传力度，利用多种形式和途径积极组织并开展无公害生产技术培训，增强农民发展无公害生产的意识，真正做到每户有一个技术明白人，提高农民无公害蔬菜生产的自觉性。二是严格农药等农业投入品的监督管理。农业、工商、技术监督等部门大力整顿和规范农药、肥料等农业投入品市场秩序，开展定期和经常性的检查，严格查处销售违禁农药的违法行为，在全省乃至全国第一个禁止有机磷单剂农药在蔬菜产区销售和使用，真正做到从源头上确保蔬菜产品的质量和安全，严把投入品准入关。三是加强蔬菜产品的检验、检测。我们充分发挥农产品质量安全监督职能，在蔬菜生产的关键环节和集中上市时间，我们组织大量技术人员，大力开展对各地区蔬菜产品的检验、检测，确保进入市场销售的蔬菜产品农残不超标，严把市场准出关，使长阳高山蔬菜直供北京奥运和上海世博会，畅销韩国、俄罗斯等国内外。我们以宜昌市创建全国最佳食品安全放心城市为契机，在全县高山蔬菜重点产区探索建立了蔬菜安全追溯制度，"扫一扫"二维码即可找到冷库业主、生产农户等信息，实现了"从田间到市场"的全程质量可控可管。

(三)努力打造高山蔬菜品牌，增强市场竞争力

加大了无公害产品、绿色食品认证和产地认定的工作力度，积极申报了无公害食品和绿色食品，努力培植高山蔬菜品牌。2009年，"火烧坪"牌高山蔬菜获得了湖北省著名商标，2014年荣获中国驰名商标。目前，"火烧坪"牌结球甘蓝、大白菜、白萝卜，"憨哥"牌番茄、辣椒，"紫台山"牌四季豆、莴苣等产品获得了国家"A级绿色食品证书"，"三品"数量在全省同类县、市中位居首位。积极组织参与由湖北蔬菜协会举办的"百优蔬菜"和"十大名菜"评选活动，长阳县"火烧坪"白萝卜荣获全省"十大名菜"称号，"火烧坪包儿菜"获得国家地理标志称号。通过"火烧坪"高山蔬菜系列品牌的发展壮大，不断提高了长阳高山蔬菜的知名度和市场竞争力。

(四)大力发展高山蔬菜加工，不断延伸销售市场

到目前为止，全县高山蔬菜已有冷库67家，112台机组，224个库门，总库容量48 867m^3，日预冷量可达1200t左右；有蔬菜生产合作社105家，其中有55家合作社在蔬菜主产区资丘、渔峡口、椒坪、贺家坪、火烧坪，引领6100户农民走合作经营道路，实行规模化生产，年种植蔬菜18万亩，生产量达54万吨，年产值达5.1亿元；全县有蔬菜深加工企业4家，包装生产企业4家，其中生产加工能力较强的是湖北华康食品公司和宜昌巴楚蔬菜科技开发有限公司。湖北华康食品自2011年成立，注册资金5000万元，生产车间占地1200m^2，以生产加工脆皮萝卜、萝卜丝、萝卜条、酱菜为主，自2013年投产以来，产品逐步由超市已走向北方部分市场，如安徽合肥、芜湖、山东潍坊等地，年销售产品15 000t左右，产值900万元。宜昌巴楚蔬菜科技开发有限公司自2008年成立，集包装生产、蔬菜预冷、加工物流于一体，年生产包装箱200万个，预冷销售蔬菜4万吨，在贺家坪镇紫台村建有2000亩避雨设施栽培大棚，有效地解决了番茄遇雨灾、冷冻等灾害天气染病的实际生产难题，并延长了采收期，亩增产达2500kg以上，增收达15 000元以上。高山蔬菜新型经营主体以及冷藏、包装、加工业的不断兴起，大力延伸高山蔬菜销售市场，带动了蔬菜价格的稳步提高，促进了高山菜农的增收。

(五)多措并举，保护和改善生态环境

为加强生态环境保护，全县采取了多项措施，近几年通过世行贷款、水保工程等项目对火烧坪等地蔬菜产地生态环境进行了治理和保护，其中退耕还林还草总面积达到5000亩，基地栽植生物埂(植物篱)30万株，修造U型槽20 000m，建水土过滤池400多个，聚雨灌溉池560多口，田间作业道40 000多米。此外，大力推广根际生态修复技术、物理和生物防虫防病技术、微蓄微灌技术、测土配方施肥技术、轮作换茬和深耕改土技术等，使土壤生态得到了一定的改善。

三、存在的问题

长阳县高山蔬菜经过30年的发展，虽然成果巨大，但是也存在以下几个方面的主要问题需要进一步解决。

(一)生态环境需要进一步治理

由于历史的原因,蔬菜产区农民"重眼前、轻长远"的思想影响,在过去的年代里曾一度造成了水土流失,多年来各级政府部门通过退耕还林还草、发展林业经济等综合治理,生态环境已得到了很大改善,但有些地方需要进一步加强治理,包括坡改梯、土地整理、水利设施配套等措施。同时长期单一品种种植导致土壤酸化严重,土壤生态急需改善。此外长阳县高山蔬菜产业每年产生尾(废弃)菜 20 万吨以上,多年来长阳县对尾(废弃)菜综合利用做了很多有益探索,但收效甚微,80%以上尾(废弃)菜仍然是乱扔乱放,严重污染环境,成为病虫害的滋生源,尤其是在火烧坪乡等高山蔬菜主产区已成为影响环境的顽疾。

(二)蔬菜质量安全监管难度大

全县有近 2.5 万个经营户生产蔬菜,即使已采取种种措施防止使用高毒高残留农药,但不能完全控制异地购买违禁农药的现象,蔬菜质量安全隐患较大。

(三)品种结构调整不够

长阳县高山蔬菜由最初在 20 世纪 80 年代生产的番茄和甘蓝已发展到目前的大白菜、辣椒、白萝卜、四季豆等主要品种,但精细产品如莴苣、香菜、芹菜、小香葱、红菜薹等品种发展面积较少,导致蔬菜上市时间集中、同类产品销售过剩、价格不稳,而精细蔬菜缺乏的局面,品种结构有待进一步优化。

(四)品牌效益发挥不强

我们引进了火烧坪高山蔬菜集团,已整合"火烧坪"品牌,但此项工作还处于发展阶段,没有充分发挥"火烧坪"集体品牌效益,要进一步树立信心,加大品牌打造力度。

(五)政策和项目支持不力

高山蔬菜产区地力退化(土壤酸化、肥力下降)严重,有机质锐减,病虫害多,十字花科蔬菜根肿病、番茄根结线虫病、辣椒炭疽病等病虫害危害严重,基础设施薄弱。需要进一步加大政策和项目向主要产业基地集中,向重点产业化龙头企业、合作社集中。

(六)产业发展组织化程度不高

目前,虽然全县有高山蔬菜龙头加工企业 4 家、蔬菜专业合作社达到 105 家,但是真正能够带动蔬菜产业发展的经营主体还不是很多,需要进一步规范发展,不断提高组织化程度。另外,产业发展上科技创新力度不够,要积极通过"互联网＋"等形式推动全县蔬菜产业提档升级。

四、发展对策及建议

"十三五"期间,长阳县将以党的十八大精神为指导,以因地制宜发展高山蔬菜产业、提高农民收入为目的,突出高山反季节蔬菜种植特色,坚持产品质量安全与提高产量相结合,坚持建设特色优势区域和可持续发展相结合,坚持发展生产和采后处理相结合,坚持市场引导和技术指导相结合,按照规模化种植、标准化生产、商品化处理、品牌化销售、产业化经营的发展理念,稳定高山蔬菜基地面积 30 万亩,大力实施土壤改良提升、调优品种结构、强化蔬菜质量安全、扶持生产加工企业、扩大设施蔬菜面积,确保全县高山蔬菜产业持续健康发展。

(一)高度重视,稳步推动产业发展

长阳高山蔬菜经过多年的发展,作为全县产业扶贫的样板工程,高山蔬菜已经成为高山农民脱贫致富的支柱产业,但是随着产业的不断发展壮大,地力退化、生态恶化、品牌弱化、产业化经营后继乏力等这

些问题日益显现，如果不高度重视起来，高山蔬菜产业一旦毁灭，将导致高山 15 万菜农致贫返贫。因此，需要县委、县政府以及上级部门高度重视，要"大声一呼，猛击一掌"，把高山蔬菜产业作为全县精准扶贫重点扶持产业，整合各类项目向高山蔬菜主产区集中，稳步推动高山蔬菜产业可持续发展。

(二)加强设施建设，改善生产条件

要从高山蔬菜产业健康发展长远角度考虑，加大对蔬菜产区基础设施的建设力度和通电、用水的保障力度。一是要加快下渔口至火烧坪主干线公路全面维修的进度。二是增加国土整理项目。在火烧坪高山蔬菜产区，通过国土整理项目，逐步改善生态环境和土壤环境，每年安排一个土地整理项目，力争在"十三五"规划内将其形成观光农业园和蔬菜标准园。三是加强农田水利建设。随着国家对农田水利设施建设的投入加大，要积极争取省市水利相关部门，对长阳县高山蔬菜产区水利设施建设加大支持力度，有效改善高山菜区水利设施环境。

(三)强化环境保护，确保生态安全

采取得力措施，对产区内 25°以上的坡耕地进行退耕还林、还药、还草，制止毁草种菜、毁林开荒和陡坡垦覆现象发生，防止水土流失。同时，加强产区内环境监测工作力度，建立产区内环境监测管理体系，完善环境监测制度，确保产区内良好的生态环境；积极采取休耕轮作、调酸补钙、配方施肥、以畜养田等措施，全面提高菜区土壤地力；加强坡耕地治理，大力推广生物埂治理措施，减少水土流失；开发尾(废弃)菜和农作物秸秆综合利用项目，从根本上解决农业生态环境和高山蔬菜标准园建设问题。"十三五"期间，我们拟改良高山菜区土壤面积 10 万亩，实行调酸补钙，配施生物肥；"农作物秸秆、高山蔬菜废菜综合利用"项目，推进"五化"利用，在 5 个高山蔬菜主产乡镇新建废菜加工有机肥生产线 10 条(每个乡镇建 2 条)，将废菜加工成有机肥料。

(四)强化无公害生产，确保产品安全

严格对农药、肥料等农业投入品的管理，常年组织专班对高山蔬菜产区的农药、肥料等农业投入品市场进行全面检查，严厉打击销售高毒、高残留农药和其他违禁物资的不法行为。加大菜区无公害标准化生产的培训力度，推广高山蔬菜绿色食品省级地方标准，引导当地菜农严格按标准组织生产。建立健全蔬菜检测体系，加强高山蔬菜产地和市场检测，搞好菜区源头治理，确保产品质量安全。"十三五"期间，长阳县拟开展"高山蔬菜生态高效种植及采后处理"项目，建设年播种面积 50 万亩的标准化种植和蔬菜精深加工及品牌打造；开展"高山蔬菜绿色防控"项目，在全县范围内的蔬菜产区开展生物农药补贴示范推广，以低毒、生物农药补贴模式，带动蔬菜种植区域绿色防控技术的全面提升。

(五)依托资源优势，打造绿色品牌

依托高山天然的"绿色"资源，着力发展生态、安全、环保、高效的特色蔬菜，成立行业协会，加强冷库、包装、物流行业管理，整合打造"火烧坪"绿色品牌。在现有无公害食品、绿色食品的基础上，继续加强绿色食品的认证和申报工作，在全县蔬菜基地推行绿色食品生产操作规程，精细特蔬菜全部实现绿色食品和有机化。同时，充分利用广播、电视、长阳农业信息网和市场窗口等，大力宣传绿色食品品牌，扩大品牌的知名度和影响力，使之尽快产生品牌效益。

(六)强化龙头企业建设，培育壮大市场主体

健全蔬菜生产、加工、销售产业链，重点强化龙头企业的培育，突破性发展高山蔬菜深加工。一是营造良好的发展环境，积极引进和扶持龙头企业。在继续培育和发展冷库加工群体的基础上，扶持湖北华康食品有限公司、火烧坪高山蔬菜集团等现有加工龙头企业开展高山蔬菜深加工，生产适销对路的特色蔬菜系列食品。研究制订一系列吸引外商及国内外企业、客商投资蔬菜绿色食品加工业的优惠政策，使一批名牌龙头加

工企业落户长阳县，发展壮大蔬菜加工业。二是强化市场体系建设，不断开拓国际国内市场。引导农村经纪人、物流公司、营销大户、经济能人等中介组织在自愿互利的基础上形成联合经营体系，并把产、加、销各个环节、行业组织连接起来，发挥长阳高山蔬菜协会的行业组织引导作用，联合起来开拓国内外市场，实现深购远销。加大产地批发市场和全国各大中型农产品专业市场营销网点等市场体系建设，强化营销机制创新，充分运用连锁超市经营、配送销售、网上交易等现代经营方式和手段，促进特色蔬菜产销直挂。

(七)加大科技投入，强化信息服务

立足科技创新，健全蔬菜技术研究和推广队伍，充实蔬菜产业科技人员，形成县、乡、村三级蔬菜技术服务网络。加大科技投入，加大和高等院校、农科院所的技术合作。根据市场的不断变化，积极引进"名、特、优"蔬菜新品种，不断试验、示范，开发适销对路的特色蔬菜产品；大力推广新技术、新农药、新肥料、新材料、新工艺；充分利用电视、电话、电脑等现代信息手段，开展先进生产技术咨询服务。

(朱凤娟　邱正明)

第七节　湖南省高山蔬菜

湖南省地形以山地丘陵为主，东、西、南三面环山，被武陵山脉、南岭山脉、雪峰山脉包围，最高山峰是常德的壶瓶山，海拔 2098m。20 世纪 80 年代，湖南省高山蔬菜以种植萝卜为主，发展最快的阶段是 21 世纪初。据统计，湖南省 2015 年蔬菜生产基地 798 万亩，播种面积 1995 万亩，年生产蔬菜总量 3950 万吨。其中高山蔬菜生产基地 26 万亩，播种面积 48 万亩，年生产蔬菜总量 102 万吨。产品本地销售和外运广东省市场，价格较本地当季蔬菜高，企业和农户种植效益好，高山蔬菜产业在城市蔬菜稳定供应和农民增收中发挥了重要作用。

一、产业现状

生产区域集中在海拔 800～1200m 区域，主要分布在郴州、永州、邵阳、湘西等地，播种面积在 38 万亩左右，种植辣椒、番茄、茄子、甜玉米、生姜等蔬菜作物。海拔 1200～1600m 蔬菜生产基地集中在张家界桑植、湘西、常德石门、株洲炎陵等山区，播种面积在 10 万亩左右，种植萝卜、大白菜、甘蓝等蔬菜作物。海拔 1600m 以上蔬菜生产区域非常零散，没有形成规模。上市时间一般在 7～10 月，以本地和广东省市场为主。

(一)布局基本形成，基地规模生产

经过 30 多年的发展，湖南省基本形成东、西、南山区蔬菜生产基地格局。

1. 雪峰山山脉

以邵阳和怀化范围为主、海拔在 800m 的山区发展番茄、茄子和萝卜三大产业，播种面积 10 万～12 万亩。例如，城步县以番茄和茄子为主，播种面积在 4 万亩左右；洞口县以番茄为主，种植面积 3 万亩；隆回县以萝卜为主，种植面积在 2 万亩。产品除部分供应怀化和长沙市场外，主要销往广东省。种植模式为公司或企业+农户。

2. 武陵山山脉

以湘西、张家界和常德三市为主，蔬菜种植区域一般海拔在 1000m 以上，主要发展辣椒、萝卜、大白菜三大蔬菜，由于面积大、地方特色品种多，还种植大量的特色蔬菜，播种面积在 14 万～16 万亩，产品主要在本地、重庆和广东销售。例如，湘西的八面山、腊尔山、白云山、羊峰山，以种植辣椒、大白菜和萝卜为主，同时种植甜玉米、生姜、花菜等，种植面积 7 万亩；常德的壶瓶山主要种植辣椒、萝卜、白菜，

种植面积 4 万亩；张家界的白石、崇山等，以种植辣椒、番茄和白菜为主，种植面积 4 万亩。由于武陵山脉地区相对比较贫困，土地流转与基础设施较差，有部分公司或企业规模种植外，多数还是合作社+农户或大户、农户种植。

3. 南岭山山脉

以与两广交会的郴州、永州两市为主，种植海拔高度在 700～1000m，主要种植辣椒、生姜、茄子、四季豆和叶类蔬菜等，种植面积 4 万亩左右，产品主要销往广东市场。种植模式以公司或企业为主，或合作社+农户。

4. 罗霄山山脉

株洲、郴州、永州等市的部分地区，种植海拔高度在 700～1100m，主要种植辣椒、生姜、茄子、四季豆和叶类蔬菜等，种植面积 4 万亩左右，分布在炎陵县、宜章县、桂东县 3 县，汝城县、安仁县也有一定分布。其中炎陵县、桂东县以种植高山萝卜为主，宜章县、汝城县、安仁县以种植高山辣椒、茄子、生姜为主。产品主要销往广东市场。种植模式以公司或企业为主，或合作社+农户。

(二)发挥本地优势，突出当地特色

我国高山蔬菜发展较快，上市时间和目标市场相对集中，如何在市场竞争中占有一席之地是每个高山蔬菜生产基地面临的问题。湖南省高山蔬菜针对发展中存在的问题，以突出本地特色作为市场核心竞争力为发展方向。例如，郴州与广东邻近，具有交通优势，针对广东市场叶类蔬菜消费量大，而 6～9 月高温多雨不宜种植的问题，重点发展不耐运输、要求新鲜的叶类蔬菜。湘西山区与重庆相邻，市场重点是本地和四川、重庆，重点发展辣椒、生姜和当地特色蔬菜。怀化的城步县通过与深圳、香港的联系，重点发展番茄和茄子。湖南省高山蔬菜生产基地多，与其他省同一基地种植同一品种不同，某一公司或企业会以少数几种蔬菜种类为主，但同一地方种植的蔬菜种类较多，本地蔬菜直接竞争较少。

(三)强化质量意识，保障产品安全

高山蔬菜的发展，不是反季节种植蔬菜，而是适季种植的空间转移，品质好和质量安全是其发展的基础，湖南省高山蔬菜种植一直强化质量意识的核心地位。例如，株洲县太湖乡茨塘村的村民成立"康态"种养殖合作社，注册"私家园"蔬菜商标，现有社员 190 多户，通过整合土地资源，建立标准化菜园，按绿色标准生产，保障蔬菜品质。

(四)实施企农合作，推进品种战略

湖南高山蔬菜种植基地，以山区高海拔高度的农业生产地为主，田块较为平整，少有在大坡度的山地种植。相对而言，种植蔬菜对环境的影响不大，多数为种植水稻、玉米、烟草调整为种植辣椒。湖南的高山蔬菜一般以大户或专业合作社为生产模式，打造绿色和品质品牌，进入高端市场。例如，凤凰县腊尔山镇追高鲁村，地处国内罕见的微生物发酵带和土壤富硒带，采取"公司+合作社+基地+农户+直供网点"的经营模式，主要种植辣椒、番茄、茄子、四季豆、豇豆、萝卜、白菜、甘蓝、甜玉米等品种，主打富硒品牌，发展很快。常德市石门县 2000 年被列为全国第五批生态示范区建设试点县，2001 年"壶瓶山"牌高山蔬菜荣获常德市消委授予的"绿色消费推介产品"称号，2003 年被湖南省政府授牌为放心菜基地，同年"壶瓶山"牌萝卜获国家绿色食品认证，2004 年"壶瓶山"牌辣椒、萝卜、马铃薯、山野菜等 6 个蔬菜品种获国家无公害食品认证。

二、主要问题

1. 市场、价格波动大，生产不稳定，风险较高，严重影响了种植户的经济效益

主要原因：一是由于高山地形、劳动力限制，基地相对分散，并且规模较小，往往达不到远距离外运的

经济规模，本地附近销售又容易过量。二是由于生产者缺乏产、销信息的引导，生产盲目性较大，跟风种植，种类单一。由于冷藏等储运链不够完善，为了降低风险，多局限于种植产量高、成本低、储运方便的萝卜、白菜、甜玉米等少数种类。

2. 基础设施薄弱，"靠天吃饭"的局面没有得到根本改变

高山蔬菜坡地多，土壤耕作层浅，所以既怕干旱又怕暴雨，对自然灾害的抵御能力差。

3. 劳动力缺乏，生产水平急需提高

蔬菜生产劳动力需求多，但青壮年劳动力大量外出务工，从事生产的劳动力多为老年人和妇女。

4. 蔬菜产业化组织程度有待提高

虽然有的乡镇蔬菜基地建立了蔬菜产销协会，但是运作能力不强，没有真正形成利益共同体，各环节的利益分配矛盾突出，产、供、销一体化经营尚未形成。特别是不同产区之间就种类品种、面积、销售价格等缺少有效信息沟通，更谈不上协调与统一调控，无序竞争。

5. 技术人员缺乏，没有有效的技术支持体系

很多农业企业老板并非从事农业出身，缺乏基本的农业常识，在品种选择、栽培措施等方面随心而为，产量、品质不稳定，成本高、效益低，制约了生产的发展。

三、产业发展需求的主要技术

1. 优良品种与种苗

种植户对品种的要求：好卖、好种、高产，也就是说优质、高抗(抗逆抗病)、丰产。目前市场上商用品种繁多，种植户不可能逐一试种，只能看别人种什么就种什么。而一些优良品种在高山环境下表现差异很大，因此如何选择最优品种，成为迫切需求。另外，像魔芋等无性繁殖蔬菜，繁殖系数低，用种量大，种芋越冬易腐烂，不易保存。种苗的短缺，使得规模发展受限。

2. 高效栽培技术

高山蔬菜生产季节以夏季为主，或高温干旱，或强风暴雨。如何采用合理的栽培模式、经济的简易设施抵抗灾害性天气，对生产具有重要意义。劳动力缺乏、人力成本过高，也是高山蔬菜生产中的一个重要问题。种植户希望能有易行的栽培模式和技术，简化生产流程，降低人力需求，提高生产效益。

3. 安全有效的病虫害防治技术

高山蔬菜往往都以"优质、安全、无污染"特点来取得市场优势，甚至有的还进行了有机、绿色食品认证。但高山环境及连作为主的生产方式，有利于病虫害发生。特别是近年来蔬菜安全监控越来越严格，而一些生物农药见效慢、价格高、效果不理想。建立高效、安全病虫害防治体系，是高山蔬菜产业发展的基本保障。

4. 采后处理技术

目前湖南省高山蔬菜采后处理仅停留在预冷阶段，由于运输距离远、时间长，损耗率高。清洁、整理、分级、包装等产后处理技术，能显著提升商品等级，提高附加值和生产效益，亟待普及与推广。

四、高山蔬菜生产发展的建议

1. 宏观统筹，科学布局

高山蔬菜经过近几年的发展，生产面积和产量总体上能满足市场需求，因此各地发展高山蔬菜应该依据《全国蔬菜产业发展规划(2011—2020 年)》、《湖南省蔬菜产业发展规划(2011—2020 年)》的总体要求，结合本区域独特的自然资源、优良的生态环境、丰富的地方品种资源、便利的交通等优势，进行科学布局，发挥本地优势，突出本地特色。

2. 依托政策优势，加强基础设施建设

目前高山蔬菜生产方面的投入不足，基地多以露地粗放种植为主，基础设施建设相对落后，蔬菜生产效率低，抗自然灾害风险能力弱。应结合扶贫开发工作重点，依托政策优势，争取政府和企业的投入，改善山区蔬菜基地沟渠、道路、大棚等基础设施，改善山区蔬菜的生产环境，提高蔬菜抗灾能力，增加蔬菜种植效益。

3. 依托生态优势，提高蔬菜产品质量，建立优势品牌

山区雨水充沛，森林覆盖率高，蔬菜种植环境优良，为发展优质蔬菜生产提供了得天独厚的自然条件。加大对大蒜、生姜、朝天椒当地特色主导产品无公害标准化示范基地建设，以引导、带动广大种植户开展标准化生产。充分利用现有品牌，提高产量的市场占有率，创建知名品牌、驰名商标。

4. 加强地院合作，推广良种繁育

良种是蔬菜高效生产最基本的保障。但山区特色蔬菜种性退化明显，病虫害发生严重，产量大幅下降。各地应从繁育优质种苗和无公害化种植入手，与科研院所合作，对大蒜、生姜、朝天椒等地方品种进行提纯复壮，建立优质种苗繁育基地，开展生姜、大蒜脱毒种苗繁殖，以逐步解决种源退化和病害严重等问题。

（戴雄泽）

第八节　四川省高山蔬菜

四川省地处西南内陆，地貌复杂，气候多样，除四川盆地外，以多山与高原为特色，60%以上地区海拔超过1000m，地势从东南部向西北部逐渐抬高。四川省高山地区夏无酷暑，山地冷凉，适宜发展夏季蔬菜，也无现代工业污染，为生产无公害、绿色、有机蔬菜提供了良好的自然条件。2015年四川蔬菜播种面积2024.4万亩，产量4240.8万吨，其中高山蔬菜播种面积206万亩，产量606万吨，除了缓解本省秋淡菜供应之外，产品大部分外调，销往重庆、青海、广东、陕西、上海等省外城市。四川省高山蔬菜产业在城市菜篮子供应中具有举足轻重的地位。

一、产业现状

四川省高山蔬菜发展始于20世纪80年代，阿坝州等地为高山蔬菜发源地，经过30多年的发展，高山蔬菜优势主产区已基本形成布局区域化、基地规模化、生产标准化、经营产业化、销售品牌化、质量安全化、农户增收效益最大化。该产业对四川省山区地方经济发展、农民脱贫增收致富具有重要作用。

1. 布局区域化，生产基地规模化

高山蔬菜基地主要分布在海拔800～3400m的高山高原海拔区域。目前已形成四大高山蔬菜优势区。

(1)秦巴山区(海拔800～1600m)：以广元市利州区、朝天区、昭化区和剑阁县，达州市达川区，巴中市巴州区等地为主，基地面积23万亩，播种面积41万亩，年总产量110万吨。

(2)川西高原和川西山地区(海拔800～3400m)：以阿坝藏族羌族自治州、甘孜藏族自治州及雅安市汉源县等地为主，基地面积39万亩，播种面积59万亩，年总产量192万吨。

(3)大小凉山山区(海拔800～2600m)：以乐山市峨眉山市、峨边彝族自治县，凉山彝族自治州冕宁县、昭觉县、布拖县、普格县等为主，基地面积40万亩，播种面积68万亩，年总产量198万吨。

(4)乌蒙山区(800～1600m)：以泸州市古蔺县、叙永县、合江县等为主，基地面积17万亩，播种面积38万亩，年总产量106万吨。

2. 蔬菜种类多样化，品种特色化

四川盆地的地形和气候多样，立体气候明显，在海拔800～3400m区域均有蔬菜生产，蔬菜种类多样，品种各具特色。四川省高山蔬菜生产具有四季可种、上市供应时间有所差别、周年供应的特点。

随海拔高度变化，蔬菜种类种植主要分布在三个海拔区间。

(1)低海拔区(海拔 800～1200m)：主要有秦巴山区、乌蒙山区、川西高原汶川、茂县河谷地带和川西汉源等地。以茄果类(甜辣椒、番茄)、瓜类(黄瓜、西胡瓜)、豆类(四季豆、无筋豆、豇豆)喜温蔬菜错季生产为主，喜凉蔬菜为辅。第一季以十字花科(白菜、甘蓝、萝卜)菊科(莴笋)蔬菜为主，上市月 5～6 月；第二季以茄果类、瓜类、豆类喜温蔬菜为主，上市月 7～10 月。部分区域可种植第三季十字花科、菊科喜凉蔬菜。

(2)中高海拔区(海拔 1200～1600m)：主要有秦巴山区、乌蒙山区、川西高原理县、茂县，以及大小凉山等地，以喜凉蔬菜(白菜、莴笋、萝卜、甘蓝、洋葱、大葱等)和喜温蔬菜(辣椒、番茄、无筋豆等)混种，种植两季，采用喜凉蔬菜+喜温蔬菜或两季喜凉蔬菜种植模式。喜凉蔬菜第一季上市月 5～7 月，第二季上市月 8～10 月，第一季产量略高于第二季。喜温蔬菜在第二季，以茄果类、瓜类、豆类喜温蔬菜为主，上市月 7～10 月。

(3)高海拔区(海拔 1600～3400m)：主要在川西高原阿坝州(汶川、茂县河谷地带除外)、甘孜州、大小凉山高山区。以种植大白菜、莴笋、甘蓝、豌豆、洋葱、大葱等蔬菜为主，种植一季(高海拔段)或两季(低海拔段)。低海拔段第一季 4～6 月上市，第二季 8～10 月上市；海拔 2800m 以上的川北区域一般种植一季蔬菜，上市月 7～9 月；而在靠南的大小凉山高山区海拔 1600～2000m(盐源县、昭觉县、布拖县等)，可种植辣椒、番茄、黄瓜、西胡瓜等喜温蔬菜。

3. 基础设施建设不断完善，产业化经营水平不断提升

高山蔬菜基地作为各地方农户增收的支柱产业，规模生产基地路网、水网等基础设施投入增加，基地交通基础条件大为改善，基本实现了交通通达，保障了产品的通畅运输。

生产经营组织化程度不断发展壮大，形成了以种植大户、家庭农场、农民专业合作社(以下简称专合社)或龙头企业为载体的适度规模多种经营主体。据不完全统计，目前，发展龙头企业 70 余家，专合社 300 余家，家庭农场 50 余家，形成了以龙头企业带动，公司+专合社+基地+农户的生产经营模式，不断提升了生产经营组织化程度，提高产业整体效益和竞争力。

4. 实施"三品"提升行动，推进蔬菜品牌化战略

近年来，通过开展"三品"提升行动，重点推进品种改良、品质改进、品牌创建。通过实施品牌战略，规范蔬菜生产与管理活动，提高产品质量，塑造了一批品牌，市场竞争能力强，经济效益大幅度提高，逐步起到了"创一个品牌，兴一个产业，富一方经济"的品牌效应。据不完全统计，目前，以广元曾家山、峨眉山、理县等地为代表的高山蔬菜产区的辣椒、甘蓝、马铃薯等 10 余个产品获国家绿色食品 A 级认证；西葫芦、大白菜、结球甘蓝、萝卜、莴笋、番茄、辣椒、洋葱等主要蔬菜产品获无公害认证；朝天区、阿坝县、松潘县等多个区域的多个产品获有机转换产品认证。"曾家山马铃薯"、"曾家山甘蓝"、"理县大白菜"等多个种类蔬菜获得国家地理标志保护产品，且"曾家山甘蓝"获 2015 年度全国名特优新农产品。成功注册了"曾家山"、"严大姐"、"珍世源"、"品生"、"米亚罗"、"桃坪羌寨"、"岷江"等多个蔬菜商标。"峨眉仙山蔬菜"、"曾家山蔬菜"等已创建为四川省著名商标，并创建了多个高山露地绿色蔬菜基地、全国蔬菜重点县区、四川省精品农业(蔬菜)标准化示范区、四川省地理标志产品保护示范区。

5. 强化标准化生产，保障农产品质量安全

强化标准化生产，推广种养循环模式，开展病虫害综合防治，实施双减增效技术。

四川省 27 个高山蔬菜重点县(区)有 4/5 建立了农产品质量安全检验检测中心，重点示范区建立了农产品质量安全可追溯体系，实现了"生产有记录、流向可追踪、信息可查询、质量可追溯"，以及"产地准出、市场准入、实时监控"的县(区)、乡、村三级农产品质量安全监管网络全覆盖，确保农产品从农田到市场的全程监管。

目前，四川省以曾家山为代表的多个高山蔬菜基地被纳入四川省蔬菜供澳门生产基地，另有部分基地完成了供港澳蔬菜基地备案。种类包括白菜、甘蓝、辣椒等 12 个种类品种，标志着四川高山蔬菜产品质量安全上了一个新台阶。

6. 商品化处理比重增加，提高了蔬菜竞争力

近年来，国家、省、市、县各级政府重视市场培育，加大果蔬采后商品化处理及加工，提高产品的竞争力。在朝天区、理县、阿坝县、茂县、峨眉山等 10 余个高山蔬菜基地建立了以分选、清洗、包装、预冷为重点的产地商品化处理场所，配套完善设施设备，提高蔬菜商品质量、产品档次和附加值，开展冷链运输，扩大销售半径，增强市场调剂能力和产业竞争能力。四川省的商品蔬菜由原来的主销成都、重庆，拓宽到产品市场销往成都、重庆、上海、青海、武汉、陕西、广东、香港、澳门等地区，并出口到俄罗斯和东南亚等国家。

同时，通过蔬菜加工，延伸产业链，提高了附加值。乐山市峨边县五旺公司的蔬菜罐头等产品销往美国、韩国、日本、越南和中国香港等地区，自 2012 年以来，年出口额达到 1600 多万元。

7. 助农增收，经济效益显著

四川省高山蔬菜年总产值达 101 余亿元，助农增收效果显著。在高山蔬菜主产区，通过种植高山蔬菜，农户无贫困户，实现了脱贫增收致富。例如，峨眉山市高山蔬菜生产区通过"公司+专合社+基地+农户"的产业化发展模式，实行订单生产、保护价收购，种植户占全村农户总数的 80% 以上，实现菜农年人均纯收入超过 11 000 元。广元市曾家山基地蔬菜收入 10 万元以上的超过 200 户，收入 5 万元以上的超过 1000 户，收入 2 万元以上的超过 10 000 户，人均蔬菜收入达 1.2 万元以上。

8. 加大了科研力度，推进了高山蔬菜产业化发展

结合四川省实际，加大了高山蔬菜科研力度。2014 年，四川省农业科学院在广元市曾家山基地建立了全省首个高山蔬菜（曾家山）试验站，与地方联合建立新品种新技术示范园 2 个，集约化育苗中心 1 个，育苗蔬菜标准化生产基地 20 万亩。开展了十字花科根肿病防治试验研究与示范、新品种引育种研究与试验示范、番茄和辣椒避雨栽培技术研究与示范、蔬菜轻简化栽培技术研究、蔬菜连作障碍防控技术研究等科研课题，并制订了《高山露地绿色蔬菜生产规程》等多项技术规程。

二、主要问题

1. 高山蔬菜可持续生产能力受到威胁

一是作物种类单一，同科作物连作较普遍。高山蔬菜产区由于气候、地形地貌等因素，蔬菜种类及轮作制度相对受限，长期种植同类蔬菜作物，缺乏科学轮作，导致十字花科根肿病等病害在一些区域发生严重。二是生产投入品单一，化肥施用过量。目前普遍以化学肥料施入为主，施肥量过大，亩用量普遍在 150～200kg，高的达到 300kg，不重视有机肥施用，有机质缺乏，土壤 pH4.0～5.5，土壤酸化板结现象严重；测土配方施肥技术推广难。三是不注重地力培肥，掠夺式生产，土壤可持续生产能力受到威胁。

2. 科技力量不足，新品种、新技术推广应用较难

由于人力、财力等多方面的因素，高山蔬菜技术推广服务人才短缺，一岗多用现象普遍；科研与推广力量投入不足，缺乏示范带动效应；山区农民文化素质不高，接受新科技、新技术能力受到局限，制约了高山蔬菜科技推广的进程和新观念的吸收。

3. 高山蔬菜采后处理与冷链物流仍然薄弱

高山蔬菜生产水平仍处在比较粗放的状态，精深加工不够，目前采后商品化处理率不足 10%。冷链运输设施缺乏，冷链流通率不足 3%。产品损耗较大，产品档次和附加值低，综合竞争力较弱，销售半径及市场受到限制，阻碍了市场的进一步开拓。

4. 基础设施条件较差

高山蔬菜生产基础设施建设不够，交通基础条件较差，排灌设施不足，劳动力缺乏，机械化程度低，劳动效率低，生产成本高。

5. 质量安全隐患仍然存在

高山蔬菜质量安全总体较好,但质量安全风险隐患依然存在。一是高山蔬菜质量监管和追溯体系不够完善,由于利益驱动,局部地区、个别产品生产中未严格执行农业安全间隔期规定,农药残留超标仍有发生;二是种植户病害识别对症防控难,农药使用不科学;三是绿色防控技术不够普及。

6. 菜农持续增收压力增大

一是生产成本增加,主要体现在劳动力成本和农资成本增加。二是蔬菜生产组织化程度不高,产供销链接机制不紧密,订单生产不多。三是生产市场和价格市场波动大,竞争力加大。四是市场信息服务滞后。"信息不灵、渠道不通",导致盲目扩大或缩小蔬菜生产规模,影响产品流通和经济效益。

三、经验与建议

1. 优化区域布局,强化区域特色

要结合"十三五"农业产业发展规划和市场需求,优化四川省高山蔬菜产业区域布局,突出区域特色,促进产业化发展。根据南、北方市场需求,按照高山区域位置、海拔高度、气候类型特征,四川省秦巴山区、乌蒙山区、小凉山山区和川西山地等中低海拔区段以喜温蔬菜越夏栽培为主,喜凉蔬菜错季栽培为辅;大凉山山区和川西高原中、高海拔区段,以喜凉蔬菜错季栽培为主。

2. 加强基础设施建设,降低生产成本

道路不畅、路途较远是制约高山蔬菜发展的重要瓶颈。生产条件,如田网、路网、水网、电网也制约了高山蔬菜的发展。要加大基础建设投入,改良土壤,培肥地力;改善灌溉条件,降低生产成本。

3. 加强高山蔬菜科研投入,强化科技支撑

高山蔬菜研究较晚,经费缺乏,科研储备不足,对路的品种、技术不多,抗逆防病技术短缺。应加强适宜品种选育和引进,特别是十字花科抗根肿病品种的选育和引进,以及防治技术研究与引进,不断引进和选育适宜区域发展的蔬菜新品种与新技术,满足生产品种技术的更新换代。

建立高山蔬菜标准示范园,发挥示范引领作用。在相似气候的高山蔬菜区域,分别创建标准示范园。优化种植模式和种植制度,良种良法配套,推广应用先进的测土配方施肥技术、病虫害综合防控技术,有条件区域推广轻简高效的农机农艺融合技术、水肥一体化灌溉技术,达到产品提质增效目的。

4. 加快高山蔬菜品牌创建和市场体系建设

加快推进高山蔬菜精深加工,延长产业链,增加产品附加值。要大力新建预冷设施,减少长途运输损耗。要发展高山蔬菜订单直销、连锁配送、电子商务等现代农业流通方式。注重拓展和开放高山地区农业的生产价值、休闲价值、文化价值。加强高山蔬菜质量监管,强化品牌创建,针对不同消费地区和消费群体需求,加快中高端产品开发,拓展消费市场。要强化资源保护,加强生态建设,发展生态绿色循环农业,促进高山蔬菜可持续发展。

5. 加强人才队伍建设,提高人才综合素质

要加大高山蔬菜科研、基层推广服务人才队伍建设,加强对专业大户、家庭农场经营者、农民专合社带头人、企业经营管理人进行培训,提高综合素质。

(唐 丽 李跃建)

第九节 重庆市高山蔬菜

高山蔬菜是指在海拔800~1200m的中高山和海拔1200m以上的高山地区,利用高海拔区域夏季的自然冷凉气候条件生产的夏秋季即6~9月上市的天然反季节商品蔬菜。

高山蔬菜栽培的理论依据是按生态学原理，利用山地不同海拔高度、山脉走向和地形地貌引起的温度、雨量、日照等因素的垂直差异，及其对蔬菜生长发育的影响来选择在不同时段种植不同种类和不同品种的蔬菜。其生产目的就是利用高山地区夏季冷凉、昼夜温差大、降水量多、立体气温差异明显的气候条件生产夏秋季上市的蔬菜，填补平原地区或低海拔地区夏季高温不利于某些蔬菜生长的不足，从而满足市场需求。

一、产业现状

重庆市高山蔬菜主要分布在武陵山区和秦巴山区的武隆、石柱、彭水、黔江、城口、酉阳、云阳、巫溪、巫山、秀山、丰都、奉节、开县及万州等海拔 800～2200m 的贫困山区。该区域属亚热带向暖温带过渡类型气候，年均温 17.5℃，年均降水量 1104.2mm，年均蒸发量 950.4mm，年均气压 978.6hPa，无霜期 311 天。总的气候特点表现为气候温和，雨量充沛多集中，光照偏少云雾多。尤其是在夏季，山区最高气温大多不超过 30℃。该区域的特殊的冷凉气候特点非常适宜蔬菜生长，病虫害发生少，品质优良，不同海拔错开种植，梯次上市，为发展高山蔬菜产业提供了得天独厚的自然生态条件。高山蔬菜生产已经成为山区农业产业的重要支柱。

高山蔬菜产业随着扶贫攻坚的推进取得了长足的进步。2015 年，蔬菜播种面积达到 52.5 万亩，上市蔬菜有甘蓝、大白菜、萝卜、辣椒等 13 个大类 50 个品种，总产量达到 87.8 万吨，分别较 2010 年增长 23.0% 和 15.8%，商品化率提高到 63.7%。社会蔬菜销售收入 14.02 亿元，全年实现蔬菜产值 16.7 亿元。近年来，在政府推动、市场拉动、效益驱动等多力作用下，市政府把发展武隆高山蔬菜作为秋淡保供蔬菜核心片区，大力调整高山蔬菜产品结构，带动周边高山蔬菜快速发展，面积逐年增加；随着脱贫攻坚工作的推进，其他区县也把高山蔬菜作为短平快的产业扶贫抓手，发展势头十分强劲。

重庆市高山蔬菜主要分布在武隆、巫溪、巫山、涪陵、万州、黔江、酉阳、秀山、丰都、南川、江津、綦江等高山及中高山地区，平均海拔 1000m 左右，其中巫溪最高海拔 2796.8m、巫山 2680m、武隆 2033m，其余各区县最高海拔均在 2000m 以下。

(1) 武隆县高山蔬菜发展较早，基地面积超过 13 340hm²，是重庆市主要高山蔬菜基地，分布在海拔 800～1700m 的仙女山、白马山、弹子山、桐梓山 4 个高山蔬菜生产片区。品种也较为丰富，除传统的甘蓝、大白菜、白萝卜外，近年来茄果类、瓜类、豆类、叶菜类等也逐步增多，但传统"三白"占比仍然较大。据统计，作为高山第一大菜类的甘蓝在武隆种植面积达 5000hm²，占高山甘蓝总面积的 77%；大白菜种植面积 2134hm²，占比 57%；萝卜种植面积 1600hm²，占比 60%。主供重庆主城及周边市场，部分销往港澳地区，以及韩国、新加坡市场。

(2) 巫溪红池坝有近 530hm² 蔬菜基地分布在海拔 1800～2000m 地区，以较耐寒、耐储运的结球甘蓝、大白菜、长白萝卜为主，主供重庆、成都、武汉、广州等地，部分销往港澳市场。巫山、彭水、黔江、酉阳、秀山、丰都、江津、南川等地近年高山蔬菜有一定发展，但面积相对较为分散，种植蔬菜种类和品种较多，有十字花科类、瓜类、茄果类、豆类、叶菜类等，主供重庆及本地市场。石柱、綦江、涪陵、万州等以加工辣椒、菜椒、白萝卜为主，主供重庆及周边市场。

(3) 莼菜是石柱高山地区的特色蔬菜，现有种植面积 867hm²，占全国适种面积的 70% 以上，主要分布于海拔 1200～1600m 的黄水、六塘、石家、冷水、沙子、枫木等 6 个乡镇。其生产加工的"山之莼"等获无公害莼菜产品认证、无公害莼菜产地认证、有机食品认证和绿色食品认证。

(4) 魔芋是重庆武陵山区主要的经济作物，也是我国魔芋四大主产区之一，常年种植面积达 4895hm²，主要分布在彭水、石柱、武隆、丰都、秀山等地，形成了较为完整的种植、加工、销售全产业链。

二、主要问题

1. 种植菜类相对单一，茬口集中，效益不稳，高山蔬菜的增效保供潜力并未得到充分发挥

目前高山蔬菜种植菜类多数是甘蓝、白菜、萝卜，其他精细品种不断丰富，但种植的比例仍然较小，不能满足淡季市场的多样化需求，由于品种和茬口过于集中，生产效益风险随面积的不断扩大而增大，少

量品种的相对集中上市给销售带来压力，间断性的"菜贱伤农"现象偶有发生，特别是 2016 年 6 月至 8 月 25 日甘蓝价格在 0.1 元左右；重庆 7～9 月蔬菜市场行情好、价格较高，且重庆市高山地区能够种植的番茄、油麦菜、瓢白、水白菜、四季豆、松花菜、芫荽、青葱、荷兰豆、甜豆、西葫芦、茄子等品种主要由云南、甘肃、宁夏、湖北、四川等冷凉蔬菜产地供应。

2. 种植粗放，技术水平有待提高

重庆武陵山区蔬菜生产主要采用裸地栽培的传统栽培方式，育苗技术落后，栽培技术不配套，病虫害防控不规范。到目前为止，整个重庆武陵山区蔬菜节约化育苗场仅有 6 个，面积不到 200 亩，地膜标准化覆盖栽培不到 10%，大棚避雨栽培不到 5000 亩，农民的农产品安全意识不强，常出现不按规定使用农药的现象。

3. 高山蔬菜基地基础条件薄弱、机械化程度低，严重制约产业规模

由于受山区自然条件限制，高山蔬菜立地条件多数较差，基地相对分散，缺乏必要的农田保护和因地制宜的蓄水灌溉设施，未能有效利用高山区域有限的雨水资源，抵御自然灾害的能力较弱，尤其是高山的合理灌溉是一个普遍存在的问题。另一方面，机械化程度低，严重制约产地规模发展，也直接影响了高山蔬菜生产的区域化规模效益。

4. 掠夺式生产，土壤生态问题显现

由于农民生态保护意识薄弱，过度开荒，水土流失严重。在生产过程中种植结构单一，不注意种地与养地结合，大量使用化学肥料进行掠夺式经营，导致土壤严重酸化、土壤营养元素失衡，土壤连作障碍严重。目前武隆、丰都、涪陵、石柱的多年种植高山蔬菜的基地，十字花科蔬菜根肿病发生面积近 3 万亩，近 5000 亩蔬菜基地由于根肿病不能种植十字花科蔬菜，且发展、扩展速度较快；武隆仙女山、双河、黄莺、接龙、白马等镇乡蔬菜基地由于土壤营养元素失衡，甘蓝、大白菜缘枯病等生理性病害严重。

5. 产业链不健全，尤其是加工产业比较滞后，冷链运输跟不上

高山蔬菜采后处理技术滞后，制约高山蔬菜的市场半径和品种多样化选择，尽管现在多数高山蔬菜产地开始普及采后蔬菜商品化整理和产地预冷，但高山蔬菜的销售季节正值高温时节，缺乏有效的冷链系统和针对性的采后处理技术，一般高山鲜菜的运销不超过 2000km，许多在高山可以种植的精细蔬菜由于储运条件的限制而不能生产，使高山蔬菜的市场潜力得不到充分拓展。

6. 社会化服务体系有待完善

农村社会化服务体系建设滞后，农技服务体系不健全、不完善，基地做大、做强不容易，工商资本难以参与高山蔬菜产业发展，使蔬菜种植标准化落实难、蔬菜采后处理难、蔬菜品牌化经营难、蔬菜市场销售难、蔬菜质量监管难，蔬菜产业链各环节的技术支撑难。因此，缺乏为蔬菜产业产前、产中、产后服务的社会化服务体系，使得武隆蔬菜在规模、档次、市场营销等方面都难以适应日趋激烈的蔬菜市场竞争的需要。

7. 网络营销服务体系不健全，品牌效应不够

蔬菜生产规模相对小而分散，农户采用传统的自产自销方式，品牌和标准化意识欠缺。例如，对已有的无公害蔬菜"仙女山"品牌，忽视品牌的打造，宣传力度不够，无法发挥品牌效应，提高武隆蔬菜的市场竞争力。同时，菜农自产自销的生产方式，安全卫生标准体系未健全，难以形成科学化、标准化的现代化生产，无法适应我国蔬菜产业标准化体系发展的要求。

三、经验与建议

1. 发展生态农业实现高山生态、经济效益双丰收

生态农业是把农业作为一个开放的生态、经济、技术复合人工系统，遵循自然规律和经济规律，运用生态学原理，采用系统工程方法和现代科学技术，因地制宜地规划、组织和进行农业生产。山区农业要实现由粗放经营向集约经营转变，必须处理好经济发展与环境保护的关系。我国高山蔬菜生产主要基地大多

位于长江水系中上游地区,对控制长江中上游水土流失、保护长江生态环境至关重要。由于适于发展高山蔬菜的可耕地有限,为避免出现破坏生态环境的掠夺式经营,使资源开发利用和资源保护相结合,发展生态型高山蔬菜是我国高山蔬菜实现可持续发展的有效途径和必然选择。建议基地实行许可、建档、退耕、休耕制度。海拔800~2200m的高山蔬菜基地应满足:栽培耕地坡度小于25°,植被覆盖率50%~75%,土壤有机质含量1.5%以上,pH5.5~7.5,劳动力充足,具备基本交通运输条件,水源有保障的地块作为蔬菜基地发展,坡度大于25°菜地退耕还林,防止过度开发。小于25°的坡地用"土坎+生物梗"的方式进行坡改梯或采取偏离坡向30°左右斜坡开厢防止水土流失,土壤连作障碍严重的地块休耕1~2年。

2. 土地种养结合实现高山蔬菜产业可持续发展

受直接经济利益的驱使,配套基地管理政策与科学栽培措施的滞后,使高山蔬菜生产中的诸多生态问题初见端倪,由于高山可耕地资源有限,且高山区域自身生态环境相对脆弱,制订科学合理的生态型高山蔬菜基地选择与管理办法,进行有效的保护性开发,对引导该产业的可持续健康发展至关重要。建议将全市的60万亩生产条件好的高山烟草地与蔬菜地进行逐年轮作,推进十字花科蔬菜与糯玉米、豆类、瓜类、茄果类、葱蒜类蔬菜轮作,增施有机肥和益生菌肥,种养结合实现高山蔬菜产业可持续发展。

3. 优化品种结构与布局,稳定高山蔬菜种植的效益

在市场经济框架下,我国蔬菜已实现全国蔬菜大生产、大流通的产销格局。而6~9月全国平均气温基本相同(28~35℃),南北交易量小,此时段主要是山上和山下的交流,高海拔蔬菜成了我国夏菜的主要供应源头。但现有高山蔬菜种植种类品种相对单一,高山蔬菜的增效潜力并未得到充分发挥。

(1)垂直布局。根据高山的立体气候特点进行市场行情好的多菜类、多品种立体布局:海拔800~1200m区域以发展辣椒、豇豆、丝瓜、茄子为主,海拔1200~1500m区域以甘蓝、番茄、四季豆、黄瓜、青葱、西葫芦、花菜为主,海拔1500~2200m区域以大白菜、萝卜、油麦菜、瓢白、水白菜、甜豆、荷兰豆、菠菜、芫荽为主垂直结构分布。只有实现高山蔬菜种类的多样化,再结合排开播种,才有可能实现6~9月高山蔬菜的均衡上市,才能有效规避各路高山蔬菜狭路相逢导致菜价猛跌的市场风险。

(2)水平布局。离主城较近的武隆、彭水、涪陵、丰都、万州、开县、石柱等高山蔬菜保供基地,高山蔬菜生产历史较长,土壤连作障碍严重,农民生产技术水平较高,结构调整的产业基础较好,重点布局茄果类番茄、辣椒、甜椒、茄子,瓜类黄瓜、西葫芦、丝瓜、苦瓜,豆类四季豆、豇豆、胡豆、豌豆,速生叶菜类油麦菜、菠菜、水白菜、瓢白、茼蒿、苋菜、芫荽,葱蒜类分葱、韭葱、苦藠等菜类和品种;离主城较远的巫山、巫溪、城口、奉节、云阳、酉阳、黔江等外向型蔬菜生产片区由于没有根肿病,土壤连作障碍轻,重点布局十字花科的甘蓝、紫甘蓝、大白菜、花菜、长白萝卜、圆白萝卜、红萝卜、甜(辣)椒等外向型品种。

4. 规范标准化采后处理技术环节,扩大高山蔬菜销售半径

高山蔬菜采后处理的技术水平影响高山蔬菜的种植品种多样性的选择和产品的市场销售半径,从而影响效益。

(1)采后处理。高山蔬菜采后处理是针对其含水量高、容易失鲜和腐烂变质的特点,为保持和改进蔬菜产品质量,根据不同菜类和品种结合销售市场半径,采取相应的从农产品转化成商品所采取的一系列技术措施,包括采收、挑选、清洁、整理、分级、包装、预冷、贮藏、保鲜、运输、销售等连锁过程,延长产品保质期和货架期。

(2)冷链系统。在新鲜果蔬的加工、储运、销售过程中,控制适宜的温度,使之处于休眠期,降低其呼吸强度,减缓其新陈代谢,以达到延长新鲜果蔬保鲜期的目的。操作要点:鲜菜采收→整理、分级、包装→4h内0~5℃真空预冷→冷库贮藏→0~5℃冷藏运输→0~5℃冷藏销售→消费者购买后置于0~10℃冰箱中保存至食用。

(3)应用新型的采后处理技术。如采用辐射保鲜技术、气调保鲜技术、临界低温高湿保鲜技术、涂膜保鲜等先进技术替代传统的采后处理方法,研制开发高山蔬菜新产品,如高山鲜食菜、干净菜、冻干菜等,为市场提供新鲜、营养、方便、卫生、悦目、可口、种类丰富的高山蔬菜产品。

5. 加强标准化技术与服务体系建设，促进高山蔬菜产业健康发展

高山蔬菜产业优良的品质、恰当的上市期和特定的种植区域预示着该产业的广阔市场前景，但高山蔬菜进一步的市场开拓，有赖于标准化技术与服务体系的建设，有赖于科技、行业和政府三方面支撑体系的进一步完善。

(1)科技支撑体系。高山蔬菜产业的技术水平还不高，要将科研、推广与生产、市场高度结合，完善高山蔬菜试验站，跟踪高山蔬菜产业前沿，面对生产实际问题，培育高山蔬菜新品种，探索生态型高效栽培新模式，提高高山蔬菜生产效率，并制定一套行之有效的高山蔬菜标准化技术规范，包括高山蔬菜生产基地管理与生态型保护技术规范、高山绿色食品蔬菜生产技术规程、高山蔬菜采后处理与储运技术规程、高山蔬菜产品质量标准等。

(2)行业中介服务体系。高山蔬菜的发展涉及生产、加工、流通、技术推广和市场信息服务等诸多方面，要积极组建高山蔬菜行业协会，将蔬菜生产大户、营销大户、技术人员、行业管理人员联系到一起，通过协会引导菜农把蔬菜产业由个体经营联络成联合经营，协调生产、加工、销售等环节，共同维护市场秩序，规避市场风险；培植参与高山蔬菜生产的工厂化育苗、机械化整地覆膜、全程无害化植保、标准化采收分级、清洗包装、冷链销售等企业和专业队伍。吸收工商资本进入高山蔬菜产业发展，提高蔬菜生产规模和组织化程度，推进高山蔬菜产业化进程。

(3)政府支撑体系。政府有效的宏观调控是高山蔬菜发展壮大的必要条件，政府宏观管理与行业组织自律性的微观管理相结合，是保障该产业健康发展的前提。政府可通过制定优惠政策和给予必要的投入进行宏观调控和引导(对质量控制、新品种培育、重大技术障碍的技术攻关等政府给予一定投入)、行业立法(用法律法规保护高山蔬菜生产经营者和消费者的合法权益)、对中介机构确认授权(授权一些独立的非盈利中介组织对高山蔬菜产业各环节进行规范而有序的管理)。

(吕中华)

第十节　安徽省高山蔬菜

一、产业现状

安徽省高山蔬菜年播种面积 24.4 万亩，年总产量 51.2 万吨，年总产值 143 360 万元，集中分布在大别山区的安庆、六安两市和皖南山区的黄山、池州两市，其中安庆市(岳西县、潜山县、太湖县)15.8 万亩，六安市(金寨县、霍山县)6.3 万亩，黄山市(歙县、休宁县)2 万亩，池州市(石台县)0.3 万亩。安徽高山蔬菜生产主要集中在海拔高度 800～1000m 区域；生产种类主要有茭白、四季豆、豇豆、辣椒、茄子、瓠瓜、小南瓜等，主导市场为本地及合肥、武汉、南京、南昌、上海、杭州、苏州、无锡、九江、寿光，上市期主要集中在 7～9 月，有效填补了市场的"伏缺"和"秋淡"。安徽高山蔬菜已逐渐向区域化布局、规模化生产、产业化经营的格局发展，高山蔬菜产业已成为山区农民增收的重要途径和精准扶贫重要产业支撑。

1. 高山蔬菜产业发展迅速，产业特色明显

以茭白为主的高山蔬菜产业已成为安庆市山区农村经济发展的特色主导产业之一，规模化、专业化、产销一体化的支柱产业特色正在形成；岳西县有"全国最大的高山无公害茭白基地县"、"安徽省蔬菜产业十大特色基地县"等称号。"岳西茭白"为国家地理标志保护产品，岳西县 5.5 万亩高山茭白基地中，有 4 万亩通过无公害认证，102 亩通过有机认证；黄山市冷凉蔬菜主要依托黄山、天目山、白际山三大山脉形成的山间河谷特殊气候，20 世纪末开始发展高山蔬菜产业，在歙县天目山脉竹铺、三阳、杞梓里、白际山脉绍濂等乡镇 600m 以上海拔地区发展高山小尖椒，培育了绍濂乡黄毛辣椒加工产业，创立了"黄毛寺"辣椒片，并注册了"爱华"、"谷丰"两个高山蔬菜商标，2000 年后在安徽省蔬菜办公室、安徽省农业科学院园艺研究所的大力支持下，高山蔬菜生产技术进一步得到提高，蔬菜生产品种也从以红辣椒

(土辣椒)、小尖椒为主,发展到现在种植四季豆、长豇豆、茄子、南瓜、甜玉米、西瓜、辣椒等蔬菜品种多样的格局。高山蔬菜生产基地也从邻近浙江的梓里、北岸四等乡镇,发展到包括溪头、许村、王村、长陔等 15 个乡镇。

2. 栽培技术日渐成熟

通过近二十年的摸索,安徽省高山蔬菜栽培技术日渐成熟。岳西县高山蔬菜主要栽培品种结合当地实际制订适用的栽培技术规程,特别是在高山茭白栽培技术方面,由安徽省岳西县高山果菜有限责任公司完成的"高山反季节茭白栽培技术研究与推广"项目先后获市科技进步二等奖、省科技进步三等奖,"高山茭白专用型系列新品种选育及标准化生产技术研究与示范"项目通过省科技成果鉴定;由岳西县菜办起草的《高山茭白》和《高山茭白生产技术操作规程》等地方标准,通过省技术监督局审定,并颁布实施。

3. 产业组织化程度发展较快

近年来,安徽省高山蔬菜组织化程度发展较快,蔬菜生产组织主体结构丰富,有种植大户、合作社、家庭农场、蔬菜协会(企业)、联合体等,安庆市、池州、黄山等市的蔬菜产业合作经济组织已发展到 75 个,其中岳西县原生态果菜专业合作社 2016 年获国家示范社称号。这些合作经济组织在发展基地、指导生产、采后处理、拓展市场、组织销售等方面发挥了重要作用。

4. 销售市场较为广阔

安徽省高山蔬菜产区多地处高山深处,远离大中城市,无工业污染,具有得天独厚的气候资源优势,其中,安庆市岳西县、池州市石台县是国家级生态保护示范县,六安市金寨县是全国生态示范区、安徽省无公害蔬菜生产基地示范县,生产出的高山蔬菜产品以其品质优良、风味独特、绿色无污染而深受广大消费者的青睐,且上市期集中在全国诸多城市蔬菜市场的"伏缺"和"秋淡",错峰销售效益高。此外,安徽省高山蔬菜产品已进入合肥、武汉、南京、上海、南昌、杭州、苏州、无锡、九江、寿光等全国 40 余个蔬菜市场,并与这些市场建立了长期稳定的合作关系,其市场销售前景广阔。

二、主要问题

1. 栽培种类单一,品种老化,抗病性与抗逆性较弱

大面积发展同种类蔬菜、上市期过于集中影响产品价格,且应用的品种退化现象普遍,生产风险及市场风险较大。例如,安庆市岳西县近年来茭白品种退化严重,雄茭、灰茭增多,产量品质下降;四季豆等旱地菜品种较为单一,全部从外地调种,种子质量良莠不齐,病害大面积蔓延的问题时有发生。

2. 高山可耕地少,规模化发展较困难

山区多是"七山一水一分田,还有一分道路和庄园",其中连片可耕地更少,且多被茶园所占据,有些地区海拔 600m 以上的可耕地不到可耕地总量的 5%,而且全部为茶园。因此高山蔬菜规模化生产较困难。

3. 交通条件较差,生产操作费工费力

山区道路基础条件较差,生产资料进入和产品收获费工费力,主要靠人力肩挑背扛,且水资源缺乏或使用成本高。例如,黄山市歙县海拔 800m 以上的蔬菜基地因交通不便、费工费力等问题,面积从最高峰的 3 万亩锐减至现在的 2 万亩左右。

4. 产业的抗灾害能力差

山区小气候复杂,水灾、旱灾、风灾、冻害等自然灾害频发。高山蔬菜基地又集中分布在海拔较高的山区乡镇,且绝大多数为露地栽培,设施薄弱,"旱能灌、涝能排"的基地较少,抗灾害能力差。由于缺少资金,菜农发展设施大棚面积比较困难。

5. 集约化育苗技术匮乏

高山蔬菜分布面广,单户面积小,分散育苗费工费时,且由于设施条件差、育苗技术水平低,育苗时温、湿度难以把控,难以培育壮苗,集约化育苗技术匮乏。

6. 品牌效益不显著，优质不优价

产地及品牌认证工作滞后，采摘、分级、包装标准化程度不高，优质未能实现优价。例如，岳西县"大别山"牌优质高山蔬菜在合肥、武汉等城市都有很高的知名度，但由于蔬菜都是直供一级批发市场，所以很多市民不知道自己买的是岳西优质菜，也不知道如何买到岳西优质菜。

7. 规模化生产与山区生态环境保护之间的矛盾突出

蔬菜规模化种植和年年连作，造成了病虫害逐年加重，同时市场对蔬菜产品安全提出了更高要求，化学防治病虫害又对产品质量安全有影响，矛盾突出。

8. 山区蔬菜产品流通成本高、损耗大、时效低

精菜、净菜、小包装加工尚处于初探阶段，一些蔬菜加工企业尚未形成加工能力，龙头企业的牵动作用较弱。蔬菜产地的冷藏保鲜、长途运输保鲜等工作有待加强。更为畅通的销售渠道有待开发，对电商平台方面的要求迫切。

三、经验与建议

1. 科学规划、引导与发展

高山蔬菜不能片面追求面积，更不能全面开花，要立足山区特点、因地制宜，在条件适合的地区发展，稳扎稳打，新发展的区域一定要注意小面积试种成功后再稳步推进；同一蔬菜种类大面积种植一定要错开播期，实行政府统一调控、指导，针对目标市场，选择好品种、播期、上市期，实行均衡上市，最大限度地降低生产及市场风险。

2. 注重提高科技含量

一是不断引进筛选、推广适合本地种植的优良品种，促进当地高山蔬菜品种结构的优化更新，大面积推广本地未种过的品种一定要经过试种；二是不断引进、研发适合当地立地条件的栽培技术，如适宜当地生产布局的集约化育苗技术、提高土地利用率的立体栽培技术、套作间作技术、环境友好型的水肥药管理技术及病虫害绿色防控技术、节本省(节约生产资料)工技术、提质增效技术，以效益带动茶园向菜园的流转力度，从而实现部分产区的规模化发展；三是做好新品种、新技术的示范推广工作，重点抓好示范基地建设，结合示范进行技术指导和培训，提高种植科技含量、技术水平，技术人员要深入一线、驻点基地，"做给农民看、教会农民干"。

3. 提高农民组织化程度

围绕"产业提升档次、农民增加收益"这一中心，在调整优化种植结构、提高农民组织化程度上下功夫。通过积极引导农民加入专业合作社、扶持龙头企业、促进合作社与龙头企业"联姻"、组建合作社联合社等一系列举措，克服单个农民信息和技术获取量有限、抗风险能力弱的弊端，变"单枪匹马"为"集体作战"，大大提高菜农的收入，提升产业发展速度。

4. 注重品牌效应

加大高山蔬菜产地认证工作，提高采摘、分级、包装标准化程度，精准定位市场，严把质量关，并通过各级新闻媒体、网站进行实效与典型案例宣传报道，加大对高山蔬菜品牌的宣传力度，广泛探讨谋划电商销售模式，拓宽高山蔬菜的销售市场，从而实现"优质优价"，保护高山菜农的积极性。

5. 积极争取各项资金扶持

加强生产基础设施建设，同时在新品种、新技术、新材料、新工艺应用方面争取资金扶持、项目支撑；提供优惠政策、营造优良环境，鼓励、吸引龙头企业、经纪能人、外地客商投入资金，参与基地建设、产品加工与营销；鼓励当地农户自愿增加投入来提高蔬菜种植产量、品质与效益。

（张其安）

第十一节　浙江省山地蔬菜

蔬菜是浙江农业十大主导产业之一，近年来以保障蔬菜市场供应、增加农民收入为核心，推进区域化、规模化、专业化、标准化生产，已成为农业增效、农民增收的重要支柱产业。从近几年的实践来看，大力发展山地蔬菜，使山区蔬菜从高海拔区域向中低海拔区域拓展，是浙江省蔬菜产业拓展新的发展空间、实现产区优化调整、保持产业可持续发展，以及振兴山区经济、致富山区农民的有效举措。

一、产业现状

1. 产业规模持续稳步增长

"十一五"以来，浙江省实现了从高海拔区域的山区蔬菜向高、中、低海拔区域山地蔬菜相结合发展的转变，使中、低海拔区域的丘陵山地资源和优良生态环境资源得到了更为有效利用，使山区的"天然反季节"、"生态"和"劳力、耕地资源"的多重优势得到更好的发挥，山地蔬菜生产得到了长足的发展，已培育形成浙中、浙西南山地蔬菜和特色蔬菜产业带。2011 年全省山地蔬菜面积达 150 万亩，2015 年达 180 万亩，产量 300 万吨，产值 60 亿元以上，成为保持全省蔬菜产业可持续发展和农业增效、农民增收的重要增长点。丽水山地蔬菜播种面积达到 35.27 万亩、产量 53.4 万吨、产值 9.42 亿元，初步形成了以缙云和景宁茭白、莲都长豇豆、遂昌四季豆、庆元松花菜等为代表的水生蔬菜、豆类蔬菜、甘蓝类蔬菜等优势产业带，成为长三角地区有特色有优势的山地蔬菜主产区。山地蔬菜的发展，对促进山区农业增效、农民增收，特别是贫困山区农民的增收发挥了重要作用。

2. 品种区域特色日趋鲜明，品牌效应凸显

经过区域布局调整和近年来的基地建设与引导发展，浙江省已基本形成以四季豆、番茄、茄子、辣椒、瓠瓜、茭白等为主的山地蔬菜特色优势品种，涌现了一批以"一县一品"、"一地一品"为特色的山地蔬菜优势产区，如以山地四季豆为主要特色的临安、遂昌、龙泉等优势产区，以山地茄子为主要特色的文成、浦江等优势产区，以山地番茄为特色的婺城优势产区，以山地茭白为特色的新昌、磐安、缙云等优势产区，建成了一大批特色鲜明、品种集中、规模较大的山地蔬菜生产基地(山地蔬菜主要种类及优势产区分布情况见附图)，有效促进了浙中、浙西南山地蔬菜和特色蔬菜产业带的形成，成为全省两个优势产业带之一，产业优势日趋明显。

"蓝天白云、青山绿水"，优良的生态环境生产优质的无公害蔬菜，已成为山地蔬菜最大的卖点。各地充分发挥山区良好的生态环境优势，发展无公害蔬菜，创建山地蔬菜品牌，如临安"天目山"茄子、番茄、四季豆，天台"石梁牌"高山蔬菜，金华婺城区"仙圣"番茄、萝卜，新昌"回山"茭白、"天姥山"黄瓜，武义"武阳仙露牌"四季豆，缙云"山啦牌"高山茭白，遂昌"神龙绿谷"、"桃源尖"四季豆，龙泉"龙泉绿"等品牌，以其优质、安全等特点获得了良好的市场声誉，知名度不断提升。山地蔬菜的发展为城市"菜篮子"提供了大量优质、生态、有特色的蔬菜商品，深受消费者喜爱，为稳定蔬菜市场供应，尤其是 7～9 月伏淡季节蔬菜供应发挥了重要作用。

3. 依托良好的自然生态环境禀赋，大力推广标准化生产技术，山地蔬菜产品质量档次不断提高

"十一五"期间，依托良好的自然生态环境禀赋，充分发挥山区空气清新、水质洁净、土壤无污染、昼夜温差大等自然环境条件，结合山区生态环境优良、夏秋季节气候凉爽、病虫发生基数低等优势，推广杀虫灯、昆虫性诱剂、生物农药等病虫害绿色防控技术及轮作、嫁接换根等山地蔬菜连作障碍治理技术，蔬菜质量安全水平有了较大提高，有力地促进了山地蔬菜向无公害、标准化、品牌化方向发展。临安、龙泉推广山地番茄嫁接换根等措施，有效克服了番茄青枯病的威胁，增产增效显著。

4. 山地蔬菜种植模式呈现多样化，产业化发展方式不断创新

近年来，针对山地蔬菜生产区域从高海拔向中低海拔拓展的实际，不断探索创新山地蔬菜的种植模式，

开展高、中、低海拔区域蔬菜品种搭配、茬口安排和种植模式等关键生产技术的研究与示范应用，形成了适用于不同海拔区域的山地蔬菜多品种多茬栽培、单品种长季栽培及菜粮轮作等一系列高效种植模式。金华婺城区推广山地设施番茄避雨栽培，产量效益大幅度提升，北山盘前基地大棚番茄平均亩产值1.5万元，创造了亩产2万斤、亩利润近万元的高效益。泰顺等地总结和发展的大棚蔬菜—水稻年内水旱轮作制，成功地解决了山地蔬菜连作障碍的难题，同时又保障了山区的粮食生产，实现了"菜—粮"协调发展。新昌黄瓜套四季豆、临安四季豆套瓠瓜、庆元山地松花菜萝卜等种植模式都创造出不少高效益的典型。

各地还在产业化发展方式进行了积极的探索，取得了突破，丰富了山地蔬菜的功能与内涵。衢州、临安等地凭借生态环境优势和山地蔬菜产品质量优势，开发休闲观光农业，发展山地蔬菜采摘游，一产带动三产，延长产业链，已成为山区新的经济增长点。例如，衢州柯城区结合农家乐，发展蔬菜瓜果采摘游，把农家乐休闲旅游与山地蔬菜生产有机结合起来，以旅游业带动蔬菜产业，以蔬菜产业提升旅游业，效益大幅度提升，已成为衢州柯城区七里乡的主导产业和响亮的品牌。绍兴、建德、诸暨等县(市)通过政策引导，扩建山地蔬菜基地和加工出口蔬菜基地，成功实现山地蔬菜的出口创汇。

5. 经营机制不断创新，组织化程度逐步提高

在促进山地蔬菜规模发展的同时，各地注重山地蔬菜的组织化和产业化水平的提高，加强发展山地蔬菜专业合作社、蔬菜产业协会和生产经营服务组织，涌现了一大批蔬菜专业合作经济组织，如临安市蔬菜产业协会、龙泉市蔬菜瓜果产业协会、缙云县大洋镇蔬果协会、天台县蔬菜协会、遂昌县桃源尖蔬菜专业合作社、浦江壶江源山地蔬菜专业合作社等。这些规模主体的带动作用逐渐显现，它们把千家万户的农民和当地的蔬菜贩运户组织起来，搞生产、抓服务、闯市场、树品牌，使生产、服务、市场融于一体，形成了产业的整体优势。遂昌县创新销售模式，实行山地蔬菜产地竞拍销售模式，几年来形式、规章制度已逐步健全，与传统营销模式相比优势明显，提升了产品质量，增加了农民收益，壮大了集体经济，公正、透明的交易，实现了产、销双方共赢。

二、经验做法

1. 加强引导，注重规划

为突破"高山蔬菜"的局限性，充分发挥山区"反季节"、"生态优良"和"生产区域稳定"等多重优势，浙江省于2006年提出了大力发展"山地蔬菜"的新思路，制定下发了《关于加快全省山地蔬菜生产发展的实施意见》，明确了山地蔬菜的发展目标和工作措施。各地先后出台了一系列扶持政策，如临安、龙泉等地先后出台山地蔬菜倍增计划，极大地推动了山地蔬菜产业的快速发展。

2. 注重加大投入，改善基础设施条件

通过政策倾斜、资金扶持，在2006年、2007年连续两年特色优势建设项目基础上，2008～2010年先后组织实施中央现代农业发展资金-蔬菜产业提升项目，2011～2012年继续实施省级现代农业生产发展资金蔬菜类项目，以"微蓄微灌"、田间操作道、山地大棚设施及配套技术等作为项目建设的主要内容，扶持资金达1.5亿以上，加上山区县乡镇等各级政府加大投入，合作社和农户自筹，全省已建成一批高标准的山地蔬菜示范基地，特别是通过高效节水微灌技术的集成创新，把具有节水、省工、投资省、不用电、抗旱效果好等特点的山地"微蓄微灌"技术作为解决山区蔬菜抗旱的关键技术大力推广，取得了明显成效。同时随着"康庄工程"的进一步实施，山地蔬菜重点乡镇、重点村的交通条件进一步改善，极大地方便了蔬菜运销。

3. 立足资源优势和市场需求，优化布局，培育主导品种

通过找准定位，明确目标，培育主导品种，全省基本上形成四季豆、番茄、茄子、辣椒、瓠瓜、茭白等品种为主的浙中、浙西南特色蔬菜优势产业带，培育涌现出"一县一品"、"一地一品"，有特色的一大批山地蔬菜产业发展典型，优化了品种布局，全省山地蔬菜向优势地区、优势作物聚集。

4. 注重科技支撑，创新高效种植模式

因地制宜推广蔬菜瓜果多样化增效技术，推行标准化生产，强化技术培训，提高产品质量和安全水平。通过调整品种搭配、播期选择、茬口安排和种植模式等关键生产技术，丰富了山地蔬菜栽培模式。全省制定实施了一批无公害生产技术操作规程，推行种植模式图，大力推广优良品种、昆虫性诱剂、频振式杀虫灯、生物和植物源农药、生物有机肥、农药残留快速检测等一批优质安全生产先进实用技术。同时以创建无公害蔬菜生产基地和产品为抓手，狠抓生产档案记录、产品质量追溯，实行市场准入机制，加强产品质量监测，有力地促进了山地蔬菜质量安全水平的提高，山地蔬菜基地在历年全省蔬菜农残抽检或农产品质量安全专项整治活动中，产品合格率位居前列。

5. 注重示范带动和培育主体，开拓市场，打响品牌

通过培育合作社等规模生产经营主体，创新经营模式，以项目为载体，建立核心示范基地，辐射带动周边农户，提升产业化组织化程度。各地结合自身优势，因地制宜举办不同形式的蔬菜节庆活动，如丽水市连续举办两届茭白节，临安、新昌、景宁等地举办山地蔬菜采摘节、黄瓜节、茭白节，柯城区举办"七里高山蔬菜群英会"，以"探桃源七里，品高山蔬菜，享绿色清凉"为主题，极大提高了山地蔬菜的知名度，提升了文化品位，延长了产业链。

三、主要优势与存在问题

(一)主要优势

浙江省山地蔬菜经过多年的发展，已形成较大的市场规模和产业基础，在江浙沪地区具有较高的市场知名度，产业优势明显，发展潜力巨大。

1. 资源优势

一是可利用的山地资源丰富，据初步统计，全省可利用的中低海拔低丘缓坡山地、适合开发山地蔬菜的面积在 400 万亩以上，而目前全省山地蔬菜复种面积仅 150 万亩左右，发展潜力巨大。二是山区空气清新，水质洁净，没有工业"三废"污染，山地蔬菜"呼吸森林氧吧空气，喝着纯净的泉水"，有利于无公害蔬菜的生产。三是山地地区昼夜温差大，利于蔬菜作物养分的积累，山地蔬菜商品性好，营养丰富，可溶性固形物高，产品质量好。

2. 市场优势

作为浙江省蔬菜的主要外销地，长三角城市群对山地蔬菜市场需求巨大，据估算，城市人口达 6000多万，按年人均消费 150kg 计，每年需优质商品蔬菜 900 万吨，其中上海要从外地调入 80%，杭州从外地调入 70%。我国南方 7~9 月因蔬菜生产茬口交替、夏季高温干旱和台风暴雨等灾害性天气的危害，常出现蔬菜供应淡季，品种单调、数量少，杭嘉湖等平原地区，正处于夏菜罢园、秋菜未播的"秋淡"时节。而山区凉爽的气候条件，十分适合蔬菜的生长，发展山地蔬菜生产正是弥补蔬菜淡季供应良好时机，对增加市场花色品种、丰富市场供应，能起到较大缓解作用，市场潜力大。发展山地蔬菜，既丰富了城镇"菜篮子"，同时为发展山区经济、致富山区农民开辟了一条有效途径。

3. 区位优势

浙江省地处经济发达的长江三角洲，属蔬菜销区，山地蔬菜当天即可从产区运抵上海、杭州、苏州、无锡、宁波、温州等大中城市蔬菜批发市场，与甘肃、宁夏、山西、内蒙古等西北高原蔬菜基地，以及湖北、湖南、贵州等外省高山蔬菜基地的"西菜东运"相比，运输成本低，且可以充分利用周边中、小市场密集的优势，以适当的供应量、灵活的供应方式直接进入销售市场，减少流通环节费用，提高销售利润。因此，除甘蓝、花椰菜等适合长途运输品种外，浙江省山地番茄、菜豆等不耐贮藏运输的蔬菜品种竞争优势明显。

4. 比较效益和政策优势

山区冷浆田普遍积温低，光照不足，种植水稻普遍产量较低，收益一般也不足千元，但却十分适宜种

植高山茭白等蔬菜，产品品质好、生产效益高。例如，景宁大漈、缙云大洋等地的高山茭白亩收益可达万元以上，尽管当地亩土地租金已涨到 2000 元，但与种植水稻相比，经济效益仍十分明显，成为山区农民的生财之道。同时，发展山地蔬菜有利于保护粮食生产能力、提高土地利用率、提高农业生产比较效益，且可获得粮经双丰收，实现稳粮增效。

(二)存在问题

浙江省山地蔬菜的进一步发展还面临着不少问题和制约因素，主要表现在以下几个方面。

1. 基础设施差、抗灾能力弱

山地蔬菜地处山区，由于受山区自然条件限制，山地蔬菜立地条件多数较差，基地相对分散，沟渠、道路等基础设施落后，生产条件相对简陋，山地蔬菜对环境变化比较敏感，特别是对恶劣天气自然灾害的抵御能力较弱。近年来浙江省夏秋季节干旱频发，目前山地微蓄微灌技术应用面还不广，山地蔬菜灌溉条件尚未得到根本改变，灌溉条件不足的问题致使山地蔬菜产量不稳、不高，直接影响了山地蔬菜的效益。

2. 生产规模小、生产技术水平不高、组织化程度低

目前，受地理环境的限制，多数基地只能以自然村为单位进行小规模生产，组织化程度仍然较低。不少山地蔬菜基地边远偏僻，尽管康庄工程建设、农民信箱建设得到一定程度的改善，但蔬菜生产者缺少产品市场信息和产品销路，生产带有较大的随意性和盲目性，缺乏能上连市场、下连生产基地的农业龙头企业，产销环节经营主体间缺乏相应的协调和配合。目前，多数山地蔬菜专业合作社的综合实力普遍较弱，利益联结机制和社会化服务机制不健全，统一供应优质种苗与技术指导、统一防治病虫害、统一品牌价格销售等服务能力不足，示范带动能力不强。千家万户的小规模生产与大市场、大流通难以接轨的矛盾日益突出，制约着浙江省山地蔬菜的进一步发展和市场拓展。山地蔬菜采后分级整理及加工基础薄弱，上市产品仍以散货和统货居多，采后保鲜、分级、包装等商品化处理程度低、冷链设施较少、储运保鲜技术相对落后。新产品和精深加工产品的开发能力不足，产业链较短，使得蔬菜价格在不同年份与时段波动较大，抵御自然与市场风险能力差，影响产业的稳定发展。

3. 部分产区连作障碍日趋严重

由于山地栽培的蔬菜种类相对比较局限，一些产区连年种植四季豆、豇豆、番茄、茄子等单一品种，根腐病、青枯病、枯萎病、黄萎病等连作障碍性病害发生日趋严重，病虫害治理问题日益突出，影响山地蔬菜安全生产及其产量、效益。近年来暴发成灾的番茄黄化曲叶病毒病、烟粉虱等病虫害，以及 2011 年发生的黄瓜绿斑驳花叶病毒病、番茄细菌性髓部坏死病，都给生产上带来较大损失。

4. 市场竞争日趋激烈

随着全国农业产业结构的深入调整和蔬菜大市场、大流通格局的形成，浙江省山地蔬菜已受到安徽、江西、福建等邻省，以及湖北、湖南等外省高山蔬菜产区，甚至甘肃、宁夏、山西、河北等西北高原蔬菜的冲击，山地蔬菜产品市场竞争日趋激烈，部分年份某些时段生产效益有所下降。

四、发展对策

加快山地蔬菜生产发展是促进山区开发、增加农民收入的重要工作，是"十二五"发展高效生态农业的重要内容，如何突出重点，进一步扎实推进山地蔬菜的发展，是摆在我们面前的紧迫问题。

浙江省山地蔬菜产业发展目标是以"稳定高海拔反季节生产，拓展中低海拔多季生产"为重点，促进浙江省蔬菜生产稳定发展。2015 年全省山地蔬菜面积发展到 180 万亩，年产值 70 亿元；建成山地蔬菜生产重点县 30 个，形成浙中、浙西北和浙南山地蔬菜产业带，培育有规模、有特色、有市场竞争力，实现标准化生产和产业化经营的山地蔬菜标准化生产示范基地 100 个；培育山地蔬菜示范专业合作社和骨干农业龙头企业 100 家；实现以县为区域的"一地一品"的特色品种和品牌，产品全面实现无公害蔬菜标准，培育一批绿色食品。

1. 制订发展规划，确定发展目标

根据浙江省山地蔬菜发展现状与各地实际，认真做好调研和论证，搞好各地山地蔬菜的发展规划，制订具体的发展目标和工作措施，力争做到四个明确，即明确主导产品、明确主攻方向、明确主要措施、明确主推技术。

2. 争取领导重视，加大扶持力度

根据当地山地蔬菜产业发展规划，制定上下联动、相互配套的扶持政策和发展措施，建立政府和生产主体多元化共同投入机制，对科技推广、基础建设、微蓄微灌、种子种苗、品牌培育、标准化建设、产业化建设、产品质量安全等方面进行重点扶持。鼓励、引导和帮助非农资本投资山地蔬菜开发，对从事山地蔬菜生产、加工、销售的企业和专业合作经济组织，给予政策扶持。同时积极争取农业综合开发、水利、扶贫办、交通等各部门的支持，做到上下联动、相互配套、政府支持、农户自筹、多方投入，形成合力。

3. 以完善山区农业生产设施为基础，着力提升山地蔬菜综合生产能力

一是对规模较为集中连片的山地蔬菜基地，要改善区内田间道路状况，方便农资和产品的运输，降低劳动强度，提高劳动效率。二是继续加强"微蓄微灌"设施建设，提高山地水资源利用率和山地蔬菜灌溉保证度，从根本上解决山地蔬菜遇旱易灾的突出问题。三是适当加快大棚避雨栽培设施建设，有条件的地区要逐步扩大应用面积，尤其是台风影响较小的西部山区，以提高山地地蔬菜的稳产高产水平和生产效益。四是要因地制宜地研究、开发、推广适宜山地蔬菜的小型农业机械，提高种植效率与效益。

4. 以推行蔬菜标准化生产为重点，着力提升山地蔬菜的质量安全水平

一是要积极推行标准化生产模式。全面推广无公害生产模式图，从产地环境到生产技术、加工技术及包装上市全过程的操作技术规范，用标准来规范农民的种植和作业行为，用标准来规范龙头企业的加工行为，用标准严格控制从种子到育苗、种植、加工、销售的诸多环节，实现全过程的标准化，从根本上保证蔬菜产品质量和标准。二是要把加强蔬菜质量安全管理放到更加突出的位置。强化源头监管，从环境、技术、管理等环节入手，对山地蔬菜生产全过程进行有效监控，增加蔬菜花色品种，大力发展无公害、绿色蔬菜生产，建立健全生产记录和质量安全可追溯体系，加强农残监测，杜绝超标产品上市，对蔬菜质量安全进行严格管理，扶持"三品一标"认证。

5. 以推广蔬菜多样化增效技术为抓手，着力提高山地蔬菜生产水平

一是推广先进适用安全生产技术。依托山区生态优势，重点推广优良品种、频振式杀虫灯、黄板粘虫、昆虫性诱剂、生物和植物源农药、生物有机肥、农药残留快速检测等一批优质安全生产先进实用技术。积极推行标准化生产模式，从种苗培育、种植管理到产品采收、分级包装、市场销售的诸多环节，逐步实现标准化，从根本上保证产品质量和规格的统一。加强蔬菜连作障碍成因及其治理技术的分析研究，推广应用土壤消毒、嫁接换根、避雨栽培等配套技术，实行病虫害绿色防控，综合治理青枯病、烟粉虱番茄黄化曲叶病毒病等生产障碍因素。二是进一步优化不同海拔区域山地蔬菜种植模式。积极推广中低海拔山地蔬菜的高效多茬种植和长季栽培模式，发展耐阴蔬菜与玉米等粮食作物间作套种，以及菜稻轮作、菱鸭共育等高效模式，指导山区菜农科学合理安排蔬菜种植种类与茬口，建立新型高效生态栽培技术与模式，提高产量和效益。三是因地制宜发展高档精品蔬菜，重视采后分级贮藏加工。依托山区生态优势，研究开发绿色食品等高档精品蔬菜，提高山地蔬菜的产品档次和附加值。为避免山地蔬菜的季节性过剩、鲜销价格波动较大等情况，需要实行山地蔬菜鲜销与加工的并举发展。要积极引导部分偏远山区因地制宜发展鲜销与加工相结合的山地蔬菜种类，如松花菜、豇豆、萝卜等，以提高市场应变能力，最大限度地减少种植风险。要加强山地蔬菜采后分级整理设施和贮藏保鲜冷链系统建设，逐步提高产品采后分级、整理、包装和初加工能力，提高保鲜蔬菜和小包装蔬菜的供应比重，改变目前蔬菜产品"统货＋散货"的现状，提升产品价值。要研究山地蔬菜的加工产品开发和加工技术，特别是通过加工解决分级挑选后剩余的残次产品的综合利用。鼓励龙头企业发展蔬菜产品精深加工，延伸产业链，促进山地蔬菜产品转化增值。

6. 以培育壮大规模化经营主体为手段，着力提升组织化程度和产业化水平

山地蔬菜生产基地和农户较为分散，交通交流不便，市场距离较远，市场信息不灵，更要重视推进山地蔬菜产业化建设。把生产、加工、流通的产业链按产业化要求连接起来，进一步完善产业化组织形式。当前要把蔬菜专业大户、农民专业合作社和龙头企业作为工作重点，提高菜农的组织化程度。一是要引导农户组建专业合作组织。扶持当地和外地的蔬菜生产企业、加工企业和营销企业，建立"企业+基地+农民"的产业运作模式。加强产销服务，让专业合作社和农业龙头企业成为农民发展"山地蔬菜"的组织者和引领者。二是要培育扶持一批蔬菜龙头企业，支持龙头企业发展蔬菜产品精深加工，延长产业链，促进蔬菜产品转化增值，发挥它们在开拓市场、引导基地、加工增值、科技创新、标准生产等方面的作用。完善创新专业合作社利益联结机制和社会化服务机制，提升合作社的服务能力，推进种苗统一供应、病虫害统一防治、产品统一品牌销售；强化生产基地与销售区域的对接，推进产品配送、直销专卖、电子商务等现代新型营销方式。三是要创建品牌，加强宣传，提高市场竞争能力。要积极发挥和宣传"山地蔬菜"的生态优势和品牌效应，组织产销对接会、邀请客商考察生产基地、举办产品展示和市场展销、组织媒体报道等多种形式的活动，做好市场拓展工作，增强抗御市场风险能力。

7. 以核心示范基地建设为重点，树立典型样板，加强技术培训，提高科技到位率

通过积极争取财政资金，实行项目带动，建样板、抓示范，为农民提供就近方便"可看可学有效益"的生产示范样板。把开展技术培训、提高农民专业技术素质列为重要工作任务，每年制订必要的培训计划，组织农技人员深入生产第一线，送新品种、新技术、新信息下乡，实地指导和帮助解决生产疑难问题。建立示范户、展示点和核心示范片，培训一批技术骨干和科技示范户，让他们成为带领山区农民发展山地蔬菜的科技"领头羊"，提高广大菜农的科技意识、商品意识和技术水平。依托标准化核心示范基地建设，通过对山地蔬菜基地、农业龙头企业的组织管理和全面落实各项措施，结合多种形式的宣传培训，发挥示范辐射作用，带动山地蔬菜产业的整体发展。

第十二节　广西壮族自治区高山蔬菜

一、我国高山蔬菜产业化发展简况

一般将在海拔 500m 以上，利用高山地区夏秋季与平原的气温差种植的蔬菜泛称为高山蔬菜。高山蔬菜的栽培理论依据是按生态学原理利用山地不同海拔高度、山脉走向和地形地貌引起的光、温、水等因素的垂直差异，及其对蔬菜生长发育的影响来选择种植不同种类不同品种的优质蔬菜。巧妙利用不同海拔高度的山地可耕地错季节种植蔬菜，可合理调节鲜菜上市期，是南方各省解决夏秋蔬菜淡季的重要手段，从而满足市场需求。

高山环境山明水秀、空气清新，可生产出无污染、洁净的蔬菜产品。我国的高山蔬菜发展始于 20 世纪 80 年代初，由于成本低、品质好、错季节，进入 21 世纪后得到迅速发展。传统的高山蔬菜为山野蔬菜，在全国约为 2000 万亩。而现代高山蔬菜(尤其是反季节蔬菜)规模化商品生产近 500 万亩，年产值逾 70 亿元。

二、广西具备发展高山生态蔬菜的有利条件

广西桂中、桂北地区地处我国高山蔬菜主产区秦岭和南岭之间往南方向的延伸区。

(1)在土地资源上，广西适宜发展高山蔬菜的地方多，分布面积广，如桂东北有三岭一山(越城岭、都庞岭、萌渚岭、海洋山)；桂南有三大山(云开大山、六万大山、十万大山)；桂西北有金钟山、青龙山；桂北有九万大山、大苗山、大南山、天平山；桂中有大瑶山、大明山等，发展高山蔬菜潜力极大。

(2)广西地处祖国的南疆，在夏秋季，山区与地处平原或盆地的城市气候有显著的"空间差"，物候优势明显。夏秋桂南地区平原上各大城市的气温可高达35℃左右，气温高、虫害多、种植难度大，产量低易

形成市场空当。而此时海拔 500m 以上的山区同期雨量、光照充足，对蔬菜生长十分有利，是夏秋最好的蔬菜生产基地。

(3)从市场上看，广西有邻近广东、港澳、东南亚其他国家的地理优势，存在区内、区外、国外三大市场。同时，广西大中城市秋淡蔬菜供应受气候影响严重。高温、台风、暴雨、洪灾造成蔬菜供应不足、品种较少等问题仍然存在,有的菜农为追求淡季好价格也采摘"毒菜"上市，对消费者生命造成严重危害。为弥补淡季蔬菜及品种供应不足，广西从云南及北方省市调进大白菜、洋葱、西芹、辣椒、马铃薯等蔬菜满足市场，因此，发展高山蔬菜对解决广西秋淡有现实意义。另一方面，广东、港澳地区及东南亚各国这些邻近的地方，8～10 月也是缺菜季节，"伏菜"缺口在 40%左右，要靠从大陆，甚至从中国台湾、美国调入来补充市场，市场巨大。港澳近年来从广西调入的数量增多，但广西从品种、质量、档次上仍不能很好地满足市场的需要。随着广西山区交通状况的改善，发展高山蔬菜将为深山老岭的农民开辟一条脱贫致富的门路。

三、广西高山蔬菜发展的现状及存在问题

1. 生产基地现状

广西发展高山蔬菜始于 20 世纪 90 年代初。目前比较成规模、知名度较高的有灵川县大镜乡 1200 亩夏秋番茄和海洋乡小平乐 3000 亩夏秋辣椒；全州县安和乡的 1500 亩槟榔芋；融水县汪洞、同练、滚贝和杆洞等乡镇的 3000 亩豌豆、黄瓜、辣椒和紫茄；西林县古障镇、马蚌乡、那佐乡的近 10 万亩小黄姜；足别乡、普合乡的 1000 亩小米葱；德保县和靖西县的近 10 万亩大肉姜等。其他的高山蔬菜种类还有大白菜、夏阳白菜、甘蓝、萝卜等。发展高山蔬菜已成为当地积极调整产业结构、增加农民收入的重要举措(不完全统计)。

2. 销售、加工情况

广西高山蔬菜主要销往广东、港澳地区、湖南、湖北、上海、福建、江浙一带及东南亚各国。

广西高山蔬菜的主要加工产品有辣椒酱、姜蒜韭黄腌制品、脱水黄姜片粉和米葱、姜晶等。

3. 高山蔬菜产业存在的问题

(1)发展不平衡。除桂北山区有较大规模的种植以外，其余许多有发展条件的县市，尤其是桂南山区仍处于静止状态。

(2)高山蔬菜的发展还未提到产业化的高度来认识，高山蔬菜巨大的市场潜力还远未被挖掘出来。

(3)高山蔬菜种植区的科技投入极少，服务网络不健全。

(4)种植种类相对单一，不能满足单季市场的多样化需求。

(5)各中心城市还未见有发展高山蔬菜的规划及做法。

(6)高山蔬菜基地栽培条件落后制约产业规模和质量，栽培管理技术不够规范，老区生产效率下降。

(7)采后处理技术滞后，制约市场半径扩大和品种多样化选择。

(8)生态问题显现，影响产业可持续发展。

四、广西发展高山蔬菜产业化的对策

(1)政府决策部门应在思想上高度重视，并成立高山蔬菜发展领导小组，把发展高山蔬菜列入农业发展的重点，制定相关的产业化政策和广西高山蔬菜产业化发展规划，在资金、税收、交通建设、科技投入、市场建设、信息服务等多方面予以扶持，鼓励有条件的地方因地制宜，发展高山蔬菜。在发展战略上，采取适度规模开发，因地制宜采取相对集中的方针，逐步实现区域化布局、规模化生产。

(2)以广东、港澳地区及东南亚各国为大市场，建立以扶贫为纽带，创建桂东北、桂西北、桂中、桂东南、桂南高海拔地区的自治区级乃至国家级的高山蔬菜标准化生产基地。同时，要引入外商投资规模开发，建成以粤港澳夏秋高山反季节蔬菜基地为中心的农业开发区。

(3)要树立以市场为导向、以科技为依托、以质量为保证、以效益为中心，走市场牵龙头、龙头带基

地、基地连农户的产业化发展道路。引入企业、科研院所参与开发，发展由农民技术员、运输大户、技术能人组织的各类农村专业服务组织的作用。建立健全以中心城市为主导的社会化服务体系，逐步建立专业化服务与企业经营相结合的服务产业，抓好产前、产中、产后的全程化服务，抓好信息服务体系的建立。做到从计划到生产，从生产到市场，围绕着市场来生产。在品种安排上，要掌握及利用市场上的空当，依据"人无我有，人有我优"的原则，抓好产品的质量，种植抗病耐运输的品种，提高种植效益。在培训上，既抓种植示范点，又要抓好种前培训全程指导的工作，克服培训往往流于形式的弊病。在生产安排上，必须实行品种的连片规模种植，并实行高起点的栽培，破除各自为政的旧观念，向规模化、专业化、品牌化方向迈进，使高山蔬菜成为省内外，甚至是国际市场上畅销的绿色食品。

(4)重视高山蔬菜种植基地的基础建设、市场建设及道路建设；设立高山蔬菜专项生产风险保障体系；把原来自发生产向集约型转变，实行标准化生产，形成产供销一体化，产品走储鲜和加工相结合的路线，努力开拓国际市场。

五、依靠科技进步，实现高山蔬菜的可持续健康发展

(1)以保护耕地为根本，依托先进科学技术、系统工程方法和生态学原理组织生产，避免出现破坏生态环境的掠夺式经营，使资源开发利用和资源保护相结合，发展生态型高山蔬菜。

(2)实施标准化安全生产。作为特殊生态环境条件下的高山蔬菜生产，只有严格实施无公害、绿色、有机生产和产品质量标准，才能满足市场不断增长的对蔬菜食品安全的需求和发挥高山蔬菜特有的安全优质的优势。

(3)及时开展研究和应用高山蔬菜可持续发展关键技术，保障产业发展。主要是耕作制度、复合生态系统、专用品种筛选选育与配套栽培技术、茬口多样化技术、病虫害鉴定与防治技术、生态保护技术、废弃物生态处理利用技术、采后加工处理技术等。

(黄如葵)

第三章 西北部坝上、河西走廊及黄土高原冷凉蔬菜产业现状分析

第一节 河西走廊及坝上高原蔬菜区域分布

河西走廊及坝上高原蔬菜区域分布见表 3-1。

表 3-1 河西走廊及坝上高原蔬菜区域分布

地区		海拔/m	上市期/月	主要输出种类	目标市场
陕西地区	西安	345~1000	5~10	茄果类、豆类、瓜类、叶菜类	西安、咸阳、渭南
	宝鸡	439~1900	6~9	白菜类、根菜类、豆类、叶菜类、茄果类	西安、宝鸡、咸阳、渭南、杨凌、成都、重庆、广州、郑州、南京、合肥、武汉、长沙、福州、上海、南宁
	铜川	650~1700	6~9	茄果类、白菜类、根菜类、豆类、叶菜类	铜川、西安、咸阳、渭南
	咸阳	386~1700	6~9	茄果类、白菜类、根菜类、豆类、叶菜类	西安、宝鸡、咸阳、成都、重庆、兰州、郑州
	渭南	400~1000	6~10	茄果类、豆类、瓜类、叶菜类	渭南、西安
	汉中	450~1700	6~10	白菜类、豆类、叶菜类、根菜类、葱蒜类、茄果类	汉中、西安、重庆、成都、长沙、福州、上海、合肥、南宁
	安康	200~1700	6~10	白菜类、豆类、叶菜类、根菜类、葱蒜类、茄果类	安康、西安、重庆、成都、郑州、武汉
	商州	670~1400	6~9	豆类、叶菜类、白菜类、根菜类、茄果类	商州、西安、渭南、郑州、武汉
	延安	800~1400	7~9	茄果类、瓜类、根菜类、白菜类、叶菜类	延安、西安、太原、郑州、重庆、成都
	榆林	1050~1500	7~9	茄果类、瓜类、根菜类、白菜类、叶菜类	西安、银川、兰州、成都、重庆、北京、太原、郑州、合肥、武汉、长沙
甘肃地区	黄河流域	1400~2400	6~10	娃娃菜、甘蓝、花椰菜、松花菜、芹菜、青花菜、莴笋、大白菜、胡萝卜、结球莴苣、菠菜、甜脆豆、架豆、西葫芦等	兰州、西藏、新疆、青海、成都、浙江、江苏、广州、香港、中亚五国等
	河西走廊	1500~2600	6~10	娃娃菜、甘蓝、花椰菜、青花菜、青笋、紫叶莴笋、洋葱、蒜苗、胡萝卜、荷兰豆、甜脆豆、蚕豆等	西藏、新疆、青海、成都、浙江、江苏、广州、武汉、上海、香港、中亚五国等
	陇南地区	1000~1500	3~6、10~12	主要是蒜苗、蒜头、蒜薹、甘蓝、大白菜、菠菜、香菜、水萝卜等	兰州、西安、西宁、成都、乌鲁木齐、银川等
宁夏地区	引黄灌区	1100~1200	6~10	番茄、辣椒、甘蓝、娃娃菜、菜心、芥蓝	北京、上海、广州、深圳、香港
	中部干旱带	1300~1400	6~10	辣椒、番茄、甘蓝、娃娃菜	甘肃、陕西、内蒙古
	南部山区	1600~2000	6~9	辣椒、芹菜、娃娃菜、甘蓝、白菜、菜花、西兰花、萝卜、胡萝卜	安徽、湖南、湖北、广东、上海、甘肃、河南、陕西
河北地区	张家口	1200~1600	7~9	叶菜、根茎类及豆类蔬菜	北京、天津、上海、福建、广东等
	承德	800~1600	7~9	叶菜、根茎类及豆类蔬菜	北京、天津、上海、福建、广东等

（苏裕源）

第二节　河北省坝上夏秋错季蔬菜

一、产业现状

蔬菜产业作为河北省农业三大主导产业之一，已成为种植业中农民自主投入最多、整体效益最好、带动农民增收和发展速度最快的支柱产业。2015 年河北省瓜菜面积 2035 万亩，居全国第五，总产量达到 8852 万吨，居全国第二位，产值 1854 亿元，占农业总产值的 31%，连续 15 年居种植业首位。2015 年全省设施蔬菜种植面积 1040 万亩，占蔬菜播种面积的 51.1%。日光温室 360 万亩，居全国第三位。全省 3 万亩以上设施蔬菜县 83 个。

河北省蔬菜生产已形成五大优势生产基地：张承地区夏秋错季菜、环京津地区精特菜、冀东地区设施瓜菜、冀中地区温室大棚菜、冀南地区中小棚菜。其中，60 个蔬菜大县、30 个蔬菜强县和 11 个蔬菜核心县逐步形成了各自的优势特色。

张承地区夏秋错季菜生产基地主要包括张家口坝上四县(沽源、康保、张北、尚义)与承德隆化、围场、丰宁等县。蔬菜的主栽品种有大白菜(包括娃娃菜)、胡萝卜、甘蓝、白菜花、西兰花、萝卜、豆角、生菜、莴笋、芹菜、菠菜、大葱、洋葱等。至 2015 年河北省坝上夏秋错季菜播种面积达 143.64 万亩，产量达 460 万吨。其中，大白菜播种面积最大，达 30.4 万亩；其次为胡萝卜、甘蓝、白菜花，分别为 17.31 万亩、14.26 万亩与 11.42 万亩，都超过了 10 万亩。

张家口市地处河北省西北部，总面积 3.7 万平方千米，人口 450 万。张家口坝上高原区，海拔 1300～1600m，最高海拔 2128m，位于张北县东部。区域面积为 1.2 万平方千米，南高北低，年降水量不足 370mm，且集中在 7、8 月，属于典型的半干旱干旱季风气候区。

承德市地处河北省东北部，总面积 3.95 万平方千米，人口 369 万(2008 年)。承德海拔 200～1600m，最高峰雾灵山 2118m，年降水量 500mm 左右，70%集中在 6～9 月，属温带大陆性季风型山地气候，四季分明，冬天寒冷，夏季凉爽，雨量集中，基本上无炎热期。

张承坝上错季蔬菜的生长期基本与坝上的无霜期相吻合。错季露地蔬菜正常的生长季节是 5 月底至 9 月上旬，生长期在 60～110 天，即大部分蔬菜 5 月底或 6 月初定植，最晚的收获时间在 8 月底或 9 月上旬。生育期最长的为西芹。设施蔬菜(主要为大中棚设施)的正常生长季节为 4～10 月，生长期比露地蔬菜延长 30～60 天。

(一)承德坝上错季蔬菜生产现状

承德坝上错季蔬菜生产主要以叶菜和根菜类蔬菜为主，主栽品种有白菜、菜花、甘蓝、胡萝卜等，主要分布在隆化、围场、丰宁等县，2015 年，承德市坝上蔬菜播种面积 72.2 万亩，产量大约 210 万吨。蔬菜产品主要销往北京、天津、山东等国内市场，31.9 万吨胡萝卜出口日本、韩国、东南亚等市场，1.5 万吨菜心、芥蓝、奶白菜、生菜、菠菜、西兰花等销往香港、新加坡、东南亚等市场。

承德坝上大白菜播种面积 15.6 万亩，其中丰宁面积最大(8.6 万亩)；胡萝卜播种面积次之(15.2 万亩)，其中围场面积最大(11.6 万亩)；菜花面积 6.3 万亩，其中丰宁面积最大(5.8 万亩)；甘蓝面积 5.9 万亩，其中围场面积最大(4.6 万亩)；豆角隆化面积最大(1.1 万亩)。

承德坝上蔬菜种植品种有：

(1)大白菜：'耕耘绿 75'、'寒春 58'、'春鸣'；

(2)甘蓝：'中甘 21'、'中甘 11'、'希望'；

(3)白菜花：'福乐 65 天'、'雪中宝菜花'、'雪宝'、'雪玉'；

(4)西兰花：'优质青花菜'(日本)、'碧绿二号 F1'；

(5)胡萝卜：'凯旋 90'、'凯旋 100'、'凯旋 88'、'红天柱 3 号'、'幕田七系'、'红玉 6'；

(6)豆角：'泰国架豆'、'大连十'、'超白'；

(7)萝卜:'春雷 2 号'。

(二)张家口坝上错季蔬菜生产现状

张家口坝上错季蔬菜生产以发展露地和地膜栽培的叶菜及根菜类蔬菜为主,春秋大棚逐步兴起,主要分布在康保、沽源、尚义与张北四县,主栽蔬菜有大白菜、甘蓝、西兰花、萝卜、白菜花、生菜等。2015年张家口坝上蔬菜播种面积 71.44 万亩,产量大约 250 万吨。蔬菜产品主要销往北京、天津、广东、广西、上海、福建、浙江、山东、河南等地,7~8 月,张家口坝上错季蔬菜约占北京市场的 50%;2015 年出口量达到 19.68 万吨,主要出口产品远销韩国、日本、马来西亚、新加坡等国家及港澳台地区,其中菜花、西兰花、生菜主要销往香港、新加坡,萝卜、胡萝卜主要销往日本、韩国。

2015 年张家口坝上四县都有种植的蔬菜是大白菜、甘蓝、西兰花、芹菜、胡萝卜与莴笋。甘蓝四县种植面积较均匀,均为 1.19 万~2.5 万亩,总面积达 8.36 万亩;张北大白菜种植面积最大(5.8 万亩);沽源西兰花种植面积最大(3.18 万亩);尚义萝卜种植面积最大(4.5 万亩);康保莴笋种植面积最大(1.5 万亩)。

张家口坝上四县各种蔬菜种植面积从大到小的顺序是:大白菜(14.8 万亩)→甘蓝(8.36 万亩)→西兰花(5.75 万亩)→萝卜(5.2 万亩)→白菜花(5.12 万亩)→生菜(3.82 万亩)→豆角(3.46 万亩)→莴笋(3.12 万亩)等。

沽源在四县中蔬菜种植面积最大,为 20.26 万亩,其中大白菜的种植面积 4.4 万亩,西兰花 3.18 万亩,甘蓝 2.27 万亩,白菜花 2.27 万亩,生菜 2.16 万亩,豆角 2.85 万亩,菠菜 1.31 万亩,其他 1.82 万亩。

张家口坝上蔬菜种植品种主要有:
(1)大白菜(包括娃娃菜):'金峰 2 号'、'金峰 3 号'、'贵族皇后';
(2)甘蓝:'中甘 21'(占 70%)、'铁头';
(3)白菜花:'雪宝'(日本)、'青梗 60'(中国台湾)、'青梗 80'(中国台湾);
(4)西兰花:'耐寒优秀';
(5)胡萝卜:'新黑田五寸';
(6)豆角:'泰国架豆王';
(7)萝卜:'碧玉春'、'汉白玉';
(8)生菜:'射手 101';
(9)芹菜:'皇后'、'帝王'(法国);
(10)大葱:'漳州大葱'。

二、主要问题

(1)河北省坝上地区属于水资源缺乏地区,而农业灌溉用水几乎 80%以上用于蔬菜作物,蔬菜种植面积不宜再扩大,主要的措施应放在提质增效上。不同蔬菜种类应有不同的灌水定额,进行相应节水技术的研究与应用。

(2)河北省坝上地形基本为平原或丘陵地带,适宜机械化生产。目前,坝上蔬菜生产,尤其是张家口坝上露地蔬菜生产,如耕地、育苗、起垄、覆膜、浇水、施肥、喷药等,基本已实现机械化,但定植与收获两个环节一直以来都是人工,急需实现机械化、现代化,做到节本省工。收获为人工的主要问题在于蔬菜的成熟期不一致,即使比较好的国外品种,也做不到一致成熟,成熟期不一致导致收获机械的推广使用困难。

(3)坝上蔬菜生产,地膜污染严重,地膜过薄影响回收率。

(4)坝上蔬菜生产,存在病虫害严重的问题,需要高效、低毒、低残留农药及综合防治技术。

三、经验与建议

(1)膜下滴灌是实现节水与水肥一体化的前提条件。在河北省坝上蔬菜生产中,基本已实现了膜下滴灌,但水肥一体化还没有完全实现,主要是肥料与水质等多方面原因,建议研究推广适宜水肥一体化而且是低成本的肥料。另外,建议研究不同蔬菜种类相应的灌水定额与技术,提倡节水技术的应用。

(2)研究推广收获期一致的国内蔬菜品种与促进收获期一致的蔬菜生产技术，为实现收获机械化提供基础。同时研究推广定植机械，实现定植环节机械化。

(3)研究推广可降解或可回收的塑料薄膜，减少水分蒸发和白色污染。

(4)发展精细、绿色蔬菜配套的标准化生产技术。

(5)研究推广病虫害防治技术与高效低毒低残留农药。

(王玉海　高慧敏)

第三节　山西省夏秋冷凉蔬菜

山西省是最适合发展冷凉区夏秋蔬菜的区域之一。农业部在"全国蔬菜重点区域发展规划"中，将 7 月平均气温小于 25℃的黄土高原和云贵高原，划定为夏秋蔬菜产区。山西省地处黄土高原，尤其是晋东南、晋中东部、晋北等地夏季气候冷凉，降雨集中，适合夏秋蔬菜生产。

一、产业现状

(一)山西省蔬菜产业现状

山西省蔬菜种植面积稳定。2015 年，蔬菜播种面积 652 万亩，其中，露地蔬菜面积 421 万亩，设施蔬菜面积 231 万亩。蔬菜总产量 2215 万吨，平均产量 3395 千克/亩，总产值约 377 亿元，平均亩产值 5784 元。

蔬菜生产已经形成了区域主产区。蔬菜生产区域主产区：蔬菜种植面积在 30 万亩以上的县有寿阳县和榆次区，种植面积在 20 万～30 万亩的县有新绛县、长子县、太谷县等 7 个县(市)，种植面积在 10 万～20 万亩的有洪洞县、应县等 12 个县(市)。

蔬菜生产已经形成了区域主栽种类。种植面积在 50 万亩以上的蔬菜种类有番茄、辣椒、甘蓝、大白菜，种植面积在 30 万～50 万亩的有黄瓜、大葱、青椒等，种植面积在 20 万～30 万亩的有芦笋、胡萝卜、西葫芦、萝卜、菜豆、茄子等。以上 13 种主要蔬菜种植面积合计 460 万亩，占总播种面积的 72%。

蔬菜生产在农业生产、农民增入中起重要作用。2015 年，蔬菜总产量 2215.53 万吨，人均产量 607kg。蔬菜总产值 377.45 亿元，人均蔬菜收入 1035 元。

(二)山西省冷凉蔬菜产业现状

山西省夏秋冷凉蔬菜生产分布广，主要分布在晋东南的长治市、晋城市，晋中的阳泉市、晋中市、忻州市，晋北的朔州市和大同市。夏秋冷凉蔬菜栽培以露地蔬菜为主，设施蔬菜为辅。设施蔬菜主要设施类型是塑料大棚。露地蔬菜主要种类有番茄、甘蓝、青椒、豆角、胡萝卜等，设施蔬菜主要种类有青椒、西葫芦等。

山西省夏秋冷凉蔬菜已经形成多个优势产区，包括：壶关旱地番茄生产区，栽培面积 5 万～7 万亩，旱地支架栽培，5 月下旬移栽，8 月上旬开始收获，9 月中旬拉秧，一年一茬；寿阳旱地甘蓝生产区，栽培面积 10 万～20 万亩，旱地栽培，春季育苗，5～6 月定植，7～8 月收获，以种植不裂球类型甘蓝为主，可延迟采收，依据市场价格决定收获时间，一年一茬；长子青椒生产区，种植面积约 10 万亩，兼有移动大棚和露地生产，移动大棚的栽培模式为一年两茬，3 月下旬定植青椒，5 月下旬开始收获，7 月底拉秧，8 月上旬定植西葫芦，9 月上中旬开始采收，11 月拉秧，露地青椒一年一茬；应县露地青椒、豆角生产区，种植面积 9 万～10 万亩，青椒 5 月中旬定植，7 月中旬采收，9 月底拉秧，一年一茬，豆角 5 月上旬播种，7 月开始采收，支架栽培，一年一茬。

山西省夏秋冷凉蔬菜周期经济效益高。2015 年山西省冷凉蔬菜播种面积 338 万亩，总产量 886 万吨，平均产量 2620 千克/亩，总产值约 145 亿元，平均亩产值 4290 元。经多年观察，夏秋冷凉蔬菜亩产值在 3000～6000 元，平均亩产值约 4500 元。夏秋冷凉蔬菜产业已经成为冷凉区农民的主要经济来源之一。

二、主要问题

1. 对夏秋冷凉蔬菜生产重视程度不够

山西省大部分地区气候冷凉，降水集中在夏秋季节，适宜夏秋蔬菜的生产。山西省冷凉蔬菜面积达到 408 万亩，占山西省蔬菜面积的 62.6%。冷凉蔬菜总产量 1457 万吨，总产值约 237 亿元，平均亩产值 5813 元，在国民经济收入中占有重要地位。夏秋冷凉蔬菜在发展过程中存在着技术、市场、质量安全、效益等诸多复杂、具体、难以解决的问题，需要政府和科研、推广部门的重视、关心和共同努力。然而，山西省相关部门还没有将冷凉蔬菜列入专门的研究方向，科研部门也没有专门的冷凉蔬菜研究团队，也缺乏专用经费的支持。

2. 种植结构相对单一，蔬菜产业和经济效益风险大

夏秋冷凉蔬菜生产优势产区，由于多年种植已形成一定的种植习惯，对蔬菜栽培技术已经掌握，市场也已经成熟，形成了相对单一的种植结构，蔬菜产业抗风险能力差。蔬菜种植结构单一，种植茬口相对集中，上市期集中，销售压力大，生产效益风险增加。

3. 连作障碍严重，影响夏秋冷凉蔬菜的可持续发展

连续多年种植同一种蔬菜种类，或者采用固定季节种植固定蔬菜种类的轮作方式。在这种单一种植结构模式下，土壤板结、酸化，部分病虫害种群得到富集，造成了连作障碍，蔬菜产量、品质显著下降，效益大幅下滑，严重影响了夏秋冷凉蔬菜的可持续发展。例如，山西省榆次区东阳镇洋葱种植、长子县露地青椒种植都遇到了非常严重的连作障碍问题，影响了蔬菜产业的可持续发展。

4. 蔬菜生产机械化程度低，影响蔬菜种植效益

冷凉区蔬菜生产环节中，除耕地、覆膜以外大部分操作靠人工劳动，机械化程度很低，蔬菜种植环节用工多、人工成本比例大，效益难以进一步提高。影响冷凉区蔬菜机械化程度的主要原因有 4 个方面：一是农机类型少，缺乏蔬菜播种机、移栽机、收获机等农机；二是农机农艺配套性差；三是没有实现集中连片种植；四是国外引进的农机价格普遍偏高，国内研发的农机性能不太稳定。

5. 经济效益不稳定，影响蔬菜生产者的积极性

近年来我国蔬菜市场上各种菜价剧烈波动，引起经济效益的大起大落，"菜贵伤民"和"菜贱伤农"的现象交替出现，极大影响了民众正常生活，严重损害了农民的收益和生产热情。蔬菜价格的周期性波动包括四个时期：上升期、高潮期、回落期和低潮期。在高潮期蔬菜价格较高，经济效益非常可观。在上升期和回落期蔬菜价格适中，种植蔬菜有利可图。在低潮期蔬菜价格超低，经济效益严重下滑，甚至亏本种植，给农民生活带来了巨大影响。蔬菜价格的周期变化没有规律可循，影响了蔬菜种植者的积极性。

6. 存在蔬菜质量安全问题，影响蔬菜产业健康发展

夏秋冷凉区气温较低、环境污染小、病虫害少，整体来说蔬菜质量安全达标，但由于种植结构单一，造成连作障碍严重，土传病害多发，在防治过程中也可能出现农药残留超标的现象。另外，不按无公害蔬菜生产规定使用非高效低毒农药、无病滥用农药，也造成蔬菜农药残留超标。

三、产业发展建议

1. 重视夏秋冷凉蔬菜生产

山西省大部分地区气候冷凉，降雨集中，适宜夏秋冷凉蔬菜的生产。种植夏秋冷凉蔬菜，周期经济效

益高，平均亩产值能达到 4500 元。大部分夏秋冷凉蔬菜生产区同时也是贫困区。因此，建议各级政府重视夏秋冷凉蔬菜产业的发展，把夏秋冷凉蔬菜产业放到"三农"问题和脱贫攻坚的问题中思考，从政策、技术、资金上给予大力支持。

2. 拓宽蔬菜种类，增强抗风险能力

以形成规模的蔬菜种类为主打，引进不同适宜冷凉区种植的不同蔬菜种类，实行果菜类、叶菜类、根菜类多种蔬菜并存的蔬菜生产布局，提高蔬菜产业的抗风险能力。引进不同茬口蔬菜种植模式，丰富蔬菜栽培茬口，避免集中上市，缓解价格风险。

3. 实行轮作倒茬，减轻连作障碍

实行粮-菜轮作和菜-菜轮作。粮-菜轮作包括当地种植的主要粮食作物与蔬菜间的轮作。菜-菜轮作包括果菜类、叶菜类、根菜类的互相轮作。通过多种轮作方式，预防或减少连作障碍的发生程度。

4. 提高机械化水平，减轻劳动强度，提高劳动效率

研发不同种类蔬菜专用农机。对没有实行机械化操作的环节，针对性地引进、研发新型农机，包括适宜不同蔬菜种类的播种机、移栽机、采收机等农机具。

研究农机农艺配套技术。引进、研究、优化不同蔬菜的种植模式，以期找到既能满足机械化生产又能保证蔬菜高产密度需求的最佳种植模式。研究、改进农机作业模式和性能，使农机与农艺融合，实现艺机一体化，更好地服务于蔬菜生产。

实行集中连片种植。通过土地流转等方式，实现蔬菜种植集中连片，提高农机具的工作效率，充分发挥农机的优势和作用。

5. 适当发展设施蔬菜，减少病虫害发生

适度发展设施蔬菜。作为露地蔬菜的补充，冷凉区可以适当发展部分塑料大棚设施，充分发挥设施避雨、防虫、夏季降温的优势，减少病虫害发生、延长生长期、提高产量，增加蔬菜产值和效益。

跟进技术服务。设施蔬菜生产技术要求相对较高，需要专门的科研和技术服务人员开展技术示范、培训、指导，实现设施与技术同步发展，共同促进设施蔬菜的生产。

6. 重视蔬菜质量安全问题，生产合格蔬菜产品

加强质量安全意识，建立蔬菜产品可追溯制度，定期检测蔬菜质量。让生产者从潜意识里不敢、不能、不想生产农药残留超标的蔬菜。

强化防治理念。强化"预防为主，综合防治"的蔬菜病虫害防治理念，让农民按照无公害蔬菜生产技术规程的实施，注重预防蔬菜病虫害的发生。

加强技术攻关。研究不同播种期不同种类蔬菜主要病虫害的农业、物理、生物、化学综合防治技术。

进行群防群治。露地蔬菜病虫害发生时间比较一致，可以在集中连片的地块进行群防群治，有效防止病虫害的发生。

7. 合理稳定蔬菜价格、做好政府宏观调控工作

建立健全蔬菜销售保险机制，完善菜农救助体系。对一些基本的蔬菜品种进行必要的生产性补贴和最低价格保护；设立蔬菜风险基金，调节短期内滞销带来的价格波动；及时发布蔬菜市场行情，定期发布产销信息，合理引导生产，尽量减少因盲目种植造成的供需不平衡现象。

建立完善农产品流通体系，降低流通成本。相关部门采取措施减轻产销各环节的成本压力；严厉打击投机炒作、哄抬物价的行为；创新物流管理，在大型城市建立物流交易中心，降低在途损耗；疏通产销环节，建立产地直通零售的产销对接模式，如农超对接、农餐对接、农企对接、农校对接等。

第四节　陕西省高山高原蔬菜

一、产业现状

高山(高原)菜是地处高海拔区域、气候冷凉、生态环境良好、能补充 7～9 月夏秋淡季供应的优质蔬菜。陕西高山(高原)菜主要分布在沿山地带和海拔较高的台塬、高原地带，对陕西蔬菜周年均衡供应具有重要意义。部分县已经将高山(高原)菜发展成区域优势特色产业。

1. 生产规模持续扩大，初步形成四大产业带

近年来，陕西高山(高原)蔬菜发展加快。截至 2016 年，全省高山(高原)菜播种面积已达到 125 万亩，总产量 262 万吨，分别占全省蔬菜种植面积和总产量的 16.56%、15.67%。在全省海拔 800～1800m 的区域，由南向北初步形成了以宁强、略阳、镇巴、紫阳、岚皋、镇坪、宁陕、镇安、商南、商州等地为主的秦巴山区产业带；以太白、凤县、陇县、蓝田等地为主的秦岭北麓产业带；以宜君、淳化、旬邑、彬县、长武等地为代表的渭北旱原产业带；以甘泉、吴起、志丹、清涧、绥德、米脂、定边、靖边、榆阳、神木等地为主的陕北高原产业带。

2. 特色产品日趋丰富

2000 年以前，陕西高山(高原)菜主要是马铃薯、甘蓝、白菜、豆角、萝卜等几个品种，随着新品种的引进，品种更新换代加快，花色品种日趋丰富，目前已经扩大到生菜、西兰花、西葫芦、娃娃菜、辣椒、番茄、黄瓜、茄子等 14 个种类 100 多个品种。良种覆盖率显著提高，由原来的以本地常规品种为主发展到以杂交品种为主，积极引进推广新优特菜品种。例如，花椰菜除了普通花椰菜(白菜花)、西兰花，还引进了松散花椰菜(松花菜、黄菜花)等；大白菜除了普通大白菜，还引进种植高山(高原)娃娃菜等；甘蓝品种最为丰富，既有本地的'黑平头'，又有'8398'、'中甘 15'、'中甘 21'等中甘系列新品种及进口的'百惠'、'珍奇'和'紫甘蓝'等，还引进种植了羽衣甘蓝、球茎甘蓝、皱叶甘蓝、抱子甘蓝等稀特品种。 在扩大新特品种推广种植的同时，坚持保留地方特色品种的种植，如陕北红葱、汉中豇豆、蓝田晚夏番茄、商洛紫豆角等。

3. 应用先进生产技术，质量、效益同步提升

近年来，地膜覆盖、节水灌溉、平衡施肥、病虫害绿色防控等实用新技术得到广泛应用，生产无公害、绿色、有机产品的理念明显增强，黄板、蓝板、杀虫灯、天敌昆虫、生物菌剂等物理、生物防治技术应用率普遍提高，无公害、绿色和有机生产基地规模逐步扩大。农机农艺结合更为紧密，蔬菜移栽机、胡萝卜收获机、先进的喷药机械等得到扩大应用，技术水平、生产效率和产品质量大幅提升。目前，陕西 80%以上高山(高原)菜基地通过无公害认证，30%产品通过绿色认证，有机产品也在不断增多。其中太白县有 17 个蔬菜品种先后获得国家绿色食品 A 级认证，以及国家有机农产品、欧盟和美国有机蔬菜认证。新技术的应用和产品质量的提高显著提升了生产效益。据调查，陕西高山(高原)菜单茬亩收益平均为 2400 元左右，高的可达 5000 元以上，与平川露地同类蔬菜相比收益高出 15%～30%。

4. 填补夏菜缺口，产品销售顺畅

陕西高山(高原)菜上市期主要集中在 7～9 月，此时北方平原地区正值高温时节，蔬菜生产处在"伏歇"期，南方及沿海地区此时也易受台风、暴雨等灾害性天气影响，生产能力下降，陕西高山(高原)菜正好补充夏秋淡季需求。目前，陕西的高山(高原)菜除满足省内需求外，还热销上海、广州、南京、武汉、成都、重庆等全国 50 多个大中城市，有的远销香港、澳门，以及日本、韩国和东南亚 10 多个国家与地区，太白高山(高原)菜还成为陕西省内许多肯德基、麦当劳等世界著名企业的采购基地。

5. 组织化程度明显提高，品牌意识逐步增强

随着全省农民专业合作组织的不断发展，陕西高山(高原)菜正在经历由以农民单家独户分散经营向专业化、组织化生产经营的过渡，龙头企业和专业合作社有组织的生产方式迅速兴起。全省以高山(高原)菜生产经营为主的龙头企业有太白县米禾蔬菜有限责任公司、西安市恒绿科技发展有限公司、铜川市鹏大实业有限

公司、商洛民乐现代农业科技发展有限公司等 10 多家，还有 80 多家专业合作社。部分龙头企业、合作社推行"四统一"经营模式，即统一种子供应、统一技术指导、统一农资采购、统一产品销售，并有相应的冷链设施，组织化程度明显提高。同时，也诞生了一批加工、配送、销售型企业，创建了一批知名的高山(高原)蔬菜品牌，如宝鸡的"太白山"、"秦绿"、"雪域花"，西安的"恒绿"，铜川的"绿佳源"，商洛的"秦乐源"，延安的"南泥湾"等。太白县高山(高原)蔬菜是陕西一张名片，其发展思路是"一县一业、整县推进"。

二、主要问题

1. 基地分散，总体规模偏小

陕西高山(高原)菜规模总体偏小，据调查，10 万亩以上县区有太白、定边和靖边 3 个，5 万亩左右的县区只有凤县、陇县、镇安、淳化、紫阳 5 个，2 万亩以上的县区有麟游、彬县、旬邑、略阳、汉滨、镇坪等 12 个，千亩以上连片基地不足总面积的 20%，多数县区高山(高原)菜基地分散，聚集度不高。

2. 组织化程度低，企业带动能力不强

据调查，以合作社有组织地开展高山(高原)菜生产的基地不足全省总规模的 40%，而真正发挥实质性组织服务功能的不到 20%；龙头企业缺乏，带动力不强，大多数菜农仍然是家庭式独自生产，靠客商上门收购式的销售，组织化程度较低。

3. 技术支撑能力弱，新技术应用率低

基层专业技术人员缺乏，新技术、新成果转化利用率低，多数基地县区没有新品种、新技术试验示范园；种苗繁育体系不健全，种苗统一供应率仅 30%；一些高山(高原)菜基地县尚无农产品质量检测机构，部分县检测装备和手段落后，产品质量状况不清。

4. 基础设施落后，抗御自然灾害能力不强

高山(高原)菜产区多位于海拔 800m 以上的山区、旱塬和高原，由于受山区自然条件限制，立地条件较差，基地相对分散，抵御自然灾害的能力较弱。特别是受干旱威胁较大，基本处于一种"靠天吃饭"的状态，若遇较长时间的高温干旱，时常会出现种苗栽不下去或生长不良等现象。

5. 劳动力不足，产业规模和水平受到制约

由于山区地少，种植效益低下，青壮年劳力大多外出务工，在家多为老弱妇孺，他们的劳动能力和接受新品种、新技术的能力相对较差，严重影响高山(高原)菜生产规模的扩大和生产水平的提高。

三、产业发展建议

陕西陕南、陕北和关中沿山地带夏季气候清新凉爽，环境优良，土壤肥沃，无"三废"污染，具有发展无公害高山(高原)蔬菜得天独厚的条件。

1. 科学规划布局，加快规模化发展

按照"因地制宜、科学规划、突出特色、重点发展"的思路，在现已形成的渭北塬区、秦岭北麓、秦巴山区、陕北高原四大区域板块基础上，科学规划，合理布局，加快规模化发展。以太白有机高山(高原)菜基地为核心，扩大凤县、麟游、陇县等地蔬菜规模，做强秦岭北麓产业带；以宁强、宁陕、商州为核心，扩大镇巴、紫阳、岚皋、镇坪、平利、旬阳、镇安、商南等地蔬菜规模，做强秦巴山区产业带；以宜君、淳化为核心，扩大铜川和咸阳北五县蔬菜规模，做强渭北塬区产业带；以甘泉为核心，扩大吴起、志丹、清涧、绥德、米脂等地蔬菜规模，做强陕北高原产业带。目标是到"十三五"末(2020 年)，使陕西省高山(高原)菜种植面积达到 150 万亩以上，产量达到 330 万吨以上。在品种布局上，海拔 1200m 以上的较高山(高原)区以生产甘蓝、白菜、萝卜、菜花等耐寒叶菜和根茎菜类为主，海拔 800m 以上的次高山(高原)区域以生产菜豆、西葫芦、南瓜等喜凉果菜类为主，海拔 800m 以下的区域以生产番茄、辣椒、茄子等喜温果菜类为主。

2. 加大政策扶持，完善基础设施建设

建议政府"十三五"期间，将高山(高原)菜作为"菜篮子"工程建设的一项内容，给予财政支持。一

是扶持种苗繁育体系建设，每 500 亩基地建立一个高山(高原)菜设施育苗点，完善种苗繁育体系建设，提高种苗质量水平；二是整合项目，捆绑资金，加大高山(高原)菜基地水、电、路等配套基础设施建设，提高基地生产能力和抗灾能力；三是加大标准化示范园建设，示范带动标准化技术推广；四是支持龙头企业、专业合作社基地的冷链加工和市场体系建设，促进产业化发展。

3. 加强技术服务体系建设，提高生产管理水平

一是强化技术培训。保证每个乡镇有一名技术骨干，每个生产基地有 1~2 名技术员；加大职业农民培训力度。二是加强标准化技术推广力度。围绕当地主导产品制定无公害(绿色、有机)生产技术操作规程，大力推广集约化育苗、平衡施肥、节水灌溉、病虫害绿色防控等技术，提高综合生产能力和水平。三是筛选适合当地推广应用的优良新品种和实用新技术，优化品种结构，提高种植效益。四是联合攻关，解决连作障碍及重大病虫害防治技术难题，保证高山(高原)蔬菜稳定发展。

4. 强化龙头带动，提高组织化程度

一是培育一批拥有一定资产规模和服务规范的蔬菜专业合作社，完善合作组织与农户利益联结机制，使之真正成为联系基地农户和市场的桥梁和纽带，成为高山(高原)蔬菜产业的市场主体。二是选择一批基础条件好、带动能力强的龙头企业，支持其加工、冷藏、产地批发市场等设施建设，提升企业综合生产能力和市场竞争力，推进产业化经营。三是培育和壮大一批具有区域特色的名优品牌，强化基地和品牌宣传，提升区域高山(高原)菜影响力和竞争力。

5. 加强产销衔接，推动产品销售

一是通过举办产品推介会、蔬菜节、瓜果节等形式，加大基地产品宣传，促进产品销售。二是以合作社为基础，加强农超(校、社)对接，推行产品直销、连锁经营、产品配送、电子商务等现代营销方式。三是完善基地蔬菜质量安全监测监管体系建设，确保上市高山(高原)蔬菜的质量安全。四是强化产销信息的监测、沟通和发布，指导农民合理安排生产。

6. 连作障碍、病虫害威胁，制约产业发展

高山蔬菜种植的蔬菜品种相对单一，茬口集中，单一蔬菜种类连作时间过长，有机肥源短缺，栽培管理上偏施化肥及栽培措施落后，导致土壤肥力下降，连作性病虫害发生严重，已严重制约部分地区高山蔬菜产业的发展。例如，2008 年在太白塘口和北沟蔬菜产区最初发现十字花科蔬菜根肿病，之后迅速蔓延，据 2016 年调查，根肿病发病面积占太白高山十字花科蔬菜种植面积的近 90%，在发病区内，一般田块病株率在 20%~35%，严重田块病株率达 80%以上，成为危害太白高山蔬菜区主要病害，已严重威胁太白高山蔬菜产业的发展。

(赵利民　程永安　张恩慧)

第五节　甘肃省高原夏菜

一、产业现状

甘肃地处黄土高原、蒙新高原、青藏高原交汇处，成雨机会少，气候温和干燥，日照充足、夏季比较凉爽，病虫危害轻、隔离条件好，是生产高原夏秋蔬菜的理想基地，也是国家规划的黄土高原夏秋蔬菜生产供应优势区。河西走廊大部分地方是自流灌溉区，沿黄灌区水资源比较丰富，灌溉也很便利。6~10 月，该区域气候适宜喜冷凉、喜温和、喜温蔬菜同期生长，加之昼夜温差大，使得产品质量优，垂直性气候明显，蔬菜供应时间长。经过多年的发展，甘肃已初步建立了河西走廊、沿黄灌区、泾河流域、渭河流域和徽成盆地五大蔬菜优势产区，成为我国五大商品蔬菜基地之一。2015 年甘肃高原夏菜播种面积达到了 617 万亩，总产量可达 1159.0 万吨，产值超过 200 亿元，外销量接近 800 万吨。

甘肃高原夏菜能够持续供应 20 多个种类、200 多个品种的优质蔬菜产品,可以有效补给我国东部及南方蔬菜"伏缺"季节的市场需求,全省已创建 10 个国家级、44 个省级无公害蔬菜标准化生产示范基地县,以甘蓝、娃娃菜、花椰菜、莴笋、西葫芦等优势蔬菜产品为主的"高原夏菜"已成为甘肃的亮点和"名片",享誉省内外。

(一)甘肃高原夏菜主要特点

1. 生态优势明显,高原夏菜品质优良

甘肃高原夏菜产区海拔为 1500~3300m,年无霜期 180 天左右,年平均气温 5~9℃,日照达 1627~2769h,≥10℃的有效积温 2700~3300℃,年平均降水量 300~500mm,蒸发量是降水量的 5 倍以上。光照充足,昼夜温差大,瓜果和蔬菜的有机物含量很高,尤其是蛋白质和维生素 C 含量高于外地蔬菜31%和28%,造就了优异的产品品质;干燥少雨,病虫害少,农药使用量次极低,又成为质量安全的先天保障。二阴产区夏季雨热同季,气温更低,非常适宜喜冷凉型蔬菜生长,自然生态环境好,远离城市,没有工业污染源,传统大田农作物生产化肥、农药使用很少,土壤健康,有利于发展 AA 级绿色蔬菜或有机蔬菜。

2. 生态类型多样,高原夏菜品种丰富

甘肃高原夏菜产区海拔高度差异大、地形及气候多样的特点造就了蔬菜种类的多样性,外销品种较丰富。每年 5~10 月,甘肃高原夏菜能够提供 20 多个种类、200 多个品种。近年来,甘肃紧紧盯住南方市场需求,大量引进东南沿海市场消费的蔬菜品种,进行示范和推广,如苦苣、紫花菜、紫苤蓝、宝塔花菜、乌塌菜、鸡毛菜、大芥蓝、黄秋葵等新品种,基本实现了蔬菜生产在区域、时间、种类等多个层次的合理优化种植制度、品种结构、区域布局,从数量、质量、品种上满足不同消费者的需求。

3. 充分利用高原夏秋冷凉气候资源,与南方蔬菜供应淡季形成时空互补

甘肃依据海拔高度,梯次安排蔬菜播种期,努力形成梯次上市,具有较长的供应期,可从每年的 5 月下旬到 10 月上旬持续供给,很好地弥补了东南沿海夏季蔬菜供应缺口,具有良好的上市档期,在全国有较好的知名度和品牌影响力,尤其是百合、花椰菜、莴笋、甘蓝、甜脆豆、娃娃菜等主要品种,已被各地消费者认可,具有稳定的消费群体,占据了较大的市场份额。产品销往广东及香港、澳门、厦门、上海、杭州、北京等 80 多个城市,同时出口新加坡、马来西亚、日本等国。

(二)甘肃高原夏菜主要生产区域布局

按照生态区域分类,甘肃省已经初步形成了沿黄灌区和河西走廊沿祁连山冷凉气候区两个生产相对集中、规模较大的高原夏菜生产优势区域,另外,陇南山区也适宜发展高海拔冷凉蔬菜。

1. 黄河流域高原夏菜生产优势区

1)区域范围

本区域是指乌鞘岭以东至甘陕省界,黄河干流与支流贯穿本区,形成盆地峡谷相间排列的地形,行政区域包括兰州、天水、定西、白银、临夏、平凉、庆阳等市。冷凉区域主要指海拔 1400~2400m 区域。

2)地形地貌

本区域因河流切割,地形破碎,沟壑纵横,起伏很大,海拔为 1000~3000m,较大的盆地有兰州、靖远等盆地,高海拔阴湿区雨热同期,生态环境良好,可发展有机蔬菜生产。

3)气候

本区属温带半干旱、半湿润气候,年平均温度 6~12℃,≥10℃年积温 2200~3800℃,昼夜温差 10~14℃,年降水量 200~550mm,年日照时间 1800~2700h,无霜期 160~220 天。垂直气候带明显,生产季节较长。

4)水资源

主要河流有黄河干流、渭河、泾河三大水系,其中黄河干流区域是主要的灌溉农业区,也是高原夏菜种植的集中区域。

5) 重点县区及主要种植的蔬菜种类

本区域高原夏菜种植的重点县区有天祝、皋兰、榆中、红古、永登、靖远、安定、临洮、渭源、永靖、临夏、武山、甘谷、清水、张家川、麦积等县区。

(1) 海拔 1800m 以下区域：昼夜温差 10～16℃，4～9 月平均温度 15～18℃，最热月平均气温 16.5～18℃，4～9 月≥10℃积温 750～1500℃，年降水量 200～350mm；土壤类型为灰钙土、栗钙土、黄绵土；气候温和，适宜果菜类和喜冷凉蔬菜同时生产，种植的主要蔬菜有甜瓜、黄瓜、茄子、辣椒、西葫芦、架豆、青笋、花椰菜、甘蓝、西芹、娃娃菜、青花菜、胡萝卜、结球莴苣、菠菜等，露地果菜类一年生产一季，喜冷凉蔬菜一年二茬，年播种面积约 230 万亩，产品上市期在 5 月下旬至 10 月底，主要供应广东及香港、澳门、厦门、上海、杭州、北京等 40 多个城市，部分出口新加坡、马来西亚、日本等地区。

(2) 海拔 1800～2200m 区域。气候特点：全年日照时数 1400～2200h，昼夜温差 12～16℃，4～9 月均温 13～16℃，≥10℃积温 500～1300℃，年降水量 280～450mm；土壤类型为灰钙土、黑垆土、黄绵土；适宜种植的主要蔬菜有甘蓝、西芹、大白菜、娃娃菜、花椰菜、松花菜、青花菜、莴笋（包括紫叶莴笋）、萝卜、甜脆豆等，年种植面积约 100 万亩，产品上市期在 7 月底至 8 月底，主要销往广东及香港、澳门、厦门、上海、杭州、北京等 40 多个城市，部分出口新加坡、马来西亚、日本等地区。

(3) 海拔 2200～2500m 区域。气候特点：全年日照时间 1200～1500h，日照百分率 65%，4～9 月平均温度 11～14℃，最热月气温 16.5～18℃，4～9 月≥10℃积温 650～900℃，年降水量 350～500mm；土壤类型为褐土类、黄绵土；适宜种植的主要蔬菜有甜脆豆、荷兰豆、紫叶莴笋、娃娃菜、蒜苗、蚕豆、花椰菜、青花菜、香菜、甘蓝等，年种植面积约 30 万亩，产品上市时间 8 月初至 9 月下旬，主要销往广东及厦门、上海、杭州、北京等城市。

2. 河西走廊高原夏菜生产优势区

1) 区域范围

河西走廊东起乌鞘岭，西至古玉门关，南北介于南山（祁连山和阿尔金山）和北山（马鬃山、合黎山和龙首山）间，长约 900km，宽数公里至近百千米，为西北—东南走向的狭长平地，形如走廊，称甘肃走廊。因位于黄河以西，又称河西走廊。地域上包括甘肃省武威、金昌、张掖、酒泉、嘉峪关共 5 个市。沿祁连山冷凉气候区主要是指河西走廊中部和南部山前倾斜平原区。

2) 地形地貌

河西走廊属于祁连山地槽边缘坳陷带。地势特点是南北高，中间低，东西为狭长走廊，地形由三大部分构成；南部是高峻的祁连山，海拔 3000～5000m，是河西走廊重要的水源地、冰川和涵养林景观；北部是长期剥蚀的残丘沙漠和戈壁；中部为走廊平原地带，地势平坦，海拔 1500～2500m。沿河冲积平原形成武威、张掖、酒泉等大片绿洲。其余广大地区以风力作用和干燥剥蚀作用为主，戈壁和沙漠广泛分布，尤以嘉峪关以西戈壁面积广大，绿洲面积更小。

3) 气候

河西走廊气候干燥、冷热变化剧烈，从东至西年降水量为 36～160mm，而年蒸发量高达 1500～2500mm，农业生产常年依赖于灌溉，但祁连山冰雪融水丰富，灌溉农业发达。自东而西年降水量渐少，干燥度渐大。例如，武威年降水量 158.4mm，敦煌 36.8mm；酒泉以东干燥度为 4～8，以西为 8～24。降水年际变化大。夏季降水占全年总量 50%～60%，春季 15%～25%，秋季 10%～25%，冬季 3%～16%。云量少，日照时数增加，多数地区为 3000h，西部的敦煌高达 3336h。年均温 5.8～9.3℃，但绝对最高温可达 42.8℃，绝对最低温为 -29.3℃，二者之差超过 72.1℃。昼夜温差平均 15℃左右，一天可有四季。因地处中纬度地带，且海拔较高，热量不足但作物生长季节气温偏高，加之气温日变化大，有利于农作物的物质积累。

4) 水资源

以黑山、宽台山和大黄山为界将走廊分隔为石羊河、黑河和疏勒河三大内流水系，均发源于祁连山，由冰雪融化水和雨水补给可利用的水资源量（包括地下水）约 73.8 亿立方米。各河出山后，大部分渗入戈壁滩形成潜流，或被绿洲利用灌溉，仅较大河流下游注入终端湖。

　　5)重点县区及主要种植的蔬菜种类

　　重点县区有瓜州、玉门、肃州、高台、临泽、甘州、山丹、永昌、凉州、民勤、古浪等县区。

　　(1)海拔1000～1400m区域。气候特点：全年日照在3000h以上，光质好，日温差一般在16℃左右，4～9月均温17～20℃，≥10℃积温1400～1700℃，年降水量30～70mm；土壤类型为灰漠钙土、灰棕漠钙土。本区域是优质商品甜瓜、蜜瓜的生产基地，年播种面积30万亩，产品上市期集中在8～9月，主要供应广州、上海、长沙等大中城市。

　　(2)海拔1400～1800m区域。气候特点：全年日照时数1800～2500h，日照百分率高，昼夜温差10～15℃，4～9月均温14～17℃，≥10℃积温800～1500℃，年降水量100～180mm；土壤类型为灰谟钙土、灰棕漠钙土；适宜种植的主要蔬菜有洋葱、莴笋、花椰菜、青花菜、甘蓝、辣椒、番茄、西葫芦、南瓜、菜豆等，年种植面积约40万亩，产品上市期在7月下旬至9月中旬，主要供应兰州、西安、成都、重庆、武汉、南京等城市。

　　(3)海拔1800～2200m区域。气候特点：全年日照时间1600～2200h，昼夜温差12℃以上，4～9月均温12～15℃；≥10℃积温400～1250℃，年降水量180～280mm；土壤类型为风沙土，适宜种植的主要蔬菜有甘蓝、花椰菜、西芹、青花菜、白菜、娃娃菜、青笋、胡萝卜、洋葱等。年种植面积约100万亩，产品上市期在7月下旬至10月初，主要供应杭州、苏州、上海、武汉、南京、长沙、广州等城市。

　　(4)海拔2200～2500m区域。气候特点：全年日照时间1400～1600h，昼夜温差大于14℃，4～9月均温10～13℃，≥10℃积温400～750℃，年降水量250～300mm；土壤类型为高山草甸土、亚高山草甸土；适宜种植的主要蔬菜有娃娃菜、甜脆豆、荷兰豆、紫叶莴笋、蒜苗、大蒜、西芹、胡萝卜、青花菜、鲜食蚕豆等。年种植面积约20万亩，产品上市期8月初至9月底，主要供应杭州、苏州、上海、武汉、南京、长沙、广州等城市。

　　3. 陇南高山冷凉蔬菜优势产区

　　1)区域范围

　　主要区域是甘肃陇南市辖区的8县1区，位于秦巴山区、青藏高原、黄土高原三大地形交汇区域，西部向青藏高原北侧边缘过渡，北部向陇中黄土高原过渡，东部与西秦岭和汉中盆地连接，南部向四川盆地过渡，整个地形西北高、东南低。

　　2)地形地貌

　　西秦岭和岷山两大山系分别从东西两方伸入全境，境内形成了高山峻岭与峡谷盆地相间的复杂地形。全区按照地貌的大体差别分为三个地貌类型区。

　　(1)东部：为浅山丘陵盆地地貌区。包括徽成盆地的成县、徽县、两当县三县全部。南北高中间低凹、长槽形断陷盆地，海拔800～2700m。北部地势平缓，浅山已垦殖为农田，深山有茂密的水源涵养林，植被覆盖良好。南边为山区。中间系缓坡丘陵盆地，海拔在800～1300m，坡度多在20°以下，川坝地散布于山丘之间，土厚水丰，历史上就是粮食的集中产地。

　　(2)南部：为高山地貌区。包括康县、武都区、文县全境，海拔大多在900～2500m，大部分地方处于北纬33°以南，属亚热带边缘区。这一区域因山势较高、沟壑纵横，高山河谷交错分布，大部分耕地为坡耕地，土层较薄，石块较多，保水、保肥能力差。

　　(3)北部：为高山地貌区。包括宕昌县、礼县、西和三县全部，海拔为968～4100m，相对高差小，地势平缓，河谷开阔，土地连片面积较大，有许多山间小平原分布。西汉水下游山陡谷狭，山地、旱地较多，土地较为分散，但耕地较多，有大面积的草地和土地资源可开发利用。全区气候在横向分布上分北亚热带、暖温带、中温带三大类型。

　　3)气候

　　全市气候在横向分布上分北亚热带、暖温带、中温带三大类型。高山蔬菜主要产区在暖温带和中温带。暖温带包括全区的中部、东部及南部的广大地区，海拔为1100～2000m，≥10℃的积温2100～4000℃，年降水量500～800mm，耕地面积约150万亩，占全区耕地总面积的33.3%，为二年四熟农业区；中温带包括全区的北部和西部地区，主要是宕昌、西和县大部，陇南市武都区的金厂、马营、池坝，礼县的下四区等区域。这一区域海拔一般在 2000m 以上，≥10℃积温小于 2100℃，年最低气温在–20℃以下，耕地面积约 100 万亩左右，占全区总耕地面积的 22.2%，为一年一熟、三年两熟农业区。

4）水资源

陇南市属于长江流域嘉陵江水系，境内大小河流、沟溪 9000 余条，多年降水量为 400～1000mm，年降水总量为 173.70 亿立方米，水资源总量 68.60 亿立方米。但受季风和地形地势影响，气候的垂直变化、水平差异较大，水资源在地理和时空上分布上不均衡。高山蔬菜产区地高水低，利用难度大，用于蔬菜生产的水资源相对短缺。

5）重点县区及主要种植的蔬菜种类

主要蔬菜产区是徽县、成县、武都区、礼县。主要种植的蔬菜种类有蒜苗、蒜头、蒜薹、甘蓝、大白菜、菠菜、香菜、水萝卜、胡萝卜、辣椒等。

二、主要问题

1. 自主产权品种匮乏

目前甘肃高原夏秋蔬菜种植的花椰菜、青花菜、娃娃菜、西芹、洋葱、菠菜等基本是进口品种占主导地位，其他蔬菜品种也有部分市场被进口品种所占有。整体来看，国产品种占有率约在 40%左右。

2. 专业化育苗体系不健全

高原夏菜育采用育苗移栽的约占 30%，多数采用直播栽培，专业化育苗企业少。甘肃高原夏菜种植区域较分散，多为梯田，种苗运输困难较大。

3. 质量安全监管需要进一步加强

随着种植年限的延长，土传病害、叶面病害及虫害发生有逐年加重的趋势，农药使用量也逐年增加。例如，榆中、安定甘蓝枯萎病已经给生产造成了很大威胁。

4. 蔬菜加工贮藏能力不足

甘肃省目前蔬菜贮藏冷库总容量约 300 万吨，蔬菜总产量约 1100 万吨，预冷处理能力基本可以满足，但不具备储存调蓄能力。

5. 尾菜无害化处理难度大

夏菜大量产生尾菜的蔬菜种类主要包括：娃娃菜(替代大白菜)、甘蓝、西芹、花叶菜、西兰花五大类，根据产生的环节分为田间尾菜和库区尾菜，从尾菜总量构成看，由于种植面积的不同，娃娃菜尾菜约占总量的 50%，西芹占 15%，甘蓝、花椰菜、西兰花各占 10%，其他占 5%；从对环境主要产生危害和污染的库区尾菜总量分析，娃娃菜约占总量的 65%，西芹占 10%，甘蓝、花椰菜、西兰花占 15%，其他占 10%。甘肃年剩余各类尾菜总量约有 400 万吨。

6. 生产组织化程度低，缺乏专业营销队伍

许多蔬菜种植区域成立了许多专业合作社，但没有发挥作用。

三、经验与建议

（一）取得的技术经验

（1）高垄覆膜栽培技术模式；

（2）高海拔冷凉区膜下滴灌节水栽培技术模式；

（3）高海拔冷凉山区全膜双垄沟集雨旱作蔬菜栽培技术模式；

（4）高海拔冷凉区错历播种栽培模式；

（5）高原夏菜化肥减量配施生物肥料技术；

(6)高原夏菜集约化穴盘育苗技术。

(二)建议

(1)继续优化区域布局,建设高原夏菜优势生产区;
(2)适宜高原夏菜露地栽培特色蔬菜品种的选育与引进;
(3)水肥精准化控制设备研发与配套技术研发;
(4)蔬菜轻简化栽培机械设备的研发与引进;
(5)蔬菜净菜加工与冷链储运技术研发;
(6)完善监管制度,推进质量标准化体系建设;
(7)菜田健康土壤培植技术研发与生态保护;
(8)尾菜无害化处理技术研发;
(9)高原蔬菜生产信息数据库建设。

(侯　栋)

第六节　甘肃省兰州市高原夏菜

近年来,甘肃省紧紧围绕"发展现代农业,以打造全国高山精品蔬菜为目标,壮大兰州高原夏菜产业"这个中心,在高寒地区病虫害发生轻的有利条件下,因地制宜,创造性发展二阴地区冷凉特色蔬菜基地,因势利导,减少化肥、农药使用,采取旱作全膜垄沟栽培技术、推广绿色防控技术、蔬菜生物肥应用、精准施肥技术,突破性培植特色蔬菜产业,打造蔬菜健康生产。按"种植规模化、生产标准化、处理商品化、销售品牌化、经营产业化"的要求,坚持保护生态实现资源开发型向资源节约型转变,坚持稳定面积实现速度型向效益型转变,坚持调整结构实现数量型向质量型转变,坚持强化服务实现自由发展型向管理规范型转变,多部门联动,多措并举,促进蔬菜产业提档升级,将高山地区推广兰州高原蔬菜产业打造成提升当地农村经济快速发展和助推精准扶贫的主导产业。

一、产业化渊源

榆中及兰州各县区都在生产蔬菜,但有一个共同的特点,就是生产区域在黄土高原、青藏高原,海拔为2000~2400m,生产季节都是以夏季为主,具有日照充足、昼夜温差大等气候特点,生产周期长,所产高原夏菜营养丰富、色泽鲜亮、菜香浓郁、口味纯正、口感甜脆,生产的蔬菜有机物含量很高,尤其是蛋白质和维生素C含量分别高于外地蔬菜31%和28%,造就了优异的先天品质,深受全国消费者喜爱,而且与南方蔬菜具有显著的区别,因此,以榆中县为代表生产的蔬菜命名为"兰州高原夏菜",并被定为兰州蔬菜的品牌,至此高山蔬菜有了一个地域品牌。在多年的发展过程中,大量引进适销对路的蔬菜品种,依据海拔高度,梯次安排播期,形成了梯次上市,实现了蔬菜生产在区域、时间、品种等多个层次的合理优化配置,从数量、质量、品种上满足不同消费者的需求。尤其是花椰菜、青梗散花菜、娃娃菜、甘蓝、西兰花、百合等主要品种,已得到各地消费者的广泛认可,占据了较大的市场份额。"榆中菜花"、"榆中莲花菜"、"榆中白菜"已成为地理标志产品,"兰州高原夏菜"品牌从此叫响了大江南北。2010年,甘肃省政府办公厅颁布了《蔬菜产业发展扶持办法》(省政发〔2010〕10号),对全省确定的44个蔬菜生产重点县,在规模化设施生产、标准化基地建设、洁净保鲜、冷链储运、区域中心市场建设、集约化育苗、品牌认证等关键环节给予扶持。兰州高原夏菜也被定为甘肃省蔬菜品牌。省政府实施科技兴菜战略,狠抓科技种菜,大力发展外销型兰州高原夏菜,开展兰州高原夏菜产业化提质增效、稳步推进,兰州高原夏菜产业目前已成为甘肃省贫困地区农民脱贫致富的支柱产业。

二、产业发展特色

1. 生产规模持续扩大，布局更加合理

经历了 20 世纪 90 年代的迅猛发展后，"十二五"期间在各级农牧部门的合力推动下，甘肃省蔬菜生产依然保持了持续快速增长。多年来，通过甘肃省政府组织召开现场会、观摩会 12 次，省级整合财政、扶贫、商务等涉农专项资金共 7.5298 亿元，加上农业部蔬菜标准园创建和北方大中城市冬春淡季设施蔬菜生产基地建设扶持项目资金 0.8070 亿元，共统筹资金 8.3368 亿元，采取"以奖代补"、"先建后补"方式，推进甘肃省蔬菜产业取得了快速发展，相关数据表明，2015 年甘肃省蔬菜播种面积达到 790.8 万亩，总产量约 1823.14 万吨，实现总产值约 365 亿元，分别较 2010 年末增长 33.5%、48.9% 和 77.8%。蔬菜商品率从"十一五"末的 47.1% 提高了 9.8 个百分点，达到 56.9%。瓜类面积相对稳定在 75 万亩左右。"十二五"期间，食用菌生产规模逐年递增，袋栽约 12 000 万袋，双孢蘑菇约 62 万平方米，地栽药用菌约为 1 万亩。设施蔬菜面积 158 万亩，比"十一五"末增加 41 万亩。目前甘肃省河西走廊、中部沿黄灌区、渭河流域、泾河流域和"两江一水"流域五大蔬菜基地已具规模。露地与设施、正茬与复种、精细菜与大路菜并存的格局使甘肃省蔬菜可以周年生产，四季供应。

2. 新优品种数量剧增，市场交易活跃

随着甘肃省商品蔬菜生产规模的不断扩大，蔬菜产品市场流通逐步优化，蔬菜市场交易活跃，数量供应剧增，花色品种丰富，部分蔬菜实现周年供应相对均衡。"十二五"末的 2015 年上市蔬菜 40 大类 250 多个品种，比"十一五"末多出 10 大类 150 个品种，名、特、稀、优、新蔬菜数量剧增，绿色蔬菜、净菜、包装菜数量显著增多。以甘蓝、花椰菜、西兰花、娃娃菜、西葫芦、百合等优势蔬菜产品为主的高原夏菜"十二五"期间成为甘肃的亮点和"名片"，2015 年销售量突破 1000 万吨。种植品种达 30 多个种类、200 多个品种的优质高原夏菜，通过东南沿海 53 个大中型蔬菜批发市场走上南方 22 个城市的大众餐桌，正好从时空上有效填补了中国东部及南方蔬菜"伏缺"季节的市场供应，同时，还出口新加坡、马来西亚、加拿大、日本等国家。

3. 新技术创新推广应用，生产水平大幅提高

"十二五"末，蔬菜基地先进实用技术推广普及率达到 70% 以上，科技贡献率达 50% 以上。"十二五"期间，在日光温室标准化生产中集成推广了高垄栽培、大沟覆草、全膜覆盖、膜下暗灌、防虫网、保温被、卷帘机、黄蓝粘虫板、硫黄熏蒸、烟雾剂、蜜蜂授粉等技术；在塑料大棚生产中推广"春提早、秋延后"多层覆盖多茬种植高产高效栽培、土壤翻晒及土壤消毒、防虫网应用、无公害农药选择及交替用药、穴盘育苗移栽及蔬菜嫁接移栽等综合配套技术；在露地蔬菜生产中推广了防虫网覆盖栽培、频振式杀虫灯、害虫性引诱剂、蔬菜病虫害综合防治及平衡施肥等高新技术。在设施的轻简化建造上，研发并推广了"全钢骨架装配式新型结构日光温室及钢架大棚"建造技术；总结出了"蔬菜良种种苗集约化统繁统供技术"、"高品质'高原夏菜'标准化技术集成与配套栽培技术"、"蔬菜设施高标准轻简化建造技术"、"设施蔬菜机械化、自动化等轻简化栽培技术"、"设施蔬菜节本增效'精量化'水肥一体灌溉技术"、"以全膜覆盖三垄栽培为主的旱作区露地蔬菜栽培技术"、"以有机生态型无土栽培为核心的非耕地设施蔬菜高效栽培技术"、"食用菌菌棒(袋)集约化工厂化生产技术"、"蔬菜病虫害生物、物理无害化防控技术"、"老旧蔬菜设施高标准轻简化改造技术"等十大新的集成技术，逐步推广到生产实践中。老旧日光温室改造升级紧紧围绕发展现代农业的要求，充分体现"以人为本"理念，广泛应用轻简化建造、有机生态无土栽培、椰糠基质栽培、水培、水肥一体化技术、物联网监测病虫害等现代园艺技术。

4. 农民增收效果显著，城乡居民"菜篮子"丰富

"十二五"期间，蔬菜产业发展紧紧围绕精准扶贫、培育富民产业的要求，每年至少整合中央现代农业、省财政等产业扶持资金 6000 万元以上。在政府扶持引导带动和经济效益的推动下，各地农户积极性提高，涌现出了靖远县农户自行贷款进行老旧温室轻简化改造的浪潮、榆中县农户自发组成"联户联保"

进行病虫害综合绿色防控，均取得了较好的效果。全省设施单位面积产量达 3.86 吨/亩，亩收益可达 3 万～5 万元以上，高的可达 6 万元以上，比"十一五"末增长了 38%，尤其在设施蔬菜主产区，蔬菜收入占农户总收入的 60%左右。高原夏菜每亩收益在 1 万～1.5 万元，比"十一五"末增长了 3～4 倍，为鼓起当地农民的"钱袋子"和丰富城乡居民的"菜篮子"发挥了重要作用。"十二五"末，农民从蔬菜产业中获得的人均收入达 1386 元，占全省农民人均纯收入的 21.8%。全省城乡居民人均蔬菜占有量 530kg，位居全国前列。蔬菜供求关系由过去的"有什么吃什么"，变为现在的"吃什么有什么"。

　　5. 开拓新市场，扩大出口型蔬菜生产基地

　　"十二五"期间，甘肃省成为我国"西菜东调"五大商品蔬菜基地之一，被农业部列为西北内陆出口蔬菜重点生产区域、西北温带干旱及青藏高寒区设施蔬菜重点区域，蔬菜产业成为带动农民致富、农业和农村经济健康持续发展的战略性主导产业。近两年，面对国家建设"丝绸之路经济带"的历史性战略机遇，甘肃省委、甘肃省政府及各级农牧部门将齐心合力，把甘肃打造成我国重要的"西菜东调"基地、西北冬春淡季蔬菜供应中心、国家非耕地农业开发利用的样板和面向亚欧新兴市场的出口型蔬菜生产基地。张掖、武威、白银在霍尔果斯口岸打开了中亚市场；金昌、兰州创建了直接供港、澳、粤蔬菜基地。

三、产业发展亮点

　　兰州高原夏菜产业发展重点以"技术先行、市场引导、强化扶持、稳步发展、提质增效"为根本，积极开拓市场，完善终端销售，让菜农只负责基地种植，蔬菜经纪人负责收菜拉运，外地客商驻蔬菜保鲜库负责外销，形成产业化营销链条。

　　1. 产学研推相结合，破"瓶颈"促发展

　　以农业科研院所为主体，农业科技企业和技术推广部门为补充的农业科技创新体系已经形成，新品种选育、新技术开发水平大幅度提高。由甘肃省农牧厅牵头，甘肃省经济作物技术推广站联合甘肃省农业科学院、甘肃农业大学、兰州大学、天水市农科所、武威市农科院等科研院所组建科技攻关队伍，重点围绕土壤安全评价、集约化育苗、新品种培育、轻简化栽培、绿色防控、食用菌发展等 15 个制约蔬菜产业发展中的关键技术环节开展科技攻关，并组建"设施农业专家指导组"加强蔬菜高新科技和常规技术相结合的科技推广体系建设，加强对菜农的技术培训，大力推广先进实用技术，提高蔬菜种植水平。建立起了国家大宗蔬菜产业技术体系兰州试验站和非耕地有机生态型无土栽培技术示范基地等科技支撑体系；陇椒系列、航椒系列等一批优良品种得到示范推广；经省农作物品种审定委员会认定的花椰菜、甘蓝等蔬菜新品种达 200 多个；成功试验并开发出了非耕地条件下高效节能日光温室建造技术和适宜的无土基质蔬菜栽培技术，为潜力巨大的非耕地资源科学利用找到了新途径；全膜双垄旱作栽培技术在蔬菜栽培上取得了重大进展；成立了多部门多学科专家参加组成的甘肃省设施农业专家指导小组，并在年内开展了技术研讨、技术指导、技术咨询和培训服务；专家组研发出的"土墙全钢架装配式新型日光温室"在靖远、凉州、临泽、高台、甘州、敦煌、肃州等 35 个县(区)进行试验示范，建立了设施轻简化建造示范点，示范推广规模达到 11 336 亩。其建造便捷、抗灾能力强等突出优点，受到了各地农业部门、农业合作组织和农民的高度认可。

　　2. 树品牌建基地，种植模式大提升

　　"十二五"期间，全面贯彻落实标准化创建活动，提出的"五化"、"六统一"和 6 个"百分百"的考核目标，竖起"高原夏菜"一大品牌、建设"露地、设施蔬菜"两大基地，共创建 103 个农业部蔬菜标准园、三个北方大中城市冬春淡季设施蔬菜规模化生产基地、208 个省级高原夏菜标准园、724 个设施生产标准化小区。经过每年一度的项目考核验收，达标率 98%以上。标准园的蔬菜产品农残抽检合格率达 100%，在保障蔬菜产品质量安全方面发挥了巨大的示范引领作用。特别是由凉州区、靖远县、永靖县承担完成的"2013～2015 年北方大中城市冬春淡季设施蔬菜规模化种植基地建设"项目，当年建设当年投产，每个基地 2500 亩以上日光温室年均蔬菜产量达 2.68 万吨，产值 8315.3 万元，3 个基地分别已向兰州大青山、张苏滩蔬菜批发

市场供应蔬菜产品 1.8 万吨以上。种植茬口由一大茬扩展到早春、秋冬、深冬等多茬口，实现了周年供应。栽培模式由单一提升为多样，"粮菜"、"菜菜"、"果菜""棉菜"间作套种、复种得到推广应用，大大提高了土地利用率。

3. 种植空间拓展，缓解粮菜争地矛盾

设施蔬菜生产区域从原来的黄河沿岸低扬程灌区向高扬程灌区推进，从低海拔地区向高海拔地区推进，从一般耕地向沙漠边缘、戈壁荒漠推进，尤其是河西走廊非耕地有机生态无土栽培走在了全国前列。全膜双垄旱作栽培技术在榆中、永登、武山县露地蔬菜栽培上取得了重大进展，为年降水量 500mm 以上和海拔 1800～2300m 的二阴地区发展夏季优质冷凉型蔬菜生产提供了技术支撑。天水市麦后(油菜后)复种架豆、番瓜模式大幅提高了复种指数和效益。张掖市露地"辣椒—西瓜"间作模式，亩效益较蔬菜增加了 0.23 万元。凉州区设施西瓜一年 4 茬栽培技术，创下了亩增收入 0.8 万～1 万元的佳绩。粮菜共生区向非粮种植区延伸，种植空间有了很大的拓展，缓解了菜粮争地的矛盾。

4. 标准体系日趋完善，蔬菜品质显著提高

通过制定规范化生产技术标准，蔬菜中无公害、绿色和有机等"三品一标"产品的比重进一步提高，蔬菜产品品质显著提升，生产从注重产量向确保均衡供应和提质增效并重的方向加快转变。各地突出地方特色，规划引导，重点扶持，形成了一批集新品种、新技术示范展示于一体的标准化、规模化科技示范园区和生产基地。在河西地区大力引进建设蔬菜集约化育苗场，涌现出一批育苗大型企业如瑞克斯旺武威百利种苗公司等。在优先满足设施茄果类、瓜类蔬菜统一供苗的前提下，不断扩大甘蓝、花椰菜、西芹等集中连片面积大、种苗需求量多的露地蔬菜统一供苗范围，极大地提升了蔬菜育苗安全性和标准化水平，种苗统共率从"十一五"末的 3% 提高到现在的 15%。以甘蓝、花椰菜、娃娃菜、甜脆豆、西芹等优势露地蔬菜产品为主的"高原夏菜"和以番茄、辣椒、韭菜、甜瓜、西瓜等优势设施蔬菜产品为主的反季节蔬菜享誉省内外，部分产品出口到东南亚、中亚、港澳等地区和日本等国。"十二五"末建立了 12 个国家级、49 个省级无公害蔬菜标准化生产示范县，24 家企业认证蔬菜绿色食品基地 64 个，有效使用绿色标识的蔬菜 291 个，面积 159.32 万亩。甘肃省在全国大中城市蔬菜质量安全例行监测中，合格率为 96%。

5. 蔬菜冷链及加工体系建设初见成效

截至 2015 年底，甘肃省 4000t 以上的蔬菜保鲜库 484 座；比"十一五"末增长 7.5 倍；贮藏能力 130 万吨，比"十一五"末增加 8.3 倍。精深加工企业 394 家，比"十一五"末增加 146 家(其中省级以上重点龙头企业 30 多家)；年加工量 258 万吨，比"十一五"末增加 108 万吨；创收 38 亿元，比"十一五"末增加 16.24 亿元。蔬菜冷链及加工体系的建成一方面有效抵御了甘肃省高原夏菜集中上市和南方蔬菜发生时间冲突等矛盾，让高原夏菜产得出、卖得掉，防止菜价剧烈波动；另一方面，为保证兰州等大中城市冬春淡季蔬菜市场供应发挥了巨大的调节作用。以兰州为例，按照兰州市区 360 万人口、每天蔬菜消费量 1800t、共 5～7 天应急消费量的标准，充分考虑了兰州市冬春季节蔬菜消费特点和蔬菜长期贮藏的条件要求，选择了大白菜、莲花菜、土豆、洋葱、萝卜等 6 种耐储存、易周转的蔬菜品种。2013～2015 年，每年兰州市冬春蔬菜储备计划 10 000t、贮藏库房 186 间。实际储备 10 124.495t。事实证明，储备蔬菜投放市场后，在保障供应的同时也有效地平抑了省会兰州的冬季菜价，这一举措让老百姓得到了实惠，也得到了社会各界的普遍肯定。

6. 食用菌等新型"菜篮子"产品异军突起

随着人们生活水平的日益提高，蔬菜消费正由解决日常消费型向营养高档型转化，食用菌生产在全省呈快速发展态势。目前，在天水、陇南、河西等地投资过亿的食用菌生产项目陆续上马，成为"十二五"期间设施蔬菜投资结构调整的主力军。调查显示，2015 年全年食用菌产量 12 万吨，总产值 6.6 亿元，生产规模达 16 465.4 万袋，分别比"十一五"末总产量增加了 2 万吨，总产值新增 1.2 亿元，生产规模增加 3 万袋。

四、产业发展思路

坚持发挥比较优势，突出区域特色和优势品种，在稳定现有蔬菜规模的基础上，着力研究推广旱作节水农业技术成果，推进夏季蔬菜向陇南海拔 1800～2300m、年降水量 500～800mm 的低产田或非粮二阴山区发展；通过提高麦后蔬菜复种、套种指数，扩大高原夏菜生产范围和规模，缓解粮菜争地矛盾；着力推广设施轻简化建造技术和集成配套生产技术，提升设施农业装备水平，提高产品质量和效益。沿黄灌区、河西地区和中部地区部分县(区)重点发展新型高效节能日光温室和高标准钢骨架塑料大棚；陇东、陇南和天水市重点发展高标准钢骨架塑料大棚，辅以少量的日光温室，主要解决蔬菜集约化育苗难题，并补充当地冬淡季蔬菜供应；着力加强蔬菜集约化育苗设施建设，提高种子种苗的统供率和新品种普及率；研究设施农业节水灌溉和有机生态型无土栽培技术体系，支持在沿山及戈壁荒漠区等非耕地区域、干旱山区、高扬程灌区发展日光温室蔬菜生产，拓展设施农业发展空间；以创建农业部蔬菜标准园为契机，鼓励农民专业合作组织采取土地流转、土地入股等经营模式发展蔬菜生产，提高生产的组织化程度，走规模化种植、标准化生产、商品化处理、品牌化销售、产业化经营的路子；以贯彻落实《国家中长期人才发展规划纲要(2010—2020)》为依托，深入实施人才强农战略，大力开展技术培训，增强科技创新能力和劳动者素质；以实施国家《农产品冷链物流发展规划》为契机，加快以贮藏保鲜为主的冷链体系建设，促进外销和均衡供应，进一步增强甘肃省"西菜东调"、"南菜北运"、"西进中亚"能力；加强加工企业的技改扩建，延长产业链，实现增值增效。

五、产业发展目标

通过稳面积、增单产、调结构、降损耗，实现"提质、控本、增效"和提高综合生产能力的目标，达到数量充足、品种多样、供应均衡。到 2020 年，总面积控制在 1000 万亩左右，总产量达到 2500 万吨，总产值实现 450 亿元，其中设施蔬菜达到 250 万亩。全省蔬菜种苗统供率提高 20%达到 35%，新品种应用率达到 100%；设施蔬菜自动卷帘设备使用率达到 60%，露地蔬菜起垄、施肥、覆膜等机械化使用率达到 60%；标准化示范基地 100%实现"五化"、"六统一"生产，全部蔬菜产品生产过程有标可依，病虫害实现绿色防控，产品销售实行准出制度，产品质量可追溯；加大冷链物流体系建设力度，新增蔬菜冷藏库容 20 万吨。打造精品蔬菜标准园 500 个，培育有影响力的品牌 50 个。培育 40 个 10 万亩以上规模的蔬菜重点县(市、区)，面积、产量和出口量分别占全省的 63%、65%和 90%以上；全省农民人均蔬菜收入达到 1700元，重点县(区)农民人均纯收入的贡献额超过 2500 元。到"十三五"末，按照全国区域规划要求，发挥区域性冷凉型气候资源优势，把甘肃建设成为我国黄土高原重要的冷凉型"高原夏菜"生产基地、西菜东调基地、内陆型出口创汇蔬菜基地和西北地区冬春淡季鲜菜供应基地。

（杨海兴　刘　华）

第七节　宁夏回族自治区冷凉蔬菜

宁夏属典型的温带大陆性气候，光照充足、干旱少雨、冬寒长、夏热短、昼夜温差大，非常适合生产无公害、绿色蔬菜。大力发展蔬菜产业，是宁夏发挥资源优势、顺应市场需求、促进农民增收的重大战略决策，《2011—2020 年全国蔬菜产业发展区域规划》将宁夏列入黄土高原夏秋蔬菜优势区域，11 个县区被确定为蔬菜产业发展重点县。近年来，宁夏各地抓住气候冷凉优势，积极调整农业产业结构，建设冷凉蔬菜标准化生产基地，推广机械起垄覆膜、嫁接换根、育苗移栽、高垄稀植、滴灌节水、绿色防控等标准化生产技术，扶持壮大农民专业合作社，实施品牌化销售，冷凉蔬菜生产规模化、标准化生产水平得到了大幅度提高。

一、气候概况

宁夏位于中国中部偏北，处在黄河中上游地区及沙漠与黄土高原的交接地带，与内蒙古、甘肃、陕西等省(自治区)为邻。宁夏疆域轮廓南北长、东西短，地势南高北低，西部高差较大，东部起伏较缓。位于中国季风区的西缘，夏季受东南季风影响，时间短，降水少，7月最热，平均气温24℃；冬季受西北季风影响大，时间长，气温变化起伏大，1月最冷，平均气温-9℃。全区年降水量为150~600m。南部六盘山区阴湿多雨，气温低，无霜期短。北部日照充足，蒸发强烈，昼夜温差大，全年日照达3000h，无霜期150天左右，是中国日照和太阳辐射最充足的地区之一。

根据自然特点和传统习惯，宁夏分为引黄灌区、中部干旱带、南部山区三大区域，全境海拔1000m以上，地势南高北低，高差近1000m。因此，按照冷凉蔬菜依照海拔界定的标准，以及夏季气候冷凉、高温酷暑期短的气候特点，宁夏全区都可列入冷凉菜生产区域。因日光温室、拱棚有设施防护，生产周期较长，本文所述特指夏季上市的露地冷蔬菜。

二、产业发展现状

宁夏气候冷凉，环境洁净，发展冷凉蔬菜供应南方夏淡市场，前景十分广阔。近年来，宁夏大力实施"冬菜北上、夏菜南下"战略，越夏番茄、西芹及其他冷凉蔬菜的种植规模与品牌效益日益显现，远销香港、澳门及东南沿海市场，成为香港市民的首选菜。蔬菜除供应本区外，70%销往周边及南方省区，并成功进入北京、香港等地及俄罗斯、蒙古、中亚等国家的市场。外销主要品种为番茄、辣椒、黄瓜、茄子、西芹、菜心、芥蓝等，年外销量390万吨以上。

(一)生产基本情况

2015年，全区露地蔬菜生产基地面积114.6万亩，播种面积128.6万亩，与上年相比基本持平；其中露地春夏菜62.79万亩，秋菜45.01万亩。按区域分，引黄灌区播种面积72.8万亩，以番茄、辣椒等果类蔬菜和菜心、芥蓝等叶类蔬菜为主，供应北京、上海、广州、深圳、香港等城市；中部干旱带播种面积9.8万亩，以辣椒、番茄、甘蓝、娃娃菜生产为主，主要销往甘肃、陕西、内蒙古等地；南部山区播种面积41.2万亩，以辣椒、芹菜、娃娃菜、甘蓝、白菜、菜花、西兰花、萝卜、胡萝卜等叶类蔬菜和根茎类蔬菜为主，销往安徽、湖南、湖北、广东、上海、甘肃、河南、陕西等地。

(二)品种结构及作物布局

在品种结构上，番茄以'欧盾'、'丰收128'为主，搭配种植'途锐'、'瑞芬'等品种；辣椒以'洋大帅'、'陇椒'、'长剑'、'亨椒1号'为主；芹菜以'加州王'、'文图拉'、'法国皇后'、'圣地亚哥'、'美国西芹'为主；白菜以'春夏王'、'春大将'、'四季王'为主；娃娃菜以'春玉黄'、'韩童'、'金贝贝'为主；甘蓝以'中甘21号'、'钢头50'、'小黑京早'为主；胡萝卜以'新黑田五寸参'、'七寸参'为主；洋葱以'美洲豹'、'巴顿'为主；菜花以'雪瑞88号'、'雪丽佳'、'雪圣'为主。

在作物布局上，供港菜心、芥蓝等种植面积13.63万亩，占露地蔬菜总面积的12.1%；大白菜种植面积13.6万亩，占露地蔬菜总种植面积的12.1%；其次是芹菜，种植面积为12.7万亩，占露地蔬菜总种植面积的11.3%；番茄种植面积为6.94万亩，占露地蔬菜总种植面积的6.2%；辣椒种植面积为6.87万亩，占露地蔬菜总种植面积的6.1%；其他类蔬菜种植面积为29.18万亩，主要为菱瓜、青萝卜、大葱、茼蒿、油菜等叶菜类，占露地蔬菜总种植面积的26%(表3-2)。

表3-2　主栽蔬菜种植面积及所占比例

蔬菜种类	大白菜	芹菜	番茄	辣椒	甘蓝	黄瓜	菜豆	茄子	胡萝卜	菠菜	韭菜	菜心、芥蓝	其他类
种植面积/万亩	13.6	12.7	6.94	6.87	6.32	3.1	4.2	4.6	4.8	2.86	3.4	13.63	29.18
占比/%	12.1	11.3	6.2	6.1	5.6	2.8	3.7	4.1	4.3	2.5	3.0	12.1	26

(三)区域分布

全区 22 个县(市、区)中贺兰县、平罗县、西吉县、原州区 4 个县(区)露地蔬菜种植面积均超过 10 万亩,贺兰县露地蔬菜种植面积最大为 16.1 万亩。大白菜种植面积较大的县有平罗县、原州区、永宁县、贺兰县、青铜峡市,种植面积为 1.2 万～2.8 万亩;芹菜种植面积较大的县有西吉县、原州区、惠农区,种植面积为 1.7 万～6.0 万亩;番茄种植面积较大的县有贺兰县、平罗县、同心县、惠农区,种植面积为 1.0 万～4.0 万亩;辣椒种植面积较大的县有隆德县、平罗县、同心县、原州区,种植面积为 1.0 万～2.1 万亩;供港蔬菜主要集中在引黄灌区,贺兰、永宁、利通、沙坡头、中宁种植面积均超过万亩。

三、推广的关键技术

1. 蔬菜集约化穴盘育苗技术

为提高露地蔬菜成活率,延长生育期,大力推广露地蔬菜育苗移栽技术,作物种类从茄果类蔬菜为主向瓜类叶类蔬菜扩展。平罗县、贺兰县、永宁县、利通区、原州区等县蔬菜种植穴盘育苗移栽技术应用率较高,节省了菜农育苗用工量,缩短了种菜周期,提高了菜苗素质;同时减少缓苗期,减少土传病害发生,提高作物抗逆性,为蔬菜提早上市奠定基础。

2. 高垄宽畦稀植栽培技术

为了提高亩产量、减轻病虫害的发生,近年来各地开展高垄宽畦稀植栽培技术试验示范工作,取得了良好的效果。隆德县以西芹、大白菜、辣椒、甘蓝等为主的露地蔬菜高产高效栽培,平均亩产量提高 10%。永宁县大力推广蔬菜高垄宽畦栽培技术,即蔬菜栽培垄上口宽 80cm、垄高 20cm 以上,垄间沟上口宽 70cm,有效解决了 7～8 月降雨季节田间积水、晚疫病发生严重的现象。

3. 间套复栽培模式

在规模化种植的基础上,结合不同作物生长特性,采用套种、复种等不同栽培模式,目前采用的主要栽培模式有:西瓜套种辣椒、越夏硬质番茄、菜豆、青贮玉米、莲花菜等;辣椒(马铃薯)套种玉米;黄瓜复种菜豆、白菜;麦后复种白菜、萝卜等,既解决了夏季日灼等问题,又提高了单位面积产量,增加了农民收入。

4. 蔬菜测土配方施肥技术

根据露地蔬菜品种特性、栽培方式、作物需肥规律、土壤养分状况进行测土配方施肥,实现各种养分平衡供应,满足作物的需要,达到提高肥料利用率、改善蔬菜品质、提高作物产量、节本增效的目的。永宁县推广蔬菜测土配方施肥技术施用面积 2.2 万亩;灵武市施用面积 1.48 万亩;沙坡头区施用面积 3.67 万亩;原州区在西芹、大白菜、甘蓝、茄果类等蔬菜上施用配方肥 8.5 万亩。

5. 膜内化学除草技术

覆膜蔬菜在定植前进行垄面和沟内均匀喷施化学药剂,喷后将地表土壤混匀,形成地面除草封闭层,可有效抑制杂草生长,减少除草用工投入。在沙坡头区推广垄作番茄、茄子、辣椒、西瓜、花椰菜、甘蓝等应用膜内化学除草技术面积达到 13 000 余亩;西吉县应用黑、白、蓝三种不同颜色的地膜覆膜种植芹菜,试验结果表明采用三种颜色地膜覆盖种植芹菜对产量的影响较小,但对杂草抑制方面差异较大,就除草环节而言,黑膜比白膜、蓝膜节约人工费用 800～1000 元/亩。

6. 示范滴灌、喷灌节水技术

中部干旱带地区重点示范展示高空喷灌水肥一体化技术,采用高空喷灌、行走式喷灌水肥一体化技术,与流水灌溉相比,大大减少了水资源的浪费;发病率降低 20%～50%;地面湿度稳定均匀;使蔬菜增产 17%以上,节水 60%;结合灌水进行土壤施药和施肥,省工、省肥、降低了成本。

7. 推广病虫害绿色防控技术

目前,露地蔬菜病虫害绿色防控技术应用率达 60%以上;利通区在东塔寺白寺滩村建立 3000 亩露地蔬菜绿色防控示范区；灵武市建立 2100 亩综合防治示范区。采取轮作倒茬、科学施肥，通过病虫对温度、湿度或光谱、颜色、声音等的反应能力，采用太阳能杀虫灯和性诱剂杀虫灯、张挂诱虫黄板、使用防虫网、培育无病虫种苗等措施，建立以生态栽培等生物防治为主体的病虫害防治体系和综合联防机制，能有效提高蔬菜产量、品质，节约成本，保护生态环境。

8. 示范机械化半机械化技术应用

示范应用旋耕机、高空喷灌、行走式喷灌等技术，提高机械化作业水平，节省用工，降低劳动强度，提高劳动生产效率，实现节本增效。灵武市采用机械起垄面积 13 600 亩，该项技术的使用可降低劳动强度，规范起垄标准，提高菜农种菜效率。利通区在集中连片的 3200 亩示范基地应用机械起垄覆膜技术，减少劳动用工量，节约种植成本，提高了单位面积的经济效益；同时示范应用了番茄绑蔓器，番茄、黄瓜应用面积占 100%；全生育期每亩番茄需要绑蔓 5 次，人工绑蔓每亩需要 2 天，人工工资按每天 80 元计算，整个生育期绑蔓需要花费 800 元；而应用绑蔓器绑蔓，每亩每人半天即可完成，绑蔓器每台 240 元，每次只需购买 5 个卷纸带(每个卷纸带 2 元)，整个生育期只需花费 250 元，每亩节约成本 550 元，亩节约工时 3 倍以上，效果十分明显。

四、主要经验

1. 建设永久性蔬菜生产基地，提高蔬菜产量和品质

近年来，宁夏按照蔬菜产业优化升级推进计划"扩面积、调结构、提比重、增内供、促增收"五大目标，坚持"设施与露地并重，内销与外销协调，基地与直销对接，品种与季节适应"的要求，每年新建永久性蔬菜生产基地 10 万亩，其中露地蔬菜占 50% 左右。生产基地的经营主体为企业、合作社、协会、种植大户、家庭农场、村委会或乡政府等；配套喷灌、滴灌等设施设备、绿色防控等标准化生产技术，按照无公害农产品质量标准和技术规程，科学合理使用农业投入品，蔬菜达到国家规定的农产品质量安全标准。加大对农产品质量安全的监督检查力度，随时随机采样送区监测站监测；永久性蔬菜生产基地由企业自己建立了专职检测室，对每批次蔬菜进行专项监测，确保了产品质量。

2. 建立多种经营模式，提高单位面积产出效益

各地依托合作社、企业、种植大户，进行土地流转，开展规模化生产，统一品种、统一种苗、统一技术标准、统一技术服务、统一销售，全程进行质量控制，越夏番茄、供港蔬菜产品质量、产出效益稳步提高。按照"规模化种植、标准化生产、商品化处理、品牌化销售和产业化经营"的要求，引黄灌区稳步扩大越夏番茄、间复套种蔬菜面积，南部山区大力发展西芹、胡萝卜、辣椒、娃娃菜等冷凉蔬菜；经营方式以客商签订订单、种植大户规模化生产为主。利通区建设东塔万亩露地蔬菜基地，集开发、生产、经营、示范于一体；采取农超对接、合作共赢的方式，开展蔬菜外销业务；有效带动当地及周边乡镇 3000 多农户发展订单蔬菜生产。原州区大力推动冷凉蔬菜种植向"一村一品"特色优势产业发展，重点建设了中河万亩供港蔬菜基地、别庄万亩供港蔬菜基地和彭堡镇闫堡万亩冷凉蔬菜基地以及三营镇 3000 亩标准化蔬菜生产示范基地，辐射带动原州区冷凉蔬菜产业向规模化方向发展。隆德县以西芹、大白菜、辣椒、甘蓝等为主的露地蔬菜高产高效栽培，示范推广辣椒高垄覆膜一穴单株稀植栽培、西芹露地越夏标准化栽培、大白菜高垄覆膜延秋栽培、菜心、娃娃菜等多茬次栽培，建立以提高单位面积产量和效益为中心的产业技术体系，优良品种、优新技术应用率达到了 90% 以上。

3. 以创建蔬菜标准园为契机，发展现代农业

各地以高标准蔬菜生产基地建设为契机，种植越夏番茄、茄子、甘蓝等蔬菜，采取企业化生产管理模式，配套应用激光平地机整地、滴灌水肥一体化、测土配方施肥、病虫害无害化防治等先进技术，按照绿色农产品生产要求，进行"五统一"(即统一种子、统一农资、统一技术规程、统一品牌、统一销售)管理，种植茄果类、叶菜类蔬菜，提高蔬菜产量及品质。

4. 以机械化引领农机农艺结合，促进提质增效

建立农机农艺融合示范点，配套高速旋耕机、覆膜起垄机、播种机、移栽机、喷药机、施肥机、绑蔓器、振动授粉器等机械设备。坚持引进研发与示范推广相结合的方式，研究适宜机械化耕作的栽培模式；筛选适合于生产的耕作、植保、采收、运输等机械设备；促进家庭扩大经营规模，引领企业、大户、合作组织开展规模化经营，提升蔬菜装备及机械化水平。

5. 开展技术服务与培训

各地依托"新型农民"、"科技入户"培训项目，采取集中培训、现场指导、典型示范等措施，重点对永久性蔬菜生产基地蔬菜种植技术人员、蔬菜基地从业人员及周边露地蔬菜种植户进行专业技术培训，定期到永久性蔬菜生产基地、周边各个露地蔬菜种植点进行实地技术指导；采取乡、村、合作社培训相结合的办法，发放相关资料并利用科普赶集、阳光工程项目，扩大乡、村培训人员数量，有效提高了生产者技术水平，促进了观念的转变。

五、存在问题

1. 机械化程度不高

由于品种多，不同蔬菜品种在育苗方式，以及移栽深度、高度、密度等方面要求不尽相同，且机械化作业对地块的质量要求高，现有经营及栽培模式不能充分发挥机械作业的规模效益及工作效率，难以实现农机农艺有效融合。

2. 劳动力不足

蔬菜生产是劳动密集型生产，技术要求高、用工量大，随着工业化、城市化进程的加快，大量青壮年劳动力向城市转移，劳动力缺乏、素质下降成为蔬菜生产的一大障碍。

3. 露地蔬菜产品质量有待进一步提高

宁夏具有夏季冷凉的气候优势，且大部分区域土壤肥沃，生产条件优越。但夏季蔬菜露地种植为主，拱棚等设施生产面积小，受气候影响较大，高温、降雨等天气状况造成果类蔬菜着色不均及裂果等现象时有发生，商品率不高。

4. 应对市场风险能力弱

农民对市场行情预测不够准确，生产存在盲目跟风现象，抵御市场风险能力差。宁夏蔬菜价格每年第一季度为全年最高，二、三季度呈现有规律的季节性下降，三季度价格最低，四季度逐步回升。夏季冷凉蔬菜生产与外埠蔬菜集中上市时外销困难、价格低迷，严重挫伤了菜农的种植积极性。

六、建议

1. 进一步提高标准化生产技术到位率

加大集约化育苗、滴灌水肥一体化、绿色防控等技术的推广步伐，提高技术到位率，有效提高生产效率，改善品质，提高产量，实现节本增效。

2. 加大新型经营主体培育力度

在稳定和完善家庭承包经营的基础上，推进农村土地流转，培植专业大户、家庭农场、农民专业合作组织等新型农业生产经营主体。发挥蔬菜产销企业的辐射带动功能，发展订单生产，促进产销对接。

3. 完善冷链体系建设

在主产区配套建设冷链体系，积极引进、引用国内外先进的冷藏冷冻技术和物流信息技术，构建采购、生产加工、贮藏、运输和销售、配送一体化的蔬菜冷链物流，提升产品市场竞争力，延长销售半径。

4. 打造地理标志品牌

借助六盘山、贺兰山等自然地理特点、人文特色，打造"贺兰山"、"六盘山"等地理标志性品牌，

并充分利用电视、网络、报刊等宣传媒体开展品牌宣传；积极组织参与各种招商引资、经贸洽谈、大型展销会和文化交流活动，宣传宁夏冷凉蔬菜品牌。

5. 推广灾害性气候保险及价格保险

目前宁夏已实施农业政策性保险和蔬菜价格保险，引导农民参加灾害性保险和蔬菜价格政策性保险，扩大辐射面，保障农民最低收益。

（谢　华）

第八节　内蒙古自治区冷凉蔬菜

一、2015 年内蒙古蔬菜产业基本情况

（一）2015 年蔬菜生产情况

据调研，2015 年全区蔬菜播种面积约 510 万亩，产量 1817 万吨，其中设施面积超过 230 万以上亩，产量 750 万吨。全区冬春淡季进行生产的温室面积 52 万亩；由于地区发展不平衡，加之冬季气候寒冷，设施蔬菜生产除赤峰市有部分越冬茬外，其他地区以春提早、秋延后为主。冬季蔬菜生产，赤峰市以茄果类、瓜菜类为主，其他地区以叶类菜为主，茄果类、瓜类蔬菜为辅，且产量较低。2015 年全区冬春（10 月至翌年 4 月）设施蔬菜产量预计 256 万吨。露地蔬菜按种类划分：辣椒 70 万亩（脱水椒 20 万亩，红干椒 40 万亩，菜椒 10 万亩），番茄 50 万亩（主要为加工番茄），胡萝卜 15 万亩，洋葱 10 万亩，大葱 15 万亩，甘蓝 20 万亩，白菜 20 万亩，西芹 15 万亩，黄瓜 20 万亩，西葫芦 10 万亩，茄子 15 万亩，菜花 5 万亩，其他蔬菜 5 万亩。全区蔬菜生产呈现以下特点。

（1）蔬菜种植效益不断提高：2014 年内蒙古蔬菜总产值 276 亿元，其中，设施蔬菜 187 亿元，蔬菜对全区农民人均纯收入贡献 1885 元，农民人均来自设施蔬菜的收入达到 1281 元。

（2）蔬菜区域化布局已具雏形：全区设施蔬菜 100 万亩以上的盟（市）1 个，50 万亩以上的盟（市）1 个，10 万亩以上的盟（市）4 个；设施蔬菜 20 万亩以上的旗（县）1 个，10 万～20 万亩的旗（县）3 个，5 万～10 万亩的旗（县）5 个，蔬菜产业区域优势更加显著，特色优势日益明显，规模化、标准化和品牌化程度进一步提高。

（3）蔬菜品种结构不断调整优化：全区蔬菜生产在保持原优势大宗品种的同时，品种结构进一步优化，如赤峰市越夏硬果番茄，冬春淡季果类菜，锡林郭勒盟反季节绿菜花、生菜等细特菜，鄂尔多斯市达拉特旗供港西兰花和菜薹，以订单种植的方式直接供应北京、天津等大城市超市或市场，取得了良好的经济效益。

（4）设施蔬菜规模化发展步伐加快：近年来全区设施蔬菜生产重点抓小区建设，成规模日光温室小区共有 1687 个，其中 1000 亩以上小区 399 个，5000 亩以上小区 16 个，10 000 亩以上小区 6 个。设施规模小区的建设和打造加快了设施农业生产方式由一家一户小规模生产向集中连片、大规模生产转变，有效提高了蔬菜产品的市场竞争力。

（5）质量水平显著提高：全区蔬菜监测合格率为 97%以上，蔬菜质量总体上是安全、放心的。在蔬菜质量安全水平提高的同时，商品质量也明显提高，净菜整理、分级、包装、预冷等商品化处理数量逐年增加，商品化处理率达到 25%。

（6）科技水平不断提高：全区主要蔬菜良种覆盖率达到 91%；设施蔬菜实现了在室外–20℃严寒条件下不用加温生产喜温瓜果类蔬菜；集约化育苗中心数量达到 84 个，实际育苗总量达 13.47 亿株；节水灌溉面积 172 万亩，遮阳网覆盖栽培面积、防虫网覆盖栽培面积分别达到 14 万亩和 4 万亩。双膜双网、水肥一体化技术、保花保果、病虫害综合防治高产高效栽培技术得到快速推广。

（7）蔬菜产业体系不断完善：全区蔬菜瓜果批发市场 199 处、农民专业合作社 1934 家、协会 53 个，

有 126 个蔬菜品牌获得商标认证，以加工蔬菜为主的企业有 403 个，加工能力 600 万吨，年实际加工量 350 万吨，产值 110 亿元，年出口创汇 1 亿美元。主要加工品种有胡萝卜、红椒、甘蓝、番茄、洋葱、沙葱、食用菌等，销往日本、韩国、德国、美国、智利、欧盟等国家以及香港、北京、广东、福建、海南、安徽、重庆等地，年出口创汇 1 亿美元。

(二) 2015 年蔬菜销售情况

2015 年全区蔬菜年总需求量约 990 万吨，外销蔬菜约 760 万吨左右，外销时间主要集中在 4～11 月，主要是番茄、青尖椒、黄瓜、白菜、大葱、胡萝卜、马铃薯、豆角、甘蓝、西芹、茄子、洋葱、韭菜、甜瓜等，主要销往吉林、上海、黑龙江、北京、天津、广东、辽宁、河北、山东、河南等地，以及韩国、俄罗斯等国家。由于季节性的生产特点，2015 年从区外调入蔬菜约 260 万吨，主要从山东、辽宁、黑龙江、河北、北京、天津、河南、银川、武威、酒泉等地调入，调入时间为 11 月至翌年 4 月中旬，调入的主要蔬菜品种是黄瓜、番茄、辣椒、白菜、茄子、豆角、芹菜、姜、蒜、蒜薹及叶菜类。全区蔬菜生产呈现总量有余、季节性和品种短缺的特点。

2015 年全区冬春淡季蔬菜总消费量为 350 万吨，蔬菜自给率预计可达 54%。外销蔬菜 120 万吨，主要销往北京、天津、上海等地，销往区外蔬菜主要是赤峰市番茄、辣椒、黄瓜等。由于季节性的生产特点，2015 年从区外调入蔬菜为 160 万吨，主要从山东、河北、辽宁等地调入，调入的主要蔬菜品种是大白菜、大葱、萝卜、番茄、蒜薹、辣椒、芹菜、黄瓜、菜豆、菌类等冬春季蔬菜和一些南方稀有蔬菜，调剂、满足市场供应。全区冬季蔬菜生产呈现总量不足、地区间供应不均衡的特点，2015 年 12 个盟(市)中只有赤峰市总量自给有余，其余盟(市)自给率均低于全区平均自给率 54%，其中有 6 个盟(市)自给率不足 35%。

二、存在问题

1. 冷凉蔬菜栽培品种老旧、混杂，商品品质和复合抗性较弱

近年来，老菜区蔬菜栽培品种老旧、混杂，农民自己选留蔬菜种子现象严重，造成蔬菜品质退化，抗病抗逆性低，销售困难，严重影响了蔬菜产业的发展。

2. 栽培技术及耕作模式落后、机械化程度低

农民接受新技术、新品种的速度较慢，栽培技术及耕作模式落后，这大大增加了病虫害的发生概率，严重影响了蔬菜的品质及产量。一家一户的种植模式，造成土地不易流转，形不成规模，大部分农民还在人工种植、采收，机械化程度低，这不仅影响了工作效率，还增加了人工成本。

3. 田间管理粗放，水肥供应不精准、农药施用经验化

传统的栽培管理模式及灌溉方式，使得水资源利用效率低下、浪费严重；水肥供应不精准，化肥使用过量不合理，造成环境污染严重、土壤板结退化。长期施用农药，对土壤造成污染，土壤功能被破坏，引起土壤质量恶化，使得蔬菜产量和质量的下降。

4. 加工型蔬菜销售市场不稳定，导致蔬菜种植面积起伏不定

受国内外市场的影响，加工型蔬菜销售价格不稳，波动太大，严重挫伤了农民的种植积极性，影响了种植面积的稳定。

5. 市场建设滞后，流通不畅；批发市场"软、硬件"建设不足，功能不完善

绝大多数农贸、集贸市场均属自由交易，无序经营，起不到应有的集散、引导和调控作用。加之市场流通组织化程度差，专业合作组织不规范，农民经纪人缺乏有效地组织管理，带动效应差，农民与市场对接困难，信息闭塞，造成流通不畅，卖菜难、价格波动的现象经常发生。

6. 龙头企业少，贮藏、保鲜、加工等环节薄弱

全区蔬菜加工龙头企业虽然有了较大的发展，但大多数形不成规模；蔬菜产业对产后处理重视不够，商品质量、包装及营销手段仍处于初级阶段，尤其是新鲜蔬菜目前绝大多数属"三无"产品；净菜清洗加

工、包装进超市和蔬菜配送等新的营销方式还处于起步阶段，绝大部分蔬菜以出售初级产品为主，产品附加值及产后增值能力差，影响了农民收入和企业的经济效益，这是限制蔬菜产业化水平提高的重要因素。

7. 信息不畅的问题比较突出

目前全区尚没有建立统一的蔬菜信息网络中心，对周边地区和国内外千变万化的市场信息了解不及时，单靠市场反馈信息效果不佳，预测蔬菜产销趋势时有困难，因而经常造成市场误导使菜农盲目种植，影响了菜农的经济效益。

8. 生产结构不合理

一是品种结构不合理，根据近年生产、销售情况，种植蔬菜仍以传统品种为主，如大面积上市，造成产品过剩；而稀、名、特品种种植面积小，满足不了市场需要。二是季节性结构不合理，由于冬季保护地生产面积小，冬季和早春的鲜菜供应远远不能满足市场需要，而且品种少；蔬菜生产还没有完全达到均衡上市的目标，甚至一些主栽品种仍然有旺季烂、淡季缺的现象。

三、建议

1. 进行内蒙古冷凉蔬菜产品品质分析及形成机制研究，旨在说明全区蔬菜产品的品质优势与安全优势

包括产品品质监测和分析体系的构建；品质优势形成机制研究；产品安全监测及保障措施及追溯体系的构建。

2. 冷凉蔬菜品种选育

利用现代化育种手段对胡萝卜、洋葱、大葱、脱水椒、红干椒、加工番茄开展精准育种和定向育种研究；对产业需求的其他蔬菜品种，如甘蓝、西芹、白菜等进行精准品种特性鉴定，特别是抗病性和适应性鉴定；冷凉蔬菜播种育苗技术的研究与推广。

3. 冷凉蔬菜种植土壤监测、保护、改良与质量提升

尝试建立"土壤档案"，实时监测土壤养分、种植史、农药、化肥、除草剂及外源益生菌，为科学种田提供依据；研究构建土壤益生菌群，特别是当地优势益生菌群的发掘利用；研究土壤保护、土壤改良与质量提升措施，总结传统措施保护土地的生态效果，如休耕、施用农家肥等。

4. 冷凉蔬菜新型耕作模式的研究与推广

研究冷凉地区土壤耕作、起垄、灌溉、播种、定植、收获等农艺措施与农业机械的结合和技术集成，针对当地生态情况，改进机械设计，提高功效，节约成本。

5. 冷凉蔬菜主要病虫草害的预测、预防及综合防治

对主要产业的主要病虫草害进行精准鉴定，建立精准鉴定体系；坚决坚持"预防为主、防治结合"的方针，在"防"字上开展系列研究和示范推广；注重防治与其他农艺措施配套技术研究；冷凉蔬菜土传病害综合防治研究，包括土传病害防治技术研究、主推品种的抗病性鉴定、纸筒育苗技术防治土传病害技术研究、土壤消毒剂滴灌消毒技术防治土传病害技术研究等。

6. 冷凉蔬菜市场需求与生产安排耦合机制的研究

根据市场需求指导种植类型、种植时期、种植方法，甚至是种植品种的选择；目标市场与当地条件耦合的研究。

（王　勇）

第四章 西部云贵高原、青藏高原夏秋蔬菜产业现状分析

第一节 云贵高原、青藏高原蔬菜

云贵高原、青藏高原蔬菜区域分布见表4-1。

表 4-1 云贵、青藏高原蔬菜区域分布

地区		海拔区段/m	上市期/月	主要种类	目标市场
青海区域	互助	2200～2700	5～10	娃娃菜，大葱、荷兰豆、甘蓝、西葫芦	供应本地市场，并销售外地淡季市场
	湟中	2225～4488	5～10	白菜、胡萝卜、蒜苗、菠菜、大葱、娃娃菜、西兰花、甘蓝	供应本地市场，并销售外地淡季市场
	循化	1850～2200	9～10	线辣椒	供应本地市场
	贵德	1600～2200	5～10	辣椒、甘蓝、西葫芦、青花菜、叶菜	供应本地市场，并销售外地淡季市场
	德令哈	2980	5～10	莴笋、大白菜、甘蓝、胡萝卜	供应本地市场
	格尔木	2806	5～10	莴笋、大蒜、大白菜	供应本地市场
	大通	2200～3300	5～10	鸡腿葱、甘蓝、胡萝卜、西葫芦	供应本地市场，并销售外地淡季市场
	乐都	2000	5～10	大蒜、辣椒	供应本地市场，并销售外地淡季市场

第二节 云南省高原夏秋蔬菜

云南地处云贵高原，94%的面积是山区，83%的耕地资源分布在山区，山区人口占总人口的 74%，是典型的山区，其中在滇中、滇西、西北、东北地区如昆明、玉溪、楚雄、曲靖、大理等城市、乡(镇)附近的山区、半山区，夏无酷暑，环境洁净无污染，适于夏秋季节在自然条件下生产其他夏秋气候炎热地区不能生产的喜冷凉蔬菜，实施"西菜东调"，外销至我国南方各省份和港澳台地区，与国内其他省份相比，具有明显的季节性及生产成本低的优势。

同时，云南又具有面向东南亚的地缘区位优势，随着东盟自由贸易区的建设和澜沧江-湄公河次区域经济合作的深入开展、"早期收获计划"的实施、中泰果蔬"零关税"及中国对老挝、缅甸、柬埔寨等国优惠关税政策的实施，特别是近期国务院提出"把云南建成中国面向西南开放的重要桥头堡"后，云南外销蔬菜出口量猛增，夏秋反季蔬菜与东盟各国互补性很强，出口东盟市场前景极为广阔。

一、产业现状

云南有得天独厚的气候条件，夏无酷暑，可以在夏秋季生产喜冷凉的蔬菜，具有低成本、少污染的优势，是我国不可多得的夏秋冷凉蔬菜生产和供应地区，也是内地向港澳地区供应夏季蔬菜的重要地区。近10多年来，云南省利用气候和区位优势，生产夏秋反季节蔬菜，销往我国珠江中下游、长江中下游和港澳地区，以及日本、韩国和东南亚等国家夏秋淡季市场，取得了很好的经济效益和社会效益，生产面积逐年上升。据云南省农业厅统计，2015 年，云南省蔬菜基地面积 1100 万亩(含冬马铃薯和鲜食玉米)，播种面积 1886.4 万亩，年总产量 2282.7 万吨，年总产值 463.3 亿元，其中夏秋蔬菜种植面积约 650 万亩，产量900 万吨。此外，云南供港蔬菜种植备案基地面积和供港蔬菜数量均为全国第一，其中夏秋冷凉蔬菜约占

全国供港蔬菜数量的 40%，夏秋反季外销蔬菜已成为云南蔬菜产业发展的重要方向。随着云南省夏秋蔬菜产业重要地位的凸显，云南省被列为《全国蔬菜重点区域发展规划(2009—2015 年)》4 大功能区和 8 个蔬菜重点区域云贵高原夏秋蔬菜发展的重点省份之一。云南省 25 个县(市)(宣威市、会泽县、呈贡县、禄丰县、通海县、石屏县、弥渡县、广南县、镇雄县、晋宁县、官渡区、宾川县、建水县、江川县、师宗县、昭阳区、盐津县、嵩明县、宜良县、陆良县、富源县、泸西县、石林县、丘北县、蒙自县)被列为云贵高原夏秋蔬菜重点区域基地县。云南夏秋蔬菜产业的发展，除供应本省市场外，还有力地支援了沿海夏秋自然灾害频繁及夏季高温秋淡突出省份，缓解沿海城市蔬菜供，是山区农民利用自然资源脱贫致富的有效途径。云南高原夏秋蔬菜产业已成为云南高原特色农业的重要组成部分。

云南夏秋蔬菜除了具有较好灌溉条件的坝区(如昆明呈贡、嵩明、通海、弥渡等县地)，大多数都是雨养条件下的种植。种植面积最大的是白菜(包括大白菜、小白菜、瓢菜等)、萝卜、结球甘蓝、西葫芦、菜豆、辣椒、莴笋等，其他还有芹菜、豇豆、番茄、茄子、菠菜、黄瓜、胡萝卜、花椰菜、青花菜、芥蓝、菜心、油麦菜、芫荽等。目前，昆明呈贡、嵩明、通海、弥渡等地夏秋蔬菜种植水平较高，精耕细作，产量较高；但大部分山区的夏秋蔬菜种植水平较低，品种良莠不齐，产量较低。

二、主要问题

云南夏秋蔬菜发展虽然很快，但也存在不少制约因素，主要有以下问题。

1. 基础设施差、生产技术水平低

由于受山区自然条件的限制，适合种植夏秋蔬菜的农田大多交通条件落后，水利设施差，配套设施不足，抵御自然灾害的能力较弱，除了部分坝区有灌溉条件外，大部分山区都靠天吃饭，在一定程度上严重制约了高原夏秋蔬菜的发展。此外，不少地区夏秋蔬菜的种植技术落后，生产者科学文化素质偏低，而且缺乏必要的服务体系，致使云南省夏秋蔬菜生产的水平较低、效益不高。

2. 品种与栽培模式单一、茬口集中

云南省绝大多数地区夏秋蔬菜都属于露地栽培，栽培模式比较单一。目前夏秋蔬菜大多是甘蓝、大白菜、萝卜等少数几种大宗蔬菜，品种相对单调，不能满足淡季市场的多样化需求。另一方面，由于品种和茬口过于集中，连作问题严重，夏秋蔬菜供应期相对集中，市场竞争日益激烈，生产效益受到严重影响。

3. 采后处理环节薄弱，蔬菜产业链不健全

云南省夏秋蔬菜长期以鲜销为主，储运、保鲜和物流技术落后，冷链化尚未完全形成，广大菜农目前仍沿用传统方法进行保鲜，蔬菜产品未进行分级、包装等产后处理，多以散装形式装车外运进入市场，增加了运输时间和成本，造成产品自然损耗率高，质量降低，商品性受到影响，不仅降低了夏秋蔬菜生产的经济效益，且不同程度地挫伤了菜农的生产积极性。

此外，云南省目前除了部分企业对销售品种的保鲜技术进行简单试验研究外，没有一家科研单位对夏秋蔬菜的储运保鲜技术进行系统的研究，加之贸易技术壁垒越来越多，蔬菜产业效益总体不高，与先进省份、国际水平的差距很大，严重影响了云南省夏秋蔬菜经济效益的提高，也直接制约着云南省蔬菜产业的可持续发展。

4. 服务体系不健全，科技支撑能力不足

一方面，由于目前云南省从事蔬菜生产的专业技术人员不足，农民的科技素质和商品意识较差，接受新技术的能力也较低，使得夏秋蔬菜生产过程安全控制体系不健全，生产过程中化肥施用不合理、农药施用不科学等情况时有发生，无公害蔬菜生产的长效机制还没有建立起来，产品质量安全隐患仍然存在，影响了云南省夏秋蔬菜产业的健康可持续发展。另一方面，由于科研经费严重不足，相关部门开展试验研究和技术培训等工作难以深入，技术人员的业务水平长期停留在原有水平，技术普及推广速度相对缓慢，生产管理水平和蔬菜栽培效益的提高受到明显影响，造成云南省夏秋蔬菜在种植上缺乏优良品种、先进的栽培技术和病虫害防治措施，在加工储运上缺乏新工艺、新设备，在销售上缺乏强劲"龙头"企业带动力，

在科技开发上缺乏先进设备和技术人才，难以攻克生产及加工储运等方面的关键技术难题，使得云南省夏秋蔬菜生产显现出科技支撑能力差、发展后劲不足等现象。

　　5. 组织化、规模化、集约化生产水平低

　　目前，云南省夏秋蔬菜多属于一家一户分散式小规模生产，组织化程度和生产水平低，承担市场风险的能力差，且这些农民生产出的产品在外观、整齐度及无公害等方面很难跟上市场的要求，产品难以创出品牌，无法在激烈的市场竞争中长远发展。此外，蔬菜生产者缺少产品市场信息和产品销路，生产具有较大的随意性和盲目性，缺乏能上连市场、下连生产基地的农业龙头企业，产销环节经营主体间缺乏相应的协调和配合。这种小规模生产与大市场、大流通难以接轨的矛盾日益突出，制约着云南省夏秋蔬菜的进一步发展。

三、发展对策

　　1. 完善基础设施建设，提高生产力

　　首先要改善交通运输条件，通过改造菜区干线公路、乡村公路和田间作业道，做到蔬菜集中产区的公路修到田边、通到农户，方便蔬菜销售。其次，兴建排灌设施，在集中连片产区因地制宜地修建蓄水池，改造引水沟渠，架设滴灌设施，确保灌溉用水，提高菜区抗旱抗灾能力。

　　2. 提高科技支撑能力，加强标准化生产管理水平

　　积极引进、筛选并推广适宜夏秋蔬菜种植的新品种，丰富产品种类，以满足市场需求。通过研究、引进和利用，探索安全优质、省工节本、增产增效的实用栽培新模式，制定适合不同生态区、不同栽培方式的技术模式，同时制定有效的夏秋蔬菜标准化种植技术规范，从而优化品种结构与布局，提高生产效率。推广重大病虫害综合防治技术，通过轮作有效减少病虫害发生，通过使用有机肥改良土壤，以提高产品质量，增加农民收入，增强科技对蔬菜产业发展的支撑能力，健全蔬菜技术推广服务体系。采取以上多种途径和方式，逐步改变云南省夏秋蔬菜栽培模式单一、品种单一、茬口集中的局面。

　　3. 提高采后商品化处理水平，健全蔬菜产业链

　　一方面，引进国内外先进技术和设施并推广应用，开发天然保鲜剂贮藏保鲜技术，发展气调贮藏保鲜技术和设备，开展蔬菜贮藏中的采后病害防治技术，促进贮藏保鲜系列化。另一方面，鼓励并扶持相关科研单位和蔬菜加工企业开展采后处理技术及储运保鲜技术的研究，建立适合于当地的产地贮藏、保鲜设施和相应的技术体系，提出适合不同品种、不同产地的蔬菜贮藏保鲜技术及配套设施，建立主要夏秋蔬菜的采后安全生产全程质量控制技术体系。此外，进一步完善冷藏、储运、加工产品质量标准，规范夏秋蔬菜加工、储运的行业行为，抢占蔬菜种植、加工及终端产品标准化的制高点。

　　4. 完善技术服务网络，实现科技带动生产快速发展

　　第一，建立完善的区域性蔬菜技术服务体系，发展农村专业合作经济组织，加大社会科技人员服务力度，发挥农业部门农技推广体系的作用与优势。第二，加大与农业高等院校、农科院(所)的技术合作，根据市场的不断变化，积极引进"名、特、优、新"品种，开发适销对路的特色蔬菜产品。第三，加大技术培训力度，提高农民自身素质。第四，加强蔬菜集约化育苗设施建设，在蔬菜优势产区建设蔬菜集约化育苗示范场，改善设施条件，规范操作技术，推动蔬菜育苗向专业化、商品化、产业化方向发展。第五，大力推广安全生产技术，加强环境质量评价和监控，推行标准化生产，全面提高蔬菜质量安全水平。第六，通过标准示范基地的科技示范作用，辐射带动周边蔬菜基地的健康发展。最终实现科技与生产有机结合，科技带动生产快速发展。

　　5. 扶持龙头企业，打造名牌，开拓市场

　　云南省夏秋蔬菜企业还存在规模不大、实力不强、技术不新等因素，与发达省份有很大差距。需要进一步健全蔬菜生产、加工、销售产业链，重点强化龙头企业的培育，突破性发展夏秋蔬菜全程冷链运输和深加工。首先要营造良好的发展环境，积极引进和扶持龙头企业。其次，强化市场主体建设，不断开拓国

际国内市场。再次，加大产地批发市场同全国各大中型农产品专业市场营销网点的对接，促进营销机制创新。充分运用连锁超市经营、配送销售、净菜进城、网上交易等现代经营方式和手段，推动特色蔬菜产销。此外，重视产品包装的研究与完善，重点发展旅游方便菜、健康美容菜、营养多味菜、无公害蔬菜等，进一步提高蔬菜产品质量，提升产品附加值，扩大产品知名度，打造云南省名牌夏秋蔬菜产品。

6. 保护生态环境，实现云南高原夏秋蔬菜健康可持续发展

优良的生态环境是实现夏秋蔬菜产品优质的前提，夏秋蔬菜的发展必须遵循经济、社会、生态三大效益兼顾的原则。因此，我们首先要强化土地资源和环境保护，要合理开发利用自然资源，防止水土流失、破坏生态；其次要实行土地换茬轮作制度，搞好土壤消毒、配方施肥等基础工作；再次要全面推进蔬菜无害化、标准化生产进程，加强农残检测监控，提高农产品质量安全水平，实现绿色消费，从而实现云南高原夏秋蔬菜的可持续发展。

（龚亚菊　钟　利　吴丽艳　鲍　锐　黎志彬）

第三节　贵州省夏秋蔬菜

一、产业现状

1. 夏秋蔬菜基地分布

"十二五"以来，贵州省依托乌蒙山区、大娄山区、苗岭山区和武陵山区中高海拔区域构建了杭瑞、兰海、沪昆三条高速公路沿线的夏秋蔬菜产业带。乌蒙山区主体为 326 公路沿线金沙以西，主季为耐寒、半耐寒蔬菜；大娄山区主体为尊崇公路沿线，主季为喜温蔬菜；苗岭山区分三段，北段主体为贵遵公路沿线，南段主体为贵新公路沿线，西段主体为贵黄公路沿线，南段主季为喜温蔬菜，西段、北段主季为喜温、半耐寒、耐寒蔬菜；武陵山区主体为环梵净山一带，主季为喜温蔬菜。

2. 种类及目标市场

贵州夏秋蔬菜，主要产品为喜温、半耐寒和耐寒蔬菜，主要上市期为 6～10 月，部分地区延伸到 5 月和 11 月。主要针对夏秋季高温或高温兼有台风、暴雨频繁区域和劳动力及其他生产成本高的区域生产。基本目标市场为珠江流域两广、福建、港澳及成渝地区，其次是长江中下游和东盟市场。

二、主要问题

（一）技术问题

1. 育苗技术落后

首先，与蔬菜产业发展紧密关联的工厂化育苗基地极度缺乏，目前贵州省仅在威宁、罗甸、汇川、大方等地有几家年育苗 1000 万株左右的商品化育苗中心，商品化育苗能力弱；整体来说，农户自行育苗，生产成本高，这在一定程度上制约了贵州省夏秋蔬菜产业的快速发展。

2. 克服连作障碍的技术匮乏

贵州山多地少，人均耕地面积仅 0.7 亩，农户不得不连作生产，连作障碍严重。在乌蒙山区的威宁、七星关区，耐寒、半耐寒蔬菜连作引起的十字花科根肿病已经大面积危害。在贵州大部分地区，连作造成的番茄青枯病、黄瓜枯萎病、南方根结线虫危害已经越来越严重。在贵州独山，青枯病造成的减产面积已经达到 30%；在开阳县南龙乡，因为番茄青枯病减产绝收面积达到 70%；在罗甸、关岭，黄瓜枯萎病造成减产 70%；在局部已经发现黄瓜、番茄南方根结线虫危害，造成绝收。

但是，克服连作障碍最重要的嫁接育苗技术还没有广泛推广。贵州番茄种植大县独山，2016 年番茄嫁接面积 800 亩，而该县番茄栽培面积 2 万亩，嫁接比率才 4%；在关岭、罗甸，番茄嫁接育苗才刚刚起步。

3. 雨热同季气候造成夏秋蔬菜病害流行

贵州生态环境良好，但夏秋气候特点为雨热同季，造成蔬菜病害容易蔓延，农户不得不抢晴用药，在一定程度上造成部分上市蔬菜农残超标。在关岭县，因为解决不了番茄病害，番茄栽培面积锐减。部分地区如独山县，番茄不得不采用简易避雨设施来保证稳产和商品品质。

4. 新品种引进工作相对滞后

贵州全省 7 月平均气温 17～28℃，最低的属乌蒙山区代表县威宁县，7 月平均气温只有 17.6℃，当地夏秋季节降雨相对较少，地下水源丰富，特别适合冷凉蔬菜产业的发展，但这些地区蔬菜品种结构比较单一，当地产业部门对新品种储备工作不够重视。在毕节市七星关区和威宁县，当地合作社能把菜萝卜种出水果萝卜的品质，但就是缺乏水果萝卜品种的引进和示范，不能很好地调整当地蔬菜品种结构。

(二)其他问题

1. 分散经营规模小

贵州蔬菜生产大多以单家独户的生产经营为主，难以形成规模效益，产业化经营阻力大，小生产与大市场的矛盾突出。

2. 市场体系建设不健全

蔬菜产品销售市场主要以城镇农产品批发市场或乡镇的小型农贸市场为主，产品的销售基本是依靠小型商贩自发上门或者在田间地头收购，销售渠道不稳定，缺乏辐射带动能力强的产地批发市场和有实力的蔬菜加工龙头企业带动，农户抵抗市场风险的能力弱，不能满足蔬菜产业发展的需要。

3. 市场准入门槛低

"合作社、公司+基地+农户"的生产经营模式主要体现在产品的收购方面，对蔬菜商品质量没有标准要求。虽然贵州省质量技术监督局推出了地方相关技术标准，但始终不属于强制性标准，没有强制性的产品质量检测，也就没有根本的市场准入门槛，产品质量无保障，制约了优质优价市场价格体系的形成。

4. 蔬菜加工企业、多数市场冷库冷链缺乏

夏秋季节蔬菜多数属于鲜活产品，由于小型农贸市场缺乏冷库冷链，市场价格不易稳定，经常会出现增产不增收的伤农局面。目前贵州蔬菜加工以辣椒加工企业为主，其他蔬菜种类的加工企业比较缺乏，农户种植的蔬菜只能作为初级产品卖出，产品附加值低，对农民收入增加和地方经济发展的带动能力有限。

三、主要经验

1. 进行合理生产布局

"十一五"末，贵州省蔬菜产业仅仅初步构建了杭瑞、兰海高速公路沿线夏秋耐寒、半耐寒、喜温蔬菜产业带，依托南、北盘江、红水河低海拔河谷区基地，初步建成了三都—兴义和镇宁—关岭一线冬春喜温蔬菜产业带。"十二五"期间，根据交通状况的改善，贵州省蔬菜产业增加了沪昆高速沿线和都柳江水系夏蓉高速沿线的蔬菜产业布局。到"十二五"末，全省蔬菜产业依托乌蒙山区、大娄山区、苗岭山区和武陵山区中高海拔区域构建了杭瑞、兰海、沪昆三条夏秋蔬菜产业带，依托南北盘江、红水河、都柳江等低海拔河谷区构建了兴义—贵广(三都以南)冬春蔬菜产业带，已经形成了"一纵三横"四大优势蔬菜产业带的基本格局。尤其是明确提出重点构建贵州省夏秋蔬菜产业的基本思路，发挥了贵州省蔬菜产业在全国蔬菜大环境、大流通大市场中的优势所在，定位准确，成绩斐然，如今贵州省夏秋蔬菜已经是全国六大优势区域云贵高原夏秋蔬菜的重要组成部分。

2. 采取有效措施保障产品质量安全

一是严格控制高毒高残留农药在市场上流通，通过严查农药销售点、在村口田间显眼位置张贴禁用农

药警示牌、建立农业投入品使用登记和销售台账制度、加强技术培训宣传等措施提高群众知晓率，尽力达到保障蔬菜生产质量的目的；二是市场准入，严把大型蔬菜产品市场关，在全省蔬菜主要批发市场设立农残速测点，配备了相应的检测人员和检测设备，对抽检不合格的产品实行就地处理；三是建立了蔬菜质量安全追溯系统，2014 年初贵州省农委开通了贵州省农产品质量安全追溯系统平台，到 2015 年 1 月，已有 13 家农产品生产企业入驻该系统。

3. 重视蔬菜人才队伍建设，不断集成蔬菜关键技术

1）尤其重视基层蔬菜人才队伍建设

根据实际需要，采取异地研修、集中办班和现场实训等方式，大力开展基层农技推广骨干人才培养工作。贵州省农业委员会每年举办"农技推广骨干人才培训班"，省级组织开展的异地研修培训，由贵州省农业委员会和贵州省农业科学院(农业部认定的全国省级现代农业技术培训基地)主办，分产业、分期开展培训，要求各项目县参训的农业技术骨干不低于本县农业技术指导员总数的 30%。市、县级组织开展集中培训，结合本地实际需要，以集中办班、现场实训等方式组织开展，要求培训人员不低于本县农业技术指导员总数的 70%。四年累计培训各地州市、县、乡镇基层农技推广骨干 5000 人次。

2）引进筛选新品种、不断集成各项生产关键技术

在现今贵州省自育蔬菜品种较为薄弱的情况下，2011～2015 年贵州省累计引进筛选适宜本省各个区域种植的茄果类、叶菜类、瓜类、豆类蔬菜新品种 185 个，并在全省适宜区示范推广应用。

在贵州省科技厅、贵州省农委、贵州省农科院的支持下，贵州省园艺研究所、贵州大学农学院园艺系、各地州市农科所的蔬菜研究人员积极探索贵州低海拔河谷地区冬果菜、早熟蔬菜，中海拔地区次早熟蔬菜，高海拔地区夏秋蔬菜的栽培技术和种植制度。通过引进、消化再创新，现今已经研发出贵州冬春蔬菜抗低温栽培技术、蔬菜平衡施肥与化肥减量化施用技术、夏秋蔬菜平衡施肥技术、蔬菜病虫害综合防控技术、蔬菜万元田栽培技术，制定了 30 余项蔬菜栽培技术规程和标准，在贵州省各地区推广应用，取得了巨大的经济效益和社会效益，推动了贵州蔬菜产业的快速发展。

4. 强化市场营销

"十二五"期间，按照每 1 万亩建 1 个的标准，改造和新建了一批蔬菜产地批发市场，建设完善了省、市和重点县三级蔬菜批发市场，至今贵州省共有 7 个农业部定点的蔬菜产地批发市场。在中心城区建设蔬菜直销市场和配送中心，在产业集中区建设区域性的蔬菜集散市场，鼓励蔬菜生产专业县、专业乡镇在城市设立蔬菜销售窗口，为蔬菜销售提供各种便利条件。通过与省外目标市场的交流与合作，建立长期稳定、互利合作的产销关系，促进贵州省蔬菜外销。通过大力培育蔬菜专业合作社和农民经纪人，提高农民生产经营的组织化程度，增强农民抵御市场风险的能力。

四、未来发展的思考

"十二五"期间，全国蔬菜种植规模平均年增幅 3.8%，贵州 2011～2015 年平均年增幅为 11.7%，远远高于全国的发展速度。尽管贵州蔬菜种植面积和产量、产值均逐年增加，大大丰富了贵州城镇居民的"菜篮子"水平，增加了农民收入，但相对全国其他省份来说，贵州蔬菜产业发展仍然非常不充分。根据 2013 年的统计数据，贵州蔬菜全国播种面积排名第 11 位，总产量排名第 19 位，平均单产倒数第一，仅仅达到 1180 千克/亩，农民人均蔬菜纯收入不足全国平均值的 40%。因此，我们分析认为，贵州在"十二五"期间蔬菜产业规模发展扩张过快，产业发展水平始终在低位徘徊，农民种植蔬菜的效益低，不利于蔬菜生产从业人员的稳定。

据农业部"农业监测预警与信息化"项目组分析，未来 10 年，我国蔬菜生产规模将趋于稳定，蔬菜消费量将有所增加，因此，在"十三五"期间，贵州蔬菜产业发展的重点应该是：稳定现有种植规模，进一步优化蔬菜产业布局；通过加快新品种、新技术的引进示范推广和加强产业素质培训来提高单产，进一步提升蔬菜质量安全水平；集中打造贵州高原"绿色生态"安全蔬菜品牌，提高产品市场竞争力；构筑贵

州省蔬菜产销物流信息平台，使产销实现无缝对接；发展壮大贵州蔬菜加工业，延长产业链，提高附加值，进一步增加农民收入。

（袁远国）

第四节　青海省高原夏菜

一、产业现状

（一）青海省气候特点

青海省地处青藏高原，平均海拔 3000m 以上，其中，日月山以东农业区为黄土高原边缘地带，海拔 1800～3000m，耕作地区土壤类型为灰钙土、黑钙土和栗钙土。青海属于高原大陆性气候，具有气温低、昼夜温差大、降水量少而集中、日照长、太阳辐射强等特点。冬季严寒而漫长，夏季凉爽而短促。青海省各地区气候有明显差异，全省夏季平均气温仅为 13.5℃，东部湟水谷地，年平均气温在 2～9℃，无霜期为 100～200 天，年降水量为 250～550mm，主要集中于 7～9 月，热量水分条件能满足一熟作物的要求。青海地处中纬度地带，光照时间长，平均每天日照时数为 6～10h，全省年日照时数为 2250～3600h，夏季长于冬季，西北多于东南；太阳辐射强度大，年总辐射量每平方厘米可达 690.8～753.6kJ，其中可被植物吸收的生理辐射量达 110W/(m^2·d)。

由于青海高原气候冷凉，光照和水资源充足，土壤肥沃、昼夜温差大等特点，生产的夏季露地蔬菜无污染、病虫害少、农药施用少、品质优良，每年 6～10 月供应本地市场的同时销往外省，向夏秋高温淡季市场提供优质蔬菜。目前，青海高原夏季露地蔬菜产业发展迅速，已成为青海省特色农业。

（二）青海省蔬菜种植面积与产量构成

近年来，青海省蔬菜种植面积基本稳定于 70 万亩，产量稳定于 160 万吨略强。青海省 2015 年蔬菜种植面积 75.83 万亩，蔬菜总产量从 2005 年的 84.46 万吨增加到了 160.94 万吨。

蔬菜种植品种主要为辣椒、大蒜、胡萝卜、大白菜、菠菜、大葱，2015 年种植面积占全省蔬菜种植面积的 44.97%（图 4-1）。

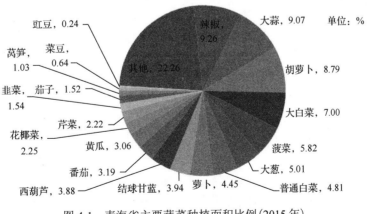

图 4-1　青海省主要蔬菜种植面积比例（2015 年）

产量构成中大白菜、辣椒、胡萝卜、番茄、萝卜、大蒜等占有较高的比重，2015 年占到蔬菜总产量的 49.63%（图 4-2）。

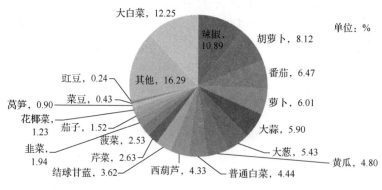

图 4-2　青海省主要蔬菜产量比例（2015 年）

（三）青海省夏季露地蔬菜发展现状

青海省夏季露地蔬菜面积达 60 余万亩，产量达 105 万吨左右，集中在 6～10 月上市，主要夏菜种类有白菜、娃娃菜、胡萝卜、大蒜、蒜苗、大葱、莴笋、荷兰豆、甘蓝、线辣椒等。蔬菜以外销为主，储备加工数量少，外销主要以广东、湖南、河南、浙江、北京、武汉等地为主。年出省量 2005 年 60 万吨、2010 年 58 万吨、2012 年 55 万吨，出省量占全年蔬菜总产量 30%左右。依托国家西部大开发的举措，青海高原交通运输条件日益便利，推进了青海夏季蔬菜向全国各地市场的流通。青海高原夏季露地蔬菜的外销，保障了国内蔬菜供应，调控内地蔬菜夏秋淡季市场，使菜价稳中有降，让消费者得到实惠。青海高原露地夏菜的供不应求，已成为青海省蔬菜产业发展的亮点，同时使农民收入增加，极大地提高了农民种菜的积极性。

青海省在发展夏季蔬菜产业的过程中，优势蔬菜品种的区域化格局正在逐步形成，目前形成了乐都大蒜生产中心，湟中胡萝卜、蒜苗生产中心，以及大通为中心的鸡腿红葱，互助的娃娃菜，格尔木的莴笋、循化的线辣椒为中心的具有青海地方特色的蔬菜生产基地，大蒜、胡萝卜、大葱、莴笋等产品已建立了固定的对外销售渠道，大量销往省外。推广应用了一大批优质高产蔬菜新品种，新增了一批名特优新蔬菜，10 年间青海省科研、推广和种子等部门培育与引进的蔬菜品种达 100 多个，其中已通过省级审定合格的品种有 19 个。同时，利用青海高原冷凉气候优势，育种单位和企业纷纷来到高原建立种子生产基地，使高原地区成为内地秋菜的繁育基地，进一步增加了高原地区土地和农业生产资源的利用效率，蔬菜种子繁育基地为高原基地夏季蔬菜产业结构升级提供了新的蔬菜产业发展途径，进一步增加了菜农的收入。

二、主要问题

1. 组织管理水平较低

围绕蔬菜产业链三大主要要素：组织结构、信息交流、物流配送中政府的组织协调功能极为突出，而以龙头企业、蔬菜合作组织为中心的集生产资料供应，以及蔬菜生产、加工、储存、销售等环节为统一整体的组织形态尚未形成，对人、财、物、信息、技术等要素进行自主配置、协调与控制能力不足，极大影响了青海省蔬菜产业的有序生产。

2. 夏菜生产潜力没有得到充分开发

一是夏菜规模化种植生产的龙头企业和合作社数量少、规模较小，特别是流转和承包大量土地，有完整的产业链条的夏菜经营大公司少；二是由于城市扩建速度快，城郊原有的规模化生产夏菜生产基地被大量占用，特别是湟水河谷地区的川水夏菜面积急剧减少；三是青海高原地区冬季蔬菜供应不足，政府在蔬菜生产基地建设中偏重于设施蔬菜基地的建设，使夏季露地规模化生产基地面积不能得到扩大，扶持力度不够，资金投放不足，夏季蔬菜生产主要靠农户自身投入，多数菜地基础设施不配套，水利基础设施配套简陋，抵御自然灾害能力弱，蔬菜生产基本处于粗放经营状态；四是新建夏菜地区土地资源短缺，规划用途不确定，流转费用高，土地不易集中，影响了蔬菜产业的发展，导致了夏季露地蔬菜面积不大的局面。

3. 品牌效应不明显

主要体现在品种结构单一，没有打出地方特色品牌。目前，青海高原具有地方特色的夏季露地蔬菜如胡萝卜、蒜苗、大葱、莴苣、大蒜等种类，没有注册地理标志、商标等品牌，夏菜种植面积小、种植区域分散，没有质量优势和规模优势，特别是没有形成具有影响力的外销品种优势。对产业起支撑作用的主打品种较少，市场认可率低，特点不突出，难以做到"人有我特，人特我优"。与此同时，蔬菜的科研推广、加工流通等发展缺乏物质支撑，优惠政策、资金扶持到位举步维艰，直接影响了高原地区蔬菜产业发展后劲。

4. 产业链条不连贯，产业化程度较低

龙头企业和专业合作社实力不强。蔬菜生产专业合作社为数不多，形式却多样，分别有以村为单位组成的、以组为单位组成的、群众联户组成的，也有跨村组群众组成的。目前这些合作社的功能不健全，多是以销售为目的组织在一起，极不稳定。真正集生产、管理、销售为一体，保证蔬菜生产在产前、产中、产后紧密结合在一起的只占到 1%左右。其组织约束力不高，稍遇价格差异即分离。因此，这样的专业合作社无实力可言，在抵御自然风险和市场竞争方面也体现不出优势作用。蔬菜采后处理以深加工为主，包装、保鲜、冷藏和加工数量小，延伸增值能力低，高科技含量、高附加值、高市场占有率的名优拳头产品少，缺乏市场竞争力。

5. 缺少标准化、规模化生产模式和集约化育苗，机械化水平程度低

蔬菜产业体系不健全；龙头企业实力普遍不强；农牧民专业合作经济组织起步较晚，产业化经营中与农牧民的利益联结不紧密，市场竞争力弱，带动能力不强，直接影响了蔬菜标准化安全生产技术的推广和应用。同时，蔬菜生产性服务业发展滞后，服务不到位问题突出，标准化规模化生产的覆盖范围受到了严重制约。由于历史和地理等原因，蔬菜产业基础设施薄弱，装备条件落后，严重制约着蔬菜产业的规模发展。

生产管理粗放，产品质量不高。蔬菜生产普遍水平不高，单产低，品质较差。原因有三个方面：一是栽培技术落后且相关栽培设施整体功能不完善。蔬菜生产科技含量较低，新品种、新技术、新材料的应用推广较差，大部分地区以传统耕作为主，机械化程度低，管理粗放，产量低，抵御自然灾害能力差，生产潜力没有充分发挥。二是施肥技术落后、不规范。露地蔬菜仍没有做到平衡配方施肥，使用有机肥少，偏施氮肥，氮、磷、钾比例不协调，对微肥重视不够等现象普遍。三是菜农落后的病虫害防治理念与无公害生产标准不相适应。蔬菜病虫害防治仍以化学防治为主，物理防治、生物防治、农业防治等配套防治技术没有全面普及。菜农对于无公害生产要求一般还能遵守，但在流行病害大发生时，菜农注重防治，忽略蔬菜生长的安全性，农药残留标准难以实现，影响了蔬菜质量安全。个别菜农对劣质、假冒农药不能识别造成很大损失。

6. 蔬菜种植技术和农民素质

蔬菜种植区域迅速扩大，急需科学种菜技术和信息。随着农牧民外出就业规模不断扩大，农村新生代劳动力流失严重，农牧业劳动力素质日趋弱化。目前，青海省常年露地菜田达 60 余万亩，新蔬菜生产基地达到 20 余万亩，如乐都区新改菜地约占全区菜地面积的 1/2。由于新改菜区土壤改良与土壤熟化还得有一个过程，加之基础设施薄弱，同时新菜农还未熟练掌握种菜技术，劳动生产率低下，种菜技术及管理水平仍较低，影响到产量和效益的提高，推进高原夏菜产业发展需要有效的社会化服务体系来保障。

7. 蔬菜加工滞后

青海省依托部分龙头企业初步建立了蔬菜冷链贮藏体系。蔬菜产品贮藏、运输、冷链等设施不完善，整体上几乎不具备蔬菜精深加工能力，以鲜菜为主的产业经营模式附加值较低。

三、经验与建议

1. 强化科技支撑

加强产学研结合，突出蔬菜品种的选育与创新。着力建设设施配套、良种支撑、标准化生产的现代蔬菜生产体系，大幅度提高蔬菜产业组织化程度，深化蔬菜种植业与物流业的融合发展。

2. 发挥资源优势，建设高原夏菜生产基地

要充分利用高原地区不同的气候、地理、交通及蔬菜生产的基础条件进行规划，实行重点开发，连片发展，形成"一村一品"、"一乡一业"，有一定知名度的、规模适度的夏菜生产基地。在土地、劳动力资源良好的川水地区新建一批规模化夏菜露地蔬菜基地，是农业产业结构和布局的重点调整内容，通过粮改菜和日光温室夏菜高效种植，有效增加夏菜商品供应总量，增加高原地区冬季储备蔬菜来源，稳定"菜篮子"，实现农业增效、农民增收。

3. 提高夏季蔬菜生产水平，加大蔬菜加工能力建设

一是在优良品种上突破，着重增加"伏缺期"蔬菜生产总量，同时，进一步开发高档特需菜及野菜，并利用这些品种进行反季节生产，以满足不同消费层次、不同季节的需求。二是应用蔬菜高产高效栽培技术，如蔬菜轻简化生产技术应用包括喷灌、滴灌规模化应用和旋耕、铺膜、起垄、采收等机械化技术；套种复种与轮作制度；平衡施肥与化肥减量化施用技术等。三是强化夏菜质量安全，实现无公害、绿色蔬菜生产，推进蔬菜生产技术标准化，推广应用生物农药防治技术、高效生物叶面微肥技术，提高蔬菜品质，以适应市场需要，满足人民生活水平提高的要求。四是在贮藏、保鲜、加工技术上突破。为推进蔬菜产业化的发展进程，通过引进、研发蔬菜精深加工技术，采取招商引资、资本联合等多种方式，推动龙头企业与专业合作社、农户开展多种形式的联合与合作，兴办不同类型的加工企业，以解决小生产与大流通、大市场的矛盾，缓解蔬菜生产季节性与人们需求周年性的矛盾，推进蔬菜标准化生产，提高经济效益，推进高原夏菜产业持续稳定发展，提高蔬菜产品附加值。

4. 加大培训力度，提高劳动者素质

蔬菜生产品种多、技术要求高，主要依靠高素质的劳动者来实现，广大菜农掌握蔬菜生产先进技术是青海高原地区夏菜产业发展的根本。应充分利用蔬菜科研单位、推广部门及种子部门的优势，一是紧密结合职业农民培训工程，重点培训一部分水平较高的农民技术员、农民农艺师，以带动不同菜区技术水平的提高；二是通过生产示范、现场观摩，科技人员和特派员引导合作社、生产基地和夏菜生产企业，把蔬菜技术传播扩散到广大菜区，使菜农掌握规范化的栽培技术，提高管理水平。

5. 加快发展蔬菜种业

利用青海部分区域的气候特点，充分利用青海省气候凉爽、光照时间长、病虫害少的生态优势，加速蔬菜制种基地和种苗繁育基地的建设，提高产业整体效益和抗风险能力。

6. 积极发展产品流通业

加强蔬菜产品贮藏、运输、冷链等设施建设，建立快速、高效、便捷的现代流通体系。积极开展电子商务、信息采集与发布等服务，完善蔬菜产品市场功能。积极组织龙头企业参与国内外农产品展销推介活动，强化品牌宣传推介，拓展市场空间，提高知名度和影响力。

（李　莉）

第五节　西藏自治区蔬菜产业

一、产业现状

（一）蔬菜生产快速发展

"十二五"期间，西藏各级政府主管部门认真贯彻执行《国务院关于加强新阶段"菜篮子"工作的通知》精神，以提高"菜篮子"产品质量卫生安全水平为核心，以实现两个转变为目标（由比较注重数量向更加注重质量、保证卫生和安全转变，由阶段性供求平衡向建立长期稳定供给机制转变），大力发展蔬菜产业化，取得明显成效，初步形成了高原特色的蔬菜产业。主要体现如下。

统计资料表明，全区蔬菜播种面积由 1985 年的 5.07 万亩提高到 2013 年的 35.81 万亩，蔬菜产量由 1985 年的 6.02 万吨提高到 2013 年的 66.9918 万吨；蔬菜人均占有量由 1985 年(人口 199.48 万人)的 30.2kg 提高到 2013 年(312.04 万人)为 214.69kg。其中大宗蔬菜专业基地 11.98 万亩，保护设施地增加到 4.45 万亩(不含地膜)。

全区蔬菜平均单产由 2002 年的 1605.11 千克/亩，提高到 2013 年的 1872.59 千克/亩。从全区的生产水平来看，拉萨达到 3490.36 千克/亩，而那曲仅为 225.21 千克/亩。

截止到 2014 年底，全区认定了 18 个无公害专业蔬菜生产基地，认证了无公害农产品 94 个，绿色食品 35 个，有机食品 21 个，发布了 31 个蔬菜生产技术西藏地方规程。

据拉萨市副食办蔬菜生产技术咨询服务部调查，2013 年拉萨市全年的蔬菜市场交易总量达到 17.48 万吨。其中本地蔬菜交易量达 13.83 万吨，占总交易量的 79.12%；内地调入的蔬菜交易量达 3.65 万吨，占总交易量的 20.88%。由拉萨市调往各地区的蔬菜量达到 4.5 万吨，占总交易量的 25.74%。

(二)蔬菜在农牧业产业中的地位得到进一步提升

1. 发展蔬菜生产是农牧民增收的重要途径

截止到 2014 年底，全区蔬菜种植面积占农作物播种面积的 9.47%，总产值估计达 17.5 亿元。蔬菜生产是劳动密集型产业，转化了数量众多的农牧区劳动力，成为他们稳定增收的主要渠道。根据调查，种植管理 320m² 高效日光温室的菜农，每座纯收入在 8000 元以上；堆龙德庆县岗德林蔬菜生产合作社社员户均年蔬菜收入在 3 万元以上；日喀则白朗县主要农区农牧民年均收入的 20%来源于蔬菜生产和经营。

2. 发展蔬菜生产是改善和提高人们生活质量的重要手段

蔬菜是人类主要食物来源之一，是维持人体健康所必需的维生素、矿物质和膳食纤维的主要来源。西藏农牧民食物结构单一，通过发展蔬菜生产可有效改变他们的膳食结构，提高生活质量和健康水平。

3. 发展蔬菜生产是进一步优化种植业区域布局和提高效益的重要路径

"十二五"期间，西藏种植业继续保持了持续健康发展的良好势头，到 2015 年粮食总产量突破 100 万吨，青稞总产量达到 70 万吨以上，创历史新高，为进一步调整优化农业内部结构、优化农作物区域布局创造了良好的内外环境和条件。"十三五"继续保障粮食特别是青稞等重要农产品有效供给和促进农牧民持续增收仍然是农业发展的首要任务，必须牢牢把握"转方式、调结构"这条工作主线，把结构调整、质量调强、效益调高。

4. 发展蔬菜生产是建设高原特色农产品基地的重要内容

建设"两屏四地"是中央第五次西藏工作座谈会对西藏经济社会发展的总体目标要求。西藏是世界上最后"一片净土"，独特的资源特点、良好的产地环境，奠定了发展绿色有机蔬菜和独具西藏特色蔬菜产品的独特优势，顺应了当前国内外农产品市场需求结构呈多样化和优质化趋势。

(三)发展优势及劣势

1. 优势条件

(1)具有独特的气候条件。西藏地域辽阔，气候类型复杂多样，地形、土壤类型多，光、热、水等资源丰富，构成了多种农业生态类型。良好的产地环境、清洁的灌溉用水和空气，冬无严寒、夏无酷暑，日照百分率高、强度大，昼夜温差大，为发展设施蔬菜周年生产、产出质优安全的各类蔬菜提供了不可比拟的条件。因此，在区内发展露地蔬菜、设施蔬菜、质优安全的蔬菜，更具明显优势。

(2)产品价格优势。西藏地处高原，交通不便，远离内地市场，距周边主要蔬菜产地和批发市场都上千公里，运距长、运价高，蔬菜新鲜度低，因而在成本上区内产蔬菜具有明显的价格优势。

(3)产品质量安全优势。西藏地处高原，是全球最后一片净土，生态环境较好，无工矿企业污染，土壤、水资源中有毒有害物质极少，得天独厚的光热资源有利于蔬菜生长和养分积累，不利于滋生病虫害，所产蔬菜营养价值高，自然风味浓，品质好，无公害蔬菜和绿色蔬菜生产、开发优势条件明显。

(4)西藏蔬菜产业的长足进步，为加快发展奠定了良好基础。经过 20 多年的建设，西藏自治区农牧业发展积累了一下的发展基础，蔬菜产业面向市场，随着科学技术的发展，蔬菜产业上出现了有机生态型栽培、无土栽培、护根育苗、自动化温室调控、组织培养、无公害植保等新技术逐渐应用于生产，一些高保膜、防虫网、黄板等新型覆盖材料也得以推广应用，蔬菜品种的更新换代期缩短至 3～5 年。这些新技术的研究与应用为蔬菜产业的快速发展提供了坚实的科学基础。

2. 不利因素

西藏蔬菜产业发展的瓶颈问题仍然突出，严重阻碍蔬菜产业的快速发展，主要表现在以下几个方面。

(1)蔬菜产业布局有待完善，发展不均衡(表 4-2)。受自然条件和社会经济条件因素的影响，西藏蔬菜生产发展极不均衡。在拉萨、山南、日喀则等 7 个地区，各地区间在技术水平、规模、产量和人均占有量等方面都存在较大差距。

表 4-2　2014 年西藏各地区蔬菜播种面积和产量统计表

地区	面积/万亩	占总面积/%	产量/万千克	占总产量/%	占有量/(千克/人)
拉萨市	6.63	18.51	23 141.10	34.54	397.06
日喀则市	17.87	49.90	32 987.30	49.24	457.29
林芝市	2.18	6.09	1 561.40	2.33	88.72
昌都市	5.28	14.75	5 560.30	8.31	72.01
山南地区	2.79	7.79	3 327.00	4.96	91.03
那曲地区	0.83	2.32	185.80	0.28	4.38
阿里地区	0.23	0.64	228.80	0.34	27.14
合计	35.81	—	66 991.7	—	214.69

(2)设施生产面积比重低、淡季和结构性供需矛盾突出。受自然条件的影响，全区专业蔬菜基地规模仍偏小，且分散，存在茬口难安排、科技推广难度大的问题，设施生产面积比重小。从蔬菜产品结构来看，马铃薯 23.63 万亩，占全区蔬菜种植面积的 66.3%，产量 41.35 万吨，占蔬菜总产量的 63.04%；大宗蔬菜面积偏少，仅 12.18 万亩，产量 24.24 万吨，形成了马铃薯比重大、大宗蔬菜不足的结构性短缺，日喀则地区大宗蔬菜比例仅占 15.06%、拉萨 34.59%。

从设施的结构看，高效日光温室占 25.39%，喜温蔬菜难以实现周年生产，一些高效日光温室存在脊高过低、通风口设置不科学、坐南朝北、坐东朝西等问题，严重影响温室的利用率、产出率。统计资料表明，2014 年全区现有各类设施 4.45 万亩，占蔬菜生产面积的 12.5%，影响到蔬菜的产量和淡季供应。据拉萨副食办蔬菜生产技术咨询服务部调查，2014 年拉萨蔬菜 4～10 月本地产蔬菜市场交易量为 89.83%，11 月至翌年 3 月占有量仅为 65.03%。

(3)科技支撑能力有限，缺乏有效的服务保障。因专业技术人员匮乏、力量薄弱，技术创新与成果转化能力不强，良种良法不配套，技术进村入户难度大，病虫害综合防治措施难到位，有机肥施用不足。目前，各地均无蔬菜推广机构，仅蔬菜种子有专门的经营部门，肥料、农药等生产资料缺乏专供渠道，农机、信息咨询服务跟不上，市场质量监管薄弱，生产组织化程度不高，专业合作社尚不完善等，社会服务化体系尚未建立，农药、化肥、种子质量缺乏有效保障，影响到产业发展。

(4)组织化程度差，产业化经营水平低。目前，蔬菜种植主要以分散的家庭经营为主，种植制度、栽培品种、生产数量和质量随意性大，难以与大市场、大流通对接，菜价低与吃菜贵、吃菜难并存，种菜者流大汗、消费者出大钱、贩菜者赚大钱，菜农和消费者权益难以维护。面对千家万户，生产管理、技术推广、质量监管、产业化经营难度大，严重制约了蔬菜生产技术水平、产品质量和档次及竞争力的提高；生产单元小，规模效益差，抗风险能力弱，难以自我积累、自我发展，严重制约了蔬菜产业发展。

(四)机遇与挑战

1. 发展机遇

(1)新时期为蔬菜产业发展提供了良好的政策环境。随着改革开放的逐步深入，我国将进入工业化发展阶段，城市支持农村、工业反哺农业的氛围初步形成。第五次西藏工作座谈会中央提出使西藏成为"重要的国家安全屏障、重要的生态安全屏障、重要的战略资源储备基地、重要的高原特色农产品基地、重要的中华民族特色文化保护地、重要的世界旅游目的地"的发展定位，也是提高西藏城市旅游品牌和增加农民收入的有效途径。

(2)市场需求强劲，消费者对优质安全产品的需要日益扩大。蔬菜是人们日常生活中不可替代的副食品，是维持人体健康所必需的维生素、矿物质和膳食纤维的主要来源，区内市场需求将持续增长。同时，随着经济的发展和人们生活水平的提高，消费者普遍对优质安全的蔬菜产品的需要。

消费群体继续增大。预计到 2020 年，全区人口达到 338.19 万人，比 2014 年新增 20.64 万人，按每天人均 1kg 计算，将增加蔬菜消费 7.53 万吨。

来藏旅游、经商、务工人口继续增加。2014 年进藏游客达 1553.14 万人(次)，平均在藏滞留时间在一周左右，经商兴业、务工人员年均在百万以上，在藏时间基本在 7 个月以上，部分长期在藏。

农牧区市场需求日渐扩大。过去的农区作为主要生产者，现在也逐步变成消费主体。

(3)区内交通状况得到很大的改善，为蔬菜生产相对集中、规模化生产提供了机会。可在主要城镇集成资源，开展规模化生产，提高供应量，同时兼顾偏远区域的供应。

(4)西藏地处高原，可通过发展设施蔬菜来实现反季节生产能力的提升。

2. 挑战

(1)经济进入新常态，蔬菜种植方式待转变。当前，我国经济进入新常态发展的历史阶段，经济增速换挡回落，从高速增长转为中高速增长，从要素和投资驱动转向创新驱动，不确定因素加大，西藏依靠高投入拉动经济的高速增长的难度越来越大。西藏蔬菜不能走主要依靠外延扩大的传统发展方式的老路，需要调整蔬菜种植产业结构，转变发展方式。在保障粮食安全的前提下，重点发展以荒滩地为主的设施蔬菜产业，有效解决菜粮争地的矛盾。

(2)受环境影响，蔬菜价格波动加剧。一是受成本增加等因素影响，蔬菜价格涨幅呈加大趋势。2014年鲜菜价格上涨幅度是居民消费品平均价格上涨幅度的 3.3%，一些城市的涨幅更高。二是受极端天气等因素影响，年际间蔬菜价格波动加大。三是受信息不对称影响，时常发生不同区域同一种蔬菜价格"贵贱两重天"的情况。四是受市场环境等多种因素影响，品种间蔬菜价格差距拉大，在工业化、城镇化的同时，对蔬菜产销基础设施建设重视不够，出现了自给率大幅下降，加剧了蔬菜市场价格的波动。

(3)基础设施建设滞后。蔬菜基础设施脆弱，严重影响生产和流通发展，极易造成市场供应和价格波动。近些年，大量菜地因城市规模的扩大，逐步向城郊向农区转移，农区新建菜地水利设施建设跟不上，温室、大棚设施建设标准低、不规范，抗灾能力弱，加剧了市场供需矛盾。

(4)科技创新与转化能力不强。由于投入少、研究资源分散、力量薄弱等原因，蔬菜品种研发、技术创新与成果转化能力不强，难以适应生产发展的需要。育种基础研究薄弱，蔬菜种质资源收集、整理、评价及育种方法、技术等基础研究不够；育种目标与生产需求对接不够紧密。与此同时，良种良法不配套，栽培技术创新不够、储备不足，基层蔬菜技术推广服务人才短缺、手段落后、经费不足，技术进村入户难，生产中存在的问题越来越突出。例如，连作引起的土壤盐渍化加重，影响蔬菜产业的持续发展；农村青壮年劳动力大量转移，劳动成本大幅上涨；轻简栽培技术集成创新也亟待加强。

二、西藏蔬菜发展思路及目标

1. 发展思路

"十三五"期间，西藏蔬菜产业着眼长远，强化措施，加快建设现代蔬菜产业体系，促进蔬菜生产稳定发展，保障市场均衡供给。

一是优化布局结构，发展设施蔬菜。在优势区建设冬春蔬菜生产的高效日光温室蔬菜基地，以发展荒滩地无土栽培为主，稳定大中城市郊区蔬菜面积，力争将大宗蔬菜面积达到 20 万亩。充分利用利用丰富的河沙、牛羊粪、光照等资源条件，发展水肥一体、无土栽培、绿色生产的荒滩地(非耕地)温室蔬菜基地建设，新增蔬菜面积 9.9 万亩，提升层次，提高效益。

二是加快育苗基地建设，突出抓好 7 个蔬菜重点区域的蔬菜集约化育苗基地建设，力争到 2020 年蔬菜集约化育苗比例达到 70%。建议国家对西藏蔬菜优质种苗生产基地建设加大投入。

三是结合实施新一轮种子工程开展育种攻关，加快引进筛选和选育适宜设施栽培、耐储运、加工、出口的专用品种。建议国家对西藏蔬菜种业发展给予特殊政策和投入倾斜。

四是加强对蔬菜生产的信息监测，指导各地科学安排蔬菜生产，合理安排品种结构、上市档期、区域布局。支持开展农超、农企、农社等多种形式的直供直销，促进产销衔接。建议国家支持农产品质量安全检测和检测体系建设。

2. 发展目标

"十三五"期间，蔬菜产业将以市场为导向，以科技为动力，以增加农牧民收入为目的，充分发挥资源优势，因地制宜，大力发展基地蔬菜、反季节蔬菜和春秋淡季蔬菜，逐步实现无公害蔬菜生产供应、净菜上市、配套保鲜和加工，做到内销与外销并举，促进蔬菜产业化健康发展，使西藏蔬菜产业逐步向区域化、产业化、现代化方向发展，实现农业增效、农民增收。

经过五年的建设和发展，到 2020 年，全区蔬菜种植面积发展到 45 万亩以上，其中新增日光温室和大棚蔬菜面积达到 5 万亩，露地蔬菜 4.9 万亩，同时有效地提升大宗蔬菜的产量。通过优化蔬菜产业带结构，使蔬菜总产量达到 100 万吨，其中大宗蔬菜产量达到 28 万吨，蔬菜安全质量合格率达到 98%以上，初步形成冷链保鲜流通体系，蔬菜基地合作组织形成龙头，促进农牧民新增收入 12 亿多元。五年蔬菜生产与市场培育相结合，经济、生态和社会效益协调发展，使蔬菜产区经济和农牧民收入迈上一个新台阶。

（代安国）

第二篇

高山蔬菜生态栽培技术研究

第五章　不同海拔气候、生物因子变化规律研究

第一节　高山区域小气候变化规律与蔬菜生产适应性研究

湖北高山蔬菜发展已有 20 年的历史，目前高山种植的主要蔬菜种类是萝卜、大白菜、甘蓝，占高山蔬菜种植总面积的 90%左右，其次为辣椒、番茄、四季豆等其他蔬菜种类，面积不足 10%，种植品种相对单一，再加上受雨水等因素影响，使种植茬口相对集中，往往造成少量品种的集中上市，给产品销售带来压力，导致本来紧俏的高山蔬菜也间断性过剩，生产效益风险随面积的不断扩大而增大，"菜贱伤农"现象偶有发生，既不能满足淡季蔬菜市场的多样化需求，也导致种植效益不稳定。解决这一问题的根本出路在于实现高山蔬菜种植品种及茬口的多样化。

实践证明，掌握不同海拔高山小气候变化规律，进而摸清高山蔬菜耕作制度变化规律，再依据不同蔬菜种类需求的生长环境条件和产品市场价格波动规律，采用按不同蔬菜作物的不同海拔和季节实施排开播种技术，即可总结出高山蔬菜种植种类和茬口的多样化技术。

本试验通过多年实地观测记载和查阅相关气象统计数据相结合，从温度和降水等方面归纳出 2200m 以下高山小气候变化规律，并在此基础上结合蔬菜作物自身生长规律总结出了不同海拔高山蔬菜种植期的变化规律。

一、试验方法

于 2006 年和 2007 年分别在宜昌长阳、恩施利川两地选择海拔高度为 800m、1200m、1600m 的高山蔬菜种植基地，记录日最高温、日最低温、日照数、降水量、霜冻期等气象指标，对不同海拔日最低气温、日最高气温及月均温度的观测数据进行变化趋势曲线作图，分析日最高温、日最低温、光照条件和水分条件随海拔高度变化的规律。记录鄂西地区海拔 50m、400m、600m、800m、1000m、1200m、1400m、1600m、1800m 地区的月平均温度，分析温度随海拔高度的垂直变化规律，并根据不同类型蔬菜作物的生长条件确定不同海拔高度高山蔬菜种植期和适宜栽培的高山蔬菜种类。

二、结果与分析

(一)不同海拔山区小气候变化规律

对不同海拔山区小气候气温变化规律进行研究，可以确定不同海拔山区蔬菜的适宜种植期。对宜昌长阳高山蔬菜基地日最低气温、日最高气温及鄂西地区不同海拔高山月均温度的观测数据进行变化趋势分析，得出宜昌长阳高山蔬菜基地日最低气温、日最高气温变化趋势图(图 5-1)及鄂西地区不同海拔月均温度变化趋势图(图 5-2)，结合日照数、降水量、霜冻期等气象指标进行分析得出以下不同海拔高山气象变化规律。

海拔在 800m 左右的山区 4~11 月平均日最低气温的变化范围为 7~30℃,4 月初平均日最低气温为 7~10℃，到 7 月中旬至 8 月中旬日最高气温为 30~35℃，11 月初气温降到 10℃以下，11 月末最低日气温为 5℃，此后进入霜冻期。4~11 月期间日照数为 100~135 天，40~60 天降水，30~40 阴天，光照充足，降水量小。

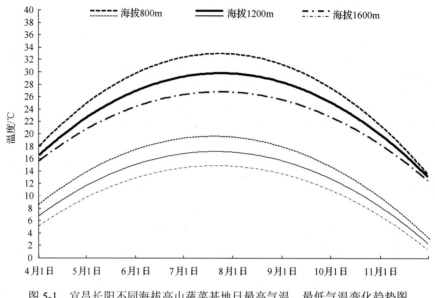

图 5-1　宜昌长阳不同海拔高山蔬菜基地日最高气温、最低气温变化趋势图

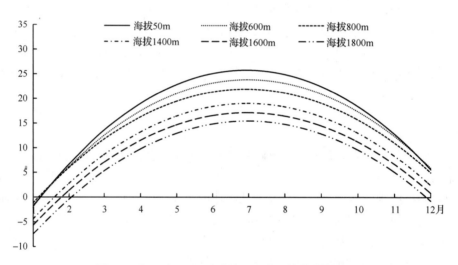

图 5-2　鄂西地区不同海拔高山月均温度变化趋势图

　　海拔在 1200m 左右的山区 4～11 月平均日最低气温的变化范围为 5～28℃，4 月初平均日最低气温为 5～6℃，4 月中旬平均日最低气温上升到 7～10℃，到 7 月中旬至 8 月中旬日最高气温为 28～30℃，10 月末最低日气温为 5℃，到 11 月初降低到 3℃，此后进入霜冻期。4～11 月期间日照数为 90～100 天，50～70 天降水，30～35 天阴天，光照较充足，降水量较小，在 6 月下旬～7 月上旬和 9 月降水量比较集中。

　　海拔在 1600m 左右的山区 4～11 月平均日最低气温的变化范围为 3～25℃，4 月初平均日最低气温为 2～3℃，直到 5 月中旬平均日最低气温上升到 7～10℃，7 月中旬至 8 月中旬日最高气温为 22～26℃，10 月中旬最低日气温为 5℃，到 10 月末降低到 3℃，此后进入霜冻期。4～11 月期间日照数为 80～100 天，80～130 天降水，30～35 天阴天，该海拔光照条件差，全年降水量大，在 6 月下旬～8 月上旬降水量比较集中。

　　从图 5-2 鄂西地区不同海拔高山月平均温度变化进行气温垂直递减率的分析可以得出不同海拔高山平均温度的垂直变化规律：在海拔 600m 以下气温的垂直递减率较小；海拔 600m 以上气温垂直递减率较大，另外在高温季节气温垂直递减率较大，低温季节气温垂直递减率较小；海拔 600m 的范围内气温垂直递减率每升高 100m 温度下降约为 0.35℃；海拔 600～1400m 的范围内气温垂直递减率每升高 100m 温度下降约为 0.6℃；海拔 1400～1800m 的范围内气温垂直递减率每升高 100m 温度下降约为 1℃。根据这个温度垂直递减规律可以推算出在海拔 2200m 范围内的温度变化趋势。

(二)不同海拔山区蔬菜的适宜种植期

从表 5-1 可以看出大多数蔬菜作物生长的适宜温度范围为 10~35℃，结合图 5-1 日最高温、最低温变化曲线和图 5-2 垂直温度递减规律对不同海拔高度的温度条件进行分析，所有海拔高度的日最高温变化均不超过 35℃，可知高温条件满足蔬菜露地种植期要求，因此不同海拔高度蔬菜露地种植期主要取决于低温条件。海拔越高，>10℃的有效积温天数越少，蔬菜露地种植期就越短。根据温度条件可推算出不同海拔地区的高山蔬菜种植期，海拔 800m 左右的高山菜区>10℃的有效积温天数为 4.1~4.5 天至 11.1~11.5 天，海拔 1200m 左右的高山菜区>10℃的有效积温天数为 4.20~4.25 天至 10.20~10.25 天，海拔 1600m 左右的高山菜区>10℃的有效积温天数为 5.10~5.15 天至 10.10~10.15 天，但海拔超过 2200m 的高山菜区>10℃的有效积温天数少于 150 天，超过该海拔时大多数蔬菜作物露地种植不能完成生长周期。由此得出不同海拔山区蔬菜露地种植期的变化规律，见表 5-2。

表 5-1　不同种类蔬菜对温度的要求

类别	适宜温度/℃	主要蔬菜种类
耐寒性蔬菜	10~16	菠菜、芹菜、葱蒜、结球白菜、散叶白菜等
半耐寒蔬菜	12~18	大白菜、萝卜、花菜、莴苣、蚕豌豆等
喜温性蔬菜	18~26	番茄、黄瓜、四季豆、四棱豆、生姜、茄子、辣椒等
耐热型蔬菜	21~35	豇豆、西瓜、甜瓜、南瓜、丝瓜、苦瓜等

表 5-2　不同海拔高山蔬菜露地种植期的变化规律

海拔/m	种植始期	收获末期
1600	5.10~5.15	10.10~10.15
1200	4.20~4.25	10.20~10.25
800	4.1~4.5	11.1~11.5

三、讨论

以上不同海拔山区小气候变化规律、不同海拔山区蔬菜的适宜种植期、不同海拔高山蔬菜适宜种类的生产分布规律为高山蔬菜种植区选择合适的蔬菜种类、安排合理的茬口模式提供了参考依据。

在海拔 800m 的山地菜区，可以发展瓜豆茄等耐热或喜温蔬菜，如黄瓜、四季豆、辣椒、番茄、茄子等，播种期以 4~6 月为宜。

在海拔 1200m 的山地菜区，是喜凉的十字花科蔬菜及其他叶菜类与喜温的瓜豆茄类蔬菜的交错分布区，以 4~5 月播种为宜。由于该海拔地带 7~8 月存在高温干旱问题，因此盛夏季节该高度不宜大面积播种喜凉的十字花科蔬菜及其他叶菜类。8 月以后干旱问题减轻，但季节已偏迟，只能播种商品生育期较短的蔬菜作物。

在海拔 1600m 以上的山地菜区，是十字花科类蔬菜及其他喜凉蔬菜生产区，如大白菜、萝卜、花菜、菠菜、芹菜、葱蒜等，一般播种期以 5~6 月为宜。

同湖北高山蔬菜基地的当前生产实际情况比较，以上推论基本上反映了参试作物对鄂西高山蔬菜主产区农业生产环境的适应性，以及各类作物对海拔高度与栽培季节的适应性。由于山谷、山坡(阴坡、阳坡)、山顶的高山菜区耕作区立地条件不一样，即使在同一海拔高度，小气候环境也会有所差异，因此，在高山菜区选择蔬菜种类或品种时，也要考虑耕作区立地条件的差异。

(邱正明　聂启军　刘可群)

第二节　高山蔬菜耕作制度变化规律的摸索

通过多年实地观测记载和查阅相关气象统计数据相结合，我们从温度和降水等方面归纳了不同海拔山区小气候变化规律，并在此基础上结合病虫害发生规律、蔬菜作物自身生长规律和山下鲜菜市场供求关系的变化规律，进一步总结出了不同海拔高山蔬菜种植期的变化规律及不同海拔高山蔬菜适宜种类的生产分布规律。根据不同海拔高山区域小气候变化规律、高山蔬菜适宜种植期的变化规律和适宜种植种类的生产分布规律摸索总结出不同海拔高山蔬菜耕作制度变化规律，为高山蔬菜基地规划和生产布局提供科学依据。

一、不同海拔高山小气候变化规律

掌握不同海拔山区小气候变化规律有利于摸清不同海拔高度的蔬菜适宜种类的选择，尽管高低温持续时间、有效积温、无霜期以及降水分布等方面对蔬菜适应性影响较大，但一般按照生长适宜温度的要求选择不同蔬菜种类。

在海拔 800m 的山区，4 月初～10 月末最低温度在 10℃以上，平均气温在 16～23℃，平均气温高，特别是 6 月和 7 月平均气温在 23～25℃，＞21℃的有效积温从 5 月中下旬持续到 9 月中旬，高温持续时间长。4～11 月期间有 100～135 天晴朗，40～60 天降雨，30～40 阴天，光照充足，降水量小。该海拔山区为耐热蔬菜生长提供了适宜的气候条件。

在海拔 1200m 的山区，5 月中旬～10 月初最低温度在 10℃以上，平均气温在 15～18℃，6 月和 7 月平均气温在 18～20℃，＞21℃的有效积温从 6 月底持续到 8 月中下旬，＞18℃的有效积温从 5 月中旬持续到 9 月中旬，高温持续时间短。4～11 月期间有 90～100 天晴朗，50～70 天降雨，30～35 天为阴天，光照较充足，降水量较小，降水量主要集中在 6 月下旬～7 月上旬以及 9 月。该海拔山区的气候适合喜温蔬菜和半耐寒蔬菜生长。

在海拔 1600m 的山区，5 月中旬～10 月中旬最低温度在 10℃以上，最高气温在 25℃左右，平均气温在 12～16℃，平均气温较低，昼夜温差大，高于 15℃的有效积温从 5 月下旬持续到 9 月上旬，无明显高温天气，夏季气候冷凉。4～11 月期间有 80～100 天晴朗，80～130 天降雨，30～35 天阴天，该海拔全年降水量大，降水量主要集中在 6 月下旬～8 月上旬，11 月上旬进入霜冻期。年平均降水量 1335.5mm，呈现出冬长春短无夏、气候冷凉湿润的特点，为各种耐寒性蔬菜、半耐寒蔬菜提供了适宜的生产条件。

二、不同海拔高山蔬菜适宜种植期变化规律

由于受海拔高度和地形等因素的影响，不同海拔的山区形成的小气候具有不同的特征，尤其在气温变化上呈现明显差异。对不同海拔高山小气候气温变化规律进行研究，可以确定不同海拔高山蔬菜的适宜种植期的变化规律。

大多数蔬菜作物生长的温度范围为 10～35℃，根据＞10℃、＜35℃有效积温的温度条件和生产实践确定了不同海拔地区的高山蔬菜适宜种植期(图 5-3 和表 5-3)。

海拔在 800±200m 左右的山区适宜的蔬菜种植期为 4 月初至 11 月中下旬，4 月 1 日～4 月 5 日开始播种或定植，11 月 5 日～10 日后蔬菜陆续收获结束。

海拔在 1200～1400m 左右的山区适宜的蔬菜种植期为 4 月中旬至 10 月下旬，4 月 20 日前后开始播种或定植，10 月 25 日～10 月 30 日蔬菜收获结束。

海拔在 1600m 以上的山区适宜的蔬菜种植期为 5 月上中旬至 10 月中下旬，5 月 10 日～5 月 15 日开始播种或定植，10 月 15 日～10 月 20 日蔬菜收获结束。

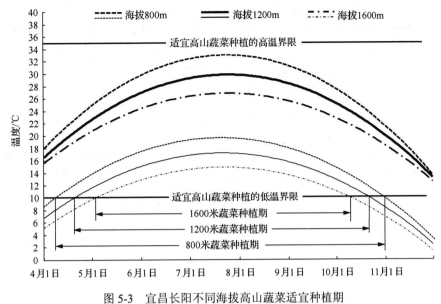

图 5-3　宜昌长阳不同海拔高山蔬菜适宜种植期

表 5-3　不同海拔地区的高山蔬菜适宜种植期

海　拔	种植始期	收获末期
1600m 以上	5.10～5.15	10.15～10.20
1200～1400m	4.15～4.20	10.25～10.30
800±200m	4.1～4.5	11.5～11.10
400m 以下	3.25～4.1	11.20 以后

三、不同海拔高山蔬菜适宜种类的生产分布规律

根据山区小气候特点和垂直温度分布规律，对海拔在 600～2200m 范围内的山区如何选择适宜蔬菜类型做出如下总结：海拔在 800～1200m 的高山蔬菜产区，宜种植耐热性蔬菜，如豇豆、西瓜、甜瓜、南瓜、丝瓜、苦瓜等；海拔在 1000～1400m 的高山蔬菜产区，宜种植喜温性蔬菜，如番茄、黄瓜、四季豆、四棱豆、生姜、茄子、辣椒等；海拔在 1200～1800m 的高山蔬菜产区，宜种植半耐寒性蔬菜，如大白菜、萝卜、花菜、莴苣、蚕豌豆等；海拔在 1400～2200m 的高山蔬菜产区，宜种植耐寒性蔬菜，如菠菜、芹菜、葱蒜、结球甘蓝、散叶白菜等。

以上不同海拔山区小气候变化规律为高山蔬菜种植选择合适的蔬菜种类和合理的茬口模式提供了依据，如在海拔 1600m 左右的高度，5 月的最低气温在 10℃以上，在此温度下喜凉蔬菜一般不会抽薹，从 5 月开始大部分菜可以露地安全生产。5～10 月平均为 16～23℃，从 5 月开始气温逐渐升高，到 7～8 月达到高峰，然后处暑以后气温渐渐下降，很适合喜凉蔬菜作物生长。例如，萝卜生长适温为 10～30℃，肉质根膨大最适温度为 20℃；大白菜发芽适温为 20～25℃，幼苗期适度温为 22～25℃，莲座期 17～22℃；甘蓝的适应范围更广，所以高海拔地区非常适合发展这类冷凉蔬菜。至 10 月底之前高海拔地区蔬菜必须收获完毕，避免蔬菜霜冻。

不同海拔高度的山区除气温变化趋势不同外，在高低温持续时间、有效积温、无霜期及降水分布等方面也存在较大差异，同时不同蔬菜种类对生长适宜温度的要求不同，一般将蔬菜分为耐寒性蔬菜、半耐寒性蔬菜、喜温性蔬菜、耐热性蔬菜。按照不同种类蔬菜对温度的要求，结合山下夏季鲜菜市场供求规律(图 5-4)，不同种类蔬菜商品种植适宜的海拔范围可归纳如表 5-4。

表 5-4　不同种类蔬菜商品种植适宜的海拔范围

类　别	主要蔬菜种类	适宜的海拔范围
耐寒性蔬菜	菠菜、芹菜、葱蒜、结球白菜、散叶白菜等	1400～2200m
半耐寒性蔬菜	大白菜、萝卜、花菜、莴苣、蚕豌豆等	1200～1800m
喜温性蔬菜	番茄、黄瓜、四季豆、四棱豆、生姜、茄子、辣椒等	1000～1400m
耐热性蔬菜	豇豆、西瓜、甜瓜、南瓜、丝瓜、苦瓜等	800～1200m

　　根据连续几年三个不同海拔高度蔬菜茬口作物试验，我们从种植成功的蔬菜作物在不同海拔的分布，以及它们的长势、产量及结合生育期、病虫害、市场效益进行分析，结果如图 5-4 和图 5-5。

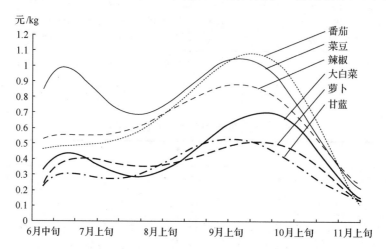

图 5-4　湖北高山蔬菜基地主导产品市场价格变化趋势(6～11月，四年平均)

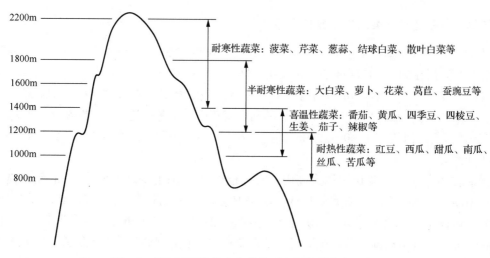

图 5-5　湖北不同海拔高山蔬菜适宜种类的生产分布图

　　海拔 800m 试验情况表明：在海拔 800m 的山地菜区，应以发展瓜豆茄及甜玉米等作物为主，播种期以 4～6 月为宜，其中瓜类应以黄瓜、西葫芦为主，适当发展西甜瓜和瓠子；豆类应以豇豆、四季豆为主，蚕豆、豌豆不宜大面积种植；茄果类以辣椒、番茄、茄子为主，且其播种期以 4 月为宜。该地带的干旱和虫害较平原地带少但较高海拔地带重。

　　海拔 1200m 试验情况表明：在海拔 1200m 左右的山地菜区，是喜凉的十字花科蔬菜及其他叶菜类与喜温的瓜豆茄类蔬菜的交错分布区，大部分蔬菜作物均能在这一高度正常生长。从适宜播种期角度看，除萝卜等少数蔬菜作物在这一高度播种期幅度较大外，大多数蔬菜作物以 4～5 月播种为宜。由于该海拔地带 6～7 月存在干旱问题，因此盛夏季节不宜安排大面积播种。8 月以后干旱问题减轻，但季节已偏迟，只能播种商品生育期较短的蔬菜作物。

　　海拔 1600m 试验情况表明：山区海拔 1600m 以上的地带，是十字花科类蔬菜及其他喜凉蔬菜集中生产区，豆类、茄果类蔬菜及甜玉米等作物中较耐低温的品种亦可种植，但不宜在该区大量发展。萝卜、大白菜、甘蓝、花椰菜、青花菜、红菜薹、苋菜、茼蒿和生菜等喜凉蔬菜可在该区段大面积发展。蚕豆、豌豆、菠菜、香菜、莴苣、胡萝卜、大蒜、草莓等选择适宜的品种及播期可适量发展，一般以 5～6 月为宜。丝瓜、苦瓜、豇豆、番茄、洋葱等不适宜发展。

　　试验结果基本上反映了参试作物对鄂西高山蔬菜主产区农业生产环境的适应性，以及各类作物对海拔高度与栽培季节的适应性。长阳与恩施、2006 年和 2007 年的两组试验，同一海拔高度、同一作物、同一播种期的试验，其结果有一致的，有部分一致的，也有不完全一致的，这一方面反映了不同作物、不同品种环境适应性的程度各异，另一方面也反映了高山菜区小气候的千差万别。同一海拔高度同一季节，因其耕作区立地条件的差异，山谷、山坡(阴坡、阳坡)、山顶都不一样，不同山体的土壤母质也不一样，各种植户栽培管理的水平及其对不同作物栽培技术的熟练程度也有差异，因此对于两组试验结果一致或基本一致的作物，可直接安排生产。

(邱正明)

第三节　鄂西山区农业气候资源调查、分析与利用的研究

　　湖北省西部的光化、南漳、宜昌一线以西，大都是海拔 1000m 上的山地，即从鄂西北一直到鄂西南，万山重叠，连绵不断，统称为鄂西山区。该地区气候多样。农业气候资源丰富，森林面积大，特用植物和中草药品种多，是山区人民发展经济、脱贫致富的有利条件。但由于历史原因和人们对气候是一种资源的认识不足，致使当地的农业气候资源长期没有得到充分而合理的利用。这些地区的广大农民(约 600 万)生活至今仍处于贫困线以下。为了合理利用山区的农业气候资源，为山区人民脱贫致富提供科学依据，鄂西山区农业气候资源利用问题研究课题组从 1993 年 7 月～1995 年 8 月，先后 4 次到山区进行调查和考察，取得了大量直接和间接的生态、气候资料，在统计、整理、分析、总结的基础上，对如何利用山区农业气候资源、发展山区经济提出一些初步意见。

一、调查内容

　　我们赴鄂西考察了恩施、利川、咸丰、五峰、长阳、房县、郧县、巴东等县(市)，调查内容为当地的农业气候资源、农业概况、森林资源、特用植物和中草药资源。

二、鄂西山区农业气候资源评述

(一)光能资源充足

　　鄂西山区日照充足，太阳辐射量大，年日照时数在 1200～2000h，总的趋势是由鄂西南山地向鄂西北山地逐渐增多，日照百分率在 28%～44%；年辐射量在 $3.6×10^9～4.7×10^9 J/m^2$，鄂西南的咸丰最少，鄂西北的郧县最大。从季节分配来看，夏季最多，冬季最少，5～9 月作物生长季中的日照时数和日辐射量约占全年日照时数和日辐射量的 50%～60%(表 5-5)。

表 5-5　鄂西山区不同纬度不同海拔的农业气候要素

地名	纬度	海拔/m	年平均气温/℃	7月平均气温/℃	1月平均气温/℃	降水量/mm		
						年总量	5～9月	占全年/%
郧县	32°49′	158.3	15.9	28.4	2.9	810.0	528.4	65.2
房县	32°02′	434.4	14.2	26.5	1.7	822.7	570.2	69.3
恩施	30°16′	437.2	16.3	27.2	5.0	1420.4	950.1	69.9
五峰	30°10′	908.4	13.1	24.1	1.7	1419.1	955.0	67.3
利川	30°17′	1071.0	12.8	23.3	1.8	1275.0	851.0	66.8
绿葱坡	30°47′	1891.3	7.8	18.1	−3.3	1901.6	1209.1	63.6

地名	日平均气温稳定通过10℃				日照时数/h		
	初日	终日	持续日数	活动积温	全年	5～9月	占全年/%
郧县	27/3	15/11	234	5123.1	1918.2	950.3	49.5
房县	5/4	4/11	215	4453.5	1884.0	963.6	51.3
恩施	17/3	21/11	251	5121.6	1334.2	803.7	60.2
五峰	15/4	30/10	200	3872.9	1554.5	864.0	55.5
利川	12/4	2/11	205	3849.3	1276.4	754.3	59.1
绿葱坡	12/5	27/9	140	2245.3	1543.3	816.9	52.9

(二)热量资源丰富

1. ≥10℃的积温

鄂西山区≥10℃的积温比较丰富,除海拔较高的利川、咸丰、来凤和绿葱坡在4800℃·d以下外,大部分地区在5000～5400℃·d;鄂西北除海拔较高的竹溪、竹山、房县、保康一线在4800℃·d以下外,大部分地区在5000～5200℃·d(表5-5)。

2. 无霜期

鄂西山区无霜期大体是鄂西南长、鄂西北短,鄂西南三峡河谷最长,达290天以上,其中秭归达300天,鄂西北约230天。

3. 冬季低温情况

鄂西山区由于山脉的屏障作用,冬季最低气温比同纬度的平原地区要高。大部分地区年极端最低气温平均值在−4～−7℃,各地极端最低气温均高于−10℃(恩施、房县、南漳除外);大部分地区大于柑橘、茶叶冻害下限温度指标(−9℃)的保证率在80%以上(表5-6)。

表 5-6　鄂西山区主要气象台站极端最低气温及保证率

站名	年绝对最低气温平均/℃	极端最低气温/℃	保证率/%	
			>−7℃	>−9℃
来凤	−4.0	−5.7	100	100
鹤峰	−3.9	−4.9	100	100
利川	−6.8	−8.5	50	100
巴东	−2.5	−9.4	100	100
恩施	−3.1	−12.3	100	100
宜都	−5.3	−10.9	73	82
长阳	−4.5	−10.0	82	91
宜昌	−4.6	−8.9	84	100
秭归	−2.4	−8.9	100	100
郧县	−7.0	−9.4	45	94
竹山	−6.4	−9.9	73	87
房县	−9.4	−14.4	23	69
南漳	−8.8	−17.2	18	73

(三)降水充沛

鄂西山区降水量多,其分布情况大致是由鄂西南向鄂西北逐渐减少,鄂西南年降水量在 1500~1600mm,鄂西北年降水量在 800~900mm。由于受地形和海拔的影响,山区降水比较复杂,一般是南坡多于北坡,并有随高度增加而增加的趋势。

(四)气候的垂直变化

鄂西山区地形起伏,高低悬殊,气候复杂多样,纬度不同而高度相同的山地气候殊异,纬度相近高度不同也有差异,山南、山北有别,迎风坡与背风坡气候也不相同。例如,恩施与房县高度相近,而纬度相差 2°,年平均气温相差 2.1℃,≥10℃的喜温作物生长期相差 36 天,≥10℃的积温相差 700℃·d,5~9 月的降水量相差约 400mm(表 5-5)。纬度相近、海拔不同,热量差异更加显著;表 5-10 的资料表明. 海拔增高 100m,气温下降约 0.6℃,≥10℃的积温减少 150~200℃·d,≥10℃的喜温作物生长期约缩短 7~9 天,作物进入生长期的时间,海拔 800~1200m 的二高山平均推迟 15~20 天,海拔 1200m 以上的大高山平均推迟 30~40 天;地形闭塞,坡地空气不易流通,差异更大,南坡的温度比同高度的北坡要高。海拔每升高 100m。南坡≥10℃的积温减少 160℃·d 左右,北坡则减少 200℃·d 左右。表现在作物播种期上,南坡春玉米一般比北坡早 7 天左右,而秋播冬小麦或油菜则北坡要比南坡提早 5~6 天,这是由于南坡春季升温快,秋季降温也快之故。山区降水随高度增加而增加,海拔每升高 100m,年降水量增加约 33mm,如纬度相近的恩施和绿葱坡,因高度不同,年降水量相差近 500mm(表 5-5);同时坡向同,降水量差异也大,如五峰和利川,纬度相近,但因利川在山的北坡,五峰在山的南坡,虽然利川海拔比五峰高,但由于山地的焚风效应,五峰的降水量远比利川的降水量多(表 5-5)。同一山地日照时数也有随高度增加而增加的趋势,如绿葱坡较恩施的日照时数多 200h 以上。

(五)绿化荒山,保护生态环境,防止气候恶化

新中国成立以来,由于无计划的砍伐森林,使鄂西山区森林覆盖率下降,荒山面积逐年增加。根据 1994 年的资料,1980 年鄂西山区森林面积达 557.78×10^{4}hm^2,占总面积的 72.48%,荒山面积 127.84×10^{4}hm^2,占总面积的 16.32%,1994 年森林面积下降到 527.41×10^{4}hm^2,占总面积的 67.33%,荒山面积增加到 168.21×10^{4}hm^2,由占总面积的 16.32%,增加到 21.47%。森林面积的减少,荒山面积的增加,破坏了山区的生态平衡,导致气候恶化,干旱严重,如鄂西北的郧西县、郧县、均县,20 世纪 80 年代以前,干旱和暴雨洪灾是 5 年一遇,80 年代后期到 90 年代达到 2 年一遇,严重影响当地工农业生产和广大人民群众的生活。因此,认识气候,改造气候,利用气候资源为国民经济发展服务,应提到广大科技人员和各级领导的议事日程上来。应有计划采伐森林,并加强宜林荒山的植树造林,提高森林覆盖率,保护生态环境,防止气候恶化,促进山区经济发展。

三、鄂西山区农业气候资源的利用

1. 利用山区垂直气候明显的特色发展山区农业生产

由前述可知,鄂西山区地形起伏,高低悬殊,气候迥异,农业气候资源复杂多样,劳力负担轻重不一,生产水平有高有低,可根据不同的山区农业气候条件,因地制宜地发展山区农业生产。

(1)海拔 800m 以下的低山区由于高山的屏障作用,光、热、水资源丰富,≥10℃以上的活动积温均在 5000℃·d 以上,无霜期 270 天以上,5~9 月日照时数多,降水量充沛,适宜多种作物生长;≥5℃的作物生长期有 9 个月,春播 3 月开始,晚秋作物生育期可到 11 月下旬,且冬季不冷,少有椿害,为提高复种指数创造了有利条件。水利条件较好的河谷坪坝地区,可大力发展杂交水稻,有条件的地区还可适当发展双季稻、麦稻两熟和"麦玉稻"、"麦稻豆"等三熟制;旱地可推广小麦-马铃薯-玉米、马铃薯-玉米-红薯、"麦玉豆"、"麦玉玉",以及红薯套种玉米或芝麻、玉米带脚豆等多种间作套种方式。

(2) 海拔 800～1200m 的二高山区，日照、降水资源优于低山区，但热量资源比低山区稍差，≥10℃的活动积温在 4000～5000℃·d，无霜期 200～220 天，≥5℃的作物生长期 7 个月左右，水田可以两熟，既可种水稻、小麦、玉米，也可种芝麻、油菜。根据海拔 1071m 利川农科所提供的资料，小麦-中稻达到 7650kg/hm² (1979 年)，说明可以利用二高山的气候条件水田冬种。旱地可扩大马铃薯-玉米-马铃薯三熟套种，秋马铃薯是稳产作物，既可增加一季粮食，又可为春播提供种芋，春马铃薯收获后，可在玉米行中套种桎麻、兰花草子等绿肥，为秋播打基础。

(3) 海拔 1200m 以上的高山区，因热量不足，≥10℃的活动积温大部分地区在 4000℃·d 以下，无霜期 ≤200 天，≥5℃的作物生长期 5～6 个月，一般可一年一熟，应以马铃薯为主，也可种玉米、冬小麦。据报道，河南、安徽、河北等省夏播小麦种植高度可达 1800m，也可马铃薯套种玉米。但高山区雨多，湿度大，作物易受涝渍和秋风早霜的危害，须注意排水和选育、引种早熟良种。

2. 利用山区垂直气候特色大力发展无公害蔬菜的生产

由表 5-5 可知，在海拔 400～1200m 的山地，冬不冷，夏季不热，冬季(12 月、1 月、2 月)平均气温在 6.1～2.8℃，夏季(6～8 月)平均气温在 26.1～22.2℃，年降水量 1000mm 左右；此外，山区空气纯洁，污染物质少，日照丰富，太阳辐射强，这些条件对蔬菜生产极为有利。据长阳县农民反映，山区种植蔬菜因病虫害少，基本上不打药，很受南方经济发达地区(广州、深圳、珠海等)城市居民的欢迎。据长阳县贺家坪镇领导介绍，从 1973 年以来，每年 9、10 月以后，广州、深圳、珠海等地拉运蔬菜的车辆到该镇拉蔬菜，使当地农民受益匪浅。这些蔬菜品种有马铃薯、莲花白、大白菜、四季豆、番茄等。鄂西山区各县(市)若都能有组织、有计划地利用本地气候资源，大力发展无公害蔬菜，将对当地经济发展起到积极的作用。

3. 利用山区气候条件大力发展林特果品和中草药的生产

鄂西山区总面积达 783.36×10⁴hm²，南北横跨 4 个纬度。其水平方向虽属一个气候带(亚热带季风气候带)，但由于高低悬殊，垂直气候特色明显。从低山到高山之巅(神龙顶海拔高达 3105m)既可生长南方的桉树，又可生长北方的冷杉；南亚热带的甜橙能在长江谷地落户，冷温带的海棠也同样能在高山结果，加之山区丰富的日照、降水量、复杂的地形，能使高山区生长喜光的苹果、梨及喜雾耐湿的茶叶。鄂西山区更有适合特用植物和中草药生长的气候条件。据调查，鄂西山区分布的特用植物品种多达 100 多种，经济价值较高的有华山松、油松、棕榈、油橄榄、柿子、核桃、板栗等；驰誉国内外的中草药品种达 700 多种，如黄连、黄柏、杜仲、黄姜、天麻、党参、当归等。这些特用植物和野生中草药分布很广，许多品种类型已列入国家保护资源之列。但由于管理不善，乱采滥伐，其品种、数量、面积和产量逐年减少。这些资源如能有组织、有计划地开发利用，则不仅能得到保护，而且还可发展。房县药物管理局在县政府的支持下，于 1993 年在海拔 500m 的莲花池村建立的黄姜、杜仲、天麻、板蓝根等药用植物基地，在 0.33hm² 的土地上人工栽培中草药，1994 年已获得纯利润 6 万元，据估计 1995 年纯利润达 20 万元。此经验可供鄂西山区其他县(市)有关部门借鉴。

(王荣堂　吴大椿　周守华)

第四节　鄂西南山区气候垂直分布特征及高山蔬菜生产利用研究

近几年我国高山蔬菜产业在市场机制作用下发展越来越快，在弥补城市蔬菜夏秋淡季市场、促进高山地区农民脱贫致富、推动山区新农村建设方面发挥了重大作用，取得了显著的经济效益和社会效益。鄂西山区是我国重要的高山反季节蔬菜生产地之一，经过 20 多年发展，尤其是近 10 年的快速发展，规模日益壮大。而与此同时一些潜在的问题也逐渐显现，制约着该产业的进一步可持续发展。主要问题有：①蔬菜种植种类相对单一，萝卜、甘蓝、大白菜占 90%，加上茬口过于集中，造成上市集中，生产效益风险也随面积的不断扩大而增大，产品也不能满足淡季市场的多样化需求；②缺乏对气候资源特征的科学认识，蔬菜种植"跟风"现象严重，造成单位面积产量和效益差异很大，使产业规模和效益起伏不定，间断性的"菜贱伤农"现象时有发生；③长期固定不变的蔬菜种植模式，导致土壤肥力下降。近 20 年来对于山区气候资源的研究较多，但很少针对蔬菜的农业气候资源研究，与高山蔬菜产业的发展不相适应，缺乏对高山蔬菜种植的气候适应性指导作用。本文通过多年实地山区小气候观测资料，利用气候学推算方法将资料各小气候观测点资料区段扩展至 1961～2008 年，从而能科学客观地揭示鄂西山区气候的垂直变化特征；同时，利用山区不同高度蔬菜种植试验的资料，研究不同海拔高度蔬菜种植种类及其茬口的最佳时间，为促进高山蔬菜产业可持续健康发展提供理论依据。

一、材料与方法

(一)试验方法及资料来源

2009 年在鄂西南山区长阳县火烧坪海拔 400m、800m、1200m、1600m、1800m 等不同高山地区开展辣椒、萝卜、甘蓝、莴苣等 14 种主要蔬菜的生长发育、产量和品质试验；所有参试蔬菜作物均为 5 月 10 日播种，记载出苗、定植、团棵/伸蔓、抽薹、开花、坐果/结荚、产品成熟期等生长发育时期，观测生物学产量、商品产量及商品品质。

2009 年 5 月 24 日在鄂西南山区长阳县火烧坪(东经 110°41'19"～110°43'42"，北纬 30°26'45"～30°30'25"，海拔高度 140～1800m)7 个不同高度进行了小气候观测，观测仪器为江苏省无线电科学研究所有限公司生产的 ZQZ-II 型自动气象观测仪，山区小气候梯度观测资料时间为 2009 年 6 月～2010 年 6 月；常规气象观测站有枝江、枝城、巴东、秭归、兴山、咸丰、宣恩、鹤峰、来凤、利川、建始、恩施、绿葱坡、夷陵、五峰、当阳、宜昌、三峡、长阳等 19 个站，常规地面气象观测资料来自于湖北省气象资料档案馆。

(二)资料处理

某地区的气候特征是指这一地区多年内的大气平均状况或统计状态，因此用 13 个月的观测资料不能说明这一地区的气候特点。为此利用各小气候站点实际观测资料与鄂西山区 19 个常规地面观测站网时间同步逐日资料，采用逐步回归方法建立各小气候观测站点日均温与常规气象台站日均温的推算模型，再通过该模型推算各测站点 1961～2008 年逐日温度。计算结果各站点推算模型的相关系数均在 0.96 以上，达到了信度为 α=0.001 的极显著水平，绝对平均误差海拔 1200m 以内的台站≤0.3℃，海拔 1600m 和 1800m 两高度站点为 0.4℃，显示推算资料是可信可用的。

界限温度的初、终日期的计算方法：先计算某地每年稳定通过界限温度的初终日期，再以 80%保证率确定这一地区的界限温度的初终日期，有利于减少低温对农业种植带来的风险。根据已有的研究结果，半耐寒蔬菜，如萝卜、大白菜生长下限温度为 5℃(中国农业科学院蔬菜花卉研究所，2010 年；邱正明等，2008 年)；喜温蔬菜如辣椒、黄瓜等的适宜播种温度为 10℃，而适宜的开花结果与果实发育温度为 15℃。本文将重点以 5℃、10℃、15℃界限温度进行讨论。

地表湿润指数 W(申双和，2009；赵媛媛，2009)表示：

$$W = \frac{R}{L} \tag{5-1}$$

式中，R 为台站的降水量；L 为台站观测的蒸发量。

二、结果与分析

(一)温度变化特征

1. 温度垂直变化

4～10 月是鄂西反季节高山蔬菜种植期，其平均气温受海拔高度的影响很大；海拔 100m 以上的河谷为 23℃左右，而海拔 1800m 高度上为 13.4℃。其中 7 月温度最高，8 月次之，4 月温度最低。以长阳县火烧坪海拔 800m 高度为例，7 月 23.4℃，8 月 22.9℃，4 月 12.9℃。表 5-7 是长阳县从海拔 174m 至 1750m7 个高度层推算资料计算得到的温度随高度递减率、相关系数及长阳县火烧坪海拔 800m 高度上各月月平均温度。从表 5-7 中可以看出，温度递减率在 8 月最大，7 月次之，温度较低的 4 月和 10 月递减率小。进一步分析发现，晴天条件下气温随高度的递减率为 –0.53℃/100m；阴雨天递减率为 –0.45℃/100m。在鄂西山区 8 月晴天最多，由此可以看出鄂西山区温度高的月份温度递减率大，温度低月份温度递减率小；且晴天越多温度递减率越大，阴雨天越多温度递减率越小。

表 5-7 鄂西南山区各月温度随高度变化的递减率、相关系数及长阳县火烧坪气温

月份	4	5	6	7	8	9	10
递减率/(℃/100m)	−0.47	−0.49	−0.50	−0.51	−0.52	−0.49	−0.48
相关系数	−0.9932	−0.9965	−0.9975	−0.9966	−0.9973	−0.9965	−0.9949
火烧坪海拔 800m 处/℃	12.9	17.5	20.9	23.4	22.9	18.9	13.8

2. 蔬菜种植界限温度的高度变化特征

计算得到在长阳县火烧坪海拔 800m 高度上 5℃、10℃、15℃的 80%保证率的初日分别为 3 月 23 日、4 月 18 日、5 月 17 日；终日分别为 11 月 16 日、10 月 22 日、9 月 26 日；且初日随高度的升高而推迟，或随高度的下降而提早；终日则与之相反。图 5-6 是 80%保证率 5℃、10℃、15℃初、终日随海拔高度的变化，从图中可以看出 5℃初日随海拔高度推迟率为 2.4d/100m、终日提早的速率为 2.3d/100m；10℃初日推迟与终日提早的速率分别为 2.8d/100m、2.7d/100m；而 15℃则分别为 3.6d/100m、3.2d/100m；其相关性均达到了 α=0.001 的信度水平。从图 5-6 中进一步看出，界限温度值越高，初日推迟速率和终日提早的速率越大。

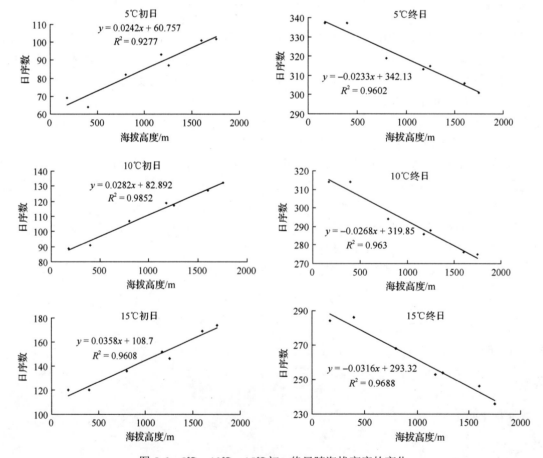

图 5-6　5℃、10℃、15℃初、终日随海拔高度的变化

3. 界限温度持续天数及活动积温

计算得到：5℃持续天数长阳县火烧海拔800m高度为237天，海拔1200m高度为221天，海拔1800m高度为189天；15℃持续天数在海拔800m、1200m、1800m高度分别为132天、105天、64天。5℃、10℃、15℃活动积温的高度递减率分别为：153℃·d/100m、163℃·d/100m、176℃·d/100m。图5-7为5℃、10℃、15℃的80%保证率持续日数及活动积温随高度的变化情况。从图中可以看出5℃、10℃、15℃的持续天数随高度递减率分别为4.8d/100m、5.5d/100m、6.8d/100m。

众所周知，在春夏季节里随时间的推移温度升高。计算得到春夏季不同高度温度上升的速率不同，以5℃初日到15℃初日的天数为例，海拔800m为54天，海拔1200m为59天，海拔1600m为69天。由此说明不同高度上以某一界限温度出现时间为蔬菜播种时间，两生育期间隔时间将随着高度的升高而延长。

5℃初日到15℃终日的天数(简称5～15℃持续天数，下同)在海拔800m高度为186天，海拔1200m为165天，海拔1800m只有134天；随高度的递减率为5.6d/100m，相关系数为0.9796，其相关性极显著(α=0.001信度水平)。10～15℃持续天数在海拔800m高度为161天，海拔1200m为135天，海拔1800m只有104天；随高度的递减率为6.0d/100m，相关系数为0.9894。在海拔1800m高度日均温22℃的天数极少，有些年份甚至1天也不会出现。由此可见，对于一些喜温茄果类蔬菜(如辣椒)，随着高度的升高生长季迅速缩短；而对于耐寒蔬菜而言，当海拔接近海拔1800m时生长季更长。

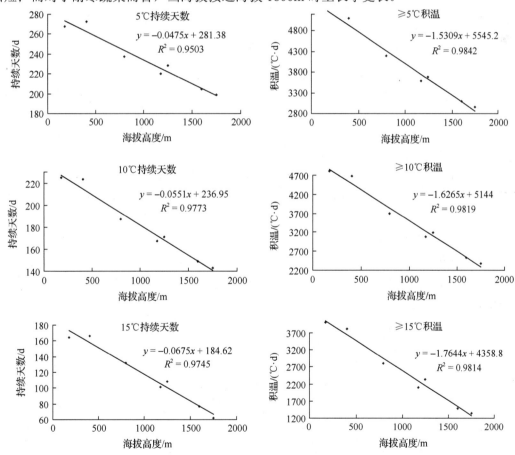

图5-7 5℃、10℃、15℃持续天数与积温随海拔高度的变化

(二)降水量、湿度与蒸发

鄂西南山区水分资源较同纬度的江汉平原丰富。4～10月降水量为800～1350mm，蒸发量为680～1250mm，大气相对湿度为72%～86%，湿润指数为0.7～1.95。在海拔高度500m以下地区降水量900mm以下，蒸发量850～1200mm，相对湿度70%～80%；海拔500～1200m高度降水量900～1100mm，蒸发量

750～950mm，相对湿度 75%～82%；海拔 1800m 绿葱坡降水量为 1339.7mm，蒸发量只有 688.6mm，相对湿度为 86%。表 5-8 为利用鄂西南山区 14 个气象站点观测资料计算得到的不同要素随海拔高度变化情况。从表中可以看出，降水量、湿度及湿润指数随高度的升高而增加，而蒸发随高度的升高而下降，从相关性来看它们都达到了一定显著性水平，其中湿润指数、雨量显著性最高，达到了极显著水平。由此说明随着高度的升高，蔬菜生长发育过程中发生水分胁迫的可能性越来越小；当海拔到达 1800m 高度时湿润指数为 1.95，亦即降水量接近蒸发量的 2 倍，造成雨水过多，需防止湿度过大而发生严重的蔬菜病害，如萝卜黑腐病等。

表 5-8　降水量、蒸发量、湿度与湿润指数随高度的变化率及相关性

	降水量 /(mm/100m)	蒸发量 /(mm/100m)	大气相对湿度/(%/100m)	湿润指数 /100m
高度变化率	24.063	−20.356	0.505	0.057
相关系数	0.8412***	−0.6695**	0.5941*	0.8495***

*、**、***分别表示信度 α 分别达到 0.05、0.01、0.001 水平。

(三)山体气候生态条件对蔬菜生产的影响

蔬菜的播种、生长速度、产量及品质与气象环境条件密切相关。鄂西南山区特殊的地形地貌，形成了丰富多样的气候资源，最大限度地利用这些气候资源可提高蔬菜单位面积产量与经济效益。

1. 对喜温蔬菜的影响

以辣椒为例，表 5-9 是 2009 年不同海拔高度辣椒生长发育期，6 月 3 日是海拔 1800m 高度 2009 年稳定通过 15℃ 的日期。从表中可以看出,各高度上辣椒的定植期均在 6 月 20 日或之后，晚于 2009 年 15℃ 稳定通过日期，也晚于 15℃ 的 80%保证率的初日；随着高度的增加定植期越接近 15℃ 的 80%保证率的初日，开花坐果期和商品果成熟期随着海拔高度的增加显著延迟。试验结果还表明，海拔 800～1200m 的高山地区适于高山辣椒种植，高于 28℃ 的日均温天数极少，更无 30℃ 以上日均温的高温天气；辣椒商品性好，产量高，可达 3600kg 以上，其中海拔 800m 产量最高，亩产量达 4100kg。海拔 1600～1800m 种植辣椒，具有商品性，但产量低，经济效益差。对辣椒单位面积产量与≥15℃、≥10℃的持续天数、积温、日均温等气象因子相关分析，发现海拔 800m 以上辣椒单位面积产量与开花后气温稳定≥15℃的持续天数相关性最好(相关系数为 0.9991)。进一步分析在海拔 1600m 和海拔 1800m 高度上成熟始期(即两高度均为 8 月 29 日，与 15℃ 的 80%保证率的终日时间基本一致)后 1～3 天出现了一次降温过程，海拔 1600m 有 3 天日平均气温低于 15℃，海拔 1800m 有 4 天日平均气温低于 15℃，虽然之后气温又回升到 15℃ 之上，且持续时间也有 12～14 天，但由于后期的气温快速下降，降温之后形成的花蕾即使没有落花，温度也难以满足果实正常的生长。由此可见，若要提高海拔 800m 以上地区的辣椒产量，可适当提前蔬菜的定植日期，并尽量提高蔬菜定植时的叶龄，有利于延长蔬菜的开花结果期时间。但海拔 1600m 以上的地区，热量条件有限，开花结果期能延长的时间有限。

表 5-9　不同海拔高山辣椒生长发育期

海拔/m	播种	出苗	定植	开花	成熟始期
400	5 月 10 日	5 月 22 日	6 月 20 日	7 月 10 日	7 月 28 日
800	5 月 10 日	5 月 21 日	6 月 20 日	7 月 15 日	8 月 15 日
1200	5 月 10 日	5 月 25 日	6 月 29 日	7 月 20 日	8 月 18 日
1600	5 月 10 日	5 月 26 日	6 月 28 日	8 月 2 日	8 月 30 日
1800	5 月 10 日	5 月 21 日	6 月 25 日	8 月 5 日	8 月 20 日

2. 对耐寒性蔬菜的影响

以莴苣为例，各高度层 5 月 10 日统一播种，海拔 800m 高度莴苣从出苗到团棵再到抽薹 69 天；海拔 1200m 为 71 天；海拔 1800m 为 95 天；团棵至抽薹的天数 3 个海拔高度上分别为 10 天、12 天、28 天；而它们的单株重量分别为 200g、300g、517g。对比观测发现，温度越高生育期越短，团棵至抽薹即膨大期时间越短，莴苣的产量越低。相关分析发现，膨大期日平均气温 25.5～28℃时，膨大期为 10～12 天；20℃左右时，膨大期 18～19 天；18℃左右时，膨大期可达 30 天左右；莴苣的产量与团棵至抽薹持续时间相关性最好。从品质来说，海拔 800～1200m，膨大期短，未熟先抽薹，莴苣偏细，商品性较差；海拔 1600m，莴苣粗长，有商品性，但产量不高；海拔 1800m，膨大期时间长，莴苣粗长，商品性好，且产量高。由此表明，温度对夏莴苣膨大期的影响最大，温度越高膨大期越短，产量越低，品质越差，随之商品性越差。

三、结论与讨论

(1) 鄂西山区温度越高温度递减率越大，且晴天递减率大，阴雨天递减率小。5℃、10℃、15℃初日随高度的升高而推迟，或随高度的下降而提早，终日则与之相反；但界限温度越高，温度出现的初日(终日)随海拔高度升高的推迟(提早)速率越大；界限温度持续的时间随海拔高度升高减少的递减率越大。对喜温茄果类蔬菜(如辣椒)而言，随着海拔高度的升高，生长季迅速缩短；而对于耐寒蔬菜而言，当海拔接近 1800m 时生长季更长。

(2) 降水量、湿度与湿润指数随海拔升高而增加，而蒸发量随海拔高度的升高而降低，其中降水量与湿润指数随高度变化的显著性最好，达到了极显著水平。由此说明随着高度的升高，蔬菜生长发育过程中发生水分胁迫的可能性越来越小；当海拔到达 1800m 高度时湿润指数为 1.95，在雨水正常或偏多的年份，需防止雨水过多而发生严重的蔬菜病害。

(3) 鄂西山区海拔 800～1400m 应当以喜温蔬菜种植为主，海拔 1400m 以上应当以耐寒性蔬菜种植为主。喜温蔬菜以辣椒为例，海拔 800～1400m 高度无 30℃以上日均温天气；≥15℃的持续时间在 3 个月以上，尤其是海拔 800～1200m 高度≥15℃的持续时间 100 多天，为喜温蔬菜生长创造了良好的温度环境。由于辣椒单产与开花后气温稳定≥15℃的持续天数有良好的线性关系，海拔 1000m 以上高度种植应当尽量提早播种期与定植时间，以确保更长时间的开花结果期。耐寒性蔬菜以莴苣为例，温度对夏莴苣膨大期的影响最大，温度越高膨大期越短，产量越低，品质越差，随之商品性越差，鄂西山区海拔 1800m 夏季 7、8 月月平均气温在 19.5～18.0℃，处于莴苣生长期适宜温度上限；而海拔 1600～1800m 高度 15℃的终日一般为 9 月中上旬，10℃的终日为 10 月上旬，在 7 月底至 8 月初安排第二茬的定植，从热量条件上是能满足的，因此耐寒性蔬菜莴苣在海拔 1600～1800m 种植较适宜，一年可种植两茬，且秋茬种植产量与品种将更好。

(邱正明　刘可群　聂启军)

第五节　基于春化效应的高山萝卜生育期模拟模型研究

萝卜(*Raphanus sativus* L.)是人们十分喜爱蔬菜，在蔬菜栽培和周年供应中有十分重要的地位。但萝卜冬春季及高山栽培中先期抽薹一直是一个严重而普遍的问题(Nishijima et al.，1998；武玲萱等，1997；李曙轩，1979)。萝卜对低温较敏感蔬菜(刘磊等，2005)，不同品种可在 1～24℃低温条件下经过一定的时间后，即通过春化阶段，开始花芽分化，并在较长日照条件下抽薹开花(中国农业科学院蔬菜花卉研究所，2010；李曙轩，1979)，萝卜植株一旦进入花芽分化状态，植株即以生长点为生长中心，肉质根膨大基本停止，且随着花芽分化、抽薹，肉质根品质、食用性及商品性快速下降(汪炳良等，2003)，直接影响菜农的经济收入。在全球气候变化的背景下，近些年夏季高温、夏季低温等极端气候事件出现频率增多，对高山萝卜生长发育都会产生影响，如 2014 年长江中下游地区 5 月上旬出现的夏季低温导致高山萝卜提早抽薹，造成菜农损失巨大。如何确保萝卜进入花芽分化状态前采收，从外观上极难分辨发现，需要以生育期准确预测为基础。

国内外在小麦、水稻、油菜等作物生长模拟研究方面做了许多工作，关于园艺作物生育期模拟研究有一些报道，但现有模型均有一定局限性。例如，EPIC 模型(Kiniry et al.，1995；施泽平等，2005；刘淑云等，2010)仅用有效积温法预测作物发育阶段，虽然应用方便，但不同条件下误差很大；有学者以生理发育时间(physiological development days, PDD)为发育尺度建立发育模型(李永秀等，2005；王冀川等，2008；杨再强等，2011)来模拟园艺作物发育进程，一方面这些模型模拟的是温室栽培下作物发育进程，另一方面模型忽视了低温春模型化对作物进程的影响。汤亮等(2008)构建以生理发育(包括春化作用)时间为尺度的油菜生育期模拟模型，但模型中生理春化总时间(PVT)很难确定，且试验数据显示(王淑芬等，2003)这一相对春化效应函数难以反映其对作物生育进程的影响。为此，本研究以萝卜生理生态过程为基础，根据生理发育时间恒定原理(严美春等，2000)，在国内外已有工作基础上，构建具有广适性和可靠性的萝卜阶段发育与物候期预测模型。

一、材料与方法

(一)试验及资料

试验在鄂西南山区长阳县火烧坪(东经 110°41'19"~110°43'42"，北纬 30°26'45"~30°30'25")海拔 400m、800m、1200m、1600m、1800m 等 5 个不同海拔高度上进行；试验品种为'雪单 1 号'、'短叶 13'两个品种。各试验地均有小气候观测，其气象观测仪器为江苏省无线电科学研究所有限公司生产的 ZQZ-II 型自动温度、降水观测仪，仪器安装采用中国气象局地面气象观测规范(2003)，温度计安装距地面高度 1.5m。仪器自动连续记录逐时整点温度，该小时内最高、最低温度，以及该小时累计降水量。生育期记载有播种、出苗、抽薹期；以大田 50%萝卜抽薹确定为抽薹期。

试验 1：供试品种为'雪单 1 号'，春白萝卜类型品种，于 2009 年 5 月 10 日、2010 年 5 月 10 日分别在海拔 400m、800m、1200m、1600m、1800m 等 5 个不同海拔高度同时播种。

试验 2：供试品种为'短叶 13'，夏白萝卜类型品种，于 2013 年 4 月 25 日、2013 年 6 月 25 日分别在海拔 400m、800m、1200m、1600m、1800m 等 5 个不同高度同时播种。

(二)模型的校正和检验

采用国际上常用的观测值与模拟值之间的根均方差(root mean square error，RMSE)(汤亮等，2008)对模拟值与观测值之间的符合度进行了统计分析，计算方法如式(5-2)：

$$\text{RMSE} = \sqrt{\frac{\sum_{i-1}^{n}(\text{OBS}_i - \text{SIM}_i)^2}{n}} \times \frac{100}{\overline{\text{OBS}}} \tag{5-2}$$

式中，OBS_i、SIM_i 和 n 分别表示预测值、观测值和样本容量；$\overline{\text{OBS}}$ 为观测值的平均值。RMSE 值越小，表明模型模拟值与实际观测值的一致性越好，模型的模拟结果越准确、可靠。

二、模型构建与描述

大量文献资料(王淑芬等，2003；严美春等，2000；Margit et al.，2004；Larsen and Persson，1998；Goudriaan et al.，1994)表明，作物从播种到成熟大体可划分为 3 个阶段，即播种到出苗、出苗到出薹(抽穗)、出薹(抽穗)到成熟。其中，出苗前和出薹(抽穗)以后主要受热效应的影响，仅表现为生长过程；而出苗以后到出薹(抽穗)则受到多种发育因子的影响，如春化作用、光周期反应、温度热效应等，且它们之间又相互影响并共同决定了作物发育速度。但汪炳良等(2003)研究表明低温处理萌动萝卜种子对它的花芽分化也有明显的促进作用。本研究针对萝卜采收期的发育期模型研究，亦即出薹期模型研究，在综合考虑基础上，引入了温度敏感性、光周期敏感性、生理春化时间作为遗传参数，从而量化不同萝卜品种对温度和光周期响应的发育差异性。

(一)相对热效应

温度对蔬菜发育的影响用热效应来表示，每日热效应(relative thermal effectiveness，RTE)指作物在实际温度条件下 1 天的生长发育速率(以下简称发育速率)与在最适宜温度条件下 1 天的发育速率的比例，取值在 0~1，可以利用 Beta 函数(Larsen et al., 1998)来描述温度对蔬菜生长发育速率的影响，如下式(5-3)：

$$
\mathrm{RTE}_i = \begin{cases} 0 & T < T_{\mathrm{b}} \\ \left(\dfrac{T_i - T_{\mathrm{b}}}{T_0 - T_{\mathrm{b}}}\right)^P \cdot \left(\dfrac{T_{\mathrm{c}} - T_i}{T_{\mathrm{c}} - T_0}\right)^Q & T_{\mathrm{b}} \leqslant T \leqslant T_{\mathrm{c}} \\ 0 & T > T_{\mathrm{max}} \end{cases} \tag{5-3}
$$

式中，T_{c}、T_0 和 T_{b} 分别为蔬菜发育的最高温度、最适温度和最低温度，根据现有文献资料(中国农业科学院蔬菜花卉研究所，2010)，模型中 3 个参数分别取值 28℃、18℃、5℃。T_i 为第 i 天日平均气温；P、Q 分别被定义为增温促进系数和高温抑制系数，不同品种对温度反应存在差异。

(二)低温春化效应

汤亮等(2008)对油菜、严美春等(2000)对小麦采用实际春化作用相对于适宜春化效应的比例描述春化反应模型。有研究(王淑芬等，2003)证明萝卜低温春化对生育期的影响与低温强度及持续时间有关，但当低温及持续时间达到一定程度以后对生育期影响趋于常数。同时萝卜也是一种相对春化型植物(刘磊等，2005)，不经过低温春化，虽营养生长期延长，但最终也能抽薹开花。为此本研究低温春化效应模型如式(5-4)：

$$
\mathrm{VP} = \begin{cases} A & \mathrm{VD} > 0 \\ A + \dfrac{C}{1 + \beta \cdot e^{\alpha \cdot \mathrm{VD}}} & \mathrm{VD} \leqslant 0 \end{cases} \tag{5-4}
$$

式中，A 为在完全没有春化效应情况下温度热效应常数；C 为低温春化指数，亦即在低温处理完全满足的情况下春化诱导效应最大值，它也是反映作物冬春性强弱程度的重要参数；α、β 分别为与作物品种有关的参数；VD 为低温春化深度，即低温强度及其持续时间参数，表示春化过程是低温强度与持续时间的累积过程，这里用低于春化临界温度的日最低气温累积量表示：

$$
\mathrm{VD} = \sum T_{\mathrm{v}} - Tmin_i \qquad Tmin_i \leqslant T \tag{5-5}
$$

式中，T_{v} 为低温春化临界温度；$Tmin_i$ 表示第 i 日日最低气温；低温春化效应具有累积效应。

(三)光周期效应

萝卜属长日照植物，要求一定日长才能开花和成熟。光周期效应(relative photoperiodic effectiveness，RPE)是指萝卜在实际光照条件下 1 天发育速率与在最适宜光照条件下 1 天发育速率的比例。计算方法如式(5-6)：

$$
\mathrm{RPE}_i = 1 - \mathrm{PS} \times (\mathrm{CDL} - \mathrm{DL}_i)^2 \tag{5-6}
$$

式中，DL_i 为第 i 天日长，由 Goudriaan(1994)方法计算得到；CDL 为临界日长，取值为 20；PS 为萝卜特定品种光周期敏感性参数，表示萝卜品种对光周期反应敏感程度。

（四）生理发育时间

每日生理效应（daily physiological effectiveness，DPE_i）是由每日温度热效应（RTE_i）、低温春化效应（VD）、光周期效应（RPE_i）相互作用共同决定的；对于某一特定品种而言，萝卜从出苗到出薹所累计形成的生理发育时间（PDT）是恒定的（Larsen et al.，1998；Margit et al.，2004），其计算式分别如下：

$$DPE_i = RTE_i \times VD \times RPE_i \tag{5-7}$$

$$PDT = \sum DPE_i \tag{5-8}$$

三、结果与分析

（一）生理发育时间与模型参数确定

利用 2009 年 5 月 10 日播种的'雪单 1 号'、2013 年 4 月 25 日播种'短叶 13'不同高度层田间试验，以及同步对比观测的气象资料计算，根据公式(5-3)～(5-8)计算得到'短叶 13'、'雪单 1 号'两个品种播种至出薹期生理发育时间。计算结果表明，播种至出薹期所需累积的生理发育时间'短叶 13'、'雪单 1 号'分别为 36 天、81 天。两个品种的生育期模型的参数值见表 5-10；图 5-8 '短叶 13'、'雪单 1 号'两品种低温春化效应随低温春化深度变化关系图。从表 5-10、图 5-8 中可以看出，'雪单 1 号'低温春化指数 C 明显大于'短叶 13'，当有低温出现时，随着低温春化深度增加，春化效应表现越明显，萝卜品种出薹时间将加速。

表 5-10　两品种萝卜生育期模拟模型的参数

品种	P	Q	PS	T_v	A	C	α	β
短叶 13	0.34	0.52	0.0045	18.0	0.95	0.10	20	0.32
雪单 1 号	0.52	0.49	0.0025	18.0	0.93	0.30	17	0.30

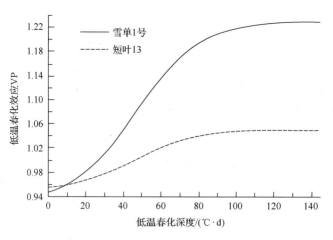

图 5-8　两品种萝卜低温春化效应值与低温春化深度关系

（二）模型检验

2010 年 5 月 10 日播种的'雪单 1 号'、2013 年 6 月 25 日播种'短叶 13'不同高度层田间试验，以及同步对比观测的气象资料计算，根据公式(5-3)～(5-8)计算两品种从播种至出薹期所需累计生理发育时间，反推它们播种至出薹持续天数，并与实际观测的播种至出薹期天数进行比较，结果如图 5-9 所示。从图中可以看出，'短叶 13'、'雪单 1 号'两品种出薹期观测值与模拟值之间具有很一致的 1：1 关系；基于 1：1 线的相关系数为 0.9946，其显著性水平在 99.9%以上。'短叶 13'与'雪单 1 号'两品种的 RMSE 平均值分别为 4.79%、4.31%；从绝对误差上看，'短叶 13'与'雪单 1 号'的平均绝对误差分别为 2.44 天和 2.67 天，平均相对绝对误差分别为 6.87%和 3.26%；出薹期以大田 50%为标准，其观测有一定的主观性，1～2 天的误差均属于正常范围。检验结果表明，本模型对油菜不同生育期具有较好的预测性。

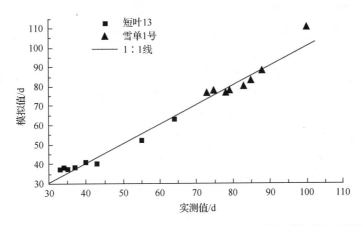

图 5-9　模型检验中'短叶 13'、'雪单 1 号'两品种出薹期模拟值与观测值比较

（三）模型与有效积温法、PAR 日积温法的比较

有效积温法（growing degree days，GDD）和 PAR 日积温法是指作物在实际环境条件下，完成某一生育阶段所获得的累积活动积温或有效积温值，即作物完成某一生长发育阶段的积温是恒定的，也常常被用于作物发育期预测研究。为比较基于低温春化效应的生理发育模型与积温法模拟萝卜出薹期的效果，同时采用有效积温法 GDD 和 PAR 日积温法进行了模拟研究，结果如图 5-10 所示。将图 5-10 与图 5-9 比较可知，基于低温春化效应的生理发育模型模拟精度与效果明显高于有效积温法（GDD）和 PAR 日积温法。从绝对误差上看，PAR 日积温法推算的'短叶 13'与'雪单 1 号'的平均绝对误差均为 14.6 天，平均相对绝对误差分别为 34.9%和 17.8%。有效积温法 GDD 推算的'短叶 13'与'雪单 1 号'的平均绝对误差分别为 16.8 天和 17.1 天，平均相对绝对误差分别为 40.3%和 20.9%。从图 5-10 中进一步发现对某一品种而言，采用 PAR 日积温法和有效积温法推算的模拟值与实测值呈负相关，即实测生育期越长，计算模拟生育期越短，亦即它们的模拟值与实测值的线性回归线与 1：1 线方向完全相反。因此 PAR 日积温法和有效积温法两种方法完全不能用于生育期的预测。

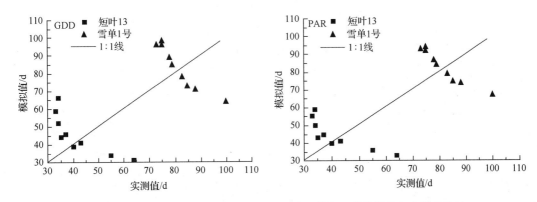

图 5-10　有效积温法 GDD 和 PAR 日积温法出薹期天数模拟值与实测值比较

四、结论与讨论

本研究利用鄂西山区海拔高度间不同气候条件，在田间实验与同步气象监测的基础上，综合考虑了温度相对热效应、低温春化效应、光周期效应，建立了基于低温春化的萝卜出薹期的生理发育模拟模型。利用实验观测数据对模型的模拟效果进行了检验，并与基于有效积温法 GDD 和 PAR 日积分法的生育期模型进行了比较，结果表明本模型的模拟平均绝对误差分别为 2.4 天和 2.7 天，精度远高于其他两种模型，对气象要素要求比较简单，气象数据获取便利，适合于大田生产需要，可以用于高山萝卜反季节生育期实际预测。在全球气候变化的背景下，近些年夏季高温、夏季低温等极端气候事件出现频率增多，对高山萝卜生长发育都会产生影响，利用该模型能确保预测的准确率。

PAR 日积温法和有效积温方法是较为常用的作物生育期预测方法，方法简单易用。例如，刘淑云等（2010）利用有效积温方法建立甘薯发育模拟模型，模拟效果及准确率较好，但它们假设的前提是生长发育速率与温度呈现线性关系。事实上，温度对所有作物发育速率的影响除了线性关系外，还有折线型（张明达等，2013；Bouman et al., 2001）、β 曲线型（Gao et al., 1992；孟亚利等，2003）等形式。萝卜是半耐寒性蔬菜，属于一、二年生植物，在高山地区蔬菜反季节栽培中，较低的温度条件下春化完成得快，在温度较高的条件下则慢（中国农业科学院蔬菜花卉研究所，2010；汪炳良等，2003）。积温法既未考虑低温春化作用对作物的影响（即适当的低温不仅不会抑制其发育，反而有一定的促进作用），也没有考虑高温对作物生长发育产生的迟滞作用，从而导致有效积温和 PAR 日积温法模拟的生育期误差太大，因此积温法不能用于高山反季节种植的萝卜生育期的预测。

本模型也存在一些不足，仅考虑了近地面大气温度，忽略了土壤温度、湿度，以及光照强度、光合有效辐射、山区地形作用对太阳光照遮挡等气象生态要素对萝卜生长发育的影响。萝卜植株矮小，实际上生长发育受地表温度的影响更大，尤其是对春化作用的影响更直接，地表温度日变化大于近地面气温，即夜间地表温度低于近地面气温，白天温度则高于近地面气温（李超等，2009），且它们之间差异大小与天气、土壤湿度、地形等有关，这些都将造成模拟误差。因此有必要在今后的研究中增加对地表温度、土壤水分、光照强度等生态环境要素的监测，进一步完善模型。

（刘可群　邱正明　聂启军）

第六节　不同海拔及遮光覆盖处理对高山红菜薹生长发育的影响

红菜薹为喜冷凉露地蔬菜，平原露地种植一般播种季节为 8 月处暑前后，收获季节为国庆节至春节前后，此阶段收获的红菜薹高产优质。而在 6~8 月的夏季，高山地区具有相对冷凉的气候和较大的昼夜温差，比较适宜红菜薹的生长，8 月就可以有优质的红菜薹供应市场，既可以实现红菜薹提早 2~3 个月上市，同时也保证了提早上市的红菜薹的品质，满足了市场需求，实现高效益。

依托湖北省高山蔬菜试验站对高山红菜薹栽培技术展开研究，2010 年开展了不同海拔红菜薹栽培生长周期试验，评价不同海拔红菜薹栽培适应性，以确定高山红菜薹适宜种植的海拔范围，2011 年选择适宜红菜薹种植的海拔高度，采取遮光覆盖栽培方式改变红菜薹生长发育阶段的光周期，从栽培角度研究遮光覆盖栽培对红菜薹生长发育、产量和品质的影响。

一、材料与方法

（一）试验材料

'十月红'、'千禧红'、'胭脂红'、'大股子'、'09208'（自交系）、'WK'（自交系）。

（二）试验方法

不同海拔生长周期试验：在火烧坪至资丘的山地选择垂直分布的海拔 400m、800m、1200m、1600m、1800m 的 5 个高度，试验材料为'十月红'，5 月 10 日播种，调查出苗期、定植期、莲座期及抽薹期，观察不同红菜薹品种在不同海拔的生长发育规律。

遮光覆盖栽培试验：在长阳火烧坪高山蔬菜试验站（海拔 1800m）进行，所有试验材料 5 月 10 日播种，全生育期进行光周期调控，栽培方式采取全遮光覆盖栽培、半遮光覆盖栽培和不遮光覆盖栽培等。全遮光覆盖采用黑膜材料，遮光率 100%；半遮光覆盖采用遮阳网，遮光率 50%。遮光时间：晚 5：30 盖，早 7：30 揭，达到连续 14h 的暗期，调查抽薹期、产量和品质，观察遮光覆盖栽培对不同品种的生长发育期、产量、品质的影响。

二、结果与分析

（一）不同海拔对红菜薹生长发育的影响

从图 5-11 可以看出，红菜薹'十月红'的发芽期（播种到幼苗出土）和幼苗期（幼苗出土到 6 片真叶形成）随着海拔的升高而延长，这是由于海拔越高，环境温度越低，种子发芽、幼苗生长缓慢导致，但莲座期（幼苗期结束至植株现蕾，即营养生长旺期）随海拔升高而缩短，抽薹始期随海拔升高而提早，这是由于红菜薹是低温长日照作物，因此在高海拔地区，由于受到低温和长日照的影响，红菜薹易通过春化而提早抽薹。从抽薹期（抽薹始期到抽薹末期，即商品薹采收期）来看，海拔越高，抽薹期越长，即采收期越长，这是由于 7～8 月低海拔地区处于高温炎热天气，红菜薹生长不良而早衰，但高海拔地区气候相对冷凉且温差较大，红菜薹具有更长的商品薹采收期，品质和产量较同期低海拔地区更高。

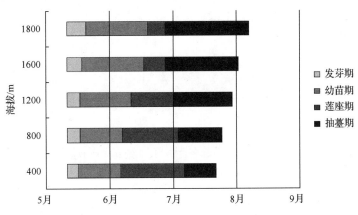

图 5-11　不同海拔对红菜薹生长发育的影响

（二）遮光覆盖栽培对红菜薹抽薹的影响

从试验结果看，选择海拔 1600～1800m 的高海拔地区更适于种植高山夏季红菜薹，但由于高海拔地区营养生长旺期很短，没有充足的营养生长阶段，商品薹较细且不耐老化，产量和品质较平原地区正季栽培仍有较大差距，因此采用遮光覆盖栽培，在红菜薹营养生长阶段对光周期进行调控，由长日照变为短日照，克服高山红菜薹早薹现象，从而提高高山红菜薹的产量和品质。

从图 5-12 可以看出，全遮光覆盖栽培对红菜薹抽薹有显著影响，而半遮光覆盖栽培对红菜薹抽薹影响较小。根据试验数据分析得知，全遮光覆盖栽培对红菜薹抽薹始期较不遮光覆盖栽培延迟 15 天左右，半遮光覆盖栽培较不遮光栽培延迟 3 天左右。因此采用全遮光覆盖栽培进行光周期调控，能有效克服高山红菜薹早薹现象，而且全遮光覆盖栽培对延迟红菜薹晚熟品种抽薹更有效果。

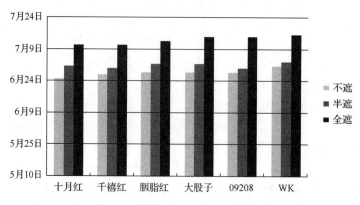

图 5-12　遮光覆盖栽培对红菜薹抽薹的影响

(三)不同遮光覆盖对红菜薹营养生长的影响

在莲座期结束时测量植株的开展度和株高,每个品种测量 5 株取平均值,以植株的开展度和株高来衡量不同遮光覆盖栽培对红菜薹营养生长的影响。

对表 5-11 进行分析可知,全遮光覆盖条件下,不同红菜薹品种植株长势更旺,植株个体更大,生物学产量更高,表明植株能够获得更充足的营养生长,较不遮光差异明显。

表 5-11　不同遮光覆盖对红菜薹植株开展度和株高的影响

品种	开展度/cm			株高/cm		
	全遮光	半遮光	不遮光	全遮光	半遮光	不遮光
十月红	80	62	51	43	43	35
胭脂红	83	65	62	52	43	31
千禧红	67	57	53	45	30	33
09208	68	59	50	50	40	25
大股子	81	70	67	55	51	38
WK	80	60	50	45	45	40

(四)不同遮光覆盖对红菜薹产量的影响

选择 3 个红菜薹品种'十月红'、'大股子'、'胭脂红'测量不同遮光覆盖栽培条件的平均单株产量,以每亩种植 3500 株折算亩产量,结果见图 5-13。

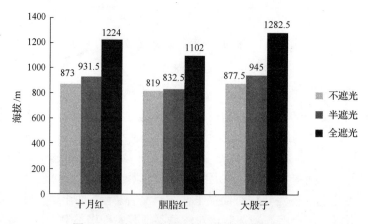

图 5-13　遮光覆盖栽培对红菜薹产量的影响

对图 5-13 进行分析可知,三个晚熟红菜薹品种'十月红'、'大股子'、'胭脂红'的产量在全遮光覆盖条件下较不遮光增产显著,经过计算分别增产 40.2%、34.5%、46.2%,半遮光栽培较对照增产较小。

三、结论与讨论

本试验不同海拔红菜薹生长发育研究表明，在海拔 1600～1800m 上下的高海拔冷凉地区更适于进行红菜薹高山夏季栽培，但存在营养生长不足和早薹的问题，而采用遮光覆盖栽培对红菜薹进行光周期调控的研究表明，采取全遮光覆盖栽培的抽薹始期显著延迟 15 天左右，有效克服了高山红菜薹早薹的问题。由于抽薹始期的延迟，使红菜薹在高山夏季栽培能够获得更充足的营养生长，获得了更高的产量，品质也更佳。本试验研究结果对高山红菜薹夏季栽培的适宜海拔范围选择和遮光覆盖栽培技术具有指导作用，但要实现红菜薹高山夏季种植，还需要在播种期的选择、病虫害防治及采后保鲜储运技术方面做进一步研究。

（聂启军　朱凤娟　邱正明）

第七节　高山不同海拔对萝卜抽薹、产量及品质的影响

湖北高山蔬菜主要分布在宜昌、恩施、十堰等鄂西部山区的二高山(海拔 800～1200m)和高山(海拔 1200～1800m)地区，面积达 120 万～150 万亩，产量 400 多万吨，产品销往我国 30 多个大中城市，对弥补广大低山和平原地区夏秋蔬菜供应淡季市场具有重要作用。高山地区夏季具有天然的冷凉气候条件，适于喜冷凉蔬菜反季节生产，目前湖北高山种植的主要蔬菜种类是萝卜、大白菜、甘蓝，占高山蔬菜种植总量的 90% 左右，其中萝卜播种面积已达 40 余万亩。

在市场化机制作用下，高山蔬菜生产面积不断扩大，但在产业不断发展壮大的同时，由于缺乏科学的技术指导，盲目进行跟风种植和无序开发，导致资源的不合理利用、效益不稳等问题日益突出。

在高山不同海拔地区，由于气候的垂直变化差异明显，对高山蔬菜的生长发育、产量和品质具有显著影响，不同类型的蔬菜具有相应的适宜种植的海拔范围。萝卜是高山蔬菜的代表性作物之一，为摸清萝卜在高山夏季种植的适宜海拔范围，开展萝卜在不同海拔地区的产量和品质变化规律研究，总结出萝卜适宜种植的海拔范围，为高山萝卜种植基地选择和生产布局提供科学依据。

一、材料与方法

(一)试验材料

'雪单 1 号'萝卜，种子由湖北省蔬菜科学研究所提供。

(二)试验地点

在长阳高山蔬菜种植基地选择垂直分布的 5 个试验点，分别位于海拔高度为 400m、800m、1200m、1600m、1800m 的桃山，每个试验点面积为 134m²。

(三)试验方法

5 月 10 日播种，分别在 5 个不同海拔的试验点对萝卜抽薹期、产量和品质进行观察比较。各海拔萝卜抽薹的确定以群体的 50% 发生抽薹的日期为准；产量观测采用单株平均重量×定植株数折合成亩产来进行；品质主要观察比较鲜样的水分、总糖、粗纤维的含量变化，检测方法分别依据 GB5009.3—2010、GB/T5009.8—200、GB/T5009.10—2003 进行，检测过程在农业部食品质量监督检验测试中心(武汉)完成。

二、结果与分析

(一)不同海拔对萝卜抽薹的影响

高山种植萝卜一般选用耐抽薹品种，防止未熟抽薹现象发生，因此本试验采用耐抽薹萝卜品种"雪单

1 号",对抽薹期随海拔高度的变化进行了研究。图 5-14 为不同海拔对萝卜抽薹期(从播种到抽薹的天数)的影响。从图 5-14 可以看出,海拔 400m、800m、1200m、1600m、1800m 萝卜从播种到抽薹所需的天数分别为 90 天、88 天、83 天、79 天、75 天,结果显示萝卜的抽薹期随海拔高度增加而呈现出提早的趋势。由于高山萝卜一般要求播种后 60 天左右进行商品采收,本试验结果也说明在海拔 1800m 以下 5 月 10 日播种的耐抽薹品种在采收前均不会发生未熟抽薹现象。

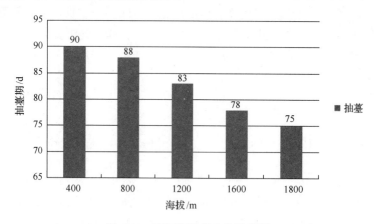

图 5-14　不同海拔萝卜的抽薹期

(二)不同海拔对萝卜产量的影响

本试验各海拔萝卜于 7 月 9 日同一天采收,距离 5 月 10 日的播种期整 60 天。采收时随机选择 20 株,测算平均单株重量,然后乘以每亩种植株数,折合成每亩产量,图 5-15 为不同海拔萝卜的产量变化。从图 5-15 可以看出,海拔 1600m 萝卜产量最高,然后是海拔 1800m,其次是海拔 1200m,再其次是海拔 400m,海拔 800m 产量最低。海拔 800m 以下萝卜产量较低,海拔 1200m 以上产量较高。从产量上看,本次试验结果表明海拔 1200～1800m 适宜种植萝卜,以海拔 1600m 最佳。

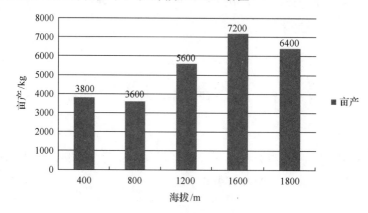

图 5-15　不同海拔萝卜折合亩产

(三)不同海拔对萝卜品质的影响

萝卜水分和粗纤维含量对肉质根的脆嫩程度有较大影响,而肉质根总糖含量的高低对风味品质有显著影响,粗纤维含量低、总糖含量高的萝卜生食价值更高。本次试验对萝卜商品成熟后鲜样的水分、总糖、粗纤维含量进了检测,初步分析不同海拔对萝卜品质的影响。图 5-16 为不同海拔萝卜的水分含量变化,图 5-17 为不同海拔萝卜的总糖和粗纤维含量变化。五个海拔高度的萝卜鲜样水分含量分别为 95.3%、95.2%、95.5%、95.4%、95.6%,即各个海拔萝卜的水分含量范围为 (95.4±0.2)%,变化幅度微小,差异不明显,处于同一水平。五个海拔高度的萝卜鲜样总糖含量分别为 1.83%、2.08%、2.23%、2.30%、2.12%,海拔 1600m

总糖含量最高为 2.30%，海拔 400m 最低为 1.83%，从变化趋势进行分析，从海拔 400～1600m 逐渐升高，海拔 1800m 有所降低；五个海拔高度的萝卜鲜样粗纤维含量分别为 0.7%、0.6%、0.5%、0.5%、0.6%，海拔 1200m、1600m 粗纤维含量最低为 0.5%，海拔 400m 最高为 0.7%，从变化趋势进行分析，从海拔 400～1600m 粗纤维含量逐渐降低，海拔 1800m 有所升高；本次试验结果总的看来，在海拔 400～800m 以下的低海拔地区萝卜的总糖含量较低，粗纤维含量较高，鲜食品质较差；而在海拔 1200～1800m 的高山地区，萝卜的总糖含量较高，粗纤维含量较低，鲜食品质较高。因此在海拔 1200～1800m 的高山地区种植的萝卜脆嫩，品质好，尤以海拔 1600m 最佳。

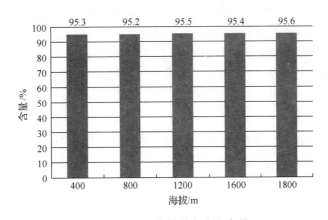

图 5-16　不同海拔萝卜水分含量

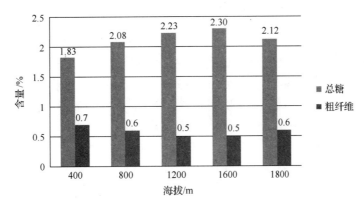

图 5-17　不同海拔萝卜总糖和粗纤维含量

三、结论与讨论

从本次不同海拔萝卜试验来看，不同海拔对萝卜的抽薹期、产量及品质的影响是明显的。萝卜的抽薹期随海拔的增加而提早，在海拔 1200～1800m 的高山种植萝卜相对于海拔 800m 以下的地区具有更高的产量和品质，与生产实际相吻合，其中以海拔 1600m 萝卜产量最高，总糖含量最高，粗纤维含量最低，具有最佳的鲜食品质。

本次试验只能说明 5 月 10 日这一个播种期的不同海拔对萝卜抽薹、产量及品质的影响，而在实际生产中，不同播种期对萝卜的抽薹、产量及品质也会产生不同的影响，比如播种期提前，可能在高海拔地区就会产生未熟抽薹的现象，还需研究不同播种期对高山萝卜抽薹、产量和品质的影响。

不同海拔萝卜抽薹、产量和品质的变化主要是由不同海拔气候的变化引起。高山地区夏季气候冷凉，不同海拔气候垂直分布特征明显。在高山地区随着海拔越高，气温越低，萝卜为种子春化型作物，播种时遇到低温容易通过春化而抽薹，因此海拔越高萝卜抽薹期越早；同时昼夜温差较大，更有利于萝卜等喜冷凉蔬菜营养物质和同化产物的积累，具有较高的产量和品质。对不同海拔高山光照、温度、降水量等气候因子的垂直分布特征进行研究，将进一步揭示萝卜等高山蔬菜在不同海拔地区的生长发育规律，对选择适宜种植的海拔范围和茬口安排进行更科学地指导。

（聂启军　朱凤娟　邱正明）

第八节　基于生理发育时间的高山辣椒生育期模拟模型研究

辣椒是湖北长阳地区规范种植的高山蔬菜之一。确定辣椒在高山地区的最佳播期、最佳种植高度往往需要在不同海拔高度处设置多个播种期进行多年的种植试验，工作量大，成本高，试验周期长，需要耗费大量人力物力。作物生育期模型利用计算机技术及数理模型动态拟合作物的发育过程，利用较少的试验记录，模拟常年的生育进程及其生育阶段内的气候适宜性，能大大地减少烦琐的种植试验，为蔬菜试验带来更大的效率。

生育期模型研究发展过程中，早期模型大多以作物完成特定生育阶段所需有效积温(生长度日，growth degree days，GDD)恒定的理论预测作物的生育期，虽然能在生产中运用，但误差有时非常大。之后分别发展出生理辐热积(physiological product of thermal effectiveness and PAR，PTEP)、生理发育时间(physiological development time，PDT)、光温效应(photo-thermal effectiveness)等理论用于作物生育期的模拟和预测，其中生理发育时间理论因所需气象资料主要是易于获得的气温资料而应用最广。

作物在最适温光条件下生长一天定义为一个生理发育日，完成某个生育阶段所需要累计的生理发育日称为生理发育时间。生理发育时间恒定原理认为某种作物完成各个生育阶段所需的生理发育时间都是恒定的，而不同品种的特点可通过品种参数体现。

一、材料和方法

湖北省蔬菜科学研究所从 2009 年到 2010 年连续两年在鄂西南山区长阳县火烧坪的高山蔬菜基地，分别在海拔 400m、800m、1200m、1600m 和 1800m 等 5 个高度处种植了辣椒，播种期都为 5 月 10 日。

辣椒试验品种为'楚椒佳美'，播种到定植期前有地膜覆盖，定植后不再覆膜。记录辣椒播种后出苗、始花、始收的日期。

湖北省气象局在火烧坪海拔 400m、800m、1200m、1600m 和 1800m 处共建设了 5 个小气候观测站，观测每小时的整点气温，所用仪器为江苏省无线电科学研究所有限公司生产的 ZQZ-II 型自动气象观测仪。

二、生育期模型描述

辣椒属于喜温蔬菜，全生育期内的生长适宜温度范围大致为 20～30℃，在不同生育期内的生物学上下限略有不同。低于 15℃时，种子不易发芽；秧苗在具有 3 片真叶以后，即能在 0℃以上不受冻害；低于 10℃时授粉困难，容易引起落花落果，高于 35℃时花器发育不全或者柱头干枯而不能受精(中国农业科学院蔬菜花卉研究所，2010)。总体上成株对温度的适应范围较广。

结合辣椒的生育特性，本试验以各海拔高度处辣椒播种后到达出苗、始花期、始收期的日期作为衡量辣椒生育进程的标准，其中播种到出苗称为发芽期，出苗到始花统称幼苗期，始花到始收称为开花坐果期。

依据生理发育时间理论，累积的生理发育时间由相对温度效应和相对光周期效应组成。

1. 每日相对热效应

作物在实际温度条件下生长 1 天所完成的生育进度与作物在最适的温度条件下生长 1 天所完成的生育进度的比例定义为每日的相对热效应(relative thermal effectiveness，RTE)，数值范围为 0～1。

辣椒从播种到最后采收完毕始终受到温度变化的影响，而现有的模型中大多只使用日平均温度代表代表作物一天中所处的温度环境，而忽略了温度的昼夜变化。为了客观地体现一天中不同时段的温度对作物生育速度的不同影响，本模型分别计算每个小时的整点气温所累积的相对热效应，然后求其平均得到当日的综合相对热效应。

使用不对称的 β 曲线函数能描述作物对温度变化的不同反应特征。选用分段的 Beta 曲线计算第 I 时的相对热效应，计算 24 个平均作为一日的相对热效应 RTE，具体计算方法如（式 5-9 和式 5-10）（孟亚利等，2003），函数曲线如图 5-18 所示。

$$RTE(I) = \begin{cases} 0 & Temp(I) < T_b \\ \left[\left(\dfrac{Temp(I)-T_b}{T_o-T_b}\right)\left(\dfrac{T_c-Temp(I)}{T_c-T_o}\right)^{\left(\frac{T_c-T_o}{T_o-T_b}\right)}\right]^{ts} & T_b < Temp(I) \leqslant T_c \\ 0 & Temp(I) > T_c \end{cases} \tag{5-9}$$

$$RTE = \frac{1}{24} \times \sum_{I=0}^{23} RTE(I) \tag{5-10}$$

式中，T_o 为发育最适温度；T_b 与 T_c 为发育下限温度与发育上限温度；ts 为模型参数。

从图 5-18 可以得知，最适温度 T_b 是曲线的峰值对应的温度，温度大于或小于 T_b 时 RTE 都逐渐减小；参数 ts 则决定了曲线变化的速度，一旦临近和超过上下限温度则 RTE 迅速变为 0，在上下限温度之间，ts 越小，RTE 变化越缓慢，ts 越大，RTE 变化越迅速，即 ts 代表了作物发育速度对温度的敏感性，也就是 ts 大，作物发育对温度的变化很敏感，而 ts 较小则温度在上下限范围内变化时对作物发育影响不大。ts 即为衡量作物温度敏感性的参数，且与作物品种相关。

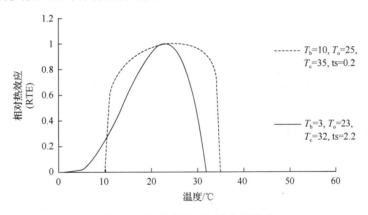

图 5-18　相对热效应与温度的关系

参考潘玉娇（2007）中推荐的辣椒三基点温度值，结合实际观测资料，确定辣椒在各生育阶段的三基点温度，见表 5-12。

表 5-12　辣椒各生育期的三基点温度　　　　　　　　　　　　（单位：℃）

生育期	T_b	T_o	T_m
发芽期	10	25	35
幼苗期	15	25	35
开花坐果期	15	30	40

2. 每日相对光周期效应

作物在实际光周期条件下生长 1 天所完成的生育进度与作物在最适的温度条件下生长 1 天所完成的生育进度的比例定义为每日相对光周期效应（relative photoperiodic effectiveness，RPE），数值范围为 0～1。

虽然辣椒为中光植物，在温度适宜、营养条件良好的情况下，不论光照时间的长或者短，都能进行花芽分化和开花，但是在较短光照时间的条件下会提前开花（中国农业科学院蔬菜花卉研究所，2010），因此本文用分段线性模型计算每日相对光周期效应：实际光照时间（用天文日长近似代替，day length，DL）等于或小于最适日长 DL$_o$ 时，RPE 为 1；DL 大于最适日长 DL$_o$ 并小于临界日长 DL$_c$ 时，线性变小；大于临界日长 DL$_c$ 时取值 0.5。RPE 计算公式见式(5-11)，函数图形如图 5-19 所示，日长 DL 计算方法见公式(5-12)～式(5-17)所示(中国气象局，2003)。

$$RPE = \begin{cases} 1 & DL \leqslant 16 \\ \dfrac{(DL - DL_o)}{2(DL_o - DL_c)} + 1 & 16 < DL < 20 \\ 0.5 & DL \geqslant 20 \end{cases} \tag{5-11}$$

$$Q = 2\pi \times 57.3 \times (N - 1 + \Delta N - N_0) / 365.2422 \tag{5-12}$$

$$\Delta N = (12 - \lambda / 15) / 24 \tag{5-13}$$

$$N_0 = 79.6764 + 0.2422(Y - 1985) - Int(0.25 \times (Y - 1985)) \tag{5-14}$$

$$D_E = 0.3723 + 23.2567 \sin Q + 0.1149 \sin 2Q - 0.1712 \sin 3Q \\ - 0.7580 \cos Q + 0.3656 \cos 2Q + 0.0201 \cos 3Q \tag{5-15}$$

$$\sin \frac{T_B}{2} = \sqrt{\frac{\sin\left(45° + \dfrac{\varphi - D_{E+\gamma}}{2}\right) \times \cos\left(45° - \dfrac{\varphi - D_{E-\gamma}}{2}\right)}{\cos \varphi \cos D_E}} \tag{5-16}$$

$$DL = 2 \times T_B \tag{5-17}$$

式中，N 为日序(day of year，DoY)；Y 为所处年份，为当地地理经度与纬度；Q 的单位为弧度；Int(X)为取不大于某一个数 X 的整数的函数；D_E 为太阳赤纬，为蒙气差，取 34′；T_B 为用弧度表示的半日日照长度；DL 为一年中第 N 天的全日日照长度。

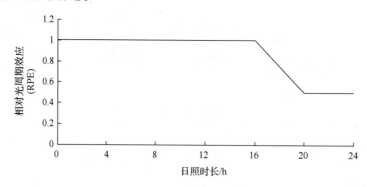

图 5-19　辣椒的光周期效应曲线

3. 每日相对生理发育效应

辣椒在种子发芽、开花坐果和结果时期不受光周期的影响，发育速率只受每日热效应 RTE 的影响，但是在幼苗时期会受到温度和光周期的共同影响，每日生理发育速率由每日相对热效应(RTE)和每日相对光周期效应(RPE)共同决定。故每日相对生理发育效应(RPDE)也为分段函数，计算过程见式(5-18)。

$$RPDE = \begin{cases} RTE & PDT \leqslant GER \\ RTE \times RPE & GER < PDT < FLO \\ RTE & PDT \geqslant FLO \end{cases} \tag{5-18}$$

式中，GER 为播种到出苗所需累积的生理发育时间；FLO 为播种到始花期所需的生理发育时间。

生理发育时间(PDT)为播种到该日期间所累积的每日相对生理发育效应(RPDE)之和，可用式(5-19)计算。GER、FLO，以及辣椒从播种到达始收期所需生理发育时间(HAR)为本模型的另外 3 个参数。

$$PDT = \sum RPDE \tag{5-19}$$

三、蔬菜生育期模型的参数的确定及检验

(一)模型参数调整方法

针对辣椒模型以 2010 年 5 个不同海拔高度处的生育期资料为样本，给定模型中各个参数的初值后，计算得到各海拔高度处辣椒从播种后达到各个生育期的时间段内所累积的生理发育时间 PDT[i, j](i=1，2，…，5，代表 5 个不同海拔高度；j=1，2，3，分别代表辣椒到达出苗期、始花期、始收期)。再比较各个 PDT[i, j]与对应的模型参数初值 GER、FLO、HAR(播种到出苗、始花、始收所需生理发育时间)之间的差异，用残差平方和 Ek 衡量其差异的大小，见式(5-20)。

$$Ek = \sum_{i=1}^{5}\left(PDT[i,1] - GER\right)^2 + \sum_{i=1}^{5}\left(PDT[i,2] - FLO\right)^2 + \sum_{i=1}^{5}\left(PDT[i,3] - HAR\right)^2 \tag{5-20}$$

利用改良的 Marquardt 法对模型中各个参数的初值进行调整，使残差平方和 Ek 达到最小，此时的参数即能使模型最好的符合当前样本，建模即完成。

(二)模型检验方法

利用调好参数的生育期模型，结合 2009 年的气象数据，模拟各个海拔高度处辣椒 5 月 10 日播种后达到各个生育期的日期，再与实际生育期记录对比，根据式(5-21)计算各个时期及全生育期的回归估计标准误差(root mean squared error，RMSE)。RMSE 值越小，表示模拟值和观测值之间的偏差越小，模型越可靠，预测的准确性和适用性越好。

$$RMSE = \sqrt{\frac{\sum_{i=1}^{n}\left(OBS_i - SIM_i\right)^2}{n}} \tag{5-21}$$

式中，OBS_i 为实际观测值，即辣椒到达某个生育期的日期；SIM_i 为使用模型计算的模拟日期，两者的差值为误差天数；n 为样本数。

(三)结果与分析

1. 生育期模型的参数确定

2010 年不同海拔高度处辣椒的生育期记录见表 5-13。

表 5-13　2010 年不同海拔高度处辣椒的生育期记录(月/日)

海拔/m	播种	出苗	始花	始收
400	5/10	5/22	7/10	7/28
800	5/10	5/22	7/15	8/15
1200	5/10	5/25	7/22	8/18
1600	5/10	5/26	8/2	9/3
1800	5/10	5/27	8/5	9/5

最优化调整后的参数为：ts=0.240，GER=11d，FLO=57d，HAR=80.5d，此时各个海拔高度处到达各个生育期期所累积的 PDT 及其分别与 GER、FLO、HAR 等参数的残差见表 5-14。从表 5-14 中可以看出，除 400m 高度处始收期 PDT 残差较大外，其他各个高度及时期计算的 PDT 与 GER 等参数间的残差都比较小，总体残差平方和达到最小。

表 5-14　从播种到达各个生育期累积的 PDT 及其与对应参数间的残差

海拔/m	出苗		始花		始收	
	PDT	残差	PDT	残差	PDT	残差
400	11.77	0.64	56.40	−0.88	73.72	−6.78
800	9.95	−1.17	56.67	−0.62	86.08	5.59
1200	12.43	1.31	56.49	−0.79	81.44	0.94
1600	10.82	−0.30	58.51	1.23	81.66	1.16
1800	10.26	−0.87	58.27	0.99	78.56	−1.94

模拟计算辣椒 2010 年播种后到达各个生育期的日期，与表 5-13 中的实际记录作比对，结果见表 5-15。与表 5-14 中所显示的 PDT 残差的结果相似，除了海拔 400m 高度处辣椒到达始收期模拟的日期迟了 7 天外，其他日期的误差都很小。

表 5-15　2010 年播种后达到各生育期的模拟日期及与实际记录的比较

海拔/m	出苗		始花		始收	
	模拟值（月/日）	误差/d	模拟值（月/日）	误差/d	模拟值（月/日）	误差/d
400	5/22	0	7/11	1	8/4	7
800	5/23	1	7/15	0	8/9	−6
1200	5/24	−1	7/23	1	8/17	−1
1600	5/27	1	7/31	−2	8/31	−3
1800	5/29	2	8/3	−2	9/7	2

2. 生育期模型检验

辣椒 2009 年各个生育期的实际观测日期与模拟日期如表 5-16 所示，到达各生育期的天数与模拟值的对比及其 1∶1 的线见图 5-20。由图表可知，2009 年辣椒播种后到达各个生育期的模拟值与观测值的回归统计标准误差 RMSE 在到达出苗时为 2.9 天，在到达始花时为 4.5 天，到达始收期时为 6.7 天。除成熟期误差较大外，其他时期的预测误差较小。

表 5-16　2009 年辣椒的生育期模拟值及其误差

海拔/m	出苗		始花		始收	
	模拟值（月/日）	误差/d	模拟值（月/日）	误差/d	模拟值（月/日）	误差/d
400	5/21	−1	7/11	1	8/5	8
800	5/22	1	7/15	0	8/9	−6
1200	5/23	−2	7/19	−1	8/15	−3
1600	5/25	−1	7/25	−8	8/24	−6
1800	5/27	6	7/30	−6	8/29	9

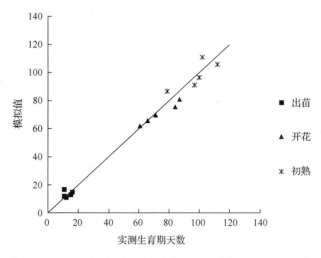

图 5-20　2009 年辣椒达到各生育期模拟值与观测值的比较

四、讨论

模型模拟 2009 年的生育期的误差比较大，结合观测资料和生产中的实际情况，可能原因有如下几个方面。

(1)海拔 1800m 处 2009 年辣椒始花后 15 天即到达始收期，而 2009 年始花后的气温比 2010 年同时期温度更低(图 5-21)，但是却比 2010 年更快成熟，是暂时只考虑温度和光周期效应的模型无法排除的误差。

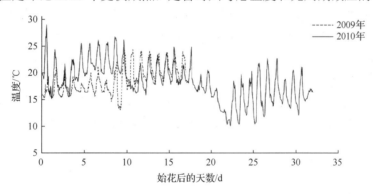

图 5-21　海拔 1800m 处不同年份辣椒始花后每天的逐小时温度

(2)在判断作物达到某个生育期时，对标准的把握存在着人为因素的差异，使得所记录日期并不一定十分准确，加上本模型只考虑了温度和光周期效应，而实际生产中其他因素对蔬菜发育速度的影响只能作为系统误差存在于模型中，故只要误差在较小的范围内，模型即可接受并应用。

五、结论

(一)生育期模型小结

本章以生理发育时间恒定理论为基础，分别对辣椒建立了生育期模型。辣椒生育期模型中，使用 2010 年生育期资料确定模型参数，参数 ts=0.240，表明辣椒的发育速度对温度在发育温度上下限范围内变化时反应不是很敏感，或者说辣椒的发育对温度变化的适应性比较广；GER =11 天，FLO=57 天，HAR=80.5 天。2010 年本身的模拟误差较小，到达出苗、始花、始收各时期时的模拟值与观测值的回归统计标准误差 RMSE 分别为 1.2 天、1.4 天、4.4 天；但是使用 2009 年的生育期记录检验时模拟值与实际观测值差异较大，到达各时期时的 RMSE 分别为 2.9 天、4.5 天、6.7 天。

（二）生育期模型讨论

（1）辣椒生育期模型中的参数 ts 具有比较明确的生理意义，可称为温度敏感参数。辣椒模型中 ts=0.240，从 RTE 的曲线可知，辣椒在发育上下限温度之间变化时，RTE 的取值变化不大；模型参数 HAR=80.5 天，即辣椒从播种到始收在最适发育环境下需生长 80.5 天，这与实际发育天数 90～110 天差异不大。

（2）高山蔬菜生产中广泛使用覆膜技术，因为缺少覆膜对作物生长环境改变的具体数据，另外实际生产中覆膜主要是为了减少山地的水土流失和保持蔬菜根部水分（保墒），即使在温度较高的时候也有覆膜，故本文在模型模拟误差可以接受的情况下暂忽略其影响，这也是今后研究蔬菜生育期模型可以改进的地方。

（阳　威　邱正明　聂启军　刘可群　李　京）

第九节　基于生育期模型的鄂西高山地区辣椒种植研究

辣椒为茄科辣椒属一年或有限多年生草本植物，是人们最喜食的鲜菜和调味品，在我国种植最为普遍。辣椒喜温，但不耐高温，因此也是高山反季节种植中最常有的蔬菜品种。近几年在市场机制作用下高山反季节种植发展很快，但存在很大的盲目性，如种植上下高度跨越上千米，缺乏对上市时间的预见性，产量差异巨大，严重影响了菜农收益。如何有效利用山区气候资源特点，既弥补城市蔬菜夏秋淡季市场，又提高高山地区农民生产效益，需要以辣椒生育期准确预测为基础，并在此基础上研究高山地区辣椒种植适宜或最佳高度。

国内外关于园艺蔬菜生育期模拟研究有一些报道，如李永秀等对温室黄瓜、王冀川等对温室番茄、杨再强等对杨梅已经建立以生理发育时间（physiological development days，PDD）为发育尺度的发育模型，施泽平等利用生长度日（growth degree days，GDD）模拟温室甜瓜发育进程。这些研究主要模拟温室栽培下发育进程和收获期；很少用于高山反季节种植，作者在多年、多高度试验资料基础上，分析辣椒生长发育与温度、光照等环境因子的定量关系，进而建立基于光温效应的辣椒发育模型，模拟辣椒的发育进程，并进一步研究开花结果期长短对坐果率、产量的贡献；为辣椒最佳种植高度，以及不同高度辣椒最佳种植时间提供理论依据。

一、材料与方法

（一）试验设计

实验于 2009～2011 年在鄂西南山区长阳县火烧坪（东经 110°41'19"～110°43'42"，北纬 30°26'45"～30°30'25"）海拔 400m、800m、1200m、1600m、1800m 等不同高山开展品种为 '楚椒佳美' 的辣椒生长发育、产量和品质实验。播种期 2009 年、2010 年均为 5 月 10 日，2011 年分别于 3 月 30 日、4 月 30 日、5 月 30 日在不同高度进行了分期播种试验。生育期记载有播种、出苗、定植、开花始期、产品成熟期等，并对收获的辣椒单产（单位面积鲜重，以下简称单产）进行了记录。试验进行了小气候观测，测点分别在海拔 174m、400m、800m、1175m、1250m、1600m、1800m 高度上，观测时间为 2009～2013 年，观测仪器为江苏省无线电科学研究所有限公司生产的 ZQZ-II 型自动气象观测仪，观测气象要素为逐时气温及降水。

（二）模型设计

温度对辣椒发育的影响用热效应来表示，每日热效应（relative thermal effectiveness，RTE）是指作物在实际温度条件下 1 天的生长发育速率（以下简称发育速率）与在最适宜温度条件下 1 天的发育速率的比例；光照对辣椒发育的影响用光照效应来表示，每日光照效应（relative photoperiodic effectiveness，RPE）是指作物在实际光照条件下 1 天发育速率与在最适宜光照条件下 1 天发育速率的比例；每日光温效应就是辣椒在实际光温条件下 1 天发育速率与最适温光条件下 1 发育速率的比例。对于特定辣椒品种，其完成某一特定发育阶段所需的累计光温效应是恒定的，以累计光温效应(accumulated photo-thermal effectiveness，APTE)为尺度，可以建立基于光温的辣椒生育期模拟模型。光温效应(PTE)计算方法如下：

$$RPE = 1 - \exp^{[-\alpha(24-DL)]} \tag{5-22}$$

$$RTE = \begin{cases} 0 & T < T_b \\ (1 - \exp^{-\beta(T-T_b)})(1 - \exp^{-\gamma(T_m-T)}) & T_b \leqslant T \leqslant T_m \\ 0 & T > T_m \end{cases} \tag{5-23}$$

$$PTE = RPE \times RTE \tag{5-24}$$

式中，DL 为实际光照时间，用天文日长近似代替；每日光效应的值界于 0~1 之间，每日光效应与白昼时间长短呈负指数关系；α 为模型参数；T_b、T_m 分别为生长发育下限温度与上限温度；β、γ 为模型参数。根据相关实验室的研究，辣椒在播种-开花期间生长下限温度为 5℃，上限温度为 40℃，但自然条件下日最低气温在 5℃时，日平均温度一般为 10℃左右；当日最高气温 35℃左右时，日平均温度 28.5℃左右；当日最高气温 40℃左右时，日平均温度接近 35℃；因此本文取播种-开花期间开花结果期生长下限温度为 10℃，上限温度为 35℃；正常开花结果的下限温度为 15℃，上限温度为 30℃。

辣椒品种完成特定生育阶段所需的累计光温效应用 APTE 表示。对于不同辣椒品种完成特定生育阶段所需的累计光温效应有所不同，而对于某一特定则是恒定不变的。累计光温效应的计算公式为

$$APTE = B \times \sum PTE_i \tag{5-25}$$

B 为基本发育因子(basic development factor)，是品种特定的遗传参数，是一相对值；最早熟的品种基本发育因子为 1，其余品种的基本发育因子由早熟品种与该品种完成全生育期所需的累计光温效应相比得到，本研究只对一个品种进行了试验，因此这里假定为 1。

(三)模型参数确定与检验方法

给定模型中的各个参数的初值后，计算得到各样本辣椒从播种-开花始期(简称始花)、始花-始收期时间段内所累积的生理发育时间 PDT[i, j](i 为实验样本，j 分别代表不同生育阶段)。再比较各个 PDT[i, j]与对应的模型参数初值 FLO(为播种-始花所需生理发育时间)之间的差异，用残差平方和 Ek 衡量其差异大小，计算式：

$$Ek = \sum_{i=1}^{n} (PDT[i,1] - FLO)^2 \tag{5-26}$$

利用改进的 Levenberg-Marquardt 法调整参数，不断地调整模型中各个参数的初值，使残差平方和 Ek 达到最小，即建模完成。

采用回归估计标准误差(root mean squared error，RMSE)对模型的模拟值和观测值之间的符合度进行检验：

$$RMSE = \sqrt{\frac{\sum_{i=1}^{n} (OBS_i - SIM_i)^2}{n}} \tag{5-27}$$

式中，OBS_i 为实际观测值；SIM_i 为模型模拟值；n 为样本容量。

二、结果与分析

(一)模型模拟结果

利用试验获得的观测资料,采用最优化调整计算得到公式(5-22)和公式(5-23)中参数 α、β、γ 分别为 0.27、0.09、0.39。图 5-22 是利用获得的辣椒生育期模型(a)和有效积温法(b)分别模拟计算的不同海拔高度、不同播种期从播种-开花始期的生育期天数与实际持续天数的相关分析图。从图中可以看出利用辣椒生育期模型计算的生育期天数与实际天数间相关系数为 0.9823,达到了 99.9% 极显著水平,明显高于有效积温法计算的 0.9158。其平均绝对误差为 3.7 天,较有效积温法模拟绝对误差 4.4 天更精确;其最大误差为 8.4 天,明显低于有效积温法计算模拟最大误差 12.9 天。由此可见,生育期模型各项检验精度均高于有效积温法。基于模拟模型结合该地区气候特点及反季节蔬菜上市时间的要求,可以科学安排不同高度辣椒播种、定植时间。

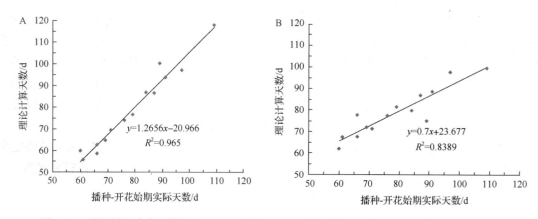

图 5-22　利用辣椒生育期模型(A)和有效积温法(B)模拟播种-开花生育期天数与实测值比较

(二)温度热效应对辣椒产量影响

辣椒属无限花序作物,在适宜温度环境和充足肥水条件下,能不断开花结果(中国农业科学院蔬菜花卉研究所,2010);开花结果阶段的生理发育期的长短是辣椒产量高低的重要因素。计算得到:公式(5-22)和公式(5-23)中 α=1.0,β、γ 分别为 0.33、0.35,开花结果期累计光温效应与单株坐果数、辣椒单产均呈现显著的正相关,与它们的相关系数分别为 0.9882、0.9812,均达到了 99.9% 显著水平。当 α=1.0 时,光照在 18h 内日光效应均为 RPE=1,即光温效应主要表现为温度热效应。图 5-23 是根据模拟计算得到的开花结果期产量温度热效应与温度关系图,从图中可以看出开花结果期温度在 21~24℃ 最有利于开花结果,对产量提高最有利,温度过高或过低均会导致产量温度热效应下降。对产量与温度的关系进行进一步研究,表 5-17 是开花结果期间不同温度(T<30℃)持续时间及该温度的有效积温与辣椒单产、单株坐果数的相关系数表。这里 T<30℃ 持续时间中高温 30℃ 截止时间是指连续出现 3 天或 3 天以上日平均温度≥30℃或日最高气温≥35℃天气过程出现的第一天。从表中可以看出,持续时间的长短对产量或单株坐果数的影响大于有效积温;其中以 16~30℃ 持续时间中的影响最大,其次是 15~30℃;统计分析还发现 16~30℃ 持续时间减少 1 天,产量及单株坐果数分别减少 113.0g/m² 、0.34 个/株。试验中海拔 400m 高度在 4 月 30 日~5 月 30 日前播种的,在不同程度上受夏季日平均温度≥30℃或日最高气温≥35℃高温影响花器发育不全而大量落花落果,提前罢园,产量不足海拔 800m 高度上的 50%。综上可以说明较好的温度条件对辣椒产量有影响,尤其是适宜温度及其持续时间,即开花结果期温度累计热效应对产量增加至关重要。高山种植首先要避开有夏季高温的地区,其次选取日平均气温大于 16℃ 持续天数长的地方。

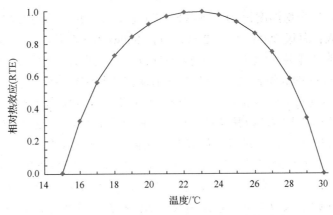

图 5-23　开花结果期相对热效应与温度的关系

表 5-17　开花结果期间（T-30℃）持续时间及该温度有效积温与辣椒单产、单株坐果数的相关系数

	T	10	11	12	13	14	15	16	17	18
辣椒单产	持续天数	0.7539	0.7783	0.7834	0.8526	0.8581	0.9760	0.9841	0.9520	0.9066
	有效积温	0.8250	0.8333	0.8082	0.7807	0.7500	0.7114	0.6624	0.6055	0.5471
单株坐果数	持续天数	0.7702	0.7938	0.7959	0.8796	0.8899	0.9853	0.9890	0.9500	0.9040
	有效积温	0.8117	0.8204	0.7943	0.7651	0.7315	0.6906	0.6392	0.5803	0.5197

(三)山区气候特征与辣椒种植

从上文中可以看出，16℃的初、终日及其持续时间长短对单株坐果数和辣椒产量的影响很大，直接影响到辣椒种植适宜上限高度；考虑高温对开花结果的影响，日平均温度≥30℃或日最高气温≥35℃高温则是反季节辣椒能否平稳渡过盛夏高温的重要指标。利用 5 天滑动平均法计算每年的 16℃初、终日，再对其平均得到多年平均初、终日及其持续时间；图 5-24 是 2009～2013 年 16℃初、终日及其持续天数。从图中可以看出，海拔每升高 100m，初、终日分别推迟 4.1 天、提早 3.0 天，持续时间减少 7.1 天。对 2009～2013 年

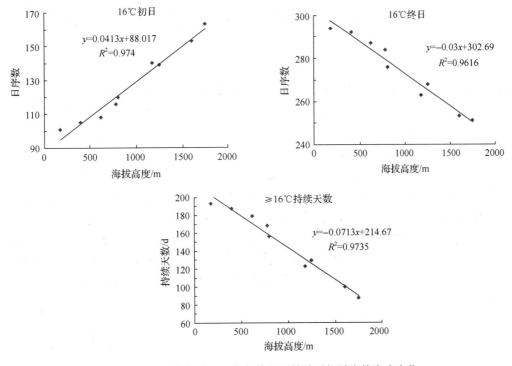

图 5-24　鄂西南山区 16℃的初终日及持续时间随海拔高度变化

气象观测数据分析发现，日平均温度≥30℃或日最高气温≥35℃的年平均天数，海拔150m高度为30.8天；海拔400m为27.2天；海拔600m为16.2天；海拔800m为1.6天，其中2009年出现3天，2012年没有出现一天高温，其他3年各出现1天；海拔1100m以上高度没有出现过1天高温。在2009～2013年5年中，海拔600～800m的高温日数中75%时间出现在7月中旬～8月中旬；海拔800m高度出现的8天高温中，除2011年出现的1天是在6月下旬外，其他均出现在7月中旬至8月中旬，可见该地区高温基本上出现在海拔800m以下的辣椒开花结果的关键时期。该地区辣椒安全度夏的高度为海拔800m，且≥16℃持续天数高达156天，也就是说，如果利用保护性措施辣椒在这一高度的开花结果期最长可达156天，是辣椒高产种植最理想的高度。考虑到蔬菜夏秋淡季、运输成本等因素，将开花期安排在7月初，始收期为7月下旬，开花结果期海拔800m也有95天左右，海拔1200m有82天左右。图5-25中两条曲线分别是不同开花初始日辣椒结果期累计热效应随海拔高度的变化，从图中可以看出，开花初日的不同开花结果期累计热效应有很大的差别，且海拔越低差距越大；其次，开花初日无论是哪一天，其开花结果期累计热效应在海拔800～1200m下降比较缓慢，但海拔1200m以上高海拔地区其下降速率明显加快。可见海拔高度越高≥16℃持续天数线性下降，而累积温度热效应呈现加速下降，导致同时间播种的辣椒，其单株坐果数和产量在海拔1600m高度上分别不足海拔800m高度的50%和25%。

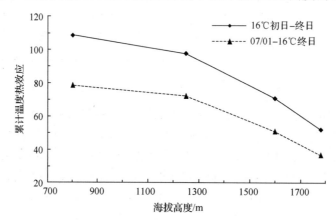

图5-25　辣椒不同初始日开花结果期累计热效应随海拔高度的变化

三、结论与讨论

(1) 从试验资料的检验结果看，基于累计光温效应的辣椒生育期模拟模型在生育期预测明显高于基于有效积温的预测，表明本模型较高的准确性；根据蔬菜淡季上市需求利用该模型科学安排不同海拔高度辣椒的播种、定植及采收期，在生产上具有很好的实用性。

(2) 鄂西南山区辣椒安全度夏的高度为海拔800m左右；从开花结果期温度热效应上看，海拔800m高度上16℃持续时间最长，开花结果期累积热效应最多，单株坐果数及实际产量最高；之后随着海拔高度的升高，≥16℃持续时间及累积热效应减少，尤其是海拔1200m以上高度累积热效应加速下降。因此从提高辣椒产量的角度考虑，在生产中可通过保护设施育苗，或山下育苗山上定植增加开花结果期温度热效应，亦即延长开花结果期提高辣椒产量。但从经济角度考虑，在蔬菜夏秋淡季来临之前由于高山地区远离城市、运输等成本增加，缺乏应有的竞争性，将采收期安排在夏秋季，≥16℃持续时间及累积热效应将大大缩小，海拔1200m以上地区辣椒的单株结果数、产量将明显下降。由此可见海拔800～1200m是鄂西山区反季节辣椒生产的最佳高度带。

（聂启军　邱正明　刘可群）

第十节　鄂西山区不同海拔与播期对甜玉米生长的影响

鄂西山区地处云贵高原东延部分尾部地带，海拔 48.7～2259.1m，垂直高差大；地跨东经 110°21′～111°21′，北纬 30°12′～30°46′。在山区种植甜玉米，海拔是影响甜玉米生长发育的重要环境因子之一。为摸清鄂西山区甜玉米生长发育规律，2012～2013 年连续两年在湖北省宜昌长阳县高山蔬菜基地 5 个不同海拔梯度点安排了甜玉米分期播种试验，研究鄂西山区不同海拔高度及不同播期对甜玉米生长的影响，旨在总结出高山甜玉米适宜的种植耕作制度。

一、材料与方法

(一)参试甜玉米品种和试验地点

试验甜玉米品种为湖北蔬谷农业科技有限公司提供的'鄂甜 4 号'。

在湖北省宜昌长阳县高山蔬菜基地选择方位、地形大致相同的田块安排 5 个海拔梯度试验点，分别在资丘镇百沙坪四组沙坡地田昌海责任田(海拔 400m)、天堰乡凉水寺村田科学责任田(海拔 800m)、田家坪吴丹阳责任田(海拔 1200m)、大漩涡登坛溪汪学峰家责任田(海拔 1600m)、火烧坪乡青树包村高山蔬菜试验站试验地(海拔 1800m)。

(二)试验方法

在 5 个不同海拔试验点架设流动气象观测站，24h 全天候计算机记载温湿度、降水量及光照，并在对应的不同试验点安排了甜玉米'鄂甜 4 号'分 4 个播期(4 月 25 日、5 月 25 日、6 月 25 日和 7 月 25 日)的试验。各海拔试验地的前茬为冬闲地，小区面积 133m²。人工开沟施基肥，每公顷施农家肥 22 500kg，撒"可富牌"复合肥(N∶P∶K 为 15∶15∶15)750kg。双行种植直播，包沟厢宽 130cm，行距 50cm，株距 32cm。田间管理按当地大田生产的一般管理水平进行。

定期观察每个作物的物候期、农艺性状、产量、品质、主要病虫害、气候适应性，采用定点观测法进行分析。

二、结果与分析

(一)不同海拔、不同播期甜玉米'鄂甜 4 号'物候期的变化

不同海拔、不同播期甜玉米'鄂甜 4 号'田间物候期调查结果见表 5-18。从表 5-18 可以看出，同一播期甜玉米随着海拔的不断升高，播种至抽雄、播种至吐丝、播种到成熟的天数都在不断延长。例如，2012 年 4 月 25 日播种至成熟的生育期随着海拔的不断升高，后一个海拔的梯度比前一个海拔段分别延长 11 天、14 天、16 天、14 天。5 月 25 日播种至成熟的生育期随着海拔的不断升高，后一个海拔的梯度比前一个海拔段分别延长 5 天、12 天、19 天、19 天。6 月 25 日播种的生育期随着海拔的不断升高，后一个海拔的梯度比前一个海拔段分别延长 16 天、2 天、27 天、10 天。2013 年 4 月 25 日播种至成熟的生育期随着海拔的不断升高，后一个海拔的梯度比前一个海拔段分别延长 5 天、10 天、16 天、7 天。5 月 25 日播种至成熟的生育期随着海拔的不断升高，后一个海拔的梯度比前一个海拔段分别延长 9 天、5 天、27 天、2 天。6 月 25 日播种至成熟的生育期随着海拔的不断升高，后一个海拔的梯度比前一个海拔段分别延长 10 天、5 天、26 天、10 天。

从表 5-18 还可以看出，4 月 25 日、5 月 25 日和 6 月 25 日不同海拔播种的甜玉米基本上成熟，7 月 25 日播种除 2012 年海拔 400m 成熟外，其余海拔未成熟。2012 年海拔 400m 不同播期从播种到成熟的生育期天数分别为 85 天、75 天、65 天、90 天。

表 5-18　甜玉米'鄂甜 4 号'不同海拔、不同播期物候期

年份	海拔/m	播期											
		04-25			05-25			06-25			07-25		
		播种至抽雄	播种至吐丝	播种至成熟	播种至抽雄	播种至吐丝	播种至成熟	播种至抽雄	播种至吐丝	播种至成熟	播种至抽雄	播种至吐丝	播种至成熟
2012	400	65	66	85	48	54	75	43	47	65	47	51	90
	800	68	70	96	53	56	80	46	51	81	50	69	—
	1200	77	83	110	58	61	92	50	55	83	53	72	—
	1600	87	92	126	67	71	111	60	66	110	70	—	—
	1800	102	105	140	73	81	130	66	75	120	84	—	—
2013	400	60	67	85	49	54	72	43	47	72	54	58	—
	800	62	68	90	51	54	81	45	54	82	71	73	—
	1200	71	73	100	56	61	86	50	57	87	—	—	—
	1600	85	89	116	67	70	113	57	65	113	—	—	—
	1800	94	96	123	72	76	115	67	72	123	—	—	—

注：表中空白数据是因为在该播期该海拔段气候不适宜甜玉米生长，甜玉米生长缓慢或停止，没有完成生育期的发育。

(二)不同海拔、不同播期甜玉米'鄂甜 4 号'株高比较

从表 5-19 可以看出，同期播种甜玉米株高随着海拔高度的变化有明显的差异。海拔 400～800m 下株高随海拔的升高而降低，海拔 800～1200m 下总体株高随海拔的升高而升高，海拔 1200～1800m 下总体株高随海拔的升高而降低。

表 5-19　不同海拔、不同播期甜玉米'鄂甜 4 号'株高比较

年份	播期	株高/cm				
		400m	800m	1200m	1600m	1800m
2012	04-25	224.0	218.0	220.0	217.0	152.0
	05-25	229.0	217.0	230.0	210.0	185.0
	06-25	210.0	149.0	240.0	212.0	183.0
2013	04-25	242.0	240.6	253.8	196.6	192.0
	05-25	247.4	242.7	250.5	209.7	·162.6
	06-25	188.8	178.0	208.6	190.8	160.2

(三)不同海拔、不同播期甜玉米'鄂甜 4 号'雌穗节位和单株结穗数比较

从表 5-20 可以看出，试验条件下，2013 年'鄂甜 4 号'雌节位为 8.0～11.0 节。在海拔 1200m 以上，5 月 25 日、6 月 25 日播期的'鄂甜 4 号'雌穗节位总体较低，单株结穗数在 1.04～2.00。海拔 400m 单株结穗数普遍较低，播期 6 月 25 日的不同海拔单株结穗数普遍较低，结穗数较高的点分布在海拔 800、1200m 高度 4 月 25 日、5 月 25 日播种的及海拔 1800m 高度 4 月 25 日播种的。

表 5-20　2013 年不同海拔、不同播期雌穗节位和单株结穗数比较

播期	雌穗节位					单株结穗数				
	400m	800m	1200m	1600m	1800m	400m	800m	1200m	1600m	1800m
04-25	9.8	9.0	11.0	10.0	9.8	1.06	1.92	1.66	1.46	2.00
05-25	9.3	9.2	8.8	9.4	8.0	1.05	2.00	1.66	1.35	1.30
06-25	8.9	9.0	9.4	8.4	8.4	1.04	1.33	1.19	1.27	1.26

(四)不同海拔、不同播期'鄂甜4号'商品性、品质和耐储性比较

从表5-21可以看出，2013年'鄂甜4号'果长为18.1~22.4cm，果粗为3.9~5.2cm，行数为12.0~15.0，秃顶0.0~5.5cm，鲜苞重为184.0~512.5g，鲜穗重在146.0~350.0g。海拔1200m下不同播期'鄂甜4号'的秃顶平均数是值最小的，平均1.2cm。海拔1800m下不同播期'鄂甜4号'甜玉米的秃顶平均数是值最大的，平均4.4cm。'鄂甜4号'鲜苞重在海拔1200m下各播期的都是最大的，平均459.9g；而平均鲜穗重则是在800m海拔下最大，平均302.5g，其次为海拔1200m平均290.8g。各播期下海拔1200m及以上品质较好，有甜味，并且无渣或渣少，海拔400m和800m下甜味差，并且渣多。随着海拔的升高，耐储性提高，田间滞留期可以稍延后。海拔400m下不耐储，需及时采收，否则很容易老化。综合各方面，'鄂甜4号'在海拔1200m种植商品性好，秃顶小，单穗重重，品质好，耐储性好，为适宜种植海拔高度。

表5-21 2013年不同海拔甜玉米商品性和品质

播期	海拔/m	果长/cm	果粗/cm	行数	秃顶/cm	鲜苞重/g	鲜穗重/g	品质	耐储性
4月25日	400	22.4	4.5	13.0	0	450.0	260.0	不太甜、渣多	差
	800	20.5	5.2	12.6	1.9	500.0	325.0	不太甜、渣多	差
	1200	21.0	4.9	14.0	0	512.5	312.5	甜、无渣	好
	1600	19.5	4.9	13.0	3.2	390.0	282.0	甜、无渣	好
	1800	18.1	4.9	12.5	2.6	372.0	256.0	甜、无渣	好
5月25日	400	21.0	4.4	13.0	3.0	362.5	200.0	不太甜、渣多	差
	800	20.0	5.3	12.0	1.7	432.5	350.0	不太甜、渣多	差
	1200	18.3	4.6	12.5	1.4	471.6	300.0	甜、无渣	好
	1600	18.8	4.9	12.0	4.5	360.0	240.0	甜、无渣	好
	1800	20.8	4.9	12.5	5.5	323.3	206.7	甜、无渣	好
6月25日	400	19.6	3.9	12.0	4.4	184.0	146.0	不太甜、渣多	差
	800	19.9	4.8	13.3	2.1	356.0	232.5	不太甜、渣多	差
	1200	20.5	4.7	12.4	2.3	396.0	260.0	甜、无渣	好
	1600	19.0	4.5	14.0	2.5	350.0	245.0	甜、无渣	好
	1800	19.0	4.6	15.0	5.2	313.3	200.0	甜、无渣	好

(五)不同海拔、不同播期甜玉米'鄂甜4号'产量比较

按每公顷栽种48 000株甜玉米计算，从表5-22可以看出，2012~2013年两年不同海拔甜玉米折合成公顷均产量8832.0~24 600.0kg/hm²。同期播种甜玉米随着海拔的升高，海拔400~1200m下产量逐渐上升，海拔1200~1800m下产量逐渐下降，不同播期海拔1200m产量均最高，说明海拔1200m有利于'鄂甜4号'的生长种植。同一海拔，随着播期的不断延后，产量由高到低，4月25日播种最适合'鄂甜4号'生长，6月25日播种产量最低，基本上不太适合'鄂甜4号'生长。

表5-22 2012~2013年不同海拔高山甜玉米2年平均产量

播期海拔	产量/(kg/hm²)				
	400m	800m	1200m	1600m	1800m
4月25日	21 600.0	24 000.0	24 600.0	18 720.0	17 856.0
5月25日	17 400.0	20 760.0	22 636.5	17 280.0	15 519.0
6月25日	8 832.0	17 088.0	19 008.0	16 800.0	15 039.0

三、小结与讨论

(一)不同海拔对'鄂甜4号'生长的影响

两年各点物候期的试验结果表明，同期播种'鄂甜4号'随着海拔的不断升高，播种至抽雄、播种至

吐丝、播种到成熟的天数都在不断延长。生长有效积温对甜玉米生长影响起决定作用，即温度高、有效积温多则生育期缩短，反之则延长。同期播种'鄂甜玉4号'随着海拔梯度不断升高，温度不断降低，有效积温少，生育期延长；海拔1200m和1600m间播种至成熟天数相差跨度最明显，最长相差27天，表明在海拔1600m及以上地区'鄂甜4号'生长缓慢，生育期太长，不太适合'鄂甜4号'生长。每年海拔1200m和1600m间生育期相差跨度不完全一致，与山区独特的小气候是千差万别有关系。

同期播种'鄂甜4号'株高随着海拔高度的变化而有很明显的差异。海拔400~800m下株高随海拔的升高而降低，海拔800~1200m总体株高随海拔的升高而升高，海拔1200~1800m总体株高随海拔的升高而降低。总体来看，海拔1200m下在不同年份不同播期株高最高，海拔400m下在不同年份不同播期株高其次。4月25日播期播种，海拔400m比海拔1200m株高高(2016年除外)，6月25日播期播种，海拔400m比海拔1200m株高低，因为4月25日播期播种前期低温，海拔400m比海拔1200m温度高，适合'鄂甜4号'生长。6月25日播期播种后期高温，海拔400m比海拔1200m温度高、干旱，不太适合'鄂甜4号'生长，表明海拔气候对株高影响较大，海拔1200m最适合'鄂甜4号'生长。

'鄂甜4号'商品性、品质、耐储性比较可见，海拔1200m下甜玉米商品性好，秃顶短，单穗重，品质好，耐储性好。

同期播种'鄂甜4号'随着海拔的不断升高，产量呈波形变化，海拔400~1200m产量不断上升，海拔1200~1800m产量不断下降，海拔1200m下产量最高。因为低海拔地区积温高甜玉米生长生育期较短，不能充分利用有利的生长季节，生产和积累更多的干物质，因而产量不高；高海拔地区积温少，生育期太长，超过某一地区气候条件，特别是温度的极限，甜玉米灌浆期遇低温籽粒不能正常成熟，产量反而更低，说明海拔1200m有利于'鄂甜4号'生长及营养物质积累，适合种植'鄂甜4号'。

综合生育期、生长势、商品性、耐贮性及产量，1200m海拔下最适合鄂甜玉4号种植。

(二)不同播期对甜玉米生长的影响

同一海拔下4月25日和7月25日播种生育期长些，5月25日和6月25日播种生育期短些。4月25日和7月25日播种生长前期和后期低温，有效积温少，'鄂甜4号'生育期延长。5月25日和6月25日播种生长期温度高，有效积温多，'鄂甜4号'生育期缩短。4月25日、5月25日和6月25日播种的不同海拔'鄂甜4号'基本上成熟，7月25日播种除2012年海拔400m成熟外，其余海拔基本难以成熟。7月25日播期播种不适合'鄂甜4号'生长。

同一海拔下随着播期的不断延后产量由高到低，4月25日播期播种最适合'鄂甜4号'生长。同一海拔6月25日播期播种产量最低，低海拔地区此期高温干旱，高海拔地区后期低温，基本上不太适合甜玉米生长。试验中'鄂甜4号'适合的播种期4月25日和5月25日，应根据不同海拔梯度排开安排播种茬口。

(朱凤娟　邱正明　聂启军　邓晓辉　焦忠久　董斌峰　黄益勤)

第十一节　不同海拔与播期对高山小白菜生长的影响

一、材料与方法

(一)参试小白菜品种和试验地点

试验品种为'上海青'小白菜。地点在湖北省宜昌市长阳县高山蔬菜基地选择方位、地形大致相同的田块安排5个海拔梯度试验点，分别在资丘镇百沙坪四组沙坡地田昌海责任田(海拔400m)、天堰乡凉水寺村田科学责任田(海拔800m)、田家坪吴丹阳责任田(海拔1200m)、大漩涡登坛溪汪学峰家责任田(海拔1600m)、火烧坪乡青树包村高山蔬菜试验站试验地(海拔1800m)。

(二)试验方法

我们于 2012～2015 年开展了不同海拔小白菜分期播种试验，在 5 个不同海拔试验点架设流动气象观测站，24h 全天候计算机记载温湿度、降水量及光照，并在对应的不同试验点安排了小白菜分期播种试验。试验分为 4 月 25 日、5 月 25 日和 6 月 25 日 3 个播期。各海拔试验地的前茬为冬闲地，小区面积 133m²。直播。田间管理按当地大田生产的一般管理水平进行。定期观察每个作物的物候期、农艺性状、产量、品质、主要病虫害、气候适应性。采用定点观测法进行分析。

二、结果与分析

(一)不同海拔、不同播期小白菜物候期的变化

小白菜从出苗后一直可以采收食用，我们以中株为始收期。从表 5-23 可以看出，4 月 25 日播种同一播期小白菜随着海拔的不断上升，始收期天数总体都在不断延长。同一海拔小白菜随着播期的不断延后，始收期天数总体都在不断缩短。

表 5-23　2012～2014 年小白菜不同海拔不同播期物候期

海拔/m	4 月 25 日		5 月 25 日		6 月 25 日	
	始收期	现蕾期	始收期	现蕾期	始收期	现蕾期
400	42.7	78.0	40.0	—	34.7	—
800	43.7	61.7	45.0	—	34.7	—
1200	43.3	57.3	43.0	—	34.3	—
1600	49.0	50.3	45.0	73	40.3	66
1800	48.7	48.7	45.0	57	38.3	72

4 月 25 日播期随着海拔的上升，抽薹现蕾期越短。5 月 25 日、6 月 25 日播种后 70 天观察时海拔 400m、800m、1200m 未出现抽薹，海拔 1600m 和 1800m 抽薹(表 5-24)。

表 5-24　2015 年小白菜不同海拔不同播期物候期

海拔/m	4 月 25 日		5 月 25 日		6 月 25 日	
	始收期	现蕾期	始收期	现蕾期	始收期	现蕾期
400	未出，高温烤苗干死	—	52	—	—	—
800	45	99	45	—	40	
1200	50	72	45	—	52	
1600	55	75	45	60	36	50
1800	60	73	47	47	60	

(二)不同海拔、不同播期对小白菜商品性、品质的影响

不同海拔、不同播期对小白菜商品性、品质的影响见表 5-25 和表 5-26。

表 5-25　2012～2014 年小白菜不同海拔不同播期商品性和品质

播期	海拔/m	株高/cm	叶片数	叶柄长/cm	叶柄宽/cm	单株重/g	品质
4 月 25 日	400	16.5	11.6	7.0	2.1	74.3	老化，虫孔
	800	20.3	11.7	5.0	3.0	78.4	嫩，纤维少
	1200	15.5	10.8	5.0	2.5	49.1	嫩，纤维少
	1600	13.4	9.4	5.0	1.7	42.1	嫩，纤维少
	1800	12.1	8.8	3.8	1.5	20.9	嫩，纤维少

播期	海拔/m	株高/cm	叶片数	叶柄长/cm	叶柄宽/cm	单株重/g	品质
5月25日	400	17.0	14.0	5.5	3.5	44.9	老化,虫孔
	800	15.0	12.0	6.0	2.6	68.4	嫩,纤维少
	1200	21.0	10.0	6.5	2.7	79.2	嫩,纤维少
	1600	15.0	15.0	7.0	3.3	129.1	嫩,纤维少
	1800	12.0	11.0			25.4	嫩,纤维少
6月25日	400	17.4	11.6	7.5	1.4	29.0	老化,虫孔
	800	19.9	11.7	7.2	2.0	42.0	嫩,纤维少
	1200	19.6	10.8	6.6	1.8	32.2	嫩,纤维少
	1600	18.1	9.4	5.5	2.2	63.8	嫩,纤维少
	1800	16.5	8.8	4.4	2.0	47.2	嫩,纤维少

表 5-26　2015 年小白菜不同海拔不同播期商品性和品质

播期	海拔/m	株高/cm	叶片数	叶柄长/cm	叶柄宽/cm	单株重/g	品质
4月25日	400	—					
	800	24.0	20.0	5.0	3.0	225.0	嫩,纤维少,过
	1200	25.0	13	5.0	2.5	130.0	嫩,纤维少
	1600	20.0	11.0	5.0	1.7	164.5	嫩,纤维少
	1800	17.0	11.0	3.8	1.5	20.9	
5月25日	400	22.0	11.0	5.5	3.5	100	老化,虫孔
	800	21.0	14.0	6.0	2.6	125.0	嫩,纤维少
	1200	21.0	9.0	6.5	2.7	100.0	嫩,纤维少
	1600	24.0	10.0	7.0	3.3	91.0	嫩,纤维少,好
	1800	17.0	9.0			50.4	嫩,纤维少
6月25日	400	—	—			—	—
	800	17.0	13.0	7.2	2.0	50.0	嫩,纤维少
	1200	17.0	12.0	6.6	1.8	60.20	嫩,纤维少
	1600	15.0	13.0	5.5	2.2	130.0	嫩,纤维少
	1800	13.5	6.0	4.4	2.0	47.2	嫩,纤维少

（三）不同海拔、不同播期小白菜病虫害比较

　　从表 5-27 中可以看出，海拔 400m 高度虫害较重，不适宜发展小白菜。高海拔区病害稍重，加强栽培管理可以种植成功。

表 5-27　2012～2014 年不同海拔高山小白菜病虫害比较

年份	播期	病虫害比较				
		海拔 400m	海拔 800m	海拔 1200m	海拔 1600m	海拔 1800m
2012	4月25日	蜗牛 黑斑病\炭疽病	猿叶甲 黑斑病	黑斑病	跳甲 黑斑病霜霉病	土酸化
	6月25日	跳甲	—	跳甲黑斑病	黑斑病	根肿病黑斑病
2013	4月25日	菜螟霜霉	黑斑病	黑斑病+	—	抗病生长慢
	6月25日	跳甲	跳甲	跳甲 黑腐病病毒病	—	白斑病
2014	4月25日	菜螟	—	—	跳甲	—
	5月25日	跳甲	—	—	—	根肿病
	6月25日	跳甲	—	跳甲	黑斑病	—
2015	4月25日	—	—	蚜虫	—	—
	5月25日	跳甲	跳甲	—	—	根肿病
	6月25日	—	跳甲	跳甲	跳甲	—

三、小结与讨论

不同海拔、不同播期对小白菜生长的影响见表 5-28。

表 5-28　2012～2015 年不同海拔高山小白菜综合比较

年份	播期	适应性评价				
		海拔 400m	海拔 800m	海拔 1200m	海拔 1600m	海拔 1800m
2012	4 月 25 日	○	◎	◎	◎	○-土地酸化
	6 月 25 日	○-	◎	◎	◎+	○-土地根肿
2013	4 月 25 日	○	◎	◎	◎	◎
	6 月 25 日	○-	○	◎	◎	◎
2014	4 月 25 日	○	◎	◎	○+	△抽薹
	5 月 25 日	○	◎	◎	◎	根肿
	6 月 25 日	○-	○	◎	◎	◎
2015	4 月 25 日	/	◎	◎	○+	△抽薹
	5 月 25 日	○	◎	◎	◎	根肿
	6 月 25 日	/	○+	○+	◎	◎

小白菜同一海拔小白菜随着播期的不断延后，始收期天数总体都在不断缩短。随着海拔的上升，始收期天数都在不断延长。4 月 25 日播种，随着海拔的上升，抽薹现蕾期越短。6 月 25 日播种，大部分在 70 天内未抽薹。1600m 以上高海拔容易抽薹。400m 低海拔虫害较重，品质较差，纤维多，容易老化，不适宜发展小白菜。1200m 以上高海拔地区种植时，太早播种时容易先期抽薹，失去市场价值。适合在 1200m 以上海拔地区 5～9 月播种，商品外观及品质好。

（朱凤娟）

第六章 高山蔬菜栽培土壤、肥料因子研究

第一节 高山蔬菜施肥及连作现状调查

恩施州平均海拔 1000m，60%以上处于高山地区(海拔 800～1200m 和 1200m 以上分别占 22.0%和 38%以上)。这些地方年平均气温 16～17℃，夏无酷暑，极适宜发展夏季蔬菜。同时这些高山地区无现代工业污染，又是世界罕见的富硒地区，为生产高山富硒无公害、绿色和有机蔬菜创造了天然条件。20 世纪 80 年代中期，恩施州开始在恩施市大山顶、利川市石板岭等高海拔地区试种甘蓝、胡萝卜，取得了初步成功。经过近二十年的发展，全州高山蔬菜基地已初具规模，2011 年全州高山蔬菜种植面积已逾 4 万公顷，发展高山蔬菜已成为恩施州高山地区农民增收、农村经济发展的重要途径。根据恩施州政府的规划，到 2015 年，全州高山蔬菜基地面积预计达到 6.67 万公顷，实现农业产值 20 亿元，综合产值达到 35 亿元以上。

但随着种植年限的延长，蔬菜的连作障碍问题也越来越突出，种植的效益有降低的趋势(徐能海等，2005；李程鹏等，2006；孟祥生等，2006；丁国强等，2009；朱进等，2009；周燚等，2012；张雪燕等，2011)，这将在一定程度上制约蔬菜产业的可持续发展。为了摸清恩施州高山蔬菜主要产区蔬菜生产中存在的主要问题，笔者选取恩施市高山蔬菜主产区作为调查区域，开展了该区域主要蔬菜的施肥现状、连作及病害情况调查，拟摸清该区域蔬菜在施肥过程中存在的问题、连作的程度、病害发生情况，以及几者间的相互关系，以便对症下药找出解决办法，为制定高山蔬菜产业的可持续发展对策提供依据。

一、调查设计

(一)调查地点

恩施市是恩施州高山蔬菜主产区，种植面积约占恩施全州的 1/4，因此选择恩施市作为调查区域具有较强的代表性。在广泛调研的基础上确定恩施市沙地乡、新塘乡、红土乡、板桥镇等 4 个主要高山蔬菜种植乡镇作为本次调查的区域。

(二)调查方法与项目

采取实地走访农户与田间查看的方法调查。

调查项目包括蔬菜施肥、连作年限、病害发生、蔬菜种植模式与规模等。

(三)农户数量

每个乡(镇)调查菜农 25 户，共计调查 100 户。

二、主要调查结果

(一)恩施市高山蔬菜种植模式

沙地乡以种植辣椒为主，新塘乡以种植大白菜为主、花椰菜为辅，红土乡以种植萝卜为主，板桥镇以种植甘蓝为主。

经过多年的发展，恩施市高山蔬菜生产基本形成了"一乡一品"的种植模式，这有利于高山蔬菜标准化、规模化和商品化生产格局的形成。

(二)恩施市高山蔬菜施肥中存在的主要问题

1. 高山蔬菜生产中施用的主要肥料类型

从表 6-1 可以看出，恩施市高山蔬菜种植中施用的大量元素肥料包括复合肥、尿素、碳酸氢铵、硝酸铵、硫酸钾。施用复合肥的农户比例高达 94.1%，这表明菜农改变了过去主要依靠单质肥料的习惯，"重氮、轻磷钾"的施肥方法有一定的改善。单质氮肥以尿素为主，硝铵和碳铵为辅。施用单质钾肥的农户极少(数量仅占 0.9%)。

表 6-1　高山蔬菜中施用的主要肥料

肥料类型		农户比例/%	每亩平均用量/kg
复合肥		94.1	72.9
单质氮肥	尿素	61.8	27.6
	碳铵	2.9	37.5
	硝铵	3.9	35.0
有机肥	商品有机肥	4.9	50.0
	农家肥	41	1200～5000
单质钾肥	硫酸钾	0.9	50.0
微肥	硼肥	5.7	1.0
	镁肥	1.9	2.5

施用的中微量元素肥料的种类有硼肥、镁肥，但施用硼肥和镁肥的农户比例仅占 5.7% 和 1.9%。这表明菜农仍然没有认识到中微量元素肥料在高山蔬菜种植中的重要性。

施用的有机肥包括商品有机肥和农家肥(牛圈粪、猪粪、草木灰等)。施用农家肥的农户比例为 41.0%，施用商品有机肥的比例仅为 4.9%。随着农村劳动力大量的向城市转移，农村的农家肥资源越来越少，农民施用农家肥的比例越来越低，但商品有机肥仍然没有得到农民的真正认可。

2. 高山蔬菜施肥中存在的主要问题

从表 6-2 可以看出，大白菜、辣椒的施氮量分别为每亩 20.0kg 和 23.4kg，施钾量分别为每亩 19.1kg 和 23.2kg，明显大于萝卜和甘蓝施氮量(分别为每亩 13.5kg 和 11.1kg)、施钾量(分别为每亩 11.4kg 和 6.3kg)，而以甘蓝的施氮、钾量最低，这反映了不同蔬菜营养特性的差异。所调查的 4 种蔬菜施磷量差异相对较小，范围在每亩 10.4～13.1kg。4 种蔬菜中以甘蓝的施氮量最低，前人的研究表明甘蓝的氮、磷、钾施用量分别为每亩 15～25kg、6～15kg、11～18kg，不同区域土壤肥力有较大的差异，因此施肥量也有很大的不同(侯金权，2005；许石昆，2008)，但初步来看，该区域甘蓝施肥存在施肥量不足的问题。

表 6-2　恩施市不同蔬菜施肥情况

蔬菜种类	每亩施氮底肥/kg			每亩施钾肥/kg			每亩施磷肥/kg			每亩施氮总量/kg		
	范围	平均值	变异系数/%	范围	平均值	变异系数/%	范围	平均值	变异系数/%	范围	平均值	变异系数/%
大白菜	5.0～20.0	11.4	38.6	10.0～40.0	19.1	47.1	5.0～20.0	11.3	39.8	6.9～33.8	20.0	34.0
辣椒	4.0～23.6	9.1	44.0	8.0～45	23.2	48.1	4.0～20	10.4	43.3	10.0～33	23.4	28.6
萝卜	7.5～16.0	10.8	26.2	7.5～27	11.4	28.1	7.5～52.5	12.5	37.3	7.5～22.8	13.5	28.3
甘蓝	3.0～9.0	5.6	30.0	2.5～9.8	6.3	34.9	3.0～30.0	13.1	47.5	6.0～30.5	11.1	55.4

所调查的 4 种蔬菜施肥的变异均较大，氮、磷、钾的施肥变异系数分别达到了 36.6%、42.0% 和 39.6%，这反映了该区域菜农施肥的随意性很大。其中，磷肥和钾肥的变异系数大于氮肥，这表明菜农对氮肥的施用技术较为熟悉，而对于磷钾肥的施用较为随意。不同蔬菜类型施肥变异表现出较大的差异，4 种蔬菜中

以甘蓝的施肥变异系数最大(平均为 45.9%),而以萝卜的施肥变异系数最小(平均为 31.2%)。大白菜和辣椒施肥中以钾肥的变异系数最大,甘蓝施肥中以氮肥的变异系数最大,萝卜的施肥中以磷肥的变异系数最大。

从表 6-3 可以看出,大白菜产量较高的菜农施肥水平明显低于大白菜产量较低的菜农,特别是大白菜每亩产量在 3000kg 以下的菜农氮磷钾施用量分别是产量较高水平(产量高于每亩 3000kg)菜农的 2.4 倍、1.2 倍和 1.3 倍;同时大白菜产量较高的菜农施肥配比也更加合理。进一步的分析表明,施氮量与大白菜产量呈极显著负相关水平($r_{0.01}=-0.788$),施磷量和施钾量与产量也呈负相关性,但没有达到显著相关水平。据研究大白菜的合理施肥配比为 $N : P_2O_5 : K_2O=1 : 0.3 : 1.4$,在每亩产量 5000kg 的情况下,大约需要氮、磷、钾分别为 7.5kg、2.3kg、9.8kg(李太山,2012)。统计调查结果表明,本区域大白菜每亩产量在 3000～6000kg,而氮、磷、钾施肥量平均值分别达到了每亩 20.0kg、11.3kg、19.1kg,虽然施肥配比较合理,但施肥量远远大于需肥量。这表明施肥水平偏高特别是施氮水平偏高可能是制约该区域大白菜产量的重要因子。

表 6-3 不同蔬菜施肥量与产量的关系

蔬菜种类	每亩产量范围/kg	氮肥(N)/kg	磷肥(P_2O_5)/kg	钾肥(K_2O)/kg	配比($N : P_2O_5 : K_2O$)
大白菜	<3000	31.1	15.0	30.0	
	3000～5000	19.8	10.3	15.9	1 : 0.48 : 0.96
	>5000	12.9	12.5	22.5	1 : 0.52 : 0.80
辣椒	<2000	22.1	9.6	20.8	1 : 1.0 : 1.7
	2000～3000	27.7	12.2	20.8	1 : 0.43 : 0.94
	3000～6000	20.4	9.1	24.7	1 : 0.44 : 0.75
	>6000	24.2	10.3	27.3	1 : 0.54 : 1.2
萝卜	<3000	15.8	11.3	13.0	1 : 0.42 : 1.12
	3000～5000	13.4	11.7	12.7	1 : 0.72 : 0.82
	>5000	11.0	10.6	11.0	1 : 0.87 : 0.94
					1 : 0.87 : 1.0

辣椒产量较低的菜农(亩产量小于 3000kg)施氮水平高于产量较高的菜农(亩产量大于 3000kg);而产量较低的菜农(亩产量小于 3000kg)施磷水平低于产量较高的菜农(亩产量大于 3000kg),施钾水平总体相当。但进一步分析表明,菜农种植辣椒的产量与其氮、磷、钾施用量没有明显的相关性。辣椒为吸肥量较多的蔬菜类型,每生产 1000kg 鲜辣椒约需氮 5.2kg、五氧化二磷 1.1kg、氧化钾 6.5kg,如果以每亩 6000kg 鲜椒计算,考虑到氮肥旱地上的当季利用率(利用系数一般为 1.3～1.5),则每亩需纯氮为 20.4～23kg、五氧化二磷 3.2kg、氧化钾 20kg。从调查情况来看,本区域辣椒亩产量在 4000kg 左右,而氮、磷、钾每亩施肥量分别达到了 23.4kg、10.4kg、23.2kg,氮肥、磷肥和钾肥的投入均偏高。

萝卜的产量有随着氮、磷、钾施用量增加而降低的趋势,产量较低(亩产量小于 3000kg)的菜农施氮量平均高于产量较高(亩产量大于 5000kg)的菜农 4.8kg,而磷和钾肥的施用量差异较小。这表明氮的施用量偏高是该区域萝卜施肥中存在的主要问题。进一步统计分析表明,氮、磷、钾的施用量与萝卜的产量间差异没有达到显著性相关水平。

3. 恩施市高山蔬菜连作状况

(1)大白菜连作情况。新塘乡白菜种植时间长达 10 年以上,连作 3 年以上的比例占 40%,连作年限 3～12 年;60%的农户选择隔年轮作。从调查情况看,白菜连作的病害损失明显大于轮作,农药的投入也明显大于轮作。

从图 6-1 可以看出,大白菜的发病率明显与连作的年限有关,轮作或者种植 2 年以下的土壤发病率平均为 13.9%,而 3 年以上连作的土壤发病率平均为 21.5%。

(2)萝卜连作情况。红土乡种植萝卜的时间在 10 年左右,连作田块的比例达到了 52%左右,连作年限

3～10 年。从图 6-2 可以看出，萝卜的发病率同样与连作的年限有关，轮作或者种植 2 年以下的土壤发病率平均为 17.5%，而连作种植 3 年以上的土壤发病率平均为 27.5%。连作农户损失在 30% 以上的比例达到了 35.7%。

（3）甘蓝连作情况。板桥镇甘蓝种植时间长达 20 年，连作田块比例达 80% 以上，连作年限多在 10～15 年。

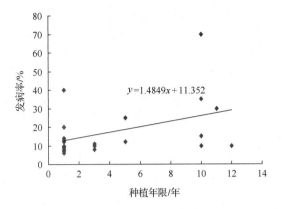

图 6-1　白菜种植年限与发病率

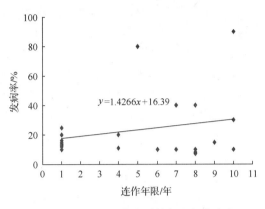

图 6-2　萝卜种植年限与发病率

从图 6-3 可以看出，轮作或者种植 1 年的土壤发病率平均为 25.0%，而 3 年以上连作的土壤发病率平均为 49.4%。连作农户损失在 50% 以上的比例达到了 62.5%。

（4）辣椒连作情况。沙地乡辣椒种植年限在 6 年左右，2 年以上连作的田块占 64%。从图 6-4 可以看出，种植辣椒时间 2 年以下（包含 2 年）的田块发病率平均为 26.7%，而 2 年以上连作的田块发病率平均为 47.9%。连作农户损失在 50% 以上的比例达到了 56.3%。进一步统计分析表明，辣椒连作的种植年限与发病率呈明显的正相关关系（$r_{0.05}=0.396$）。

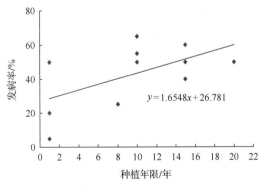

图 6-3　甘蓝种植年限与发病率

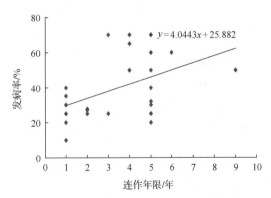

图 6-4　辣椒种植年限与发病率

本次调查共收回有效调查表 81 户，其中甘蓝种植户 11 户，白菜种植户 21 户，萝卜种植户 24 户，辣椒种植户 25 户。四种蔬菜类型轮作或者种植时间在 2 年以下的田块仅占 35.8%，连作时间在 5 年以上的田块达到了 45.7%，连作时间在 8 年以上的田块达到了 26%，连作田块的发病率为 36.3%，而非连作田块的发病率为 20%。统计表明，蔬菜的种植年限与发病率的相关系数为 0.353，达到了极显著相关水平（$r_{0.01}=0.302$，$n-2=70$）。

三、结论与讨论

（1）恩施市高山蔬菜种植中施用复合肥的农户比例高达 94.2%；施用硼、镁肥的比例很低；施用农家肥的农户比例为 41.0%，施用商品有机肥的比例仅为 4.9%。

恩施州缺乏及潜在缺乏土壤水溶性硼面积达 80% 以上，土壤锌缺乏面积达 50% 左右，60% 以上土壤有效铜含量较低，98% 的土壤水溶性氯含量偏低（赵书军等，2005），交换性镁的含量也偏低。因此建议在高山蔬菜种植中加大硼肥、锌肥、镁肥和氯肥的推广力度。

施用有机肥是生产"绿色"、"无公害"和"有机"品牌高山蔬菜必需的施肥技术措施,同时有机无机配合可以明显提高肥料的利用效率,也对改良和保护土壤具有重要意义。在目前农村农家肥资源逐步减少的情况下,要引导农民施用商品有机肥。

(2)大白菜的氮、磷、钾施肥变异系数分别达到了38.6%、39.8%和47.1%,辣椒的氮、磷、钾施肥变异系数分别达到了28.6%、43.3%和48.1%,萝卜的氮、磷、钾施肥变异系数分别达到了28.3%、37.3%和28.1%,甘蓝的氮、磷、钾施肥变异系数分别达到了55.4%、34.9%和47.5%,反映了该区域菜农施肥的随意性很大,高山蔬菜产区菜农对不同蔬菜的营养特性不了解,施肥缺乏科学指导。

(3)大白菜、辣椒、萝卜和甘蓝的平均亩施氮量达到了20.0kg、23.4kg、13.5kg和11.1kg。除甘蓝外,施氮量与蔬菜产量呈负相关,大白菜甚至达到了极显著负相关水平,这表明施氮水平偏高已经成为该区域该蔬菜产量提高的重要制约因子。氮肥施用量偏高不仅影响蔬菜的产量,而且对蔬菜的品质产生负面的影响,因此引导菜农合理施肥降低无效投入、提高蔬菜的品质势在必行。

(4)调查结果表明,恩施市大白菜、辣椒、萝卜、甘蓝的种植年限分别在10年、6年、10年和20年左右,具有较长的种植历史;四种蔬菜类型轮作或者种植时间在2年以下的田块仅占35.8%,连作时间在5年以上的田块达到了45.7%,连作时间在8年以上的田块达到了26%,连作土壤的发病率为36.3%,而非连作土壤的发病率为20%,蔬菜的种植年限与发病率的相关系数为0.353,达到了极显著相关水平。

高山蔬菜的连作已经导致了土壤贫瘠和酸化、土壤带菌、病害发生严重,化肥和农药的用量日益增加,种植效益明显降低,蔬菜品质降低甚至可能出现污染等诸多问题(孟祥生等,2006;朱进等,2009),这些问题已经成为高山蔬菜产业可持续发展的重要制约因子,需要引起高度重视。

(赵书军　李车书　邱正明　袁家富　王永健　侣国涵　彭成林)

第二节　高山蔬菜坡耕地沟厢改造模式的水土保持效应

山区坡耕地是山地水土流失和农业面源污染的主要来源。长江上游约70%的耕地为无水保措施的顺坡耕作,大于25°的坡耕地较普遍,其中宜昌江段的入江泥沙主要来源于坡耕地;坡耕地的水土流失使山区土层变薄、养分流失、土壤微生态变差、生产力低下,不利于山区农业可持续发展。

鄂西山区是我国高山蔬菜第一大产区,也是国家集中连片特困地区之一,经过20多年的快速发展,高山蔬菜产业在很好解决山区农民脱贫致富的同时,也对山地生态环境产生了影响。高山蔬菜生产季节正值当地雨季,降水频率高且强度大,剧烈的淋溶造成土壤侵蚀,土壤健康度下降,间接导致大面积连作障碍和病害频发,农业生产成本上升,农作物品质变差,同时影响下游水质。因此,研究生态型高山蔬菜栽培技术,采取保水护土的耕作措施,保持坡耕地生产力,是促进山区农业可持续发展的治本之策。

针对坡耕地保土保水型耕作措施,国内外学者提出了诸多保护性耕作技术,旨在减少农田土壤侵蚀,维护农田生态环境。其核心是通过地表覆盖技术、地表微地形改造技术、少耕免耕技术等,达到保持水土、提高土壤肥效、改善土壤结构、促进作物生长的一系列目的,此外,植物篱-农作模式也被证明对坡耕地水土保持效果显著。尽管这些保护性耕作措施和农林复合模式的积极作用已得到较多证实,但其研究大多集中在某几个主要农业区域,在不同区域和不同质地土壤上,这些措施的功效仍有待验证,尤其对于高山蔬菜坡耕地的研究较为缺乏。本课题组针对我国鄂西山区坡耕地的保护性耕作措施进行了长期探索,结合已有研究,针对雨季降水集中的特点,提出了高山蔬菜地膜覆盖加沟厢改造模式,目的在于使土壤水分饱和时能迅速将多余降水导流,避免径流对菜畦造成严重冲刷,达到保水护土的目的。研究就上述沟厢改造模式的水土流失防治效果开展评价,其结论可为我国南方高山蔬菜坡耕地水土流失防治及其可持续生产提供依据,同时丰富我国保护性耕作措施的技术内容。

一、材料与方法

(一)研究地概况

试验区域属鄂西南山区武陵山余脉，长江上游的清江水系中下游，试验地点位于湖北省宜昌市长阳县火烧坪乡青树包村湖北省高山蔬菜试验站，地处东经110°43′、北纬30°30′，海拔约1840m，坡向朝南，年均气温7.6℃，全年无霜期200天，昼夜温差大，为寒带气候。年均降水量为1366mm，主要分布在6~9月，占全年降水量的70%。试验地土壤为黄棕壤，土壤质地疏松，pH约5.1，土壤有机质含量约为3%。

(二)试验设计

试验地内全部种植萝卜(Raphans sativus L.)，品种为'雪单1号'；全部垄作并覆盖地膜，直播后即开始试验观测。试验设坡度和沟畦走向两个因素，其中坡度设30°和15°两个水平；沟畦走向设顺坡直畦和顺坡斜畦两种，顺坡直畦指畦面走向与坡面水平等高线垂直，顺坡斜畦指畦面走向与坡面水平等高线成45°左右夹角；主导流沟宽40cm、深20cm左右，位于各小区中部位置，与畦面走向成一定夹角。

坡度30°设5个处理，分别为：处理1(T1)，直畦+30°导流沟；处理2(T2)，直畦+45°导流沟；处理3(T3)，直畦+2条45°平行导流沟；处理4(T4)，斜畦+垂直导流沟；处理5(T5)，直畦+无导流沟。坡度15°设5个处理，分别为：处理6(T6)，直畦+45°交叉导流沟；处理7(T7)，直畦+45°导流沟；处理8(T8)，斜畦+垂直导流沟；处理9(T9)，直畦+无导流沟；处理10(T10)，斜畦+无导流沟。无重复，共10个径流试验小区。

(三)试验方法

10个径流小区均为北南走向，小区坡长18m、宽2.8m。小区四周用防水板围砌，坡面底部安装径流桶收集地表径流。每次自然降水产流结束后测定径流桶中的径流高度，并换算成单次降雨径流量(以径流深表示)，同时将桶内径流搅拌均匀后取2份500mL的样品，经沉降、过滤、烘干后取平均值作为泥沙浓度，换算成单次降水土壤侵蚀量(kg/hm^2)，并用SPSS13.0对数据进行统计分析。

二、结果与分析

(一)试验期间降水情况

试验观测期从2013年7月19日起至10月20日结束，期间共发生11次产流降水，降水收集情况见表6-4。

表6-4　观测期产流降水情况

降水时间(月份-日期)	降水量/mm	平均雨强/(mm/h)
7-19	5.1	1.6
7-20	5.8	1.8
7-31	14.6	13.9
8-9	8.5	7.9
8-13	6.9	3.2
8-19	6.3	3.7
8-22	69.9	5.6
9-2	18.2	1.4
9-8	36.0	6.0
9-13	77.1	15.3
10-20	8.7	1.1

（二）不同处理措施对地表径流的防治效果

由表 6-5 可知，在 30°坡度条件下，5 种处理的平均地表径流量由大到小依次为：直畦+无导流沟＞斜畦+垂直导流沟＞直畦+45°导流沟＞直畦+2 条 45°平行导流沟＞直畦+30°导流沟。对该坡度下各处理的总径流量分析可知（图 6-5），斜畦+垂直导流沟、直畦+45°导流沟、直畦+2 条 45°平行导流沟、直畦+30°导流沟 4 种处理的总地表径流量分别为 17.13mm、16.99mm、14.79mm 和 14.29mm，与对照直畦+无导流沟的总地表径流量相比分别减少了 13%、13%、24%和 27%。

表 6-5　30°坡度下不同处理的地表径流量比较结果　（单位：mm）

处理	降水日期（月份-日期）							
	7-19	7-20	7-31	8-9	8-13	9-8	9-13	10-20
T1	3.20	2.38	4.96	0.40	0.65	0.78	0.66	1.26
T2	3.28	3.11	4.89	0.87	0.99	0.74	1.61	1.50
T3	2.97	2.70	4.66	0.66	0.72	0.62	0.96	1.50
T4	3.80	2.52	5.59	0.51	0.74	0.87	1.49	1.61
T5	3.94	2.77	5.87	1.06	0.87	0.96	2.39	1.72

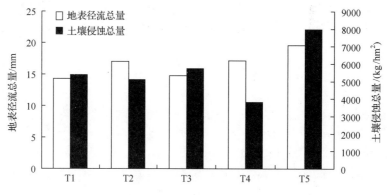

图 6-5　30°坡度下不同处理的总地表径流量和土壤侵蚀量

由表 6-6 可知，在 15°坡度条件下，5 种处理的平均地表径流量由大到小依次为：直畦+无导流沟＞斜畦无导流沟＞直畦+45°交叉导流沟＞斜畦+垂直导流沟＞直畦+45°导流沟。对该坡度下各处理的总径流量分析可知（图 6-6），斜畦+无导流沟、直畦+45°交叉导流沟、斜畦+垂直导流沟、直畦+45°导流沟 4 种处理的总地表径流量分别为 17.52mm、15.82mm、15.52mm 和 14.41mm，与对照直畦+无导流沟的总地表径流量相比分别减少了 8%、17%、18%和 24%。

表 6-6　15°坡度下不同处理的地表径流量比较结果　（单位：mm）

处理	降水日期（月份-日期）					
	8-19	8-22	9-2	9-8	9-13	10-20
T6	0.29	4.98	4.51	1.07	2.91	2.06
T7	0.17	4.39	4.72	0.82	2.72	1.59
T8	0.49	4.56	5.33	0.97	2.32	1.85
T9	0.58	5.13	5.62	1.35	3.21	3.07
T10	0.37	5.15	5.06	1.09	3.29	2.56

由此可见，在两种坡度下开挖导流排水沟对地表径流量几乎都有明显的降低作用。此外，开挖导流沟措施对径流的降低作用与坡度呈正相关关系，即对地表径流的抑制效果随坡度增加而增加，其对陡坡地表径流的抑制作用更明显。对两种坡度下的径流量综合分析可知，直畦+导流沟、斜畦+导流沟及直畦+无导

流沟 3 种方式同等面积下的总径流量分别 76.30mm、82.43mm、96.66mm，与直畦+无导流沟相比，直畦+导流沟和斜畦+导流沟的方式的地表径流分别减少了 21%和 15%。

(三)不同处理措施对土壤流失的防治效果

由表 6-7 可知，在 30°坡度条件下，5 种处理的平均土壤侵蚀量由大到小依次为：直畦+无导流沟＞直畦+2 条 45°平行导流沟＞直畦+30°导流沟＞直畦+45°导流沟＞斜畦+垂直导流沟。对该坡度下各处理的总土壤侵蚀量分析可知(图 6-5)，直畦+2 条 45°平行导流沟、直畦+30°导流沟、直畦+45°导流沟、斜畦+垂直导流沟的总土壤侵蚀量分别为 5711.13kg/hm²、5378.04kg/hm²、5099.91kg/hm² 和 3799.01kg/hm²，与对照直畦+无导流沟的总土壤侵蚀量相比分别减少了 28%、32%、36%和 52%。

表 6-7　30°坡度下不同处理的土壤侵蚀量比较　　　　　(单位：kg/hm²)

处理	降水日期(月份-日期)							
	7-19	7-20	7-31	8-9	8-13	9-8	9-13	10-20
T1	597.17	47.9	1357.36	63.72	35.73	70.87	1066.17	2139.12
T2	119.99	219.91	1680.34	63.58	47.63	81.34	340.67	2546.45
T3	1056.48	139.33	1221.97	60.73	15.22	59.54	916.59	2241.27
T4	149.37	41.52	1018.31	60.95	16.85	51.74	532.41	1927.86
T5	1150.36	281.32	2087.64	66.81	21.53	45.01	1027.99	3281.23

由表 6-8 可知，在 15°坡度条件下，5 种处理的平均土壤侵蚀量由大到小依次为：直畦+无导流沟＞斜畦+无导流沟＞直畦+45°交叉导流沟＞斜畦+垂直导流沟＞直畦+45°导流沟。对该坡度下各处理的总土壤侵蚀量分析可知(图 6-6)，斜畦+无导流沟、直畦+45°交叉导流沟、斜畦+垂直导流沟和直畦+45°导流沟的总土壤侵蚀量分别为 16 506.4kg/hm²、14 285.92kg/hm²、12 103.82kg/hm² 和 9463.54kg/hm²，与对照直畦无导流沟的总土壤侵蚀量相比分别减少了 14%、25%、37%和 51%。

表 6-8　15°坡度下不同处理的土壤侵蚀量比较　　　　　(单位：kg/hm²)

处理	降水日期(月份-日期)					
	8-19	8-22	9-2	9-8	9-13	10-20
T6	18.77	5402.35	6243.73	40.31	819.85	1760.91
T7	39.58	4084.84	2734.78	29.16	1354.76	1220.42
T8	193.88	4857.38	5980.47	37.96	472.32	561.81
T9	245.41	8874.75	6721.32	84.47	1171.62	2066.06
T10	46.58	6842.43	6173.56	42.14	1851.88	1549.81

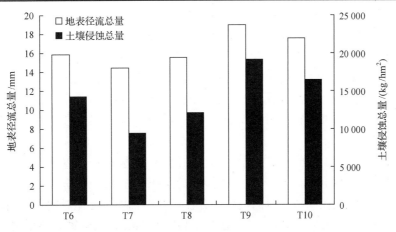

图 6-6　15°坡度下不同处理的总地表径流量和土壤侵蚀量

由此表明，在两种坡度下开挖导流排水沟对土壤侵蚀量均有明显降低作用，这与径流量的结果基本一致。开挖导流排水沟措施对土壤流失的降低作用与坡度呈正相关关系，即对土壤流失的抑制作用随坡度增加而增加，其对陡坡土壤流失的抑制作用更为明显。对两种坡度下的土壤流失综合分析可知，直畦+导流沟、斜畦+导流沟以及直畦+无导流沟 3 种方式同等面积下的总土壤侵蚀量分别 39 938.5kg/hm²、35 604.67kg/hm²、62 212.79kg/hm²，与直畦+无导流沟相比，直畦+导流沟和斜畦+导流沟的方式分别减少了 36%和 43%的土壤流失。

三、结论与讨论

本节研究了自然降水条件下，高山菜田坡耕地沟厢改造对坡耕地水土流失的防治效果。结果表明，在不同坡度的高山菜田坡耕地，采取斜畦加开挖导流沟的沟厢改造方式能够明显减少地表径流量和土壤流失量，且坡度越大水土保持效果相对越好。直畦加导流沟、斜畦加导流沟措施与无导流沟方式相比可分别减少 21%和 15%的径流、36%和 43%的泥沙。

由此可见，直畦加导流沟对地表径流有更好的抑制作用，而斜畦加导流沟对泥沙的抑制效果更强。究其原因可能是由于斜畦加导流沟方式下的径流路径坡度更缓，降低了径流流速和冲刷力，使产沙量更小的同时也有利于径流中泥沙的沉积和水流入渗，其作用原理与横坡垄作、等高线种植和设置截流沟相似。此外，结果表明沟厢改造措施对地表径流和土壤流失的降低作用均与坡度呈正相关关系，即抑制作用随坡度增加而增加，其对陡坡地的水土流失抑制效果更为明显，这与保护性耕作和等高草篱等措施的作用效果刚好相反，说明沟厢改造措施与已有水土流失防治措施在作用机制上有所不同，是一种新的防治方式。同时，研究仅证明沟厢改造模式在陡坡地更能体现出抑制水土流失的作用，但不能证明能将陡坡地的水土流失控制在安全水平，陡坡长度等因素也会对侵蚀强度产生剧烈影响，减少耕作过程中的地表扰动、增加可透性地表覆盖等也是降低水土流失强度的重要方式。研究还发现，目前普遍采用的地膜覆盖方式虽能在一定程度上减少土壤中流和径流总深，但其客观上对雨水起到了一定的汇集作用，促进了地表径流的形成。由于研究中两种坡度试验的观测期并非完全一致，因而无法对不同坡度下的径流量和侵蚀量作直接比较，陡坡地耕作仍有较高的水土流失风险。

（陈磊夫　邱正明　郭凤领　吴金平　矫振彪）

第三节　氮磷钾不同施肥量对高山甘蓝产量及品质的影响研究

甘蓝是需肥量大的一类叶类蔬菜，通常情况下对氮磷钾的需求比例为 1：0.13：1.08，但在实际生产中存在着农民为追求高产而偏施氮磷肥的现象，普遍认为这是导致甘蓝品质下降的主要原因，同时还会造成土壤肥力的下降和存在较高的环境风险。蔡开地研究了氮磷钾不同用量对甘蓝产量的影响，表明甘蓝的适宜氮磷钾配比为 1：0.32：0.46；一些研究认为，甘蓝硝酸盐含量随着施氮量的增加而提高；施用氮肥降低了甘蓝可溶性糖和维生素 C 的含量；施用钾肥可在一定程度上降低硝酸盐的含量，增加氨基酸和可溶性糖的含量；硝态氮和铵态氮配施可以促进甘蓝的生长，改善甘蓝的品质；施用缓释肥可降低硝酸盐的含量。但总体来看缺乏不同区域氮磷钾适宜施用量及配比的系统研究，这是目前在实施"化肥减施"过程中面临的困惑之一。

鄂西山区恩施州平均海拔 1000m，60%以上处于高山地区（海拔 800～1200m 和 1200m 以上分别占 22%和 38%以上）。这些地方年平均气温 16～17℃，夏无酷暑，极适宜发展夏季蔬菜。甘蓝是鄂西山区夏季蔬菜的主要类型之一，但本区域在种植甘蓝的过程中存在施肥不合理、连作时间长等问题。调查结果表明，本区域甘蓝的施氮量为 90.0～457.5kg/hm²，平均值为 172.5kg/hm²，氮磷钾肥施用比例为 1：1.18：0.57。这在一定程度上制约了本区域蔬菜产业的可持续发展。恩施市是鄂西山区高山甘蓝的代表性种植区域，本研究以恩施市为代表探讨了氮磷钾肥不同施用量对高山甘蓝产量及品质的影响，以期为本区域高山甘蓝的科学施肥提供理论依据。

一、材料与方法试

(一)供试品种

供试甘蓝品种为'京丰1号'。

(二)试验设计

试验于2014年布置在湖北省恩施州恩施市板桥镇椿木槽村。该区域平均海拔1600m左右，年平均气温10℃左右，常年降水量1400～1900mm，属典型的高山气候。5月13日整地施肥，5月14日移栽。

试验一设5个处理，分别为：①施氮肥150kg/hm^2(代号N1)，氮肥以N计，下同；②施氮肥225kg/hm^2(代号N2)；③施氮肥300kg/hm^2(代号N3)；④施氮肥375kg/hm^2(代号N4)；⑤施氮肥450kg/hm^2(代号N5)。每个处理的磷肥(P_2O_5)和钾肥(K_2O)施用量分别为225kg/hm^2、375kg/hm^2。

试验二设6个处理，分别为：①施磷肥0kg/hm^2(代号P0)，磷肥以P_2O_5计，下同；②施磷肥135kg/hm^2(代号P1)；③施磷肥180kg/hm^2(代号P2)；④施磷肥225kg/hm^2(代号P3)；⑤施磷肥270kg/hm^2(代号P4)；⑥施磷肥315kg/hm^2(代号P5)。每个处理的氮肥(N)和钾肥(K_2O)施用量分别为300kg/hm^2、375kg/hm^2。

试验三设5各处理，分别为：①施钾肥0kg/hm^2(代号K0)；②施钾量225kg/hm^2(代号K1)；③施钾量300kg/hm^2(代号K2)；④施钾量450kg/hm^2(代号K3)；⑤施钾量525kg/hm^2(代号K4)。每个处理的氮肥(N)和磷肥(P_2O_5)施用量分别为300kg/hm^2、225kg/hm^2。

供试肥料为：复合肥(N∶P_2O_5∶K_2O含量为15%-15%-15%)、尿素(含N46%)、硫酸钾(含K_2O50%)、过磷酸钙(含$P_2O_5$12.2%)。70%的氮、100%的磷、钾作基肥，30%的氮作追肥。

小区面积20m^2，小区长5m、宽4m，3次重复，随机区组排列。土壤类型为山地棕壤。土壤理化性状为：pH5.6，有机质28.5g/kg，碱解氮180.5mg/kg，有效磷32.1mg/kg，速效钾153.5mg/kg。

(三)测定方法

pH采用pH计法；有机质采用重铬酸钾-硫酸氧化容量法(外热源法)；碱解氮采用碱解扩散法；有效磷采用碳酸氢钠浸提-钳锑抗比色法；速效钾采用醋酸铵浸提-火焰光度法。

维生素C含量的测定采用2,6-二氯靛酚滴定法；可溶性糖含量的测定采用蒽酮比色法；硝态氮含量的测定水杨酸比色法；游离氨基酸含量的测定采用茚三酮比色法；总酸含量的测定采用酸碱滴定法；粗纤维含量的测定采用重量法。

(四)数据处理

采用Microsoft Excel软件处理和作图。甘蓝产投比=甘蓝产值/肥料成本；甘蓝利润=甘蓝产值-肥料投入。

二、结果与分析

(一)不同氮磷钾施肥量对结球甘蓝产量的影响

从表6-9可知，随着施氮量的提高(施氮量150～450kg/hm^2)，甘蓝的产量呈逐渐提高的趋势，N1(施氮量为150kg/hm^2)甘蓝产量与其他处理间差异达10%显著水平，平均增产8.5%(范围为6.5%～9.4%)；施氮量从225kg/hm^{2}提高至450kg/hm^2，甘蓝产量虽有所增加，但没有显著性差异。

随着磷肥施用量的增加，甘蓝产量呈增加的趋势(表6-9)。不施磷肥处理(P0)甘蓝产量明显低于其他施用磷肥处理(差异达10%显著性水平)，P1与P0相比产量增加13.5%；施磷量为135kg/hm^{2}处理(P1)甘蓝产量明显低于施磷量为180kg/hm^{2}及以上处理，且差异达5%显著性水平；施磷量在180～375kg/hm^{2}的处理甘蓝产量差异不显著。

分析表 6-9, 在不施钾肥的基础上施用 225kg/hm^2 的钾肥(K1), 甘蓝产量明显增加, 差异达 10% 显著性水平, 甘蓝增产 16.9%; 钾肥施用量从 225kg/hm^2 增加至 300kg/hm^2, 甘蓝产量增产 11.5%, 差异达 1% 显著性水平; 进一步增加钾肥施用量至 450kg/hm^2 和 525kg/hm^2 甘蓝产量没有显著性变化。

表 6-9　不同氮磷钾肥施用量对甘蓝产量的影响

处理代号	产量/(kg/hm^2)	处理代号	产量/(kg/hm^2)	处理代号	产量/(kg/hm^2)
N1	58 536.2bB	P0	67 720.01cB	K0	57 586.2cC
N2	62 392.0aA	P1	76 870.5bA	K1	67 320.0bB
N3	63 726.1aA	P2	80 954.1aA	K2	75 087.1aA
N4	64 062.0aA	P3	80 104.0aA	K3	76 753.8aA
N5	63 855.5aA	P4	80 120.7aA	K4	77 787.2aA
		P5	80 304.0aA		

(二)甘蓝施肥经济效益分析

氮(N)肥、磷(P_2O_5)肥和钾(K_2O)肥及甘蓝价格分别按照 3.9 元/千克、6.6 元/千克、5.2 元/千克和 0.8 元/千克计算, 得出不同施肥处理的经济效益(表 6-10)。

表 6-10　不同施肥处理甘蓝经济效益

处理代号	产投比	利润/(元/公顷)	处理代号	产投比	利润/(元/公顷)	处理代号	产投比	利润/(元/公顷)
N1	11.6	42 809.0	P0	17.4	51 056.0	K0	17.4	43 414.0
N2	11.6	45 601.1	P1	15.3	57 485.4	K1	14.1	50 031.0
N3	11.1	46 375.9	P2	15.0	60 455.2	K2	14.3	55 854.7
N4	10.5	46 352.1	P3	13.9	59 478.2	K3	12.3	56 408.1
N5	9.8	45 894.4	P4	13.1	59 194.5	K4	11.6	56 844.8
			P5	12.4	59 044.2			

分析表 6-10, 不同施氮量处理中以施氮量最高的 375kg/hm^2(N4) 和 450kg/hm^2(N5) 处理产投比最低。虽然 N4 和 N5 处理产量稍高于 N3 处理, 但 N3 处理利润高于 N4 和 N5, 同时 N3 处理的经济效益也明显高于 N1 和 N2 处理。对施氮量和利润进行数学模拟, 建立甘蓝产量与利润的效益函数。回归方程为: $y_1 = -0.0927x_1^2 + 64.835x_1 + 35\,339$($R^2 = 0.9705$), 计算出甘蓝最高利润施氮量为 349.7kg/hm^2。

随着磷肥施用量的增加, 甘蓝产投比逐渐降低(表 6-10), 但利润呈先增加后降低的"抛物线"趋势, 利润最高的为施磷量 180kg/hm^2(P3) 处理。对施磷量和利润进行数学模拟, 建立甘蓝产量与利润的效益函数。回归方程为: $y_2 = -0.157x_2^2 + 74.35x_2 + 51\,009$($R^2 = 0.9636$), 计算出甘蓝最高利润施磷量为 236.8kg/hm^2。

从表 6-10 可知, 随着施钾量的增加, 甘蓝产投比逐渐降低, 但种植甘蓝的利润呈逐渐增加的趋势, 这与产量的变化趋势基本一致。

(三)不同氮磷钾施肥量对甘蓝品质的影响

1. 不同施氮量对甘蓝品质的影响

从表 6-11 可以看出, 随着施氮量的增加, 甘蓝纤维素含量没有显著性的变化, 但维生素 C、氨基酸、可溶性糖、总酸及硝酸盐含量均有显著性的变化。氨基酸含量有随着施氮量的增加而提高的趋势, 施氮量为 300~450kg/hm^2 处理显著高于 150kg/hm^2 和 225kg/hm^2 的处理(N1 和 N2); 甘蓝维生素 C、可溶性糖和总酸含量随着施氮量的增加呈现抛物线的变化趋势, 施氮量为 225~300kg/hm^2 处理的可溶性糖和总酸含量最高(N2 和 N3), 但糖酸比有随着施氮量增加而增加的趋势, 维生素 C 以施氮量为 300~375kg/hm^2 最高(N3 和 N4), 但施氮量最高的处理(N5)维生素 C 含量最低; 甘蓝硝酸盐含量在施氮量较低的情况下, 随着施氮量的增加呈增加的趋势, 但随着施氮量的进一步增加, 硝酸盐含量并没有显著增加。

表 6-11　不同氮肥施用量对甘蓝品质的影响

处理号	维生素 C/(mg/100g)	氨基酸/(mg/100g)	可溶性糖/%	总酸/%	糖/酸	纤维素/%	NO_3^- 含量/(mg/kg)
N1	54.2a	349.5c	3.1c	0.26b	11.9	0.52a	1449.9c
N2	54.2a	343.0c	3.6a	0.3a	12.0	0.51a	1524.8ab
N3	55.9a	376.5b	3.5b	0.29ab	12.1	0.50a	1579.2a
N4	56.3a	386.5a	3.1c	0.22c	14.1	0.50a	1325.7d
N5	50.9b	379.7ab	3.0c	0.22c	13.6	0.50a	1478.0bc

2. 不同施磷量对甘蓝品质的影响

分析表 6-12，甘蓝维生素 C 含量随着磷肥施用量的增加呈现先升高后降低的趋势，以 135kg/hm² 处理 (P1) 甘蓝维生素 C 含量最高；在施磷量 0～270kg/hm² 范围内，甘蓝氨基酸含量随着施氮量的增加而增加，但当施磷量达到 315kg/hm² (P5) 时甘蓝氨基酸含量明显降低；适当施用磷肥甘蓝可溶性糖含量呈增加趋势，但当施氮量达到 315kg/hm² (P5) 时甘蓝可溶性糖含量与不施磷处理相当；甘蓝总酸含量随着施磷量的提高呈现先增加后降低的趋势；施用磷肥提高了甘蓝纤维素的含量；在不施磷肥的基础上增施一定量的磷肥 (135～180kg/hm²)，甘蓝硝酸盐含量显著降低，但当进一步增加磷肥用量时硝酸盐含量增加。

表 6-12　不同磷肥施用量对甘蓝品质的影响

处理号	维生素 C/(mg/100g)	氨基酸/(mg/100g)	可溶性糖/%	总酸/%	糖/酸	纤维素/%	NO_3^- 含量/(mg/kg)
P0	44.6c	555.2c	3.4d	0.36d	9.4	0.37b	697.1bc
P1	56.6a	576.3c	4.2b	0.57a	7.4	0.51ab	614.7c
P2	48.9b	594.4c	4.0bc	0.46b	8.7	0.54a	452.9d
P3	43.5c	685.6b	3.7cd	0.79c	4.7	0.49ab	837.3a
P4	27.5d	762.9a	4.8a	0.25e	19.2	0.57a	761.7ab
P5	45.8c	413.9d	3.2d	0.19e	16.8	0.50ab	688.2bc

3. 不同施钾量对甘蓝品质的影响

表 6-13 反映了施用钾肥对甘蓝品质的影响，结果表明：甘蓝维生素 C 含量有随着施钾量增加而升高的趋势，除施钾量为 225kg/hm² 处理 (K1) 外，其他处理均与对照处理 (K0) 差异达显著水平；低量施钾 (225～300kg/hm²) 对甘蓝氨基酸和纤维素含量没有显著影响，但进一步增加钾肥用量，甘蓝氨基酸和纤维素含量明显增加，且差异达显著性水平；施用钾肥均提高了甘蓝的可溶糖含量 (施钾量 525kg/hm² 处理除外)；施钾降低了甘蓝总酸的含量，提高了糖酸比 (施钾量 525kg/hm² 处理除外)；甘蓝硝酸盐含量随着钾肥施用量增加而呈增加的趋势，特别是高钾处理 (450～525kg/hm²) 甘蓝硝酸盐含量增加了 120.6% 和 230.0%。

表 6-13　不同钾肥施用量对甘蓝品质的影响

处理号	维生素 C/(mg/100g)	氨基酸/(mg/100g)	可溶性糖/%	总酸/%	糖/酸	纤维素/%	NO_3^- 含量/(mg/kg)
K0	48.7c	573.1b	3.9c	0.68a	5.7	0.47b	640.2e
K1	44.2c	554.7b	5.9a	0.42b	14	0.47b	918.6c
K2	100.6b	517.3b	4.7b	0.51b	9.2	0.41b	804.9d
K3	124.8b	692.5a	4.4b	0.37b	11.9	0.67a	1412.8b
K4	170.2a	724.8a	4.2c	0.59a	7.1	0.70a	2112.8a

三、结论与讨论

（一）施氮对甘蓝产量和经济效益的影响

朱静华的研究表明，氮肥可明显提高甘蓝的产量，且随着施氮量的增加而增加（施氮量范围为 54.0～

378.0kg/hm^2）；熊亚梅的研究表明，甘蓝产量随着施氮量的增加呈现先增加后降低的趋势（施氮量范围为0～308.6kg/hm^2），且差异显著；高小华的研究表明，在低量范围内，随着施氮量的增加甘蓝产量显著提高，但进一步增加施氮量增产效益不显著（设计施氮量范围为0～375kg/hm^2）。本研究表明，在施氮量较低的情况下，随着施氮量的增加甘蓝产量显著提高，但进一步增加施氮量增产效益不显著（施氮量范围为0～450kg/hm^2）。不同研究者的结论有差异，也与一般农作物的"抛物线"肥料效益曲线不同，这可能与不同区域的土壤肥力有关，也可能与甘蓝等叶菜类的遗传特性有关。作者曾在恩施市研究了过量施肥对甘蓝产量的影响，即使施氮量高达960kg/hm^2，甘蓝产量也没有明显的降低（表6-14）。因此在生产实践中探索甘蓝的合理施氮量非常重要，否则会造成极大的浪费和环境风险。

在高施氮量情况下，虽然产量增加，但经济效益明显降低，在本试验条件下甘蓝的最佳经济施氮量为349.7kg/hm^2。

表 6-14　过量施氮对甘蓝产量和品质的影响

施氮量/(kg/hm^2)	产量/(kg/hm^2)	硝态氮/(mg/kg)	可溶性糖/%	游离氨基酸/(mg/100g)	总酸/%
240	70 136.8a	528.4	2.61	241.5	0.29
480	65 603.2a	655.2	2.4	261.2	0.35
720	70 403.5a	617.8	2.5	330.5	0.30
960	69 936.8a	673.2	2.5	290.4	0.44

（二）施磷对甘蓝产量和经济效益的影响

蔬菜生产中盲目大量施用磷肥问题较普遍，已有资料表明保护地种植中磷肥用量是蔬菜需要量的2.3～33.5倍，导致菜地土壤磷素大量累积。本研究表明，施磷量在180kg/hm^{2}以下，随着施磷量的增加产量增加，但进一步增加施磷量甘蓝产量有降低的趋势，这表明磷肥施用量过高同样对甘蓝的生长不利。

甘蓝的施磷量与利润效益曲线表现出"抛物线"的趋势，甘蓝最高利润施磷量为236.8kg/hm^2。

（三）施钾对甘蓝产量和经济效益的影响

金珂旭等研究表明，施钾可显著提高甘蓝的产量，但施用量过大则降低了甘蓝的产量（设计最高施钾量为450kg/hm^2）；王桂良等研究表明，甘蓝产量随着施钾量的增加而提高，但施用量超过375kg/hm^{2}以后增产效果不显著（设计最高施钾量为450kg/hm^2）。本研究结果与王桂良等研究结果接近。

（四）施氮磷钾对甘蓝品质的影响

大量研究表明，生菜、菠菜和番茄等蔬菜硝酸盐含量与施氮量呈正相关关系。近年来国内学者开展了许多有关氮肥用量对甘蓝硝酸盐含量影响的研究，试验结论多是氮肥与硝酸盐含量呈正相关。关于施氮与氨基酸、维生素C、总糖、总酸、纤维素等品质关系的研究也有一些报道，但结论不尽一致。本研究表明，在施氮量150～300kg/hm^{2}范围内，随着施氮量的增加硝酸盐含量提高，但进一步增施氮肥硝酸盐含量稍降低。表6-13也表明过量施氮硝酸盐含量稍增加，但增加的幅度较小；施氮对维生素C含量没有显著影响，但可提高氨基酸的含量；甘蓝糖酸比有随着施氮量增加而增加的趋势；施用氮肥对甘蓝纤维素没有显著影响。因此氮肥对甘蓝等蔬菜硝酸盐含量及其他品质因素的影响还需要进一步的研究。

陈明昌研究表明，保护地番茄磷肥施用量超过300kg/hm^{2}时产量和品质降低；褚清河的研究表明提高磷肥的施用量可降低甘蓝的硝酸盐含量。目前关于磷肥对甘蓝生长、品质的影响方面的报道较少。本研究结果表明，甘蓝维生素C、氨基酸和可溶性糖含量随着磷肥施用量的增加呈现先升高后降低的趋势；施用磷肥提高了甘蓝纤维素的含量；在底肥未施磷肥的基础上增施一定量的磷肥（135～180kg/hm^2），甘蓝硝酸盐含量显著降低，但当进一步增加磷肥用量时硝酸盐含量增加。因此总体来看，合理施磷可以改善甘蓝的品质指标。

郭熙盛的研究表明，施用钾肥可提高维生素 C 和糖的含量，但会降低氨基酸的含量；金珂旭等研究表明施钾可提高维生素 C 和氨基酸的含量，但会降低糖的含量。金珂旭、郭熙盛和王桂良等研究表明施钾均可降低甘蓝硝酸盐的含量。本研究表明，甘蓝维生素 C、氨基酸、可溶性糖和纤维素含量有随着施钾量增加而升高的趋势，但甘蓝硝酸盐含量有随着钾肥施用量增加而增加的趋势，特别是高钾处理(450～525kg/hm²)甘蓝硝酸盐含量增加了 120.6% 和 230.0%。钾对甘蓝品质的影响不同的研究者结论不尽一致，这可能与研究的设计(特别是钾的施用量)、生态区域及品种有关，还需要进行进一步的研究。

（五）适宜施肥量推荐

调查表明，以恩施市为代表的鄂西高山甘蓝的氮、磷、钾平均施用量为 166.5kg/hm²、196.5kg/hm² 和 94.5kg/hm²。本研究表明，本区域的最高利润氮磷钾用量范围为 349.7kg/hm²、236.8kg/hm²。但结合甘蓝的产量、效益、营养品质和硝酸盐含量分析，在该区域内适宜的氮、磷和钾肥用量为：225～300kg/hm²、180～225kg/hm² 和 225～300kg/hm²。总体来看，本区域生产中氮肥用量偏低，磷肥基本适宜，钾肥用量明显偏低，因此应该加强对农民的培训，调整甘蓝的施肥配比。

（赵书军　李车书　邱正明　袁家富　王永健　侣国涵　徐大兵）

第四节　萝卜适宜施氮量和氮肥基追比例研究

我国萝卜年播种面积近十年来一直稳定在 1800 万亩左右，在蔬菜中居第二位，占蔬菜生产面积的 9%。氮素合理施用影响着萝卜的优质、高效种植。已有的一些研究主要侧重于氮肥对萝卜生长发育、产量及硝酸盐含量的影响。例如，张贵龙等研究发现施氮处理白萝卜产量比不施氮处理增加 6.04%～10.92%。樊新华等研究发现施用磷酸二铵 38.3g/m² 左右可实现樱桃萝卜的高产优质，刘建平发现萝卜的硝酸盐含量与施肥量呈正相关，亚硝酸盐含量与施肥量无正相关关系。在适宜的氮肥用量下，通过调控基追肥比例，降低肥料氮在土壤的残留，提高氮肥利用率的研究在萝卜生产中尚未见报道。本研究通过采用同位素示踪法(^{15}N 标记技术)，研究大田条件下氮肥用量和基追比例对萝卜氮素吸收分配及氮素去向的影响，为萝卜生产中氮肥的合理调控提供理论依据。

一、材料与方法

（一）试验条件

试验于 2012 年在湖北省恩施州三元坝进行。供试萝卜品种为'雪单 1 号'，由湖北省农科院经济作物研究所提供。试验地为沙壤土，播种前 3 天，用"S"形 5 点采样法，采取耕作层 0～30cm 表土土样进行测定。供试土壤 pH6.4、有机质 31.5g/kg、全氮 1.47g/kg、铵态氮 2.46mg/kg、硝态氮 4.32mg/kg、全磷 0.71g/kg、有效磷 11.2mg/kg、有效钾 124mg/kg。

（二）试验设计

试验设 3 个不同 N 素水平：0、60kg/hm²、120kg/hm²，分别记作 N_0、N_{60}、N_{120} 和 2 种不同基追肥料比例，即基肥：播种后 15 天：播种后 30 天为 50%：20%：30%(A)、30%：20%：50%(B)。供试氮肥为尿素，磷钾肥为过磷酸钙和氯化钾。基肥在播种前一天施入，追肥播种后 15 天即萝卜破肚期，30 天即萝卜膨大期进行。所有肥料均匀施入土中。钾肥(K_2O) 90kg/hm² 和磷肥(P_2O_5)60kg/hm²，作底肥一次施入。2012 年 9 月 19 号播种，11 月 21 日收获。大田播种密度为 25cm×40cm，每穴插 2 粒。小区面积为 8m²，两边设有保护行，每个处理 4 次重复。在每个小区相临位置设置一微区(面积为 4.8m²)，使用标记尿素(^{15}N-尿素)(上海化工研究院提供)，丰度为 5%，施肥水平和施肥时期、田间管理与其他小区相同。

（三）田间取样和测定方法

幼苗期、破肚期、膨大期、采收期在田间调查基础上，每小区取代表性植株 6 穴，分茎叶片和肉质根两部分烘干。收获时，每小区取代表性植株 20 穴测定其产量。同时，按照"S"形 5 点采样法，采集 0～30cm 表土，混匀，在室温下风干，研磨过筛。土壤 pH 采用带有玻璃电极的酸度计测定；有机质采用重铬酸钾容量法测定；全氮采用凯氏定氮法进行测定；有效磷采用碳酸氢钠浸提-钼锑抗分光光度计法测定；有效钾采用火焰光度法测定；土壤 NH_4^+、NO_3^- 含量用 2mol/L KCl 浸提 FIAstar5000 连续流动注射分析仪测定。植株样品和土样的 ^{15}N 丰度按照参考文献（潘圣刚等，2012；Sheehy et al., 2004；徐彩龙等，2013）的测定方法，用北京分析仪器厂生产 ZHT-03 型质谱仪测定。

^{15}N 原子百分超、肥料氮百分比、肥料氮吸收利用率、土壤残留率、损失率等参照石玉等的计算方法，具体如下：

^{15}N 原子百分超=样品或 ^{15}N 标记肥料 ^{15}N 丰度–^{15}N 天然丰度（0.37%）。

来自肥料氮百分比（percentage of N absorbed from fertilizer, N_f%）=样品 ^{15}N 原子百分超/标记肥料原子百分超×100

来自土壤氮百分比（percentage of N absorbed from soil, N_s%）=100–来自肥料氮百分比

植株总吸氮量（kg/hm^2）=植株干重（kg/hm^2）×植株含氮量（%）

肥料氮吸收量（kg/hm^2）=植株总吸氮量（kg/hm^2）×（处理植株氮 ^{15}N 丰度–对照植株氮 ^{15}N 丰度）/标记 ^{15}N 原子百分超

土壤氮吸收量（kg/hm^2）=植株总吸氮量–肥料氮总吸收量

氮肥吸收利用率（%）=植株肥料氮吸收总量×100/施氮量

土壤总氮量（kg/hm^2）=土壤体积质量（g/cm^3）×土壤厚度（cm）×土壤含氮量（%）×10^5

肥料氮土壤残留量（kg/hm^2）=土壤总氮量×土壤样品 ^{15}N 原子百分超/标记的 ^{15}N 原子百分超

氮肥土壤残留率（%）=氮肥土壤残留量×100/施氮量

氮肥损失率（%）=100–氮肥吸收（^{15}N）利用率–氮肥土壤残留率

（四）数据整理与分析

所有试验数据均采用 Excel2003 和 SPSS10.0 软件进行数据统计分析。

二、结果与分析

（一）萝卜不同生育时期的氮素积累总量和产量的差异

由表 6-15 可以看出，随着氮肥用量的增加，不同时期氮素积累总量显著增加。高氮处理（N_{120A} 和 N_{120B}）采收期萝卜的氮素积累总量分别为 84.00kg/hm² 和 92.63kg/hm²，比对照（N_0）分别增加 146.26% 和 170.68%。在相同的氮肥水平下，采用基肥：破肚期：膨大期肥料比例为 30%：20%：50%（B）施肥方式，萝卜膨大期和采收期氮素积累总量显著高于比例为 50%：20%：30%（A）施肥方式。萝卜膨大期和采收期，N_{120B} 处理的氮素积累总量最高。高氮处理（N_{120A} 和 N_{120B}）下，采收期萝卜肉质根产量分别为 67.6t/hm² 和 72.5t/hm²，比低氮处理（N_{60A} 和 N_{60B}）分别增加 64.07% 和 66.67%，N_{120B} 处理萝卜产量又较 N_{120A} 增加 7.25%。

表 6-15 不同生育时期不同处理萝卜的氮素积累总量和产量

处理	幼苗期/(kg/hm^2)	破肚期/(kg/hm^2)	膨大期/(kg/hm^2)	采收期/(kg/hm^2)	产量/(t/hm^2)
N_0	5.99d	22.89d	30.18d	34.11c	22.7d
N_{60A}	19.61c	39.47c	57.13c	55.22b	41.2c
N_{60B}	18.74c	47.18b	69.78b	60.41b	43.5c
N_{120A}	24.78a	58.21a	73.11b	84.00a	67.6b
N_{120B}	21.12b	68.36a	91.08a	92.63a	72.5a

注：同列字母不同表示处理间差异在 $P<0.05$ 水平显著。

（二）采收期萝卜吸收的肥料氮和土壤氮的差异

萝卜吸收的氮肥主要来源于肥料氮和土壤氮两大部分。不同氮肥处理下萝卜采收期吸收的肥料氮和土壤氮见表 6-16。由表 6-16 可以看出，萝卜吸收的肥料氮随施氮量的增加而增加，施氮量为 120kg/hm² 时萝卜吸收的肥料氮显著高于 60kg/hm² 处理。在相同的施氮水平下，加大膨大期施氮比例，采用基肥后移，萝卜吸收的肥料氮的数量显著增加，N_{120B} 处理萝卜吸收的肥料氮最多，N_{60A} 最少，而 N_{120A} 和 N_{60B} 处理差异不显著。N_{120B} 处理萝卜吸收的肥料氮占吸氮总量的比例较高，而 N_{60A} 处理最低，其值分别为 38.58% 和 31.96%。由上表可以看出，不同的施氮量和基追肥比例显著影响萝卜对土壤氮素的吸收。施氮量为 120kg/hm² 处理条件下，萝卜吸收的土壤氮素显著高于 60kgN/hm² 处理。不同基追肥比例对萝卜吸收土壤氮素的影响无显著差异。土壤氮占吸氮总量比例介于 61.42%～68.04%，且随着施氮量的增加，萝卜吸收的土壤氮占吸氮总量的比例明显降低。

表 6-16　采收期萝卜肥料氮和土壤氮吸收量及其在总吸氮量中的百分比

处理	氮总吸收量/(kg/hm²)	N_f/(kg/hm²)	占吸氮总量比例/%	N_s/(kg/hm²)	占吸氮总量比例/%
N_0(CK)	34.11c	0	0	34.11c	100
N_{60A}	57.91b	18.51c	31.96	39.40b	68.04
N_{60B}	60.82b	20.11b	33.06	40.71b	66.94
N_{120A}	84.14a	30.50b	36.25	53.64a	63.75
N_{120B}	92.17a	35.56a	38.58	56.61a	61.42

注：N_f，肥料氮吸收量；N_s，土壤氮吸收量；不同字母表示处理间差异在 $P<0.05$ 水平显著。

（三）采收期萝卜不同器官吸收的肥料氮

在萝卜肉质根膨大期，萝卜吸收的肥料氮一部分分配到茎叶，另一部分分配到肉质根。表 6-17 显示了不同氮肥用量和施肥方式对萝卜采收期不同器官中肥料氮的影响差异。由表 6-17 可以看出，随着氮肥施用量的增加，萝卜茎叶和肉质根吸收的肥料氮数量显著增加。在相同施氮水平下，采用不同的基追比例，萝卜茎叶和肉质根吸收肥料氮数量无显著水平。高氮处理（120kg/hm²）茎叶和肉质根中的肥料氮的数量显著高于低氮处理（60kg/hm²），而不同的基追比例对采收期茎叶和肉质根肥料氮数量的影响无显著差异。

表 6-17　采收期萝卜不同器官肥料氮吸收量

处理	茎叶		肉质根	
	N_f/(kg/hm²)	占总氮比例/%	N_f/(kg/hm²)	占总氮比例/%
CK	0	0	0	0
N_{60A}	7.12c	38.46	11.39b	61.54
N_{60B}	8.08c	40.18	12.03b	59.82
N_{120A}	12.05b	39.51	18.00a	60.49
N_{120B}	14.97a	42.10	20.59a	57.90

注：N_f，肥料氮吸收量；不同字母表示处理间差异在 $P<0.05$ 水平显著。

（四）采收期萝卜肥料氮吸收及损失量

表 6-18 显示了采收期不同氮肥处理和施氮方式下，萝卜吸收肥料氮（^{15}N）及肥料氮在土壤的残留及损失差异。由表 6-18 可以看出，随着施氮量的增加，萝卜对肥料氮的吸收数量、肥料氮在土壤中的残留量及肥料氮的损失量显著增加，且高氮处理（120kg/hm²）显著高于低氮处理（60kg/hm²），而随着氮肥吸收利用率、土壤残留率的显著下降，氮素损失率显著增加。萝卜的氮肥吸收利用率、氮肥的土壤残留率，低氮处理（60kg/hm²）显著高于高氮处理（120kg/hm²）。

表 6-18　采收期萝卜吸收肥料氮吸收及在土壤的残留、损失

处理	N_f/(kg/hm^2)	利用率/%	肥料氮残留量/(kg/hm^2)	肥料氮残留率/%	肥料氮损失量/(kg/hm^2)	肥料氮损失率/%
N_{60A}	18.51c	30.85a	9.30c	15.52a	32.18b	53.63b
N_{60B}	20.11b	33.52a	9.97c	16.62a	29.92b	49.86c
N_{120A}	30.50b	25.42c	14.88b	12.40c	74.62a	62.18a
N_{120B}	35.56a	29.63b	17.81a	14.84b	66.63a	55.53b

注：N_f，肥料氮吸收量；不同字母表示处理间差异在 $P<0.05$ 水平显著。

　　当施氮量为 120kg/hm^2 时，不同的施氮比例对萝卜氮肥吸收利用率、肥料氮在土壤中的残留量及氮肥残留率差异达到显著水平。在高氮水平下（120kg/hm^2），采用基肥：破肚期：膨大期肥料=30%：20%：50% 的施氮比例，显著提高了氮肥吸收利用率和氮肥的土壤残留率，降低了氮肥的损失率，而在 60kg/hm^2 的氮肥水平下，采用加大膨大期施氮比例对氮肥吸收利用率、土壤残留率无显著差异。这也说明了适宜的氮肥运筹方法，不仅可以提高氮肥吸收利用率、增加氮肥在土壤中的残留量，而且还可以起到保持土壤肥力、降低氮素损失的作用。

三、结论与讨论

　　植株养分吸收积累直接影响作物的生长发育，进而影响产量。了解氮素吸收积累特性是合理施用氮肥的重要依据。本研究结果表明，在 0～120kg N/hm^2 范围内，随氮施用量的增加，萝卜吸收的肥料氮素显著增加，且从幼苗期到萝卜肉质根膨大期，氮素积累总量显著增加。这可能是由于萝卜生长前期，生物量小，尽管该时期土壤氮素供应充足，但吸收能力有限，植株氮素积累总量较低。随着生长进程推进，植株生长速度加快，氮素累积显著增加。

　　氮肥施入大田以后，一部分被作物吸收利用；一部分残留在土壤中，通过渗漏、挥发而损失。土壤氮素供应是影响氮素吸收分配的重要因素。本研究结果表明，在 0～120kg N/hm^2 范围内，萝卜吸收的肥料氮约占氮施用总量的 25.42%～33.52%，当季肥料氮残留率为 12.40%～16.62%，而通过氨的挥发及渗漏等导致的肥料氮的损失率为 49.86%～62.18%；随着氮肥施用量的增加，土壤氮素数量及肥料氮在土壤中的残留量显著增加，氮素的吸收利用率和土壤残留率显著下降，氮素损失率显著增加。而在相同的氮肥用量下，采用基肥：破肚期：膨大期肥料比例为 30%：20%：50% 时，萝卜吸收的肥料氮数量显著增加，氮素吸收利用率和土壤残留率提高，氮素损失率降低，可能是因为氮肥追施后移更有效地满足作物对氮的需求，增加萝卜生长后期的施氮比例，提高了萝卜叶片的氮素含量，增强了叶片的光合速率，保持萝卜生长后期旺盛生长，增加萝卜对养分的吸收利用，从而提高氮的吸收量和利用率，减少氮的损失。

　　一般来说，随着施氮量的增加，作物产量增加，而氮肥利用率显著降低。实际生产中，可以通过少施氮肥来提高氮肥利用率，但产量并不一定很高。例如，本研究条件下，低氮处理（N_{60A} 和 N_{60B}）氮肥的利用率分别为 30.85% 和 33.52%，比高氮处理（N_{120A} 和 N_{120B}）分别高 21.36% 和 13.13%，但高氮处理（N_{120A} 和 N_{120B}）下，采收期萝卜肉质根产量分别为 67.6t/hm^2 和 72.5t/hm^2，比低氮处理（N_{60A} 和 N_{60B}）分别增加 64.07% 和 66.67%。可见，氮肥用量的增减须以增加作物产量和提高养分效率为目标，不应该一味追求高的氮肥利用率而降低产量。

　　综上所述，从产量和氮肥吸收、分配方面考虑，适量施氮并增加肉质根膨大期的施氮比例，可有效提高氮肥利用率，显著增加萝卜肉质根产量。在本实验条件下，施氮量为 120kg/hm^2、按照基肥：破肚期：膨大期肥料比例 30%：20%：50% 进行施肥，是兼顾产量和氮肥利用效率的最佳氮肥运筹方式。

（袁伟玲　王晴芳　袁尚勇　甘彩霞　崔　磊　梅时勇）

第五节　测土配方施肥对高山番茄产量品质的影响

湖北高山蔬菜主要分布在宜昌、恩施、十堰等鄂西山区的二高山(海拔 800~1200m)和高山(海拔 1200~1800m)地区，面积达 6.7 万公顷，产量 300 多万吨，产值达 25 亿元(万福祥等，2010)，产品销往我国 30 多个大中城市，对弥补广大低山和平原地区夏秋蔬菜淡季市场供应具有重要作用(肖小勇等，2012)。主要的高山蔬菜种类有萝卜、大白菜、甘蓝、番茄、辣椒，占高山蔬菜种植总量的 90%左右，其中高山番茄播种面积已达 1.0 万公顷，主要分布在宜昌长阳乐园、襄樊南漳薛坪镇(邱正明，2011)。高山番茄栽培中因过量施肥、盲目施肥等造成土壤养分不平衡、肥料利用率低，番茄生理性病害问题突显(赵书军等，2012；周玉红等，2012)。针对以上问题，本文研究了配方施肥与习惯施肥对高山番茄产量、品质及土壤养分变化的影响，以期为高山番茄健康栽培提供理论参考。

一、材料与方法

(一)材料

番茄：先正达瑞菲；肥料：鄂中复合肥(N-P_2O_5-K_2O 为 15%-15%-15%，总含量 45%)；兴物源有机肥($N+P_2O_5+K_2O \geqslant 5$%；有机质 $\geqslant$ 45%)；日清育苗基质($N+P_2O_5+K_2O \geqslant 4$%；有机质 $\geqslant$ 45%)。

(二)方法

1. 试验设计

试验地点长阳土家族自治县榔坪镇文家坪村，海拔 1200m；4 月 10 日播种，6 月 15 日移栽，采用基质育苗(朱凤娟等，2016)；试验设 2 个施肥处理(测土配方施肥、习惯施肥)，每个处理设 3 次重复，每个重复 100 株，随机排列；垄宽 90cm，垄与垄之间 50cm，株距 45cm，行距 70cm(姚明华等，2011)，单杆整枝。

2. 测土配方肥量确定

通过土壤样品的采集、测试，试验田土壤有机质含量 20.5g/kg、碱解氮 177.5mg/kg、速效磷 112.3mg/kg、速效钾 180.6mg/kg、pH5.41。根据土壤养分状况、作物需肥规律，实施测土配方施肥技术，氮肥施用量采用养分平衡法确定，磷、钾肥施用量采用恒量监控法确定(刘云亭，2015)，制订表 6-19 底肥用量。

表 6-19　高山番茄底肥处理方式

处理	有机肥	复合肥	功能包	栽培措施
I	500	95	40	避雨覆盖
II	0	175	0	避雨覆盖

注：I 为配方肥，II 为当地常规肥；表中单位均为 kg/亩。

3. 调查项目及测定方法

试验期间定期调查番茄植物学性状、产量，包括株高、开展度、茎粗、叶长、叶宽、根冠比、单果重、商品果数等；采集大小、成熟度一致的第二盘果检测产品品质，包括维生素 C、可滴定酸、硝酸盐、可溶性糖的含量；试验田施肥前及罢园后，按照蛇形取样法取 20cm 深耕作层的土样 15 份(刘云等，2013)，然后将土样混合均匀，送至检测机构，产品品质及土样营养结构均在湖北省农业科学院农业质量标准与检测技术研究所检测。

(三)数据整理与分析

所有数据均采用 SPSS13.0 进行统计分析。

二、结果与分析

(一)测土配方施肥对高山番茄植物学性状的影响

由表 6-20 可知,处理 I 与处理 II 相比,株高、开展度、始花节位、叶序长、叶序宽、叶长、叶宽差异不显著,茎粗、主根长、主根粗、总根系长、总根系宽、根冠比差异显著,其中根冠比提高 47.4%。

表 6-20　不同施肥方式对高山番茄植物学性状的影响　　　　　　　　　　(单位:cm)

处理	株高	开展度	茎粗	始花节位	叶序长	叶序宽	叶长	叶宽	主根长	主根粗	总根系长	总根系宽	根冠比
I	176.1a	45.5a	2.00a	6a	35.1a	30.1a	22.0a	12.4a	6.9a	0.67a	17.3a	37.8a	0.38a
II	171.2a	44.9a	1.35b	6a	32.5a	29.5a	21.7a	11.8a	3.4b	0.37b	11.2b	23.8b	0.20b

(二)测土配方施肥对高山番茄产量及商品性的影响

由表 6-21 可知,处理 I 与处理 II 相比,商品果率差异不显著,单果质量差异显著,亩产可提高 3.8%。

表 6-21　不同施肥方式对高山番茄产量及商品行的影响

处理	平均商品果率/%	单果平均质量/g	平均亩产/kg
I	99.5a	282.1a	15 843.3a
II	99.4a	271.7b	15 234.5b

(三)测土配方施肥对高山番茄品质的影响

由表 6-22 可知,处理 I 与处理 II 相比,维生素 C 含量提高 11.6%,硝酸盐含量降低 10%。

表 6-22　不同施肥方式对高山番茄品质的影响

番茄	维生素 C 含量/(mg/kg)	可溶性糖含量/%	硝酸盐含量/(mg/kg)	可滴定酸/%
I	319.6	2.34	278.4	0.40
II	286.3	2.24	309.2	0.38

(四)测土配方施肥对土壤养分的影响

由表 6-23 可知,测土配方施肥前后,pH 提高 13.3%,有机质含量提高 14.1%,碱解氮含量降低 15.7%,速效磷含量降低 31.3%,速效钾含量降低 27.3%。

表 6-23　不同施肥方式

处理	pH	有机质/(g/kg)	碱解氮/(mg/kg)	有效磷/(mg/kg)	速效钾/(mg/kg)
测土配方施肥后	6.13	23.4	149.7	77.2	179.5
习惯施肥后	5.38	19.5	185.2	115.3	185.2
基础地力	5.41	20.5	177.5	112.3	180.6

(五)成本与效益比较

由表 6-24 可知,采用配方肥栽培,底肥成本虽然比习惯施肥成本每亩增加 208 元,但每亩收益提高 1618.4 元。

表 6-24　配方施肥的成本和效益比较

处理	肥料成本/(元/亩)	产值/(元/亩)	收益/(元/亩)	提高/(元/亩)
I	628	47 529.9	46 901.9	1618.4
II	420	45 703.5	45 283.5	

三、结论与讨论

(1)采用测土配方施肥种植高山番茄,在减复合肥 45.7%的情况下,每亩增产 3.8%,每亩收入提高 3.6%,维生素 C 含量提高 11.6%,证明测土配方施肥既能保证高山番茄对产量的要求,又能提高产品品质,同时能减轻因连坐对土壤造成的影响。

(2)配方施肥前后,土壤 pH、有机质含量分别提高了 14.1%、13.1%,碱解氮、有效磷含量分别降低了 15.7%、31.3%,速效钾含量变化不大,这与刘云亭(2015)研究结果不一致,可能与鄂西高山地区土壤结构有关。

(焦忠久　矫振彪　朱凤娟　邱正明)

第六节　鄂西山区高山萝卜适宜氮肥用量研究

鄂西山区恩施州平均海拔 1000m 以上,60%以上处于高山地区(海拔 800~1200m 和 1200m 以上分别占 22.0%和 38.0%以上),极适宜发展夏季蔬菜。同时这些高山地区无现代工业污染,又是世界罕见的富硒地区,为生产高山富硒、无公害、绿色和有机蔬菜创造了天然条件。萝卜是鄂西山区高山蔬菜的骨干类型之一,产品销往国内各大中城市,是对淡季蔬菜的重要补充,同时种植萝卜已经成为当地农民脱贫致富的主要手段。但本区域在种植萝卜的过程中也存在施肥不合理、连作时间长等问题(徐能海等,2005;朱进,2009;孟祥生,2006)。在恩施州恩施市的调查结果表明,本区域萝卜的施氮量为 112.5.0~342.0kg/hm²,平均值为 202.5kg/hm²,变异系数为 28.3,这表明本区域萝卜的施氮量随意性较大(赵书军,2012)。不合理施肥不仅导致蔬菜种植的效益降低和品质下降(许石昆,2008;侯金权,2005),还会导致土壤肥力的退化,这将在一定程度上制约蔬菜产业的可持续发展。恩施市是鄂西山区高山萝卜的代表性种植区域,本研究以恩施市为代表探讨了高山萝卜的合理施氮量,以期为本区域高山萝卜的科学施肥和可持续发展提供理论依据。

一、材料与方法

(一)试验地点及供试品种

试验于 2013 年布置在恩施州恩施市板桥镇大山顶村。该区域平均海拔 1600m 左右,年平均气温 10℃左右,年降水量 1400~1900mm,属典型的高山气候。供试品种为'早春 1 号'。

(二)试验设计

5 月 13 整地施肥,5 月 14 日播种。

试验设 7 个处理。处理 1:对照(代号:ck),不施肥;处理 2:施氮(N)90kg/hm²(代号 N1);处理 3:施氮(N)150kg/hm²(代号 N2);处理 4:施氮(N)210kg/hm²(代号 N3);处理 5:施氮(N)270kg/hm²(代号 N4);处理 6:施氮(N)330kg/hm²(代号 N5);处理 7:在处理 4(施氮 210kg/hm²)的基础上增施有机肥 750kg/hm²(代号 N3+M)。处理 2~6 施用磷(P_2O_5)、钾(K_2O)的量均为 90kg/hm² 和 120kg/hm²。

供试肥料为:复合肥(N:P_2O_5:K_2O 含量为 15%:15%:15%)、尿素(含 N46%)、硫酸钾(含 K_2O50%)、有机肥(有机质≥45%,含 N:P_2O_5:K_2O 为 1.8:1.7:1.6)。70%的氮、100%的磷和钾作基肥,30%的氮作追肥。

小区面积 20m², 长 5m、宽 4m, 蔬菜行距 0.8m, 每个小区 5 行垄, 3 次重复, 随机区组排列, 小区之间的沟宽 0.2m。土壤类型山地棕壤。土壤理化性状为：pH4.9, 有机质 26.7g/kg, 碱解氮 210.5mg/kg, 有效磷 34.7mg/kg, 速效钾 162.5mg/kg。

（三）样品分析

土壤测定指标包括 pH、有机质、碱解氮、有效磷、速效钾。pH 采用 pH 计法；有机质采用重铬酸钾-硫酸氧化容量法(外热源法)；碱解氮采用碱解扩散法；有效磷采用碳酸氢钠浸提-钼锑抗比色法；速效钾采用乙酸铵浸提-火焰光度法。蔬菜品质质标包括：维生素 C、可溶性糖、硝态氮含量。维生素 C 含量的测定采用 2, 6-二氯靛酚滴定法；可溶性糖含量的测定采用蒽酮比色法；硝态氮含量的测定水杨酸比色法。

（四）数据处理

采用 Microsoft Excel 软件处理和作图。

二、结果与分析

（一）不同施氮量对萝卜生物量的影响

由图 6-7 可以看出, 不施肥处理(CK)萝卜的地上部和地下部生物量均显著低于施用肥料处理, 差异达 5%显著性差异水平；在不同施氮量处理中, 随着施氮量的增加, 萝卜地上部和地下部的生物量均呈抛物线增加的趋势, 以施氮 270kg/hm² 的处理(N4)地上部和地下部的生物量最高, 但除了施氮量为 90kg/hm² 处理显著低于施氮 270kg/hm² 的处理外, 施氮量为 150kg/hm²、210kg/hm²、270kg/hm²、330kg/hm² 各处理间差异不显著；在施氮量 210kg/hm² 的基础上增施 750kg/hm² 的有机肥, 萝卜的生物量没有显著增加；地上部和地下部表现出相似的规律。

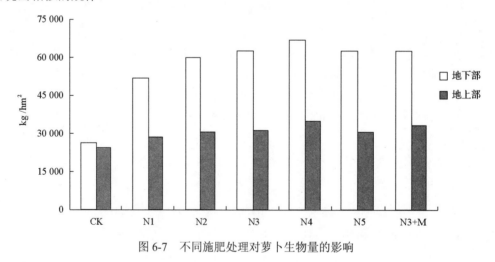

图 6-7　不同施肥处理对萝卜生物量的影响

（二）不同施氮量对萝卜养分吸收量及表观利用率的影响

由表 6-25 可知, 随着施氮量的增加, 萝卜对氮素、磷素和钾素的吸收量均呈先增加后降低的趋势, 当氮肥施用量达到 210～270kg/hm² 时, 氮素和钾素的吸收量达到最大值, 而当施氮量为 150～210kg/hm² 时, 磷素的吸收量达到最大值；氮素表观利用率随着氮肥施用量的增加明显降低, 当氮肥施用量达到 330kg/hm² 时, 氮素表观利用率仅为 25.14%；磷素表观利用率在施氮量为 150～210kg/hm² 时最高, 而钾素利用率在施氮量为 210～270kg/hm² 时最高。

表 6-25　不同施肥处理对萝卜养分吸收量及表观利用率的影响

处理代号	氮吸收量/(kg/hm²)	氮表观利用率	磷吸收量/(kg/hm²)	磷表观利用率	钾吸收量/(kg/hm²)	钾表观利用率
CK	85.5	—	10.7	—	76.8	—
N1	140.1	60.6	21.2	11.7	111.0	28.5
N2	163.3	51.8	26.3	17.3	126.1	41.1
N3	171.5	40.9	26.3	17.3	141.8	54.2
N4	172.4	32.1	24.2	15.0	142.8	55.3
N5	168.5	25.1	25.6	16.6	121.1	36.9

(三)不同施氮量对萝卜品质的影响

从表 6-26 可以看出，施用肥料可以提高萝卜的维生素 C 含量，施氮量在 0～270kg/hm² 范围内时，施氮各处理(N2 处理除外)萝卜的维生素 C 含量均高于不施氮处理；但当氮肥用量增加到 270～330kg/hm² 时，萝卜的维生素 C 含量明显降低，以施用氮肥 210kg/hm² 的处理萝卜维生素 C 的含量最高；施用肥料降低了萝卜可溶性糖含量，并有随着肥料用量的增加而降低的趋势；施氮量在 0～270kg/hm² 范围内时萝卜硝酸盐含量与施氮量没有明显的关系，但当施氮量增加到 330kg/hm² 时萝卜硝酸盐含量明显增加；在施用 210kg/hm² 氮肥的基础上增加 750kg/hm² 有机肥对萝卜的维生素 C、可溶性糖和硝酸盐含量等品质指标无明显的影响。

表 6-26　不同施肥处理对萝卜维生素 C、可溶性糖和硝酸盐的影响

处理代号	维生素 C/(mg/kg)	可溶性糖/(g/kg)	硝酸盐/(mg/kg)
CK	74.5	38.4	80.8
N1	80.6	27.6	82.3
N2	73.9	29.6	83.2
N3	82.3	27.8	77.9
N4	64.5	26.4	87.5
N5	65.7	25.8	101.4
N3+M	76.7	27.2	75.6

(四)萝卜氮肥最佳用量推荐

对萝卜的产量与氮肥用量进行回归模型的拟合(图 6-8)，结果表明，萝卜产量与施氮量呈一元二次抛物线关系，符合肥料的报酬递减规律。由回归模拟得出的方程为 $y = -0.6377x^2 + 314.41x + 28\ 304$，其中 $R^2 = 0.973$，达到极显著水平；根据模拟方程，可以计算出获得最高产量时的施氮量为 246.5kg/hm²，此时对应的萝卜产量为 67 058.0kg/hm²。综合考虑萝卜的产量、品质及肥料的利用率等情况，在本研究条件下本区域的适宜施氮量为 210～270kg/hm² 即可满足当地萝卜达到目标产量所需求的氮。

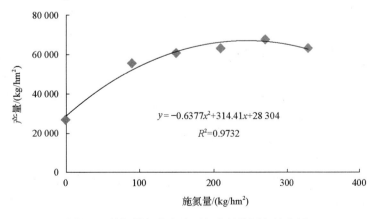

$$y = -0.6377x^2 + 314.41x + 28\ 304$$
$$R^2 = 0.9732$$

图 6-8　施氮量与萝卜地下部产量的回归性分析

三、结论

随着施氮量的增加，萝卜地上部和地下部的产量均呈抛物线增加的趋势，当施氮量达到 270kg/hm² 时萝卜地上部和地下部的产量最高；随着施氮量的增加，萝卜对氮素、磷素和钾素的吸收量均呈先增加后降低的趋势，而氮素表观利用率随着氮肥施用量的增加明显降低，磷素表观利用率在施氮量为 150～210kg/hm² 时最高，而钾素利用率在施氮量 210～270kg/hm² 时最高。

施肥提高了萝卜维生素 C 的含量，但当氮肥用量增加到 270～330kg/hm² 时，萝卜维生素 C 含量明显降低；施肥降低了萝卜可溶性糖含量，并随着肥料用量的增加而呈降低的趋势；当施氮量增加到 330kg/hm² 时萝卜硝酸盐含量明显增加。

综合考虑萝卜的产量、品质及肥料的利用率等情况，在本研究条件下本区域萝卜适宜施氮量为 210～270kg/hm²。结合前期的调查和本研究结果，建议本区域适当提高萝卜的施氮量 30～45kg/hm²，这对提高本区域萝卜的产量、品质和种植效益有一定的意义。

（赵书军　李车书　邱正明　佀国涵　徐大兵　王永健　袁家富　谭亚华）

第七节　氮肥管理对中国南方萝卜肉质根产量及氮素吸收的影响

Effect of N Management on Root Yield and N Uptake of Radishes in Southern China

1. Introduction

Efficient N fertilizer management is crucial for ensuring maximum economic production and improving N recovery efficiency（Guan et al., 2011, Zhang et al., 2013）. In order to increase root yield of the radish, excessive N fertilizers are applied in the radish production system in Southern China. Average N application rate recommendation in radish-producing area was 120 kg N hm^{-2}, but rates of 200-300 kg N hm^{-2} are common in southern China. Excessive N fertilizer application can pose potential adverse environmental and health concerns （Jing et al., 2007; Deng et al., 2012）such as groundwater pollution by NO_3^--N, NH_3, and N_2O volatilization into the atmosphere（Fan et al., 2010; Shi et al., 2010; Wang et al., 2011）. In addition, radish is nitrate accumulating vegetable crop. Increasing mineral nitrogen concentration in the soil resulted in increment of nitrates content in radish roots. Effective N management can reduce the cost of N-fertilizer inputs and minimize nitrate contamination and environmental pollution.

In southern China, farmers usually apply N fertilizer in two splits（as basal and top-dressings）during the radish growth. However, N utilization efficiency is low all over the main radish producing areas, about 40% in China（Wang et al., 2013）. This may be ascribed to inappropriate N nutrient managements, including overuse of N than their required amount and inappropriate time of N application. Proper N application timing and rates are critical for meeting plant needs and improving nitrogen utilization efficiency（Zhang et al., 2008）. Limaux et al. （1999）reported that the timing of fertilizer N applications has a significant effect on the uptake of fertilizer N and the resulting partitioning of added N between soil and plant. Improving fertilizer N use efficiency of radish may be not only reduce the negative impacts, but also increase the profitability of radish production and maintain soil fertility.

It has been documented that late application of N fertilizer could improve the efficiency of N fertilizer in other crops. Wopereis et al.（2002）reported the effect of optimal N fertilization rates and timing on dry matter accumulation, grain yield, and N recovery efficiency in rice. Yang et al.（2013）disclosed that first bloom application was the most important split for N absorption and yield formation comparatively and allocating more fertilizer N for late application from pre-plant application improved the benefit from fertilizer of the cotton. However, few studies have been conducted concerning N management practices for the radish. What are the difference in plant uptake of fertilizer N and root yield among the three splits of radish N application? The objectives of this study were to determine the effects of N fertilizer management on root yield in radish, and calculate N recovery efficiencies by using ^{15}N-labelled fertilizer methods, as affected by splitting N application and two different N rates.

2. Materials and methods

（1）*Experimental site*

Field experiments were conducted in the field at the farm of Hubei Academy of Agricultural Science （31°29′ N, 114°19E′） in 2011and 2012. The soil of the experimental area was a sandy loam. Soil collected from the upper 20 cm had a pH of 5.60, 3.59 g kg^{-1} organic matter, 0.85 g kg^{-1}total N, 13.1 mg kg^{-1} available Olsen-P, and 35.63 mg kg^{-1} exchangeable K.

（2）*Experimental design and management*

Main plot The experiments were laid out in randomized complete block design with four replications in 2012 and 2013. There were three N treatments （0, 60 and 120 kg N hm^{-2}） and two different application proportions, viz, A （50% at basal, 20% at 15 days after seeding （DAS）, 30% at 30 DAS） and B （30% at basal, 20% at 15 DAS, 50% at 30 DAS） for each N rate, which were expressed as N_0, N_{60A}, N_{60B}, N_{120A}, and N_{120B}, respectively. Additional 60 kg hm^{-2} of phosphorus （P_2O_5）, 120 kg hm^{-2} of potassium （K_2O） and 15 kg hm^{-2} of borate （B） were also applied for the basal fertilizer application. The fertilizers used were calcium superphosphate （12% P_2O_5）, potash chloride （59% K_2O） and borate （10%）. Each plot had an area of 6 m×6 m. The ridges between adjacent plots were 20-24 cm wide at the base and with height of 20 cm, which were covered with metal sheets. The metal was inserted into the soil plough layer to a depth of 30 cm in order to contain surface water within the plots and to isolate them hydrologically from adjacent plots.

A double haploid radish variety, Xuedan 1 （*Raphanus sativus* L.）, a predominant local white radish variety was provided by Hubei Academy of Agricultural Science, Wuhan, China. Radish seeds were sown at 0.5 cm deep on September 8 in 2012 and September 10 in 2013. After emergence, plants were thinned 10 days after sowing at a spacing of 20 cm×30 cm. Root yield was hand-harvested 60 days after planting. Insects, diseases, and weeds were intensively controlled by using approved pesticides to avoid yield loss.

Micro-plot experiment Micro-plots were designed in the main experimental plots. Each micro-plot had an area of 3 m×3 m with the same plant spacing as the corresponding main plots. To avoid surface runoff and lateral contamination, the micro-plot was surrounded by 50 cm metal sheets inserted 30 cm deep in the soil. In 2012, all the micro-plots were only applied with labeled ^{15}N urea （provided by Shanghai Chem-Industry Institute, China）. In 2013, each micro-plot was divided into five parts evenly. Half of the micro-plots were applied with labeled ^{15}N urea as basal fertilizer with the same N rate as the corresponding main plots 1 d before sowing, and the remaining half of the micro-plots were applied with labeled ^{15}N urea as topdressing fertilizer with the same N rate as the corresponding main plots at 30 DAS. In the corresponding main plots, no labeled urea was applied with the same N rates during the radish growing stages on the same day. To achieve a uniform application of labeled N, fertilizer was applied around the plant 10cm apart from the root after being dissolved in the same amount of water to ensure 0.4% （w/w） of fertilizer for the highest dosage. The application of P and K fertilizers and field management practices in the micro-plots were the same as the corresponding main plots.

（3）*Samplings and analyses*

Soil and plants were sampled from each main and micro-plot on seeding, expanding, and harvest stages. Soil samples were collected from 0 to 20 cm depths from all main and micro-plots. Soil samples were air-dried and ground to pass through a 100-mesh screen for total N and ^{15}N isotope analysis according to the method of Martins et al. (1981). Ten representative hills of the plants were sampled and separated into leaf blades and root. The dry weight was determined after oven-drying at 70°C to constant weight. Total N concentrations and ^{15}N abundance of dry matter and soil were determined after Kjeldahl's micro-method and isotope ratio using a ZHT-03 mass spectrometry (produced by Beijing Analysis Instrument Factory, China). At maturity, 10 hills were taken to determine in each plot to measure the root yield.

(4) *Data analysis*

The following percentage of fertilizer N parameters was calculated for each treatment (Song et al., 2014; Pan et al., 2012):

N derived from fertilizer (Ndff) in plant (kg N hm^{-2}) as the ratio of N uptake by plant to ^{15}N atom% excess in plant to ^{15}N atom% excess in fertilizer.

N derived from soil (Ndfs) in plant (kg N hm^{-2}) as the difference of total N uptake by plant and Ndff fertilizer N recovery (%) as the percentage of Ndff to N rate.

N residual rate in the soil as the percentage of N residual in the soil after harvesting crops to N rate.

Data were analyzed following analysis of variance (SAS Institute, 2003) and mean comparison between treatments was performed based on the Least Significant Difference (LSD) test at the 0.05 probability level.

3. Results

Root yield of radish was significantly increased as the N rates increased from 0 to 120 kg N hm^{-2} in 2012 and 2013 (Table 6-27). The highest yield was 72.50 t hm^{-2} recorded for N_{120B} in 2012, while the lowest one was 22.1 t hm^{-2} found under N_0 in 2013. Root yield of N_{120B} treatment was significantly higher than that of N_{120A} treatment, while there was no observable difference was observed between N_{60A} and N_{60B} in both years. There was significant difference observed in root length among the different N rates. In 2012, the highest root length was 28.94cm under N_{120B}, while the lowest one was 14.05 cm under N_0, respectively. Root length generally increased with the applied N rate. Similarly, the same trend was found for root length in 2013. No apparent difference was found in root diameter among the different N application treatments. Leaf and root dry weights generally increased as total N rates increased in both years. However, there was no significant difference at the same N rate.

Table 6-27　Root yield, root length, root diameter, leaf dry weight, and root dry weight influenced by nitrogen application in both years

Treatments	N_0 (CK)	N_{60A}	N_{60B}	N_{120A}	N_{120B}
2012					
Root yield (t hm^{-2})	22.7d	41.2c	43.5c	67.6b	72.5a
Root length (cm)	14.05c	23.75b	24.56ab	27.40a	28.94a
Root diameter (cm)	6.45a	6.49a	6.76a	6.82a	6.84a
Leaf dry weight (g hill^{-1})	6.33c	7.12b	7.54b	8.36a	8.59a
Root dry weight (g hill^{-1})	4.47c	8.12b	8.57b	13.31a	14.28a
2013					
Root yield (t hm^{-2})	22.1d	39.6c	41.1c	62.9b	70.2a
Root length (cm)	14.97c	23.69b	24.38ab	27.15a	27.59a
Root diameter (cm)	6.34a	6.37a	6.62a	6.75a	6.73a
Leaf dry weight (g hill^{-1})	6.31c	7.08b	7.24b	8.42a	8.61a
Root dry weight (g hill^{-1})	4.35c	8.02b	8.49b	13.46a	13.99a

Within a row for each parameter, means followed by different letters are significantly different at 0.05 probability level according to least significant difference (LSD) test. The same as below.

Total N accumulation by radish plant and the amount of nitrogen derived from fertilizer and soil are presented in Table 6-28. There was remarkable difference in total N accumulation among N application rates. The highest total N accumulation of 176.5 kg hm^{-2} was recorded under N_{120B}, and the lowest of 65.4 kg hm^{-2} under N_0. No apparent difference was found for the different splitting of N application at the same N rate. However, significant difference was found for N derived from fertilizer in plant at harvest in 2012. The highest N recovery of labeled fertilizer was 73.8 kg hm^{-2} recorded under N_{120B}, while the lowest one was 0. Similarly trend was found for N derived from soil in plant. The ratios to total nitrogen accumulation were 32.2%, 39.2%, 39.1%, and 41.8% for the treatments of N_{60A}, N_{60B}, N_{120A}, and N_{120B}, respectively. There was an opposite trend in the percentage of soil N contribution to total plant N. The highest percentage of nitrogen derived from soil was observed under N_{60A}, while the lowest for N_{120B}, which were 67.8% and 58.2%, respectively.

Table 6-28　N concentration of dry matter in plant, total nitrogen accumulation (TNA), the amount of nitrogen derived from fertilizer (Ndff) and soil (Ndfs) and the ratio to TNA at harvest in 2012

Treatment	N concentration in plant/(mg g^{-1})	TNA/(kg hm^{-2})	Ndff		Ndfs	
			Amount/(kg hm^{-2})	Ratio to TNA/%	Amount/(kg hm^{-2})	Ratio to TNA/%
N_0	4.6b	65.4c	0	0	65.4c	100
N_{60A}	7.8a	142.3b	45.9c	32.2	96.4b	67.8
N_{60B}	7.6a	150.6b	59.1b	39.2	91.5b	60.8
N_{120A}	8.5a	159.7a	62.4b	39.1	97.3a	60.9
N_{120B}	8.9a	176.5a	73.8a	41.8	102.7a	58.2

Basal and topdressing fertilizer are two important fertilizer sources for the growth of radish. Total ^{15}N accumulation and its distribution to different organs derived from basal fertilizer ^{15}N application at seeding, root expanding and harvest stages in 2013 are presented in Table 6-29. Total nitrogen accumulation amounts derived from basal fertilizer ^{15}N under N_{120} were significantly higher than those of N_{60} at seeding, which were 2.5 and 4.4 kg N hm^{-2}, respectively. Most of ^{15}N uptake by radish was allocated in the leaves, and total ^{15}N accumulation from basal fertilizer ^{15}N in the leaves was increased with the amount of N application. Uptake of ^{15}N at seeding under N_{60A} and N_{120A} was significantly higher than those of N_{60B} and N_{120B}, respectively. The same trend was found for the leaves at the root expanding stage. However, there was opposite trend in the uptake of ^{15}N derived from basal fertilizer at harvest, when the amount taken from 50% application of the total fertilizer as basal was less than that taken from 30% of total fertilizer as basal. Smaller amounts of ^{15}N derived from basal fertilizer were absorbed by radish at seeding stages, which were in the range of 21.6%-27.6%. However, 42.3%-57.3% and 17.5%-35.7% of ^{15}N derived from basal fertilizer was absorbed at root expanding stages and harvest, respectively.

Table 6-29　Total ^{15}N accumulation (T^{15}NA) and its distribution to different organs derived from basal fertilizer ^{15}N application at Seeding, root expanding and harvest stages in 2013

Treatment	Seeding/(kg hm^{-2})			Root expanding/(kg hm^{-2})			Harvest/(kg hm^{-2})		
	T^{15}NA	T^{15}NA in leaf	T^{15}NA in root	T^{15}NA	T^{15}NA in leaf	T^{15}NA in root	T^{15}NA	T^{15}NA in leaf	T^{15}NA in root
N_0	-	-	-	-	-	-	-	-	-
N_{60A}	2.6	1.6	1.0	5.9	3.0	2.9	1.8	0.6	1.2
N_{60B}	2.4	1.6	0.8	5.1	2.8	2.3	3.6	1.2	2.4
N_{120A}	4.8	2.8	1.2	7.9	3.7	4.2	4.7	2.3	2.4
N_{120B}	4.0	2.6	1.4	7.7	4.5	3.2	6.5	2.8	3.7

-. No data. The same as below.

Increasing N application significantly enhanced ^{15}N uptake derived from topdressing of fertilizer at 30 DAS at root expanding stage (Table 6-30). Uptake of ^{15}N under N_{120} of 29.1 kg hm^{-2} was significantly higher than that of 19.3 kg ^{15}N hm^{-2} ^{15}N under N_{60} at root expanding stage. Most of ^{15}N uptake was allocated in the leaves, ranging from 10.2-16.9 kg hm^{-2}. The amounts derived from topdressing ^{15}N fertilizer under N_{120} treatment were higher than those of N_{60} treatment at harvest, which was 17.7 and 8.5 kg ^{15}N hm^{-2}, respectively. There was 61.87%-80.18% of total uptake of ^{15}N derived from topdressing fertilizer absorbed at root expanding stage.

Table 6-30　Total ^{15}N accumulation（T^{15}NA）and its distribution to different organs derived from topdressing ^{15}N fertilizer application at expanding and harvest in 2013

Treatment	^{15}N content In plant/ (mg g^{-1})	Root expanding/ (kg hm^{-2})			^{15}N content In plant/ (mg g^{-1})	Harvest (kg hm^{-2})		
		T^{15}NA	T^{15}NA in leaf	T^{15}NA in root		T^{15}NA	T^{15}NA in leaf	T^{15}NA in root
N_0	-	-	-	-	-	-	-	-
N_{60A}	1.4c	17.0c	10.2c	6.8c	0.3b	4.2d	2.8c	1.5d
N_{60B}	1.7b	21.6b	11.3c	10.3c	0.7a	12.8c	7.9b	4.2c
N_{120A}	2.0b	25.8b	14.2b	11.6b	0.8a	15.9b	7.9b	7.3b
N_{120B}	2.4a	32.4a	16.9a	15.5a	1.0a	19.6a	17.6a	14.1a

One part of fertilizer N applied in the radish field was absorbed by radish plant, the other was lost through leaching nitrification, de-nitrification, and volatilization. The amount of absorption, residual in the soil and the loss of labeled nitrogen fertilizer in the radish plant-soil system was presented in Table 6-31. The uptake of ^{15}N fertilizer was significantly increased with N applied rate, ranging from 18.3-33.7 kg hm^{-2}. The same trend was observed for the residual amount of ^{15}N in the soil, which was ranged from 8.4 to 16.9 kg hm^{-2}. N recovery efficiency was significantly decreased with N application rate increasing. The highest N recovery efficiency was found under N_{60B}. The opposite trend was found for the residual rate of ^{15}N in the soil and the amount of ^{15}N fertilizer unaccounted, which was in the range of 11.5%-14.9% and 52.5%-62.6%.

Table 6-31　The amount of absorption, residual in the soil and the loss of labeled nitrogen fertilization in the radish plant-soil system in 2013

Treatment	Amount of absorption / (kg hm^{-2})	NRE/%	Residual amount in the soil/ (kg hm^{-2})	Residual rate/%	Amount of loss/ (kg hm^{-2})	Unaccounted rate/%
N_{60A}	18.3b	30.5a	8.4d	14.0a	33.3b	55.5b
N_{60B}	19.6b	32.6a	9.0c	14.9a	31.4b	52.5c
N_{120A}	31.1a	25.9c	13.9b	11.5c	75a	62.6a
N_{120B}	33.7a	28.1b	16.9a	14.1b	69.4a	57.8b

4. Discussion

N fertilizer management practices had significant effects on the root yield and its growth in radish. Delaying N application could apparently increase the root yield. The reason for higher root yield at N_{120B} was the increase in root length and root diameter at harvest（Table 6-27）. Our results coincided with the findings of Yuan et al. (2014), who reported that increase of N application could enhance the root yield. The highest growth of plant in radish was recorded at the highest N rates（Srinivas and Naik, 1990）. Liao et al. (2009) revealed there were significantly positive and linear relationships between total N uptake and the fresh weight and dry weight of radish. Similar findings were also reported by Zhang et al. (2003) and Pan et al. (2012) for field grown rice, who found crop yield was affected not only by the rate but also by the time of N application.

The present study found higher N application rate could increase total N accumulation, and delaying nitrogen application increased total N accumulation and N recovery efficiency at the same N rate. Smaller amounts of ^{15}N derived from basal fertilizer were absorbed by radish at seeding stages, ranging from 16.3%-34.3%. However,

61.87%-80.18% of total uptake of ^{15}N derived from topdressing fertilizer absorbed at root expanding stage. Similar trend was proved in other field crops that about 20% of total uptake of ^{15}N derived from basal fertilizer was absorbed by rice at mid-tillering stage, however, 80% of ^{15}N uptake derived from topdressing fertilizer was taken up at the heading stage (Pan et al., 2012). The poor N recovery efficiency of more fertilizer application at the early growing stage was maybe due to the roots of radish less developed, which can hardly take up more N applied at seeding stage. In addition, in early growing stage, more N losses by ammonia volatilization and leaching and a large amount of N applied unincorporated by the soil microorganisms before available to plants must be taken into account (Gabrielle et al., 2001; Lin et al., 2007; Li et al., 2008). The higher efficiency of high N applications shown in Table 6-30 may be due to greater concentration of fertilizer in the root area at higher ^{15}N rates, thus stimulating development of a larger and more effective root system for the recovery of soil N, rather than to the effect of mineralization-immobilization turnover suggested by Stong (1995), due to which losses of labeled N through immobilization would be proportionately greater at lower ^{15}N fertilizer rates. Therefore, N fertilizer utilization efficiency should be improved by applying N at the right period when the plant requires it the most (Yang et al., 2013).

The total N uptake is closed related to the amount of plant N derived from the soil. Limaux et al. (1999) report that the timing of fertilizer N applications has a significant effect on the uptake of fertilizer N applications has a significant effect on the uptake of fertilizer N by the crop and the resulting partitioning of added N between soil and plant. The present study found that the N uptake from indigenous soil N was decreased with the N applied rate. The amounts derived from soil fertilizer N uptake under N_{120} treatment were lower than those of N_{60} treatment. The contribution of unlabelled N ranged between 58.2% and 67.8%, while only 32.2%-41.8% was derived from the ^{15}N-labelled fertilizer (Table 6-28). This result showed that most of total N uptake by radish was derived from indigenous soil N.

Increasing the synchronization between crop N demand and the available N supply to decrease the N residual rate in the soil is an important for efficient N fertilizer management. In the present study, higher N fertilizer rates increased the amount of residual N in the soil, and decreased the percentage of ^{15}N fertilizer residual in the soil (Table 6-31). This showed that the fertilizers contributed little to the total N absorbed by the plants and the most was derived from indigenous soil N. The amounts of unaccounted nitrogen might be lost mainly through leaching, denitrification and ammonia volatilization. The results showed that the amount of unaccounted ^{15}N at harvest derived from 30% of total fertilizer as basal dose was lower than that taken from 50% application of total fertilizer as basal. Splitting N application of 50% total fertilizer as basal might have stronger abilities to absorb the nutrients from water and soil, and reduced N loss and resulted in higher N uptake by radish. Therefore, based on yield and nitrogen recovery efficiency it can be concluded that the most appropriate nitrogen fertilizer application recommended was 120 kg N hm^{-2} and 30% for basal, 20% for 15 DAS and 50% for 30 DAS in this study.

(袁伟玲 王晴芳 袁尚勇 甘彩霞 崔磊 刘玉华 梅时勇)

第八节 不同氮肥施用量对白萝卜生长、肉质根产量及硝酸盐含量的影响

Effect of different amount of N-Fertilizers on Growth, Root Yield and Nitrate Content of White Radishes in Southern China

1. Introduction

Nitrogen fertilization is widely adopted to enhance crop production and improve nitrogen utilization all over the world. The use of nitrogen (N) fertilizer has been causing various negative environmental consequence such as eutrophication of surface water, global warming, and ozone layer depletion. However, the total amount of N fertilizer in the world will undoubtedly continue to increase to meet the increasing demand of food. Excessive N application and the potential for negative environmental effects have aroused concerns in both China and abroad. Therefore, the mitigation of negative environmental influence of N fertilizer has become an important issue for sustainable agriculture development.

Radish (*Raphanus sativus* L.) is a vegetable characterizing short growing period, cultivated both in the field and under the covers. Radish cultivation area in China amounts about 1800 hm^{-2}. Featuring short plant growing period and underdeveloped root system, radish requires high quantity of easily available nutrients in soil such as nitrogen. Radish is nitrate accumulating vegetable crop. Excessive amounts of fertilizers have been used on many soils for commercial vegetable production in China. Many researchers have shown that the highest growth of plant in radish was recorded with the highest rates of nitrogen. Effective use N helps to reduce the cost of N fertilizer inputs and to minimize nitrate contamination.

The objective of this research was to determine the effect of different amount of nitrogen fertilization on the growth, yield and nitrogen content of three different radish (*Raphanus stativus* L.) genotypes in southern China.

2. Materials and Methods

Field experiments were conducted in the field at the farm of Hubei Academy of Agricultural Science (31°29′ N, 114°19E′) in 2011. Radish (*Raphanus stativus* L.), Xuedan1, commonly grown by Chinese farmers were selected. The soil of the experimental area was a sandy loam. Chemical properties of the soils tested were organic matter 3.59g kg^{-1}, total N content 0.85g kg^{-1} and pH 6.3.

The experiment was conducted with five N application rates (0, 60, 120 180, 240kg hm^{-2}) and replicated three times. Each plot was 10m^2 in area. Radish seeds were planted on September 28, with a density of 8.8×10^4 plants hm^{-2}, a recommended density for radish cultivation in the area. Basal application of 100kg P hm^{-2} as Ca (H$_2$PO$_4$)$_2$ and 120kg K hm^{-2}as KCl were made to all plots 3 days before seeding. The N fertilizer rates were applied to soil in four different applications. N fertilizer accounted for 50%, 30%, and 20% of the total N fertilizer was applied prior to seeding, seeding, before expanding, respectively.

The number of leaves per plant, weight, diameter and length of root, total nitrogen and nitrate content of root and the yield were determined. All of the observations except yield were made on randomly selected 15 plants. The total N concentration was determined by the Kjeldahl method with a VAP50 Kjeldahl meter (Gerhart, Germany), and nitrate analyses with Phenol disulphonic acid method. Date in the tables and figures were subjected to ANOVA, and LSD tests were used when significant differences occurred.

3. Results

(1) *Number of leaves per plant, leaf length and Leaf weight*

The effect of different doses of nitrogen treatment on number of leaves per plant, leaf length, and weight of leaves and root length of radish were shown in Table 6-32. There was no difference in number of leaves for N at 120 180, 240 kg with 17.5, 18.3, 18.9 leaves, respectively. However, the application of 240kg N hm^{-2} gave a slight increase in terms of leaf number per plant. Leaf length increased with the N application rate and attained plateau at 120kg N hm^{-2} for the radish cultivar. There was significant difference in the weight of leaves and root length with the increase in N level up to 120 kg hm^{-2}.

Table 6-32　Effect of nitrogen on number of leaves/plant, leaf length, weight of leaves and root length of radish

Nitrogen levels/ (kg hm^{-2})	Number of leaves·plant^{-1}	Leaf length/cm	Weight of leaves/g	Root length/cm
0	10.20c	21.75c	62.32b	14.05c
60	16.30b	25.92c	71.29b	18.75b
120	17.50ab	31.25ab	115.36a	25.56a
180	18.30ab	32.68ab	143.56a	26.40a
240	18.90a	34.22a	165.85a	28.94a
LSD value	2.35	5.25	42.35	4.23

Values in the column followed by the same letter are not significantly different at $P<0.05$.

(2) *Root length, Root diameter, Root weight and root shoot ratio*

In this study, the maximal root diameter and root weight were obtained with the application of 240kg N hm^{-2}. Compared to the control, the root diameter and root yield were significantly higher with the increase in N level up to 120 kg hm^{-2}. With the increasing of nitrogen application rate, root shoot ratio was significantly decreased. Similar trend was found in the diameter as the yield of radish.

Table 6-33　Effect of nitrogen on root diameter, root weight, root shoot ratio and yield of radish.

Nitrogen levels/ (kg hm^{-2})	Root diameter	Root weight/g	Root shoot ratio	Yield/ (t hm^{-2})
0	4.52b	356.46d	1.29a	46.81c
60	6.94ab	605.11c	1.02a	60.42b
120	8.12a	864.71b	0.85b	72.36a
180	8.45a	902.26b	0.79b	74.25a
240	8.57a	1025.24a	0.76b	75.28a
LSD value	1.35	102.43	0.19	12.14

Values in the column followed by the same letter are not significantly different at $P<0.05$.

(3) *Root yield*

Root yield increased with the N application rate was shown in Table 6-33. Root yield at five nitrogen levels ranged from 46.81 to 75.28 t hm^{-2}. With the increase in N level, root yield of radish significantly increased, and nitrogen application rates above 120kg hm^{-2} gave no significant increase in radish root yield.

(4) *Nitrate accumulation and nitrogen agronomic use efficiency*

The effect of N rates on nitrate accumulation and nitrogen agronomic use efficiency were presented in Table 6-34. According to variance analysis, the effect of N fertilizer on nitrate per fresh root was significant on the probability level of 5% and 1%. According to means comparison on the probability level of 5%, N level of 120kg hm^{-2} had the highest agronomic efficiency.

Table 6-34　Effect of N rates on nitrate accumulation and nitrogen agronomic use efficiency

Factors Nitrogen levels (kg hm^{-2})	Nitrate per dry root/ (mg kg^{-1})		Nitrate per fresh root/ (mg kg^{-1})		Agronomy efficiency of nitrogen use
	5%probability	1%probability	5% probability	1%probability	5% probability
0	20.14e	20.17e	5.59e	5.64e	—
60	109.5d	114.2d	35.72d	33.88d	65.50a
120	193.6c	201.5c	62.36c	64.02c	81.35a
180	341.2b	341.72b	100.23b	100.23b	28.01b
240	561.5a	561.5a	152.38a	152.38a	37.65b

Values in the column followed by the same letter are not significantly different.

4. Discussion

There were no significant differences among N doses in terms of the number of leaves per plant with the increase in N application rate up to 120kg N hm^{-2} in this study. However, there was strongly increased with N application rate in root growth, root yield and nitrate accumulation of the radish. Other studies noted that nitrogen fertilization could affect vegetative growth such as root growth, and high N rates usually increased plant growth. Srinivas and Naik (1990) reported that the highest growth of plants in radish was recorded at the highest N rates. The same result about the root size of radish in the study as the previous studies. However, according to Barker et al. (1983), root growth of radish was generally reduced with decreasing N level, which was in agreement with the results in this study. Root yield was increased with increasing rates of N, and the highest yield was recorded at the highest N rate (Table 6-33). With increase in the amount of nitrogen, similar results about root yield of radish have also been reported in some radishes.

In this study, there was significant difference in nitrogen content of the radish roots with the increasing of nitrogen application rate. Significant increase in nitrate N and nitrogen agronomic use efficiency in the root parts was reported with the application rate of nitrogen. Furthermore, previous study strongly indicated that nitrogen fertilization was more responsive for nitrate accumulation of root on radish genotypes. In this experiment, the similar reaction of the radish to the supply of nitrogen was the most important factor determining total nitrogen and nitrate content of the roots. These results are also consistent with the findings of some other researchers (Malakout et al., 1998; Nieuwhof and Jansen, 1993).

In this research, nitrate concentration of the radish was at acceptable level and below critical level at N level of 120kg hm^{-2}, while at N level of 180kg hm^{-2}, nitrate concentration of radish exceeded permitted level so that nitrate content of 561.5mg kg^{-1} exceeded permitted level by about 432mg kg^{-1}. The results of this study suggest that the growth characteristics of the radish were increased with the increasing N application rate. But this was not very acceptable outcome in terms of the nitrate accumulation, which is harmful for human health. Therefore, the normal nitrogen doses should be applied in these radishes to have better yield and healthy crops for human nutrition.

In conclusion, there was no significant difference in the number of leaf per plant of the radish. The highest root diameter, length, root weight was observed from the treatment of 240kg N hm^{-2}. Total nitrogen and nitrate content of the fresh roots increased with the increasing the nitrogen doses. Excess nitrate content was observed with the increase in N application rate up to 120kg N hm^{-2}.

5. Acknowledgement

The authors are grateful to Prof. Danying Xing of Yangtze University and Prof. Lixiao Nie of HuaZhong Agricultural University for their insightful suggestions and revising the manuscript. The work was supported by Hubei foundation of modern agricultural industry technology system and bulk vegetable agricultural technology system in China.

（袁伟玲　袁尚勇　王晴芳　甘彩霞　刘玉华　梅时勇）

第九节　蔬菜-玉米长期集约化种植和化肥施用对山地农业区土壤性质的影响

Affect of Long-Term Intensive Vegetable and Corn Cultivation with Inorganic Fertilizer on Soil Properties in mountain agriculture region

1. Introduction

The key factor for high crop yields in agricultural production was chemical fertilizers, especially for nitrogen

（N）fertilizer. Vegetable cultivation systems usually require larger input of N fertilizer comparing to other agricultural cultivation systems. For example, in some area of China, vegetable of cabbage and spinach are cultivated for five to seven times in the same field per year, and accompanying with N fertilizer about 500-1900 kg hm^{-2} (Shen et al., 2010; Zhu et al., 2005). Meanwhile, the simplex fertilization methods have lasted for many years in the same field, especially for polytunnel greenhouse vegetable lands. However, Inorganic fertilizers application and continuous cropping over long periods of time are believed to significantly influence the quality and productive capacity of soil (Guo et al., 2010; Tian et al., 2013; Yao et al., 2006; Zhang et al., 2014), such as soil physical-chemical and microbial ecology. Several previous studies have indicated that year-round excessive application inorganic fertilizers and continuous cropping in the polytunnel greenhouse vegetable land in China has resulted in significant change of soil chemical properties, including lower nitrogen use efficiency (He et al., 2007), soil secondary salinization and acidification as soil pH sharply decreased (Shen et al., 2008; Shi et al., 2009). Besides, the application of inorganic fertilizer and plant cultivation also impact soil microbial diversity and enzyme activity in polytunnel greenhouse vegetable land (Kaye et al., 2005; Shen et al., 2008; Shen et al., 2010; Zhang et al., 2007).

However, except for polytunnel greenhouse land, vegetables are also cultivated in mountain agriculture region using the climatic conditions from May to October every year. Mountain vegetable of cabbage and radish are cultivated for one to two times in the same field per year, and accompanying with N fertilizer about 112.5-573.5 kg hm^{-2}, which is less than that of polytunnel greenhouse vegetables (Zhao et al., 2014). Year-round excessive application inorganic fertilizers and continuous cropping in the mountain vegetable land has resulted in significant incidence rate of vegetable soil-borne disease and soil acidification (Zhao et al., 2012).

Numerous studies have demonstrated that farming practices change soil physical properties (Bai et al., 2009; Obalum and Obi, 2010; Wang et al., 2009; Yang et al., 2008). But, there is limited information about the change of long-term application inorganic fertilizers and continuous cropping on mountain vegetable cultivation soil. Soil microbial plays a vital role in maintaining soil productivity through their involvement in organic matter decomposition, nutrient transformation and cycling (Rich and Myrold, 2004; Shen et al., 2010). Soil microbial diversity is a key indicator of soil microbial function and can easily be affected by fertilizer application (Fox and MacDonald, 2003). Shen et al. (2010) report that microbial functional diversity decreased significantly with N application rate. However, for mountain vegetable soils, little is known about the influences of soil microbial functional diversity by year-round excessive application inorganic fertilizers and continuous cropping.

In order to explore the change of soil quantity by long-term application inorganic fertilizers and continuous cropping, mountain vegetable cultivation regions of Enshi and Changyang are carried to investigated, and the corn cultivation and abandoned soil are used as control. The objective of this work are to 1) determine the effect of long-term application inorganic fertilizers and continuous cropping on soil physical-chemical properties, microbial number and functional diversity among abandoned, corn and vegetable cultivation, 2) reveal the effect of physical-chemical properties on soil microbial number and functional diversity.

2. Material and Methods

(1) Study area and sampling

The domains of this study are important vegetable-growing regions located in Enshi city (109°4′48″-109°58′42″ E, 29°50′33″-30°39′30″ N) and Changyang city (110°21′25″- 111°21′36″ E, 30°12′13″-30°46′35″ N), Hubei province, China. The regions of Enshi and Changyang have sub-tropical, humid climate that is characterized by abundant rainfall and mild temperatures. The average annual temperature is 16.2°C and 16.5 °C, the annual rainfall is 1600 mm and 1366 mm, and the annual sunshine duration is 1400 h and

1700 h, respectively for the regions of Enshi and Changyang. The soil of the two regions is a typical mountain yellow brown soil with a sandy loam texture.

The height of the two investigation regions is 1200 -1800 m, and the primary crops grown are cabbage, radish and corn. The cabbage-radish cultivation soil and corn cultivation soil are investigated, which have cultivated about 20 years. Another investigation soil is abandoned soil, which located at around the corn and vegetable cultivated soil, and has abandoned for more than 5 years, abandoned-ChangYang and abandoned-EnShi abbreviated as A-CY and A-ES. In the two mountain regions, sixty soil samples are collected for physical-chemical and microbial properties analysis, and the fertilization are also investigated. The cabbage and radish are cultivated for two -three times in the same field per year, and the corn is only cultivated for one time in the same field per year. The N, P and K fertilizer average quantity are list as follows: 300 kg hm^{-2}, 170 kg hm^{-2} and 287 kg hm^{-2} for cabbage cultivation, 203 kg hm^{-2}, 188 kg hm^{-2} and 171 kg hm^{-2} for radish cultivation, and 291 kg hm^{-2}, 64.5 kg hm^{-2} and 54 kg hm^{-2} for corn cultivation, respectively.

（2）*Chemical properties analysis*

Chemical properties were determined according to standard methods and each sample was analyzed in triplicate (Bao, 2000). Soil pH (water) was measured in a 1:2.5 soil: solution suspension using the potentiometer method. The total organic matter (OM) content was determined using the potassium dichromate oxidation procedure. Total N was determined using Kjeldahl digestion, and alkali-hydrolyzable N (AN) was analyzed using the alkaline hydrolysis diffusion method. Available P (AP) was extracted with 0.5 mol L^{-1} NaHCO$_3$ (pH 8.5) and measured by spectrophotometer. Available K (AK) was extracted with NH$_4$OAc and determined using flame photometry. Available Zinc was extracted with DTPA solution containing 0.005 mol L^{-1} DTPA (C$_{14}$H$_{23}$N$_3$O$_{10}$), 0.1 mol L^{-1} TEA (C$_6$H$_{15}$NO$_3$) and 0.01 mol L^{-1} CaCl$_2$, and determined by atomic absorption spectrophotometers (Bennett et al., 2010). Available Boron (AB) was extracted by boiling water and then determination by the curcumin colorimetry method.

Soil cation exchange capacity (CEC) was measured with the ammonium acetate compulsory displacement method. Soil exchangeable base cations were extracted by 1.0 mol L^{-1} ammonium acetate (pH 7.0). Then, exchangeable Ca^{2+} (E- Ca^{2+}) and exchangeable Mg^{2+} (E-Mg^{2+}) contents were measured with atomic absorption spectrometry (AA-700, PerkinElmer, USA), and exchangeable K$^+$ (E-K$^+$) and exchangeable Na$^+$ (E- Na$^+$) contents were measured with flame photometry (FP640, Shanghai Precision Instrument Co., China). The CEC and base saturation (BS) were calculated from the soil analysis according to Bao (2000).

（3）*Physical properties analysis*

Soil samples for analyzing bulk density were taken with a standard 53-mm diameter at depths of 0-20 cm, resulting in three samples per sampling point, and dried at 105 ℃ for 4 h, placed in desiccators at room temperature and dried until a constant weight with a precision of 0.0001 g. The total porosity was calculated from the measured bulk density by assuming a particle density of 2.65 g cm^{-3}. Capillary porosity is defined as the percentage of pore sizes ranging from 0.001 to 0.1 mm in diameter that effectively conduct water via capillary forces. Capillary porosity was determined based on the measured volume of water retained after placing the 5-cm soil core in a tray with a 5-mm level of water until filter paper at the top of each core became moist. Aeration porosity was calculated by subtracting volumetric water content from total porosity (Liu et al., 2009).

（4）*Microbial properties analysis*

Colony-forming units (CFU) of cultivable bacteria, actinomycetes, fungi, bacillus, N-fixing bacteria (NFB) and organic P solubilizing bacteria (OPSB) were determined by serial dilution and plating on selective media (Oliveira et al., 2008). Plate counts of culturally-viable bacteria were made on beef extract peptone medium. For fungi, the medium was Rose Bengal Agar amended with 30 mg L^{-1} of streptomycin sulphate. Actinomycetes were counted on Glycerol Casein Agar amended with 100 mg L^{-1} potassium dichromate. Bacillus was counted on beef extract peptone malt juice agar. N fixing bacteria was made on Azotobacter medium. Organic P solubilizing bacteria was counted on Monkina organic phosphorus medium.

Functional community profiling was obtained with Biolog Eco Microplate^{TM} system (Biolog Inc., CA, USA) according to Muñoz-Leoz (2011). Each 96 well plate consists of three replicates of 31 sole carbon substrates and a water blank. The procedures were carried out according to the method described by Yu et al. (2015). The plates were incubated at 25℃ for 240 h, and the color development in each well was recorded as optical density (OD) at 590 nm with a plate reader (Thermo Scientific Multiskan MK3, Shanghai, China) at regular 24 h intervals (Wu et al., 2013). Three replicates per treatment and sampling time were performed.

Microbial activity in each microplate, expressed as average well color development (AWCD) was determined as follows:

$$AWCD = \sum \frac{(A_i - A_1)}{31}$$

where A_i is the i well absorbance value and A_1 is the first well absorbance value (water only).

The average AWCD data form 24 h to 240 h were used to calculate the functional diversities using Shannon index (H), Simpson index (D), Mcintosh index (U) and Mcintosh evenness index (J_u), which determined as follows:

$$H = -\sum P_i \cdot \ln(P_i)$$

$$D = 1 - \sum (P_i)^2$$

$$U = \sqrt{\left(\sum n_i^2\right)}$$

$$J_u = \frac{N - U}{N - N / \sqrt{S}}$$

Which P_i is the ratio of the i well absorbance value to all of the well absorbance value, n_i is the i well absorbance value and N is the total of all well absorbance value, and S is the number of wells in the color change.

(5) *Data analysis*

Duncan's multiple range test was used when one-way ANOVA indicated significant differences ($P < 0.05$). All statistical analyses were performed using SPSS 13.0 statistical software (SPSS, Chicago, IL, USA). Grey relation analysis (GRA) helps change a system state from grey to white through prediction and decision methods that explore and explain the system (Girginer and Kaygisiz, 2013; Huang et al., 2015). The assessment steps of GRA are described as Girginer and Kaygisiz (2013) and (Fung, 2003). The grey relation refers to the level of correlation between the reference series and the comparison series.

3. Results

(1) *Physical-chemical properties analysis*

As shown in Table 6-35, The pH value of the V-CY decreased by 0.07 and 0.26 unit of A-CY and C-CY, and the pH value of the V-ES decreased by 0.50 and 0.80 unit of A-ES and C-ES, respectively. The OM content of V-CY increased by 9.88% of C-CY and decreased 16.48% of A-CY. The OM content of V-ES was 30.69% and 1.39% higher than those of A-ES and C-ES, respectively, and there was evidently difference between A-ES and

V-ES. The AN content of V-CY increased by 6.33% of C-CY and decreased 6.15% of A-CY, and the AN content of V-ES was 12.12% and 151.73% higher than those of A-ES and C-ES, respectively, and statistical differences was observed between A-ES and V-ES. The AP content of V-CY increased by 45.29% and 3.34% of A-CY and C-CY. The AP content of V-ES increased by 97.34% and 68.19% of A-ES and C-ES, respectively. For ChangYang, the lowest AK content was observed in V-CY, this value was 44.23% and 32.48% lower than those of A-CY and C-CY. For EnShi, the highest AK content was observed in V-ES, this value was 44.80% and 1.38% higher than those of A-ES and C-ES. For the AZn content, the value of V-CY was 87.27% and 30.38% higher than that of A-CY and C-CY, the value of V-ES was 261.54% and 9.30% higher than that of A-ES and C-ES, respectively. However, the AB content of A-ES was 110.52%, 173.68%, 121.05%, 142.11% and 115.79% lower than that of A-CY, C-CY, C-ES, V-CY and V-ES.

Table 6-35　Soil chemical properties of abandoned corn and vegetable cultivation in Changyang and Enshi

	A-CY	A-ES	C-CY	C-ES	V-CY	V-ES
pH	5.38±1.01 a	5.43±0.28 a	5.57±0.30 a	5.73±0.88 a	5.31±0.73 a	4.93±0.35 a
OM/(g kg^{-1})	34.90±6.73 a	22.94±5.56 b	26.53±7.12 a	29.57±2.61 a	29.15±7.73 a	29.98±3.39 a
AN/(mg kg^{-1})	217.66±8.60 a	161.72±27.51 b	192.12±33.79 ab	218.87±24.22 a	204.28±13.65 ab	245.37±26.15 a
AP/(mg kg^{-1})	43.70±17.11 ab	23.80±11.10 b	61.44±16.21 a	37.57±24.01 ab	63.49±21.32 a	63.19±37.01 a
AK/(mg kg^{-1})	288.42±134.51 a	105.39±3.33 c	238.20±105.72 ab	150.53±41.45 bc	160.84±65.20 bc	152.60±58.33 bc
AZn/(mg kg^{-1})	0.55±0.03 c	0.52±0.01 c	0.79±0.17 c	1.72±0.37 ab	1.03±0.50 bc	1.88±0.61 a
AB/(mg kg^{-1})	0.40±0.03 a	0.19±0.04 b	0.52±0.15 a	0.42±0.06 a	0.46±0.13 a	0.41±0.06 a

Note: CY: Changyang, ES: Enshi, A: abandoned soil, C: corn cultivation soil, V: vegetable cultivation soil. OM: organic matter, AN: alkali-hydrolyzable nitrogen, AP: available phosphorus, AK: available potassium, AZn: available zinc, AB: available boron.

The CEC value of A-CY was 16.11% higher than that of A-ES. the value of C-ES and V-ES increased by 4.19% and 9.57%, respectively (Table 6-36). Among of exchangeable bases, the E-Ca^{2+} was the most important component. For abandoned, the E-Ca^{2+} content of A-ES was 58.72% higher than that of A-CY, however, the E-Ca^{2+} content of C-ES in corn cultivation decreased by 10.48% of C-CY, and the E-Ca^{2+} content of V-ES in vegetable cultivation was 25.06% lower than that of C-CY, respectively. The BS content of A-ES in abandoned was 9.35 percentage point higher than that of A-CY, however, the BS content of C-ES in corn cultivation decreased by 7.26 percentage point of C-CY, and the BS content of V-ES in vegetable cultivation was 10.26 percentage point lower than that of C-CY, respectively.

Table 6-36　Soil exchangeable base cations properties of abandoned corn and vegetable cultivation in Changyang and Enshi

	A-CY	A-ES	C-CY	C-ES	V-CY	V-ES
CEC/(cmol kg^{-1})	14.70±2.41 ab	12.66±3.06 b	16.23±2.20 a	16.91±0.97 a	14.95±1.77 ab	16.38±0.88 a
E-Ca^{2+}/(cmol kg^{-1})	2.18±1.61 c	3.46±1.36 c	8.30±1.27 a	7.43±2.82 ab	4.23±2.61 bc	3.17±2.33 c
E-Mg^{2+}/(cmol kg^{-1})	0.33±0.10 b	0.91±0.67 a	0.51±0.07 ab	0.95±0.76 a	0.49±0.33 ab	0.33±0.08 b
E-K$^+$/(cmol kg^{-1})	0.71±0.34 a	0.28±0.01 c	0.59±0.32 ab	0.39±0.13 bc	0.41±0.18 bc	0.43±0.16 abc
E-Na$^+$/(cmol kg^{-1})	0.19±0.03 a	0.20±0.05 a	0.12±0.10 a	0.11±0.05 a	0.24±0.11 a	0.15±0.07 a
BS/%	29.40±14.91 b	38.75±4.16 ab	59.83±13.17 a	52.57±19.58 ab	35.64±17.93 ab	25.38±15.89 b

Note: CY: Changyang, ES: Enshi, A: abandoned soil, C: corn cultivation soil, V: vegetable cultivation soil. CEC: Cation exchange capacity, E-Ca^{2+}: exchangeable calcium, E-Mg^{2+}: exchangeable magnesium, E-K$^+$: exchangeable potassium, E-Na$^+$: exchangeable natrium, BS: base saturation.

In Table 6-37, there was no statistical difference among the bulk density and porosity value of Chang Yang abandoned, corn and vegetable cultivation soil. It was found that agriculture utilization decreased the soil total porosity and aeration porosity. In EnShi site, the bulk density value of A-ES was 33.63% and 29.44% lower than that of C-ES and V-ES. For total porosity, the value of A-ES and V-ES increased by 14.28 and 8.65 percentage point of A-ES, and the aeration porosity value of A-ES and V-ES increased by 31.77 and 18.15 percentage point of A-ES, however, the capillary porosity value of A-ES and V-ES decreased by 17.49 and 9.5 percentage point of A-ES.

Table 6-37　Soil physical properties of abandoned, corn and vegetable cultivation in Changyang and Enshi

	Bulk density/$(g\ cm^{-3})$	Total porosity/%	Capillary porosity/%	Aeration porosity/%
A-CY	1.50±0.09 ab	44.10±4.32 bc	28.45±3.25 ab	15.65±7.32 b
A-ES	1.51±0.06 ab	43.05±2.31 bc	27.69±12.89 ab	15.36±7.20 b
C-CY	1.57±0.02 a	40.86±0.59 c	32.91±2.88 a	7.94±2.30 b
C-ES	1.13±0.14 c	57.33±5.40 a	10.20±9.22 c	47.13±13.26 a
V-CY	1.57±0.10 a	40.66±3.92 c	29.95±1.15 ab	10.71±4.06 b
V-ES	1.28±0.17 bc	51.70±6.48 ab	18.19±7.37 bc	33.51±11.71 a

Note: CY: Changyang, ES: Enshi, A: abandoned soil, C: corn cultivation soil, V: vegetable cultivation soil.

(2) *Microbial number and functional diversity analysis*

When compared with corn cultivation, the bacteria number of vegetable cultivation decreased by 1.00% and 4.11% of ChangYang and EnShi, respectively (Table 6-38). For fungi number, the vegetable cultivation present the increasing trend comparing with abandoned. When compared with A-CY and A-ES, the Actinomycetes number of C-CY and C-ES increased by 7.20% and 9.09%, and increased by 2.97% and 4.02% of C-CY and V-ES. However, no matter ChangYang or EnShi site, the Bacillus, NFB and OPSB number of corn cultivation high than that of vegetable cultivation. But, there was no statistic difference in corn and vegetable cultivation between ChangYang or EnShi site.

Table 6-38　Soil microbial number of abandoned, corn and vegetable cultivation in Changyang and Enshi

	A-CY/$(\log CFU\ g^{-1})$	A-ES/$(\log CFU\ g^{-1})$	C-CY/$(\log CFU\ g^{-1})$	C-ES/$(\log CFU\ g^{-1})$	V-CY/$(\log CFU\ g^{-1})$	V-ES/$(\log CFU\ g^{-1})$
Bacteria	6.08±0.18 a	5.89±0.20 a	6.01±0.07 a	6.09±0.26 a	5.95±0.18 a	5.84±0.29 a
Fungi	3.67±0.48 ab	3.51±0.03 ab	3.44±0.18 b	3.88±0.12 a	3.67±0.18 ab	3.75±0.14 ab
Actinomycetes	4.72±0.30 a	4.73±0.20 a	5.06±0.23 a	5.16±0.23 a	4.86±0.23 a	4.92±0.17 a
Bacillus	4.80±0.26 a	4.59±0.43 a	4.85±0.04 a	4.87±0.11 a	4.76±0.24 a	4.65±0.14 a
NFB	4.87±0.48 a	4.99±0.17 a	4.92±0.17 a	4.92±0.15 a	4.86±0.16 a	4.87±0.14 a
OPSB	6.04±0.02 a	5.57±0.08 b	5.84±0.17 ab	5.74±0.16 b	5.82±0.21 ab	5.64±0.08 b

Note: CY: Changyang, ES: Enshi, A: abandoned soil, C: corn cultivation soil, V: vegetable cultivation soil. NFB: N-fixing bacteria, OPSB: organic P solubling bacteria.

Except for C-CY, the AWCD was almost zero after the first 24 h incubation period but gradually increased with an increase in the incubation time. The cultivation patterns and sampling dates significantly affected the AWCD ($P<0.05$, Fig. 6-9). Overall, for abandoned and corn cultivation, The AWCD value of ChangYang was higher than that of EnShi. However, the AWCD value of V-ES was higher than that of V-CY. For abandoned, the using capacity of sugar, acids and alcohol were the dominant carbon, and the absorbance value of A-ES was 6.27%, 3.23% and 33.77% higher than that of A-CY (Fig. 6-10). For corn cultivation, the using capacity of sugar, amino acids and acids were the dominant carbon, and the absorbance value of A-ES was 23.59%, 3.88% and 69.82% higher than that of A-CY. For vegetable cultivation, the using capacity of sugar, amino acids and acids were the dominant carbon, and the absorbance value of A-ES was 6.94%, 4.95% and 16.02% lower than that of A-CY. However, for the different cultivation models, the best sugar, amino acids, acids, amine, ester and alcohol using capacity were obtained by corn cultivation. But, the sugar, amino acids, acids, amine, ester and alcohol using capacity present the different trend between abandoned and vegetable cultivation.

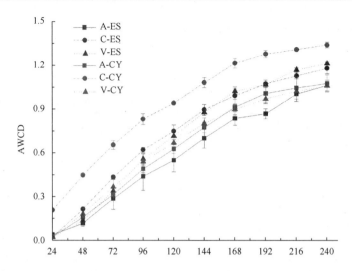

Fig.6-9　The AWCD value of abandoned, corn and vegetable cultivation soil in Changyang and Enshi. Note: CY: Changyang, ES: Enshi, A: abandoned soil, C: corn cultivation soil, V: vegetable cultivation soil.

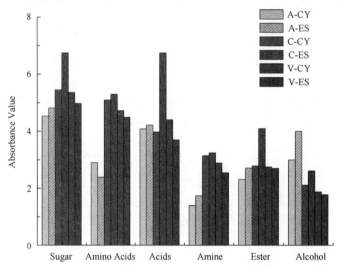

Fig.6-10　The absorbance value of different carbon using capacity of abandoned, corn and vegetable cultivation soil in Changyang and Enshi. Note: CY: Changyang, ES: Enshi
A: abandoned soil, C: corn cultivation soil, V: vegetable cultivation soil.

(3) *The grey relation analysis*

　　The grey system was first published by professor Deng Ju-long. In grey system theory, the known information is defined as white, while unknown information is defined as black, and the uncertain information between the known（white）and the unknown（black）is defined as grey. Grey system analysis is mainly used to uncover the nature of a system that lack complete information. The grey relational level shows how extensively the comparison series influences the reference series. In Table 6-39, for abandoned, the better grey relation degree between soil microbial number and physical-chemical properties were obtained by $E-Ca^{2+}$, AB, AP, $E-Mg^{2+}$, total porosity, AN and pH value. The grey relation degree of pH, AN, AK, BS, $E-Ca^{2+}$, $E-Mg^{2+}$ and $E-K^+$ were all more than 0.70 in corn cultivation. However, for vegetable cultivation, the grey relation degree of AN, AK, $E-Ca^{2+}$ and $E-Mg^{2+}$ were all more than 0.70. Among these physical-chemical properties, the grey relation degree of pH, AN, AK, $E-Ca^{2+}$ and $E-Mg^{2+}$ always were better than others in all samples. When compared with abandoned, the grey relation degree of pH, AP, AB, CEC, $E-Ca^{2+}$ and total porosity decreased in corn and vegetable cultivation, and the grey relation degree of OM, AK, AZn, BS, $E-K^+$ and bulk density increased.

In Table 6-40, for abandoned, the better grey relation degree between different microbial carbon source using capacity and physical-chemical properties were obtained by E-Ca^{2+}, CEC, OM, total porosity, bulk density, AN and pH value. The grey relation degree of pH, OM, AN, AK, CEC, E-Ca^{2+} and E-Mg^{2+} were all more than 0.69 in corn cultivation. However, for vegetable cultivation, the grey relation degree of pH, OM, AN, AP, AK, E-Ca^{2+} and E-Mg^{2+}were all more than 0.68. Among these physical-chemical properties, the grey relation degree of pH, OM, AN, E-Ca^{2+} and E-Mg^{2+} always were better than others in abandoned, corn and vegetable cultivation. When compared with abandoned, the grey relation level of pH, AB,CEC, bulk density, total porosity, capillary porosity and aeration porosity decreased in corn and vegetable cultivation, and the grey relation degree of AP, AK and E-Mg^{2+} increased.

In Table 6-41, in ChangYang site, the better grey relation degree between soil microbial number and physical-chemical properties were obtained by pH, AZn and E-Ca^{2+}. The grey relation degree of AN, AK, CEC, E-Ca^{2+}, E-Mg^{2+} and E-Na^{+} were all more than 0.68 in corn soil. However, no matter ChangYang or EnShi, the OM, AN, AP, AK, AB, E-Ca^{2+} and E-Mg^{2+} were the main factors, which effected soil microbial number. Meanwhile, the effect of pH and AZn in ChangYang site on soil microbial number were more than that in EnShi, and the effect of AN, AK, E-Ca^{2+} and E-Na^{+} in EnShi site were more than that in ChangYang.

As shown in Table 6-42, in ChangYang site, the better grey relation degree between different carbon sources using capacity and physical-chemical properties were obtained by pH, OM, AN, AK, AZn, E-Ca^{2+}, bulk density, total porosity and capillary porosity. The grey relation degree of OM, AN, CEC and E-Ca^{2+} were all more than 0.71 in corn cultivation. However, no matter ChangYang or EnShi, the OM, AN, AK and E-Ca^{2+} were the main factors, which effected different carbon sources using capacity. Meanwhile, the effect of pH, AZn, bulk density, total porosity and capillary porosity in ChangYang site on different carbon sources using capacity were more than that in EnShi, and the effect of CEC and E-Ca^{2+} in EnShi site were more than that in ChangYang.

4. Discussions

(1) *Chemical-physical and microbial properties analysis*

Inorganic fertilizer can directly or indirectly change chemical, physical and biological properties of soil. These changes, in long term, are believed to have significant influences on the quality and productive capacity of soils (Saha, 2008). Long-term cultivation significantly change soil physical and chemical properties (Schnitzer, 2006). In this paper (Table 6-35), the soil value and nutrient content of corn and vegetable cultivation present the different trend both in Changyang and Enshi site. In Changyang site, when compared with abandoned, the OM, AN and AK content of corn and vegetable cultivation decreased, but the AP, AZn and AB content increased. However, in Enshi site, all nutrient content of corn and vegetable cultivation increased comparing to abandoned. These differences may be caused by the different region soil property and cultivation methods. The pH value of V-ES was lowest of all, and the average value was only 4.93, which less than that of other cultivation models, especially comparing to abandoned. The same trend of BS was found among all models (Table 6-36). Besides, no matter Changyang or Enshi, comparing to corn cultivation, the E-Ca^{2+} and BS content of vegetable cultivation decreased, which mean that long-term vegetable cultivation will lead to soil acidification.

In this paper (Table 6-37), when compared with abandoned, bulk density and capillary porosity of vegetable cultivation decreased, and the total porosity and aeration porosity increased. However, between vegetable and corn cultivation, the bulk density and capillary porosity of vegetable cultivation decreased, and total porosity and aeration porosity increased comparing to corn cultivation. Rasool et al. (2007) who observed that inorganic fertilizer in rice-wheat system in sandy loam soil improved the total porosity. The controversies in different studies regarding the effect of cultivation models and inorganic fertilizer on soil physical may be due to the lack of long-term studies, in addition to different sources of inorganic fertilizer and management practices (Rasool et al., 2008).

Table 6-39　The grey relation analysis between soil microbial number and physical-chemical properties of abandoned, corn and vegetable cultivationin Changyang and Enshi

	Species	pH	OM	AN	AP	AK	AZn	AB	CEC	BS	E-Ca^{2+}	E-Mg^{2+}	E-K^{+}	E-Na^{+}	Bulk density	Total porosity	Capillary porosity	Aeration porosity
Abandoned	Bacteria	0.73	0.50	0.64	0.76	0.45	0.21	0.84	0.61	0.65	0.91	0.76	0.45	0.44	0.18	0.57	0.63	0.54
	Fungi	0.61	0.61	0.73	0.84	0.59	0.11	0.75	0.39	0.64	0.90	0.78	0.59	0.50	0.47	0.94	0.73	0.68
	Actinomycetes	0.65	0.52	0.95	0.76	0.47	0.21	0.97	0.51	0.52	0.91	0.82	0.43	0.43	0.38	0.59	0.74	0.50
	Bacillus	0.83	0.54	0.82	0.74	0.44	0.37	0.75	0.69	0.73	0.92	0.71	0.44	0.39	0.47	0.76	0.65	0.54
	NFB	0.92	0.56	0.78	0.75	0.50	0.21	0.89	0.66	0.59	0.92	0.78	0.46	0.53	0.44	0.87	0.84	0.46
	OPSB	0.67	0.47	0.64	0.75	0.50	0.13	0.84	0.60	0.65	0.90	0.77	0.50	0.59	0.27	0.92	0.50	0.60
	Average	0.74	0.53	0.76	0.77	0.49	0.21	0.84	0.58	0.63	0.91	0.77	0.48	0.48	0.36	0.77	0.68	0.55
Corn	Bacteria	0.70	0.65	0.68	0.52	0.77	0.58	0.57	0.40	0.69	0.77	0.75	0.74	0.59	0.27	0.45	0.66	0.36
	Fungi	0.68	0.71	0.75	0.60	0.79	0.46	0.51	0.54	0.61	0.73	0.70	0.75	0.55	0.41	0.39	0.59	0.42
	Actinomycetes	0.77	0.53	0.80	0.51	0.88	0.58	0.59	0.60	0.73	0.83	0.72	0.81	0.54	0.27	0.41	0.64	0.38
	Bacillus	0.70	0.54	0.71	0.52	0.82	0.56	0.57	0.47	0.70	0.78	0.72	0.78	0.58	0.25	0.39	0.64	0.38
	NFB	0.66	0.54	0.97	0.51	0.88	0.53	0.52	0.40	0.75	0.85	0.70	0.82	0.55	0.24	0.50	0.61	0.40
	OPSB	0.73	0.50	0.90	0.51	0.88	0.56	0.56	0.51	0.76	0.87	0.71	0.82	0.56	0.23	0.44	0.62	0.39
	Average	0.71	0.58	0.80	0.53	0.84	0.55	0.55	0.49	0.71	0.80	0.72	0.79	0.56	0.28	0.43	0.63	0.39
Vegetable	Bacteria	0.66	0.66	0.69	0.62	0.76	0.41	0.60	0.45	0.69	0.80	0.77	0.47	0.39	0.54	0.51	0.50	0.55
	Fungi	0.63	0.64	0.69	0.69	0.88	0.41	0.57	0.47	0.65	0.86	0.76	0.54	0.37	0.55	0.66	0.48	0.54
	Actinomycetes	0.67	0.61	0.72	0.70	0.86	0.40	0.63	0.41	0.66	0.80	0.73	0.54	0.35	0.57	0.48	0.50	0.55
	Bacillus	0.68	0.67	0.76	0.63	0.78	0.48	0.62	0.41	0.67	0.81	0.73	0.48	0.36	0.61	0.55	0.51	0.51
	NFB	0.69	0.67	0.71	0.70	0.88	0.46	0.59	0.44	0.66	0.80	0.75	0.54	0.35	0.63	0.50	0.51	0.53
	OPSB	0.65	0.65	0.69	0.69	0.85	0.44	0.59	0.46	0.64	0.81	0.77	0.51	0.35	0.65	0.53	0.51	0.53
	Average	0.66	0.65	0.71	0.67	0.84	0.44	0.60	0.44	0.66	0.81	0.75	0.51	0.36	0.59	0.54	0.50	0.54

Note: CY: Changyang, ES: Enshi, A: abandoned soil, C: corn cultivation soil, V: vegetable cultivation soil. OM: organic matter, AN: alkali-hydrolyzable nitrogen, AP: available phosphorus, AK: available potassium, AZn: available zinc, AB: available boron. CEC: Cation exchange capacity, E-Ca^{2+}: exchangeable calcium, E-Mg^{2+}: exchangeable magnesium, E-K^{+}: exchangeable potassium, E-Na^{+}: exchangeable natrium, BS: base saturation. NFB: N-fixing bacteria, OPSB: organic P solubling bacteria.

Table 6-40　The grey relation analysis between microbial carbon using capacity and physical-chemical properties of abandoned, corn and vegetablecultivation in Changyang and Enshi

	Carbon Sources	pH	OM	AN	AP	AK	AZn	AB	CEC	BS	E-Ca^{2+}	E-Mg^{2+}	E-K$^+$	E-Na$^+$	Bulk density	Total porosity	Capillary porosity	Aeration porosity
Abandoned	Sugar	0.79	0.63	0.68	0.64	0.56	0.36	0.79	0.76	0.63	0.92	0.75	0.53	0.70	0.60	0.84	0.87	0.61
	Amine	0.72	0.90	0.92	0.64	0.91	0.58	0.62	0.73	0.40	0.70	0.54	0.93	0.82	0.86	0.94	0.62	0.74
	Amino Acids	0.72	0.70	0.80	0.60	0.65	0.39	0.54	0.74	0.44	0.76	0.77	0.63	0.73	0.65	0.91	0.52	0.73
	Alcohol	0.70	0.69	0.91	0.63	0.44	0.34	0.59	0.83	0.75	0.96	0.67	0.45	0.40	0.59	0.92	0.45	0.61
	Ester	0.65	0.66	0.95	0.57	0.52	0.35	0.61	0.93	0.53	0.92	0.69	0.49	0.51	0.71	0.91	0.66	0.60
	Acids	0.67	0.85	0.93	0.56	0.53	0.52	0.54	0.91	0.50	0.89	0.61	0.50	0.55	0.85	0.97	0.61	0.61
	Average	0.71	0.74	0.87	0.61	0.60	0.42	0.62	0.82	0.54	0.86	0.67	0.59	0.62	0.71	0.91	0.62	0.65
Corn	Sugar	0.71	0.80	0.91	0.66	0.76	0.51	0.49	0.78	0.52	0.94	0.79	0.74	0.55	0.36	0.69	0.70	0.40
	Amine	0.58	0.68	0.91	0.68	0.93	0.53	0.44	0.56	0.52	0.73	0.68	0.76	0.48	0.37	0.60	0.61	0.42
	Amino Acids	0.66	0.64	0.91	0.72	0.87	0.47	0.43	0.65	0.35	0.91	0.71	0.70	0.65	0.36	0.64	0.60	0.44
	Alcohol	0.68	0.77	0.91	0.73	0.86	0.55	0.32	0.69	0.32	0.86	0.69	0.71	0.69	0.39	0.69	0.61	0.47
	Ester	0.73	0.80	0.91	0.64	0.48	0.59	0.50	0.79	0.71	0.99	0.70	0.37	0.66	0.52	0.82	0.55	0.44
	Acids	0.79	0.81	0.92	0.60	0.60	0.61	0.53	0.80	0.57	0.83	0.77	0.52	0.68	0.56	0.72	0.49	0.46
	Average	0.69	0.75	0.91	0.67	0.75	0.55	0.45	0.71	0.50	0.88	0.72	0.63	0.62	0.43	0.69	0.60	0.44
Vegetable	Sugar	0.63	0.72	0.69	0.66	0.78	0.46	0.61	0.51	0.65	0.83	0.71	0.51	0.36	0.59	0.52	0.47	0.45
	Amine	0.67	0.66	0.68	0.73	0.76	0.52	0.54	0.56	0.58	0.79	0.72	0.50	0.46	0.64	0.48	0.50	0.44
	Amino Acids	0.64	0.63	0.71	0.70	0.84	0.37	0.57	0.45	0.64	0.82	0.74	0.53	0.37	0.60	0.48	0.47	0.45
	Alcohol	0.60	0.76	0.77	0.68	0.74	0.44	0.51	0.57	0.61	0.84	0.71	0.46	0.39	0.65	0.53	0.49	0.47
	Ester	0.80	0.63	0.80	0.66	0.73	0.40	0.65	0.50	0.60	0.92	0.69	0.43	0.44	0.63	0.57	0.51	0.47
	Acids	0.79	0.69	0.69	0.75	0.86	0.36	0.65	0.51	0.68	0.98	0.72	0.51	0.45	0.64	0.53	0.49	0.49
	Average	0.69	0.68	0.72	0.70	0.78	0.43	0.59	0.52	0.63	0.86	0.72	0.49	0.41	0.62	0.52	0.49	0.46

Note: CY: Changyang, ES: Enshi, A: abandoned soil, C: corn cultivation soil, V: vegetable cultivation soil. OM: organic matter, AN: alkali-hydrolyzable nitrogen, AP: available phosphorus, AK: available potassium, AZn: available zinc, AB: available boron. CEC: Cation exchange capacity, E-Ca^{2+}: exchangeable calcium, E-Mg^{2+}: exchangeable magnesium, E-K$^+$: exchangeable potassium, E-Na$^+$: exchangeable natrium, BS: base saturation. NFB: N-fixing bacteria, OPSB: organic P solubling bacteria.

Table 6-41　The grey relation analysis between microbial number and physical-chemical properties of corn and vegetable cultivation in Changyang and Enshi

	Species	pH	OM	AN	AP	AK	AZn	AB	CEC	BS	E-Ca^{2+}	E-Mg^{2+}	E-K$^+$	E-Na$^+$	Bulk density	Total porosity	Capillary porosity	Aeration porosity
CY	Bacteria	0.81	0.62	0.66	0.65	0.71	0.81	0.65	0.42	0.52	0.73	0.62	0.39	0.39	0.46	0.71	0.55	0.49
	Fungi	0.65	0.82	0.77	0.61	0.65	0.70	0.59	0.38	0.56	0.74	0.56	0.45	0.39	0.48	0.76	0.51	0.51
	Actinomycetes	0.76	0.70	0.67	0.61	0.62	0.80	0.75	0.33	0.49	0.72	0.63	0.40	0.40	0.50	0.61	0.42	0.48
	Bacillus	0.86	0.66	0.72	0.61	0.67	0.82	0.68	0.38	0.50	0.78	0.63	0.45	0.36	0.51	0.70	0.52	0.45
	NFB	0.83	0.69	0.69	0.62	0.62	0.79	0.69	0.42	0.49	0.73	0.63	0.40	0.39	0.52	0.60	0.49	0.45
	OPSB	0.76	0.62	0.62	0.68	0.68	0.79	0.66	0.45	0.52	0.72	0.63	0.41	0.41	0.52	0.60	0.49	0.51
	Average	0.78	0.69	0.69	0.63	0.66	0.79	0.67	0.40	0.51	0.74	0.62	0.42	0.39	0.50	0.66	0.50	0.48
ES	Bacteria	0.47	0.56	0.79	0.67	0.78	0.53	0.62	0.69	0.49	0.90	0.79	0.63	0.75	0.41	0.46	0.52	0.36
	Fungi	0.54	0.57	0.90	0.71	0.68	0.50	0.65	0.57	0.52	0.93	0.71	0.67	0.70	0.37	0.50	0.60	0.40
	Actinomycetes	0.61	0.57	0.83	0.68	0.69	0.50	0.61	0.59	0.47	0.90	0.64	0.63	0.72	0.36	0.46	0.54	0.38
	Bacillus	0.49	0.60	0.78	0.63	0.74	0.55	0.62	0.54	0.51	0.89	0.73	0.61	0.80	0.40	0.42	0.56	0.37
	NFB	0.57	0.64	0.75	0.69	0.69	0.51	0.58	0.62	0.50	0.90	0.61	0.68	0.71	0.35	0.46	0.57	0.39
	OPSB	0.54	0.71	0.81	0.65	0.68	0.52	0.60	0.59	0.50	0.90	0.62	0.64	0.78	0.38	0.42	0.61	0.40
	Average	0.54	0.61	0.81	0.67	0.71	0.52	0.61	0.60	0.50	0.90	0.68	0.64	0.74	0.38	0.45	0.57	0.38

Note: CY: Changyang, ES: Enshi, A: abandoned soil, C: corn cultivation soil, V: vegetable cultivation soil. OM: organic matter, AN: alkali-hydrolyzable nitrogen, AP: available phosphorus, AK: available potassium, AZn: available zinc, AB: available boron, CEC: Cation exchange capacity, E-Ca^{2+}: exchangeable calcium, E-Mg^{2+}: exchangeable magnesium, E-K$^+$: exchangeable potassium, E-Na$^+$: exchangeable natrium, BS: base saturation. NFB: N-fixing bacteria, OPSB: organic P solubling bacteria.

Table 6-42　The grey relation analysis between microbial carbon using capacity and physical-chemical properties of corn and vegetable cultivation in Changyang and Enshi

	Carbon Sources	pH	OM	AN	AP	AK	AZn	AB	CEC	BS	E-Ca^{2+}	E-Mg^{2+}	E-K$^+$	E-Na$^+$	Bulk density	Total porosity	Capillary porosity	Aeration porosity
CY	Sugar	0.80	0.68	0.80	0.63	0.64	0.76	0.57	0.58	0.54	0.69	0.65	0.49	0.53	0.70	0.83	0.67	0.52
	Amine	0.63	0.74	0.90	0.71	0.65	0.81	0.61	0.61	0.54	0.92	0.56	0.47	0.60	0.73	0.90	0.67	0.58
	Amino Acids	0.65	0.73	0.86	0.66	0.65	0.72	0.59	0.49	0.54	0.66	0.61	0.46	0.66	0.75	0.79	0.58	0.56
	Alcohol	0.73	0.72	0.89	0.71	0.60	0.91	0.58	0.57	0.52	0.84	0.58	0.40	0.56	0.74	0.88	0.76	0.56
	Ester	0.79	0.82	0.87	0.66	0.79	0.79	0.62	0.63	0.63	0.77	0.63	0.47	0.59	0.84	0.90	0.78	0.51
	Acids	0.81	0.81	0.89	0.78	0.89	0.87	0.61	0.68	0.57	0.78	0.55	0.57	0.64	0.81	0.93	0.82	0.55
	Average	0.73	0.75	0.87	0.69	0.71	0.81	0.59	0.59	0.56	0.78	0.60	0.48	0.60	0.76	0.87	0.71	0.55
ES	Sugar	0.52	0.70	0.81	0.57	0.77	0.52	0.60	0.77	0.55	0.96	0.66	0.61	0.62	0.42	0.48	0.47	0.40
	Amine	0.63	0.71	0.88	0.63	0.68	0.60	0.59	0.88	0.51	0.99	0.72	0.58	0.64	0.44	0.64	0.62	0.44
	Amino Acids	0.63	0.65	0.79	0.59	0.69	0.44	0.58	0.66	0.54	0.94	0.67	0.62	0.60	0.42	0.46	0.51	0.40
	Alcohol	0.77	0.79	0.85	0.65	0.68	0.46	0.41	0.85	0.54	0.96	0.61	0.59	0.56	0.49	0.61	0.49	0.40
	Ester	0.56	0.68	0.72	0.62	0.67	0.44	0.54	0.77	0.51	0.90	0.66	0.54	0.68	0.47	0.55	0.56	0.42
	Acids	0.50	0.73	0.80	0.62	0.63	0.45	0.59	0.90	0.57	0.90	0.63	0.57	0.62	0.50	0.70	0.59	0.46
	Average	0.60	0.71	0.81	0.61	0.69	0.49	0.55	0.80	0.53	0.94	0.66	0.59	0.62	0.46	0.57	0.54	0.42

Note: CY: Changyang, ES: Enshi, A: abandoned soil, C: corn cultivation soil, V: vegetable cultivation soil. OM: organic matter, AN: alkali-hydrolyzable nitrogen, AP: available phosphorus, AK: available potassium, AZn: available zinc, AB: available boron. CEC: Cation exchange capacity, E-Ca^{2+}: exchangeable calcium, E-Mg^{2+}: exchangeable magnesium, E-K$^+$: exchangeable potassium, E-Na$^+$: exchangeable natrium, BS: base saturation. NFB: N-fixing bacteria, OPSB: organic P solubling bacteria.

For microbial number (Table 6-38), when compared with abandoned, the fungi and actinomyces number of vegetable cultivation increased, and especially for Enshi site. Results from similar studies indicated that long-term application of chemical fertilizer increased soil fungi and actinomyces number (Zhong and Cai, 2007; Vineela et al., 2008). However, the difference between Enshi and Changyang site may be caused the different climate and management practices. The soil cultivation significantly affected the carbon using capacity in this paper. The best carbon using capacity was obtained by corn cultivation soil, such as sugar, amino acids, acids, amine, ester and alcohol. But, the sugar, amino acids, acids, amine, ester and alcohol using capacity present the different trend between abandoned and vegetable cultivation.

(2) *The relationship analysis*

Numerous reports have shown that environmental factors shape community structure (Brockett et al., 2012). In this paper, microbial number was strongly affected by pH within a soil pH range from 4.58 to 6.61. These results are consistent with Baker et al. (2009) and Shen et al. (2013), who reported that the pH range from 3.50 to 6.50. Besides, the microbial number was also strongly affected by AN, AP, AK, E-Ca^{2+}, E-Mg^{2+} and total porosity (Table 6-39). However, no matter microbial number or microbial carbon using capacity, the pH, AN, AK, E-Ca^{2+}, E-Mg^{2+} and total porosity were the dominant influencing factors (Table 6-40). That may be caused by long-term inorganic fertilizer application and simplex management practices, and then the soil present the potential acidification trend. Among these dominant factors, when compared with abandoned, the effect of pH and total porosity on microbial number and carbon using capacity of corn and vegetable cultivation were decreased, but the effect of AK on microbial number and carbon using capacity of corn and vegetable cultivation were increased. The phenomenon indicated that the effect of soil K supply and acidification on microbial number and carbon using capacity became more and more obviously. These results of Table 6-39 and Table 6-40 shown that the effect of soil N supply on microbial number and carbon using capacity in corn cultivation was much more than that of vegetable cultivation, and soil P supply in vegetable cultivation was much more than that of corn cultivation.

For Changyang and Enshi site (Table 6-41 and Table 6-42), the effect of pH, OM, AZn and physical properties on microbial number and carbon using capacity of Changyang was much more than that of Enshi, and the effect of exchangeable base cations content on microbial number and carbon using capacity of Enshi was much more than that of Changyang. The results mean that long-term inorganic fertilizer present the different effect on corn and vegetable cultivation. For vegetable cultivation, long-term inorganic fertilizer affect soil exchangeable base cations content, and then exchangeable base cations content further affect soil microbial number and carbon using capacity. However, for corn cultivation, long-term inorganic fertilizer affect soil pH value and physical properties, and then soil pH value and physical properties further affect soil microbial number and carbon using capacity. The different effect may be caused by the different fertilizer quantity and management practices.

5. Conclusions

Inorganic fertilizer and different cultivation model can directly or indirectly change chemical, physical and biological properties of soil. Vegetable cultivation applied with long-term inorganic fertilizer present the potential acidification trend. When compared with abandoned, corn and vegetable cultivation applied with inorganic fertilizer all can increased AP (40.59%-165.50%), AZn (43.64%-261.54%) and AB (15.00%-121.05%) content. The AN and AK content of corn cultivation decreased by 6.55%-13.29% and 21.08%-79.32%, and increased by 35.34%-51.73% and 42.83%-44.80% of vegetable cultivation comparing to abandoned, respectively. The reduction of CEC and BS content of vegetable cultivation was much more than that of corn cultivation, and especially for the E-Ca^{2+} content. The effect of different regions on soil physical properties and microbial carbon using capacity was much more than cultivation model. Long-term applied with inorganic fertilizer of corn and vegetable cultivation increased soil fungi and actinomyces number. The highest microbial carbon using capacity was obtained by corn cultivation. No matter microbial number or carbon using capacity, the pH, AN, AK, E-Ca^{2+}, E-Mg^{2+} and total porosity were the dominant influencing factors. The effect of soil K supply and acidification on microbial number and carbon using capacity became more and more obviously. For the effect of soil microbial number and carbon using capacity, exchangeable base cations content affect much more in vegetable cultivation, and soil pH value and physical properties affect much more in corn cultivation.

6. Acknowledgment

This research was financially supported by Hubei agricultural science and technology innovation project (2011-620-003-03-05) and bulk vegetable agricultural technology system in China (NYCYTX-35-02-06).

（徐大兵　佀国涵　彭成林　徐祥玉　袁家富　陈磊夫　赵书军）

第七章　高山蔬菜避雨栽培技术研究

第一节　高山番茄避雨栽培试验

利用高山夏季冷凉的气候条件进行番茄越夏反季节生产，丰富高山蔬菜的花色品种，满足秋淡市场供应，经济效益较好。高山雨水多，遇雨后病害重，防治困难，轻则减产，重则绝收，并且使用农药多，影响产量和品质及质量安全性。2011 年我们在高山进行了番茄避雨栽培试验，探索设施栽培对蔬菜生产的影响试验，结果显示采用避雨栽培能明显提高作物抗病性，减少农药使用量，提高产品质量安全，很值得在高山推广。

一、材料与方法

（一）供试品种

'以色列 2012'、'大红番茄 1086'、'金果王子'、'红粉冠军'。

（二）试验方法

本试验安排在长阳县火烧坪乡高山蔬菜试验站进行，海拔为 1800m，试验地为砂质壤土，地势平缓，土层深厚，排水状况较好。有 3 个长 12m、宽 5m 规格的钢架小棚，棚外面是同样规格的 3 块露地作为对照。

1. 棚内外整地施肥作畦

犁地、旋耕打平，按 1m 开厢，施足底肥，在畦背中间开沟，每亩施腐熟有机肥 1000kg、复合肥 50kg、过磷酸钙 25kg，作成深沟高畦，畦带沟宽 1.0m。

等雨后土壤足墒时铺膜。

未避雨栽培：以棚外露地种植作为对照。等待土壤足墒时覆盖黑色地膜。

避雨栽培：整好的厢面中间铺滴灌用的条带，利用蓄水池的水灌溉，然后再铺黑色地膜，棚顶面覆盖塑料薄膜，四周通风。

2. 播种后管理

播种期为 4 月 30 日，6 月 16 日定植，定植前在膜上打孔，双行对应种植，株距 50cm。搭架栽培。

病虫害防治：晚疫病选用霜脲锰锌可湿性粉剂 1000 倍液喷雾；炭疽病用 40%达科宁悬浮剂 600 倍液、80%大生 M45 可湿性粉剂 800 倍液喷雾；病毒病用 8%菌可毒克水剂 800～1000 倍液、20%病毒 A 400 倍液喷雾。

二、结果与分析

（一）早熟性分析

这 4 个品种的播种期为 4 月 30 日，定植期为 6 月 16 日，试验显示，初花期差不多，初收期有点差异，棚内避雨早一点采收，分别比未避雨早采收 12 天、3 天、6 天和 1 天，采用避雨栽培有点保温作用，果实红熟稍早一点。避雨栽培的采收期也比未避雨栽培的采收期长一些(表 7-1)。

表 7-1　生长物候期比较

处理	品种	播种期(月/日)	定植期(月/日)	初花期(月/日)	初收期(月/日)	末收期(月/日)	采收期/d
未避雨	以色列 2012	4/30	6/16	7/11	9/22	10/14	22
	大红番茄 1086	4/30	6/16	7/17	9/16	10/16	30
	金果王子	4/30	6/16	7/14	9/20	10/14	24
	红粉冠军	4/30	6/16	7/11	9/15	10/11	26
避雨	以色列 2012	4/30	6/16	7/12	9/10	10/20	40
	大红番茄 1086	4/30	6/16	7/15	9/13	10/20	37
	金果王子	4/30	6/16	7/16	9/14	10/20	36
	红粉冠军	4/30	6/16	7/13	9/14	10/20	36

(二)植物学特性

未避雨与避雨相比，株高比避雨高，株幅比避雨小或相当。在棚外面雨水光线充足，植株纵向生长快。初坐果节位不同品种不相同，除'大红番茄 1086'未避雨比避雨初坐果节位高外，其余品种差异不大。结果盘数及结果数避雨比未避雨的多些，这是因为采用避雨栽培后提高了坐果率。

其他的商品特性差不多(表 7-2)。

表 7-2　植物学性状比较

处理	品种	类型	株高/mm	株幅/mm	初花坐果节位	果形	果色	果大小/(mm×mm)	单果重/g	单株结果数	结果盘数
未避雨	以色列 2012	无限	161	63	6.8	中+扁果	大红	6.0×8.6	180	32	6
	大红番茄 1086	无限	171	57	9.8	中高扁	大红	5.8×7.0	150	26	2
	金果王子	无限	155	50	7.3	中扁	大红	5.2×6.9	148	15	5
	红粉冠军	有限	130	63	7.3	大扁果	粉红	6.9×8.9	230	15	4
避雨	以色列 2012	无限	144	63	7.7	中+扁果	大红	6.0×8.2	150	48	9
	大红番茄 1086	无限	150	78	7.2	中高扁	大红	5.6×7.3	175	27	7
	金果王子	无限	150	66	7.5	中扁	大红	5.3×7.3	160	31	6
	红粉冠军	有限	109	75	6.5	大扁果	粉红	6.0×8.3	200	17	5

(三)产量表现

以每个处理连续选取 6 株作为调查取样，换每亩种植 1800 株折算成亩产量计算，从上面可以看出，未避雨比避雨的产量低，采用避雨栽培提早成熟、产量高(表 7-3)。

表 7-3　植物产量比较

处理	品种	小区平均产量/kg	折亩产量/kg
未避雨	以色列 2012	25.8	7740
	大红番茄 1086	17.7	5310
	金果王子	10.8	3240
	红粉冠军	15.0	4500
避雨	以色列 2012	34.8	10440
	大红番茄 1086	21.3	6390
	金果王子	19.8	5940
	红粉冠军	15.5	4644

(四)抗逆性(高温、低温、锈病、雨水)

植株在前期避雨和未避雨栽培的生长都很正常;在果实快转色变红阶段时,植株部分品种表现缺镁、冻害及脐腐病。通过试验调查发现:'以色列 2012'和'金果王子'这两个品种产量高,但早衰,缺镁,产生霜霉病,避雨栽培比未避雨栽培的表现症状轻一点。

植株生长进入尾期,至 9 月 25 日有点降温,不同品种抗冻性不同,'大红番茄 1086'和'金果王子'叶片有点冻害卷叶,未避雨栽培植株症状重(表 7-4)。

表 7-4　植物抗逆性比较

处理	品种	缺镁	霜霉病	冻害	脐腐病
未避雨	以色列 2012	++	++	/	/
	大红番茄 1086	/	/	++	+
	金果王子	++	++	++	
	红粉冠军	/	/	/	/
避雨	以色列 2012	+	+	/	/
	大红番茄 1086	/	/	+	+
	金果王子	+	+	+	
	红粉冠军	/	/	/	/

注:/表明抗性好;+表明发生程度,随着+号增多程度加重。

三、结果与讨论

通过试验点的观察,供试品种'以色列 2012'、'大红番茄 1086'、'金果王子'、'红粉冠军'这 4 个品种的播种期为 4 月 30 日,定植期为 6 月 16 日,搭架栽培。试验显示,品种间结果性及抗病性、抗冻性有差异。'以色列 2012'和'金果王子'这两个品种产量高,但早衰,缺镁,产生霜霉病。

未避雨与避雨相比,株高比避雨高,株幅比避雨小或相当。在棚外面雨水光线充足,植株纵向生长快。初花期差不多,初收期有点差异,采用避雨栽培有点保温作用,果实红熟稍早一点。棚内避雨早一点采收,分别比未避雨早采收 12 天、3 天、6 天和 1 天。结果盘数、结果数及产量,避雨比未避雨的高些。这是因为避雨栽培提高了坐果率,采收期也比未避雨栽培的采收期长一些。在后期抗冻性方面避雨也比未避雨栽培的强。

(邱正明)

第二节　高山辣椒避雨栽培试验

一、材料与方法

(一)供试品种

'佳美'、'红爪'、'金果线椒'、'辣元帅'。

(二)试验方法

本试验安排在长阳县火烧坪乡高山蔬菜试验站进行,海拔为 1800m,试验地为砂质壤土,地势平缓,土层深厚,排水状况较好。有 3 个长 12m、宽 5m 规格的钢架小棚,棚外面是同样规格的 3 块露地作为对照。

1. 棚内外整地施肥作畦

犁地、旋耕打平，按 1m 开厢，施足底肥，在畦背中间开沟，每亩施腐熟有机肥 1000kg、复合肥 50kg、过磷酸钙 25kg，作成深沟高畦，畦带沟宽 1.0m。

等雨后土壤足墒时铺膜。

未避雨栽培：以棚外露地种植作为对照。等待土壤足墒时覆盖黑色地膜。

避雨栽培：整好的厢面中间铺滴灌用的条带，利用蓄水池的水灌溉，然后再铺黑色地膜，棚顶面覆盖塑料薄膜，四周通风。

2. 播种后管理

播种期为 4 月 30 日，7 月 4 日定植，定植前在膜上打孔，双行对应种植，株距 50cm。搭架栽培。

病虫害防治：疫病选用霜脲锰锌可湿性粉剂 1000 倍液喷雾；炭疽病用 40%达科宁悬浮剂 600 倍液、80%大生 M45 可湿性粉剂 800 倍液喷雾；病毒病用 8%菌可毒克水剂 800～1000 倍液、20%病毒 A 400 倍液喷雾。

二、结果与分析

(一)早熟性分析

这 4 个品种的播种期为 4 月 30 日，定植期为 7 月 4 日，试验显示，不同品种初花期不同，'佳美'、'金果线椒'、'辣元帅'这三个品种初花期较早，'红爪'的初花期较晚。

同一品种采用避雨和未避雨不同处理的初花期稍微有点差异，但差异不大。'佳美'和'红爪'避雨栽培比未避雨栽培的初花期分别早 1 天和 4 天，'金果线椒'初花期是一样的，'辣元帅'避雨比未避雨初花期晚 2 天。

不同品种初收期是不同的，'佳美'初收期较早，其次是'金果线椒'和'辣元帅'，'红爪'的初收期最晚。

同一品种避雨和未避雨栽培初收期是差不多的。末收期不同品种是不同的，辣元帅耐寒性强些，末收期也晚些。同一品种棚内避雨栽培的植株后期防冻能力强一些，末收期也延长些，约一周左右(表 7-5)。

表 7-5　生长物候期比较

处理	品种	播种期(月/日)	定植期(月/日)	初花期(月/日)	初收期(月/日)	末收期(月/日)	采收期(天)
未避雨	佳美	4/30	7/4	8/3	8/23	10/16	53
	红爪	4/30	7/4	8/28	9/24	10/16	22
	金果线椒	4/30	7/4	8/8	8/25	10/16	51
	辣元帅	4/30	7/4	8/8	8/27	10/21	54
避雨	佳美	4/30	7/4	8/2	8/23	10/23	60
	红爪	4/30	7/4	8/24	9/22	10/23	31
	金果线椒	4/30	7/4	8/8	8/25	10/23	58
	辣元帅	4/30	7/4	8/10	8/27	10/31	64

(二)植物学特性

这 4 个品种是几种不同的类型，'佳美'是泡椒类型，'红爪'是朝天椒类型，'金果线椒'和'辣元帅'是线椒类型。

未避雨与避雨相比，植株的株高、株幅及果形、果色、果重等商品性状差不多。

结果数方面有差异。避雨栽培的采收期长，结果数多些，特别是对于'红爪'果少的植株特别明显(表 7-6)。

表 7-6　植物学性状比较

处理	品种	类型	株高/cm	株幅/cm	果形	果色	果大小/cm	肉厚/cm	单果重/g	结果数
未避雨	佳美	泡椒	57	49	羊角椒	深绿	12.0×5.4	0.3	60	多
	红爪	朝天椒	70	46	尖短线条	浅绿	6.5×1.2	0.2	5	特少
	金果线椒	线椒	72	57	尖长线条	浅黄绿	17.3×2.0	0.2	20	多
	辣元帅	线椒	67	45	尖长线条	绿	15.5×1.6	0.2	15	多
避雨	佳美	泡椒	67	52	羊角椒	深绿	10.2×4.5	0.4	50	多
	红爪	朝天椒	57	43	尖短线条	浅绿	7.2×1.3	0.2	5	少
	金果线椒	线椒	50	59	尖长线条	浅黄绿	16.2×1.6	0.2	20	多
	辣元帅	线椒	66	41	尖长线条	绿	16.4×1.5	0.2	15	多

(三)产量表现

以每个处理连续选取 4 株作为调查取样，按每亩种植 4200 株折算成亩产量计算，从表 7-7 可以看出，未避雨比避雨的产量低，采用避雨栽培采收期长、产量高(表 7-7)。

表 7-7　植物产量比较

处理	品种	小区平均产量/kg	亩产量/kg
未避雨	佳美	3.3	3450
	红爪	0.3	300
	金果线椒	1.8	1920
	辣元帅	1.3	1410
避雨	佳美	3.7	3900
	红爪	2.0	2100
	金果线椒	3.9	4080
	辣元帅	1.5	1530

(四)抗逆性(高温、低温、锈病、雨水)

试验看出，避雨和未避雨比较，病害发生情况和冻害发生情况还是有差异的，不同品种抗逆性不同，同一品种不同处理方式抗逆性也是有差异的。

这 4 个品种，'佳美'抗病性较强，'辣元帅'抗冻性最强。这两个品种表现最好。

'红爪'抗冻性和抗病性较差，熟性又晚，后期冻害严重，影响了产量，几乎没什么产量。'金果线椒'抗冻性和抗病性表现其次。

同一品种避雨栽培与未避雨栽培比较，在植株生长前期差异不大，在后期气温变低时差异明显，避雨栽培的抗病性和抗冻性明显好些，植株生长健壮些，坐果也正常些(表 7-8)。

表 7-8　植株抗逆性比较

处理	品种	灰霉病	疫病	冻害
未避雨	佳美	/	/	+
	红爪	++	++	+++
	金果线椒	/	++	++
	辣元帅	/	+	/
避雨	佳美	/	/	/
	红爪	+	+	+
	金果线椒	/	+++	+
	辣元帅	/	/	/

三、结果与讨论

供试品种'佳美'、'红爪'、'金果线椒'、'辣元帅'，这4个品种的播种期为4月30日，定植期为7月4日，试验显示，这4个品种是几种不同的类型，'佳美'是泡椒类型，'红爪'是朝天椒类型，'金果线椒'和'辣元帅'是线椒类型。不同品种初花期和初收期不同，'佳美'、'金果线椒'、'辣元帅'这三个品种初花期较早，'红爪'的初花期较晚；'佳美'初收期较早，其次是'金果线椒'和'辣元帅'，'红爪'的初收期最晚。这4个品种，'佳美'抗病性较强，'辣元帅'抗冻性最强。'红爪'抗冻性和抗病性最差。

未避雨与避雨相比，植株的株高、株幅及果形、果色、果重等商品性状差不多。

同一品种采用避雨和未避雨不同处理的初花期稍微有点差异，但差异不大。'佳美'和'红爪'避雨栽培比未避雨栽培的初花期早1天和4天，'金果线椒'初花期是一样的，'辣元帅'避雨比未避雨初花期晚2天。同一品种避雨和未避雨栽培初收期是差不多的。末收期不同品种是不同的，'辣元帅'耐寒性强些，末收期也晚些。同一品种棚内避雨栽培的植株后期防冻能力强一些，末收期也延长些，约一周左右。

未避雨比避雨相比，结果数及产量方面有差异。避雨栽培的采收期长，结果数多些，产量高，对于'红爪'果少的植株特别明显。

总之，不同品种各方面性状有差异，'佳美'和'辣元帅'综合表现最好，'金果线椒'表现其次，'红爪'最差。

同一品种辣椒采用未避雨和避雨栽培的试验，在始收期方面差异不大。果实商品性方面没什么差异，在末收期方面有差异，采用避雨比未避雨的采收期长、产量高，在后期抗逆性方面也比未避雨栽培的强。

（邱正明）

第三节　高山红菜薹避雨栽培试验

利用高山夏季冷凉的气候条件进行越夏红菜薹反季节生产，丰富高山蔬菜的花色品种，满足秋淡市场供应，经济效益较好。高山雨水多，遇雨后病害重，防治困难，轻则减产，重则绝收，并且使用农药多，影响产量和品质及质量安全性。2011年我们在高山进行了红菜薹避雨栽培试验，探索设施栽培对蔬菜生产的影响试验，结果显示采用避雨栽培能明显提高作物抗病性，延长采收期，减少农药使用量，提高产品质量安全，很值得在高山推广。

一、材料与方法

(一)供试品种

'DGZ'、'GSH'、'SYH'、'千禧红'。

(二)试验方法

本试验安排在长阳县火烧坪乡高山蔬菜试验站进行，海拔为1800m，试验地为砂质壤土，地势平缓，土层深厚，排水状况较好。有3个长12m、宽5m规格的钢架小棚，棚外面是同样规格的3块露地作为对照。

1. 棚内外整地施肥作畦

犁地、旋耕打平，按1m开厢，施足底肥，在畦背中间开沟，每亩施腐熟有机肥1000kg、复合肥50kg、过磷酸钙25kg，作成深沟高畦，畦带沟宽1.0m。

等雨后土壤足墒时铺膜。

未避雨栽培：以棚外露地种植作为对照。等待土壤足墒时覆盖黑色地膜。

避雨栽培：整好的厢面中间铺滴灌用的条带，利用蓄水池的水灌溉，然后再铺黑色地膜，棚顶面覆盖塑料薄膜，四周通风。

2. 播种后管理

播种期为 6 月 19 日，7 月 14 日定植，定植前在膜上打孔，双行种植，株距 30cm。

病虫害防治：霜霉病选用霜脲锰锌可湿性粉剂 1000 倍液喷雾。

二、结果与分析

(一)早熟性分析

这 4 个品种的播种期为 6 月 19 日，定植期为 7 月 14 日，试验显示，不同品种初薹期不同，'千禧红'和 'DGZ' 较早，'GSH' 和 'SYH' 稍晚抽薹。

同一品种采用避雨和不避雨不同处理的抽薹期也有差异，品种不同，差异不同，有早有晚，差异 2 ~ 5 天。

不同品种末收期是不同的，末收期不同品种是不同的，'DGZ' 耐性强些，末收期也晚些。同一品种棚内避雨栽培的植株后期防病能力强一些，末收期也延长些(表 7-9)。

表 7-9　生长物候期比较

处理	品种	播种期(月/日)	定植期(月/日)	抽薹期(月/日)	初收期(月/日)	末收期(月/日)	生育期/d
未避雨	DGZ	6/19	7/14	8/12	8/12	10/19	67
	GSH	6/19	7/14	8/19	8/19	10/16	57
	SYH	6/19	7/14	8/25	8/25	10/16	51
	千禧红	6/19	7/14	8/15	8/15	10/16	61
避雨	DGZ	6/19	7/14	8/17	8/17	10/30	73
	GSH	6/19	7/14	8/21	8/21	10/25	64
	SYH	6/19	7/14	8/20	8/20	10/25	65
	千禧红	6/19	7/14	8/13	8/13	10/25	72

(二)植物学特性

未避雨与避雨相比，植株的株高、株幅及薹有无蜡粉情况差不多。但避雨栽培在后期仍保持较好的商品性，而未避雨栽培的出现植株抗病性差、薹商品性变差、短薹花现象(表 7-10)。

表 7-10　植物学性状比较

处理	品种	生长势	株高/cm	株幅/cm	薹大小/cm	薹粗	薹色	薹重	光泽	蜡粉
未避雨	DGZ	好	45	65	32.0×1.2	粗	红	10.9	—	有
	GSH	中	49	85	25.0×1.2	中	红	5.1	光亮	无
	SYH	差	40	70	31.0×1.0	中	红	3.9	光亮	无
	千禧红	差	44	105	28.0×1.0	细	红	5.6	—	有
避雨	DGZ	好	45	64	26.0×1.2	粗	红	12.2	—	有
	GSH	好	45	76	26.2×1.1	中	红	12.5	光亮	无
	SYH	好	40	74	30.0×1.0	中	红	10.0	光亮	无
	千禧红	好	38	80	28.4×1.0	细	红	14.8	—	有

(三)产量表现

以每个处理连续选取 40 株作为调查取样，换每亩种植 3500 株折算成亩产量计算，可以看出，未避雨比避雨的产量低，采用避雨栽培采收期长，产量高(表 7-11)。

表 7-11　植物产量比较

处理	品种	小区平均产量/kg	亩产量/kg
未避雨	DGZ	4.30	376.3
	GSH	2.78	243.3
	SYH	4.52	395.5
	千禧红	7.44	651.0
避雨	DGZ	9.08	794.5
	GSH	6.90	603.8
	SYH	7.10	621.3
	千禧红	9.48	829.5

(四)抗逆性(高温、低温、锈病、雨水)

由试验看出，避雨和未避雨比较，病害发生情况有差异的，不同品种抗逆性不同，同一品种不同处理方式抗逆性也是有差异的。这 4 个品种，'DGZ'抗病性较强，表现最好。同一品种避雨栽培与未避雨栽培比较，在植株生长前期差异不大，在后期植株老化时，差异明显，避雨栽培的抗病性明显好些，植株生长健壮些，薹商品性也正常些(表 7-12)。

表 7-12　植株抗逆性比较

处理	品种	黑斑病	软腐病	根肿病
未避雨	DGZ	/	/	+
	GSH	++	++	+++
	SYH	/	++	++
	千禧红	/	+	/
避雨	DGZ	/	/	/
	GSH	+	+	+
	SYH	/	+++	+
	千禧红	/	/	/

三、结果与讨论

供试品种为'DGZ'、'GSH'、'SYH'、'千禧红'，这 4 个品种的播种期为 6 月 19 日，定植期为 7 月 14 日，试验显示，不同品种各方面性状有差异，'DGZ'综合表现最好，其余 3 个品种其次。不同品种抽薹期不同，'千禧红'和'DGZ'较早，'GSH'和'SYH'稍晚抽薹。不同品种末收期是不同的，'DGZ'抗病性较强，耐性强些，末收期也晚些。

未避雨与避雨相比，同一品种植株的株高、株幅及薹有无蜡粉情况差不多。在始收期方面差异不大。同一品种避雨栽培与未避雨栽培比较，在植株生长前期差异不大，在后期植株老化时差异明显，避雨栽培的抗病性明显好些，植株生长健壮些，薹商品性也正常些，末收期也延长些且产量高。而未避雨栽培的出现植株抗病性差、薹商品性变差、短薹花现象。

(邱正明)

第四节　高山莴苣避雨栽培试验

利用高山夏季冷凉的气候条件进行越夏莴苣反季节生产，丰富高山蔬菜的花色品种，满足秋淡市场供应，经济效益较好。高山雨水多，遇雨后病害重，防治困难，轻则减产，重则绝收，并且使用农药多，影响产量和品质及质量安全性。2011 年我们在高山进行了莴苣避雨栽培试验，探索设施栽培对蔬菜生产的影响试验，结果显示采用避雨栽培能明显提高作物抗病性，延长采收期，减少农药使用量，提高产品质量安全，很值得在高山推广。

一、材料与方法

(一)供试品种

'精品抗热王子'、'金正兴 3 号'。

(二)试验方法

本试验安排在长阳县火烧坪乡高山蔬菜试验站进行，海拔为 1800m，试验地为砂质壤土，地势平缓，土层深厚，排水状况较好。有 3 个长 12m、宽 5m 规格的钢架小棚，棚外面是同样规格的 3 块露地作为对照。

1. 棚内外整地施肥作畦

犁地、旋耕打平，按 1m 开厢，施足底肥，在畦背中间开沟，每亩施腐熟有机肥 1000kg、复合肥 50kg、过磷酸钙 25kg，作成深沟高畦，畦带沟宽 1.0m。

等雨后土壤足墒时铺膜。

未避雨栽培：以棚外露地种植作为对照。等待土壤足墒时覆盖黑色地膜。

避雨栽培：整好的厢面中间铺滴灌用的条带，利用蓄水池的水灌溉，然后再铺黑色地膜，棚顶面覆盖塑料薄膜，四周通风。

2. 播种后管理

播种期为 6 月 30 日，7 月 25 日定植，定植前在膜上打孔，双行种植，株距 30cm。

病虫害防治：霜霉病选用霜脲锰锌可湿性粉剂 1000 倍液喷雾。

二、结果与分析

(一)早熟性分析

这两个品种播种期为 6 月 30 日，定植期为 7 月 25 日，试验显示，不同品种抽薹期差不多。同一品种采用避雨和不避雨不同处理的抽薹期有差异，采用避雨栽培的抽薹早，差异约 23 天。初收期也有差异，避雨栽培的初收期早，成熟早些(表 7-13)。

表 7-13　生长物候期比较

处理	品种	播种期(月/日)	定植期(月/日)	抽薹期(月/日)	初收期(月/日)	采收期/d
未避雨	精品抗热王子	6/30	7/25	10/14	10/5	70
	金正兴 3 号	6/30	7/25	10/14	10/5	70
避雨	精品抗热王子	6/30	7/25	9/21	9/21	56
	金正兴 3 号	6/30	7/25	9/21	9/21	56

(二)植物学特性

未避雨与避雨相比，植株的株高、株幅及茎的商品性差不多。同期调查避雨栽培单茎重重些，是因为避雨栽培抽薹早，茎充实快些(表 7-14)。

表 7-14　植物学性状比较

处理	品种	生长势	株高/cm	株幅/cm	茎大小/cm	茎色	茎重
未避雨	精品抗热王子	强	47	53	37.0×5.9	外浅绿内绿	175
	金正兴 3 号	强	42	51	43.0×6.2	外浅绿内绿	175
避雨	精品抗热王子	强	38	55	37.0×5.9	外浅绿内绿	270
	金正兴 3 号	强	50	62	43.0×6.2	外浅绿内绿	250

（三）抗逆性（高温、低温、锈病、雨水）

由试验看出，避雨和未避雨比较，病害发生情况有差异，不同品种抗逆性差不多，同一品种不同处理方式抗逆性也是有差异的。同一品种避雨栽培与未避雨栽培比较，在植株生长前期差异不大，在生长中期9月15日出现干烧心，心叶黑枯，9月21日开始感染灰霉；而未避雨栽培的抗病性明显好些，植株生长健壮些，抽薹也延迟些（表7-15）。

表 7-15　植株抗逆性比较

处理	品种	黑斑病	灰霉病	干烧心
未避雨	精品抗热王子	+	+	/
	金正兴 3 号	+	+	/
避雨	精品抗热王子	+++	++	++
	金正兴 3 号	+	++	++

三、结果与讨论

供试品种为'精品抗热王子'、'金正兴 3 号'，这两个品种的播种期为 6 月 30 日，定植期为 7 月 25 日，试验显示，不同品种各方面性状相似，品种抽薹期、抗逆性、商品性差不多。

同一品种采用避雨和不避雨不同处理，在植株生长前期差异不大，在生长中期 9 月 15 日避雨栽培出现干烧心，心叶黑枯，9 月 21 日开始感染灰霉，提早抽薹；而未避雨栽培雨水露水滋润，抗病性明显好些，植株生长健壮些，抽薹也延迟些。因为采用避雨栽培，植株供水受到限制，出现植株干烧心现象，病害发生严重，植株因生长受限制，抽薹期提早。

总之，同一品种采用未避雨和避雨栽培的试验，在早熟性、抽薹性和抗病性方面有差异，采用避雨比未避雨的抽薹早，抗病性差，分析是因为棚内干旱，影响植株生长，造成心部叶片干烧心，引起植株灰霉病的发生，植株生长的衰弱引起早抽薹，从而影响产量及商品性。

（邱正明）

第五节　高山黄瓜避雨栽培试验

利用高山夏季冷凉的气候条件进行黄瓜越夏反季节生产，丰富高山蔬菜的花色品种，满足秋淡市场供应，经济效益较好。高山雨水多，遇雨后病害重，防治困难，轻则减产，重则绝收，并且使用农药多，影响产量和品质及质量安全性。2011 年我们在高山进行了黄瓜避雨栽培试验，探索设施栽培对蔬菜生产的影响试验，结果显示采用避雨栽培能明显提高作物抗病性，提高商品成瓜率及产量，减少农药使用量，提高产品质量安全，很值得在高山推广。

一、材料与方法

（一）供试品种

'鄂黄 3 号'、'超级耐热王'、'高优绿箭'。

（二）试验方法

本试验安排在长阳县火烧坪乡高山蔬菜试验站进行，海拔为 1800m，试验地为砂质壤土，地势平缓，土层深厚，排水状况较好。有 3 个长 12m、宽 5m 规格的钢架小棚，棚外面是同样规格的 3 块露地作为对照。

1. 棚内外整地施肥作畦

犁地、旋耕打平，按 1m 开厢，施足底肥，在畦背中间开沟，每亩施腐熟有机肥 1000kg、复合肥 50kg、过磷酸钙 25kg，作成深沟高畦，畦带沟宽 1.0m。

等雨后土壤足墒时铺膜。

未避雨栽培：以棚外露地种植作为对照。等待土壤足墒时覆盖黑色地膜。

避雨栽培：整好的厢面中间铺滴灌用的条带，利用蓄水池的水灌溉，然后再铺黑色地膜，棚顶面覆盖塑料薄膜，四周通风。

2. 播种后管理

播种期为 5 月 30 日，6 月 19 日定植，定植前在膜上打孔，双行对应种植，株距 50cm。搭架栽培。病虫害防治同常规。

二、结果与分析

(一)早熟性分析

这 3 个品种的播种期为 5 月 30 日，定植期为 6 月 19 日，试验显示，初花期差不多，初收期不同品种间有点差异，'鄂黄 3 号'熟性较早，比其余两个品种早熟 5 天左右。同一品种不同处理方式初收期有差异，棚内避雨成熟稍早一点，比外面未避雨栽培早熟 3~8 天(表 7-16)。

表 7-16　生长物候期比较

处理	品种	播种期(月/日)	定植期(月/日)	初花期(月/日)	初收期(月/日)
未避雨	鄂黄 3 号	5/30	6/19	7/14	7/28
	超级耐热王	5/30	6/19	7/11	7/28
	高优绿箭	5/30	6/19	7/19	7/28
避雨	鄂黄 3 号	5/30	6/19	7/14	7/20
	超级耐热王	5/30	6/19	7/11	7/25
	高优绿箭	5/30	6/19	7/19	7/25

(二)植物学特性

黄瓜植株的商品性差不多。黄瓜座瓜率较高，是否避雨影响不是很大。

我们每个品种随机抽取 12 株作为一个小区，抹除 5 节以下的侧枝，连续观察 6~16 节位间的雌花数及座瓜数，统计座瓜率。未避雨与避雨相比，不同品种及不同处理的座瓜率是不一样的，不一定避雨栽培的座瓜率高(表 7-17)。

表 7-17　植物学性状比较

处理	品种	生长势	第一雌花节位	果形	皮色	果大小/cm	瓜把长/cm	单果重/g	座瓜率/%
未避雨	鄂黄 3 号	强	3	中棒状	白花皮	20.0×3.2	4.2	155	62.5
	超级耐热王	强	3	细长条	绿皮	39.0×3.5	5.5	375	96.61
	高优绿箭	强	4	粗长条	绿皮	32.0×3.9	5.5	295	83.64
避雨	鄂黄 3 号	强	3	中棒状	白花皮	26.0×4.0	2.5	300	76.60
	超级耐热王	强	4	细长条	绿皮	37.5×3.0	7.0	262	92.86
	高优绿箭	强	3	粗长条	绿皮	34.0×4.2	5.0	380	72.31

(三) 产量

每个小区随机抽取 12 株作为调查，然后以亩 3500 株折算成亩产量，可以看出，对于'超级耐热王'和'高优绿箭'这两个抗病品种来说，棚内外差异不大，各有高低，而对于'鄂黄 3 号'这个不抗病的品种来说，避雨栽培的产量明显高于不避雨栽培的产量(表 7-18)。

表 7-18 植物产量比较

处理	品种	小区平均产量/kg	折每亩产量/kg
未避雨	鄂黄 3 号	1.6	478.3
	超级耐热王	9.8	2859.8
	高优绿箭	9.1	2642.5
避雨	鄂黄 3 号	7.8	2275.0
	超级耐热王	8.1	2361.0
	高优绿箭	9.3	2708.1

(四) 抗逆性(高温、低温、锈病、雨水)

采用搭架栽培，不同品种之间抗病性有差异，'鄂黄 3 号'的抗病性较差，不适合在高山种植。另外两个品种抗性较强，在植株生育前中期基本上没有病害发生，在后期才发生病害，未避雨植株病害较重，避雨栽培植株发病晚、发病轻。避雨栽培与未避雨栽培相比，还是有明显优势的(表 7-19)。

表 7-19 植物抗逆性比较

处理	品种	霜霉病	蔓枯病	冻害
未避雨	鄂黄 3 号	+++	++	++
	超级耐热王	+	+	+
	高优绿箭	+	+	+
避雨	鄂黄 3 号	+	+	+
	超级耐热王	/	/	/
	高优绿箭	/	/	/

三、结果与讨论

供试品种为'鄂黄 3 号'、'超级耐热王'、'高优绿箭'，采用搭架栽培。这几个品种的播种期为 5 月 30 日，定植期为 6 月 19 日，试验显示，品种间熟性和抗病性有差异，'鄂黄 3 号'熟性较早，比其余两品种早熟 5 天左右。'鄂黄 3 号'的抗病性较差，另外两个品种抗性较强。

未避雨栽培与避雨栽培相比，同一品种初花期差不多，初收期不同。棚内避雨成熟稍早一点，比外面未避雨栽培早熟 3～8 天。瓜的商品性差不多。黄瓜座瓜率较高，是否避雨影响不是很大。对于'超级耐热王'和'高优绿箭'这两个抗病品种来说，棚内外产量差异不大，而对于'鄂黄 3 号'这个不抗病的品种来说，避雨栽培的产量明显高于不避雨栽培的产量。

在植株生育前中期基本上没有病害发生，在后期才发生病害，对于不抗病品种来说，未避雨植株病害较重，避雨栽培植株发病晚，发病轻。避雨栽培相对于未避雨栽培来说还是有明显优势的。

(邱正明)

第六节　高山四季豆避雨栽培试验

四季豆在部分地区如贺家坪的青岗坪已发展成规模种植，利用高山夏季较凉的气候条件进行越夏反季节四季豆生产，丰富高山蔬菜的花色品种，满足秋淡市场供应，经济效益较好。目前遇雨后病害重，影响四季豆荚商品性和产量，种植不稳定。2011 年我们在高山进行了四季豆避雨栽培试验，探索设施栽培对蔬菜生产的影响试验，结果显示采用避雨栽培能明显提高作物抗病性，延长采收期，进行再生生产，提高产量，很值得在高山推广。

一、材料与方法

（一）供试品种

'红花四季豆'（武汉武昌神牛种苗商行）、'精选双青 12 号'（广东省农科院）、'龙丰四季豆'（江西龙翔种业有限公司）。

（二）试验方法

本试验安排在长阳县火烧坪乡高山蔬菜试验站进行，海拔为 1800m，试验地为砂质壤土，地势平缓，土层深厚，排水状况较好。有 3 个长 12m、宽 5m 规格的钢架小棚，棚外面是同样规格的 3 块露地作为对照。

1. 棚内外整地施肥作畦

犁地、旋耕打平，按 1m 开厢，施足底肥，在畦背中间开沟，每亩施腐熟有机肥 1000kg、复合肥 50kg、过磷酸钙 25kg，作成深沟高畦，畦带沟宽 1.0m。

未避雨栽培：以棚外露地种植作为对照。等待土壤足墒时覆盖黑色地膜。

避雨栽培：整好的厢面中间铺滴灌用的条带，利用蓄水池的水灌溉，然后再铺黑色地膜，棚顶面覆盖塑料薄膜，四周通风。

2. 播种

播种前在膜上打孔，双行对应种植，直播，播种期为 5 月 15 日。每穴 3 粒，定株 2 粒，穴距 30cm。每亩用种量 2kg。播后中耕除草。

3. 播种后管理

在植株开始"甩蔓"前搭架。

病虫害防治：锈病选用 15%三唑酮（粉锈灵）可湿性粉剂 1000 倍液、10%世高水溶性颗粒剂 1000 倍液喷雾；炭疽病用 40%达科宁悬浮剂 600 倍液、80%大生 M45 可湿性粉剂 800 倍液喷雾；褐斑病用 50%甲基托布津可湿性粉剂 1000 倍液、65%代森锌可湿性粉剂 500 倍液等喷雾；病毒病用 8%菌可毒克水剂 800～1000 倍液、20%病毒 A400 倍液喷雾。

潜叶蝇选用 75%灭蝇胺可湿性粉剂 3000 倍液、48%乐斯本乳油 1000 倍液喷施。

二、结果与分析

（一）早熟性分析

这 3 个品种的播种期为 5 月 15 日，试验显示，不同品种始花期不同，从早到晚的次序是'龙丰四季豆'、'红花四季豆'、'精选双青 12 号'。始采收也是有差异的，'红花四季豆'、'精选双青 12 号'、'龙丰四季豆'从播种到始采收的时间分别为 71 天、76 天和 68 天。但同一品种不同处理的始花期相同，初收期相同。这比一般平原地区种植的始收期时间拉长，主要是由于海拔较高，前期温度较低，前期生长缓慢所致。

8 月 8 日后，植株生长结荚已到顶部，植株仍旧健康，生长正常，叶片绿色。

8 月 25 日以后，连续的暴雨，棚外面未避雨栽培的植株开始病害重发枯，而棚内避雨栽培的植株从基部开始抽枝开花，进入第二春生长，开花结荚，至 9 月 25 日仍在开花结荚。采收期延长 30 多天（表 7-20）。

表 7-20　生长物候期比较

处理	品种	播种期（月/日）	始花期（月/日）	始收期（月/日）	末收期（月/日）	采收期/d
未避雨	红花四季豆	5/15	7/17	7/26	8/24	28
	精选双青 12 号	5/15	7/19	8/1	8/28	28
	龙丰四季豆	5/15	7/14	7/24	8/24	30
避雨	红花四季豆	5/15	7/16	7/26	9/26	60
	精选双青 12 号	5/15	7/19	8/1	9/26	56
	龙丰四季豆	5/15	7/14	7/24	9/26	62

（二）植株植物学特性

试验显示，不同品种在荚色方面稍微有点差异外，荚其他方面商品性差异不大。同一品种在棚内外避雨和未避雨栽培植株长势及荚商品性没有明显差异（表 7-21）。

表 7-21　植物学性状比较

处理	品种	生长势	荚形	荚色	单荚重/g	荚长/cm	荚粗/cm	纤维
未避雨	红花四季豆	强	大长、扁圆、匀直	绿	10.5	18.1	1.1	少
	精选双青 12 号	强	中长、扁圆、匀直	浅绿	10	18.0	0.9	少
	龙丰四季豆	强	大长、扁圆、匀直	浅白绿	10	18.1	1.0	少
避雨	红花四季豆	强	大长、扁圆、匀直	绿	10	18.0	1.1	少
	精选双青 12 号	强	中长、扁圆、匀直	浅绿	10	17.6	0.9	少
	龙丰四季豆	强	大长、扁圆、匀直	浅白绿	10.5	16.7	1.2	少

（三）产量表现

以每个处理连续选取 8 穴作为调查取样，换每亩种植 4444 穴四季豆折算成亩产量计算，可以看出，在 8 月 8 日前采收为前期产量，三个品种中'精选双青 12 号'为晚熟品种，前期产量相对稍低，另外两个品种熟性较早，前期产量稍高。

避雨和未避雨栽培前期产量棚内外有高有低，棚内外无明显差异。

棚内避雨在后期产量明显提高，棚外未避雨的早衰，到 8 月 25 日后植株已枯萎；而避雨栽培的又重新发侧枝开花结荚，又开始采收，至 9 月 26 日仍在采收，延长采收期，产量高（表 7-22）。

表 7-22　植株产量比较

处理	品种	前期产量/kg	折每亩前期产量/kg	小区平均总产量/kg	折每亩总产量/kg
未避雨	红花四季豆	5.6	3110.8	6.1	3388.6
	精选双青 12 号	2.5	1393.8	5.8	3221.9
	龙丰四季豆	3.4	1912.6	3.9	2166.5
避雨	红花四季豆	4.8	2666.4	7.2	3999.6
	精选双青 12 号	4.0	2229.4	6.5	3610.8
	龙丰四季豆	3.0	1648.7	4.4	2444.2

（四）抗逆性

通过试验调查发现，植株在前期避雨和未避雨栽培的生长都很正常；但后期采用未避雨和避雨产生病害的差异，未避雨在连续雨后开始发病重，枯萎严重，叶片干枯，荚面上也有很多斑点，而采用避雨的植株叶片保持绿色，少量病斑，荚健康正常，发新枝采荚。

三、结果与讨论

供试品种为'红花四季豆'、'精选双青 12 号'、'龙丰四季豆'，这 3 个品种于 5 月 15 日直播，搭架栽培。试验显示，不同品种始花期、始收期不同，从早到晚的次序是'龙丰四季豆'、'红花四季豆'、'精选双青 12 号'。从播种到始采收的时间分别为 68 天、71 天和 76 天。

同一品种不同处理的始花期相同，初收期相同。这比一般平原地区种植的始收期时间拉长，主要是由于海拔较高，前期温度较低，前期生长缓慢所致。避雨和未避雨栽培前期产量棚内外无明显差异。在后期棚外未避雨的早衰，到 8 月 25 日后植株已枯萎；而避雨栽培的又重新发侧枝开花结荚进行再生生长，又开始采收，至 9 月 26 日仍在采收，采收期延长 30 多天，棚内避雨产量明显提高。

总而言之，采用避雨栽培在早熟性及前期产量方面没有什么差异，但可提高抗病性和总产量。

（邱正明）

第七节　高山荚豌豆避雨栽培试验

利用高山夏季冷凉的气候条件进行荚豌豆越夏反季节生产，丰富高山蔬菜的花色品种，满足秋淡市场供应，经济效益较好。高山雨水多，遇雨后病害重，防治困难，轻则减产，重则绝收。影响产量和品质，2011 年我们在高山进行了荚豌豆避雨栽培试验，探索设施栽培对蔬菜生产的影响试验，结果显示采用避雨栽培能明显提高作物抗病性，延长采收期，提高产量，很值得在高山推广。

一、材料与方法

（一）供试品种

农友种苗公司的品种'台中特选 11'荚豌豆品种。

（二）试验方法

本试验安排在长阳县火烧坪乡高山蔬菜试验站进行，海拔为 1800m，试验地为砂质壤土，地势平缓，土层深厚，排水状况较好。有 3 个长 12m、宽 5m 规格的钢架小棚，棚外面是同样规格的 3 块露地作为对照。

1. 棚内外整地施肥作畦

犁地、旋耕打平，按 1m 开厢，施足底肥，在畦背中间开沟，每亩施腐熟有机肥 1000kg、复合肥 50kg、过磷酸钙 25kg，作成深沟高畦，畦带沟宽 1.0m。

等雨后土壤足墒时铺膜。

未避雨栽培：以棚外露地种植作为对照。等待土壤足墒时覆盖黑色地膜。

避雨栽培：整好的厢面中间铺滴灌用的条带，利用蓄水池的水灌溉，然后再铺黑色地膜，棚顶面覆盖塑料薄膜，四周通风。

2. 播种

播种前在膜上打孔，双行对应种植，直播，播种期为 5 月 15 日。每穴 3 粒，穴距 30cm。每亩用种量

1kg。播后中耕除草。

3. 播种后管理

在荚豌豆开始"甩蔓"前搭架。

病虫害防治：白粉病选用 15%三唑酮(粉锈灵)可湿性粉剂 1000 倍液、10%世高水溶性颗粒剂 1000 倍液喷雾；炭疽病用 40%达科宁悬浮剂 600 倍液、80%大生 M45 可湿性粉剂 800 倍液喷雾；褐斑病用 50%甲基托布津可湿性粉剂 1000 倍液、65%代森锌可湿性粉剂 500 倍液等喷雾；病毒病用 8%菌可毒克水剂 800～1000 倍液、20%病毒 A400 倍液喷雾。

潜叶蝇选用 75%灭蝇胺可湿性粉剂 3000 倍液喷施。

二、结果与分析

(一)早熟性分析

这个品种的播种期为 5 月 15 日，试验显示，始花期为 7 月 3 日，初收期也差不多，棚内避雨早一天采收，差异不大，从播种到始收 56～57 天，末收期差异大，8 月 20 日后，植株生长进入尾期，未避雨栽培，连续雨后植株病害重，先衰，只有 43 天的采收期，而采用避雨栽培 69 天，采收期延长 26 天(表 7-23)。

表 7-23　生长物候期比较

处理	播种期(月/日)	始花期(月/日)	始收期(月/日)	末收期(月/日)	采收期/d
未避雨	5/15	7/3	7/11	8/24	43
避雨	5/15	7/3	7/12	9/21	69

(二)荚果商品性

荚前期没有明显差异，荚色、荚形和纤维差异很小，到后期时差异较大，后期采用未避雨栽培的植株感病早，荚上有明显的黑斑点，影响商品性。

(三)产量表现

以每个处理连续选取 12 穴作为调查取样，换每亩种植 4444 穴荚豌豆折算成亩产量计算，从上面可以看出，在 8 月 20 日前采收为前期产量，未避雨产量为 1261kg，避雨产量为 1231kg，未避雨比避雨的产量略高 30kg，主要是前期未发生病害，植株生长正常，未避雨栽培的光照及雨水充足的原因；未避雨总产量为 1316.5kg，避雨总产量为 1697.6kg，未避雨比避雨的产量略低 381.1kg，这是因为到后期时，采用避雨栽培延长采收期，产量高(表 7-24)。

表 7-24　植物产量比较

NN	采收期(月/日)						前期产量/kg	折每亩产量/kg	采收期		小区平均产量/kg	折每亩产量/kg
	7/12	7/19	7/22	8/1	8/7	8/20			8/24	9/21		
未避雨	30	150	350	100	1500	1275	3405	1261	150	/	3555	1316.5
避雨	36	264	360	120	1104	1440	3324	1231	360	900	4584	1697.6

(四)抗逆性(高温、低温、锈病、雨水)

通过试验调查发现，植株在前期避雨和未避雨栽培的生长都很正常；中期病虫害主要是白粉病和潜叶蝇的发生。白粉病和潜叶蝇感病虫的时间都一致，通过农药防治得到控制。后期采用未避雨和避雨产生病害的差异，采用未避雨在连续雨后开始发病重，枯萎严重，叶片干枯，荚面上也有很多斑点；而采用避雨的植株叶片保持绿色，少量病斑，荚健康正常(表 7-25)。

表 7-25　植物抗逆性比较

处理	白粉病	枯萎病	斑点病
未避雨	+	+	+
避雨	+	/	/

三、结果与讨论

供试品种为'台中特选 11'荚豌豆，这个品种的播种期为 5 月 15 日，搭架栽培。未避雨与避雨相比，植株在前期生长都很正常，始花期和初收期也差不多，从播种到始收 56～57 天，荚健康正常，中期病虫害主要是白粉病和潜叶蝇的发生，白粉病和潜叶蝇感病虫的时间都一致。

后期未避雨与避雨有明显差异，采用未避雨在连续雨后开始发病重，枯萎严重，叶片干枯，荚面上也有很多斑点；而采用避雨的植株叶片保持绿色，少量病斑，末收期差异大，8 月 20 日后，植株生长进入尾期，未避雨栽培，连续雨后植株病害重，先衰，只有 43 天的采收期，而采用避雨栽培 69 天，采收期延长 26 天。

前期产量未避雨比避雨的产量略高，主要是前期未发生病害，植株生长正常，未避雨栽培的光照及雨水充足；未避雨总产量比避雨的产量略低，这是因为到后期时，采用避雨栽培延长采收期，产量高。

总之，荚豌豆采用未避雨和避雨栽培的试验，采用避雨栽培在早熟性及前期产量方面没有什么差异，但可提高抗病性和总产量。

（邱正明）

第八节　鄂西高山番茄避雨生态栽培技术

鄂西高海拔地区利用夏季气候冷凉的特点进行反季节番茄生产，供应秋淡市场有很好的效益。但是高山地区露天栽培番茄雨水多、湿度大，病害严重，同时无霜期短，后期温度低，果红熟慢，末采收期早。利用大棚避雨栽培可有效控制番茄晚疫病细菌性叶斑病等病害的发生，减少农药的使用量，并且可以提高积温，延长采收期，提高产量，还可以提高番茄的商品性。大棚番茄光泽度好，果型圆正，果面光洁，果蒂处无裂纹；如果四周采用纱网裙围还可减少虫害进入，减少农药用量，提高食品质量安全。2015 年湖北省农科院联合宜昌巴楚公司在宜昌长阳县海拔 1300m 贺家坪镇紫台村、海拔 1600m 榔坪镇文家坪村和丁家坪村进行了 33.3hm² 高山番茄大棚避雨生态栽培技术示范。2015 年前期多雨，后期干旱，周围农户采用露地栽培番茄亩产量不足 5000kg，而采用大棚避雨栽培，亩产量达 7500～10 000kg。当年番茄行情好，价格长期在 1.6～3.6 元/千克，大棚番茄比露地番茄收购价每千克高出 0.6 元，增产增值显著。现将高山番茄避雨栽培技术总结如下。

一、搭建钢架避雨大棚

从 2 月开始建钢架结构大棚，在 4～5 月番茄定植前建好。大棚依地形而定，以利排水、采光和防风。两棚间距 70cm，大棚架材材质采用不易生锈镀锌弧形钢管，钢管长 6.0m，两管对插合拢，插地深约 30cm。棚宽 7.5m，棚高 3.2m，顶上 3 道纵梁，两边棚头 1.7m 高处固定横杆，3 根竖直撑。棚插杆间距 80cm，肩高 1.2m 处安装卡槽，用于卡薄膜和纱网。为了便于番茄吊蔓，棚纵向首尾沿双行植株上方拉 10 条塑钢绳固定在棚两端的棚横杆上，横向隔 2 杆间距拉 1 条铁丝托举纵向塑钢绳，再 3 铁丝吊横向铁丝在三顶梁上固定。棚两头四个侧面用斜拉杆加固，两头顶梁用铁丝依地形向下往外地面拉铁丝固定，防止大棚被风吹掉。四周用 60 目纱网围住，防虫进入危害。配套完善的滴管系统。

二、避雨栽培技术

(一)栽培地块选择

宜选择土层深厚、土壤肥沃、排水良好、2～3年内未种过番茄的砂壤土或壤土,不宜选择冷水田或低湿地栽培。鄂西高山番茄可以在海拔800～1600m地区种植,但以海拔1200～1400m地带最为适宜,采收期较长,产量高。

(二)栽培季节确定

高山番茄栽培随着海拔不同,播种期也不同。海拔800～1200m在2月中旬～3月上旬播种,6月下旬～9月上旬采收。前茬可种植大白菜,5月中旬至6月上旬播种一季延秋番茄,9月底至11月底采收;海拔1200～1500m在3月下旬至5月上中旬播种,7月下旬至10月中旬采收;海拔1600m在4月上中旬播种为宜,8月中旬至10月中旬采收。

大棚避雨栽培播种期与露地相同,但采收期可从10月中旬延迟到11月底。

(三)栽培品种选择

高山种植番茄应选择抗病性好、产量高、耐储运好、果形圆正、果脐小、口感较好的品种,红果品种有'瑞菲'、'倍盈'、'铁果4号'、'满堂红'、'红姑娘'等,粉果品种有'戴粉'、'百佳'等。

(四)培育壮苗

1. 种子处理

每种植1亩大田,需用番茄种子约2000粒。播种前应进行晒种和消毒处理,可采用温汤浸种消毒,55℃温水浸种15min,然后让水温自然降温捞出晾干播种。也可选用1%硫酸铜溶液浸种5～10min,预防炭疽病、疫病,将预浸过的种子放入0.1%的农用链霉素溶液中30min,可预防青枯病的发生。种子用药剂浸过后,用清水冲洗干净后才能催芽或播种。

2. 播种育苗

播种应选"冷尾暖头"的晴天上午进行。苗床设在大棚内,要求地势高燥、不易积水。分苗床育苗和营养钵育苗两种方式。

1)苗床育苗

播种前整平苗床,长度不超过7m,先浇足底水然后播种,播种不能过密,可与细沙土混匀后播种。播后均匀盖上筛过的营养土,厚度以刚好盖没种子为宜。覆土后,上盖地膜和小拱棚以保温保湿。出苗后,及时揭去地膜,并适当通风透光,降低苗床温度,促进秧苗生长。播种后25～30天,长出2～3片真叶时,选晴天假植到营养钵或苗床,成活后日揭夜盖,同时用腐熟的淡粪水追肥,以促进幼苗生长,假植10～20天后可定植。

2)营养钵育苗

将火粪土加1%钙镁磷肥拌匀堆制1个月后作营养土。制钵器有各种规格,94孔1盘,3盘1排,1个苗床约17排,合计约4700多株苗,可栽地1334m^2。苗床每间隔80cm用竹子撑架盖地膜,覆盖遮阳网保湿,开始出苗时及时揭去覆盖物。水分管理以见干见湿为原则,尽量减少浇水次数,以防幼苗徒长。

3. 苗期病害

病害主要有猝倒病、立枯病,采用64%杀毒矾可湿性粉剂500倍液、15%噁霉灵水剂450倍液或38%福·甲霜可湿性粉剂600倍液喷雾。虫害主要是蚜虫,可用10%吡虫啉可湿性粉剂1500～2000倍液喷雾防治。

4. 施肥整地

番茄栽培宜高畦，棚内开 5 厢。按 150cm 宽包沟作畦，厢中间开沟施底肥，一般每亩撒施农家肥 2500kg（或功能商品有机肥 200kg）、45%不含氯复合肥料 100kg、硫酸钾 10kg、硼砂 1kg、生石灰 75kg。之后整地作畦，沟宽 40cm，沟深 15～20cm，畦面呈半龟背状。膜下铺设双排孔滴带，滴带的喷水孔朝上，进水口一端与主管连在一起，分阀控制，尾部用折叠套堵住。覆盖 90～100cm 宽的白色地膜。

5. 适时定植

当幼苗长到 6～8 片叶时定植，定植前先炼苗。定植前 1～2 天，秧苗用 65%代森锌水分散粒剂 500 倍液或 50%多菌灵可湿性粉剂 1000 倍液，加 48%乐斯本（毒死蜱）乳油 1000 倍液喷施后，带药土定植。采用双行种植，单秆整枝时双行植株成"△"形错开种植，株距 40.0～46.6cm，每亩种植 1800～2000 株；双秆整枝时双行植株相对种植，株距 53.3～60.0cm，每亩种植 1500～1700 株。

6. 上顶膜、围纱网

上膜根据供水情况而定，水源紧张的，8 月上膜；水源充足且采用生态栽培的，从定植后开始覆盖宽 9.2m 的顶膜，四周用 60 目、2m 宽的纱网密封防虫进入。进入 9 月中旬或 10 月中旬气温下降后，在棚肩的卡槽处及时盖边膜保温。

7. 合理追肥

番茄是连续生长结果而分批采收的蔬菜，因此除施足基肥外，还要及时分次追施速效肥。定植后 5～6 天追 1 次催苗肥，每亩追 5.0～7.5kg 尿素；第 1 穗果开始膨大时打洞追施催果肥，每亩追复合肥 30kg；当采收第 2 穗果时，每亩施尿素 6～9kg、过磷酸钙 9～12kg、硫酸钾 2.5～4.0kg。

8. 整枝

1）吊蔓或搭架

为防倒伏，采用吊蔓或搭简易支架等方法帮扶。可在 7 节左右花芽刚刚出来时用 2m 长的尼龙绳吊蔓，先将一头系在植株正上方的塑钢绳上，另一头从番茄顶节开始围节位绕 3 圈打结。

2）整枝绑蔓

采用单秆整枝或双秆整枝，单秆整枝以主干为结果枝，抹去所有侧芽；双秆整枝保留主蔓第 1 花穗下的分枝，抹掉其余侧芽。整枝需及时，侧枝均必须在长 5cm 之前摘除，打芽时一手扶着茎秆，一手把侧芽内侧向上 45°抹去，若是刚萌发的侧芽可向下抹掉，保证抹芽时伤口较小，不拉伤茎秆表皮。采用竹竿搭架栽培的，定期用包装绳绑蔓；采用吊蔓栽培的，经常用吊蔓的塑钢绳缠绕植株。

3）疏果、摘叶、打顶

(1) 疏果。每一花穗留 4～5 个果，最多留 6 果，疏去尾部的花蕾，座果后根据留果数量要保留果形正常、长势均匀的果，其余的果一律疏掉。

(2) 摘叶。当第 1 穗果基本长大定形，此时根据长势情况进行摘叶，原则上是摘除老叶、病叶，加强通风和光照，减少养分消耗，正常情况下摘除底部 4～5 片老叶，以后根据采收的进度及时打掉老叶，一般在留果节位下保留 3～4 片。其余老叶及时摘除，有病害发生时，在初期及时摘除病叶，但要保留适当的功能叶。

(3) 打顶。早种的可留 8～11 穗果以上，晚种的可留 5～7 穗果。当顶部预计要留花穗开花时，留 2～3 片叶及时打顶，打顶需及时，否则影响果实膨大。

9. 病虫草害防治

高山番茄采用避雨栽培后病害发生少，主要病害有早疫病、晚疫病、疮痂病、青枯病、溃疡病、病毒病、叶霉病、灰霉病、脐腐病。番茄早疫病发病初期 50%扑海因可湿性粉剂 1000 倍液或 10%苯醚甲环唑水分散粒剂 2000 倍喷雾。番茄晚疫病用 50%烯酰吗啉可湿性粉剂 2000 倍液或 72%杜邦克露 600 倍液喷雾。番茄疮痂病初发病时用 77%氢氧化铜可湿性微粒粉剂 400～500 倍液或 25%络氨铜水剂 500 倍液喷雾。番茄青枯病和番茄溃疡病用 3%中生菌素可湿性粉剂 500 倍喷雾防治。番茄病毒病发病初期喷洒 20%吗啉呱乙酸铜可湿性粉剂 500 倍液。番茄叶霉病发病初期喷 40%氟奎唑乳油 10 000 倍液或 47%春雷王铜可湿性粉剂 1000 倍液。番茄灰霉病可用 80%腐霉利可湿性粉剂 1500 倍液或 40%嘧霉胺悬浮剂 1000 倍液。脐腐病发病时，用 1%过磷酸钙或 0.1%氯化钙防治。

高山番茄果虫害有棉铃虫、烟青虫、茄二十八星瓢虫、茄蚤跳甲、桃蚜、潜叶蝇等。采用悬挂蓝板、黄板、生物导弹等方式可减少虫口数。棉铃虫、烟青虫可喷洒高效 Bt 8000IU/mg 可湿性粉剂 600 倍液。茄二十八星瓢虫喷洒 10%氯氰菊酯乳油 1500 倍液或 2.5%功夫乳油 4000 倍液。茄蚤跳甲于清晨喷洒 10%醚菊酯乳油 800～1500 倍液、3%啶虫脒乳油 1500 倍液。桃蚜用 10%吡虫啉可湿性粉剂 1500～2000 倍液喷洒，潜叶蝇用 10%灭蝇胺悬浮剂 1000 倍液、20%氰戊菊酯乳油 2000 倍液，隔 10 天左右 1 次，连续喷洒 2 次。

10. 及时采收

待番茄颜色转红即可采收，采收时用专用剪刀靠近果蒂剪下，果蒂尽量与番茄平齐但保持花萼片完整，以提高商品性。果蒂过长容易刺破果皮，使番茄失去商品性。采后的番茄用塑料筐转运到屋内阴凉处，及时分级包装，可用塑料箱包装，用纸铺垫箱内，防止果实损伤，及时销售。

（朱凤娟　邱正明　陈磊夫　矫振彪　焦忠久　董斌峰　王黎松）

第八章　高山蔬菜生态栽培技术研究

第一节　高山萝卜生态栽培技术研究

湖北高山蔬菜主要分布在宜昌、恩施、十堰等鄂西山区的二高山(海拔 800～1200m)和高山(海拔 1200～1800m)地区，面积达 33.3 万公顷，产量 400 多万吨，产值达 12 亿元，产品销往我国 30 多个大中城市，对弥补广大低山和平原地区夏秋蔬菜淡季市场供应具有重要作用。主要的高山蔬菜种类有萝卜、大白菜、甘蓝，占高山蔬菜种植总量的 90%左右，其中萝卜播种面积已达 2.67 万公顷。但由于高山坡地淋溶现象较重，再加上多年连作，造成土壤贫瘠、有机质含量降低、土壤偏酸化、土传病害及地下害虫相对严重。本研究通过集成一套地下施用功能有机肥、地上施用功能基质盖籽等技术平衡土壤酸碱度，调节土壤微生态结构，达到减肥减药的目的。

一、材料与方法

(一)材料

'雪单 1 号'萝卜由湖北蔬谷农业科技有限公司提供，复合肥($N+P_2O_5+K_2O$)由湖北鄂中化工有限公司提供；功能有机肥由湖北省农业科学院经济作物研究所蔬菜室、国家生物农药工程技术研究中心及咸宁兴物源生物科技有限公司联合研制。

(二)方法

1. 播种时间及试验处理

播种时间为 2015 年 6 月 11 日；收获时间为 2015 年 8 月 9 日；试验地点在湖北省高山蔬菜试验站，海拔 1800m；试验设 5 个处理(表 8-1)，每个处理重复 3 次，每个重复 100 株；开沟施肥，沟深 15cm，垄宽 60cm，垄与垄之间 30cm，株距 15cm，每亩 8000 株。

表 8-1　2015 年高山萝卜底肥处理使用及掩籽方式

	功能有机肥/(kg/亩)	复合肥/(kg/亩)	微肥/(kg/亩)	生石灰/(kg/亩)	阿维毒死蜱/(kg/亩)	掩籽方式/(kg/亩)
I	250	50	1	100	0	功能基质
II	250	50	1	100	0	筛土
III	75	100	1	75	0	功能基质
IV	75	100	1	75	400	筛土
V	0	0	0	0	0	直接掩籽

2. 植物学性状及产量调查

在萝卜收获时调查株高、株幅、叶长、叶宽、叶片数，每个重复按照对角线五点取样，每个点调查 20 片叶或根。

3. 病害指标测定

在萝卜收获时调查黑斑病、白斑病、霜霉病、软腐病、根肿病及地下害虫对萝卜肉质根的危害；2 叶 1 心期调查黄曲条跳甲危害叶片情况，每个重复按照对角线五点取样，每个点调查 20 片叶或根。

4. 劳动力投入统计

整地、施肥、起垄、覆膜、播种、间苗、打药、收获等方面，全程记录每亩用工量及当次工价，制成表格，最后统计分析。

5. 农药投入统计

从起垄、覆膜、苗期至成熟期，全程记录每次用药的种类、数量及成本，制成表格，最后统计分析。

6. 其他农资投入统计

种子、肥料、地膜等农资，全程记录使用量及成本，制成表格，最后统计分析。

7. 品质检测及土壤营养、微生物种群检测

品质检测由湖北省农业科学院质量标准与检测技术研究所检测，土壤营养检测由湖北省农业科学院植保土肥研究所检测，土壤微生物检测由国家生物农药工程研究中心检测。

二、结果与分析

(一)植物学性状

处理Ⅰ(健康栽培)与处理Ⅳ(传统栽培)相比，株高、株幅、叶长、叶宽差异显著。处理Ⅰ和处理Ⅱ、处理Ⅲ和处理Ⅳ均为底肥施用相同，掩籽方式不同的情况下，株高、株幅、叶长、叶宽差异不显著(表8-2)。

表 8-2　高山萝卜健康栽培植物学性状

处理	株高/cm	株幅/cm	叶片数	叶长/cm	叶宽/cm
Ⅰ	42.6a	69.8a	15.1a	38.8ab	15.2a
Ⅱ	42.8a	70.0a	15.2a	39.2a	15.1a
Ⅲ	40.0b	66.7b	15.4a	36.9bc	15.5a
Ⅳ	39.8b	66.2b	15.1a	36.2cd	15.3a
Ⅴ	33.0c	52.6c	13.5b	34.5d	11.8b

(二)产量及商品性

处理Ⅰ(健康栽培)与处理Ⅳ(传统栽培)相比，出苗率提高32.4%，商品率提高12.9%，亩产提高50.4%，亩收入提高80.5%。处理Ⅰ和处理Ⅱ、处理Ⅲ和处理Ⅳ相比，出苗率差异显著，分别提高30.6%、31.8%。处理Ⅰ和处理Ⅲ、处理Ⅱ和处理Ⅳ相比，出苗率差异不显著(表8-3)。

表 8-3　高山萝卜健康栽培产量及商品性

处理	出苗率/%	商品率/%	根宽/cm	尾长/cm	单根重/g	亩产/kg	价格/(元/kg)	亩收入/元
Ⅰ	95.7a	93.7a	6.22a	13.1a	740a	5308.5	1.2	6370.2
Ⅱ	73.3b	91.3ab	6.23a	13.1a	729a	3902.9	1.2	4683.5
Ⅲ	95.3a	87.7bc	6.20a	10.7b	727a	4860.9	1	4860.9
Ⅳ	72.3b	83.0c	6.25a	10.6b	735a	3528.5	1	3528.5
Ⅴ	46.7c	65.3d	6.20a	10.3b	557b	1358.6	1	1358.6

(三)病虫害防控情况

处理Ⅰ(健康栽培)与处理Ⅳ(传统栽培)相比，地下害虫为害指数降低43.4%，根肿病病情指数降低58.3%，软腐病发病率降低53.4%，二叶一心期跳甲危害叶片指数降低30.2%。处理Ⅰ和处理Ⅱ、处理Ⅲ和处理Ⅳ相比，地下害虫为害指数、根肿病病情指数、软腐病发病率等差异不显著(表8-4)。

表 8-4　高山萝卜健康栽培病虫害防控情况

处理	地下害虫为害指数	根肿病病情指数	跳甲危害叶片指数	黑斑病病情指数	白斑病病情指数	霜霉病病情指数	软腐病发病率/%
I	25.6c	11.8c	43.5c	30.6b	33.7b	36.1b	2.33c
II	26.5c	12.0c	62.7b	30.8b	33.5b	37.1b	2.67c
III	45.5b	27.8b	43.8c	32.7b	32.9b	37.5b	4.67b
IV	45.2b	28.3b	62.3b	31.2b	34.1b	36.4b	5.00b
V	72.2a	44.2a	85.5a	67.8a	75.9a	80.1a	8.00a

（四）劳动力投入统计

处理 I（健康栽培）与处理 IV（传统栽培）相比，通过有效防控苗期地下害虫为害，每穴可以播种 1 粒种子，从而省去间苗所需人工 1 个；通过底肥施用高山萝卜功能有机肥，省去施肥后、覆膜前用药，以及减少地上部用药次数，从而省去打药所需 1 个人工。

处理 I（健康栽培）用工 9 个，用工成本 1860 元；处理 IV（传统栽培）用工 11 个，用工成本 2160 元；处理 I（健康栽培）比处理 IV（传统栽培）亩节省用工 18.2%，用工成本节约 13.9%（表 8-5）。

表 8-5　高山萝卜栽培劳动力投入统计

用工明细	工价/[元/(工·天)]	用工量/个		用工成本/元		备注
		处理 II	处理 IV	处理 II	处理 IV	
整地	180	1	1	180	180	多播防病
施肥	180	1	1	180	180	
起垄	180	1	1	180	180	
覆膜	180	1	1	180	180	
播种	120	1	1	120	120	
间苗	120	0	1	0	120	
打药	180	1	2	180	360	
收获	280	3	3	840	840	
合计		9	11	1860	2160	

（五）农药投入统计

处理 I（健康栽培）生物农药亩使用量 1450g，化学农药亩使用量 0g，亩农药投入 115 元。处理 IV（传统栽培）生物农药亩使用量 0g，化学农药亩使用量 1036g，亩农药投入 191 元。处理 I（健康栽培）与处理 IV（传统栽培）相比，全程实现化学农药零使用量，化学农药减施 100%（表 8-6）。

表 8-6　高山萝卜栽培农药使用量统计表

农药名称	处理 I 用药量	处理 IV 用药量	处理 I 用药成本	处理 IV 用药成本
50 000IU/mg Bt	100g	0g	15 元	0 元
10 亿 cfu/g 多黏类芽孢杆菌	100g	0g	20 元	0 元
枯草芽孢杆菌	100g	0g	20 元	0 元
1.3%苦参碱 AS	100mL	0mL	15 元	0 元
6%鱼藤酮 ME	50mL	0mL	15 元	0 元
叶绿康	1000g	0g	30 元	0 元
30%毒死蜱 EC	0mL	100mL	0 元	20 元

续表

农药名称	处理Ⅰ用药量	处理Ⅳ用药量	处理Ⅰ用药成本	处理Ⅳ用药成本
1.8%阿维菌素 EC	0mL	100mL	0 元	25 元
4.5%高效氯氰菊酯 ME	0g	100g	0 元	10 元
20%呋虫胺 SG	0g	100g	0 元	30 元
70%吡虫啉 WG	0g	6g	0 元	6 元
72%霜脲氰锰锌 WP	0g	200g	0 元	30 元
68%甲霜灵锰锌 WP	0g	200g	0 元	30 元
12.5%烯唑醇 WP	0g	30g	0 元	15 元
百草枯	0g	200g	0 元	25 元
合计	1450g	1036g	115 元	191 元

(六)其他农资投入统计

处理Ⅰ(健康栽培)与处理Ⅳ(传统栽培)相比,复合肥用量减少 50%,有机肥用量增加 233%(表 8-7)。

表 8-7　高山萝卜栽培其他农资投入统计

项目	亩用量		成本	
	处理Ⅰ	处理Ⅳ	处理Ⅰ/(元/亩)	处理Ⅳ/(元/亩)
种子	100g/亩	100g/亩	110	110
有机肥	250kg/亩	75kg/亩	200	60
复合肥	50kg/亩	100kg/亩	120	240
地膜	0.7 卷/亩	0.7 卷/亩	49	49
总成本			479	459

(七)品质检测

处理Ⅰ(健康栽培)与处理Ⅳ(传统栽培)相比,可溶性糖、硝酸盐含量、水分含量及粗纤维含量差异不显著,但维生素 C 含量差异显著,维生素 C 含量提高 66.5%(表 8-8)。

表 8-8　高山萝卜健康栽培产品品质检测

高山萝卜	可溶性糖含量/%	硝酸盐含量/(mg/kg)	水分含量/%	粗纤维含量/%	维生素 C 含量/(mg/kg)
Ⅰ	3.32	1599.2	94.50	0.5	64.08
Ⅳ	3.38	1598.4	94.47	0.5	38.48

(八)健康栽培土壤营养检测

处理Ⅰ与对照相比,土壤 pH 提高 15.5%,有机质提高 31.7%,碱解氮提高 22.2%,速效磷提高 58.7%,速效钾提高 35.7%(表 8-9)。

表 8-9　高山萝卜健康栽培前后土壤营养检测

检测项目	pH	有机质/(g/kg)	碱解氮/(mg/kg)	速效磷/(mg/kg)	速效钾/(mg/kg)
CK	5.60	32.52	178.8	67.8	165.1
处理Ⅰ	6.47	42.84	218.5	107.6	224.1
评价	中性	丰富	适宜	偏高	适宜

三、结论与讨论

(1)采用健康栽培模式(处理Ⅰ)种植高山萝卜,在减复合肥(50%)、减化学农药(100%)、减劳动力(18.2%)的情况下,实现亩增产50.4%、亩净收入提高445.1%、增质66.5%。这与出苗率和商品率的提高、亩投入成本的降低以及价格差异有关,证明高山萝卜健康栽培模式是可行的(表8-10~表8-12)。

表8-10　高山萝卜栽培成本投入统计

	处理Ⅰ/元	处理Ⅳ/元	节约/%
人工	1860	2160	−13.9
种子	110	110	0
复合肥	120	240	+6.7
有机肥	200	60	
化学农药	0	191	−39.8
生物农药	115	0	
地膜	49	49	0
总投入	2454	2810	−12.7

注:−代表节约,+代表增加。

表8-11　高山萝卜健康栽培三减三增结果

	处理Ⅰ	处理Ⅳ	减少/增加%	备注
亩化学肥料用量	50kg	100kg	−50	减肥
亩化学农药用量	0g	1036g	−100	减药
亩劳动力投入数	9个	11个	−18.2	减劳动力
亩商品产量	5308.5kg	3528.5kg	+50.4	增产
亩净收入	3916.2元	718.5元	+445.1	增收
维生素C含量	64.08mg/kg	38.48mg/kg	+66.5	增质

表8-12　高山萝卜健康栽培总投入、总产量及总收入表

	处理Ⅰ	处理Ⅳ	减少/增加/%
总投	2454.0元	2810.0元	−12.7
总产	5308.5kg	3528.5kg	+50.4
总收	6370.2元	3528.5元	+80.5
净收	3916.2元	718.5元	+445.1

注:−代表减少,+代表增加。

(2)高山萝卜功能有机肥能显著降低地下害虫为害指数、根肿病病情指数及软腐病发病率,提高萝卜商品率,促进植株生长,但对苗期由于地下害虫危害而造成的出苗率低的问题影响不大,而高山萝卜功能基质能显著提高苗期出苗率,因此通过"地上施用高山萝卜功能基质,地下配合施用高山萝卜功能有机肥",既能显著提高苗期出苗率,又能明显降低地下害虫为害指数、根肿病病情指数及软腐病发病率。

(3)健康栽培前后高山萝卜田土壤pH及营养有显著差异,土壤由弱酸性调节为中性,更适合高山萝卜生长;土壤有机质、速效氮磷钾都有显著提高。

(4)研究发现,高山萝卜功能有机肥在防治地下害虫危害方面,其主要作用在后期,减轻地下害虫对萝卜根部的为害,但在苗期防治地下害虫为害种子而造成缺苗断垄方面效果不显著;高山萝卜功能基质在防治苗期地下害虫为害种子而造缺苗断垄方面,效果显著。如何将高山萝卜功能基质的功能融合到高山萝卜功能有机肥种，从而进一步减少劳动力投入(主要表现在起垄时减少两遍用药以及间苗上)，这将是本团队下一步研究的关键问题。

附录

1. 黑斑病分级标准

- 0 级：叶片上病斑数 0。
- 1 级：叶片上病斑数 1～10。
- 3 级：叶片上病斑数 11～20。
- 5 级：叶片上病斑数 21～30。
- 7 级：叶片上病斑数 31 以上。

2. 白斑病分级标准

- 0 级：叶片上病斑数 0。
- 1 级：叶片上病斑数 1～5。
- 2 级：叶片上病斑数 6～10。
- 3 级：叶片上病斑数 11～15。
- 4 级：叶片上病斑数 16 以上。

3. 霜霉病分级标准

- 0 级　无病叶。
- 1 级　植株发病叶数占全株展叶数 25%以下。
- 2 级　植株发病叶数占全株展叶数 25%～50%。
- 3 级　植株发病叶数占全株展叶数 51%～75%。
- 4 级　植株发病叶数占全株展叶数 76%以上。

4. 根肿病分级标准

- 0 级：无根肿病。
- 1 级：萝卜整个块根上只有 1 个病窝。
- 2 级：萝卜整个块根上有 2 个病窝。
- 3 级：萝卜整个块根上有 3 个病窝。
- 4 级：萝卜整个块根上有 4 个病窝。

5. 地下害虫为害指标

- 0 级：萝卜根部没有受害。
- 1 级：萝卜根部受害面积占整个萝卜根部面积的 10%以内。
- 2 级：萝卜根部受害面积占整个萝卜根部面积的 11%～20%。
- 3 级：萝卜根部受害面积占整个萝卜根部面积的 21%～30%。
- 4 级：萝卜根部受害面积占整个萝卜根部面积的 31%以上。

6. 黄曲条跳甲危害叶片分级标准

- 0 级：真叶虫口数 0。
- 1 级：真叶虫口数 5 个以内。
- 2 级：真叶虫口数 6～10。
- 3 级：真叶虫口数 11～15。
- 4 级：真叶虫口数 16 以上。

7. 菜园土壤有效大中量元素丰缺状况分级（单位：mg/kg）

元素	极缺	缺	适宜	偏高
碱解氮(N)	<100	100～200	200～300	>300
速效磷(P)	<30	30～60	60～90	>90
速效钾(K)	<80	80～160	160～240	>240
交换钙(Ca)	<240	24～480	480～720	>720
交换镁(Mg)	<60	60～120	120～180	>180
有效硫(S)	<15	15～30	30～40	>40

（焦忠久　矫振彪　朱凤娟　邱正明）

第二节　高山甘蓝生态栽培技术研究

鄂西北山地资源丰富，海拔 800～2020m，境内高山地区呈现出高原地貌，耕地宽阔，土层深厚、土质肥沃、疏松，酸碱度适中，火粪土有机质丰富。海拔 800m 以上高山夏季气候冷凉，年平均气温 7～12℃，7 月平均气温 19.4～22.9℃，昼夜温差大，年平均降水量 1335.5mm，呈现冬长春短无夏、气候冷凉湿润的特点，非常适合发展夏季反季节甘蓝生产。湖北高山甘蓝主要分布在 12 个县(市)，如恩施州的利川、巴东、建始、鹤峰，宜昌市的长阳、五峰、兴山、秭归、夷陵，襄樊市的保康，十堰市的房县、张湾等地，常年甘蓝种植面积 2.3 万公顷。此季正值南方平原地区夏季高温干旱和台风暴雨等灾害性天气频发时期，产品有广阔的市场需求。高山甘蓝 6～9 月销往广州、福州、上海、杭州、深圳、长沙、重庆、成都、南昌等全国 20 多个地区。现将高山甘蓝生态栽培技术介绍如下。

一、品种选择

选择发芽率好、纯度高、球形低扁、单球质量 1～1.5kg、熟性早、抗病力强的品种。目前高山栽培品种主要是'京丰 1 号'。

'京丰 1 号'种子不同品牌田间表现不同。中蔬牌：生育期短，定植后 75 天可采收，球盘大、扁，抗病性强，但发芽率和纯度方面稍微欠缺一点。邢绅牌：纯度稍好，但生育期太长，定植后 85～90 天可采收。四川绵阳牌：球形中小，适合市场要求，但抗病性稍差，叶面局部会失绿。

二、播种育苗

（一）种子消毒

为防止种子带菌，播种前将种子精选后用 50%福美双按种子量的 0.4%拌种，或用 55℃温水浸种 30min，或用 0.5%代森铵浸种 15min，用清水洗净，晾干后播种。

（二）适期播种

1 年种植 1 茬，播种期在 2～7 月，上市期在 6～10 月中旬，采收期为定植后 75～90 天。

甘蓝在不同的海拔高度其播种期、定植期、上市期稍有不同，海拔越低，播种可提早，上市期越早(表 8-13)。

表 8-13　甘蓝在不同的海拔高度的播种期、定植期、上市期

海拔	播种期	定植期	上市期	生育期	茬口
1600m 以上	4～7 月	4 月中下旬后	7～10 月	定植后 75～90 天	甘蓝收后种萝卜
1200～1600m	3～7 月	3 月下旬以后	7 月上旬～10 月		甘蓝收后种白菜
800～1200m	2～7 月	3 月中旬以后	6～10 月		甘蓝套种辣椒

（三）苗床育苗

不同时期播种选择不同的有利育苗地块，苗床耕地，耙平，均匀洒一层过磷酸钙，再盖一层 2～3cm 厚的粗营养土，浇透水后在上面播种，每亩地用种 25～30g，然后在表面盖一层细的营养土。插拱形棚架，两头架低些，盖塑料薄膜密封。当苗出土时，仅将两头的膜开小口白天揭开，晚上盖上。注意保持不失水分，如果发现苗床干旱可补充少量的水。

育苗期间注意防止冻害、烫伤、徒长、缺肥和病害。早春育苗时温度较低，苗床选择在避风处，双层薄膜并加盖树枝覆盖层保温，防止苗冻伤；夏季育苗温较高，苗床选择在遮阴处，一层薄膜上加盖遮阳网降温，防止气化烫伤；当密度太大、水分太多、光照不足时，植株易徒长形成高脚苗，高脚苗抗性差，应加强管理防止徒长；甘蓝育苗时间较长，在低温、干燥和缺肥的情况下极易引起苗黄化、弱株、老化、僵化苗，适当浇沼气粪水补充养分，防止脱肥；及时松土增强土壤透气性，以利根系发育。苗期加强管理，防止病虫害如猝倒病、立枯病及小菜蛾等危害。定植前一周揭开所有覆盖物炼苗，进行耐低温或高温、干旱锻炼，苗龄 30～40 天左右，当植株长到 4～5 片真叶时定植到大田。

三、整地、定植

上季收获后清洁田园，早耕深耕炕地→开春犁耙后厢中央开沟→施足底肥（每亩施腐熟厩肥 2000～4000kg、复合肥 100kg）→按畦宽 2.7m 整厢覆土→等待下雨足墒→选在雨天过后，土壤中足墒时，打药杀地下害虫→1 畦 6 行，株距 0.4m，每亩栽 3300～3500 株。尽量多带一点土起苗，起苗后用链霉素、氯氰菊酯和乐斯本等杀虫杀菌剂喷根部，定植后根部土稍压一下，一般不浇定根水。

四、田间管理

（一）中耕除草

幼苗期在墒情适中时选择晴天中耕锄草、培土，也可选后芽后除草剂喷雾。

（二）水肥管理

水分管理一般是看天下雨。高山种植只要基肥充足，不需要追肥，根据作物长势情况适当分阶段根部追肥和叶面补肥。定植缓苗后每亩追 6%～8% 尿素，并及时浇水，促进莲座叶生长。莲座期每亩追 45% 复合肥 15kg。结球初、中期每亩追 5kg 尿素和 10kg 硫酸钾，保持畦面湿润。叶面有机肥有云大 120、洛效王、绿叶先锋等，有机肥液能补充微量元素的缺失，增强植物的抗逆、抗病性，对冻害、药害、干旱、涝灾、寒害、盐碱等有抵御和恢复功效。结球后期采收前 10 天左右，不能灌水施肥，以防甘蓝含水量太多，易烂、不耐储运。

进行测土配方施肥、添加腐熟有机肥，并注意硅、钙、镁、硼、锌等微量元素的补给。

（三）病虫害防治

与非十字花科蔬菜轮作换茬，冬季深耕土壤翻冻，调节土壤 pH，用根际修复剂、重茬剂、石灰氮、生物菌改善土壤；选抗病品种、种子消毒、适期播种，搞好苗期管理，培育壮苗。加强田间管理，合理密植，搞好排灌系统，防止田间积水；注意防虫，使用频振式杀虫灯，用敌百虫、糖水、醋按比例混合自制诱虫器。做好田园清洁，及时拔出病株，带出田外销毁，病穴周围撒消石灰或福尔马林溶液消毒；收获后清除田间遗留残株落叶。在此基础上用生物农药、低毒无残留农药等无害化药剂防治。7～10 天喷洒 1 次。采收前半月不能喷药。

高山甘蓝病虫害较少较轻，主要病害有猝倒病、黑腐病、霜霉病、黑斑病等，虫害有地下害虫、跳甲、蛞蝓、小菜蛾、斜纹夜蛾等。

防治措施如下。

(1) 猝倒病。及时间苗，控制湿度。用 64%杀毒矾、多菌灵可湿性粉剂、烂根死苗灵、可杀得铜剂、75%达科宁 600 倍液、5%井岗霉素水剂 500 倍液、30%菌必克 800 倍液喷雾防治。

(2) 黑腐病。用 52℃温水浸泡 30min，或乙酸铜溶液于 35～40℃浸泡 20min。加强虫害防治。发病期可用 14%络氨铜水剂 350 倍液、72%农用链霉素 100～200mg/kg、可杀得 2000 倍液防治。

(3) 霜霉病。播种前用种子质量 0.3%的 25%甲霜灵可湿性粉剂拌种消毒。发病初期用 53%金雷多米尔、艾霜、雷多米尔、代森锰锌、72%克露、64%杀毒矾可湿性粉剂 500 倍液、400～500 倍瑞毒霉、72%中科疫净、58%甲霜灵锰锌、75%白菌清可湿性粉剂 500～600 倍液、52.5%抑快净可分散粒剂 2000～3000 倍液等喷雾、注意重点喷施中、下部叶片和叶背面，以提高药效。

(4) 黑斑病。用种子质量 0.2%～0.3%的 50%福美双可湿性粉剂或 50%扑海因可湿性粉剂拌种。发病初期用 75%百菌清可湿性粉剂 500～600 倍液、10%世高水分散性颗粒剂 1200～1500 倍液、50%扑海因可湿性粉剂 1000 倍液、70%代森锰锌可湿性粉剂 500 倍液、50%多菌灵可湿性粉剂 500 倍液、40%克菌丹可湿性粉剂 400 倍液等，隔 7～10 天喷 1 次，连喷 2～3 次。

(5) 地下害虫。可用辛硫磷防治。

(6) 跳甲。可用 15%金好年、1%天惠、30%乙酰甲胺磷、40%农斯利、48%乐斯本防治。

(7) 蜗牛。可用 6%密达、6%灭蜗灵、蜗特防治。

(8) 小菜蛾、菜青虫、斜纹夜蛾等。可用 0.3%绿晶、15%抑太宝、5%锐劲特、15%安打、5%美除、1%主力、甲维盐、启明星、阿维高氯防治。

(9) 粉虱、蓟马、蚜虫、红蜘蛛。可用 0.3%保硕 1 号、70%艾美乐、3%天惠、5%锐劲特、3%莫比朗、虫清、10%金大地、15%金好年、吡虫啉防治。

(10) 潜叶蝇。可用潜克、冲克、信旺防治。

五、采收

当球紧实、单球重达 1～1.5kg 时及时采收，每亩平均产量 3000～5000kg。气温低时还可以在田间滞留一段时间；如果气温较高，叶球容易老化，球色会变浅。如果长距离运输，还需装入编织袋进冷库(0℃)8h 加工冷藏后外运。

(朱凤娟)

第三节　大白菜品种'吉祥如意'高山生态栽培技术研究

高山大白菜品种要求耐抽薹、炮弹形、单球质量 1.5kg 左右、生育期少于 60 天、抗病，特别是抗根肿病。2010 年，湖北省农业科学院从日本引进了大白菜新品种'春美'，在长阳高山地区进行了示范试验。试种结果表明，'春美'大白菜播种后一般 70 天左右采收，株型较直立，叶色绿，叶球炮弹形，球高 36cm，球叶合抱，叶球内部黄色，结球紧实，一般产量高达每亩 7000kg，耐抽薹，高抗根肿病，非常适合高山地区种植。

一、不同海拔排开播种

大白菜属半耐寒性蔬菜，不同阶段的适温为：发芽期 20～25℃，幼苗期 22～25℃，莲座期 17～22℃，结球期 12～22℃。大白菜是种子春化型，10℃以下 7 天以上低温会引起花芽分化出现先期抽薹，因此应选择在地温稳定在 13℃以上适期播种。不同的海拔高度气候不同，大白菜适宜的播种期、定植期、上市期也不相同。湖北地区大白菜种植最合适的海拔在 1200～1600m。

（一）不同海拔大白菜适播期

（1）海拔 1600m 以上，播种期在 5 月上中旬～7 月中下旬，上市期在 7 月上中旬～10 月中旬，一般一年种植 1 茬大白菜。

（2）海拔 1200～1600m 时，播种期在 4 月中下旬～8 月中旬，上市期在 6 月中旬～10 月中下旬，一年可种植 2 茬大白菜。

（3）海拔 800m～1200m 时，播种期在 4 月上旬～4 月下旬，上市期在 6 月上旬～6 月下旬，一般一年种植 1 茬大白菜，后茬可接豆类、瓜类、玉米、红薯等作物。

（二）育苗

1. 种子消毒

将种子精选后用 50%福美双按种子质量的 0.4%拌种，或用 55℃温水浸种 30min，晾干后播种。

2. 播种方式

播种方式分为育苗移栽和直播两种。一般多采用营养钵育苗移栽，此方式节省用种，苗床便于管理，田间生长整齐，且能克服某些前作不及时采收的季节矛盾等。

营养钵苗床育苗先选择苗床位置，将土地整平，制成宽约 1.2m、长不超过 8m 的苗床；如果苗床太长，中部易形成高温熏苗，造成死苗。

营养土在使用前 1～2 个月堆制发酵，原料为菜园土、猪沼、大粪，加入 2%磷肥拌匀覆膜发酵，发酵好后就可以使用。也可直接用菜园土掺入少量的有机复合肥。

制钵前一天在营养土上泼适量清水，使营养土湿度为土壤田间最大持水量的 80%，水分适中时，选用直径 3.3～4.0cm、钵高 5.0～5.3cm 的制钵器制钵。制钵器有单孔、双孔及三孔等不同规格，也可采用徒手捏钵。将制好的营养钵整齐摆放在育苗床内，一般一个营养钵播种一粒种子，播后盖细营养土，达到钵与钵之间无缝隙，钵凹盖平，钵面外露，用土将钵体四周培实以保湿，然后用喷雾器均匀喷水。最后用弹力细篾片插拱形棚架，两头架低些，约 20cm 高，然后整个苗床用塑料薄膜密封好，并疏通沟路防积水。

3. 加强苗床管理，培育壮苗

高山地区昼夜温差大，且易发生前期低温冻害、后期高温烤苗及暴雨冲刷等。播种后苗床要搭建拱棚并覆盖薄的薄膜以增温、保湿、避雨。

一般大白菜种子 2～3 天出苗。出苗后在白天温度高时，要及时揭开小拱棚两头的低架薄膜或中间两边边膜进行通风降温，必要时加盖遮阳网降温，防止高温伤苗。傍晚时放下掀起的薄膜保温，在遇到寒冷天气时，还需要加盖草帘或再加盖一层薄膜保温，以防冻害。注意保持土壤湿润，如果发现苗床干旱可在傍晚补充少量的水，但湿度不能太大，否则幼苗易徒长和产生病害；阴雨天全覆盖薄膜，防止雨水冲击幼苗。育苗后期适当浇 30%稀沼气粪水补充养分，也可用 0.3%～0.5%复合肥水溶液及 0.2%磷酸二氢钾液根外追肥，以防止脱肥。

大白菜苗龄 17～20 天定植，定植前 5～7 天炼苗。通过适当控水、通风或掀起小拱棚上覆盖物等方式进行耐低温或高温、干旱锻炼，使幼苗尽快适应露地环境。

二、大田管理

（一）整地、施肥、作畦

选择土层深厚、保水保肥力强、排水良好的砂壤土或壤土，调整 pH 达到 6.0～6.8，改良酸性土壤一般每亩撒施生石灰 75kg 调酸补钙。

定植前 10～15 天，用旋耕机深翻打碎，深度 26～40cm 以上，多翻几次使土壤疏松。提前整厢等雨，或是及时抢墒整厢。整地时厢面走向一般顺水流方向自上而下作畦，坡面菜地每隔 20～50m 沿与畦向成 45°角开一条 40cm 宽的斜向导水沟排水，防止暴雨直接冲刷厢面引起水土流失。

开厢起垄作成深沟高畦，把畦整成龟背形，畦面细平，一般畦(厢)面宽 60cm，畦(厢)沟 33cm，在首畦(厢)面中间起按 93cm 间距拉线备开沟，用耙子在畦中间沿线开 33cm 左右宽的沟，沟深 10cm，沟内施足底肥。

底肥配方：配方 1，每亩施腐熟农家肥 2500kg、三元复合肥 100kg，有条件的地方可加施 50kg 饼肥；配方 2，每亩施商品有机肥 100kg、加固氮菌肥 3kg、25%复混肥 50kg、钾镁肥 25kg，基施 1kg 硼肥。

肥料施好后，采用人工或机器整厢覆土，精细的可再用龟背形的滚筒把厢面滚平滑，防止出现覆塑料薄膜时膜被扎破、膜与厢面贴不紧密长草和定植后膜下蒸气烤苗等现象。厢整好后土壤足墒时用 48%乐斯本(毒死蜱)乳油 1000 倍液喷杀 1 次地下害虫，然后拖动滚筒放地膜、人工压膜。采用铺地膜覆盖栽培高山蔬菜是一项有效的护根栽培技术措施。地膜覆盖可保温、保肥、保墒、防止土壤雨水冲刷和防止土壤板结，保持土壤疏松、防杂草和减轻病虫为害，并可提早上市。地膜有黑色、白色、银灰色不同规格，银灰色膜还有避蚜作用。7～8 月高温时播种一般可不覆地膜。

(二)适度密植

苗龄适中，土壤足墒时可以进行定植，定植前用杀虫杀菌剂喷 1 次苗床，移苗时再喷 1 次根部。

一般采用双行种植，用专用株行距的木梳耙子打孔，株距 40～43cm，畦连沟 90～93cm，每亩种植 3600～3700 株。定植后根部土稍压一下，并且特别要注意穴口四周的地膜要用土封严密，否则以后地膜下高温蒸气易从孔口冲出灼伤植株。定植后浇定根水。

(三)田间管理

定植后半个月左右，清除田间沟内及周围杂草，在杂草幼小或未发芽时用锄头锄净，这样既省工又有效果。一般尽量少用除草剂，可选择的除草剂有百草枯、金都尔等。

大白菜是浅根性不耐湿蔬菜，在整个生育期均需要充足的水分，但土壤含水量也不能过高。目前高山蔬菜水分供应主要依赖降水和夜晚的露水，如果有条件应采用蓄水池灌溉以保蔬菜丰产。

大白菜生育前期施肥以氮肥为主，进入结球期需要较多钾肥、磷肥和镁肥。高山种植大白菜只要基肥充足，不需要追肥，但可以根据作物长势情况适当根外追肥和叶面追肥。根外追肥前轻后重：大白菜定植成活后每亩施 5～7.5kg 尿素加 5～6kg 硫酸钾；莲座期每亩可用 25%复合肥 20～30kg；结球初期加大施肥，每亩施硫酸铵 10～15kg 加硫酸钾 7.5～10kg。叶面追肥：叶面喷施云大 120、洛效王或高钾、高硼、高钙肥等，7～15 天 1 次，连续 2～3 次。喷施时不能与其他农药、化肥混合喷施。

(四)主要病虫害

1.主要病害

(1)病毒病(半边疯)。在高温干旱季节发生较严重，早菜发生较多。选抗病品种，实行轮作，适期播种，从苗期开始加强田间管理。病毒病是由蚜虫、粉虱、黄曲条跳甲等昆虫传毒，可选用 10%吡虫啉可湿性粉剂 1500 倍液、50%抗蚜威可湿性粉剂 2000～3000 倍液、40%氰戊菊酯乳油 6000 倍液喷雾防虫。病毒病发病初期选用爱多收(复硝酸钠)1000 倍液+硝酸钙 600 倍液+病毒立清 500 倍液灌根和喷雾，1.5%植病灵 2 号乳油 1000 倍液、20%吗啉胍乙铜可湿性粉剂 500 倍液或 10%宁南霉素可湿性粉剂 1000 倍液等喷雾防治。

(2)霜霉病。在潮湿多雾时易发生。应合理密植，适时追肥，定期喷施生物菌肥或爱多收，以防植株衰老，增强其抗病能力。选用 70%代森锰锌可湿性粉剂 500～800 倍液、64%杀毒矾可湿性粉剂 500 倍液，或 25%瑞毒霉(甲霜灵)800 倍液，或 53%金雷多米尔(高效甲霜灵)500 倍液，或 72%克露(霜脲·锰锌)可湿性粉剂 600 倍液，或 72%中科疫净等喷雾防治。

(3) 软腐病。高温多雨季节，排水不良地势低洼地及连作地易发生软腐病。应深沟高畦；及时拔出病株，带出田外销毁，并用生石灰粉消毒穴；及时防治菜青虫、小菜蛾、跳甲、斜纹夜蛾等害虫，减少伤口，以隔绝病菌侵入传播；发病初期用 3%中生菌素(可菌康)可湿性粉剂 600 倍液，或 25%叶枯唑 500 倍液，或 14%络氨铜水剂 350 倍液，或 70%敌克松可湿性粉剂 500～1000 倍液，或 20%龙克菌悬浮剂 500～600 倍液防治。

(4) 根肿病。长期连作，土壤过酸易发病。选抗病品种，实行轮作；合理施肥，用根际修复际、生物菌肥改良土壤及施生石灰调整土壤 pH；做好中沟边沟，及时排出田间积水，搞好排灌系统；及时拔除病株并带出田外烧毁，病穴周围撒消石灰或福尔马林溶液消毒。氢氨化钙(荣宝)土壤消毒技术的使用方法为：在土地旋耕前，将 30～60 千克/亩的氰氨化钙均匀撒施在土壤表层，然后旋耕，使氰氨化钙与土壤表层 10cm 混合均匀，半个月以后才可以使用；或发病初期用 10%科佳(氰霜唑)悬浮剂 53～67 毫升/亩喷雾。施药间隔期 7～10 天，每季作物使用 3～4 次。

(5) 白斑病。多雨及缺肥时易发生。用 50%福美双可湿性粉剂拌种，药量为种子质量的 0.4%；用 50%扑海因(异菌脲)可湿性粉剂拌种，药量为种子质量的 0.2%～0.3%。用 43%好力克(戊唑醇)悬浮剂 5000 倍液，或 10%世高(苯醚甲环唑)1500 倍液，或 50%疫霜托 500 倍液加植物枯黄基因 1000 倍液，或 40%多·硫悬浮剂 600 倍液喷雾。

(6) 黑斑病。叶片染病多从外层老叶开始。同白斑病防治方法。

(7) 细菌性缘枯病(枯叶子病)。从外叶边缘开始发病。不偏施氮肥，增施磷、钙、锰肥，补充叶面肥。避免土地过干过湿。用金卡牌硼钾锌钙微肥+25%叶枯唑 500 倍液喷雾防治。

2. 主要虫害

(1) 地下害虫(小地老虎、蛴螬、蝼蛄、根蛆、金针虫)。用 50%辛硫磷 800 倍液浇灌防治。

(2) 菜螟。用 20%增效氯氰乳油 3000 倍液，或功夫菊酯乳油 3000 倍液，或 24%灭多威(万灵、快灵)800～1000 倍液，或 20%除尽 1500 倍液喷雾防治。

(3) 跳甲。用 4.5%瓢甲敌乳油 1500 倍液，或 4.5%高效氯氰菊酯 2000 倍液，或 50%辛硫磷乳油 1000 倍液，或 0.5%川楝素杀虫乳油 800 倍液，或 1%苦参碱醇溶液 500 倍液喷雾防治。

(4) 蜗牛、蛞蝓。用 6%四聚乙醛(密达)，或 6%灭蜗灵，或蜗特颗粒诱剂 0.5 千克/亩撒到菜株附近。

(5) 蚜虫。用 10%吡虫啉可湿性粉剂 1500 倍液，或 50%抗蚜威可湿性粉剂 2000～3000 倍液，或 40%氰戊菊酯乳油 6000 倍液，或 50%辛硫磷乳油 1000 倍液等喷雾防治。

(6) 小菜蛾、甜菜夜蛾、斜纹夜蛾、菜青虫、菜螟。用 16 000IU/mg Bt 可湿性粉剂 1500 倍液，或 2.5%功夫菊酯乳油 3000 倍液，或 2%甲维盐 1000 倍液，或 0.5%印楝素乳油 800 倍液，或 10%高效氯氰菊酯(歼灭)乳油 1500 倍液喷雾防治，在农药中按水量的 0.2%加入洗衣粉以增加展着性，提高药效。

(五)采收

一般大白菜生育期直播为 60～70 天采收，育苗定植后 53～55 天采收。不同海拔、不同播期及不同栽培方式对大白菜生育期长短都有影响。低海拔地区成熟快，高温期播种生育期较短，采用地膜也可以早几天采收。低温时还可以在田间滞留一段时间，高温多雨时需及时采收。

(朱凤娟　邱正明　聂启军)

第四节　高山番茄生态栽培技术研究

一、材料与方法

(一)材料

番茄品种'瑞菲'：先正达作物科学公司；复合肥(N+P$_2$O$_5$+K$_2$O)湖北鄂中化工有限公司；功能有机肥由湖北省农科院经济作物研究所、国家生物农药工程技术研究中心及咸宁兴物源生物科技有限公司联合研制。

(二)方法

1. 播种时间及试验处理

播种时间 2015 年 4 月 10 日，72 孔穴盘基质育苗；移栽时间 2015 年 6 月 15 日；试验地点长阳土家族自治县榔坪镇文家坪寸，海拔 1200m；试验设 4 个处理(表 8-14)，每个处理设 3 次重复，每个重复 100 株番茄；开双沟施肥，沟深 15cm，垄宽 90cm，垄与垄之间 60cm，每亩 1700 株，双杆整枝，主枝留 4 盘果，侧枝留 3 盘果，疏花疏果后每盘留 5 个果。

表 8-14　2015 年高山番茄底肥处理方式　　　　　　　　　　(单位：kg/亩)

处理	有机肥	复合肥	微肥	微生物	生石灰	栽培措施
I	1000	95	1	1	200	避雨覆盖
II	1000	95	1	1	200	陆地栽培
III	100	175	1	0	0	避雨覆盖
IV	100	175	1	0	0	露地栽培

2. 植物学性状及产量测定方法

番茄收获时开始调查，调查如下植物学性状：株高、主茎茎粗、侧枝茎粗、始花节位、叶序长、叶序宽、叶长、叶宽、主根长、主根粗、总根系长、总根系宽、根冠比等。自番茄收获至罢园调查如下指标：一级果率、普通果率、畸形果率、病果率、虫果率、裂果率、一级果重、普通果重、亩产一级果、亩产普通果等指标。每个重复按照对角线五点取样调查，每个点调查 10 片叶或茎或根或株。

3. 病害指标测定方法

番茄首次采收时调研番茄晚疫病(叶)病情指数、细菌性叶斑病(果)病情指数、青枯病发病率等，每个重复区对角线五点取样，每个样调查 50 片叶或果。

4. 劳动力投入统计

从整地、施肥、起垄、覆膜、播种、间苗、打药、收获等方面，全程记录每亩用工量及当次工价，制成表格，最后统计分析。

5. 农药投入统计

从起垄、覆膜、苗期至成熟期，全程记录每次用药的种类、数量及成本，制成表格，最后统计分析。

6. 其他农资投入统计

种子、肥料、地膜等农资，全程记录使用量及成本，制成表格，最后统计分析。

7. 品质检测及土壤营养、微生物种群检测

品质检测由湖北省农业科学院质量标准与检测技术研究所检测，土壤营养检测由湖北省农业科学院植保土肥所检测，土壤微生物检测由国家生物农药工程研究中心检测。

（三）数据整理与分析

所有数据均采用 SPSS13.0 进行统计分析。

二、结果与分析

（一）植物学性状

处理Ⅰ（健康栽培）与处理Ⅳ（传统栽培）相比（表 8-15），除始花节位外，株高、主茎茎粗、侧枝茎粗等差异均显著；处理Ⅰ（健康栽培）与处理Ⅱ、处理Ⅲ与处理Ⅳ相比，株高、叶序长、叶序宽、叶长、叶宽差异显著（主要影响因素是避雨）；处理Ⅰ与处理Ⅲ、处理Ⅱ与处理Ⅳ相比，株高、叶序长、叶序宽、叶长、叶宽差异不显著，茎粗、主根长、主根粗、总根系长、总根系宽差异显著（主要影响因素是底肥）。

表 8-15　高山番茄健康栽培植物学性状　　　　　　（单位：cm）

处理	株高	主茎茎粗	侧枝茎粗	始花节位	叶序长	叶序宽	叶长	叶宽	主根长	主根粗	总根系长	总根系宽	根冠比
Ⅰ	176.1a	2.00a	1.7a	6a	35.1a	30.1a	22.0a	12.4a	6.9a	0.67a	17.3a	37.8a	0.38a
Ⅱ	153.4b	1.75a	1.5a	6a	29.6b	22.6b	14.3b	9.5b	7.5a	0.75a	16.9a	39.7a	0.37a
Ⅲ	171.2a	1.35b	1.3b	6a	32.5a	29.5a	21.7a	11.8a	3.4b	0.37b	11.2b	23.8b	0.20b
Ⅳ	147.8b	1.10b	1.1b	6a	27.8b	23.4b	13.6b	9.5b	3.9b	0.40b	11.9b	24.3b	0.17b

（二）产量及商品性

处理Ⅰ（健康栽培）与处理Ⅳ（传统栽培）相比（表 8-16），一级果率、普通果率、病果率、虫果率、裂果率、一级果重、普通果重差异均显著，一级果率提高 83.8%、畸形果率降低 92.9%、病果率降低 94.6%、虫果率降低 92.7%、裂果率降低 92.9%，但一级果重降低 13.8%、普通果重降低 13.3%；处理Ⅰ（健康栽培）与处理Ⅱ、处理Ⅲ与处理Ⅳ相比，一级果率、普通果率、畸形果率、虫果率、裂果率、一级果重、普通果重差异显著（主要影响因素是避雨）；处理Ⅰ与处理Ⅲ、处理Ⅱ与处理Ⅳ相比，除一级果率、普通果率差异显著外，畸形果率、虫果率、裂果率、一级果重、普通果重差不异显著（主要影响因素是底肥）。

表 8-16　高山番茄健康栽培产量及商品性

处理	一级果率/%	普通果率/%	畸形果率/%	病果率/%	虫果率/%	裂果率/%	一级果重/g	普通果重/g	亩产一级果/kg	亩产普通果/kg	一级果价格	普通果价格	亩产果重/kg	亩收入/元
Ⅰ	35.1a	64.4d	0.11b	0.12b	0.14b	0.13b	237.3b	278.7b	4955.7	10 678.8	3.6	3.0	15 634.5	49 876.9
Ⅱ	25.3c	67.4c	1.47a	2.18a	1.87a	1.78a	274.7a	315.8a	4134.9	12 663.7	3.2	2.6	16 798.6	46 157.3
Ⅲ	29.2b	70.2b	0.15b	0.15b	0.17b	0.16b	233.8b	282.1b	4061.6	11 781.7	3.4	2.8	15 843.3	46 798.2
Ⅳ	19.1d	73.4a	1.55a	2.23a	1.91a	1.83a	275.3a	321.3a	3128.2	14 029.9	3.0	2.4	17 158.1	43 056.4

注：价格单位为"元/kg"。

（三）生育期

处理Ⅰ（健康栽培）与处理Ⅳ（传统栽培）相比（表 8-17），始花期提前 2 天，始收期提前 3 天，终收期推迟 36 天，采收期延长 39 天；处理Ⅰ（健康栽培）与处理Ⅱ、处理Ⅲ与处理Ⅳ相比，始花期提前 2 天，始收期提前 3 天，终收期推迟 27 天、12 天，采收期延长 29 天、25 天（主要影响因素是避雨）；处理Ⅰ与处理Ⅲ、处理Ⅱ与处理Ⅳ相比，始花期、始收期差异不显著，终收期推迟 14 天、10 天，采收期延长 14 天、20 天（主要影响因素是底肥）。

表 8-17　高山番茄健康栽培生育期

处理	播种期(月/日)	移栽(月/日)	始花期(月/日)	始收期(月/日)	终收期(月/日)	采收期/d	全生育期/d
I	4月10日	6月15日	7月20日	8月12日	11月15日	96	219
II	4月10日	6月15日	7月22日	8月15日	10月20日	67	193
III	4月10日	6月15日	7月20日	8月12日	11月01日	82	204
IV	4月10日	6月15日	7月22日	8月15日	10月10日	57	183

(四) 病害防控

处理 I (健康栽培)与处理 IV(传统栽培)相比(表 8-18),晚疫病病情指数、点子病病情指数、青枯病发病率差异显著,晚疫病病情指数降低 59.1%,点子病病情指数降低 68.7%,青枯病发病率降低 78.4%。

处理 I (健康栽培)与处理 II、处理 III 与处理 IV 相比,晚疫病病情指数、点子病病情指数、青枯病发病率差异显著(主要影响因素是避雨)。

处理 I 与处理 III、处理 II 与处理 IV 相比,除青枯病发病率差异显著外,晚疫病病情指数、点子病病情指数差异不显著(主要影响因素是底肥)。

表 8-18　高山番茄健康栽培病害发生

处理	晚疫病病情指数	点子病病情指数(果)	青枯病发病率%
I	16.9b	8.7b	0.33d
II	39.4a	28.2a	0.67c
III	17.2b	13.3b	1.11b
IV	41.3a	27.8a	1.53a

(五)劳动力投入统计

处理 I (健康栽培)与处理 IV(传统栽培)相比(表 8-19),每亩节约人工 16.7%,每亩成本节约 14.8%。

表 8-19　高山番茄栽培劳动力投入统计

用工明细	亩用工量/个		工价/[元/(工·天)]	亩用工成本/元	
	处理 I	处理 IV		处理 I	处理 IV
整地	1	1	120	120	120
施肥	1	1	120	120	120
起垄	1	1	120	120	120
覆膜	1	1	120	120	120
播种	1	1	80	80	80
定植	1	1	120	120	120
打叉/绑蔓	10	10	100	1000	1000
打药	4	7	80	320	560
追肥	0	2	100	0	200
收获	15	17	150	2250	2550
合计	35	42	1110	4250	4990

(六)农药投入统计

处理 I(健康栽培)与处理 IV(传统栽培)相比(表 8-20),化学农药使用量降低 86.7%,农药使用成本降低 33.7%。

表 8-20　高山番茄栽培农药使用统计表

类别	农药名称	处理 I 亩用药量/g	处理 IV 亩用药量/g	处理 I 亩用药成本/元	处理 IV 亩用药成本/元
生物农药	多黏类芽孢杆菌	100	0	20	0
	枯草芽孢杆菌	100	0	20	0
	1.3%苦参碱 AS	800	0	180	0
	叶绿康	1000	0	50	0
	杀虫板 25×15	40 张	0	60	0
化学农药	30%毒死蜱 EC	0	100	0	20
	1.8%阿维菌素 EC	0	500	0	100
	70%吡虫啉 WG	0	50	0	50
	72%霜脲氰锰锌 WP	100	600	100	300
	68%甲霜灵锰锌 WP	100	600	100	300
	50%啶酰菌胺 WG	100	400	100	180
	合计		2250	630	950

(七)其他农资投入统计

处理 I(健康栽培)与处理 IV(传统栽培)相比(表 8-21),亩有机肥使用量提高 90%,亩复合肥使用量降低 45.7%。

表 8-21　高山番茄栽培其他农资投入统计

项目	亩用量		亩成本/元	
	处理 I	处理 IV	处理 II	处理 IV
种子	2 包/亩	2 包/亩	1200	1200
有机肥	1000kg/亩	100kg/亩	800	80
复合肥	95kg/亩	175kg/亩	228	420
地膜	0.5 卷/亩	0.5 卷/亩	38	38
合计			2266	1738

(八)品质检测

处理 I(健康栽培)与处理 IV(传统栽培)相比(表 8-22),可溶性糖、可滴定酸差异不显著,硝酸盐含量降低 10%。

表 8-22　高山番茄健康栽培产品品质检测

番茄	可溶性糖含量/%	硝酸盐含量/(mg/kg)	可滴定酸/%
I	2.34	278.4	0.40
IV	2.24	309.2	0.38

（九）健康栽培土壤营养检测

处理 I 栽培前后相比（表 8-23），pH 提高 13.3%，有机质含量提高 14.1%，碱解氮含量降低 15.7%，速效磷含量降低 31.3%，速效钾含量降低 27.3%。

表 8-23　高山番茄健康栽培前后土壤营养检测

检测项目	pH	有机质/(g/kg)	碱解氮/(mg/kg)	速效磷/(mg/kg)	速效钾/(mg/kg)
处理 I 栽培后	6.13	23.4	149.7	77.2	131.3
处理 I 栽培前	5.41	20.5	177.5	112.3	180.6

三、结论与讨论

（1）采用健康栽培模式（处理 I）种植高山番茄，在减复合肥 45.7%、减化学农药 86.7%、减劳动力 16.7% 的情况下，虽然每亩减产 8.88%，但因健康栽培模式生产的一级果率提高 83.8%、劳动力成本减少 14.8%，每亩收入还是提高了 589%，产品品质提高 9.96%，证明高山大白菜健康栽培模式是可行的。

（2）研究发现，在施肥方式相同的情况下，避雨覆盖栽培在减轻晚疫病、细菌性叶斑病方面效果明显。以传统施肥方式为例，与陆地栽培相比，晚疫病病情指数降低 58.3%，细菌性叶斑病病情指数降低 52.2%；在栽培方式相同的条件（指避雨或露天）下，施肥方式在青枯病发病上影响显著，以露天栽培方式为例，使用高山蔬菜功能有机肥比施用复合肥，高山番茄青枯病发病率降低 56.2%。

（3）健康栽培模式（处理 I）与传统栽培模式相比，采收期提前 3 天，采收期延长 39 天（表 8-24～表 8-26）。

表 8-24　高山番茄栽培成本投入统计

	处理 I/元	处理 IV/元	节约/%
人工	4250	4990	−14.8
种子	1200	1200	0
复合肥	228	420	+105
有机肥	800	80	
化学农药	300	950	−33.6
生物农药	330	0	
地膜	38	38	0
总投入	7146	7678	−6.90

注：−代表节约，+代表增加。

表 8-25　高山番茄健康栽培三减三增结果

	处理 I	处理 IV	减少/增加%	备注
亩化学肥料用量	95kg	175kg	−45.7	减肥
亩化学农药用量	300g	2250g	−86.7	减药
亩劳动力投入数	35 个	42 个	−16.7	减劳动力
亩商品产量	15 634.5kg	17 158.1kg	−8.88	负增产
亩净收入	42 730.9 元	35 378.4 元	+20.8	增收
硝酸盐含量	278.4 mg/kg	309.2mg/kg	−9.96	增质

注：−代表减少，+代表增加。

表 8-26　高山番茄健康栽培每亩总投入、总产量及总收入表

	处理 I	处理 IV	减少/增加/%
总投	7146.0 元	7678.0 元	−6.90
总产	15 634.5kg	17 158.1kg	−8.88
总收	49 876.9 元	43 056.4 元	+15.8
净收	42 730.9 元	35 378.4 元	+20.8

注：−代表减少，+代表增加。

附录

1. 晚疫病分级标准

- 0 级：无病斑。
- 1 级：病斑面积占整个叶面积 5% 以下。
- 3 级：病斑面积占整个叶面积的 6%～10%。
- 5 级：病斑面积占整个叶面积的 11%～20%。
- 7 级：病斑面积占整个叶面积的 21%～50%。
- 9 级：病斑面积占整个叶面积的 50%。

2. 点子病分级标准（果）

- 0 级：果实无病斑。
- 1 级：果实上有 3 个以内病斑。
- 2 级：果实上有 4～7 个病斑。
- 3 级：果实上有 8～11 个病斑。
- 4 级：果实上有 11 个以上病斑。

（焦忠久　矫振彪　朱凤娟　邱正明）

第五节　高山辣椒生态栽培技术研究

辣椒高山栽培一般在 4 月上旬播种，5 月中旬定植，6 月下旬至 10 月采收。产量高峰正好在 7～9 月平原蔬菜供应淡季，市场售价高，效益好，其主要栽培技术如下。

一、栽培地块选择

1. 海拔高度的选择

高山辣椒在湖北省海拔 800～1600m 的山区都可种植，而以海拔 600～1000m 山区最为适宜，采收期较长，产量高，并以坐西朝东、坐北朝南、坐南朝北的地形方向为佳。海拔 1000m 以上的山区，前中期生长好，病害轻，但后期因温度下降快，果实膨大慢，采收期较短；海拔 500m 以下山区，夏季易受高温影响，气温高于 35℃时落花落果严重，病害重，产量不稳。在低海拔 400～500m 的地区，若是坐西朝东地块，可适宜辣椒栽培。

2. 选择适宜土壤

宜选择土层深厚、土壤肥沃、排水良好、2～3 年内未种过茄科作物的旱地或水田的砂质土壤或壤土，不宜选择冷水田或低湿地栽培。

二、栽培季节确定

高山辣椒适宜播种期应根据辣椒生物学特性和以下因子综合分析确定：①高山辣椒采收期主要在 7～9 月；②湖北省高山地区 9 月下旬后气温下降快，会出现 15℃以下低温，影响辣椒开花结果与果实发育；③当地所处的海拔高度与地形等。湖北省高山辣椒栽培适宜播种期为 4 月上旬。在此播种期内，海拔高的地区要早播，海拔低的地区可适当晚播，即最适宜播种期：海拔 800～1000m 在 4 月上旬，海拔 400～500m 在 4 月中旬左右。这样使辣椒的各个生长发育阶段基本上都能处在适宜的环境条件之下，且盛收期正值 7～9 月平原蔬菜秋淡时期。

三、栽培品种选择

根据当地的消费习惯及种植水平，宜选择植株生长势较强，抗病、丰产、耐储运的品种，如'中椒 6 号'、'楚椒 808'、'楚椒 809'、'汴椒 1 号'等。

四、培育壮苗

苗床地要选择避风向阳、土壤肥沃、排水良好、离大田近、管理方便、最近一二年内没有种过茄果类蔬菜的田块。采用地膜覆盖加塑料薄膜小拱棚冷床育苗。这样能有效地防御低温，保持苗床适宜温度，易育出壮苗。小拱棚苗床净宽 1.2m，床长依地块长度和育苗数量而定，苗床以东西走向为好。

播种量与播种面积：种植 1 亩辣椒需用种子 40～50g，苗床 6～8m²，假植苗床 35～40m²。如果播种后至定植不分苗则应稀播，每 20m² 播种子 50g。

浸种、催芽：辣椒的种皮较厚，需经浸种和催芽后，种子出苗才快而整齐。一般每亩用种量 40～50g。播种前应进行晒种和消毒处理，种子消毒方法：①温汤浸种法，把种子放入 55℃热水中，不断搅拌，保持恒温 15min，然后，让水温降到 30℃浸种。②药液浸种法：选用 10%磷酸三钠液浸种 20min 可防治病毒病；选用 1%硫酸铜溶液浸种 5～10min 可防治炭疽病、疫病；将预浸过的种子放入 0.1%的农用链霉素液中 30min，可防止疮痂病、青枯病的发生。用药剂浸过的种子，要用清水冲洗干净，才能催芽或播种。在水温 20～25℃中浸种 6～8h，用清水洗净种子外表黏附物，然后用纱布或干净的布包好，放入恒温培养箱或用电灯泡加热催芽，也可以把纱布包好的种子放入塑料袋内，再放入电热床垫催芽，温度保持在 25～30℃。在种子催芽期间，每天要翻动种子和用温水(20～25℃)冲洗 2～3 次，一般种子催芽时间 4～5 天，当种子有 60%～70%露白时，即可播种。

播种与假植：播种应选"冷尾暖头"的晴天上午进行。播种前整平苗床，先把苗床土，浇足底水，土壤含有充足的水分才能满足种子发芽出苗的要求。水分过少，种子的芽易干枯，导致出苗不整齐。播种不能过密，也可掺些细纱土与种子混匀后播种。播种后盖上筛过的营养土，厚度以刚好盖没种子为宜，盖土要均匀。盖土过薄幼苗出土易"戴帽"，盖土过厚不利于出苗，延缓出苗时间。覆土后，土上铺盖地膜和小拱棚以保温保湿。种子出苗后，及时揭去地膜，并适当通风透光，降低苗床温度，促进秧苗生长。当辣椒苗生长出 2～3 片真叶，选晴天进行假植，成活后采取日揭夜盖，同时用腐熟的淡粪水追肥 2～3 次，以促进幼苗生长。5 月上旬逐步炼苗，5 月中旬气温适宜时揭去薄膜准备定植。

五、大田栽培技术

1. 施足基肥

一般山地土壤比较瘠薄，有机质含量低，缺磷缺钾，酸性重，保水保肥能力差，而辣椒生长期长，根系发达，需肥量大，所以要求施足基肥，亩施农家有机肥 2500～3000kg、复合肥料 40kg、钙镁磷肥(或过磷酸钙)50kg、石灰 75kg。复合肥料需在畦中间开沟深施，化肥和石灰可撒施于畦面，再与土拌匀。

2. 整地作畦

辣椒栽培宜深沟高畦,按畦宽(连沟)0.9~1.1m(即畦面宽70~80cm)、畦沟宽20~30cm、深20~30cm规划筑畦。同时开好围沟、腰沟、畦沟,达到三沟配套,能排能灌。采用地膜覆盖栽培,铺地膜栽培要注意,把栽培畦整成龟背形,畦中间稍高,两边稍低。铺地膜时,膜要拉紧,膜四周和栽培穴处用土封严、压牢。地面覆盖栽培还具有保水、防止土壤雨水冲刷和土壤板结、保持土壤疏松、保肥、减少杂草和减轻病虫危害作用,草腐烂后可增加土壤养分。

3. 适时定植

5月中旬,山区日平均气温一般已稳定在15℃以上,已适合辣椒生长。如果是利用冬闲地种植的,应适时早栽,使辣椒有一个较长的营养生长期,然后转入与生殖生长并进时期,这样可使生殖生长和营养生长平衡发展,有利结好果,多结果。前作如果是大小麦等春粮作物,应在春作收后立即整地种植,切勿延误定植时期。

4. 合理密植

合理密植的关键在于充分利用土地和光能,以利于提高单位面积土地利用率。一般山地土壤瘠薄,辣椒植株生长量不如平原,如果按照平原地区的种植密度套用,则往往会使辣椒植株达不到预期封行,导致地力和光能的浪费,因此一般应以亩栽4200株为宜。但具体密度还应看品种及土壤肥力而异。通常在1m(连沟)的畦上栽植2行,畦内行距40~50cm,株距30cm,植株离两边沟沿各15cm。这样可减轻水土流失,防止雨后露根,亦有利于根系的生长发育,增强抗旱能力。定植宜选择晴暖无风天的下午进行。在定植前1~2天,秧苗用65%代森锌500倍液或50%多菌灵1000倍液,加40%乐果1500倍液喷施,使幼苗带药带土到田。用营养钵或泥块方格育苗的,先按行株距开好栽植穴,穴内施少量磷肥、焦泥灰或营养土,与土壤充分拌匀后定植;秧苗栽植深度以子叶痕刚露出土面为度。定植成活后立即浇淡粪肥水点根,使幼苗根系与土壤充分密接;在浇点根水时可用800倍敌百虫药液随水浇株,以防止地下害虫为害。

5. 合理追肥

辣椒是连续生长结果而分批采收的蔬菜,因此除施足基肥外,还要及时追施速效肥。特别要注意氮、磷、钾三要素的合理搭配施用。原则上苗期以追施氮肥为主,开花、结果期要保证氮肥,增施磷、钾肥。如果开花、结果期缺少磷,就会影响果实膨大。钾能提高叶片保水能力,节制蒸腾作用,并对叶片内糖类和淀粉的合成和转运有良好作用。合理施用磷、钾肥,还能促进坐果和果实膨大,植株生长健壮,增强抗逆力。追肥可以分次进行。第一次追肥为提苗肥,在定植后5~7天用人粪肥250kg或尿素3~5kg加水使用,基肥不足的可过5~7天再施1次。第二次为催果肥,在门椒开始膨大时施用,每亩施氮、磷、钾含量各15%的复合肥10~15kg。第三次为盛果期追肥,在第一果即将采收,第二、三果膨大时施。此时气候适宜,生长最快,需肥量最大,为重点追肥时期,每亩施尿素10~15kg,或复合肥15~20kg。以后每采摘一批青果或隔7~10天施一次肥,每次每亩施复合肥7.5~10kg,或尿素10kg。但具体的追肥次数、用量,还应根据植株长势和结果状况等来决定。

6. 中耕除草

定植后气温升高,雨水增加,杂草也随之增多,特别是梅雨季节,最易受杂草侵害,应抢晴天及时中耕除草,中耕除草以不伤及根群为原则。辣椒成活后第一遍中耕可深些;第二遍应浅,结合培土;植株挂果后,应封锄免耕,以免损伤根系,引起青枯病发生与蔓延。中后期可采取畦面铺草,以草压草。

7. 畦面铺草

7~8月,高山上也会遇到高温干旱天气,因此在7月上旬高温来临前,要利用山区草多的条件,取山草或用麦秆等覆盖畦面,既可减少土面水分蒸发,防止雨后土壤板结、肥水流失,降低土温,保持根系活力,防止植株早衰,还能抑制杂草生长和病菌的传播。畦面铺草病害轻,增产明显。

8. 搭架与整枝

辣椒植株因结果多、果实大，地上部的负担较重，而山地一般耕作层浅薄，土质疏松，扎根浮浅，容易发生倒伏，因此在栽培上为防止倒伏，除要加强培土外，还应设置支柱或搭简易支架等方法帮扶。支柱或简易支架，是用小竹木逐株立柱，或在畦面两侧搭成栅栏形支架，再逐株用塑料绳或稻草绑在支架上。辣（甜）椒着花节以下各节都能发生侧枝，这种侧枝的生长，往往会使营养分散，不利于花枝以上分枝的发生和延伸，有碍坐果，因此，应及时将下部侧枝抹去，生长一般或差的辣椒一般可以不打侧枝。

9. 排水与灌溉

辣椒根系不发达，对氧气需求高，又因在生长前期雨水多，特别是梅雨季节，导致土壤含水量过大，易引发病害，应注意清沟排水，降低地下水位，以利根系生长。7月下旬至8月进入干旱季节，要及时浇水或灌水，以免影响植株的生长和果实膨大；保持土壤湿润，还有利于预防脐腐病的发生。有灌水条件的田块，可采取沟灌或泼浇，以渗透湿润土壤。灌水深度达畦沟的1/2左右，不要在沟中长期积水，以免影响土壤通气，发生烂根死株。灌水时应在傍晚或晚上地温低时进行。旱地没有沟灌条件的，要千方百计取水抗旱；有条件的田块，最好采用"微蓄、微滴、微喷"等节水灌溉技术。

10. 防止辣椒的落花、落果、落叶

高山辣椒一般在7～8月产量形成期，常常会出现落叶、落花、落果的"三落"现象，直接影响产量。发生"三落"现象的主要原因有以下几点。①不良气候条件影响。例如，8月连续高温干旱，土壤长期缺水，特别是海拔低于500m、气温超过35℃、灌水条件差的田块，落叶、落花、落果严重，这时如果又遇暴雨，根系吸收能力骤然削弱，使植株生理失调，导致落叶、落花、落果更加严重。②肥水管理不当。由于前期氮肥过多，枝叶徒长，使植株营养生长与生殖生长失调，引起落花、落果；或肥料不足，植株营养恶化，短花柱花增多，受精不良，特别是进入结果期植株需求养分急速增加，但又供应不上，迫使大量落花。③病虫为害。如遇高温干旱，病毒病为害严重，就会诱致落叶、落花、落果。通常炭疽病会引起落叶；红蜘蛛、茶黄螨等为害严重时，则会引起落叶、落花、落果；棉铃虫或烟青虫为害就会出现蛀果性落果。

防止辣椒落叶、落花、落果的关键是培育壮苗，加强肥水管理，及时防治病虫害，创造适宜的生长环境，增强植株抗逆性，促进稳长稳发。在夏秋高温季节与雨季，应及时浇灌和排涝，追施肥料，以利壮根、健株、护叶、促果。如遇高温暴雨，应及时排干田水，雨后即用0.1%～0.2%的磷酸二氢钾加尿素喷洒叶面。

11. 病虫害防治

高山辣椒主要病害有猝倒病、立枯病、病毒病、疫病、炭疽病、青枯病、脐腐病等，主要虫害有小地老虎、蚜虫、棉铃虫、红蜘蛛等。病虫害防治要做好预测预报，做到早防，采用农业防治措施和药剂防治措施相结合。药剂防治，要选准对口的低毒、低残量农药，在产品安全间隔期内喷药防治，各种农药交替使用。猝倒病防治可选用64%杀毒矾可湿性粉剂500倍液，或72%杜邦克露可湿性粉剂600倍液喷雾。疫病防治可选用72%杜邦克露可湿性粉剂600倍液，或69%安克锰锌可湿性粉剂1000倍液，或64%杀毒矾可湿性粉剂500倍液，或60%甲霜锰锌可湿性粉剂500倍液，或75%百菌清可湿性粉剂600倍液等喷雾。炭疽病防治可选40%杜邦福星乳油500～600倍液，或75%百菌清可湿性粉剂600倍液，或50%多菌灵可湿性粉剂500～800倍液，或70%代森锰锌可湿性粉剂400倍液，或70%甲基托布津可湿性粉剂800～1000倍液等喷雾。青枯病防治可选用14%络氨铜水剂350倍液，或72%农用链霉素或新植霉素可湿性粉剂3000～5000倍液，或77%可杀得可湿性粉剂500～800倍液等灌根。病毒病防治可用20%病毒A可湿性粉剂400～600倍液，或5%菌毒清水剂200～300倍液等喷雾。蚜虫防治可选用10%一遍净（吡虫啉）可湿性粉剂2000倍液，或20%康福多浓乳剂3000～4000倍液。红蜘蛛防治可选用1.8%虫螨光乳油2000～3000倍液，或5%卡克死1000～1500倍液，或75%克螨特乳油1000～1500倍液，或1%杀虫素3000倍液等喷雾。烟青虫防治可选用5%抑太保乳油或5%卡死克乳油1000～1500倍液，或20%杀灭菊酯乳油2000～3000倍液。小地老虎防治可选用3%米尔颗粒剂撒施，亩用量1.5～2kg，或48%乐斯本乳油1000倍液，或50%辛硫磷

乳油 800 倍液，或 90%晶体敌百虫 800～1000 倍液等喷洒地面。

12. 及时采收

一般前期宜尽早采收，生长瘦弱的植株更应注意及时采收。采收的基本标准是果皮浅绿并初具光泽，果实不再膨大。另外，还要根据各地的消费习惯及市场行情需要来决定采收适期，及时采收既能保证较高的市场价格，又能促进植株继续开花结果。高山辣椒采收季节气温高，宜在早晨或傍晚采收，采后的果实要放到阴凉处，防止太阳晒，要及时分级包装，可用纸板箱、竹筐等包装，储运过程要防止果实损伤，采后迅速装上冷藏车进入冷库冷却，再及时销售。

（姚明华　王　飞　李　宁　尹延旭）

第六节　高山四季豆生态栽培技术研究

利用鄂西山区夏季气候冷凉的特点进行越夏反季节四季豆生产，具有低成本、高品质、高效益，还可丰富市场的花色品种，满足秋淡市场供应。四季豆在长阳县贺家坪镇青岗坪、中岭、白沙驿、天堰观等已发展成规模种植，将其栽培技术介绍如下。

一、选择适宜的海拔和播期

一般海拔 400m 以上的高山地区越夏种植均可满足四季豆生长发育条件，但低海拔地区虫害较重，高海拔地区雨雾期较长，病害较重。以海拔在 1200～1400m 为佳，不同海拔适宜的播期不同。海拔高的地块前期晚播种，海拔相对低的地块前期可提早播种，后期延迟播种。一般以 5～6 月播种，7～9 月供应市场最适宜。太早播种上市平原地区四季豆大量上市，市场价格一般不高。太晚播种，后期温低不利生长，采摘期短，产量较低。种植面积大的农户可间隔 10 天左右时间分批种植，均衡供应，减少市场价格波动的风险，提高经济效益。表 8-27 提供了不同海拔适宜的生育期和茬口，供参考。

表 8-27　不同海拔四季豆适宜的生育期及茬口安排

海拔/m	播期范围	适宜播期	上市期	茬口
>1600	5 月上旬至 7 月上旬	5～6 月	7 月中旬至 10 月	向日葵-四季豆 四季豆-豌豆
1200～1600	4 月中旬至 7 月下旬	5～6 月	6 月中旬至 10 月	大白菜-四季豆 辣椒套种四季豆
700～1200	4 月上旬至 8 月上旬	4～5 月	6 月上旬至 10 月	油菜-四季豆 马铃薯-四季豆

二、地块选择和整地施肥

四季豆喜土层深厚，有机质丰富，排、灌方便、pH6.2～7.0 的壤土或砂壤土为最好。整地前一般每亩满园撒施生石灰 75kg 杀菌和调酸补钙，然后用旋耕机深翻地块，作成宽 1.5m（包沟）畦，在畦中间开沟施基肥。每亩施腐熟农家肥 1000kg、复合肥 50kg、过磷酸钙 25kg，然后整成“龟背”形深沟高畦。

三、品种选择和播种

高山四季豆一般选择耐热性强、长势强、分枝性强、抗病性好、荚商品性好、纤维少、产量高的品种，目前鄂西高山四季豆主栽品种是‘红花白荚’、‘泰国架豆王’、‘无筋豆’等品种。针对不同的市场选用不同类型的品种。武汉、南昌市场喜爱‘红花白荚’类型，重庆市场喜爱‘泰国架豆王’类型。

播种前先种子精选和晒种，能杀菌消毒和提高发芽率。每亩用种量 2.0kg 左右。主要采用直播，可用覆地膜或露地栽培，双行播种，每穴 3 粒，穴距 30cm，播后盖土 5～6cm 厚。另外，用穴盘育一部分备用苗作补缺苗。

四、田间管理

1. 田间补苗与定苗

播后 7～10 天要进行查苗、补苗，及时定苗，一般每穴留 2 株健壮苗。

2. 中耕、除草、培土、搭架

高山四季豆齐苗后，在搭架引蔓前，结合清沟培土和除草进行第一次浅中耕。在四季豆开始爬蔓前，即要搭架，搭"人"字架或四方架，搭架后及时引蔓上架。

3. 肥水管理

在施足基肥的基础上，追肥要掌握早施、淡肥勤施、开花结荚期重施的原则，少施氮肥，多施磷肥、钾肥。结合苗期 2 次中耕在苗期和抽蔓期各追肥 1 次，每亩穴施复合肥 7～8kg，或浇施 15%腐熟人粪尿 500kg。开花结荚期重施追肥 2～3 次，每采摘几次后追一次肥，每亩穴施尿素 8～10kg 或复合肥 12～15kg，结合根外追肥喷施 0.2%磷酸二氢钾液叶面肥。四季豆需水但又不耐湿，需保持土壤湿润，雨天要及时排水，以免沤根。

4. 再生栽培管理

四季豆再生栽培就是利用四季豆植株基部能重新长出分枝、腋芽的特性，通过加强栽培管理，使主茎抽生侧蔓继续开花结荚，以提高四季豆产量。主要措施是在四季豆蔓快过顶时打顶，并摘除病叶和中下部的衰老叶，做好病虫害的防治；加强肥水管理，促进四季豆再发新枝。采用再生栽培可延长采收期 20～30 天，产量增加 20%以上，每亩产量可达 2000kg 以上，净增产量 500kg 以上。

五、病虫害防治

高山四季豆种植病害防治非常关键，否则病害会影响四季豆荚的商品性及产量。高山四季豆主要的病害有锈病、炭疽病、细菌性疫病、褐斑病、根腐病、病毒病等。虫害主要有小地老虎、豆荚螟、蚜虫、潜叶蝇等。在防治时要做到适时对症下药。

锈病可选用 15%粉锈灵可湿性粉剂 1000 倍液喷雾。炭疽病可用 10%世高水溶性 1000 倍液喷雾。细菌性疫病可用 3%中生菌素 600 倍液喷雾。褐斑病可选用 50%甲基托布津可湿性粉剂 1000 倍液喷雾。根腐病可用 70%敌克松 500 倍液浇根。病毒病可用 1.5%植病灵 2 号乳油 1000 倍液喷雾。

小地老虎防治可选用辛硫磷 2000～2500 倍喷雾。豆荚螟可选用农药杜邦康宽(20%氯虫苯甲酰胺悬浮剂)在花期对准花序和落地花喷雾。蚜虫可用 10%吡虫啉 3000 倍液喷雾。潜叶蝇可选用 50%灭蝇胺可湿性粉剂 3000 倍喷雾防治。

六、采收

高山四季豆一般在播后 55 天、花后 10 天左右即可采收上市。四季豆采收标准为豆荚由扁变圆，颜色由绿转为绿白，豆荚外表有光泽，豆粒外稍显或尚未显露时及时采摘。一般 1～2 天采收 1 次，可保证四季豆荚不会因豆米老化鼓起及由此引起的养分消耗而引起落花、落荚，从而提高四季豆品质商品性和产量。

（朱凤娟　邱正明　聂启军　邓晓辉）

第七节　高山甜玉米生态栽培技术研究

甜玉米是一种营养丰富、风味独特的天然保健食品，对防治高血压、动脉硬化、慢性咽喉炎、口腔炎症、通便利尿及延缓机体衰老有一定的功效。甜玉米除直接食用外，还可制玉米浆及酿造啤酒等，深受消费者欢迎。利用鄂西山区夏季冷凉的气候条件进行越夏反季节甜玉米生产，供应7～10月市场，可丰富秋淡市场蔬菜的花色品种，有较好的经济效益。甜玉米在宜昌市长阳县虎井口、黍子岭、后坪、余峡口等已发展成规模种植，将其栽培技术要点介绍如下。

一、选择适宜的海拔及播种期

鄂西山区反季节种植甜玉米，选择海拔在1000～1400m区域种植最适宜。低海拔地区种植甜玉米生育期较短，但干旱虫多，易早衰，品质差，渣多，采收后不耐储放。高海拔地区种植甜玉米田间耐储时间可稍长，外包叶绿，但生育期长，贪青晚熟，后期易遭霜冻而减产。

甜玉米喜温暖，怕霜冻，甜玉米发芽适温21～27℃，土温12～15℃时种子发芽出苗，出苗后遇到短时间的低温-2～-3℃易冻害，但仍能恢复生长，-4℃时易冻死。植株生长适温为21～24℃；开花结穗期适温20～28℃，高于35℃时授粉、受精不良；灌浆低限温度为15～16℃，低于13℃停止灌浆。积温对生育期长短起决定作用，即温度高积温多则生育期缩短，反之则延长。湖北省农科院高山蔬菜试验站多年在长阳地区开展不同海拔气候对作物生育期影响试验，结果表明，在不同海拔同期播种甜玉米品种，一般随着海拔的升高，甜玉米生育期延长；在同一海拔不同期(适宜播期内)播种甜玉米，早播的比晚播的生育期长。

甜玉米一般一年种植1茬，少数低海拔地区地膜栽培可抢种2茬。甜玉米对播期的选择很严格，播种太早地温低，发芽和出苗时间延长，幼苗易冻害；太晚播种后期低温霜冻甜玉米不易成熟，高海拔地区有"处署不出头，只能喂黄牛"的农谚。表8-28提供了不同海拔的适宜播种期及茬口安排可供参考。

表8-28　甜玉米不同海拔适宜的生育期

海拔/m	播种期	上市期	茬口
1400～1600	4月下旬至 6月上旬	9月上旬至 10月	甜玉米套种甘蓝 甜玉米套种大白菜
1000～1400	4月中旬至 6月中旬	8月中旬至 10月	甜玉米套种红萝卜 甜玉米套种蘑芋 甘蓝-甜玉米
800～1000	4月上旬至 6月下旬	7月下旬至 10月	大白菜-甜玉米 油菜-甜玉米 甜玉米套种矮四季豆 甜玉米套种马铃薯

二、土地的选择及施底肥整地

甜玉米种植时要严格与普通玉米隔离，可采用空间隔离法，甜玉米种植地附近400m内不能播种花期相遇的普通玉米，如有树林、房舍等屏障，可适当缩短隔离距离；与普通玉米的播种期相互错开，使花期相差15天以上。

甜玉米种植选择富含有机质、保水保肥力强的壤土，土壤pH应为6.5～7.0。甜玉米需肥量大，施足基肥、培育壮苗是高产的关键。按顺风向整地，按畦面宽60cm(包沟140cm)起畦。厢中央施底肥，每亩施腐熟农家肥1500kg、复合肥100kg作基肥，深沟高畦整厢。要特别注意整地质量，即田平土活土细，在土壤墒情充足时覆地膜。

三、品种选择

选用发芽率高、抗病性好、不易倒伏、抗热性和抗寒性都较好、产量高、商品性好、口感好、生育期100～120天的品种。根据市场需求选用全黄或黄白相间的品种。目前湖北市场一般需要黄白相间品种。可供选用的品种有'奇珍208'、'金中玉'、'鄂甜4号'、'华甜玉3号'、'金晶龙2号'、'双色蜜脆'等品种。

四、播种育苗

(一) 种子处理

每亩用种量 0.5～0.6kg，播种前先进行种子处理，种子处理有以下几种方式。

1. 晒种

甜玉米籽粒浸种前应先放在竹制团簸里晒 2～3 天，播种前晒种可以打破种子休眠期，提高种子的发芽率和发芽势。

2. 温汤浸种

晒好后，再用 50～55℃ 温水在自然降温过程中浸种 4～6h，杀灭种皮上病菌。

3. 拌种

播前用 50% 辛硫磷乳剂 0.5kg 加水 35～50kg，拌种子 350～500kg，可防治蝼蛄、蛴螬等地下害虫。

(二) 播种定植

甜玉米播种采用直播和育苗两种方式。地膜覆盖直播方式主要有两种，第一种是覆膜后打孔播种，另一种是播种后覆膜，当苗出土时及时破膜，将苗引出膜外，如不及时引出就会出现烧苗、闷苗现象。甜玉米种子干瘪，发芽势相对较弱，出土能力稍差，与普通玉米相比要浅播，播种深度 2～3cm 为宜，播种时深度、覆土厚度和镇压强度一致，要做到同期播种同期成熟。易被鼠食的地区周围撒杀鼠诱剂。育苗方式有穴盘或营养体育苗，采用育苗的于 2 叶 1 心时定植。

播种和定植的甜玉米按株距 30cm 双行定植，每亩栽 3000～3300 株。

五、田间管理

(一) 及时查苗补苗齐苗

播种时可用穴盘育苗播种备用苗用于移栽补苗。出苗后应及时查苗补苗。

(二) 中耕培土、防倒伏

甜玉米大喇叭口期(抽雄前)结合中耕施肥培土可防倒伏，当甜玉米 6～9 片叶约 1m 高未出天花时，喷国光玉米矮丰叶面肥使甜玉米矮化可防倒伏。玉农思(丁·异·莠去津)除草剂可用来杀玉米嫩草。

(三) 去除分蘖、多余小穗

甜玉米品种多具有分蘖和多穗特性，为保证果穗产量和等级，应及早除蘖，除去多余小穗，防止其消耗养分和水分，影响产量和品质。

(四) 人工辅助授粉

在吐丝、散粉期间，如遇高温、刮风、下雨等不利气候条件，会使授粉不良，出现秃尖缺粒现象。授粉期必须进行人工授粉。在雄穗扬花期的 9：00～11：00 采用摇株法、拉绳法等进行人工授粉，使甜玉米雄穗花粉集中散落下来授在花丝上。

(五) 追肥

甜玉米需水肥量大，4～5 叶期每亩施尿素 3～5kg、复合肥 10kg 提苗；8～9 叶拔节期每亩施复合肥 20kg、氯化钾 7.5kg；大喇叭口期(抽雄前)每亩施尿素 7～8kg、复合肥 20kg 作攻苞肥；雌穗吐丝期每亩施复合肥 5～7kg 作攻粒肥。

高山地区用工较贵，底肥充足时农民一般结合培土在大喇叭口期(抽雄前)追一次肥，在 3 窝中间施 1 窝肥，每亩施尿素 50kg 或碳酸氢铵 40kg。

六、病虫防治

甜玉米主要病害有大小斑病、纹枯病，大小斑病用 5%代森锰锌 1000 倍液或扑海因 1500 倍液喷施，5～6 叶、10～12 叶期重点防治；纹枯病用 50%托布津可湿粉剂 500 倍液或 70%甲基托布津可湿粉剂 700 倍液喷雾。

甜玉米虫害主要有地下害虫、玉米螟、蚜虫，有的地方还要防鸟食。防虫一定要及时，防地下害虫采用设置黑光灯诱杀和糖醋液(糖 6 份、醋 3 份、白酒 1 份、水 10 份、90%敌百虫 1 份调匀)诱杀成虫均有诱杀效果。在覆膜前用根蛆毒辛(辛硫磷)2000～2500 倍液或 20%氰戊菊酯 3000 倍液等喷雾杀地下害虫。玉米螟用 1000～1500 倍液锐劲特或杜邦康宽(20%氯虫苯甲酰胺悬浮剂)喷雾防治，在小、大喇叭口期和吐丝期喷两次药特别关键。蚜虫可采用 10%吡虫啉可湿性粉剂 1500 倍液或 50%抗蚜威可湿性粉剂 2000～3000 倍液喷雾防治。高山部分地区鸟食严重，当甜玉米刚出土时喷鸟不食药剂可适当预防。

七、采收及采后储运

甜玉米采收期很短，采收须及时，在露水干后即可带苞叶采收。采收早晚对品质影响很大，适期采收的甜玉米具有甜、嫩、饱满、营养丰富、产量高的特点。一般在花丝干枯变黑褐色、穗尖甜玉米颜色开始转深时，籽粒饱满，粒色光亮，挤破籽粒流出乳状或糊状的浆，此时为采收最佳期。采收过早，籽粒灌浆不充分，积累营养物质太少，风味差，产量低；采收过迟，甜玉米籽粒色无光泽，籽粒内大部分可溶性糖分和水溶性多糖被转化为淀粉，籽粒甜度大为下降，果皮变厚，渣多，失去甜玉米特有风味。随着海拔升高，气温越冷凉，甜玉米耐储性稍有提高，采收期可以稍延长几天。

高山甜玉米由于生产基地在高海拔冷凉地带，销售又在夏秋炎热的长江流域或沿海大中城市，需对采后甜玉米先进行预冷可以使甜玉米鲜苞的货架期得到延长。从田间采收的甜玉米拖到冷库后，先用编织袋装好，在 0～3℃的条件下进行预冷处理，使其果穗热量迅速散发。将甜玉米果穗表面的温度降到 3～5℃。如果不及时外销，可放在冷库储藏，甜玉米适宜的储藏温度为 0℃，相对湿度为 85%～95%。适宜的气体环境为氧气 2%～4%、二氧化碳 10%～20%。

甜玉米装车前将车厢底面和箱板四周铺上专用保温棉套，堆装甜玉米后覆盖棉套，装完后检查是否覆盖完好。汽车运输一般从高山运下车要数小时，然后要经过一段长距离才能到达目的市场，应注意减少流通环节和装卸次数，加快流通速度，即快装、快运、快销。

(朱凤娟　邱正明　聂启军　邓晓辉)

第八节　高山蔬菜废弃物微生物处理方法

本试验的目的是要提供一种能够简单、快捷地将蔬菜废弃物腐熟成优质有机肥料，且可以有效控制有机肥料中病菌生长的高山蔬菜废弃物微生物处理方法。

该方法是利用外源发酵菌群制剂将高山蔬菜废弃物快速降解为生物有机肥料，具体包括如下步骤。

(1)发酵菌群原料的确定：选择三类菌群的菌粉作为发酵菌群的原料，这三类菌群分别是嗜低温细菌群、放线菌群和真菌群。

(2)发酵菌群菌粉的组配：将所选嗜低温细菌群、放线菌群和真菌群的菌粉按质量比为 1∶1～3∶1～2 的比例混合均匀，获得发酵菌群制剂。

(3)高山蔬菜废弃物的接种及堆码：选择平地或浅坑，先平铺一层高山蔬菜废弃物，再均匀洒一层发酵菌群制剂，如此重复，堆码至便于操作的高度，其中所用发酵菌群制剂与高山蔬菜废弃物的质量比为 1∶

50～100。

(4)高山蔬菜废弃物的翻堆管理：堆码 3～5 天后，高山蔬菜废弃物的中心温度因各种菌群的繁殖而迅速上升，及时进行翻堆处理，增加发酵物的通气和水分蒸发，并进一步混匀发酵物，促使其中的各种菌群更快生长，逐渐形成有机堆肥。

(5)有机堆肥发酵腐熟的判断：堆码 9～16 天后，随时检测发酵物的性状，当其水分质量含量在 40%～50%、外观呈黑色或黑褐色、手捏容易呈粉状或团状、无其他异味时，即可获得优质的有机肥料。

作为优选方案之一，上述步骤(1)中，嗜低温细菌群至少是地衣芽孢杆菌(*Bacillus licheniformis*)、枯草芽孢杆菌(*Bacillus subtilis*)、假单胞菌(*Pseudomonas* sp.)和乳酸杆菌(*Lactobacillus* sp.)中的两种按任意比例的组合。放线菌群至少是抗生高温放线菌(*Thermoactinomyces antibioticus*)、灰色链霉菌(*Streptomyces griseus*)和纤维素诺卡氏菌(*Nocardia cellulans*)中的两种按任意比例的组合。真菌群至少是黑曲霉(*Aspergillus niger*)、白地霉(*Geotrichum candidum*)和木霉(*Trichoderma viride*)中的两种按任意比例的组合。

较优选地，上述步骤(1)中，嗜低温细菌群是地衣芽孢杆菌、枯草芽孢杆菌、假单胞菌和乳酸杆菌按 1～1.5：1～1.5：1～1.5：1～1.5 的质量比组合。放线菌群是抗生高温放线菌、灰色链霉菌和纤维素诺卡氏菌按 1～1.5：1～1.5：1～1.5 的质量比组合。真菌群是黑曲霉、白地霉和木霉按 1～1.5：1～1.5：1～1.5 的质量比组合。

以上三类菌群的菌种均可以从高山蔬菜废弃物样品中分离纯化，也可以从市场上的专业微生物培养机构获得，每类菌群可以通过如下方法进一步收获。

嗜低温细菌群的培养：采用牛肉膏蛋白胨琼脂培养基作为菌种扩大及母种培养基。将菌种在严格无菌条件下转接至灭菌的新斜面上，20～28℃培养 1～2 天后即可进行保藏或进一步扩大。扩大可根据实际情况采用固体或液体发酵。将菌种以一定比例接入发酵培养基后培养至成熟即可收获，经风干或喷雾干燥制成嗜低温细菌群的菌粉。

放线菌群的培养：采用酵母浸粉-麦芽浸粉-葡萄糖琼脂培养基作为菌种扩大及母种培养基。将菌种在严格无菌条件下转接至灭菌的新斜面上，20～28℃培养 5～7 天后即可进行保藏或进一步扩大。扩大可根据实际情况采用固体或液体发酵。采用液体发酵时需加入填充料进行后发酵，以形成孢子后再行处理。发酵物经风干或烘干制成放线菌群的菌粉。

真菌群的培养：采用马铃薯-蔗糖琼脂培养基作为菌种扩大及母种培养基。将菌种在严格无菌条件下转接至灭菌的新斜面上，20～28℃培养 5～7 天后即可进行保藏或进一步扩大。扩大可根据实际情况采用固体或液体发酵。采用液体发酵时需加入填充料进行后发酵，以形成孢子后再行处理。发酵物经风干或烘干制成真菌群的菌粉。

经试验表明，以上这些菌群均系腐生菌，其在生长过程中不会产生有毒有害的代谢产物，对农作物及人类无致病性，特别适合于高山蔬菜废弃物的快速降解。

作为优选方案之一，上述步骤(2)中，发酵菌群制剂由嗜低温细菌群、放线菌群和真菌群的菌粉按 1：1～1.8：1～1.5 的质量比混合而成。

较优选地，上述步骤(2)中，发酵菌群制剂由嗜低温细菌群、放线菌群和真菌群的菌粉按 1：1：1 的质量比混合而成。

经试验表明，上述发酵菌群制剂中的嗜低温细菌群生长相对较快，主要分解高山蔬菜废弃物中组成简单、可溶性好的成分，如葡萄糖、果糖、蔗糖及氨基酸等。真菌群在高山低温条件下也能较好地生长，且其产生的某些酶类有利于高山蔬菜废弃物中有机质的降解，如纤维素酶、果胶酶等。放线菌群也能产生多种酶类，如蛋白酶、纤维素酶等，同时放线菌群也能产生抗生素，抑制高山蔬菜废弃物中一些病原菌的生长。同时，高山蔬菜废弃物在发酵过程中产生的高温也可杀死其中的病菌及虫卵。

根据高山蔬菜废弃物的具体情况，三类菌群的菌粉比例可在上述范围内适当调整。当废弃物中纤维比例较高时，可加大真菌群的比例；当废弃物中病害比较重时，可加大放线菌群的比例。这样，三类菌群相互协同作用，可在短时间内将高山蔬菜废弃物快速分解为无毒无害的生物有机肥料。

进一步地，上述步骤(2)中，发酵菌群制剂中还可加入膨松剂。膨松剂采用谷壳、麦麸、秸秆粉，以及锯末中的一种或一种以上任意比例的组合，且发酵菌群制剂与膨松剂的质量比为 1∶1～1.2。这样，可以促使发酵菌群制剂在高山蔬菜废弃物中的分布更加均匀，加快高山蔬菜废弃物的发酵或降解进程。

进一步地，上述步骤(3)中，高山蔬菜废弃物各平铺层的厚度控制在 25～35cm，累积堆码的高度不超过 1.5m。这样既利于各层高山蔬菜废弃物同步快速酵解，又便于后续对高山蔬菜废弃物的翻堆操作。

进一步地，上述步骤(3)中，顶部高山蔬菜废弃物平铺层上还可覆盖一层污泥(如塘泥)。这样，将更有助于保持高山蔬菜废弃物中心的温度，加快其腐熟转化成有机肥料的速度。

再进一步地，上述步骤(3)中，所用发酵菌群制剂与高山蔬菜废弃物的质量比控制在 1∶65～80 的范围内。这样，可以在较小发酵菌群制剂用量的情况下最大限度地提升高山蔬菜废弃物的降解效率，降低高山蔬菜废弃物处理的成本。

更进一步地，上述步骤(4)中，在高山蔬菜废弃物堆码层的中心温度达到 37～40℃时进行翻堆处理。因为在 37～40℃的温度环境下各种菌群已有相当的生长，尤其是嗜低温细菌群的生长量最大，对有机腐质的分解能力最强，此时进行翻堆处理可有效增加通气和水分蒸发，促使各种菌群更快地生长，进而促使堆积物温度迅速上升，其中的放线菌群、真菌群也先后在高山蔬菜废弃物的腐熟过程中起到抑制病害、降解粗纤维的作用。

本试验针对高山环境温度常年低于平原地区或丘陵地带而导致高山蔬菜废弃物处理难的现实状况，在多年研究和试验的基础上摸索出了一种利用微生物发酵菌群制剂就地分解高山蔬菜废弃物的环保方法。其优点主要表现在如下几个方面。

其一，由嗜低温细菌群、放线菌群及真菌群组配制成的发酵菌群制剂是一种优质的复合堆肥腐熟添加剂，高山蔬菜废弃物人工接种该外源性发酵菌群制剂后，无论是在菌群的种类上还是在菌群的数量上都大大高于自然条件，故可大幅提高各类菌种的繁殖速度，加快高山蔬菜废弃物腐熟转化为有机肥料的进程。

其二，所选嗜低温细菌群极为适应高山深处日照短、热量散失快的低温气候，能够较快地繁殖生长，并迅速产生大量热能，其与真菌群、放线菌群协同作用对高山蔬菜废弃物进行生物发酵，可以快速分解植株残体和田间有机残渣，并有效抑制病菌繁殖，特别是阻止植株残体在腐烂过程中连作病害病原菌的繁衍和扩散、减轻连坐病害的发生，从而将高山蔬菜废弃物快速腐熟成为优质生物有机肥料。

其三，所组配的发酵菌群制剂原料来源广泛、配制成本低廉，且对高山蔬菜废弃物的处理操作简便、快速有效，与传统的堆肥方式相比，腐熟时间缩短至半个月以内，既简化了田间废弃物的转运程序、维持了高山蔬菜基地的清洁，又变废为宝、获得了优质生物有机肥料。

由此可见，本试验是生态型高山蔬菜可持续生产的重要生态技术措施之一，具有重要的推广和应用价值，对农业资源的循环利用及农业生产的可持续发展具有重要意义。

(邱正明　万中义　李双来)

第九节　高山蔬菜主要生态技术措施研究

发展生态农业，实现农业可持续发展符合世界农业发展的基本方向，更是高山蔬菜产业发展的现实需要。生态型高山蔬菜的基本内涵是运用生态学、生态经济学原理和系统科学方法，把现代科学技术与传统高山蔬菜生产技术有机结合，把高山蔬菜生产、山区农村经济发展和高山生态环境治理与保护、资源的培育与高效利用融为一体的具有生态合理性、功能良性循环的新型高山蔬菜综合农业体系，实现高产、优质、高效与持续发展目标，达到经济、生态、社会三大效益统一。

近年来，我国高山蔬菜产业在市场经济规律作用下得到快速发展，而与此同时，品种相对单一、生态问题显现、生产效率下降等问题逐步突出，尤其是高山蔬菜基地的生态保护问题一直是各级政府和科技部门重点关注的问题和课题。各地菜农在多年的高山蔬菜生产实践中也摸索出大量有益经验，本文结合关联项目成果将现有主要的高山蔬菜生态栽培技术加以总结，以供参考。

一、基地有序开发利用技术

耕地是人类生存和农业社会发展的最重要基础，中国人均耕地不足世界人均水平的40%，且有限的耕地资源仍在继续减少，而可作为高山蔬菜商品生产基地发展的高山可耕地更是少之又少，合理选择并科学规划有限的高山可耕地宝贵资源，有序发展高山蔬菜基地便显得尤为重要。

(一)高山蔬菜基地的选择

植被大小、环境质量、耕作层厚度、坡度、海拔与朝向等都是高山蔬菜基地选择的主要参考因素。

1. 植被大小

由于山坡地蓄水和灌溉较为困难，在菜地上游储备充足的植被是保障蔬菜生长季节土壤保持持续潮湿、不遭受干旱的最重要和最有效的措施。森林是陆地生态系统的蓄水库，具有保持水土、涵养水源的功能，没有足够的森林植被，就无法可持续地"养育"一片宝贵的蔬菜耕地。据有关部门测定，一片10万亩森林的蓄水量相当于一座200万立方米的水库。高山蔬菜基地的选择必须以丰富的植被为基本前提，一般在原有山区农作区选地为宜，以免开垦蔬菜基地而破坏已有植被。

2. 环境质量

高山可耕地一般远离城市闹市区，山高人稀，空气清新、水质清澈、土壤和水质无"三废"污染，多为一方未被污染的净土。为了充分发挥高山蔬菜的安全优质特色，作为无公害绿色食品高山蔬菜生产基地，其空气、土壤、水源等环境条件务必达到无公害蔬菜产地环境质量标准。

3. 其他因素

坡度和海拔的差异基本决定了山区土地利用方式与效率，进而影响到基地经济效益和发展潜力。高山坡耕地耕作层厚度一般应在20cm以上，坡度小于25%，海拔800～2200m，耕地朝向依次以朝东、朝南、朝西、朝北为宜。

(二)基地规划与设施建设

1. 道路交通和水源条件

这是规模化高山蔬菜商品生产基地规划需要优先考虑的两个最重要条件，一般高山蔬菜基地的发展可随已有国道和省道拓展，并随着基地的延伸可结合"村村通"公路建设计划逐步布置高山蔬菜基地道路交通网，一般200亩以上基地至多5km以内应有2.5m宽以上的硬化路面与主干道相连。农业生产受水资源的制约很大，南方山区虽然年降水量比较充足，但由于地势地貌特点，加上降水时段集中、蓄水设施跟不上等原因，二高山经常出现季节性旱情。在降水量相对较少的山区发展蔬菜基地可考虑沿大型水库的下游展开；在降水量相对较大的山区发展蔬菜基地则可考虑蓄水设施的建设和有效灌溉措施的选择。

2. 梯度播种和立体种植

选择不同海拔高度的可耕地错开播种期，可实现同上市期的蔬菜种类多样化和同种类蔬菜的不同上市期；立体种植则是巧妙地组成农业生态系统的时空结构，建立立体种植格局，通过高技术与劳动密集相结合的途径，使菜地种植结构处于最优化状态，可发挥系统的整体性与功能整合性，提高高山蔬菜基地总体资源利用效率。一般在海拔1200m以上的高山地区以喜冷凉的十字花科蔬菜和绿叶蔬菜为主，而海拔800～1300m的二高山区域以喜温的茄果类、豆类和瓜类蔬菜为主。

3. 种植不连片与区域成规模

高山蔬菜基地规模和选址还必须考虑到农林互作效应和按海拔作物品种区域规划等重要因素。一方面在同一大区内实现"菜-林"间隔种植，长短结合两相宜，而不宜以单一蔬菜种类大规模连片种植，以阻遏流行性病虫害的发生，使菜-林生态互补；另一方面又必须沿高山主干道就近拓展适宜的蔬菜基地，以便于山间交通网线资源的合理配置和蔬菜采后储运的统筹集散，也有利于区域品牌的形成。如何合理把握蔬菜基地搭配发展的适度规模是要依各地具体生态背景而定，也是目前我国蔬菜基地整体规划的重要课题。

(三)基地许可、建档及休耕

由于我国高山蔬菜基地是发展我国夏秋无公害蔬菜生产的战略性宝贵资源，而高山生态环境又相对脆弱，因此有必要对我国有限的主要高山蔬菜生产基地资源在科学合理规划的基础上实施开发许可制度，不能片面强调增加蔬菜生产总量而盲目扩大耕种面积。充分利用山坳平缓农耕地进行高山蔬菜生产，大力改造坡度在 15°～25° 的中、低产地，坚决杜绝毁林开荒和 25° 以上陡坡地种菜；有计划、按步骤并在尊重农民意愿的基础上对已开垦的陡坡地和植被不够的裸地、陡坡旱地进行退耕还林(草)，保护生态环境。

同时结合测土配方施肥，对成片高山蔬菜基地建立农残和重金属背景值及土壤肥力档案，重点跟踪基地土壤有机质、酸碱度、微量元素、土传病原菌和农残、重金属的变化。对主要指标明显超标的高山菜地实行休耕，或退耕还林还草。

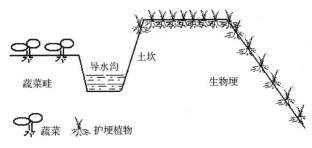

图 8-1　土坎+生物埂截面示意图

二、"土坎＋生物埂"生物护埂技术

高山蔬菜基地以山地坡耕为主，雨季淋溶作用明显，在表土层的不断翻耕过程中容易造成土壤水土流失和肥力损失。传统的人造石坎梯田不仅成本高、田间排水性差，也不节省耕作面积，而"土坎＋生物埂"则是在我国山区高山蔬菜生产实践中不断改进摸索出的一套简单而行之有效的高山菜地聚土方法，即在坡耕地结合修筑土坎，种植根系固土能力强的经济植物，既有效减缓山地农田水土流失，又能增加一定经济收入。

(一)土质沟坎导水

现有高山蔬菜基地田块为了利于排水，在开沟整厢时一般选择自上而下的垂直做畦方式，这样的大块坡地种菜，在雨季随着畦沟的加长，雨水的冲刷力加大，会加重水土流失现象。为此一般在坡面菜地每隔 20～50m(依不同坡度而定，坡度越大，沟坎越需密集)沿水平 45° 角开挖 40cm 左右宽的导水沟，同时在沟下方借原土修筑 40cm 宽的土坎，必要时(如田块过大)反向增开排水主沟并同时建筑主土坎，可形成坡面排水体系。

事实上，综合考虑坡耕地的排水和聚土效果，田间整畦方向应以与水平等高线成一定夹角为宜，夹角大小与田块坡度大小成正相关，而导水沟坎的方向则与畦沟朝向垂直对称，按一定间隔距离摆开，形成直畦斜沟或斜畦直沟。

(二)土坎生物埂

土坎生物埂是为防治水土流失，改善坡耕地生态环境，提高单位土地生物生产能力和经济生产能力，增加农林复合经营系统的稳定性，而将适宜的乔木、灌木或草本植物配置在菜地土质埂坎上形成的一种农林复合生产类型。从其生态经济功能上说，土坎生物埂类似于我国南方部分地方实践的生物篱或植物篱和北方的地埂林(亦称埂坎林或梯田植物篱)。研究表明，梗坎植物除了显著的聚土作用外，还能够提高复合系统的光能利用率，保持一定空气湿度，增加土壤持水量，降低地表温度，缩小土壤表层地温的日较差和近地层气温的日较差，因此能够明显改善坡地的小气候环境；生物埂还能够明显提高土壤全磷、全钾、全氮和有机质含量，降低土壤容重，增加土壤空隙度和渗透系数，从而使土壤通气性有所改善，渗水和保水性能增强，为作物的生长发育、产量的提高创造有利条件。结合土质沟坎导水培植生物埂有利于梯级排水和聚土。

(三) 埂坎植物种类的选择

不同种类的生物埂坎植物的聚土和增产增收效果是不同的，埂坎植物种类的选择原则是：遮阴小、串根少、林冠一般不高出田面、有经济效益的草本植物或直根系灌木植物，当然应尽可能地多栽一些收益快、经济价值高的植物，而对于坡度较大的田块埂坎植物则宜选择多年生直根系灌木甚至乔木植物。可作高山蔬菜生物埂的植物主要以草本或小灌木的蔬菜、饲料和药用果经济作物为主，如草本的黄花菜、海拉丝、三叶草、大力籽、药用牛蒡、鱼腥草、襄荷、香根草、铁线草、蓑草、黑麦草等，木本的孜厄花、金银花、香椿、茶树、箬叶、皱皮木瓜、大黄、黄柏、大叶杨、三漆、核桃、山茶、胡枝子、大枣、核桃、悬钩子、盐肤木等。依据不同海拔高度和不同坡度采用的生物埂植物种类及生物埂设置方式是有区别的，生物埂的设置根据坡面长度和坡度大小还可采用乔、灌木、草本搭配，不仅聚土保潮，而且不影响农事操作，还可增加经济收入。

三、高山避雨覆盖栽培技术

高山地区季节性降雨频繁，加重淋溶和病害传播，同时也影响座果。避雨覆盖栽培是在多雨时节采用薄膜、草帘、遮阳网等覆盖物缓解雨害的一系列措施，既能防止土壤雨水直接冲刷造成的水土流失和土壤板结，保持土壤疏松、保肥，又可减轻病虫危害，提高座果率。目前主要的高山避雨覆盖方式有地膜覆盖和避雨凉棚两种。

1. 地膜覆盖

在我国高山蔬菜主产地区的高山区段 (海拔 1200m 以上) 年降水量一般 1600～1800mm，雨量充足且不均匀，山间暴雨除了容易引发水土流失和对蔬菜直接冲刷破坏外，更多的是高湿带来的细菌性叶部病害和厌氧性土传连作病害，现阶段高山蔬菜区域大量推广应用的高窄畦地膜覆盖具有保土保墒保肥、除草增地温的作用。春季低温季节结束前和秋季温度下降后用地膜覆盖栽培主要起保温作用，既延长蔬菜的采收期，又提高蔬菜的品质和产量，是一项十分有效的优质高产栽培技术措施，已在高山蔬菜生产中已大面积推广应用。

2. 避雨凉棚

避雨凉棚即在原有拱架大棚的基础上保留顶膜去掉群膜，能起到避雨降湿和通风降温减少水土流失的作用，虽然成本会有所增加，但增产增收效果很好，一般在果菜、瓜豆类及其他高价值的精细蔬菜生产中应用居多，能大幅减轻暴雨高湿带来的病害影响。在马来西亚金玛伦地区的高山蔬菜大多采用避雨凉棚的覆盖方式，但我国的高山蔬菜作物顶部避雨凉棚的采用尚在尝试阶段。此外，小拱棚避雨覆盖方式也在不断摸索中。

四、二高山聚雨灌溉技术

我国南部丘陵山区虽然年降水总量充足，但降水随时段和海拔分布不均，与高山区段不同的是在主产地区的二高山区段 (海拔 800～1200m 段) 年降水量一般 900～1200mm，雨量分配也不均衡，在二高山区域产地干旱时有发生，二高山蔬菜生产受水资源的制约很大。如何充分蓄住雨季雨水和高山充足的水源在大量需水期和干旱时节进行抗灌显得十分重要，实施聚雨抗灌和微蓄微灌是有效途径。

1. 聚雨抗灌

一般万亩以上的高山蔬菜基地可在有稳定水源的高处配千吨以上的蓄水池，然后依山地高程而下逐级匹配 500t 蓄水池若干个；多数千亩上下的山地蔬菜可配百吨中型水池若干；而更多的分散山地菜农摸索出了许多行之有效的高山蔬菜小型蓄水抗灌设施建设方式，各式聚雨抗灌设施大体包括集雨场、滤水池、蓄水池、灌溉管系四部分，依地势高低而建。集雨场依水池大小而定（50m² 以上）不等，大型水池的水源只能依托大片山林或就近溪流；滤水池一般采用粹石滤水（1～5m³ 不等），定时清洗；蓄水池（5～10t）封盖窖藏、灌溉管系终端多利用自然高差压力采用软管出口、平时封口，干旱时节选择性地进行重点抗灌，备不时之需。

2. 微蓄微灌

由于特殊的地貌特征决定了高山（尤其是二高山）地区可供灌溉水资源及灌溉方式相当有限，畦面沟灌在疏松的坡耕地很难实施。巧妙地利用山地间歇性雨水和自然高度落差实施高山"微蓄微灌"技术却行之有效。具体方法是：在田块上坡处建造一定大小容积的蓄水池，水池与下坡田块的高差在 5～20m，利用自然高差产生水压，用塑料输水管把水输送到田间，通过安装在田间的出水均匀性良好的滴灌管把水均匀准确地输送到植株根部，形成自流灌溉，可有效解决山区雨水不均和用电不便的问题，有灌溉、施肥、节水、省工等多种功效。

五、根际生态修复剂技术

由于高山菜田存在不同大小的坡度，长年的单向淋溶使高山土壤生态极其脆弱，有机质、酸碱度、微量元素等土壤肥力因子水平下降，高度连作带来的土传病原菌不断累积，使菜地综合肥力降低，作物抗逆性下降，病虫危害加重。针对性地普及使用根际生态修复剂（主要成分为芽孢杆菌、放线菌、真菌等有益微生物）十分必要。

根际生态修复剂采用植物根际益生菌，主要包括枯草杆菌、蜡样芽孢杆菌等多种植物根际有益菌，其作用为促进根际有益菌的繁殖，抑制有害微生物的生长，促进土壤微量元素与土壤有机质的分解与释放，促进提高作物的吸收和抗病能力，帮助恢复土壤微生态环境，进而提高作物品质和产量。根际生态修复剂还可通过配合激活土壤微生物而增加土壤肥力，如土壤中无机磷细菌可以把难溶性的磷酸盐转化为速效磷，有机磷细菌能把有机态磷转化为速效磷，硅酸盐细菌可以把原生矿物中的钾转化为速效钾，固氮菌能将氮气转化为氨态氮、亚硝态氮和硝态氮，腐生菌能将有机态物质转化为无机态养分元素为作物吸收利用等；激活土壤微生物可以分解作物残体，分解土壤中残留的杀菌、杀虫、除草剂及其他有毒有害物质，减少病原菌基数进而减少病害的发生。

一般通过根际生态修复剂 400 倍液浸种、400～600 倍液灌根、穴施或叶面喷雾方式接种，能保护作物根部和叶部不受病菌侵染，防止植物病害的发生和蔓延，进而促进作物增产增收。具体使用方法主要有以下几种。①苗床处理：按药剂：细土=1：10 的用量将药剂与细土混匀，撒施苗床，或采用混合后的药剂直接稀释 50～200 倍液灌根，或将混合后的药剂直接施用于苗床。②移栽处理：移栽时按照药剂：细土=1：10 的比例制成含药毒土撒施于移栽穴中，每穴使用 20～30g。③灌根：根据所栽蔬菜品种不同，分别于移栽后 10～15 天视生长情况每隔 10～20 天灌根一次。

此外，高山土壤保育技术、高山蔬菜产品废弃物综合利用技术和无公害标准化栽培技术等都是生态型高山蔬菜生产中需要采用的重要生态栽培技术措施。

（邱正明　郭凤领　姚明华　朱凤娟　邓晓辉）

第十节　高山蔬菜"一控两减三基本"技术模式

蔬菜是保障人民健康生活的民心工程和民生产业，已成为我国除粮食作物以外的第一大作物，是种植业中促进农民增收最具活力的支柱产业之一。湖北是蔬菜生产大省，高山蔬菜、露地越冬菜、水生蔬菜、魔芋和食用菌蔬菜产销的地域特色及外向优势明显，近年来生产面积和产值大幅增加。但和全国大多数地区一样，湖北省仍延续着大肥大水传统增产方式，对局部农业生态承载力逐步造成了一定压力，面临着农业面源污染加剧的环境现状，农业部及时提出了"一控两减三基本"重大举措，将农业农村生产、生活、生态"三位一体"协同发展，把农业生产发展和农业资源环境相统筹，具有积极意义。笔者结合湖北省蔬菜生产实践中的有益经验和相关研究进展，在现有蔬菜健康栽培技术基础上，总结提出湖北蔬菜"一控两减三基本"主要技术模式，以供参考。

一、湖北蔬菜生产中肥药施用和废弃物处理情况

湖北蔬菜产业体量大，但配套生产技术水平参差不齐，大部分产区化肥农药长期盲目过量施用情况较普遍，造成农业面源污染压力增大、土壤健康度有下降趋势、蔬菜产品质量安全风险性增加等问题。

（一）水资源时空分布不均

湖北地处长江中下游，水资源丰富，但年降水量 700～1800mm 不等，且时空分布不匀，是洪灾和旱灾多发省份之一，农业水利用率不足 50%，低于全国平均水平。中东部平原地区夏季灾害性降水频发，若排水不及时，极易发生洪涝。鄂西南山区降水量充足，但山地蓄水能力差，鄂西北二高山和丘陵岗地夏秋季易发生短期旱情。

（二）化肥农药使用量偏高

和我国目前情况一样，湖北省果树、蔬菜的化肥使用量整体偏高，蔬菜已达到每公顷 365kg。湖北省蔬菜生产长期以来同样面临偏施化肥轻有机肥、过量施肥的现状。以高山蔬菜为例，研究表明高山大白菜、辣椒、萝卜和甘蓝的每亩施氮量分别达到了 20kg、23.4kg、13.5kg 和 11.1kg，化肥施肥水平明显偏高，致使生产成本居高不下，且不利于产量和品质。近几年的调查发现，施肥方式和观念正在逐年变化，从过去单纯注重施氮肥向注重施用硼、镁肥转变，从单纯使用化肥向注重施用有机肥转变，测土配方施肥推广迅速，农户从过去依靠单质肥料向使用复合肥转变，施用比例达到 94%以上，但恩施地区使用商品有机肥的农户比例低的仅为 4.9%，农家肥资源逐渐减少。

农药使用量逐年上升。经过多年管控，禁用的高毒高残留农药已杜绝，农民用药安全意识有所提高，85%的农户在买药时既注重药效又注意毒性。但受病虫害耐药性增加、连作障碍及利益驱动影响，蔬菜用药量和用药成本仍不断上升。以番茄为例，每亩用药成本最高已达 1000～1500 元。农户识别病虫害能力差，盲目用药情况普遍存在。调查发现，超过一半的农户根据自己用药经验选药，30%的农户通过模仿他人用药方式而用药。此外，重治病轻防虫、安全防范意识差、产品农残超标等问题也普遍存在。生物农药虽已开始受到关注，但推广使用范围十分有限。

（三）菜田废弃物、农膜无害化处理率低

目前我国农作物秸秆的综合利用率约为 76%，其中主要为粮食作物秸秆，菜田废弃物的有效利用更低。湖北蔬菜废弃物以废菜残体和不合格蔬菜产品为主，多以自然堆放在地头自然干枯腐烂的方式处理，不合格产品随意丢弃倾倒现象普遍。尤其菜价低迷年，因不合商品规格或滞销而浪费的蔬菜达数百万吨，腐烂后成为病虫害滋生传播的重要来源和点源污染源。

农膜污染也呈现逐年增加趋势，其中地膜污染最为严重。目前湖北省蔬菜生产中多采用厚度为 0.004～0.008mm 的非降解膜，以 0.006mm 膜使用量最大，使用寿命短，揭膜时易破难以回收，加之无相关政策扶持，回收利用率不足 30%，且废旧地膜堆通常做焚烧或掩埋处理，造成大量面源污染。进入土壤中的废旧地膜自然降解缓慢，一方面，会直接破坏土壤结构，降低耕地质量，有毒物质析出后直接污染地下水质；另一方面，残膜直接影响作物根系发育及分布，阻碍作物的养分吸收。此外，焚烧农膜会产生大量有毒有害气体，造成环境的二次污染，且残膜碎片易被风力转移，影响环境卫生。

(四)畜禽养殖粪便资源化利用潜力大

我国畜禽粪便产生量已超过工业固体废弃物产生总量,据估算,2020年全国畜禽粪便的产生量将达到42.44亿吨,约有60%的养殖场缺乏必要的污染防治措施,养殖粪水对流域水体氮富营养化的贡献率高达10%～30%。湖北省2013年畜禽规模养殖的氨氮排放量约为3.02万吨,粪水排放量大,受生产条件和成本限制,绝大多数养殖场走的是"处理-排放"的方式,众多小型养殖场甚至未经充分处理就排放,将畜禽粪便作为资源加工利用的仅为少数,长期以来种植业和养殖业相互分离的特点明显,资源化利用潜力巨大。

二、湖北蔬菜健康生产"一控两减三基本"技术模式

针对蔬菜生产中的诸多问题,结合各地蔬菜生产中的有益经验,我们经多年探索摸索出了一套蔬菜"一控两减三基本"的技术模式,通过对现有蔬菜生产方式的改进,最终达到兼顾节支增收和环境保护的目的,同时实现蔬菜生产过程和产品的健康。

(一)蔬菜生产水资源利用技术

设施蔬菜产区结合微滴微喷节水灌溉技术和水肥一体化技术实现精准用水用肥;在鄂西及鄂北山区采用在高处林边修建简易的蓄水池收集降水和地表径流,并利用地形自然落差产生的水压,在干旱季节对坡下蔬菜作物进行微灌,可有效达到聚雨抗灌的目的,结合地膜覆盖、微蓄微灌技术种植蔬菜,提高山区水资源利用效率。

(二)蔬菜生产化肥农药减量技术

1. 施用有机肥部分替代化肥

施用有机肥可有效改善土壤结构,同时有机肥养分全面,经过微生物分解能释放植物所需的各种矿质元素,促进平衡营养、改善产品品质。采取有机无机肥配合使用,可明显提高肥料的利用效率,对改良和保护土壤具有重要意义。研究表明,每亩地施用1000kg有机肥,可在不影响产量同时减少化学肥料30%的使用量。在目前农家肥资源逐渐减少的背景下,应引导农民使用商品有机肥。

2. 推广水肥一体化、精准施肥减少化肥用量

设施蔬菜生产应推广水肥一体化技术,结合水肥膜下滴灌或雾喷的方式施入液态冲施肥、微肥等,可达到精准施肥的效果。膜下滴灌措施,能将作物所需的养分和水分直接输送到作物的根部。同时,根据干旱情况控制灌水量,使湿润范围仅限于根系分布区域,减少水分蒸发和土壤深层渗漏,提高肥料利用率,从而达到节水、节肥的目的,降低大棚内的湿度,改善作物微环境,降低病害发生,同时节省劳动力。

3. 使用功能微生物减肥减药

利用专用功能微生物,帮助转化分解释放土壤中的有效磷、有效钾,可提高肥料利用率,使有机肥和化肥的肥效更充分发挥,进而减少施肥量。同时,功能微生物可改善土壤微生物群落结构,通过拌入有机肥或膜下喷滴灌的方式施入,可有效拮抗有害微生物,降低土传病害,起到促生抗逆、减轻连作障碍、控制病害发生的作用,有效减少化学农药用量。

多年试验表明,将专用功能微生物加入有机肥和育苗基质的种植方式,对预防缓解十字花科高山蔬菜根肿病效果明显,可有效降低大白菜、甘蓝病情指数50%以上。设施蔬菜生产中,在蔬菜种植前,将功能微生物、粉碎的秸秆和豆粕等混匀,深翻入土壤并喷水浸湿土壤,然后覆盖地膜并封闭大棚,通过高温闷棚和发酵产生的高温,以及功能微生物直接杀菌的联合作用,能在一定程度上修复连作的土壤。通过该方法处理因连作导致茄果类青枯病和瓜类枯萎病高发的菜田,能使下茬新种植的番茄和西瓜的发病率控制在5%以下。

4. 病虫害"五层防御系统"减少化学农药使用量

通过采用以生态、农业防治为基础，配合使用生物、物理防治的措施，可实现病虫害的绿色防控，大幅减少化学农药使用量。经过多年研究设计出一套蔬菜病虫害"五层防御系统"，具体内容如下。

(1) 生态隔离防御：通过营造产地周边适宜蔬菜生长而不利于病虫害发生的生态因子环境，达到防御病虫害发生的目的，如高山蔬菜的不同海拔、不连片种植，利用山地沟岛效应，水旱轮作，伴生栽培方式等。

(2) 物理隔离防御：通过网膜物理隔离，可有效控制迁飞性害虫及雨传病害的传播。如高山茄果类蔬菜的避雨栽培，配合使用防虫网、杀虫灯、粘虫板、反光膜等生产技术。

(3) 农艺措施防御：通过采用抗病蔬菜品种及农业栽培技术来有效控制或减轻病虫害的发生，包括利用抗病抗虫抗逆品种、轮作换茬、间作套种、冬凌夏炕、高温闷棚、宽行密植、深沟高畦、田园清洁等农艺措施。

(4) 生物防治：通过天敌昆虫、性引诱剂来控制害虫的发生，以及通过有益微生物和植物源农药拮抗有害微生物来控制病害。

(5) 化学防治：必要时通过限量使用安全的化学农药来控制病虫害的大量发生。

(三) 蔬菜废弃物、畜禽粪便、菜田残膜资源化利用技术

1. 菜田秸秆、蔬菜残次体生物转化循环再利用

目前已研制出在多种温度范围条件下，就地转化利用蔬菜废弃物的专用微生物菌剂，可快速降解蔬菜残次体。以高山蔬菜残次体为例，通过人为添加嗜低温细菌群、放线菌群和真菌群三类菌群的菌粉作为发酵原料进行堆肥发酵，适合于高山蔬菜废弃物的快速降解。发酵过程中产生的高温也可杀死内部病菌及虫卵，抑制病原菌的扩散。通过调整三类菌群的比例以适应不同蔬菜废弃物种类，可在 9～16 天内将废弃物转变为腐熟有机肥料。

湖北是食用菌生产大省，每年香菇出菇后的废弃菌袋数量较大，内含的菇渣是已经微生物分解的优质碳源，利用专用微生物对废弃菇渣进行二次发酵，可转化为优良有机肥。

2. 畜禽粪便生物转化综合再利用

畜禽类便中过量的钠盐、钾盐通过反聚作用会造成土壤结构破坏，并造成土壤的重金属污染。传统的沼气池处理方式目前尚无法很好解决，且发酵过程受环境条件影响大，沼气产量不稳定，产生的沼液沼渣不便于运输保存利用，形成新的二次污染物。高效蝇蛆生物转化综合利用技术为畜禽粪便处理利用提供了一种全新途径。利用专用蝇蛆在工厂化控制条件下投入畜禽粪便转化池内饲养转化，成虫经分离后可制成活性蛋白免疫增强剂或畜禽鱼饲料，剩余残留物及蝇蛆粪便可生产为优质有机肥。该方式下畜禽粪便的处理周期仅为 3～4 天，粪量减容率达 45.5%，过程稳定可控，粪便腐熟彻底，零污染，可实现养殖场粪便100%利用率。形成的有机肥中全磷、全钾和速效磷含量显著增高，可作为蔬菜生产优良有机肥源。

3. 农膜无害化处理

湖北蔬菜生产中已大规模使用农膜、地膜，在增加蔬菜产量的同时也带来了废旧农膜污染问题。长期以来，受群众的环保意识不强、回收利用技术落后、配套政策不到位等因素制约，农膜的无害化处理率较低。目前，废旧农膜再生加工技术正日渐成熟，配套专用捡拾设备可使农膜的回收利用效率大为提高。应通过回收加工企业的布点和带动，加上政府给予一定的优惠政策，采取"以奖代补"等方式，可建立起完善的农膜回收加工网络。此外，在加强回收利用的同时，禁止使用厚度在 0.008mm 以下的超薄地膜，积极倡导应用环保型可控降解地膜，如生物降解膜和光降解膜等，能够有效降低残膜捡拾强度。研究表明，目前的全生物降解地膜均能适应蔬菜农艺操作要求，且对作物的保温性和增产效果与普通地膜接近，应用前景广泛。

（陈磊夫　邱正明　刘志雄　闵　勇　赵书军　矫振彪　焦忠久）

第十一节　鄂西山区高山蔬菜生态育苗技术

夏季反季节高山蔬菜生产对缓解秋淡市场供应发挥了重要的作用。高山菜区小气候千差万别，山谷、山坡(阴坡、阳坡)、山顶气候变化多样，高山气象因子与耕作密切相关，掌握耕作制度适应不同的复杂气候至关重要。农谚说"苗好一半收"说明培育壮苗是获得优质高产的基础。蔬菜壮苗的主要特征是生长势强、茎干粗、节间短，叶片较大而厚、叶色浓绿，根系发达，须根多且粗，无病虫害、无损伤等。这样的壮苗定植后无缓苗期，抗逆力强，可提早定植，产量高。湖北鄂西高山大宗蔬菜主要是萝卜、大白菜、甘蓝、番茄、辣椒这几种作物，除萝卜采用直播，其余作物一般采用育苗，现介绍几种高山大宗蔬菜育苗技术。

一、不同作物种类适宜海拔及播期选择

不同海拔高度的山区，气候条件不同，一般海拔每升高100m，气温降低约0.6℃。不同海拔适合种植的蔬菜结构不同，番茄、辣椒等喜温作物适宜二高山低海拔地区，大白菜、甘蓝、萝卜喜凉性作物适宜高山高海拔地区。鄂西山区番茄适宜在800～1500m区域种植，辣椒适宜在800～1600m区域种植，大白菜适宜在1200～2200m区域种植，甘蓝适宜在1200～1800m区域种植。

同种作物海拔不同，适宜的播种期也不同。海拔越低，开春后化冻的时间越早，作物适播时间可提早，生育期稍短，上市期也相应提早。高山种植采用梯度排开播种技术：同一作物在不同海拔可以梯度排开播种；同一作物在同一海拔也可错开播种，分期收获，错开上市高峰，延长上市期，均衡市场供应。作物早播时机非常重要，有些农户为了抢早播种抢早上市，导致一些易受低温影响的十字花科蔬菜如大白菜、萝卜经过春化出现先期抽薹现象，失去商品价值。表8-29列举了几种大宗蔬菜育苗参考值，农户可根据本地地理气候条件，结合作物生长发育对环境条件的要求、上市期及市场需求等因子综合分析，加以选择。

表8-29　几种大宗蔬菜育苗参考一览表

种类	海拔/m	播种期(月/日)	苗龄/d	用种量/g		推荐品种
大白菜	1600以上	5/15～7/20	12～20	25～30		
	1200～1600	4/15～8/10	12～20			山地王二号、吉祥如意
	800～1200	3月至5月上旬 8月中旬至9月中旬	12～20			
甘蓝	1600以上	4～7月	30	25～30		
	1200～1600	3～7月	30			京丰1号
	800～1200	2～7月	30～40			
辣椒	1200～1600				青椒	楚佳佳美、新福椒4号、高山薄皮王(芜湖椒)、苏椒、杭椒、四季青王、本地小广椒、华椒8号、早杂2号
		3月至5月上旬(一般3月至4月下旬)			红椒	鄂红椒108、中椒6号、华椒6号、红秀、92-2椒、川椒1号、川椒2号
			40～50	30～35	青红两用	汴椒、砀椒、湘研3号
	800～1200	2月中旬至5月上旬(一般2月中旬至3月下)			线椒	红秀8号、辣丰3号、辣丰4号、辣丰6号、盛世美玉
		5月中旬至6月上旬				
番茄	1200～1500	3月中下旬至4月上旬			粉果	金粉钻、粉瑞达、洛美、海星1108、中蔬5号、中蔬8号、中蔬9号、戴粉、芬里娜、毛粉802、本地绿枝等
		2月中旬至3月上旬	40～50	20～25		
	800～1200	5月中至6月上旬	30～40		大红果	戴蒙德、瑞菲、以色列9098、海尼拉、鸿福4号、天福518、上海合作908、上海合作903、上海合作1041

二、营养土的配制及消毒

营养土是幼苗生长发育的基础，优质的培养土能为蔬菜幼苗生长创造良好的生长环境，保证苗粗壮、提高抗病性。营养土的要求是：疏松肥沃，营养均衡，有较强的保水性，透水性，通气性好，无病菌虫卵及杂草种子，土壤中性或微酸性。

(一)营养土的配制

配制营养土可因地制宜、就地取材进行配制，基本材料是园土、腐熟有机肥、火粪等。园土应选择 2～3 年未种过同科蔬菜的较疏松肥沃的耕作层，以种过豆类或葱蒜类蔬菜的土壤最好。有机肥可以是猪沼粪厩肥、人粪尿等，所有有机肥必须经过充分腐熟后才可用。火粪土是高山育苗的上乘之选。火粪土质地疏松，色黑，无杂菌、杂草，无病虫害，有机质丰富，非常适合作育苗基质。火粪土制作方法：冬闲季节或开春，选择一块地准备烧火粪用，约 3m×3m 见方一堆，先按同一方向按 20cm 间距挖约 10cm 宽的沟漕作为通风口，然后收集周围杂木、杂草等，1.5～2m 长杂枝捆成堆，8～9 捆横竖架在沟漕上方堆成梯形大堆，枝条根头在外面，稍朝里，每堆上面覆约 350kg 细土层，点燃草捆堆两边外围燃烧，2～3 天后火粪土烧制而成，3～4 天后可过筛堆放，特别是等下雪冰冻，直至 3 月开春冰雪融化后取出来过筛，粗细火粪土分开使用，经过高温和冰冻后，火粪土质地更好。配制营养土时还要加入占营养土总质量 2% 的过磷酸钙。将所有材料充分搅拌均匀，再把营养土的酸碱度(pH)调至蔬菜适宜的 pH，一般为 6.5～7.0，若过酸，可用石灰调整。

下面介绍几种高山常见营养土配方：

配方 1:火粪土加细猪沼粪，加 2%磷肥拌匀，浇足粪水，然后覆膜，经 20～30 天堆制发酵即可使用。

配方 2：火粪土：细猪沼粪：园土=1：1：0.5，加 2%磷肥，将上述成分充分混合均匀，浇水覆膜，配制培养土要经 20～30 天堆制发酵。每亩大田用营养钵约需苗床火粪 200kg、细猪沼粪 200kg、园土 100kg、磷肥 7.5～10kg。

配方 3：园土与充分腐熟的有机肥按 3：1 的比例，加钙镁磷肥(或过磷酸钙)0.2%、复合肥料 0.3%配制而成，充分拌匀。

(二)营养土消毒

在堆制营养土时，用 37%福尔马林 100 倍液喷洒于营养土上，然后用塑料薄膜盖严实。在播种前 15～20 天左右，翻开营养土堆，然后每 1000kg 营养土掺 50g 托布津或 80g 多菌灵加 2.5%敌百虫 60g 拌混均匀，以杀灭营养土中的病菌和虫卵。

三、种子处理

采用种子处理后可提高发芽率、发芽势及整齐度，并可杀死大部分附着在种子上的病菌，减少植株病害的发生。种子处理方法如下。

(一)种子消毒

种子于播种前在太阳光下曝晒 1～2 天进行种子消毒。常用的其他种子消毒方法有如下几种。

1. 温汤浸种消毒法

用 55℃温水浸种 15～30min，水量为种子体积的 6 倍，并不断搅动。取出后立即用凉水冷却，并洗净附着在种皮上的黏液物质。浸种能提高种子的发芽率并使种子发芽整齐。

2. 药液浸种消毒法

先将种子用清水浸泡 1～2h，再将种子浸到一定浓度的药液中，浸种一定时间，然后取出洗净至无药味，再进行清水浸种。

(1)防真菌性病害：40%福尔马林 100 倍液，或用 72%霜脲锰锌 600 倍液浸种 2h 后，清水冲洗干净播种，或用 70%甲基托布津可湿性粉+50%福美双可湿粉(1∶1)按种子质量的 0.3%拌种。可防治猝倒病、立枯病、炭疽病、枯萎病、黑斑病、叶霉病等。

(2)防细菌性病害：中生菌素 600 倍液浸种 3h，或用次氯酸钠 300 倍液浸种 30～60min，捞出后冲洗干净催芽播种。可防治细菌性角斑病、软腐病、黑腐病等；把辣(甜)椒种子放入 1%硫酸铜水溶液(硫酸铜 1 份、水 99 份)中处理 5min 可防治细菌性斑点病。

(3)防种传病毒病：用 10%磷酸三钠，或 2%氢氧化钠水溶液，或 0.1%高锰酸钾水溶液浸种 15min，捞出后用清水冲洗干净催芽，可防治病毒病。

(二) 浸种催芽

浸种催芽是使种子充分吸水，并在适宜的温度条件下，促进种子迅速、整齐发芽的有效措施。番茄、辣椒浸种时间 4～8h，大白菜、甘蓝浸种时间 1～2h，在浸种结束后，要用清水把种子外面黏附的黏液洗净，然后种子用湿纱布或湿毛巾包好，外面再用薄的保鲜膜袋包裹保湿，或装入扎孔的粘胶袋中保湿，然后进行催芽。

催芽可用恒温箱法、电灯泡法、人体温法、电热毯中温催芽等，一般番茄适宜发芽温度 25～28℃，辣椒适宜发芽温度 28～30℃，甘蓝、大白菜温度保持在 20～25℃，在种子催芽过程中，注意每天要翻动种子和用温水冲洗 2～3 次，使种子充分得到氧气和均匀受热并满足其对水分的需要。当种子有 70%露白时，应及时播种。

四、选择适用的育苗方式

作物育苗方式有苗床育苗、营养钵育苗、穴盘育苗、营养块育苗，还有苗床厢面切块育苗，生产中应用较多是用苗床育苗和营养钵育苗。不同地区不同作物因地制宜选择不同的育苗方式。也可以结合起来使用，如茄果类蔬菜种子先播种于苗床上，然后假植于营养钵内。

1. 苗床育苗

适用甘蓝、番茄、辣椒。苗床冬季下雪之前进行深翻，大雪冬瘵后有利于消灭杂草和病虫害，让土壤变得疏松。用地时翻耕晒地，耙平，苗床按 1.2m 宽为宜，长度根据需要确定。播种时畦面要整平耙细，并充分浇水，使苗床 8～10cm 土层达到饱和状态。在畦上铺备好的营养土，厚度约为 5cm，然后将已浸种催芽的种子与细土轻轻混匀，均匀撒播，播后覆盖细营养土 0.5cm 左右。另外一种苗床育苗的方法是选好苗床耙平后，在底部撒一层薄薄的过磷酸钙，再铺上一层厚约 5cm 以上过筛的粗的火粪土，再在上面铺一层细的火粪土，然后浇透水，播种后再盖细火粪土。

2. 营养钵育苗

适用于大白菜、甘蓝、番茄、辣椒作物。高山较多应用于大白菜。营养钵按其所用材料分为纸杯、硬塑杯、塑料薄膜袋、塑料薄膜筒(无底)、泥钵等几种。应用较多的是自制泥钵，制钵前一天在营养土上泼清水，使营养土湿度为土壤田间最大持水量的 80%，调配好营养土在水分适中时(手握成团，松之即散)即可制钵。制钵器有单孔、双孔、三孔、多孔不同类型及不同口径大小规格。不同种类作物宜选用不同规格的制钵器。大白菜一般选用直径 3.4～4.0cm、钵高 5.0～5.3cm 的制钵器制钵。也有的采用徒手捏钵。边制钵边摆放在苗床上成厢，一般每亩大白菜用苗 3600 株、番茄 2200 株、辣椒 4400 株，增加备用苗。一个营养钵播一粒种子，种子播种完后盖细营养土，达到钵与钵之间无间隙，钵凹盖平，钵面外露，用土将苗床四周培实保湿，防止风干，盖好膜，疏通周围沟路，然后用喷雾器均匀喷水。

3. 穴盘育苗

适用于大白菜、甘蓝、番茄、辣椒，对于稀贵种子采用穴盘育苗。穴盘育苗的优点是节省用种，病虫害少，利于培育壮苗，运输轻便，移植不伤根，定植后容易成活，全田生长整齐一致。缺点是有些基质容易干，每天要浇水揭盖膜，操作起来不方便，对于用水紧张的山区不太实用，可改良些保水的基质后使用。穴盘有 50 孔、72 孔、128 孔等不同规格，一般番茄、辣椒采 72 孔，甘蓝、大白菜采用 128 孔。利用穴盘育苗介质一般用轻型基质，可以直接购买蔬菜专用育苗介质，如农友种苗公司的蔬菜育苗专用基质壮苗一号，也可自行调配，用腐熟有机肥、泥炭土和珍珠岩按 1：6：3；或用泥炭土：椰丝：珍珠岩按 6：3：1 充分混合作为基质。所用泥炭过酸时，可根据实际情况酌情加石灰或草木灰来调节酸碱度。如感到肥力不足可添加 1%复合肥，喷水至基质充分搅拌湿润，填充于穴盘。每穴播 1 粒种子，覆盖 0.5cm 厚基质，喷水压实。在移栽田间前几天要移动穴盘断根，让植株伤口愈合后定植。

4. 营养块育苗

可用于大白菜、甘蓝、番茄、辣椒。商品营养块从市场直接购入，营养块腐殖质多，有机营养成分丰富、全面，但成本高，搬运费工，目前使用较少。营养块育苗方法是选择一块水平的苗床地，凿一个宽 1.3m 的长方形浅池，池深约 8cm，苗床底部压实整平，苗床不平会影响后期水分管理，造成苗势不齐。苗床上铺一层地膜，然后把营养块以适宜的间距整齐摆进苗床薄膜上，块距≥1cm 以便营养块吸水后膨胀扩展，扩展后刚好布满厢面。播种前 4～8h 从苗床边缘用小水流缓慢灌水到淹没块体，直到营养块完全疏松膨胀后，在底部的地膜上适当扎些针孔，让多余的水分渗出无积水。准备完毕可以在营养块的凹槽中播种。每穴 1 粒种子，播种完后盖无菌细土。以后补水用小水流从床边沿缓慢向底部灌水，使水分自下而上渗入块体。

5. 苗床厢面切块育苗

可用于大白菜、甘蓝、番茄、辣椒。此法制作简单方便，但切块容易板结，影响根系发育。可适当掺些有机质改良后使用。厢面切块制作方法：选择适合作为苗床的地块，除去杂草，4～5 天后可开始整苗床，按宽 1.2m、长 8m 拉线制作成一个苗床用地，除去厢表面一层带杂物的土层，然后刨一层厚约 15cm 细土，制成分散的几个土堆，撒 2%过磷酸钙翻堆和匀，在稀粪水里掺和 500 倍液的敌克松浇泼在土堆上翻和成润湿状，然后用锄头耙平填充在苗床池内，再用泥刀抹平。用 4cm 宽的竹排架盖在苗床上，用刀在竹排缝中横向划线，再改变竹排方向，再划纵线，苗床成为一个个小方块，然后播种种子，盖干细营养土，上盖薄层锯木屑保湿，搭拱形架盖膜，盖遮阳网。

五、苗床的制作及育苗管理

(一)苗床制作及小拱棚覆盖播种

苗床应选择未种过同科作物、地势高燥、水源方便、排水良好、土壤疏松肥沃、杂草较少、管理方便、向阳通风地块。高山早春低温期育苗选在避风向阳处，后期高温期育苗选在遮阴处。春季作苗床用地时清除杂草，耕整耙平，按 1.2m 宽整厢，厢长不要超 8m，以免小拱棚内通风散热不好高温熏苗。不同地区选用不同苗床制作方式，高山地区雨水较多，苗床一般以深沟高厢育苗为好，厢沟深 15cm；二高山地区较干旱，一般采用凹床，可保温保湿，整好后的苗床比四周的地面稍低或相平。

高山地区 3～8 月在不同的海拔有不同的作物播种育苗，育苗期间应根据不同蔬菜幼苗生长发育的特点对育苗温度进行适当调控，注意防止前期低温冻害、后期高温烤苗。

选择适宜的育苗方式。番茄、辣椒、甘蓝一般采用苗床育苗，大白菜采用营养钵育苗。采用营养钵育苗和苗床育苗时，在摆钵或撒营养土前每亩苗床用 50%辛硫磷乳油 200mL 拌细土 30kg 撒施至苗床，防治地下害虫。摆钵或铺营养土后，苗床浇透水播种，播种完后盖一层细土，用多菌灵或百菌清喷雾杀菌。高山地区早春 3～5 月气温较低，待播种完毕，床土表面盖报纸或铺地膜，然后苗床用 2m 长的细竹条插拱形棚架，两头拱形架架低些，约 20cm 高。铺 2m 宽的薄薄膜四周封严密封，必要时还要外加草垫等防寒设施，保温保湿，促进种子迅速出苗。一般大白菜，甘蓝 3 天出苗，番茄、辣椒 7～15 天出苗，当 70%幼苗出土时，及时揭去床土面上的报纸或地膜。高山地区 6～8 月气温较高，待播种完毕后插拱形棚架铺薄塑料薄膜四周封严后，还需加盖遮阳网降温保湿。此期温度高，种子出苗更快，当 70%幼苗出土时及时除去遮阳网。

(二)育苗期温度和水肥管理

根据幼苗生长情况和天气情况,通过塑料小拱棚揭膜通风或薄膜覆盖调节。高山地区早晚温度相差较大,在白天温度高时,及时揭开小拱棚两头的低架薄膜或在边膜上支起 2 个小孔,进行通风降温,必要时加盖遮阳网,防止高温伤苗;傍晚或下午时要覆盖好薄膜保温,防止晚间低温冻苗;在遇到特寒冷天气时,还需要加盖草帘或再加盖一层薄膜保温,以防冻害。在中后期揭去薄膜不再覆盖。也可以通过控制苗床浇水量、选择适宜覆盖材料和进行通风换气等途径调节苗床湿度。幼苗出齐后,保持苗床见干见湿。高山育苗前期有薄膜覆盖保湿,两头低架揭开时,蒸发的水分大部分回流到苗床内,一般很少浇水,避免了经常浇水苗床板结。当苗床湿度较大时,掀卷起苗床两头低架处和边膜支起 2 个小孔处的塑胶布透风,适当降低苗床湿度;苗床表面见白时要补充水分,夏季高温育苗要在早晚浇水。阴雨天全覆盖薄膜,防止暴雨冲击幼苗。育苗中后期适当补充养分以防止脱肥,高山沼气液是很好的叶面肥。叶面浇 30%稀沼气液然后再喷清水冲洗,也可用 0.3%～0.5%复合肥水溶液及用 0.2%磷酸二氢钾水溶液根外追肥。

(三)防徒长

当密度太大、水分太多、氮肥偏多、光照不足(遮阴时间过长)和温度过高时,尤其是夜间温度过高会导致呼吸消耗养分多等易造成植株徒长形成高脚苗,高脚苗抗性差、成活慢、生育期长,影响产量和商品性。

预防徒长的措施除了要少施氮肥增施磷钾肥外,还要注意播种密度不要太大,幼苗子叶展开后,及时间苗,去掉病弱苗,使枝叶不相互重叠。控制水分,揭膜加大通风,增强光照强度,同时可喷 50%矮壮素 2000～2500 倍液来抑制。矮壮素还能增强秧苗的抗寒性和抗病能力,注意浓度不能过大,否则易引起菜苗老化。

(四)防止僵苗

蔬菜在育苗过程中,若生长发育受到过分抑制,就会形成茎细、叶小、根少、新根不易发生、定植后生长慢的僵苗,生产上必须加以预防。可采用维持较为适宜的土壤湿度;保持较高的土壤温度;将大小苗分别管理,为弱小苗提供充足的水分和养分;尽量使幼苗多照光,促进幼苗的光合作用,保持良好的生长势;用 0.01～0.03mg/L 的赤霉素喷洒植株幼苗,可明显促其生长。

(五)炼苗

定植前 7～10 天需开始炼苗。进行耐低温或高温、干旱锻炼,适当控水、通风处理,掀起小拱棚上覆盖物,使幼苗尽快适应露地环境。采用穴盘育苗的移动穴盘断根,把穴盘移至露地炼几天再定植。

(六)定植前喷药

不同作物苗龄不同,大白菜苗龄 12～20 天,甘蓝苗龄 30 天左右,茄果类 40～50 天苗龄,定植前用 10%高效氯氰菊酯(歼灭)乳油 2000 倍液和 70%代森锰锌可湿性粉剂 500～800 倍液、72%农用链霉素 3000 倍液等杀虫杀菌剂喷苗床及已起苗的植株根部,可有效减少定植后病虫害发生。

六、病虫害防治

高山蔬菜栽培必须重视蔬菜病虫害综合防治工作,否则会影响蔬菜产量、生育期及商品性。坚持"预防为主,综合防治"的植保方针,因地制宜,优先采用农业、物理防治,推广生物防治,合理使用化学防治。蔬菜病虫害农业防治包括:选择抗病品种、种子、苗床消毒,温度水分管理等。苗期主要病害有猝倒病、立枯病、霜霉病、灰霉病、病毒病等,主要虫害有地下害虫、跳甲、蚜虫、小菜蛾、棉铃虫、蜗牛、蛞蝓等。推荐育苗管理中每周进行一次药剂防治处理。

(1)猝倒病、立枯病:采用 64%杀毒矾可湿性粉剂 500 倍液,或 15%恶霉灵水剂 450 倍液,或 38%福-

甲霜可湿性粉剂 600 倍液喷雾。

(2)霜霉病：用代森锰锌可湿性粉剂 600～800 倍液，或 64%杀毒矾可湿性粉剂 500 倍液，或 72%克露可湿性粉剂 600 倍液，或 25%瑞毒霉 800 倍液喷雾。

(3)灰霉病：用 50%速克灵 1000 倍液，或 25%嘧霉胺 600～700 倍液，或 50%腐霉利可湿性粉剂 1500 倍液，或 25%啶菌恶唑 3000 倍液喷雾。

(4)病毒病：用 1.5%植病灵 2 号乳油 1000 倍液防治。

(5)地下害虫(地老虎、蛴螬、金针虫)：用 50%辛硫磷 800 倍液浇灌防治。

(6)跳甲：用 4.5%瓢甲敌乳油 1500 倍液，或 4.5%高效氯氰菊酯 2000 倍液防治。

(7)蚜虫：用辟蚜雾(成分为抗蚜威)50%可湿性粉剂 1000 倍液，或 10%吡虫啉可湿性粉剂 1500 倍液防治。

(8)小菜蛾、棉铃虫：用 16 000IU/mg Bt 可湿性粉剂 1500 倍液，或 1.8%的阿维菌素乳油 2000～2500 倍液，或 10%氯氰菊酯乳油 2000 倍液，或用安打 3000 倍液喷雾。

(9)蜗牛、蛞蝓：用 6%四聚乙醛(密达)，或 6%灭蜗灵，或蜗特颗粒诱剂每亩 0.5kg 撒到菜株附近。

(朱凤娟　邱正明　聂启军　邓晓辉)

第十二节　湖北省长阳土家族自治县高山蔬菜基地生态保护管理办法

自 1986 年开始长阳土家族自治县(简称长阳县)高山蔬菜起步发展，到 2013 年全县高山蔬菜播种面积达到 50 万亩，基地面积 30 万亩，商品产量逾 110 万吨，年产值达到 10 亿元(含加工增值)。长阳高山蔬菜基地在满足城市居民夏秋淡季蔬菜供应和本地高山地区农民增收、加快新农村建设方面发挥了重要作用。长阳县是全国高山蔬菜发源地和主产地之一，发展高山蔬菜历史最悠久，高山蔬菜产业化程度较高，但发展过程中也暴露出一些问题，需要逐步解决。为进一步提升长阳在全国同类产业竞争力，保障高山蔬菜产业可持续发展，做大做强长阳县高山蔬菜产业，结合长阳县实际，现制定《长阳土家族自治县高山蔬菜基地生态保护管理办法》。

一、总则

第一条　为了加强高山蔬菜基地的建设和管理，保护高山生态环境及高山蔬菜产业的可持续发展，根据国家、省、市有关要求和规定，结合本县实际情况，制定本办法。

第二条　本办法所称高山蔬菜基地，是指海拔 800～2000m，以种植蔬菜为主的农业生产基地。

第三条　本县各蔬菜生产基地应本着珍惜和保护性合理使用高山土地资源的精神，重视山区生态环境保护与高山蔬菜产业的可持续发展并重的发展方式，全面规划，加强管理。

二、高山蔬菜基地的开发和建设要求

第四条　对于新建高山蔬菜基地，须以业主为单位建立基地档案，禁止毁林开荒发展蔬菜基地，林下发展高山蔬菜须报县级林业及有关部门审批。

第五条　农用地新建高山蔬菜基地选址应符合以下要求：

(一)海拔高度：喜温及耐热的茄果类、豆类和瓜类蔬菜以 800～1400m 为宜；喜冷凉十字花科及叶菜类蔬菜以 1400～2000m 为宜。

(二)坡度：所有基地坡度应小于 25°，100 亩以上的基地应小于 20°。

(三)耕作层厚度：20cm 以上。

(四)植被：基地及周边 1 万亩范围内的森林覆盖率不低于 40%。

第六条　对于 100 亩以上连片的新建的高山蔬菜基地，要求以业主为单位报县农业局登记建档。

第七条　对现已建的高山蔬菜基地，以村为单位分户建档登记，由县农业局蔬菜办公室归档管理。

第八条　有以下情况的已建基地应退耕还林还草，或改种适宜的经济林木：

（一）坡度大于 25°。

（二）耕地内出现石漠化。

第九条　有以下情况的已建基地应实行休耕：

（一）土壤有机质低于 1%。

（二）土壤酸碱度（pH）小于 4.5。

（三）重金属及土壤农残超标（《土壤环境标准》GB15618—2008）。

三、高山蔬菜基地投入品管理

第十条　基地生产供种必须是使用具备种子生产许可证、种子质量合格证及检疫证明的种子。

第十一条　必须严格按照国标 GB/T8321.1—8321.7《农药合理使用准则》和 GB4285—89《农药安全使用标准》使用农药。

第十二条　提倡平衡施肥，推广测土配方施肥，有机肥须经无害化处理。

第十三条　严禁使用未通过引种试验的种子，剧毒、高残留的农药，利用垃圾、污泥、工业废渣生产和未经无害化处理的有机肥料，及不符合相关标准的其他肥料。

四、提倡推广应用高山蔬菜生产技术

第十四条　提倡安全用肥用药，可采用下列技术措施：

（一）施肥以有机肥为主，化肥为辅，每亩施用农家肥 1500～2000kg 或商品有机肥 200～300kg，氮、磷、钾复合肥 100～120kg，施用化肥以复合肥为主，单元素肥料为辅，并做好使用记录，提倡进行土壤调酸补钙，秸秆还田，推广种植绿肥。

（二）积极采用农业措施、物理和生物防治措施进行病虫害综合防控，减少化学农药的使用，提倡使用生物农药；科学使用农药，及时做好农药使用田间记录，配合农药检测部门和管理部门严格防止农产品农药残留超标。

第十五条　提倡沟厢改造与生物护埂，可采用下列技术措施：

（一）种植畦面起垄方向应与顺坡方向保持 5°～45°夹角，减缓地表径流冲刷作用。

（二）坡田每隔 20～30m 开一条 20～40cm 宽的排水腰沟，排水沟水平斜角 15°～20°，田块坡度越大斜向角度越小。排水沟下方借原土修筑 40cm 以上土坎，田块过大也可反向垂直开挖一条排水主沟并同时建筑主土坎。

（三）坡田沿等高线，修筑高 20～40cm、宽 30～50cm 的土坎，土坎上种植护埂植物形成生物埂坎。15°以上的坡田生物梗坎间距不超过 30m；15°以下的 30～50m。

（四）生物埂坎植物应根据海拔及坡度选择适宜种类种植，以固土能力强、具有经济价值的种类为优。

第十六条　提倡避雨栽培与聚雨灌溉，可采用下列技术措施：

（一）种植畦面尽量采用地膜覆盖，提倡使用生物降解膜或光降解膜，或用农作物秸秆、青草等覆盖物进行替代。

（二）推广避雨凉棚栽培，即采用顶面覆盖，周边敞开式大棚，棚内铺设滴灌系统的栽培方式。

（三）在易发生干旱的高山蔬菜基地可借用种植基地上方林地作为集雨场，修建导水沟和水窖蓄水，下方种植基地配滴灌系统，每 50 亩配置一个 100～300m³ 的储水池，借助重力进行滴灌。

第十七条　提倡菜田废弃物无害化处理，可采用下列技术措施：

（一）菜田废弃菜叶、残渣、残次蔬菜等集中堆放，加入专用有机物腐熟剂进行堆沤腐熟处理，实现清洁环保，同时杀灭病害。

（二）废弃地膜进行集中，并作无害化处理；农药包装物由农药经销商负责回收销毁。

第十八条　提倡多样化的耕作制度，可采用下列耕作模式：

（一）进行轮作倒茬，可采用十字花科蔬菜、茄果类蔬菜与玉米、土豆等进行轮作，尤其鼓励水—旱轮作。

（二）采用多样化茬口模式，大宗蔬菜与精细蔬菜轮作搭配。

（三)鼓励烟—菜轮作、粮—菜轮作，果—菜套作及林—菜间作。

五、归口管理

第十九条　本办法由县农业局提出并归口，局属有关单位负责分类管理。

第二十条　县土肥站负责对老基地土壤肥力进行隔年抽检，对主要基地用肥进行跟踪管理。

第二十一条　县植保站负责进行高山蔬菜基地农药使用监管。

第二十二条　县高山蔬菜所协同湖北省高山蔬菜试验站进行高山蔬菜品种茬口栽培技术、生态栽培技术指导。

第二十三条　县蔬菜办公室负责新建基地的上报审批许可，并建立基地档案及管理。

六、附则

第二十四条　本办法由县农业管理部门负责解释。

第二十五条　本办法自公布之日起施行。

附表1：

高山蔬菜基地登记表

生产户	所属乡镇	基地面积	土壤环境					备注
			海拔	坡度	pH	有机质	其他	

附表2：

高山蔬菜推荐使用肥料种类

肥料类型	推荐种类
有机肥料	粪尿肥、草木灰、腐殖酸类肥、秸秆、堆沤肥、绿肥、饼肥
无机肥料	氮肥：硫酸铵、碳酸氢铵、尿素、过磷酸钙、重过磷酸钙、钙镁磷肥、磷酸一铵、磷酸二铵、硫酸钾、氯化钾、钾镁肥、硼砂、硼酸、硫酸锰、硫酸亚铁、钼酸铵
其他肥料	符合GB15063—94并正式登记的复混肥料；国家正式登记的新型肥料和生物肥料

附表3：

高山蔬菜禁用农药

蔬菜种类	禁用农药
大白菜	甲拌磷、治螟磷、对硫磷、甲基对硫磷，内吸磷、杀螟威、久效磷、磷胺、甲胺磷、异丙磷、三硫磷、氧化乐果、磷化锌、磷化铝、甲基硫环磷、甲基异柳磷、氰化物、克百威、氟乙酰胺、砒霜、杀虫脒、西力生、赛力散、溃疡净、氯化苦、五氯酚、二溴氯丙烷、401、六六六、滴滴涕、氯丹
茄果类蔬菜	杀虫脒、氰化物、磷化铅、六六六、滴滴涕、氯丹、甲胺磷、甲拌磷、对硫磷、甲基对硫磷、内吸磷、治螟磷、杀螟磷、磷胺、异丙磷、三硫磷、氧化乐果、磷化锌、克百威、水胺硫磷、久效磷、三氯杀螨醇、涕灭威、灭多威、氟乙酰胺、有机汞制剂、砷制剂、西力生、赛力散、溃疡净、五氯酚钠
甘蓝	甲拌磷、治螟磷、对硫磷、甲基对硫磷、内吸磷、杀螟威、久效磷、磷胺、甲胺磷、异丙磷、三硫磷、氧化乐果、磷化锌、磷化铝、甲基硫环磷、甲基异柳磷、氰化物、克百威、氟乙酰胺、砒霜、杀虫脒、西力生、赛力散、溃疡净、氯化苦、五氯酚、二溴氯丙烷、401、六六六、滴滴涕、氯丹
豆类	甲胺磷、甲基对硫磷、对硫磷、久效磷、磷胺、甲拌磷、甲基异柳磷、特丁硫磷、甲基硫环磷、治螟磷、克百威、内吸磷、涕灭威、灭线磷、硫环磷、蝇毒磷、地虫硫磷、氯唑磷、苯线磷
萝卜	甲胺磷、甲基对硫磷、对硫磷、久效磷、磷胺、甲拌磷、甲基异柳磷、特丁硫磷、甲基硫环磷、治螟磷、内吸磷、克百威、涕灭威、灭线磷、硫环磷、蝇毒磷、地虫硫磷、氯唑磷、苯线磷、六六六、滴滴涕、毒杀芬、二溴氯丙烷、杀虫脒、二溴乙烷、除草醚、艾氏剂、狄氏剂、汞制剂、砷类、铅类、敌枯双、氟乙酰胺、甘氟、毒鼠强、氟乙酸钠、毒鼠硅
瓜类	甲胺磷、甲基对硫磷、对硫磷、久效磷、磷胺、甲拌磷、甲基异柳磷、特丁硫磷、甲基硫环磷、治螟磷、内吸磷、克百威、涕灭威、灭线磷、硫环磷、蝇毒磷、地虫硫磷、氯唑磷，苯线磷

附表4:

适宜生物埂坎种植植物种类

	植物种类
草本植物	金针菜、海拉丝、三叶草、大力籽、药用牛蒡、鱼腥草、襄荷、香根草、铁线草、衰草、黑麦草、大黄
木本植物	栀子花、金银花、香椿、茶树、箬叶、皱皮木瓜、黄柏、大叶杨、三漆、核桃、山茶、胡枝子、大枣、悬钩子、盐肤木

附表5:

高山蔬菜高效茬口模式

海拔/m	茬口模式	首作	2作	3~4作
800~1200	春白菜—夏四季豆—秋萝卜—冬土豆	3月下旬播种大白菜,5月下旬收获	5月播种四季豆,7~8月采收	8月种萝卜,10月采收,11月播土豆
	西瓜—大蒜	5月下旬播西瓜,20天苗龄,6月中旬定植,8月上中旬至9月上市	9月后种大蒜,5月份收获蒜薹	
1200~1400	辣椒(大白菜)—大蒜	3月上旬辣椒育苗,4月中旬定植,7月上旬收获青椒,8月中旬收红椒,9月下旬罢园	2畦辣椒,1沟大白菜,大白菜、辣椒4月中下旬定植,6月收完大白菜,7月开始收辣椒	9月份以后种大蒜,5月收大蒜
	番茄套大白菜—荷兰豆	3月中上旬播番茄,4月下旬定植,6月下旬至9月收货	畦上番茄,1沟大白菜,4月下旬定植,6月收完大白菜,7月下旬开始收番茄	9月播荷兰豆,11~12月上市
	甜玉米—西葫芦	4月下旬种甜玉米,6~7月收完	7月定植西葫芦,8~10月收获	
	甜玉米—四季豆	4月下旬种甜玉米,6~7月收完	6~7月种四季豆,7~9月采收	
1600~2000	茼蒿—花椰菜—菠菜	5月上旬直播茼蒿,6月下旬采收	7月上旬定植花椰菜,9月采收	9月播菠菜,10月采收
	生菜—红菜薹—菠菜	4月下旬生菜育苗,5月上旬定植,6月下旬采收	7月上旬定植红菜薹,8~9月采收	9月播菠菜,10月采收
	莴笋—红菜薹—香菜	4月下旬育苗,5月上旬定植,7月份采收	7月定植青花菜,9月采收	9月播香菜,10月下旬采收

（陈磊夫　矫振彪）

第十三节　湖北省利川市高山蔬菜基地生态保护管理办法

利川地处鄂西南边陲,全市平均海拔约1200m,良好的高山生态环境孕育了新型朝阳支柱产业——高山蔬菜,经过近二十年的快速发展,年播种面积达到50余万亩,基地面积逾45万亩,商品产量逾160万吨,年产值达到15亿余元,是湖北省蔬菜生产大县,在满足周边城市居民夏秋淡季蔬菜供应和促进本地高山地区农民增收方面发挥了重要作用。利川也是湖北省"鄂蔬生态旅游圈"重点旅游大县,为更好地发挥绿色生态优势,提升产品竞争力,做大做强全市生态型高山蔬菜产业,保障产业可持续发展,结合我市实际,现制定《利川市高山蔬菜基地生态保护管理办法》(请参照其他地方性法规中管理办法的前言部分)。

一、总则

第一条　为了加强高山蔬菜基地的建设和管理,保护高山生态环境,确保高山蔬菜产业可持续发展,结合我市实际情况,制定本办法。

第二条　本办法所称高山蔬菜基地,是指海拔800~2000m处种植蔬菜的基地。

第三条　全市蔬菜生产本着珍惜、保护、合理开发高山土地资源的原则,重点规划蔬菜优势区域布局,强化质量管理。

二、高山蔬菜基地的开发和建设要求

第四条　新建高山蔬菜基地，以业主为单位建立基地档案，禁止毁林地或草地开荒发展蔬菜基地。

第五条　农用地新建高山蔬菜基地选址必须符合下列要求：

(一)海拔高度：喜温及耐热的茄果类、豆类和瓜类蔬菜选择 800～1400m 区域；喜冷凉十字花科及叶菜类蔬菜选择 1400～2000m 区域。

(二)坡度：蔬菜基地坡度小于 25°，100 亩(含 100 亩)以上的连片基地小于 20°。

(三)耕作层厚度：20cm 以上。

(四)植被：基地周边 1 万亩区域内的森林覆盖率不低于 47%，林草覆盖率不低于 58%。

第六条　100 亩(含 100 亩)以上连片新建高山蔬菜基地，以业主为单位报市农业局登记建档。

第七条　已有高山蔬菜基地，以村为单位分户建档登记，由市农业局蔬菜办公室归档管理。

第八条　有下列情形之一的基地应退耕还林还草，改种适宜经济林木及牧草：

(一)坡度大于或等于 25°；

(二)耕地内出现石漠化。

第九条　依据《湖北省耕地质量保护条例》相关条款，有下列情形之一的基地实行休耕：

(一)土壤有机质低于 1%；

(二)土壤酸碱度(pH)小于 4.5；

(三)重金属及土壤农残超标(《土壤环境标准》GB15618—2008)。

三、高山蔬菜基地投入品管理

第十条　基地生产用种必须使用具备种子生产许可证、种子经营许可证、种子质量合格证及检疫证明的种子。

第十一条　严格按照国标 GB/T8321.1～8321.7《农药合理使用准则》和 GB4285-89《农药安全使用标准》使用农药。

第十二条　农业部门推广平衡施肥，推广测土配方施肥。有机肥须经无害化处理后使用。

第十三条　严禁使用未通过引种试验的种子和未经安全评价未准许种植的转基因类蔬菜种子；严禁使用剧毒、高残留农药；严禁以垃圾、污泥、工业废渣为原料生产有机肥；禁止使用未经无害化处理的有机肥料及不符合相关标准的其他肥料。

四、推广应用环境友好、资源节约、质量安全三型高山蔬菜生产技术

第十四条　安全用肥用药，采用下列技术措施：

(一)施肥以有机肥料为主，化学肥料为辅，每亩施用腐熟农家肥 1500～2000kg 或商品有机肥 200～300kg，氮、磷、钾复合肥 100～120kg。施用化肥以复合肥为主，单元素肥料为辅原则，避免过量施用化肥，做好化肥施用记录。推广应用土壤调酸补钙，秸秆还田，种植绿肥技术。

(二)推广应用农业措施、物理和生物防治措施进行病虫害综合防控，减少化学农药使用，推广使用生物农药，发挥天敌防控作用；科学使用农药，及时做好农药使用田间记录。严禁直接或间接传播毁灭性病、虫、草害。

第十五条　推广坡地改梯田、沟厢改造与生物护埂技术，采用下列措施：

(一)15°以上坡田挖穴坑种植，15°以下坡田采用穴坑种植或起垄种植，畦面起垄方向与顺坡方向保持 5°～45°夹角，减缓地表径流冲刷作用。

(二)坡田每隔 30m 开一条 30cm 宽的排水腰沟，排水沟水平斜角 15°～20°，田块坡度越大斜向角度越小。排水沟下方用原土修筑 40cm 以上土坎，田块过大也可反向垂直开挖一条排水主沟并同时建筑主土坎。

(三)坡田沿等高线，修筑高 30cm、宽 40cm 的土坎，土坎上种植护埂植物形成生物埂坎。15°以上坡

田生物梗坎间距不超过 30m；15°以下的 40m。

(四)生物埂坎植物应根据海拔及坡度选择适宜种类种植，固土能力强、有经济价值的种类为首选。

第十六条　推广应用避雨栽培与聚雨灌溉技术，采用下列措施：

(一)种植畦面采用地膜覆盖，推广使用生物降解膜或光降解膜，或用农作物秸秆、青草等物替代覆盖。

(二)推广高山避雨凉棚栽培，即采用顶面覆盖，周边敞开式大棚，棚内铺设滴灌系统的大棚栽培方式。

(三)易发生干旱的高山蔬菜基地应用种植基地上方林地或草地作为集雨场，修建导水沟和水窖蓄水，下方种植基地配滴灌系统，每 50 亩配置一个 $100\sim300m^3$ 的储水池用于自然滴灌。

第十七条　推广应用菜田废弃物无害化处理技术，采用下列措施：

(一)菜田废弃菜叶、残渣、残次蔬菜等集中堆放，加入专用微生物发酵剂进行堆沤腐熟处理并转化为有机肥，实现清洁环保，同时杀灭病虫害。

(二)对废弃地膜进行集中，并作无害化处理；农药包装物由种植户自行负责回收销毁。

第十八条　推广多样化的耕作制度，采用下列耕作模式：

(一)进行轮作倒茬，采用十字花科蔬菜、茄果类蔬菜与玉米、土豆等不同科作物轮作，推广水旱轮作。

(二)推广采用多样化茬口模式，大宗蔬菜与精细蔬菜轮作搭配。

(三)推广应用烟—菜轮作、粮—菜轮作，果—菜套作、菜—药套作及林—菜间作等种植模式。

五、归口管理

第十九条　本办法由市农业局负责实施，局属相关单位按照工作职责分工负责管理。

第二十条　市土肥站负责对蔬菜基地土壤肥力进行抽检，对蔬菜基地用肥进行跟踪管理。

第二十一条　市植保站负责高山蔬菜基地农药使用监管。

第二十二条　市蔬菜办公室负责高山蔬菜茬口、品种、标准化生产技术指导与培训、生态栽培技术推广与应用指导；负责新建蔬菜基地备案、建档及管理。

六、附则

第二十三条　本办法由市农业局负责解释。

第二十四条　本办法自公布之日起施行。

附表 1：

高山蔬菜基地登记表

生产户	所属乡镇	基地面积	土壤环境					备注
			海拔	坡度	pH	有机质	其他	

附表 2：

高山蔬菜推荐使用肥料种类

肥料类型	推荐种类
有机肥料	粪尿肥、草木灰、腐殖酸类肥、秸秆、堆沤肥、绿肥、饼肥
无机肥料	氮肥：硫酸铵、碳酸氢铵、尿素、过磷酸钙、重过磷酸钙、钙镁磷肥、磷酸一铵、磷酸二铵、硫酸钾、氯化钾、钾镁肥、硼砂、硼酸、硫酸锰、硫酸亚铁、钼酸铵
其他肥料	符合 GB15063—94 并正式登记的复混肥料；国家正式登记的新型肥料和生物肥料

附表3：

高山蔬菜禁用农药

蔬菜种类	禁用农药
大白菜	甲拌磷、治螟磷、对硫磷、甲基对硫磷，内吸磷、杀螟威、久效磷、磷胺、甲胺磷、异丙磷、三硫磷、氧化乐果、磷化锌、磷化铝、甲基硫环磷、甲基异柳磷、氰化物、克百威、氟乙酰胺、砒霜、杀虫脒、西力生，赛力散、溃疡净、氯化苦、五氯酚、二溴氯丙烷、401、六六六、滴滴涕、氯丹
茄果类蔬菜	杀虫脒、氰化物、磷化铅、六六六、滴滴涕、氯丹、甲胺磷、甲拌磷、对硫磷、甲基对硫磷、内吸磷、治螟磷、杀螟威、磷胺、异丙磷、三硫磷、氧化乐果、磷化锌、克百威、水胺硫磷、久效磷、三氯杀螨醇、涕灭威、灭多威、氟乙酰胺、有机汞制剂、砷制剂、西力生、赛力散、溃疡净、五氯酚钠
甘蓝	甲拌磷、治螟磷、对硫磷、甲基对硫磷、内吸磷、杀螟威、久效磷、磷胺、甲胺磷、异丙磷、三硫磷、氧化乐果、磷化锌、磷化铝、甲基硫环磷、甲基异柳磷、氰化物、克百威、氟乙酰胺、砒霜、杀虫脒、西力生、赛力散、溃疡净、氯化苦、五氯酚、二溴氯丙烷、401、六六六、滴滴涕、氯丹
豆类	甲胺磷、甲基对硫磷、对硫磷、久效磷、磷胺、甲拌磷、甲基异柳磷、特丁硫磷、甲基硫环磷、治螟磷、克百威、内吸磷、涕灭威、灭线磷、硫环磷、蝇毒磷、地虫硫磷、氯唑磷、苯线磷
萝卜	甲胺磷、甲基对硫磷、对硫磷、久效磷、磷胺、甲拌磷、甲基异柳磷、特丁硫磷、甲基硫环磷、治螟磷、内吸磷、克百威、涕灭威、灭线磷、硫环磷、蝇毒磷、地虫硫磷、氯唑磷、苯线磷、六六六、滴滴涕、毒杀芬、二溴氯丙烷、杀虫脒、二溴乙烷、除草醚、艾氏剂、狄氏剂、汞制剂、砷类、铅类、敌枯双、氟乙酰胺、甘氟、毒鼠强、氟乙酸钠、毒鼠硅
瓜类	甲胺磷、甲基对硫磷、对硫磷、久效磷、磷胺、甲拌磷、甲基异柳磷、特丁硫磷、甲基硫环磷、治螟磷、内吸磷、克百威、涕灭威、灭线磷、硫环磷、蝇毒磷、地虫硫磷、氯唑磷，苯线磷

附表4：

适宜生物埂坎种植植物种类

	植物种类
草本植物	金针菜、海拉丝、三叶草、大力籽、鱼腥草、襄荷、香根草、铁线草、衰草、黑麦草、大黄
木本植物	栀子花、金银花、香椿、茶树、箬叶、皱皮木瓜、黄柏、大叶杨、三漆、核桃、山茶、胡枝子、大枣、悬钩子、盐肤木

（陈磊夫　矫振彪）

第九章　高山蔬菜标准化栽培技术

第一节　萝卜高山绿色栽培技术规程

一、范围

本标准规定了绿色食品萝卜（*Raphanus sativus* L.）产地环境、品种选择、种子质量、整地做畦、播种、采收、清洗、标识和标签、包装、预冷、运输、储存、生产档案的基本要求。

本标准适用于湖北省海拔 1200～2200m 高山地区绿色食品萝卜的生产。

二、规范性引用文件

下列文件对于本文件的应用是必不可少的。凡是注日期的引用文件，仅所注日期的版本适用于本文件；凡是不注日期的引用文件，其最新版本(包括所有的修改单)适用于本文件。

GB 4285《农药安全使用标准》

GB 7718《食品安全国家标准 预包装食品标签通则》

GB/T 8321《绿色食品 农药合理使用准则》

GB 8946《塑料编织袋》

NY/T 391《绿色食品 产地环境技术条件》

NY/T 394《绿色食品 肥料使用准则》

NY 525《有机肥料》

NY/T 658《绿色食品 包装通用准则》

NY/T 1056《绿色食品 贮藏运输准则》

三、产地环境

产地环境质量应符合 NY/T391 的规定。产地应符合栽培耕坡小于 25°，无明显遮阴，具备基本交通运输条件。

四、品种选择

应选择丰产、耐抽薹、耐运输、商品性好的品种，品种宜选择'雪单 1 号'、'雪单 2 号'、'白玉春'、'春雪莲'等品种。

五、种子质量

种子质量要求纯度不低于 96.0%，净度不低于 98.0%，发芽率不低于 97%，水分含量不高于 8.0%。

六、整地作畦

选土层疏松深厚、透气性好的地块，土壤中性或微碱性，不应与十字花科作物连作。深翻冬田，越冬后再耕地一次。

结合整地施入基肥，每亩施入充分腐熟的有机肥 2500～5000kg、草木灰 50kg、过磷酸钙 25～30kg，基肥量宜占总肥量的 50%以上。肥料使用应符合 NY/T394 肥料使用准则的要求，有机肥应符合 NY525 的要求。

放线作畦，包沟畦宽 80cm。作畦后宜趁墒覆盖地膜。

七、播种

(一)播种注意事项

1. 播种期

适宜播种期为 4 月下旬至 8 月上旬。

2. 播种量

每亩播种量 75g 左右。

3. 播种方式

穴播，穴距宜为 18～20cm，每穴播 1 粒种子，每畦播两行，播后宜覆盖 0.5cm 的细土。

(二)田间管理

1. 中耕除草

畦面未覆盖地膜的地块及时进行中耕除草，中耕时先浅后深，避免伤根。第一、二次要浅耕，锄松表土，最后一次深耕，并把畦沟的土壤培于畦面。畦面覆盖地膜的地块及时拔除杂草。

2. 保墒保水

在高温干旱季节，土壤干燥时及时浇水。

3. 追肥

追肥宜在苗期、叶生长期和肉质根生长盛期分三次进行。苗期、叶生长盛期宜施氮磷钾复合肥 15kg；肉质根生长盛期宜施氮磷钾复合肥 30kg；或采用腐殖酸有机肥料进行叶面喷施，每亩施用量为 100g。收获前 20 天内不应使用速效氮肥。

(三)病虫害防治

1. 农业防治

选用抗(耐)病优良品种；合理布局，实行轮作倒茬，清洁田园；冬季深耕冻土，降低病虫源数量。

2. 物理防治

1)黄板诱杀

每亩悬挂黄色粘虫板 30～40 块。挂在行间或株间，高出植株顶部，当黄板粘满害虫时，再重涂一层机油。

2)杀虫灯诱杀

使用频振式杀虫灯诱杀害虫。宜采用棋盘式布局，灯与灯之间距离以 120～150m 为宜，杀虫灯距地面高度以 0.5～1m 为宜。

3. 生物防治

保护或释放天敌，如蚜虫可用瓢虫、蚜茧蜂、蜘蛛、草蛉、蚜霉菌、食蚜蝇等天敌防治，菜青虫等可用赤眼蜂等天敌防治。提倡使用植物源农药(如苦参碱、印楝素等)和生物源农药(如农用链霉素、新植霉素、中生菌素、苏云金杆菌、核型多角体病毒等)防治病虫害。

4. 药剂防治

农药的使用应符合 GB—4285、GB/T—8321 的规定，禁止使用高毒、高残留农药，严格执行农药安全间隔期。不同农药应交替使用，任何一种化学农药在一个栽培季节内均只能使用一次。主要病虫害的药剂防治方法见附录 A。

八、采收

宜于播种后 55～60 天采收，萝卜根长宜为 28～33cm，横径宜为 6～8cm，单根重宜为 1～1.5kg，采收时切除萝卜叶留 5～7cm 长叶柄。

九、清洗

田间采收后的萝卜先进性初洗，再进行清洗，在初洗和清洗的过程中应注意换水。

十、标识和标签

包装上应明确标明绿色食品标志和编号；每一包装上应标明产品名称、产品的标准编号、商标、相应认证标志、生产单位(或企业)名称、详细地址、产地、规格、净含量和包装日期等，标志上的字迹应清晰、完整、准确。

预包装产品标签应符合 GB7718 的规定。

十一、包装、预冷、运输、储存

(一)包装

(1)用于产品包装的塑料编织袋应按产品的大小规格设计，同一规格应大小一致、整洁、干燥、牢固、透气、美观、无污染、无异味。塑料编织袋应符合 GB/T8946 的要求。包装应符合 NY/T658 的要求。

(2)按产品的品种、规格分别包装，同一件包装内的产品需摆放整齐紧密。

(3)每批产品所用的包装、净含量应一致。

(二)预冷

运输前应进行预冷。在–2～0℃的条件下，常规预冷时间宜为 8h，真空预冷时间宜为 0.5h。

(三)运输

运输应符合 NY/T1056 的规定。运输过程中要保持适当的温度和湿度，注意防冻、防雨淋、防晒、通风散热。

(四)贮存

(1)应符合 NY/T 1056 的规定。储存时应按品种、规格分别储存。

(2)储存条件：温度应保持在 0～2℃，空气相对湿度保持在 90%～95%。

(3)库内堆码应保证气流均匀流通、不挤压。

十二、生产档案

生产者应建立生产档案，记录品种、施肥、病虫草害防治、采收以及田间操作管理措施；所有记录应真实、准确、规范，并具有可追溯性；生产档案应有专人专柜保管，至少保存 2 年。

附录 A

主要病虫害药剂防治方法

病虫害名称	农药名称及使用方法	安全间隔期/d
霜霉病	①25%甲霜灵可湿性粉剂 550 倍液喷雾 ②69%安克锰锌可湿性粉剂 500～600 倍液喷雾 ③69%霜脲锰锌可湿性粉剂 550～600 倍液喷雾	10
黑腐病 软腐病	①72%农用硫酸链霉素可溶性粉剂 3000 倍液喷雾 ②3%中生菌素可湿性粉剂 800 倍液喷雾 ③50%瑞毒铜可湿性粉剂 600～800 倍液喷雾	10
病毒病	①20%病毒 A 可湿性粉剂 600 倍液喷雾 ②1.5%植病灵乳油 1000～1500 倍液喷雾 ③5%菌毒清水剂 200～300 倍液喷雾	10
蚜虫	①10%吡虫啉可湿性粉剂 1500 倍液喷雾 ②5%啶虫脒乳油 1200 倍喷雾	7
小菜蛾 菜青虫 甜菜夜蛾	①1.8%阿维菌素乳油 2000～3000 倍喷雾 ②25%灭幼脲悬浮剂 1000 倍液喷雾 ③32 000IU/mg Bt 可湿性粉剂 1000 倍液喷雾 ③10%高效氯氰菊酯乳油 1500 倍液喷雾	7
黄曲跳甲	①40%氰戊·马拉松乳油 600～800 倍液喷雾 ②25%噻虫嗪水分散粒剂 1000 倍液喷雾	7

（梅时勇　王兴国　聂启军等）

第二节　大白菜高山绿色栽培技术规程

一、范围

本标准规定了绿色食品高山大白菜(*Brassica campestris* L. ssp. *pekinensis* Olsson)产地环境、品种选择、栽培技术、采收、标识与标签、包装、预冷、运输、生产档案的基本要求。

本标准适用于湖北省海拔 1200～2200m 的高山地区绿色食品大白菜的生产。

二、规范性引用文件

下列文件对于本文件的应用是必不可少的。凡是注日期的引用文件，仅所注日期的版本适用于本文件；凡是不注日期的引用文件，其最新版本(包括所有的修改单)适用于本文件。

GB 4285 《农药安全使用标准》

GB 7718 《食品安全国家标准 预包装食品标签通则》

GB/T 8321 《绿色食品 农药合理使用准则》

GB/T 8946 《塑料编织袋》

GB 16715.2 《瓜菜作物种子 白菜类》

NY/T 391 《绿色食品 产地环境技术条件》

NY/T 394 《绿色食品 肥料使用准则》

NY 525 《有机肥》

NY/T 658 《绿色食品 包装通用规则》

NY/T 1056 《绿色食品 贮藏运输准则》

三、产地环境

产地环境质量应符合 NY/T 391 的规定。产地栽培耕地坡度小于 25°，无明显遮阴，具备基本交通运输条件。

四、品种选择

应选择抗病、优质丰产、抗逆性强、适应性广、商品性好、耐运输的品种，宜选择品种如'春夏王'、'山地王'、'高冷地'等。

五、栽培技术

(一)整地作畦

选择土层深厚、肥力好、排水良好的地块，要求土壤中性或微碱性，避免与十字花科作物连作，精耕细作，促进土壤疏松。作畦要直，畦平土细，深沟高畦，畦宽 50～60cm，覆盖地膜。

(二)播种

1. 播种期

春播早熟大白菜，播种适期为 4 月中下旬；中熟大白菜为 6 月上中旬；晚熟大白菜为 5 月中旬。每亩用种量为 20g 左右。

2. 种子处理

播前用多菌灵或代森锰锌拌种，用药量为种子质量的 0.4%。

3. 播种

可直播也可育苗。

育苗：营养钵育苗，配营养土制营养钵，一亩地制 4000 个营养钵，每个钵播种 2～3 粒种子。

直播：每畦播 2 行，株距 35～40cm。

(三)田间管理

1. 间苗定苗、移苗补苗

直播的出苗后及时间苗，5～8 叶时定苗。如缺苗，应及时补苗。

2. 合理浇水

播种后及时浇水，保证齐苗壮苗；定苗或补栽后浇水，促进还苗；莲座初期浇水促进发棵；结球初中期结合追肥浇水，后期适当控水促进结球。

3. 施肥

1)施肥原则

根据大白菜需肥规律、土壤养分状况和肥料效应，通过土壤测试，确定相应的施肥量和施肥方法，按照有机与无机相结合、基肥与追肥相结合的原则，实行平衡施肥，施肥应符合 NY/T 394 和 NY 525 的规定。

2)基肥

每亩优质有机肥施用量不低于 3000kg，有机肥料应充分腐熟。氮肥总用量的 30%～50%、大部分磷、钾肥料可基施，结合耕翻整地与耕层充分混匀。宜合理种植绿肥、秸秆还田、氮肥深施和磷肥分层施用。适当补充钙、铁等中、微量元素。

3)追肥

追肥以速效氮肥为主，应根据土壤肥力和植株生长状况在幼苗期、莲座期、结球初期和结球中期分期施用。为保证大白菜优质，在结球初期重点追施氮肥，并注意追施速效磷钾肥。收获前 20 天内不应使用速效氮肥。合理采用根外施肥技术，通过叶面喷施快速补充营养。

4. 病虫害防治

1) 病虫害防治原则

预防为主、综合防治，优先采用农业防治、物理防治、生物防治，科学合理地配合使用化学防治。不应使用国家明令禁止的高毒、高残留、高生物富集性、高"三致"（致畸、致癌、致突变）农药及其混配农药。农药施用严格执行 GB 4285、GB/T 8321 的规定。严格执行农药安全间隔期。

2) 农业防治

因地制宜选用抗（耐）病优良品种。合理布局，实行轮作倒茬，加强中耕除草，清洁田园，降低病虫源数量。

3) 物理防治

覆盖银灰膜避蚜：每亩铺银灰色地膜 5kg，或将银灰膜剪成 10～15cm 宽的膜条，膜条间距 10cm，纵横拉成网眼状。

设置黄板诱杀有翅蚜：用废旧纤维板或纸板剪成 100cm×20cm 的长条，涂上黄色油漆，同时涂上一层机油，挂在行间或株间，高出植株顶部，当黄板粘满蚜虫时，再重涂一层机油，一般 7～10 天重涂一次。每亩悬挂黄色粘虫板 30～40 块。

4) 生物防治

运用害虫天敌防治害虫，如释放捕食螨、寄生蜂等。保护天敌，创造有利于天敌生存的环境条件，选择对天敌杀伤力低的农药；释放天敌，用病毒如银纹夜蛾病毒（'奥绿一号'）、甜菜夜蛾病毒、小菜蛾病毒及白僵菌、苏云金杆菌制剂等防治菜青虫、甜菜夜蛾。用性诱剂防治小菜蛾、甜菜夜蛾和甜菜夜蛾。

5) 药剂防治

宜采用附录 B 介绍的方法。

六、采收、标识与标签、包装、预冷、运输

（一）适时采收

在叶球大小定型，紧实度达到 80% 时即可开始陆续采收上市。同时去掉黄叶或有病虫斑的叶片，然后按照球的大小进行分级包装。

（二）标识与标签

包装上应标明产品名称、产品的标准编号、商标（如有）、相应认证标识、生产单位（或企业）名称、详细地址、产地、规格、净含量和包装日期等，标识上的字迹应清晰、完整、准确。

预包装产品标签应符合 GB 7718 的规定。

（三）包装

包装应符合 NY/T 658 的规定。用于产品包装的容器如塑料袋等须按产品的大小规格设计，同一规格大小一致，整洁、干燥、牢固、透气、美观、无污染、无异味，内壁无尖突物，无虫蛀、腐烂、霉变等现象。包装袋符合 GB/T 8946 的规定。

按产品的品种、规格分别包装，同一件包装内的产品需摆放整齐紧密。

每批产品所用的包装、单位净含量应一致。

（四）预冷

预冷应符合 NY/T 1056 的规定。预冷宜采用真空预冷，按品种、规格分别储存。

冷库温度应保持在 0～1℃，空气相对湿度保持在 85%～90%。

库内堆码应保证气流均匀流通。

(五)运输

运输应符合 NY/T 1056 的规定。运输前应进行预冷,运输过程中要保持适当的温度和湿度,注意防冻、防淋、防晒、通风散热。

七、生产档案

生产者应建立生产档案,记录品种、施肥、病虫草害防治、采收以及田间操作管理措施;所有记录应真实、准确、规范,并具有可追溯性;生产档案应有专人专柜保管,至少保存 2 年。

附录 B

大白菜主要病虫害药剂防治方法

防治对象	药剂名称及使用方法	安全间隔期/d
菜青虫、甜菜夜蛾	①8%阿维菌素乳油 2000 倍液喷雾	15
	②10%高效氯氰菊酯乳油 1500 倍液喷雾	10
	③5%定虫隆（抑太保）乳油 2500 倍液喷雾	15
菜蚜	①32%啶虫脒 3000 倍液喷雾	
	②10%吡虫啉 1500 倍液喷雾	
	③50%抗蚜威可湿性粉剂 2000～3000 倍液喷雾	7
软腐病	①52%农用链霉素可溶性粉剂 4000 倍液喷雾	15
	②新植霉素 4000～5000 倍液喷雾	
霜霉病	①25%甲霜灵可湿性粉剂 550 倍液	15
	②69%安克锰锌可湿性粉剂 500～600 倍液	
	③69%霜脲锰锌可湿性粉剂 550～600 倍液	
	④55%百菌清可湿性粉剂 500 倍液等喷雾	
	交替轮换使用,5～10d/次,连续防治 2～3 次	
炭疽病、黑斑病	①69%安克锰锌可湿性粉剂 500～600 倍液	15d
	②80%炭疽福美可湿性粉剂 800 倍液喷雾	
	③农用链霉素可溶性粉剂 1000～1500 倍液喷雾	
病毒病	①5%菌毒清水剂 250～300 倍液喷雾	7
	②10%宁南霉素可溶性粉剂 1000 倍液喷雾	5
	③3%三氮唑核苷水剂 900～1200 倍液喷雾	10

(邓晓辉　王兴国　李鹏程等)

第三节　结球甘蓝高山绿色栽培技术规程

一、范围

本标准规定了绿色食品高山结球甘蓝(*Brassica oleracea* L. var. *capitata* L.)栽培的产地环境、栽培技术、病虫害防治、采收、生产档案的基本要求。

本标准适用于湖北省海拔 1200～2200m 的高山地区绿色食品结球甘蓝的生产。

二、规范性引用文件

下列文件对于本文件的应用是必不可少的。凡是注日期的引用文件,仅所注日期的版本适用于本文件;

凡是不注日期的引用文件，其最新版本(包括所有的修改单)适用于本文件。

　　GB 4285《农药安全使用标准》

　　GB 7718《食品安全国家标准 预包装食品标签通则》

　　GB/T 8321《绿色食品 农药合理使用准则》

　　GB16715.4《瓜菜作物种子 甘蓝类》

　　NY/T 391《绿色食品 产地环境技术条件》

　　NY/T 394《绿色食品 肥料使用准则》

　　NY 525《有机肥》

　　NY/T 658《绿色食品 包装通用准则》

　　NY/T 1056《绿色食品 贮藏运输准则》

三、产地环境条件

　　产地环境质量应符合 NY/T 391 的规定。以 pH5.8～6.7、土层深厚疏松、富含有机质、保水保肥的壤土为宜。产地栽培耕坡小于 25°，无明显遮阴，具备交通运输条件。

四、栽培技术

(一)海拔高度的选择

结球甘蓝种植适宜海拔为 1200～2200m，并以坐西朝东、坐北朝南的地形方向为宜。

(二)品种选择

应选择耐运输、耐抽薹、高产、商品性好的品种，宜选用'京丰 1 号'等品种。

(三)栽培季节

3 月下旬至 7 月中旬播种，4～8 月定植，7～11 月采收。

(四)播种育苗

1. 苗床准备

1)床土配制

选用近 3 年未种过十字花科蔬菜的肥沃园土 3 份与充分腐熟的过筛圈肥 1 份配合，并按每立方米加 N:P$_2$O$_5$:K$_2$O 为 15:15:15 的三元复合肥 1kg 或相应养分的单质肥料混合均匀待用。将床土铺入苗床，厚度宜 10cm。

2)床土消毒

用 50%多菌灵可湿性粉剂与 50%福美双可湿性粉剂按 1：1 比例混合，或 25%甲霜灵可湿性粉剂与 70%代森锰锌可湿性粉剂按 9：1 比例混合，按每平方米用药 8～10g 与 4～5kg 过筛细土混合，播种时 2/3 铺于床面，1/3 覆盖在种子上。

2. 播种

种子应符合 GB16715.4 的要求。苗床浇足底水，明水渗干后将种子均匀播撒于床面，覆盖一层 0.6～0.8cm 细土。

3. 苗期管理

1)温度水分管理

播后搭盖小拱棚，覆膜。出苗前高温期加盖遮阳网，宜于幼苗出土后，揭开遮阳网，揭开两头薄膜用低竹架架起透风。晴天育苗期间中午温高时加盖遮阳网。床土不干不浇水，浇水宜浇小水或喷水。

2）间苗剔苗

宜于第 1 片真叶时始及早间苗，剔除拥挤苗和病弱苗。

3）病虫防治

病害主要为猝倒病和霜霉病，虫害主要有黄曲跳甲、小菜蛾、菜青虫、蚜虫。具体防治方法见附录 C。

4）炼苗

定植前 1 周，采用减少浇水量、揭去薄膜和减少遮阳网覆盖时间的方式进行干旱锻炼和高低温锻炼。

（五）整地定植

1. 整地施肥

前作收获后及时翻耕，翻耕时施入基肥。有机肥和化肥相结合。在中等肥力条件下，每亩施优质有机肥（以优质腐熟肥为例）3000～4000kg，配合施用氮磷钾肥。有机肥应充分腐熟后施用。

2. 定植方法

宜采用穴栽法，取大小整齐一致的植株按株行距 40cm×40cm 打穴定植。

（六）田间管理

1. 施肥

肥料使用应符合 NY/T 394 和 NY 525 的规定，甘蓝定植后在离每株根部约 3cm 处施复合肥，每株约 0.01kg。待缓苗成活后，即可覆土盖肥。在施入复合肥作底肥后，可不再作根外追肥。为促使早熟高产，一般进行叶面追肥，每 7～10 天 1 次，在生长旺期连续施用 2～3 次。

2. 中耕除草

定植缓苗后选晴天中耕松土除草，莲座期结合除草进行中耕培土。在植株封行前进行最后 1 次中耕，中耕要精细，除草要干净，并注意不伤叶片。

五、病虫害防治

贯彻"预防为主，综合防治"的植保方针，通过选用抗性品种，培育壮苗，加强栽培管理，科学施肥，改善和优化菜田生态系统，创造一个有利于结球甘蓝生长发育的环境条件；优先采用农业防治、物理防治、生物防治，配合科学合理的使用化学防治，将结球甘蓝有害生物的危害控制在允许的经济阈值以下。

（一）农业防治

选用无病种子和抗病优良品种；培育无病虫害健康壮苗；合理轮作倒茬；注意及时排水灌水，防止积水和土壤干旱；及时做好清洁田园，减少病虫源数量。

（二）物理防治

设置黄板诱杀有翅蚜：用废旧纤维纸或纸板剪成 100cm×20cm 的长条，涂上黄色油漆，同时涂上一层机油，挂在行间或株间，高出植株顶部，当黄板粘满蚜虫时，再重涂一层机油，宜 7～10 天重涂一次。每亩悬挂黄色粘虫板 30～40 块。

（三）生物防治

保护天敌，创造有利于天敌生存的环境条件，选择对天敌杀伤力低的农药；释放天敌，如捕食螨、寄生蜂等。

（四）药剂防治

农药使用要求应按照 GB 4285、GB/T 8321 的规定执行，禁止使用高毒、高残留农药。严格执行农药安全间隔期。化学农药的使用可参见附录 C。

六、采收

在叶球大小定型，紧实度达到 80%时即可根据市场需求陆续采收上市。

（一）标识和标签

每一包装上应标明产品名称、产品的标准编号、商标、相应认证标识、生产单位(或企业)名称、详细地址、产地、规格、净含量和包装日期等，标识上的字迹应清晰、完整、准确。

预包装产品标签应符合 GB 7718 的规定。

（二）包装

包装应符合 NY/T 658 的规定。

将从田间转运回来的甘蓝进行挑选，剔除在转运过程中挤压破损和病虫危害的甘蓝。按照保留 1～3 片外叶的标准，用快刀切除多余的外叶，保持切口光滑整齐，尽量不让手指触摸切口。将经过挑选、整理的甘蓝整齐地排放在厚度为 5 丝带孔的聚乙烯透明塑料薄膜袋中，每袋装菜 2000～2500g，袋口用胶带封口。

（三）预冷

采收后应及时进行预冷，当温度高于 20℃时长距离运输时宜预冷，可选择真空预冷和常规预冷两种方法。量大要求时间短时采用真空预冷，将包装好的甘蓝整齐摆放在真空预冷箱中预冷，预冷时间需要 1h。量小、时间长时采用常规预冷，常规预冷可先包装后预冷，亦可先预冷后包装。–1～–3℃条件下需要 3～4h，使甘蓝中心温度为 5～7℃。

（四）储存

储存应符合 NY/T 1056 的规定。

如果预冷的甘蓝不是直接装车运走，宜搬进冷库贮存，以平置方式堆码，堆码的层数不宜过高。库内堆码应保证气流均匀流通，产品的堆放应成列、成行整齐排列，行列之间留有 30cm 左右的间隙。储存时应按品种、规格分别贮存。贮存甘蓝时，适宜温度为 0～1℃，空气相对湿度应保持在 85%～95%。

（五）运输

运输应符合 NY/T 1056 的规定。注意防雨淋、防晒、通风散热。长途运输采用冷链设备运输，运输过程中要保持适当的温度和湿度，先在车厢底部铺一层 18cm 长、13cm 宽的 PVC 薄膜，薄膜上平铺一层棉被，棉被上再放一层与底层相同规格的 PVC 薄膜，然后将从真空预冷箱或冷库内贮藏的袋装甘蓝平放、整齐堆叠至车厢上沿。不要超载，每车大约装载 25t 左右。用胶袋封好内层 PVC 薄膜，用专用针线缝好棉被，最后用胶袋封好外层 PVC 薄膜，启运。

七、生产档案

生产者应建立生产档案，记录品种、施肥、病虫草害防治、采收及田间操作管理措施；所有记录应真实、准确、规范，并具有可追溯性；生产档案应有专人专柜保管，至少保存 2 年。

附录 C

结球甘蓝主要病虫害药剂防治方法

防治对象	推荐药剂	推荐剂量	使用方法	安全间隔期/d
猝倒病	①64%杀毒矾可湿性粉剂 ②64%恶霜灵＋代森锰锌粉剂	500 倍 500 倍	喷雾 喷雾	7
霜霉病	①80%代森锰锌可湿性粉剂 ②40%三乙磷酸铝可湿性粉剂 ③69%安克锰锌可湿性粉剂	600 倍 150～200 倍 500～600 倍	喷雾 喷雾 喷雾	10
软腐病、黑腐病	①72%农用链霉素可溶性粉剂 ②5%中生菌素可溶性粉剂 ③20%叶枯唑可湿性粉剂	4000 倍 1000 倍 600 倍	喷雾 喷雾 喷雾	3 7 7
病毒病	①20%病毒 A 可湿性粉剂 ②5%菌毒清水剂 ③1.5%植病灵乳油	400～600 倍 200～300 倍 1000 倍液	喷雾 喷雾 喷雾	7
黄曲条跳甲	①4.5%高效氯氰菊酯乳油 ②90%敌百虫	1500 倍 800～1000 倍	喷雾	7
蚜虫	①1%苦参碱水剂 ②5%啶虫脒可湿性粉剂 ③10%吡虫啉可湿性粉剂	650 倍 1200 倍 3000 倍	喷雾 喷雾 喷雾	5 7 7
菜青虫	①32 000IU/mg Bt 可湿性粉剂 ②10%氯氰菊酯乳油 ③1.8%的阿维菌素乳油	1000 倍 2500～5000 倍 2000～3000 倍	喷雾 喷雾 喷雾	7
甜菜夜蛾	①4.5%高效氯氰菊酯乳油 ②50%辛硫磷乳油	1000～2000 倍 1000 倍	喷雾 喷雾	7
小菜蛾、甘蓝夜蛾	①1.8%阿维菌素乳油 ②25%灭幼脲悬浮剂 ③10%高效氯氟氰菊酯乳油	2000～3000 倍 1000 倍 1500 倍	喷雾 喷雾 喷雾	7

(邱正明　朱凤娟　王兴国等)

第四节　番茄高山绿色栽培技术规程

一、范围

本标准规定了绿色食品番茄(*Solanum lycopersicum* L.)产地环境、栽培技术、采收及生产档案的基本要求。本标准适用于湖北省海拔 800～1400m 的高山地区绿色食品番茄的生产。

二、规范性引用文件

下列文件对于本文件的应用是必不可少的。凡是注日期的引用文件，仅所注日期的版本适用于本文件；凡是不注日期的引用文件，其最新版本(包括所有的修改单)适用于本文件。

GB 4285《农药安全使用标准》

GB 7718《食品安全国家标准　预包装食品标签通则》

GB/T 8321《绿色食品　农药合理使用准则》

GB 16715.3《瓜菜作物种子　茄果类》

NY/T 391《绿色食品　产地环境技术条件》

NY/T 394《绿色食品　肥料使用准则》

NY 525《有机肥料》

NY/T 658《绿色食品　包装通用准则》

NY/T 1056《绿色食品 贮藏运输准则》

三、产地环境

产地环境质量应符合 NY/T 391 的规定。以 pH6.2～7.2、土层深厚疏松、富含有机质、保水保肥的壤土为宜。产地栽培耕坡宜小于 25°，无明显遮阴，具备交通运输条件。

四、栽培技术

(一)海拔高度的选择

番茄高山种植适宜海拔为 800～1400m，并以坐西朝东、坐北朝南的地形方向为宜。

(二)品种选择

应选择不易裂果、耐储运，商品性好、抗病性强、丰产的无限生长型番茄品种。宜选用'黛粉'、'洛美'、'瑞菲'，以及荷兰、法国、以色列等国引进的耐储运番茄品种。

(三)播种育苗

1. 播种前的准备

1)营养土

床土的配制：肥料应符合 NY525 的要求。选用无病虫源细干园土，并按每立方米加 N:P$_2$O$_5$:K$_2$O 为 15:15:15 的三元复合肥 1kg，同时加入 75%百菌清可湿性粉剂 0.3～0.5kg 混合均匀待用。将床土铺入苗床，厚度约 10cm。

2)播种床

按照种植计划准备足够的播种床。每平方米播种床用福尔马林 30～50mL，加水 3L，喷洒床土，用塑料膜闷盖 3 天后揭膜，待气味散尽即可进行播种。

2. 种子准备

种子质量应符合 GB16715.3 中有关番茄的规定。番茄杂交种种子质量基本要求(二级)为品种纯度不低于 90%、净度不低于 98%、发芽率不低于 80%和含水量不高于 7%。

3. 种子处理

1)消毒处理

(1)温汤浸种：把种子放入 55℃温水中不断搅拌，维持水温 30℃浸泡 15min。

(2)福尔马林溶液消毒：把种子放入清水浸泡 3～4h，捞出后放到福尔马林的 100 倍水溶液中，浸泡 15～20min，取出种子，用清水淘洗数次，直到种子没有药味为止。

(3)链霉素溶液浸种：用 72%农用链霉素可溶性粉剂 300～500 倍液，浸种 2h 后，捞出种子并用清水冲洗种子 3 次，再催芽播种。

2)浸种催芽

消毒后的种子浸泡 6～8h 后捞出洗净，置于 25℃条件下保温保湿催芽。

4. 播种

1)播种期

根据栽培季节、气候条件、育苗手段和壮苗指标选择适宜的播种期，宜在 3 月下旬至 4 月上中旬。

2)播种量

根据种子大小及定植密度，每亩大田用种量为 10g。每平方米播种床宜播种 2～3g。

3)播种方法

当催芽种子 70%以上露白即可播种。播种前浇足底水。水渗下后用营养土薄撒一层，均匀撒播种子。

播后覆营养土 0.8～1.0cm。每平方米苗床再用 8g 的 50%多菌灵可湿性粉剂拌细土均匀薄撒于床面上。床面上覆盖地膜，70%幼苗顶土时揭开地膜。

5. 苗期管理

1）环境调控

(1)温度：温度管理见表 9-1。

表 9-1　苗期温度管理指标

时间	日温/℃	夜温/℃	短时间最低夜温不低于/℃
播种至齐苗	25～30	18～15	13
齐苗至分苗前	20～25	15～10	8
分苗至缓苗	25～30	20～15	10
缓苗后至定植前	20～25	15～10	8
定植前 5～7 天	15～20	10～8	5

(2)水分。分苗水要浇足，以后视育苗季节和墒情适当浇水。结合喷 75%百菌清 1000 倍或 65%代森锰锌 500 倍防病。

2）分苗

幼苗 2 叶 1 心时，分苗于育苗容器或苗床中。

3）分苗后肥水分管理

苗期以控水控肥为主。在秧苗 3～4 叶时，宜结合墒情用 0.2%磷酸二氢钾水溶液叶面喷施 1～2 次，每次 60kg。

4）炼苗

定植前 7～10 天应进行炼苗。保持温度白天 15～20℃、夜间 12～8℃。

(四)定植

1. 定植前的准备

选择 2 年内未种过茄科作物的地块，深耕整地，每亩施腐熟农家肥 3000kg、三元复合肥 (N:P_2O_5:K_2O=15:15:15)100kg、磷矿粉 50kg 和硫酸钾 10kg，起垄后用乙草胺喷雾除草，覆膜待栽。肥料的使用应符合 NY/T394 的规定。

2. 适时定植，合理密植

在 5 月中下旬地温稳定在 10℃以上时定植。单杆整枝，株距 40cm，行距 80cm，每亩栽 2200 株左右，单株定植。

(五)田间管理

1. 肥水管理

定植后及时浇水，3～5 天后浇缓苗水。待第一穗果坐稳后开始浇水、追肥。结果期土壤湿度范围维持土壤最大持水量的 50%～80%为宜。根据土壤肥力、植物生育季节长短和生长状况及时追肥。常规栽培施肥量见表 9-2，扣除基肥部分后，分多次随水追施。土壤微量元素缺乏的地区，还应针对缺素的状况增加追肥的种类和数量。

表 9-2　番茄施肥量

肥力等级	每亩目标产量/kg	每亩推荐施肥量/kg		
		氮(N)	磷(P_2O_5)	钾(K_2O)
低肥力	3000～4200	19～22	7～10	13～16
中肥力	3800～4800	17～20	5～8	11～14
高肥力	4400～5400	15～18	3～6	9～12

2. 植株调整及中耕除草

1) 支架、绑蔓

当植株生长到 40～60cm 时开始用竹竿支架，并及时绑蔓。

2) 整枝方法

根据栽培密度和目的选择适宜的整枝方法，宜采用单杆整枝。

3) 摘心、打叶

当第 8～9 个花序坐果后，留 2 片叶掐心，保留其上的侧枝。及时摘除下部黄叶和病叶。

4) 中耕除草

雨后土壤易板结，选晴天进行中耕，中耕宜浅。中耕可与除草、培土结合进行。还苗后第一次中耕，第二次在定植后 1 个月左右进行，此次中耕结合培土，加高畦面。7 月高温来临前，用麦秆、杂草等覆盖畦面。

3. 疏果

除樱桃番茄外，为保障产品质量应适当疏果，大果型品种每穗选留 3～4 果；中果型品种每穗留 4～6 果。

4. 病虫害防治

1) 主要病虫害

苗床主要病虫害：猝倒病、立枯病；蚜虫。

田间主要病虫害：灰霉病、晚疫病、早疫病、溃疡病、细菌性斑点病；蚜虫、潜叶蝇。

2) 防治原则

按照"预防为主，综合防治"的植保方针，坚持"以农业防治、物理防治、生物防治为主，化学防治为辅"的无害化控制原则。

3) 农业防治

针对当地主要病虫害控制对象，选用高抗多抗的品种；实行严格轮作制度，与茄科作物轮作 3 年以上；深沟高畦，覆盖地膜；培育适龄壮苗，提高抗逆性；测土平衡施肥，增施充分腐熟的有机肥，少施化肥，防止富营养化；清洁田园。

4) 物理防治

设置黄板诱杀有翅蚜，用废旧纤维板或纸板剪成 100cm×20cm 的长条，涂上黄色油漆，同时涂上一层机油，挂在行间或株间，高出植株顶部，当黄板粘满蚜虫时，再重涂一层机油，宜 7～10 天重涂一次。每亩悬挂黄色粘虫板 30～40 块。

5) 生物防治

保护天敌，创造有利于天敌生存的环境条件，选择对天敌杀伤力低的农药；释放天敌，如捕食螨、寄生蜂等。

6) 药剂防治

药剂的使用应符合 GB 4285、GB/T 8321 的规定。不同药剂应交替使用，任何一种药剂在一个栽培季节内皆只能使用一次。主要病虫害防治的选药用药技术见附表 D。

五、采收

当番茄果实开始转红时采收，9 月下旬采收完毕。对果实进行标识、标签、包装、预冷和运输。

（一）标识和标签

每一包装上应标明产品名称、产品的标准编号、商标、相应认证标识、生产单位（或企业）名称、详细地址、产地、规格、净含量和包装日期等，标识上的字迹应清晰、完整、准确。

预包装产品标签应符合 GB 7718 的规定。

(二)包装

包装应符合 NY/T 658 的规定。用于产品包装的容器如塑料箱、纸箱、泡沫箱等应按产品的大小规格设计，同一规格应大小一致，整洁、干燥、牢固、透气、美观、无污染、无异味，内壁无尖突物，无虫蛀、腐烂、霉变等，纸箱无受潮、离层现象。

按产品的品种、规格分别包装，同一件包装内的产品宜摆放整齐紧密。

每批产品所用的包装、净含量应一致，每件净含量应不得低于包装外标志的净含量，每件包装净含量不得超过 10kg。

(三)预冷和运输

预冷和运输应符合 NY/T 1056 的规定。短距离运输不需预冷，长距离运输前宜进行通风预冷。运输过程中注意防冻、防雨淋、防晒、通风散热。

预冷时宜按品种、规格分别储存。番茄宜保持在 6～10℃，空气相对湿度保持在 85%～90%。

库内堆码应保证气流均匀流通。

六、生产档案

生产者应建立生产档案，记录品种、施肥、病虫草害防治、采收以及田间操作管理措施；所有记录应真实、准确、规范，并具有可追溯性；生产档案应有专人专柜保管，至少保存 2 年。

附录 D

番茄主要病虫害药剂防治方法

防治对象	推荐药剂	推荐剂量	使用方法	安全间隔期/d
猝倒病立枯病	①64%恶霜灵＋代森锰锌	500 倍	喷雾	
	②72.2%霜霉威水剂	800 倍	喷雾	
灰霉病	①50%腐霉利可湿性粉剂	1500 倍	喷雾	7
	②50%乙烯菌核利可湿性粉剂	1000 倍	喷雾	4
早疫病	①70%代森锰锌	500 倍	喷雾	15
	②75%百菌清可湿性粉剂	600 倍	喷雾	7
	③58%甲霜灵锰锌可湿性粉剂	500 倍	喷雾	7
晚疫病	①40%乙磷锰锌可湿性粉剂	300 倍	喷雾	5
	②64%恶霜灵十代森锰锌	500 倍	喷雾	3
	③72%霜脲锰锌	800 倍	喷雾	5
溃疡病	①77%氢氧化铜可湿性粉剂	500 倍	喷雾	3
	②72%农用链霉素可溶性粉剂	4000 倍	喷雾	3
细菌性斑点病	①77%氢氧化铜可湿性粉剂	500 倍	喷雾	3
	②72%农用链霉素可溶性粉剂	4000 倍	喷雾	3
	③5%中生菌素可溶性粉剂	1000 倍	喷雾	7
病毒病	①83 增抗剂	100 倍	喷雾	3
	②20%吗胍·乙酸铜	500 倍	喷雾	3
蚜虫	①25%溴氰菊酯乳油	2000～3000 倍	喷雾	4
	②10%吡虫啉可湿性粉剂	2000～3000 倍	喷雾	7
潜叶蝇	1.8%阿维菌素乳油	2000～3000 倍	喷雾	7

（漆昌锦 王兴国 王飞等）

第五节 辣椒高山绿色栽培技术规程

一、范围

本标准规定了绿色食品辣椒（*Capsuum annuum* L.）产地环境、栽培技术、病虫害防治、采收及生产档案的基本要求。

本标准适用于湖北省海拔 800~1600m 的高山地区绿色食品辣椒的生产。

二、规范性引用文件

下列文件对于本文件的应用是必不可少的。凡是注日期的引用文件，仅所注日期的版本适用于本文件；凡是不注日期的引用文件，其最新版本（包括所有的修改单）适用于本文件。

GB 4285《农药安全使用标准》

GB 7718《食品安全国家标准 预包装食品标签通则》

GB/T 8321《绿色食品 农药合理使用准则》

GB 16715.3《瓜菜作物种子 茄果类》

NY/T 391《绿色食品 产地环境技术条件》

NY/T 394《绿色食品 肥料使用准则》

NY 525《有机肥料》

NY/T 658《绿色食品 包装通用准则》

NY/T 1056《绿色食品 贮藏运输准则》

三、产地环境

产地环境质量应符合 NY/T 391 的规定。产地栽培耕坡宜小于 25°，无明显遮阴，具备基本交通运输条件。

四、栽培技术

（一）海拔高度的选择

青椒高山种植适宜海拔为 800~1600m，红椒高山种植适宜海拔为 800~1400m，并以坐西朝东、坐北朝南的地形为宜。

（二）品种选择

应选择抗病、丰产、耐储运、商品性好、适应市场的品种。宜选用'中椒 6 号'、'鄂红椒 108'、'楚椒 808'、'佳美 2 号'、'红椒 104'、'苏椒 5 号'等辣椒品种。

（三）育苗

1. 播种前的准备

（1）育苗设施：选用塑料大棚、中棚或小拱棚育苗，推荐使用穴盘基质育苗。

（2）床土的配制：肥料应符合 NY 525 的要求。选用无病虫源细干园土，并按每立方米加 $N:P_2O_5:K_2O$ 为 15:15:15 的三元复合肥 1kg，同时加入 75%百菌清可湿性粉剂 0.3~0.5kg 混合均匀待用。将床土铺入苗床，厚度约 10cm。

（3）播种床：按照种植计划准备足够的播种床。每平方米播种床用福尔马林 30~50mL，加水 3L，喷洒床土，用塑料膜闷盖 3 天后揭膜，待气味散尽后播种。

2. 种子准备

种子质量应符合 GB16715.3 中有关辣椒的规定。辣椒杂交种种子质量基本要求(二级)为品种纯度不低于 90%、净度不低于 98%、发芽率不低于 80%和含水量不高于 7%。

3. 种子消毒

将种子用 10%磷酸三钠溶液浸种 20min，或福尔马林 300 倍液浸种 30min，或 1%高锰酸钾溶液浸种 20min，捞出冲洗干净后催芽防病毒病；用 1%硫酸铜溶液浸种 5min，或用 50%多菌灵可湿性粉剂 500 倍液浸种 1h，或用 72.2%普力克水剂 800 倍液浸种 0.5h，洗净后晒干催芽防疫病及炭疽病；用种子量 0.3%的 50%琥胶硫酸铜(DT)可湿性粉剂拌种或用 1%硫酸铜溶液浸种 5min 后，捞出冲洗干净后播种防软腐病、疮痂病。

4. 播种

1)播种期

海拔在 800～1200m，适宜播期为 4 月中下旬；海拔在 1200～1600m，适宜播期为 4 月上中旬。

2)播种量

根据种子大小及定植密度，一般每亩大田用种量 30～40g。每平方米播种床播种 5～10g。

3)播种方法

当催芽种子 70%以上露白即可播种。播种前浇足底水。水渗下后用营养土薄撒一层，均匀撒播种子，再盖上营养土 0.8～1.0cm。每平方米苗床再用 50%的多菌灵可湿性粉剂 8g 拌细土均匀薄撒于床面上。床面上覆盖地膜，70%幼苗顶土时揭开地膜。

5. 播种苗床管理

播种到出苗前，宜密闭苗床保温，棚内温度以 22～26℃为宜。出苗后，应及时揭除地膜，不浇水，不追肥。在气温较低时应每天早揭晚盖，气温升高后全天不盖。

6. 分苗

1)分苗时期

幼苗 2～3 片真叶期，分苗于营养钵或苗床中。

2)分苗苗床准备

分苗苗床以土质疏松、富含有机质土壤为宜。每亩分苗苗床宜施用 2000kg 腐熟的人粪尿作底肥。深沟高畦，畦面宽 100～130cm，畦沟宽 40cm，畦沟深 20cm。细碎整平。宜于分苗前 5～7 天用大棚或小拱棚扣膜覆盖升温。

3)分苗苗床管理

宜于幼苗心叶开始生长时，揭膜通风降温。在 3～4 片真叶期，每亩宜追施 10%腐熟人粪尿液 1000kg，还可用 0.2%磷酸二氢钾水溶液叶面喷施 1～2 次，每次 60kg。于 3～4 片真叶期用 1:1:250 倍波尔多液喷雾一次。定植前 10 天开始，控制浇水次数，加强炼苗。

(四)定植

1. 定植前的准备

选择两年内未种过茄科作物的地块，深耕整地，每亩施腐熟农家肥 2000kg、三元复合肥($N:P_2O_5:K_2O=15:15:15$)100kg、磷矿粉 50kg 和硫酸钾 10kg，起垄后用乙草胺喷雾除草，覆膜待栽。肥料的使用应符合 NY/T 394 的规定。

2. 定植时间

5 月中下旬定植，株距 30cm、行距 50cm，每亩定植 4000 株左右，定植时浇定根水，并培土护根。

（五）田间管理

1. 肥水管理

肥料的使用应符合 NY/T 394 的规定。第一次追肥为提苗肥，在定植后 5～7 天，每亩用腐熟的人粪肥 250kg 或尿素 3～5kg 加水使用，基肥不足的可过 5～7 天施 1 次。第二次为催果肥，在门椒开始膨大时施用，每亩施 N:P_2O_5:K_2O 为 15:15:15 的复合肥 10～15kg。第三次为盛果期追肥，在第一果即将采收，第二、三果膨大时，每亩施尿素 10～15kg，或复合肥 15～20kg。以后每采摘一批果或隔 7～10 天追一次肥，每次每亩追复合肥 7.5～10kg，或尿素 10kg。但具体的追肥次数、用量，还应根据植株长势和结果状况等来决定。

2. 中耕除草

缓苗后至封行前宜中耕 2～3 次，先浅后深，同时进行培土和除草。

3. 植株调整

应摘除门椒以下全部侧芽，生长较弱的不打侧枝。中后期剪去空果枝，除掉下部老叶。

五、病虫害防治

（一）主要病虫害

主要病害有猝倒病、立枯病、青枯病、炭疽病、灰霉病、疫病、病毒病、疮痂病等；主要害虫有蚜虫、小地老虎、烟青虫等。

（二）防治原则

贯彻"预防为主，综合防治"的植保方针，通过选用抗性品种，培育壮苗，加强栽培管理，科学施肥，改善和优化菜田生态系统，创造一个有利于辣椒生长发育的环境条件；优先采用农业防治、物理防治、生物防治，配合使用科学合理的化学防治。

（三）农业防治

宜实行轮作，采用抗病品种和无病秧苗，做好田园清洁，合理灌溉和平衡施肥，增施充分腐熟的有机肥，少施化肥，提高植株抵抗能力。

（四）物理防治

用废旧纤维板或纸板剪成 100cm×20cm 的长条，涂上黄色油漆，同时涂上一层机油，挂在行间或株间，高出植株顶部，当黄板粘满蚜虫时，再重涂一层机油，一般 7～10 天重涂一次。每亩悬挂黄色粘虫板 30～40 块。

（五）生物防治

保护天敌，创造有利于天敌生存的环境条件，选择对天敌杀伤力低的农药；释放天敌，如捕食螨、寄生蜂等。

（六）药剂防治

药剂的使用应符合 GB 4285、GB/T 8321 的规定。不同药剂应交替使用，任何一种药剂在一个栽培季节内皆只能使用一次。主要病虫害防治的选药用药技术见附表 E。

六、采收

青椒果实商品成熟时应及时采收，红椒果实 70%转红时应及时采收。对果实进行标识、标签、包装、预冷和运输。

(一)标识和标签

每一包装上应标明产品名称、产品的标准编号、商标、相应认证标识、生产单位(或企业)名称、详细地址、产地、规格、净含量和包装日期等，标识上的字迹应清晰、完整、准确。

预包装产品标签应符合 GB 7718 的规定。

(二)包装

包装应符合 NY/T 658 的规定。用于产品包装的容器如塑料箱、纸箱、泡沫箱等应按产品的大小规格设计，同一规格应大小一致，整洁、干燥、牢固、透气、美观、无污染、无异味，内壁无尖突物，无虫蛀、腐烂、霉变等，纸箱无受潮、离层现象。

按产品的品种、规格分别包装，同一件包装内的产品宜摆放整齐紧密。

每批产品所用的包装、净含量应一致，每件包装净含量不得超过 10kg。

(三)预冷和运输

预冷和运输应符合 NY/T 1056 的规定。短距离运输不需预冷，长距离运输前宜进行通风预冷。运输过程中注意防冻、防雨淋、防晒、通风散热。

预冷时宜按品种、规格分别储存。辣椒宜保持在温度 6～10℃、空气相对湿度 85%～90%的条件下。库内堆码应保证气流均匀流通。

七、生产档案

生产者应建立生产档案，记录品种、施肥、病虫草害防治、采收以及田间操作管理措施；所有记录应真实、准确、规范，并具有可追溯性；生产档案应有专人专柜保管，至少保存 2 年。

附录 E

辣椒主要病虫害药剂防治方法

防治对象	推荐药剂	推荐剂量	使用方法	安全间隔期/d
猝倒病立枯病	70%代森锰锌可湿性粉剂	500 倍	喷雾	10
	58%甲霜灵·锰锌可湿性粉	500 倍	喷雾	10
	72.2%霜霉威水剂	800 倍	喷雾	10
青枯病	72%农用硫酸链霉素可溶性粉剂	4000 倍	喷雾	7
	77%氢氧化铜可湿性粉剂	400～600 倍	灌根	7
	3%中生菌素可湿性粉剂	800 倍	灌根	7
炭疽病	50%代森锰锌可湿性粉剂	600 倍	喷雾	10
	75%百菌清可湿性粉剂	800 倍	喷雾	10
	50%咪鲜胺乳油	1000 倍	喷雾	10
灰霉病	40%嘧霉胺可湿性粉剂	800 倍	喷雾	10
	50%异菌脲可湿性粉剂	1000 倍	喷雾	10
疫病	72%霜脲锰锌可湿性粉剂	600 倍	喷雾	10

防治对象	推荐药剂	推荐剂量	使用方法	安全间隔期/d
	69%安克锰锌可湿性粉剂	1000 倍	喷雾	10
	64%杀毒矾可湿性粉剂	500 倍	喷雾	10
	60%甲霜·锰锌可湿性粉剂	500 倍	喷雾	10
病毒病	20%吗胍·乙酸铜可湿性粉剂	500 倍	喷雾	3
	5%菌毒清水剂	200～300 倍	喷雾	7
疮痂病	72%农用链霉素可溶性粉剂	3000～5000 倍	喷雾	7
	77%氢氧化铜可湿性粉剂	500～800 倍	喷雾	7
	3%中生菌素可湿性粉剂	1000 倍	喷雾	7
	20%叶枯唑可湿性粉剂	600 倍	喷雾	7
蚜虫	1%苦参碱水剂	600 倍	喷雾	5
	5%啶虫脒可湿性粉剂	1000 倍	喷雾	14
	10%吡虫啉可湿性粉剂	3000 倍	喷雾	7
小地老虎	2.5%溴氰菊酯乳油	2500 倍	喷雾	7
	20%氰戊菊酯乳油	3000 倍	喷雾	7
烟青虫	8%阿维菌素乳油	3000 倍	喷雾	7
	2.5%联苯菊酯乳油	3000 倍	喷雾	7
	2.5%氯氰菊酯乳油	3000 倍	喷雾	7

（姚明华　刘巧丽　王兴国等）

第六节　西瓜、甜瓜高山栽培技术规程

　　湖北省高山西瓜、甜瓜栽培主要集中在鄂西南的武陵山区，包括恩施州的利川、鹤峰、咸丰、建始和宜昌市的长阳、五峰、巴东等地海拔 800～1400m 的高山地区。利用当地冷凉气候生产天然的反季节无公害西瓜、甜瓜，销售价格高，经济效益好，是湖北省高山蔬菜的一个重要组成。湖北省农业科学院经济作物研究所根据多年的研究制订了湖北省地方标准 DB42/T1056—2015《西瓜甜瓜高山栽培技术规程》，用于指导高山西瓜、甜瓜的生产，已经由湖北省质量技术监督局审定发布，2015 年 7 月 1 日起实施。

一、范围

　　本标准规定了西瓜、甜瓜高山栽培的产地环境条件、品种选择、种子质量、播种育苗、整地施肥、定植、避雨栽培、大田管理、病虫害防治、采收及档案管理的基本要求。本标准适用于湖北省在海拔 800～1400m 高山的西瓜、甜瓜栽培，可供长江中下游相似地区参考使用。

二、术语和定义

　　西瓜、甜瓜高山栽培：在海拔 800～1400m 的山区，利用其独特的冷凉气候进行西瓜、甜瓜的反季节栽培。

三、产地环境条件

　　要求坡度不大于 25°，土壤肥沃、排灌方便、通透性好的砂壤土田块，并应符合 NY/T391 的规定。前作宜为大田作物，不能与其他瓜类蔬菜作物连作，轮作年限不少于 3 年。

四、品种选择

海拔 800～1200m 地区，无籽西瓜宜选用中熟、丰产的优质品种，如'鄂西瓜 12'、'洞庭 1 号'、'鄂西瓜 8 号'等；有籽西瓜宜选用早熟、耐湿、丰产、耐储运的优质品种，如'鄂西瓜 17'、'荆杂 18'等，或中晚熟大果型、高产、耐储运的品种，如'西农 8 号'等；甜瓜宜选用早中熟、抗病性强、耐储运的优质品种，如'鄂甜瓜 6 号'、'中甜 1 号'等。

海拔 1200～1400m 地区，无籽西瓜宜选用早中熟、耐湿、丰产的优质品种，如'洞庭 1 号'、'黑冰'等；有籽西瓜宜选用早熟、耐湿、丰产、耐储运的优质品种，如'黑美人'、'荆杂 18'等；甜瓜宜选用早熟、耐湿、丰产、耐储运的优质品种，如'甜宝'、'中甜 1 号'、'景甜'系列等。

五、种子质量

种子质量应符合 GB16715.1 的规定，即纯度不低于 95.0%，净度不低于 99.0%，水分不高于 8.0%，有籽西瓜发芽率不低于 90%，无籽西瓜发芽率不低于 75%，甜瓜发芽率不低于 85%。

六、播种育苗

(一)播种期

海拔 800～1200m 的地区在 4 月下旬～5 月上旬播种，海拔 1200～1400m 的地区在 5 月上旬～5 月底播种。

(二)种子处理

播种前，晒种 1～2 天，用 55℃温水浸种并搅拌 15min，待水温自然降至室温后，有籽西瓜和甜瓜继续浸种 3～4h，无籽西瓜继续浸种 2h；种子捞起后，洗净种子表面黏液并用清水冲洗，甩干表面水分后用布包裹置于 28～32℃条件下催芽；无籽西瓜种子催芽前应进行破壳。

(三)播种

宜在保护设施内采用营养钵或穴盘育苗。无籽西瓜应加播 10% 的有籽西瓜，用于人工辅助授粉。

七、整地施肥

(一)整地开厢

土壤解冻后整地开厢。为利于排水且减少水土流失，厢面和厢沟走向应与水平等高线成 45°夹角，厢面长度大于 50m 的田块应每隔 25～40m 开挖导水沟，导水沟与厢沟垂直。

西瓜种植厢按宽度分为 5.5～6.0m 宽厢和 3.0m 窄厢两种(均含沟宽 0.4m)；甜瓜种植厢宜整成畦面宽 1.1m、沟宽 0.4m、深 0.2m 的高畦。

(二)施基肥

定植前 10 天施入基肥，西瓜宽厢和甜瓜在厢面中间条施，西瓜窄厢在距一侧沟中心 0.75m 处条施。每亩施入优质腐熟有机肥 2000～3000kg、硫酸钾型三元复合肥 50kg。将厢面整细、耙平，每亩用 48% 氟乐灵 50mL 兑水 15～20kg 喷施，采用滴灌栽培的铺好滴灌带。在施肥带上覆盖 1.0m 宽地膜。

八、定植

苗龄 1 个月左右，当幼苗 2 叶 1 心至 3 叶 1 心时，选晴好天气定植。

西瓜宽厢栽培的，在厢面中间地膜上距两侧 10cm 处各定植 1 行西瓜，株距 0.35～0.40m；西瓜窄厢栽培的，在地膜靠外侧定植 1 行西瓜，距沟中心 0.6m，株距 0.35～0.40m；甜瓜在厢面中间定植 1 行，株距 0.5m 左右。无籽西瓜在定植时按 10∶1 的比例配植有籽西瓜作授粉品种。

九、避雨栽培

有条件的地方推荐采用避雨栽培。采用跨度 6～8m、顶高 2.5～3.5m 的大棚，或跨度 4～6m、顶高 1.5～1.8m 的竹架中棚，或跨度 1.8～2.0m、顶高 0.3～0.5m 的竹架小拱棚。

大棚四周不安装裙膜，仅安装顶部薄膜，整个生育期均覆盖以进行遮雨；竹架中棚将两侧的边膜揭起，固定在棚架上，顶部覆盖进行遮雨；小拱棚则在晴天将两侧的棚膜向上收拢成一条，依靠压膜线固定在竹片上面，下雨时将膜放下进行遮雨。

十、大田管理

(一)肥水管理

高山西瓜、甜瓜根据生长情况和土壤墒情适时进行肥水共施。采收前 5 天不宜浇水。伸蔓肥根据瓜苗长势，每亩可追施 5～10kg 硫酸钾型三元复合肥；膨瓜肥在瓜长到鸡蛋大小时，每亩施 10～15kg 硫酸钾型三元复合肥；追肥宜采取滴灌或冲施方式。

(二)整枝压蔓

高山西瓜蔓长 0.5m 时开始整枝压蔓。留 1 条主蔓和 2 条健壮侧蔓，其余分枝全部抹除。高山甜瓜宜进行双蔓或三蔓整枝，即当幼苗 3～4 片真叶时摘心，子蔓伸出后选留 2～3 条健壮的子蔓，其余子蔓全部摘除，子蔓 4～6 节的孙蔓留瓜，坐瓜孙蔓留 1～2 片叶摘心。当子蔓生长到沟边时进行摘心。

(三)无籽西瓜人工辅助授粉

无籽西瓜第 2 朵雌花开始授粉。

(四)选瓜留瓜

宜于果实鸡蛋大小时，选留瓜型周正的瓜作商品瓜。早熟有籽西瓜品种每株留 1～2 个瓜，留瓜节位 13～15 节；中晚熟有籽西瓜和无籽西瓜品种每株留 1 个瓜，留瓜节位 18～20 节；甜瓜根据果型大小每株留 2～3 个瓜。

十一、病虫害防治

(一)防治对象

高山西瓜主要病害有炭疽病、疫病、蔓枯病、枯萎病、细菌性角斑病、细菌性果斑病、病毒病、根结线虫病等。高山甜瓜主要病害有白粉病、炭疽病、疫病、蔓枯病、枯萎病、细菌性角斑病、细菌性果斑病、病毒病、根结线虫病等。

主要虫害有瓜实蝇、蚜虫、瓜绢螟、黄守瓜、美洲斑潜蝇等。

(二)防治措施

(1)农业防治：选用抗病抗虫品种，培育适龄壮苗，实施轮作制度，采用深沟高畦，采用地膜覆盖栽培，有条件的地方推荐采用避雨栽培和嫁接栽培，及时清洁田园。

(2)物理防治：播种前宜选用温水浸种，使用防虫网，采用银灰色地膜驱避蚜虫，黄板上涂抹性诱剂诱杀瓜实蝇，杀虫灯诱杀。

(3)生物防治：保护或释放天敌，如蚜虫可用瓢虫、蚜茧蜂、草蛉、食蚜蝇等天敌防治。提倡使用植物源农药如苦参碱、印楝素等防治虫害。真菌性病害可以采用枯草芽孢杆菌防治。细菌性病害可以采用多黏芽孢杆菌或中生菌素防治。

(4)化学防治：化学农药的使用应符合 GB4285 和 GB/T8321 的规定，不得使用国家明令禁止使用或限制使用的高毒、高残留的化学农药。主要病虫害的化学防治药剂及使用方法参见附录。

十二、采收

当地上市销售的西甜瓜宜在果实九成熟时采收，外运销售的西甜瓜宜在果实八成至九成熟时采收。采收宜在上午进行。产品质量应符合 NY/T427 的规定，成熟适度、果实新鲜且端正、无明显果面缺陷等。

附录：主要病虫害防治药剂及使用方法

防治对象	药剂名称及使用方法	安全间隔期/d
炭疽病	80%代森锰锌可湿性粉剂(大生 M-45)或 10%苯醚甲环唑水分散颗粒剂(世高)1500～2000 倍液，或 75%百菌清可湿性粉剂 500～700 倍液等喷雾	7
疫病	58%雷多米尔可湿性粉剂 500～800 倍液，或 72%杜邦克露可湿性粉剂 800～1000 倍液，或 58%瑞毒·锰锌可湿性粉剂 500～800 倍液等喷雾	7
蔓枯病	10%苯醚甲环唑水分散颗粒剂(世高)1500～3000 倍液，或 50%甲基托布津可湿性粉剂 600 倍液，或 50%扑海因可湿性粉剂 1000～1500 倍液等喷雾	7
枯萎病	1000 亿/克枯草芽孢杆菌可湿性粉剂 500 倍液，20%强效抗枯灵可湿性粉剂 600 倍液，或 96%恶霉灵可湿性粉剂 3000 倍液灌根 2～3 次，每次间隔 7～10 天，每株用量 200mL	5
细菌性角斑病	77%可杀得可湿性粉剂 400～600 倍液，或 50%琥胶酸铜(DT)可湿性粉剂 500 倍液，或 70%甲霜铝铜可湿性粉剂 250 倍液等喷雾，或 3%中生菌素可湿性粉于发病初期用 1000～1200 倍液喷雾，隔 7～10 天喷 1 次，共喷 3～4 次	7
细菌性果斑病	浸种后用次氯酸钙粉剂 100 倍液，或 Tsunami100 水剂 80 倍液浸种 30min，充分水洗后催芽；发病初期用 53.8%氢氧化铜干悬浮剂(可杀得)800 倍液，或 47%加瑞农可湿性粉剂 800 倍液，或 90%新植霉素可溶性粉剂 800 倍液等喷雾	5
病毒病	发病初期用 5%菌毒清可湿性粉剂 250 倍液，或 20%病毒 A 可湿性粉剂 500 倍液等喷雾 2～3 次	7
根结线虫病	每亩用 10%噻唑膦颗粒剂 1.5～2kg 拌细干土 40～50kg 均匀撒于定植穴内，或用 1.8%阿维菌素乳油 1000～1500 倍液灌根，每株用药 250mL	7
瓜实蝇	成虫盛发期用 10%顺式氯氰菊酯乳油 2500 倍液，或 10%灭蝇胺悬浮剂 1000 倍液等喷雾	10
蚜虫	10%吡虫啉可湿性粉剂 1500 倍液，或 20%好年冬乳油 2000 倍液，或 27%皂素烟碱乳油 300～400 倍液等喷雾	7
瓜绢螟	5%抑太保乳油 1500～2000 倍液，或 5%卡死克乳油 1500～2000 倍液，或 1.8%阿维菌素乳油 1500～2000 倍液等喷雾	7
黄守瓜	8%丁硫·啶虫脒乳油 1000 倍液，或 5%鱼藤精乳油 500 倍液等喷雾	7
美洲斑潜蝇	5%卡死克乳油或 5%抑太保乳油 2000 倍液，或 1.8%爱福丁乳油 1000～2000 倍液喷雾	7

(戴照义　王运强　郭凤领　刘志雄　汪红胜)

第三篇

高山蔬菜病虫害绿色防控技术研究

第十章 高山蔬菜病原分离与病害鉴定

第一节 高山蔬菜重要病害种类调查和鉴定

海拔 800~1800m 山区种植的蔬菜，称为高山蔬菜。鄂西高山蔬菜主要分布于宜昌市长阳、秭归，恩施州的利川、巴东等地，种植地生态环境优良，已成为夏季无公害蔬菜的重要产地。由于高山地区湿度大，随着连作年份的增加，造成蔬菜病害发生日益严重，尤其是土传性的病害，如十字花科根肿病、软腐病等，严重发生时甚至绝收。我们通过实地调查和室内鉴定，明确严重为害高山蔬菜的 20 余种病害，希望为高山蔬菜病害防治提供科学依据。

一、材料与方法

供试材料：采自湖北鄂西高山蔬菜种植区。

研究方法：田间实地调查鄂西高山蔬菜主要栽培品种大白菜、甘蓝、萝卜、辣椒、番茄、芹菜、豆角等蔬菜病害发生情况，记录为害症状，采集样本，进行室内制片显微观察、病原菌分离培养和鉴定。

二、试验结果

（一）大白菜病害

1. 大白菜根肿病

病原：芸薹根肿菌（*Plasmodiophora brassicae* Woron）。休眠孢子囊在寄主细胞里形成，球形，壁薄，无色单胞，聚生。

症状：为害大白菜根，病株叶色变淡，凋萎下垂，晴天中午更为明显。病株根肿大，突出呈瘤状。

2. 大白菜病毒病

病原：芜菁花叶病毒（TuMV）、黄瓜花叶病毒（CMV）、烟草花叶病毒（TMV）等。

症状：当地俗称半边疯。发病叶片皱缩，常生许多紫褐色小斑点，植株明显矮化。感病晚的，只在植株一侧或半边呈现皱缩畸形，或轻微花叶。

3. 大白菜软腐病

病原：胡萝卜欧氏杆菌胡萝卜软腐致病型[*Erwinia carotovora* subsp. carotovora（Jones）Bergey et al.]。

症状：病菌由菜帮部侵入，形成水浸状浸润区，逐渐扩大，病组织呈黏滑软腐状，引起腐烂。病烂处产生恶臭。

4. 大白菜萎蔫病

病原：镰刀菌（*Fusarium* sp.）。

症状：植株感病后，生长缓慢，叶片褪绿，致整株叶片萎蔫。须根很少感病，主根维管束变褐。

（二）萝卜病害

1. 萝卜根肿病

病原：芸薹根肿菌（*Plasmodiophora brassicae* Woronin）。

症状：萝卜根部形成肿瘤，并逐渐扩大，地上部生长变缓，矮小，中午叶片萎蔫。

2. 萝卜黑腐病

病原：野油菜黄单胞杆菌野油菜黑腐病致病型[*Xanthomonas campestris*(Pammel) Dowson]。

症状：主要为害萝卜叶和根。叶片染病，叶缘出现"V"形病斑，叶脉变黑，叶缘变黄，后扩及全叶。根部染病导管变黑，内部组织干腐，外观无明显症状，但髓部多变成黑色干腐，后形成空洞。

3. 萝卜霜霉病

病原：芸薹霜霉（*Peronospora brassicae* Gaumann.）。

症状：病害初期，叶部出现不规则褪绿黄斑，后渐扩大为多角形黄褐色病斑。湿度大时，叶背长出白色霉层。

（三）甘蓝病害

1. 甘蓝根肿病

病原：芸薹根肿菌（*Plasmodiophora brassicae* Woron）。休眠孢子囊在寄主细胞里形成，球形，壁薄，无色单胞，聚生。

症状：为害甘蓝根。病株根肿大，突出呈瘤状。叶片黄花，病株生长迟缓，矮化，严重时，晴天中午出现萎蔫，后全株死亡。

2. 甘蓝黑斑病

病原：甘蓝链格孢[*Alternaria brassicicola*(Schweinitz) Wilts]。

症状：主要为害叶片、叶柄、花梗等。初发期，病部产生小黑斑，后扩展为灰褐色圆形病斑，轮纹不明显。多产生黑色霉层。

3. 甘蓝软腐病

病原：胡萝卜欧氏杆菌胡萝卜软腐致病型[*Erwinia cartovora* subsp. carotovora(Jones) Bergy et al.]。

症状：甘蓝软腐病一般发生于结球期，初在外叶或叶球基部出现水浸状斑，随着病情的加重，植株基部也逐渐腐烂成泥状，而且发出恶臭味。

（四）红菜薹黑斑病

病原：芸薹链格孢（*Alternaria brassicae*）

症状：主要为害叶片，多从基部外叶开始，病斑圆形，灰褐色或褐黑色，有不明显同心轮纹（甘蓝除外），病斑上有黑色霉状物，潮湿时霉层更明显。

（五）芹菜病害

1. 芹菜叶斑病

病原：芹菜尾孢（*Cercospora apii* Fres.）。

症状：芹菜叶斑病又称早疫病，主要为害叶片。叶上呈现水绿色水渍状斑，后发展为不规则形，病斑灰褐色。湿度大时长出灰白色霉层。

2. 芹菜斑枯病

病原：芹菜生壳针孢（*Septoria apiicola* Speg.）。

症状：叶上病斑散生，大小不等，初为淡褐色油渍状小斑点，后逐渐扩大，中部呈褐色坏死，外缘多为深红色且明显，中间见少量小点。

3. 欧芹假黑斑病

病原：细交链格孢（*Alternaria tennuis* Nees）。

症状：主要为害叶片，病斑近圆形，深褐色，边缘明晰。

（六）辣椒病害

1. 辣椒黑斑病

病原：细交链胞[*Alternaria alternate* (Fr.) Keissl]。

症状特点：此病一般为害果实，但此次调查发现叶片受害也较重。

2. 辣椒疮痂病

病原：野油菜黄单胞杆菌辣椒斑点病致病型(*Xanthomonas compestri* pv. vesicatoria)。

症状：主要为害辣椒叶片和果实，也侵染果柄。叶部病斑隆起，呈疮痂状。果实后期症状与叶部相似。

3. 辣椒炭疽病

病原：黑色炭疽病[*Colletotrichum capsici* (Wallr.) Huges]。

症状：为害叶片和果实。叶片受害时，初为褪绿色水浸状斑点，后渐变为褐色，中间淡灰色，近圆形，其上轮生小点。

（七）番茄病害

1. 番茄早疫病

病原：茄链格孢[*Alternaria solani* (Ellis et Martin) Jones et Grout.]。

症状：主要侵害叶、茎和果实等。叶片受害后，发展为不断扩展的轮纹斑，边缘多具浅绿色或黄色晕环，中部现同心轮纹，且表面生刺状不平坦物。茎部染病，多在分枝处产生褐色至深褐色不规则圆形或椭圆形病斑，表面生灰黑色霉状物。

2. 番茄晚疫病

病原：致病疫霉[*Phytophthora infestans* (Mont.) de Bary]。

症状：幼苗、叶、茎和果实均可受害。

（八）黄瓜病害

1. 黄瓜霜霉病

病原：古巴假霜霉[*Pseudoperonospora cubensis* (Beck. Et Curt.) Rostov]。

症状：主要为害叶片。发病初期，出现褪绿黄斑，扩大后变为黄褐色，逐渐扩大后呈多角形黄褐色斑块。叶背后，常出现灰黑色霉层。

2. 黄瓜细菌性角斑病

病原：丁香假单胞杆菌黄瓜角斑病致病型[*Pseudomonas syringae* pv. Lachrymans (Smith et Bryan) Young, Dye & Wilkie]。

症状：病斑初为鲜绿色水浸状斑，渐变褐色，病斑受叶脉限制成多角形，黄褐色。湿度大时，叶背溢出有乳白色混浊水珠状菌脓，干后具白痕，病部质脆易穿孔。

3. 黄瓜花叶病毒病

病原：主要为黄瓜花叶病毒(Cucumber mosaic virus, CMV)。

症状：多全株发病。幼叶感染，子叶变黄枯萎，幼叶出现浓绿与淡绿相间的花叶状。成株染病新叶呈黄绿相间的花叶状，病叶小略皱缩，严重的也反卷，病株下部叶片逐渐黄枯。

（九）瓜类病害

1. 西葫芦白粉病

病原：单丝壳白粉菌[*Sphaerotheca fuliginea* (Schlecht) Poll.]。

症状：主要为害叶片，叶柄和茎次之。初期叶面产生白色近圆形粉斑，其后向四周扩展为连片白粉，严重布满整个叶片。

2. 西瓜蔓枯病

病原：甜瓜球腔菌[*Mycosphaerella melonis*(Pass.)Chiu et Walker]。

症状：主要侵染茎蔓，节附近产生灰白色椭圆形至不整齐形病斑，斑上密生小黑点，严重时，病斑环绕茎及分枝处。

3. 西瓜炭疽病

病原：葫芦科刺盘孢[*Colletotrichum orbiculare*(Berk & Mont.)Arx]。

症状：叶片、蔓和果实均可为害。叶片受害，边缘出现圆形或半圆形褐色病斑或黑色病斑，外围常具一黄色晕圈，其上生黑色小点。茎基部受害变黑褐色，收缩变细致幼苗猝倒。

(十)豇豆病害

1. 豇豆白粉病

病原：蓼白粉病[*Erysiple polygoni* DC.]。

症状：主要为害叶片，也可侵染茎干。病发初期，叶背出现黄褐色斑点，后出现白色粉末，遍及整个叶片。

2. 豇豆锈病

病原：豇豆属单胞锈菌(*Uromyces vignae* Barclay)。

症状：病发初期，叶背产生淡黄色小斑点，逐渐变褐，隆起呈小脓疱状，表皮破裂后，散发出红褐色粉末。

(十一)欧洲小香葱紫斑病

病原：香葱链格孢[*Alternaria porri*(Ell.)Ciferri]。

症状：为害叶和花梗，初呈水渍状白色小点，后变淡褐色椭圆形凹陷病斑，继续扩大成褐色或暗紫色，周围常具黄色晕圈，病部继续扩大，致全叶变黄枯死或折断。

(十二)生姜青枯病

病原：青枯雷尔氏菌(*Ralstonia solanacearum*)。

症状：初期为顶叶中午表现出萎蔫，傍晚恢复，似缺水症状，后扩展至全株萎蔫，叶片保持青绿色，根部出现溃烂。

三、结论与讨论

　　鄂西高山蔬菜作为重要的无公害蔬菜生产基地，生产面积已经超过100万亩，年产蔬菜达300万吨，通过调查，蔬菜病害发生面积占整个面积的20%左右，病害种类多达20余种，每种蔬菜均发现受到多种病害侵染，许多田块由于病害严重，只能弃耕。因此，蔬菜病害已经逐步成为高山蔬菜老区产业发展的主要制约因子之一。建立起完善、有效的病害监测、预报和防治体系显得非常必要。

(胡洪涛　邱正明　程晓晖　杨自文　朱凤娟)

第二节　卷丹百合黑斑病病原鉴定及生物学特性研究

随着菜篮子供应的日益丰富和人民群众生活水平的提高，老百姓对蔬菜的需求不单是数量上的满足，而且愈发讲求花色品种的调配、食物结构的优化以及营养与保健。百合 (*Lilium* spp.) 对人体的咽喉、气管、肺、心、胃、肝、神经及内分泌系统有突出的保健作用，是加工保健食品的优良原料。百合的种类较多，广为栽培的有川百合 (*L. davidii*)、龙芽百合 (*Lilium brounii* var. *viridulum*)（味淡不苦）、卷丹百合 (*L. lacifolium*)（略有苦味）。目前我国武陵山区 (龙山、鹤峰、来凤、宣恩、咸峰、黔江等) 主要种植的是卷丹百合，种植面积约 15 万亩，产值 10 亿元左右。随着栽培面积的不断扩大，病害发生日趋严重，成为遏制百合生产的重要因素之一。百合上可发生的病虫害达 47 种，有真菌性病害、病毒性病害、细菌性病害、线虫病害、生理性病害、螨害等。

2014 年，由于武陵山区降水偏多，卷丹百合叶部病害大发生，6 月中旬重病田卷丹百合枯死株率达 50%~70%，部分田块卷丹百合地上部全部枯死。百合叶边缘受害，逐渐向外扩展，病斑水渍状，失绿，重病株叶片提早脱落，严重削弱百合的长势，降低产量和品质。为此，笔者结合传统形态鉴定及基因组 18S 区序列分析，对该病害的病原菌及其生物学特性进行了研究。

一、材料与方法

1. 菌株的分离、纯化

从武陵山区鹤峰、来凤、宣恩等地的百合生产基地采集病叶标本，采用常规组织分离法分离菌株，接种到马铃薯蔗糖培养基 (potato-sugar agar, PSA) 上，长出菌落后，挑取单一菌落的少量菌丝，移植到 PSA 平板上纯化培养。

2. 病原菌形态观察

将病菌菌块先置于 PSA 平板中央，28℃、黑暗培养 3 天后，观察菌落颜色和形态；并用无菌水洗下培养菌落中的分生孢子，在显微镜 (XDS-500 倒置显微镜) 下观察其形态。

3. 病原菌生物学特性测定

(1) 酸碱度试验：设 pH 为 5、6、7、8、9、10 共 6 个梯度，将直径为 5mm 的菌苔移到 PSA 平板中央，平板置于 28℃条件下培养 3 天，然后用十字交叉法测量菌落直径。3 次重复。

(2) 致死温度试验：设 35℃、40℃、45℃、50℃、55℃共 5 个处理温度，每个处理重复 6 次，在恒温水浴锅中加热 15min 后迅速冷却至室温，将菌丝块置于 PSA 平板中央，(25±1)℃下培养 3 天后检查菌丝生长情况。

(3) 营养条件试验：基础培养基采用查彼 (Czapek) 培养基，即硝酸钠 2g、氯化钾 0.5g、硫酸亚铁 0.01g、磷酸氢二钾 1.0g、硫酸镁 0.5g、蔗糖 30g、琼脂 17g。碳源用葡萄糖、D-果糖、乳糖、甘露醇、麦芽糖替代基础培养基中的碳源；氮源用甘氨酸、酵母浸出液、硫酸铵、硝酸钾、蛋白胨、磷酸二氢铵、硝酸铵和 L-谷氨酸钠替代基础培养基中的氮源。28℃条件下接菌培养 3 天后用十字交叉法测量菌落直径；3 次重复。

4. 病原菌 18S rDNA 扩增和序列分析

参照 Knapp 和 Chandlee (1996) 报道的 CTAB (cetyltrimethyl ammonium bromide) 法提取病菌菌丝 DNA。病原菌 PCR 扩增选用的引物分别为 18S-1 和 18S-2，其碱基序列如下：18S-1 (5'-GTAGTCA-TATGCTTGTCTC-3')，18S-2 (5'-TCCGCAGGTTCACCTACGGA-3')。PCR 反应热循环参数设置为：94℃预变性 2min；94℃ 30s，45℃退火 30s，72℃延伸 2min，循环 25 次；72℃延伸 5min。PCR 产物以 1%的琼脂糖凝胶电泳鉴定，检测到 1700bp 左右的条带，将病原菌基因组 PCR 扩增产物回收，连接，转化，测序，将测序结果提交 GenBank 进行分析。根据序列分析和形态学鉴定的结果，对所分离的病原菌进行鉴定。

二、结果与分析

1. 卷丹百合黑斑病症状及病原菌形态、致病性

卷丹百合黑斑病初期病斑水渍状 (图 10-1A)，后期逐渐扩展致整个叶片枯黄，重病株叶片提早脱落 (图

10-1B)。将分离获得的病菌离体回接到卷丹百合叶片上，症状和田间相似(图 10-2A)。分生孢子淡褐色至深褐色，砖隔状(图 10-2B)。

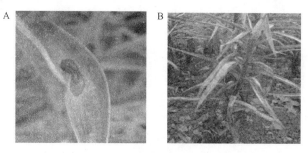

图 10-1 卷丹百合叶部病害的田间症状

A. 发病初期，叶边缘病斑；B. 发病后期，叶片枯黄

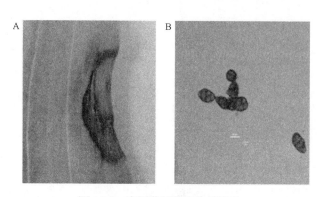

图 10-2 病原菌回接和孢子形态

A. 病菌回接症状；B. 病菌分生孢子的形态

2. 病原菌生物学特性

卷丹百合叶部病害病原菌在 pH 5～10 范围基质中均可生长，而以 pH 5～7 培养基中生长最好，菌丝生长扩展快，致密浓厚，表明微酸性培养基质较适合该病原菌生长(图 10-3)。该菌的致死温度是 55℃。由图 10-4 和图 10-5 可见，不同营养条件对卷丹百合叶部病害病原菌生长的影响差异较大。综合分析菌丝扩展及菌丝生长量情况，适合该病原菌生长的最佳碳源为麦芽糖，最佳氮源为酵母。

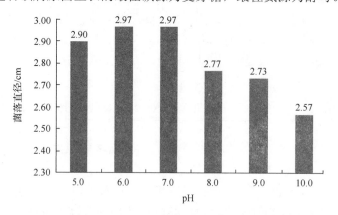

图 10-3 pH 对病原菌菌丝生长的影响

3. 病原菌的 18S rDNA 序列验证

引物 18S-1 和 18S-2 从卷丹百合叶部病害病原菌基因组 DNA 中扩增出一条大小约为 1700bp 的片段，测序结果表明该菌的 18S rDNA 区大小为 1726bp。将测得的序列在 GenBank 中进行 BLAST 分析，结果表明，所测序列与 *A. alternata* 同源性为 99%。同时，构建系统发育树，卷丹百合叶部病害病原菌 *A. alternata*

聚在同一分支，进一步证明引起卷丹百合叶部病害病原菌的病原菌为 *A. alternata*（图 10-6）。

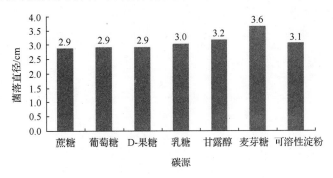

图 10-4　不同碳源对病原菌菌丝生长的影响

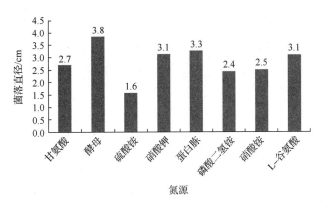

图 10-5　不同氮源对病原菌菌丝生长的影响

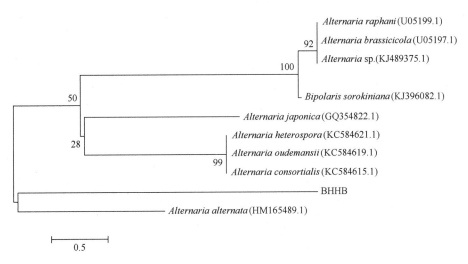

图 10-6　病菌 18S rDNA 序列构建的系统发育树

三、结论与讨论

笔者在卷丹百合上发现症状是叶边缘受害，逐渐向外扩展，病斑水渍状，失绿，通过组织分离法获得致病菌，结合形态学及分子生物学的方法，根据《真菌鉴定手册》，鉴定该病的病原菌为链格孢（*Alternaria alternata*）。唐祥宁等在对江西百合病害调查与鉴定中，描述百合黑斑病病症状为叶尖受害，逐渐向叶基扩展，病斑水渍状，褐色，有淡黄色晕纹。梁巧兰等研究三种化学物质诱导观赏百合对黑斑病抗性，其黑斑病病原菌由甘肃农业大学农药实验室提供。未见百合黑斑病致病菌的生物学特性和分子序列方面的报道。通过本研究，进一步明确了百合黑斑病的病原菌为 *Alternaria alternata*。

生物学特性研究表明，卷丹百合黑斑病病菌致死温度是 55℃，最适 pH 是 6～7，最适碳源是麦芽糖，最适氮源是酵母。因此，在不影响百合生长的情况下，通过适当调节环境的 pH，对病情可能起到一定的控制作用，为病害综合防治提供有益的理论依据。同时，百合黑斑病病病原的鉴定为下一步进行该病害的防治研究及抗病品种筛选研究奠定了基础。

（吴金平　刘晓艳　丁自立　郭凤领　焦忠久　邱正明）

第三节　高山玉竹根腐病病原鉴定

玉竹[*Polygonatum odoratum* (Mill.) Druce]为百合科黄精属多年生草本植物，是我国传统中药，具有养阴润燥、除烦、止渴等功效，治疗热病伤阴、消谷易饥等症。玉竹生理活性显著，极具开发利用价值，并可作为高级滋补品、佳肴和饮料。玉竹原为野生种，是药食两用林下植物，因其价值高，近年来逐渐发展为栽培种。随着玉竹种植规模的逐渐扩大、种植年限增加，全国大部分玉竹产地病害也越来越重，尤其是引起根部染病的土传病害，已严重影响了玉竹的产量和品质，成为玉竹生产开发的主要障碍。因此，明确玉竹根腐病的病原就显得十分迫切和必要。

一、材料与方法

1. 菌株的分离、纯化

从湖北省农业科学院蔬菜所蔬菜试验基地采集病样标本，采用常规组织分离法分离菌株，分离菌株接种到马铃薯蔗糖培养基(PSA)上，长出菌落后，挑取单一菌落的少量菌丝，移植到 PSA 平板纯化培养。

2. 致病性测定

根据柯赫氏法则进行测定，采用离体根部接种法。将所保存的待测菌株接种到 PSA 平板上活化，25℃下培养 4 天。取健康玉竹完整根茎，用 5% NaClO 进行表面消毒，无菌水冲洗 3 次，然后将培养好的菌块接种于玉竹茎基部，接种好的玉竹放入铺有 2 层灭菌滤纸的培养皿中，加入少量无菌水保湿，以无菌水作为对照。25℃黑暗条件下培养。对接种后表现根腐症状的根茎进行病原再次分离培养，观察得到的病菌是否与原接种菌株相同。

3. 病原菌 18S rDNA 扩增和序列分析

参照 Knapp 和 Chandlee(1996)报道的 CTAB (cetyltrimethyl ammonium bromide)法提取病菌菌丝 DNA。病原菌 PCR 扩增选用的引物分别为 18S-1 和 18S-2，其碱基序列如下：18S-1(5'-GTAGTCATATG-CTTGTCTC-3')，18S-2(5'-TCCGCAGGTTCACCTACGGA-3')。PCR 反应热循环参数设置为：94℃预变性 2min；94℃ 30s，45℃退火 30s，72℃延伸 2min，循环 25 次；72℃延伸 5min。PCR 产物以 1%的琼脂糖凝胶电泳鉴定，检测到 1700bp 左右的条带，将病原菌基因组 PCR 扩增产物回收，连接，转化，测序，将测序结果提交 GenBank 进行分析。根据序列分析和形态学鉴定的结果，对所分离的病原菌进行鉴定。

二、结果与分析

1. 玉竹根腐病症状及致病性测定

玉竹根腐病初期叶片半边发黄，拔出玉竹茎基部腐烂(图10-7)，后期逐渐扩展致整个叶片枯黄，植株倒伏。分离到两株致病菌，一株菌丝致密(该菌标记为：YZM)，一株菌丝疏松(该菌标记为：YZX)，将分离获得的病菌离体回接到玉竹茎基部，症状和田间相似(图 10-8)。根据离体接种结果，确定标记为 YZX 的真菌为玉竹根腐病的主要病原，而标记为 YZM 的真菌复合侵染加剧病害。

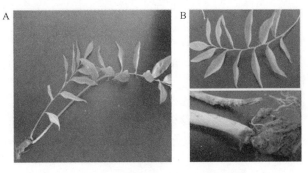

图 10-7　玉竹根腐病病害田间症状

A. YZM 病菌回接症状；B. YZX 病菌回接症状

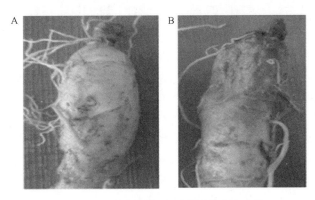

图 10-8　玉竹根腐病病原菌回接发病症状

2. 病原菌的 18S rDNA 序列验证

引物 18S-1 和 18S-2 从 YZX 和 YZM 病原菌基因组 DNA 中扩增出大小约为 1700bp 的片段（图 10-9）。将测得的序列在 GenBank 中进行 BLAST 分析，结果表明，YZX 病原菌（Accession：KU512835）所测序列与 *Fusarium oxysporum*（Accession：JF807401.1）同源性为 99%，YZM 病原菌（Accession：KU512836）所测序列与 *Aspergillus fumigatus*（Accession：AB008401.1）同源性为 99%。

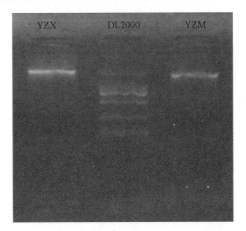

图 10-9　玉竹根腐病病原菌 18S rDNA 电泳图

三、结论与讨论

目前，仅有贵州、辽宁、湖南玉竹主产地初步报道了玉竹的病害及其防治。贵州地区主要以叶斑病、茎腐病、锈病等真菌性病害为主；辽宁地区主要以褐斑病、紫轮病、锈病等真菌性病害为主；湖南地区主要是根腐病，其症状描述为发病初期，植株不表现症状，仅见地下根状茎上出现淡褐色圆形病斑；后随着根状茎上病斑的扩大及腐烂程度的加剧，植株叶片出现萎蔫症状，随着病情的进一步加重，叶片萎蔫症状夜间不再恢复，植株枯死。其致病菌被毕武等鉴定为芬芳镰刀菌(*Fusarium redolens*)，崔蕾等鉴定为茄镰孢菌(*Fusarium solani*)。但本研究发现的症状首先是叶片半边发黄，渐渐整个叶片发黄，挖出玉竹，发现茎基部开始腐烂，与所报道的根腐病报道症状不同，这可能是因为本研究分离的病菌有两种，属于复合侵染。其中，已有报道玉竹曲霉病的致病菌为(*Aspergillus uiger* Van Tiegh)，其主要为害地下根茎，根茎上病斑近圆形，褐色，后发展为不规则形。病部发软、腐烂，腐烂扩展较慢，地上部茎叶不死亡。综合前人玉竹曲霉病、根腐病症状描述和本研究分离鉴定的两种致病菌，为玉竹病害有效防控提供依据。

（吴金平　刘晓艳　丁自立　矫振彪　郭凤领　胡　燕　邱正明）

第四节　高山阳荷新病害叶枯病病原菌鉴定

阳荷(*Zingiber striolatum* Diels)又名阳藿、襄荷、山姜、观音花、野老姜、野生姜、野姜、莲花姜，为野姜科姜属多年生草本植物。阳荷富含多种维生素、纤维素，以及铁、锌、硒等多种微量元素及芳香脂等，每100g嫩茎和花轴含蛋白质约12.4g、脂肪2.2g、纤维素28.1g、维生素 C 和维生素 A 共约95.8mg，其嫩茎、嫩芽和花轴都可以食用，是一种营养价值很高的食药同源的膳食纤维蔬菜。

阳荷原是生长在山林间的野生蔬菜。随着阳荷的食品保健功能不断被发现，种植面积不断扩大，病害也随之蔓延。笔者在湖北长阳、恩施等地的阳荷高山栽培基地调查中发现一种新病害，该病染病初期多数叶片叶缘失绿，随着病情发展，由叶缘沿叶脉向基部扩展，叶脉、叶柄失绿、枯黄，一般发病率达10%～30%，严重时达100%，严重削弱阳荷的长势，降低产量和品质。为确定该病致病菌并建立有效的防治方法，笔者采用常规植物病理学和分子生物学的手段对病原菌进行了鉴定，以便为该病害的防治提供依据。

一、材料与方法

1. 病原菌采集

标本阳荷病叶于2013年7月采自湖北省恩施土家族苗族自治州恩施市太阳河村。采用马铃薯蔗糖培养基(PSA)进行病原菌分离、纯化。纯化的病菌菌块28℃、黑暗培养3天后，观察菌落颜色和形态；挑取菌丝在显微镜(XDS-500倒置显微镜)下观察其形态。

2. 试剂

Fungal gDNA Kit 为 Biomiga 公司产品；琼脂糖凝胶回收试剂盒和 *E.coli* DH5α 为 Tiangen 公司产品；pMD18-T vector、5U *Taq* DNA 聚合酶、10×PCR Buffer(Mg^{2+} Plus)、2.5mmol/L dNTP 为 TaKaRa 公司产品。

3. 致病性测定

采集标本原品种上的无病斑离体叶片，用自来水冲洗干净后，用75%乙醇棉球轻擦表面，用镊子轻刮叶片表面，使其形成微创伤，然后用无菌打孔器打取 5mm 菌饼放在创伤处。以不接病菌的阳荷叶片为对照。3 次重复，每天观察并记录是否发病。待接种叶片发病后对病斑再次进行组织分离，观察其病原形态。

4. 病原菌鉴定

将病原菌菌块移至 PSA 平板上，28℃黑暗条件下培养48～72h，然后将菌落边缘的菌丝切成2～3mm的菌落小块，把4～5块菌丝块移至 PSA 液体培养基，28℃、120r/min 振荡培养3～4天。将液体培养好的病菌菌丝，在双层尼龙网上过滤，用水洗涤 2 次，以除去菌丝内的培养液，收集菌丝，将其包好放在硅胶中过夜，吸干水分，用液氮研磨成粉末，按照 Fungal gDNA Kit 试剂盒说明提取病菌总 DNA。用 rDNA-ITS

通用引物对 ITS1 和 ITS4 扩增，其碱基序列如下：ITS1（5'-TCCGTAGGTGAACCTGCGG-3'），ITS4（5'-TCCTCCGCTTATTGA TATGC-3'）。扩增体系总体积 50μL：10×PCR Buffer（Mg²⁺ Plus）5.0μL，2.5mmol/L dNTP 2.5 4.0μL，ITS1 和 ITS4（205μmol/L）各 1.0μL，5U Taq DNA 聚合酶 0.5μL，DNA 模板 1.0μL，ddH₂O 37.5μL。扩增条件：95℃预变性 3min；95℃变性 30s，50℃退火 30s，72℃延伸 90s，35 个循环；72℃延伸 5min。

1.0%琼脂糖凝胶电泳检测并拍照。按照 TIANGEN 凝胶回收试剂盒回收目标片段，并与 pEASY-T1Cloning Vector 连接，转化感受态细胞 $E.coli$ DH5α。将 PCR 检测为阳性的克隆寄往华大基因生物科技有限公司测序。将获得序列与 NCBI 中核酸数据库进行相似性比对。

二、结果与分析

1. 田间症状描述

田间主要为害阳荷叶片。初期在受害叶片正面形成不规则形、褪绿黄化病斑，病健交界不明显，病斑背面水渍状（图 10-10），逐渐叶失绿、枯萎，定名为阳荷叶枯病。

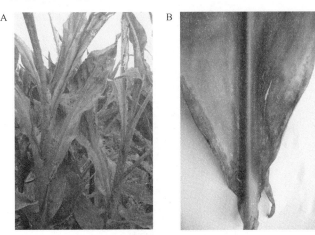

图 10-10　阳荷叶枯病田间症状

A. 大田症状；B. 分离病菌病样

2. 病原菌形态和回接鉴定

病原菌在 PDA 培养基上生长速度一般，菌落近圆形，乳白色，气生菌丝不发达（图 10-11A），28℃下培养 3 天后在显微镜下观察菌丝（图 10-11B）。病菌接种后第 3 天，叶片出现病斑，随后病斑逐渐扩大；第 5 天，叶片出现典型的病症，病斑失绿（图 10-12A），刺伤接种的离体叶片在接种处形成与田间相似的病斑，而对照叶片未产生任何病症（图 10-12B）。再从发病部位重新分离、培养，得到了相同的菌株结果，符合柯赫氏法则。

图 10-11　阳荷叶枯病病原菌形态

A. 菌落形态；B. 菌丝形态

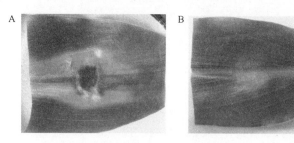

图 10-12　阳荷叶枯病病原菌回接鉴定

A. 接菌；B. 对照

3. rDNA-ITS 鉴定

用真菌 rDNA-ITS 通用引物 ITS1/ITS4 对阳荷叶枯病病原菌的总 DNA 进行 PCR 扩增，得到了 1 条约 500bp 的清晰条带，克隆后检测在 500bp 附近也有亮带，符合预期结论(图 10-13)。测序表明大小为 550bp。利用 Blastn 软件对所得序列进行同源性比对。结果表明，本试验所得 rDNA-ITS 序列与 NCBI 中已有的茎点霉(*Phoma* sp.)(EF408240.1、HQ130718.1、JX896660.1)的 rDNA-ITS 序列的相似性为 95%～99%。初步判段引起阳荷叶枯病的致病菌为茎点霉。

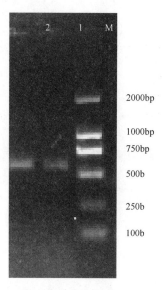

图 10-13　阳荷叶枯病病原菌 rDNA-ITS 扩增

三、结论与讨论

有关茎点霉作为植物致病菌的报道不多，如棉花茎腐病、苦苣菜褐斑病、橄榄树树枝枯死病。笔者针对湖北省恩施州阳荷新病害——阳荷叶枯病病菌，利用分子手段鉴定了该病致病菌为茎点霉，而此病菌的生物学特性研究方面尚需全面深入，病菌寄主范围尚待测定，病菌侵染特性及其机制有待于深入研究，以便为生产上病害防治提供系统的理论依据。

（吴金平　张静柏　郭凤领　陈磊夫　陈佩和　邱正明）

第五节　高山萝卜黑斑病的生物学特性研究及其培养基筛选

萝卜黑斑病是世界各地萝卜产区的一个重要病害，它不仅为害萝卜，而且对其他十字花科蔬菜也具有严重的危害性。十字花科黑斑病主要由芸薹链格孢（*Alternaria brassicae*）、芸薹生链格孢（*Alternaria brassicicola*)、萝卜链格孢(*Alternaria japonica*)侵染引起。链格孢属黑斑病菌在 PDA 培养基上菌落初为白色，后转为暗灰色，菌丝近无色，有隔；直径 2～8μm；分生孢子梗一般单生，少数束生。在培养基上分生孢子着生在菌丝的分枝上，在叶片上一般单生，而在 PDA 培养基上可 2～3 个串生，在培养基上可形成大的厚垣孢子，其一般串生，少数单生，近球形，暗黑褐色，表面光滑，一般直径为菌丝的 2～4 倍。病原物生物学特性的研究，对于研究和掌握病害的发生、流行等方面具有重要意义。

本研究主要观察萝卜黑斑病的危害程度、症状表现、产孢数量等生物学性状，监测环境温度、光照、紫外线对黑斑病链格孢的影响，筛选出较好的适合培养萝卜黑斑病链格孢的产孢培养基，为萝卜抗黑斑病抗病育种工作打下一定的理论基础。

一、材料与方法

1. 试验材料

将采集的萝卜主产区黑斑病病样分离培养单孢保存，试管斜面保存于 4℃冰箱中备用，共分离保存菌株 12 份。试验培养皿规格为直径 60mm，培养基有 PDA 培养基、PSA 培养基、牛肉膏蛋白胨培养基、YPD 培养基、面粉培养基、豆芽培养基、玉米培养基、杏仁培养基。试验用基质预先经过高压蒸气灭菌(121℃，30min)。本试验在湖北省农科院经济作物研究所进行。

2. 试验设计

实验共 5 个部分。第一部分：将 12 个菌种用同一种培养基(PDA 培养基)培养，挑选生长最好的一种菌株；第二部分：将筛选的菌株接种到不同的培养基上使其进行生长，进而研究不同培养基对黑斑病孢子萌发的影响，共有 8 种培养基，每个重复 3 次，筛选出一个培养最佳的培养基；第三部分：采用筛选出的菌株接种到筛选出的培养基上进行不同温度对孢子萌发的影响，温度分别设置为 0℃、15℃、25℃、35℃，每个温度重复 3 次；第四部分：萝卜黑斑病菌丝的菌落直径生长情况，时间分别设置为第 4、7、10、13 天；第五部分：不同光照对孢子萌发的影响，包括光照和紫外线对孢子萌发的影响，光照和紫外线照射时间分别设置为 1h、2h、8h、24h。

3. 测定方法

把冰箱里保存的 12 种菌株用 PDA 培养基进行活化，在超净工作台上用无菌挑针从菌株中挑取适量孢子在 PDA 培养基上，用封口膜封好培养皿，并做标记，倒放。每一种菌株活化 3 个皿，10 天左右可长出完整的菌丝。从中选出一个长得最好的菌株。

培养基的制备和灭菌：主要培养基有 PDA 培养基、PSA 培养基、牛肉膏蛋白胨培养基、YPD 培养基、面粉培养基、豆芽培养基、玉米培养基、杏仁培养基。培养基制备完毕后，分装在小锥形瓶里，用封口膜封好瓶口，在高温高压下灭菌 30min。

接种和培养：把长得最好的 PDA 培养基里的菌丝采用打孔法进行平板(6mm)接种，接种到准备好的 8 种培养基里，每个培养基重复做 3 个。接种完后按编号做好记录，培养皿倒置，一般 15～20 天后培养基里菌丝会完全长满，然后在电子显微镜下观察产孢个数，记录数据。方法是用带纱布漏斗过滤，将同一培养皿中菌丝全部刮入漏斗，无菌水冲洗定容至 40mL，进行 3 次重复。显微镜检，血细胞计数板计数(25格×16 格，五点取样)。

温度分别设置为 0℃、15℃、25℃、35℃，每个温度重复 3 个，各处理 10min，然后 24h 培养。显微镜检，血细胞计数板计数，观察其产孢的萌发个数和总孢子数，计算孢子萌发率。计算公式如下：平均孢子萌发率(%)＝孢子萌发的个数/总孢数

在进行温度的同时将该菌种设置在同一温度下观察在第 4、7、10、13 天菌落的生长状况和菌落特征，并用直尺测量菌落直径，照相。

培养 9 天后的培养基使用 40W 紫外灯及 40W 日光灯分别照射 1h、2h、8h、24h，观察其对孢子诱发量的影响。

菌株：HB1、HB2、JZHB2、JZHB5、JZHB7、JZHB8、JZHB10、WHHB1、WHHB2、WHHB4、

WHHB9、WHHB10。

表 10-1 是实验中用到的所有培养基配方。

表 10-1　八种培养基配方

种类	培养基成分
A	PDA 培养基：马铃薯 200g，葡萄糖 20g，琼脂 17g，水 1000mL
B	PSA 培养基：马铃薯 200g，蔗糖 20g，琼脂 17g，水 1000mL
C	牛肉膏蛋白胨培养基：牛肉膏 3g，蛋白胨 1g，氯化钠 5g，琼脂 17g，水 1000mL
D	YPD 培养基：葡萄糖 20g，蛋白胨 20g，酵母浸膏 10g，琼脂 17g，水 1000mL
E	面粉培养基：面粉 60g，琼脂 17g，水 1000mL
F	豆芽培养基：黄豆芽 100g，琼脂 17g，葡萄糖 20g，水 1000mL
G	杏仁培养基：杏仁 26g，琼脂 17g，水 1000mL
H	玉米培养基：玉米 137g，琼脂 17g，水 1000mL

二、结果与分析

1. 菌株的筛选

实验用 12 种萝卜黑斑病菌株通过 PDA 培养基培养 20 天，采用血细胞计数板法(25 格×16 格)，五点取样，观察其产孢情况。图 10-14 中菌株编号 1～12 分别为 JZHB7、HB2、WHHB10、JZHB10、JZHB2、WHHB1、WHHB9、JZHB8、HB1、WHHB2、WHHB4、JZHB5。由图 10-14 可以看出 JZHB7 在 PDA 培养基上产孢量最多，显著高于其他菌株($P<0.05$，SPSS)。

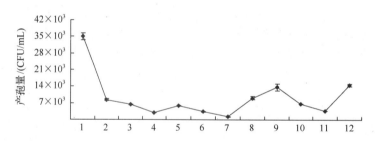

图 10-14　萝卜黑斑病 12 个菌株在 PDA 培养基上的产孢量

2. 培养基的筛选

JZHB7 菌株通过 8 种培养基(PDA 培养基、PSA 培养基、牛肉膏蛋白胨培养基、YPD 培养基、面粉培养基、豆芽培养基、玉米培养基、杏仁培养基)培养 20 天，采用血细胞计数板法观察其产孢情况。图 10-15 中培养基编号 1～8 分别为 PDA 培养基、PSA 培养基、牛肉膏蛋白胨培养基、YPD 培养基、面粉培养基、豆芽培养基、玉米培养基、杏仁培养基。由图 10-15 可以看出菌株 JZHB7 在面粉培养基和豆芽培养基上产孢均多，且与其他培养基上的产孢量差异显著($P<0.05$, SPSS)，在豆芽培养基上的产孢量高于面粉培养基，差异不显著($P>0.05$, SPSS)。

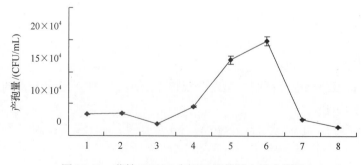

图 10-15　菌株 JZHB7 在不同培养基上的产孢量

3. 温度对萝卜链格孢孢子萌发的影响

温度分别设置为 0℃、15℃、25℃、35℃，每个温度重复 3 个，各处理 10min，然后 24h 培养。采用血细胞计数板法观察其产孢的萌发个数和总孢子数，计算公式如下：

$$平均孢子萌发率(\%)=孢子萌发的个数/总孢数$$

从图 10-16 可看出，JZHB7 菌株孢子在 15℃时萌发率最高，在 0℃时萌发率最低。在 0～15℃孢子萌发率显著增多，在 15～25℃孢子萌发率显著减少，说明高温抑制孢子的萌发，4℃温度条件下孢子萌发率差异均显著（$P<0.05$，SPSS）。

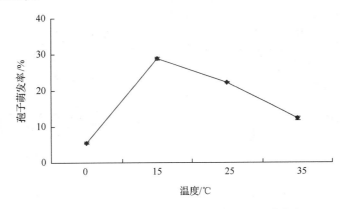

图 10-16　菌株 JZHB7 在不同温度下的孢子萌发率

4. 萝卜黑斑病菌菌丝的菌落直径生长情况

在 25℃时 PDA 培养 JZHB7 菌株，观察菌落的生长状况和菌落特征，用直尺测量菌落直径。从图 10-17 可看出，JZHB7 黑斑病菌丝在第 4～7 天生长较快，第 10～13 天生长较慢，4 次测量直径数据差异均显著（$P<0.05$，SPSS）。

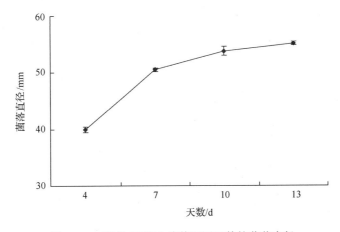

图 10-17　菌株 JZHB7 培养不同天数的菌落直径

图 10-18 是 JZHB7 菌株菌丝第 4 天的生长情况，图 10-19 是 JZHB7 菌株菌丝第 7 天的生长情况，图 10-20 是 JZHB7 菌株菌丝第 10 天的生长情况，图 10-21 是 JZHB7 菌株菌丝第 13 天的生长情况。

5. 不同光源照射对黑斑病菌产孢的影响

JZHB7 菌株通过豆芽培养基培养 9 天，使用 40W 紫外灯及 40W 日光灯分别照射 1h、2h、8h、24h，观察其对孢子诱发量的影响。从图 10-22 可看出，JZHB7 菌株在紫外灯照射下产孢量远远低于日光灯照射，差异显著（$P<0.05$，SPSS），日光灯照射 2h 时产孢量最多，在 24h 照射下产孢最少，差异不显著（$P>0.05$，SPSS）。比较两种光源对黑斑病菌产孢的效能，显然日光灯要高于紫外灯。

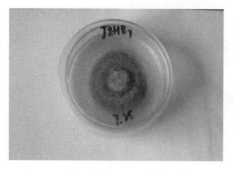

图 10-18　第 4 天生长情况

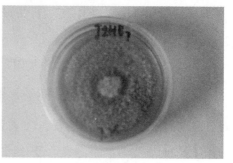

图 10-19　第 7 天生长情况

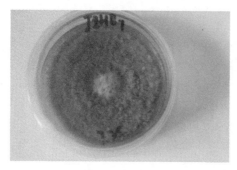

图 10-20　第 10 天生长情况

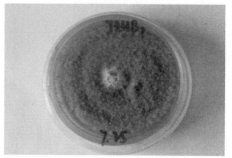

图 10-21　第 13 天生长情况

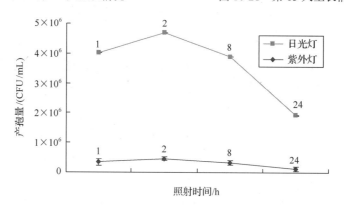

图 10-22　紫外灯和日光灯照射对 JZHB7 产孢量的影响

三、结论与讨论

1. 12 种黑斑菌菌株在同一培养基上的生长情况

张天宇等研究表明，链格孢菌不同种间菌丝形态的特异性很小，只有在菌丝产生一些特殊结构时才有分类上的鉴别价值；不同链格孢菌种之间在菌落形态、生长速度等方面常有一些差别，菌落作为种级鉴别特征对个别种有参考价值。本实验研究的过程中，12 种萝卜黑斑病菌种在同一种培养基 PDA 培养基上培养 20 天，期间观察菌丝的生长形态和变化，20 天之后通过显微镜观察链格孢的产孢数量得出 JZHB7 菌株在 12 个菌株中产孢数量最多。

2. JZHB7 菌株通过 8 种培养基培养的生长形态

肖长坤等筛选出适合黑斑病病原菌生长的 PDA、PSA 和 SNA 三种培养基，其中在 PDA 培养基上每个供试菌株生长速率均比较大，因此是一种适宜用来大量培养制备黑斑病菌丝体和进行杀菌剂生测的培养基，这也与以前相关报道结果一致；SNA 培养基同样适宜供试菌株的快速生长，而且还具有一定的种间选择性和促进产孢的作用，适合用于病原菌分离、纯化和鉴定。

将 JZHB7 菌株培养在不同的培养基(PDA 培养基、PSA 培养基、牛肉膏蛋白胨培养基、YPD 培养基、面粉培养基、豆芽培养基、玉米培养基、杏仁培养基)上,观察其生长情况。前人的研究也有类似的报道。通过本实验研究发现 JZHB7 链格孢菌在多种培养基上都能生长,不同的培养基上菌丝生长速率及菌落形态都有较大差异,其中,在豆芽培养基上生长最好,产孢数最多。

3. 温度对萝卜链格孢孢子萌发的影响

以豆芽琼脂为培养基制备平板,对 JZHB7 菌株进行培养,培养温度为 0~35℃,观察不同培养温度下的生长情况。通过本实验 JZHB7 菌株生物学特性研究发现,该菌菌丝体在 0~35℃范围内均可生长,最适温度 15℃时萌发率最高,0℃时萌发率最低,在 25~35℃孢子萌发率有所降低。这与前人的研究结果基本相一致。

4. 萝卜黑斑病菌菌丝的菌落直径生长情况

测定同一培养温度下不同时间的菌落直径,时间分别设置为第 4、7、10、13 天,并用直尺测量菌落直径。本实验研究结果表明,JZHB7 菌株在第 4~7 天生长较快,第 10~13 天生长较慢,菌落几乎已全长满。这与前人的研究结果基本相符。

5. 不同光源照射对黑斑病菌产孢的影响

JZHB7 黑斑病菌种通过豆芽培养基培养 9 天,使用 40W 紫外灯及 40W 日光灯分别照射 1h、2h、8h、24h,观察其对孢子诱发量的影响。本实验研究结果表明,JZHB7 黑斑病菌在紫外灯照射下不利于产孢,在日光灯 2h 照射下产孢量最多,在 24h 照射下产孢最少。

综上所述,本研究表明,JZHB7 菌株是 12 个菌株里产孢最多的菌株;豆芽培养基是 8 种培养基里产孢最佳的培养基;JZHB7 菌株在 15℃培养时孢子萌发率最高,在 0℃时萌发率最低;JZHB7 菌株在第 4~7 天菌丝生长较快,第 10~13 天菌丝生长较慢;JZHB7 菌株在日光灯照射培养 2h 产孢量增多,照射培养 24h 产孢量减少。

(甘彩霞　袁伟玲　王晴芳　崔　磊　梅时勇)

第六节　高山大白菜黑斑病病菌生物学特性研究及其培养基的筛选

黑斑病(black spot)是十字花科蔬菜生产的世界性真菌病害,在我国局部地区这种病害为害严重,造成较大的经济损失。本研究的目的是为了了解白菜黑斑病菌(cabbage black spot)的生物学特性,研究其生长需要的温度、光照及培养基等对黑斑病菌的影响,为白菜黑斑病的抗病育种研究和防控技术提供理论基础。

一、材料与方法

1. 试验材料

大白菜黑斑病菌株采集于湖北省农科院蔬菜基地和宜昌长阳火烧坪蔬菜基地,试管斜面保存于 4℃冰箱中备用,共分离保存菌株 8 份。试验培养皿规格为直径 60mm,培养基有 PDA 培养基、PSA 培养基、牛肉膏蛋白胨培养基、YPD 培养基、面粉培养基、豆芽培养基、玉米培养基、杏仁培养基、燕麦培养基。

2. 试验设计

实验共 5 个步骤。第一步为大白菜黑斑病菌株的筛选,使用 PDA 培养基选出产孢最好的菌株;第二步为培养基对黑斑病孢子萌发的影响,选择多种培养基,每种培养基进行 3 次重复实验,确定黑斑病菌株孢子的最适生长培养基;第三步为温度对黑斑病链格孢萌发的影响,每种菌株进行 3 次重复实验,待产出孢子后记录孢子数量(使用血细胞计数板法);第四步为白菜黑斑病菌丝的菌落直径生长情况,时间分别设置为第 4、7、10 天,使用直尺测量;第五步为光照对黑斑病链格孢萌发的影响,分别使用日光灯和紫外灯照射,3 次重复实验后记录孢子萌发数。

3. 测定方法

(1)菌株选择。将冰箱中的 8 个菌株活化，在超净工作台上用接种针挑取适量菌种在 PDA 培养基上，用封口膜将培养皿封口，倒放，每一个菌株活化 3 个皿，10 天左右可长出完整的菌丝，从中选出长得最好的菌株。

(2)培养基选择。将筛选出的菌株分别用不同的培养基进行培养，使用 PDA 培养基、PSA 培养基、牛肉膏蛋白胨培养基、YPD 培养基、面粉培养基、豆芽培养基、杏仁培养基、玉米培养基，高压灭菌。将筛选出的菌株接种到各种培养基上，一般 15～20 天后培养基里菌丝会完全长满，然后在电子显微镜下观察产孢个数，记录数据。方法是用带纱布漏斗过滤,将同一培养皿中菌丝全部刮入漏斗，无菌水冲洗定容至 40mL，进行 3 次重复。显微镜检，血细胞计数板计数(25 格×16 格，五点取样)。

(3)温度分别设置为 0℃、15℃、25℃、35℃，每个温度重复 3 个，各处理 10min，然后 24h 培养。显微镜检，血细胞板计数，观察其产孢的萌发个数和总孢子数，计算孢子萌发率。计算公式如下：平均孢子萌发率(%)=孢子萌发的个数/总孢数

在进行温度的同时将该菌种设置在同一温度下观察在第 4、7、10 天菌落的生长状况和菌落特征，并用直尺测量菌落直径，照相。

(4)培养 9 天后的培养基使用 40W 紫外灯及 40W 日光灯分别照射 1h、2h、8h、24h，观察其对孢子诱发量的影响。

(5)菌株：BHB1、BHB3、BHB4、BHB5、BHB9、BHB10、火烧坪 BHB1、火烧坪 BHB3。

表 10-2 为实验所用培养基的成分。

表 10-2　实验中使用的培养基

种类	培养基成分
A	PDA 培养基：马铃薯滤汁 200g，葡萄糖 20g，琼脂 17g，水 1000mL
B	PSA 培养基：马铃薯滤汁 200g，蔗糖 20g，琼脂 17g，水 1000mL
C	牛肉膏蛋白胨培养基：牛肉膏 3g，蛋白胨 1g，氯化钠 5g，琼脂 17g，水 1000mL
D	YPD 培养基：葡萄糖 20g，蛋白胨 20g，酵母浸膏 10g，琼脂 17g，水 1000mL
E	面粉培养基：面粉 60g，琼脂 17g，水 1000mL
F	豆芽培养基：黄豆芽滤汁 100g，琼脂 17g，葡萄糖 20g，水 1000mL
G	杏仁培养基：杏仁 26g，琼脂 17g，水 1000mL
H	玉米培养基：玉米 137g，琼脂 17g，水 1000mL

二、结果与分析

1. 菌种的筛选

8 种白菜黑斑病菌株用 PSA 培养基进行培养，20 天后采用血细胞计数板法观察其产孢情况。图 10-23 中菌株编号 1～8 分别为 BHB1、BHB3、BHB4、BHB5、BHB9、BHB10、火烧坪 BHB1、火烧坪 BHB3。由图 10-23 可以看出火烧坪 BHB1 在 PSA 培养基上产孢量最多，显著高于其他菌株($P<0.05$，SPSS)。

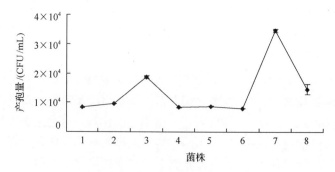

图 10-23　白菜黑斑病 8 个菌株在 PSA 培养基上的产孢量

2. 培养基条件对黑斑病孢子萌发的影响

火烧坪 BHB1 菌株通过 8 种培养基(PDA 培养基、PSA 培养基、牛肉膏蛋白胨培养基、YPD 培养基、面粉培养基、豆芽培养基、杏仁培养基、玉米培养基)培养 20 天,采用血球计数板法观察其产孢情况。图 10-24 中培养基编号 1~8 分别为 PDA 培养基、PSA 培养基、牛肉膏蛋白胨培养基、YPD 培养基、面粉培养基、豆芽培养基、杏仁培养基、玉米培养基。由图 10-24 可以看出,火烧坪 BHB1 菌株在 PSA 培养基上产孢量最多,与其他培养基上产孢量差异显著($P<0.05$,SPSS)。另外,PDA 培养基、豆芽滤汁培养基和面粉培养基也比较适合黑斑病菌进行产孢,三者之间产孢量差异不显著($P>0.05$,SPSS),但与余下培养基产孢量差异均显著($P<0.05$,SPSS)。

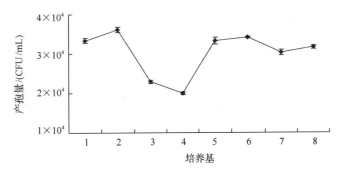

图 10-24　火烧坪 BHB1 在不同培养基上的产孢量

3. 温度对黑斑病孢子萌发的影响

温度分别设置为 0℃、15℃、25℃、35℃,每个温度重复 3 个,各处理 10min,然后 24h 培养。血细胞计数板法观察其产孢的萌发个数和总孢子数,计算公式如下:

$$平均孢子萌发率(\%)=孢子萌发的个数/总孢数$$

从图 10-25 可看出,火烧坪 BHB1 菌株孢子在 0℃时萌发率最低,在 15℃时萌发率最高,25℃萌发率开始下降,35℃少于 25℃,表明温度越高产孢越少。4 个温度条件下孢子萌发率差异均显著($P<0.05$,SPSS)。

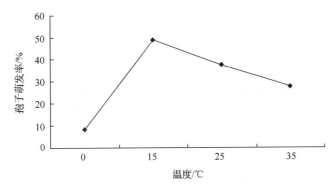

图 10-25　火烧坪 BHB1 在不同温度下的孢子萌发率

4. 日光灯和紫外灯照射对孢子萌发的影响

火烧坪 BHB1 菌株通过 PSA 培养基培养 9 天,使用 40W 紫外灯及 40W 日光灯分别照射 1h、2h、8h、24h,观察其对孢子诱发量的影响。从图 10-26 可看出,火烧坪 BHB1 菌株在紫外灯照射 1h、2h、8h 时产孢量远远低于日光灯照射,差异显著($P<0.05$,SPSS),日光灯照射 1h、2h、8h 时产孢量均较多,在 24h 照射下产孢量最少。比较两种光源对黑斑病菌产孢的效能,显然日光灯要高于紫外灯,且不宜长时间照射。

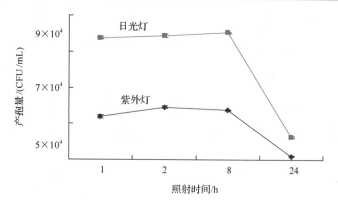

图 10-26　紫外灯照射和日光灯照射对火烧坪 BHB1 的产孢量的影响

5. 黑斑病菌落直径生长情况

在 25℃时 PSA 培养火烧坪 BHB1 菌株，观察在第菌落的生长状况和菌落特征，用直尺测量菌落直径，照相。从图 10-27 可看出，火烧坪 BHB1 黑斑病菌丝在第 4~7 天生长快，差异显著($P<0.05$，SPSS)；第 7~13 天生长慢，差异不显著($P>0.05$，SPSS)。不同天数菌落生长情况见图 10-28。

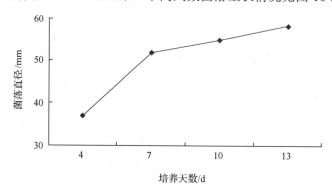

图 10-27　火烧坪 BHB1 培养不同天数菌落直径

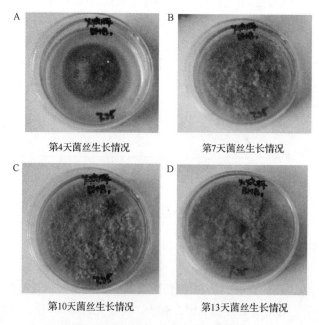

第4天菌丝生长情况　　　　　　　　　第7天菌丝生长情况

第10天菌丝生长情况　　　　　　　　　第13天菌丝生长情况

图 10-28　不同天数菌落生长情况

三、结论与讨论

1. 菌株的筛选

本实验研究的过程中，8 种白菜黑斑病菌株在同一种培养基 PSA 培养基上培养 20 天，期间观察菌丝的生长形态和变化，20 天之后通过显微镜观察链格孢的产孢数量得出火烧坪 BHB1 菌株在 8 个菌株中产孢数量最多。

2. 培养基条件对黑斑病孢子萌发的影响

有研究表明，培养基条件的不同对产孢量影响较大，前人对其他植物的黑斑病菌有过相同实验，马铃薯汁培养液、甘薯汁培养液、完全培养液培养 4 天后，检测培养液中的含孢量，分别为 $8.4 \times 10^6 CFU/mL$、$14 \times 10^6 CFU/mL$、$12 \times 10^6 CFU/mL$，可见甘薯黑斑病菌最适宜在甘薯汁培养液上生长。由前人数据可以看出培养基的种类对黑斑病菌产孢的影响较大，不同培养基条件导致产孢量有很大不同。

观察不同培养基上白菜黑斑病菌国内外菌株生长速率发现，A.brassicae 和 A.brassisicola 的中国和美国菌株在 SNA、PDA、PSA 和 SA 上生长比较快，其中 PDA 和 PSA 最适合其生长；Ajap-AC 在 6 种供试培养基上生长速率均比较低，在 PSA 培养基上生长速率最大，因此 PSA 是一种适宜用来大量培养制备白菜黑斑病菌菌丝体和进行杀菌剂生测的培养基，这也与以前相关报道结果一致。

此次实验研究得出，PSA 培养基培养基的产孢情况最好，PDA 培养基、豆芽培养基和面粉培养基也比较适合黑斑病菌产孢。

3. 温度对黑斑病菌产孢的影响

实验结果表明，在 15℃左右产孢情况最好，25℃后产孢量开始下降，35℃产孢情况很差，可以看出温度越高产孢量越差。前人研究得出：该菌在低温高湿的条件更容易发病，最适合的温度是 11.8～19.2℃，与此次研究结果相符。当温度较低、湿度较大时，发病率较高。

曼陀罗黑斑病菌分生孢子在温度为 5～40℃范围内均能萌发，以 25～30℃最适，说明曼陀罗黑斑病菌在温度 5～40℃范围内均能侵染发病，其中在 25～30℃温度范围内侵染能力最强。前人研究刺五加黑斑病菌孢子萌发，5～25℃与 30℃的温度条件下孢子萌发率差异极显著，既随着温度的升高，病原菌的孢子萌发率逐渐上升，在 25℃条件下病原菌的孢子萌发率最高；在 30℃条件下孢子的萌发率降低。本研究的白菜黑斑病菌孢子在 15℃左右萌发率最好，25℃以后萌发率降低，35℃以后萌发率较低。

病菌的侵染所需条件与病菌孢子的萌发特性密切相关。控制好温度就能够降低黑斑病菌侵染，可以做好防治工作。

4. 光照对黑斑病孢子萌发的影响

前人研究表明，在光照、光暗交替、紫外光、紫外光-黑暗交替、黑暗处理下 25℃恒温培养 12 h 分生孢子均能够良好萌发，几种处理的实测结果无明显差异。此次实验得出用紫外灯照射产孢量显著下降，低于日光灯照射产孢量，且日光灯不宜长时间照射。

全黑暗、全光照处理虽然都有孢子萌发，但萌发率不高，24h 后不足 60%；而 12h 光暗交替处理，孢子萌发率均在 70 %以上，其中，尤以 12h 光照/12h 黑暗处理萌发率最高，24h 后萌发率可达 88.67%。加规格遮阳网可抑制其萌发速度，双层遮阴时孢子萌发的抑制作用更明显。光暗交替培养有利于菌丝生长，但光照对病菌生长没有显著影响。全光照和全黑暗都不适合孢子萌发，自然条件下光暗交替的环境对孢子萌发有利。菌丝最适宜生长光照为 12h/d，毒素产生的最佳条件为黑暗培养。

另外，从图 10-27 可以看出，菌丝在 4～7 天这个范围内生长速率最快，7 天以后呈现缓慢增长。

（甘彩霞　袁伟玲　王晴芳　崔　磊　梅时勇）

第七节　由 *Pseudomonas* sp.引起的中国高山大白菜缘枯病的首次报道

First report of marginal scorch of Chinese cabbage caused by
Pseudomonas sp. on the highland in China

Chinese cabbage(*Brassica rapa* L. ssp. pekinensis)is an important vegetable crop in China. Many diseases cause extensive losses in yield and quality during the Chinese cabbage planting. For the last 2 years, in June when the temperature was 20–25℃, a novel disease, Marginal Scorch, was found in Chinese cabbage on the high mountain in Hubei, China. The present study was aimed at identifying the causal agent of marginal scorch.

1. Symptoms

Initially, margin scorch was observed on leaves. Later, the margin scorch was expanded by the vein, and then the vein and the petiole were turned yellow(Fig. 10-29A).

2. Isolation and identification of the pathogen

The pathogens were isolated by tissue segment method(Rangaswami, 1958)on nutrient agar(NA: 3 gl−1 beef extract, 5 gl-1 peptone, 17 gl-1 agar; pH 7.2)medium. Infected Chinese cabbage leaves were cut into small pieces of 1.0-1.5 cm, surface sterilized with 0.1% mercuric chloride for 1 min, and washed in sterile distilled water thrice and blotted dry with sterilized filter paper. Then the leaf bits were placed in Petri plates containing NA. The plates were incubated at(28±2)℃ for 2 day and observed for bacterial growth. The bacteria strain was round, smooth, protruding. The bacteria were rod shape and its size was(0.5~1.0)μm×(1.5~5.0)μm by the scanning electron microscope(SEM)(Fig.10-29). The bacterial suspension of $1×10^8$ CFU/mL prepared in sterile distilled water, wound-inoculated and then incubated at (28±2)℃ and kept in humid conditions(Fang, 1996). Water-soaked lesions first appeared on the wounds after 3d, the margin scorch on leaves in 5d(Fig.10-29). Re-isolation from inoculated leaves yielded colonies that consistent with the pathogen tester isolates. The repeated experiments confirmed the same results.

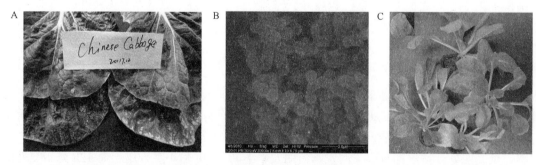

Fig. 10-29　Morphology of dbcyk1 and the symptoms of Chinese cabbage at post-inoculation.

3. Molecular confirmation

For phylogenetic analysis, 16S rDNA was amplified from the total DNA of strain by PCR amplification with the standard primers P1 and P2(Weisburg et al., 1991), then directly sequenced. The partial 16S rDNA sequence containing 1,418 bp nucleotides(Accession nos: JQ885953) was aligned with all related sequences in the NCBI database by the BLASTN program. The sequence identity among the sample and other *Pseudomonas* sp. species was 100%. The phylogenetic tree of the strain and the other Pseudomonas species in Fig.10-30 shows that the pathogenic 16S rDNA region and Pseudomonas sp. comprise the same cluster. Classification standard of 16S rDNA sequence indicates that the same species share higher than 97% of sequence identity each other.

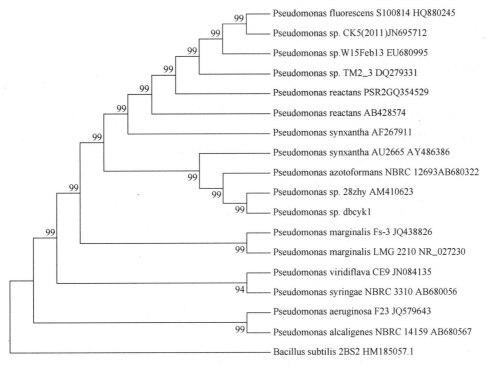

Fig. 10-30　Phylogenetic tree showing the position of *Pseudomonas* sp. based on 16S rDNA sequences using neighbour-joining method. Bacillus subtilis 2BS2（HM185057）was used as an outgroup.

4. Disease name

This is the first report of a disease caused by *Pseudomonas* sp. on Chinese cabbage in China, and we propose the name Marginal scorch.

a *Pseudomonas* sp. grown on NA agar for 18h at 28℃ under the scanning electron microscope. b The plants inoculated with dbcyk1 showing disease symptoms of marginal scorch at 72h post-inoculation.

（邱正明　矫振彪　吴金平　万中义　胡洪涛　郭凤领）

第八节　分离和鉴定藎叶碎米荠细菌性斑点病试验报告

Isolation and Identification of the Pathogen of *Cardamine violifolia* Bacterial Blight Disease in China

1. Introduction

Cardamine violifolia is found in Yutangba, Shuanghe Town（an area rich in Se）of Enshi city, Hubei province, China, has strong capacity of accumulating Se .The Se content in seedling leaves exceeds 1000mg/kg, which is the international standard of Se-hyperaccumulator（Karol et al.,2015）. So *Cardamine violifolia* was artificial cultivation. A bacterial disease was found on leaves of *Cardamine violifolia* grown under greenhouse in winter of 2014 and 2015. The disease usually started from leaf edges near hydathodes and quickly enlarged to form V-shaped lesions frequently surrounded by chlorotic areas. These lesions finally coalesced to form the severe blight along the whole leaves.

The objective of this research was to identify the causal agent of *Cardamine violifolia* disease suspected to be bacterial blight disease.

2. Materials and Methods

（1）Isolation of bacteria causing bacterial blight disease

Blight disease was observed on leaves of *Cardamine violifolia*（Fig.10-31）. The pathogens were isolated by tissue segment method（Rangaswami. 1958）on nutrient agar（NA: 3g/L beef extract, 5g/L peptone, 17g/L agar; pH 7.2）medium. Infected *Cardamine violifolia* leaves were cut into small pieces of 1.0-1.5cm, surface sterilized with 0.1% mercuric chloride for 1min, and washed in sterile distilled water thrice and blotted dry with sterilized filter paper. Then the leaf bits were placed in Petri plates containing NA. The plates were incubated at （28±2）℃ for 24-48h. Colony grew around the tissue mass, which were aseptically moved by using an inoculation loop and transferred to NA at 28-30℃ for 24-48 h, discrete bacterial colonies were removed by using an inoculation loop, re-streaked on NA and incubated aerobically for 24-48h. Individual colonies were isolated, sub-cultured twice to ensure purity and then stored in 15% sterilized glycerol at -80℃.

Fig. 10-31　Natural symptoms of *Cardamine violifolia* bacterial blight disease.

（2）Pathogenicity tests

The bacterial suspension of 1×10^8 CFU/mL prepared in sterile distilled water, wound-inoculated and then incubated at（28±2）℃ and kept in humid conditions（Fang, 1996）. Plants used as negative controls were inoculated with the sterile distilled water. Blight disease symptoms were observed every 12 hours. Each treatment repeated for three times.

（3）Phylogenic characterization

The sequence of the 16S rDNA was obtained from the total of the pathogen by PCR amplification with sense primer 5'-AGAGTTTGATCCTGGCTCAG-3' and antisense primer 5'-CGGCTACCTTGTTACGACTTC-3' （Weisburg et al., 1991）. The PCR amplification conditions were as follows: one denaturation step（3min at 95℃）, 35 cycles of amplification（30s at 95℃, 30s at 50℃, 1.5min at 72℃）, and a final elongation step of 10min at 72℃. The PCR products were checked by electrophoresis on 1.0% agarose gels, and then the corresponding products were purified with an AxyPrepTM DNA gel extraction kit（Axygen Scientific, Inc, USA）. Purified products were ligated into pGEM-T vectors（Promega Co., China）, and then transformed into *E. coli* DH-5α cells. Positive colonies were selected by the blue-white screening procedure（Sambrook et al., 1989）. The bacteria for seeking out was cultured 12 h in liquid LB culture, 37℃, 200 r•min^{-1}, and then amplified by using a pair of primers pUC/M13, detected by gel electrophoresis and confirmed to contain the fragment. Positive clones were sequenced (BGI Co., Beijing, China) and the obtained sequences were compared with the sequences in Genbank. The 16S rDNA sequences of other related bacteria were obtained from GenBank and BLASTN with the pathogen. Phylogenic analysis was using the Molecular Evolutionary Genetics Analysis (MEGA) Software Version 5.1.

3. Results and Discussion

（1）Pathogenicity tests

Individual colonies were achieved by using an inoculation loop. The bacteria strain was round, smooth, protruding. It was Gram-negative, rod shaped, not endospore-forming. Water-soaked lesions first appeared on the wounds after 3d, the Blight disease on leaves in 7d (Fig.10-32). Re-isolation from inoculated leaves yielded colonies that consistent with the pathogen tester isolates. The repeated experiments confirmed the same results.

Fig. 10-32　The symptoms of *Cardamine violifolia* at 7d post-inoculation.

（2）Phylogenic characterization

The partial 16S rDNA sequence containing 1,419 bp nucleotides (Accession nos: 1918730) was aligned with all related sequences in the NCBI database by the BLASTN program. The sequence identity among the sample and other *Pseudomonas* sp. species was 100%. The phylogenetic tree of the strain and the other *Pseudomonas* species in Fig.10-33 shows that the pathogenic 16S rDNA region and *Pseudomonas* sp. comprise the same cluster. Classification standard of 16S rDNA sequence indicates that the same species share higher than 97% of sequence identity each other. So, it can preliminary predicate that the strain is *Pseudomonas* sp..

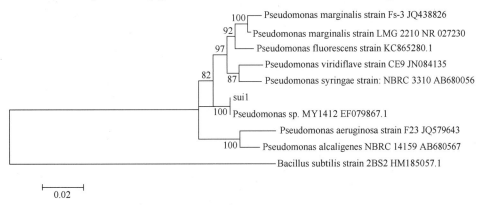

Fig. 10-33　Phylogenetic tree showing the position of *Pseudomonas* sp. based on 16S rDNA sequences using neighbour-joining method. Bacillus subtilis 2BS2 (HM185057) was used as an outgroup.

To our knowledge, this is the first report of *Pseudomonas* sp. the causal agent of *Cardamine violifolia* bacterial blight in Enshi city, Hubei province, China. To prevent the spread of the disease to other regions, firstly, characterization of potential host range of the pathogen and after then the evaluation of *Cardamine violifolia* cultivars and lines for their reaction to the pathogen strains for putative sources of resistance are recommended.

（邱正明　矫振彪　吴金平　万中义　胡洪涛　郭凤领）

第九节　首次报道由 *Alternaria alternata* 引起的中国紫菜薹边枯病
First report of marginal scorch caused by *Alternaria alternata* on Purple-Caitai in China

Purple-Caitai (*Brassia campestris* L. ssp. chinensis L.var. utilis Tsen et Lee. $2n=2x=20$) is a variant of Brassica that originated from the central part of the Yangtze River Region (Xiao, 2008). Because of its good taste, crisp refreshing and rich nutrition, purple-Caitai becames people's favorite vegetable in China. In early summer of 2010-2011, when the temperature was 20-25℃, a novel disease, designated marginal scorch, was found in Purple-Caitai in the Changyang Tujia Autonomous County of Yichang City and Enshi Tujia Autonomous Prefecture of Lichuan City, Hubei Province, China. Initially, the margin of leaf becomes yellow, then crispy and brown. At the final stage of the disease, infected plants was withered and yellow although the roots appeared to be healthy. The present study aimed at identifying the causal agent of marginal scorch.

Margin scorch was observed on leaves of Purple-Caitai (Fig.10-34A). The pathogens were isolated by tissue segment method (Rangaswami, 1958) on potato dextrose agar (PDA) medium. The morphological characters of pathogen were observed by light microscopy (Nikon eclipse 90i) after it was incubated for 7 days at 28℃ on PDA. The fungus produced abundant, branched, septate, brownish mycelia (Fig.10-35A). Conidia were light brown to dark brown and brick shape with 3-5 transverse septa (Fig.10-35B). While the morphological characteristics are influenced by nutrient medium and temperature, humidity, light, pH and so on, it is very difficult to accurately identify to species.

Fig. 10-34　Natural symptoms of Purple-Caitai (*Brassia campestris* L. ssp. Chinensis L.var. *utilis* Tsen et Lee) margin scorch and the symptoms of Purple-Caitai at 7d post-inoculation. A. Natural symptom; B. Post-inoculation symptoms.

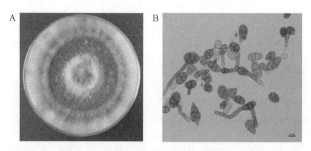

Fig. 10-35　The morphology of the pathogen for growing on PDA agar for 7 days at 28℃

A. Colony of *A. alternata* on PDA; B. Conidial mass of *A. alternata* (Scale bar 10μm).

The ITS has been widely applied to different kinds of fungi of the genus within or similar genera in phylogenetic studies(Chen and Zheng, 2007; Yuan et al., 1995). Sequence analysis of the ITS substantially reflect the genus, species and strain differences between base-pairs. Genomic DNA was extracted from a suspension culture of the pathogen by the cetyltrimethyl ammonium bromide(CTAB)(Knapp and Chandlee, 1996). The identification was further confirmed using the rDNA and ITS primer(Jung et al., 2002). The specific bands were selected, cloned, sequenced and the sequences obtained were "blasted" in GenBank. The Basic Local Alignment Search Tool(BLAST)can be used to infer functional and evolutionary relationships between sequences as well as help identify members of gene families. The ITS-rDNA sequence of the representative the pathogen isolate from Purple-Caitai was deposited in GenBank(accession no. JQ885954). BLASTn search of this nucleotide sequence showed 99% identity with ITS sequences of several *A. alternata* isolates available in GenBank (e.g., accession no. EF471931). On the basis of morphological and molecular features, the species was identified as *Alternaria alternata*.

A suspension containing 10^5 conidiophores per ml collected from 7-day-old colonies grown on PDA was sprayed on the foliage of 30 Purple-Caitai seedlings. The same numbers of control plants were inoculated with sterile water. After inoculation, the plants were kept in a growth chamber at (25 ± 2)℃. Marginal scorch symptoms were observed every 12 hours. Each treatment was repeated three times.

The first lesions appeared after 7 days(Fig. 10-34B). Koch's postulates(Koch, 1893) were fulfilled by consistently reisolating *A. alternata* from inoculated plants. The repeated experiments confirmed the same results.

The present study revealed the *Alternaria alternata* infection Purple-Caitai in hubei Province, China. This is the first *Alternaria alternata* survey in Purple-Caitai in China, and we believe that this information will be significant for researching the *Alternaria alternata* infection in Purple-Caitai and other vegetable. At the same time, the finding shows the need of revision of Purple-Caitai management.

(聂启军 焦忠久 朱凤娟 矫振彪 邓晓辉 邱正明 吴金平)

第十节 构建 AiiA 基因在毕赤酵母表达抑制魔芋软腐病菌
Constitutive and secretory expression of the AiiA in Pichia pastoris inhibits *Amorphophallus konjac* soft rot disease

1. Introduction

The genus Amorphophallus has been used as food, medicine, fodder and wine production (Gao, 2004). *Amorphophallus konjac* which is one of the most widely cultivated species has been grown in China for more than 2000 years(Liu et al., 1998; Long, 1998). *A. konjac* is a perennial plant with a huge commercial value to produce Glucomannan, which is a polysaccharide consisting of glucose and mannose residues at a molar ratio of 2 : 3 with β-1, 4 linkages(Hetterscheid and Ittenbach, 1996; Bown, 2000). Several clinical trials show that Glucomannan is responsible for lowering systolic blood pressure, total cholesterol and glycemia(Arvill and Bodin, 1995; Sood et al., 2008). Unfortunately, bacterial soft rot disease has a large impact on the yield of *A. konjac*. The soft rot Erwiniae which is the main soft rot disease bacterial on *A. konjac*, usually exit in soli, ground water and plant surface. Once inside the plant they reside in the vascular tissue and intercellular spaces of suberized or thin-walled parenchymatous tissues and will develop when environmental conditions become suitable, including free water, oxygen availability and temperature(Pérombelonand and Kelman, 1980; Pérombelon and Salmond, 1995; Toth et al., 2003). During the Erwiniae-plant interaction, multiple cell wall degrading enzymes(exoenzymes) are secreted by Erwiniae, including pectinases, cellulases and proteases, which break down plant cell walls and release nutrients for bacterial growth. With successful release of nutrients during infection, other non-pectolytic bacteria will co-grow on the plant and, indeed, other pectolytic and non-pectolytic bacteria are often isolated from diseased plant tissues(Pérombelon and Salmond, 1995). The facultative anaerobic pathogen Erwiniae causes maceration and rotting of parenchymatous tissues of all organs, eventually resulting in plant death(Ban et al., 2009). For a long time, this disease has been a huge problem to *A. konjac* production.

Quorum signaling(QS)is an intercellular communication mechanism and widely employed by bacteria to coordinate behaviors such as bioluminescence, antibiotic synthesis, biofilm formation, adhesion, swarming, competence, sporulation, virulence, and others (Waters and Bassler, 2005). Using chemical signals organisms can detect their local population and change their gene expression so as to competitively optimize their behavior in their local environment. In the case of Erwiniae, N-acylhomoserine lactones(AHLs)are chemical signal molecules that responsible for regulating the production of plant cell wall degrading exoenzymes(Toth et al., 2003)and the antibiotic carbapen-3-em carboxylic acid which function in competing with other bacteria(Jones et al. 1993; Swift et al. 1993; loh et al., 2002). Degradation of AHLs has been proven was the efficient control of bacterial infections in transgenic plants(Dong and Zhang, 2005).

The first AHLs degradation enzyme was identified from a soil bacterial isolate Bacillus species belonging to Gram positive bacteria, encode by aiiA gene(Dong et al., 2000). The enzyme has been subject to study and is of interest as its resultant effect to disrupt bacteria's ability to communicate. The Bacillus aiiA enzyme is a metalloprotease containing two zinc ions in close proximity. AiiA degrades AHLs in a tail length independent manner but the tail is required for activity(Charendoff et al., 2013).

As one of the anti-quorum signaling strategies, degradation of AHL-signaling molecules using aiiA enzyme could have potential applications in attenuating plant disease. In this paper, we report a safely and constitutive expressional recombinant yeast that efficiently produces aiiA protein using for attenuating plant disease. The recombinant yeast *Pichia pastoris* GS115 was constructed to constitutive expression of the AiiA gene. The AiiA gene expression was confirmed by reverse transcript PCR analysis in the yeast. AiiA enzyme products were extracted from yeast fermentation broth and effectually inhibit the biassay of Erwinia carotovora.

2. Materials and methods

（1）Bacteria, medium, and culture conditions

Escherichia coli DH5α and BL21 were grown in Luria-Bertani broth(LB) (10g/L of tryptone, 5g/L of yeast extract, 10g/L of NaCl, pH 7.0)at 37℃ for propagation of plasmids and protein expression, respectively. The strain of *P. carotovora* subsp. *carotovora*(P.c.c)was isolated from an infected corm of konjac from Hubei province in China(Registry number: FJ463871). Bacillus thuringiensis strain 4Q7 was cultured in LB medium at 28℃. Host strain P. pastoris GS115 was purchased from Invitrogen(USA). YPD(1% yeast extract, 2% peptone, 2% glucose)and YPDS(YPD, 1mol/L sorbitol)medium were prepared as described in the manual of the Pichia Expression Kit(Invitrogen, Carlsbad, CA, USA).

（2）Extraction of total DNA, RNA, PCR and sequencing

Based on the sequence of aiiA gene from the NCBI(NC_018877.1), gene specific primers were designed for aiiA gene cloning. DNA was isolated from *B. thuringiensis* or *P. pastoris* by the modified CTAB method(Zhou et al., 1996; Jin et al., 2014; Miao et al., 2014). Total RNA from *P. pastoris* was extracted by using TRIzol reagent(Invitrogen)according to the manufacturer's instructions. To eliminate genomic DNA contamination, purified RNA was treated with RNase-free DNase I(Takara, Dalian, China)before final ethanol precipitation. Next, 3 μg of total RNA was reversely transcribed into cDNA by reverse-transcription with Superscript

II(Invitrogen) and an oligo-dT20 primer. The final cDNA was stored at -20℃ before use.

Polymerase chain reactions(PCRs) were carried out in a PTC-100 Thermal Cycler(MJ Research, Massachusetts, USA) with gene-specific PCR primers following the procedure: initial denaturation at 94℃ for 3min, 35 amplification cycles of 94℃ for 20s, 54℃ for 30s, 72℃ for 1min and final polymerization step of 72℃ for 7min. The final PCR product was resolved in 1% agarose gel and purified using the AxyPrep gel purification kit(Axygen, Union City, CA, USA). DNA sequencing was performed by Sangon biotech(Shanghai, China). The protein O-glycosylation site was identified by NetOGlyc 4.0 Server (http://www.cbs.dtu.dk/services/NetOGlyc/) (Steentoft et al., 2013).

(3) Plasmid construction

For aiiA gene expression in *E. coli*, the full length of aiiA gene without stop codon was amplified using gene-specific PCR primers as described above. After restricted by *Bam*H I and *Not* I, the 762-bp fragment was cloned into the expressional vector pET22b between *Bam*H I and *Not* I restriction enzyme sites to form pET22b-aiiA. Similarly, aiiA gene without stop codon was cloned into the expressional vector pGAPZα-A between *Eco*R I and *Not* I restriction enzyme sites for expression in *P. pastoris* to form pGAPZα-A-aiiA. The primers using for vector construction were list in Table 10-3.

(4) Expression, purification and detection of recombinant AiiA in *E.coli*

E. coli BL21 cells(10μL) containing a phagemid pET22b-aiiA was inoculated into 20mL of LB liquid medium plus 100μg/mL ampicillin and incubated overnight at 37℃ on a shaker (200r/min). The next day, 2mL of the cultured cells was transferred to 100mL of LB medium with the antibiotics and grown to an OD_{600} value of 0.5. After addition of IPTG to a final concentration of 0.4mmol/L, the culture was incubated at 16℃ for 12h with shaking. The cells were collected by centrifugation(10min, 3000g, 4℃). The resulting pellets were resuspended in 1mL of buffer containing 30mmol/L, Tris/HCl and 1mmol/L, EDTA and stored for 15min on ice, followed by ultrasonication. After centrifuging(10 000g, 15min, 4℃), the supernatant was collected and dialyzed by Ni-NTA-agarose(Qiagen, Chatsworth, CA) and the pellet was resuspended in 8M-urea.

Proteins were separated by 12% (m/V) SDS-PAGE and transferred to nitrocellulose membranes. Immunoblot was developed using a 1 : 5000 diluted monoclonal anti-His antibody and AP-conjugated goat anti-mouse IgG antibody. The colorimetric reaction was carried out by using the BCIP/NBT Color Development Kit(Boster). The immunoblot membranes were scanned with Epson perfection V500 Photo.

(5) Pichia pastoris transformation

The recombinant plasmid pGAPZα-A-aiiA was linearized by digestion with BglII and then transformed into *P. pastoris* GS115 by electroporation at 1.5kV with a 2mm cuvette. Then, 800μL ice-cold sorbitol was immediately added to the cuvette, and the mixture was spread on YPDS plates containing 100μg/mL Zeocin. Then the plates were incubated at 30℃ for 3 days until colonies form. The selected transformants were inoculated into new YPDS plates containing 100μg/mL Zeocin. Ten of Zeocin-resistant *P. pastoris* transformants were chosen for the presence of insert detection.

(6) Fermentation of recombinant AiiA in shake-flasks

Two positive transformants were selected and inoculated into 300mL YPD, YPDS or LB medium. Flasks were cultured at 16℃ and 30℃, for one to three days at 200r/min. The supernatant were collected by centrifugation at 5000g, 4℃ for 10min. Crystalline ammonium sulfate is slowly added to the supernatant layer to a final concentration of 450g/L(70% saturation), and the mixture is stirred for 2 hour at 4℃. Proteins were collected by centrifugation(13 000g, 15min, 4℃) and resolved by PBS.

(7) In vitro bioassay of purified proteins on P.c.c

The CPA media was used to assay the growth of P.c.c instead of A. konjac leave or shoot basal discs. The

CPA media contained 1% hydroxypropyl methylcellulose, 1% pectin, 5.6g/L NH$_4$NO$_3$, 0.5g/L of KH$_2$PO$_4$, 0.25g/L of MgSO$_4$·7H$_2$O and 1% Agarose (Low melting point). The antibacteria activity of aiiA protein was studied by agar diffusion test using CPA media. Overnight cultures of P.c.c were diluted 1 : 10,000 into fresh, prewarmed CPA media (35℃) and 20ml mixture was added into a 9cm petri dish. Wells were made in each plate using a 5mm sterile puncher and 50μL aqueous solutions of protein or control buffer were placed in respective wells. The plates were incubated at 28℃ for 3d and then photographed.

3. Results

(1) Gene cloning and sequence analysis

The full length without stop codon (750bp) was amplified from B. thuringiensis strain 4Q7 using the primers aiiAF/aiiAR or aiiA-His-F/aiiA-His-R to clone into pET22b expression vector (expressed in *E. coli*) or pGAPZα-A expression vector (expressed in *P. pastoris*). The recombination aiiA gene encoded a 269 (in *E. coli*) or 369 (in *P. pastoris*) amino acid polypeptide with N-terminal secretion peptides and C-terminal His-tag. After splicing, the fusion protein was secreted with a calculated molecular mass of 29.2kDa and a pI of 4.87. No potential O-glycosylation site was identified by NetOGlyc 4.0 Server.

(2) Expression and purification of recombinant AiiA in *E. coli*

To investigate whether the fusion aiiA protein would inhibit *E. carotovora* in vitro, we expressed the fusion aiiA protein by *E. coli* expression system. After addition of IPTG (0.4mmol/L) for 6h, the fusion aiiA protein was significantly detected by SDS-PAGE compared with the no IPTG addition sample (Fig. 10-36A). The aiiA fusion protein existed both in supernatant and precipitate (Fig. 10-36A). This indicated the toxicity of aiiA fusion protein to *E. coli* cell. When adding IPTG to 1mmol/L or changing the expression condition to 28℃, most of aiiA fusion proteins formed inclusion bodies (data not shown). This phenomenon supplementary verified our hypothesis. To increase the production of aiiA fusion protein, the concentration of 0.4mmol/L IPTG was chosen to induce protein expression. After culturing for 12h at 16℃, *E. coli* cells were collected for protein extraction and purification and the purification soluble protein concentration was 200ng/μL (Fig. 10-36B).

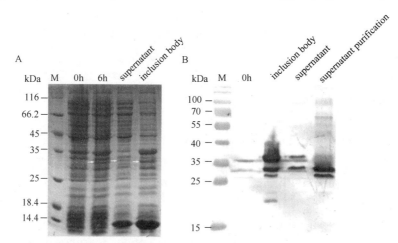

Fig. 10-36　SDS-PAGE and Western blot analysis of proteins extracted from transgenic *E. coli*. (A) SDS-PAGE analysis of total proteins extracted from *E. coli* cultured for 0h, 6h and 12h (supernatant and inclusion body) after adding IPTG. (B) Western blot analysis of proteins in supernatant and inclusion body extracted from *E. coli* cultured for 12h after adding IPTG. M, protein molecular mass standards; White arrows labeled the aiiA protein band.

(3) Effect of purified aiiA fusion proteins on *E. carotovora*

Agar diffusion test was used to detect the inhibition of aiiA fusion proteins on E. carotovora. The *E.*

carotovora cells were mixed with CPA media medium and perforated with sterile puncher. The well adding 200ng/μL aiiA fusion protein remarkably inhibited *E. carotovora* growth. Howerer, the well adding PBS (control to aiiA fusion protein) was fully covered with E. carotovora colonies (Fig. 10-37). Our results indicated the aiiA fusion protein had the ability to inhibit E. carotovora growth and was valuable for further reproduction.

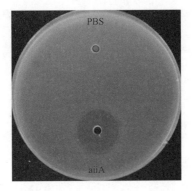

Fig. 10-37　Bioassay of purified proteins from transgenic *E. coli* on *E. carotovora*

(4) Expression and fermentation of recombinant AiiA in *P. pastoris*

With the expression vector pGAPZα, the aiiA protein was transformed into *P. pastoris* GS115. The presence of insert expression cassette was detected using PCR and the 1100bp fragment was amplified by primers pGAP-F/AOX1 (Table 10-3; Fig. 10-38A). To verify the aiiA fusion gene was expressed in transcriptional level, RNA was extracted from two positive *P. pastoris* transformants and was reverse transcript into cDNA. The 770bp aiiA transcriptional fragment was amplified using primers aiiAF/aiiAR (Fig. 10-38B).

Table 10-3　Sequences of primers used for this study

Primer	Sequence (5′→3′)
aiiAF	CTGCGGATCCGACAGTAAAGAAGCTTTATTTCATCC
aiiAR	GTCGCGGCCGCTATATATTCTGGGAACACT
aiiA-His-F	AGTAGCGTATGGATATCGGAATTAAT
aiiA-His-R	CAAAAAACCCCTCAAGACCCG
pGAP-F	GTCCCTATTTCAATCAATTGAA
AOX1	GCAAATGGCATTCTGACATCC

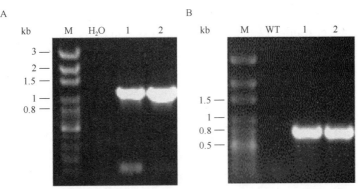

Fig. 10-38　PCR and RT-PCR analysis of transgenic *P. pastoris*. Amplicons of aiiA gene from transgenic *P. pastoris* genome (A) and transcript (B). M; DNA molecular marker, 1; transgenic *P. pastoris*-1, 2; transgenic *P. pastoris*-2; H₂O and wild-type cDNA were used as negative control, respectively.

Three fermentation mediums including LB, YPD and YPDS were selected to research the efficacy of aiiA fusion protein production at the temperature of 16℃ and 30℃. Proteins were extracted 3d post inoculated from the supernatant of fermentation broth. The antibateria of extracting solution was measured by agar diffusion as describe above. With the same condition, proteins extracted from YPDS showed the highest inhibition efficacy to E. carotovora compared with the other two mediums(YPD and LB)(Fig. 10-39). Protein expression at 30℃was higher than at 16℃(date not shown). Finally the YPDS was chosen to express the aiiA fusion protein at 30℃ for 3d.

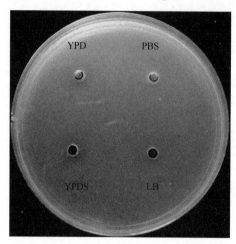

Fig. 10-39　Bioassay of purified proteins on *E. carotovora* from different transgenic *P. pastoris* fermentation broth. AiiA proteins were extracted from *P. pastoris* fermentation broth (LB, YPD and YPDS)3d post inoculation. 50 μl aqueous solutions of protein were placed in respective wells. The plates were incubated at 28℃ for 3d and photographed. PBS was used as negative control.

4. Discussion

The soft rot is a serious damage to *A. konjac* production which is mainly caused by *E. carotovora*. Current protective measures rely on chemical control, producing bactericide- resistant pathogens and other undesirable environmental consequences(Mahovic et al., 2013). Alternative strategies must be found to protect *A. konjac* crops from Erwiniae pathogens. The use of biochemical tools is gaining great momentum in crop protection and these may be a supplement or an alternative to chemical pesticides control. The increased understanding of the quorum sensing has made possible using the enzyme aiiA as a diagnostic tool(Dong et al., 2007; Amara et al., 2011). AiiA have been expressed in several pathogens or transgenic plants(Dong et al., 2000; Molina et al., 2003; Reimmann et al., 2002; Zhang et al., 2007; Ban et al., 2009). However, these transgenic strains were not suitable for aiiA production due to the attenuated growth caused by aiiA or the bacterial security. To improve the production of aiiA, aiiA was constitutively and secretory expressed in an atoxic fungi *P. pastoris*.

E. carotovora secretes exoenzymes including pectinases, cellulases and proteases, that contribute to the pathogenesis of plant. AHLs regulate the production of plant cell wall degrading exoenzymes in *E. carotovora*(Jones et al. 1993). In vitro bioassay of *E. carotovora* growth, the cell number was comparatively rare at 200ng/μL aiiA proteins(extracted from *E. coli*). That indicated AHLs were degraded by aiiA fusion proteins and the transcription of the exoenzyme structural genes were not coordinated to high levels by AHLs in *E. carotovora*.

The promoter of the gene(GAP)encoding the GAPDH protein has recently been characterized and shown to express recombinant proteins to high levels in *P. pastoris*, depending on the carbon source used(Waterham et al., 1997). The level of expression seen with the GAP promoter can be slightly higher than that obtained with the AOX1 promoter(an inducible promoter usually used in *P. pastoris* expression)(Chen et al., 2010). Moreover, the GAP promoter is a constitutive promoter and it is convenient for aiiA fusion protein production. After cloning the aiiA-His gene to GAP promoter expression cassette, the expression cassette was transformed into *P. pastoris* and inserted into the genome sequence. The transcription of aiiA-His was detected by RT-PCR. Three days post inoculation, high level transcription of the aiiA-His gene was detected in transgenic *P. pastoris*.

To improve the production of aiiA-His, three fermentation mediums (LB, YPD and YPDS) were selected to research the efficacy of aiiA fusion protein production under 16℃ and 30℃. According to the result of agar diffusion test, highest antibacteria activity was observed in YPDS-grown cells, although aiiA-His was constitutively expression in all three fermentation mediums at 30℃. That was consist with the Northern blot analysis of total RNA isolated from *P. pastoris* cells grown on glucose-carbon sources (Waterham et al., 1997).

In conclusion, we constitutively expressed of the AiiA-His gene in *P. pastoris* and achieved high-yield fermentation of AiiA-His protein. The AiiA enzyme products extracted from yeast fermentation broth effectually inhibit the growth of *E. carotovora*. Our results indicated direct application of AHL-lactonase to control *E. carotovora* infection might be an effective alternative of chemical control to avoid the emergence of bactericide-resistant strains.

The activity of aiiA protein was studied by agar diffusion test using CPA media. Wells were made in each plate using a 5 mm sterile puncher and 50 μl aqueous solutions of protein were placed in respective wells. The plates were incubated at 28℃ for 3 d and photographed. PBS was used as negative control.

(吴金平　矫振彪　郭凤领　万中义　丁自立　邱正明)

第十一节　中国板蓝根边枯病的首次报道
First Report of Marginal Scorch Infecting Indigowoad Root in China

Indigowoad root (*Isatis tinctoria*) is one of the most well-known approved prescription remedies and is frequently used as an anti-leukemia, antipyretic, anti-inflammatory and anti-virus agent (Kunikata et al., 2001). In addition, a compound from indigowoad root granuleshas been accredited as antiviral agent against influenza virus (Tang et al., 2010). Moreover, the fresh leaves are used as a vegetable. As there is more demand for healthy and nutritional life style, the medial role of indigowoad root will get more attention in future. As an important medical vegetable, the planting area of indigowoad roothassignificantly increased. However, the symptom of the marginal scorch for indigowoad root was observed in the Wuhan City and Shennongjia Forestry District, Hubei Province, China (Fig.10-40A). Initial the margin of leaf became yellow, then crispation and brown.The incidence of symptoms was almost 100%, seriously affecting the commercial quality of the leaves from indigowoad root.Therefore,the pathogens were isolated by tissue segment method on potato dextrose agarmedium (Rangaswami, 1958).A suspension containing 10^5 conidiophores per ml collected from 7-day-old colonies grown on PDA was sprayed on the foliage of Indigowoad root. The control plants were inoculated with sterile water. After inoculation, the plants were placed at 25℃ and 80% humidity. The first lesions appeared after 7 day (Fig.10-40B). Koch's postulates were fulfilled by consistently reisolatingpathogens from inoculated plants, whereas control plants remained healthy.The genomic sequence of 18S rDNA were studied.The DNAs of mycelia were extracted with CTAB method (Knapp et al., 1996). The sequences of primerswere designed as follows: 18S-1,5'-GTAGTCATATGCTTGTCTC-3'; 18S-2, 5'-TCCGCAGG TTCACCTACGGA-3'. The PCR reaction conditions were as follows: The settings for the thermal profile included an initial denaturing at 94℃ for 2min, followed by 25 cycles of amplification (94℃ for 30s; 45℃ for 30s; and 72℃ for 2min) and a finally extension at 72℃ for 5min. The PCR products were detected by 1% agarose gel electrophoresis. A band was detected around 1700bp. The amplification products were ligated, transformed and sequenced. The results were aligned with the sequences in GenBank. The 18S rDNA sequence of the representative pathogen isolated from the fresh leaves of the indigowoad root was deposited in GenBank(accession no. KU512834). The basic local alignment search tool(BLAST)was used to indicate functional and evolutionary relationships between sequences, identifying members of gene families. BLAST search of this nucleotide sequence illustrated 99% identity with 18S rDNA sequences of several *Cladosporium* sp. isolates available in GenBank. So the species was identified as *Cladosporium* sp.. This is the first reported *Cladosporium* sp. infection in fresh leaves of the indigowoad rootin China, and we believe that this information will be usefulfor studying *Cladosporium* sp. infection in other vegetables. At the same time, our results indicate the need for the revision of indigowoad root management.

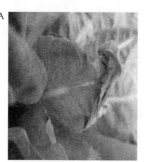

Fig. 10-40　The symptom of marginal scorch infecting Indigowoad Root.

A.Symptoms in field; B. Symptoms after inoculation

（吴金平　丁自立　刘晓艳　矫振彪　邱正明　郭凤领）

第十二节　关于 *Phytophthora nicotianae* Foister 引起的中国细香葱疫病的首次报道

First report of *Phytophthora nicotianae* Foister causing chive phytophthora Blight in China

Chive (cultivar: European chive)culturein Wufen county of Hubei Province of China, is an important economical resource for local peasants. However, from 2005 to now, chive Phytophthora blight had caused serious yield and economical loss. The initial symptom normally showed the small gray-white-like spots after the first harvest, later enlarged into bigger spots, and quickly top leaves displayed dry wilt with the yellow constriction between the disease and health. Isolation and it's purification of this pathogen were conducted on rye medium (each 1L medium including 20mg rifampin, 200mg ampicillin, 100mg nystatin), and then the isolate was induced the sporangia with Petri inorganic nutrition liquid on CA medium by alternative 12h light and 12h dark under 25℃. Isolate showed the white colony with abundant aerial mycelia on CA medium. Mycelia were colorless and thick, some with hyphal swelling, and chlamydospores also were observed. Sporangia were ovate with papilla, not proliferative and able to abscise(Fig.10-41). Isolate better utilized starches and its optimal growth temperature was 24～35℃. Zoospores, concentration about 2×10^3CFU/mL were sprayed on the healthy leaves of chives in artificial climate chamber under 25℃, 90% relative humidity and alternative 12h light and dark. The similar symptom with the field began to appear on the inoculated leaves with white molds inside leaves tubes in 3 days after inoculation and the same pathogen was isolated from the diseased tissues(Fig.10-42). The IT4 and IT6 internal transcribed gene of pathogen ribosomal gene by universal primers were amplified and sequenced and the BLAST result in NIH GenBank nucleotide library showed 99% identification with *P. nicotianae* Foister. We believed that it is the first time to report *P. nicotianae* Foister caused chive phytophthora disease in China.

A 　　　　B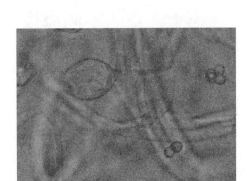

Fig. 10-41　Sporangia of the Pathogen（A）and Inoculation by spraying pathogen sporangia on chive of pot culture（B）

Fig. 10-42　Blank control sprayed with clean water（Left）and Sprayed with sporangia（Right）

（胡洪涛等）

第十一章　不同海拔高山蔬菜病虫发生规律研究

第一节　高海拔蔬菜害虫小菜蛾早春寄主种类研究

小菜蛾(*Plutella xylosella* L.)属鳞翅目菜蛾科，是十字花科植物的重要害虫，近年来为害十分严重。高山地区大白菜、甘蓝和萝卜等蔬菜种植面积很大，小菜蛾集中于夏季发生，造成极大危害。通过研究小菜蛾早春寄主种类，明确小菜蛾的寄主转移规律，为通过改造小菜蛾发生源头及孳生环境、控制高山小菜蛾的发生提供依据。

一、研究方法

2015 年 4～6 月，于湖北省长阳土家族自治县火烧坪乡、资丘镇，高山(海拔 800～1200m)和二高山(海拔 1200～1800m)海拔高度的区域，通过田间调查方法(目测法和扫网法)研究高山十字花科蔬菜害虫小菜蛾、黄曲条跳甲的寄主种类。

二、结果与分析

寄主种类及种群动态

1. 二高山地区

在海拔高度 800～1200m 的二高山地区，小菜蛾的早春寄主种类有越冬十字花科蔬菜[油菜 *Brassica napus* L.、甘蓝 *Brassica oleracea* L.、萝卜 *Raphanus sativus* L.、小白菜 *Brassica campestris* L. ssp. *chinensis* Makino(var. *communis* Tsen et Lee)、大白菜 *Brassica rapa pekinensis*、雪里红 *Brassica juncea* var. *multiceps* 等]、印度蔊菜 *Rorippa indica*(L.) Hiern、荠菜 *Capsella bursa-pastoris* (Linn.) Medic.、弯曲碎米荠 *Cardamine flexuosa*、北美独行菜 *Lepidium virginicum*、诸葛菜 *Orychophragmus violaceus* 等；小菜蛾和黄曲条跳甲的早春寄主以越冬的油菜花为主(图 11-1)。

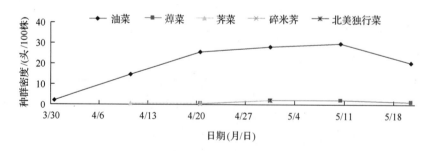

图 11-1　二高山地区(海拔 800m)小菜蛾早春寄主种类及种群动态

2. 高山地区

在海拔高度 1200m 以上的高山地区，早春寄主种类以野生十字花科植物为主，包括印度蔊菜 *Rorippa indica*(L.) Hiern、荠菜 *Capsella bursa-pastoris* (Linn.) Medic.、弯曲碎米荠 *Cardamine flexuosa*、北美独行菜 *Lepidium virginicum*、诸葛菜 *Orychophragmus violaceus* 等；野生十字花科寄主以在蔊菜和荠菜上的种群密度最高，约为 10 头/100 株(图 11-2)。

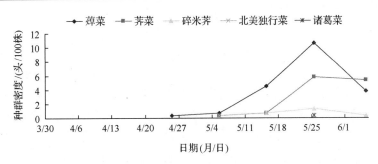

图 11-2　高山地区(海拔 1800m)小菜蛾早春寄主种类及种群动态

三、结论与讨论

小菜蛾与寄主植物之间的信息联系是芥子油(mustard oil)，即异硫氰酸酯化合物(isothiocyanates)，这类化合物是十字花科等植物所含的硫代葡萄糖苷(glucosinolates)在植物体内在黑芥子酶(myrcosinase)的作用下水解而来的。异硫氰酸酯化合物虽不是小菜蛾必需的营养物质，但却是幼虫取食的指示剂，芥子油经叶片挥发出来，形成十字花科植物特有的香辛味，吸引小菜蛾产卵。在鄂西长阳县高山蔬菜种植区，小菜蛾和黄曲条跳甲的早春寄主有多种，包括油菜 Brassica napus L.、印度蔊菜 Rorippa indica(L.) Hiern、荠菜 Capsella bursa-pastoris(Linn.)Medic.、弯曲碎米荠 Cardamine flexuosa、北美独行菜 Lepidium virginicum、诸葛菜 Orychophragmus violaceus 等。在二高山地区以越冬十字花科蔬菜为主，在高山地区以野生十字花科植物为主。

(矫振彪　焦忠久　吴金平　陈磊夫　邱正明)

第二节　小菜蛾天敌种类及不同海拔分布规律

一、材料与方法

(一)试验地点

在湖北省长阳土家族自治县火烧萍乡、资丘镇，选取海拔高度 1200m 和 1800m 的十字花科蔬菜田，大面积种植十字花科蔬菜，该地是湖北省重要高山反季节十字花科蔬菜生产基地，种植面积达 3000hm²。

(二)调查方法

于 2014 年和 2015 年 7 月至 10 月，在火烧萍乡、资丘镇试验田内调查期间不进行农药防治，每隔 7～10 天调查一次，调查采取五点取样法，每个点 10 株，每次调查 50 株，统计各株的小菜蛾各虫态及其主要寄生蜂、捕食性天敌的数量，并将采集到的小菜蛾带回室内饲养、记录被寄生情况。

捕食性天敌的种类采用田间调查方法，收集天敌标本并于实验室内鉴定。

寄生性天敌种类调查，在不同海拔高度田间随机采集小菜蛾虫源(卵、幼虫、蛹)，连同植株叶片摘下，带回实验室于实验室人工气候箱内饲养(温度 25℃、相对湿度 60%～80%，光周期光照：黑暗为 14h∶10h，光照度大于 1000lx)，将卵置于 1.1cm×5.0cm 的指形管中，一管若干粒，关口塞棉球，每天检查卵孵化情况，收集寄生蜂，鉴定种类；蛹置于 2.2cm×8.5cm 的指形管中，单头饲养，其他法同卵；幼虫在小养虫笼中饲养，将新鲜大白菜叶片剪成适当大小，置于养虫笼内，使叶柄穿过盖孔并固定，再将养虫笼倒置放在有清水的玻璃瓶上，使叶柄插入瓶中吸收水分，将小菜蛾幼虫用毛笔移入笼内叶片上，每叶片上 20 头，每天更换叶片，至化蛹或羽化或寄生蜂结茧、化蛹、羽化，死亡个体通过解剖查明情况。鉴定天敌的种类及寄生率，每隔 7 天调查一次。

二、结果

1. 天敌种类

高山小菜蛾寄生性天敌包括小菜蛾寄生蜂 5 种，即半闭弯尾姬蜂 *Diadegmasem iclausum*、菜蛾盘绒茧蜂 *Cotesia plutellae*、螟蛉埃姬蜂 *Itoplectis naranyae*（Ashmead）、颈双缘姬蜂 *Diadromus collaris*（Gravenhorst）、菜蛾啮小蜂 *Oomyzus sokolowskii* Kurdumov，其中菜蛾盘绒茧蜂、半闭弯尾姬蜂和颈双缘姬蜂为优势种寄生性天敌。低海拔 400m 以菜蛾盘绒茧蜂为主；二高山的海拔 1200m 地区以半闭弯尾姬蜂和菜蛾盘绒茧蜂为主，半闭弯尾姬蜂在 8 月中下旬、9 月初寄生率较高；在高山的海拔 1800m 地区以菜蛾盘绒茧蜂和颈双缘姬蜂为主，菜蛾盘绒茧蜂在 7 月中下旬、8 月下旬和 9 月下旬寄生率较高，螟蛉埃姬蜂在 9 月中下旬寄生率较高。

捕食性天敌包括 T 纹豹蛛 *Pardosa* T-*insignata*、三突花蛛 *Misumenops tricuspidatus*、南方小花蝽 *Orius minutus*、七星瓢虫 *Coccinella septempunctata*、异色瓢虫 *Leis axyridis*、龟纹瓢虫 *Propylaea japonica*、二星瓢虫 *Adalia bipunctata*（Linnaeus）、四斑月瓢虫 *Chilomenes quadriplagiata*（Swartz）、中华草蛉 *Chrysopa sinica*、大草蛉 *Chrysopa septempunctta* 等。

2. 高山地区寄生性天敌对小菜蛾的控制作用

在高山地区（海拔 1800m），7～9 月是小菜蛾的盛发季节，小菜蛾幼虫的被寄生率高。菜蛾盘绒茧蜂在 7 月中旬、7 月下旬、8 月下旬和 9 月下旬寄生率达到 34.0%、20.0%、26.0% 和 35.0%；螟蛉埃姬蜂在 9 月中旬和下旬寄生率较高，达到 19.6% 和 20.8%（图 11-3）。

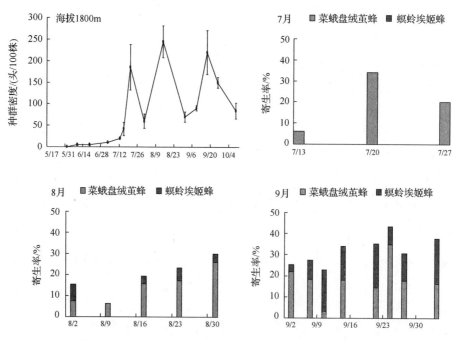

图 11-3　长阳县高山地区（海拔 1200～1800m）小菜蛾寄生蜂寄生率

在二高山地区（海拔 800～1200m），6 月至 9 月份是小菜蛾的盛发期，小菜蛾寄生蜂以半闭弯尾姬蜂和菜蛾盘绒茧蜂为主，半闭弯尾姬蜂在 8 月上旬和下旬寄生率较高，达到 44.0% 和 30.8%（图 11-4）。

三、结论与讨论

1. 结论

调查发现长阳县高山十字花科蔬菜害虫小菜蛾的主要寄生性天敌为半闭弯尾姬蜂、菜蛾盘绒茧蜂、螟蛉埃姬蜂、颈双缘姬蜂、菜蛾啮小蜂。

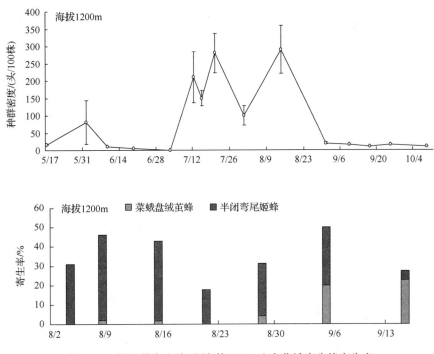

图 11-4　长阳县高山地区(海拔 1200m)小菜蛾寄生蜂寄生率

不同海拔高度、不同季节小菜蛾优势天敌种类不同，在高山地区，寄生性天敌以菜蛾盘绒茧和蜂螟蛉埃姬蜂为主，菜蛾盘绒茧在 7 月中下旬、8 月下旬和 9 月下旬寄生率达到 34.0%、20.0%、26.0%和 35.0%；螟蛉埃姬蜂在 9 月中下旬寄生率较高达到 19.6%和 20.8%。在二高山地区，小菜蛾寄生蜂以半闭弯尾姬蜂和菜蛾盘绒茧蜂为主，半闭弯尾姬蜂在 8 月上旬和下旬寄生率较高，达到 44.0%和 30.8%。

2. 讨论

据报道，在郑州郊区小菜蛾主要寄生天敌为菜蛾盘绒茧蜂和半闭弯尾姬蜂，在福建、浙江等地小菜蛾寄生昆虫的优势种为菜蛾盘绒茧蜂和菜蛾啮小蜂，在长阳高山地区菜蛾啮小蜂和颈双缘姬蜂的数量很少，这与高山地区不同于平原地区气候有关。在高山地区，小菜蛾被寄生率较高，利用高山蔬菜种植区菜-林互作环境，通过合理利用昆虫天敌及其他措施可实现高山小菜蛾的绿色防控。

(矫振彪　焦忠久　吴金平　陈磊夫　邱正明)

第三节　高山辣椒害虫种类及发生规律研究

高山蔬菜是指在高山优良的生态条件下，利用高海拔地区夏季独特的自然冷凉气候条件生产的天然反季节商品蔬菜，高山蔬菜已经成为贫困山区脱贫致富的一个支柱产业。在海拔 600m 以上山区种植辣椒是这个产业主要项目之一，高山地区气候凉爽，土壤空气湿润，越夏种植较之平地种植，辣椒不早衰，皮色光亮，椒形直，商品性好，采收时间长，产量高。近些年，高山蔬菜在市场经济作用下快速发展，湖北高山蔬菜播种面积已达 10.7 万公顷，总产量逾 400 万吨，总产值过 40 亿元(邱正明和肖长惜，2008)。辣椒(*Capsicum annuum*)是湖北省高山蔬菜的主栽品种之一，湖北高山辣椒一般种植于海拔 1200m 左右高山可耕地。

近几年，高山辣椒害虫危害逐年加重，种植户盲目用药，害虫现已成为高山辣椒健康生产的严重障碍之一。李锡宏等(2013)于湖北咸丰、五峰、保康和郧西等地烟田的害虫进行调查，发现 4 个烟区害虫的种类结构存在显著差异，各地优势种不同，在大青山山区随着海拔高度的变化昆虫的种类和数量分布有明显的变化(孟焕文等，2001)。

对于高山辣椒害虫种类及发生规律未见报道，防治中存在盲目用药的情况(焦忠久等，2012)，掌握害虫的种类及发生规律，对高山辣椒害虫的防治尤为关键。本研究针对高山辣椒害虫种类及季节性种群消长规律进行研究，为高山辣椒害虫的种群预测和综合防治提供了科学依据。

一、材料与方法

(一)试验地点

于湖北省长阳土家族自治县开展相关研究，该县自20世纪80年代开始种植高山蔬菜，全县高山蔬菜种植面积达3000hm²，是湖北省重要高山反季节蔬菜生产基地。试验地点选在火烧坪乡、资丘镇和贺家坪镇，大面积种植辣椒，海拔高度1000m左右。该地区高山辣椒每年种植1茬，4月至5月定植，7月开始收获至9月初。

(二)调查方法

1. 害虫种类调查

害虫种类调查采用田间调查和灯光诱集相结合的方法。

田间调查：2010年、2011年和2013年4~9月，于长阳县火烧坪乡(田家坪)、资丘镇(凉水寺)、贺家坪镇(紫台村)等地辣椒田开展调查，采集的害虫用毒瓶毒死，浸泡在75%乙醇内，带回实验室内分类鉴定。

2. 种群消长动态调查

在长阳县火烧坪乡和资丘镇山地的同一坡面，海拔400m、1200m、1600m的不同高度地区种植辣椒，海拔400m于4月15日定植，海拔1200m于5月10日定植，海拔1600m于5月20日定植，农事操作同周围农田，整个生育期未施用杀虫剂。试验田分为3个试验小区，每个小区面积1亩，每个小区内采用5点取样法，每点随机选取辣椒5株，检查辣椒植株，记录害虫种类及数量，每7天调查一次。

二、结果与分析

高山辣椒害虫常见种类主要有6目23科40种(表11-1)。其中危害严重的主要害虫有烟青虫 *Heliothis assulta* Guenee、斜纹夜蛾 *Prodenia litura* (Fabricius)、瘤缘蝽 *Acanthocoris scaber* Linnaeus、桃蚜 *Myzus persicae* (Sulzer)、双斑长跗萤叶甲 *Monolepta hieroglyphica* (Motschulsky)、小地老虎 *Agrotis ypsilon* Rottemberg、黄斑大蚊 *Nephrotoma* sp.、中华稻蝗 *Oxya chinensis* (Thunberg)等。

表 11-1　高山辣椒害虫种类

目	科	种数	常见种类及发现频度
鳞翅目	夜蛾科	7	小地老虎 *Agrotis ypsilon* Rottemberg
			黄地老虎 *Agrotis segetum* Schiffermtiller
			八字地老虎 *Xestia c-nigrum* (Linnaeus,1758)
			棉铃虫 *Helicoverpa armigera* Hübner
			甜菜夜蛾 *Spodoptera exigua* Hiibner
			烟青虫 *Heliothis assulta* Guenee
			斜纹夜蛾 *Spodoptera litura* (Fabricius)
半翅目	尺蛾科	1	大造桥虫 *Ascotis selenaria* Schiffermuller et Denis
	灯蛾科	2	人纹污灯蛾 *Spilarctia subcarnea* (Walker)
			星白雪灯蛾 *Spilosoma menthastri* (Esper)
	蝽科	4	瘤缘蝽 *Acanthocoris scaber* Linnaeus

续表

目	科	种数	常见种类及发现频度
半翅目			点蜂缘蝽 *Riptortus pedestris* (Fabricius)
			斑须蝽 *Dolycoris baccarum* (Linnaeus)
			稻绿蝽 *Nezara viridula* Linnaeus
	盲蝽科	2	绿盲蝽 *Apolygus lucorum* Meyer-Dür
			中黑盲蝽 *Adelphocoris suturalis* Jackson
	叶蝉科	2	黑尾大叶蝉 *Bothrogonia ferruginea* Fabricius
			大青叶蝉 *Cicadella viridis* Linnaeus
	广翅蜡蝉科	1	透翅疏广蜡蝉 *Euricanid clara* Kato
	蚜科	2	桃蚜 *Myzus persicae* (Sulzer)
			棉蚜 *Aphis gossypii* Glover
鞘翅目	粉虱科	1	烟粉虱 *Bemisia tabaci* (Gennadius)
	瓢甲科	1	茄二十八星瓢虫 *Epilachna vigintioctopunctata* (Fabricius)
	叶甲科	3	茄蚤跳甲 *Psylliodes balyi* Jacoby
			双斑长跗萤叶甲 *Monolepta hieroglyphica* (Motschulsky)
			黄斑长跗萤叶甲 *Monolepta signata* Olivier
	金龟科	1	暗黑鳃金龟 *Holotrichia parallela* Motschulsky
	鳃金龟科	2	黑绒金龟 *Serica orientalis* Motschulsky
			东北大黑鳃金龟 *Holotrichia diomphalia* Bates
	丽金龟科	1	中华弧丽金龟 *Popillia quadriguttata* Fabr.
	叩甲科	2	沟金针虫 *Pleonomus canaliculatus*
			细胸金针虫 *Agriotes subrittatus* Motschulsky
直翅目	蝗科	1	中华稻蝗 *Oxya chinensis* (Thunberg)
	螽斯科	1	青螽蟖 *Ducetia thymibolia* (Fabricius)
	蟋蟀科	1	油葫芦 *Teleogryllus mitrotus* Burmeister
	蝼蛄科	1	东方蝼蛄 *Gryllotalpa orientalis* Burmeister
腹足纲柄眼目	蛞蝓科	1	野蛞蝓 *Deroceras reticulatum* (Müller)
	巴蜗牛科	1	同型巴蜗牛 *Bradybaena similaris* (Férussac)
双翅目	潜蝇科	1	豌豆菜潜蝇 *Chromatomyia horticola* (Goureau)
	大蚊科	1	黄斑大蚊 *Nephrotoma* sp.

2012～2014 年调查发现，小地老虎、斜纹夜蛾、烟青虫、瘤缘蝽、桃蚜、双斑长跗萤叶甲、中华稻蝗、青螽蟖、油葫芦等的发生尤为严重。高山辣椒害虫种类少于低山地区，其中小地老虎、斜纹夜蛾、桃蚜等害虫在不同海拔高度均造成主要为害；而瘤缘蝽、黑尾叶蝉、中华稻蝗等害虫随着海拔升高为害减小；黄斑大蚊的为害随着海拔升高加重。

在海拔 1200m 高山辣椒主产区，斜纹夜蛾、烟青虫、棉铃虫主要在 7～9 月严重为害辣椒，蚜虫主要在 6～7 月严重危害辣椒。

三、讨论

近几年，高山辣椒种植面积扩大、复种指数高，为害虫的发生提供了充足食源。此外，高山辣椒种植于菜林互作生态系统，农田外有大面积林地、草丛，为害虫的栖息、越冬提供了良好的场所，造成害虫种群不断上升。

种群空间格局由内在特征与栖息地环境相互作用形成，昆虫种群为典型空间异质性，而这种种群空间异质性对制定调查取样策略、捕食者-猎物关系、种间竞争关系及制定科学防治措施等都具有极重要影响（Southwood and Henderson，2000；于新文和刘晓云，2001）。在高山蔬菜种植区，由于受海拔高度和地形等因素的影响，不同海拔的山区形成的小气候具有不同的特征。随着海拔高度的上升，月平均气温下降。在高山蔬菜种植区，不同海拔小气候的差异，使得病虫害的发生规律同平原地区有较大的差异。对滇西北亚高山草甸草丛昆虫多样性研究发现，不同生境、不同时期昆虫群落存在显著差异，且管理方式对昆虫群落具有显著影响（李青等，2007）。高山复杂多变的生境形成昆虫多样的分布特点，毕守东等（2011）在 3 个海拔高度的茶园研究发现，假眼小绿叶蝉 *Empoasca vitis*、柑橘粉虱 *Dialeurodes citri* 与其天敌间的数量和空间存在显著差异。在安徽不同海拔茶园之间，节肢动物群落多样性、个体数和均匀度均有极显著的差异（柯胜兵等，2011）。

扩散和迁移是昆虫种群的一种普遍的运动方式，也是种群数量增长后在行为上必须产生的结果（Desouhant et al.，2003）。昆虫这种行为影响着种群的空间格局、分布和种群动态等方面，掌握昆虫的扩散规律对防治具有重要意义。除了种群本身的活动能力外，决定扩散范围或扩散速度的因素还有食物、地形、热量、水分及人为因素等（Mazzi and Dorn，2012）。在高海拔地区害虫发生期变短，发生世代数变少，发生集中（王香萍等，2004）。在长阳土家族自治县海拔 1200m 的地区，自 5 月中旬有小菜蛾幼虫为害，为害期为 5～10 月；而在低海拔的平原地区，小菜蛾周年发生（赵毓朝等，2001；王香萍等，2004）。

由于高海拔山区特殊小气候及菜林互作生态系统，使得高山辣椒害虫种类及发生规律异于平原地区，对于高山辣椒害虫的防治需要注意以下几点：一是高山辣椒害虫的防治以小地老虎、斜纹夜蛾、烟青虫、桃蚜等为主；二是适时防治，根据各种害虫的发生期，综合采用化学防治、物理防治和生物防治等措施；三是注重农业防治措施，如轮作、调整辣椒播种期、清理农田周围草丛等措施，在生长适宜的情况下，尽量在高海拔种植。本研究通过对湖北高山辣椒害虫种类及发生规律进的研究，以期为高区辣椒害虫综合防治提供参考。

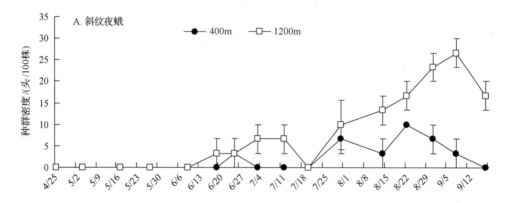

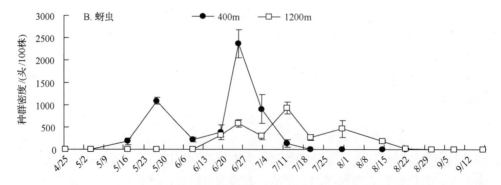

图 11-5　2013 年高山辣椒田害虫种群消长动态（图中数值为平均值±标准误）

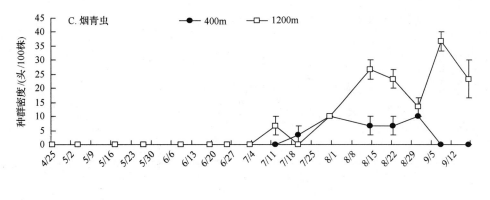

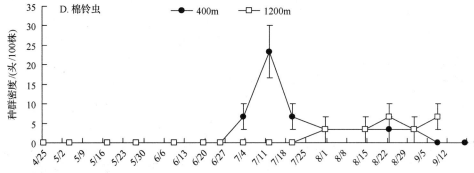

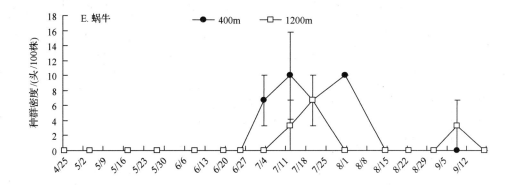

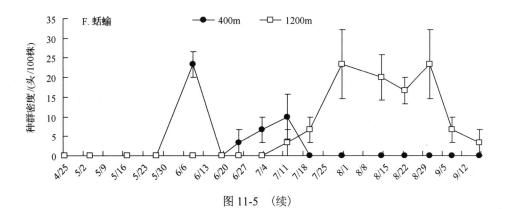

图 11-5　（续）

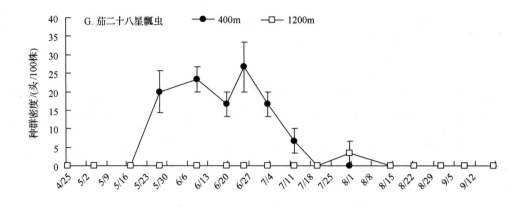

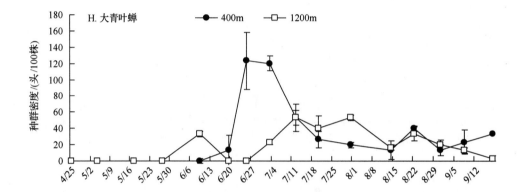

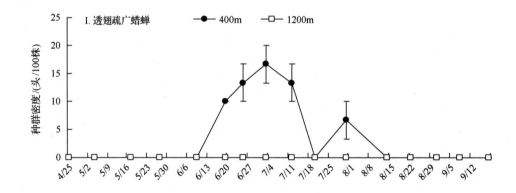

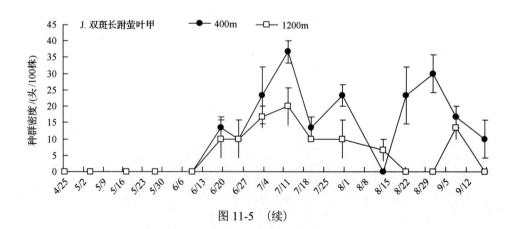

图 11-5 （续）

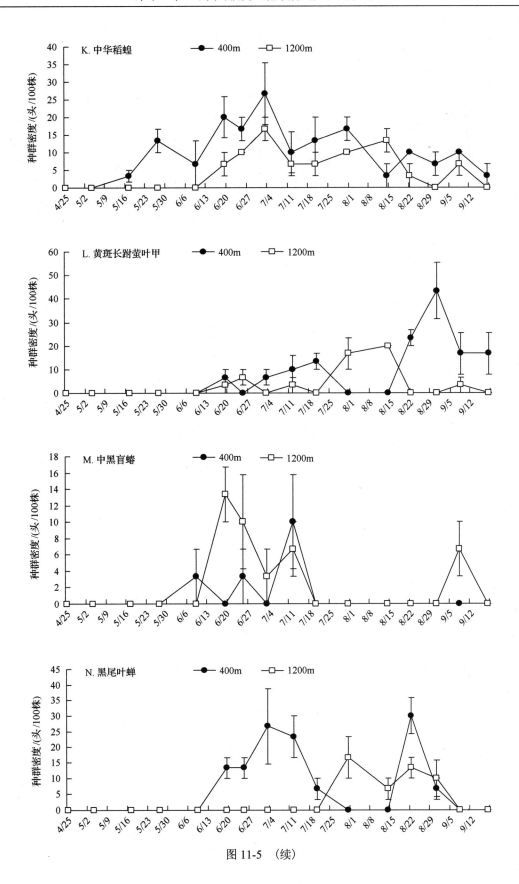

图 11-5　（续）

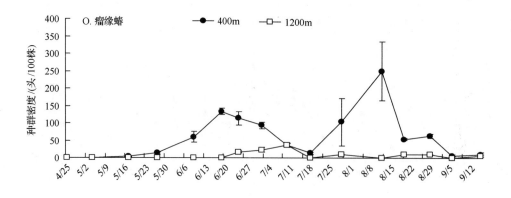

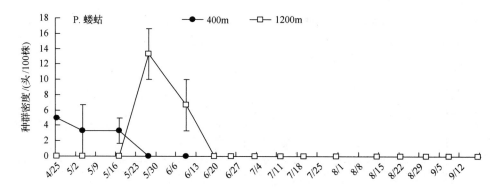

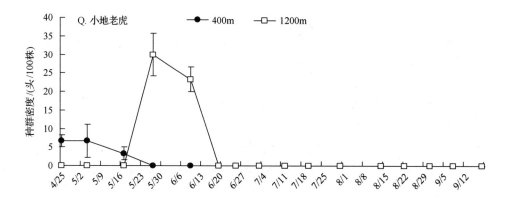

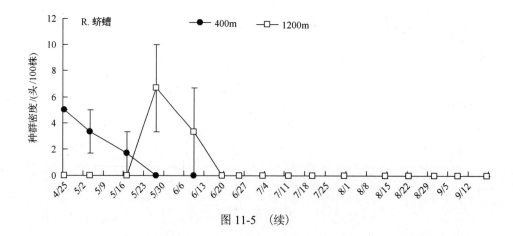

图 11-5 （续）

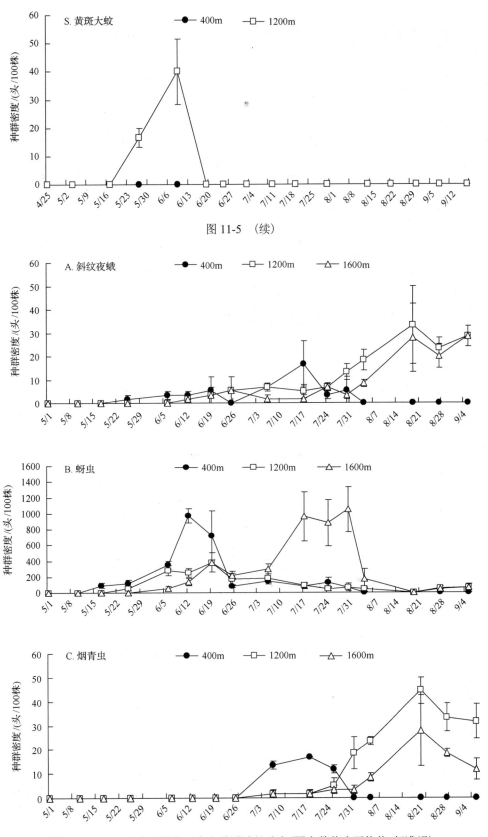

图 11-5 （续）

图 11-6 2014 年高山辣椒田害虫种群消长动态（图中数值为平均值±标准误）

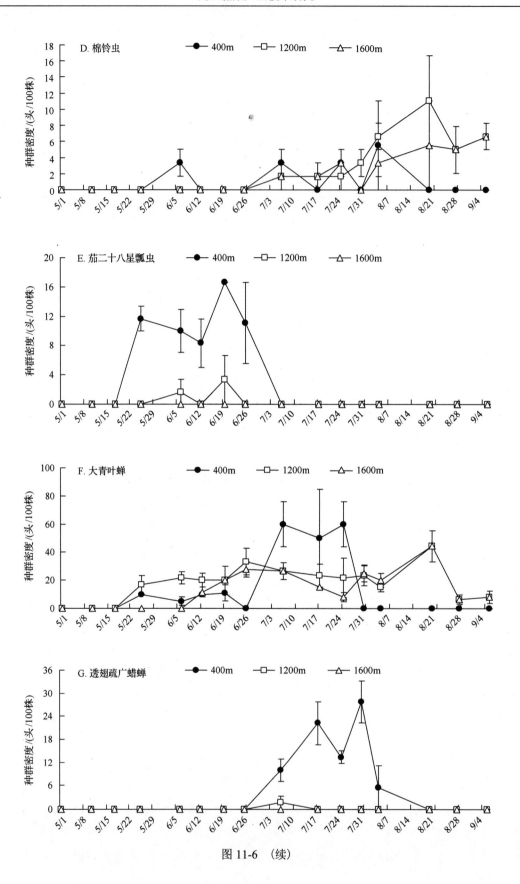

图 11-6　（续）

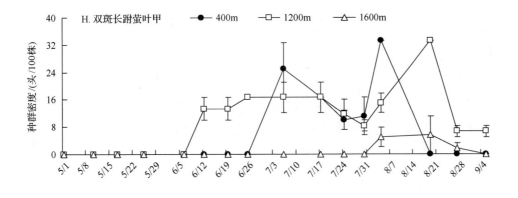

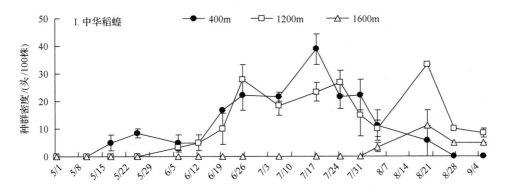

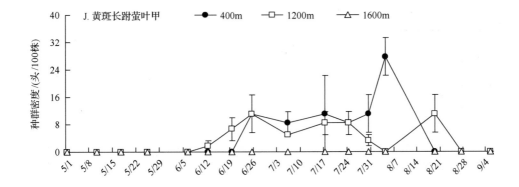

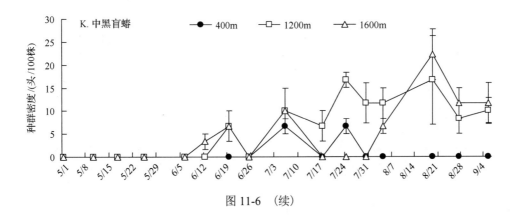

图 11-6　（续）

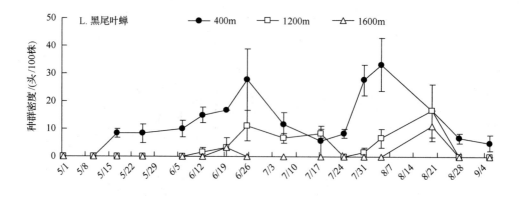

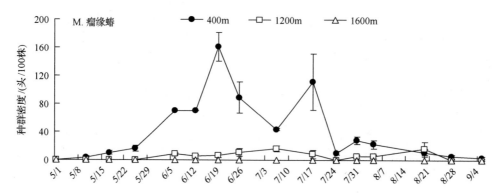

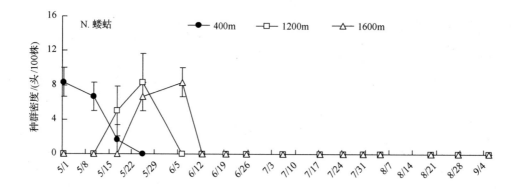

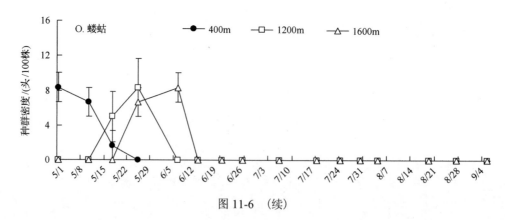

图 11-6 （续）

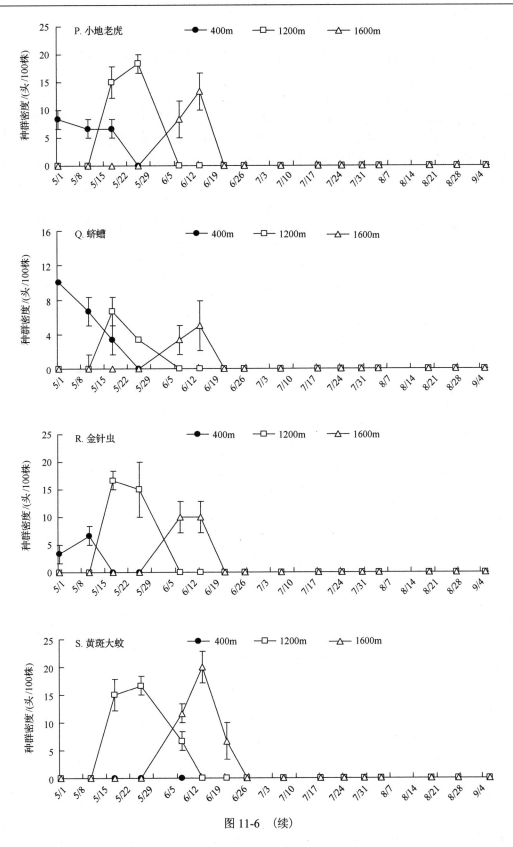

图 11-6　(续)

(矫振彪　焦忠久　吴金平　陈磊夫　邱正明)

第四节　湖北省高海拔山区甘蓝夜蛾发生规律

甘蓝夜蛾(*Mamestra brassicae* L.)属鳞翅目夜蛾科,又名甘蓝盗夜蛾,是甘蓝、白菜等十字花科蔬菜的主要害虫之一,近年来在湖北省高山蔬菜种植区菜田均有发生和为害。据 2013~2014 年在湖北省长阳县多地蔬菜田间调查发现,均有该虫发生为害。随着湖北省高山蔬菜种植面积的不断扩大,该虫在该区域呈现明显加重为害的趋势。因此,掌握甘蓝夜蛾的发生规律,及时有效地进行综合防治对高山蔬菜的安全生产有着重要的现实意义。

甘蓝夜蛾在全国各地都有分布,以北方发生较重。甘蓝夜蛾是多食性害虫,主要为害甘蓝、大白菜、苤蓝、花椰菜等十字科蔬菜,以及瓜类、豆类、茄果类蔬菜和甜菜等,其中以甘蓝、秋白菜、甜菜受害最重(白生海,1990)。幼虫共 6 龄,具有群集性、夜出性、暴食性。初孵幼虫集中在叶背取食,啃食叶肉,使叶片残留表皮,呈密集的"小天窗"状;幼虫稍大后,可将叶片吃成空洞和缺刻,并迁移分散;4 龄后,白天隐伏在心叶、叶背或植株根部附近表土中,夜间出来取食;高龄的幼虫可钻入叶球内为害,并排出粪便,降低商品价值(罗进仓和陈海贵,1992;于学池等,1996)。

一、材料与方法

(一)试验地点

试验地点选在湖北省高山蔬菜试验站,海拔高度 1800m,位于湖北省长阳土家族自治县火烧坪乡,该乡大面积种植十字花科蔬菜,是湖北省重要高山反季节蔬菜生产基地,全乡平均海拔 1800m,蔬菜种植面积达 3000hm²,以萝卜、结球甘蓝和大白菜为主。该地区高山蔬菜一般每年种植 2 茬,即第 1 茬在 4 月下旬至 5 月初播种,7 月上旬收获,生长期约 60 天;第 2 茬于 7 月中下旬播种,9 月中下旬收获,生长期约 55 天;少数种植 1 茬,即 5~7 月均可播种。该地区萝卜栽培品种主要为'圣玉'、'白玉春'等系列品种。

(二)调查方法

1. 田间调查

2011~2014 年于湖北省高山蔬菜试验站的试验田,以及火烧坪乡海拔 1800m 试验田间,开展大白菜甘蓝夜蛾种群数量调查。调查采用定点田间调查的方法,田间采用 5 点取样法,每点随机选取 20 株大白菜,调查每株大白菜上甘蓝夜蛾成虫和幼虫的数量,每 10 天左右调查一次,每次调查都采集一定数量的虫害标本带回湖北省高山蔬菜试验站,实验室内进行分类鉴定。

2. 灯光诱集

2012 年 4~10 月,于湖北省高山蔬菜试验站,设置 25W 黑光灯诱集害虫,诱虫灯设在高山萝卜田边,距离地面约 2.5m。每日天黑前亮灯,早晨天亮后灭灯。每日收集诱集到的甘蓝夜蛾成虫并统计数量。

二、结果与分析

2011 年和 2012 年田间种群动态调查结果发现,甘蓝夜蛾在田间主要为害第 2 茬大白菜,为害高峰期集中于 8~9 月。2012 年 8 月 25 日田间种群密度高峰。第 1 茬田间种群密度较低,主要为 5 月上旬为害。2012 年灯光诱集结果显示,甘蓝夜蛾成虫高峰主要在 8 月中旬至 9 月初,4~7 月种群密度较低(图 11-7)。

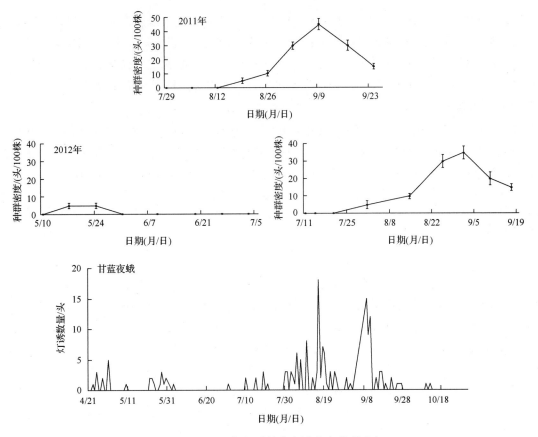

图 11-7　2014 年灯诱甘蓝夜蛾成虫种群动态

(矫振彪)

第五节　高山萝卜地下害虫种类及发生规律

近几年，高山萝卜受地下害虫危害逐年加重，受害萝卜表皮粗糙，严重影响商品性，在高山蔬菜主产区，因地下害虫造成的萝卜减产有时达 20%～40%，地下害虫现已成为高山萝卜健康生产的严重障碍之一。地下害虫种类在不同生境存在差异，李锡宏等(2013)发现 4 个烟区地下害虫的结构存在显著差异，各地优势种不同，掌握地下害虫的种类及发生规律，对高山萝卜地下害虫的防治尤为关键。2010～2013 年笔者对高山萝卜地下害虫种类及季节性种群消长规律进行了调查研究，以期为高山萝卜地下害虫的种群预测和综合防治提供依据。

一、材料与方法

(一)试验地点

试验地点选在湖北省高山蔬菜试验站高山蔬菜基地，位于湖北省长阳土家族自治县火烧坪乡，海拔高度 1800m，以种植十字花科蔬菜为主，面积达 3000hm²。该地区高山萝卜每年种植 1～2 茬，4 月底至 8 月初均可播种，6 月底开始收获至 10 月初，萝卜生长期 60 天左右。

(二)调查方法

1. 害虫种类调查

害虫种类调查采用田间调查和灯光诱集相结合的方法。

田间调查：2010 年、2011 年和 2013 年 5～9 月，将采集到害虫用毒瓶毒死，浸泡在 75%乙醇内，带回实验室内分类鉴定 (张继祖和徐金汉，1996；刘广瑞等，1997；江世宏和王书永，1999)。

灯光诱集：2012 年、2013 年的 5～9 月，在萝卜田内设置 25W 黑光灯诱集害虫，诱虫灯距离地面约 2.5m。每日 19：00 至次日 6：00 亮灯。每日收集诱集到的害虫鉴定种类并统计数量。

2. 种群消长动态调查

萝卜每年种植两茬，2012 年于 5 月 1 日和 6 月 22 日播种，2013 年于 5 月 2 日和 7 月 20 日播种，萝卜行距 33 cm，株距 20 cm，每亩约 8000 株，整个生育期未施用农药。试验田分为 3 个试验小区，每个小区面积 1 亩，每个小区内采用 5 点取样法，每点随机选取萝卜 5 株，检查萝卜周围 10cm、深 30cm 范围内土壤，用铁锹分层取土，记录害虫种类及数量，7 天调查 1 次。

二、结果与分析

1. 害虫种类

调查结果表明，高山萝卜地下害虫常见种类主要有 4 目 7 科 11 种，包括小地老虎 *Agrotis ypsilon* (Rottemberg)、八字地老虎 *Xestia c-nigrum* (Linnaeus)、黄地老虎 *Agrotis segetum* (Schiffermtiller)、黄曲条跳甲 *Phyllotreta striolata* (Fabricius)、灰地种蝇 *Delia platura* (Meigen)、沟金针虫 *Pleonomus canaliculatus* (Faldermann)、细胸金针虫 *Agriotes subrittatus* (Motschulsky)、黑绒金龟 *Serica orientalis* (Motschulsky)、暗黑鳃金龟 *Holotrichia parallela* (Motschulsky)、东北大黑鳃金龟 *Holotrichia diomphalia* (Bates)、东方蝼蛄 *Gryllotalpa orientalis* (Burmeister) 等。其中为害严重的主要有小地老虎、黄曲条跳甲和灰地种蝇等；八字地老虎、黄地老虎、沟金针虫、细胸金针虫、黑绒金龟、暗黑鳃金龟、东北大黑鳃金龟等为害次之，东方蝼蛄偶有发生。

2. 种群消长动态

2012 年和 2013 年调查发现 (图 11-8 和图 11-9)，小地老虎、黄曲条跳甲、灰地种蝇的发生尤为严重。小地老虎在 2012 年 5 月中旬至 9 月上旬均有发生，6 月中旬和 7 月中旬为发生高峰；在 2013 年 6 月下旬至 7 月中旬种群密度最高；百株虫量最高为 22.2 头 (2012 年 7 月 15 日) 和 18.7 头 (2013 年 7 月 1 日)。小地老虎成虫产卵和幼虫生活适宜温度为 14～26℃，相对湿度为 80%～90%，气温高于 27℃时发生量下降，喜温暖潮湿的环境条件 (向玉勇和杨茂发，2008)，高海拔地区夏季气温冷凉、湿度大，适宜小地老虎的发生。

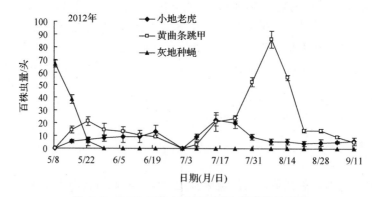

图 11-8　2012 年萝卜田地下害虫种群消长动态

黄曲条跳甲成虫自 5 月初开始为害幼苗，幼虫在 5 月至 9 月上旬均为害萝卜根茎，2012 年以 8 月上中旬种群密度最高，百株虫量可达到 86.1 头 (2012 年 8 月 7 日)；2013 年以 8 月中下旬种群密度最高，百株虫量可达 74.7 头 (2013 年 8 月 15 日)。

灰地种蝇以 5 月种群密度较高，2012 年在 5 月上旬种群密度最高，百株虫量最高为 66.7 头（2012 年 5 月 8 日）；2013 年 5 月中旬种群密度最高，百株虫量最高为 89.3 头（2013 年 5 月 16 日），严重危害萝卜种子和幼苗，造成缺苗断垄；6 月底至 9 月，灰地种蝇偶有发生。

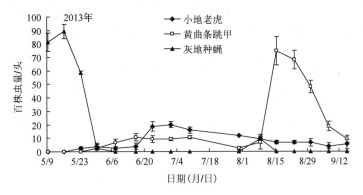

图 11-9　2013 年萝卜田地下害虫种群消长动态

八字地老虎和黄地老虎 6 月底至 9 月都有危害，种群密度百株虫量为 5 头左右；沟金针虫、细胸金针虫、黑绒金龟、暗黑鳃金龟、东北大黑鳃金龟自 5 月底至 9 月均有危害，种群密度较低，金针虫百株虫量最高为 4 头（2012 年）和 2.7 头（2013 年），蛴螬百株虫量最高为 6.1 头（2012 年）和 6.7 头（2013 年）；东方蝼蛄等在萝卜田种群密度很低，只在 2012 年调查时发现有为害。金针虫适宜在偏碱性（pH7~9）、含水量 9%~17% 的土壤中生存（郭亚平等，2000），而高山地区降水量高、鄂西山区土壤普遍呈酸性，是金针虫种群密度较低的一个原因。

三、结论与讨论

在高山蔬菜种植区，不同海拔小气候的差异，使得病虫害的发生规律同平原地区相比有较大的差异。长江中下游地区小地老虎第一代为害盛期为 4 月下旬至 5 月上旬，此后各代在田间很少发生（司升云等，2003），而在湖北省高海拔地区小地老虎、八字地老虎等成虫高峰期主要集中在 6 月中下旬及 7 月中旬，明显晚于平原地区。在长江以南地区，黄曲条跳甲无越冬现象，在湖北荆州黄曲条跳甲主要发生期在 4~11 月，5~6 月和 9~10 月是发生为害高峰期（王玲等，2009），而在高海拔地区黄曲条跳甲的发生期为 5~10 月，高峰期在 8 月，发生时间明显短于平原地区。

对于地下害虫的防治需要注意以下几点：一是高山萝卜地下害虫的防治以小地老虎、黄曲条跳甲和灰地种蝇 3 种害虫为主；二是适时防治，根据各种害虫的发生期，即 5 月重点防治灰地种蝇的为害，6~8 月重点防治小地老虎和黄曲条跳甲的为害；三是综合采用化学防治、物理防治和生物防治等措施，注重农业防治措施，如轮作、调整萝卜播种期、清理农田周围草丛等措施，多年来，地下害虫的防治以化学药剂防治为主（焦忠久等，2012），近年来我国开始注重地下害虫的生物防治，如采用微生物、自然天敌、化学信息素等防治地下害虫（Leal，1998；胡琼波，2004；向玉勇和杨茂发，2008）。

（矫振彪　焦忠久　吴金平　邱正明）

第六节　甜菜夜蛾发生动态与气象因子关系初探

甜菜夜蛾 *Spodoptera exigua*（Hübner）俗称贪夜蛾，是一种世界性分布的多食性农业害虫。20 世纪 90 年代以来，甜菜夜蛾在我国南方和长江流域连续多年暴发成灾，受其为害的寄主作物一般减产 10%~20%，严重的达 30%~50%，少数作物甚至绝收，严重威胁着蔬菜的产量和品质。国内外学者针对甜菜夜蛾的发生规律及生物学特性进行了研究，如戴率善等对徐州地区甜菜夜蛾发生规律进行了初步研究，翁启勇等对福建漳州地区甜菜夜蛾发生规律及其防治对策进行了研究。Wakamura 等研究发现甜菜夜蛾在 25℃、L//D=14h//10h 的室内条件下，成虫在灭灯后 5～7h 后开始交配。Ali 等分析表明，在 15～36℃条件下，甜菜夜蛾在 3 种饲料上的发育速度呈线性增长，36℃以上高温则抑制其各虫态的生长发育。宋月芹等研究表明甜菜夜蛾幼虫存活率及保护酶活性与温度密切相关。徐金汉等阐明了不同温湿组合对甜菜夜蛾各虫态生长发育和繁殖力有明显的影响。甜菜夜蛾的生长发育、越冬、迁飞等与气象条件密切相关，目前尚缺乏针对武汉地区甜菜夜蛾田间种群动态与自然气象因子相关的研究报道。本研究采用性诱法、灯诱法及田间调查方法分别对 2009～2010 年武汉地区甜菜夜蛾成虫与幼虫开展动态监测，选用同时期的逐日气象数据，探讨了武汉地区是否适合甜菜夜蛾越冬，采用积温推算其发育历期，初步分析了甜菜夜蛾成虫高峰日前期气象条件，以期为进一步探讨甜菜夜蛾在全国范围内的扩散和迁飞规律提供数据支撑，为实现基于气象预报的甜菜夜蛾发生、发展气象适宜度等级预报奠定基础，为甜菜夜蛾的测报和防治提供理论依据。

一、材料与方法

1. 性诱法

诱捕器选用宁波纽康生物有限公司生产的通用型诱捕器。诱芯选用宁波纽康生物有限公司生产的 PVC 基质缓释长效诱芯(测报型)，诱芯生产日期分别是 2009 年 2 月 20 日、2010 年 2 月 6 日，保质期都是 18 个月。监测时间：2009 年 4 月 9 日至 12 月 31 日，2010 年 1 月 1 日至 12 月 21 日。监测方法：监测点选择武汉市黄陂区武湖蔬菜生产基地，武湖蔬菜基地种植面积约 65 亩，包括露地区面积 40 亩、温室大棚设施区 25 亩。全年种植的蔬菜种类很多，春季以花椰菜、甘蓝、菠菜、生菜、莴苣、韭菜、苋菜、辣椒、空心菜、小白菜等为主；夏季以甘蓝、小白菜、黄瓜、番茄、辣椒、豇豆、菜豆、丝瓜、茄子、苦瓜、毛豆等为主；秋季以菜心、小白菜、苋菜、芥菜、甘蓝、萝卜、冬瓜、番茄、辣椒、黄瓜等为主；冬季以甘蓝、花椰菜、大白菜、白萝卜、胡萝卜、豌豆、菠菜、生菜、蒜、葱、藜蒿、茼蒿等为主。各类蔬菜均按常规种植。监测点设置 3 只诱捕器，呈等腰三角形放置，每诱捕器中放 1 枚蓝色诱芯，每两个诱捕器间距为 50m 以上，诱捕器放置高度以超出蔬菜作物 20cm 为宜，或悬挂在 1m 高的竹竿上，并注意添换肥皂水。每天早晨调查诱捕到的成虫数，并将统计后的成虫去除。2009 年、2010 年甜菜夜蛾中等程度发生。

2. 灯诱法

诱集灯选用河南佳多虫情测报灯，型号 JDA0-Ⅲ光控型，整灯功率≤35W，固定灯座的水泥台离地面高度 0.5m，灯管离地面高度大约 1.7m。灯光颜色为蓝紫色，主波长 365nm。诱集害虫撞击面积≥15m²。监测时间：2009 年 9 月 21 日至 12 月 31 日，2010 年 4 月 20 日至 12 月 16 日。监测方法：安装于武汉市蔬菜科学研究所武湖基地，蔬菜生产基地空旷、便于进出调查，周边无干扰光源。在甜菜夜蛾发生期内，每日检查灯下成虫数量。

3. 幼虫调查法

选择甘蓝寄主，品种主要有'京丰 1 号'、'夏光'、'黑叶小平头'、'争春'、'寒光'、'鸡心包'、'牛心包'等，株行距均按常规种植。在监测到成虫后开始，每 5 天调查 1 次，直至成虫监测结束为止。调查地块面积 1 亩，不施任何农药。采用棋盘式 10 点取样法，苗期每点调查 10 株，共调查 100 株，成株期每点调查 5 株，共调查 50 株，在清晨(或傍晚)调查幼虫数。

4. 气象资料

气象资料选用武汉市 2009～2010 年逐日日平均气温、日最高气温、降水量、相对湿度、日照时数等数据。

二、结果与分析

(一)甜菜夜蛾发生规律

1. 甜菜夜蛾成虫发生动态

采用性诱法,2009 年 5 月 11 日开始诱捕到甜菜夜蛾成虫,但 5 月成虫数量很少,至 6 月下旬达到第一个小高峰,6 月平均每个诱捕器诱捕虫量为 162 头。7 月诱捕到成虫量较 6 月有所增多,为 212 头。8 月上旬诱捕到的成虫数量迅速增加,达到主高峰期(351 头),随后诱捕到的成虫数量波动减少。8 月、9 月、10 月平均每个诱捕器诱捕到的甜菜夜蛾成虫数量分别为 860 头、436 头、391 头,为 2009 年甜菜夜蛾成虫数量最多的时段。11 月上旬诱捕到的成虫总数量为 105 头,11 月中旬开始甜菜夜蛾诱捕总量迅速减少,11 月中旬至 12 月下旬各旬每个诱捕器诱捕到的成虫总数量均小于 3 头(图 11-10)。

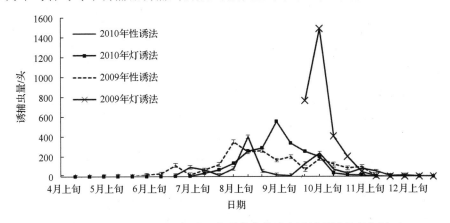

图 11-10　2009～2010 年武汉市甜菜夜蛾成虫诱捕量消长变化图

采用灯诱法,2009 年 9 月下旬诱捕到的甜菜夜蛾成虫总量为 763 头,10 月上旬迅速增加到 1488 头,其中 10 月 1 日为高峰日,当日诱捕成虫总量为 216 头,10 月中旬开始诱捕到的甜菜夜蛾总量不断减少。灯诱法与性诱法在同一时段的变化趋势完全一致,其相关系数为 0.793,通过显著性水平为 0.01 的显著性检验(图 11-10)。

2010 年性诱法从 4 月 10 日开始诱捕到成虫,较 2009 年提前 1 个月,但 4～6 月成虫数量极少。7 月上旬诱捕到的成虫数量明显增加,至 7 月 9 日出现第一个小高峰,当日平均每个诱捕器诱捕虫量达 18 头,却又晚于 2009 年。7 月上旬的诱捕成虫总数量为 96 头,8 月中旬诱捕到的成虫数量迅速增加,达到主高峰期(401 头),8 月诱捕到的甜菜夜蛾成虫数量为 538 头,9 月诱捕到的成虫总数量明显减少,为 159 头。9 月下旬较前两旬诱捕到成虫数量增加,至 10 月上旬又一次达到一个峰值,随后诱捕到的成虫总数量波动减少。10～12 月每个月诱捕到的成虫总数量分别为 347 头、145 头、20 头。2010 年甜菜夜蛾成虫高峰出现 8 月、10 月,较 2009 年发生量偏低,但发生期偏长。

2010 年采用灯诱法,至 6 月 3 日开始诱捕到成虫,6 月上旬至 7 月上旬诱捕到的虫量非常少,7 月下旬开始增加,至 9 月上旬达到最高峰,随后开始减少,10 月中旬诱捕到的甜菜夜蛾成虫数量明显减少。

两年结果显示,性诱法与灯诱法在发生量、发生时期等方面都表现出较为一致的趋势,高发时期均为 8 月上旬至 10 月上旬,但性诱法曲线呈波动多峰型,灯诱法呈单峰型。

2. 幼虫动态变化规律

由于甜菜夜蛾寄主很多,本研究仅选取具有代表性的寄主——甘蓝调查幼虫发生动态。2009 年武汉市最早于 7 月 7 日发现甜菜夜蛾幼虫,年内有两个发生高峰,分别在 8 月中旬及 9 月中旬,虫口密度约为 512 头/百株和 266 头/百株,其中 8 月中旬为主高峰期。2010 年武汉市最早于 5 月 25 日出现甜菜夜蛾幼虫,与成虫监测较为一致。年内幼虫有 3 个发生高峰,分别在 8 月上旬、9 月上中旬、10 月下旬。虫口密度约为

456 头/百株、170～180 头/百株、80 头/百株。其中 8 月上旬为主高峰期(图 11-11)。

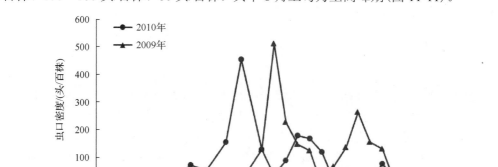

图 11-11 2009～2010 年武湖蔬菜基地甘蓝甜菜夜蛾幼虫的动态变化

(二)甜菜夜蛾发生规律与气象因子的关系

1. 甜菜夜蛾在武汉的越冬气候条件分析

根据江幸福等的研究表明,蛹是甜菜夜蛾最可能的越冬虫态。甜菜夜蛾蛹在 5℃低温下持续 16.2 天后死亡率可达 50%,持续 29.4 天后死亡率达 90%;在 0℃低温下持续 2 天后死亡率可达 50%,持续 5.8 天死亡率达 90%。因此,当年的越冬虫源基数与冬季的气温密切相关。由表 11-2 可见,武汉市仅在 2008 年 12 月 22 日、2009 年 1 月 13 日和 19 日出现低于 0℃的天气,未出现日均温连续低于 0℃情况。2008 年 12 月至 2009 年 2 月低于 5℃的天数为 38 天,其中连续低于 5℃的天数为 19 天,出现在 2008 年 12 月 29 日～2009 年 1 月 16 日。武汉市 2010 年 1 月、2 月日均温连续低于 0℃的天数分别为 2 天、4 天,2009 年 12 月至 2010 年 2 月低于 5℃的天数为 45 天,其中连续低于 5℃的日数为 14 天,出现在 2010 年 1 月 4 日～1 月 17 日。由此推断 2009 年、2010 年武汉甜菜夜蛾越冬虫源有一定存活,但存活率低于 50%,且 2010 年存活率较 2009 年低。

表 11-2 武汉市 2009～2010 年甜菜夜蛾越冬气温条件

年份	日期	月(季)均温/℃	<0℃天数/d	连续<0℃天数/d	<5℃天数/d	连续<5℃天数/d
2009 年	上年度 12 月	6.4	1	无	12	5
	1 月	3.6	2	无	21	16
	2 月	8.3	0	无	5	3
	冬季	6	3	无	38	19
2010 年	上年度 12 月	5	0	无	14	9
	1 月	4.5	2	2	21	14
	2 月	7	4	4	10	9
	冬季	5.5	6	4	45	14

2. 积温推算甜菜夜蛾世代发育期

根据韩兰芝等对甜菜夜蛾各虫态的发育起点温度和有效积温的研究结果表明,甜菜夜蛾全世代有效积温为 265.6d·℃。其中卵、幼虫、蛹、产卵前期的发育起点温度分别为 13.73℃、15.68℃、15.09℃、12.83℃,有效积温分别为 37.9d·℃、126.3d·℃、73.8d·℃、29.2d·℃。李淑清等研究表明连续的降水将导致预蛹期延长。薛敏生等认为土壤湿度大,影响蛹的成活和正常羽化。因此理论上可根据积温推算各世代发育时间,并在推算时根据降水实况对发育期做适当后延,依据武汉市气象资料推算结果见表 11-3。

表 11-3　积温法推算甜菜夜蛾发育历期

年份	代数	卵		幼虫		蛹		产卵前期	
		起止日期(月/日)	日数/d	起止日期(月/日)	日数/d	起止日期(月/日)	日数/d	起止日期(月/日)	日数/d
	越冬代	—	—	—	—	04/07−04/26	20	04/27−05/01	5
	1	05/02−05/07	6	05/08−05/30	23	05/31−06/07	8	06/08−06/12	5
	2	06/13−06/15	3	06/16−06/25	10	06/26−07/04	9	07/05−07/07	3
2009	3	07/08−07/10	3	07/11−07/19	9	07/20−07/26	7	07/27−07/30	4
	4	07/31−08/02	3	08/03−08/13	11	08/14−08/19	6	08/20−08/21	2
	5	08/22−08/24	3	08/25−09/06	13	09/07−09/15	9	09/16−09/20	5
	6	09/21−09/25	5	09/26−10/16	21	—	—	—	—
	越冬代	—	—	—	—	04/18−05/06	19	05/07−05/12	6
	1	05/13−05/18	6	05/19−06/05	18	06/06−06/16	11	06/17−06/19	3
	2	06/20−06/22	3	06/21−07/02	10	07/03−07/09	7	07/10−07/13	4
2010	3	07/14−07/16	3	07/17−07/27	11	07/28−08/01	5	08/02−08/03	2
	4	08/04−08/05	2	08/06−08/14	9	08/15−08/21	7	08/22−08/23	2
	5	08/24−08/28	5	08/29−09/11	14	09/12−09/18	7	09/19−09/20	2
	6	09/21−09/27	7	09/28		—	—	—	—

表 11-4　成虫主峰前期气象环境因子

年份	旬值	最高气温/℃	平均气温	相对湿度	降水量/mm	日照/h	降水日数/d	最高气温距平/℃	平均气温距平/℃	降雨量距平百分率/%	日照距平
2009	7月中旬	35.9	30.9	79.4	0	90.9	0	3.87	2.90	−100	23.8
	7月下旬	31.4	27.8	86.3	62.3	47	5	−1.98	−1.31	53.4	−34.3
	8月上旬	31.6	27.7	84.9	0	69	0	−2.06	−1.63	−100	−10.4
2010	7月下旬	33.0	29.0	88.7	49.8	71.1	4	−0.35	−0.15	22.7	−10.2
	8月上旬	35.7	31.0	82.6	86.5	90.3	2	2.02	1.72	124.7	10.9
	8月中旬	34.2	29.7	83.3	36.3	80	3	2.08	1.84	10.0	10.0

根据理论推算，甜菜夜蛾在武汉地区每年可发生 5~6 代，第 6 代为不完全代，从第 3 代开始世代重叠。上文研究表明，甜菜夜蛾在武汉地区有可能越冬。积温推算首次诱捕到成虫的时间 2009 年为 5 月 1 日、2010 年为 5 月 12 日。实际诱捕到成虫得时间分别 2009 年 5 月 11 日、2010 年 4 月 10 日。2010 年诱捕到成虫的时间较理论推算早一个多月，可能有外地虫源或保护地虫源所致。由表 11-3 可见，武汉市甜菜夜蛾发生为害最重的代次为 4~5 代。甜菜夜蛾第 1 代的发育历期较长；2~4 代由于气温升高，发育历期明显缩短；第 5 代由于天气转凉，发育历期延长。表 11-4 发育历期时间与薛敏生、赵传东等对甜菜夜蛾实际调查的发育历期中各虫态日数近似，经咨询专家，理论世代数与武汉甜菜夜蛾实际发生情况基本吻合。

3. 甜菜夜蛾主峰期前期的气象条件分析

2009 年武汉市甜菜夜蛾主峰期出现在 8 月 10 日左右，主峰出现前期的 7 月中旬，气温异常偏高，旬平均最高温度达 35.9℃，旬降水量及降水日数均为 0，日照偏多，相对湿度在 80%以下；7 月下旬、8 月上旬气温较常年平均值偏低，但旬平均气温在 27~28℃，适宜甜菜夜蛾各虫态的生长发育。7 月下旬降水量 62.3mm，降水日为 5 天，较常年同期略偏多，日照偏少。8 月上旬降水量和降水日均为 0，日照正常，相对湿度较上一旬略有下降。

2010 年武汉市甜菜夜蛾主峰期出现在 8 月 16 日左右，主峰出现前期在 7 月下旬，气温接近常年同期，旬降水量较常年同期偏多 2 成，旬雨日为 4 天，旬日照时数正常。8 月上旬，气温明显升高，旬平均最高温度达 35.7℃，降水量虽然偏多 1 倍以上，但降水日数仅为 2 天，日照偏多，相对湿度明显下降。8 月中旬气温持续偏高，降水量仅有 36.3mm，降水日为 3 天，日照偏多，相对湿度变化不大，低于 85%。

三、结论与讨论

武汉市甜菜夜蛾成虫 5～6 月数量较少，但总体呈增加趋势，7 月开始增多，主高峰主要出现在 8 月，随后波动减少，年内 8～10 月为甜菜夜蛾成虫数量最多的时段，11 月开始成虫数量明显减少。2009 年性诱法与灯诱法均在 10 月上旬出现波动小高峰，随后数量呈下降趋势；而 2010 年性诱法呈一个主高峰、多个小高峰的变化规律，灯诱法呈单峰型的特点，这可能与田间寄主作物有关，也与不同试验方法有关，性诱法更具灵敏度及代表性。

武汉市甜菜夜蛾幼虫在甘蓝寄主上每年有 2～3 次发生高峰，主要发生在 8～10 月，其中主高峰出现在 8 月。值得注意的是，2009 年甜菜夜蛾在甘蓝寄主上成虫发生高峰为 8 月上旬，幼虫的发生高峰为 8 月中旬，这与理论推断的第 4 代卵、幼虫发育所需日数相吻合。化学农药防治甜菜夜蛾的最佳时段为 3 龄幼虫期前，因此成虫的发生监测对幼虫的防治有很好的指导意义。

甜菜夜蛾的越冬、迁飞和各虫态发育历期与气象条件密切相关。武汉甜菜夜蛾越冬虫源有一定存活，但存活率很低。江幸福等根据 1 月气温将武汉划分为甜菜夜蛾可能越冬区，与本研究研究结果一致。但由于近年来武汉市设施农业的迅猛发展，有少量甜菜夜蛾蛹可在大棚内越冬，增加了本地的越冬虫源基数。

对甜菜夜蛾发生高峰前期的气象条件分析表明，有利于甜菜夜蛾暴发的气象条件：一是持续高温天气，特别是旬平均最高气温达 35℃以上；二是大部时段旬降水日数为 0 或者小于 5 天，这与薛敏生等、戴淑慧等的调查结果一致；三是大部时段相对湿度在 85% 以下；四是日照正常或偏多。

（杨文刚　周利琳　孟翠丽　陈　鑫　王　勇　司升云）

第十二章　高山蔬菜病害绿色防控技术研究

第一节　主要十字花科蔬菜抗根肿病品种在湖北病区的表现

芸薹根肿病(*Plasmodiophora brassicae*)侵染和为害十字花科作物,尤其是具有重要经济价值的芸薹属蔬菜作物(Piao,2009),包括白菜(Piao,2002)、甘蓝(CRUTE,1983)、油菜(CRUTE,1983)、花椰菜(David,2013)、茎瘤芥(榨菜)(肖崇刚,2002)、萝卜(Akito,2010)和芜菁(CRUTE,1983)等,是一种世界性土传病害。该病最早发现于地中海两岸和欧洲南部,目前很多国家都有发生,特别是温带地区。近年来,随着全球气候逐年变暖、土壤酸化程度增加、十字花科作物栽培面积不断扩大、种植基地蔬菜生产轮作年限增加、南北菜的相互调运,使得十字花科作物根肿病发生面积迅速扩大,为害程度也是逐年加重,根肿病已成为十字花科作物的重要病害之一。

湖北高山地区为全国根肿病的发病严重区域之一,2003年,根肿病在湖北省长阳县火烧坪暴发并蔓延,到2005年发病面积达到200hm²,绝收面积3.3hm²(汪维红,2013)。目前十字花科根肿病是湖北省长阳地区及利川市齐岳山脉蔬菜产业化、农民增收面临的最大问题,选用抗病品种是解决生产需求的最有效的方法。近年来,国内一些科研单位相继启动了十字花科根肿病抗病育种研究。姚秋菊等(2015)对抗根肿病的大白菜品种在河南新野的抗性进行了鉴定,结果表明,不同品种对新野地区的根肿菌抗性存在差异,其中Y670、Y714、Y752表现免疫。高愿等(2015)对20种甘蓝型油菜抗根肿病资源进行了筛选,结果表明,'华杂9号'、'华双3号'表现为较强的抗根肿病能力,可以作为油菜抗根肿病育种材料。

本试验对十字花科蔬菜25个品种进行了抗根肿病集中试验示范,以期获得湖北高山地区适宜推广种植的抗根肿病品种,推动抗根肿病品种的产业化应用为农民增收作贡献。

一、材料与方法

(一)供试材料

供试材料由"十二五"国家科技支撑计划项目"十字花科蔬菜杂种优势利用与新品种选育"参与单位提供(表12-1)。

表12-1　十字花科蔬菜抗根肿病参试品种

编号	参试品种	参试单位
1	ZH15-7(萝卜)	中国农业科学院蔬菜花卉研究所
2	ZH15-81(萝卜)	中国农业科学院蔬菜花卉研究所
3	雪单3号(萝卜)	湖北省农业科学院经济作物研究所
4	2012044甘蓝(甘蓝)	西南大学园艺学院
5	2012070甘蓝(甘蓝)	西南大学园艺学院
6	嘉兰苏甘28(甘蓝)	江苏省农业科学院蔬菜研究所
7	京春CR1(大白菜)	北京农林科学院蔬菜研究中心
8	京春CR2(大白菜)	北京农林科学院蔬菜研究中心
9	京春CR3(大白菜)	北京农林科学院蔬菜研究中心
10	京春白2号(CK,大白菜)	北京农林科学院蔬菜研究中心
11	12CR159(大白菜)	青岛市农业科学研究院

编号	参试品种	参试单位
12	12CR47(大白菜)	青岛市农业科学研究院
13	11CR67(大白菜)	青岛市农业科学研究院
14	13CR230(大白菜)	青岛市农业科学研究院
15	14CCR20(大白菜)	青岛市农业科学研究院
16	14CR66(大白菜)	青岛市农业科学研究院
17	天白CR15(大白菜)	天津科润农业科技股份有限公司
18	CR1(大白菜)	山东省农业科学院蔬菜花卉研究所
19	CR2(大白菜)	山东省农业科学院蔬菜花卉研究所
20	YYcrQ01(大白菜)	河南省农业科学院园艺研究所
21	YYcrQ02(大白菜)	河南省农业科学院园艺研究所
22	YYcrQ03(大白菜)	河南省农业科学院园艺研究所
23	YYcrQ04(大白菜)	河南省农业科学院园艺研究所
24	青研CR21(大白菜)	青岛市农业科学研究院
25	青研CR1(大白菜)	青岛市农业科学研究院

(二)示范地点

示范地点分别在湖北省宜昌市长阳县火烧坪乡黍子岭村和利川市汪营镇天上坪村。

(三)播种及调查时间

2015年7月24日，长阳火烧坪播种。播种前喷洒除草剂及防治地下害虫药剂，下底肥，包沟1m起垄，垄高20～25cm，厢面长7.5m，根据长阳当地栽培习惯覆带孔地膜，地膜可双行播种，孔距为40cm×20cm。播种时每孔播种2～3粒，每品种重复2次，出苗后7～8叶时定苗或移苗，萝卜直接定苗不移苗。播种后田间进行正常管理，追施叶面肥2～3次，防治小菜蛾、菜青虫及霜霉病、软腐病等病虫害危害，萝卜出苗后另重点防治跳甲。于2015年10月27～28日调查各品种综合性状及对根肿病的抗性，经济性状调查是分别取各品种表现典型的三个单株进行调查，对根肿病的抗性调查是将各品种小区内的30个单株洗根后进行分级统计，调查2次重复，按小区计算病情指数，甘蓝因缺株，统计数不足30株。

2015年7月26日，利川汪营镇播种。播种前后田间管理及起垄规格同长阳，根据利川当地栽培习惯未覆地膜。于2015年10月22日调查各品种对根肿病的抗性。

(四)病情分级标准与病情指数调查

1. 大白菜甘蓝根肿病田间分级标准

0级：根系生长正常，无肿瘤；

1级：根系主根不发病，部分侧根或须根上有较小肿瘤；

3级：主根发病较轻，轻微膨大，或者主根不发病、较多侧根有较大肿瘤，主侧根根瘤直径≤5mm；

5级：主根发病较重，肿瘤膨大，侧根或须根有肿瘤，或者主根不发病，较多侧根有明显肿瘤，主侧根根瘤直径大于5mm且≤1cm；

7级：根系主根发病较重，异常膨大、龟裂，有明显侧根或须根；

9级：根系几乎没有侧根或者须根，主根异常膨大、龟裂或者腐烂。

图12-1和图12-2分别为大白菜和甘蓝受根肿病侵染后的田间分级标准，级别按照0、1、3、5、7、9划分。

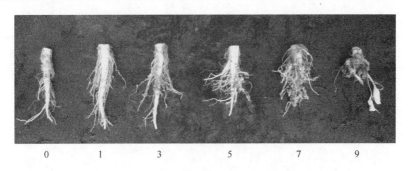

图 12-1 大白菜根肿病田间分级标准

图 12-2 甘蓝根肿病田间分级标准

2. 萝卜根肿病田间分级标准

0 级：根系生长正常，无肿瘤；

1 级：萝卜根上有较小缢缩疤痕，或者萝卜根不发病，须根上有较小肿瘤鼓起；

3 级：萝卜根上有较大缢缩黑疤，或者须根上有较多肿瘤，须根上肿瘤直径≤3mm；

5 级：萝卜根上有多个缢缩疤痕，或者须根上肿瘤直径大于 3mm；

7 级：萝卜根上黑疤面积大在表面形成黑洞凹陷，或者须根上肿瘤异常膨大、龟裂；

9 级：萝卜根上形成大的黑洞且中空腐烂，或者主根异常膨大、龟裂腐烂。

图 12-3 为萝卜受根肿病侵染后的田间分级标准，级别按照 0、1、3、5、7、9 划分。

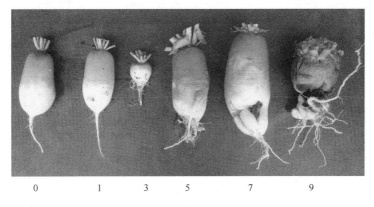

图 12-3 萝卜根肿病田间分级标准

3. 病情指数调查

采用以下公式进行病情指数计算：

$$病情指数 = \frac{\sum(各级病株数 \times 相对级数) \times 100}{调查总株数 \times 9}$$

抗病性评价标准如表 12-2 所示。

表 12-2　抗病性评价标准

病情指数	抗性评价
0～11.11	抗病（R）
11.12～33.33	耐病（T）
33.34～55.55	感病（S）
55.56～100	高感（HS）

（五）综合经济性状评价

以宜昌长阳火烧坪当地种植喜好来评价各品种的性状表现。当地喜好合抱类型的大白菜品种，其主要特征为下部包球紧实，底部切口平整，腰身竖直上来，顶部形似子弹头类型。甘蓝圆球类型当地喜好圆整、耐裂、抗病性强、顶上无斑点的品种类型；扁球型喜好球形低扁类型品种，包球要紧实，中心柱短，不超过球高的 1/2，且越短越好，球色越绿越好。萝卜喜好光洁顺直、无青头、纯白皮的耐抽薹品种类型。

经济性状评价分为优、良、中、差四个等级。

二、结果与分析

1. 参试品种在长阳和利川的根肿病抗性表现

表 12-3 为长阳和利川参试品种的病情指数与抗病性划分。

表 12-3　参试品种的病情指数与抗病性

参试品种	长阳					利川				
	重复 I	重复 II	重复合并	平均值	抗病性	重复 I	重复 II	重复合并	平均值	抗病性
ZH15-7	25.29	30.04		27.67	T			86.67		HS
ZH15-81	43.94	40.52		42.23	S			86.67		HS
雪单 3 号	11.76	12.70		12.23	T			5.56		R
2012044 甘蓝			85.86		HS			82.22		HS
2012070 甘蓝			21.21		T			50.00		S
嘉兰苏甘 28			58.82		HS			55.56		HS
京春 CR1	73.02	75.11		74.07	HS	0.00	0.00		0.00	R
京春 CR2	13.73	4.32		9.03	R	0.00	0.00		0.00	R
京春 CR3	0.00	0.00		0.00	R	0.00	0.00		0.00	R
京春白 2 号 CK	90.12	90.85		90.12	HS			79.66		HS
12CR159	57.67	71.72		64.70	HS	0.00	0.00		0.00	R
12CR47	31.29	66.26		48.78	S	0.00	0.00		0.00	R
11CR67	74.44	52.59		63.52	HS	0.00	0.00		0.00	R
13CR230	91.45	70.86		81.16	HS	0.00	0.00		0.00	R
14CCR20	86.87	62.96		74.92	HS	0.00	0.00		0.00	R
14CR66	63.49	63.49		63.49	HS	0.00	0.00		0.00	R
天白 CR15	60.61	21.64		41.13	S	0.00	0.00		0.00	R
CR1	69.44	38.68		50.06	S			56.58		HS
CR2	95.06	93.06		94.06	HS			70.98		HS
YYcrQ01	39.68	3.33		21.51	T	0.00	0.00		0.00	R
YYcrQ02	16.37	87.30		51.84	S	0.00	0.00		0.00	R
YYcrQ03	83.33	83.84		83.59	HS	0.00	0.00		0.00	R
YYcrQ04	87.30	75.31		81.31	HS	0.00	0.00		0.00	R
青研 CR21	62.72	67.78		65.25	HS			6.64		R
青研 CR1	84.76	74.07		79.42	HS	0.00	0.00		0.00	R

注：表 12-3 中列出了第一次重复和第二次重复调查得到的病情指数结果，田间调查统计株数少的参试品种，两次重复合并一起计算病情指数。

由表 12-3 可见，在长阳火烧坪，仅'京春 CR3'发病为零，田间调查时所有单株均无根瘤发生，'京春 CR2'有轻微根瘤发生，'京春 CR2'和'京春 CR3'病情指数均在 0～11.11，属于抗病品种；其他参试品种根肿病发病较重，'YYcrQ01'为大白菜耐病品种，'ZH15-7'和'雪单 3 号'为萝卜耐病品种，'2012070'为甘蓝耐病品种。在利川，对照品种'京春白 2 号'高感根肿病，病情指数为 79.66，大白菜除了'CR1'、'CR2'为高感品种外，其他品种均没有发病症状，病情指数为零，均为抗病品种；'雪单 3 号'为萝卜抗病品种；甘蓝无抗病品种。

2. 长阳火烧坪大白菜性状调查

表 12-4 为长阳火烧坪大白菜田间性状调查表。

表 12-4　大白菜田间性状调查表

品种名称	整齐度	生长势	外叶数	株高/cm	开展度/cm	球高/cm	球直径/cm	球形	紧实度	心色	短缩茎长/cm	荒菜重/kg	净菜重/kg	霜霉病	软腐病	黑腐病	综合评价
京春 CR1	齐	中	25	48.67	49.67	30.67	16.67	合抱	中	浅黄	1.83	3.54	2.61	无	无	轻	中
京春 CR2	齐	旺	26	24.00	63.67	32.33	19.43	合抱	紧	浅黄	2.00	4.55	3.27	无	无	轻	优
京春 CR3	齐	旺	21	23.00	47.00	23.33	16.67	合抱	中	黄	2.80	3.52	2.23	无	无	轻	优
京春白 2 号 CK	齐	弱	12	30.00	40.67	26.33	16.33	合抱	中	浅黄	2.30	2.87	2.30	中	无	重	差
12CR159	齐	中	13	34.22	49.67	26.00	13.00	合抱	中	浅黄	3.00	3.58	2.09	无	无	轻	优
12CR47	齐	旺	18	22.33	52.33	22.67	13.67	合抱	松	浅黄	2.43	3.00	1.82	无	无	轻	中
11CR67	齐	旺	22	27.67	49.67	21.33	14.33	合抱	松	浅黄	2.20	2.47	1.57	轻	无	轻	中
13CR230	齐	弱	23	24.00	53.33	25.67	14.33	合抱	松	黄	2.67	3.13	1.79	无	无	中	中
14CCR20	齐	中	18	24.33	45.67	23.33	15.30	合抱	中	浅黄	2.10	3.00	2.19	无	无	中	良
14CR66	齐	旺	20	25.00	44.67	28.67	13.00	合抱	中	浅黄	2.00	2.43	1.50	轻	无	轻	中
天白 CR15	齐	旺	26	25.33	58.00	14.67	27.00	合抱	中	浅黄	1.93	3.37	2.25	无	无	轻	优
CR1	较齐	旺	25	33.00	65.67	16.00	22.83	合抱	中	白	2.63	5.27	3.21	无	1	轻	中
CR2	齐	弱		18.00	40.33	未包		合抱					1.09	中	无	中	差
YYcrQ01	较齐	强	19	23.33	51.00	15.67	28.67	合抱	紧	浅黄	3.00	3.37	2.17	无	无	轻	中
YYcrQ02	齐	中	28	20.67	56.00	17.33	27.00	合抱	紧	白	4.83	5.29	2.84	中	1	轻	中
YYcrQ03	齐	中	16	19.00	39.00	13.00	23.67	合抱	松	浅黄	2.67	1.53	1.03	无	无	中	良
YYcrQ04	较齐	旺	22	20.67	44.67	16.00	25.00	合抱	松	浅黄	5.00	2.60	1.90	无	无	中	中
青研 CR21	齐	中	14	22.33	44.00	16.00	27.33	合抱	松	浅黄	2.67	2.60	2.13	无	无	中	中
青研 CR1	齐	弱	21	20.00	34.67	13.00	23.00	合抱	松	浅黄	3.17	1.77	1.22	无	无	中	中

结果表明，大白菜品种'京春 CR2'、'京春 CR3'、'12CR159'和'天白 CR15'表现优秀，炮弹形，包球紧实，底部切口平整，符合长阳当地市场消费习惯。'14CCR20'和'YYcrQ03'表现良好。

3. 长阳火烧坪甘蓝性状调查

表 12-5 为长阳火烧坪甘蓝田间性状调查表。

表 12-5　甘蓝田间性状调查表

品种名称	整齐度	生长势	外叶数	株高/cm	开展度/cm	球高/cm	球直径/cm	球形	紧实度	心色	短缩茎长/cm	荒菜重/kg	净菜重/kg	霜霉病	软腐病	黑腐病	综合评价
2012044	齐	中	15	29.00	60.00	13.00	15.70	扁球	松	浅黄	3.35	1.85	0.80	无	无	轻	良
2012070	齐	旺	19	34.00	78.50	18.50	21.30	扁球	松	浅黄	5.50	3.40	1.40	无	无	轻	中
嘉兰苏甘 28	齐	旺	18	20.80	51.00	11.50	12.00	圆球	松	浅黄	4.05	1.07	0.52	无	无	轻	良

甘蓝品种'2012044'为扁球类型，长阳当地扁球型喜好球形低扁类型品种，中心柱越短越好，球色越绿越好，'2012044'表现良好。'嘉兰苏甘28'为圆球类型，长阳当地喜好圆整、耐裂、抗病性强顶上无斑点的品种类型，'嘉兰苏甘28'表现良好。

4. 萝卜性状调查

表12-6为萝卜田间性状调查表。

表12-6　萝卜田间性状调查表

品种名称	株高/cm	开展度/cm	叶型	叶色	叶丛	小叶对数	肉质根长/cm	肉质根横径/cm	地上部分重/kg	单根重/kg	根皮色	肉色	综合评价
ZH15-7	43.67	62.33	花叶	绿色	半直立	11	36.33	7.33	0.55	2.10	白	白	中
ZH15-81	31.00	54.00	花叶	深绿色	半直立	9	34.67	8.00	0.43	1.67	上青下白	白	中
雪单3号	39.33	50.67	花叶	绿色	半直立	12	35.33	8.67	0.27	2.10	白	白	良

萝卜在长阳当地喜好光洁顺直、无青头、纯白皮的耐抽薹品种类型，结果表明，萝卜品种'雪单3号'表现良好。

以上结论仅以长阳当地的情况进行分析，在其他地区表现以实际情况为准。

三、结论与讨论

1. 品种抗性与小种致病力

Geoffrey(2009)对根肿菌的生活史与土壤的水分、酸碱性、质地结构、Ca^{2+}含量、其他生物构成等因素的关系进行了描述，水分多、有机质丰富的疏松土壤使得根肿菌孢子更容易流动且成囊，产生更多的孢子侵染寄主植物的根毛组织，偏酸性土壤也有利于根肿菌的生长。湖北省西南(恩施土家族苗族自治州和宜昌地区)海拔500～1200m的中山区，居基带红壤之上，册地黄棕壤之下，土壤层次分异明显，呈酸性，有机质含量较高，平均比红壤高22.4%，其他矿质氧分与红壤相近或略丰。试验地分别在恩施自治州利川市和宜昌长阳县海拔1800m左右的高山地区，与中山区土壤环境近似，土质偏酸性，是根肿病的高发区域。长阳的试验结果表明，各单位提供的大白菜品种大多数不抗长阳根肿病菌，只有'京春CR2'和'京春CR3'表现抗病，其中'京春CR3'的病情指数为零，田间无根瘤。利川的试验结果表明，除对照品种'京春白2号'CK表现高感、'CR1'和'CR2'感病外，其他大白菜品种均抗利川根肿病菌，两次重复均无根瘤发生，说明长阳根肿病菌的致病力较利川根肿病菌的强。由于大白菜对照品种'京春白2号'CK在长阳和利川两地发病都很重，且两地的两次重复结果一致，重复性好，本次试验结果显示，长阳和利川两地的品种对根肿病抗性的差异不是因为是否覆地膜，主要原因是两地根肿菌致病力的差异。汪维红等(2013)采用Williams方法对采自长阳火烧坪的根肿病病原菌进行了生理小种鉴定，认为该地区的根肿病病原菌为致病力强的4号生理小种。可以预见，利川根肿病菌为弱生理小种，小种鉴定尚未见报道。本试验结果可供利川表现抗根肿病的品种参考，建议在利川及类似利川根肿病小种的区域进行试验示范，可进行多年、多点试验。试验结果中，少数品种重复间抗性表现差异比较大，可能与菌源的分布不均有关。

'2012070'甘蓝在长阳火烧坪强根肿病小种地区为耐病品种，在利川弱根肿病小种地区不抗病。在甘蓝根肿病抗性遗传方面多人提出是显性遗传(Chiang，1977)；司军等(2003)认为甘蓝抗根肿病遗传为隐性，其研究认为抗病基因是不完全隐性基因，以加性效应为主，且抗病基因受两对以上基因共同作用，呈现数量性状遗传的特点。本次试验甘蓝在利川弱小种地区均不抗病，在长阳强小种地区有一个耐病品种，是否与当地的栽培种植因素影响有关或与作物本身与菌种之间的抗性互作有关，有待进一步的研究。

2. 品种综合经济性状表现分析

综合经济性状评价以是否抗根肿病为首选评价条件。结合各品种的抗根肿病分析结果、性状分析结果、综合抗性及整齐度表现进行分析，大白菜品种'京春CR2'和'京春CR3'在长阳火烧坪和利川两地均为抗病品种且性状表现优秀；'雪单 3 号'萝卜在长阳火烧坪表现为耐病不抗该地区小种，抗利川根肿病小种，综合经济性状表现良好；甘蓝参试品种少，且因播种育苗以及自然气候等原因，在长阳和利川两地统计调查数据均不充足，未进行综合经济性状评价。

（甘彩霞　余阳俊　袁伟玲　崔　磊　於校青　邓晓辉）

第二节　高山十字花科蔬菜根肿病的危害现状

十字花科根肿病（*Plasmodiophoa brassicae* Woron）是一种世界性土传病害，致病菌为芸薹根肿菌，属于一种专性寄生低等鞭毛菌（也有学者将其归入黏菌），目前尚无法人工培养。最早的记录可追溯至公元 4 世纪的意大利，1937 年，该病最早发现于地中海沿岸的英国，1852 年在美国首次报道；19 世纪在俄罗斯圣彼得堡蔓延，俄国园艺协会出资研究致病原因及防治方法，1875 年俄国科学家 Woronin 成功地从感病的芸薹属植物中分离出致病菌，找到了致病原，因此该菌定名为 *Plasmodiophora brassicae* Woron；1955 年在我国的江西省有根肿病发生的报道，后来在长江以南各地普遍蔓延，在高山和平原地区都有发生，在我国的分布情况以南部地区较为广泛，如浙江、江苏、山东、安徽、江西、湖南、湖北、福建、广西、云南、贵州等，北部地区新疆有报道，近几年来在西藏的局部地区已经发生为害。

根肿病是十字花科作物生产的首要病害。1992 年初次发病面积仅为 $0.1hm^2$，20 年后，据农业部公益性行业（农业）科研专项十字花科作物根肿病防控技术研究与示范项目组的统计，云南省有 15 个州（市）的十字花科作物均发生了根肿病，疫区面积超过了 10 万公顷，经济损失超过 1.5 亿元。湖北省高山和平原地区也受到根肿病危及，高山越夏季和平原地区秋冬季都有大面积种植芸薹属植物，主要有甘蓝、大白菜、萝卜、红菜薹、小白菜、花椰菜、油菜等，2007 年开始湖北省鄂西高山宜昌市长阳县榔坪镇开始出现大白菜根肿病，现在高山的宜昌市长阳县火烧坪乡青树包村、资丘镇的黄柏山村、榔坪镇的文家坪村，贺家坪镇的紫台村、恩施州利川市的天上坪村，平原的鄂州市、江夏区、蔡甸区等地相继大面积发生大白菜根肿病、甘蓝根肿病、萝卜根肿病，小白菜根肿病、红菜薹根肿病，不仅危及到当年的收成，并且影响到下一年十字花科作物的再生产，给农户带来很大的损失。

十字花科根肿病是一种土传病害，由芸薹根肿菌（*P. brassicae* Woron）侵染引起，该病病原为芸薹根肿菌，属原生动物界根肿菌门根肿菌属。休眠孢子球形、卵形，$(4.6\sim6)\,\mu m\times(1.6\sim4.6)\,\mu m$，在寄主细胞内呈鱼卵块状，成熟时相互分开，主要寄生在十字花科蔬菜的根部。休眠孢子囊萌发产生游动孢子，游动孢子顶端具有两根长短不等的鞭毛，能在水中做短距离游动。休眠孢子囊随病根残体遗留在土壤中越冬，在土壤中可以存活 6 年以上，休眠孢子借雨水、灌溉水、害虫及农事操作等传播。休眠孢子囊球形、单孢，无色或略带灰色，在适宜条件下萌发产生游动孢子，从幼根或根毛穿透表皮侵入寄主形成层后刺激寄主薄壁细胞膨大，形成肿瘤。土壤酸化（pH5.4～6.5）、气温 18～25℃、土壤相对湿度 70%～90%，与十字花科蔬菜连作，都有利于病害的发生。

近年来，蔬菜生产由于多年连作，十字花科作物根肿病的发生日趋严重，同时根肿病又促进了软腐病菌的侵染与为害，给蔬菜产量带来很大损失。十字花科根肿病传染性强，一旦发病，一般 6～8 年都种不出十字花科作物来。所有的十字花科作物均有不同程度的根肿病发生，其中以甘蓝和白菜病害发生较重，达到 50%～95%，萝卜相对较轻，达到 10%～25%。十字花科植物幼苗或成株均可被害，根部被芸薹根肿菌侵染后，引起不定根发育不全，并且主根和侧根上有近球形或手指状肿瘤。由于根部发生肿瘤，严重影响对水分和养分的正常吸收，发病初期地上部症状不明显，以后生长逐渐迟缓，叶色逐步变淡，初期叶片呈失水状凋萎下垂，在晴天中午前后尤为明显，早晚恢复，连续几天后，植株不再恢复。严重时植株枯萎而死，造成不同程度的欠收或失收。湖北省高山蔬菜种植相对集中，主要品种有大白菜、甘蓝、萝卜、番茄、辣椒等，主要集中在宜昌长阳县和恩施州利川市，长阳各类高山蔬菜种植总面积合计 20 万亩，见表12-7，利川合计 40 万亩左右。2013 年全省高山蔬菜种植区，反季节种植十字花科蔬菜面积约 40 万亩，其中长阳 15 万亩,利川 20 万亩,恩施大山顶、兴山等地合计 5 万亩左右,绝收比例占 20%左右,绝收田亩损失 3000 元左右,根肿病为害导致的十字花科蔬菜经济损失在 2.4 亿以上。

表 12-7　湖北宜昌长阳高山蔬菜种植面积调查

乡镇	海拔/m	面积/万亩	主要分布	海拔/m	作物
火烧坪	1200～1860	4.5	青树包村	1400～1860	甘蓝、大白菜、萝卜
			黍子岭	1200～1600	甘蓝、大白菜、萝卜、甜玉米
			溜沙口	1400～1700	四季豆、甘蓝、大白菜、萝卜
			乐园村	600～900	番茄为主,辣椒、大蒜
			文家坪	1300～1630	番茄、辣椒、白菜、甘蓝
			梓榔坪	1200～1400	番茄为主,辣椒
榔坪	900～1900	6.5	云台荒	1500～1900	甘蓝、大白菜、萝卜
			秀峰桥	1000～1100	番茄、辣椒
			八角庙	800～1350	番茄、辣椒
			千年头	1200	辣椒为主,番茄
			紫台山	1200～1600	辣椒、甘蓝、大白菜、萝卜
贺家坪	740～1600	3.0	堡镇	1200～1600	辣椒、甘蓝、大白菜、萝卜
			天堰观	740～1000	四季豆
			柳松坪	900～1000	辣椒
资丘	800～1700	3.5	杨家桥	1200～1700	辣椒、甘蓝、大白菜、萝卜
			黄柏山	900	辣椒、甘蓝、大白菜、萝卜
渔峡口	800～1700	1.5	双龙村	800～1700	辣椒、甘蓝、大白菜、萝卜
龙舟坪	650～1200		天齐黄炎	650～1200	番茄
鸭子口	1400～1600	1.0	青岗坪	1400～1600	甘蓝、大白菜、萝卜
其他	800～1600				
合计		20			

该病危害特点是:①危害作物多,如白菜类、甘蓝、萝卜、红菜薹、花菜、青花菜、苤蓝、芜菁、芥菜、油菜等十字花科作物都可传染发病;②病害传染力强,传播途径多,可通过带病的种子、种苗、土壤、病株残体、流水、昆虫、农具、人事活动等传播;③为害造成损失大,轻的减产,重的绝收;④防治困难,被称之为十字花科作物的"癌症",属国内植物检疫对象。

自发生根肿病以来,国内外进行了广泛研究,特别是发达国家,如亚洲的日本、韩国,欧洲的德国、英国、意大利、挪威、瑞典,美洲的美国、加拿大都进行了深入的研究,主要集中在防治方法、致病机制、生理小种和抗根肿病种质资源的研究。目前有抗根肿病大白菜品种在生产中应用,品种相对单一,种植其他十字花科作物感病的风险还较大,迫切期望有抗根肿病的综合绿色生物防控技术。

(龙　同　朱凤娟　焦忠久)

第三节　七种药剂对高山大白菜根肿病田间试验防效比较

长阳火烧坪高山蔬菜为湖北省特色农业产业,夏秋反季节生产萝卜、甘蓝、大白菜三种十字花科蔬菜,产品畅销国内各大城市,取得了很好的经济效益,为推动当地经济发展起到了十分重要的作用。长阳高海拔地区夏秋具有低温、多雨、空气湿度较大的气候特点,这种气候,既适宜大白菜、甘蓝等蔬菜的种植,也适宜根肿病(*Plasmodiophora brassicae* Woron)的流行为害,近年由于当地大白菜长期连作,根肿病为害严重，甚至绝收，已成为制约高山大白菜生产的主要因素。防治根肿病的有效方法主要是轮作，采用水旱轮作，十字花科蔬菜与玉米、大豆等轮作，但这对于以反季节生产白菜、萝卜、甘蓝见长的长阳高山蔬菜地区是难以实施的，目前尚没有特效药能够解决大白菜根肿病难防难治的问题。因此，开展白菜根肿病田间药剂筛选试验具有十分重要的实践意义。

一、材料与方法

1. 供试药剂

A：肿腐萎(50%多·福可湿性粉剂)(山东荣邦化工有限公司)；

B：一种在研农药制剂(由湖北省生物农药工程研究中心提供)；

C：50%多菌灵可湿性粉剂(陕西蒲城县美邦农药有限责任公司)；

D：解淀粉芽孢杆菌(由云南农业大学提供)；

E：生物活性菌钾(江苏徐州绿野生态科技有限公司)；

F：丰力宝(氨基酸叶面肥料)(武汉远丰生物科技有限公司)；

G：根初 2 号(氨基酸液肥)(山东青州丰本生物科技有限公司)。

2. 试验时间

2009 年 4 月至 2009 年 10 月。

3. 试验地点

长阳县火烧坪乡青树包村大白菜根肿病重发地块，海拔 1800m。

4. 供试白菜

'春夏霸王'(北京世农种苗有限公司)。

5. 试验方法

采用随机区组设计，每小区 10m²，重复 3 次。各药剂均按照推荐浓度稀释，A、B、C、D 分别稀释 800×、2000×、800×、500×，当白菜定植后每隔 5 天灌根 100mL，共灌根 5 次；E、F、G 分别稀释 50×、300×、200×，当白菜定植后每隔 10 天灌根 100mL，共灌根 3 次；另设清水对照。生长至 50 天时，收获大白菜，切下白菜根，称重 10 株白菜的重量，根据根肿分级标准，将每株白菜分别予以定级，记载数据。目测每株白菜根的腐烂情况，出现腐烂的记为烂根。

根肿病分级标准：

0 级：没有附着根肿；

1 级：根肿附着在侧根上，数量占 1%～25%；

2 级：主根上有根肿附着，侧根上根肿数量占 25%以上；

3 级：根肿数量占 50%～75%；主根上有根肿附着；

4 级：主根上有根肿附着，根肿数量占 75%以上的根系。

6. 计算公式

$$病情指数 = \frac{\sum(各级白菜株数 \times 各级代表值)}{调查总株数 \times 最高一级代表值} \times 100$$

$$防治效果 = \frac{空白对照区病情指数 - 处理病情指数}{空白对照区病情指数} \times 100$$

7. 数据分析

采用 Excel 2003 和 SPSS 11.5 for Windows。

二、结果与分析

1. 不同药剂处理对大白菜产量的影响

不同药剂处理大白菜植株后，B 处理大白菜产量最高，每 10 棵大白菜产量达到 6.66kg，显著高于其他处理；A 处理每 10 棵大白菜平均产量为 4.15kg，显著高于对照；C、D、E、F、G 均与对照无显著差异，每 10 株大白菜产量分别为 3.08kg、2.04kg、1.86kg、2.20kg、1.84kg，对照产量为 2.09kg，见图 12-4。

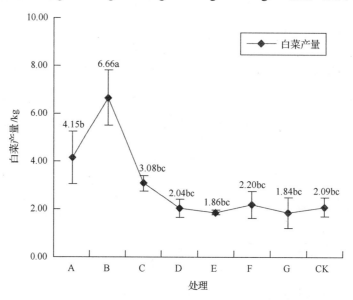

图 12-4　不同药剂处理对大白菜重量的影响

图中数据代表每处理 10 棵白菜的产量，数字后的小写字母代表 0.05 水平的 Duncan's 多重比较的结果，误差线代表标准误

2. 不同药剂对大白菜根肿病的防效比较

供试 7 种药剂处理大白菜植株后，药剂 B 处理大白菜根肿病病情指数最低，平均值为 42.50，防效最高，为 (54.65±3.13)%，与药剂 A（肿腐萎）(50%多·福可湿性粉剂) 防效无显著差异，但显著高于其他药剂处理，肿腐萎防效为 (36.97±11.44)%；药剂 C (50%多菌灵可湿性粉剂) 防效为 (26.06±10.47)%，显著高于药剂 D、E、F、G；对照的病指平均值为 94.17，D、E、F、G 的病指高于对照，分别为 98.33、99.17、97.50、96.67，见表 12-8。

表 12-8　不同药剂对白菜根肿病的防效比较

处理	病情指数				防效/%
	I	II	III	平均	
A	77.50	40.00	60.00	59.17	36.97±11.44 ab
B	42.50	40.00	45.00	42.50	54.65±3.13 a
C	62.50	92.50	55.00	70.00	26.06±10.47 b
D	97.50	97.50	100.00	98.33	−4.76±4.76 c
E	100.00	100.00	97.50	99.17	−5.52±2.95 c
F	100.00	92.50	100.00	97.50	−3.91±5.64 c
G	90.00	100.00	100.00	96.67	−3.05±6.35 c
CK	97.50	97.50	87.50	94.17	—

注：表中防效为平均值±标准误，数字后的小写字母代表 0.05 水平的 Duncan's 多重比较的结果。

3. 不同药剂处理对大白菜烂根数目的影响

供试 7 种药剂处理大白菜植株后，B 处理大白菜烂根数目最低，为 0，表明药剂 B 能取到较好的抑制大白菜根腐烂的作用；药剂 A、C、D、E、F、G 的烂根数目分别为 0.44、1.00、2.00、2.11、2.22、0.83，对照为 2.22，其中，药剂 C、D、E、F 处理与对照无显著差异，无抑制根腐的作用，虽然药剂 A、G 也表现了一定的抑制根腐的作用，其烂根数目显著低于对照($P<0.05$)，见图 12-5。

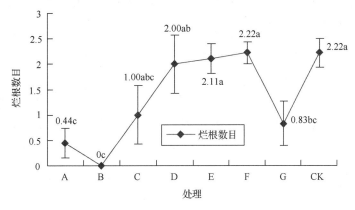

图 12-5　不同药剂处理对大白菜烂根数目的影响

图中数据代表每处理 10 棵白菜中烂根的棵数，数字后的小写字母代表 0.05 水平的 Duncan's 多重比较的结果，误差线代表标准误

三、结论与讨论

长阳火烧坪高山蔬菜基地近年由于根肿病的流行，导致大白菜种植受到严重的影响，减产严重，有的地块甚至绝收。我们针对该病害进行了大量的药剂筛选和防治技术研究：本研究 6 种供试药剂处理的白菜鲜重与对照无显著差异，由此可知，该病害的治理难度很大，但该病害还是可以控制的，B 处理白菜质量是对照的 3 倍左右，并且大部分白菜还能形成商品菜，显著优于其他处理。根肿病为一种世界性植物病害，国内在其药剂筛选、抗病育种、生态治理等领域都有一些研究报道，但均有待深入。开展该病害的田间药剂筛选试验对于提出切实可行的具体防治方案具有指导作用，为该病害防治技术研究中的主要组成部分之一，对指导实践生产具有十分重要的意义。

（龙　同　曹春霞　万中义　廖先清　杨自文）

第四节　高山十字花科蔬菜根肿病生物农药 NBF-926 生物测定

十字花科根肿病(*Plasmodiophoa brassicae* Woron)是一种世界性土传病害，其致病菌目前尚无法人工培养，其分类地位尚存在争议(有学者将其归于鞭毛菌，也有学者将其归于黏菌)，目前国际上普遍将其归于原生动物，其休眠孢子在土壤中能存活十年以上。近年，根肿病在湖北、云南、四川、贵州、浙江、福建等地高山十字花科蔬菜种植区发生严重，已成为制约我国高山大白菜、甘蓝、萝卜反季节生产的主要因素之一，其中尤以大白菜受害最重，严重地块甚至绝收，每亩损失 3000 元以上。

防治根肿病的有效方法主要包括撒石灰调节土壤 pH、轮作、种植抗病品种等，但由于存在土壤板结、经济效益差、不耐储运等缺点，上述措施均未大面积推广。目前尚没有特效药能够防治大白菜根肿病，重症地块，常规杀菌剂如多菌灵、福美双、代森锰锌等防效不明显，市场上表现最好是日本石原株式会社的 50%氟啶胺 SC 与 10%氰霜唑 SC 组合，防效能达到 85%，但由于抑制种子萌发及使用成本高昂(每亩近 400 元)等原因，也尚未得到大面积推广应用。生物防治已成为根肿病问题的研究热点。

通过大量盆栽试验和多次田间试验，本课题组已筛选获得 1 株自主防治大白菜根肿病高效生防链霉菌，其防效达到 95%，并且制剂低毒。该项生物防治技术已获得湖北省科技厅成果登记，处于国际领先水平；在与化学农药防效比较田间试验中，其防效显著高于当前市场上表现最好的跨国公司产品"氟啶胺与氰霜唑"组合，具有开发成有自主知识产权源头创新农药的潜力。现将该菌防治根肿病的生物测定报告如下。

一、材料与方法

1. 供试大白菜品种

'山地王'（中央种苗株式会社）。

2. 供试药剂

A：NBF-926 悬浮剂（1 亿 CFU/g 链霉菌悬浮剂）（湖北省生物农药工程中心），属于一种链霉菌生物制剂，链霉菌菌种包括尖孢链霉菌（*Streptomyces cuspidosporus*）WS-29246 和/或疮痂链霉菌（*Streptomyces scabiei*）WS-24926，已申请国家发明专利。本报告中生物农药 NBF-926 菌种均以"链霉菌-926"表示，下同。

B：氟啶胺悬浮剂+氰霜唑（日本石原株式会社）；

C：海岛素（海南正业）；

D：肿腐菱（50%多·福可湿性粉剂）（山东荣邦化工有限公司）；

E：1000 亿活芽孢/克枯草芽孢杆菌 WP（湖北康欣农用药业有限公司）；

F：解淀粉芽孢杆菌（由武汉生绿科技有限公司提供）。

3. 休眠孢子悬浮液制备

休眠孢子悬浮液制备参考马淑青的方法。根肿病原为芸薹根肿菌 4 号生理小种。称取 30g 大白菜根肿组织洗净，置于 24℃条件下腐烂 5 天，切碎后加入 150mL 无菌水，用组织搅碎机搅成匀浆，400 目的纱布过滤；滤液移入到 150mL 的离心管中，500r/min 离心 5min；取上清液及上层灰色沉淀，加无菌水悬浮，3100r/min 离心 15min；沉淀用 15mL 50%蔗糖溶液悬浮，混匀，3100r/min 离心 10min；上清液用移液枪移入离心管中，加 90mL 无菌水，3100r/min 离心 10min，留沉淀，此步骤重复 2～3 次；将沉淀溶于一定量的无菌水中，制成浓度为 $1×10^9$CFU/mL 的孢子悬浮液，并保存于 4℃冰箱内备用。

4. 休眠孢子悬浮液致病力测定

将上述休眠孢子母液分别制备成不同浓度梯度的孢子悬浮液，设置 $1×10^7$CFU/mL、$1×10^6$CFU/mL、$1×10^5$CFU/mL、$1×10^4$CFU/mL、$1×10^3$CFU/mL。采用花钵（Φ上 12cm、Φ下 8cm、高 10cm）移栽健康大白菜，每钵装灭菌土 1kg。每钵移栽 1 株大白菜（2 片真叶苗龄），移栽当天每株接入不同浓度处理大白菜根肿病休眠孢子 2mL。每处理 10 钵，重复 3 次。设清水对照。种植 50 天后，拔出白菜根后并洗净，察看根系是否有根肿并予以记录，计算感病率。

5. 生物农药 NBF-926 防治十字花科蔬菜根肿病盆栽试验

采用花钵（Φ上 12cm、Φ下 8cm、高 10cm）移栽健康大白菜苗，每钵装灭菌土 1kg。每钵移栽 1 株大白菜（2 叶龄），移栽当天每株接入大白菜根肿病休眠孢子 2mL（$1×10^7$CFU/mL）。根据各供试药剂推荐用量及预备试验结果，试验设 A 稀释 100 倍、C 稀释 1000 倍、D 稀释 800 倍，E、F 稀释 100 倍处理，其中 B 处理中氟啶胺稀释 1000 倍，氰霜唑稀释 2000 倍。移栽后 1 天实施灌根 1 次，每处理 10 钵，每钵 100mL，定植 10 天后再灌根 1 次，每钵 100mL；其中药剂 B 第一次采用氟啶胺稀释 1000 倍液灌根 100mL，第二次采用氰霜唑稀释 2000 倍灌根 100mL。各处理共灌根 2 次，重复 3 次。设清水对照。

6. 分级标准

0 级，无病；

1级，根肿只附着在侧根上，数量占根系全部的1%～25%；

2级，主根上有根肿附着，侧根上根肿数量占根系全部的26%～49%；

3级，主根上有根肿附着，根肿数量占根系的50%～75%；

4级，主根上有根肿附着，根肿数量占根系的75%以上。

7. 计算公式

$$感病率(\%)=(感病植株数/调查总株数)\times 100$$

$$病情指数=\frac{\sum(各级病株数\times 相对级数值)}{调查总株数\times 最高级数值}\times 100$$

$$防治效果(\%)=\frac{对照区病情指数-处理区病情指数}{对照区病情指数}\times 100$$

8. 数据分析

采用Excel 2003和SPSS 11.5 for Windows。

二、结果与分析

1. 不同浓度休眠孢子悬浮液对根肿病致病力

芸薹根肿菌4号生理小种致病力最强，本研究采用该生理小种进行实验。十字花科蔬菜根肿病休眠孢子在土壤中存活时间久、活力强，是十字花科作物初次侵染源(表12-9)。

表 12-9　不同浓度休眠孢子悬浮液对根肿病致病力测定结果

孢子悬浮液浓度/(个/mL)	感病率/%	植株重量/(g/棵)
1×10^7	100aA	43.0dC
1×10^6	98.2aA	50.2dC
1×10^5	78.4bB	68.1cC
1×10^4	32.9cC	103.9bB
1×10^3	1.7dD	190.2aA
CK(清水对照)	0dD	193.2aA

注：同列数据后不同小写字母表示差异($P<0.05$)，不同大写字母表示差异极显著($P<0.01$)。

本试验中不同浓度的根肿病休眠孢子均能侵染大白菜植株，但不同浓度处理之间差异明显，随着休眠孢子浓度的不断增加，各处理大白菜感病率呈正比例增高。1×10^7浓度处理感病率最高，感病率100%，极显著高于1×10^5、1×10^4、1×10^3浓度处理，与1×10^6处理差异不显著。

2. 不同药剂防治根肿病的盆栽试验结果

生物农药NBF-926是从国家生物农药工程技术研究中心10万株放线菌及真菌微生物资源中筛选获得的一种十字花科根肿病高效制剂，已申请国家知识产权保护。采用盆栽试验，以枯草芽孢杆菌、解淀粉芽孢杆菌、氟啶胺等为对照，测定NBF-926悬浮剂对十字花科根肿病的抑菌活性。

药剂A盆栽试验防效最高，达到95.1%，极显著高于供试其他处理。其株重最高，为165.4g，显著高于C(海岛素)、D(50%多菌灵·福美双WP)、E(枯草芽孢杆菌)、F(解淀粉芽孢杆菌)、G(清水对照)处理，见表12-10。盆栽试验中，NBF-926处理大白菜根系完好，极少附有根肿，其他处理具有明显的根肿形成，见图12-6。

表 12-10　不同药剂防治根肿病的盆栽试验结果

处理	药剂名称	病情指数	标准差	防效/%	株重
A	NBF-926 悬浮剂	6.0	2.0	95.1aA	165.4aA
B	500g/L 氟啶胺悬浮剂+10%氰霜唑 SC	29.4	3.6	70.7bB	147.6aA
C	海岛素	93.5	4.2	3.9dD	54.5dCD
D	肿腐姜	41.2	6.2	58.4cC	116.5bB
E	枯草芽孢杆菌	100	0	−2.9eE	76.6cC
F	解淀粉芽孢杆菌	98.5	2.6	−1.3eDE	111.9bB
G	清水对照	97.3	2.4	—	37.7dD

注：同列数据后不同小写字母表示差异（$P<0.05$），不同大写字母表示差异极显著（$P<0.01$）。

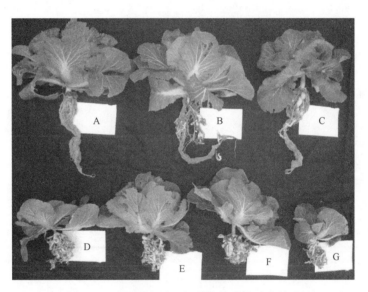

图 12-6　不同药剂防治根肿病的盆栽试验结果

A. NBF-926 悬浮剂；B. 50%氟啶胺 SC+10%氰霜唑 SC；C. 海岛素；D. 50%多菌灵·福美双 WP；E. 枯草芽孢杆菌；
F. 解淀粉芽孢杆菌；G. 清水对照

三、结论与讨论

根肿病休眠孢子在 $1×10^7 \sim 1×10^3$CFU/mL 范围之间均能侵染大白菜，随着休眠孢子浓度的不断增加，各处理大白菜感病率呈正比例增高。$1×10^7$CFU/mL 浓度处理感病率最高，感病率 100%。可用于下一步的不同药剂防治根肿病盆栽试验。

药剂 NBF-926 防治根肿病的盆栽试验防效及植株鲜重均最高，值得进一步研究开发。其盆栽试验防效达到 95.1%为已见报道的最高防效。

不同药剂生物测定盆栽试验中大白菜植株质量过轻，最高 200g 左右，与田间种植大白菜质量差异很大，田间同期植株质量 2～3kg，宜增加钵体积和营养土质量。

（龙　同　曹春霞　张光阳　黄大野　杨妮娜　胡洪涛　杨自文　杨再辉）

第五节　湖北省高山蔬菜根肿病的关键防治技术

蔬菜根肿病（clubroot）又称根瘤病，1874 年由俄国学者 Worolin 发现其病原，并命名为 *Plasmodiophora brassicae*，属真菌之鞭毛菌亚门，根肿菌纲。此病为世界性病害，多发生于温带地区而造成极大的经济损失，至今仍是一大难题。

一、发病症状

根肿病主要发生在植株根部，促使根部形成肿瘤。肿瘤一般为纺锤形、平指形或不规则形，大的如鸡蛋或更大些，小的只有小米粒大小。主根上的肿瘤一般大而少，侧根上的则小而多。肿瘤初期表面光滑，后期常发生龟裂，变得十分粗糙，常因杂菌的侵染而腐烂，病株的地上部表现为生长缓慢，植株矮小如缺水症状。发病后期萎蔫低垂更甚，而且叶片黄，严重的可以引起植株死亡。

二、病害发生条件

根肿病病原菌可为害十字花科多种作物，其严重性因生理小种不同而异。病菌孢子囊在 6～30℃均可发芽，但以 18～25℃为最适宜，此适温也是发病的最适温度条件，当温度低于或高于此范围时不发病或发病轻，发病最适土温为 21～22℃。土壤条件以 pH 最具影响力，pH4.0～7.0 均可以发病，但以 pH5.4～6.5 为最适发病，一般 pH7.0 或 7.2 以上不发病，土中可交换性钙离子浓度达到 1200mg/kg 时也不发病。由于湖北省宜昌、恩施等地区的高山土壤酸化比较严重，且夏季的温度维持在 18～25℃，因此在种植高山蔬菜的区域，根肿病为害十分严重，有的地块甚至 100%的绝收，造成了巨大的经济损失，防治高山蔬菜根肿病的为害也成了湖北省近年来的重要任务。

三、关键防治技术

1. 选用抗病品种

一个村或者一个生产区域按照统一规划，最好种植同一品种，并做到每年更换品种。播种前用 55℃的温水浸种 15min，再用 10%氰霜唑悬浮剂 2000～3000 倍液或者生物杀菌剂浸种 10min。

2. 采取轮作换茬

一般要进行 3 年以上的水旱轮作和非十字花科作物轮作。例如，番茄、辣椒、茄子、南瓜、苦瓜、黄瓜、玉米、葱、蒜等轮作；高山轮作品种有马铃薯、玉米、辣椒、香葱、菠菜、芫荽、茼蒿、芸豆、莴苣等，但不能同十字花科萝卜、花椰菜、结球甘蓝等蔬菜轮作。

3. 培育无菌苗

育苗地应选择无病地，苗床的土壤应取自无病田。有病菌污染的苗床，用福尔马林进行土壤消毒。在播种前 2～3 周，1m² 床土用福尔马林 450mL 兑水 18～36L，浇于床土上，用膜盖 4～5 天；或者用火粪土育苗，利用田边地角的杂草、禾秆堆放在一起，上面覆盖一层土壤，燃烧后土壤变成火粪土，既消灭了病菌、虫害和草籽，又改变了土壤酸碱度，用火粪土作营养土通过营养钵育苗后移栽，可减少蔬菜根肿病的发生。

4. 改良土壤

草木灰拌土盖种：将草木灰与田土按体积比 1∶3 的比例混拌均匀后，用混拌好的土覆盖种子，然后用喷雾器在上面浇足水。重施草木灰和农家肥。每亩施干草木灰 250kg，根肿病严重的地块 300～400kg，沟施；同时，亩施腐熟农家肥 5～6kg，在施好充分腐熟的农家肥之后，将草木灰施在农家肥之上，以达到在蔬菜根区创造碱性环境的目的。也可施用石灰改变土壤酸碱度，酸性土壤每亩用熟石灰 75～100kg 均匀撒施于地表，通过整地充分拌于土中；或用 15%的石灰乳于蔬菜移栽时逐株浇施。此外，地块开始出现少量病株时用 15%石灰水灌根，也可起到阻止蔓延的作用。有报道称，在日本每 1000m² 施用 5t 炉渣，能显著抑制蔬菜根肿病的发生，且能提高蔬菜品质，是一种较好的防治方法。

5. 增施有机肥和生物肥

在田块增施生物肥料，可以改善土壤结构，提高土壤肥料利用率，使作物生长健壮，提高抗病能力。同时，蔬菜生产要合理施用化肥，种植蔬菜土壤过酸田块，要减少酸性化肥的施用量，增施碱性肥料，使土壤 pH 逐步达到 7.5 为宜。

叶面喷施叶面肥：在蔬菜定苗开始，每亩用叶面肥 100g 兑水 60～70kg 浸泡 0.5h 后，于晴天上午 7：00～10：00、下午 16：00～19：00 时或阴天无雨的天气喷施。以喷湿叶子两面为佳，剩下的水溶液连残渣一并灌施于土壤中，全生育期喷 3 次，间隔 10～15 天喷 1 次。

叶面喷施高效钙：在蔬菜拉筒期开始，用高效钙(每袋 50g)兑水 15kg，叶面喷施 2 次，间隔 15 天。

6. 加强蔬菜栽培管理，搞好病原隔离

定植时应选择晴天，最好定植后 1～3 周内无雨，以降低土壤含水量。低洼地要注意排水，防止雨后菜地渍水不退。发现病株应立即拔除，并携出田外处理，在病穴中及其四周撒消石灰，防止病菌扩散和蔓延。在发病田块从事农活操作应注意农机具及人、畜消毒灭菌后才能到另一没发病田块作业。高山蔬菜及十字花科蔬菜基地的冷库、加工厂、批发市场在处理蔬菜垃圾时，要集中运送到专门的场所消毒深埋，防止根肿病菌蔓延扩散。

7. 药剂防治

蔬菜种植前，每亩用 50%托布津可湿性粉剂 1.5kg，与 20～30kg 细土拌匀后，开沟施于土中，再定植。或者在蔬菜植株移植时，浇灌 50%托布津可湿性粉剂 500 倍液，每株浇药液约 250g，隔 1 个月后再浇施 1 次，也可用 50%多菌灵可湿性粉剂 500 倍液灌根，每株用药液 250g。也可以在播种前，用 25%强效抗桔灵或绿亨 6 号 400 倍液结合施底肥喷于沟中，有一定的防治效果。

发病初期可用 10%氧霜唑悬浮剂 1500～2000 倍液，或 50%多菌灵可湿性粉剂 500 倍液，或 70%甲基托布津 800～1000 倍液，或用 20%喹菌酮可湿性粉剂 1000 倍液，进行喷根或淋浇。注意要浇透，淋水深度应达到 15cm，要求每株苗达到 250mL 的药液量。

(刘晓艳　张　薇　刘翠君　闵　勇　王开梅　万中义　江爱兵　曹春霞　杨自文)

第六节　解淀粉芽孢杆菌新型抑制芸薹根肿菌活性物质的分离与鉴定

十字花科蔬菜根肿病(clubroot)又称根瘤病，1878 年由俄国学者 Worolin 发现其病原，并命名为芸薹根肿菌。此病为世界性病害，多发生于温带地区而造成极大的经济损失，至今仍是一大难题。由于根肿菌的专性寄生特点，目前在实验室条件下还无法纯培养，因此对筛选高效的根肿病拮抗菌也造成了很大的困难，只能通过盆栽实验进行筛选，但实验周期较长，发现的活性物质和菌株也很少。目前国际上已报道的对芸薹根肿菌有活性的物质有美国研发出的杀菌剂氰霜唑(cyazofamid)。为了获得更多的抑制根肿菌的微生物，Choi 等(2007)从韩国腌制的水产品中分离到了 7 株对真菌具有较高抑菌活性的内生放线菌，白菜盆栽实验证明其中部分菌株对根肿菌有一定抑制效果。Lee 等(2008)从病根分离到 3 株微生物菌株对白菜根肿菌分别起到了 58%、42%和 33%的抑菌效果。本课题组龙同等(2010)通过在湖北长阳火烧坪乡进行的田间大白菜根肿病药剂筛选试验，以白菜鲜重、防效、烂根数目为评价指标，比较了 7 种药剂对根肿病的防治效果。结果表明，生物农药 B 防效最高，为(54.65±3.13)%，显著高于其他药剂处理。因此，开展对根肿菌高活性拮抗菌的筛选及新活性物质的研究具有重要的科学价值与应用前景。本研究通过盆栽实验，筛选到一株高活性解淀粉芽孢杆菌，对根肿菌具有 60%以上的抑制活性，并对其活性物质进行了深入研究。

一、材料与方法

(一)材料

解淀粉芽孢杆菌为本课题组分离自湖北荆州。

(二)仪器和主要试剂

1. 主要仪器

Water 2695 高效液相色谱仪(Waters 996 二极管阵列检测器,色谱工作站 Masslynx V4.0);高效制备液相色谱仪(Waters 2525 泵,带 2767 自动收集系统,2996 二极管阵列检测器,色谱工作站 Masslynx V4.0);高效液相色谱-质谱联用仪,Waters 2695 高效液相色谱系统,美国 Micromass Quattro Micro 质谱仪(电喷雾离子源 ESI),Masslynx V4.1 液质联用分析软件;Bruker AM-400(400 MHz)核磁共振仪。

2. 主要试剂

甲醇(色谱纯,美国 Fisher 公司),乙腈(色谱纯,美国 Fisher 公司),超纯水(Milipore),氯仿(色谱纯,美国 Fisher 公司)。

(三)色谱条件

分析条件:色谱柱:美国 Sunfire C18 柱,150mm×2.1mm(id),粒径 3.5μm,柱温 40℃。流动相:A 为水,B 为甲醇(梯度洗脱);进样量 3μL,流速 0.3mL/min。

检测条件:PDA 全波长扫描。

制备条件:色谱柱:美国 Sunfire OBD C18 Prep 柱,250mm×19mm(id),粒径 10μm,柱温为室温。流动相:A 为水,B 为甲醇(梯度洗脱);进样量 3mL,流速 27mL/min。

检测条件:PDA 全波长扫描。

质谱检测条件:MS 条件:电喷雾电离,毛细管电压 3.5 kV,锥孔电压 45V,离子源温度 100℃,脱溶剂气温度 300℃,脱溶剂气体流速 500L/h,锥孔气体流速 50L/h。

(四)试验方法

1. 拮抗菌的分离

取少量白菜根肿用 1%的氯化汞和 75%乙醇消毒后用灭菌去离子水清洗 2 遍。将消毒后的根块放在 LB 固体培养基表面,并置于 28℃温箱培养 24~48h。长出的单菌落用接种环接入一新鲜 LB 平板上并划线纯化,28℃培养 24~48h,保存单菌落于 20%灭菌甘油中,置于-80℃冰箱中备用。

2. 白菜盆栽实验

将白菜种子通过 75%乙醇消毒后,置于灭菌去离子水中浸泡过夜。挑取吸水后的种子接入装有培养土的培养钵(48 孔)中,每孔放 2 粒种子,25℃温室中培养 1~2 周。长出的幼苗再移栽入花盆中(33cm×61cm,高 20cm),分别放入健康土壤及接入了根肿菌的病土。设置 3 个处理:没接种根肿菌的健康土植株(CK1,阳性对照);接种根肿菌的病土植株(CK2,阴性对照);接种根肿菌的病土植株通过细菌发酵液或者纯化合物灌根,对照通过水和培养基灌根。每两个星期灌根 1 次,2 个月后拔根查看病情指数。

3. 拮抗菌的鉴定

拮抗菌株菌落形态通过显微镜(奥林巴斯 CX41)观察,PCR 扩增菌株 16S rDNA 片段并测序,序列通过 NCBI 进行比对并通过 MEGA4.0 软件进行进化树分析。

4. 活性物质的分离与提取

将拮抗菌菌株进行大量发酵(12L),发酵冻干粉通过甲醇和乙酸乙酯进行提取,提取物溶于甲醇中,离心,取上清备用。取少量备用液进行半制备,对每分钟的洗脱液进行收集,共收集 36 个不同的组分。

5. 各组分的活性鉴定

通过盆栽实验和真菌对峙实验进行各组分的活性鉴定。盆栽实验采用分离出的各组分化合物进行灌根,真菌对峙实验在 96 深孔板中进行,将各组分化合物加入真菌生长的 PDA 培养基中,通过比较真菌的相对抑菌情况进行各组分的活性鉴定。

6. 活性物质的结构鉴定

将活性物质通过高效液相进行二次分离纯化，纯化后的纯品进行质谱分析。

二、结果与分析

1. 拮抗菌株 HB-26 的筛选与鉴定

通过白菜盆栽实验，筛选出了一株可以高效抑制根肿菌的细菌菌株 HB-26，其抑菌率达到了 60% 以上（图 12-7）。HB-26 菌株表面呈现乳白色皱褶，显微镜下呈短杆状，属于芽孢杆菌属（图 12-8A、B）。HB-26 菌株已保存于中国典型培养物保藏中心，编号为 M2011259，16S rDNA 序列包含了 1416 个碱基，并已在 NCBI 登记，号码为 HM138476，通过与 NCBI 数据库中 8 个相关联序列的比对，HB-26 菌株与其他芽孢杆菌的序列一致性为 99%，遗传树分析显示与解淀粉芽孢杆菌归类在一个分支内，因此说明 HB-26 菌株为解淀粉芽孢杆菌（图 12-8C）。

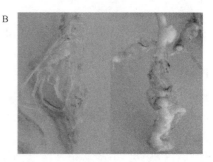

图 12-7　白菜盆栽实验

A. 接种了根肿菌的植株进行了 HB-26 菌株发酵液的灌根；B. 接种了根肿菌的植株用 LB 培养基灌根

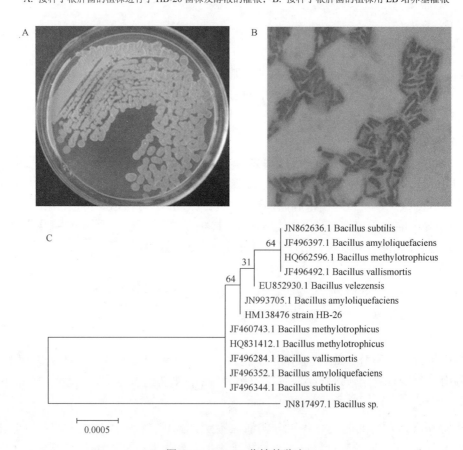

图 12-8　HB-26 菌株的鉴定

A. 菌落形态；B. 显微镜下的细胞形态；C. 遗传树分析（MEGA 4.1 软件分析）

2. 拮抗物质的生物活性鉴定

发酵提取物通过 HPLC 分成了 36 个组分，由于根肿菌脱离了寄主便无法生存，实验室条件下无法纯培养，因此只能通过盆栽实验进行活性鉴定。结果显示 36 个组分中，有 3 个组分能够抑制根肿菌：组分洗脱时间分别是 17.5min（BA17）、20.8min（BA20），30.7min（BA30）（图 12-9A），其中 BA30 的抑菌率达到了 40%（图 12-10）。真菌抑菌实验结果显示 BA30 对番茄早疫病、蚕豆锈病、小麦赤霉病、灰霉病、水稻纹枯病等 5 种真菌病原菌也具有不同程度的抑制作用。其中 BA30 在 150μg/mL 的浓度下，对小麦赤霉和灰霉病菌有 70%的抑菌活性，对蚕豆锈病和水稻纹枯病菌有 50%的抑菌活性，对番茄早疫病菌有 30%的抑菌活性（表 12-11）。

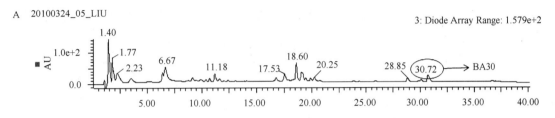

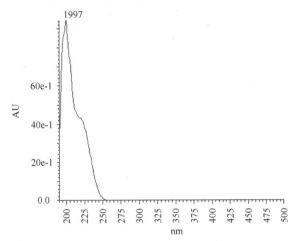

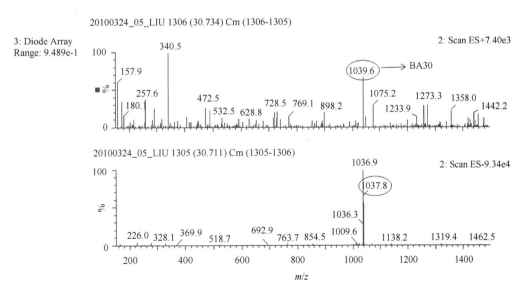

图 12-9　活性成分 BA30 的 HPLC-MS 图谱

A. 活性成分的 HPLC 图谱；B. BA30 的紫外吸收图谱；C. BA30 的 MS 图谱

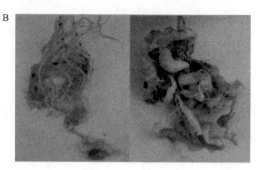

图 12-10　组分样的盆栽实验

A. 接种了根肿菌的植株进行 BA30 纯品水溶液（50mg/mL）灌根；B. 接种了根肿菌的植株用清水灌根

表 12-11　HB-26 菌株活性物质抑真菌效果*

BA30/(μg/mL)	番茄早疫病菌	蚕豆锈病	小麦赤霉病菌	水稻纹枯病菌	灰霉病菌
300	+	++	+++	++	+++
150	+	++	+++	++	+++
75	−	+	++	+	+++
37.5	−	−	+	+	+

*相对抑菌率如下：（−）无抑制效果；（+）30%；（++）50%；（+++）70%；（++++）100%。

3. 拮抗物质 BA30 的结构鉴定

HPLC 显示 BA30 的洗脱时间是 30.7min（图 12-9A），MS 质谱数据说明在正离子模式下，BA30 的质荷比（m/z）为 1039.6，而在负离子模式下，质荷比为 1037.8（图 12-9C），相对分子质量即为 1038.0，紫外吸收峰值为 199.7（图 12-9B），本实验室化合物数据库搜索显示 BA30 为肽类物质。

三、结论与讨论

芽孢杆菌群的苏云金芽孢杆菌（*Bacillus thuringiensis*）、枯草芽孢杆菌（*Bacillus subtilis*）和解淀粉芽孢杆菌（*Bacillus amyloliquefaciens*）可以产生很多的次级代谢物，对土传性的植物病原菌具有较高的抑制活性，因此是应用较广的生物农药。目前通过 HPLC-ESI-MS，很多解淀粉芽孢杆菌中的活性物质得到了鉴定，已经报道的有：表面活性肽（Surfactin，m/z 值：1030.8，1044.8，1046.8，1058.8，1060.8，1074.8 [M+Na, K]+）；抗菌肽（Fengycin，m/z 值：1471.9，1485.9，1487.9，1499.9，1501.9，1513.9，1515.9，1527.8，1529.9，1543.8 [M+Na, K]+）；脂肽类抗生素（Iturin A，m/z 值：1066.1，1079.7 [M+Na]+）；大环内酯类抗生素（Macrolactin，m/z 值：425.4，511.4，525.4 [M+Na]+，629.3 [M+H-H$_2$O]+）；多烯类化合物（Difficidin，m/z 值：559.2 [M-H]-；Bacillaene，m/z 值：583.5[M+H]+，605.5[M+Na]+）；抗菌脂肽（Chlorotetaine，m/z 值：289.2，291.1 [M+H]+）。

本课题组近年来一直致力于十字花科根肿病的研究，目前通过可纯培养的植物真菌性病害抑菌试验结合盆栽验证，建立了一套高通量的筛选体系。通过此体系能够快速有效地筛选出对芸薹根肿菌有较好抑制效果的菌株，其中一株解淀粉芽孢杆菌 HB-26 活性最高，防治效果达到了 60%以上。通过 LC-MS 液质联用技术，活性物质相对分子质量为 1038.0，与已经报道的解淀粉芽孢杆菌中的代谢物不同，推测可能是一新型活性肽类物质，具有较大的研究与开发价值。

（刘晓艳　张　薇　闵　勇　张亚妮　张志刚　江爱兵　杨自文）

第七节　姜瘟病研究进展和防治策略探讨

生姜(ginger)，又称姜，也称黄姜，别名地辛，是姜科(Zingiberaceae)姜属(*Zingiber*)多年生宿根草本植物姜的根状块茎，既是人们日常生活中常用的重要调味品，又是传统的中药材，其药食两用的特点具有很高的经济利用价值。生姜主要在我国西南部、中部和东南部广为栽培，著名的品种有四川的竹根姜、湖北的凤头姜和山东的片姜等。据农业部统计，2010 年全国生姜总产量 678 万吨，经济价值约 600 亿元，在经济作物中名列前茅，具有单位面积效益显著的突出特点。然而，生姜在栽培过程中易感染以青枯菌为代表的多种病害，发病地块轻者减产 20%～30%，重者可达 80%以上，且一旦大面积发病，很难采取补救措施，给姜农带来巨额损失。腐烂的生姜中还含有黄樟素，可使肝炎患者的肝细胞发生变性、坏死，从而诱发肝癌，因此姜瘟病严重影响着我国生姜的产量和品质。然而，现在生产上还没有理想的方法防治此病害。

一、发病症状的描述

姜瘟病又称腐烂病或青枯病，主要危害生姜的地下茎和根部。肉质茎初侵呈水渍状，黄褐色，失去光泽，后内部组织逐渐软化腐烂，仅残留外皮，挤压后病部可流出污白色米水状汁液，散发臭味；根被害也呈淡黄褐色，终至全部腐烂；地上茎被害呈暗紫色，内部组织变褐、腐烂、残留纤维；叶片被害呈凋萎状，叶色淡黄，边缘卷曲，终至全株下垂枯死。该病与真菌引起的根腐病症状近似。

二、病原菌的鉴定

姜瘟病又称姜腐烂病、细菌性青枯病、姜青枯病，是由茄科雷尔氏菌 *Ralstonia solanacearu* 侵染引起的一种广泛分布于热带、亚热带及温带地区的毁灭性病害。1864 年，在印度尼西亚的烟草病株上，首次发现了该病菌。1896 年美国人 Erwin Smith 将这种引起烟草和茄青枯病的细菌命名为茄芽孢杆菌(*Baciuss olanacearum*)。此后，随着分类学方法的不断发展，将其正式命名为 *Ralstonia solanaeearum* E. F. Smith 并广泛使用。根据不同来源菌株对不同种类植物致病性的差异，将致病菌划分为 5 个生理小种和 5 个生化型。中国的姜瘟病主要属生理小种Ⅰ号，生物型属Ⅱ、Ⅲ、Ⅳ。

三、致病环境因子的研究

青枯菌主要在作物根茎和土壤中越冬，一般可存活 2 年以上，其增殖、蔓延主要受土壤湿度和温度的影响。Shekhawat 等研究认为，土壤含水量对姜瘟病致病菌毒性影响明显，当土壤含水量低于 20%时，病原菌致病性显著降低。由于姜瘟病病原菌具 1～4 根鞭毛，可借助水分游动，因此土壤水分是姜瘟病发生和扩散的重要媒介，降水可导致姜瘟病大量发生和流行。例如，据重庆市气象局统计，2012 年 7 月平均降水量较 2011 年增加 60%，导致 2012 年生姜姜瘟病、茎腐病(烂脖子病)发病率大幅提高，造成严重的减产，并最终助推了生姜价格的上涨。姜瘟病发生与土壤温度呈显著正相关，在一定温度范围内生姜病原菌的致病性随温度升高而加强。例如，姜瘟病在高湿土壤中发病率显著高于低湿土壤，且当土温超过 24℃开始发病，超过 28℃大规模暴发。主要原因在于环境影响植物的生理、生化状态。例如，高土壤湿度不仅能使植物地下部分细胞壁初生壁变薄并解体，增强纤维素酶的活性，而且会使防御酶活性变化，激素改变、膜系统受损，代谢失调等一系列的生理改变；高温则会改变膜脂组成，破坏内质网、高尔基体和线粒体等内膜系统的完整性和通透性等。这些生理生化状态的变化，都可能显著地影响植物对病害的抗性。刘汉军等研究表明，土壤姜瘟病发病率与速效磷含量呈显著正相关，与速效氮和速效钾呈显著负相关或负相关，与Furtado 和王渭玲等报道相同。营养元素参与植物关键生理生化代谢途径、组织结构的形成，以及抗氧化剂、植保素、黄酮类物质等抗性相关物质的合成，从而影响作物健康及防御反应，因而植物的营养水平与其防卫机制密切相关。

四、侵染路径的观察

青枯菌通常从植物根部或茎部的伤口侵入，随后进入木质部并且扩散至植物顶部，通过脂多糖识别寄主，产生大量胞外多糖造成维管束阻塞，影响和阻塞植物体内的水分运输，同时分泌胞外蛋白酶降解细胞壁，导致寄主植物快速萎蔫而死亡。除生姜外，青枯菌可侵染约 44 个科的 300 多种植物，对该病的防控一直是困扰学术界的一大难题。

研究表明，在土表以下 2~20cm 的深度内，青枯劳尔氏菌的密度最大，所引起的作物幼苗发病率最高，累计病株率高达 45%~66%，20cm 以下的土层病菌密度降低，病株率低于 18%。在自然条件下，青枯菌可以从植物的伤口侵入内部，甚至可以直接从次生根根冠上的自然孔口侵入，在细胞间隙中生长，然后陆续侵入相邻的细胞，破坏细胞的中胶层，引起植物细胞解体，质壁分离，细胞器变形，在细胞内部形成空腔。

五、防治策略

姜瘟病的传播途径多，发病期长，防治较为困难。目前尚无理想的药剂，因而应以农业防治措施为主，结合物理防治，辅之以药剂防治，以切断传播途径，尽可能控制病害的发生和蔓延。但随着现代分子生物技术的发展，为姜瘟病的防治提供了新思路。

1. 筛选、创制"优质、抗（耐）病"的生姜资源

我国自古栽培生姜，地方品种颇多，资源十分丰富，这些地方品种都是在当地的自然条件下，经过人们长期的选择、驯化和培育而成的，一般均具有较强的适应性、良好的丰产性和独特的风味品质。生姜的地方品种多以地名或根茎的颜色或姜芽的颜色取名。国外品种资源也非常丰富，如印度生姜大约有 50 个品种，如 Suprbha、Suruchi、Varada、Himgiri、Mahima 和 Raiatha 等。目前，我国各地大量应用的主栽品种都是地方品种，30~40 个，产量、抗性、品质、风味等各有特点。由于生姜有性杂交困难，所以人工选育品种很少。生物技术等新技术的发展和利用为生姜的新品种选育工作提供了新的途径。史秀娟等为明确引自国内外的不同生姜品种对姜瘟病的抗病性，人工病圃内采用人工接种方法测定了 58 个生姜品种对姜瘟病的抗病性，并在无姜瘟病发生的试验田内，对各品种的农艺性状进行了测定。结果表明，供试生姜不同品种的抗病性差异明显，现有生姜品种多为高感病品种，其中，安徽阜阳大姜、四川犍为黄口姜、厦门同安土姜等 3 个品种表现为中抗，7 个品种表现为轻抗，9 个品种表现为感病，39 个品种表现为高感。主要农艺性状测定结果表明，3 个中抗品种的产量性状表现突出，是姜瘟病重发区推广应用的首选品种。利用转基因抗姜瘟病生姜的培育是一种较好的方法。戢俊臣等通过农杆菌介导，对生姜导入抗病外源基因（葡萄糖氧化酶基因 Go）进行了深入研究，盆栽和田间小区试验结果表明，在相同的条件下，转基因姜较对照延迟发病 30 天以上，发病率为对照的 5%~20%。可见，转抗姜瘟病基因的生姜对姜瘟病的抗性明显增强。

2. 挖掘新的生防微生物资源

大量研究表明，部分细菌、放线菌是较理想的生姜青枯病拮抗菌。王学海等对莱芜市不同生姜产区生姜根际土壤及根围土样样品进行分离、纯化，得到放线菌 66 株、细菌 118 株，采用平板对峙培养法筛选出对姜瘟病菌有拮抗作用的放线菌 9 株、细菌 14 株；盆栽结果表明，菌株 JT-9 对姜瘟病的防效最好，防病效果高达 74.2%。张成玲等从山东各地姜田采集土样 30 份，利用稀释分离法分离获得放线菌 621 株，采用琼脂移块法筛选出对姜瘟病菌具有拮抗作用的放线菌菌株 53 株，并对其中拮抗活性最强的菌株 Y7 进行形态学、生理生化特性和分子生物学鉴定，将其鉴定为淡紫灰链霉菌（*Streptomycetes lavendulae*）。刘勇等测定了枯草芽孢杆菌 Bs2004 对生姜姜瘟病的防病促生作用，结果表明，该菌能显著降低生姜因姜瘟病导致的死亡率，并使姜苗和生姜分别增产 52.5% 和 51.2%。张敏等发现蜡状芽孢杆菌菌株 L1 对茄科雷尔氏菌等 8 种病原菌具有较强的拮抗能力，具有广谱抗性；经离子交换柱纯化、SDS-PAGE 分析，从菌株 L1 中得到一个表观分子质量约为 40 kDa 的拮抗蛋白 Lp，该蛋白质具有光稳定性，在 pH6.0~8.0、温度 20~60℃ 条件下对茄科雷尔氏菌表现出极强的拮抗能力。

　　生物防治的第一步就是生防菌株的筛选。到目前为止，所涉及的筛选策略都是基于体外对病原菌的拮抗活性进行的。但是，虽然在筛选过程中很多生防菌株会表现出拮抗活性，只有大约 1%的菌株能够在温室实验中表现出一定的生防效果，而这个比例到了田间会更少(Yang et al., 2008)。因此，筛选策略依然是生物防治所面临的难点问题。

　　近年来发展起来的宏基因组学技术能够避开传统的微生物分离培养步骤，通过构建宏基因组文库，从中筛选目的基因。因此，构建生姜感病植株根际土壤微生物宏基因，从中挖掘抗姜瘟病菌新的生防微生物资源，不失为获取新的生防微生物资源的一种有力工具。另外，研究生姜根际土壤微生物种群遗传多样性，探讨根际微生物变化与姜瘟病的互作机制，有望从根际微生态平衡角度为防控姜瘟病提供理论依据。

(邱正明　矫振彪　郭凤领　陈磊夫　田延富　胡　燕　吴金平)

第八节　死亡谷芽孢杆菌 NBIF-001 防治灰霉病研究

　　由灰葡萄孢(*Botrytis cinerea*)引起的作物灰霉病是一种为害严重的世界性病害，其寄主非常广泛，可以侵染许多重要的经济作物，如蔬菜、水果和花卉等(Nambeesan et al.，2012)，造成严重的经济损失。由于缺少相应的抗性品种，目前灰霉病的防治仍以化学防治为主。然而，灰霉病菌具有繁殖较快、适应性强和遗传变异较快等特点，极易产生抗药性。目前，已经报道了苯并咪唑类、二甲酰亚胺类、苯胺基嘧啶类、甲氧基丙烯酸酯类(QOI)及琥珀酸脱氢酶抑制剂类(SDHI)等类型杀菌剂对灰霉病菌产生抗药性(Banno et al.，2009；Kretschmer et al.，2009；Leroux et al.，2009；Myresiotis et al.，2009)。同时，化学农药的使用也会造成农药残留，危害人体健康，污染环境。基于上述原因，亟须更为安全有效的防治方法，近年来，生物防治已经成为替代传统化学防治的有效手段。目前，已经报道了许多生防因子可以防治作物灰霉病(Ilhan and Karabulut，2013；Ge et al.，2015；Wei et al.，2014)。

　　死亡谷芽孢杆菌(*Bacillus vallismortis*)NBIF-001 是由湖北省生物农药工程研究中心分离和保存的具有高杀线虫活力的菌株(中国典型培养物中心保存号为 CCTCC NO：M2015087)，前期研究表明其对多种植物病原菌有良好的抑制作用。本研究通过其对灰霉病的防治研究，以期为以后灰霉病防治的田间示范和应用推广奠定基础。

一、材料与方法

(一)试验材料

　　菌株：死亡谷芽孢杆菌(*B.vallismortis*)NBIF-001，分离自云南香格里拉的土壤。
　　药剂：50%多菌灵可湿性粉剂，由江苏百灵农化股份有限公司生产。黄瓜品种为'中农 8 号'。

(二)试验方法

1. 离体对峙试验

　　死亡谷芽孢杆菌(*B.vallismortis*)NBIF-001 接种于 LB 培养基中，24℃，摇床转速 160r/min 振荡培养 24h 备用。在 PDA 平板中央接灰霉菌 4mm 菌饼，距离菌饼 25mm 处接四点 NBIF-001，每个点 5μL。以不接 NBIF-001 作为对照，25℃培养 6 天观察抑菌效果。刮取抑菌带边缘灰霉病菌菌丝，在显微镜下(OLYMPUS CX21, Tokyo, Japan)观察其与对照菌丝区别。

2. 死亡谷芽孢杆菌对灰霉病菌菌丝生长量的影响

　　采用液体培养法，在 100mL 的 PDA 培养基中分别加入体积不等的 NBIF-001 发酵滤液，经孔径为 0.22μm 的细菌过滤器过滤除菌，滤液浓度分别为 1/200、1/100 和 1/20，设加入等量的 LB 培养基作为对照，然后在每个摇瓶中接入 4 个直径为 4mm 的灰霉病菌菌碟，在 20℃、180r/min 条件下光照摇培 96h，用干净的纱布过滤获得菌丝，把过滤后的菌丝放在 80℃的烘箱中干燥约 24h，至菌丝完全干燥，再测定菌丝的干重，每个处理设 3 个重复，计算菌丝生长抑制率。抑制率(%)＝[(对照菌丝干重–发酵滤液处理后的菌丝干重)/对照菌丝干重]×100

3. 死亡谷芽孢杆菌防治黄瓜灰霉病研究

按照 NY/T 1156.9-2008，黄瓜叶片采自叶龄一致，充分展开，带有 1～2cm 叶柄的健康叶片，用湿棉球包裹叶柄放置在培养皿中，保湿备用。按照离体对峙试验中制备 NBIF-001 发酵液，芽孢数为 1×10⁸CFU/mL，将其喷施于叶片背面，试验设 3 个重复，每个重复 10 片叶片，对照药剂 50%多菌灵可湿性粉剂稀释至 50μg/mL，空白对照喷施清水。待药液风干后接种 PDA 平板灰霉病菌菌饼，在 23℃、相对湿度 90%条件下培养，待对照充分发病后统计病斑直径，并计算防效。

防效=(对照病斑直径–处理病斑直径/对照病斑直径)×100

4. 死亡谷芽孢杆菌防治番茄果实灰霉病研究

按照 Zhang 等(2013)方法，将灰霉菌在 PDA 平板 25℃培养 14 天，用无菌水刷取孢子悬浮液，将其混入 0.05%的吐温 80，随后用纱布过滤，使用血细胞计数板将孢子浓度调到 5×10⁴CFU/mL。从市场购买生长一致、外皮没有破损的番茄。用接种针在番茄中部相对应的两侧用接种针打取 3mm×3mm 孔，滴入 10μL NBIF-001 发酵液，风干后滴入 10μL 灰霉孢子悬浮液，25℃保湿培养 6 天，对照药剂和空白对照同 2. 死亡谷芽孢杆菌对灰霉病菌菌丝生长量的影响，试验设 3 个重复，每个重复 10 个番茄果实。

二、结果与分析

1. 死亡谷芽孢杆菌 NBIF-001 对灰霉病菌离体抑制效果

离体对峙培养 6 天后可以观察到灰霉病菌和 NBIF-001 之间有明显抑菌带(图 12-11)，在光学显微镜下可以观察到，与对照菌丝相比，抑菌带边缘灰霉病菌菌丝发生扭曲和肿胀变形(图 12-12)。

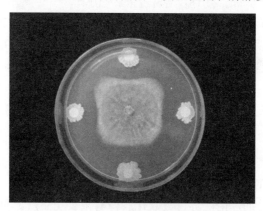

图 12-11　离体对峙培养

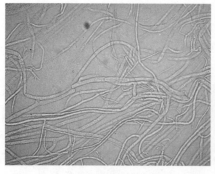

对照

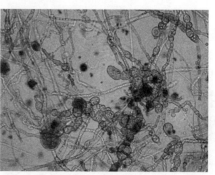
处理

图 12-12　显微镜下 NBIF-001 对灰霉病菌菌丝形态影响

2. 死亡谷芽孢杆菌 NBIF-001 对灰霉病菌菌丝生长量的影响

液培法测定 NBIF-001 发酵滤液对灰霉病菌丝生长的影响，不同浓度 NBIF-001 发酵滤液对菌丝生长都有很强烈的抑制作用，发酵滤液稀释 20 倍时，对菌丝生长的抑制效果高达 95.71%，随着发酵滤液不断的稀释，其抑制效果呈明显的下降趋势，当发酵滤液稀释 100 倍，其抑制效果为 69.29%，当发酵滤液稀释 200 倍，仍有 42.14% 的防效（表 12-12），这说明 NBIF-001 能产生一种或几种对灰霉病病菌具有很强抑制活性的可溶型的拮抗物质。

表 12-12 死亡谷芽孢杆菌 NBIF-001 对灰霉病菌菌丝生长的影响

处理	菌丝干重/g	防效/%
1/20	0.06	95.71
1/100	0.43	69.29
1/200	0.81	42.14
对照	1.40	—

3. 死亡谷芽孢杆菌防治黄瓜灰霉病研究

灰霉病叶片法研究结果表明，5×10^4CFU/mL 死亡谷芽孢杆菌对黄瓜灰霉病具有良好的保护作用，发酵液对其防治效果达到了 85.91%，与对照药剂多菌灵相当（表 12-13）。

表 12-13 死亡谷芽孢杆菌 NBIF-001 防治黄瓜灰霉病

处理	直径/mm	防效/%
NBIF-001	6.67	85.91
多菌灵	6.33	86.63
对照	47.33	—

4. 死亡谷芽孢杆菌 NBIF-001 防治番茄灰霉病研究

研究结果表明，25℃储存 6 天，死亡谷芽孢杆菌在 5×10^4CFU/mL 条件下能有效防治番茄灰霉病的发生，防效达到 72.52%，与对照药剂多菌灵相当（表 12-14）。

表 12-14 死亡谷芽孢杆菌 NBIF-001 防治番茄灰霉病

处理	直径/mm	防效/%
NBIF-001	7.50	72.52
多菌灵	7.33	73.14
对照	27.29	—

三、讨论

之前研究已经表明死亡谷芽孢杆菌（*B. vallismortis*）对一些植物病原真菌真菌如 *Fusarium graminearum*，*Alternaria alternata*，*Rhizoctonia solani*，*Cryphonectria parasitica*，*Magnaporthe grise*，*Rhizoctonia solani*（Zhao et al., 2013）等具有良好的抑制效果，本研究与其结果一致。

离体组织试验表明其对储藏期果实和叶部灰霉病具有良好的防治效果，其对叶部灰霉病的田间防治效果需要进行进一步的测定。死亡谷芽孢杆菌能分泌 Bacillomycin D，surfactin，iturin A，fengycin 等抑菌活性物质（Zhao et al.，2013；Park et al.，2006；Kaur et al.，2015），NBIF-001 菌株分泌抑菌物质的种类需要进行分离与鉴定。同时，NBIF-001 发酵条件的优化和剂型也需进行进一步的研究，为今后田间的应用与推广奠定基础。

（黄大野 周 婷 姚经武 刘晓艳 曹春霞 杨妮娜 胡洪涛 龙 同 杨自文）

第九节　高山魔芋软腐病的综合防治策略

魔芋英文名为 konjac，别名蒟蒻，属多年生天南星科草本植物。魔芋是目前发现的、唯一能大量提供葡甘露聚糖的经济作物，在食品、医药、工业等方面的应用越来越广泛。然而随着魔芋种植面积的逐年扩大，魔芋病害的发生也不断加剧，尤其以软腐病最厉害，可导致魔芋产量损失达 30%～50%，甚至 80% 以上，乃至绝收，因此如何防治魔芋软腐病就显得尤为重要。

魔芋软腐病的防治应以预防为主(创造利于魔芋健壮生长的栽培条件)、药剂为辅(恶化病原菌的生存环境)的综合防治策略。

一、做好田园卫生，消灭菌源

魔芋软腐病是由胡萝卜软腐欧文氏杆菌胡萝卜欧文氏变种(*Erwinia carotovora* pv. *carotovora*)引起，此病原菌可以在球茎、土壤、病株残体内越冬，并成为初侵染源，因此当魔芋收获后，应做好田园管理，深翻土壤，破坏病原越冬场所；清除病株残体并置于田外集中烧毁。

二、选育引进优良抗病品种

精选抗病良种。选择成熟度好，纵横径相似充实，芽窝小而浅，顶芽粗壮，无刀伤，无病害状，形状和色泽良好的种芋。选好种芋后，翻晒 1～2 天，翻动时要轻拿轻放，不要伤着顶芽。

三、种芋处理

种传是魔芋软腐病病原传播的主要形式，种芋带菌，可成为翌年初侵染源，因此必须要对种芋进行消毒处理。种芋消毒可采用如下两种方式。

1. 使用防病药袋

将包装纸蘸取一定量的高效低毒杀菌剂及微量元素、凝固剂，制成营养药袋，将种芋晾晒失水后，逐个装入袋内，封口，套药袋播种。该技术是将套袋与病害防治结合起来的一项新技术，操作简单，使用方便，效果也很好。

2. 药剂处理

硫酸链霉素(重庆市江津农用化工厂)250mg/L 浸没种芋 5h，捞出摊晒晾干，再用生根灵(四川国光实业公司)10 000 倍液喷雾，拢堆闷 3h(效果较好)。农用链霉素(500×10^{-6})浸种 1h 或 77%可杀得可湿性粉剂 500 倍液浸种 30min，40%福尔马林 1:200～500 倍液，浸种 20～30min 或 70%甲基托布津 500 倍液，浸种 30min 或 50%多菌灵可湿性粉剂 1000 倍液浸种 5～6h，晾干后播种。

四、土壤消毒

可选用生石灰、草木灰、硫磺粉按 50:50:2 的比例配成消毒粉，每亩用 50kg。先撒施后整地，晒土 2 天，或用敌克松原粉 500～1000 倍液灌土，或用甲基托布津进行拌土处理，每亩用 10kg 左右。土壤 pH 以 6～7.5 为宜。

五、加强栽培管理

1. 适时定植，合理轮作

当气温超过 15℃时，魔芋即可种植。种植时，应防止过密。单作时，株行距为 35cm×50cm，与玉米或高粱间作时株行距 40cm×50cm。对于病害发生厉害的田块，应采取 3 年以上的轮作，有条件的地方可改为水旱轮作。轮作中，前茬尽量选种玉米、小麦、葱、蒜等作物，避免与十字花科、茄科、瓜类、烟草等作物连作。

2. 土层选择

选择土层深厚，土壤疏松、轻质，排灌方便的沙壤土田块种植，田块做到深耕细耙、高垄深沟。

3. 覆盖地膜

海拔较高的地区(海拔 1200m 以上)可采用地膜覆盖，增加地温，促进种芋出苗，防止病虫害的发生。当出苗后要及时揭掉地膜，便于施肥。

4. 水肥管理

施肥以基肥为主，追肥为辅；有机肥为主，化肥为辅。切忌偏施氮肥，氮、磷、钾、有机肥要合理配施，施用农家有机肥，一定要腐熟。此外，若农家肥和生物肥料如甲壳素生物药肥同时使用，效果也不错。每亩可用农家肥 5000～10 000kg、硫酸钾 80kg、尿素 60～80kg、生物钾 30～40kg。魔芋不耐旱涝，应做好水的管理，合理浇水，不要灌漫和串灌，以减少病菌传播。

5. 遮阴与除草

魔芋喜阴怕晒，可与玉米、高粱或其他经济林木间作套种或间种。也可在魔芋齐苗展叶时，将稻草、麦秸编成草帘遮阴，厚度为 5～10cm，以利魔芋生长。魔芋根系较浅，中耕除草宜用手拔除杂草或使用除草剂，防止损伤根系和幼苗。病菌主要通过伤口侵入寄主，因此在防止虫害和中耕除草时，不要伤着植株根茎。

6. 做好种芋合理采收与储藏

为了便于种芋贮藏和降低贮藏时期病害发生程度，采收要选择晴天，并轻拿轻放，防止造成块茎损伤。种芋收获后要先在室外晒 10 天左右，自然干燥并使重量减少 15% 左右，再使用甲基托布津、百菌清等粉衣进行药剂处理。贮藏中要及时剔除腐烂的种芋，并在周围撒石灰或混合粉消毒。

六、生物防治

利用某种生物或某些生物群及其代谢产物来防治魔芋病虫害，也能起到很好的效果，如井岗霉素和阿维菌素。豆天蛾、甘薯天蛾、斜纹夜蛾可用杀螟杆菌或青虫菌(每克含胞子量 100 亿)稀释 500～700 倍喷雾。苏云金杆菌可湿性粉剂(湖北康欣农用药业有限公司)，每亩用 100～300g 兑水喷雾。此外，一些生物液汁也可有效防治魔芋软腐病，如利用大蒜汁，刮净发病组织后涂抹大蒜原液，大蒜原液稀释 5 倍或 10 倍再灌根，每 3 天处理一次，共 3 次。

七、化学防治

1. 可用药剂

20% 龙克菌乳剂 500 倍液，77% 巴克丁可湿性粉剂 500 倍液，64% 杀毒矾 500～1000 倍液，4% 农抗 120 500～600 倍液，78% 科博 WP500～600 倍液，72% 农用链霉素(石家庄制药厂)1000 倍液，77% 可杀得粉剂 1000 倍液，50% 代森铵 1000 倍液，2% 抗霉菌素水剂 400 倍液。于魔芋软腐病初期连续喷 2～3 次，每次间隔 10 天，用量均为 750kg/hm^2。

2. 使用方法

(1)药剂灌根：大田种芋幼苗出土展叶后，用以上所述浓度的药剂灌施于植株基部和周围土壤，每隔 7～10 天进行 1 次，连续 3～4 次。

(2)药剂喷雾：发病初期用以上所述浓度的药剂利用喷雾器进行喷雾，每隔 7～10 天进行 1 次，连续 3～4 次。

(3)利用沼液：每株用 100～150mL 沼液灌施叶柄基部，灌根 1～2 次，即魔芋出苗期及展叶期进行或者先用纱布过滤沼液，按每亩用 50kg 沼液量对叶片正反面和叶柄喷施，用原液喷施 1～3 次。在用沼液的同时，还要结合化学药剂轮换喷雾一次。

（刘晓艳　王开梅　张　薇　闵　勇　万中义　江爱兵　曹春霞　杨自文）

第十节　高山土传性病害防治的研究进展

土传性病害是以土壤为媒介进行传播的植物病害，种类很多，如目前发生最普遍的早疫病、晚疫病、细菌性病害、病毒性病害及苗期的猝倒病、立枯病、叶斑病、炭疽病、白粉病、灰霉病等，引起土传病害的土传病原物种类有真菌、细菌、线虫、病毒等，防治非常困难，化学防治和抗病育种目前只对少数土传病害有效，对大多数土传病害防效甚微。由于这些原因使土传病害的综合防治一直受到人们的关注，成为整个植物病害生物防治的重点。

近年来随着农业产业结构的深刻调整，加上耕作制度、气候条件、作物品种等的变化，以及人为不合理或过分干预等影响，我国土传性病害的发生频率和危害程度不断上升，导致防治难度增加，一些病害已呈持续暴发突发之势，损失惨重，重者田块绝收，成为阻碍农业生产发展的突出问题。据联合国粮农组织（AFO）估计，谷物生产因病害损失 10%，棉花生产因病害损失 12%，全世界因有害生物所造成的经济损失高达 1200 亿美元，相当于中国农业总产值的 1/2 强，美国的 1/3 强，日本的 2 倍，英国的 4 倍多。有的地方对于病害的新变化，未能及时采用有效的防治策略和技术，仅靠化学防治手段，引发一些负面结果，如致使病害出现抗药性、生态环境遭到污染等，导致病害为害持续加重。而一旦病害发生，仅靠某一种防治方法依然难起到关键作用，因此需要进行综合治理，即根据有害生物和环境之间相互关系，充分发挥自然控制因素的作用，因地制宜地协调应用必要的措施，将有害生物控制在经济损害水平以下，如采用有害生物的天敌、遗传抗性和栽培管理等方法。

一、土传性病害的综合防治方法

防治植物病害按照其作用原理，通常分为回避（avoidance）、杜绝（exclusion）、铲除（eradication）、保护（protection）、抵抗（resistance）和治疗（therapy）。每个防治途径又发展出许多防治方法和防治技术，分属于植物检疫、农业防治、抗病品种、生物防治、物理防治和化学防治等不同领域。

（一）植物检疫

通过法规形式来控制有害病原生物的传播蔓延，如在调运种子、苗木、接穗、果品及其包装材料时，严格检查其中的危险性病虫种类，以防止这些病虫通过不同媒介传播到新区。在植物检疫处理中采用的技术手段有熏蒸、药剂喷洒、辐射、冷热处理、暴晒、水浸、剥皮、解板、微波等多种。

（二）化学防治

利用化学药剂等化学手段来防治植物病害。随着科学技术的发展，化学农药的生产技术和使用技术已经取得长足的发展，正朝着低用量、低毒性、高效率的方向发展，再加上化学农药本身高效、快速、容易使用等特点，化学农药的地位在很长一段时间内不可能被完全取代。

（三）生物防治

通过有益生物防治植物病害，主要利用有益微生物对病原物的各种不利作用，来减少病原物的数量和削弱其致病性。方法包括拮抗微生物的选择和利用、重复寄生菌、植物诱导抗病性、交叉保护作用和生物技术等，而在生物防治措施中农用抗生素的选用也是相当重要的。

生物防治与其他防治方法相比，具有许多独特的优点，如"相容性"和"可持续性"，其相容性不仅表现在能与多种其他防治措施并用，更为重要的是能与环境高度相容，这种相容性直接促进其可持续性，因为在植物生态系统中不论是有害生物还是有益生物都可在一定程度上长期共存，而对资源的利用实际上是一种再生性和可循环性利用，这一措施对保护生态环境具有积极的作用。鉴于此，加上化学防治的负面影响和人们对无公害食品的需求，近年来生物防治越来越引起社会的关注。生物农药可分为植物源农药、微生物源农药和动物源农药等。

1. 植物源活性成分在植物土传性病害防治中的应用研究

目前在很多植物中发现杀菌、抑菌和病毒的活性成分，结合现代植物有效活性成分提取技术，开发出以植物为原料的生物农药，具有效果好、不易引起抗药性、对人畜安全、不污染环境等优点。植物源的杀菌活性成分有萜类、挥发油、生物碱类及其他抗菌活性物质等；植物源农药抗病毒活性成分有牛心朴子草中的安托芬生物碱、马齿苋提取物等。

1）利用天然植物成分防治植物真菌性病害

蒋继志等研究了大蒜等 10 余种植物组织的挥发性成分和水溶性浸出液对立枯丝核菌、茄腐镰刀霉、细交链孢霉的影响，结果表明，大蒜鳞茎的挥发性成分对 3 种真菌菌丝生长及孢子萌发均具有明显的抑制作用，抑菌率分别为 57.6%、67.2%、55.8%。阎福永等用苦参、烟碱、苦楝等经酸提或醇提后，与乳化剂、助剂、渗透剂、松节油、抗氧剂混合加热搅拌制成药剂，具有抑菌、杀菌和杀虫的功效，经试用效果显著。

2）利用天然植物成分防治植物病原线虫

由于在土壤中施用某些植物体或其提取液，可以降低寄生线虫的虫口密度，许多人已应用植物和杂草的提取液在防治植物线虫方面做了大量的工作。中国古代有记载的用于防治蠕虫、昆虫、螨类的中草药至少有 500 多种，把这些有记载的中草药转而用于防治植物寄生线虫，成功率大大增加。例如，郑良等从这 500 多种中草药中选取 58 种对爪哇根结线虫 *Meloidogyne javanica* 和伤残短体线虫 *Pratylenchus vulnus* 进行试验，发现大蒜、穿心莲、苦楝皮、常春藤、百部等 22 种中草药能在 24h 内杀死爪哇根结线虫，大部分供试中药对两种线虫都有不同程度的麻醉作用，且与时间关系极为密切，时间越长，麻醉作用越弱；相反，由之转化的致死作用则明显增强。

2. 生防菌在植物土传性病害防治中的应用研究

1）芽孢杆菌（*Bacillus*）

目前国内外应用芽孢杆菌防治植物病害非常广泛，如马铃薯疮痂病、番茄青枯病、小麦赤霉病及其他一些土传和地上部病害，防治这类病害的生防菌是营腐生生活的 G⁺细菌，可以内生芽孢，抗逆能力强，繁殖速度快，营养要求简单，易定殖在植物表面。用于生防芽孢杆菌的种类有苏云金芽孢杆菌（*B. thuringiensis*）、枯草芽孢杆菌（*B. subtilis*）、多黏芽孢杆菌（*B. polymyxa*）、解淀粉芽孢杆菌（*B. amyloliquefaciens*）、蜡状芽孢杆菌（*B. cereus*）、地衣芽孢杆菌（*B. licheniformis*）、巨大芽孢杆菌（*B. megaterium*）和短小芽孢杆菌（*B. pumilis*）等。利用枯草芽孢杆菌防治由水稻纹枯病菌（*Rhizoctonia solani*）、腐霉菌（*Pythiwn* spp.）、镰刀菌（*Fusarium* spp.）引起的病害，取得较好的效果。童蕴慧等分离的多黏类芽孢杆菌 W3 菌株，对灰霉病菌有较强的拮抗活性和定殖能力，而且它能诱导番茄植株对灰霉病产生系统抗性，最大诱抗效果可达 64.5%。

2）假单胞杆菌（*Pseudomonas* spp.）

目前应用的主要种类有荧光假单胞杆菌（*P. fluorescens*）、洋葱假单胞杆菌（*P. cepecia*）和恶臭假单胞菌（*P. putide*）等。何礼远等用荧光假单胞菌 JF1 菌株对花生种子浸泡接种，菌液对土壤中青枯菌的侵染具有明显保护能力。楼兵干等发现铜绿假单胞菌（*P. aeruginosa*）CR56 处理种子时，能有效防治由腐霉（*Pythium* spp.）和茄丝核菌（*Rhizoctonia solania*）引起的黄瓜及番茄的苗期猝倒病。

3）放射性土壤农杆菌（*Agrobactrium radiobacter*）

放射性土壤农杆菌 K84 菌株防治由根癌土壤杆菌引起的果树冠瘿病，并在许多国家推广。后又发现它对桃、苦扁桃根肿病也有很好的防治效果，因其施于核果类果树或花卉根围土壤内，阻碍癌肿病原的蛋白质及细胞壁的合成，因而可预防根癌肿病。

4) 拮抗细菌产生的主要拮抗物质

拮抗细菌产生的抗菌物质主要有两类：一是小分子的抗生素；二是大分子的拮抗蛋白或细胞壁降解酶类。芽孢杆菌的抗生素由核糖体和非核糖体合成，非核糖体合成的抗生素包括脂肽抗生素(lipopeptin)、多肽抗生素和次生代谢产生的抗菌活性物质，如伊枯草菌素(iturinA、C)、杆菌霉素(bacillomycin L、D、F)和抗霉枯草菌素(mycosubtilin)等。核糖体合成的拮抗蛋白主要包括细菌素、细胞壁降解酶(如几丁质酶和葡聚糖酶)及一些未鉴定的拮抗蛋白，如枯草菌素(subtilin)、细菌素(subtilosin)及巨杆菌素(megacins)等。

生物表面活性剂(biosurfactant)是最近发现的一类具有生防作用的拮抗物质。荧光假单胞杆菌的某些菌株产生的生物表面活性剂，降低了病原菌孢子的表面张力，在细胞膜内外膨压的作用下，使孢子细胞破裂而死亡。

壳寡糖作为一种环境友好、具有良好生物相容性的生物农药，已经成功地应用于农业植物病害方面的防治当中并且产生了较大的经济效益及社会效益。壳聚糖可诱导植物的抗病性，可用作新型的植物病害抑制剂，减少病原菌特别是致病真菌对植物的为害。例如，番茄苗用壳聚糖溶液浸根或喷雾或在生长基质中加入壳聚糖可诱导番茄对根腐病的抗病性；用 0.4%的壳聚糖溶液直接喷洒到烟草上，10 天内即可减少烟草斑纹病毒的传染；喷洒 0.1%的壳聚糖还可阻止豆科植物病原真菌的繁殖；利用壳聚糖溶液还可有效地阻止为害水果的黑斑病菌的生长。

3. 生物技术在植物土传性病害防治中的应用研究

1) 抗病遗传工程植物

通过激活植物的抗病机制、导入植物防御反应相关基因、导入降解或抑制病原菌致病因子的基因、替换植物细胞中对毒素敏感的酶、导入抗菌蛋白的编码基因、利用人工编制的细胞死亡等手段创造新的抗病遗传工程植物。例如，黄大年等以抗菌肽 B 基因新构建成 pCBI 载体，用基因枪法将其导入水稻，获得了一些转基因水稻对水稻白叶枯病和细条病的抗性。

2) 植物人工免疫

用自然界存在的或人工诱发的一些同种或相近种的致病性较弱的病毒株系或真菌、细菌病原物菌株接种于寄主植物以降低或抵御一些致病性较强的病原物对植物的危害。例如,中科院微生物所将 CMV 和 TMV 的外壳蛋白基因合在一起，导入烟草中得到对 CMV 和 TMV 具抗性的转基因烟草。

3) 遗传工程微生物的利用

利用分子生物学及分子遗传学的手段对某种微生物进行遗传改造或引入外来的具有防病、杀虫等作用的基因(如外源激素、酶、毒素)；或切除原有的、具有不良作用的部分基因；或插入一段 DNA 以改变原来基因的调控与表达，从而促使微生物生防作用的加强或防治范围的扩大，为高效微生物农药的研制开辟新的途径。杨合同等将几丁质酶编码基因整合到菌株 B1301 染色体上,创造的重组生防菌 B13011 和 B13012 在盆栽条件下对小麦全蚀病、小麦纹枯病、棉花立枯病和棉花枯萎病 4 种真菌病害的防效比受体菌 B1301 明显增强。生防菌的遗传学研究已相当广泛和深入，但也存在一些不足。例如，重组微生物可能会发生基因任意扩散，因此，需进一步完善对基因工程微生物安全性的评价和完善基因环境释放的监测方法。

(四)农业防治

农业防治又称为栽培防治，主要通过采用农田常规作业管理的基本措施来防除病害，有目的地创造不利于病原物生长而有利于植物体生长发育的环境条件，调控病原物的数量和增强植物的抗病力，是最基本的病害防治方法。主要措施有无病繁殖材料的选用、合理修剪、合理肥水管理、清洁田园、调整耕作制度、拔除中心病株、适期采收和合理储藏及其他农业措施。

(五)抗病品种

选育和利用抗病品种是防治植物病害最经济、最有效的途径，对许多难以运用农业措施和农药防治的病害，抗病品种几乎成了唯一可行的防治途径。据王述彬报道，抗芜菁花叶病毒兼抗其他一些病毒的大白菜品种现已成为我国白菜生产上的主栽品种，累计推广面积达 300 万公顷，番茄、辣椒、黄瓜、甘蓝等新抗病品种也得到全国大面积推广。相反，一些植物病害因无理想的抗病品种，直接导致病害暴发流行，损失惨重。抗病品种可通过传统杂交、田间株选、基因工程等技术得到，可与常规育种互相结合进行。

（六）物理防治

采用物理的方法或应用各种物理因子来防治病害，主要利用热力处理、设施保护、诱杀和驱避昆虫介体、臭氧防治、高温消毒和闷棚、人工捉虫、辐射、声控、气调、微波、阻隔及外科手术等方法来防治病害。

二、植物土传性病害防治中存在的主要问题

1. 化学防治问题突出

不合理使用化学农药、滥施化学农药引起有害生物抗药性、有害生物再猖獗和农药残留等问题的出现，导致生态环境的不断污染和恶化、农田生态系统平衡的破坏、农产品质量下降、药害严重、抗药性增强。

2. 重治轻防

对病害发生和流行规律一知半解，见病就治，重治轻防，在防治上缺少预见性，往往等病害发生甚至流行后开始盲目用药，忽视了"防"的作用，未能充分考虑预防性因素，即创造不利于病原物而有利于植物和有益生物生长的环境。

3. 植物病害持续加重

随着农业种植结构的调整，生物群落组成及其多样性遭到削弱，生态系统的稳定性和平衡性不断下降，有益生物未能得到很好利用，植物病害陷入越治越重、越治越多的困境。

4. 防治基础薄弱

包括基础理论和应用研究薄弱、基础设施落后、经费投入不足、植病防治人才匮乏，农民素质偏低、体制不清晰与法制建设滞后等问题。

三、展望

针对目前土传性病害防治中存在的问题，展开更有效的综合防治方法的研究，尤其是生物防治产品的开发与利用，是防治植物土传性病害的关键。生防菌从实验室走向田间应用是一个复杂的过程。首先，是菌剂的研制，可以将它制成不同的剂型，以延长菌剂的储藏期；其次，是生防菌生态学的研究，要运用分子生物学技术和先进的分析测试手段，检测生防细菌产生的拮抗物质防治病害发生发展的相互作用；第三，避免植物病原菌对生防菌的拮抗物质产生抗性。通过采用混合菌株研制生防菌剂。

（杨自文　刘晓艳　曹春霞）

第十三章　高山蔬菜虫害生态防控技术研究

第一节　高山萝卜病虫害种类及农药使用状况调查

湖北高山蔬菜主要分布在宜昌(长阳、五峰、兴山、秭归)、恩施(利川、恩施、巴东、鹤峰、建始)、襄樊、十堰等鄂西山区的二高山(海拔 800～1200m)和高山(海拔 1200～1800m)地区(邱正明等，2006，2011；万福祥等，2010)，基地面积 6 万公顷，播种面积 15 万公顷，产量 600 多万吨，产值达 40 亿元，产品销往我国 30 多个大中城市，对弥补广大低山和平原地区夏秋蔬菜淡季市场供应具有重要作用(肖小勇等，2012)。其中，长阳高山萝卜基地面积 0.5 万公顷，播种面积已达 1 万公顷，产量 40 万吨，产值 7 亿(甘彩霞等，2016)。但由于高山萝卜品种相对单一、长期连作、重施化肥轻施有机肥、农药使用过量、坡地淋溶现象严重等问题，造成土壤酸化、土传病害及地下害虫相对严重(朱凤娟等，2008；邱正明等，2006)。为了解当地高山萝卜主要病虫害种类及农药使用情况，2010～2014 年连续 5 年笔者对长阳高山萝卜主要病虫害种类及农药使用情况进行了调查，然后进行综合分析，找出了菜农农药使用存在的主要问题，并据此提出解决问题的对策。

一、调查内容和方法

1. 调查时间和地点

2010～2014 年，每年从 4 月 20 日至 10 月 20 日，在湖北长阳火烧坪和资丘 2 个高山蔬菜主产区 5 个海拔点(即 1800m、1600m、1200m、800m、400m)调查，每次调查间隔期 10 天。该地区高山萝卜每年种植 1～2 茬，4 月中旬至 8 月初均可播种，6 月下旬开始收获至 10 月初结束，萝卜生长期 60 天左右。

2. 调查方法

调查主要采用实地调查与发放问卷、定点调查与随机调查相结合的方式(陈秀双等，2008)。定点调查是指定 5 个海拔，定时、定试验田研究高山萝卜病虫害种类及发生规律；随机调查是指在每个海拔点随机调查 20 家农户或田块，了解高山萝卜主要病虫害种类及农药使用情况；实地调查是指深入田间地头调查，并采集相关标本带回实验室鉴定；问卷调查主要针对农资经销商的调查，目的是了解当地高山萝卜农药使用情况。

二、结果与分析

1. 主要病害种类

由表 13-1 可知，长阳高山萝卜主要病害有白斑病、黑斑病、细菌性黑斑病、霜霉病、软腐病、黑腐病、根肿病、病毒病、炭疽病等 9 种，其中高海拔地区白斑病、黑斑病、细菌性黑斑病发病严重。

表 13-1　不同海拔病害种类及严重程度

海拔/m	主要病害								
	白斑病	黑斑病	细菌性黑斑病	霜霉病	软腐病	黑腐病	根肿病	病毒病	炭疽病
1800	√√√	√√√	√√√	√√	√√	√√	√√	√√	√√
1600	√√√	√√√	√√√	√√	√√	√√	√	√√	√√
1200	√√	√√	√	√√	√√		√√	√√	√
800	√	√		√	√		√	√	√
400	√	√		√	√			√	√

2. 主要害虫种类

由表13-2可知，长阳高山萝卜主要害虫有黄曲条跳甲、灰地种蝇、小地老虎、小菜蛾、菜青虫、斜纹夜蛾、大/小猿叶甲、蚜虫、菜蟓等9种，其中大小猿叶甲、菜蟓等主要在低海拔发生。

表 13-2　不同海拔害虫种类及严重程度

海拔/m	主要病害								
	黄曲条跳甲	灰地种蝇	小地老虎	小菜蛾	菜青虫	斜纹夜蛾	大/小猿叶甲	蚜虫	菜蟓
1800	√√√	√√√	√√√	√√√	√√√	√√√		√√√	
1600	√√√	√√√	√√	√√√	√√√	√√		√√√	
1200	√√√	√√√	√√	√√√	√√	√√	√	√√√	√
800	√	√		√	√		√√	√√	√√√
400	√	√		√	√		√√	√√	√√√

3. 农户常用农药种类

由表13-3可知，防治高山萝卜地下害虫的农药种类主要有仲丁威、阿维菌素、毒死蜱、呋虫胺、高效氯氰菊酯、马拉硫磷等；防治菜青虫、小菜蛾、斜纹夜蛾的农药主要有阿维菌素、氰戊菊酯、氯氰菊酯、氯氟氰菊酯、氯虫苯甲酰胺等，防治蚜虫的农药主要有吡虫啉、啶虫脒、阿维菌素等，防治霜霉病的农药主要有甲霜灵、霜脲氰、噁霜灵、杀毒矾、烯酰吗啉等，防治黑斑病、白斑病的农药主要有苯醚甲环唑、戊唑醇、嘧菌酯等，防治软腐病、黑腐病的农药主要有农用链霉素、叶枯唑、中生菌素、乙酸铜等，防治根肿病的农药主要有氰霜唑、氟啶胺等，防治病毒病的农药主要有盐酸吗啉胍、嘧啶核苷等。

表 13-3　主要农药种类

地下害虫	小菜蛾 菜青虫 斜纹夜蛾	蚜虫 菜蟓	霜霉病	黑斑病 白斑病	软腐病 黑腐病	根肿病	病毒病
仲丁威	阿维菌素	吡虫啉	甲霜灵	苯醚甲环唑	农用链霉素	氰霜唑	盐酸吗啉胍
阿维菌素	氰戊菊酯	啶虫脒	霜脲氰	戊唑醇	叶枯唑	氟啶胺	嘧啶核苷
毒死蜱	氯氰菊酯	阿维菌素	噁霜灵	嘧菌酯	中生菌素		
呋虫胺	氯氟氰菊酯		杀毒矾		乙酸铜		
高效氯氰菊酯	氯虫苯甲酰胺		烯酰吗啉				
马拉硫磷	Bt						

（焦忠久　矫振彪　朱凤娟　邱正明）

第二节　功能有机肥对高山萝卜地下害虫的控制效果研究

长阳高山萝卜基地面积0.5万公顷，播种面积已达1万公顷，产量40万吨，产值7亿元（甘彩霞等，2016）。但由于高山萝卜品种相对单一、长期连作、重施化肥轻施有机肥、农药使用过量等问题，造成地下害虫相对严重（朱凤娟等，2008；邱正明等，2006）。近几年，高山萝卜受地下害虫危害逐年加重，受害萝卜表皮粗糙，严重影响商品性，在高山蔬菜主产区，因地下害虫造成的萝卜减产有时达20%～40%。高山萝卜常见地下害虫有4目7科11种，其中以黄曲条跳甲（*Phyllotreta striolata* Fabricius）、灰地种蝇（*Delia platura* Meigen）和小地老虎（*Agrotis ypsilon* Rottemberg）为害最重（矫振彪等，2014）。在有效控制地下害虫为害的基础上，为了降低化学农药的使用量，笔者研究了功能有机肥替代化学农药对高山萝卜地下害虫的控制效果，以期找到一个平衡点。

一、材料与方法

(一)材料

'雪单 1 号'萝卜由湖北蔬谷农业科技有限公司提供；功能有机肥由湖北省农科院经济作物研究所蔬菜室、国家生物农药工程技术研究中心及咸宁兴物源生物科技有限公司联合研制；5.2%阿维毒死蜱颗粒剂由中国农科院植保所廊坊农药中试厂生产。

(二)方法

1. 试验地概况

试验地点在湖北省高山蔬菜试验站，海拔 1800m，沙壤土；连续 20 年种植高山萝卜，每年种植 2 茬；地下害虫为害指数为 55～70。

2. 功能有机肥用量对高山萝卜地下害虫的影响

试验设 5 个处理：处理 1 有机肥用量每亩 160kg，处理 2 有机肥用量每亩 200kg，处理 3 有机肥用量每亩 240kg，处理 4 有机肥用量每亩 280kg，处理 5 每亩使用 5.2%阿维毒死蜱颗粒剂 1.5kg，每个处理重复 3 次，每个重复 1000 株；均匀撒施。

3. 功能有机肥施用方式对高山萝卜地下害虫的影响

每亩使用功能有机肥 240kg，试验设 3 个处理，处理 1 开沟施肥，处理 2 大田内均匀撒施，处理 3 每亩使用 5.2%阿维毒死蜱颗粒剂 1.5kg，每个处理重复 3 次，每个重复 1000 株。

4. 覆膜后播种时间对高山萝卜地下害虫的影响

每亩均匀撒施功能有机肥 24kg，试验设 4 个处理，处理 1 起垄覆膜后第 1 天播种，处理 2 起垄覆膜后第 3 天播种，处理 3 起垄覆膜后第 5 天播种，处理 4 起垄覆膜后第 7 天播种，每个处理重复 3 次，每个重复 1000 株。

(三)统计分析

以 2 叶 1 心期出苗率、萝卜收获时为害指数为参数，统计功能有机肥用量、施用方式及播种时间对高山萝卜地下害虫的影响；数据采用 SPSS13.0 分析。

地下害虫为害萝卜分级标准如下：

0　无病斑；

1　虫口面积占整个萝卜表面积的 5%以下；

3　虫口面积占整个萝卜表面积的 6%～10%；

5　虫口面积占整个萝卜表面积的 11%～20%；

7　虫口面积占整个萝卜表面积的 21%～40%；

9　虫口面积占整个萝卜表面积的 40%以上。

二、结果与分析

1. 功能有机肥用量对高山萝卜地下害虫的影响

由表 13-4 可知，处理 3～处理 5 出苗率和为害指数均差异不显著，即每亩撒施功能有机肥 240kg 和 280kg 对高山萝卜地下害虫的影响与每亩使用 5.2%阿维毒死蜱颗粒剂 1.5kg 的效果相同，考虑到实际经济效益，推荐每亩使用 240kg 功能有机肥。

表 13-4　功能有机肥用量对高山萝卜出苗率及为害指数的影响

处理	出苗率/%	为害指数
1	79.5c	66.8a
2	85.1b	56.7b
3	94.1a	44.9c
4	95.2a	45.1c
5	94.8a	44.8c

2. 功能有机肥的施用方式对高山萝卜地下害虫的影响

由表 13-5 可知，处理 2、处理 3 出苗率和为害指数差异不显著，处理 2 比处理 1 出苗率提高 5.0%，为害指数降低 14.4%。所以实际生产中推荐大田撒施的方法施用功能有机肥。

表 13-5　功能有机肥施用方式对高山萝卜出苗率及为害指数的影响

处理	出苗率/%	为害指数
1	90.3b	47.1a
2	94.8a	40.3b
3	95.1a	39.8b

3. 覆膜后播种时间对高山萝卜地下害虫的影响

由表 13-6 可知，处理 2 出苗率最高、为害指数最低，与其他 3 个处理差异显著，分别为 94.8% 和 40.3。推荐实际生产中在撒施有机肥起垄覆膜后第 3 天播种。

表 13-6　覆膜后播种时间对高山萝卜出苗率及为害指数的影响

处理	出苗率/%	为害指数
1	90.7b	47.3a
2	94.8a	40.3b
3	92.1b	46.8a
4	91.3b	47.1a

三、结论与讨论

研究发现，每亩均匀撒施本单位自助研发的带有复合微生物的有机肥(功能有机肥)240kg，对高山萝卜地下害虫的防控效果与当地使用 5.2% 阿维毒死蜱颗粒剂 1.5kg 的效果相当。因此该方法在高山萝卜减药方面具有一定的意义。

虽然每亩撒施 240kg 功能有机肥对高山萝卜地下害虫的防控效果与当地使用 5.2% 阿维毒死蜱颗粒剂 1.5kg 的效果相当，但却增加了运输及人工费用。如何在保证防控效果的前提下，减少运输及人工费用，将是下一步研究工作的一部分。

(焦忠久　矫振彪　朱凤娟　邱正明)

第三节　几种生物农药防治高山萝卜地下害虫的田间药效试验

长阳高山萝卜基地面积 0.5 万公顷，播种面积已达 1 万公顷，产量 40 万吨，产值 7 亿元(甘彩霞等，2016)。但由于高山萝卜品种相对单一、长期连作、重施化肥轻施有机肥、农药使用过量等问题，造成地下害虫相对严重(朱凤娟等，2008；邱正明等，2006)。近几年在高山蔬菜主产区，因地下害虫造成的萝卜减产有时达 20%～40%。高山萝卜常见地下害虫有 4 目 7 科 11 种，其中以黄曲条跳甲(*Phyllotreta striolata* Fabricius)、灰地种蝇(*Delia platura* Meigen)和小地老虎(*Agrotis ypsilon* Rottemberg)为害最重(矫振彪等，

2014)。2015 年国家提出农药使用零增长行动，在这一背景下为了寻找替代化学农药的生物农药，笔者研究了几种生物农药对高山萝卜地下害虫的控制效果，以期找到一种或几种防效相当的生物农药。

一、材料与方法

(一)材料

'雪单 1 号'萝卜由湖北蔬谷农业科技有限公司提供。

农药种类及生产厂家见表 13-7。

表 13-7 试验所需农药种类及生产厂家

名称	含量	剂型	厂家
球孢白僵菌	250 亿 CFU/g	原粉	盐城市神微微生物菌种科技有限公司
绿僵菌	250 亿 CFU/g	原粉	盐城市神微微生物菌种科技有限公司
苏云金杆菌	5 万 IU/mg	原粉	湖北康欣农用药业有限公司
鱼藤酮	7.5%	乳油	内蒙古清源保古生物科技有限公司
苦参碱	0.6%	水剂	内蒙古清源保古生物科技有限公司
阿维毒死蜱	5.2%	颗粒剂	中国农科院植保所廊坊农药中试厂

(二)方法

1. 试验地概况

试验地点在湖北省高山蔬菜试验站，海拔 1800m，沙壤土；连续 20 年种植高山萝卜，每年种植 2 茬；地下害虫为害指数为 55～70。

2. 试验设计

试验设 6 个处理(表 13-8)，每个处理重复 3 次，每个重复 1000 株。5 月 10 日播种，7 月 10 日采收，每亩 10 000 株；所有农药均在地下施用，施用后立即起垄覆膜，出苗后每隔 5 天喷施一次 20%飘甲敌(氰戊马拉松)乳油，每亩 50mL。

表 13-8 不同试验处理农药使用量

处理	施药名称	每亩施药量	施药方式
1	球孢白僵菌	1000g	喷雾后起垄
2	绿僵菌	1000g	喷雾后起垄
3	苏云金杆菌	100g	喷雾后起垄
4	鱼藤酮	100mL	喷雾后起垄
5	苦参碱	100mL	喷雾后起垄
CK	阿维毒死蜱	1500g	撒施后起垄

3. 数据调查与分析

以 2 叶 1 心期出苗率、萝卜收获时为害指数为参数，统计各处理对高山萝卜地下害虫的影响；数据采用 SPSS13.0 分析。

地下害虫为害萝卜分级标准：

0 无病斑；

1 虫口面积占整个萝卜表面积的 5%以下；

3 虫口面积占整个萝卜表面积的 6%～10%；

5 虫口面积占整个萝卜表面积的 11%～20%；

7　虫口面积占整个萝卜表面积的21%~40%；

9　虫口面积占整个萝卜表面积的40%以上。

二、结果与分析

由表13-9可知，除苦参碱外，其他几种药剂与对照相比，出苗率、为害指数均差异显著($P<0.05$)，尤其是绿僵菌，与对照相比出苗率提高15.1%、为害指数降低16.9%。

表13-9　不同农药处理的高山萝卜出苗率及为害指数

处理	施药名称	出苗率/%	为害指数
1	球孢白僵菌	89.2b	40.2b
2	绿僵菌	96.3a	36.8c
3	苏云金杆菌	88.5b	41.1b
4	鱼藤酮	91.2b	38.1b
5	苦参碱	84.3c	43.6a
CK	阿维毒死蜱	83.7c	44.3a

三、结论

试验所涉及的几种生物农药均可提高高山萝卜的出苗率，均可降低高山地下害虫对高山萝卜的为害指数，即均可作为阿维毒死蜱的替代药剂。

（焦忠久　矫振彪　朱凤娟　邱正明）

第四节　高山莼菜长腿水叶甲的为害与防治

莼菜(*Brasenia schreberi* J. F. Gmel)又名水葵、马蹄草，为原始花被亚纲睡莲科莼属多年生宿根水生草本植物，茎、叶均可食用，为珍贵蔬菜，具有营养、医疗和保健等功效。莼菜原产我国，主要分布于浙江、江苏、湖南、湖北和四川等地。近年来利川市利用独特的高海拔地理和气候优势，发展莼菜产业，调节种植结构，促进农民增收，莼菜成为利川市的特色产业。

2013年，利川海拔1300m左右莼菜种植区忠路镇有133.33hm²莼菜田受害，其中以长干村发生最为严重，部分田块绝产。受害田于4中下旬开始发现部分莼菜植株叶片、茎干变黄，5月初莼菜田间有大量莼菜死亡。

通过走访农户、田间调查发现，莼菜须根、嫩茎被害虫为害，造成大量伤口，初期叶片、茎秆变黄，植株矮小；后期受害莼菜感染腐败病，茎秆和须根变黑；最后根部、茎部腐烂造成整株死亡。

一、虫害鉴定

通过为害症状并进行室内鉴定发现，为害莼菜须根的害虫为长腿水叶甲 *Donacia provosti* Fairmaire，属鞘翅目 Coleoptera、负泥甲科 Crioceridae。

二、莼菜大量死亡的原因

田间调查发现，受害莼菜田有虫株率普遍在50%以上，受害严重田间虫口密度达到10余头/株。

莼菜大量死亡的原因，为长腿水叶甲为害其嫩茎和须根造成大量伤口，使莼菜植株矮小、生长势差，后期莼菜感染腐败病致使大面积死亡。长腿水叶甲大面积发生的原因，一是因为2013年4月底至5月初气温偏高，降水少，莼菜田水深较浅，有利于长腿水叶甲的发生；二是连作严重、品种老化，抵御病虫害能力差，如利川市忠路镇长干村种植户郭安平莼菜田 1989 年栽植，已连作 24 年；三是害虫天敌少，周围农民大面积电网捕鱼，使得莼菜田泥鳅、黄鳝、螃蟹等天敌几乎绝迹。

三、形态特征

长腿水叶甲成虫为绿褐色，具有金属光泽，雌雄虫外形相似，雌虫较大，体长约 8.53mm，宽 2.76mm；雄虫体长 7.24mm，宽 2.42mm。成虫前胸背板近似四方形，雌虫前胸背板长 1.49mm，宽 1.55mm；雄虫前胸背板长 1.36mm，宽 1.38mm，长宽比均接近 1。触角比体长短，黄褐色，丝状，11 节。头部、前胸背板，鞘翅均具有铜绿光泽，但雌虫颜色偏黄，雄虫偏绿，头部中央有纵沟，腹部有厚密的银白色绒毛，鞘翅发达，雄虫鞘翅长 5.14mm，雌虫鞘翅长 5.81mm，鞘翅上有刻点和平行纵沟，翅端平截，腹部可见 5 节，腹部末端臀板外露。各足腿节端部膨大，各节基部黄褐色，端部黑褐色，跗节 4 节，有爪，第 3 节上有矩。

幼虫蛆形，乳白色，头小，胸腹部肥大、稍弯曲，长 9～11mm，胸足 3 对，无腹足，尾端有 1 对褐色爪状尾钩。

卵平均长度为 1.17mm，长椭圆形，似香蕉状，稍扁平，表面光滑。初产时卵为乳白色，近孵化前淡黄色，卵粒常聚集成块，通常每块 23.06±2.32 粒，卵块上覆有白色透明的胶状物质以保护卵块。

蛹长约 8mm，为围蛹，白色，藏在红褐色的胶质薄茧内，胶质薄茧长椭圆形，长宽比为 2。幼虫初化蛹时胶质薄茧为金黄色，随后胶质薄茧颜色加深，至羽化时胶质薄茧为深褐色。

四、防治方法

长腿水叶甲可为害水稻、稗子、眼子菜、李氏游草、小叶眼子菜、三稜草、鸭舌草、牛屎关、野荸荠、龙须草、瘟神草等。在终年积水的田块发生重。

采取农业措施，清除莼菜田杂草，尤其是眼子菜和鸭舌草，使长腿水叶甲无产卵场所；要人工除草，切忌使用化学药物除草剂除草。6 月成虫大量出现，在成虫盛发期用眼子菜诱集成虫，产卵后将眼子菜烧毁。温度在 14℃以上时越冬幼虫开始活动，到 24℃时活动旺盛，在莼菜生长后期，气温较高时可适当增加水深，降低水下温度。

条件允许下，实行水旱轮作，或在冬季排除田间积水。

实行鱼-莼菜共生种植，在莼菜田放养泥鳅和黄鳝等，既能防治长腿水叶甲，提高莼菜品质，又能通过泥鳅、黄鳝增加产值。

药剂防治时，因长腿水叶甲以幼虫为害，可对根区土层撒药，每亩用 20%氯虫苯甲酰胺 30～40mL，拌土 20kg 撒施；也可采用 90%晶体敌百虫 800 倍液防治。腐败病和叶腐病可采用 25%多菌灵 500 倍液或 1∶1∶1200 波尔多液防治。

（矫振彪　焦忠久　吴金平　邱正明）

第五节　高含量苏云金杆菌防治高山甘蓝小菜蛾田间药效试验

湖北高山蔬菜，特别是恩施利川、宜昌长阳高山十字花科蔬菜（甘蓝、萝卜、大白菜）是湖北省的特色产业，对当地经济的发展贡献巨大。随着长期连作及农户用药剂量的不断加大，害虫抗药性不断增强，高山蔬菜害虫已变得不易防治，这已是当地植保技术人员与当地广大农户的共识。高山十字花科蔬菜小菜蛾、菜青虫、斜纹夜蛾、甘蓝夜蛾等鳞翅目害虫为害逐渐严重。本研究以小菜蛾为试验对象，测定高含量苏云金杆菌制剂对其田间防效。

小菜蛾（*Plutella xylosella* L.）是世界性的害虫，寄主植物高达 40 多种，以十字花科蔬菜为主。在我国南方和北方均见小菜蛾为害。在热带和亚热带地区，小菜蛾常群集危害，受害叶片呈网状，使蔬菜品质下降，产量锐减甚至绝收。北方地区相对危害较轻，但有逐年加重的趋势。

苏云金杆菌(BT)是一种微生物农药,主要依靠昆虫食入其伴孢晶体,在昆虫中肠碱性环境下感染、形成穿孔得败血症而死亡,是目前应用最广的生物杀虫剂。随着科技水平的提高与农业生产的需要,BT 制剂晶体蛋白的含量在不断提高,目前市场上主要是 16 000IU/mg(晶体蛋白含量 2%左右)等低效价产品。本试验目的在于掌握高含量苏云金杆菌可湿性粉剂(50 000IU/mg)对高山十字花科蔬菜小菜蛾的防治效果(前期本产品已在平原地区嘉鱼县潘家湾大白菜种植基地示范,表现良好)(洪海林等,2013),为高山蔬菜绿色防控推广高含量苏云金杆菌可湿性粉剂防治鳞翅目害虫提供科学依据,确保高山蔬菜产品的质量安全。笔者于 2013 年 7 月在利川市齐岳山高山甘蓝种植区进行了田间药效试验。

一、材料与方法

1. 供试药剂

50 000IU/mg 苏云金杆菌可湿性粉剂(湖北省生物农药工程研究中心研制,湖北康欣农用药业有限公司生产),晶体蛋白含量 8.3%,菌株编号为 NBIV-330。

1.8%阿维菌素乳油(济南中科绿色生物工程有限公司)。

2. 供试作物及试验条件

供试作物为甘蓝,品种为'京丰 1 号'(邢台双环种业有限公司),处于莲座期。试验在湖北省利川市汪营镇大沟村七组农户菜地进行,前茬甘蓝。试验田海拔 1600m,田间药效试验施药当天气温 25℃左右,无风,试验观察期间(7 月 26 日至 8 月 1 日),日平均温度为 23℃左右,最高气温低于 26℃,药后 3 天降水量为 0。试验地土质为沙壤土,土壤肥力中等,pH 为 6.5 左右,有机质含量较高。

3. 试验设计

试验于 2013 年 7 月实施,设置 5 个处理:50 000IU/mg 苏云金杆菌可湿性粉剂,1350g/hm², 900g/hm², 675g/hm²;设对照药剂 1.8%阿维菌素乳油(济南中科绿色生物工程有限公司)每亩用 40mL,即有效成分 10.8g/hm²;以只喷清水空白为对照(CK)。

采用随机区组排列,每处理重复 4 次,共 20 个小区,每小区 20m²,设保护行。

4. 施药方式

7 月 26 日施药,小菜蛾处于幼虫 2~3 龄期,施药 1 次,用药当天天气晴好。试验用智能电动背负式喷雾器,型号为 3WBD-16,工作压力 0.15~0.4MPa(台州市广丰塑业有限公司),对叶片正反面均匀喷雾,每小区用水量为 1.5kg(每公顷用水量 750L)。

5. 对甘蓝菜的影响

药后每次调查时通过目测观察各施药区甘蓝是否存在药害症状。

6. 数据调查与分析

药前调查小区固定株的虫口基数,施药后 1 天、3 天、7 天各调查一次小区固定株的残留虫量。每小区 5 点取样,每点固定 4 株,共查 20 株,调查全株虫量。药后每次调查残虫数与药前基数相比,计算出各小区虫口减退率,然后将药剂处理区虫口减退率与空白对照区相比较,计算出校正防效。采用"DMRT"法进行显著性测定。

计算公式:

$$虫口减退率(\%)=\frac{施药前虫数-施药后虫数}{施药前虫数}\times100\%$$

$$校正死亡率(\%)=\frac{处理区药后虫口减退率-对照区虫口减退率}{1-对照区虫口减退率}\times100\%$$

数据分析:Microsoft Excel 2003 及 SPSS 11.5 统计软件分析数据。

二、结果与分析

在利川汪营及谋道镇高山蔬菜种植区,采用 50 000IU/mg 苏云金杆菌 NBIV-330 菌株可湿性粉剂(中试)防治高山小菜蛾,经田间药效试验调查及数据分析,试验结果如下:药后 1 天,苏云金杆菌 675g/hm²、900g/hm²、1350g/hm² 处理校正防效分别为 63.4%、63.6%、74.4%,对照药剂 1.8%阿维菌素乳油(10.8g/hm²)校正防效最高,1350g/hm² 处理其次,其防效显著高于苏云金杆菌 675g/hm²、900g/hm² 处理,1.8%阿维菌素乳油校正防效为 89.2%;药后 3 天,苏云金杆菌 675g/hm²、900g/hm²、1350g/hm² 处理校正防效分别为 86.2%、92.3%、92.9%,对照药剂 1.8%阿维菌素乳油(10.8g/hm²)校正防效为 89.0%,苏云金杆菌 900g/hm² 及 1350g/hm² 防效最高,显著高于苏云金杆菌 675g/hm² 处理,但与对照药剂 1.8%阿维菌素乳油(10.8g/hm²)无显著差异;药后 7 天,苏云金杆菌 675g/hm²、900g/hm²、1350g/hm² 处理校正防效分别为 91.0%、93.6%、95.9%,对照药剂 1.8%阿维菌素乳油(10.8g/hm²)校正防效为 87.4%,苏云金杆菌 3 个不同浓度处理 675g/hm²、900g/hm²、1350g/hm² 校正防效均高于对照药剂,其中 1350g/hm² 处理防效最高,与 900g/hm² 处理间无显著差异,但显著高于 675g/hm² 处理,见表 13-10。基于药后 7 天数据,宜选择 50 000IU/mg 苏云金杆菌 NBIV-330 可湿性粉剂 900g/hm² 防治高山小菜蛾。药后每次调查时通过目测观察,所有施药区未发现有任何明显的药害症状。

表 13-10　高含量苏云金杆菌对小菜蛾的田间防治效果

药剂处理	重复	虫口基数	药后 1 天				药后 3 天				药后 7 天			
			残虫数	减退率/%	防效/%	平均防效/%	残虫数	减退率/%	防效/%	平均防效/%	残虫数	减退率/%	防效/%	平均防效/%
50 000IU/mg 苏云金杆菌 WP (1350g/hm²)	I	141	43	69.5	70.9	74.4 bB	7	95.0	95.3	92.9 aA	8	94.3	94.8	95.9 aA
	II	127	29	77.2	77.3		10	92.1	92.3		4	96.9	97.0	
	III	131	31	76.3	76.1		10	92.4	92.6		6	95.4	95.6	
	IV	129	35	72.9	73.3		11	91.5	91.3		5	96.1	96.2	
50 000IU/mg 苏云金杆菌 WP (900g/hm²)	I	135	51	62.2	63.9	63.6 cC	6	95.6	95.8	92.3 aA	7	94.8	95.3	93.6 abAB
	II	121	42	65.3	65.6		9	92.6	92.7		8	93.4	93.6	
	III	128	47	63.3	63.0		12	90.6	90.9		11	91.4	91.8	
	IV	139	54	61.2	61.7		14	89.9	89.7		9	93.5	93.6	
50 000IU/mg 苏云金杆菌 WP (675g/hm²)	I	141	54	61.7	63.4	63.4 cC	20	85.8	86.7	86.2 bB	13	90.8	91.6	91.0 bBC
	II	121	43	64.5	64.7		13	89.3	89.5		11	90.9	91.3	
	III	119	37	68.9	68.6		17	85.7	86.1		10	91.6	91.9	
	IV	110	48	56.4	57.0		19	82.7	82.3		12	89.1	89.2	
1.8%阿维菌素乳油(10.8g/hm²)	I	116	18	84.5	85.2	89.2 aA	21	81.9	83.0	89.0 abAB	23	80.2	81.9	87.4 cC
	II	123	15	87.8	87.9		13	89.4	89.7		15	87.8	88.3	
	III	98	8	91.8	91.8		9	90.8	91.0		11	88.8	89.2	
	IV	131	11	91.6	91.7		10	92.4	92.2		13	90.1	90.1	
对照	I	105	110	-4.8	0	—	112	-6.7	0	—	115	-9.5	0	—
	II	127	128	-0.8	0		130	-2.4	0		132	-3.9	0	
	III	118	117	0.8	0		121	-2.5	0		123	-4.2	0	
	IV	134	136	-1.5	0		131	2.2	0		135	-0.7	0	

三、结论与讨论

湖北省高海拔地区,夏季大面积种植十字花科蔬菜,在国内具有较大的影响力。利川市齐岳山高海拔地区近年夏季种植甘蓝,品质优良,效益可观,菜农富裕,地方经济发展态势良好。随着连作时间的延长,小菜蛾等主要害虫的为害也越来越严重。采用高效生物农药防治害虫，对保障优质高山蔬菜供应具有重要作用。

采用喷雾法对高含量苏云金杆菌(50 000IU/mg 苏云金杆菌可湿性粉剂)防治小菜蛾进行了田间试验。50 000IU/mg 苏云金杆菌可湿性粉剂每公顷推荐使用量为 675～900g，对小菜蛾 2～3 龄幼虫防效显著，药后 7 天防效分别达到 91.0%、93.6%，显著高于对照药剂。本试验中，苏云金杆菌的速效性不及对照药剂 1.8%阿维菌素 EC，但其药效随着施药时间的延长而增强，但阿维菌素却呈下降趋势，药后 7 天苏云金杆菌防效显著高于阿维菌素，表现出了较好的防效。苏云金杆菌是一种全球公认的低毒、环保、安全的生物农药，值得在高山十字花科蔬菜种植区大面积推广。

(龙　同　罗业文　蔡建华　陈洪波　曹春霞　杨妮娜　黄大野　程贤亮　杨自文)

第六节　六种常用药剂对蔬菜朱砂叶螨的室内毒力测定

朱砂叶螨[*Tetranychus cinnabarinus* (Boisduval)]属叶螨科(Tetranychidae)，俗名红蜘蛛，分布广泛，目前已成为武汉地区蔬菜上为害严重而又难以防治的一种农业害螨。该虫在春秋两季交替发生，多以成螨和若螨集中在植物叶背为害，为害初期叶片呈现灰白色或枯黄色细小的失绿斑点，进而出现褐色斑块，严重时叶片干枯脱落，甚至造成植株死亡。朱砂叶螨繁殖力强，世代周期短、为害严重，目前生产上仍主要采用化学手段进行防治，长期使用单一杀螨剂不可避免地引起害螨产生抗药性，还严重威胁到人类健康及环境安全。为了筛选出毒性低、药效好的杀螨剂，本研究测定了 6 种杀螨(虫)剂对朱砂叶螨的室内活性，对蔬菜生产上如何合理选择杀螨剂具有指导意义，还可为朱砂叶螨的抗药性治理提供科学依据。

一、材料与方法

(一)材料

1. 供试叶螨

叶螨均采集自湖北省农业科学院院内蔬菜大棚里菜豆寄主上，经分子鉴定为朱砂叶螨。

2. 供试药剂

1.8%阿维菌素乳油(北京中农大生物技术股份有限公司)、1%甲氨基阿维菌素苯甲酸盐乳油(山东潍坊市瑞星农药有限公司)、240g/L 螺螨酯悬浮剂[拜耳作物科学(中国)有限公司]、2.5%多杀菌素悬浮剂(美国陶氏益农公司产品)、15%哒螨灵乳油(江西正邦生物化工有限责任公司)、200g/L 氯虫苯甲酰胺悬浮剂[杜邦(中国)集团有限公司]。

(二)方法

成螨毒力测定参照 FAO(联合国粮农组织)推荐的测定害螨的标准方法——玻片浸渍法并加以改进。将双面胶带剪成 2cm×2cm，贴在显微镜载玻片的一端，用镊子揭去胶带上的纸片，然后轻轻粘取芸豆叶背面上的成螨，使叶螨背部粘在双面胶带上，螨足及口器不黏，然后放入人工气候箱中[温度(26±1)℃，相对湿度85%左右，光照 L∶D=16∶8]，4h 后，在显微镜下观察，剔除死亡、不活泼、虫龄太小的个体，保留虫龄较大、个体一致、活跃的叶螨为供试虫源。各药剂在预试基础上用去离子水稀释 5～7 个浓度，以去离子水作为对照。将带叶螨玻片的一端浸入药液中，轻轻摇动 5s 后取出，迅速用吸水纸吸干玻片周围多余的药液。置于上述条件下的人工气候箱中，24h 后再次置于显微镜下检测结果。用零号毛笔轻触螨体，以螨足不动者为死亡。每一浓度重复 4 次。对照组死亡率在20%以下为有效试验，计算出各处理组的死亡率，并计算校正死亡率。采用 DPS 统计软件求出毒力回归方程、LC_{50}、95%置信限及相关系数。

二、结果与分析

室内毒力测定结果见表 13-11。由表 13-11 可知，在 6 种供试杀螨(虫)剂中，对朱砂叶螨敏感度最高的为 1.8%阿维菌素乳油，其 LC_{50} 为 0.2678mg/L，其次是 1%甲氨基阿维菌素苯甲酸盐乳油和 15%哒螨灵乳油，LC_{50} 分别为 0.6805mg/L 和 17.9331mg/L；200g/L 氯虫苯甲酰胺悬浮剂、2.5%多杀菌素悬浮剂和 240g/L螺螨酯悬浮剂的效果最差，其 LC_{50} 分别为 3945.4541、1511.5918、1067.3619mg/L。这 6 种药剂的毒力由大到小依次为 1.8%阿维菌素、1%的甲氨基阿维菌素苯甲酸盐乳油、15%哒螨灵乳油、240g/L 螺螨酯悬浮剂、2.5%多杀菌素悬浮剂、200g/L 氯虫苯甲酰胺悬浮剂。

表 13-11　6 种药剂对朱砂叶螨室内毒力

药剂名称	毒力回归方程	LC_{50}/(mg/L)	95%置信限/(mg/L)	卡平方值	相关系数	标准误差
240g/L 螺螨酯悬浮剂	$y=1.5073+1.1534x$	1067.3619	831.3771~1370.3307	0.8237	0.9974	0.0554
2.5%多杀菌素悬浮剂	$y=1.6059+1.0675x$	1511.5918	1203.7513~1898.1578	3.9276	0.9853	0.0505
1.8%阿维菌素乳油	$y=5.4675+0.8171x$	0.2678	0.1975~0.3632	0.3961	0.9975	0.0675
1%甲氨基阿维菌素苯甲酸盐乳油	$y=5.2089+1.2497x$	0.6805	0.5430~0.8528	2.6552	0.9881	0.050 0
15%哒螨灵乳油	$y=1.5446+2.7563x$	17.9331	16.1526~19.9099	1.3364	0.9964	0.0232
200g/L 氯虫苯甲酰胺悬浮剂	$y=0.8137+1.1641x$	3945.4541	3115.7800~4996.0547	1.1121	0.9943	0.0523

三、结论与讨论

室内毒力测定表明，在这 6 种杀螨(虫)剂中，1.8%阿维菌素乳油和 1%甲氨基阿维菌素苯甲酸盐乳油对朱砂叶螨成螨效果最好，这两种药剂杀螨活性高、速效性好、持效期长、毒性低，均属于抗生素类杀虫剂，且在武汉地区温室内对蔬菜叶螨的敏感性高，尚未产生抗药性，可推荐在蔬菜生产上使用。

15%哒螨灵乳油是一类广谱性的杀虫剂，触杀作用好，无内吸和渗透传导作用，且对卵、若螨和成螨均有效，已在蔬菜上广泛使用，但叶螨对其已产生不同程度的抗药性，在实际生产中建议与作用机制不同的药剂混用或轮用，可以有效预防抗药性的产生。

240g/L 螺螨酯悬浮剂是新型季酮酸类杀螨剂，也已在田间广泛使用。该试验室内毒力测定结果表明，药后 24h 的 LC_{50} 为 1067.3619mg/L。王少丽等研究螺螨酯对叶螨的室内毒力表明，其 LC_{50} 为 1603.1184mg/L。王泽华等通过对北京地区的蔬菜叶螨进行室内毒力测定，表明在施药后 72h 后螺螨酯对蔬菜叶螨的 LC_{50}达 953.0074mg/L，与本研究结果一致。该药剂与现有的杀螨剂不同，其作用机制主要是通过抑制螨虫体内脂肪的合成，从而破坏其能量代谢活动，最终致使螨虫死亡。螺螨酯对卵及若螨的杀虫活性高，持效期长。鉴于此，推荐该药剂在蔬菜生产上可与速效性好、毒性低的杀螨剂混合使用，有利于田间有害生物的防治。

2.5%多杀菌素悬浮剂是生物源农药，国外学者 Leeuwen 等报道该药剂对室内的二斑叶螨及田间蔬菜上的叶螨均有毒性。Villanueva 等报道多杀菌素对成螨有着较高的杀螨活性，对卵及其若螨的杀虫活性正在进一步研究中。

200g/L 氯虫苯甲酰胺悬浮剂是二酰胺类杀虫剂，主要作用于鳞翅目昆虫，由于其毒性低，因此也作为本试验的备选药剂。室内毒力测定表明，其对叶螨的毒杀活性不高，故不适合在蔬菜上防治叶螨。

本研究测定了 6 种常用杀螨(虫)剂对蔬菜朱砂叶螨的室内毒力，为田间朱砂叶螨的化学防治提供了参考依据。在田间防治时，可根据朱砂叶螨的不同发育时期来选择有效药剂，将不同作用机制的杀螨剂进行混用或轮用，以缓解叶螨抗性的产生和发展。

（杨妮娜　黄大野　朱志刚　龙　同　姚经武　曹春霞）

第七节　螟黄赤眼蜂对高山番茄棉铃虫的控制效果比较研究

湖北高山蔬菜主要分布在宜昌、恩施、十堰等鄂西山区的二高山(海拔 800～1200m)和高山(海拔1200～1800m)地区，面积达 6.7 万公顷，产量 300 多万吨，产值达 25 亿元（万福祥等，2010），产品销往我国 30 多个大中城市，对弥补广大低山和平原地区夏秋蔬菜淡季市场供应具有重要作用(肖小勇等，2012)。主要的高山蔬菜种类有萝卜、大白菜、甘蓝、番茄、辣椒，占高山蔬菜种植总量的 90%左右，其中高山番茄播种面积已达 1.0 万公顷，主要分布在宜昌长阳乐园、襄樊南漳薛坪镇（邱正明，2011）。高山番茄主要害虫有棉铃虫[Helicoverpa armigera(Hübner)]、蚜虫（主要是桃蚜 Myzus persicae Suzer）、豌豆潜叶蝇(Phytomyze horticola)、斜纹夜蛾 Spodoptera litura 等(张世法等，2014)。根据湖北省高山蔬菜试验站 2011～2016 年的研究结果，棉铃虫是鄂西高山番茄坐果后主要的害虫，在该主产区一年发生 3 代，蛀果率 3%～7%，减产 20%以上，给农户造成严重的经济损失。

目前防治高山番茄棉铃虫的主要方法是 5～7 天喷施一次氯氰菊酯或者氯虫苯甲酰胺等化学农药(焦忠久等，2012)，因为高山番茄是连续采摘的蔬菜，导致农药残留高，削弱了高山番茄在市场上的优势；同时因为长期单一使用一种化学药剂，导致棉铃虫对氯氰菊酯抗药性增强(王玲等，2002)，化学防治效果不理想。近年来，利用赤眼蜂防治棉铃虫得到很大的推广，赤眼蜂属膜翅目小蜂总科赤眼蜂科赤眼蜂属，是一种卵寄生蜂，主要的赤眼蜂种类有螟黄赤眼蜂(Trichogramma chilonis Ishii)、松毛虫赤眼蜂(Trichogramma dendrolimi Matsumura)、暗黑赤眼蜂(Trichogramma pintoi Voegele)等(马德英等，2000；刘万学等，2003)，但都是在棉花上，至今未看到利用赤眼蜂防治高山番茄棉铃虫的报道。本研究以螟黄赤眼蜂为研究材料，从放蜂时间、放蜂次数、放蜂密度等方面初步研究了该赤眼蜂对高山番茄棉铃虫的防治效果，以期为高山番茄健康栽培病虫害全程绿色防控在赤眼蜂防控方面提供理论参考。

一、材料与方法

(一)材料

高山番茄品种'先正达瑞菲'。
螟黄赤眼蜂：湖北百米生物实业有限公司。

(二)方法

1. 试验地概况

试验地点长阳土家族自治县贺家坪镇紫台村，海拔 1200m；每个大棚 333.5m²(半亩地)，所有大棚均为东西方向建设，每亩使用复合肥(15-15-15)95kg，商品有机肥 500kg，功能微生物包(自主研发)40kg，大棚内不使用任何化学杀虫剂；4 月 10 日播种，6 月 15 日移栽，采用基质育苗(朱凤娟等，2016)；垄宽90cm，垄与垄之间 50cm，株距 45cm，行距 70cm(姚明华等，2011)，单杆整枝。每个大棚设一个处理的一次重复。

2. 放蜂时间对高山番茄棉铃虫防治效果的影响

每个处理连续放蜂 3 次，每次放蜂间隔 7 天，每次放蜂每亩 10 000 头，棋盘式放置蜂卡，放蜂时间共设 4 个处理：处理Ⅰ初次放蜂时间为 7 月 15 日；处理Ⅱ初次放蜂时间为 7 月 30 日；处理Ⅲ初次放蜂时间为 8 月 15 日；处理Ⅳ不放蜂，每个处理重复 3 次，每次放蜂后第 5 天随机调查 100 粒棉铃虫卵，统计卵寄生率。

3. 放蜂次数对高山番茄棉铃虫控制效果的影响

每个处理均在 7 月 15 日放蜂，每次放蜂间隔 7 天，棋盘式放置蜂卡(于江南等，2004)，每次放蜂每亩 10 000 头，放蜂次数共设 4 个处理：处理Ⅰ放蜂 1 次；处理Ⅱ放蜂 3 次；处理Ⅲ放蜂 5 次；处理Ⅳ不放蜂，每个处理重复 3 次，每次放蜂后第 5 天随机调查 100 粒棉铃虫卵，统计卵寄生率；处理Ⅰ、Ⅱ、Ⅳ各调查 5 次。

4. 放蜂密度对高山番茄棉铃虫控制效果的影响

每个处理均在 7 月 15 日放蜂，每次放蜂间隔 7 天，每个处理放蜂 3 次，棋盘式放置蜂卡，放蜂密度共设 4 个处理：处理Ⅰ放蜂密度每亩 10 000 头；处理Ⅱ放蜂密度每亩 20 000 头；处理Ⅲ放蜂密度每亩 30 000 头；处理Ⅳ不放蜂，每个处理重复 3 次，每次放蜂后第 5 天随机调查 100 粒棉铃虫卵，统计卵寄生率。

5. 放蜂间隔期对高山番茄棉铃虫控制效果的影响

每个处理均在 7 月 15 日放蜂，每个处理放蜂 3 次，每次放蜂 10 000 头，棋盘式放置蜂卡，放蜂间隔期共设 4 个处理：处理Ⅰ放蜂间隔期 5 天；处理Ⅱ放蜂间隔期 7 天；处理Ⅲ放蜂放蜂间隔期 9 天；处理Ⅳ不放蜂，每个处理重复 3 次，每次放蜂后第 5 天随机调查 100 粒棉铃虫卵，统计卵寄生率。

(三) 数据整理与分析

卵粒寄生率(%)=螟黄赤眼蜂寄生棉铃虫卵粒数 /调查棉铃虫总卵粒数×100

所有数据均采用 SPSS13.0 进行统计分析。

二、结果与分析

1. 放蜂时间对高山番茄棉铃虫防治效果的影响

由表 13-12 可知，初次放蜂时间 7 月 15 日，螟黄赤眼蜂对高山番茄棉铃虫卵寄生率最高，平均寄生率 6.6%，推荐该区首次放蜂的最佳时间为 7 月 15 日。

表 13-12　放蜂时间对高山番茄棉铃虫卵寄生率的影响　(单位：%)

处理	调查次数			平均值
	第 1 次	第 2 次	第 3 次	
Ⅰ	5.3a	6.7a	7.9a	6.6
Ⅱ	3.7b	3.5b	3.1b	3.4
Ⅲ	2.3b	2.1b	2.4b	2.3
Ⅳ	0.7c	0.9c	0.5c	0.7

2. 放蜂次数对高山番茄棉铃虫控制效果的影响

由表 13-13 可知，随着放蜂次数的提高，螟黄赤眼蜂对高山番茄棉铃虫卵寄生率提高，但处理Ⅱ和处理Ⅲ差异不显著，从经济效益角度考虑，推荐该区放蜂次数为 3 次。

表 13-13　放蜂次数对高山番茄棉铃虫卵寄生率的影响　(单位：%)

处理	调查次数					平均值
	第 1 次	第 2 次	第 3 次	第 4 次	第 5 次	
Ⅰ	1.8b	1.4b	1.3b	1.5b	1.7b	1.5
Ⅱ	4.7a	4.9a	4.7a	4.3a	4.1a	4.5
Ⅲ	4.5a	5.1a	4.6a	4.5a	4.3a	4.6
Ⅳ	0.6c	0.9c	0.7c	0.4c	0.5c	0.6

3. 放蜂密度对高山番茄棉铃虫控制效果的影响

由表 13-14 可知，随着放蜂密度的增大，螟黄赤眼蜂对高山番茄棉铃虫卵寄生率差异不显著，从经济效益角度考虑，推荐该区放蜂密度为每亩 10 000 头。

表 13-14　放蜂密度对高山番茄棉铃虫卵寄生率的影响　　　　　（单位：%）

处理	调查次数			平均值
	第 1 次	第 2 次	第 3 次	
Ⅰ	4.3a	4.7a	4.9a	4.6
Ⅱ	3.9a	4.5a	4.8a	4.4
Ⅲ	4.1a	4.3a	4.7a	4.4
Ⅳ	0.8b	0.5b	0.7b	0.7

4. 放蜂间隔期对高山番茄棉铃虫控制效果的影响

由表 13-15 可知，随着放蜂间隔期的延长，螟黄赤眼蜂对高山番茄棉铃虫卵寄生率逐渐下降，但处理Ⅰ和处理Ⅱ差异不显著，从经济效益角度考虑，推荐该区放蜂间隔期为 7 天。

表 13-15　放蜂间隔期对高山番茄棉铃虫卵寄生率的影响　　　　　（单位：%）

处理	调查次数			平均值
	第 1 次	第 2 次	第 3 次	
Ⅰ	4.7a	4.9a	4.5a	4.7
Ⅱ	4.5a	4.7a	4.3a	4.5
Ⅲ	3.8b	3.4b	3.7b	3.6
Ⅳ	0.7c	0.5c	0.8c	0.7

三、结论与讨论

试验结果表明，在高山温室番茄栽培中利用螟黄赤眼蜂防治棉铃虫，初次放蜂时间 7 月 15 日、放蜂次数 3 次、放蜂间隔期 7 天、放蜂密度每亩 10 000 头对高山番茄棉铃虫卵的寄生效果最好，且最经济。

螟黄赤眼蜂是控制棉铃虫的优势种（刘万学等，2003），是控制棉铃虫的主要天敌之一。在高山地区控制棉铃虫的主要天敌昆虫有哪些、螟黄赤眼蜂是否依旧是优势天敌，这些问题需要进一步研究，从而为利用本地天敌提供理论依据。本研究仅研究了螟黄赤眼蜂在防治高山番茄棉铃虫中的几个关键放蜂参数，从对棉铃虫的防治效果、经济效益、环境评价等方面，比较螟黄赤眼蜂与化学农药对棉铃虫的防治效果，是笔者下一阶段要做的工作。

（焦忠久　矫振彪　朱凤娟　邱正明）

第八节　防虫网隔离对高山番茄蚜虫及棉铃虫的控制效果研究

湖北高山蔬菜主要分布在宜昌、恩施、十堰等鄂西山区的二高山（海拔 800～1200m）和高山（海拔 1200～1800m）地区，面积 6.7 万公顷，产量 300 多万吨，产值达 25 亿元（万福祥等，2010），产品销往我国 30 多个大中城市，对弥补广大低山和平原地区夏秋蔬菜淡季市场供应具有重要作用（肖小勇等，2012）。主要的高山蔬菜种类有萝卜、大白菜、甘蓝、番茄、辣椒，占高山蔬菜种植总量的 90% 左右，其中高山番茄播种面积已达 1.0 万公顷，主要分布在宜昌长阳乐园、襄樊南漳薛坪镇（邱正明，2011）。高山番茄主要害虫有棉铃虫 Helicoverpa armigera (Hübner)、蚜虫（主要是桃蚜 Myzus persicae Suzer）、潜叶蝇（主要是美洲斑潜蝇 Liriomyza sativae Blanchard）、斜纹夜蛾 Spodoptera litura 等（张世法等，2014）。根据湖北省高山蔬菜试验站 2011～2016 年的研究结果，高山番茄坐果前期主要的害虫是蚜虫，后期主要害虫是棉铃虫。蚜虫不但刺吸植物体内汁液，分泌蜜露，引起煤污病，影响植物正常生长（林星华等，2011），而且传播多种植物病毒，如黄瓜花叶病毒(cucumber mosaic virus，CMV)、马铃薯 Y 病毒(potato virus Y，PVY)和烟草蚀纹病毒(tobacco etch virus，TEV)等(刘欢欢等，2015)。棉铃虫是鄂西高山番茄坐果后主要的害虫，在该主产区一年发生 3 代，蛀果率 3%～7%，减产 20%以上，给农户造成严重的经济损失。

目前防治高山番茄蚜虫和棉铃虫的主要方法是 5～7 天喷施一次吡虫啉、啶虫脒、氯氰菊酯、氯虫苯甲酰胺等化学农药(焦忠久等，2012)，因为高山番茄是连续采摘的蔬菜，导致农药残留，削弱了高山番茄在市场上的优势，同时因为长期单一使用一种化学药剂，导致蚜虫对吡虫啉、棉铃虫对氯氰菊酯抗药性增强(潘文亮等，2000；王玲等，2002)，化学防治效果不理想。近年来，利用防虫网隔离蚜虫、棉铃虫得到很大的推广，其防虫原理是以人工构建的隔离屏障切断各种害虫潜入直接为害或产卵繁殖幼虫的途径，将害虫拒之网外并减少了病害的传染(黄保宏等，2013)。本研究了不同目的防虫网对高山番茄蚜虫、棉铃虫的防控效果，以期为高山番茄健康栽培病虫害全程绿色防控在防虫网隔离方面提供理论参考。

一、材料与方法

(一)材料

高山番茄品种：'先正达瑞菲'。
防虫网：40 目、50 目、60 目，颜色为白色。

(二)方法

1. 试验地概况

试验地点长阳土家族自治县贺家坪镇紫台村，海拔 1200m；每个大棚 $333.5m^2$(半亩地)，所有大棚均为东西方向建设，每亩使用复合肥(15-15-15)95kg、商品有机肥 500kg、功能微生物包(自主研发)40kg；4 月 10 日播种，6 月 15 日移栽，采用基质育苗(朱凤娟等，2016)；垄宽 90cm，垄与垄之间 50cm，株距 45cm，行距 70cm(姚明华等，2011)，单杆整枝。每个大棚设一个处理的一次重复。

2. 试验设计

采用防虫网室育苗，防虫网室上部覆盖棚膜，四周放置 60 目 2m 宽的防虫网，膜和网用卡簧压紧。移栽定植前大棚上部覆盖棚膜，四周放置 2m 宽防虫网，膜和网用卡簧压紧，之后全棚喷施 1.8%阿维菌素乳油 100g/亩+5%氯虫苯甲酰胺悬浮剂 50g/亩，对全棚进行一次除虫处理(许方程等，2010；冯义等，2014)，移栽定植后每棚悬挂 25cm×20cm 防虫黄板 15 张，黄板低端距离植株最顶端 20cm，防虫网从定植前至罢园全程覆盖，全生育期不再使用杀虫剂。

试验设 4 个处理：处理Ⅰ，定植大棚四周防虫网 40 目；处理Ⅱ，定植大棚四周防虫网 50 目；处理Ⅲ，定植大棚四周防虫网 60 目；处理Ⅳ，空白对照，即大棚四周不放置防虫网；每个处理重复 3 次。蚜虫调查，自 6 月 24 日开始，每 7 天调查一次黄板的诱虫数量，连续调查 5 次，每个重复随机取 5 块板调查诱集到的蚜虫数量；棉铃虫调查，自 7 月 27 日开始，每 7 天调查一次，连续调查 5 次，每个重复随机调查 100 个果实，统计虫口密度。

(三)数据整理与分析

虫口密度=(查得虫量/调查果数)×100
所有数据均采用 SPSS13.0 进行统计分析。

二、结果与分析

1. 不同目防虫网对高山番茄蚜虫控制效果的影响

由表 13-16 可知，不同目的防虫网对高山番茄蚜虫均具有明显的隔离效果，仅仅从防治蚜虫的角度，推荐使用 60 目防虫网。

表 13-16 不同目防虫网对高山番茄蚜虫的控制效果 （单位：头/板）

处理	调查日期（月/日）					平均值
	6/24	7/1	7/8	7/15	7/22	
I	23.4b	26.8b	36.7b	47.9b	58.6b	38.7
II	16.2c	21.4c	29.8c	36.5c	47.3c	30.2
III	9.1d	11.2d	17.5d	25.8d	32.1d	19.1
IV	52.7a	76.1a	98.3a	116.5a	147.8a	98.3

2. 不同目防虫网对高山番茄棉铃虫控制效果的影响

由表 13-17 可知，不同目防虫网对棉铃虫均具有显著的隔离效果，但差异不显著。

表 13-17 不同目防虫网对高山番茄棉铃虫的控制效果 （虫口密度）

处理	调查日期（月/日）					平均值
	7/27	8/3	8/10	8/17	8/24	
I	1.2b	1.4b	1.8b	2.1b	2.4b	1.8
II	1.1b	1.4b	1.9b	2.0b	2.3b	1.7
III	1.3b	1.3b	1.7b	1.9b	2.1b	1.7
IV	6.3a	7.8a	12.1a	17.3a	22.6a	13.2

三、结论与讨论

试验结果表明，在高山温室番茄栽培中，利用防虫网隔离蚜虫、棉铃虫均具有显著的作用。对于防控高山番茄蚜虫，防虫网目数越高防控效果越好；对于防控棉铃虫，40 目、50 目和 60 目防虫网防控效果差异不显著。考虑到经济防控成本，建议使用 50 目防虫网隔离高山番茄蚜虫和棉铃虫。

不同目的防虫网对高山番茄植物学性状、产量、品质、病害等的影响是笔者接下来要做的研究工作。

（焦忠久 矫振彪 朱凤娟 邱正明）

第九节　悬挂黄板对高山番茄蚜虫控制效果比较研究

湖北高山蔬菜主要分布在宜昌、恩施、十堰等鄂西山区的二高山（海拔 800～1200m）和高山（海拔 1200～1800m）地区，面积 6.7 万公顷，产量 300 多万吨，产值达 25 亿元（万福祥等，2010），产品销往我国 30 多个大中城市，对弥补广大低山和平原地区夏秋蔬菜淡季市场供应具有重要作用（肖小勇等，2012）。主要的高山蔬菜种类有萝卜、大白菜、甘蓝、番茄、辣椒，占高山蔬菜种植总量的 90%左右，其中高山番茄播种面积已达 1.0 万公顷，主要分布在宜昌长阳乐园、襄樊南漳薛坪镇（邱正明，2011）。高山番茄主要害虫有蚜虫（主要是桃蚜 *Myzus persicae* Suzer）、棉铃虫[*Helicoverpa armigera* (Hübner)]、潜叶蝇（主要是美洲斑潜蝇 *Liriomyza sativae* Blanchard）、斜纹夜蛾（*Spodoptera litura*）等（张世法等，2014），其中蚜虫造成的危害最大，除刺吸植物体内汁液，还可分泌蜜露，引起煤污病，影响植物正常生长（林星华等，2011），更重要的是传播多种植物病毒，如黄瓜花叶病毒（cucumber mosaic virus，CMV）、马铃薯 Y 病毒（potato virus Y，PVY）和烟草蚀纹病毒（tobacco etch virus，TEV）等（刘欢欢等，2015）。

目前防治高山番茄蚜虫的主要方法是 5～7 天喷施一次吡虫啉或者啶虫脒等化学农药（焦忠久等，2012），因为高山番茄是连续采摘的蔬菜，导致农药残留高，削弱了高山番茄在市场上的优势，同时因为长期单一使用一种化学药剂，导致蚜虫对吡虫啉抗药性增强（潘文亮等，2000），化学防治效果不理想。悬挂黄板既可以长时间诱杀目标害虫，又可以降低产品农药残留，减轻蚜虫抗药性，因而是防治高山番茄蚜虫比较理想的一种方法。本研究从悬挂黄板的大小、方向、高度、密度 4 个方面，系统研究了黄板对高山番茄蚜虫的防治效果，以期为高山番茄健康栽培病虫害全程绿色防控在黄板诱杀方面提供理论参考。

一、材料与方法

(一)材料

高山番茄品种：'先正达瑞菲'。
黄板：湖北农长兴农业有限公司(20cm×15cm，25cm×20cm，30cm×25cm)。

(二)方法

1. 试验地概况

试验地点长阳土家族自治县贺家坪镇紫台村，海拔 1200m；每个大棚 333.5m²(半亩地)，所有大棚均为东西方向建设，每亩使用复合肥(15-15-15)95kg、商品有机肥 500kg、功能微生物包(自主研发)40kg，大棚内不使用任何化学杀虫剂；4 月 10 日播种，6 月 15 日移栽，采用基质育苗(朱凤娟等，2016)；移栽后第 2 天悬挂黄板；垄宽 90cm，垄与垄之间 50cm，株距 45cm，行距 70cm(姚明华等，2011)，单杆整枝。

2. 黄板悬挂高度对高山番茄蚜虫控制效果的影响

将尺寸为 25cm×20cm 的黄板按照其平面与植株行平行方向的方向悬挂，每亩悬挂 30 张，从高于黄瓜植株顶端 0cm 开始，共设 5 个处理，依次为–20cm、0cm、20cm、40cm、60cm，每个处理重复 3 次，悬挂后 1 周开始统计每板的诱虫数量，每个重复随机取 3 块板调查诱集到的蚜虫数量。

3. 黄板悬挂方向对高山番茄蚜虫控制效果的影响

将尺寸为 25cm×20cm 的黄板悬挂在距离植株顶端 20cm 处，每亩悬挂 30 张，设 2 种不同的悬挂方向，分别是板面垂直地面但与植株行平行、板面垂直地面且与植株行垂直，每个处理重复 3 次，悬挂后 1 周开始统计每板的诱虫数量，每个重复随机取 3 块板调查诱集到的蚜虫数量。

4. 黄板大小对高山番茄蚜虫控制效果的影响

将黄板按照其平面与植株行平行的方向悬挂在距离植株顶端 20cm 处，每亩悬挂 30 张，设 3 种不同大小的黄板处理，分别为 20cm×15cm、25cm×20cm、30cm×25cm，每个处理重复 3 次，悬挂后 1 周开始统计每板的诱虫数量，每个重复随机取 3 块板调查诱集到的蚜虫数量。

5. 黄板悬挂密度对高山番茄蚜虫控制效果的影响

将 25cm×20cm 黄板按照其平面与植株行平行的方向悬挂在距离植株顶端 20cm 处，设 4 种悬挂密度，每亩分别为 20 张、30 张、40 张、50 张，每个处理重复 3 次，悬挂后 1 周开始统计每板的诱虫数量，每个重复随机取 3 块板调查诱集到的蚜虫数量。

(三)数据整理与分析

所有数据均采用 SPSS13.0 进行统计分析。

二、结果与分析

1. 黄板悬挂高度对高山番茄蚜虫控制效果的影响

由表 13-18 可知，悬挂高度 20cm 的黄板诱杀数量最高，平均诱杀量为 307.8 头，说明将黄板悬挂在靠近植株顶端上下 20cm 处，诱杀高山番茄蚜虫效果最好。

2. 黄板悬挂方向对高山番茄蚜虫控制效果的影响

由表 13-19 可知，平行方向诱杀数量最高，平均诱杀量为 230.0 头，说明将黄板按照平行方向悬挂诱杀高山番茄蚜虫效果最好，且方便农事操作。

表 13-18　黄板悬挂高度对高山番茄蚜虫诱杀数量的影响　　　（单位：头）

悬挂高度/cm	调查日期(月/日)										平均值
	06/24	07/01	07/08	07/15	07/22	07/29	08/05	08/12	08/19	08/26	
60	125.3a	175.8a	182.6a	284.7a	295.1a	290.8a	163.4a	146.5a	126.4a	122.1a	191.3a
40	176.8a	182.3a	187.5a	301.2a	310.7a	305.4a	177.4a	156.8a	146.7a	123.5a	206.8a
20	288.6b	296.4b	311.2b	398.6b	410.3b	406.8b	278.6b	254.1b	222.6b	210.9b	307.8b
0	266.7b	278.4b	281.6b	352.8b	396.4b	378.5b	248.1b	231.7b	218.6b	206.7b	285.0b
−20	168.1b	172.3b	184.1b	291.3b	301.5b	298.8b	168.7b	144.5b	132.1b	128.6b	199.0b

注：表中数据均为每次调查的平均值，且是每块黄板正反面的诱杀数量，下表同。

表 13-19　黄板悬挂方向对高山番茄蚜虫诱杀数量的影响　　　（单位：头）

悬挂方向	调查日期(月/日)										平均值
	06/24	07/01	07/08	07/15	07/22	07/29	08/05	08/12	08/19	08/26	
平行方向	178.6a	185.3a	188.9a	265.3a	298.4a	288.5a	243.5a	222.1a	218.6a	211.3a	230.0a
垂直方向	122.5b	132.4b	138.6b	177.7b	208.6b	195.4b	144.7b	136.4b	128.5b	122.7b	150.8b

3. 黄板大小对高山番茄蚜虫控制效果的影响

由表 13-20 可知，30cm×25cm 诱杀数量最高，平均诱杀量 243.4 头，但与 25cm×20cm 诱杀数量差异不显著，考虑到黄板的使用成本，建议生产上选择 25cm×20cm 的黄板。

表 13-20　黄板不同大小对高山番茄蚜虫诱杀数量的影响　　　（单位：头）

黄板大小/cm	调查日期(月/日)										平均值
	06/24	07/01	07/08	07/15	07/22	07/29	08/05	08/12	08/19	08/26	
20×15	142.8a	162.5a	175.3a	211.4a	245.3a	233.1a	176.4a	148.3a	132.4a	118.9a	174.6a
25×20	177.6b	188.1b	198.6b	265.3b	286.7b	276.4b	256.8b	246.7b	235.4b	228.1b	236.0b
30×25	180.1b	192.8b	207.3b	272.4b	296.3b	286.1b	262.7b	258.3b	246.7b	231.4b	243.4b

4. 黄板悬挂密度对高山番茄蚜虫控制效果的影响

由表 13-21 可知，每亩悬挂 50 张诱杀数量最高，平均诱杀量 243.1 头，但与每亩悬挂 30 张诱杀数量差异不显著，考虑到黄板的使用成本，建议生产上每亩地悬挂 30 张。

表 13-21　黄板不同悬挂密度对高山番茄蚜虫诱杀数量的影响　　　（单位：头）

悬挂密度/(张/亩)	调查日期(月/日)										平均值
	06/24	07/01	07/08	07/15	07/22	07/29	08/05	08/12	08/19	08/26	
20	148.5a	155.3a	168.5a	245.3a	265.5a	258.7a	244.1a	238.4a	232.5a	221.7a	217.9a
30	164.3b	172.4b	188.7b	265.1b	278.6b	268.4b	255.8b	250.7b	246.7b	238.9b	233.0b
40	172.8b	178.6b	189.6b	269.8b	282.4b	275.3b	264.1b	255.1b	248.9b	242.1b	237.9b
50	177.5b	182.7b	192.4b	274.3b	289.7b	277.1b	272.3b	262.8b	252.3b	249.8b	243.1b

5. 成本效益分析

由表 13-22 可知，采用悬挂黄板防治高山番茄蚜虫比使用化学农药如吡虫啉、啶虫脒等，每亩可节农资成本约 45 元，节约人工成本可 280 元，同时该种防治方法对环境友好、对食品安全。

表 13-22　悬挂黄板与化学防治高山番茄蚜虫经济效益比较

放置方式	亩农资成本	人工成本
化学防治	5 元/次×12 次= 60 元	2.5 个工×120 元/个工= 300 元
悬挂黄板	30 张×0.5 元/张= 15 元	1/6 个工×120 元/个工= 20 元
节约	45 元	280 元

三、结论与讨论

试验结果表明，在高山温室番茄栽培中利用黄板防治蚜虫，黄板悬挂距离植株顶端 20cm 处、黄板平面与植株行平行方向悬挂黄板诱杀蚜虫效果最好，考虑到黄板的使用成本，建议每亩悬挂 25cm×20cm 的黄板 30 张，能够经济有效地防治高山温室番茄蚜虫。

在高山上建设大棚，其走向主要由地形决定，本研究所用大棚均为东西走向大棚，在这种情况下得出的上述参数，如果大棚走向变成东西或者其他走向，上述参数是否依旧使用，需要进一步去研究。

（焦忠久　矫振彪　朱凤娟　邱正明）

第十节　植物寄生线虫的高山综合防治策略

一、植物寄生线虫及其病害的发现

线虫属动物界线虫门（Nematoda），是一类两侧对称原体腔无脊椎动物。线虫种类繁多，据估计有 50 万～100 万种，在种类和数量上仅次于昆虫。线虫分布非常广泛，大部分生活在海水、淡水、沼泽地里，有的生活在土壤中，也有的寄生在动植物及人体内。大约有 10%的线虫寄生在植物上，称为植物寄生线虫或植物线虫。植物线虫是一类重要的病原生物，其中许多种是国际公认的毁灭性有害生物，如松材线虫（*Bursaphelenchus xylophilus*）、穿孔线虫（*Radopholus similes*）、马铃薯金线虫（*Globodera rostochiesis*）等。

1743 年 Needham 在小麦上发现了粒线虫，第一次在植物上发现了寄生线虫。1855 年 Berkeley 从黄瓜上发现了根结线虫（*Meloidogyne* spp.），这是农业上危害最大的一类线虫，形成的根结能使植株根系失去正常的活力并严重影响地上部分的生长。1857 年 Kuhn 从生产纤维的起绒草（*Dipsacus fullorum*）上发现了腐烂茎线虫（*Ditylenchus dipsaci*）。19 世纪中叶，当欧洲的甜菜根部受到严重危害时，在甜菜根部发现一种线虫，这种线虫几乎毁灭了当时欧洲的甜菜生产和制糖工业，引起人们的高度重视。1859 年德国的 Schacht 发现了甜菜胞囊线虫（*Heterodera schachtii*），这也是一类重要的有害线虫。虽然发现植物寄生线虫已有 200 多年，但直到 20 世纪 40 年代，线虫作为一种有害生物在农业生产上的重要性才被真正认识。

二、植物寄生线虫的危害

植物寄生线虫给植物带来的危害主要表现在三个方面：第一，线虫在刺穿根细胞的时候对根造成了机械损伤，水分和营养的吸收受到阻碍，造成植物生长发育不良；第二，植物线虫在侵染的同时产生有刺激过度生长作用的物质，引起寄主植物畸形，如虫瘿、根结、胞囊等，严重影响产品的品质；第三，线虫侵染的伤口部位，给其他植物病源物的侵入留下了通道，很容易引起其他细菌或真菌病害的发生。凡是被线虫侵染的植物几乎都会受到其他植物细菌和真菌病原菌的侵入，造成复合病害的发生。尤其是迁移性线虫，由于它不是固定取食，其活动更容易大范围传播病害。此外，植物寄生线虫中的毛刺线虫科（Trichodoridae）和长针线虫科（Longidoridae）还是植物病毒的载体，在其侵染植物的过程中传播多种植物病毒，造成植物病毒性感染。

目前对植物有害的线虫约有 3000 多种，而在我国发现的有 40 多种，其中对作物为害最严重的是根结线虫和胞囊线虫。主要为害的作物有花生、大豆、小麦、马铃薯、烟草、甜菜、柑橘、麻类等，一般发生可使作物减产 10%～40%，严重时能减产 70%～80%，甚至绝产。据统计，花生根结线虫在山东、河北、陕西、广东、海南和四川等地，造成一般性减产 20%～30%，严重的达 80%，甚至绝产。每年山东省因线虫为害就造成花生减产 5000 万千克，经济损失达 2 亿～3 亿元。胞囊线虫病在东北地区、内蒙古、陕西、安徽、江苏、湖北等地都有发生，受害面积 130 万公顷以上，减产可达 50%～80%。黑龙江大豆减产约 5000 万～1 亿千克。寄生在水稻上的水稻潜根线虫(*Hirschmanniella oryzae*)，广泛分布在水稻产区，使水稻的减产 7%～15%。

三、植物寄生线虫的防治

植物寄生线虫主要生活在土壤中或寄生于植物体内，危害隐蔽，防治比较困难。目前应用于植物线虫防治的方法主要有化学防治、物理防治、生物防治等。

(一)化学防治

目前用于线虫防治的化学杀虫剂主要有用作土壤熏蒸处理的熏蒸剂(fumigants)和非熏蒸剂(non-fumigants)两大类。熏蒸剂主要有卤代烃和施入土壤后能释放出异硫氰酸甲酯的化合物两类。熏蒸剂为杀死性药剂，杀虫效果彻底，防病增产效果显著，还不易诱发线虫产生抗性，但会累及捕食植物病源线虫的肉食线虫及其他土栖动物，不利于土壤活化、天敌繁衍和环境保护。非熏蒸剂主要有除线磷(dichlofenthion)、杀线威、克线磷、甲基异硫磷、氯唑磷等有机磷农药(organophosphates)，一般均为内吸性的。非熏蒸剂由于对植物本身也有害，故只能在播种前空白地使用，使用时期有限，故只能作为预防使用。

(二)物理防治

物理防治主要是通过轮种、休闲、旱季耕翻、覆盖和利用抗病及耐病品种等措施来避免线虫的为害。如果一块地根结线虫为害严重，可以改种根结线虫不能为害的作物，或者通过休耕、旱季翻耕、灌水浸泡等方式来降低土壤中的虫口密度。但是由于现代农业中，土地资源有限，耕种指数高，以及受地域气候条件的限制，这种方法的作用也非常有限。

(三)生物防治

生物防治是利用线虫的天敌来控制虫口数量和限制线虫引起的损失，且对人、动物和环境均相对安全，能够起到可持续性的发展，是现在乃至未来的发展方向，应用前景广阔。可充分利用线虫天敌、一些微生物和高等植物产生的拮抗性代谢物、土壤改良及基因工程手段培育抗性作物等来防治植物线虫。

1. 天敌利用

在自然情况下，线虫主要是被在土壤中存在的各种天敌杀死的。这些天敌生物主要有真菌、细菌、病毒、捕食性线虫、涡虫、昆虫、螨类和原生动物等。其中真菌占了 75%。

线虫天敌真菌主要有捕食真菌和内寄生真菌。捕食真菌是通过捕食器官来捕食线虫，主要有三个属：节丛孢属(*Arthrobotrys* spp.)、单顶孢霉属(*Monacrosporium* spp.)和小指孢霉属(*Dactylella* spp.)。其中应用较为成功的是节丛孢属的寡节丛孢菌(*A. obligospora*)。内寄生真菌产生的孢子附着在线虫的表皮上，发芽形成刺入线虫体内的芽管，包括拟青霉(*Paecilomyces* spp.)、轮枝霉(*Verticillum* spp.)、被毛孢(*Hirsutella* spp.)和链枝菌(*Catenaria anguillulae*)等。目前，淡紫拟青霉(*P. lilacinus*)的应用最为成功。这是一种重要的卵寄生真菌，同时也可侵染幼虫及其成虫，广泛分布于土壤中，尤其是在植物根际。Carol 等还报道了淡紫拟青霉的培养液滤液中有杀线虫的物质，已被各国学者广泛应用于根结线虫的生物防治并成为商品制剂。

线虫专性寄生细菌不多，研究最多的主要是巴斯德氏穿刺芽孢杆菌(*Pasteuria penetrans*)，其球形胞子黏附于线虫表面，随着侵入植物根系的受感染线虫发育，细菌在虫体内大量增殖，最后破坏虫体，孢子被释放出来，进行再次感染寄生。因为该菌的孢子很耐干旱，抗逆性强，所以很有应用价值。但是这种细菌由于是专性寄生，很难进行体外培养，是多年来国内外的一个难题，在很大程度上限制了该菌的应用。此外，一些芽孢杆菌属(*Bacillus* spp.)的细菌和假单胞菌(*Pseudomonas* spp.)也被报道有杀线虫活性。

捕食性线虫据报道有巴特勒属(*Butlerius* spp.)和矛线属(*Dorylaimus* spp.)等约 10 个属的线虫。其他捕食线虫的天敌还有缓步动物(水熊)、扁虫、跳虫、螨类及原生动物等，如类狭下循螨(*Rlypoaepis naculeifer*)、相似新食螨(*Tyrophagus similis*)和异形长角跳虫(*Entomobyroides dissimilis*)等。除此之外，还有一些病毒、立克次氏体(Rickettsia)等也能寄生线虫，但具体研究非常有限。

2. 利用微生物和高等植物产生的拮抗性代谢物

一些根际微生物能产生一些对线虫有毒的物质，如吸水链霉菌(*Streptomyces hygroscopicus*)产生的阿维菌素(Avermectin)，是很有效的杀线虫剂，防效是普通非熏蒸剂的 10～20 倍。苏云金芽孢杆菌产生的苏云金素和伴胞晶体蛋白对线虫也有较高毒性。据董锦艳报道，多种高等真菌也产生杀线虫物质，如奥尔类脐菇(*Omhalotus olearius*)产生的一种环十二缩肽物质对根结线虫有很高的毒杀活性，从一种子囊菌中分离的 9-交酯葵烷化合物对秀丽隐杆线虫(*Caenorhabditis elegans*)也有很高的活性。另外，有些植物产生对线虫有毒性的化合物。目前已经报道的对植物寄生线虫有活性的植物有 40 多科 100 多种，主要为一些草本植物。其中万寿菊属(*Tagetes* spp.)植物报道最多，主要是对根结线虫有毒性；其次还有苦豆子植物，从苦豆子(*Spohora alopecuroidel*)中分离的苦豆碱具有很强的杀线虫活性。有的植物如苦楝(*Melia azedarach*)对松材线虫和肾形线虫(*Rotylenchulus reniformis*)等有较高的活性。此外还有毛鱼藤(*Dernis elliptica*)、穿心莲(*Androgphis daniculataness*)等多种植物对线虫有防治作用。最近，有报道称辣椒植株的残留物对南方根结线虫也有很好的防治效果。

3. 抗性育种

通过现代基因工程的手段进行抗线虫育种来防治植物寄生线虫，一般有三种方法：一是导入抗性基因；二是改变某些在线虫和植物识别中关键的信号；三是在植物中表达对线虫有毒的代谢物。

对天然抗性品系的研究发现天然植物中存在着多种抗线虫基因，如抗马铃薯金线虫所有致病型的 *Gro1* 基因及和它紧密相连的 *H1* 基因，还有来自番茄的抗性基因 *Hero* 和 *Mi* 基因，而且 *Hero* 和 *Mi-1* 还是广谱抗性基因，*Mi-1* 既抗根结线虫又抗马铃薯蚜虫(*Macrosiphum euphorbiae*)；*Hero* 既抗马铃薯金线虫(*Globodera rostochiensis*)又抗马铃薯白线虫(*Globodera pallid*)。此外还有来自花生的 *Mae* 和 *Mag* 等基因，甜菜胞囊线虫抗性基因 *Hs1pro-1*。烟草也有抗性品系存在。小麦中也发现了抗胞囊线虫基因 *CreX* 和抗根腐线虫基因 *Rlnn1*。由于这些基因本身就是植物来源的，一般能引起植物的超敏反应等抗性反应，使植物局部坏死，线虫不能取食，所以对作物的品质无影响，在抗线虫育种中发挥着非常重要的作用，有的还已经开发出了抗性品种。一些产生对非目标生物无毒产物和不影响食用的一些代谢产物的基因通过基因工程的手段在植物中表达，也可以达到防治的目的。例如，把对线虫有毒的苏云金芽孢杆菌基因 *cry6A* 转入番茄，成功培育出了抗根结线虫的品种。

(刘晓艳　闵　勇　王开梅　万中义　江爱兵　曹春霞　张志刚　杨自文)

第十一节　根结线虫病害的发生与土壤微生物群落的关系研究进展

根结线虫病害是为害蔬菜生产的很重要的病害之一，寄主分布广泛，从豆类、瓜类、茄果类到绿叶菜类、根菜类及葱蒜类等蔬菜，产量损失达 30%～50%，严重时减产 60%以上甚至绝收。根结线虫病害发生地同时往往伴随着枯萎病、根腐病等各种土传性真菌病害和部分细菌性病害的发生。全球已发现有 3000 多种根结线虫对植物造成为害，在我国已发现的根结线虫有爪哇根结线虫(*M. javanica*)、南方根结线虫(*M. incognita*)、花生根结线虫(*M. arenaria*)和北方根结线虫(*M. hapala*)。根结线虫病害的发生与土壤微生物群落的变化有着密不可分的关系。

土壤是各种微生物的大本营，在某种程度上土壤微生物群落调节着土壤健康甚至整个生态系统的平衡。土壤微生物中细菌的种类和数量最多，占土壤微生物总量的 70%～90%。土壤中不同类型的细菌有不同的作用，有的能够固定空气中的氮元素，合成细胞中的蛋白质；有的能够分解农作物的秸秆，它们大多是异养菌。除了细菌以外，土壤中数量较多的其他微生物是放线菌(抗生素的主要产生菌)和真菌，而藻类和原生动物等较少。土壤微生物是构成土壤肥力的重要因素。

一、根际微生物对根结线虫的影响

Orion 等(2001)研究了胶质对于根结线虫卵的保护作用，将卵囊及单个孢子置于土壤和胶质中，土壤中的单个孢子很快就会被各种微生物分解，而置于胶质中的单个孢子则会受到保护，避免被分解。卵囊则是无论在土壤中还是胶质中，受到微生物的破坏作用都极大地降低了。

根结线虫在入侵寄主的过程中，有很多酶基因是来源于微生物，如分解植物细胞壁的酶 β-1,4-内切葡聚糖酶，见表 13-23。

表 13-23　根结线虫中的酶

酶种类	存在的线虫种类	来源	功能
β-1,4-内切葡聚糖酶	根结线虫(*Meloidogyne incognita*)	细菌	降解细胞壁
果胶酸酯裂解酶	爪哇根结线虫(*Meloidogyne javanica*)	细菌、真菌	降解细胞壁
多聚半乳糖醛酸(内切)酶	根结线虫(*Meloidogyne incognita*)	细菌	降解细胞壁
分支酸变位酶	爪哇根结线虫(*Meloidogyne javanica*)	细菌	改变植物激素平衡；供给细胞生长

此外可能还需要根际微生物中的一些物质来完成寄生的过程。

EI-Hadad 等(2011)通过温室盆栽试验发现，一些防治线虫病害的生物肥含有多粘芽孢杆菌(*Paenibacillus polymyxa*)、巨大芽孢杆菌(*Bacillus megaterium*)、环状芽孢杆菌(*B. circulans*)等，能够降低根结线虫的虫口数量，如每千克土壤中能降低 95.8%二龄幼虫、63.75%雌虫数量及 57.8%雄虫。

Mohamed 等(2014)通过接种灭过菌的土壤和不灭菌的土壤根结线虫，发现不灭菌的土壤里根结线虫根结要比灭过菌的土壤少且小，根结线虫卵的数量少了 93%。PCR 变性梯度凝胶电泳分析显示，很多微生物种类附着在根结线虫身上，从而影响了雌虫的繁殖能力。

二、根结线虫对土壤微生物的作用

植物寄生线虫会在根系中造成空隙，而这些空隙就会影响根系中的碳进行转移，从而可以养活很多微生物。线虫的存在不会影响微生物的生物量，但会影响根系中光合产物的分配。碳的转移对微生物的影响取决于线虫与植物的互作，以及线虫在寄主体内的发育阶段。通过构建保护地根结线虫土壤细菌和放线菌的系统发育树，刘玮琦等(2008)分析出根结线虫保护地土壤细菌种群主要包括 α、β、γ 变形细菌亚群，以及拟杆菌门、放线菌门等类群，其中能引起植物根癌病的根癌农杆菌所占比例较大。人工接种不同数量的根结线虫虫卵，黄瓜植株根际土壤微生物的数量也出现了变化：随接种数量的增加，根际土壤好气性细菌数量、厌气性细菌数量、细菌总数及细菌/真菌(B/F)逐渐降低；真菌数量却逐渐升高；放线菌数量在接种量为 2000 个/株时显著升高，之后随着接种量的增加逐渐降低；放线菌/真菌(A/F)在接种量为 2000 个/株时略有升高，之后随着接种量的增加逐渐降低。根结线虫侵染黄瓜植株导致根际土壤发生"真菌化"，显示土壤质量下降。

三、根际微生物区系分析方法

微生物群落多样性是指群落中的微生物种群类型和数量、种的丰富度和均匀度，以及种的分布情况。常用多样性指数(辛普森多样性指数、香农威纳多样性指数等)、丰富度指数、均一度指数来评价某一微生物群落结构及其多样性变化。常见的微生物群落结构研究方法主要包括以下两大类：基于化学或生物的方法和基于现代分子生物学技术的方法。

基于化学或生物的方法主要有：①传统的平板计数法(plate count method)；②荧光染色法(fluorescent staining method)；③免疫荧光技术(immunofluorescence techniques)；④群落水平生理学指纹方法(community level physiological profiling, 如 Biology 微平板分析)；⑤醌指纹法(quinones profiling)；⑥磷脂脂肪酸谱图分析方法(phospholipid fatty acid analysis, PLFA)/脂肪酸甲酯谱图分析方法(fatty acid methyl ester analysis, FAME)。

基于现代分子生物学技术的方法主要有：①群落水平总 DNA 分析方法，如群落总 DNA 碱基组成百分数分析方法(guanine plus cytosine)；②基于分子杂交技术的分子标记法，如荧光原位杂交和微观放射自显影集成技术(MAR-FISH)、同位素标记技术(isotopelabeling techniques)、DNA 微阵列技术(DNA microarray)；③基于报告基因的研究方法，如微生物报告基因技术(microbial bioreporters technology)；④基于 PCR 技术的研究方法，如随机扩增多态性 DNA 技术(RAPD)、扩增片段长度多态性技术(AFLP)、限制性片段长度多态性技术(RFLP)、末端限制性片段长度多态性技术(T-RFLP)、单链构象多态性技术(SSCP)、变性梯度凝胶电泳(DGGE 和 TGGE)、核糖体基因间区序列分析技术(RISA)等；⑤基于 DNA 或 RNA 序列测定的研究方法，如宏基因组测序技术(metagenome sequencing)、宏转录组测序技术(metatranscriptome sequencing)等。

虽然，基于 DNA 的现代分子生物学技术(如 T-RFLP、DGGE、TGGE、SSCP 等)在很大程度上克服了传统可培养方法的不足，但是这些技术本身也存在一些局限性，原因有两个：①行使功能的生物大分子是蛋白质，然而 DNA 甚至是 mRNA 与蛋白质之间并没有直接的一一对应关系，蛋白质翻译后的修饰也无法在这些现代分子生物学技术中得到体现；②土壤生态系统是一个由植物根系、微生物(细菌、放线菌、真菌)、土壤动物群(原生动物、中型动物区系、广动物区系)等组成的复杂系统，土壤中的生物化学过程并不只与微生物相关，仅仅利用微生物群落结构研究技术还远远不够。然而，土壤蛋白质组学克服了传统培养方法和基于 DNA 的现代分子生物学技术的不足之处，成为现代研究根际生物学特性不可或缺的技术手段。应用土壤宏蛋白质组学(soil metaproteomics)方法与技术研究植物根际生物学特性及其分子机制已成为当前科学研究的热点问题(Pierre-Alain et al., 2007; Wang et al., 2011)。Wang 等(2011)利用土壤蛋白质组学技术分析常见作物(水稻、太子参、地黄、甘蔗、烟草)根际生物学特性发现，随机挑取的 189 个土壤蛋白质中，有 107 个蛋白质来源于植物(56.61%)，有 72 个蛋白质来源于微生物(39.68%)，有 10 个蛋白质来源于动物(5.29%)。该研究还通过 T-RFLP 技术对根际微生物群落结构进行分析，结果发现，T-RFLP 技术与土壤蛋白质组学技术既有相似性又有互补性，二者都无法取代对方，而是相互验证。Wu 等(2011)进一步运用本实验优化建立的土壤宏蛋白质组学技术对连作下地黄根际土壤蛋白质表达谱变化进行研究，发现地黄连作对来自植物、微生物的土壤蛋白质表达都产生显著影响，发生差异表达的土壤蛋白质涉及能量、氨基酸、核酸代谢、次级代谢、胁迫防御、信号传递等功能，它们在植物-微生物的"根际对话"中发挥着重要作用。同样，Lin 等(2013)运用土壤宏蛋白质组学技术对新种植与宿根甘蔗根际土壤的宏蛋白质表达谱变化进行分析，也发现了很多介导植物-微生物根际对话的关键土壤蛋白。

四、根结线虫生防资源

根结线虫生防资源是指它们在自然界的所有天敌生物，包括食线虫真菌、专性寄生细菌、捕食性线虫、根际细菌、病毒、放线菌、立克次氏体、原生动物、扁虫、水熊、跳虫、螨类等。

1. 食线虫菌物

食线虫菌物是指对植物寄生线虫具有拮抗作用菌物的统称。目前国内外报道根结线虫食线虫菌物约 30 属，至少 79 种。根据世界上已报道的根结线虫生防实例，使用较多的生防菌物主要是淡紫拟青霉和厚垣孢轮枝孢等世界广泛分布的种类。

2. 线虫天敌细菌

根结线虫天敌细菌目前报道的主要是巴氏杆菌属（*Pasteuria*）的 3 个种（*Pasteuria penetrans*、*P. thornei* 和 *Pasteuria* spp.），以及根际细菌两类。其中穿刺巴氏杆菌[*Pasteuria penetrans*（Thorne）Sayre & Starr]是研究最多的线虫天敌细菌。

Pasteuria spp.的分布非常广泛，迄今已在世界上五大洲的 51 个国家及太平洋、大西洋、印度洋的各类岛屿上从 96 属 196 种土壤线虫体内发现了 *Pasteuria* 或其类似物。其中能侵染植物根结线虫的穿刺巴氏杆菌是研究较多的一种。虽然穿刺巴氏杆菌研究较多，但由于它为专性寄生物，难于人工培养，大量生产受到限制，目前尚无商品化制剂。

根际细菌是从根际分离所得，依据其对植物的反应将其分为有益、有害和中性三类。有益根际细菌又被称为促生根际细菌（pafntgorwht-pormotingrhizobacteria，PGPR），目前已经被鉴定对植物寄生线虫有效防治的根际细菌有：苏云金芽孢杆菌（*Bacillus thuringiensis*）、解淀粉芽孢杆菌、球形芽孢杆菌（*Bacillus sphaericus*）、荧光假单孢菌（*Pseudomonas fluorescens*）、放射形土壤杆菌（*Agrobacterium radiobacter*）、枯草芽孢杆菌（*Bacillus sublilis*）及坚强芽孢杆菌等。

根际细菌对线虫的作用机制目前不是特别清楚，郭荣君等将其归纳为三个主要的方面。一是产生杀线虫物质。杀线虫物质可能是含氮物降解过程中产生的挥发性的 NH_3 和 NO_2。Jatala 认为，由于细菌对线虫的这种作用方式和其产生的有毒化合物易于生产，它们可能是线虫生物防治重要的天敌类群。二是改变根分泌物影响线虫卵孵化。Racke 和 Sikora 认为从特定的根区分泌出来的根分泌物是影响线虫生活史中特定发育阶段的重要因素。根分泌物影响线虫卵孵化、线虫趋向于根的运动、线虫与寄主的识别及在根上的寄生。三是诱导植物产生系统性抗线虫能力。Zuckerman 和 Jansson 认为线虫与根的相互识别是根表面的外源凝聚素与线虫体表糖类之间的相互识别。

3. 其他捕食性天敌生物

植物寄生线虫捕食性天敌生物除捕食性食线虫菌物外，还包括捕食性线虫、水熊（缓步动物）、扁虫、跳虫、螨类、原生动物及 Enchytraeids 等几类生物。

（刘晓艳　黄大野　王开梅　闵　勇　田宇曦　杨自文）

第十二节　苏云金芽孢杆菌 NBIN863 防治番茄根结线虫和促生作用研究

根结线虫是农业生产过程中一类重要的植物病原线虫，广泛分布于世界各地，可侵染 3000 多种分属 114 个科的植物（刘维志，1998）。据估计，世界范围内每年由根结线虫等植物寄生性线虫造成的损失超过 1200 亿美元，严重为害蔬菜和其他作物生产（Chitwood，2003）。

生物防治方法以其安全、高效和无污染的特点越来越受到重视，是根结线虫未来防控策略中的主要方向之一。芽孢杆菌是自然界中广泛存在的一类细菌，种类繁多，遗传类型多样，对多种植物病原真菌、细菌和线虫具有拮抗活性，营养要求相对简单，很容易存活、定殖，以其为主剂开发的生防制剂具有加工制作简单、使用方便和耐储存等优点，是最为理想的生防菌。目前，国内外已经报道的对根结线虫具有拮抗活性的芽孢杆菌种类达 14 种。

苏云金芽孢杆菌（*Bacillus thuringiensis*，Bt）是土壤中广泛存在的革兰氏阳性细菌，生长过程中会伴随芽孢的形成而产生特异性的高毒力杀虫晶体蛋白（insecticidal crystal protein，ICP），具有对昆虫天敌、人畜安全，不污染环境，且不易诱发产生抗性等特点，现已成为世界上应用最广泛而且最成功的生物杀虫剂（喻子牛，1993）。自 1972 年 Prasad 首次报道 Bt 对线虫有拮抗活性以来（Prasad et al.，1972），越来越多的抗植物寄生线虫的 Bt 制剂在田间应用，并取得了很好的防治效果（Yu et al.，2015）。

苏云金芽孢杆菌 NBIN863 是由湖北省生物农药工程研究中心分离和保存的具有高杀线虫活力的菌株（中国典型培养物中心保存，编号 CCTCC NO. M2013612）。本研究对其杀线虫活性和促生作用进行研究，为进一步开发针对作物根结线虫的生防制剂奠定基础。

一、材料与方法

（一）材料

菌株：苏云金芽孢杆菌 NBIN863，由湖北省生物农药工程研究中心分离自安徽省九华山（东经 117°29′，北纬 30°39′）的土壤。

药剂：1.8%阿维菌素乳油，由山东潍坊双星农药有限公司生产。

番茄品种：'中蔬 4 号'，由中国农业科学院蔬菜花卉研究所选育而成。

（二）方法

试验于 2014 年 7 月在武汉市东西湖区农业科学研究所温室进行。

1. NBIN863 菌株防治番茄根结线虫盆栽试验

挑取饱满度一致的番茄种子，用 1%次氯酸钠溶液表面消毒 10min，之后用无菌水反复冲洗 5 次，放入垫有滤纸的培养皿中 25℃条件下催芽处理，然后放入育苗钵中进行育苗，待长出 3 片真叶后移栽到含有线虫的病土中，供试土壤取自武汉市东西湖区根结线虫发病严重的田块。移栽后立刻进行各药剂的灌根处理。

试验共设 3 个处理：将活化好的 NBIN863 菌株接种于 LB 液体培养基中，150r/min 振荡培养 24h 后用无菌水配置成 $1×10^8$CFU/mL 菌悬液进行灌根处理；1.8%阿维菌素稀释 1000 倍作为对照药剂进行灌根处理；以 LB 培养基灌根作为空白对照。每处理 3 次重复，每重复 15 株，每株每次灌根 20mL，每隔 7 天灌根 1 次，共 4 次。60 天后取出植株，参照 Burkett-Cadena 等（2008）的番茄根结线虫病害分级标准，统计病害发生情况：0 级，所有根系无根结；1 级，1%~10%根系有根结；2 级，11%~25%根系有根结；3 级，26%~50%根系有根结；4 级，51%~75%根系有根结；5 级，76%~90%根系有根结，6 级，91%~100%根系有根结。

根结指数=∑（各级植株数×级别）/（调查总株数×最高代表级别）

防治效果=（对照根结指数−处理根结指数）/对照根结指数×100%

2. NBIN863 菌株对番茄植株的促生长作用测定

同上述方法处理培育出 3 叶期番茄幼苗并设 3 个处理，温室条件下每隔 7 天灌根 1 次，共灌根 3 次。每处理 3 次重复，每重复 15 株，40 天后取出植株，冲洗净根部泥土，统计株高、根长和全株鲜质量。

3. NBIN863 菌株在番茄根际周围定殖能力测定

平板筛选菌株 NBIN863 抗利福平的突变体，获得能在含 20μg/mL 的利福平培养基上生长的抗性突变体。按照上述方法制备番茄幼苗，将 3 叶期幼苗移栽到花盆中。制备抗性菌株 NBIN863 菌悬液，菌悬液浓度 $1×10^8$CFU/mL，在每株番茄根际周围灌 20mL，每个处理 3 个样品，每个样品为 1 株植株根际土壤，第 0 天、1 天、5 天、10 天、20 天和 30 天后取整个根系及其周围紧密黏着的土壤。取 1g 土样浸泡在 9mL 的磷酸缓冲液（50mmol/L）中，置于转速为 150r/min 摇床振荡 30min。梯度稀释所得含菌缓冲液，涂布于含 20μg/mL 利福平的 LB 培养基上，平板于 28℃静置培养 2 天后进行菌落计数，根际定殖细菌量以 log CFU/g 计数。

（三）数据分析

试验数据利用 DPS v7.05 数据系统进行统计分析，显著性水平采用 Duncan's 新复极差法分析。

二、结果与分析

1. NBIN863 菌株防治根结线虫与促生效果

盆栽试验结果表明（表 13-24），NBIN863 菌株对于番茄根结线虫具有良好的防治效果，连续灌根 4 次 NBIN863 菌株发酵液对番茄根结线虫防治效果达到了 54.48%，略低于生产上登记的防治药剂阿维菌素。

表 13-24 NBIN863 菌株防治番茄根结线虫效果

处理	根结指数	防效/%
NBIN863 菌株	37.33 b	54.48 ab
1.8%阿维菌素	33.65 b	58.96 a
对照	82.00 a	—

注：表中同列数据后不同小写字母表示差异显著（α=0.05），下表同。

2. NBIN863 菌株对番茄的促生效果

如表 13-25 所示，1×10^8CFU/mL NBIN863 菌株发酵液对番茄具有良好的促生效果，株高、根长和全株鲜质量均有大幅度的增加。与空白对照相比，株高、根长和全株鲜质量分别增加了 49.10%、43.69%和 52.50%，对照药剂 1.8%阿维菌素则无明显的促生作用，并且 NBIN863 菌株发酵液处理的番茄叶片颜色明显比空白对照和 1.8%阿维菌素处理的绿些。

表 13-25 NBIN863 对番茄的促生效果

处理	株高/cm	根长/cm	鲜质量/g
NBIN863 菌株	85.94 a	22.33 a	35.70 a
1.8%阿维菌素	50.33 b	14.33 ab	20.08 ab
对照	57.64 b	15.54 ab	23.41 ab

3. NBIN863 菌株在番茄根际周围定殖能力

如图 13-1 所示，在 NBIN863 菌株灌根处理后，在不同时间点检测该菌株在番茄根基周围的定殖情况，随接菌时间的延长，NBIN863 菌株总体的定殖呈下降趋势，但下降趋势不明显，在第 30 天仍具有较好的定殖能力，定殖量达到 8.37×10^5CFU/mL。

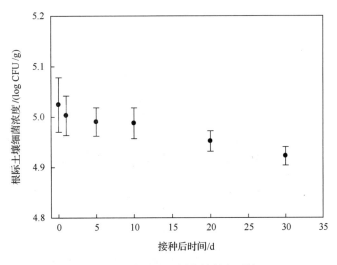

图 13-1 番茄根基周围菌株的定殖情况

三、结论与讨论

本试验结果表明，NBIN863 菌株具有良好的防根结线虫病、促生和定殖作用，前期的研究结果发现 NBIN863 菌株杀虫活性物质为 cry9Aa-like 蛋白，是一种杀虫晶体蛋白，分子质量约为 98kDa（刘晓艳等，2014），该菌株发酵液中是否还存在其他水溶性活性物质还需要进一步研究。为了提高 NBIN863 菌株的杀虫蛋白晶体和其他活性物质含量，其发酵工艺值得进一步研究。

在作物病害的生物防治中，生防菌能否在一个生态系统中定殖的能力是决定生防效果的一个重要因素（Kloepper，1992）。苏云金芽孢杆菌在番茄根际的定殖能力决定了其防治根结线虫能力的大小，本试验结果表明，NBIN863 菌株在番茄根际具有良好的定殖能力，为其进一步商品化制剂的开发和施药技术的研究奠定基础。

目前登记的苏云金芽孢杆菌产品主要采用悬浮剂和可湿性粉剂两种剂型，对于如何保证杀虫蛋白及其他物质的活性、在田间更有利于发挥杀线虫性能、采用何种剂型需要进一步的比较与验证。

2010 年拜耳上市的类似产品坚强芽孢杆菌（*Bacillus firmus*），登记作物为玉米、棉花、高粱、大豆、油菜和草坪，对于草坪和其他作物分别推荐了灌根和拌种两种施药方式防治线虫（张一宾等，2013；Wilson and Jackson，2013），NBIN863 菌株采用何种施药方式及用量最适宜发挥抗虫活性同样需要进一步研究。

（黄大野 叶良阶 刘晓艳 姚经武 曹春霞 杨妮娜 龙 同 胡洪涛 杨自文）

第十三节　湖北省长阳土家族自治县高山蔬菜红菜薹主要病虫种类及防治技术

高山蔬菜是指在高山优良的生态条件下，利用高海拔地区夏季独特的自然冷凉气候条件生产的天然反季节商品蔬菜。高山蔬菜在弥补城市蔬菜淡季市场、促进高山地区农民脱贫致富、解决城乡劳动就业、推动山区社会主义新农村建设方面发挥了巨大作用，取了显著的经济效益和社会效益。

红菜薹（*Brassica campestris* L. ssp. chinensis var. purpurea Hort. $2n=2x=20$）又名紫菜薹、红油菜薹、油菜薹、红菜，为十字花科芸薹属蔬菜的一个变种。红菜薹起源于我国长江流域中部，是我国特有的蔬菜，主要在平原地区栽培。由于红菜薹口感甚佳，脆嫩爽口，营养丰富而深受消费者青睐。近年来，随着城乡居民生活水平的提高，越来越多的人食用红菜薹，目前，红菜薹已成为我国长江流域最主要的高产优质冬季蔬菜。夏季平原地区气温高、降水量大、病虫害多，因而夏季在平原地区很难种出商品薹。

为了解决夏季平原地区很难种出商品菜薹的问题，将红菜薹移到高山地区种植。目前对于高山红菜薹的病虫害种类尚未见报道，2010～2011 年作者开展了高山地区红菜薹病虫害种类调查，为高山地区种植红菜薹的病虫害防治及优质红菜薹生产提供依据。

长阳高山蔬菜种植始于 1987 年，当时利用高山与平原的自然温差，以火烧坪为样板引导农民建设高山蔬菜基地。经过 20 多年的发展，全县现有高山蔬菜种植面积 1.33 万公顷，年产鲜菜 60 万吨，产值 4.5 亿元。其中，海拔 1200m 以上主要种植十字花科蔬菜如大白菜、萝卜、甘蓝等，但是由于连作，病害发生严重。蔬菜种植品种单一、茬口模式集中的问题严重制约了当地高山蔬菜的发展，高山蔬菜增效潜力未得到充分发挥，间断性的"菜贱伤农"现象偶有发生。为了解决这个问题，从 2007 年起，湖北省蔬菜研究所开始在长阳火烧坪和资丘两个乡镇共 5 个海拔点进行红菜薹试种，研究红菜薹在高山上的栽培措施。

一、调查方法

2010～2011 年作者在长阳土家族自治县火烧坪和资丘两个乡镇共计 5 个海拔点的试验地开展红菜薹病虫害种类调查，调查采用定点调查与随机调查、实地调查与农户采访相结合的方法，每 10 天调查一次，每次调查都采集一定数量的病虫害标本带回湖北省高山蔬菜试验站病虫害防治实验室进行分类鉴定。

二、结果与分析

(一)高山红菜薹主要病害种类

采集田间发病植株带回湖北省高山蔬菜试验站病虫害防治实验室，通过镜检并结合相关文献确定病害病原。对于在显微镜下一时难以鉴定的，通过分离培养纯化致病菌，或者将纯化的病原菌带回武汉进行分子鉴定，以确定病害病原，最终确定红菜薹主要病害有 5 种：苗期主要是立枯丝核菌引起的立枯病；成株期主要是芸薹链格孢引起的黑斑病、寄生霜霉引起的霜霉病、芸薹根肿菌引起的根肿病、胡萝卜软腐欧文氏菌胡萝卜软腐致病型引起的软腐病，以及未知种类的病毒引起的病毒病，如表 13-26 所示。

表 13-26　高山红菜薹主要病害种类

海拔高度	400m	800m	1200m	1600m	1800m
病害	黑斑病	黑斑病	黑斑病	黑斑病	黑斑病
	软腐病	软腐病	软腐病	软腐病	软腐病
	霜霉病	霜霉病	霜霉病	霜霉病	霜霉病
	根肿病	根肿病	根肿病	根肿病	根肿病
	立枯病	立枯病	立枯病	立枯病	立枯病
	病毒病	病毒病	病毒病		

如上分析发现，高山红菜薹在不同海拔发生的病害种类总体差异不显著，仅仅是病毒病在低海拔有发生，高海拔地区尚未见发生。

(二)高山红菜薹主要害虫种类

采集田间害虫带回湖北省高山蔬菜试验站病虫害防治实验室，通过镜检并结合相关文献确定害虫种类。对于在解剖镜下一时难以鉴定的幼虫，通过两种方式鉴定：一是通过人工饲养使其化蛹、羽化直至变为成虫，然后鉴定羽化的成虫；二是将采集到的害虫标本用无水乙醇浸泡，带回武汉做分子鉴定，最终确定红菜薹主要害虫有 10 种，如表 13-27 所示。

表 13-27　高山红菜薹主要虫害种类

海拔高度	400m	800m	1200m	1600m	1800m
虫害	小菜蛾	小菜蛾	小菜蛾	小菜蛾	小菜蛾
	菜青虫	菜青虫	菜青虫	菜青虫	菜青虫
	黄曲条跳甲	黄曲条跳甲	黄曲条跳甲	黄曲条跳甲	黄曲条跳甲
	豌豆彩潜蝇	豌豆彩潜蝇	豌豆彩潜蝇	豌豆彩潜蝇	豌豆彩潜蝇
	蚜虫类	蚜虫类	蚜虫类	蚜虫类	蚜虫类
	菜蝽	横纹菜蝽	菜蝽		
	未知叶甲	未知叶甲	未知叶甲		
	黄斑长跗莹叶甲	双斑莹叶甲			
	大猿叶甲				

如上分析发现，有 5 种害虫在各海拔均有发生，分别是小菜蛾、菜青虫、黄曲条跳甲、豌豆彩潜蝇、蚜虫(主要为萝卜蚜、甘蓝蚜等)；有 3 种害虫仅在海拔 1200m 以下发生，分别为菜蝽、横纹菜蝽及一种未知叶甲；有 2 种叶甲在海拔 800m 以下发生，但是不同海拔发生的种类有别，海拔 400m 主要是四斑莹叶甲，海拔 800m 主要是二斑莹叶甲；大猿叶甲仅在海拔 400m 有发现。

（三）高山红菜薹病虫害综合防治技术

落实以农业防治、生物防治为主，综合物理防治、化学防治的策略。通过防治蚜虫、菜蝽等害虫，防治病毒病的发生；通过防治黄曲条跳甲等叶甲的幼虫，防治软腐病的发生。

1. 农业防治

(1)清洁田园，减少田间病原菌及越冬成虫。红菜薹采收后，及时清除红菜薹病残体，不给病原菌和害虫留越冬场所；中耕除草，不给害虫越冬越夏场所。

(2)冬季深耕，减少越冬虫源。红菜薹收获后，及时深翻田地，把在地下越冬的害虫翻到地面，利用冬季寒冷的气候条件将其杀死。

(3)加强栽培管理，增施有机肥，改善土壤物理性质和微生物结构，发现病株及时带出田块。

(4)选用抗病抗虫品种。

(5)与非十字花科蔬菜实行2～3年以上的轮作。

2. 物理防治

(1)黄板诱杀。利用蚜虫对黄色具有趋性的特点，在田间挂黄板诱杀蚜虫，可以有效防治病毒病的发生。

(2)灯光诱杀。利用小菜蛾具有趋光性的特点，大田内放置黑光灯，诱杀小菜蛾成虫，可以有效减少落卵量。

(3)性诱剂诱杀。把性诱剂放在诱芯里，利用诱捕器诱捕小菜蛾。

(4)防虫网育苗。防治蚜虫、叶甲类害虫、菜蝽类害虫。

(5)温汤浸种。50℃温水浸种25min。

3. 生物防治

(1)保护自然天敌，如食蚜蝇、草蛉、赤眼蜂、小菜蛾绒茧蜂、潜蝇茧蜂等。

(2)使用生物农药，如Bt制剂、核型多角体病毒、植物源杀虫剂等。

4. 化学防治

(1)地下害虫的防治。移栽前沟施颗粒剂，3%辛硫磷颗粒剂，每亩用量2～3kg(与30kg细土混匀使用)；移栽后药液灌根，48%毒死蜱乳油800倍液，每亩用药液量300kg，在浇水时一起使用。

(2)地上害虫防治。1%苦参碱醇溶液800倍液、2.5%鱼藤酮乳油100倍液、3%印棟素乳油1000倍液、25%灭幼脲3号悬浮剂600倍液、1.8%阿维菌素乳油4000倍液、10%氯氰菊酯乳油2000倍液、3%啶虫脒乳油1000倍液、10%吡虫啉可湿性粉剂1500倍液。

(3)种子消毒。用种子量的0.3%的25%甲霜灵可湿性粉剂或者50%异菌脲可湿性粉剂拌种。

(4)真菌性病害的防治。用70%锰锌·乙磷铝可湿性粉剂500倍液、68%精甲霜灵·锰锌水分散颗粒剂600倍液、25%醚菌酯悬浮液1500倍液、10%苯醚甲环唑水分散颗粒剂1500倍液、50%异菌脲可湿性粉剂1000倍液防治；细菌性病害的防治，用3%中生菌素可湿性粉剂800倍液、72%农用链霉素可湿性粉剂3000倍液、50%氯溴异氰尿酸可溶性粉剂1200倍液防治；病毒病的防治，用31%吗啉胍三氮唑核苷可溶性粉剂800倍液，但应该以防治蚜虫、菜蝽等害虫为主。

三、结论与讨论

十字花科蔬菜如萝卜、大白菜、甘蓝等是当地高山蔬菜的主栽品种，连作重，因而十字花科蔬菜病虫害发生严重。红菜薹是十字花科的一种，因而也会受到其他十字花科蔬菜上的病虫害为害；红菜薹在高山上种植时间短，种植经验尤其是病虫害防治经验缺乏，主要病虫害发生种类了解少；红菜薹移入高山种植后，对环境适应需要一段时间，非常有利于病虫害的发生。

红菜薹在平原地区的栽培历史比较悠久，其病虫害种类研究的比较清楚，主要有立枯病、霜霉病、黑斑病、软腐病、根肿病、病毒病、炭疽病、白锈病、黑腐病、细菌性叶斑病、菜青虫、小菜蛾、甘蓝夜蛾、斜纹夜蛾、甜菜夜蛾、银纹夜蛾、菜螟、蚜虫类、黄曲条跳甲、菜蝽、斑须蝽、稻绿蝽大猿叶甲、小猿叶甲、油菜蚤跳甲、大青叶蝉、豌豆彩潜蝇、短额负蝗等。与平原地区红菜薹相比，高山红菜薹所处的生长环境比较特殊：高海拔夏季气温低、降水量丰富、紫外线辐射强等，这样就造就了高山红菜薹病虫害与平原地区红菜薹病虫害发生种类的差异。根据调查结果发现，与平原地区相比，高山红菜薹病虫害种类少，尤其是随着海拔升高，病虫害种类逐渐减少。这可能是由于海拔升高，一系列生态因子变化的结果。

本研究采用定点调查与随机调查相结合的方法，2010～2011 年在长阳高山蔬菜主产区 5 个海拔共计25 个调查高山红菜薹病虫害种类发生情况，每隔 10 天调查一次。高山红菜薹和其他种类的蔬菜栽培在同一田块，昆虫又有寡食性和多食性之分，因而尽管采用这样的调查方式，仍旧对高山红菜薹病虫害种类的研究不能做到彻底完全，今后的研究还应不断加强，不断补充高山红菜薹病虫害的种类。

（焦忠久　矫振彪　聂启军　朱凤娟　邱正明）

第十四节　高山有机蔬菜病虫草害的生态防治策略

随着人们生活水平的不断提高和环境污染威胁的逐渐加大，人们对食品的质量和安全越来越重视，有机蔬菜也越来越受到青睐，有机蔬菜有着广阔的发展空间。有机蔬菜是一种在生产中不使用化学合成的化肥、农药、除草剂、生长调节剂、饲料添加剂及转基因技术的蔬菜生产体系。它与传统蔬菜的不同点主要在于土壤培肥和病虫草害防治。由于有机蔬菜在栽培过程中不允许使用人工合成的农药、肥料、除草剂、生产调节剂等，因此，在栽培中不可避免地对病虫草害和施肥技术提出了不同于常规蔬菜的要求。为提高有机蔬菜病虫草害的防治效果和效益，本研究从生态系统的角度提出了一些可行的综合防治策略。

一、有机蔬菜中病虫草害生态防治原理

在蔬菜生态系统中，蔬菜的病、虫、草都是蔬菜生态系统的组成部分，参与构成蔬菜生态系统的结构和功能。在生产中仅考虑其危害而将其消灭的想法是片面的和行不通的，仅仅依靠农药更难解决问题，这也是传统蔬菜中大量使用农药导致病虫草抗药性增加、新的病虫草害暴发、环境污染和其他生态问题的根本原因。因此，在有机蔬菜种植过程中防治病虫草害要从生态系统角度出发，根据生态学原理，采用生态策略来管理和控制它们，将其危害性限制在经济许可范围之内。

1. 生物多样性原理

增加生态系统生物多样性有利于维护系统稳定。传统蔬菜生产为提高蔬菜产量而人为改变、简化原来生物群落结构，以减少其他生物与蔬菜竞争，导致系统生物多样性减少，形成由几种甚至某种蔬菜的一个品种构成的蔬菜生态系统，生态结构的过于简单化造成系统的不稳定和抗逆性降低，一旦环境发生变化或系统受到冲击，就会导致系统崩溃，以致病虫草害暴发，造成蔬菜生产严重损失。有机蔬菜采用模拟自然生态系统的方法，运用适当措施来增加蔬菜生态系统生物多样性，以此增加系统稳定性。间、套、混合轮作增加了生物多样性，可有效提高生态系统抗干扰的能力，提高蔬菜抗逆境、抗干扰能力，以及缓冲力和恢复能力。

2. 限制因子作用原理

生物的生存和繁殖依赖于各种生态因子的综合作用，其中限制生物生存和繁殖的关键因子就是限制因子。蔬菜的病虫草的生长发育繁衍也受到各种限制因子的作用。根据限制因子原理和各种病虫草害的生物学特性，充分运用各种限制因子将它们控制在允许水平之下。

3. 生物之间链索式的相互制约原理

蔬菜生态系统中的各种生物是相互作用、相互依存和相互抑制的，在营养上形成了"蔬菜—害虫—天

敌—天敌的天敌"食物链结构。为提高蔬菜产量，在蔬菜生产中一方面要增加蔬菜的拒捕能力和天敌对害虫的捕食能力，另一方面要降低病虫捕食蔬菜的能力，主要是减少病虫草种类、种群密度及它们的活性。

4. 化感作用原理

在一个植物群落里，会有很多种能通过产生和释放一些有引诱、刺激或抑制作用的化学物来影响另一些物种。部分蔬菜品种的根际分泌物可抑制一些土壤病原物的生长，从而降低了另一部分蔬菜品种的受害程度。利用蔬菜根系分泌的杀菌素杀灭或抑制土壤病菌，防止或减轻邻近蔬菜病害。

二、有机蔬菜中病虫害防治策略

在有机蔬菜中对病虫草害实行生态防治策略，主要是根据生态学原理和自然规律，运用蔬菜和其他生物之间相互促进、相互抑制及其他生物物理措施，创造有利于蔬菜生长和天敌繁衍而不利于病虫草害发生的生态环境，保证蔬菜生态系统的平衡和生物多样性，减少各种病虫害所造成的损失，达到蔬菜增产、增收、减耗的目的。

(一)农业措施防治

农业措施防治是从蔬菜生态系统的总体观念出发，以蔬菜增产为中心，以运用各种蔬菜栽培措施为手段，创造有利于蔬菜和天敌生长繁殖而不利于病虫害发生的生态条件和农田小气候，把病虫害控制在经济水平之下。农业措施防治具有安全性、预防性和长期性，充分体现了病虫防治中"预防为主，防重于治，综合防治"的精神，是有机蔬菜病虫害管理的主要办法。

1. 选用抗病品种

选用优良抗病虫品种和砧木，充分发挥蔬菜自身因素来调控病虫害，这是蔬菜生产中最经济有效的办法。

2. 模拟自然生态系统，多样化种植蔬菜，增加农田生态系统生物多样性，是有机蔬菜防治病虫草害的基本措施

多样化种植可以拥有更多的害虫捕食者和寄生者，可以使寄主作物空间分布上不像单作那样密集。多样化种植包括时间和空间两个概念：空间上指多种蔬菜的复合种植、同种蔬菜不同品种的混合、不同种蔬菜品种的复合种植及非植物的管理；时间上主要指合理轮作和播种、收获时间的变化，增加了蔬菜生态系统中植物的多样性，从而增加了系统中动物和微生物的多样性，相应增加了病虫的捕食者和寄生者种类和数量，同时也降低了寄主蔬菜密度，从而减少病虫草害发生。

增加空间生物多样性的办法有套作、间作。通过合理套作、间作，生物学多样性增加，天敌的食物和栖息环境得到改善，这样有利于天敌繁殖，从而不利于病虫生长。依靠其他重叠蔬菜的存在，寄主蔬菜可以变得稀少而减少病虫害为害，同时，非寄主蔬菜的存在能淡化或覆盖寄主蔬菜的引诱刺激物，使害虫寻找食物趋向或繁殖过程遭到破坏。多作中，由于敏感性蔬菜和抗性蔬菜相间种植，降低了敏感性植物的密度，使得病原菌的扩散大大降低；而抗病蔬菜与敏感蔬菜相间种植，可以阻止病害繁殖体的扩散；另外，多作中部分蔬菜品种的根际分泌物或微生物可以改变土壤群落结构，抑制并减少一些土壤病原物的群体增长，从而降低了另一部分蔬菜品种的受害程度。采取多种类蔬菜的复合种植，其中叶菜类面积占 40%，茄果类占 20%，野菜类占 20%，豆类占 20%。这种混合种植方法，既能满足市民对叶菜类蔬菜有机化的要求，又能使高矮作物、迟熟早熟作物、开花和不开花作物复合型种植，从而收到较好的防病治虫效果。在茄子中间套种小麦，由小麦吸引麦蚜，由麦蚜吸引食蚜天敌——七星、龟蚊瓢虫、小花蝽等，小麦天敌转移至茄子，可消灭菜蚜为害。

轮作的基本原理是将某个地方、某个季节的病虫害与寄主蔬菜分开，种植非寄主蔬菜甚至是拮抗蔬菜，以扰乱病虫的生长发育规律，减少下一轮作中病虫害发生程度。在轮作中，最好选择不同寄主的蔬菜，选择属于不同种的蔬菜可产生最佳效果。有条件的地方最好进行水旱轮作，它能有效控制土壤中的病虫害，

还可以减少后作田间杂草。有机蔬菜中常用豆科蔬菜轮作，这样不仅能利用豆科固氮根瘤菌增加土壤含氮量，促进蔬菜健壮生长，提高其抗逆能力，而且由于不同蔬菜根际分泌物不同，还可以促进土壤中对病原物有拮抗作用的微生物活动，从而抑制病原物的滋长。

在有机蔬菜中，根据害虫发生规律，适当调整蔬菜播种时间以避开病虫害高峰期，或附近种植驱避害虫的蔬菜。夏秋季节是各种害虫发生高峰期，蔬菜大棚生产上可利用高温季节进行休闲，以避开害虫高发期，同时利用这段空闲时间对土壤进行高温消毒。十字花科植物如大蒜、葱、韭菜等根际生长着许多有益微生物，对蔬菜瓜果及大田蔬菜的土传病害，尤其是枯萎病，有非常好的抑制作用，因此在种植瓜类、叶菜类和茄果类蔬菜时套种、间种少量葱蒜类蔬菜，可以达到驱避病虫害作用。

3. 合理密植、平衡肥水

种植密度过大，田间郁蔽，不利于通风透光，田间湿度增大，有利于病虫害发生、蔓延；密度过小，则影响产量提高，因此，合理密植是提高产量、改善品质、培育健壮个体、增强抗逆能力、有效预防病虫害发生的关键技术。根据蔬菜不同生长发育期的需肥量分段平衡施用有机肥，以防蔬菜贪青旺长、抗逆能力下降。蔬菜大棚内浇水尽量采用膜下灌溉，有条件的可采用滴灌技术，可有效降低棚室内空气湿度，减轻病害发生程度。

(二)采用生物综合防治策略

充分利用自然界中有益生物资源控制病虫，对保护蔬菜生产、降低生产成本、保护和改善生态环境具有重要作用。生物防治是利用寄生性、捕食性天敌或病原菌使另一种生物的种群密度保持在低水平。它有三个基本特征：一是利用自然界中不同生物种间的对抗作用(自然控制)；二是天敌对有害生物种群的控制以密度方式起作用(自然平衡)；三是天敌的控制作用是连续的和自行持续的(自然调节)。

1. 用天敌防治害虫是生物防治最主要的办法

有害生物的天敌是农田生态系统中的重要成员，是"蔬菜—害虫—天敌—天敌的天敌"四步链中的第三环节。它广布于自然界中，是控制病虫害种群数量的重要自然因素之一。天敌主要有：天敌昆虫(捕食性及寄生性昆虫)、寄生性线虫、病原或拮抗微生物，以及一些脊椎动物。天敌的保护和利用是天敌防治的核心。创造良好的生态环境增殖天敌、增加自然界天敌存量是能否维持益害合理比例，从而达到控制目的的重要一环。当然，自然天敌种群多样，不可能都为各种天敌创造适宜的生态环境，应根据控制不同害虫的天敌优势种的生物学特性，有重点地安排，协调好优势天敌与天敌群落的增殖关系，达到天敌数量的综合增长。保护天敌的主要措施：一是优化菜田生态条件，增加菜田生态系统生物多样性，田间地头预留植物保护带，种植适量的蜜源植物和中间寄主，创造有利于天敌生存和繁衍的良好生态环境；二是采取有力措施提高天敌越冬基数，促进早春天敌增殖，增加田间天敌存量；三是要根据天敌的生物学特性，恰当地安排农事操作，做到既保证增产，又保护天敌。利用天敌的生物技术主要有：一是移植和引进外地天敌，要求天敌从害虫的原发地引进，且是单食性或寡食性，繁殖力强，与害虫的发生期和生活习性相吻合，适应力强，驯化的可能性大，传播速度快，跟随紧，能突破寄主防御行为，以达到最好的控制效果；二是人工繁放天敌，即用人工办法大量饲养繁殖天敌，在需要时释放到田间，以补充自然界天敌数量不足，使害虫在大量发生之前就受到控制，如在生产中利用赤眼蜂防治玉米螟，用蚜茧蜂防治白粉虱，用苏云金杆菌Bt防治菜蛾、菜青虫、甜菜蛾等。

2. 使用植物来源物质和某些矿物质防治病虫害

用病毒、真菌和细菌制剂、植物来源的驱避剂、昆虫性外激素、烟叶水等来驱杀病虫，减少其为害。植物源杀虫剂目前应用的主要有除虫菊素、烟碱、印楝素、鱼藤酮等。印楝素是当前世界各国研究最多的一类植物源杀虫剂，它的作用方式、作用机制独特，防治虫谱广，已发现它对200多种害虫有效，包括直翅目、鞘翅目、同翅目、鳞翅目及膜翅目等害虫；对天敌影响小，没有明显的植物毒性和脊椎动物毒性；在环境中降解迅速；地区资源丰富，可再生利用。也可使用硫磺、石灰、波尔多液等防治病虫，如应用浓度 1%的鲜牛奶悬浊液防治黄瓜白粉病，硫磺消毒土壤等措施来防治病害。波尔多液是广谱无机杀菌剂，浓度为 1∶1∶200（硫酸铜∶生石灰∶水），连续喷 2～3 次，即可控制真菌性病害。用浓度为 0.25%的苏打溶液+0.5%乳化植物油可防治白粉病、锈病。浓度为 0.5%的辣椒汁可预防病毒病，但不起治疗作用。高锰酸钾 100 倍液可用于消毒土壤。弱毒疫苗 N14 可用于防治烟草花叶病毒。木醋酸可防治土壤、叶部病害，用 300 倍液于发病前或初期喷 2～3 次。96%硫酸铜 1000 倍液可防治早疫病。生石灰可用于土壤消毒，每亩用 2.5kg。沼液可用于减少枯萎病的发生，防治蚜虫。

3. 菌物防治害虫

菌物防治害虫是利用菌物本身的生物学和生态习性，帮助其在生态系统中定殖，促进其扩大侵染流行来控制病虫种群数量。昆虫与菌物间存在着致病、寄生、共生、携带和竞争等相互依存、相互制约的关系，其中能引起昆虫疾病的内寄生菌物是害虫种群自然调节的重要因子和害虫生物防治的重要材料。我国的球孢白僵菌防治松毛虫和玉米螟是世界上最大的菌物治虫项目。

（三）物理防治

物理防治即应用物理的方法来防治病虫害，主要有引诱、封闭、人工捕捉等措施。引诱即利用害虫的某些趋性来诱杀害虫，如利用频振式杀虫灯特定的光、波、色吸引害虫扑、靠杀虫灯，然后用高压电网触杀害虫，降低田间虫口基数。另外，田间放糖醋液钵诱杀菜田黏虫、甜菜蛾；利用挂涂机油黄板或悬挂黄色粘虫胶纸对有黄色趋性的蚜虫、美洲斑潜蝇进行诱杀。封闭即用防虫网等覆盖物封住病虫害进入种植田。蔬菜上在夏秋多种害虫高发阶段用防虫网覆盖，能有效防止小菜蛾、甜菜蛾、斜纹夜蛾、青虫、蚜虫的为害。人工捕捉就是人工捉虫，摘除病叶、老叶、黄叶。田间发现少量幼虫及大若虫，施药不经济和环境污染，可进行人工捉除，在田间发现初发病的叶片、果实或病株等及时清除和拔去，减少病菌在田间扩大蔓延的机会。

使用无病、虫种苗是从源头控制病虫害的一种关键技术。在选好对种植地病虫害有抗性的蔬菜种类和品种后，先是选种，即播种前清除混杂的杂草种子和带病虫的种子；然后是晒种，晒种可有效杀灭种子表面的病菌，并可促进种子后熟，提高种子出苗率；再是浸种，浸种可杀灭黏附在种子或种块表面及潜伏在其中的害虫和病菌，如番茄叶霉病、甘蓝黑胫病菌等。对不能用选种、晒种、浸种方法除去的种传病虫害，可使用种子干热消毒法来杀死病虫。

三、有机蔬菜中草害的防治

杂草是生长在不适当地方的植物，是蔬菜生态系统生物多样性的组成部分，在蔬菜生产中有其有害和有利的两面性。因此，有机蔬菜不要求彻底清除蔬菜田间的杂草，而是运用综合措施将杂草控制在经济危害水平之内。有机蔬菜生产中不能使用任何化学除草剂，可使用的主要除草技术有覆盖防草技术、合理轮作倒茬除草技术、深耕浅耕结合除草技术、净选种子除草技术、菌物除草技术。还有人工、机械除草等方法来控制杂草种群数量，将其危害限制在经济许可范围以内。用于覆盖的物质有黑色薄膜、蔬菜秸秆、用于覆盖的生物如三叶草、南瓜、冬瓜等藤蔓植物。

利用生态方法防治蔬菜生产中的病虫草害是现代蔬菜病虫防治的必然趋势，是有机蔬菜生产中的一项重要措施，是生产安全、优质、营养农产品的必要条件，是保护和增加生物多样性、促进蔬菜生态系统良性循环、保护和改善生态环境的有力举措，是实现蔬菜可持续发展的必由之路，具有非常大的实用价值和广阔的应用前景，是植物保护研究的一个重大课题，这项技术的研究、应用和推广会创造巨大的经济、社会和生态效益。

（邱正明）

第十五节　湖北省长阳土家族自治县高山蔬菜主产区农药使用状况调查与分析

湖北高山蔬菜播种面积已达 160 万亩，总产量逾 400 万吨，总产值过 40 亿元。经过二十多年的发展，高山蔬菜产业现已逐步发展为带动山区农民增收的重要支柱产业之一。随着高山蔬菜种植品种多样化及复种指数的提高，为病虫害提供了更丰富的食源，病虫害呈逐年加重的趋势。化学农药防治病虫害具有见效快、使用方便、经济实惠等优点，菜农使用化学农药量随着病虫害的逐年加重也在逐年增多。为了了解当地高山蔬菜农药使用情况，笔者对湖北长阳高山菜农使用农药和农资经销商销售农药情况进行了调查，然后进行综合分析，找出了菜农农药使用存在的主要问题，并据此提出解决问题的对策，供同行参考。

一、调查内容与方法

1. 调查时间和地点

2011 年 6 月至 10 月在湖北长阳火烧坪和资丘 2 个高山蔬菜主产区 5 个海拔点(即 1800m、1600m、1200m、800m、400m)分 5 轮调查，每轮调查 5～7 天。

2. 调查对象和内容

调查对象为农户和农资经销商。主要针对农户调查，对农资经销商的调查是对农户调查的补充。对农户主要调查农药购买渠道、选药依据、常用农药种类、农药使用技术等；对农资经销商主要调查个人培训问题、进货渠道、经营年数、推荐用药依据等。

3. 调查方法

调查主要采用实地走访与发放问卷的方式，即针对农户，主要采用实地走访，现场登记农户家储存的农药，同时让农户填写调查问卷。针对农资经销商，主要采用问卷调查，随机调查农资经销商 20 余家，发放调查手册 50 余份，收回有效调查手册 20 余份。每个海拔定点调查农户 5 家，共调查农户 40 家，随机调查农户 20 余人，发放问卷 60 余份，收回有效问卷 40 余份。

二、结果与分析

1. 农户购药渠道

65%的农户选择在镇种子站购买，30%的农户选择在镇农资零售商处购买，仅有 5%的农户选择在村子内或邻村小卖部、小摊、小店处购买。可见，农户一般选择在乡镇上有一定信誉度的镇种子站处或农资零售商购买农药，只有极少数农户贪图便宜又便于赊欠，选择在本村或邻村比较熟悉的小卖部等处购买农药。从菜农购药渠道来看，基本能保证所购农药的质量。

2. 农户选药依据

农户选择农药看重的是农药防治效果，在防治效果相差不大的情况下，则看重农药价格。50%的农户根据自己的用药经验选药，20%的农户看农药标签后决定试药，15%的农户听取农资经销商推荐用药，15%的农户听取亲友邻居推荐用药。85%的农民既注重防治效果又注意所选农药的毒性，15%的农户在考虑效果的同时又考虑价格。在确定用药时期时，70%的农户先去田间调查，根据病虫发生情况确定是否用药，30%的农户看到别人在用药也随之用药。

3. 农户常用农药种类

菜农防治害虫的农药有氟铃脲、除虫脲、甲维盐、阿维菌素、烟碱、鱼藤酮、苦参碱、印楝素、浏阳霉素、Bt、甜菜夜蛾核型多角体病毒、溴氰菊酯、氰戊菊酯、吡虫啉、啶虫脒、毒死蜱、辛硫磷、马拉硫磷、氯虫苯甲酰胺等 19 种；防治病害的农药有代森锰锌、霜脲氰锰锌、烯酰吗啉、杀毒矾、醚菌酯、农用链霉素、井冈霉素、多抗霉素、噻枯唑、喹啉酮、叶枯唑、氯溴异氰尿酸、噻呋酰胺、福美双、福美锌、咪酰胺、二氰蒽醌、苯醚甲环唑、戊唑醇、氰霜唑、嘧啶核苷、乙酸铜、病毒 A、三氮唑核苷、盐酸吗啉胍等 25 种；该区菜农使用的农药基本上是符合无公害蔬菜生产要求的。调查发现，高海拔地区和低海拔地区除 Bt 制剂以外，其他农药品种差别不大；剂型多为水剂、水分散粒剂和可湿性粉剂，其次是颗粒剂。

4. 经销商售药情况

80%以上的农药经销商每年都在县植保站接受过农药使用培训，对农药剂型、毒性及使用方法比较熟悉。这些农资经销商的进货渠道大部分是县农资市场，部分农药是厂家直接供货，可以保证所售农药质量。

三、存在的问题

1. 农户盲目使用农药

主要涉及盲目扩大农药防治谱，如用噻呋酰胺防治细菌性病害；盲目扩大农药使用浓度，如 1.8%阿维菌素推荐倍数 3000～4000 倍，在当地用到 1000 倍；农药使用量上多是凭感觉用，很少有农户用量杯量取。

2. 识别病虫能力差

大多数农户对为害重、常年发生的病虫认识较多，如菜青虫、小菜蛾等，但对一些新病虫如美洲斑潜蝇、缘枯病等认识较少，贻误了防治这些病虫的最佳时间。

3. 重治病，轻防虫

很多农户认为病害发生比虫害发生严重，且一旦发生难以治疗，因而在病害防治上比较重视，在虫害防治上比较放松，这也造成错失防治某些病害的最佳时机，如大白菜、甘蓝等病毒病的防治。如果前期做好蚜虫类害虫的防治，这些病害发生就比较轻。

4. 安全意识差

农民对农药的使用、存放和处理存在一定的隐患。80%的菜农不采取任何安全防护措施徒手配药和喷药，甚至有些农户一边吸烟一边喷药；喷药时间的选择上，15%的菜农选择在 11：00～13：00，这个时间点用药很容易造成农药中毒；农药的存放上，55%的农民把农药存放在杂屋内、床下或随意放，35%的农户存放在上锁的隐蔽处，10%的农民现买现用不存放；空药瓶的处理上，85%的农户将农药瓶随手扔在地边上。

四、对策

1. 对菜农开展技术培训

广大菜农科技素质不高，不能够正确识别蔬菜病虫害，不能掌握农药的正确使用技术。如对于病虫害发生时期不能适时用药，或者前期不用杀菌剂，待病害发生时才使用杀菌剂，防治效果不明显，结果就认为药剂不好用；还有一些感温型药剂如阿维菌素及吡虫啉，应该在 20℃以上使用才会发挥药效，有些菜农盲目使用，防治效果不佳。所以，应该在政府的支持下，科技人员深入田间地头，面对面地对菜农进行培训，只有菜农科技水平提高，才能保证我国蔬菜的质量。

2. 搞好试验示范

做好试验、示范是推广新技术、新经验、新品种最为有效的手段。农民之所以不接受新农药，原因是我们缺乏事例去说服农民。目前市场上农药品种繁多，高效低毒、生物农药等新农药品种层出不穷。因此，必须坚持以试验数据说服农民、以示范效果打动农民，只有这样，才能使新技术、新农药得到尽快的推广和应用。

3. 大力发展生物防治技术

坚持以菌治虫和以虫治虫。利用苏云金杆菌、白僵菌、灭蚜和赤眼蜂、七星瓢虫等，可以防治蔬菜的菜青虫和蚜虫等；使用以菌治菌的生物农药，如用83-增抗剂可防治番茄、大白菜病毒。

4. 加强管理监控，严格控制高毒农药的销售

一是要对目前农药市场经营情况进行清理整顿，对不符合农药经营条件的从业者，一律清理出农药市场；二是要加强检查监察，既要严厉打击假冒伪劣农药，又要加强对高毒、剧毒农药，尤其是甲胺磷、对硫磷、甲基对硫磷等品种销售控制。

（焦忠久　矫振彪　朱凤娟　吴金平　郭凤领　邱正明）

第四篇

高山特有菜用植物资源发掘利用技术研究

第十四章 高山菜用植物资源征集、评价与鉴定

第一节 湖北鹤峰薇菜资源征集与生境调查研究

一、高山野生薇菜资源的分布及生产情况

薇菜是一种叫紫萁(*Osmunda japonica* Thund)及其近缘种分株紫萁(*Osmunda cinnamomea* L. var. *asiatica* Fernald)嫩叶加工而成的山野菜，是一种宿根性多年生蕨类植物，每年春季初生嫩叶柄在拳卷期，其组织鲜嫩，营养丰富，可以食用。我国紫萁科植物有 8 种，嫩叶可食用的有 3 种，其中作为薇菜开发的有 2 种，即紫萁和分株紫萁。近 20 年来，以其初生嫩叶干制后食用，有很高的营养价值和经济价值，人们习惯称为薇菜，是目前经济价值较高的蕨类植物之一，因其营养丰富，味道鲜美、风味独特，且采自山野，被誉为"山珍"和"山菜之王"。紫萁主要分布在我国长江流域以南地区，中医药上称紫萁贯众或高脚贯众，业内人士称为南方薇菜。分株紫萁主要分布在我国东北地区，被称为东北薇菜。本报告中的薇菜主要指南方薇菜。

南方薇菜主要分布在长江流域以南地区，以四川、湖南、湖北、贵州、广西、云南、安徽分布较多，陕西南部、甘肃南部和台湾地区也有分布，日本、朝鲜、韩国、越南、不丹亦有分布。薇菜喜温、喜湿、忌阳光直射，主要分布在山地疏林、林缘、河流两侧，半阴坡、阴坡沟坎边，伴生植物有苔藓、山苍子、芒萁、马尾松、杜鹃、狗脊等，在秦岭以南山地海拔 300～2400m 地区均有分布，海拔 800～1500m 地区长势良好。

薇菜植株有两个生态变异类型，一是红茎类型，二是绿茎类型，初加工以后其颜色趋同。坡度 15°～45° 薇菜分布居多，阴坡比阳坡生长好，薇菜对土壤 pH 要求较高，一般在 pH5.5～6.5 的微酸性条件下生长良好，薇菜在气温 20～30℃能正常生长，20℃左右为最佳温度，温度过低生长缓慢，温度过高(高于 32℃)生长停滞，易被灼伤致死。薇菜对光照很敏感，比较适宜的光照是 30%～50%的遮阴度，每天 2500lx，8h 左右的光照有利于薇菜的生长，光照过大植物矮小，薇菜纤维化速度快，菜的质量不高，林木过密或遮阴过度，薇菜植株较高，但十分纤细，达不到商品等级，在南方海拔 800～1500m 山地，光、温、水等条件较适合薇菜生长。

鹤峰县薇菜在全县不同海拔地区均有分布(400～1800m)，主要产区为海拔 800～1500m 的地区(图14-1)，长势良好，产量高。低海拔由于夏季温度较高，长势较差，产量不高，高海拔地区夏季温度偏低，加上无霜期短，长势也较差，产量低。红茎类型和绿茎类型的分布比例有所不同，在几个海拔主要基地的采摘情况来看，红茎类约占 70%，绿茎类约占 30%。鹤峰县薇菜的年收获面积 15 万亩左右(主要为野生采摘的)，年收获量 350t。目前的市场需求量约为 5000t 以上精制干薇菜，60%以上供出口，因此生产量远不能满足市场需求。

全县目前薇菜人工栽培面积达到 3.01 万亩(表 14-1)，平均亩产 50kg 左右，一、二级品达 85%以上。精制薇菜达 500t，生产复原薇菜 2000t，2012 年鹤峰县全县薇菜产业实现产值 1.35 亿元，为农民增收 3800 万元，薇菜种植农户人均增收 890 元。

表 14-1 鹤峰县薇菜主要产区及面积情况调查表

地点	面积/亩
燕子乡	8 110
太平乡	7 180
五里乡	5 590
下坪乡	4 850
中营乡	4 370
合计	30 100

二、薇菜生境因子对薇菜的影响

我们主要对武陵山区薇菜的生态学特性进行了初步研究，设置 20m×20m 样地共 22 个，调查样地内多度(样地内总株数)、株高、地径，以及海拔、坡度、坡向、土壤类型、土壤 pH、光照强度、湿度等环境因子，分析其与薇菜分布于生长的关系，现分述如下。

1. 坡度对薇菜生长及分布的影响

从表 14-2 可以看出，坡度对薇菜分布影响很大，16°～45°薇菜分布较多，生长状况良好。

表 14-2 坡度对薇菜生长及分布的影响

坡度	0～15°	16°～25°	26°～35°	36°～45°	>45°
分布株数/株	71	494	619	351	238
平均地径/cm	0.45	0.48	0.49	0.48	0.46
平均株高/cm	52.5	56.35	5.9	60.4	36.8

2. 光照强度对薇菜分布与生长的影响

从表 14-3 可以看出，光照强度对薇菜的分布与生长有很大影响，薇菜生长比较适合的遮光度是 30%～50%的林下生长，光照强度过大，薇菜植株矮小；林分郁闭度过大，薇菜植株较高，但较纤细。

表 14-3 光照强度对薇菜分布与生长的影响

郁闭度	0.1	0.2	0.3	0.4	0.5	0.6	0.7	0.8	0.9	1.0
分布株数/株	41	73	275	572	347	154	76	78	81	154
平均地径/cm	0.40	0.40	0.41	0.44	0.44	0.42	0.40	0.38	0.36	0.35
平均株高/cm	25	29.5	56.0	55.7	57.3	60.0	59.5	62.5	65.0	70.0

3. 土壤酸碱性对薇菜分布及生长的影响

从表 14-4 可以看出，土壤酸碱性对薇菜分布及生长有较大影响，薇菜适合生长的 pH 为 5.5～6.5 的弱酸性土壤。

表 14-4 土壤酸碱性对薇菜分布及生长的影响

土壤 pH	0.58	0.65	0.68	7.0	7.2
分布株数/株	897	524	320	72	38
平均地径/cm	0.49	0.48	0.48	0.47	0.47
平均株高/cm	58.7	56.4	57.0	47.3	48

三、野生薇菜生物学特性鉴定

紫萁科的植物都具有二型叶，有营养叶和孢子叶之分，营养叶又称不育叶，为二回羽状复叶，平展，能进行光合作用，比孢子叶生长期长，一般至当年 11 月地上部分枯死，以宿根越冬，孢子叶又称能育叶，其羽片收缩成狭线型，红棕色无叶绿素，孢子囊生于羽片边缘，产生孢子粉，是形成原叶体繁殖后代的材料，孢子成熟后孢子囊开裂，孢子粉散落地面，孢子叶先于营养叶枯死。地下茎粗短斜升，外面包被着宿存的叶基，叶簇生于茎的顶端，初生幼叶密被棕色或白色绒毛，叶片展开后绒毛脱落，有无性时代即孢子体世代和有性世代即配子体(原叶体)世代两个相互独立的世代。现将紫萁和分株紫萁的形态特征分述如下。

薇菜，株高 50～80cm，根状茎粗短斜升，叶二型，有营养叶和孢子叶之分，簇生，幼叶密被棕色绒毛。营养叶为二回羽状复叶，平展，能进行光合作用，比孢子叶生长期长，一般至当年 11 月地上部分枯死，以宿根越冬，营养叶三角状阔卵形，长30～50cm，宽25～40cm，腹面有浅纵沟，禾秆色，顶端以下二回羽状复叶，互生，近平展，几无柄，宽披针，长羽片5～8对，对生，略斜向上，有柄在基部，下部的长10～14cm，宽6～9cm，奇数羽状，二回羽片4～7对，基部圆形或圆楔形，长3.5～4cm，宽1～1.5cm，边缘具匀密的矮钝锯齿，基部偏斜，坚纸质和薄革质，细嫩时有黄棕色绒毛，叶脉羽状，侧脉二叉分枝。孢子叶羽片收缩成狭线型，红棕色无叶绿素，孢子囊生于羽片边缘，产生孢子粉，是形成原叶体繁殖后代的材料，孢子成熟后孢子囊开裂，孢子粉散落地面，孢子叶先于营养叶枯死。孢子叶叶柄长20～45cm，叶片二回羽状，长18～30cm，宽3～6cm，羽片3～4对，斜向上，小叶片高度收缩退化成呈线形，长1.5～2cm，沿主脉两侧密生孢子囊，孢子成熟后孢子叶枯死，孢子粉散落地面，有时在同一叶上也能看到孢子叶和营养叶。

地下茎粗短斜升，外面包被着宿存的叶基，叶簇生于茎的顶端，初生幼叶密被棕色或白色绒毛，叶片展开后绒毛脱落，有无性世代(即孢子体世代)和有性世代(即配子体)(原叶体)两个相互独立的世代。

每一株薇菜每年的孢子叶会产生数以亿计的孢子，但是也只有极少数能进行受精而形成幼苗，主要是因为薇菜较种子植物原始，其繁殖过程对水的依赖性极高，在孢子体萌发原叶体形成及幼苗生长初期难以保证适宜的环境条件，特别是对水分的要求，因此薇菜和其他许多蕨类植物一样，会产生大量的孢子以维持物种的繁衍。

（郭凤领　周长辉　陈磊夫　吴金平　符家平　邱正明）

第二节　高山特有蔬菜资源——卵叶韭的调查

卵叶韭(*Allium ovalifolium* Hand.-M zt.)又名鹿耳韭(唐进和汪发缵，1980)，在湖北长阳、五峰等地俗称天蒜，四川汉源俗称山片。多年生草本，多生于阴湿山坡及沟边林下。卵叶韭营养价值高，品质柔嫩鲜美，口味辛香，又因其生长于海拔2000m左右的高山上，是一种纯天然、无污染的绿色有机食品，可采食嫩叶，现已有企业加工出口欧洲。卵叶韭植株是一味中药，性味辛、温，有散瘀、镇痛、祛风、止血等药效(方志先和廖朝林，2002)。卵叶韭主要分布在我国贵州北部和东北部、云南西北部、青海东部、甘肃东南部、陕西南部、湖北西部和四川西南部(段玉权等，2002；李素清和秦文，2005；兰波和秦文，2005)。四川的卵叶韭分布在雅安市天全县和汉源县等地，天全县野生卵叶韭的面积约达1.3万公顷，年产45万吨。湖北的卵叶韭分布在五峰土家族自治县和长阳土家族自治县，以五峰土家族自治县为主，而五峰土家族自治县的卵叶韭集中在该县大花坪。大花坪林场内卵叶韭以前分布范围广、数量多，目前数量稀少，笔者在有经验的药农带领下，仅在人迹罕至的地方见到卵叶韭。因此，希望通过此次调查研究，为有关部门加强大花坪林场卵叶韭的保护提供科学依据。

一、研究方法

2012年4～6月采用走访调查法和典型样地调查法(李卫芬等，2010；刘海华等，2010；徐艳琴等，2010；王济红等，2011)，笔者对大花坪卵叶韭分布地进行系统调查。大花坪位于北纬30.32°～30.52°、东经100.32°～110.43°，平均海拔1900m，相对高差小，坡度平缓。成土母质以石灰岩的灰质页岩为主，喀斯特地貌显著。年均温9.5℃，最低温-15℃，相对湿度85%以上，平均年降水量1700mm左右，无霜期不足200天。走访调查得知大花坪卵叶韭主要分布在响水洞、洞湾、刘家槽和中湾，因此在这4个地方各设置样地1个，每个样地内随机设定样方2个，对这4个样地内卵叶韭的形态、居群分布生境和主要伴生植物种类等进行详细研究。土壤含水量测定采用烘干法，土壤pH采用PHS-3C精密pH计测定。调查样方面积100m^2。对样方内乔木层进行每木检尺，把树高≥5m、胸径≥5cm的所有木本植物划归为乔木层；灌木层为胸径≤5cm的木本个体及其层间植物；草本层(含卵叶韭)在样方内对角线设置1m×1m的样方。郁闭度按吴宇昕和杨钧(2010)的测线法进行测定，盖度按王济红等(2011)的方法计算。

二、结果与分析

1. 大花坪林场卵叶韭资源现状

据调查，十年前大花坪卵叶韭分布非常广，储量大，但人类活动导致大花坪卵叶韭数量减少了近80%。目前大花坪卵叶韭主要分布在4个地方，分别是响水洞、洞湾、刘家槽和中湾。总面积约11.3hm²，最大密度为每平方米228株。具体面积和样方内卵叶韭株数如表14-5～14-7。

表14-5　不同生态型植株茎长、茎粗和根长

	调查株数	茎长/cm	茎粗/cm	根长/cm
多年生	20	16.48	0.56	17.25
当年生	20	4.74	0.12	3.91
平均值	20	10.61	0.34	10.58

表14-6　3个调查点的株高及叶片性状

地点	调查株数	株高/cm	叶片数	叶长/cm	叶宽/cm	长宽比
响水洞	20	11.30	2.1	7.93	4.80	1.65
洞湾	20	12.5	1.5	8.79	5.29	1.66
刘家槽	20	12.4	1.7	9.38	5.69	1.65
平均值	20	12.07	1.77	8.70	5.26	1.65

表14-7　大花坪林场卵叶韭资源统计表

地点	群落面积	样方面积/m²	样方内卵叶韭株数
响水洞	119m²	1	184
洞湾	1公顷	1	227.5
刘家槽	10公顷	1	228
中湾	0.3公顷	1	201

2. 大花坪林场卵叶韭分布生境

经走访调查，卵叶韭主要分布在海拔2000m的山坡灌木丛中，有少量乔木，地衣和苔藓的覆盖度较高，常伴有溪水或其他水源，且生长较密。其概况与实地调查相吻合。大花坪林场的响水洞、洞湾、刘家槽和中湾的卵叶韭生长地海拔为1800～2100m，均为伴有常年溪水或下雨即有流水的山谷缓坡地，多为南坡、东南坡，生境常年阴暗、潮湿。生境所处森林群落为落叶阔叶林。乔木层林冠参差不齐，郁闭度在0.2～0.4，以落叶树种为主，灌木层也为落叶树种，盖度在30%～60%，地被物以地衣、苔藓为主，盖度为35%～80%。调查发现，卵叶韭在3种土壤基质中生长，分别是土壤、苔藓和落叶腐殖质，土壤酸度较大，pH5.4左右。洞湾和刘家槽的卵叶韭着生在苔藓植物和腐殖质上，土壤母岩以灰质页岩为主，只有腐殖质层和基岩层，腐殖质层厚度在5～10cm，含水量7%左右。响水洞和中湾的卵叶韭着生在黄黏土壤上，上被一层较薄的阔叶林落叶及腐殖质(表14-8)。

表14-8　大花坪林场卵叶韭分布生境调查表

样地	地点名称	经纬度	海拔/m	坡向	坡度	主要地被植物	生境特点
1	响水洞	N30.20680 E110.37273	1821	北坡	40～50	苔藓、落叶灌木为主，少量阔叶落叶乔木	小溪南侧，从山脚到山腰，土壤富含腐殖质、湿度大
2	洞湾	N30.19738 E110.36076	1874	东坡 东南坡	60～70	苔藓、落叶灌木为主，少量阔叶落叶乔木	小溪两旁，从山脚到山腰，灌木丛生，坡度大，苔藓覆盖度高，地温较低，土壤富含腐殖质、湿度大
3	刘家槽	N30.22705 E110.38375	2045～2064	南坡 西南坡	60～70	苔藓，落叶灌木，落叶阔叶乔木	融雪水，灌木丛生，坡度大，苔藓覆盖度高，地温低，土壤富含腐殖质、湿度大

3. 卵叶韭的形态特征

卵叶韭株高 11.3～12.4cm，根为须根系，根系发达，一级根多的达 30 条，长 3.91～17.25cm，最长的达 25cm，远长于其地上部分，呈黄白色。鳞茎单生，近圆柱状，外皮灰褐色，老化后形成黑褐色棕网状叶鞘。茎长 4.74～16.78cm，茎粗 0.12～0.56cm。叶基生，多年生苗叶片 2 片，当年生苗叶片 1 片。叶片卵状心形，长 7.93～9.38cm，宽 4.80～5.69cm，长宽比为 1.65～1.66，叶先端急缩成短尖头，边缘皱波状；叶柄半圆柱形，与叶片近等长；叶鞘白色，膜质，抱茎。叶片有两种颜色，当年生植株的叶色是绿色，一年或多年生老鳞茎是淡紫色和绿色。随着海拔的上升，两种不同叶色的个体比例也有所不同。在响水洞(海拔 1821m)，卵叶韭叶是绿色的植株分布较多；在洞湾(海拔 1874m)，两种不同叶色植株分布比较均匀；在刘家槽(海拔 2045～2064m)，叶是淡紫色的植株占绝大部分。由图 14-1 可见，花茎自叶鞘间抽出，纤细，高 35～66cm；总苞 2 裂，宿存；伞形花序顶生，近圆球形，着生多而密集的花；花白色，萼片和花瓣均为白色，均为 3 个，萼片狭长小舟形，花瓣长椭圆形至椭圆形；雄蕊 6 枚，花丝长为花被片的 1.5～2.0 倍，基部合生并与花被片贴生，雌蕊 1 个，子房上位，基部收狭窄成短柄，柄长约 1mm，3 室，每室 1 胚珠。花柄粉红色，长 0.8～1.2cm，蒴果，种子黑色。

图 14-1　A 卵叶韭生长的地表；B 不同大小的叶片；C 花；D 根；E 种子生苗(最左)和不同年份的老鳞茎苗

4. 卵叶韭的生长习性

卵叶韭在大花坪的生长繁育期为 3～9 月，3 月上中旬开始发芽，4 月下旬至 5 月期间是叶片采收期，4 月底开始抽薹开花，7 月下旬至 9 月可收获种子。卵叶韭是由种子繁殖的多年生草本植物，有两种不同的生长型：①由种子萌发的新生卵叶韭植株，叶片 1 片，叶片绿色且较小，当年生卵叶韭植株不开花结籽；②由一年或多年生的老鳞茎长成的植株，叶片 2 片，叶带有淡紫色或绿色，叶片大，开花结籽。当年生植株在茎长、茎粗和根长等方面都要明显小于多年生植株。

三、结论与讨论

大花坪卵叶韭主要分布在海拔 1800～2100m 的高山落叶阔叶混交林，种群数量大小不一。分布生境多位于南坡、西南坡和东南坡，同时生境内还需常年凉爽湿润，一般有常年水流或间断水流，乔木层、灌木层空旷，其盖度在 35%～50%；地被物以苔藓植物为主，盖度在 35%～80%。卵叶韭主要以成片集群分布在苔藓或腐殖质上。

卵叶韭主要以成片分布在特殊生境里，生态位狭窄，基本限于凉爽湿润的阔叶落叶林下生长，土壤和群落小气候因子对其自然分布起着极为重要的作用。大花坪林场降水量较大，地表径流冲刷严重，若生存环境保水能力较差，卵叶韭种子将会四处流失、腐烂，人为采集严重和自然更新能力差是导致大花坪林场卵叶韭资源日益枯竭的主要原因。大花坪林场卵叶韭每个居群均集中分布在地表苔藓植物丰富的地方，通过种子繁殖来扩大种群。苔藓植物的存在可能为卵叶韭种子的保存、萌发提供了较为适宜的环境，苔藓植物的多寡是否影响卵叶韭的自然更新能力还有待于进一步研究。大花坪卵叶韭十年间数量减少80%，其减少的原因主要是：公司的高价收购加工促使当地农民的掠夺式采摘，使卵叶韭种群数量急剧下降；农民的开荒和林下间作使卵叶韭的生境迅速减少；林业的发展使得森林群落多样性急速下降，卵叶韭生态环境变得脆弱，易发生自然灾害而影响卵叶韭的生存，如2010年由于山体滑坡，致使洞湾卵叶韭面积减半；目前卵叶韭还没有成熟的技术进行人工繁殖和栽培，只能依靠其自然繁殖发展，恢复速度较慢。在卵叶韭的科学保护和合理开发利用方面，一是应设立保护区，保护现有的卵叶韭种群和其生境，限制掠夺性采摘；二是应积极开展相关技术研究，主要是开展人工繁殖、栽培、采收、采后处理和深加工等方面的研究。在卵叶韭的采收上要按可恢复要求采摘，只能采摘有两片叶的多年生卵叶韭的其中一片，留一片供其继续生长，且留种的卵叶韭不能采摘叶片。

（郭凤领　邱正明　邓晓辉　吴金平　董斌峰）

第三节　襄荷资源开发利用现状分析

襄荷(*Zingiber striolatum* Diels)俗名襄草、观音花、阳荷、阳藿、由姜、野老姜、野生姜、野姜、莲花姜、茗荷，为被子植物门(Angiospermae)双子叶植物纲(Dicotyledoneae)藤黄目(Guttiferales)姜科(Zingiberaceae)姜属(*Zingiber*)多年生草本植物。襄荷国内主要分布于陕西、江苏、江西、福建、湖北、湖南、海南、广东、广西、四川、贵州、云南、重庆等省(自治区、直辖市)。其中尤以云南省文山壮族苗族自治州(以下简称文山州)西畴县的栽种量最大，1999年西畴县被中国特产之乡委员会列为"中国襄荷之乡"。襄荷原是生长在山林间的野生蔬菜，随着现代医药、食品科技的迅速发展，襄荷的食品保健功能不断被发现。为此，本文结合笔者实地调研和参考有关文献资料，就我国襄荷资源开发利用现状作一综述，以期对今后襄荷资源综合利用有所帮助。

一、特征特性

襄荷为多年生草本，平均株高为150cm左右，最高可达171cm，叶互生，长椭圆形或线状披针形，长30～35cm，宽8～10cm，叶面光滑。地下茎匍匐生长，向下抽生肉质根，肉质根上着生大量须根；向上抽生紫红色嫩茎，见光呈绿色，叶鞘紫色，紧裹嫩芽，形如小竹笋，俗称襄荷笋。襄荷笋在4月从地下茎抽生，宜在长13cm、叶鞘未散开前采收，一年只能采1～2次。襄荷笋晴天采收在冷藏条件下可放置约2个月。6～9月其火红的果实——襄荷苞(食用部位)从根部冒出，多花密集成穗状花序，花蕾由紫红色的肉质鳞片包被，生长10～15天即可采收，在花蕾出现前采收，过迟则组织老化，纤维增加，不堪食用。第一批采收后，第二批又如繁星似的冒出土面，一般可采收3～4批。花苞采收后可上市销售或加工，堆放在细沙中可储藏6个月以上。花苞单个重10～15g，大的达30g以上，每兜生果实几十个，多的达近百个，第一年每亩可采收1000kg以上，第二年以后产量可达每亩1500kg以上。地下肉质茎风味似姜，有芳香味，在晚秋时地上部分开始枯萎后，可陆续采收食用。襄荷的叶片可以做泡菜、梅干菜，秋季襄荷茎秆可作为牲畜的优质饲料。另外，襄荷火红花苞、剑形绿叶、多茎秆丛生植株具有很高的观赏价值，作为盆栽花卉别具一格。植株昼夜释放特殊清香，室内外栽培襄荷，夏日驱蚊效果较好。据《本草纲目》记载，其根、茎、叶、花可入药。

二、繁殖方法

襄荷生长的海拔高度为 300～3000m，以海拔 800m 左右最适宜；海拔 300m 以下只长笋，不形成花苞；海拔 1200m 以上品质好，但产量下降。一般零星散种于农户房前屋后肥沃湿润处，低山多种植于树阴下。

1. 分蔸繁殖

一般用地下茎分蔸繁殖，将地下茎挖起，每蔸 2～3 芽切开，作繁殖材料。移栽可在秋季(9～10 月)或春季(3～4 月)进行，采取大小行定植，大行距 60cm，小行距与株距 30cm，亩栽 3300 蔸左右。

2. 种子繁殖

用种子播种育苗，种子发芽率低，苗期长，在种块充足的条件下，一般不采用种子繁殖。

3. 组织培养

生产上农民长期利用地下茎繁殖，由于病虫害侵染和病毒积累等原因，造成种性退化，产量变低，品质变差。用脱毒组培技术培养生产的襄荷，可恢复原有的种性，植株生长旺盛整齐。

三、开发价值

据《中药大辞典》和《全国蔬菜全科》记载，襄荷具有很高的食用价值和药用成分。襄荷除富含蛋白质、氨基酸、维生素、糖类、有机酸及矿物元素等多种营养成分外，还具有活血调经、镇咳祛痰、消肿解毒等功效，对内可治感冒咳嗽、气管炎、哮喘、风寒、牙痛、腰腿痛、月经失调等，对外可治皮肤风疹、跌打损伤、淋巴结核等症。

1. 营养价值

襄荷营养丰富，含有多种人体发育所必需的维生素、蛋白质和矿物质，在 100g 鲜物净重中，含蛋白质 12.4g、粗蛋白 1.58g、脂肪 2.2g、粗纤维 28.1g、总酸 1.11g、总糖 3.41g，维生素 C、A、B 共约 104mg，磷 0.35g、钙 0.18g、铁 0.077g 等。

2. 药用价值

Kim Ha Won 等研究了 89 种可食用植物的氯仿抽提物对超氧阴离子产生的抑制作用，结果襄荷显示了最强的抑制活性，并发现襄荷能够抑制巨噬细胞中诱导型促炎基因的表达。这意味着襄荷具有很强的抗氧化和抗炎潜力，在预防和/或治疗慢性炎症相关的癌症方面也许会具有很广阔的应用前景。罗兴武等发现襄荷含有多种矿物质和人体必需的 17 种氨基酸，襄荷中锌含量高达 174mg/kg，可作为有机锌或甲硫氨酸锌功能食品开发利用。襄荷富含膳食纤维，而膳食纤维具有降低胆固醇、减少胆结石形成、防止糖尿病和肠胃癌等功效。襄荷芽和根部含有姜油酮、姜油酚，能促进消化，增强血液循环，具有发汗、解毒、镇痛、消炎的作用。襄荷根及根茎含有酚类、皂苷、生物碱和氨基酸物质。郝南明等从襄荷的乙醇提取物中分离得到胡萝卜苷、β-谷甾醇和蔗糖三个化合物。

3. 工业价值

随着人们生活水平的提高，对食品安全提出了更高的要求。天然色素食用安全，有的天然色素还具备一定的生物活性，含有大量对人体有益的成分。襄荷中含有丰富的红色素，通过襄荷红色素提取，可增加襄荷工业附加值。

四、利用现状

襄荷具有药、食、观赏、驱蚊等广泛用途。襄荷食用方法多种多样，可切成片状或丝状，伴肉或辣椒炒食，色鲜、质脆、味香，也可将其煮熟、烧熟撕细凉拌，还可腌制成泡菜等。采收旺季可以采取盐渍花序包装待售。襄荷嫩芽、花序均有特殊的辛香味，可以做成脱水蔬菜用于方便面调料；果实还可制作果脯、果酱、果汁、果酒等，其罐头、泡菜、饮料等制品已销往国内各大城市和港澳地区，以及韩国、日本等国家，在广州"中国新产品新技术博览会"上获银奖。随着襄荷功能作用的不断发现，其越来越多受到消费者青睐，但由于襄荷花苞气味较浓，很多消费者不易接受。襄荷笋气味较小，但自然生长的襄荷笋每年只在 4~5 月有，姚柏林发明了一种襄荷笋子的无土栽培方法，通过完全避光生长，可以周年供应襄荷笋。

五、产业化存在问题

我国襄荷产业发展存在的主要问题如下。①优良品种培育工作滞后。虽然襄荷已开始规模种植，但未见育成的优良品种，大都是农民通过驯化野生种而流传下来的地方种，在产业化应用中，地方原始品种的产品加工性能和原料采收期偏短。②人工栽培技术研究不足。农民多是凭借经验进行襄荷种植，缺乏对种苗繁育技术、种植密度、肥水管理、病虫防治等的系统研究。③精深加工技术缺乏。襄荷主要以鲜食为主，仅有少量被腌制加工为泡菜、罐头等，综合利用率低，精加工程度不高，农业附加值较小。

纯天然膳食纤维食品，被列为新的营养素，已成为发达国家广泛流行的食品，是继糖、蛋白质、脂肪、水、矿物质和维生素之后的"第七大营养素"。高含纯天然膳食纤维的襄荷产品产业化开发商机无限。

（吴金平　丁自立　郭凤领　陈磊夫　陈佩和　邱正明）

第四节　山地葛资源分布及产业现状调查分析

葛是我国卫生部首批批准药食两用植物，其全身都是宝，根、茎、叶、花均可入药，尤其是葛根，素有"亚洲人参"之美誉。近年来，随着现代医药、食品科技的迅速发展，葛根的品种资源、药理药化、临床应用、食品保健品开发研究等方面的研究不断深入，国内外兴起葛消费热。为此，本文结合笔者实地调研和参考有关文献资料，就我国葛资源现状和发展对策作一综述，以期对今后的葛资源研究有所帮助。

一、葛资源及其分布

葛为豆科(Leguminosae)葛属(*Pueraria* DC.)多年生落叶藤本植物。葛属植物全世界约 20 种，主要分布于温带和亚热带地区，海拔 100~2000m，喜生长于森林边缘或河溪边的灌木丛中，属阳生植物，常成片生长于向阳坡面，现自然分布于亚洲东南部、马来西亚、印度尼西亚、美洲大陆，日本、朝鲜、韩国等地区。葛属植物在我国的分布很广，除新疆、青海、西藏未见报道外，几乎遍及其他各省份，以湖南、广东、江西、云南、贵州、安徽、湖北等地分布最为集中。中国是葛属植物的分布中心，共有 9 个种和 2 个变种(表 14-9)。其中，野葛、粉葛的分布最广、产量最高，是资源较多的品种。我国药食两用葛根主要为野葛和粉葛。

表 14-9　中国葛属植物的种类及分布

种名	分布	资源情况	利用状况
野葛 *P. lobata* (willd.) Ohwi	全国大部分地区	丰富，大量栽培	药用，偶食用
粉葛 *P. thomsonii* Benth.	广东、广西、四川、云南、贵州	丰富，大量栽培	药食两用
食用葛 *P. edulis* Pampan	云南、四川、贵州、广西、湖南	较丰富，有栽培	食用，偶药用
峨眉葛 *P. omiensis* Wang & Tang	四川、贵州、云南、湖南	较丰富	偶食用药用
云南葛 *P. peduncularis* (Grah & Benth)	云南、四川、西藏	丰富	杀虫或洗衣
越南葛 *P. Montana* (Lour.) Meer.	广东、广西、福建、云南、贵州、台湾	较丰富	
三裂叶葛 *P. phaseollides* (Roxb.) Benth.	广东、广西、海南、台湾、福建、浙江	较丰富	偶药用
萼花葛 *P. calycine* Fran Chet	云南、四川	区域分布	无
狐尾葛 *P. aloqercueoides* Craid	云南	区域分布	偶药用
思茅葛 *P. wallichii* DC	云南	区域分布	无
掸邦葛 *P. stricta* Kurz	云南	区域分布	无

注：葛属植物大多数种类可作饲料，可编织为纺织原料；云南葛有毒。

二、葛产业发展

早在 2000 年前，我国就有葛根入药的记载，直到 20 世纪 90 年代初，我国葛的栽培仍处于野生或半野生状态。随着葛属植物经济价值和保健功能逐渐被认识，各地种葛积极性空前高涨，广大科技工作者也积极投入到葛属植物研究中，特别是在专门化品种选育方面做了许多工作，通过野葛或野生粉葛栽培驯化或栽培种与野生葛杂交优化等措施，选育出不少优良品种。例如，江西农业大学培育的‘赣葛3号’、‘赣葛5号’、‘赣葛7号’；合川区农业局和重庆中药研究院联合培育的‘地金2号’、‘苕葛1号’；江西上饶新田园公司培育的‘葛博士1号’；恩施自治州荣宝科贸有限公司培育的‘恩葛-08’；江西横峰的‘横葛1号’、‘横葛2号’、‘横葛3号’、‘横葛4号’、‘横葛5号’、‘木生葛根’、"春桂葛根"；江西德兴的"宋氏葛根"；西北农林科技大学培育的‘太白葛根’；湖北龙图葛业有限公司的‘龙图1号’、‘龙图2号’、‘龙图3号’；湖南天盛生物科技有限公司的‘湘葛一号’；广西柳州的‘广西85-1号’；河南新乡的‘速生葛根119’；丹阳市金葛茶场选育的‘金葛2号’等。据不完全统计，目前国内以葛为原料的加工企业有40多家（表14-10），主要分布在江西、湖南、湖北、安徽、四川、云南、广西等省（自治区），产品开发基本上以生产葛淀粉为主，绝大部分内销，少部分出口，日本、韩国、东南亚各国等是我国葛粉的主要消费市场。

表 14-10 中国部分葛产业企业名录

企业名称	所在地	主营产品	商标品牌
湖北葛娃食品有限公司	湖北钟祥市	葛粉、葛粉片、葛花茶、葛根茶、葛粉丝、葛豆丝、葛面条、葛饼干	葛娃、客店
湖北望林食品有限公司	湖北宜昌市	野生葛粉;精装葛粉;简装葛粉;散装葛粉;葛粉	望林
达州市利根葛业有限责任公司	四川宣汉县	蔬菜葛、葛根膳食纤维饼、葛片、葛根面条、葛根方便面、葛根粉丝	利根
四川省田野葛业开发有限公司	四川名山县	速溶葛粉、干葛片、葛花醒酒液及葛根黄酮、葛根素	
重庆葛粮农产品开发有限公司	重庆酉阳县	葛粉、葛根(花)茶	
江西横峰葛业开发有限公司	江西横峰县	纯葛粉、葛茶、葛露饮料、葛根	葛佬
江西省杨云科技有限公司	江西德安县	葛花汤、葛汁、葛粉、葛粉丝	御葛园
江西德兴市宋氏葛业集团有限公司	江西德兴市	葛片、葛苗、葛粉、葛粉丝、葛花茶、葛酒、葛麻、葛根素、葛根、葛根片、葛花、葛饮料	剑春
安徽省大别山葛业有限公司	安徽霍山县	野生葛粉、葛根饮片、葛根粉丝、葛根面条、葛根黄酮、葛苗	睡美女、葛宝
云南省福上福葛根酒业有限公司	云南沾益县	葛根酒	福上福
湖南省强生药业有限公司	湖南长沙市	葛胶囊	强生
永州大自然葛根产业开发有限公司	湖南冷水滩区	葛根淀粉、葛根保健酒、葛根粉丝、葛根口香糖、葛片茶、葛花茶及高档葛粉礼盒	情葛葛
张家界金秋农产品开发有限公司	湖南慈利县	葛粉、葛根粉皮、葛面	秋收、金秋
湖南大自然葛根产业有限公司	永州市冷水滩区	葛根粉、葛根粉丝、葛根酒、葛根饮料、葛根口香糖、葛根糖	
湖南湘虹葛业股份有限公司	湖南怀化市	葛根片、纯葛粉、葛根面条、葛根饮料	大葛大
湖南天盛生物科技有限公司	湖南益阳市	葛根酒、葛根茶、葛根膳食纤维产品	湘葛王、湘葛液

三、葛繁殖方法

葛藤可通过有性和无性方式进行繁殖，繁殖方法有种子繁殖、分根繁殖、压条繁殖、扦插繁殖、组织培养等。

（1）种子繁殖。一般野葛可在自然条件下开花结实，但葛根在人工栽培条件下却很少开花或只开花不结实。利用种子所产生的植株遗传性状发生分离，生长参差不齐，不符合生产上的要求，一般只有培育新品种时采用。

（2）分根繁殖。葛藤的块根或老根上，在春季植株开始恢复生长时常有不定芽萌发产生新嫩枝芽，选择长有嫩枝的块根，将嫩芽连同周围的块根一起切下，或选择老根上长有嫩枝芽的支根将其从老根上切断，然后移入育苗床或育苗袋中进行培养，或直接种入大田中。

（3）压条繁殖。压条繁殖可选取长而健壮的茎枝进行，方法有三种。①波状压条法，即把葛藤茎、枝条拉伏倒地，每隔2～3节在茎枝节部处下挖直径和深度各20cm左右的坑穴，将节部压入坑穴内然后盖上细土，以此法分段埋土。②连续压条法：把葛藤茎、枝条拉伏倒人预先挖好的深约15cm长度不限的条沟中盖实细土。③圆环状压条法：将选好的茎、枝条圈成圆环状，然后将环放入坑穴内用细土埋实。采用上述三种压条法繁殖时，只要在茎、枝条压埋时注意露出上部的幼叶和生长点，压埋后浇透水并保持土壤湿润，经过15～20天待茎、枝节部长出新根新芽后分段切断断离母株，即可形成单独的新株。

（4）扦插繁殖。从健壮的当年生茎、枝条上选取带有腋芽的节部，将其截为长8～10cm的小段作为插穗，立即插入预先准备好的苗床或育苗袋中，及时浇透水，并覆盖稻草或茅草等物遮阴保湿，20天左右即可生根萌芽。另外，也可根据条件需要，选择当年生健壮茎、枝条，截取带有3～4个芽节且长度为20～30cm的茎、枝条作插穗直接插入预先准备的大田地中，做到随截随插，覆土要厚并压实，露出上部的叶和生长点。

（5）组织培养。葛传统无性繁殖方法速度较快，但连年繁殖导致病毒积累严重，使葛种性退化、产量逐年下降、品质不断变劣。利用植物体离体器官、组织或细胞具有的再生能力，在无菌适宜的人工培养基及光、温度等条件下进行人工培养，使其增殖、生长、发育而形成完整的植株的植物组织培养技术，可以快速、大量繁殖优良品种，提纯复壮，获得无病植株。但该法成本较高，一般在母株材料少而需短时期内大量增殖和培育脱毒苗时才应用。

四、葛产业存在问题

我国葛产业发展存在的主要问题如下。①优良品种缺乏。目前，我国葛制品的生产原料大部分来源于天然野生葛，其生长时间长、产量低，且纤维含量高，出粉率低，有的还不到人工种植葛的一半。②人工栽培研究滞后。因葛资源丰富，目前大多数企业仍通过收购野生葛进行加工，对种苗繁育技术、栽培架式、肥水管理、病虫防治及整枝技术等缺乏系统研究。③精深加工缺乏。绝大多数研究都集中在葛根淀粉和葛根黄酮类化合物提取工艺上，葛粉中有效成分如葛根素、大豆皂苷、大豆皂苷元等多种异酮类化合物大量流失，且污染环境，生产葛粉过程中的副产品葛渣未能得到利用，资源浪费比较大。④企业存在恶性竞争。我国葛根产业的企业都是中小型加工企业，技术力量和经济实力都不强，大多没有固定的原料基地，在葛根收购季节，屡屡发生价格大战。⑤行业管理不健全。国内葛粉交易由于没有白度、细度、灰分、酸度及黄酮含量等产品行业标准或企业标准，从而导致葛根产品掺假现象时有发生。

五、解决葛产业存在问题的对策

为做大、做强葛产业，促进我国葛产业化又好又快发展，特提出如下建议。

（1）加快优良品种引进、选育、推广步伐。首先，争取政府部门立项支持，政策上予以优惠，资金上予以扶持。其次，加强协作联合攻关，科研、推广、生产各部门紧密配合，还要与省内外品种选育工作走在前面的科研单位加强交流，汲取其经验。最后，加强优良品种繁育基地建设，因地制宜推广优良品种是葛优质、丰产的基础。

（2）搞好葛基地建设，积极推行"公司+基地+农户"的联合经营模式，以户、村民小组、村、乡为基地，由企业提供资金、技术。通过订立购销合同，使龙头企业与农户、葛农形成利益一致的经济共同体，实现公司得利、基地发展、农户受益的良好局面。

（3）抓好农民技术培训发展葛产业，离不开农民，而农民技术的高低是葛产业发展的关键。因此，要千方百计加大对农民技术的培训力度，有针对性地进行葛生产技术培训，让他们学会和掌握育苗、种植、采收等一系列技术，由此以点带面，加快葛产业发展步伐。

（4）扶持发展龙头企业，推进葛深加工扶持发展。葛精深加工的龙头企业，是发展壮大葛产业、推进葛产业化经营的关键，可以采取以下措施：一是依靠现加工企业，引进资金，扩大规模，优化生产工艺，对葛进行深加工；二是根据葛产业发展规模，积极引入竞争机制，通过招商引资的办法，吸引客商来兴办大型加工企业、销售公司和基地，共谋葛产业大计；三是落实政策，对投资葛加工的各龙头企业，认真落实支持龙头企业发展的各项政策措施，在税费、用地、技术等方面给予支持，鼓励企业对葛精深加工，提高葛的质量及经济价值。

(5)强化行业管理。建立葛产品行业标准或企业标准，规范目前我国葛产业行业管理制度，杜绝葛根产品掺假现象。

（吴金平　丁自立　郭凤领　陈磊夫　邵仙墙　邱正明）

第五节　武陵山区凤头姜产业现状调研与分析

武陵山区属中亚热带季风湿润气候，由于有群山屏障，与同纬度地区相比，冬季偏暖，冬寒期偏短，且少严寒，盛夏凉爽，暑热时间不长，昼夜温差大。区内雨量充沛，年降水量 1100～1500mm，多集中在春、夏两季，水分蒸腾较大。这种独特的气候资源孕育了丰富的生物资源，如湖北省恩施土家族苗族自治州来凤县的生姜，姜块根肥脆，白嫩的块根紧连成扇形，顶上还有点点红蒂，像传说中凤凰的头，因此得名"凤头姜"，又名"来凤姜"，是湖北省恩施土家族苗族自治州来凤县民间经过长期选育稳定下来的地方优良生姜品种。

一、凤头姜产业现状

1. 种植效益优势明显

来凤县 1978 年凤头姜种植面积约 400 亩，2014 年种植面积约 2 万亩；咸丰、宣恩、龙山种植凤头姜面积约 1 万亩，2014 年嫩姜收购均价 8～10 元/斤，老姜收购均价 3～4 元/斤。凤头姜栽培过程中每亩用工约 30 个(生姜起垄 10 个工，栽种 5 个工，管理 5 个工收挖 10 工)，用工成本：30 天×60～80 元/天=2200元；每亩姜种成本：4.5 元/斤×500 斤=2250 元；亩用复合肥和农家肥成本约 550 元；每亩种植总成本约5000 元/亩。鲜姜收获 4000 斤/亩×3 元/斤=12 000 元/亩，100g 左右嫩姜可以收获 1000～1500 斤/亩×8～10 元/斤=10 000 元左右。鲜姜亩效益 7000 元/亩，嫩姜亩效益 5000 元/亩。

2. 种植模式不断创新

由于凤头姜种植水平较低，生姜产量有大年、小年的区分，对生姜的经济效益产生了极大的影响，直接影响了姜农的利益和生产积极性。近两年，乡、村两级引导群众转变观念，利用果园空隙地用大棚种植生姜，不仅姜嫩价高，连水果也较往年甜美，尝到甜头的姜农在果园大面积实施"果-姜"立体套种。

随着设施农业的发展，用大棚种姜，周期短，见效快，3 个多月后就可以卖仔姜，能保证新姜在端午节前上市。嫩姜上市每千克可卖到 12 元，亩均收入可达 6000 元以上。新姜卖完后，还可以利用大棚种反季节蔬菜，进一步提高土地的使用率，效益可观。根据县里的产业发展政策，绿水镇积极争取上级有关部门的支持，一方面筹建 120 亩大棚生姜进行科技示范，引导姜农"种早姜、早卖姜"，促进姜农增收；另一方面，捆绑基础设施建设项目，改善凤头姜生产重点村的农田水利设施，提高姜农的生产积极性。

县科技部门推广的"三深两覆盖"技术，即通过深耕、深种、深覆土和地膜、稻草覆盖，解决低温对凤头姜的种植影响。这种新的种植技术不仅能保证凤头姜的品质、提高亩产量，还能让村民们种植的生姜提早上市。

开展"公司+基地+农户+合作社"的模式，改变了以前农民单家独户的分散经营和小规模经营模式，促进了农业生产结构的调整与优化，进一步增强了农民抗市场风险的能力，让该县农民走上了一条合作共赢之路。

为了有效防治姜瘟病的发生，姜农采取"半姜半稻"、"稻菜轮作"、"姜菜轮作"的土地耕作模式，有效地解决了姜瘟病的危害。

3. 加工产品形态多样化

凤头姜加工在产销协会积极引导和带动下，通过会员的集体努力，成功发展了民间加工作坊约 100 多户，凤头姜加工龙头企业 1 个(湖北凤头食品有限公司)。每年进行加工消耗的原姜达到了 5000t，为生姜深加工奠定了良好的基础，同时也为当地农民增加了 8000 多万元的收入。在产销协会和龙头企业的带动下，凤头姜已基本摆脱传统作坊式加工，逐步走向现代食品加工技术与传统工艺相结合，实现生姜整株综合利用的发展道路，走综合加工技术路线，利用一套综合加工工艺达到完全利用生姜及茎叶的目标，形成系列化姜产品，提高了原姜利用率，充分挖掘了凤头生姜的附加值。产品开发上，在产销协会的引导下，成立了凤头姜开发研究所，研究所积极与高等院校及科研所的技术合作，已成功开发了凤头生姜系列产品(糟姜、姜汁、姜粉、姜茶、姜酱、仔姜剁椒、盐渍姜、糖醋姜、干姜片等)，其中凤头糟姜是独具地方特色的土家传统特产。

二、凤头姜产业发展优势的分析

1. 嫩姜和鲜姜结合，延长销售期

3 月中下旬播种，嫩姜采收期为 7 月初至 9 月底，鲜姜采收期比嫩姜晚 1 个月，但霜降前必须收完。配合短期保鲜措施，便能确保鲜姜供应到次年 3 月。

2. 生姜种植区具有良好的生态环境，保证产品的安全性

来凤县境内群山延绵，酉水纵贯，山色如屏，沃野万千，气候温暖湿润，田园秀美丰饶，造就了这里的农产品具有天然、绿色、环保、富硒的特点。生姜病虫害少，农药施用少、残留少，产品安全，生产的生姜为无公害产品。

3. 加工产品多样化，产业链不断延伸

适量食用凤头姜，能起到增进食欲、健脾胃、温中止呕、止咳祛痰、提神活血、抗衰老等作用。目前，来凤"凤头姜"系列产品已进入大超市、专卖店、宾馆、饭店等，成为馈赠佳品和餐桌上的美味佳肴。"凤头姜"系列产品有鲜嫩姜、糟姜、冰姜、糖醋姜、姜汁、姜酱、姜粉、姜汤、姜茶、糖姜片、姜糖、姜果脯等。

4. 交通、销售网络日益健全，产品远销国内外

来凤县位于 209 国道旁，地处鄂、湘、渝三地要冲，南邻湖南省龙山县，西接重庆市酉阳县，东北与湖北省宣恩县、咸丰县相连，有湖北"西大门"之称。公路主干线及县(乡)公路、乡村公路的建设，已逐步形成较为完善的交通运输网络，为凤头姜运输外销提供了便捷的通道。

凤头姜是来凤县土家族传统特产，多年来处在自产自销的状态。为强势打造"凤头姜"品牌，2000 年 10 月来凤县凤头食品有限公司在国家工商局注册了"凤头"牌商标。近年来县委政府、产销协会及民营企业在电视台、报纸杂志等媒体上加大广告宣传力度，在大中城市超市做促销活动，使凤头姜知名度得到了很大提高。同时还派专业促销人员参加各地的食品展销会，把土家族特产带到全国甚至海外，并在当地进行市场调查，加大了凤头姜促销力度，形成了"恩施—宜昌—武汉"、"涪陵—重庆—成都"、"张家界—常德—长沙"三大销售网络，使凤头姜的产销量连年翻番，推动了来凤县生姜产业化发展。

三、凤头姜产业发展策略

根据凤头姜发展实际，加快生姜主导产业发展，要完善有关产业政策，积极建立生姜生产基地和专业批发市场，培育龙头企业，实现种植区域化、管理模式化、产销一体化，提高生姜产品在国内、国外两个市场的占有率，提高经济效益。

1. 挖掘凤头姜丰富的地域文化，打造特色品牌

凤头姜在来凤具有五百余年的种植加工历史，是该县闻名于全国的传统土特产，是土家族、苗族多年传统泡菜工艺的结晶。据《来凤县志》记载，来凤县栽培凤头姜的历史已有 300 多年，以其富硒多汁、无筋脆嫩、营养丰富、香味清纯成为湖北省乃至全国之名产，尤以仔姜脆嫩无筋在国内外生姜品种中独树一帜。1997 年凤头姜干姜样品送日本鉴定，品质明显优于国内外其他品种，被评定为东南亚最具特色的名姜。1998 年，来凤县成功开发全国生姜第一个"绿色食品"，并通过农业部质量认证，拟定的《绿色食品生姜生产技术操作规程》已由农业部审定为部颁标准；2007 年第 215 号关于批准对来凤县凤头姜实施地理标志产品保护的公告，根据《地理标志产品保护规定》，国家质检总局组织了对来凤县凤头姜地理标志产品保护申请的审查。来凤县凤头姜地理标志产品保护范围以湖北省来凤县人民政府《关于界定"来凤凤头姜"地理标志产品范围的函》（来政函〔2006〕38 号）提出的范围为准，为湖北省来凤县翔凤镇、绿水乡、漫水乡、百福司镇、大河镇、旧司乡、三胡乡、革勒车乡等 8 个乡镇现辖行政区域。

2. 培植龙头企业，带动凤头姜特色产业发展

围绕重点加工项目，以增加出口和提高市场占有率为目标，采取多种形式，培植大型龙头企业，增强对生姜产业发展的牵动力。一是着力培植和壮大产权清晰、初具规模、特色明显、前景看好的湖北凤头食品有限公司，支持鼓励其加大资金投入，引进先进技术、提高产品科技含量，在提高产品附加值上下功夫，形成初级产品、半成品和深加工产品配套生产格局，使之尽快成为全县生姜产品加工龙头企业；二是大力推进同类企业的整合，避免无序竞争，走"强强联合，共求发展"之路，增强龙头企业的辐射力和带动力；三是通过走"公司连基地，基地带农户，产品连市场"的产、供、销产业化经营路子，更好地发挥对生产基地建设的带动作用，增强整个产业抵抗市场风险的能力。

3. 引领创新，发展科技型产业

生姜产业化的生命力在于科技含量，要把增加科技投入作为提高生姜产品质量的战略性措施来抓。按照市场经济规律和产业发展要求，以农科所为依托，针对制约凤头姜发展的难点、热点问题，展开深入研究，解决姜瘟病防治、脱毒生姜繁育等基础性技术难题，大力引进和推广新技术。瞄准生姜产业发展的最新技术，引进国内外先进的品种、栽培技术、加工技术、包装技术、保鲜储运技术等新技术，提高生产加工水平，提高生姜产品质量。重视农技人员和农户的新技术培训，经常开展送科技下乡活动，搞好技术跟踪服务，不断增强其发展市场农业、外向型农业的本领。

4. 制定完善生姜产业政策，实现协调、持续发展

为保证生姜产业的进一步健康、持续发展，一是在生产上，确定合理的生姜特产税收政策，严防逐级加价征收，在资金、物资、技术等方面制定优惠政策，促进生姜生产的稳定发展，制止不正当竞争，维护姜农合法权益；二是在生姜的储存加工方面，加大对新上项目的扶持力度，并制定优惠政策，利用各种渠道，广泛招商引资，把提高加工总量、增加高附加值产品作为提高经济效益的主要手段；三是在市场引导方面，积极推进网上对接、农超对接、农批对接等新型合作销售模式走进生姜主产区，同时探索订单农业或最低保护收购价模式，为产业链条最低端的姜农提供基本保障，以引导农户适度、稳定种植。

（吴金平　田延富　郭凤领　陈磊夫　姜正军　李　芳　邱正明）

第六节　山区菊芋资源开发利用现状分析

在我国不同地区对菊芋有不同的名称，如"茅茅姜"（北部地区）、"鬼子姜"（华北、东北）、"姜不辣"（东北中北部）、"脆皮姜"（内蒙古南部）、"黄花姜"（河南、天津）、"毛于姜"（河北东部）、"葵花姜"（西北一些地区）、"洋姜"、"洋生姜"（长江以南通称）、"洋芽"（陕西）等。传统上将菊芋划分为蔬菜作物薯芋类，是药食两用植物。菊芋的主要成分菊淀粉（Inulin）是工业、食品、保健品和饮料等行业

的重要原料，也是"十一五"期间首推生物能源的原料，被联合国粮农组织官员称为"21世纪人畜共用作物"。因此，菊芋具有巨大的市场潜力，是一个"养在深闺人未识"的产业项目。为此，本文结合笔者实地调研和参考有关文献资料，就我国菊芋产业发展的现状和利用价值等作一综述，以期对今后的山区菊芋综合开发有所帮助。

一、菊芋资源分布

菊芋在植物学分类系统上属菊科(Compositae)向日葵属(*Helianthus*)一年生或多年生草本植物，拉丁文学名为 *Helianthus tuberpsus*。菊芋对生态环境条件要求不严，耐寒(耐–40℃甚至更低的温度)，耐旱(在含水量为 1%的 20～40cm 土层中，仍可存活并生长)，耐盐碱(在 100%的海水灌溉下能够生长正常)，抗风沙(只要覆盖的沙土不超过 50cm 厚，都能正常萌发)，繁殖力强(块茎每年的增殖速度可达 15～20 倍)。其原产于北美洲，后传至欧洲，目前遍及加拿大、美国、英国、法国、德国、意大利、荷兰、日本和印度等国。在我国黑龙江、辽宁、吉林、北京、内蒙古、河北、河南、四川、山东、陕西、新疆、江苏、湖南、湖北、安徽、宁夏、山西等地都可栽培。

二、菊芋品种选育

在中国，菊芋已经有 300 多年的种植历史，但因为长期以来对其营养价值的不了解，一直处于自生自灭的状态，除了饥荒年景充饥和腌制酱菜，人们对它很少重视。随着人们消费习惯及口味的改变，菊芋及其加工制品已越来越受到消费者的欢迎，菊芋开始规模化种植。菊芋的品种视块茎的形状、颜色而区分。按形状分有梨形、纺锤形或不规则瘤形。依块茎颜色分有红色、白色、紫色、黄色。我国栽培品种的块茎以红色、白色和黄色为多。红色种块茎外皮紫红色，肉白色，每个重约 150g，产量较低。白色种块茎外皮及肉均呈白色，每个重约 200g，产量较高。除了地方品种外，近年来也选育了一些优良的品种。例如，'定芋 1 号'是由甘肃省定西市菊芋工程技术研究中心采用单株系统选择的方法筛选出的菊芋品种；'青芋 1 号'、'青芋 2 号'及'青芋 3 号'是青海省农林科学院菊芋研发中心从现存的菊芋资源中通过系统选育，经青海省农作物评定委员会审定通过的 3 个菊芋品种。'青芋 1 号'菊芋块茎为纺锤状，紫色，须根较多，为早熟品种；'青芋 2 号'菊芋块茎呈不规则瘤状，紫红色，为中熟品种；'青芋 3 号'菊芋块茎大，白色，须根少，含糖量高，为晚熟品种。'吉菊芋 1 号'是吉林省农业科学院农村能源与生态研究所以吉林省农家品种为基础材料，以高产为主攻方向，采用改良系谱法，经 3 年定向选择，以 H3 株系为主混合育成。'南菊芋 1 号'由南京农业大学资源与环境科学学院选用 30 个野生菊芋品系，在沿海滩涂盐分含量 3‰左右土壤上采用海水胁迫栽培试验，经多年筛选获得的耐盐碱单株而成。

三、菊芋繁殖方法

1. 块茎繁殖

菊芋的繁殖主要是依靠块茎进行营养性繁殖。一般秋冬收获块茎后砂藏备种。也可于春季土壤解冻后挖取大小适当的块茎播种。块茎的大小与第一年产量成正比，块茎过大播种量增加，块茎过小则苗弱产量不高，因此块茎以 20～25g 为宜。

2. 种子繁殖

用种子进行繁殖时，可先将种子播种在花盆中进行萌发，萌发后将幼苗移到肥沃土壤中，4 片真叶时移栽到大田中。种子繁殖一般不如由块茎形成的植物体生长得好、产量高，且生长期也较长。

3. 扦插繁殖

将块茎植于育苗床内，保温催苗，当苗长至 15～20cm 时，切段作育苗种坯，育苗种坯上至少要有 3 片叶子的尖梢；将育苗种坯再置于繁殖腐殖土中，保温催育苗种坯发芽，至芽株为至少 15cm，将上述芽株移栽；或将上述芽株再切段，保持切段芽株上至少有 3 片叶子，再重复上述步骤继续繁殖；重复繁殖至多 3 次后移栽。

4. 组织培养

菊芋的常规繁殖方式为块茎繁殖，长期无性繁殖导致大量病毒积累，最终导致品种的劣化和产量的逐年降低。利用植物组织培养技术，可以快速、大量繁殖优良品种，提纯复壮，获得无病植株。但组织培养成本较高，一般在母株材料少而需短时期内大量增殖和培育脱毒苗时才应用。

四、菊芋的应用

1. 菊芋在食品加工上的应用

菊芋可凉拌、烹制、腌制酱菜，也可加工成菊芋膨化脆片、菊芋果酱、菊芋脯、菊芋干等。菊芋还可开发成菊粉（菊糖），菊粉是多种不同聚合度果聚糖的混合物。其中聚合度较低(DP=2～9)的果聚糖通常称为低聚果糖，聚合度 10～30 的果聚糖通常称为多聚果糖，聚合度高于 40 的果聚糖通常称为高聚果糖。菊粉可在乳品、饮料、焙烤制品、保健食品、汤、调味品等食品中广泛使用。例如，杜连起把菊芋粉添加到面包中，试制菊芋面包；在经过发酵的啤酒中添加菊芋汁浓缩物，发现在保证啤酒的感官品质下，啤酒有微甜味；严奉伟等研制出含菊糖的软糖，与不含菊糖的软糖相比，这种软糖的热量较低；在番茄色拉中添加菊糖，可以提高产品的口感。

据不完全统计，目前国内以菊芋为原料的食品加工企业有 20 多家（表 14-11），主要分布在陕西、甘肃、湖南、湖北、山东、广东等地，产品开发基本上以生产菊粉为主。

表 14-11　中国部分菊芋产业企业名录

企业名称	所在地	主营产品	商标品牌
广州市泽钰生物科技有限公司	广东广州市	菊粉、菊芋低聚果糖、菊芋纤维素	泽钰
长沙哈根生物科技有限公司	湖南长沙市雨花区	菊粉	
青海省青海湖药业有限公司	青海西宁市城西区	菊粉、菊芋低聚果糖	
西安森冉生物工程有限公司总部	陕西西安市	菊粉	
湖州巴克生物科技有限公司	浙江湖州市吴兴区	菊粉、菊芋纤维素	
陕西慈缘生物技术有限公司	陕西西安市	菊粉、菊芋纤维素	
贵州真爱食品有限公司	贵州省沿河县	菊芋干、菊芋泡菜、菊芋果酱	真爱
烟台海福特食品有限公司	山东烟台市牟平区	菊芋泡菜	海福特
北京威德生物科技有限公司	北京市海淀上地信息路	菊粉、低聚果糖	威德
湖北省天门海力菊糖科技发展有限责任公司	湖北省天门陆羽大道	菊粉、低聚果糖	海力
甘肃省利康营养菊粉食品有限责任公司	甘肃省白银市定西市安定区	菊粉	陇海
甘肃白银熙瑞生物工程有限公司	甘肃白银市平川开发区	菊粉	熙瑞

2. 菊芋在农业种植上的应用

菊芋的地上部分为绿色，粗壮，叶片肥厚，可获得优良茎叶，生长旺季可以直接割取用作家畜青饲料，随用随取，不影响产量，是一种优质的青饲料作物；也可以在秋冬季节将收获后的干茎叶加工成颗粒饲料储藏，经发酵并加进添加剂营养价值更高。叶片可提取杀虫抑菌活性物质。大面积种植菊芋还可以开展副业，如养蜂业等。

3. 菊芋在工业能源上的应用

近年来，以农作物、尤其粮食作物为原料的生物乙醇，引发了全球农产品价格的全面上涨，生物能源的发展因此而"亮"起了"红灯"。新型能源作物有待进一步发掘和推广，而菊芋则是其中的"优等生"。菊芋潜在的能源利用方式有：①块茎或整株糖分发酵产乙醇和甲烷；②菊糖发酵催化生产生物柴油；③茎秆纤维素发酵产乙醇；④菊芋茎秆直接燃烧或制成固体成型燃料。

4. 菊芋在医药保健上的应用

菊粉有六大生理功效：①促进益生菌增殖，防治便秘、结肠癌；②促进矿物质的吸收和维生素合成；③糖的取代品，预防肥胖；④排毒，改善肠道环境；⑤防止龋齿；⑥提高免疫力。菊粉是目前发现的最易溶解的水溶性膳食纤维，可增殖人体内双歧杆菌，从而可抑制肠内沙门氏菌和腐败菌的生长，优化肠胃功能，预防肠道肿瘤的产生。菊粉持水性高，可防治疗便秘，在肠道中生成抗癌的有机酸，提高人体免疫力，尤其对老年人有良好的抗衰老作用；菊粉可促进维生素的合成和钙、铁等元素的吸收利用，防止骨质疏松；同时还可降低血液中胆固醇和甘油三酯的含量，改善脂质代谢，治疗肥胖症，抑制人体血糖升高，减少糖尿病患者的痛苦。

5. 菊芋在生态保护上的应用

沙漠中，菊芋被喻为"地上一把伞"（植株高大抗风沙）、"地下一张网"（发达的根系可有效保持水土，改良土壤）。而每年 20 倍以上的繁殖扩张速度，更让菊芋成为"一劳永逸"的治沙先锋。菊芋的花形如菊，花多，花色为纯黄色，无异味，具有美化宅舍的作用。此外，在城市道路景观中，菊芋一般作为中低层植物景观，主要对空间起分隔和引导作用。

五、菊芋的开发前景

目前全球沙化日益严重，种植菊芋治理沙化的方法被专家称为"治理沙漠低成本、见效最佳的方法"。菊芋以其优异的经济、环保、能源开发价值及不断拓展的适种范围，有望弥补传统能源作物"与人争粮、与粮争地"的致命缺陷。菊粉糖热量低，具有促进双歧杆菌生长、促进肠胃功能、防治便秘、增加维生素的合成量、提高免疫力、调节血脂、减肥等作用，符合现代人们饮食开始向低糖、低脂肪、高膳食纤维转变的要求。

菊芋可谓是一种不可多得的生态经济型植物。对菊芋的栽培技术，筛选鉴定加工型、生态型等多功用型品种及综合利用的研究和开发，对提高菊芋的经济价值、推动农产品科技进步、发展农村经济、提高我国农产品的国际竞争力均有重要意义。

（邱正明　丁自立　郭凤领　陈磊夫　吴金平）

第七节　天葱花序轴再生体系研究

天葱（*Allium Chrysanthum* Regel.）属百合科葱属，多年生草本植物，分布于湖北、西藏、云南、四川、陕西、青海、甘肃、山西等地，生长在海拔 2000～3000m 的山坡草地或山脊草丛中。鳞茎及幼苗均可作蔬菜食用，其葱香味浓于家葱，口感甚佳。湖北星桥公司等企业以天葱为原料加工的系列产品在日本和欧洲市场深受欢迎，市场需求量也日益增加，前景看好。由于大量采挖，野生天葱资源数量急剧减少，其资源保护和合理开发利用日趋紧迫。用组培快繁的方式既能保持野生天葱的原有种性，又能在短时间内繁殖出大量天葱苗，对其种质资源保护和开发利用有重要意义。目前，天葱的组培快繁工作未见文献报道，本文从天葱愈伤诱导和继代、芽分化等方面研究了天葱的组培快繁，以期为天葱的种质保护和开发利用提供理论依据。

一、材料与方法

（一）材料

2010 年 3 月上旬从五峰县采集天葱种植在湖北省蔬菜科学研究所武昌南湖试验基地，常规管理。4 月中旬，天葱开始抽薹。

(二)方法

1. 无菌外植的构建

当天葱花薹抽出5～7天时，于晴天上午10：00左右采摘未开放的嫩花薹。取回后将花薹置于6℃一天，然后用无菌工具在超净工作台上剪取花薹花序轴苞段，用75%乙醇表面消毒灭菌30s，再用0.1%升汞浸泡10min，无菌水冲洗3次后，剥去外层苞叶，在花序轴顶部横切，去除花茎部分，将花序轴接种到三角瓶内不同处理的花序轴愈伤诱导培养基上培养。其培养温度为(25±2)℃，光照14h/d，光照度为2500～3000lx(勒克斯)；黑暗10h/d。

2. 天葱的花序轴愈伤诱导培养及其继代培养基的筛选

利用天葱的花序轴进行愈伤组织的诱导和继代培养，将消毒后的花序轴接种于含不同激素配比的13种MS培养基上25℃培养(具体激素配比见表14-12)，培养15天后统计出愈率；然后将长出的愈伤组织分成小块后接种于含不同激素配比的5种愈伤继代培养基上(具体激素配比见表14-13)，统计愈伤组织继代培养情况(以愈伤组织能在15天内有明显生长为继代培养成功)。愈伤诱导及其继代培养基的基本成分为：MS、蔗糖3%，琼脂8g/L，pH6.0。

表 14-12 天葱花序轴愈伤诱导激素配比表

培养基编号	NAA/(mg/L)	6-BA/(mg/L)	2,4-D/(mg/L)	KT/(mg/L)	TDZ/(mg/L)	AgNO$_3$/(mg/L)
1	1.0	2.0	0	0	0	0
2	2.0	1.0	0	0	0	0
3	0.5	0.2	0	0	0	0
4	0.1	2.0	0	0	0	0
5	0	0	2.0	0.2	0	0
6	0	0	3.0	0.2	0	0
7	0	0	0	0	12.5	5.0
8	0	0	0.1	0	12.5	5.0
9	0	0	1.0	0	12.5	5.0
10	0	0	2.0	0	12.5	5.0
11	0	0.01	1.0	0	0	0
12	0	0.1	2.0	0	0	0
13	0	0.5	4.0	0	0	0

表 14-13 天葱花序轴愈伤继代激素配比表

培养基编号	NAA/(mg/L)	6-BA/(mg/L)	2,4-D/(mg/L)	TDZ/(mg/L)
a	0	0.25	2.0	0
b	0	0.5	4.0	0
c	1.0	0.2	0	0
d	2.0	1.0	0	0
e	0	0	0.1	15

3. 天葱愈伤芽分化培养基的筛选

设计4种天葱花序轴愈伤芽分化培养基，以筛选出其最佳愈伤芽分化培养基。其具体配方见表14-14。

表 14-14　天葱愈伤芽分化激素配比表

培养基编号	6-BA/(mg/L)	NAA/(mg/L)
1	1.0	0.1
2	2.0	0.1
3	3.0	0.1
4	0	0

二、结果与分析

1. 花序轴愈伤组织的诱导

接种的天葱花序轴,在 12 号培养基上诱导的愈伤组织最好,从出愈数和质量综合考虑,12 号是最佳的愈伤诱导培养基,8 号次之(具体见表 14-15 和图 14-2)。从表 14-11 可以看出,KT 对天葱的愈伤诱导不利,2,4-D 对天葱愈伤诱导有促进作用。

表 14-15　天葱愈伤组织诱导统计表

培养基编号	接种数	出愈伤数	大愈伤数	小愈伤数
1	50	0	0	0
2	50	0	0	0
3	50	0	0	0
4	50	0	0	0
5	50	0	0	0
6	50	0	0	0
7	50	24	18	6
8	50	38	19	19
9	50	5	1	5
10	50	3	0	3
11	50	29	28	1
12	50	32	31	1
13	50	31	17	14

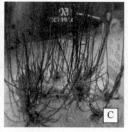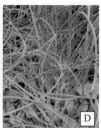

图 14-2　天葱花序轴组织培养过程
A.诱导的愈伤组织;B.芽分化;C.由芽长成的试管苗;D.田间生长的试管苗

2. 花序轴愈伤组织的继代

在愈伤组织的继代培养中,组合 d(MS+NAA 2.0mg/L+6-BA 1.0mg/L)培养基的继代培养成功率最高,达到 80%,为最适愈伤继代培养基(具体见表 14-16)。

表 14-16 天葱愈伤组织继代统计表

表 14-16 天葱愈伤组织继代统计表

培养基编号	接种数	明显增大数	愈伤组织继代培养成功率/%
a	30	20	66.7
b	30	13	43.3
c	30	19	63.3
d	30	24	80.0
e	30	14	46.7

3. 花序轴愈伤组织的芽分化

继代培养中出现紧密型愈伤组织时进行芽的诱导分化，将愈伤组织转到表 14-13 所列的 2 种激素、4 种不同浓度组合的培养基上，在 25℃、2000lx 光照条件下培养。7 天后出现淡绿色芽点，15 天时有丛生芽形成。如表 14-17 所示，在不加任何激素的 4 号培养基上，虽然也有 16.7%分化率，但分化芽的数量很少，平均每块愈伤组织上仅有 0.33 个芽。2 号培养基的分化率达 96.7%，分化芽的数量也是最高的，每块愈伤组织上平均有 3.6 个芽。这表明 2 号培养基(MS+2.0mg/L 6-BA+0.1mg/L NAA)对诱导芽的分化是最适宜的(图 14-2)。

表 14-17 天葱愈伤组织芽分化统计表

培养基编号	接种的愈伤组织块数	分化芽的愈伤组织块数	芽分化率/%	芽总个数	每块愈伤组织平均芽数
1	30	25	83.3	64	2.1
2	30	29	96.7	108	3.6
3	30	23	76.7	57	1.9
4	30	5	16.7	10	0.33

三、结论与讨论

在植物组织培养中，以花序轴为外植体的研究文献较多，但在葱蒜类蔬菜中，仅发现熊正琴以大蒜花序轴为外殖体的文献报道。在本研究中，以天葱花序轴为外殖体，通过诱导其产生愈伤再分化芽，而熊正琴等是花序轴直接生芽。本研究中天葱花序轴愈伤诱导的最适培养基为 MS+0.1mg/L 6-BA+2.0mg/L 2,4-D，吴艳丽等在花菜花序轴诱导愈伤中以 MS＋6-BA 1.0mg/L＋NAA 0.2mg/L 培养基培养效果最好，这可能是材料不同所致；愈伤继代最适培养基为 MS+2.0mg/L NAA+1.0mg/L 6-BA，愈伤组织芽分化的最适诱导培养基为 MS+2.0mg/L 6-BA+0.1mg/L NAA，吴艳丽等在花菜中发现 MS＋NAA 0.01mg/L＋KT 0.2mg/L＋6-BA 0.5mg/L 不定芽分化效果最好，这也可能是材料不同所致。

葱蒜的花薹上可产生气生鳞茎，这表明花序轴具有很强的腋芽萌发能力。本研究以幼嫩的花序轴为外殖体，通过诱导愈伤后分化芽获得大量再生试管苗。未成熟花序轴顶端为分生组织，也是生殖器官，多数病毒均不能通过分生组织和种子传播，故经花序轴培养可获得脱毒苗。因此，本研究结果不仅能提高天葱的繁殖系数，而且在保持天葱种质遗传稳定性和脱毒方面具有指导意义。

(邓晓辉 邱正明 郭凤领 聂启军 朱凤娟)

第八节 高山野蒜花序轴的离体培养研究

野蒜(*Allium macrostemon* Bunge)，又名小根蒜、山蒜、小蒜、小么菜、大脑瓜儿、山蒜、薤白、薤白头等，属于百合科多年生草本植物，百合科葱属，主要生长于海拔 400～1500m 的山坡草地和田边草丛中。野蒜属药食同源的植物，素有"菜中灵芝"之称，具有通阳散结、行气导滞、散寒化湿、杀虫解毒等功效。

野蒜性温，味辛，可治感冒鼻塞、肺虚久咳、泄泻、痢疾等症，可健脾开胃、帮助消化、促进食欲。野蒜的钙、磷等无机盐含量极高，经常食用有利于强健筋骨。

由于人们多年的大量采收，使高山野蒜的繁殖遭到破坏，几乎不能形成种子，这导致高山野蒜数量锐减，在有些地区已濒临灭绝。为了对这种价值很高的野生植物进行种质保存，我们很有必要对其进行人工组培快繁。虽然目前已有小根蒜组织培养的报道，但迄今未见野蒜花序轴培养建立无性系的报道。要离体快繁野蒜，首先必须建立其快繁体系，以确保在较短时间内较快的生产出数量足够、质量优良的野蒜试管苗。因此，合适的激素种类、浓度及配比是试验成功的关键因素。笔者对此作了探讨。

一、材料与方法

（一）材料

2010年4月从长阳土家族自治县高山采未抽薹的野蒜苗带土移植到湖北省蔬菜科学研究所高山蔬菜标本园中，在其上空2.5m高处用遮阳网覆盖，常规管理。

（二）方法

1. 无菌外植的构建

成活的野蒜进入生长后期时便抽薹，当蒜薹抽出且其顶端花序轴处于幼嫩状态时，于晴天上午10：00左右采摘蒜薹。取回后将蒜薹置于6℃冰箱一天，再用消毒的工具剪在超净工作台上剪取蒜薹花序轴苞段，用75%乙醇表面消毒灭菌30s，再用0.1%升汞浸泡10min，无菌水冲洗4次后，剥去外层苞叶，在花序轴顶部横切，去除花茎部分，将花序轴接种到三角瓶内不同处理的花序轴增殖培养基上，密封瓶口后，置于组培室的培养架上。其培养温度为(23±2)℃，光照度为2500～3000lx，光照14h/d；黑暗10h/d。

2. 花序轴生芽培养基中6-BA及NAA激素浓度的不同处理

以B5、MS为基本诱导培养基设置以下几组激素水平(表14-18)，每组培养基接种20瓶，每瓶接种3个花序轴，20天后统计生长及增殖情况。

表 14-18　生芽培养基配方

培养基编号	基本培养基	6-BA/(mg/L)	NAA/(mg/L)	培养基编号	基本培养基	6-BA/(mg/L)	NAA/(mg/L)
A	B5	2.0	0.05	A1	MS	2.0	0.05
B	B5	2.0	0.1	B1	MS	2.0	0.1
C	B5	1.0	0.05	C1	MS	1.0	0.05
D	B5	1.0	0.1	D1	MS	1.0	0.1

3. 花序轴再生芽的生根培养基筛选

在前人研究的基础上，设计4种花序轴再生芽的生根培养基，以筛选出其最佳生根培养基。其配方见表14-19。

表 14-19　花序轴再生芽的生根培养基配方

培养基编号	基本培养基	IBA/(mg/L)	培养基编号	基本培养基	IBA/(mg/L)
A	MS	1.0	C	MS	0.0
B	1/2MS	2.0	D	1/2MS	1.0

二、结果与分析

1. 不定芽的诱导

分别统计不同培养基上大蒜花序轴的生殖生长情况，从表 14-20 可以看出，以 B，A1 和 B1 培养基对不定芽的形成比较有利，形成的不定芽较健壮，移栽后容易成活，但相比而言培养基 B、A1 的增殖效果没有培养基 B1 有优势，培养基 B1 的诱导分裂率可以达到将近 100%，且平均增殖个数达到 26 个。培养基 D、C1 和 D1 对不定芽分裂和形成也有一定优势，但形成分裂的不定芽过于纤细，芽的生长状况也不尽理想，需进行壮苗。综合数据可以得出，培养基 B1（MS +2.0mg/L 6-BA +0.1mg/L NAA）对野蒜花序轴的增殖繁殖最适。

表 14-20　不同培养基对花序轴再生芽的影响

培养基编号	接种花序轴数/个	平均苗粗/cm	平均苗高/cm	平均增殖数/株	分裂出苗率/%	不定芽生长情况
A	60	0.18	5.4	26	95.2	一般
B	60	0.20	4.8	28	96.3	良好
C	60	0.21	5.2	21	91.6	好
D	60	0.16	6.1	27	95.4	良好
A1	60	0.23	5.8	29	96.3	良好
B1	60	0.20	6.6	36	99.6	良好
C1	60	0.18	6.0	27	95.4	一般
D1	60	0.18	5.7	24	94.8	良好

2. 生根培养基的筛选

从表 14-21 的结果可以看出 A 号培养基上的生根数最高，达到 90%，生根的平均长度要长些，这些说明 A 号培养基为最适合花序轴再生芽的生根培养。

表 14-21　不同生根培养基的生根情况

培养基编号	接种芽数	生根芽数	平均根长	生根率/%
A	40	36	2.56	90
B	40	18	1.62	45
C	40	12	2.38	30
D	40	16	0.83	40

三、讨论

在本研究中，野蒜花序轴再生芽的最适诱导培养基为 MS+2.0mg/L 6-BA+0.1mg/L NAA，这与熊正琴等发现的最适徐州白蒜花序轴培养的激素组合和浓度一致。本研究发现野蒜花序轴再生芽的最适生根培养基为 MS+1.0mg/L IBA，与于德才等得出的 MS+0.01mg/L NAA+0.2mg/L BA+1.5mg/L IBA 不一致，可能是材料不一样所致，本研究所用的生根培养基配方简单易操作，生根率比前者的要高。

野蒜蒜薹上可形成气生鳞茎，表明花序轴具有很强的腋芽萌发潜力。本研究以幼嫩的花序轴为外植体，诱导花序轴顶端直接萌芽获得大量再生试管苗。在大蒜组织培养中，通过形成愈伤组织再生成苗会发生遗传变异，因此不经愈伤组织途径而直接获得再生苗能保持遗传稳定性。未成熟花序轴顶端为分生组织，也是生殖器官，多数病毒均不能通过分生组织和种子传播，故经花序轴培养可获得脱毒苗。因此，本研究结果不仅能大幅度提高野蒜的繁殖系数，而且在保持野蒜种质遗传稳定性和脱除野蒜病毒方面具有指导意义。

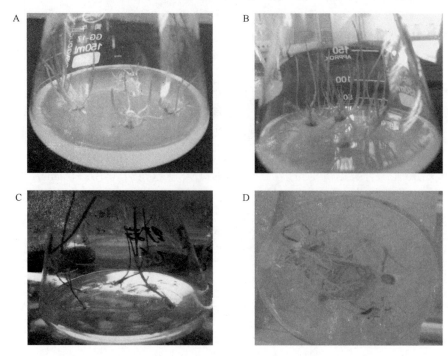

图 14-3 野蒜组织培养过程

A.诱导的不定芽；B.诱导的不定芽长大；C.诱导的不定芽生根；D.不定芽长出的根

（邓晓辉 邱正明 郭凤领 聂启军 朱凤娟）

第十五章　高山菜用植物营养功能成分分析

第一节　高山野生菜用襄荷资源营养与保健成分分析

随着菜篮子供应的日益丰富和人民群众生活水平的提高，老百姓对蔬菜的需求不单是数量上的满足，而且愈发讲求花色品种的调配、食物结构的优化，以及营养与保健。于是，野生蔬菜日渐成为一种亟待开发的重要资源。一些地区把发展当地野生蔬菜作为农业产业结构调整的重要产业，并取得了成功。

襄荷(*Zingiber striolatum* Diels)作为野生蔬菜在民间有长期的食用历史，目前已销往全国各地大城市和港澳地区，以及日本、韩国等国家。据《中药大辞典》和《全国蔬菜全科》记载，襄荷具有很高的食用价值和药用成分。襄荷富含蛋白质、氨基酸、维生素、糖类、有机酸及矿物元素等，花苞可鲜炒、腌制，制作果脯、果酱、果汁、果酒等。襄荷具有活血调经、镇咳祛痰、消肿解毒等功效，对内可治感冒、咳嗽、气管炎、哮喘、风寒、牙痛、腰腿痛、月经失调等，对外可治皮肤风疹、跌打损伤、淋巴结核等症。本文以发掘新型蔬菜为目的，对襄荷的营养成分、功能成分进行综合评价，从而为进一步开发利用襄荷这一丰富的野生蔬菜资源提供科学依据。

一、材料与方法

1. 材料

襄荷茎、襄荷花苞于 2013 年 9 月 24 日采自湖北省恩施土家族苗族自治州恩施市太阳河村，农户种植。

2. 样品处理

襄荷茎粗纤维含量较高，襄荷花苞为主要食用器官，所以襄荷茎只研究功能成分，而襄荷花苞研究其营养成分和功能成分。襄荷花苞供应具有季节性，所以襄荷花苞又分鼓风干燥和冷冻干燥两种处理。样品处理流程如下：

襄荷花苞→清水洗净→沥干水分→冷冻干燥→粉碎备用→功能成分分析

襄荷茎→清水洗净→沥干水分→鼓风干燥→粉碎备用→功能成分分析

襄荷花苞→清水洗净→沥干水分→鼓风干燥→粉碎备用→功能成分和营养成分分析

3. 营养成分测定方法

蛋白质测定依据 GB 5009.5—2010，硒(Se)测定依据 GB 5009.93—2010，磷(P)、钾(K)、铁(Fe)、镁(Mg)、钙(Ca)、锌(Zn)、铜(Cu)测定依据 ICP 法，黄酮测定依据亚硝酸钠-硝酸铝-氢氧化钠比色法，多酚测定依据 Folin-Ciocalten 法。

二、结果与分析

1. 襄荷花苞营养成分分析

襄荷花苞中主要矿物质元素含量如表 15-1 所示。从检测结果看，以 K 含量最高，Se 含量最低，含量的大致趋势是 K＞Ca＞Mg＞P＞Fe＞Zn＞Cu＞Se，这种自然分布趋势基本符合于人体需要量的分配。因此，适当以襄荷花苞为蔬菜，不至于产生某种元素的过量而影响代谢，而从野菜中得到的矿物质元素，却大有益于生长发育和身体健康。

表 15-1　襄荷花苞主要矿质元素的含量

项目名称	检测结果/(mg/kg)	项目名称	检测结果/(mg/kg)
钾（K）	1206	铁（Fe）	21.1
钙（Ca）	210	锌（Zn）	2.81
镁（Mg）	170	铜（Cu）	0.38
磷（P）	152	硒（Se）	0.018

　　铁元素在人体中具有造血功能，参与血蛋白、细胞色素及各种酶的合成，促进生长；铁还在血液中起运输氧和营养物质的作用；人的颜面泛出红润之美，离不开铁元素。人体缺铁会发生小细胞性贫血、免疫功能下降和新陈代谢紊乱；如果铁质不足，可导致缺铁性贫血，使人的脸色萎黄，皮肤也会失去了美的光泽。襄荷花苞与常见蔬菜矿物质元素对比见表 15-2。在所列的 16 种常见蔬菜中，襄荷中铁、钙元素的含量在所列的 16 种蔬菜中仅次于木耳，锌含量只是比菌类蔬菜的低。

表 15-2　襄荷花苞与常见蔬菜矿物质元素的比较

食物名称	钙/mg	铁/mg	锌/mg	硒/mg
襄荷	210	21.1	2.81	0.018
胡萝卜	32	1	0.23	0.63
萝卜	56	0.3	0.13	0.6
竹笋	9	0.5	0.33	0.04
大白菜	69	0.5	0.21	0.33
菠菜	66	2.9	0.85	0.97
菜花	23	1.1	0.38	0.73
韭菜	42	1.6	0.43	1.38
芹菜	48	0.8	0.46	0.5
生菜	34	0.9	0.27	1.05
蒜苗	29	1.4	0.46	1.24
小白菜	90	1.9	0.51	1.17
油菜	108	1.2	0.33	0.79
圆白菜	49	0.6	0.25	0.96
冬瓜	19	0.2	0.07	0.22
番茄	10	0.4	0.13	0.15
青椒	15	0.7	0.22	0.62
茄子	24	0.5	0.23	0.48
黄瓜	24	0.5	0.18	0.38
苦瓜	14	0.7	0.36	0.36
南瓜	16	0.4	0.14	0.46
丝瓜	14	0.4	0.21	0.86
土豆	8	0.8	0.37	0.78
榨菜	155	3.9	0.63	1.93
蘑菇	127	10	6.29	39.18
木耳	247	97	3.18	3.72
香菇	83	11	8.57	6.42

2. 襄荷功能成分分析

众多研究发现，黄酮含量高的蔬菜，具有预防心脑血管疾病、抗衰老、抗氧化、增强细胞免疫力和预防肿瘤等功效。在本研究中，由表 15-3 可以看出，襄荷植株的不同部位中多酚和黄酮含量不同，其中茎的多酚和黄酮含量低于花苞的。冷冻干燥襄荷花苞多酚含量比鼓风干燥的高 72.9%。结果说明，为了最大限度地保存襄荷花苞中的多酚，最好采用冷冻干燥。两种干燥方法对襄荷花苞的黄酮含量几乎无影响。叶春等测定了 40 种新鲜蔬菜中总黄酮含量，结果发现，不论是襄荷的茎，还是襄荷的花苞，黄酮含量都大于1%，远高于普通蔬菜 0.001%～0.1%的黄酮含量，这与本研究的结果较为一致。

表 15-3　襄荷功能成分分析

组织来源	多酚含量/%	黄酮含量/%
襄荷茎	0.38	1.05
襄荷花苞	0.48	4.64
襄荷花苞冷冻样品	0.83	4.67

植物多酚是指含于植物体内的由没食子酸或其聚合物的葡萄糖醇、黄烷醇及其衍生物的聚合物以及二者混合共同组成的植物多元酚。多酚是日常饮食中含量最丰富的抗氧化物质，广泛分布于各种水果、蔬菜、谷物中，其对健康的影响受到人们越来越多的关注。有研究发现，植物多酚有改善心血管疾病、抗肿瘤、治疗骨质疏松、降血糖、降血脂、治疗神经退行性疾病等作用，还可以降低血糖、控制糖尿病并发症，且作用温和持久，副作用较小，与化学药比较有较大的优越性。

常见食物中的多酚含量为：核桃 1.25%、油菜籽 0.7598%、开心果 0.98%、花生 0.3567%、花椒 0.26%、生姜 0.12966%、蒜苗 0.29%、苦瓜 0.179%、香蕉 0.397%。在本研究中，襄荷花苞冷冻干燥样品中多酚含量高达 0.83%。

三、结论与讨论

襄荷的各类营养成分比较丰富，含有人体必需的矿物质与微量元素、蛋白质等，含量普遍高于普通栽培蔬菜，且含有丰富的黄酮和多酚类物质。植物黄酮与多酚类除了抗氧化、清除自由基外，还具有很好的抗菌消炎、增强免疫力、改善心血管、降血脂、抗衰老、保护肝脏、抗癌作用。襄荷作为一种营养丰富、高含多酚和黄酮类物质的蔬菜，是一种符合现代营养学关于健康食品要求的野生蔬菜，具有广阔的开发前景。

（吴金平　艾永兰　郭凤领　施建斌　陈学玲　陈佩和　邱正明）

第二节　高山野生韭菜资源营养成分分析

卵叶韭（*Allium ovalifolium* Hand.-Mzt），又名鹿耳韭，在湖北长阳五峰等地俗称"天蒜"，四川汉源等地俗称"山片"，多年生草本，分布于我国湖北、四川、湖南等海拔在 1800～2100m 的地区，多生于阴湿山坡及沟边林下。卵叶韭营养价值高，菜质柔嫩鲜美，口味辛香，又因其生长环境为原生态，多为有机蔬菜，现由湖北五峰新桥公司等加工出口欧洲。卵叶韭全草是一味中药，性味辛、温，有散瘀、镇痛、祛风、止血等药效，主治跌打损伤、淤血肿痛、衄血、漆疮等。山韭菜（*Allium hookeri* Thwaites），别名野韭菜、宽叶韭、岩葱等，百合科葱属多年生草本，我国各地均有分布，海拔 2000m 以下的草原、山坡上均可生长。野韭菜喜在潮湿的山林、坡地生长，在低洼潮湿肥沃的田头、地边长势更旺。野韭菜性味辛、温，有温中下气、补肾益阳、健胃提神、调整脏腑、理气降逆、暖温除湿、散血行淤和解毒等作用。韭菜（*Allium tuberosum*）属百合科多年生草本植物，高 20～45cm，具有特殊强烈气味，以种子和叶等入药，具健胃、提神、止汗固涩、补肾助阳、固精等功效。在中医里，韭菜有一个很响亮的名字叫"壮阳草"，还有人把韭菜称为"洗肠草"。本文分析和评价三种不同韭菜的营养价值，为卵叶韭和山韭菜的开发利用提供依据。

一、材料与方法

1. 材料

卵叶韭：采自湖北省五峰县大花坪林场(海拔 1900m)；山韭菜：采自湖北省长阳县火烧坪乡(海拔 1800m)；韭菜：采自湖北省农业科学院蔬菜基地(海拔 50m)。采回后均用蒸馏水洗净，纱布擦干，备用。

2. 仪器

RIS Advantage ICP、日立 L-8800 氨基酸自动分析仪、恒温水浴锅，721 紫外分光光度计。

3. 方法

(1)含水率参照 GB5009.3—2010 中恒重法测定。

(2)微量元素采用 ICP 法测定。

(3)氨基酸采用 GB/T5009.124—2003 的方法测定。

(4)黄酮、多酚、多糖采用水煮浸提法提取测定。

二、结果与分析

1. 不同韭菜中营养成分的比较

三种韭菜营养成分的结果见表 15-4。从表 15-4 可知，卵叶韭、山韭菜和普通韭菜中干物质含量分别为 10.8g/100g、9.7g/100g 和 6.8g/100g，其中卵叶韭中干物质含量明显高于普通韭菜；蛋白质含量分别为山韭菜＞卵叶韭＞普通韭菜，而卵叶韭和山韭菜差异不明显；碳水化合物含量为卵叶韭＞山韭菜＞普通韭菜。

表 15-4　不同韭菜的营养成分

韭菜种类	干物质/(g/100g)	蛋白质/(g/100g)	碳水化合物/(g/100g)	黄酮/(mg/g)	多酚/(mg/g)	多糖/(mg/g)
卵叶韭	10.8	2.99	6.29	142.111	1.187	51.600
山韭菜	9.7	3.02	5.48	未检测	未检测	未检测
普通韭菜	6.8	2.36	5.23	未检测	未检测	未检测

通过水煮法分析 90℃、1∶30 料液比、浸提 6h 条件下卵叶韭中黄酮、多酚和多糖的含量，结果见表 15-4。由表 15-4 可知，浸提液中多酚含量达 1.187mg/g，黄酮含量达 142.111mg/g，多糖含量达 51.600mg/g。黄酮类物质可防止毛细血管破裂，增加其韧性，清除体内淤血；多酚是植物代谢过程中的次生代谢产物，存在于许多水果、蔬菜，以及各种香辛料、谷物、豆类、果仁中。氧化损伤是导致慢性病，如心血管病、癌症和衰老的重要原因，因此多酚的抗氧化功能可以对这些慢性病起到预防作用。

20 世纪 80 年代以来，科学家们对植物多糖，特别是对中药中的多糖产生了浓厚兴趣，至今已相继报道了 100 多种具有免疫调节、抗肿瘤、抗病毒、抗感染、降血糖等多种生理活性的多糖组分，有的已在临床用于肿瘤、肝炎、心血管等疾病的辅助治疗和康复。卵叶韭中的高多糖含量表明该植物具有医疗保健应用前景。

2. 不同韭菜中微量元素含量的比较

三种韭菜产品微量元素含量如表 15-5。由表 15-5 可知，这三种韭菜中微量元素含量存在差异，山韭菜中各微量元素含量除锰含量比普通韭菜稍低外，均明显高于普通韭菜和卵叶韭；山韭菜中铁、钙、钾、磷、镁、锌含量分别是普通韭菜的 1.43、1.23、2.25、1.49、1.16 和 1.50 倍；三种韭菜中微量元素含量均为钾＞磷＞钙＞镁＞铁＞锌＞锰，其分布趋势基本符合于人体需要量的分配。

表 15-5　不同韭菜微量元素含量比较

样品	铁/(mg/kg)	钙/(mg/kg)	钾/%	磷/(mg/kg)	镁/(mg/kg)	锰/(mg/kg)	锌/(mg/kg)
卵叶韭	29.4	630	0.29	709	146	3.67	4.68
山韭菜	56.8	942	0.54	1 172	204	4.04	7.29
普通韭菜	39.8	768	0.24	789	176	4.48	4.86

3. 不同韭菜中氨基酸含量比较

三种韭菜中的氨基酸含量见表 15-6，由表 15-6 可知，三种韭菜中除方法所限未测色氨酸外，均含有17 种氨基酸，必需氨基酸和非必需氨基酸种类较为齐全，普通韭菜、山韭菜、卵叶韭中必需氨基酸分别占氨基酸总量的 39.09%、40.82%、39.17%，氨基酸总量分别为 1.32%、1.71%、2.17%，这与蛋白质含量测定结果一致。从氨基酸分布看，三种韭菜中含量较高的氨基酸种类分别是谷氨酸、天冬氨酸、亮氨酸、丙氨酸、赖氨酸等，而含量较低的氨基酸种类分别是胱氨酸、甲硫氨酸、组氨酸、酪氨酸等，这与目前关于植物材料中氨基酸含量分析的结果相吻合。

表 15-6　三种韭菜氨基酸含量比较

氨基酸种类		卵叶韭/%	山韭菜/%	普通韭菜/%	卵叶韭/普通韭菜	山韭菜/普通韭菜
必需氨基酸	苏氨酸(Thr)	0.10	0.090	0.069	1.45	1.30
	缬氨酸(Val)	0.12	0.104	0.080	1.50	1.30
	甲硫氨酸(Met)	0.03	0.018	0.016	1.88	1.13
	异亮氨酸(Ile)	0.12	0.087	0.064	1.88	1.36
	亮氨酸(Leu)	0.20	0.167	0.121	1.65	1.38
	苯丙氨酸(Phe)	0.14	0.112	0.082	1.71	1.37
	赖氨酸(Lys)	0.14	0.120	0.084	1.67	1.43
非必需氨基酸	天冬氨酸(Asp)	0.20	0.180	0.142	1.41	1.27
	丝氨酸(Ser)	0.14	0.085	0.068	2.06	1.25
	谷氨酸(Glu)	0.28	0.238	0.200	1.40	1.19
	甘氨酸(Gly)	0.14	0.106	0.080	1.75	1.33
	丙氨酸(Ala)	0.16	0.130	0.104	1.54	1.25
	胱氨酸(Cys)	0.01	0.010	0.005	2.00	2.00
	酪氨酸(Tyr)	0.08	0.046	0.038	2.11	1.21
	脯氨酸(Pro)	0.14	0.082	0.061	2.30	1.34
	组氨酸(His)	0.05	0.041	0.030	1.67	1.37
	精氨酸(Arg)	0.12	0.096	0.078	1.54	1.23
	总和	2.17	1.71	1.32	1.64	1.30

三、结论与讨论

试验结果表明，三种韭菜的营养成分含量有明显的差异。卵叶韭中干物质含量明显高于普通韭菜；蛋白质含量分别为山韭菜＞卵叶韭＞普通韭菜，而卵叶韭和山韭菜差异不明显；碳水化合物含量为卵叶韭＞山韭菜＞普通韭菜。山韭菜中各微量元素含量除锰含量比普通韭菜稍低外，均明显高于普通韭菜和卵叶韭；三种韭菜中微量元素含量均为钾＞磷＞钙＞镁＞铁＞锌＞锰。卵叶韭和山韭菜中氨基酸种类丰富，而且其含量均比普通韭菜中的含量高，卵叶韭中各氨基酸含量均是普通韭菜氨基酸含量的 1.5 倍以上，尤其是丝氨酸、胱氨酸、酪氨酸、脯氨酸含量就是普通韭菜的 2 倍以上。非必需氨基酸胱氨酸是含硫氨基酸，对人体具有提高免疫力的作用。卵叶韭功能成分，如黄酮、多酚和多糖含量较高，表明卵叶韭具有较好的保健作用。卵叶韭和山韭菜的营养丰富，富含人体所必需的各种营养元素，对人体具有保健作用，具有开发应用潜力。

（郭凤领　李俊丽　王运强　吴金平　邓晓辉　邱正明）

第三节　神农架林区高山野菜中矿质元素含量分析

野菜是纯天然的绿色佳肴，多食用野生蔬菜对人体健康具有很重要的作用，同时也能够改善机体的不良功能。研究表明，很多的山野菜都具有防病治病的作用，也可以入药。据统计，我国可食用的野生蔬菜有213科1822种，常被采食的就达100余种。野生蔬菜资源生长在自然状态下，少受农药、化肥污染，基本上无公害，它富含人体所必需的各种矿质元素、维生素、蛋白质、氨基酸、碳水化合物等多种营养成分，尤其是维生素和矿物质元素含量较为突出，比一般蔬菜高出许多倍，如苣荬菜中含铁124mg/kg，雄居各蔬菜之首。

微量元素是人体内不可缺少的营养物质之一，缺乏它们有可能导致多种疾病的生成。如缺乏铁，可以导致铁贫血症的生成。每天摄入足够量的矿物质，才能维持人体正常的新陈代谢，增强人体对生活环境的适应力。

湖北省神农架林区具有丰富的野生蔬菜资源，神农架百草园生态科技有限公司多年来致力于在保护生态环境的前提下有序开发利用神农架野生蔬菜植物资源，带动山区农民增收致富，为此我们采集神农架林区的4种野生蔬菜——蹦芝麻、广布野豌豆、家乡菜、何首乌对其矿质元素含量进行了测定，以期为这些野菜的开发利用提供理论依据。

一、材料与方法

1. 材料

家乡菜（大叶碎米荠）（*Cardamine macrophylla* Willd. var. *macrophylla*）：属于十字花科碎米荠属植物，为多年生草本植物。生于山坡灌木林下、沟边、石隙、高山草坡水湿处。自然分布于海拔1600～4200m。在原产地，大叶碎米荠可作为野菜食用，并可作为中药止痛及治败血病。

蹦芝麻（顶穗凤仙花）（*Impatiens compta* Hook. f.）：属于凤仙花科一年生草本植物，生于沟边林下或山坡草丛中或溪边潮湿处，海拔1560～2200m。有白花和紫花两种，本试验材料为黄花蹦芝麻。

广布野豌豆（*Vicia cracca* Linn.）：属于豆科野豌豆属一年生或多年生蔓性草本植物，广泛分布于我国各省份的草甸、林缘、山坡、河滩草地及灌丛，具有祛风除湿通经活络的功效，嫩尖可作为蔬菜食用。

何首乌［*Fallopia multiflora* (Thunb.) Harald.］：是蓼科蓼族何首乌属多年生缠绕藤本植物，块根肥厚，长椭圆形，黑褐色。生山谷灌丛、山坡林下、沟边石隙。其块根入药，可安神、养血、活络、解毒；制首乌可补益精血、乌须发、强筋骨、补肝肾，是常见贵重中药材。何首乌尖可作为蔬菜食用。

四种野菜均采集自湖北省神农架林区松柏镇，野生，洗净取可食用部位作为检测样本。每种野菜大约采集1kg左右并密封在采集袋中，置于4℃冰箱中保存，以备测试。其中，蹦芝麻取两种食用部位茎秆和嫩种荚分别测定。

2. 方法

硒（Se）测定依据GB 5009.93—2010；磷（P）、钾（K）、铁（Fe）、镁（Mg）、钙（Ca）、锌（Zn）、锰（Mn）测定依据ICP法。

二、结果与分析

1. 几种野生蔬菜中微量元素含量分析

测定结果见表15-7。从表中可以看出，几种野菜中钙含量在538～3800mg/kg Fw，家乡菜最高（3800mg/kg），其次是何首乌尖（3400mg/kg），蹦芝麻茎钙含量最低（仅含有538mg/kg）；铁含量在2.97～200mg/kg，不同野菜种类之间铁含量差别非常大，其中何首乌尖铁含量最高（200mg/kg），其次为广布野豌豆（27.1mg/kg），最低的是蹦芝麻茎秆（2.97mg/kg）；锌含量在0.58～50.4mg/kg，其中含量最高的是何首乌尖，其次是广布野豌豆（7.32mg/kg），最低的是蹦芝麻茎秆；硒含量在0.001～0.146mg/kg，其中家乡菜硒含量最高,其次是何首乌尖(0.11mg/kg),最低的是蹦芝麻嫩荚和广布野豌豆;钾含量在4200~26800mg/kg,其中最高的为何首乌尖,其次是蹦芝麻嫩荚(6500mg/kg),最低的是蹦芝麻茎,含量最高的是最低的6.38倍;磷含量在197~6200mg/kg,含量最高的是何首乌尖(6200mg/kg),是含量最低的蹦芝麻茎的31.47倍;镁含量在110~2200mg/kg,含量最高的仍然是何首乌尖(2200mg/kg);锰含量在0.35~22.2mg/kg,其中锰含量最高的为何首乌尖,其次为家乡菜,含量最低的是蹦芝麻茎。

表 15-7　几种野菜的矿质元素含量　　　　　　　　　　(单位:mg/kg)

蔬菜名称	钾	钙	磷	镁	铁	锌	锰	硒/(μg/kg)
家乡菜	4600	3800	782	550	24.2	3.45	5.48	146
蹦芝麻嫩荚	6500	1200	652	385	7.94	3.17	4.54	1
蹦芝麻茎	4200	538	197	110	2.97	0.58	0.35	4
何首乌尖	26 800	3400	6200	2200	200	50.4	22.2	110
广布野豌豆	4700	1500	1006	317	27.1	7.32	5.26	1

从表15-7中可以看出,何首乌尖中几种矿质元素钙、铁、锌、硒、钾、磷、镁、锰几种矿质元素的含量除了硒含量比家乡菜略低外,均比其他几种野生蔬菜的含量高,有的甚至高出了几十倍。而蹦芝麻茎中各矿质元素的含量(硒除外)均低于其他几种野生蔬菜的含量;蹦芝麻茎和蹦芝麻嫩荚中的矿质元素含量也存在明显的差异,如蹦芝麻嫩荚的钙含量是茎含量的2.23倍,锌含量是茎含量的5.46倍,磷含量是茎含量的3.31倍,锰含量是茎含量的12.97倍。

2. 野生蔬菜与常见蔬菜矿质元素含量比较

常见叶类、嫩茎类蔬菜矿物质元素含量分析如表15-8所示。在所列的16种常见叶类、嫩茎类蔬菜中,4种野生蔬菜的钾含量均比这16种常见蔬菜中钾的含量高;何首乌尖中除硒元素外矿物质元素的含量均高于常见蔬菜中矿物质元素含量,家乡菜中钙和硒含量、广布野豌豆中磷含量也均比这16种蔬菜的高。矿物质元素是人体内不可缺少的营养物质之一,缺乏它们有可能导致多种疾病的生成。例如,缺乏铁,可以导致铁贫血症的生成,而适量摄取可预防癌症、心脏病、骨质疏松症、龋齿等多种疾病的发生。

表 15-8　常见叶类、嫩茎类蔬菜的矿物质元素含量　　　　　　　　(单位:mg/kg)

蔬菜名称	钾	钙	磷	镁	铁	锌	锰	硒/(μg/kg)
大白菜	1300	690	300	120	5.0	2.1	2.1	3.3
小白菜	1780	900	360	180	19.0	5.1	2.7	11.7
甘蓝	1240	490	260	120	6.0	2.5	1.8	9.6
雪里蕻	2810	2300	470	240	32	7.0	4.2	7.0
花椰菜	2000	230	470	180	11.0	3.8	1.7	7.3
菠菜	3110	660	470	580	29.0	8.5	6.6	9.7
芹菜(茎)	2060	800	380	180	12.0	2.4	1.6	5.7
芹菜(叶)	1370	400	640	580	6.0	11.4	5.4	20.0
蕹菜	2430	990	380	290	23.0	3.9	6.7	12.0
莴笋(叶)	1480	340	310	19	15.0	5.1	2.6	7.8
莴笋(茎)	212	230	480	19	9.0	3.3	1.9	5.4
韭菜	2470	420	380	250	16.0	4.3	4.3	13.8
蒜苗	2310	890	380	130	12.0	5.0	2.6	12.3
油麦菜	1000	700	310	290	12.0	4.3	1.5	15.5
生菜	1700	340	270	180	9.0	2.7	1.3	11.5
红苋菜	3400	1780	630	380	29.0	7.0	3.5	0.9

三、结论与讨论

以上的分析结果表明，神农架的 4 种野生蔬菜中含有丰富的矿物质元素，包括人体必需的大量矿质元素钙、磷、镁、钾等，以及人体必需的微量元素锌、铁、锰、硒等。人体必需大量矿质元素每日膳食需要量都在 100mg 以上，而人体必需的微量元素，虽然需要量极少，但具有重要功能，缺乏和过量都会对人体产生有害影响。因此，合理的膳食是补充各种矿质元素的主要途径，通过食用野菜可以补充人体所需的矿质元素。但是，在食用时应注意合理搭配，避免因过量摄入单一元素而影响其他营养元素的吸收。

野生蔬菜生长于自然环境条件下，少受化肥、农药等的污染，口味独特，营养丰富，矿物质含量高于一般蔬菜，野生蔬菜在矿物质含量上有着很大的优势，从以上的结果分析可以看出，神农架林区的 4 种野生蔬菜的钾含量均显著高于常见蔬菜；钾主要维持碳水化合物和蛋白质的正常代谢，缺钾时，糖、蛋白质代谢将受到影响；何首乌尖中 8 种矿物质元素的含量也均显著高于常见蔬菜，野生蔬菜矿质元素整体水平明显高于常见蔬菜，因此从营养学的角度分析它们均具有较高的营养价值，具有广阔的开发前景。而这四种野生蔬菜也是当地农民常年自发采收食用的重要野生蔬菜种类，4 种野菜中矿物质含量不同，消费者在食用时可以选择多种野菜，从不同野菜中摄取不同营养素。

（郭凤领　吴金平　郭世喜　潘明清　邱正明）

第四节　高山薇菜中多糖提取条件优化试验

薇菜（*Osmunda cinnamomea* L.var. *asiatica*）又名紫萁、桂皮紫萁，属紫萁科紫萁属多年生蕨类植物。其嫩叶柄含蛋白质、碳水化合物，以及 Ca、P 等多种成分，具有营养、保健、药用等价值，因其营养丰富、无公害、无污染、味道鲜美而深受消费者的喜爱。薇菜在秦岭以南山地海拔 300～2400m 地区均有分布，海拔 800～1500m 地区长势良好。日本是最先研究和开发薇菜资源的国家，我国对薇菜（紫萁）、分株紫萁的研究和开发利用是 20 世纪 80 年代初随着日本大量进口中国薇菜而开始的。在生命科学研究领域里，糖生物学一直是该领域的研究前沿和热点，现代医学、细胞生物学及分子生物学的发展，使人们认识到免疫系统的紊乱不仅会产生多种疾病，而且与人体衰老及老年人的多发病如肿瘤、高血压、糖尿病甚至精神病的发生均有密切关系。20 世纪 80 年代以来，科学家们对植物多糖，特别是对中药中的多糖研究产生了浓厚的兴趣，至今已相继报道了 100 多种具有免疫调节、抗肿瘤、抗病毒、抗感染、降血糖等多种生理活性的中药多糖，有的已在临床用于肿瘤、肝炎、心血管等疾病的辅助治疗和康复。本文对水煮法浸提薇菜多糖的工艺条件进行了优化，以为薇菜多糖的深入研究提供基础。

一、材料与方法

（一）材料与仪器

（1）薇菜粉：干薇菜由湖北长友现代农业股份有限公司提供，实验前将干薇菜在风干干燥箱于 105℃条件下脱水干燥至恒重，将烘干的薇菜叶用粉碎机粉碎，过 60 目筛，备用。

（2）试剂均为分析纯：硫酸亚铁，酒石酸钾钠，磷酸氢二钠，磷酸二氢钾，无水氯化铝，蒽酮，98% 浓硫酸，考马斯亮蓝 G-250。

（3）仪器：恒温水浴锅，721 紫外分光光度计。

（二）方法

1. 葡萄糖标准曲线的绘制

标准曲线的绘制：精确称取 1.000g 分析纯葡萄糖，加蒸馏水溶解，转入 100mL 容量瓶中，用蒸馏水定容至刻度。精确吸取 1g/100mL 葡萄糖溶液 1mL 至 100mL 容量瓶中，加水至刻度，为 100μg/mL 葡萄糖标准液。取 10mL 刻度试管 6 支，标号，按表 15-9 依次加入葡萄糖标准液和蒸馏水。按顺序依次向试管中加入 5mL 蒽酮浓硫酸试剂，充分振荡，立即将试管放入 96℃沸水浴中，每管均保温 3min，取出后流水冷却至室温，放置 15min，以空白作为参比，在 630nm 处测其吸光度，以吸光度为横坐标、以糖浓度为纵坐标，绘制标准曲线，并求出标准线性方程（表 15-9）。

表 15-9　葡萄糖标准曲线的绘制

管号	1	2	3	4	5	6
葡萄糖标准液/mL	0	0.2	0.4	0.6	0.8	1.0
蒸馏水体积/mL	1.0	0.8	0.6	0.4	0.2	0
葡萄糖浓度/(μg/mL)	0	20	40	60	80	100

2. 薇菜多糖类化合物单因素试验的提取与测定

分别以不同的料液比、温度、浸提时间为单因素，考察各单因素对薇菜多糖类物质得率的影响，在薇菜单因素提取试验基础上，选取适当的试验因素与水平进行正交试验，优化提取工艺条件。

具体步骤如下：称取薇菜粉末 1g，按表 15-10 设定的浸提时间、料液比、温度操作，用纱布过滤，蒸馏水定容至相应体积。浸提稀释后，得供试液，按标准曲线项下操作测定吸光度 A 值。

表 15-10　薇菜单因素提取实验设计方案

A 组	料液比/(g/ml)	B 组	时间/h	C 组	温度/℃
温度 90℃，时间 6h，称量均为 1g	1∶10	温度 90℃，料液比 1∶30，称量均为 1g	1	时间 6h，料液比为 1∶30，称量均为 1g	20
	1∶20		2		40
	1∶30		3		60
	1∶40		4		80
	1∶50		5		100
			6		

3. 薇菜多糖类化合物正交试验提取工艺优化

由于单因素实验并不能反映各因素之间的相互作用，而实际操作中各因素之间的相互作用会影响多糖的提取率，因此为全面考察水煮浸提法的工艺参数，需要选取单因素试验中各因素的最佳水平进行正交试验，以测定薇菜浸提液中的多糖类物质的含量。

参照单因素提取实验的结果，确定薇菜正交试验的因素与水平表，并由此制定 $L_9(3^3)$ 正交试验的方案，研究提取条件对提取效果的影响，并确定薇菜中黄酮类化合物的最佳提取工艺条件。具体步骤如下：取供试液 1.0mL 于 25mL 容量瓶中，加蒸馏水 4.0mL，加酒石酸亚铁溶液 5.0mL，摇匀，再加入 pH7.5 的磷酸缓冲液稀释至刻度，以蒸馏水代替供试液加入同样试剂作空白，在分光光度计 540nm 处测吸光度 A，按标准曲线计算多酚类物质含量。每个实验重复 3 次，取平均值。

二、结果与分析

(一)浸提条件对多糖提取量的影响

1. 料液比对浸提效果的影响

试验结果如图 15-1 显示，在 A 组即浸提时间固定为 6h、浸提温度为 90℃条件下，多糖含量随着料液比的降低而增加，在 1∶30 后多糖的提取量变化略有下降但基本趋于稳定，因而选择 1∶10、1∶20、1∶30 为正交试验料液比的三水平。

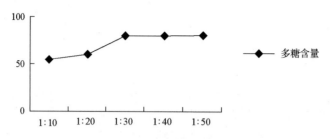

图 15-1　料液比对薇菜多糖类化合物提取量的影响

2. 浸提时间对浸提效果的影响

设定浸提温度为 90℃，料液比为 1∶30，从图 15-2 可以看出，随着时间延长，浸提含量整体呈上升趋势。考虑人为等因素的影响，为尽可能多地将多糖类物质提取出来，故确定正交试验浸提时间的三水平为 2h、4h、6h。

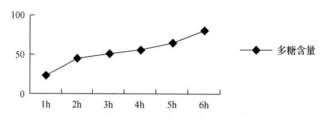

图 15-2　浸提时间对薇菜多糖类化合物提取量的影响

3. 浸提温度对浸提效果的影响

将浸提时间设定为 6h，料液比为 1∶30 条件下，根据图 15-3 可知，多糖的提取量随着温度的增加整体呈现上升趋势，但温度过高多糖含量急剧下降。资料显示，温度过高易对提取液中的多糖类化合物造成破坏。为尽可能充分地将薇菜中多糖类物质提取出来，故设定正交试验中浸提时间的三水平为 50℃、70℃、90℃。

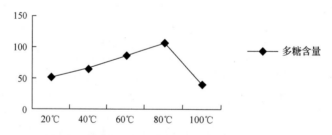

图 15-3　浸提温度对薇菜多糖类化合物提取量的影响

(二)薇菜多糖类化合物提取工艺正交试验优化

在单因素试验的基础上进行正交试验优化薇菜多糖类化合物提取工艺，因素及水平见表 15-11。

表 15-11　薇菜正交试验的因素与水平

	A 料液比/(g/mL)	B 温度/℃	C 时间/h
1	1∶10	50	2
2	1∶20	70	4
3	1∶30	90	6

1. 正交试验设计及直观分析结果

由表 15-12 可知，各因素对多糖提取率影响的主次顺序为 B（浸提温度）＞C（浸提时间）＞A（料液比）。最佳提取工艺条件为 $A_2B_3C_3$，即浸提温度 90℃、料液比 1∶20、浸提时间为 6h。

表 15-12　薇菜多糖类化合物提取工艺优化正交试验设计及结果

试验号	A	B	C	吸光度	黄酮提取量/(mg/g)
1	1	1	1	0.636	43.133
2	1	2	2	0.661	48.267
3	1	3	3	0.716	59.133
4	2	1	2	0.708	57.667
5	2	2	3	0.671	50.267
6	2	3	1	0.682	52.400
7	3	1	3	0.680	52.000
8	3	2	1	0.641	44.200
9	3	3	2	0.693	54.667
K1	150.5	152.8	139.7		
K2	160.3	142.7	160.6		
K3	150.9	166.2	161.4		
k1	50.2	50.9	46.6		
k2	53.4	47.6	53.5		
k3	50.3	55.4	53.8		
R	3.267	7.822	7.222		
最优方案	A2	B3	C3		

2. 正交试验结果的方差分析

从表 15-13 的方差分析可知，温度间的 $F=3.225$，$P=0.237＞0.05$；料液比间的 $F=0.721$，$P=0.581＞0.05$；时间的 $F=3.512$，$P=0.222＞0.05$，表明料液比、温度、时间三个因素对多糖含量的影响都不显著，不必再进行各因素水平间的多重比较。

表 15-13　正交试验结果的方差分析

方差来源	平方和	自由度 df	均方	F 值	显著性
矫正模型	213.7	6	35.609	2.486	0.314
截距	23 689	1	23689	1653.59	0.001
料液比	20.6	2	10.322	0.721	0.581
温度	92.4	2	46.197	3.225	0.237
时间	100.6	2	50.309	3.512	0.222
误差	28.7	2	14.326		
总变异	23 931	9			
总变差	242.3	8			
a			$R \text{ Squared}=0.882 \text{ (Adjusted } R \text{ Squared} = 0.527)$		

三、结论与讨论

通过单因素及正交试验确定了薇菜多糖类化合物提取的工艺条件：浸提温度 90℃、料液比 1∶20、浸提时间为 6h，薇菜多糖类化合物提取量可达 59.133mg/g DW。各种因素对提取效果影响的主次顺序依次为浸提温度＞浸提时间＞料液比。

（郭凤领　李俊丽　王运强　吴金平　邱正明）

第五节　高山红菜薹的商品性和营养成分研究

红菜薹（*Brassica Campestris*. L. ssp. chinensis var. purpurea Hort. $2n=2x=20$）又名紫菜薹、芸薹、芸薹菜、油菜、油菜薹、红油菜，因其茎叶紫红故亦名红菜薹。红菜薹是我国的特产蔬菜，起源于长江流域中部，在武汉地区具有悠久的栽培历史，它是武汉地方的名产蔬菜，因原产武昌洪山一带，又叫洪山菜薹。洪山菜薹与武昌鱼被誉为"楚天"的两大名菜。近年来红菜薹作为优质高档蔬菜引种到全国各地栽培，产品还运往国内各大城市及港澳地区。世界上许多国家也试种我国名菜红菜薹，美国、日本、荷兰及非洲一些国家均先后向我国引种。

过去只有在秋冬季节才能吃到美味可口的红菜薹，近年来由于湖北省高山蔬菜产业的形成，现在武汉夏天也能吃上红菜薹。据我们调查，高山地区栽培红菜薹还存在栽培水平不高、产量低等问题，并且高山地区栽培的红菜薹品质和平原地区栽培的是否有差别也未见文献报道，因此本研究对高山地区红菜薹生长、商品性和营养成分与平原地区栽培的红菜薹进行了比较研究，以期为高山地区生产名优蔬菜——红菜薹提供理论依据。

一、材料与方法

1. 材料

实验选用三个生产上的常用品种，分别是湖北省鄂蔬农业科技有限公司生产的'十月红 2 号'（生育期 70 天，无蜡粉）、'佳红'（生育期 75 天，有蜡粉）、'大股子'（生育期 90 天，有蜡粉）。

2. 方法

本实验在湖北省农业科学院蔬菜试验基地(武汉市南湖区，海拔 50m，以下简称平原地区)和湖北省高山蔬菜试验站(长阳县榔坪乡李家坪村，海拔 1200m，以下简称高山区)进行。采用随机区组排列，三次重复，四周设保护行，深沟高畦栽培，株距 33cm，行距 60cm，小区面积为 15m²。每亩施肥用量为磷肥 50kg、饼肥 75kg、钾肥 30kg。前者于 2006 年 8 月 15 日播种，后者于 2007 年 6 月 4 日播种。商品性状比较，在盛薹期每小区选有代表性的 20 根薹，测定其基部平均直径(薹粗)、薹长，并观察其株形、品尝其肉质和风味；测定其水分、还原糖、粗蛋白、维生素 C 和干物质含量；调查其成熟期和测定产量。

二、结果与分析

1. 商品性比较

表 15-14 显示，平原和高山地区种植的红菜薹除了薹长和薹粗存在显著性差异外，有无蜡粉、薹叶形状、肉质、口感、薹色和色泽均无差异，说明这些性状受环境的影响较小。三个品种的薹长是高山地区的都比平原地区的长，可能是因为高山地区雨雾天数增多，光线减少所致；在薹粗上，三个品种都以平原地区的粗于高山地区的，也可能是高山地区雨雾天数较平原地区增多，光线减少，导致薹纵向生长快而横向

生长慢，使菜薹细而长。

表 15-14　平原和高山地区栽培的红菜薹商品性和营养成分比较

品种	地区	蜡粉	薹叶	薹长/cm	薹粗/cm	干物质含量/%	维生素 C/(mg/kg FW)	还原糖/%	粗蛋白/%	水分/%
十月红 2 号	平原	无	尖小	24.4a	1.80a	7.09a	236.1a	0.80a	2.59a	92.91a
	高山	无	尖小	26.6b	1.41b	8.16b	257.8b	0.97a	2.94b	91.84b
佳红	平原	有	尖小	25.8a	1.85a	7.83a	233.9	0.75a	2.71a	92.17a
	高山	有	尖小	27.6b	1.48b	8.65b	258.7b	0.91b	3.50b	91.35b
大股子	平原	有	较大	27.2a	1.97a	7.54a	210.9a	0.76a	2.88a	92.46a
	高山	有	较大	30.1b	1.53b	8.74b	240.67b	0.85b	3.23b	91.26b

注：不同字母表示在 0.05 水平上差异显著。

2. 营养成分比较

表 15-14 显示高山地区红菜薹的干物质含量、维生素 C、还原糖和粗蛋白含量均高于平原红菜薹的，存在显著性差异，这与山地气候和其他生态因子密切相关。高山地区红菜薹干物质和还原糖含量增高可能是因为高山地区昼夜温差大，从而有利于红菜薹干物质积累；高山地区红菜薹粗蛋白含量增高可能是由于高海拔的相对低温有利于氨基酸和蛋白质的合成所致；维生素 C 含量增高可能是山地气候和土壤等生态因子综合作用的结果。

3. 熟性和产量比较

红菜薹在高山地区栽培较平原地区栽培抽薹期提前，且在平原地区抽薹期越长的提前的天数越多，70 天的提前 9 天，75 天的提前 12 天，90 天的提前 15 天，这可能是因为红菜薹是长日照植物，而高山地区红菜薹种植期日照时数较平原地区种植期的长，使红菜薹提早进入生殖生长而早抽薹；在产量上高山地区的较平原地区的低，存在显著性差异，是因为抽薹期提前所致。

三、结论与讨论

平原和高山地区种植的红菜薹在有无蜡粉、薹叶形状、肉质、口感、薹色和色泽方面均无明显差异，但高山地区的薹变长变细，使菜薹外观商品性有所下降。在营养成分方面，高山地区红菜薹的干物质、维生素 C、还原糖和粗蛋白含量均高于平原红菜薹。干物质含量和还原糖含量高是可能是由于高山地区昼夜温差大，从而有利于物质积累。方芳和赵和涛等研究发现高海拔的相对低温有利氨基酸和蛋白质的合成，这与我们粗蛋白含量增高的研究结果基本一致；维生素 C 含量增高可能是山地气候和土壤等生态因子综合作用的结果。本研究发现高山地区种植的红菜薹始抽薹期较平原地区提前，这对高山地区红菜薹种植具有实践指导意义，生产者一是可以根据不同品种始抽薹期提前的天数来调整播期，使红菜薹在最佳时间上市；二是可以选用适当的晚熟品种来加大营养体的生长，以获得好的商品薹产量。

（邱正明　邓晓辉　聂启军　朱凤娟）

第六节　采用 SPME-GC/MS 联用技术分析高山卵叶韭香气成分

卵叶韭(*Allium ovali folium* Hand.-Mzt.)，又名鹿耳韭，主要分布在中国贵州北部和东北部、云南西北部、青海东部、甘肃东南部、陕西南部、湖北西部和四川西南部海拔 1800~2100m 的阴湿山坡及沟边林下。卵叶韭全草是一味中药，其性味辛、温，具散瘀、镇痛、祛风、止血等药效，主治跌打损伤、淤血肿痛、衄血、漆疮等。卵叶韭中干物质含量(10.8g/100g FW)明显高于普通韭菜(6.8g/100g)；含多酚 1.187mg/g、黄酮 142.111mg/g、多糖 51.600mg/g，其所含营养和药用价值丰富。

目前，国内外对大蒜、洋葱、韭菜、细叶韭等葱属植物中挥发性成分及其生理活性有许多研究，但未见卵叶韭香气成分的研究报道。因此，研究卵叶韭香气成分，对于卵叶韭营养和药用成分的利用及其卵叶韭绿色食品的开发都有着重要的意义。本试验采用 SPME-GC/MS 技术对新卵叶韭香气成分进行分析鉴定。

一、材料与方法

1. 材料

样品采自湖北省宜昌市五峰县大花坪林场（N30°32′～30°52′，E100°32′～110°43′，AMSL 1900m）。卵叶韭→清水洗净→沥干水分→鼓风干燥→粉碎后过 20 目筛→密封保存于–4℃冰柜中待用。

2. 仪器

7890N-5975 型气相色谱-质谱联用仪，美国 Agilent 公司；手持固相微萃取器，配 50/30μm CAR/DVB/PDMS、100μm PDMS、65μm PDMS/DVB 萃取头，美国 Supelco 公司。

3. GC-MS 分析条件

GC 条件：升温程序为 50℃保持 5min，以 3℃/min 的速率升温至 125℃保持 3min，再以 2℃/min 的速率升温至 180℃保持 3min，再以 15℃/min 的速率升温至 230℃保持 5min 后进样，进样口温度为 230℃，以纯度为 99.999% He 作载气，柱流量为 1.0mL/min；不分流进样。

MS 条件：电离方式 EI，电子能量 70eV，离子源温度为 200℃，四极杆温度为 150℃，接口温度为 280℃，质谱扫描范围为 35～450amu。进样方式为直接将 SPME 手持器插入气相色谱仪进样口，推出纤维头，在 230℃下热解吸 5min。

4. SPME 操作方法

准确称取 1.0g 经粉碎后卵叶韭样品于 15mL 的顶空瓶中，加入 20μL 10mg/L 癸酸乙酯（纯度 98%，国药集团化学试剂有限公司）标准溶液，再加入 10mL 沸水，密封，60℃水浴下磁力搅拌萃取，再将已经老化的 CAR/DVB/PDMS 萃取头穿透密封垫插入顶空瓶内卵叶韭汤上方，固定好 SPME 手柄，小心推出纤维头开始萃取并计时，吸附 1h 后上 GC-MS 进行分析。

5. 定性与定量分析

定性：利用 NIST12.L 谱库对得到的质谱图进行串联检索和人工解析。查对有关质谱资料，对基峰、质核比和相对风度等方面进行分析，确定香气物质成分。

定量：以加入的癸酸乙酯含量为相对含量，计算各香气组分的相对含量。

二、结果与分析

采用 HS-SPME 收集，GC-MS 法对卵叶韭香气物质进行检测。通过谱库检索鉴定出卵叶韭 73 种香气物质，香气物质总含量为 95.96μg。其中匹配度≥80%的化合物有 57 种（表 15-15），总含量为 95.69μg，占总香气物质含量的 99.72%。D-Limonene（右旋萜二烯）含量高达 46.9737μg，Ethisterone, O-methyloxime（脱氢羟孕酮）含量高达 5.6646μg，Caryophyllene 石竹烯 4.9328μg。烯类物质为 19 种，醚类物质为 12 种，醛类、醇类、苯类、烷类均为 4 种，酮类物质 3 种，酯类、酚类物质各 1 种。其中烯类物质占 64.07%，硫醚类占 13.35%，酮类物质占 6.29%，醛类物质占 6.01%，醇类物质占 4.45%，烷类物质占 3.97%，酯类物质占 0.43%，酚类物质占 0.134%。

续表

表15-15　SPME-GC/MS法检测到的卵叶韭香气物质及相对含量

序号	保留时间/min	峰面积	CAS	匹配度/%	相对含量/μg	化合物名称
1	8.851	19798882	002179-58-0	91	0.960429	Disulfide, methyl 2-propenyl 烯丙基甲基二硫醚
2	9.330	1639760	002867-05-2	93	0.079544	Bicyclo[3.1.0]hex-2-ene, 2-methyl-5- (1-methylethyl) 二环[3.1.0]-2-己烯
3	9.478	24791709	023838-18-8	97	1.202627	(Z)-1-Methyl-2- (prop-1-en-1-yl) disulfane (Z)-1-甲基-2-丙烯基苯二硫醚
4	9.608	46681135	007785-70-8	97	2.264466	(1R)-2,6,6-Trimethylbicyclo[3.1.1]hept-2-ene (1R)-2,6,6-三甲基二环[3.3.1]庚-2-烯
5	9.887	24846057	023838-19-9	91	1.205263	(E)-1-Methyl-2- (prop-1-en-1-yl) disulfane (E)-1-甲基-2-丙烯基苯二硫醚
6	10.262	18107172	000079-92-5	95	0.878365	Camphene 莰烯
7	11.252	69943956	003658-80-8	91	3.392928	Dimethyl trisulfide 二甲基三硫醚
8	11.463	20317008	003387-41-5	96	0.985563	Bicyclo[3.1.0]hexane, 4-methylene-1- (1-methylethyl) 二环[3.1.0]己烷
9	11.579	55777858	018172-67-3	97	2.705741	Bicyclo[3.1.1]heptane, 6,6-dimethyl-2-methylene (1S)-[3.3.1]二环庚烷
10	12.214	5708185	000110-93-0	97	0.276900	5-Hepten-2-one, 6-methyl 6-甲基-5-庚烯-2-酮
11	12.368	81822904	000123-35-3	97	3.969167	beta-Myrcene β-月桂烯
13	13.953	3469975	000535-77-3	95	0.168326	Benzene, 1-methyl-3- (1-methylethyl) 间异丙基甲苯
14	14.264	9.68×10^8	005989-27-5	99	46.973367	D-Limonene 右旋萜二烯
15	14.321	53651579	000470-82-6	98	2.602597	Eucalyptol 桉叶油醇
16	14.676	941047	003779-61-1	97	0.045649	trans-beta-Ocimene 反式-β-罗勒烯
17	15.170	1633032	013877-91-3	97	0.079217	beta-Ocimene β-罗勒烯
18	15.640	3096432	000099-85-4	97	0.150206	gamma-Terpinene 萜品烯
19	17.090	9918355	000586-62-9	98	0.481132	Cyclohexene, 1-methyl-4- (1-methylethylidene) 异松油烯
21	17.347	15585933	122156-03-0	83	0.756062	(Z)-1-Allyl-2- (prop-1-en-1-yl) disulfane 丙烯丙基-2-丙烯基苯二硫醚
22	17.598	6339357	015186-51-3	98	0.307517	3-Methyl-2- (2-methyl-2-butenyl) -furan 3-甲基-2-1-氧杂-2,4-环戊二烯
23	17.701	25362475	000078-70-6	96	1.230314	Linalool 芳樟醇
24	17.940	7072754	000124-19-6	91	0.343094	Nonanal 壬醛
25	18.509	2568744	121609-82-3	97	0.124608	1-((E)-Prop-1-en-1-yl) -2-((Z)-prop-1-en-1-yl) disulfane 丙烯丙基-2-丙烯基苯二硫醚
26	18.702	3552041	023838-23-5	95	0.172307	1,2-Di((E)-prop-1-en-1-yl) disulfane 1,2-E-丙烯基苯二硫醚
27	18.967	2726325	121609-82-3	90	0.132252	1-((E)-Prop-1-en-1-yl) -2-((Z)-prop-1-en-1-yl) disulfane 丙烯丙基-2-丙烯基苯二硫醚
28	19.489	62727938	034135-85-8	91	3.042884	Trisulfide, methyl 2-propenyl 甲基烯丙基二硫醚

续表

序号	保留时间/min	峰面积	CAS	匹配度/%	相对含量/μg	化合物名称
29	20.321	12825454	002385-77-5	96	0.622153	6-Octenal, 3,7-dimethyl-, (R)- (3R)-3,7-二甲基-6-八醛
32	20.831	22710146	023838-25-7	81	1.101652	(E)-1-Methyl-3- (prop-1-en-1-yl) trisulfane (E)-1-甲基-3-丙烯基苯三硫醚
33	21.423	3295259	092356-06-4	94	0.159851	2- ((3,3-Dimethyloxiran-2-yl) methyl) -3-methylfuran 2- (3,3-)环氧乙烷-3-亚甲基 1-氧杂-2,4-环戊二烯
34	21.764	1965054	055722-59-3	95	0.095323	3,6-Octadienal, 3,7-dimethyl 3,7-二甲基-3,6-八正烷
35	22.079	5152181	1000411-59-6	87	0.249928	Terpineol 松油醇
36	23.510	3706755	000432-25-7	92	0.179812	1-Cyclohexene-1-carboxaldehyde, 2,6,6-trimethyl 2,6,6-三甲基-1-环己烯-1-羧醛
38	25.865	97688103	000141-27-5	97	4.738776	2,6-Octadienal, 3,7-dimethyl-, (E) (E)-3,7-二甲基-2,6-辛二烯醛
39	27.076	15278940	002050-87-5	91	0.741170	Trisulfide, di-2-propenyl 二烯丙基二硫醚
40	27.760	2702225	007786-61-0	93	0.131083	2-Methoxy-4-vinylphenol4 乙烯基-2-甲氧基苯酚
41	28.145	5080977	382161-78-6	94	0.246475	(E)-1-Allyl-3- (prop-1-en-2-yl) trisulfane (E)-1-烯丙基-丙基苯苯三硫醚
42	28.480	1.17×10^8	1000394-54-4	89	5.664592	Ethisterone, O-methyloxime 脱氢羟孕酮，邻-甲基肟
43	30.429	1704466	017699-14-8	96	0.082682	Alpha-Cubebene α-荜澄茄油烯
44	31.420	4122926	000110-38-3	96	0.200000	Decanoic acid, ethyl ester 癸酸乙酯
45	32.569	1.02×10^8	000087-44-5	99	4.932818	Caryophyllene 石竹烯
46	34.393	8695571	1000062-61-9	98	0.421816	1,4,7-Cycloundecatriene, 1,5,9,9-tetramethyl Z,Z,Z,Z-苯甲酸苄酯
47	34.649	5451551	018794-84-8	96	0.264451	(E)-beta-Farnesene (E)-β-金合欢烯
48	35.713	2272106	030021-74-0	97	0.110218	gamma-Muurolene γ-衣兰油烯
49	35.926	9237856	023986-74-5	98	0.448121	Germacrene D 吉马烯
50	36.065	8834741	000644-30-4	99	0.428567	Benzene, 1- (1,5-dimethyl-4-hexenyl) -4-methyl 1- (1,5-二甲基-4-己烯基) -4-甲苯
51	36.209	2470409	017066-67-0	99	0.119838	Naphthalene, decahydro-4a-methyl-1-methylene-7- (1-methylethenyl) [4aR- (4a α, 7 α, 8a β)] -β-蕓林烯
52	36.295	4641407	014901-07-6	97	0.225151	3-Buten-2-one, 4- (2,6,6-trimethyl-1-cyclohexen-1-yl) 4- (2,6,6-三甲基-1-环己烯基) -3-丁烯-2-酮
53	36.790	10554831	000469-61-4	89	0.512007	1H-3a,7-Methanoazulene, 2,3,4,7,8,8a-hexahydro-3,6,8,8-tetramethyl-, [3R- (3α.,3a. β,7β,8a. α.)] - [1S,2R,5S] -2,6,6,8-四甲基三环 [5.3.1.01.5] 十一碳-8-烯
54	37.003	2063024	000629-62-9	96	0.100076	Pentadecane 十五烷
55	37.522	5794023	000495-61-4	96	0.281064	beta-Bisabolene β-红没药醇
56	37.783	1981164	039029-41-9	99	0.096105	Naphthalene, 1,2,3,4,4a,5,6,8a-octahydro-7-methyl-4-methylene-1- (1-methylethyl) (1α, 4a β, 8a. α.) -7-甲基-4-亚甲基苯并苯
57	38.341	6113747	016729-01-4	90	0.296573	1-Isopropyl-4,7-dimethyl-1,2,3,5,6,8a-hexahydronaphthalene1 异丙基-4,7-二甲基-1,2,3,5,6,8a-六氢并苯
58	40.101	18764982	015423-57-1	99	0.910275	1,5-Cyclodecadiene, 1,5-dimethyl-8- (1-methylethylidene)-, (E, E) 1,5-二甲基亚乙基-8- (1-甲基亚乙基)- (E, E)-1,5-环癸二烯

三、结论与讨论

卵叶韭中含量最高的为右旋萜二烯，该物质又名 D-柠檬烯，是一种天然活性单萜，具有镇痛、抑菌、镇静、抗肿瘤、增香、抗癌、止咳、平喘等生理功能，已被广泛应用于食品、香料、日化、医药等行业。卵叶韭中含量第二的为硫醚类物质，而已报道的葱属挥发性物质最高的为硫醚类物质，如王雄等采用气相色谱–质谱(GC-MS)法分离检测韭菜、杨梦云等研究野韭菜花的挥发性物质主要都是硫醚类化合物。

（郭凤领　吴金平　矫振彪　陈磊夫　胡　燕　邱正明）

第七节　顶空固相微萃取气质联用检测高山根韭菜挥发性风味物质

葱属植物是多年生草本百合科植物，具有杀菌、降胆固醇、降血脂、调节血糖、减少血小板凝集、提高免疫力和抗癌等作用。中国葱属(*Allium*)植物有 110 种，其中根韭菜因其独特气味，被称为美食的"辛味儿伴侣"。根韭菜属葱属粗根组(Sect. Bromatorrhiza Ekberg) 宽叶韭、大叶韭(*Allium hookeri* Thwaites)，又叫山韭菜、大韭菜、鸡脚韭菜、苤菜。与普通韭菜相比，其主要供食部分为粗壮条形的线状根，根长 15～20cm，粗 2～3cm；其花薹、嫩叶及经过软化后的黄芽韭也是很好的蔬菜。我国西南部的云、贵、川、藏部分地区和中印、中不(丹)、中缅交界的两侧地区都有分布，多生长在湿润地区，山坡或林下。例如，西藏错那县南部海拔 2400～3200m 的地区均有生长，并为当地门巴族人民所栽培；云南保山地区广为栽培，称苤菜。

随着人们生活品质的提高，根韭菜病虫害少、全身均可食用、无污染的优质特点，符合健康生态理念，因此具有广阔的开发前景，但关于根韭菜挥发性风味物质的研究在国内未见报道。本研究应用顶空固相微萃取气质联用方法对根韭菜根风味物质进行研究，旨在了解根韭菜根挥发性风味物质的组成，为利用根韭菜液体深层发酵技术来生产天然风味化合物及食品添加剂原料提供一定的理论依据。

一、材料与方法

(一)材料

1. 仪器

7890N-5975 型气相色谱-质谱联用仪(美国 Agilent 公司)；手持固相微萃取器，配 50/30 μm CAR/DVB/PDMS、100 μm PDMS、65μm PDMS/DVB 萃取头(美国 Supelco 公司)；PC-420D 恒温数显磁力搅拌器(美国 Corning 公司)。

2. 试剂

正构烷烃标准品(C_8-C_{32}，美国 Supelco 公司)；癸酸乙酯(98%，国药集团化学试剂有限公司)。

3. 试验材料

样品采自云南省保山市海拔 1200m 的山地，选取其肥嫩的肉质根，烘干后粉碎过 20 目筛，密封保存，待测。

(二)方法

1. GC-MS 分析条件

GC 条件：进样口温度为 230℃；载气为高纯氦气(纯度 99.999%)；柱流量为 1.0mL/min；不分流进样。程序温度：首先以 50℃保持 5min，以 3℃/min 的速率升温至 125℃，保持 3min，再以 2℃/min 的速率升温至 180℃，保持 3min，再以 15℃/min 的速率升温至 230℃，保持 5min。

MS 条件：电子电离源(EI)；离子化电压为 70eV；离子源温度为 200℃；四极杆温度为 150℃；接口温度为 280℃；质谱扫描范围为 35～450amu。

2. SPME 操作方法

准确称取 1.0g 经粉碎后根韭样品于 15mL 的顶空瓶中，加入 20μL 10mg/L 癸酸乙酯标准溶液，再加入 10mL 沸水，密封，60℃水浴下磁力搅拌萃取，再将已经老化的 CAR/DVB/PDMS 萃取头穿透密封垫插入顶空瓶内根韭汤上方，固定好 SPME 手柄，小心推出纤维头开始萃取并计时，60min 后取出，然后插入气相色谱进样口，在 230℃下热解吸 5min。

3. 定性与定量分析方法

定性：①各组分峰与 NIST12.L 谱库中标准化合物的匹配度；②化合物的保留指数；③查阅香气成分的相关文献。定量：利用面积归一法计算得到各组分的相对含量。

二、结果与分析

采用 HS-SPME 收集，GC-MS 法对根韭挥发性风味物质进行检测，其挥发性风味物质的总离子流图见图 15-4。从图中可以看出，保留时间为 19.686min、27.299min 是根韭菜挥发性物质典型峰。

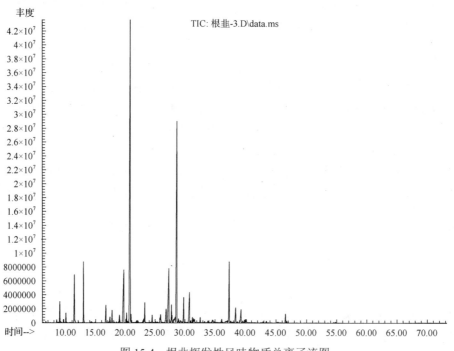

图 15-4　根韭挥发性风味物质总离子流图

国内外关于葱属植物如香葱、大葱、洋葱的挥发性物质报道大多是采用水蒸气蒸馏萃取 (steam distillation，SD) 和同时蒸馏萃取 (simultaneous distillation extraction，SDE) 法，这些方法所需要的样品前处理时间较长，提取试剂用量大、步骤多。固相微萃取 (solid phase micro extraction，SPME) 是 20 世纪 80 年代末出现的绿色环保型样品分析前处理技术。与其他常用的挥发性物质测定技术相比，SPME 具有敏感、快速、操作简便、样品用量少、不使用有机溶剂、选择性好且灵敏度高，集采样、萃取、浓缩、进样于一体，大大加快了分析检测的速度。

本研究利用 HS-SPME-GC-MS 技术，通过谱库检索鉴定出根韭 75 种挥发性风味化合物，其中匹配度≥80% 的化合物有 31 种 (表 15-16)，其中醚类为 14 种、烯类 8 种、烷类 4 种、醛类 3 种和醇类 2 种。1g 样品中这 31 种挥发性物质和标样总的相对含量为 20.1547μg，醚类总的相对含量为 16.9028μg，烯类总的相对含量为 1.0534μg，烷类总的相对含量为 0.9225μg，醛类总的相对含量为 0.9187μg，醇类总的相对含量为 0.1573μg。在这 31 种挥发性物质中，含量最高的单个物质是二烯丙基三硫醚，总的相对含量为 4.6864μg；其次是甲基烯丙基三硫醚，总的相对含量为 4.6129μg。在醚类中，二硫醚总的相对含量为 1.5015μg，三硫醚总的相对含量为 14.2701μg，四硫醚总的相对含量为 1.0202μg，噻吩总的相对含量为 0.111μg。

续表

表 15-16　HS-SPME-GC-MS 法检测到的根韭挥发性风味物质及相对含量

序号	保留时间/min	峰面积	CAS	匹配度/%	相对含量/μg	化合物名称
1	6.671	6094134	000592-88-1	95	0.0452	Diallyl sulfide 二烯丙基硫醚
2	8.446	14983112	000632-15-5	90	0.111	Thiophene, 3,4-dimethyl3,4-二甲基噻吩
3	8.968	127632902	002179-58-0	91	0.946	Disulfide, methyl 2-propenyl 烯丙基甲基二硫醚
4	9.969	52210288	023838-18-8	97	0.387	(Z)-1-Methyl-2- (prop-1-en-1-yl) disulfane (Z)-1-甲基-2-丙烯基苯二硫醚
5	11.384	360189561	003658-80-8	91	2.6696	Dimethyl trisulfide 二甲基三硫醚
6	14.159	4685686	005989-27-5	98	0.0347	D-Limonene 右旋萜二烯
7	14.3	6458402	000470-82-6	96	0.0479	Eucalyptol 桉叶油醇
8	18.448	6179278	023838-21-3	97	0.0458	(E)-1- (Prop-1-en-1-yl) -2-propyldisulfane 丙烯基苯-2-丙烯基二硫醚
9	18.954	70571729	042474-44-2	90	0.523	Disulfide, methyl (methylthio) methyl 2,3,5-三硫杂己烷
10	19.686	622392553	034135-85-8	91	4.6129	Trisulfide, methyl 2-propenyl 甲基烯丙基三硫醚
11	20.145	54350113	017619-36-2	83	0.4028	Trisulfide, methyl propyl 甲基丙基三硫醚
12	20.354	9298886	002385-77-5	96	0.0689	6-Octenal, 3,7-dimethyl-, (R) (R) -3,7-二甲基-6-八醛
13	20.883	50876135	023838-25-7	81	0.3771	(E)-1-Methyl-3- (prop-1-en-1-yl) trisulfane (E)-1-甲基-3-丙烯基苯三硫醚
14	21.841	14697390	062488-52-2	94	0.1089	3-Vinyl-1,2-dithiacyclohex-4-ene 3-乙烯基-1,2-二硫环己-4-烯
15	22.076	13282663	000141-63-9	91	0.0984	Pentasiloxane, dodecamethyl 十二甲基五硅氧烷
16	23.083	33526168	062488-53-3	97	0.2485	3-Vinyl-1,2-dithiacyclohex-5-ene 3-乙烯基-1,2-二硫环己-5-烯
17	24.497	48625447	000106-26-3	96	0.3604	2,6-Octadienal, 3,7-dimethyl-, (Z) (Z) -3,7-二甲基-2,6-辛二烯醛
18	25.793	22062464	001762-27-2	89	0.1635	Plumbane, diethyldimethyl 二乙基甲基铅烷
19	25.91	66031013	000141-27-5	97	0.4894	2,6-Octadienal, 3,7-dimethyl-, (E) (E) -3,7-二甲基-2,6-辛二烯醛
20	27.299	632308778	002050-87-5	91	4.6864	Trisulfide, di-2-propenyl 二烯丙基三硫醚
21	27.739	106823844	033922-73-5	93	0.7917	1-Allyl-3-propyltrisulfane1-烯丙基-3-丙基三硫醚

续表

序号	保留时间/min	峰面积	CAS	匹配度/%	相对含量/μg	化合物名称
22	28.353	98446682	382161-78-6	80	0.7296	(E)-1-Allyl-3-(prop-1-en-1-yl) trisulfane (E)-1-烯丙基-3-丙烯基苯三硫醚
23	31.447	26984933	000110-38-3	98	0.2	Decanoic acid, ethyl ester 癸酸乙酯
24	32.571	33779589	000087-44-5	99	0.2504	Caryophyllene 石竹烯
25	34.41	5075974	1000062-61-9	98	0.0376	1,4,7,-Cycloundecatriene, 1,5,9,9-tetramethyl Z,Z,Z- (Z,Z,Z)-1,5,9,9 四甲基-1,4,7-环-十一(三)烯
26	34.662	16077364	018794-84-8	98	0.1192	(E)-beta-Farnesene (E)-β-金合欢烯
27	36.084	20267980	000644-30-4	99	0.1502	Benzene,1-(1,5-dimethyl-4-hexenyl) -4-methyl A-姜黄烯
28	36.663	10455462	126876-26-4	97	0.0775	3,4-dimethyl-2-(methyldisulfanyl) thiophene 3,4-二甲基-2-乙基甲基二硫醚
29	36.813	14019847	000469-61-4	91	0.1039	1H-3a,7-Methanoazulene,2,3,4,7,8,8a-hexahydro-3,6,8,8-tetramethyl[3R-(3 α, 3a β, 7. β, 8a α)]-(+)-α-柏木萜烯
30	37.031	18567160	000629-62-9	97	0.1376	Pentadecane 十五烷
31	37.565	14765551	000495-61-4	93	0.1094	beta-Bisabolene β-红没药醇
32	39.26	137645660	002444-49-7	87	1.0202	Tetrasulfide, di-2-propenyl 二烯丙基四硫醚

　　司民真等(2014)报道了大蒜的主要挥发性物质为二丙烯基二硫醚；大葱主要挥发性物质为 1-丙硫醇和丙烯基甲基硫醚；韭的主要挥发性物质为烯丙基甲基硫醚和二烯丙基二硫醚；多星韭的主要挥发性物质中含有 1-丙硫醇成分；大花韭的挥发物中含有丙烯基甲基硫醚和二烯丙基二硫醚成分；木里韭挥发物中含有二烯丙基二硫醚、1-丙硫醇、丙烯基甲基硫醚成分；薤头、小根蒜中主要挥发性物质为丙烯基甲基硫醚和1-丙硫醇。本研究结果表明挥发性物质中主要是二硫醚及三硫醚，与何洪巨等利用气相色谱-质谱分析韭葱中主要成分为二丙基三硫醚(30.75%)、二丙基二硫醚(14.28%)的结果一致。硫醚是抗血小板聚集作用的主要活性成分，本研究表明硫醚是根韭菜的主要成分。因此，根韭对膳食结构的调整与健康有重要意义。

(郭凤领　吴金平　矫振彪　陈磊夫　胡　燕　邱正明)

第十六章 高山野生蔬菜资源驯化栽培技术研究

第一节 高山野生葱蒜类蔬菜人工驯化栽培技术

本文从野生葱蒜类蔬菜的种苗繁殖、整地施肥、种植季节、密度、田间管理及适时采收等方面总结完善了高山野生葱蒜类蔬菜的人工驯化栽培技术。

一、天蒜(卵叶韭)的人工驯化栽培

天蒜目前无人工大面积栽培,通过分株繁殖和组培快繁技术的方式可实现人工小面积的栽培。

一般在春季(3 月)采挖野生植株进行分株繁殖,分株定植株行距 25~30cm 见方,适宜在海拔 1000m 以上的高山地区人工种植,低山和平原种植成活率低,生长期短,品质变差。

二、野韭菜的人工驯化栽培

1. 整地施肥

野韭菜根系分布浅,地上部长势旺,宜选择肥沃、疏松、保水力强的土壤。种植前开沟施入充足土杂肥或腐熟粪肥,每亩 1500~2000kg。

2. 繁殖

野韭菜用种子或分株繁殖。以分株繁殖为主,当植株具 3 个分蘖以上时,可分株繁殖,一般可在春季进行。其他季节分株要注意遮阴保湿,可用遮阳网覆盖,并及时淋水。分株定植的株行距为(20~30)cm×30cm。

3. 田间管理

植后常淋水保持土壤湿润。结合淋水分次追肥,多为速效氮肥,每次每亩施尿素10kg。

4. 采收

野韭菜主要采收嫩叶,当植株大部分叶片长至正常大小时便应采收,采收应及时,以保证嫩叶质量。一般每隔 20~30 天采收 1 次,采收时离地面 1~2cm 处的叶片基部割取。夏季可收获花薹,秋冬季收取根茎。为保持产品质量,提高产量,每季施用腐熟有机肥。一般亩产 3000~4000kg。

三、根韭菜的人工驯化栽培

1. 选地及施肥

根韭菜适应性强,喜温耐湿,所以应选择土层疏松肥沃,通风透光的地块种植,但土质太肥易徒长倒伏,影响根、薹产量。一般亩施农肥 1500~2000kg,并视生长情况适当追肥。根韭菜忌连作也不宜以姜地做前作。

2. 种植季节

根韭菜虽为多年生蔬菜,但由于分蘖力极强,均为一年一种。很少留宿根,否则翌年株丛激增,根系上跳,植株虽多而细弱。留种方法:于头年秋季将整株挖起,剪下根系和假茎食用、留下短缩根状茎供次春种植;或者保留少量面积任其在地里越冬,次春掘来分株定植。每亩约需种根 50kg 左右。每丛种 2~3 苗、株行距 25~40cm,肥地应适当放宽。立春前后种植,惊蛰后开始萌发生长。

3. 管理及采收

根韭菜生长势强,容易栽培,干旱少雨季节,需要灌水,并适当追肥,促进前期的营养生长,保证有

足够的叶面积和发达的根系为以后的生殖生长奠定物质基础。在植株封行前要及时中耕除草，花茎采收盛期应结合追肥。花茎采收期从 6 月底直到霜降前，但以 7 月中旬到 8 月上旬为采收盛期，以后逐渐减少。为了腾地赶种一季秋冬菜，主栽地区于 8 月中旬以后就陆续采挖韭菜根。采收前可用杂草、玉米叶及塑料薄膜覆盖在根韭菜上，或挖起以后一排排平铺在地上，用土覆盖以不露根叶为宜。7～8 天后待老叶腐烂，掘起洗净即可得肥嫩的韭根和韭黄。

采收根韭菜薹时用手轻轻向上提即可从植株中抽拔出来，采收盛期每2～3天可收一次，共可采收10～15次，亩产可达750～1000kg，高者达1250～1500kg。8～10月韭根和韭黄大量上市，一般亩产韭根1000～1500kg，韭黄500～750kg。

四、玉簪叶韭的人工驯化栽培

玉簪叶韭目前无人工大面积栽培，通过分株繁殖的方式可实现人工小面积的栽培。

一般在春季(3 月)采挖野生植株进行分株繁殖，分株定植株行距 25～30cm 见方，适宜在海拔 1000m 以上的高山地区人工种植。

五、天葱(野葱)的人工驯化栽培

(一)耕地整理

种植天葱对土壤要进行精耕细作，土地整理要精细，深耕达 30cm，要求土壤疏松，透气性良好，保水保肥能力强，有利于根系吸收足够养分，促进根系发育、野葱鳞茎膨大和分蘖，整细耙平，四周排水沟畅通、不积水为好，以减少病虫害的发生。

(二)繁殖技术

野葱的繁殖有三种：一是野葱分蘖出来的小鳞茎，可直接移栽；二是野葱抽薹后，薹顶端的珠芽成熟后采摘进行育苗移栽；三是利用组培快繁技术获得组培苗进行移栽。

1. 小鳞茎移栽

9 月中旬至 12 月下旬，先将整好的土块按 120cm 开厢，厢沟宽 20cm，厢面高 15cm，厢面整细压平，保持土壤湿润，移栽时行距 20cm，窝距 20cm，每穴移 1～2 株，穴深在 10cm 左右。

2. 珠芽繁殖

5 月中下旬，天葱将进入休眠期，将采摘下的珠芽放在通风干燥处晾干，用竹篓装好，置于通风干燥处。在 8 月下旬休眠结束后即可播种。播种时将珠芽密播于整理好的厢沟内，用种量每亩 15kg 左右，再用细土覆盖在沟面上，最后浇上清粪水，以土湿透为宜。

播种 10 天以后，珠芽开始发芽出土，到 10 月上旬可施一定量的清粪水，田间除草只能人工清除，不能用锄头铲出以伤幼苗。

8 月下旬播育种的珠芽幼苗，可在 12 月至翌年 2 月移栽，因苗弱，鳞茎不大，效果不好，若在第 2 年的 10 月上旬移栽，这时地下鳞茎直径已达 0.2～0.5cm，地上部分也较壮实，移栽效果好。

(三)田间管理

基肥以腐熟的有机肥为主，用量为每亩 1000～1500kg，追肥以速效氮肥为主，每月 2～3 次。当移栽至大田的苗转青后，就可进行追肥。

(四)采收

地下部分一年 12 个月，随时可以采收食用，地上部分除休眠期 5～8 月外，其余时间都可以采收，最佳采收时间是第 1 年 10 月至第 2 年 3 月。

六、野蒜的人工驯化栽培

地下鳞茎和薹苞内气生小鳞茎均可作为繁殖材料，也可用组培苗进行繁殖。

1. 播前准备

结合整地每亩施优质腐熟有机肥 2000kg、尿素 15～20kg，深翻 20～25cm，整平耙细土地，做好条床。

2. 播种时间

8 月中旬秋播。

3. 精细播种

选择足墒播种。开沟深度 5cm，按行距 8cm，株距 4～5cm 点播。

4. 田间管理

当苗 2 叶期，浇水追肥。同时间苗、人工除草，每平方米保苗 200～250 株。开春后，3～4 月追肥，或浇施沼液每亩 300～500kg，以促进鳞茎分蘖和膨大。

5. 适时收获

10～12 月可根据市场需要，加盖保护设施，收获鲜蒜。3～4 月采摘嫩茎叶供食用，至 6 月叶片开始枯黄时采收鳞茎，将整株掘起，扎成束，挂在阴凉通风处，供加工或出售。也可将野蒜连根挖起，用清水洗净，然后按鳞茎大小分级出售。野蒜分春、秋两季生长或产出，收获可根据商品标准，取大留小，一次种植，数年效益。

（郭凤领）

第二节 高山襄荷笋软化高产栽培方法

本发明提供了一种高山襄荷笋软化高产栽培方法，该方法是在襄荷正常栽培的基础上，增加栽培密度，采取完全遮光控温措施，可周年提供襄荷笋。该方法简单易行，操作方便，产量高。

高山襄荷笋软化高产栽培方法的步骤如下。

1. 选种

选择块大、芽多、无病虫害的襄荷块作种。一般每亩需襄荷种 4000～6000kg，30 000～60 000 株。

2. 晒种

播前，先用 40%体积比福尔马林的 100 倍稀释液浸泡襄荷种 30min 消毒，接着晾晒 2 天，并且每天早晚各翻动 1 次，然后在屋内堆放 4 天，温度保持在 18～25℃，有利于襄荷种萌芽。

3. 整地

襄荷笋软化栽培对土地要求相当严格，从下至上分为四层。

第一层：基土层，选用疏松、保水性好的砂壤土或腐殖土最佳，不可用易板结、肥力过高、施用化肥农药的土壤；厚度 15～30cm。

第二层：隔土层，是将种子放在基土层后覆盖在种子上面的土层，该土层的主要目的是隔离种子直接与第三层接触；隔土层的土质与第一层一样，厚度 5cm。

第三层：肥土层，将充分发酵后的有机肥和砂壤土按 1∶1 或 2∶1(体积比)的比例配制后覆盖，厚度 8～10cm。有机肥按照生物有机肥国家标准(NY 884—2004)。

第四层：将干燥的稻草、秸秆等有机植物均匀铺摊，厚 10cm 左右。为加快下层覆盖物发酵增温，应在稻草、秸秆等有机植物上适当浇一些沼液，以用手挤压稻草、秸秆等有机植物不出水但手上有水印为准。最后在上层铺上谷壳扫平，厚度在 4～6cm。中央可稍薄，厚度在 3～4cm，边缘最易受寒气侵袭，宜适当加厚，厚度在 6～8cm，或用塑料薄膜围住，增加保温效果。

此外，厢宽 50～60cm，沟宽 20～30cm，便于人工采摘。

4. 施肥

蘘荷耐肥，整地过程中按每亩施草木灰 40～50kg、农家肥 1.5～2t，然后翻挖整细。

5. 定植

将蘘荷种块按照一个生长点为一块的标准，用手掰开，掰后的伤口不用处理，播种时将每块种子紧邻放置，然后盖土，种子种在基土层。

6. 浇水

定植后第一次应将水浇透，以后经常检查第三层土壤，视情况进行补水，前期水分适当偏少，湿度保持在 75%～80%，出笋后水分适当偏多湿度保持在 80%～90%，冬、春季应将水加热至 23～28℃。

7. 遮阴

蘘荷笋必须在完全无自然光照射条件下才可进行软化栽培，可利用棚架覆盖物、遮阳网等多种方式，也可用旧矿井、岩洞、防空洞等，要因地制宜，扬长避短。

(1)室内栽培：将窗户和露光地方用黑色布或塑料纸遮盖即可。

(2)室外设施栽培：搭建温室大棚，用黑塑料加遮阳网将整个大棚遮盖严实，用换气扇进行通风换气；冬、春季还可用稻草和秸秆遮盖大棚，可起到保温和遮光的双重作用。

(3)室外大田栽培：可用稻草、秸秆或杂草进行遮盖，也可用专制的黑色塑料罩进行遮盖。

8. 采收

当蘘荷笋子长到 30cm 以上，以蘘荷笋尖不长叶片时为采收标准；一般 7～10 天采收一次，采收期 100 天左右，产量 2500～3500kg。蘘荷笋直径低于 1cm 时，沼液稀释 5 倍后浇灌。所用沼液，应选择已正常出火 2 个月以上的沼气池，充分发酵的沼液为深褐色明亮的液体，pH6.8～7.5，比重 1.44～10.077，干物质浓度为 5%左右。在整个种植过程中禁止施用化肥和复合肥。

本发明与常规种植技术相比，具有以下优点和效果(表 16-1)：常规栽培蘘荷，在 3 月下旬可采收一季蘘荷笋，一般亩产 250～350kg，蘘荷花苞在 7～8 月，一般亩产 500～1000kg；而软化栽培亩产 2500～3000kg 蘘荷笋。蘘荷笋在 18～28℃条件下可自然生长，在 18℃以下、30℃以上通过控温就可以周年生产。

表 16-1　常规种植和软化种植经济收益比较

种植模式	亩投入成本/元	产品	亩产量/kg	市场均价/(元/kg)	亩经济效益/万元
软化	35 000	笋	2500～3000	50.00	12.5～15
常规	800	笋	250～300	20.00	0.5～0.6
		花苞	500～1000	10.00	0.5～1.0

(郭凤领)

第三节　高山特有蔬菜蘘荷及其栽培技术

蘘荷(*Zingiber mioga* Rose.)原产我国南部，栽培历史悠久。其根茎、花苞、嫩芽可药用或食用，是一种值得开发利用的药食两用佳品。其花穗、果实、叶片、根茎可供药用；其嫩芽、花轴和地下茎均可作菜食用，以食用花轴为主，味芳香微甘，营养丰富。生于山地林荫下或水沟旁，主要分布在江西、浙江、贵州、四川、湖北、湖南等地的山林间。蘘荷适应性广，抗逆性强，从低海拔到 2000m 高海拔地段都能生长。一次种植多年生长，春食嫩芽，夏收花茎，冬采地下茎。发展蘘荷生产，对改善淡季蔬菜供应、满足人们需求有很好作用。

一、营养价值

襄荷每 100g 嫩茎和花含蛋白质 12.4g、脂肪 2.2g、纤维 28.1g、维生素 C 和维生素 A 共约 95.85mg，还含铁、锌、硒等多种微量元素和芳香酯等；襄荷中氨基酸种类多，含量高。襄荷微甜带酸，膳食纤维含量较高。襄荷的主要食用部分为花轴，洗净后，用开水焯至半熟，或火上烤至半熟，加盐或酱油凉拌食用，最为普遍；也有拌肉炒食的。嫩芽及地下茎亦可照此烹调。嫩蕾食法多样，可荤素炒食或把嫩蕾切成丝拌和佐料生食，也可腌制酱菜。花轴、嫩芽及地下茎均可制成泡菜或腌菜。食疗价值：以根茎入药，宜于夏、秋季采收，洗净，刮去粗皮，鲜用或晒干用。其叶(襄草)、花穗(山麻雀)、果实(襄荷子)亦供药用。襄荷味辛，性温；长期食用有健胃养胃、活血调经、镇咳祛痰、滋阴润燥、消肿解毒的功效。

二、植物学特性

襄荷为姜科姜属多年生宿根草本植物，又称阳藿、野姜、襄草、茗荷等。株高 60～90cm。根茎肥厚，圆柱形，淡黄色，根粗壮，多数。叶二列互生，狭椭圆形至椭圆状披针形，长 25～35cm，宽 3～6cm，先端尖，基部渐狭，或短柄状，上面无毛，下面疏生细长毛，或近无毛，中脉粗壮，侧脉羽状，近平行；具叶鞘，抱茎，叶舌 2 裂，长 1cm。穗状花序自根茎生出，有柄，长 6～9cm，鳞片覆瓦状排列，卵状椭圆形，外部苞片椭圆形，内部披针形，膜质；花大，淡黄色或白色；花萼管状，长 2.5～3cm，篦形分裂；花冠管状，裂片披针形，唇瓣倒卵形，基部左右各有 1 小裂片；雄蕊 1，药室向外伸延成一长喙；退化雄蕊 2；子房下位。蒴果卵形，成熟时开裂，果皮内面鲜红色。种子圆球形，黑色或暗褐色，被有白色或灰褐色假种皮。花期夏季。

三、生长环境

喜温怕寒，不能忍受 0℃以下低温，晚秋遇霜，地上茎叶凋萎。若土壤长期冰冻，10cm 以下土温降至 0℃以下，则地下茎常被冻死。冬季土壤冰冻层超过 10cm 的地区，必须用牛粪肥或草覆盖，保护地下茎安全越冬。地温升高到 10℃以上时，开始萌芽。5 月气温升至 20℃以上生长加速。随着温度的升高，花轴形成，至 7 月抽出地面，8 月盛花期并开始结实。9 月中旬后，温度降到 20℃以下，抽出的花穗减少，进入 10 月，温度降到 15℃以下时，植株生长缓慢，直到停止，叶片从尖端开始变黄萎缩。干旱时嫩茎及花轴均减少，肉质薄，产量低。不耐水涝，在低湿地上栽培襄荷，常引起地下茎窒息腐烂，故襄荷应栽培在排灌方便的地方。对土质要求不十分严格，但以含有机质丰富、土壤疏松、中性或微酸性土壤为佳。襄荷对氮、磷、钾都需要，特别是钾肥对花穗形成很重要，多施有机肥及草木灰的，抽出的花穗多、大而肥嫩。襄荷需要充足的阳光，在半阴地生长不良，抽出的花轴少而小，鳞片的肉质也薄。

四、栽培技术

1. 繁殖方法

襄荷虽开花结实，但它的种子发芽率低，生长缓慢。用地下茎繁殖生长快，定植当年即可有少量收获，故一般采用地下茎分割繁殖。将地下茎掘起，按每块具有 2～3 个芽割开，作为播种材料。

2. 移栽季节

地上部凋萎后到地下茎萌动前，整个冬季及早春均可移栽。在这范围内移栽较早的，生长较好，延迟到萌动时移栽的，则生长不良。一般 12 月至翌年 2 月均可定植，通常不超过 2 月底。

3. 整地作畦

整地要深，低湿地须作高畦。栽 2 行的，畦幅 120～160cm，栽 1 行的畦幅 70～100cm。株距 70cm。

4. 基肥深施，合理密植

每亩用腐熟农家肥 2000～3000kg、磷肥 25kg、钾肥 15kg 与泥土混合填入事先挖好的穴中。将地下茎挖出，按 2~3 个芽割开，按行株距(60~80)cm×60cm 栽植。每亩种 1400~1800 穴。注意芽向上，再填上泥土稍高于地面。

5. 加强田间管理，适时采收

襄荷对钾肥较为敏感，注意增施钾肥。生长期一般追肥 3 次。地下茎出土后 2 周，泼浇稀薄粪水或施尿素，以促地上茎叶迅速生长；5 月叶鞘完全展开时，每亩施尿素 30kg；6 月中旬先施草木灰，再用油菜荚壳或稻草覆盖根部，促使花轴变得柔软，脆嫩。在高燥地上栽培，天旱时应灌水，否则影响花轴的生长。但襄荷的地下茎不耐淹水，灌水要适度，不能让水淹没畦面，否则会引起地下茎腐烂。花轴抽出前要锄草松土 2 次，中耕宜浅，以免损伤地下茎。但移栽 3 年以上的，地下茎错杂重叠，生长势衰弱。中耕时适当深挖，挖断部分地下茎及老根，以促进新根的生长，使衰弱的植株得到更新。春季嫩芽出土，夏秋花穗形成时，用草木灰、堆肥、稻草等覆盖土面遮光，使伸出的嫩茎和花轴柔软脆嫩。襄荷的特殊气味有驱虫作用，因此虫害极少。因零星栽培，病菌传播机会少，病害也少。

五、采收

嫩芽在春暖后，从地下茎抽出，须在 13~16cm 长、叶鞘散开前采收。嫩芽只能采收 1~2 次，采收次数多了，影响花轴的形成。栽培当年，为了增强茎叶的生长，不宜采收嫩芽。花轴在夏秋间，花蕾出现前采收。若待花蕾出现后采收，则组织硬化，不能食用。栽培当年，花轴少，生长 2 年的较多，第 3、第 4 年盛产，第 5 年产量减少，以后应更新再植。地下茎多在晚秋采收。地下茎风味稍似姜，并有嫩芽及花轴同样的特殊芳香味。

（郭凤领　邱正明　王运强　邓晓辉）

第四节　薇菜漂浮式孢子育苗基质筛选初探

薇菜，学名紫萁，属多年生蕨类植物。其富含蛋白质、多种维生素及钾、钙、磷、硒、铜、镁、锌、铁等元素，还含有稀有的促脱皮甾酮、鞣质、皂苷和黄酮类成分。幼叶加工成的薇菜干，近年来在香港及日本、韩国等国内外市场走俏，已成为具较高经济价值的大宗土特产商品，在国际市场上被誉为"山珍佳品"。由于野山资源的逐年下降和市场规模的扩大，采用人工孢子繁育和栽培已成为重要生产手段。漂浮式育苗技术是在现有的"三段式"人工繁育技术基础上研发的新型薇菜孢子育苗方式，采用将育苗盘至于水面漂浮的工厂化生产方式，使盘内基质水分含量更加稳定，具有节水节肥，生产成本低，便于集约化、规范化管理，出苗整齐，土传病害少等优点。

对薇菜孢子苗育基质的研究发现，基质的种类、质地能够引起基质内温度、水分等理化性质的变化，这对孢子的萌发、原叶体形成及孢子苗的生长发育有十分重要的影响。因此，本研究针对新型薇菜漂浮式孢子繁育技术，选取多种成本低廉、产于当地的基质原材料进行人工孢子萌发试验，筛选效果优良的育苗基质，为提高育苗质量、降低育苗成本提供依据。

一、材料与方法

1. 材料

育苗试验选用的薇菜孢子粉为本地采集的南方薇菜孢子粉，于 4 月下旬开始，在薇菜下部孢子囊开始变黄，上部仍为青绿色时采收孢子囊，置于阴凉通风的干燥处自然干燥，待孢子自然脱落后去除空孢子囊和杂物后，将孢子粉装入牛皮纸中入冰箱冷藏待播。基质原材料为本地黄棕壤土、草炭、火粪土、红壤土。基质原材料均预先经过粉碎、过筛并进行高温灭菌消毒处理。将以上 4 种原材料通过不同混合方式配制成 9 种单一及复合基质作为待试材料，分别标记为 A、B、C、D、E、F、G、H，黄棕壤土作为对照 CK。

2. 方法

将待试基质装入泡沫盘中作为育苗漂浮盘, 盘底规则打孔若干, 基质装盘深度为与盘沿齐平, 装盘后将其放入水槽中漂浮。将待播孢子粉均匀的播撒到基质表面, 播孢后每天用自动喷雾器喷洒两次清水, 保证基质表层处于湿润状态。每种处理播撒 3 盘, 作为 3 次重复, 随机排列于水槽内。

3. 测定指标及数据处理

播孢后每天观察薇菜孢子萌发情况, 记录萌发日期、原叶体形成日期和孢子苗形成日期。原叶体形成后开始定期测定 10cm² 内原叶体数; 孢子体形成后定期测定 10cm² 内孢子苗数。所有测定在漂浮盘内按 5 点取样法取样并取平均值。试验数据用 SPSS13.0 软件进行 LSD 多重比较分析。

二、结果与分析

1. 不同基质对孢子萌发及生长发育时间的影响

薇菜孢子萌发时间与基质类型和环境因子密切相关, 由于试验大棚内环境条件控制一致, 除 E 处理内薇菜孢子始终未萌发外, 其他各处理间的萌发时间无任何差异。其中, 播撒孢子至原叶体形成时间为 48 天, 原叶体形成至孢子体形成时间为 27 天。

2. 不同基质对薇菜原叶体生长发育的影响

薇菜孢子萌发后首先形成原叶体, 原叶体为配子体世代, 经有性繁殖进而形成孢子体。原叶体的形成与基质种类和环境因子密切相关。如图 16-1 所示, 除 E 处理外, 其他各处理从播孢后 48 天开始, 薇菜原叶体数量随生长期的增加逐渐增多, 但增加速率有差异。由表 16-2 可知, 在播孢 74 天时 (即孢子体出现时), 原叶体数量最多的为 A 处理, 平均值达到 19 个/10cm²。

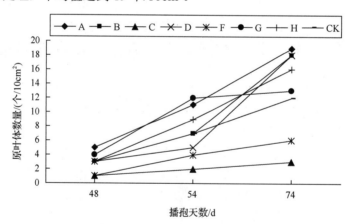

图 16-1　不同基质薇菜原叶体数量变化

表 16-2　不同基质对播孢 74 天薇菜原叶体数量的影响

处理	原叶体数量/(个/10cm²)			均值	
	1	2	3		
A	20	21	17	19	a
B	22	21	10	18	ab
C	1	3	4	3	d
D	20	14	21	18	ab
F	7	6	5	6	cd
G	10	12	16	13	b
H	21	10	16	16	ab
CK	13	14	9	12	bc

注: 不同字母表示不同处理间差异在 0.05 水平上显著。

与对照相比，处理 A 的原叶体数量增加 58%，差异显著；B、D、G、H 的原叶体数量分别增加 58%、50%、50%、8%、33%，但差异不明显。处理 C 和 F 的原叶体数量与对照相比均有所下降，处理 C 数量最少并与对照差异显著，说明该类基质的性质不适于进行薇菜孢子的生长萌发。

3. 不同基质对薇菜孢子苗生长发育的影响

薇菜孢子苗在原叶体的基础上发育形成，受原叶体数量决定的同时也受到多种环境因子尤其是基质水分的影响较大。如图 16-2 所示，薇菜孢子体在播孢 74 天时出现，孢子苗数量变化在不同处理中呈不同变化趋势。与原叶体数量变化相反，CK 的孢子苗数量后期下降明显，其余处理均为增加，但增加速率有较大差异。其中，处理 G 和 H 表现出的数量增长最为明显，显示该处理后期有较强的出苗潜力。

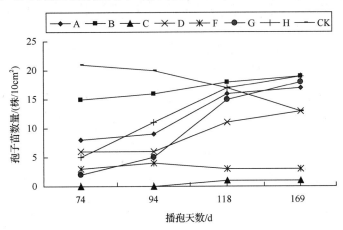

图 16-2　不同基质薇菜孢子苗数量变化

由表 16-3 可知，与对照相比，处理 B 和 H 的孢子苗数量增加 46%，处理 A 和 G 的孢子苗数量分别增加 31% 和 38%，但差异均不明显。处理 C 和 F 与对照相比孢子苗数量有显著下降，表明该两种基质同样不适于薇菜孢子苗的生长发育。

表 16-3　不同基质对播孢 169 天薇菜孢子苗数量的影响

处理	孢子苗数量/(株/10cm²)			均值	
	1	2	3		
A	17	15	20	17	a
B	18	25	13	19	a
C	1	1	2	1	b
D	6	13	21	13	a
F	4	2	3	3	b
G	22	18	14	18	a
H	14	19	24	19	a
CK	14	11	13	13	a

注：不同字母表示不同处理间差异在 0.05 水平上显著。

三、结论与讨论

基质的理化性质对于原叶体的形成和孢子苗的生长发育有显著影响。测试所用 4 种原料均为本地所产，成本低廉且易获得，作为孢子育苗基质潜力巨大。测试结果表明，工厂化漂浮式育苗方式便于控制基质内的环境条件，使孢子萌发时间、原叶体和孢子体出现时间更为一致。A、B、G、H 四种基质相比普通黄棕壤土能够明显提高孢子的出苗率，其中以 A 和 H 两种基质效果最佳，最适合作为薇菜孢子的育苗基质。F 处理为单一红壤土，其无法提供孢子萌发所需基本环境条件，与 E 处理一样不适合用作薇菜孢子的育苗基质。性状优良的四种基质中按照不同方式均混合有草炭，说明草炭等有机质对于维持基质含水量、提供孢子生长附着物和所需营养物质有不可替代的作用，与黄棕壤土混合后能够增加出苗数量。孢子苗出苗率不仅受原叶体数量决定，还与基质的理化性状关系密切，前期原叶体形成的数量较多未必能够在后期全部形成孢子苗，黄棕壤土对于维持后期孢子苗存活率效果较差。薇菜育苗周期相对较长，一次播孢后的出苗时间可长达数年，因此，各种基质在较长时期内的表现目前仍不清楚，相关研究工作仍有待开展。

（陈磊夫　郭凤领　邱正明　周长辉）

第五节　薇菜孢子漂浮式二段育苗技术研究

薇菜孢子漂浮式两段育苗是利用薇菜孢子数量大的特点，用泡沫盘漂浮的方法培育孢子小苗(一段)，用苗床假植孢子小苗培育大壮苗(二段)，通过人工控制环境和一系列促进根、茎、叶生长的措施，经过两段2～3年的培育形成可以直接用于人工栽培的种苗的方法。该方法针对薇菜孢子在生长发育过程中对温度、湿度、光照、养分的需求，尤其湿度是孢子育苗能否育出孢子小苗的关键，利用泡沫盘漂浮的方法能很好地解决水分的供求矛盾，使育苗基质能长期保持相应的湿度，在保证所需的温度、光照、养分等因素的条件下就能育出孢子小苗，通过苗床假植阶段的培育形成大壮苗直接用于大田栽培。该育苗方式与其他育苗方式比较，具有提高出苗率、缩短育苗时间、减少投资、减轻劳动强度、便于管理、保护野生资源等优点。

一、漂浮育苗培育薇菜孢子小苗(一段苗阶段)

1. 采集薇菜孢子

4月下旬开始在野生或野转家人工栽培的田块中选择植株红色的健壮植株采集孢子。孢子九成熟时(下部孢子囊开始变黄、上部青绿色)开始采集，将采下的孢子囊放置于阴凉通风干燥处，经3～5天孢子从孢子囊中脱落，去除孢子囊和其他杂物，将孢子粉装入牛皮纸袋中放入冰箱冷藏(5～10℃)保存待播。

2. 准备基质

用市场购买的草炭或当地沼泽地多年形成的沼泽土(草炭)作为育苗基质。将草炭挖出晾干粉碎过筛后进行高温灭菌消毒(温度100℃以上)。高温消毒采用大甑蒸或用大棚塑膜包裹锅炉蒸汽加热的方法进行，要求温度达到100℃以上，以达到杀死杂草种子和病菌虫卵的目的。

3. 设置漂浮水槽

在温室大棚中设置漂浮水槽(室外漂浮苗正在试验中)。用火砖或水泥砖砌成长10～15m、宽1～1.2m(也可根据泡沫盘的长宽设定水槽的长宽)、高0.15～0.2m的水槽，槽内铺设塑料薄膜，放入0.08～0.1m深的清水，水槽之间留0.3～0.4m宽的走道。

4. 装盘

选用长50～55cm、宽40～45cm、高6～8cm、盘内深4～5cm的泡沫盘为漂浮盘，盘底规则打孔9～12个(孔直径0.5～0.8cm)。将经过高温处理的基质加水拌湿(手握成团)装入泡沫盘中，装盘深度为基质与盘沿平齐，然后将装好的泡沫盘放入水槽中待播。

5. 播孢

5～10月均可以播孢，以5月上旬为最佳播孢期。播孢时将孢子粉用脱脂纱布包裹轻拍均匀散播在基质表面，每平方米播孢子粉1～2g。

6. 播孢后管理

水分管理：保持水槽中长期有水，使泡沫盘处于漂浮、基质处于湿润状态，播种后1个月左右，孢子开始萌发，在孢子萌发后每天用喷雾器喷撒两遍清水，连续喷洒一周。

温度管理：在温室中播孢，需保持室温在20～25℃，当温度低于5℃或高于30℃时，要及时关闭温室或关闭遮阳网、打开侧天窗、开启水帘保温或降温。在大棚中播种，冬季关严大棚，夏季打开大棚两侧棚膜，达到降温和保温的目的。

光照管理：在温室和大棚中加盖遮阳网减少阳光照射。

肥料管理：营养叶长出前不施肥，长出营养叶后用硫酸钾复合肥施于水槽中，浓度控制在0.5%以内，每隔一个月施一次，同时视其长势用磷酸二氢钾(浓度为0.3%～0.5%)每隔10～15天进行一次叶面喷施。

二、假植培育大壮苗(二段苗阶段)

1. 假植时间

当孢子苗(一段苗)长出一片叶，苗高2～3cm时开始假植；4～10月均可假植，但以5月和10月为最佳假植时间。

2. 准备基质

用70%的耕地土，30%草炭配成假植基质。耕地土去除表层取其耕作层的中下部土壤过筛，草炭土挖出晾干粉碎。每立方米基质加入腐熟菜枯50kg或等量的其他有机肥、绿亨一号1.5g、5%辛硫磷颗粒剂100g，加水拌湿拌匀堆放一周左右即可使用。

3. 设置假植苗床

用砖或其他材料将苗床做成长8～10m、宽1～1.2m、高5～8cm槽形苗床，将准备好的基质平铺于槽内。苗床间留30～40cm宽的走道。

4. 栽苗

按8～10cm的株行距进行假植，每穴栽1～2株，边栽边浇定根水，要求栽稳栽正栽直。漂浮盘中取苗要做到轻扯、依顺序取出、不伤根系、不伤叶片，要求取强留弱、取大留小，尽量不损坏盘内基质，将剩下的弱小苗继续放入漂浮水槽中，让其生长，达到假植标准后继续假植。

5. 假植后的管理

水分管理：床土表面局部发白及时补充水分，使基质保持湿润状态。

温度管理：主要是夏季高温阶段的管理，如假植于温室或大棚中，当温度高于30℃时，要及时打开侧天窗、开启水帘、打开大棚两侧棚膜来降低温度。冬季关严温室和大棚，防止极端低温天气造成冻害。

光照管理：假植后如无遮阳设施，需加盖遮阳网减少光照。

肥料管理：视长势每隔10～15天喷施一次磷酸二氢钾(浓度为0.3%～0.5%)。

三、薇菜种苗出圃标准及种苗的出圃处理与管理

薇菜种苗在圃地经过一年的培育，根系发达，根状茎增大，呈小儿拳头大小，于冬季休眠期将种苗挖出，采挖时离蔸子10cm左右处下锄，挖松土壤后将薇菜种苗取出，适当抖掉部分附着土，以减轻重量，同时也要保留部分原土，以利于栽植成活，按照生长健壮，无机械损伤，根系发达为参考依据，对挖起的种蔸进行分级，分别堆放，堆放时要选择地势高、排水良好的地段，高度不宜太高，一般50cm以下，用草覆盖，也可以盖上沙土，以免风吹干影响成活，如果堆积时间太长可以翻动1～2次。也可随挖随栽，避免不必要的损失。

四、薇菜苗期有害生物的发生及其综合防治

在薇菜的整个育苗过程中，由于生产环境完全是一种人工化的生产环境，因此，在薇菜育苗生产的各个环节跟其他作物的育苗生产一样会受到各种的有害生物的危害。

(一)薇菜苗期有害植物的发生与防治技术

薇菜苗期的有害植物主要有藻类植物、杂蕨和杂草等。非目的蕨类和藻类以孢子传播与繁殖，可危害整个育苗期，但以薇菜原叶体形成期的危害最为严重。杂草的危害以孢子播种前期为主，因此，对杂草的防治以早治为基本原则。

薇菜苗期有害植物主要采取"预防为主，除治结合"的防治原则，主要采取以下几种防治方法。

1. 土壤处理

土壤处理主要有两个方面的技术措施，一是土壤高温处理，此法仅适用于生产量少的育苗；二是除草剂的使用。薇菜育苗期使用除草剂主要用芽前除草剂。试验表明，用 500g/kg 氟乐灵 EC 和 900g/kg 禾耐斯 EC 除草效果十分明显，施药 10 天后和 20 天后，无论是对单子叶杂草或是双子叶杂草，其综合防效都在 90% 以上。具体方法是：将播孢基质经除杂过筛后，用 500g/kg 氟乐灵 150~200g，加水 75~100kg 充分搅拌均匀，或用 900g/kg 禾耐斯加水 10kg，然后用喷雾器均匀喷药并拌匀后上播种床，一周后播种。这种方法可去除大量的杂草，而且对薇菜孢子安全。

2. 截断传播源

藻类植物和非目的蕨类均以孢子传播与繁殖。在做好土壤消毒除杂的基础上，截断各种植物孢子的传播途径是防治藻类植物和非目的蕨类的主要手段。截断这类有害生物的传播源主要从两个方面进行：一是播种基质经处理后及时上播种床，然后迅速将塑料小拱棚支好；二是播种床上的各种用水需经高温处理，特别是在原叶体未形成之前绝对不可以使用天然状态下的水，以免将自然传播的杂蕨和藻类孢子人为带入。

3. 人工除草

虽然经过以上环节的处理，但仍然有一部分杂草会陆续长出，这就需要在日常的管理中经常对这些杂草进行人工除杂。人工除杂在薇菜原叶体形成之前不可将杂草直接拔除，而要用小剪刀剪除，以免拔草时造成基质松动而影响原叶体的形成。藻类大发生时，可喷施 1% 硫酸铜水溶液，效果较好。

(二)薇菜苗期害虫的发生与防治

薇菜苗期主要的虫害有蚯蚓类和蝼蛄类。蚯蚓类和蝼蛄类地下害虫对薇菜的危害主要表现在对苗床的破坏而间接危害薇菜苗的生产。特别是在播孢前期和雨后进入苗床，在床面修筑隧道，影响土壤的保水性能，从而影响薇菜孢子的萌发和原叶体的形成。

对这类地下害虫的防治重点放在原叶体形成之前，可采用土壤化学防治和诱杀。

1. 土壤处理

作苗床前，对苗床采用化学药剂进行处理，每亩用 5% 辛硫磷颗粒剂 2~3kg，或 10% 二嗪农颗粒剂 1.5%~1.6%，或 14% 敌杀死颗粒 1.5~1.6kg 掺适量细土撒施后再耕翻土地，可以杀灭土壤中的地下害虫。

2. 诱杀成虫

粪坑诱杀：蝼蛄类具有趋粪性，可在田间挖 30cm 见方的坑，内堆湿润牛马粪，表面盖草，每天清晨捕杀，牛马粪中可拌以 90% 晶体敌百虫进行毒杀。

毒饵诱杀：用饼粕、麸子 30~50kg 炒黄，或 30~50kg 秕谷晾至半干，再将 90% 晶体敌百虫 1kg 用 60~70℃ 适量温水溶解成药液，或用 50% 二嗪农乳液 1kg、50% 辛硫磷乳液 1kg，用水稀释 5 倍左右，将其拌匀，拌时加适量水，拌潮为宜，每亩用 3~5kg 毒饵，于傍晚分成小堆施入田间诱杀蝼蛄。

灯光诱杀：蝼蛄等地下害虫大多数都有趋光性，用灯光诱杀，特别是黑光灯诱杀效果良好。

(三)薇菜苗期有害微生物的发生与防治

薇菜苗期有害微生物的种类主要为霉菌类，主要包括青霉菌和曲霉菌两大类。该类病原菌发生于孢子繁殖期，在基质上产生霉层，污染基质，影响孢子萌发和原叶体形成，致使孢子育苗失败。

对于霉菌类治理重点抓住两个环节，一是注意基质的灭菌，孢子处理和用水等方面注意严格消毒杀菌，避免污染；二是当霉菌在基质上产生菌落时用50%多菌灵800～1000倍液喷施，效果良好。

（周长辉　郭凤领　陈磊夫　邱正明）

第六节　薇菜栽培技术

如今人们提及的薇菜，是指紫萁科植物的可供食用的种类。东北薇菜为桂皮紫萁（*Osmunda cinnamomea* L. var. *asiatica* Fernald），或称分株紫萁，俗称牛毛广，产于中国东北、华北，以及俄罗斯远东、日本和朝鲜等地。南方所说的薇菜是指紫萁（*Osmunda japonica* Thunb.），产于日本及中国长江流域以南各省区，很少指豆科的巢菜属植物。按秦仁昌系统，其在分类上属蕨类植物门、真蕨亚门、原始薄囊蕨纲、紫萁目、紫萁科、紫萁属多年生蕨类植物，主要分布在我国南方。

一、植物形态特征

薇菜属紫萁科紫萁属多年生蕨类植物，植株高30～100cm，根状茎短而粗，直立或斜生。叶丛生，一般为二型，分为营养叶（不育叶）和孢子叶（能育叶）。营养叶大型，具长柄，长圆状披针形（北方薇菜）或三角状阔卵形（南方薇菜）。二回羽状深裂，常具锈色绒毛，但南方薇菜生长后期绒毛逐渐脱落，北方薇菜叶背面还有簇毛。北方薇菜孢子叶大型，长为30～50cm，长柄密被锈色绒毛，羽状分裂，第一羽片长约3cm，长圆状、卵形，第二羽片长圆形，密被褐色孢子囊；南方薇菜孢子叶强度收缩，小羽片狭，蜷缩成条形，沿主脉两侧密生孢子囊。孢子囊幼嫩时为绿色，当孢子囊开始发育时失去绿色变为红褐色，孢子成熟脱落后，孢子叶即枯死。

二、分布及对环境条件的要求

全国多省山区均有分布，主要生于山坡林下或荒地的酸性土壤上。

南方薇菜主要分布在长江流域以南地区，以四川、湖南、湖北、贵州、广西、云南、安徽分布较多，陕西南部、甘肃南部和台湾地区也有分布，日本、朝鲜、韩国、越南、不丹也有分布，薇菜喜温喜湿忌阳光直射，主要分布在山地疏林、林缘、河流两侧、半阴坡、阴坡沟坎边，伴生植物有苔藓、山苍子、芒萁、马尾松、杜鹃、狗脊等，在秦岭以南山地海拔300～2400m地区均有分布，海拔800～1500m地区长势良好。

生长发育及分布有较大影响。影响薇菜生长和分布的环境因子有坡度、海拔、温度、湿度、光照强度、土壤类型等，其中温度、光照强度、土壤的酸碱度为影响薇菜生长与分布的主导因子。

湿度：薇菜紫萁为我国暖温带及亚热带常见的一种蕨类，生长于林下、山野阴坡或溪边等阴湿的环境中，喜温暖湿润，不耐干旱，在空气相对湿度为80%左右最佳，湿度过低或过高都不利于薇菜生长，湿度过高不利于营养元素的积累，湿度过低使生理代谢活动缓慢。一般在河边、溪边等阴湿的环境生长较多，这主要是因为成熟的孢子落地后萌发形成配子体，配子体的生长非常缓慢，从配子体的发生到幼孢子体的形成，大约需要3个月，而且配子体的生活环境必须有水湿环境。由于在长时间内始终需要水湿环境，因此限制了它的分布范围，这也是造成其数量稀少的主要原因。

温度：温度对薇菜的生长影响也较大，薇菜在12～30℃都能生长，在20℃左右最佳，温度过低生长缓慢；温度高于30℃生长停滞甚至死亡。

光照：薇菜对光照需要不多，主要以散射光或漫射光为佳，光照强度在2000lx左右为宜。比较适合在遮光度30%～50%的林下生长，光照强度过大，薇菜植株矮小；林分郁闭度过大，薇菜植株较高，但较细弱。

土壤：薇菜适于生长在土壤腐殖层较厚的弱酸性（pH5.7～6.3）砂壤土。

何成芳等的调研表明林地间腐殖层中的大量枯枝落叶，在微生物作用下分解腐烂后具有保肥保湿能力，可以供给薇菜生长所需养料，促进薇菜生长。有机质含量大于 20g/kg 的土壤，生长的薇菜数量和产量明显高于土壤有机质含量小于 20g/kg 的，并且薇菜的地径和株高也随土壤有机质含量的增加而增大。因此，在腐殖质层较厚的林地条件下，薇菜生长明显优于腐殖质层薄的林地，表现为产量增高。

土壤酸碱度是影响薇菜生长的另一个土壤条件因素，薇菜主要分布在 pH5.4～6.3 的土壤，说明薇菜适合生长在偏酸性的土壤中。地径和株高随土壤酸碱度变化不大。结果表明，在土壤 pH 大于 7 的地区，几乎没有薇菜，而在土壤 pH5.7～6.3 的地带分布的薇菜数量占总数的 66.2%，并且长势旺盛。

三、营养价值及用途

薇菜营养丰富，富含蛋白质、多种维生素及钾、钙、磷、硒、铜、镁、锌、铁等微量元素，还有稀有的促脱皮甾酮、鞣质、皂苷和黄酮类等成分。薇菜味苦性凉，具有安神、降压、抗癌、清热、减肥等功效，并对流感、乙型脑炎等病毒有明显的抑制作用。绒毛可开发成止血贴及止血药物的添加成分(外用)；叶株全草可入药并可作饲料；地下茎可作贯众或开发成中成药制剂；其卷曲嫩叶可作蔬菜，质地脆嫩，风味独特，是消费者欢迎的一种山珍野菜。卷曲未展的嫩茎叶尤为食用上品，开水浸烫、漂洗、去土腥味后，可炒、可炖、凉拌、做汤、加肉炒食等，有病治病，无病防病。所以，经常食用薇菜大有益处。其幼叶加工干制薇菜干，畅销海内外，近年来在日本、韩国和我国上海、香港一直走俏，已成为土特产大宗畅销商品，在国际市场上被誉为"山珍佳品"，有很高的经济价值。

薇菜营养丰富，每 100g 干品中含钾 3120g、钙 293g、磷 711g、铁 12.5g、锌 6.2g，另有氨基酸、鞣酸等。

四、栽培技术

薇菜在自然界中，自然更新率极低，但寿命长，现有资源主要为若干年积累而成。在人工栽培中以薇菜孢子有性繁殖苗和野转家及分蔸无性繁殖两种繁殖方式，薇菜最适宜在海拔 800～1500m 地方人工栽培，其栽培的经济寿命为 40 年左右。

(一)种苗准备

1. 薇菜孢子育苗(有性繁殖)

利用薇菜孢子数量大的特点，用有性繁殖的方法，于 5 月底至 6 月初采集薇菜孢子。将孢子播入经过高温蒸汽消毒处理的富含腐殖质的基质上，通过人工控制环境和一系列促进根、茎、叶生长的措施，经 2～3 年的人工培育，苗高 15cm 以上，3 个叶柄以上的植株可作大田移栽备用苗。

2. 野生薇菜分蔸繁殖(无性繁殖)

当地野生薇菜苗应于移栽前 1 天挖取地下根茎，分散挖取，不要成片，以保护野生资源。最好选择较大的根茎，茎粗 1cm 左右，长 20cm 以上。带原土，并注意运输时不要失水或弄掉土坨。外地引种时要提前挖取，并注意长途运输过程中不失水分，方法是用塑料袋包装，以制造适宜的小气候。野生薇菜具有 2 个以上"芽头"的蔸可以用刀分割，保证每个芽头的直径 4cm 以上，分蔸时注意保护好芽头和完整的须根。

直接把野生薇菜集中栽培，这种方法操作简便，见效快，在人工种苗生产繁育基地还没有建成前，是行之有效的方法。从长远看，存在以下问题：一是挖野蔸破坏了野生资源；二是成本高，难以满足大面积人工栽培的需求；三是薇菜种蔸年龄、生长状况、所处生态环境差异较大，移栽同一地段，适宜能力不一致，成活率和生长状况有较大的差异。因此，野生薇菜蔸挖回后要实行人工分级备用。

(二)选地、整地

选择酸性(pH5～6)、土层深厚、土壤肥沃、有机质含量高的沙壤土和中壤土为宜，坡度应有 25° 以下，荒坡最好是阴坡、阴湾，有利于开垦种植，耕地保水保肥性能良好，但不易渍水，整个栽培地的水源条件要好，生长期有利于灌溉。荒山的开垦种植必须符合国家林业政策，经林业主管部门批准后方可实施。薇菜最适宜人工栽培的海拔为 800～1500m。

土壤深翻 30cm 以上，把大土块整细，栽种前必须全面清除杂草、灌木，土壤中的植物根系和石头作一次清理，田间可留少量的树林或适度栽种经济林，每亩不宜超过 20 株，否则薇菜白粉病重，严重影响薇菜生长发育，单作以 1.2m 开厢为宜，最好为东西向开厢，有利薇菜通风透光及光合作用。

(三)施基肥

在 1.2m 开厢中间挖 15cm×40cm 沟，即沟深 15cm、沟宽 40cm，沟内施肥，每亩施 1500～2000kg 腐熟有机肥，或施 100kg 饼肥＋50kg45%复合肥，施肥后上面盖 2cm 厚的细土，把肥料与薇菜蔸根系隔开，防止肥料烧伤根系。

薇菜孢子苗移栽后杂草管理较难，因此，在施完基肥起垄后，可用禾耐斯喷雾后再移栽孢子苗。

(四)移栽

1. 适时移栽

最佳的移栽期为每年 10 月中旬至次年 3 月中旬，此阶段为薇菜的休眠期，移栽成活率高，当气温降到 0℃以下和下雪天不宜移栽。薇菜孢子苗的移栽应在开沟施肥起垄后进行，移栽时一定双手把薇菜蔸周围用细土压实。野生薇菜蔸移栽应在开沟施肥盖 2cm 细土后进行，放置薇菜蔸后再覆盖 5cm 细土，移栽后浇定根水，提高成活率。移栽时无论是薇菜孢子苗还是野生薇菜蔸，均应实施分级移栽，有利于后期的管理。

2. 合理密植

薇菜孢子苗单作单垄双行移栽，每亩移栽 4500～5000 株为宜，野生薇菜蔸单作单垄双行每亩 4000 株为宜，如果过密会增加投入，前期效果好，后期效果差，过稀单位面积内的产量低，不能取得最佳经济效益。如果是与经济林套作或零星种植，各地可根据实际情况决定种植密度，与经济林套作的密度不宜过大，因遮阴度大，田间湿度大，白粉病严重。

(五)田间管理

1. 遮阳

遮阳栽培适宜海拔 800m 以下和 800～1200m 阳光照射时间长，水源条件不好的田块，尤其是移栽的薇菜孢子苗。可用遮光度为 50%～60%的遮阳网遮阳。也可用不织布作浮面覆盖，以减少强光和高温伤害。土壤干旱时，可直接对不织布上面进行喷灌，以保持较高空气湿度。若阴雨天偏多，田间湿度过大，应注意适时揭遮阳网通风透光，减轻白粉病的发生。

另外在有条件的地方，薇菜移栽后可盖一些杂草或稻草，盖草一是可以提高地温促进根系的生长；二是可以保墒，防止土壤失水而影响成活和后期的生长；三是可以防止太阳直射伤苗，提高成活率；四是可以通过多次压草增加土壤有机质，保持栽培土壤的良好透性和肥力。

2. 田间除草

夏季杂草生长很快，有时甚至超过薇菜植株，因此薇菜移栽后应及时清除田间杂草，防止杂草与薇菜争水、争肥。特别是薇菜孢子苗移栽后前两年 4～9 月，每月人工除 1 次杂草，第 3 年起孢子苗与野转家薇菜除草一样，当薇菜封行后除草，两行间不能用锄头除草，防止伤薇菜根，提倡用手扯草。沟两旁的杂草可以用锄头除草，每年 11 月薇菜苗地上部分全部枯死后，可用镰刀将枝条全部割除并将地面清理干净。为了改善越冬条件，冬季可进行埋土并覆盖废旧塑料薄膜。

3. 追肥

根据当地野生薇菜不同时期根、茎、叶的氮、磷、钾含量的化验结果和薇菜栽种地土壤有效养分含量，确定施肥种类、数量和比例，实行配方施肥，确保早日夺得薇菜的高产。追肥时间和种类为：2 月中下旬追一次芽前肥、沟施复合肥盖土，5 月中旬追一次叶面肥，喷施 1%的浓度磷酸二氢钾，8 月上旬叶面喷施 3%浓度的磷酸二氢钾，11 月底至 12 月初割除地上部分，施 1 次有机肥；或每年 5 月上中旬喷施 1%浓度磷酸二氢钾 1 次，6 月上中旬沟施 1 次复合肥，12 月上旬沟施一次有机肥。有沼液的地方，每年追施 3～4 次沼液，特别是有利于薇菜孢子苗有生长。

4. 病虫害防治

危害薇菜的主要病害为白粉病，主要发生在遮阴度较大、田间湿度较大的田块。防治方法：一是通过栽培管理，降低田间湿度，提高植株抗性，减少病害发生；二是在白粉病的发病初期用 15%粉锈宁 800～1000 倍液喷雾防治。

薇菜生育期间易受叶蜂、菜蛾为害，可用 500 倍液乐果喷洒。

(六) 及时采收

采收时期对薇菜的品质影响很大。一般在薇菜叶柄 17～20cm，顶端尚未展开时即可采摘，依次轮采，一般 2～4 天采摘一次，做到叶柄长度 15cm 以下不采，生长细弱的不采(叶柄直径 4mm 以下)，老化有纤维的不采，采种基地的孢子叶不采，病、伤、残株不采。对于野转家栽培的薇菜，移栽当年至第 2 年可采摘孢子叶，减少营养消耗，营养叶柄不能采，有利光合作用，第 3 年可进行适度采摘，第 4 年可大采。手工采摘，采摘时在距根茎 5cm 高度处采下，采后用手去掉薇菜勾卷头部和茸毛，然后放入干净的竹筐、背篓或塑料筐内，防止揉擦和暴晒。采摘后应及时送到初加工厂加工，防止采摘时间过长，造成基部老化，从而降低商品率。

五、食用方法

可鲜食或制干菜，将卷曲未展的嫩味用开水浸烫、漂洗、去土腥味后，可炒、可煸、凉拌、做汤等。

1. 木犀肉薇菜

猪肉洗净切丝；水发薇菜洗净切 3cm 长的段。鸡蛋磕在碗内搅散放上葱末。薇菜用开水汆一下捞出控净水。勺内放猪油烧热下入鸡蛋液炒熟倒入漏勺内；勺内再放猪油烧热，用葱、姜炸锅，将肉丝煸炒，至变色时加酱油、白糖，添上鸡汤 100g，下入薇菜，移至小火上焖 2min，下入精盐、味精颠炒几下，放入鸡蛋液炒匀，淋上花椒油即成。

2. 酸辣炝薇菜

将薇菜略微用清水冲洗一下，用 80℃的开水浸泡 3h 后将水倒掉，用清水反复冲洗几次，再用 80℃的开水浸泡 3h 后，继续用清水反复冲洗几次，改用冷水浸泡 3h 后，还要用清水冲洗，才能尽量去掉薇菜的苦涩味。锅中倒入水，加热沸腾后倒入浸泡好的薇菜，焯烫 2min 后捞出，用冷水冲洗一下，沥干水分备用。将醋、糖、盐、鸡精、清水倒入一个小碗，搅拌均匀。炒锅中倒入少许油，中火加热至 4 成热，倒入油泼辣椒，炒 10s，倒入葱姜蒜末炒香后，淋入糖醋汁，放入薇菜，煸炒 2min 即可。关火后，暂时不要盛出，让薇菜借着锅的余温，在汤汁中浸泡 20min 后再装盘食用，可撒些芝麻和红椒点缀。

(郭凤领　周长辉　陈磊夫)

第七节　蕨菜栽培技术

蕨菜(*Pteridum aquilinum* var. *latiusculum*)又叫蕨萁、拳头菜、猫爪、龙头菜、如意菜等，属于凤尾蕨科，喜生于浅山区向阳地块，多分布于稀疏针阔混交林，其食用部分是未展开的幼嫩叶芽。

一、植物形态特征

蕨菜为多年生草本植物，一般株高达 1m，地下根茎黑褐色，长而横向伸展，直径 0.6～0.8cm，长 10 余厘米，最长可达 30cm。叶由地下茎长出，为 3 回羽状复叶，总长可达 100cm 以上，略成三角形。第 1 次裂片对生，第 2 次裂片长圆状披针形，羽状分裂，小裂片线状长圆形，无毛或仅在背面中脉上有毛，细脉羽状分枝，叶缘向内卷曲。早春新生叶拳卷，呈三叉状，柄叶鲜嫩，上披白色绒毛，此时为采集期。叶柄细嫩时有细茸毛，草质化后茎秆光滑，茸毛消失。夏初，叶里面着生繁殖器官，即子囊群，呈赭褐色。

二、分布及对环境条件的要求

主要分布于世界温带和暖温带，其他地区也有分布；在我国主产于长江流域及以北地区的黑、吉、辽、陕、甘、鄂、宁、青等地，主要生长于海拔 400～2500m 的林缘、林下及荒坡向阳处。

蕨菜适应性很广，喜光、喜湿润凉爽气候条件。其生长要求土壤富含有机质、土层深厚、排水良好，植被覆盖率高的中性或微酸性土壤。在地温 12℃、气温 15℃时叶片开始迅速生长，孢子发育适温是 25～30℃，在 32℃的高温下能正常生长。–5℃时嫩叶受冻害，–36℃低温下宿根能安全越冬。蕨菜对光照不敏感，强光与弱光下均能正常生长，但在光照时间较长时生长良好，但对水分要求严格，不耐干旱。

三、营养价值及用途

蕨菜每 100g 鲜品含蛋白质 0.43g、脂肪 0.39g、糖类 3.6g、有机酸 0.45g，并含有多种维生素，既可当蔬菜，又可制饴糖、饼干、代藕粉和药品添加剂。经常食用可治疗高血压、头昏、子宫出血、关节炎等症，并对麻疹、流感有预防作用。蕨菜嫩叶含胡萝卜素、维生素、蛋白质、脂肪、糖、粗纤维、钾、钙、镁、蕨素，蕨苷、乙酰蕨素、胆碱、甾醇，此外还含有 18 种氨基酸等。现代研究认为蕨菜中的纤维素可有促进肠道蠕动，减少肠胃对脂肪吸收的作用。蕨菜味甘性寒，入药有解毒、清热、润肠、化痰等功效，经常食用可降低血压、缓解头晕失眠。蕨菜还可以止泻利尿，其所含的膳食纤维能促进胃肠蠕动，具有下气通便、清肠排毒的作用，还可治疗风湿性关节炎、痢疾、咳血等病。蕨菜素对细菌有一定的抑制作用，可用于发热不退、肠风热毒、湿疹、疮疡等病症，具有良好的清热解毒、杀菌清炎之功效；蕨菜的某些有效成分能扩张血管，降低血压；所含粗纤维能促进胃肠蠕动，具有下气通便的作用；蕨菜能清肠排毒，民间常用蕨菜治疗泄泻痢疾及小便淋漓不通，有一定效果。

四、栽培技术

(一)繁殖

1. 有性繁殖

在产区选择棕褐色孢子囊群，用剪刀将带孢子的叶片剪下，放入纸袋中风干待用。

育苗培养基质用泥炭和河沙混合，放到培养玻璃器皿中。把孢子撒播在培养基质上，并浇入浅层水培养。保持温度 25℃、湿度 80%以上，光照每天 4h。1 个月后孢子萌发，长成配子体。这时每天喷雾 2 次，连续 1 周，使精子与卵子结合形成胚，1 周后发育成孢子体小植株。

孢子体长出 3～4 片叶后，进行第一次移栽，仍用泥炭和河沙做床土。7～15 天后可移到室外床上。小苗长大后定植于露地。

2. 无性繁殖

首先要采集根(地下茎)，在秋冬前蕨菜地上部分开始枯干时，即 9 月下旬就应将其根挖出。一般来说，蕨菜根系多分布在距离地表 9～15cm 深处，最深也不过 20cm 左右。

野生蕨菜的根系比较细长，直径 0.7～0.8cm，芽间的距离约 10cm 左右，最长的为 30cm。因此在采挖时应注意不要伤芽，尽量挖深一些，以保证移栽成活率高。

从山区挖来野生蕨菜根，为了使其根系生长健壮，饱含养分，以便后期栽培生产，首要的问题是要进行根的培育。将蕨菜根移栽到旱田边角或较暖和的地方假植，要加强防寒，避免冻伤根系和芽子。待第二年冻地化透后开沟栽到地里，行距为 60～80cm，每亩约需蕨菜根 10kg 左右。株距可适当小些，一般为 15cm 左右。

由于蕨菜野生于富含腐殖质、营养丰富的山区林间，喜肥，忌干旱，所以施肥时应多施有机肥，尤其是腐熟好的农家肥要充足供应，每亩施 5000kg。如果每亩配施 5kg 硫酸钾复合肥，效果会更好些。施肥时间应尽量提前 10 天施入，不要在临近移栽前几天才施，以免发生烧芽现象。移栽后的要特别注意水分管理，经常保持土壤湿润。勤浇水，创造适宜蕨菜生长的湿度条件，是保证成活的关键。为了避免日晒风干，一般可在地表铺上秸秆或稻草遮阳，浇水可于上面用喷水壶浇透、浇匀，并经常除草防荒。

移栽到地里的蕨菜，翌年 4 月中旬根系可陆续发芽，7 月末整个田地表面被叶片遮盖，发芽一直持续到 10 月初，在此期间根系在地下 5～10cm 处纵横生长，积蓄养分。

(二)露地栽培

刚从山区挖来的蕨菜根系经过 1 年的培育，在当年是不能采收的，主要工作就是将野生蕨菜根系挖出来进行施肥培育、繁殖，促进发育健壮。入冬将地上部枯干的茎叶割掉埋入地下或用火烧掉，在上面适当盖些秸秆或草可较好地加强防寒保温，对于翌年发芽有好处。直到第 2 年 4 月上旬冻地开化后，蕨菜开始大量萌芽，才算进入采收年。

(三)采收

一般需等到芽伸长到 30cm 以上时方可采收，1 周收 3 次的品质较好。到 6 月中旬大约可采收 20 多次，一直可采收到 10 月。第一年亩产量可达到 400～600kg，以后产量会逐年增加，每亩可采收 1500kg 以上。如果加强田间管理，最高每亩产量可达 3000kg，每亩可获经济效益 5000 元以上。

蕨菜主要加工方法为盐渍加工和干制加工。

1. 盐渍加工

第一次腌制：将清洗整理好的蕨菜按 10：3 的比例用盐腌制。先在腌制器具的底部撒一层厚约 2cm 的食盐，再放一层蕨菜，厚约 5cm，随后一层盐一层菜地依次装满腌制器，最上层再撒 2cm 厚的食盐，上压石头，腌制 8～10 天。第二次腌制：将蕨菜从腌制器中取出，从上到下依次码放到另一格制器中，蕨菜和食盐的比例为 20：1，一层盐一层菜地摆放；用质量份数 35% 的盐水灌满腌制器，蕨菜表面压一重物，腌 14～16 天即为成品。

2. 干制加工

将清洗整理好的蕨菜投入沸水中烫 7～8min。热烫液中一般加入质量份数 0.2%～0.5% 的柠檬酸和质量份数 0.2% 的焦亚硫酸钠，有条件时使用洁净的硫磺，先经熏硫后再进行热烫。每 100kg 蕨菜的硫磺用量为 0.2～0.4kg，蕨菜与热烫液的比例为 1：1.5～2；热烫结束后立即用流动清水将蕨菜冷却至常温，然后晾晒或烘干。为防止蕨菜内外部水分不均，特别要防止过干使蕨菜表面出现折断和破碎，应剔除过湿结块、碎屑，并将其堆积 1～3 天，以达到水分平衡。同时使干蕨菜回软以便压块或包装。

蕨菜加工成品采用低温低湿条件下储藏，储藏温度以 0～2℃为宜，不宜超过 10℃，相对湿度在 15% 以下。

五、食用方法

春天，蕨菜的嫩叶刚刚长出，还处于卷曲未展时，人们便将它采摘下来，以备食用。食用时，一般用开水煮熟后，取出撕开，用清水浸泡 1～2 天，每天换清水数次，泡去涩味，加油盐调料回锅炒食或凉拌，味道都很鲜美，是上等山珍。蕨菜也可晒制成干菜，制作时用沸水烫后晒干即成，吃时用温水泡发，再烹制各种美味菜肴。

1. 凉拌蕨菜

将鲜蕨菜去掉毛茸和未展开的叶苞，放在米泔水里泡 1～2 天，捞出入沸水锅焯一下，洗去黏液和土腥味，断开切丝，放入盘内，加入味精、精盐、酱油、醋、白糖，淋入麻油拌匀即成。此菜具有清热、滑肠、降气、化痰的功效(蕨菜性寒，不宜多食)。

2. 脆皮蕨菜卷

原料：鲜蕨菜 100g，鸡脯肉 25g，虾仁 25g，鲜蘑菇 25g，面包渣 200g，鸡蛋 4 个。

将蕨菜洗净切成末，鸡肉虾仁斩茸，鲜蘑菇洗净切丁，将以上各物放入碗内，加入精盐、味精、葱花、姜末、花椒油、麻油拌成馅；将鸡蛋磕入碗内加入湿淀粉调匀，在锅内摊成 12 个小圆皮，剩下鸡蛋待用。把蛋皮从中间一切两半，卷上馅成卷。蘸上面粉后，再蘸上剩下的鸡蛋糊，最后蘸上面包渣待用；锅内放油烧至五成热，将卷下锅炸至金黄色捞出沥油，码盘上桌即成。此菜有温中益气、补髓添精、补肾壮阳、开胃、理气、化痰的功效，用于虚劳羸瘦、胃呆食少、体倦、肠风热毒、咳嗽有痰等病症。

3. 蕨菜炒肉丝

将蕨菜去掉叶柄上的茸毛和未展开的叶苞，沸水锅内焯短时间捞出，切段，猪肉洗净切丝；锅烧热，加肉丝煸炒至水干，烹入酱油，加入葱、姜煸炒至熟，加入料酒煸炒几下，投入蕨菜炒至入味，点入味精推匀出锅即成。此菜具有滋阴、补虚的功效，适用于食膈、肠风热毒、瘦弱干咳、腰膝酸软等病症。

4. 肉丝豆干蕨菜

将鲜蕨菜去掉叶柄上茸毛和未展开的叶苞，入沸水锅短时间捞出，切段后再切成细丝装盘，放上肉丝、豆干丝，加入精盐、味精、酱油、麻油拌匀即成。此菜具有清热解毒、滋阴润燥、和胃补肾的功效，适用于肠风热毒、瘦弱干咳、脾胃虚的腹胀、胃气上逆所致的呕吐等病症。

(郭凤领　陈磊夫　邱正明)

第八节　多年生野菜地笋及其栽培技术

地笋(*Lycopus lucidus* Turcz.)又名地瓜儿苗，俗称地参、穿地龙，为唇形科(Labiatae)地笋属(*Lycopus* L.)多年生草本植物。地笋含营养丰富，每 100g 鲜品中含蛋白质 4.3g、脂肪 0.7g、碳水化合物 9g、粗纤维 4.7g、胡萝卜素 6.33mg、烟酸 1.4mg，还含有维生素 B_1、维生素 B_2、维生素 C 及各种矿物质元素，地笋还含有挥发油、酚类、泽兰糖、水苏糖、半乳糖、多种氨基酸等。春、夏季可采摘其嫩茎叶凉拌、炒食、做汤；晚秋以后主要以采挖地下膨大的洁白色匍匐茎鲜食或炒食，或做酱菜等；还可全草入药。

一、地笋的特征特性

地笋为多年生草本，植株高度 1.5～1.7m。地下根状茎横走，先端肥大，近纺锤形，于茎节处生芽和须根。茎直立，不分枝，四棱形；茎下部叶多脱落，上部叶椭圆形、狭长圆形或呈披针形，长 5～10cm，宽 1.5～4cm，先端渐尖，基部渐狭呈楔形，边缘具不整齐的粗锐锯齿，表面暗绿色，无毛，略有光泽；叶交互对生，具极短柄或无柄；花序为轮伞花序多花，腋生，小苞片卵状披针形，先端刺尖，较花萼短或近等长，被柔毛；花萼钟形，长约 4mm，两面无毛，4～6 裂，裂片狭三角形，先端芒刺状；花冠钟形白色，长 4.5～5mm，外面无毛，有黄色发亮的腺点，上、下唇近等长，上唇先端微凹，下唇 3 裂，中 2，超出于花冠，药室略叉开，后对雄蕊退化，仅花丝残存或有时全部消失，有时 4 枚雄蕊全部退化，地笋的叶仅有花丝、花药的残痕；子房长圆形，4 深裂，着生于花盘上，花柱伸出花冠外，无毛，柱头 2 裂不均等，扁平。小坚果扁平，倒卵状三棱形，长 1～1.5mm，暗褐色。花期 7～9 月，果期 9～11 月。生于湿草地、林下、河沟等地，在我国黑龙江、吉林、辽宁、河北、陕西、湖北、四川、贵州、云南等省有分布。

二、主要栽培技术

地笋喜温暖湿润气候环境条件，在夏季高温多雨季节生长旺盛。耐寒，喜肥，可选土层深厚、富含腐殖质的壤土或砂壤土栽培。

(一)繁殖方式

地笋可用根茎或种子繁殖，以根茎繁殖为主。

1. 根茎繁殖

选色白、粗壮、幼嫩的根茎，切成10～15cm长小段，按行距30～45cm、株距15～20cm栽种，每穴栽2～3段，覆土厚5cm，稍镇压后浇水。冬种于次年春季出苗，春种10天左右出苗。每亩用根茎80～100kg。

2. 种子繁殖

播种期一般在3～4月，可直播也可育苗移栽。直播采用条播方式，行距40cm，播后10天左右出苗，每亩播种量约250g。

(二)田间管理

幼苗期注意除草、松土，操作上应避免损伤肉质根茎。苗高10～15cm时可追施提苗肥，每收割1～2次以后也应追肥，每亩施用硫酸铵或尿素10～15kg。2～3年后，植株丛生，应重新进行翻栽。

(三)病虫害防治

地笋病虫害较少发生。病害主要有锈病，偶见发生时用敌锈钠、萎锈灵、加瑞农等药剂进行防治；害虫主要有尺蠖，可用90%敌百虫喷雾防治。

(四)及时采收

当地笋植株高度在15cm左右时，及时采收嫩茎叶。一般4中下旬开始采收，一年可收2～3次，到10月即可采收地下根状茎。作种茎用的留种地，生长期不可收割地上部分。

(郭凤领　陈磊夫)

第九节　高山稀特蔬菜雪莲果高产栽培技术

雪莲果别名亚贡、菊薯、地参果等，为菊科向日葵属双子叶草本植物。雪莲果原产于南美洲安第斯山，是当地印第安人的一种传统根茎食品。雪莲果全身是宝，花、叶可以制成茶叶，冲泡饮用，有降血糖、预防动脉硬化的功效；果实富含20多种人体必需的氨基酸及镁、钙、锌、铁、钾等微量元素，尤其果寡糖含量是目前我们所知植物里最高的，其干物质含量达60%～70%。雪莲果具有很高的营养价值和药用价值，是世界无公害天然保健食品，开发前景极为广阔。现将其生物学特性和栽培技术介绍如下。

一、特征特性

雪莲果属菊科向日葵属双子叶草本植物。植株形态像苎麻，直立，株高1.5～2m，茎秆圆形，有稀绒毛，丛生，茎粗1.5～2cm（其中叶柄长10cm左右），宽15～20cm，叶柄长7～12cm。花黄色鲜艳，呈圆盘状，酷似小向日葵，花径2.5～3cm，从茎顶端1～3个叶腋抽出，簇生，每簇3～6朵；根为须根系，分布于耕层5～30cm。果实为块根，果皮灰白色，果肉黄色，形状如红薯，但比红薯脆甜，其肉质晶莹如玉，脆甜多汁，口感无渣，可溶性固形物含量7%～10%，果寡糖糖分最高可达11.96%。每株结果5～10条，单果重0.2～1.5kg，最高可达2.5kg。单株产量2～10kg，每亩产量可达2650kg。

二、生长环境

雪莲果全生育期(从发芽到成熟)为 260~280 天，具有耐强光、喜中低温、忌水怕旱等特性。适宜在海拔 900~1500m、年均温 18℃左右、相对湿度 80%~85%的温凉山区种植。雪莲果最适生长温度在 18~28℃。种块根在播种后 50~60 天左右萌发，在 16℃以上开始膨大，在 20~25℃时进入膨大高峰期。雪莲果地上部不耐寒冷，遇霜冻茎叶枯死。

三、栽培技术

1. 科学选地，精细整地

雪莲果不耐连作，应选择前作未种过雪莲果，海拔高度在 900m 以上，且排灌方便，土质肥沃、疏松，有机质含量 1.5%以上的中性或微酸性砂壤土地种植。整地时要求细、匀、松，创造深厚、疏松的土壤条件，以提高土壤的透气、蓄水、保肥和抗旱能力，有利于根系充分发育和块根膨大。种植前开深沟做高畦，畦高 35~40cm、宽 100cm 左右，沟宽 40cm。

2. 选好种块茎，切块催芽

育苗前选择表面光洁、无斑点和霉烂的块根，用高锰酸钾按 0.03%的比例浸泡消毒。然后用 1 层细土铺底排上块根，再盖上一层土，后盖薄膜保温保湿，萌芽后即可切块播种。切块时要保证每块种根上必须有 1 个以上的芽。切割后用草木灰沾干其伤口，防止感染。

3. 适时育苗

雪莲果播种期在 3 月中旬至 4 月初，最好用营养袋在小拱棚中育苗。待苗长到 12~15cm 高即可移栽，移栽时要浇足定根水。

4. 施足基肥，合理密植

采取单行种植的方式，行距 120cm，株距 60cm，每亩种植密度为 750~800 株为宜。施基肥时在畦中央开一条深 20cm 左右的小沟，在沟内均匀地撒一层生石灰，后集中施基肥。基肥按每穴施用商品有机肥 1kg 和草木灰 0.5kg。在基肥表面施一层薄细土后移栽雪莲果苗，并浇透定根水。

5. 肥水管理，中耕培土

雪莲果在生长前期需水量较少，到生长中后期，随着块根的膨大，需水量急剧增加，要及时灌溉。灌溉的水质要好，不能有污染，否则容易烂根、烂果。雪莲果整个生长期不需太多肥料。其施肥原则是：以基肥为主，不追施氮肥，适量追施钾肥。在块根膨大时，结合中耕培土，每株追施硫酸钾 50g。做好中耕除草，边除草边培土起垄，不要让膨大块根裸露在外。

6. 整枝

当雪莲果茎秆长到 1m 左右时会有少量分蘖枝，要将过多的枝条打去，控制地上部分旺长，减少养分消耗，促进块根的膨大。

7. 病虫害防治

雪莲果病虫害很少，苗期偶有茎腐病、蚜虫、菜青虫、红蜘蛛等危害，可分别喷 58%甲霜灵锰锌可湿性粉剂 800 倍液、2.5%天王星 1500 倍液、1.8%阿维菌素乳油 3000 倍液防治。

8. 收获

雪莲果一般在 12 月成熟，每个枝条开黄色葵花 5 朵，花谢后即进入成熟期，即可陆续收获。由于雪莲果汁多、脆嫩，过早开挖收获块根易裂，影响商品性，最好到 12 月下旬，土壤稍干，块根自然失水后，再陆续开挖，可减少裂果率。收获时先把枝条砍割留下 20~30cm 的基桩，挖时在植株四周挖，尽量不要伤及块根，挖开后连同基桩抬起再剥离块根，把食用的块根摘下来，把留种的块根整块放在室内沙藏或地窖内储存，到来年要栽植或育苗时再切开。块根挖出后可以像红薯一样储藏到来年 5 月不变质，而且储藏 5~7 天后，雪莲果所含的果寡糖后熟转换完全，肉质转成橙黄色，食用更甜。

四、食用与加工

雪莲果的食用部分是其块根，其吃法有多种。最简单吃法是从土里采摘出来后，洗干净，削去外皮，便可直接生吃。若能在采摘后储放 2～3 天，更能增加甜度，凸显其汁多清甜、肉质脆嫩的特色。熟吃可炒肉丝、下火锅、炖煮鸡肉或排骨来食用，烹调成多种美味佳肴。在欧美各国、日本和中国台湾地区还把雪莲果加工成果汁、罐头、果茶、糕点、保健酒等。

（孟祥生　郭凤领　邱正明　汪盛松）

第十节　海蒜栽培技术

海蒜又名美国花旗韭葱，是珍稀奇特的蔬菜品种，属宿根多年生叶、茎植物。原产东欧，近几年我国开始引种。该作物主产蒜薹，兼收蒜苗，不长蒜头。海蒜含有丰富的维生素、矿物质及大蒜薹，既能供给人体需要的营养和促进食欲，又有杀菌效能，经常食用还能像大蒜那样防治多种疾病。它的蒜薹质嫩味纯，香味浓郁，其食用价值较高。海蒜适应性强，凡能种大蒜的地方都能种植。该作物长势强，易栽培，好管理，产量高，见效快，也是发展庭院经济的理想品种。海蒜当年育苗移栽后可视其长势割蒜苗，次年春季开发产蒜薹，海蒜叶片长披针形，宽 2～2.5cm、长 50cm 左右，单叶互生，被蜡粉，出苗时叶似葱叶，以后偏平似蒜叶，收割方式与韭菜相同，可于 5～9 月均衡供应市场，一般亩产青蒜叶 2500～3000kg、青蒜苗 800～1000kg。发展海蒜种植，对补充蔬菜淡季将起重要作用。栽培技术要点如下。

一、育苗

海蒜用种子育苗，春天气温达到 15℃时即可播种。播种前先将苗地施足底肥。为使撒播均匀，可用细土或灰肥拌种后撒入苗床，每平方米用种子 4000 粒左右，撒后用沙或细干粪土覆盖 5～10mm。播种后保湿 10 多天就能出苗，保持苗床不干。苗高 3～4cm 时可浇腐熟过的人粪尿，待长到 10cm 高时，每 70m^2 追施 1kg 尿素，以促进幼苗生长。

二、移栽

苗期约需 3 个月，苗高 20cm 时即可栽(忌与葱、蒜连作)。1/15hm^2 施农家肥 4000～5000kg，或施 40kg 复合肥。然后深耕细耙，整平作畦后即可移栽。收蒜薹的株行距为 7cm×18cm，挖收蒜苗的按 4cm×18cm 的密度栽苗，收种子可按 14cm×20cm，于晴天下午随苗移栽为好。移栽深度以不压心为宜。覆土时注意将苗扶正，覆土适当踩实，随即浇足定根水。

三、管理

移栽成活后，若遇天旱应勤浇水。结合中耕地除草，保持土壤疏松，每月浇稀粪一次，追施 20kg 尿素，以加速长苗。旺期生长不锄地，少伤根，勤拔草。

四、采收与留种

海蒜春播的采收要早些，随播期的推迟，其采收期渐次推后。例如，6 月栽移，10 月中下旬开始采收蒜苗，次年春季蒜薹可与大蒜同期；秋播的 8 月开始育苗，若 11 月移栽，次年 5 月底开始育萌发蒜薹，蒜薹长 70cm 左右。留种的每年头一茬蒜或薹长到 7～8 月开始结子，此时株高 1m 以上。收子后每株根部仍然发出很多苗又继续生长。

（郭凤领　杜洪俊）

第十一节　堇叶碎米荠栽培技术

堇叶碎米荠(*Cardamine violifolia* O. E. Schulz)为十字花科碎米荠属植物。

一、植物形态特征

一至二年生草本植物，高 10～35cm。茎直立，不分枝或自基部有少数分枝，无毛。单叶，基生叶有长柄，叶柄基部稍扩大；叶片膜质，心形或近圆形，长 15～50mm，宽 20～65mm，顶端圆或微凹、有细小短尖头，基部心形，边缘有深浅不等的圆齿；茎生叶叶柄长 8～65mm，基部稍扩大；生于茎下部的叶近圆心形，生于上部的呈卵形，长 20～35mm，宽 15～23mm，顶端圆或长渐尖，基部浅心形，上部的叶基部平截楔形，边缘有不整齐圆齿；全部叶片上面散生少数短毛或无毛，下面无毛。总状花序生，花梗长约 1cm；花萼长椭圆形，长约 3mm；花瓣白色，有香气，倒卵状楔形，长约 5mm；花丝稍扩大，花药长卵形；雌蕊柱状，花柱不明显，柱头扁球形。长角果线形，长 15～28mm；果梗基部扭转成水平状开展，长 5～12mm。种子椭圆形，长约 1mm。花期 2～4 月，果期 3～4 月。

二、分布及对环境条件的要求

分布于我国的广东、广西、湖南、湖北等地，生长于海拔 800～1400m 的高山上，分布范围比较狭窄，常生于水沟、溪旁、山谷及林下湿润处。

堇叶碎米荠适宜温度范围为 10～25℃，低于 10℃植株生长缓慢，高于 25℃品质会下降。30℃以上生理代谢将发生紊乱，严重时植株死亡。此外，堇叶碎米荠从营养生长转向生殖生长过程中，需要低温阶段，即春化作用才能完成自己的生活史。春化作用需要 5℃以下的低温 6 天时间左右。对光照要求不严格，温度在 15～25℃的范围内，强光和弱光条件下都能生长，相比较而言，稍喜欢弱光。喜欢生活在 pH 偏碱的溪水中，但对土壤的 pH 要求并不严格，在普通土壤环境下，pH5.5～8.0 都可以生长。喜欢疏松的土壤。

三、营养价值及用途

嫩茎、叶鲜嫩可口，具有独特的硒富集能力和较高的有机化转化能力，硒含量可达到普通蔬菜的几百倍；除食用外，还是提取有效抗癌有机硒化合物和修复硒生态污染的优良材料。

四、栽培技术

1. 培育壮苗

一般 9 月开始育苗。自然条件下，堇叶碎米荠不易萌发，一方面种皮中含有抑制萌发的物质，另一方面温度低于 15℃和高于 30℃都影响种子萌发。最好采用穴盘育苗，集中管理，有利于控温和控湿，这样既可以提早成苗时间，又可以提高幼苗质量。具体做法是：将堇叶碎米荠种子用水浸泡 1 昼夜后，用纱布包住种子每天冲洗 1 次，每次 5min，冲洗后，将种子摊开放在阴凉处保持湿润。3 天后播入穴盘内，5 天后种子逐渐萌发，1 个月后即可移栽。幼苗生长稍慢，管理无特殊要求，最好保持环境温度在 15～25℃，另外防止虫害。

2. 选地和整地

选择海拔 800～1400m 土质疏松肥沃的壤土栽培较好。土地耕整，耙平，起沟作畦，畦宽 1.2m。在整地时应多施优质腐熟粪肥或优质腐熟厩肥和一定量的化肥，深翻后，整细耙平，土壤颗粒要细而均匀。

3. 移栽定植

适时移栽，中海拔和低海拔地区移栽时间为 10 月下旬至 11 月初，一般株距 15cm 左右，行距 20cm左右。移栽时及时浇定根水，确保移栽成活率。

4. 田间管理

移栽后及时补苗，于 15～20 天后追施尿素每亩 5kg，次年 3 月下旬开始追微量元素肥，每 10 天一次，共追施 3 次。

堇叶碎米荠属于耐冷性蔬菜，喜冷凉气候。露地栽培，几乎不需要过多管理，但越冬时植株老叶可能会出现干枯或死亡现象且生长极慢，如有条件可覆薄膜保温以促进生长，提早上市时间。大棚栽培，棚内条件容易控制，入冬以后大棚内温度保持在 15℃以上就能旺盛生长。如果大棚内温度超过 28℃，要注意通风换气。堇叶碎米荠因其生长期稍长，根系分布浅，故生长期间须保持肥水充足。可根据植株长势通过调控温度和水肥管理,使其在元旦和春节期间都能采收，以取得较高的经济效益。

5. 采收

大棚栽培，通常在移栽后 60 天左右即可分批采收。由于堇叶碎米荠在合适条件下无限生长习性，所以 1 次种植可多次采收。采收时将生长旺盛的植株切下或剪下，尽量采大留小以利增产增收。采收后应喷施多菌灵以抑制杂菌生长，促进伤口愈合。

五、食用方法

嫩茎叶做蔬菜食用，可炒食和做火锅配菜。

（向极钎　郭凤领）

第十二节　鸭儿芹栽培技术

鸭儿芹（*Cryptotaenia japonica*）别名三叶、野蜀葵、山芹菜、鸭脚板、鹅脚板等，为伞形科鸭儿芹属多年生草本植物。食用柔嫩的茎叶主要用作汤料或作为沙拉菜生食。叶为根生叶，叶柄长，淡绿色，但经软化栽培可变为白绿色。可食用嫩苗或嫩茎叶，其质地柔嫩，有一种特有的香气，风味独特，是一种具有较高营养价值和药用保健价值的野菜。

一、植物形态特征

多年生草本，高 20～100cm，无毛。主根短，侧根细长成簇。茎直立，具细纵棱。基生叶及茎下部叶有长柄，叶鞘边缘膜质；叶片三出式分裂，三角形至阔卵形，中间裂片菱状倒卵形或阔卵形，长 5～12cm，宽 1.2～7cm，两侧裂片歪卵形，与中间裂片近等大，所有裂片边缘有不规则的锐尖锯齿或重锯齿，茎中上部的叶柄渐短，基部成狭鞘状或全部成鞘状。花瓣白色，复伞形花序呈圆锥状。果实线状长圆形，长 4～6mm，分生果有棱 5 条，合生面 2～4 条；种子黑褐色，长纺锤形，有纵沟，种子千粒重 2.25g。花期 4～5 月，果期 6～10 月。

二、分布及对环境条件的要求

我国长江以南各省份均有野生分布。

鸭儿芹的适宜生长温度为日平均温度 10～25℃，其株高生长和基部新叶生长速度均较快，但不耐高温，在 25℃以上生长明显减慢，30℃以上时从下部叶片开始发黄，但较耐低温。鸭儿芹对光照强度要求较低，光补偿点和光饱和点分别为 1000lx 和 20 000lx 左右，仅为芹菜的 1/2。但在低温条件下，光照过强对其无不利影响；当高温伴随强光照时，植株容易黄化。鸭儿芹对土壤要求不严，适生于土壤肥沃、有机质丰富、结构疏松、通气良好、环境阴湿、微酸性的砂质壤土。

三、营养价值及用途

鸭儿芹以采摘嫩苗及嫩茎叶作蔬菜，具有特殊的芳香味，翠绿，纯真，营养丰富。每 100g 嫩苗及嫩茎叶的鲜品中含：蛋白质 1.1g，脂肪 2.6g，维生素 A 100，维生素 B_1 0.04mg，维生素 B_2 0.02mg，维生素 C 9mg，钙 44mg，磷 38mg，铁 0.8g，维生素含量较高，铁的含量特高。鸭儿芹全草入药，活血祛淤，镇痛止痒，主治跌打损伤、皮肤瘙痒症；中医学还认为，鸭儿芹对身体虚弱、尿闭及肿毒等症有疗效。

四、栽培技术

(一)播种育苗

主要采用种子繁殖。

1. 浸种催芽

播种前宜需进行种子处理，处理方法是先进行盐水选种，把种子用 17% 的盐水浸泡 30min，清除浮在上面的杂物、瘪子，然后用水洗净，用纱布把种子包好，在流水中浸泡 24h，其间要淘洗 4～5 次，将褐色洗掉，取出种子淋去多余水分，在 1000 倍液的多菌灵中浸泡 5～6h，进行种子消毒，不再水洗，直接淋去多余水分，然后用湿毛巾包好种子，放在 15～20℃温度中进行催芽 5～7 天。

2. 播种

宜采用育苗盆育苗，因鸭儿芹种子发芽时需要光照，故播种时应将刚露芽的种子均匀地播在育苗盆上，育苗基质采用泥炭和蛭石以 5∶2 比例混合，每盆(长 50cm、宽 40cm)播种 1～1.5g，与细沙混播，播后喷足水分，保持发芽温度 20～25℃，经 2～3 天就可出齐苗。当苗出齐后，应及时见光，使其绿化。

(二)定植

当苗高 5～6cm 时，可移栽定植，实行高密度定植，株行距 10cm×12cm。

(三)田间管理

1. 肥水管理

选择鸭儿芹适宜的栽培地块是基础，宜选择土壤肥沃、有机质丰富、结构疏松、排灌良好、相对潮润但不黏重、土壤呈微酸性的立地条件进行整地做畦，在栽植前最好施入每亩 2000kg 左右的家畜粪肥作基肥，结合做畦翻入土中。

定植后要注意加强水分管理，浇足水分，使移栽苗尽快发根生长，成活后，追施稀粪液肥每亩约 1000kg。遇到高温季节，宜搭建遮阴棚，同时要经常保持床面湿润。

2. 中耕除草

定植成活后，结合追肥进行第一次中耕除草。由于高密度定植，加上肥水管理得当，鸭儿芹在短时间内会封行，因此在封行前要加强除草工作，封行后也要经常进行人工除草。

3. 病虫防治

鸭儿芹抗病虫害能力较强，一般较少发生病虫危害，在夏季高温季节，由于温度高，光照强，基部叶片发黄，因此要做好遮阳降温工作；在高温高湿的梅雨季节，有时会发生腐烂病，这是由于高温多湿，植株过密，通风通气不良。此时，一方面要加强开沟排水；另一方面在初发生时拔除病株，控制蔓延，采用 50% 托布津可湿性粉剂 600～800 倍液喷洒防治。

4. 采收

鸭儿芹以采摘嫩苗及嫩茎叶作蔬菜，在高温条件下 35 天左右、低温条件下 50 天左右，可周年栽培，全年可种植 8 茬。鸭儿芹适宜采收期很短，过早收获，产量不高，过迟收获，则可食部分叶柄易老化，影响品质。春秋季节生长的以株高 30～35cm 收获为宜，夏季高温下生长的达 25cm 以上即可收获。每茬亩产量一般为 1000kg 左右。

五、食用方法

食用其嫩茎叶，有特殊芳香味，主要作色拉菜、汤料和炒食。全株可入药，是一种食药兼优的野生蔬菜。

鸭儿芹叶片摘下来，可煮鱼汤，味道清香鲜美；将鸭儿芹的梗切成段与腊肉炒，则成一道鲜美的鸭儿芹炒腊肉；也可配以香豆腐干丝为佐料爆炒；最简单的做法就是放干辣椒爆炒。

（郭凤领　孟祥生）

第十三节　蒲公英栽培技术

蒲公英(*Traxcum mongolicum* Hand-Mazz)别名婆婆丁、黄花地丁、黄花苗、奶汁草等，为菊科蒲公英属多年生草本植物。

一、植物的形态特征

蒲公英株高 20～25cm，茎秆里面含白色乳汁。主根垂直，圆锥状，肥厚。叶基生，莲座状，平展，叶片广披针形或倒披针形，大头羽状裂或倒向羽状裂，顶裂片三角形，钝或稍钝，侧裂片三角形。顶生头状花序，总苞钟形，淡绿色，外层总苞片披针形，边缘膜质，舌状花，花黄色，先端 5 齿。瘦果倒披针形，褐色，冠毛白色。花期 5～8 月，果期 6～9 月。

二、分布及对环境条件的要求

蒲公英分布很广，全国各地几乎均有野生。常生长于山沟路旁、河岸山坡、草地林缘。我国的辽宁、吉林、黑龙江、河北、浙江、内蒙古等地已进行了蒲公英保护地规模化栽培，如今蒲公英已成为国内外亟待开发的野生蔬菜。

蒲公英可多年生长，生长年限越长，根系越发达，植株生长越繁茂，叶片生长速度越快，叶片大而肥嫩。蒲公英属短日照植物，高温、短日照条件有利于抽薹开花。较耐阴，但光照条件好，有利于茎叶生长。生长不择土壤，但以向阳、肥沃、湿润的沙质土壤生长较好。早春地温 1～2℃时即可萌发，种子在土壤温度 15～20℃时发芽最快，在 25～30℃以上时反而发芽较慢。叶片生长最适宜温度为 15～22℃。整个生长期除易受红蜘蛛、瓢虫为害外，未见其他病虫害为害。

三、营养价值及用途

蒲公英可以作为野菜食用，营养丰富，含有多种营养成分。据报道，每 100g 蒲公英嫩叶含水分 84g、蛋白质 4.8g、脂肪 1.1g、碳水化合物 11g、粗纤维 2.1g、灰分 3.1g，还含有钙 216mg、磷 93mg、铁 10.2mg、胡萝卜素 7.35mg、维生素 B_2 0.39mg、维生素 C 47mg、核黄素 0.39mg 及多种氨基酸。其中，钙的含量为番石榴的 2.2 倍，铁的含量为山楂的 3.5 倍，是天然的高钙、高铁食品。

蒲公英还是我国传统的中草药，药用价值很高，被誉为中草药的"八大金刚"之一。蒲公英全草入药，味甘平，微苦寒，无毒，具有清热解毒、利尿通淋、消肿散结的功效。

随着蒲公英加工业的迅速发展，蒲公英产品的深加工也逐渐发展起来。日本、德国等已开发出蒲公英饮料、蒲公英酒、蒲公英咖啡、蒲公英花粉、蒲公英根粉等蒲公英系列产品，在市场上取得了很大成功。我国对蒲公英的开发利用也将被提到了一个新的水平。

四、栽培技术

(一)露地栽培技术

1. 播种

选肥沃、湿润、疏松、有机质含量高、向阳的砂质壤土地进行播种。播种前翻耕土壤,每亩施腐熟农家肥 4500～5000kg 做基肥,整细耙平,做畦。畦宽 120～150cm,在畦内开浅沟,沟距 12～15cm,沟宽 lcm,深 10cm。踩实、浇透水,将种子与细沙拌均匀,条播于沟内,覆土 1～2cm。成熟的种子,从播种到出苗需 10～12 天。播种量每平方米 3～4g,可保苗 700～110 株。春季覆盖地膜,4～5 天即可出苗,出苗率达 70%时,立即取下地膜。夏季雨量充沛,可不覆盖。

2. 肥水管理

出苗前,如果土壤干旱,可在播种畦上,先稀疏散盖一些麦秸或茅草,然后洒水,保持土壤湿润。待幼苗出齐后,扒去盖草,以保全苗。出苗后保持土壤湿润,使幼苗苗壮生长,但要防止徒长和倒伏。在生长季节追肥 1～2 次,每次每平方米追施尿素 15～20g、磷酸二氢钾 7～8g。秋播播种当年不采收叶片,以促其繁茂生长,以利于第 2 年早春收获植株粗壮,获得品质优良的蔬菜。

蒲公英收割后,根部受损流出白浆,此期不宜浇水,以防烂根。蒲公英植株生长年限越长,根系越发达,地上部分也越繁茂,生长速度越快。如单株鲜重 1 年生 7～8g,2 年生 35～40g,3 年生 140～152g。田间要及时除草,加强水肥管理,适时采收。为提早上市,于春季化冻前 20～30 天初建小拱棚,采取地膜覆盖等措施。秋末冬初,浇 1 次透水,确保在第 2 年春较早萌发收获。

(二)保护地栽培技术

1. 育苗和分苗

夏季在露地进行育苗。用 30%腐熟的有机肥、60%农田土、10%腐熟人粪尿配成营养土,放在育苗盘里,喷水,点种。种间距离 1.2cm,覆盖细土,以种子不外露为准,并覆盖地膜。4～5 天出苗,出苗率达 80%时,取下地膜。幼苗 3～5 片叶开始分苗,行距 8～10cm,株距 5～7cm,一穴双株,边栽、边浇水,3～5 天即可完全成活。

2. 整地和施肥

在塑料大棚和日光温室栽培,应先深翻土壤 30～35cm,然后每亩施腐熟优质农家肥 2000kg、磷酸二铵 20kg 做基肥。做宽 1.2～1.5m、长 10m 的畦。在霜冻来临前,扣好塑料薄膜。

3. 定植

土壤结冻前 10～15 天进行。定植前一天在苗床上浇 1 次透水,以保证起苗时能带土挖,提高成活率。定植行距 10～15cm,株距 5～8cm,一穴双株。定植后,浇 1 次缓苗水。如果采挖野生母株定植,应于 9 月上旬采挖野生蒲公英母根。选挖叶片肥大、根系粗壮者,挖出后,保留主根与顶芽,作为种用。在畦内开沟定植,沟深 7～8cm,行距 20～25cm,株距 10～12cm。封冻前浇 1 次封冻水,等待越冬。

4. 田间管理

入冬后,室温保持 10℃以上,蒲公英植株即可正常生长。适时浇水,保持土壤湿润。待叶片长到 10～15cm 时即可采收上市。也可根据植株长势控温和水分,使其在元旦或春节供应市场。采收后 2～3 天内不宜浇水,以防腐烂耗损。

5. 收获

当蒲公英叶片达到 10～15cm 时,即可沿地表下 1～2cm 处平行下刀收割,每平方米平均产 0.8～1.0kg。收割时注意保留地下根部,以长新芽;割大株,留中、小株,继续生长;也可掰取叶片。头茬收后,加强管理再收 1～2 茬。

(三)软化栽培

在保护地栽培中，蒲公英萌发后，进行沙培，铺 1cm 厚的细沙。待叶片露出地面 1cm 后，再一次进行沙培。共进行 4～5 次，于叶片长出沙面 8～10cm 时，连根挖出，洗净，去掉须根，绑成小捆上市。通过软化栽培，苦味降低，纤维减少，脆嫩质优，质量大大提高。

五、食用方法

蒲公英的嫩叶可直接采摘清洗干净后食用，也可将其在沸水中焯 1～2min，控干水后食用。可蘸酱、凉拌，口感清爽；也可炒食、做汤、做馅、做粥，风味独特。

1. 蒲公英炒肉丝

鲜蒲公英叶 500g，猪肉(牛、羊肉亦可)200g，酱油、猪油、料酒、精盐、味精、葱、姜、淀粉各适量。蒲公英洗净，入沸水中焯一下，用清水洗去苦味待用(下同)；猪肉切丝，用精盐、料酒、葱、姜、淀粉拌匀。炒锅上火，入猪油烧热，下猪肉丝炒散，烹酱油，炒至近熟时，加入蒲公英翻炒，加入味精，起锅装盘即成。该菜色泽酱红，鲜嫩爽口，略带苦味，具有清热益气、消肿壮骨的功效。

2. 蒜茸蒲公英

蒲公英 500g，蒜茸、味精、精盐、麻油各适量。将蒲公英去杂洗净，入沸水中焯一下，捞出放凉水中洗净，挤干水分，切碎放盘内，撒上蒜茸、麻油、精盐、味精，拌匀即成。

3. 蒲公英绿豆汤

100g 蒲公英去杂洗净，放锅内加入适量水煎煮，煎好后取出滤液，弃去渣。将汁液再放汤锅内，加入 50g 绿豆，煮至熟烂，加入白糖搅匀即可。

4. 蒲公英粥

150g 蒲公英沸水焯后，洗净切碎，100g 粳米淘洗干净。油锅烧热，下葱花煸香，加入蒲公英、精盐炒至入味，出锅待用。锅内加适量水，放入粳米煮成粥，倒入蒲公英再煮会儿即可。

5. 腌咸菜

将采回的幼苗洗净后，晒至半干，加 15%～20%食盐及辣椒、花椒等佐料揉搓，拌匀，装入坛中封好，10 天后即可食用。

6. 晒干菜

嫩苗用沸水焯以后，放入清水泡 2h，除去苦味，捞出沥水，晒干后储于阴凉干燥处。食时以热水浸泡，做汤、炒食均可。

7. 制罐头

幼苗洗净后放入配好的预煮液中煮 1～3min，清水洗净，分级装入罐头容器内，加入汤汁及调料，排气、封罐、杀菌、冷却，储藏备用。

8. 速冻蒲公英

速冻洗净的嫩苗直接放入速冻机内处理，然后置于冷库内储存。速冻蒲公英其色、香、味及营养价值均不变。解冻后可炒食、做汤、凉拌。

(郭凤领　陈磊夫　朱礼君)

第十四节　菜用板蓝根苗和花薹栽培技术

菜用板蓝根一年四季均可栽培，可分为早春播、春播、夏播、秋播 4 个播种阶段。

一、种子处理

将板蓝根的种子过筛并将杂质去掉。板蓝根种子外面包有膜翅，膜翅的存在会影响板蓝根种子的发芽，因此在种子处理时必须将膜翅搓除，然后进行浸种催芽。

用 1.5‰～2‰高锰酸钾溶液浸泡 10min，然后控出药液，用清水淘洗种子 2 遍，即可浸种。用 45℃的温水浸种，一般夏季浸泡时间 1h，春秋季浸泡时间为 1.5～2h，冬季浸泡时间在 3h 左右。浸泡后将种子捞出，沥干水分就可以播种了。

二、整地做畦

菜用板蓝根栽培要选择土壤肥沃、保水性好的壤土或沙壤土。每亩施腐熟农家肥 1500～2000kg 作基肥。做畦前对土壤翻耕 30cm 以上，然后做成包沟 1.5～2m 的厢。

三、播种

菜用板蓝根一年四季均可进行播种种植，但以春季栽培为主。春播一般于 4 月上旬地温升高后进行；如因茬口等原因，也可于 8 月中下旬进行秋播。

菜用板蓝根播种以直播为主，每亩用种量 2.5kg 左右。

直播可条播也可撒播。条播在厢面上开浅沟，行距 20cm，如土壤墒情不够，开沟后可先在沟内浇水，然后再进行播种，播后覆土压实。早春播种时如遇低温，可以播后覆盖地膜，提高地温，促进出苗；出苗后温度升高，及时揭膜，避免高温损伤幼苗。

四、田间管理

板蓝根出苗后，进行中耕除草，浇水 1～2 次。早春种植板蓝根受到低温影响，出苗时间较迟，生长速度较慢，约 40 天，苗高可达 10cm 左右；随着温度的升高，出苗时间和生长速度会越来越快，秋播时20 天左右即可到达 10cm。当苗高 10cm，3～4 片叶时即可进行间苗，株距 5cm 左右，所间苗即可作为蔬菜食用。间苗后，追肥 1 次，可追施尿素 3～5kg，促进根系发育和叶面生长。当叶片 5～6 片时，在离根5cm 处收割，即可成为苗菜，春播可收 5～6 次，秋播可收 2～3 次。每次收割后，需要追肥 1 次，尿素或硫酸铵 5kg。至 11 月上中旬，由于温度降低，板蓝根生长速度减缓，地上部分不易收割，为越冬和花薹的生长积累储存物质，开沟追施复合肥一次，每亩 10kg。

五、抽薹期管理及花薹采收

一般当年 12 月下旬开始板蓝根开始抽薹；当花序上出现花骨朵且未开放时，即可进行分批分次采收作为蔬菜食用；采收时间可持续 35～40 天，直至开花初期。4 月中下旬后，花序中的种子逐渐发育，花梗逐渐纤维化，不能食用，可进行留种采收，6 月种子完全成熟。春播的鲜叶和花薹亩产量 3500～4000kg。

六、食用方法

板蓝根苗和花薹可清炒、煮汤或下火锅食用。

1. 板蓝根煮汤

在板蓝根苗长到 15～20cm 的时候，可以将板蓝根连叶带根洗净，像煮白菜一样放点油、盐、味精就可以了，稍有苦味。

2. 素炒板蓝根

先放点油，放点辣椒、大蒜、葱，再把切好的板蓝根放入炒就可以了。

（郭凤领 邱正明 吴金平 朱礼君）

第十五节　板蓝根芽苗菜栽培技术

菜用板蓝根是板蓝根的优良变种，主食嫩茎叶和花菜。

一、种子处理

将板蓝根的种子过筛将杂质去掉。板蓝根种子外面包有膜翅，膜翅的存在会影响板蓝根种子的发芽，因此在种子处理时必须将膜翅搓除，然后进行浸种催芽。

用 1.5‰～2‰高锰酸钾溶液浸泡 10min，然后控出药液，用清水淘洗种子 2 遍。即可浸种了。用 45℃的温水浸种，一般夏季浸泡时间 1h，春秋季浸泡时间为 1.5～2h，冬季浸泡时间在 3h 左右。浸泡后将种子捞出，沥干水分就可以播种了。

二、整地做畦

选择土壤肥沃、保水性好的壤土或沙壤土栽培。做畦前对土壤翻耕，板蓝根芽苗菜生产周期短、根系入土不深，翻耕深度一般 10～15cm 即可。然后作成 1m 宽的畦。为了保证板蓝根芽苗菜的商品性，不使芽苗菜上黏附有过多的泥土，在整好的畦上可铺一层细河沙。将过筛的细河沙用 40%的福尔马林溶液喷洒进行杀菌消毒。将河沙均匀铺在畦中，一般河沙厚度在 2～2.5cm。河沙铺好后，用木板将沙床刮平，即可播种了。

三、播种

播种采用撒播的方式。将处理好的种子均匀地撒在畦中，每亩干种用量为 2～2.5kg。种子播完后覆盖上一层细沙，厚度在 0.5～0.6cm。然后在畦面上浇一次水，一般用喷雾器向畦中喷水，以免将种子冲起。浇水量不能太大，以免出现沤种现象。以水沙层湿润为宜。为了增温保墒，在浇水后还要在畦上覆盖一层地膜。25℃的环境中，2～3 天即可出苗，幼苗出齐后揭开地膜。

四、田间管理

从板蓝根芽苗菜出齐苗后到采收要经过 12～15 天的时间。

1. 前期管理

出苗后的 2～3 天，幼苗还小，对水分的需求不高，因此不需要过多地浇水，以防芽苗菜生长得过细、过高。当发现沙床干燥时可喷淋小水。在这个时期还要对板蓝根芽苗菜的幼苗进行遮光处理，以防芽苗菜的颜色过早变成深绿色，影响芽苗菜的品质。在幼苗出齐后，前 2 天要采取全遮光的管理方式，从第 3 天开始就可间隔揭开一半的覆盖物，让幼苗慢慢适应光照。板蓝根芽苗菜在 10～35℃都能生长，但生长早期最适宜的生长温度在 25～30℃。当温度低于 10℃时就可利用地热线加热增温。当环境温度高于 35℃时，应该敞开棚膜降温。由于种子中储藏了一些养分，因此在生长前期不需要对幼苗进行施肥。

2. 中期管理

随着幼苗长大和叶片数量的增加，板蓝根芽苗菜的蒸发量也随之增加。因此要及时为板蓝根芽苗菜补充水分来满足它的生长需要，这个时期浇水以每两天一次为好，但是每次浇水量不可太大以免产生徒长现象。浇水时将板蓝根芽苗菜的茎叶喷湿，沙床略湿即可。这个时期的温度管理与板蓝根芽苗菜生长早期的管理基本相同，也就是要使环境温度保持在 25～30℃。在板蓝根芽苗菜的生长中期应该让幼苗逐步接受阳光，此期就不要在大棚上加盖草帘遮光了。但在中午阳光充足时，还是要适当为板蓝根芽苗菜遮光，遮光的方法是在畦面上搭设拱架覆盖遮阳网。在板蓝根芽苗菜的生长中期由于生长速度已开始加快，种子中储藏的养分已基本耗尽，为了使板蓝根芽苗菜能够正常的生长，这时就要补施一次尿素肥，一般施肥可将尿素溶化后随水施入。这个时期由于幼苗还小，因此施肥浓度不可太高，以免烧苗发生肥害。一般每亩用尿素 1.5～2kg、兑水 200～300kg 进行喷施。

3. 后期的管理

板蓝根芽苗菜进入生长后期，随着需水量的增加，浇水次数应由生长中期的每两天一次增加到每天一次。每次的浇水量可适当大一些。为了使芽苗菜色泽碧绿，在生长后期不要覆盖遮阳网，让幼苗充分接受阳光的照射。在芽苗菜的生长后期要适当降低温度，促进叶片的生长，这个时期最适的生长温度应控制在 20～25℃。随着芽苗菜的逐渐长大，幼苗也越来越拥挤，这样会影响幼苗通风透光，影响幼苗的生长，严重时还会引起病害的发生。因此对于畦中幼苗生长过密的地方要及时进行间苗处理，间苗时要本着"去弱留强，去小留大"的原则，将过密处的瘦弱苗拔出。由于幼苗的生长密度较大，在间苗操作中要格外小心，不要伤及旁边的幼苗。一般此时的留苗密度距应在每平方米 400～500 株。

当幼苗长出 4～5 片真叶、苗高 10～15cm 就可以采收了。

五、采收

为了不使采收后的芽苗菜过快的失水萎蔫，采收最好选在早晨阳光不足时进行。板蓝根芽苗菜的采收采用的是拔收的方法，采收时从畦的边缘开始，用手轻轻将芽苗菜从畦中拔出。为了使芽苗菜更加美观，在采收时一要注意的是尽量将芽苗菜根部黏附的细沙抖落干净；还要将幼苗上的黄叶去除。板蓝根芽苗菜一般 100g 左右为一捆，用皮筋捆扎。采收后为了最大限度地保持板蓝根芽苗菜的鲜嫩，要尽快上市销售。

（郭凤领　邱正明　吴金平　朱礼君）

第十六节　刺嫩芽栽培技术

刺嫩芽（*Aralia chinensis* L.）别名刺龙芽、刺老芽、辽东楤木、龙牙楤木、鹊不踏、刺老苞等，为五加科楤木属植物龙牙楤木。

一、植物形态特征

刺嫩芽为落叶小乔木，高 1.5～6m，直径 4～9cm，上部枝呈叉状分枝。树皮灰色，不裂，密生坚刺，老时渐脱落。叶互生，大形，2～3 回奇数羽状复叶；叶柄、叶轴和小叶轴通常均有刺；小叶卵形至卵状椭圆形，长 5～15cm，宽 2.5～8cm，先端渐尖，基部圆形，广楔形或微圆形，边缘有粗牙齿或小锯齿，有时略呈波状，上面绿色，沿叶脉生有刚毛或无毛，下面灰绿色，沿叶脉优生短柔毛。伞形花序聚生于顶生伞房状圆锥花序；花淡黄白色，花柱分离或基部合生，浆果状核果，球形，花柱宿存，成熟时黑色。花期 8 月上中旬，果期 9～10 月。

二、植物的分布

主要分布在东北地区，华东、华南、西南山区也有分布，多生长在沟谷、阳坡、土壤肥沃、潮湿或半阴的杂木林、阔叶林、混交林、次生林中，或生长在林缘、灌木林、沟边等地。恩施地区的野生刺嫩芽广泛分部于海拔 1000～2200m 的地区。

三、营养价值及用途

刺嫩芽的新鲜嫩芽具有一种特殊的香气，营养丰富，是一种味美可口的蔬菜，素有"山菜之王"的美称。嫩芽质地脆嫩，风味特异，营养丰富。每 100g 鲜品中含蛋白质 0.56g、脂肪 0.34g、还原糖 1.44g、有机酸 0.68g，此外还富含多种维生素、矿物质，其各种氨基酸含量远比蔬菜和其他谷物高，是城乡人民喜食的山野菜。

刺嫩芽与刺五加、人参同属一种，含有人参素，具有强身健体、调解神经、祛风除邪和延年益寿之功效。龙芽楤木的树皮有健胃、收敛作用，日本民间用以治疗糖尿病、胃肠病，尤其对胃癌有特效。

四、栽培技术

(一)繁殖方法

1. 种子繁殖

刺嫩芽种子用 40℃温水浸泡 24h 后捞出，拌入沙子，放在 8℃左右的地方，经 30 天后，温度再上升到 13℃左右。在处理过程中，经常保持沙子湿润，每隔 7 天左右翻 1 次。裂口率达到 1/3 时即可播种。播种方法以条播为宜。由于刺嫩芽喜温暖环境，播种育苗的苗床如土质疏松湿润，又面向阳光，则出苗比较整齐，出苗后注意浇水、除草和加强追肥管理，当年株高能达 20cm 以上。再培育 1 年即可移栽。

2. 分株繁殖

刺嫩芽的根水平生长，肉质发达，地上植株被砍去时，有很强的萌蘖能力。利用这一特征，在春季萌芽前，将植株周围的根切断，就会自然萌发形成一些新植株。

3. 扦插繁殖

利用扦插繁殖亦可收到良好的效果。方法是从山野林地挖取野生刺嫩牙的根条，剪成 15cm 长，扦插后覆盖稻草保湿。30～40 天开始萌芽，到当年秋季株高至少可达 50cm 以上，采取这种方法成活率高。

(二)露地栽培

1. 选地

选择日照充足，排水良好的地块，深翻做成 1.8～2m 宽的畦，并施足底肥。

2. 移栽

移栽在秋季落叶后至第二年春季发芽前进行。按株距 0.7～0.9m，每亩栽苗 400～500 株。

3. 栽后管理

在栽植的当年，由于苗较小，要注意控制杂草和干旱。第二年后可采收嫩芽，采收后要及时修剪。修剪的方法是：将采完芽的萌条从地面 20～25cm 处剪去(留芽 5～6 个)。4～5 年以后，随着植株长势下降，应及时更新。更新方法是：早春把老株周围的根切断，促使断根萌蘖形成幼株，在收芽结束后，将老株贴地面砍掉。

4. 病虫害防治

刺嫩芽在春季有蚜虫危害嫩芽，夏季有云斑天牛咬食叶片。栽培的刺嫩芽病害主要为立枯病，表现为新梢失去生气，数日之内叶柄和叶片急速萎蔫，靠近地面处和根部的表皮内组织水浸状和淡褐色至黑色的软化腐烂状。对立枯病的防治，建园时避开排水不良的地块，在园地周围挖好排水沟，栽植无病株苗。对于疮痂病，可于春季萌芽前，喷五氯酚钠 500 倍液+石灰硫磺剂 20 倍液于全株，以进行预防。对白纹羽病，主要是避开可能的发病地块，栽苗时用多菌灵和甲基托布津 500 倍液浸种根和种苗。

5. 采收

刺嫩芽一般于 4 月下旬开始萌发芽，5 月上旬当芽长到 12cm 左右即可采摘。采摘过早，产品质量不合格，又造成资源浪费；采摘过晚，外表木质化不能食用。因此，适时采摘是必要的，采摘时去掉越冬黄叶，保证质地鲜嫩，无杂质、无腐变、色绿、味纯正。不过刺嫩芽也有绿色和紫色之分。春天，当嫩芽发出 12cm 左右时采摘，采后去掉芽苞外壳，对绿色和紫色嫩芽要分别扎把加工包装。采集时注意两点，一是不要采收带老化柄、老壳、硬刺和杂质，这些都是不能食用的杂质；二是要分清雌雄芽，雄芽叫火刺嫩芽，不能出口。要当日采集当日上市或加工，以保其鲜度。

五、食用方法

可炒食、炒肉、炖食、做汤、腌渍等。

1. 凉拌刺嫩芽

将刺嫩芽去杂洗净，入沸水锅焯一下，捞出，放入清水中洗净，挤干水切碎放盘内，加入酱油、味精、麻油拌匀即成。此菜用于治疗腹泻、痢疾等病症。

2. 翡翠刺嫩芽

原料：刺嫩芽 150g，鸡脯肉 100g，鸡蛋清 2 个，猪肥肉 25g。

将刺嫩芽去杂洗净，沥水，鸡肉和猪肉一起砸成泥，加鸡汤、味精、蛋清搅拌成糊状。锅内放入清水烧沸，把刺嫩芽蘸上肉泥逐个入锅汆熟，捞出沥水。另一锅内放油烧热，用葱姜煸香，加入鸡汤和调料，放入翡翠刺嫩芽，烧沸用湿淀粉勾芡，淋麻油出锅即成。

3. 刺嫩芽炒肉丝

将刺嫩芽去杂洗净，猪肉洗净切丝放碗内，加入料酒、精盐、味精、酱油、葱花、姜丝腌渍。锅烧热，倒入猪肉煸炒至熟而入味，投入刺嫩芽煸炒入味，加入精盐，味精调味，出锅即成。此菜具有补中益气、补虚的功效，适用于身体瘦弱、乏力、阴虚干咳、营养不良、便秘等病症。

（郭凤领　陈磊夫　孟祥生）

第五篇

高山蔬菜茬口、品种多样化技术研究

第十七章　高山蔬菜茬口模式研究

第一节　高山蔬菜种类和茬口多样化技术研究

高山蔬菜是在高山优良的生态条件下利用高海拔地区夏季独特的自然冷凉气候条件生产的天然反季节商品蔬菜，安全优质，深受消费者青睐。我国高山蔬菜产业在市场经济规律作用下经过三十多年的快速发展，规模和发展势头与日俱增，在全球暖化背景下更显蓬勃生机。但高山蔬菜产业在迅猛发展的同时也逐步暴露出诸多技术难题，突出一点就是种植种类相对单一(萝卜、甘蓝、大白菜占90%)，茬口相对集中(4～5月)，一方面高度连作导致老区生产效率下降，另一方面集中上市效益不稳，"菜贱伤农"现象偶有发生，产业规模和效益起伏较大，严重影响到该产业的可持续健康发展。

为此，我们自1992年开始，先后在湖北省高山蔬菜主要生产基地宜昌和恩施3个不同海拔高度6个试验点，对40种代表性蔬菜进行了多年多点茬口试验，在掌握不同海拔高山小气候变化规律基础上，进而摸清高山蔬菜耕作制度变化规律，再依据不同蔬菜种类需求的生长环境条件和产品市场价格波动规律，采用按不同蔬菜作物的不同海拔和季节实施排开播种技术，即可总结出高山蔬菜种植种类和茬口的多样化技术，以期为高山蔬菜基地规划和生产布局提供科学依据。

一、试验方法

于2006年和2007年分别在宜昌、恩施两地选择海拔高度为800m、1200m、1600m的高山蔬菜种植基地，记录日最高温、日最低温、日照数、降水量、霜冻期等气象指标，对不同海拔日最低气温、日最高气温及月均温度的观测数据进行变化趋势曲线作图，分析日最高温、日最低温、光照条件和水分条件随海拔高度变化的规律。记录海拔50m、400m、600m、800m、1000m、1200m、1400m、1600m、1800m的月平均温度，分析温度随海拔高度的垂直变化规律，并根据不同类型蔬菜作物的生长条件确定不同海拔高度高山蔬菜种植期和适宜栽培的高山蔬菜种类。与此同时在上述试验基点分4月5日、5月5日、6月5日、7月5日、8月5日共5个播期定期观察每种作物的物候期、农艺性状、上市期、产量、主要病虫害、气候适应性，评价各种蔬菜的生长适应性，再结合同期相应蔬菜在山下的市场价格变化规律，进而总结出不同蔬菜种类及其在不同海拔的适宜播期，以及高山蔬菜种植种类和茬口的多样化技术。

二、结果与分析

(一)不同海拔山区小气候变化规律

对不同海拔山区小气候气温变化规律进行研究，可以确定不同海拔山区蔬菜的适宜种植期。对宜昌、恩施高山蔬菜基地日最低气温、日最高气温及湖北省各地不同海拔月均温度的观测数据添加趋势线，可以得出2006～2007年宜昌和恩施高山蔬菜基地日最低气温、日最高气温变化趋势及湖北省各地不同海拔月均温度变化趋势，结合日照数、降水量、霜冻期等气象指标进行分析，得出以下不同海拔山区气温变化规律。

海拔800m左右的山区4～11月平均日最低气温的变化范围为7～30℃，4月初平均日最低气温为7～10℃，到7月中旬至8月中旬日最高气温为30～35℃，11月初气温降到10℃以下，11月末最低日气温为5℃，此后进入霜冻期。4～11月期间日照数为100～135天，40～60天降水，30～40阴天，光照充足，降水量小。

海拔1200m左右的山区4～11月平均日最低气温的变化范围为5～28℃，4月初平均日最低气温为5～6℃，4月中旬平均日最低气温上升到7～10℃，到7月中旬至8月中旬日最高气温为28～30℃，10月末最低日气温为 5℃，到 11 月初降低到 3℃，此后进入霜冻期。4～11 月期间日照数为 90～100 天，50～70 天降水，30～35 阴天，光照较充足，降水量较小，在 6 月下旬至 7 月上旬和 9 月降水量比较集中。

海拔 1600m 左右的山区 4～11 月平均日最低气温的变化范围为 3～25℃，4 月初平均日最低气温为 2～3℃，直到 5 月中旬平均日最低气温上升到 7～10℃，7 月中旬至 8 月中旬日最高气温为 22～26℃，10 月中旬最低日气温为 5℃，到 10 月末降低到 3℃，此后进入霜冻期。4～11 月期间日照数为 80～100 天，80～130 天降水，30～35 阴天，该海拔光照条件差，全年降水量大，在 6 月下旬至 8 月上旬降水量比较集中。

从湖北省各地不同海拔高度平均温度变化趋势可以得出不同海拔高度平均温度的垂直变化规律，在海拔 600m 以下气温的垂直递减率较小，海拔 600m 以上气温垂直递减率较大，另外在高温季节气温垂直递减率较大，低温季节气温垂直递减率较小。海拔 600m 的范围内气温垂直递减率每升高 100m 温度下降约为 0.35℃；海拔 600～1400m 的范围内气温垂直递减率每升高 100m 温度下降约为 0.6℃；海拔 1400～1800m 的范围内气温垂直递减率每升高 100m 温度下降约为 1℃。根据这个温度垂直递减规律可以推算出海拔 2200m 范围内温度变化趋势。

（二）不同海拔山区蔬菜的适宜种植期

从表 17-1 可以看出大多数蔬菜作物生长的适宜温度范围为 10～35℃，结合日最高温、最低温变化曲线和垂直温度递减规律对不同海拔高度的温度条件进行分析，所有海拔高度的日最高温变化均不超过 35℃，可知高温条件满足蔬菜露地种植期要求，因此不同海拔高度蔬菜露地种植期主要取决于低温条件。海拔越高，>10℃的有效积温天数越少，蔬菜露地种植期就越短。根据温度条件可推算出不同海拔地区的高山蔬菜种植期，海拔 800m 左右的高山菜区>10℃的有效积温天数为 4.1～4.5 天至 11.1～11.5 天，海拔 1200m 左右的高山菜区>10℃的有效积温天数为 4.20～4.25 天至 10.20～10.25 天，海拔 1600m 左右的高山菜区>10℃的有效积温天数为 5.10～5.15 天至 10.10～10.15 天，但海拔超过 2200m 时>10℃的有效积温天数少于 150 天，超过该海拔时大多数蔬菜作物露地种植不能完成生长周期。由此得出不同海拔山区蔬菜露地种植期的变化规律，见表 17-2。

表 17-1　不同种类蔬菜对温度的要求

类别	适宜温度/℃	主要蔬菜种类
耐寒性蔬菜	10～16	菠菜、芹菜、葱蒜、结球白菜、散叶白菜等
半耐寒蔬菜	12～18	大白菜、萝卜、花菜、莴苣、蚕豌豆等
喜温性蔬菜	18～26	番茄、黄瓜、四季豆、四棱豆、生姜、茄子、辣椒等
耐热型蔬菜	21～35	豇豆、西瓜、甜瓜、南瓜、丝瓜、苦瓜等

表 17-2　不同海拔山区蔬菜露地种植期的变化规律

海拔/m	适宜种植始期	适宜收获末期
1600	5.10～5.15	10.10～10.15
1200	4.20～4.25	10.20～10.25
800	4.1～4.5	11.1～11.5

（三）新遴选出可在高山商品种植的高效蔬菜作物 28 种，实现了高山蔬菜的种类多样化

根据山下夏季鲜菜市场供应规律，从 2006 年开始有针对性地选择了近 40 种蔬菜作物进行 3 个不同海拔、5 个不同播期、6 个不同地点的茬口适应性筛选试验，2006 年筛选出 32 种蔬菜作物在高山种植成功，作物种类如下：瓜类有西瓜、甜瓜、黄瓜、瓠子、西葫芦、南瓜；豆类有豇豆、四季豆(含黑敏豆)、四棱豆、毛豆、荷兰豆；茄果类有番茄、辣椒、茄子；十字花科有甘蓝、大白菜、花椰菜(含青花菜)、红菜薹、小白菜；绿叶蔬菜类有芹菜、香菜、苋菜、茼蒿、莴苣、生菜；葱蒜类有洋葱、小香葱、大蒜；根菜类有萝卜、胡萝卜；杂类有甜玉米、草莓等。为了验证试验的准确性，2007 年结合 6～9 月市场销售情况在 2006

年试验的基础上，继续在原先的 6 个不同地点对近 40 种作物进行 3 个不同海拔、5 个不同播期的茬口适应性筛选试验，在去年筛选成功的蔬菜作物基础上新增菠菜、蚕豆 2 种蔬菜作物。蚕豆通过改变品种在高山种植成功，菠菜通过调整播种期种植成功，这样共有 32 种蔬菜作物可以在高山成功种植，即除了 6 种大宗种植的大白菜、萝卜、甘蓝、辣椒和番茄、四季豆外，新增高山蔬菜种类 28 种，即红菜薹、小白菜、芹菜、香菜、苋菜、茼蒿、莴苣、生菜、洋葱、小香葱、大蒜、胡萝卜、甜玉米、草莓、西瓜、甜瓜、黄瓜、瓠子、西葫芦、南瓜、豇豆、四季豆(含黑敏豆)、四棱豆、毛豆、荷兰豆、茄子、花椰菜(含青花菜)。

筛选出 28 种新的蔬菜种类在高山种植，极大地丰富了秋淡蔬菜的花色品种，满足了市场需求。

在遴选的 28 个精细蔬菜种类中，花菜、莴苣、甜玉米等已在生产中有一定面积的应用，红菜薹、香菜、四棱豆、蚕豆等则是在高海拔山地首次试种成功，意义重大。

四棱豆品种在山下由于受日照长度或高温与低温限制，结荚上市期狭窄，一般为 4 月及 10～11 月共 3 个月，但高山四棱豆的结荚期为 5～9 月，正好弥补四棱豆的夏季空缺，加上海南的冬季供应，完全可以实现四棱豆的周年市场供应。甜玉米的上市期也正好填补山下春玉米和秋玉米上市之间 8～9 月的市场空缺。香菜、菠菜、大蒜等的高山上市期为 5～10 月，也正好弥补山下 11～4 月的香菜供应期。蚕豆山下一般在 10 月下旬至 11 月上旬播种，3 月下旬～5 月上市，至 5 月基本结束，而山上在 7～9 月仍可吃到香嫩的蚕豆。

红菜薹适宜在冷凉气候条件下生长，平原地区一般播种季节为 8 月处暑至 9 月中下旬均可。收获季节为国庆节前后至春节前后，尤其在进入霜期以后采收的红菜薹品质更佳，脆嫩爽口，食味微甜。为满足市场需要，人们将红菜薹的播种季节适当提前到 8 月 10 日前后，使红菜薹提早上市，但早播的红菜薹受高温影响，病害严重，产量较低，品质也较差。而高山地区具有相对冷凉的气候和较大的昼夜温差，比较适宜红菜薹的生长，6～9 月就可以供应市场，既可以实现红菜薹提早上市，满足了市场需求，也保证了品质。红菜薹的山下上市期为 10 月下旬到翌年 3 月上旬，而高山红菜薹的种植成功，使红菜薹的上市期可提早到每年 7 月，全年上市期延长 3 个月。

(四)不同海拔山区蔬菜的适宜种类

不同海拔高度的山区除气温变化趋势不同外，在高低温持续时间、有效积温、无霜期及降水分布等方面也存在较大差异，同时不同蔬菜种类对生长适宜温度的要求不同，这些因素决定了不同海拔高度的蔬菜产区应选择不同类型的蔬菜种类。

在海拔 800m 的山区，4 月初～10 月末最低温度在 10℃以上，平均气温在 16～23℃，平均气温高，特别是 6、7 月平均气温在 23～25℃，>21℃的有效积温从 5 月中下旬持续到 9 月中旬，高温持续时间长。4～11 月期间日照数为 100～135 天，40～60 天降水，30～40 阴天，光照充足，降水量小。该海拔山区为耐热蔬菜提供了适宜的气候条件。

在海拔 1200m 的山区，5 月中旬～10 月初最低温度在 10℃以上，平均气温在 15～18℃，6、7 月平均气温在 18～20℃，>21℃的有效积温从 6 月底持续到 8 月中下旬，>18℃的有效积温从 5 月中旬持续到 9 月中旬，高温持续时间短。4～11 月期间日照数为 90～100 天，50～70 天降水，30～35 阴天，光照较充足，降水量较小，主要集中在 6 月下旬至 7 月上旬和 9 月。该海拔山区的气候适合半耐寒蔬菜及喜温蔬菜生长。

在海拔 1600m 的山区，5 月中旬～10 月中旬最低温度在 10℃以上，最高气温在 25℃左右，平均气温在 12～16℃，平均气温较低，昼夜温差大，>15℃的有效积温从 5 月下旬持续到 9 月上旬，无明显高温天气，夏季气候冷凉。4～11 月期间日照数为 80～100 天，80～130 天降水，30～35 阴天，该海拔光照条件差，全年降水量大，主要集中在 6 月下旬～8 月上旬，11 月上旬进入霜冻期。年平均降水量 1335.5mm，呈现出冬长春短无夏、气候冷凉湿润的特点，为各种耐寒性蔬菜、半耐寒蔬菜蔬菜提供了适宜的生产条件。

根据不同海拔山区的垂直温度分布规律和表 17-1 不同蔬菜适宜生长的温度条件，可以进一步对海拔 800～2200m 范围内的山区如何选择适宜蔬菜类型作出如下推论，具体见表 17-3。

表 17-3　不同海拔高山蔬菜适宜种类的生产分布规律

海拔/m	适宜类别	主要蔬菜种类
1400～2200	耐寒性蔬菜	菠菜、芹菜、葱蒜、结球白菜、散叶白菜等
1200～2000	半耐寒蔬菜	大白菜、萝卜、花菜、莴苣、蚕豌豆等
900～1300	喜温性蔬菜	番茄、黄瓜、四季豆、四棱豆、生姜、茄子、辣椒等
800～1000	耐热型蔬菜	豇豆、西瓜、甜瓜、南瓜、丝瓜、苦瓜等

三、结论与讨论

　　除萝卜、大白菜和甘蓝等 6 种大宗蔬菜外，香菜等 28 种精细蔬菜也可以在不同海拔高山分期播种，结合以上不同海拔山区小气候变化规律、不同海拔山区蔬菜的适宜种植期、不同海拔高山蔬菜适宜种类的生产分布规律，可为高山蔬菜种植区选择合适的蔬菜种类、安排合理的茬口模式提供了参考依据。

　　同湖北高山蔬菜基地的当前生产实际情况比较，以上推论基本上反映了参试作物对鄂西高山蔬菜主产区农业生产环境的适应性，以及各类作物对海拔高度与栽培季节的适应性。由于山谷、山坡(阴坡、阳坡)、山顶的高山菜区耕作区立地条件不一样，即使在同一海拔高度，小气候环境也会有所差异，因此，在高山菜区选择蔬菜种类或品种时，也要考虑耕作区立地条件的差异。

(邱正明　朱凤娟　聂启军)

第二节　高山蔬菜不同海拔茬口及茬口模式的研究

　　我们每年在宜昌长阳高山产区 5 个不同梯度海拔点(400m、800m、1200m、1600m、1800m)安排了萝卜、辣椒等多种作物 5 个播期的分期播种试验，研究这些作物对不同海拔气候适应性。在试验和调研的基础上总结出高山大宗蔬菜茬口一览表、高山精细蔬菜茬口一览表及高山蔬菜不同海拔茬口模式，见表 17-4～表 17-6。

表 17-4　高山大宗蔬菜茬口一览表

种类	海拔	播种期	定植期	上市期	生育期	茬口	推荐茬口模式
萝卜	1800m 以上	5 月上中旬～7 月中下旬	—	7 月～10 月上旬		1 茬	萝卜-萝卜
	1200～1800m	4 月中下旬～8 月中旬	—	6 月中旬～11 月	55～70 天	2 茬	萝卜-莴苣
	800～1200m	3 月上旬～5 月	—	6 月上旬～7 月		1 茬	萝卜-玉米
大白菜	1800m 以上	5 月中旬～7 月中下旬	苗龄 18 天	7 月～10 月中旬		1 茬	
	1200～1800m	4 月中旬～8 月中旬	苗龄 18 天	6 月中旬～10 月下旬	定植后：50～70 天	2 茬	
	800～1200m	3 月 10 日至 5 月上旬	苗龄 18 天	6～7 月		1 茬	后茬-豆类、玉米、红薯
甘蓝	1600m 以上	4～7 月	苗龄 30 天	7～11 月		1 茬	甘蓝-萝卜
	1200～1600m	3～7 月	苗龄 30 天	7～11 月	定植后：75～90 天	1 茬	甘蓝-白菜
	800～1200m	2～5 月	早期 40 天 后期 30 天	6～9 月		1 茬	甘蓝套种辣椒
辣椒	1200～1600m	3 月～5 月上旬(一般 3 月～4 月下旬)	苗龄 40～50 天	7 月上旬～10 月上旬		1 茬	辣椒套甘蓝
	800～1200m	2 月中旬～5 月上旬(一般 2 月中旬～3 月下旬)				1 茬	
		5 月中旬～6 月上旬	苗龄 30～40 天	8～11 月		1 茬	

续表

种类	海拔	播种期	定植期	上市期	生育期	茬口	推荐茬口模式
番茄	1200~1500	3 中下旬~4 月上旬	苗龄 40~50 天	8 月上旬~10 月上旬		1 茬	番茄套大白菜
	800~1200	2 月中旬~3 月上旬				1 茬	
		5 月中旬~6 月上旬	苗龄 30~40 天	8~11 月		1 茬	
四季豆	1600m 以上	5 月上旬~7 月上旬	5~6 月	7 月中旬~10 月			
	1200~1600m	4 月中旬~7 月下旬	5~6 月	6 月中旬~10 月			大白菜-四季豆
	700~1200m	4 月上旬~8 月上旬	5~6 月	6 月上旬~10 月			油菜-四季豆
	1400~1600m	4 月下旬~6 月上旬	—	9 月上旬~10 月	90~110 天		甜玉米套种甘蓝 甜玉米套种大白菜
甜玉米	1000~1400m	4 月中旬~6 月中旬	—	8 月中旬~10 月			甜玉米套种红萝卜 甜玉米套种蘑芋
	800~1000m	4 月上旬~6 月下旬	—	7 月下旬~10 月			大白菜(甘蓝)-甜玉米 甜玉米套种土豆

表 17-5　高山精细蔬菜茬口一览表

种类	海拔	播种期	上市期
荚豌豆	1600~1800m	4 月中下旬~7 月上旬	7 月上旬~9 月
	1200~1600m	4 月上旬~8 月上旬	6~10 月
	800~1200m	12~1 月	翌年 4~5 月
青花菜	1800m	5~6 月	8~9 月
	1500~1800m	4 月中下旬~5 月中旬 7 月初~8 月初	7~8 月 9~10 月
	1200~1500m	4 月初~4 月中下旬 7 月中下旬~8 月中下旬	6~7 月 10~11 月
花椰菜	1200~1800m	5 月上旬~7 月中旬	8~10 月
南瓜	1400~1800m	5 月上旬~6 月	8~10 月
	800~1400m	4 月上旬~5 月	7~8 月
黄瓜	1400~1800m	5 月上旬~7 月	6~10 月
	800~1400m	4 月上旬~7 月	5~10 月
莴苣	1200~1600m	4 月上旬~7 月	6 月中旬~10 月
香菜	1200~1800m	5 月上旬~8 月	6 月中旬~10 月
茼蒿	1200~1800m	5 月上旬~7 月	6 月中旬~9 月
生菜	1200~1800m	5 月上旬~7 月	6 月中旬~10 月
菠菜	1200~1800m	5 月上旬~8 月	6 月中旬~10 月
土芹菜	1200~1800m	3~5 月	6 月中旬~10 月
蒜苗叶	1200~1800m	5 月上旬~7 月	6~10 月
红菜薹	1200~1800m	5 月中旬~7 月	8~10 月
小白菜	1200~1800m	5~8 月中旬	6~10 月
茄子	800~1400m	3~4 月	7~10 月

表 17-6 高山蔬菜不同海拔茬口模式

海拔	传统模式	推荐模式	地区
1800m 以上	高山地区一年一茬，以大白菜、包菜、萝卜等品种为主		长阳云台荒
1400～1800m	1 萝卜—萝卜	6 香菜—香菜—香菜	
	2 白菜—白菜	7 生菜—青花菜	
	3 白菜—萝卜	8 荚豌豆—萝卜	
	4 萝卜—甘蓝	9 香菜—红菜薹	
	5 白菜—甘蓝	10 香菜—花椰菜	
		11 茼蒿—花椰菜	
1000～1400m	12 辣椒一季	25 芹菜—萝卜	郧县的柳陂镇
	13 番茄一季	26 番茄—荚豌豆	
	14 辣椒套甘蓝	27 辣椒(甘蓝)—大蒜	
	15 辣椒套种无架四季豆	28 辣椒—胡萝卜	
	16 辣椒—大蒜	29 辣椒—芹菜	
	17 萝卜—甜玉米	30 春黄瓜—秋大蒜	
	18 大白菜—甜玉米	31 黄瓜—青花菜	
	19 甘蓝套种甜玉米	32 马铃薯—黄瓜—大白菜	
	20 无架四季豆—白菜	33 莴笋—黄瓜	
	21 马铃薯套种玉米	34 大白菜—西瓜—红萝卜	
	22 黄豆套种玉米	35 春豇豆—夏秋西瓜	
	23 甘蓝—马铃薯	36 大白菜(萝卜)—四季豆	
	24 3 行蘑芋—1 行玉米套种	37 萝卜—莴笋	
		38 胡萝卜—莴笋	
		39 大蒜—大白菜—莴苣	
低于 800m	40 春白菜—夏架豆—秋萝卜(白菜)—冬土豆	47 番茄—礼品西瓜—芹菜	郧县鲍峡镇东河村
	41 番茄—萝卜	48 辣椒—四季豆	郧县柳陂大岭堂
	42 黄瓜—萝卜(大白菜)	49 樱桃番茄—黄瓜—莴苣	
	43 四季豆—萝卜(大白菜)	50 黄瓜—夏白菜—四季豆	
	44 大白菜—红薯	51 甜玉米—礼品西瓜—越冬甘蓝	
	45 夏秋番茄(黄瓜)—冬春草莓(土豆)	52 青花菜—番茄—越冬甘蓝	
	46 西瓜(玉米)—大蒜	53 白菜—番茄	

茬口模式的配茬技术如下。

1. 萝卜—萝卜

适合海拔 1200～1800m。春萝卜 4 月中下旬播种，选用品种有'雪单 1 号'、'特新白玉春'等品种，6 月中下旬～7 月采收。秋萝卜 6～8 月中旬播种，8～10 月采收。

2. 白菜—白菜

适合海拔 1200～1800m。春白菜 4 月中下旬播种，选用品种有'山地王 2 号'、'金锦 3 号'等品种，6 月中下旬～7 月采收。秋白菜 6 月下旬～8 月中旬播种，8 月下旬～11 月收获。

3. 白菜—萝卜

适合海拔 1200～1800m。春白菜 4 月中下旬播种，选用品种有'山地王 2 号'、'金锦 3 号'等品种，6 月中下旬～7 月采收。秋萝卜 6～8 月中旬播种，播种品种有'雪单 1 号'、'特新白玉春'等品种，8～10 月采收。

4. 萝卜—甘蓝

适合海拔 1200～1800m。萝卜 4～5 月播种，选用品种有'雪单 1 号'、'特新白玉春'等品种，6～7 月采收。甘蓝 5～6 月播，选用品种有'京丰 1 号'、'高峰'等品种，6～7 月定植，9～10 月采收。

5. 白菜—甘蓝

适合海拔 1200～1800m。大白菜 4 月中旬～5 月播种，4 月下旬～6 月定植，选用品种有'山地王 2 号'、'金锦 3 号'等品种，6～7 月采收。甘蓝 5～6 月播种，选用品种有'京丰 1 号'、'高峰'等品种，6～7 月定植，9～10 月采收。

6. 香菜—香菜—香菜

适合海拔 1200～1800m。香菜 4 月下旬播种，选用品种有'意大利拉菲尔'等，6 月下旬采收完毕；香菜 6 月下旬播种，8 月上旬采收完毕；香菜 8 月上旬播种，9 月中旬采收完毕。

7. 生菜—青花菜

适合海拔 1200～1800m。生菜 4 下旬播种，选用品种有意大利全年耐抽薹生菜，6 月采收。青花菜 6 月播种，选用的品种有'优秀'、'绿铃'等品种，7 月定植，9 月采收。

8. 荚豌豆—萝卜

适合海拔 1200～1800m。荷兰豆 4 月下旬～5 月播，选用品种有'台中特选 11'，6 月下旬～8 月下旬上市。萝卜 8 月中旬播种，选用品种有'雪单 1 号'、'美玉 1 号'等品种，10 月中下旬采收。

9. 香菜—红菜薹

适合海拔 1200～1800m。香菜 4 月下旬播种，选用品种有'意大利拉菲尔'等，6 月下旬采收完毕。红菜薹 6 月播种，选用的品种有'大股子'、'鄂红 4 号'等品种，7 月定植，8～10 月采收。

10. 香菜—花椰菜

适合海拔 1200～1800m。香菜 4 月下旬～5 月上旬播种，选用品种有'意大利拉菲尔香菜'等，6～7 月采收完毕；花椰菜 5 月下旬～6 月播种育苗，选用'观雪'、'蔡兴利 100 天'等品种，6～7 月定植，8～10 月采收。

11. 茼蒿—花椰菜

适合海拔 1200～1800m。茼蒿于 5 月上旬播种育苗，选用广州大叶茼蒿，6 月下旬始收，可连续采收，7 月中旬采收结束；花椰菜 6 月中旬播种育苗，选用'观雪'、'蔡兴利 100 天'、'富士山'等品种，7 月中旬定植，8 月下旬～9 月采收。

12. 辣椒一季

适合海拔 800～1600m。春辣椒 3～4 月播种育苗，选有品种有'楚椒佳美'、'高山薄皮王'等，4～6 月定植，7～9 月采收。

13. 番茄一季

适合海拔 800～1500m。番茄于 3 月上旬～5 月上旬播种育苗，番茄品种'瑞菲'、'FA-516'等品种，4 月中旬～6 月定植，7 月下旬～8 月始收，9 月中旬全部采收完毕。

14. 辣椒套甘蓝

适合海拔 800～1400m。4 月上旬辣椒育苗，选用品种有'高山薄皮王'、'楚椒佳美'等品种，5 月下旬定植，7 月上旬收青椒，8 月中旬收红椒，9 月下旬罢园。畦上辣椒，2 畦辣椒 1 沟甘蓝，甘蓝 3 月下播，甘蓝选用品种有'京丰 1 号'、'高峰'等品种，4 月下旬定植，在 7 月底可收完。

15. 辣椒套无架四季豆

适合海拔 800～1400m。辣椒 3 月中旬～4 月育苗，选用品种有'高山薄皮王'、'楚椒佳美'等品种，4 月下旬～5 月上旬定植，7 月上旬始收，9 月下旬采收完毕。套种的四季豆 4 月播，选用的品种有'红花白菜'、'泰国架豆王'等品种，6月开始采收，7月罢园。

16. 辣椒—大蒜

适合海拔800～1200m。4月上旬辣椒育苗，选用品种有'高山薄皮王'、'楚椒佳美'等品种，5月下旬定植，7月上旬收青椒，8月中旬收红椒，9月下旬罢园。9月以后种葱蒜，5月收蒜薹。

17. 萝卜—甜玉米

适合海拔800～1400m。4下旬播种萝卜，选用品种有'雪单1号'、'特新白玉春'等品种，6月收萝卜。6月播甜玉米，选用品种有'金中玉'、'鄂甜4号'等品种，9月收。

18. 大白菜—甜玉米

适合海拔1200～1400m。4月上中旬播种大白菜，选用品种有'山地黄金'、'金锦3号'、'山地王2号'等品种，4中下旬定植，6月收大白菜。6月播甜玉米，选用品种有'金中玉'、'鄂甜4号'等品种，9月收。

19. 甘蓝套种甜玉米

适合海拔1200～1400m。4月上旬直播甜玉米，选用品种有'金中玉'、'鄂甜4号'等品种，8月底～9月收。2～3月育甘蓝苗，选用品种有'京丰1号'，3～4月定植，6～7月采收。

20. 无架四季豆—白菜

适合海拔1200～1400m。四季豆4月播，选用品种有'红花白荚'，6月收，7月罢园。晚白菜6～7月播种，选用品种有'山地黄金'、'金锦3号'、'山地王2号'等品种，7～8月定植，9～10月收。

21. 马铃薯套种玉米

适合海拔1200～1400m。11～12月播种马铃薯，5～6月收，4月上旬直播甜玉米，选用品种有'金中玉'、'鄂甜4号'等品种。8月底～9月收。

22. 黄豆套种玉米

适合海拔1200～1400m。4月播黄豆、玉米。7～8月收黄豆。甜玉米选用品种有'金中玉'、'鄂甜4号'等品种。8月底～9月收。

23. 甘蓝—马铃薯

适合海拔800～1400m。甘蓝3月下播，选用品种有'京丰1号'、'高峰'等品种，4月下旬定植，7～8月收。马铃薯9月种，5～6月收。

24. 3行魔芋—1行玉米套种

适合海拔1200～1400m。魔芋2～3月种，8～9月挖。留种冬收春种。4月播甜玉米，选用品种有'金中玉'、'鄂甜4号'等品种，8月收。

25. 芹菜—萝卜

适合海拔1000～1800m。芹菜3～4月播种育苗，选用品种有'文图拉'、'津南实芹'等品种，5～6月定植，6～8月上旬采收。萝卜6～8月上中旬播种，选用品种'雪单1号'、'特新白玉春'等，8～10月采收。

26. 番茄—荚豌豆

适合海拔800～1400m。番茄4月上旬播种育苗，选用品种有'瑞菲'、'戴粉'等品种，5月定植，8～9月收。荷兰豆9月播，选用品种有'台中特选11'、'中豌4号'等品种，翌年3～4月上市。

27. 辣椒(甘蓝)—大蒜

适合海拔800～1400m。2畦辣椒1沟甘蓝，辣椒3月中旬～4月育苗，选用品种有'高山薄皮王'、'楚椒佳美'等品种，4月下旬～5月上旬定植，7月上旬始收，9月下旬采收完毕。套种的甘蓝3月下旬播种育苗，选用品种有'京丰1号'、'豪艳'等品种，4月定植，6～7月采收。大蒜9月种，5月收蒜薹，6

月收蒜头。

28. 辣椒—胡萝卜

适合海拔 800～1400m。春辣椒 3 月至 4 月播种育苗，选有品种有'楚椒佳美'、'高山薄皮王'等，4～5 月定植，7～9 月采收。胡萝卜 8 月播种，选用品种有'新黑田 5 号'等品种，11 月采收。

29. 辣椒—芹菜

适合海拔 800～1400m。辣椒于 3 月中旬育苗，选用品种有'高山薄皮王'、'楚椒佳美'等品种，4 月下旬定植，6 月中旬始收，8 月中旬采收完毕。芹菜品种'津南实芹'于 6 月初在高海拔(1450m)的冷凉地播种育苗，8 月下旬定植，11 月收获。

30. 春黄瓜—秋大蒜

适合 800～1400m 海拔。春黄瓜 4 月播种育苗，选用品种有'山黄瓜'、'津研 1 号'等品种，5 月定植，7～9 月采收。秋冬大蒜 9 月播种，选用'乐园大蒜'等品种，5 月采收。

31. 黄瓜—青花菜

适合海拔 800～1400m。黄瓜于 3 月中旬育苗，选用品种有'亮优绿箭'、'山黄瓜'等品种，4 月下旬定植，5 月下旬始收，7 月上旬采收完毕。青花菜于 6 月中旬育苗，选用品种有'优秀'等品种，7 月上旬定植，9～10 月中旬采收。

32. 马铃薯—黄瓜—大白菜

适合海拔 1000～1400m。马铃薯于 1 月播种，单行种植，7 月上旬收获完毕，黄瓜 6 月中旬育苗，7 月中旬定植，8 月中旬收获，9 月上旬收获完毕。大白菜 8 月上旬育苗，9 月上旬定植，10 月下旬收获完毕。

33. 莴笋—黄瓜

适合海拔 800～1400m。莴笋 4 月育苗，选用品种有'抗热王子'、'香优 9 号'等品种，5 月定植，7 月收。黄瓜选用品种有'亮优绿箭'、'山黄瓜'等品种，6 月育苗，7 月定植黄瓜，8～9 月上市。

莴笋 10 月育苗，12 月定植，4～5 月收。4～5 月播黄瓜，6～7 月采收。

34. 大白菜—西瓜—红萝卜

适合海拔 800～1200m。大白菜 4 月上旬播种，选用'山地黄金'等品种，4 月中旬定植，定植后 55 天上市，6 月上中旬采收。西瓜 6 月上旬播种，选用'超级 2011'、'春秋花王'，6 月下旬定植，8 月中下旬采收。红萝卜 8 月下旬播种，选用'满身红萝卜'，10～11 月采收。

35. 春豇豆—夏秋西瓜

适合海拔 800～1200m。春豇豆 4 月上旬播种，选用'特长 201'等品种，6～7 月采收完。夏秋西瓜 6 月中旬播种育苗，选用'超级 2011'，6 月下旬～7 月定植，8～9 月中旬采收完毕。

36. 大白菜(萝卜)—四季豆

适合海拔 800～1400m。大白菜(萝卜)4 月上旬播种，大白菜选用'山地黄金'等品种，4 月中旬定植，定植后 55 天上市，6 月上中旬采收。萝卜选用'雪单 1 号'、'高山白玉'等品种，4 月上旬播种，6 月上中旬采收。四季豆 6 月播，选用品种有'红花白荚'，8 月收。

37. 萝卜—莴笋

适合海拔 1200～1800m。春萝卜 4 月中下旬播种，选用品种有'雪单 1 号'、'特新白玉春'等品种，6 月中下旬～7 月采收。秋莴苣 5 月下旬～6 月播种，选用品种有'抗热王子'等品种，6 月中下旬～7 月定植，8 月下旬～10 月收获。

38. 胡萝卜—莴笋

适合海拔 1000～1400m。胡萝卜于 4 月初直播，选用品种'新黑田五寸人参'。8 月上中旬收获。莴笋于 8 月上旬播种育苗，选用品种'香优 9 号'，8 月下旬定植，11 月开始收获至春节。

39. 大蒜—大白菜—莴苣

适合海拔 1000～1400m。大蒜 9 月中下旬播种，翌年 4 月中下旬采收蒜薹，5 月中旬采收蒜头。大白菜 4 月下旬～5 月上旬播种育苗，蒜头采收后，5 月中下旬整地定植，7 月采收。莴笋 6 月下旬播种育苗，8 月上旬定植，9 月下旬～10 月上旬采收。

40. 春白菜—夏架豆—秋萝卜（白菜）—冬土豆

适合海拔 400～800m。大白菜 3～4 月播种，5 月中旬～6 月收获。四季豆 5～6 月播种，7～8 月采收。萝卜 8 月种，10 月采收。土豆 11 月种，5～6 月采收。

41. 番茄—萝卜

适合海拔 400～800m。番茄于 3 月中旬低山育苗，选用品种包括粉果'粉瑞达'、'洛美'、'海星 1108'和大红果'瑞菲'、'以色列 9098'、'海特拉'，5 月上旬定植，8 月上旬始收，9 月上旬全部采收完毕。白萝卜 9 月上旬直播，选用'雪单 1 号'等品种，11 月中旬采收完毕。

42. 黄瓜—萝卜（大白菜）

适合海拔 400～800m。黄瓜 3 月播种，4 月定植，6～8 月采收。萝卜（大白菜）8～10 月播种，10 月至翌年 2 月采收。

43. 四季豆—萝卜（大白菜）

适合海拔 400～800m。四季豆 4～5 月播种，6～8 月采收。萝卜（大白菜）8～10 月播种，10 月至翌年 2 月采收。

44. 大白菜—红薯

适合海拔 400～800m。大白菜 4 月上旬播种，选用'山地黄金'等品种，4 月中旬定植，定植后 55 天上市，6 月上中旬采收。红薯 5～6 月移栽，8～9 月采收。

45. 夏秋番茄（黄瓜）—冬春草莓（土豆）

适合海拔 400～800m。黄瓜 3 月播种，4 月定植，6～8 月采收。冬春草莓（土豆）9～11 月播种，10 月至翌年 5 月采收。

46. 西瓜（玉米）—大蒜

适合海拔 800～1400m。西瓜 5 月下旬播，选用品种有'春秋花王'、'黑美人'等品种，20 天苗龄，6 月中旬定植，8 月上中旬～9 月上市。套种甜玉米 4～6 月播，选用品种有'金中玉'、'鄂甜 4 号'等品种，9 月收。9 月以后种大蒜，5 月收蒜薹。

47. 番茄—礼品西瓜—芹菜

适合海拔 400～800m。番茄于头年 12 月采取电热线加温育苗，品种'FA-516'，翌年 2 月中旬定植，5 月中旬始收，7 月下旬全部采收完毕。礼品西瓜品种'金福'于 7 月初播种，7 月下旬定植，10 月上旬拉秧。芹菜品种'津南实芹'于 7 月初在高海拔（1450m）的冷凉地播种育苗，9 月底在低山大棚内的西瓜植株旁定植，12 月底采收完毕。

48. 辣椒—四季豆

适合海拔 400～800m。辣椒 3 月中旬低山育苗，5 月上旬定植，6 月中旬始收，8 月上旬采收完毕。四季豆于 7 月下旬直播于辣椒株间，11 月上旬采收完毕。

49. 樱桃番茄—水果型黄瓜—莴苣

适合海拔 400～800m。樱桃番茄品种'瑞珍'于头年 12 月上旬大棚内加温育苗，次年 2 月中旬定植，5 月下旬始收，7 月下旬采收完毕。水果型黄瓜品种'HA-454'7 月初播种育苗，7 月下旬定植，9 月初采收，10 月中旬采收完毕。莴苣于 9 月初育苗，10 月中旬定植，翌年 2 月采收完毕。

50. 黄瓜—夏白菜—四季豆

适合海拔 400～800m。黄瓜 2 月初大棚内加温育苗，3 月下旬定植，5 月中旬始收，7 月上旬收获完毕，夏白菜 6 月中旬播种，7 月中旬定植，9 月上旬收获完毕。四季豆 8 月上旬播种，9 月上旬定植，10 月下旬始收，11 月下旬收获完毕。

51. 超甜玉米—礼品西瓜—越冬甘蓝

适合海拔 400～800m。超甜玉米品种'珠玉 2 号'于 1 月中旬大棚内播种育苗，2 月中旬定植，地膜覆盖栽培，5 月中旬始收，5 月下旬收获完毕。礼品西瓜品种'金福'于 7 月初播种，7 月下旬定植，10 月上旬拉秧。越冬甘蓝品种'必久 1039'于 8 月初播种育苗，9 月中下旬定植，翌年 1～3 月采收，3 月 20 日前收获完毕。

52. 青花菜—番茄—越冬甘蓝

适合海拔 400～800m。青花菜品种'优秀'于头年 12 月中下旬大棚内育苗，翌年 2 月初定植，5 月初收获完毕；番茄品种'FA-516'于 3 月中旬育苗，5 月上旬定植，7 月底始收，9 月中旬采收完毕。越冬甘蓝品种'必久 1039'于 8 月初播种育苗，9 月 20 前定植完毕，翌年 3 月 15 日前采收完毕。

53. 白菜—番茄

适合海拔 800～1200m。大白菜 3 月中旬采取小拱棚育苗，选用品种有'山地黄金'、'山地王 2 号'等品种。4 月上旬地膜覆盖定植，6 月中旬采收完毕。番茄 5 月中旬小拱棚育苗，选用品种有'瑞菲'、'戴粉'等品种，6 月中旬定植，9 月中旬始收，10 月下旬采收完毕。

（朱凤娟）

第三节　高山香菜反季节一年多茬栽培技术

香菜又名芫荽，属伞形花科一年生草本植物，植株有特殊香味，可作调料之用，具有芳香健胃、祛风解毒、祛腥膻、促进血液循环的独特功效。性喜冷凉，生长适温为 15～18℃，超过 20℃则生长缓慢，30℃以上停止生长。香菜属于低温、长日照植物，在一般条件下幼苗在 2～5℃低温下，经过 10～20 天可完成春化，以后在长日照条件下通过光周期而抽薹。其对土壤要求不严格，但以有机质的土壤生长最佳。

湖北平原地区春秋都可种植，夏季气温高，栽培难度大，且品质差。夏季利用鄂西高山反季节栽培香菜，品质好，经济效益高。湖北省农科院近几年连续多年在长阳不同海拔（400m、800m、1200m、1600m、1800m）分期播种试验种植，摸索出香菜适合种植的品种、海拔及播期，并在湖北宜昌长阳和恩施利川进行了高山香菜成功种植示范，香菜引入高山可实行多茬分期播种种植，丰富了市场花色品种，为农田轮作换茬提供了替代种类，并且分担了市场风险，经济效益非常可观。当地批发价每千克在 6～10 元以上，每茬亩产值 7500 元以上。

一、品种选择

夏秋反季节栽培香菜，宜选用耐热性好、耐抽薹、抗病、抗逆性强的品种，如'意大利拉菲尔香菜'、'澳洲四季耐抽薹香菜（605）'、'澳洲耐抽薹细粒芫荽'、'抗高温四季泰国种 147'、'农苑澳洲小粒香菜'等品种。

二、地块选择及整地施肥

选择海拔 1000～1800m 高山地区为宜。水源充足，有条件的配备蓄水池喷灌系统，排灌方便，疏松肥沃、保水力强，较平缓的壤土地块最佳。

栽培上要求土壤 pH 中性。前茬作物收获后，及时深耕晒土，每亩均匀洒施腐熟猪牛粪肥 1500kg、复合肥 30kg 基肥作畦，畦宽 1.2～1.5m、高 20～30cm，沟宽 30～40cm。

三、播种

1. 播种适期

夏季反季节栽培香菜，一般以 5 月上旬至 7 月上旬播种最为适宜。早播或晚播温低，生长缓慢，叶片容易冻害出现斑点，影响商品性。采收期为播种后 38～55 天，可持续采收 5～10 天，上市期在 6 月中旬至 9 月。可安排梯度排开播种，一年多茬种植。

2. 种子处理及播种

香菜采用直播，播种量为每亩 2.5～3kg，播种前把香菜种子放到簸箕中，用鞋底把香菜种子搓开，这样不但增加株数，而且出苗率高。搓好后可干籽直接播种，也可种子浸种消毒后播种，用 1% 高锰酸钾溶液浸种 15min 或用 50% 多菌灵可湿性粉剂 300 倍液浸种 30min 杀菌，捞出洗净，用温水泡 12h，然后捞起播种。

选择下雨后足墒时播种，或先田间浇透水后播种，采用撒播或条播，条播后期拔草方便。播种后将畦沟浮土锄起覆盖。有条件的播种后，可在厢上面加盖遮阳网或 1～2cm 稻草保湿，7～15 天出苗。种子出土后及时除去覆盖物。

四、田间管理

1. 除草、间苗

播种即刻每亩用金都尔 (精-异丙甲草胺) 50mL，或 33% 施田补 100～125mg，兑水 60～75kg 均匀喷湿地面除草。香菜一般播种后 7～15 天左右出苗，齐苗后 7 天间苗，2 片真叶时定苗，苗距 3～4cm，每簇 3～5 株苗。出苗后及时人工清除田间杂草。

2. 水肥管理

香菜喜湿，要经常保持园土湿润，高山地区湿度大，雨水多，一般能满足香菜水分需求。生产中期对水肥需求量大，以腐熟的人畜粪尿或尿素水轻浇勤施，浓度宜低，以免焦叶。具体方法：用沼气水兑浇施，或雨前每亩撒施尿素 5kg，使尿素迅速溶解入土，后期叶面喷施磷酸二氢钾或纽翠绿叶面肥。

五、病虫害防治

高山种植香菜病虫害发生较少，主要是猝倒病、叶斑病。用绿亨 2 号 800 倍液或甲基托布津 800 倍液或 40% 增效瑞毒霉 1000 倍液喷雾，每隔 7 天喷一次，共喷 2～3 次。

六、采收及采后储运技术

香菜收获期不严格，株高 20～50cm、7～14 片叶、单株重 8～50g，都可收获，株高 30～35cm 时采收为优，太密时可按需分批均匀间苗采收，稀时最好一次性采收。采收要及时，太迟就会抽薹开花，老化，失去商品性。每茬亩产量可达 1000～1500kg。采收时连根拔起，抖去泥沙，如果是就近销售，采收后用洁净水洗净根部泥土，去除底部黄叶，每 1kg 扎成一捆。

如果远距离销售，最好采用冷藏车运输。香菜采收后不能清洗，用纸箱或是泡沫盒子包装，放到冷库中，在 3～5℃ 低温环境下冷藏。运输时若没有冷藏车，可在纸箱或是泡沫盒子中间放用报纸包裹的瓶装冰矿泉水保持低温。

（朱凤娟　邱正明　聂启军　邓晓辉）

第四节 湖北高山及平原地区甘蓝栽培模式及配套品种选择

湖北省地处长江中游，境内海拔高低悬殊，光热水气资源丰富，土质肥沃，四季分明，是全国重要的蔬菜优势产业带。甘蓝是湖北省蔬菜主产区的骨干品种，2014 年全省甘蓝种植面积达 3.55 万 hm^2（图 17-1），总产量 123.49 万吨，已形成高山夏季反季节甘蓝和平原露地越冬甘蓝为主、少量平原秋甘蓝和春甘蓝为辅的特色种植格局，建有咸宁市嘉鱼地区、黄冈市、荆州、武汉等平原地区越冬甘蓝、秋甘蓝、春甘蓝生产基地，以及恩施、宜昌、十堰、襄阳高山越夏甘蓝生产基地，在蔬菜均衡周年供应中发挥着重要的作用，成为湖北农业增效、农民增收的亮点产业，支撑地方经济，影响全国甘蓝市场走势。现将湖北地区甘蓝的栽培季节与配茬模式介绍如下。

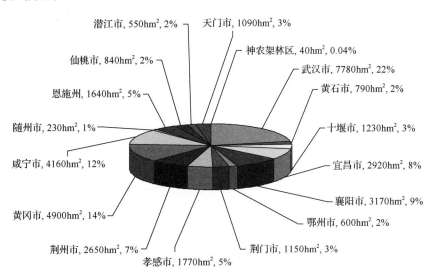

图 17-1 2014 年湖北省甘蓝种植面积及分布

一、栽培季节

1. 平原春甘蓝栽培

长江流域春甘蓝栽培 9 月下旬至翌年 1 月陆续播种，以小苗越冬，翌年 3 月下旬至 6 月春末夏初收获，对春淡蔬菜供应具有重要作用。不同时期播种应选用不同品种：9 月下旬至 10 月中旬露地、小棚播种育苗，10 月下旬至 12 月上旬露地定植，3 月下旬至 5 月采收，主要选用'超级争春'、'超级春丰'等品种；10 月中旬至 11 月下旬露地、小棚播种育苗，11 月下旬至翌年 2 月上旬露地定植，4 月下旬至 6 月下旬采收，主要选用'京丰 1 号'等春甘蓝品种；12 月中旬至翌年 1 月播种育苗，2 月中旬至 3 月定植，5 月至 6 月采收，主要选用'中甘 21'、'希望'、'前途'等品种。春甘蓝种植要预防先期抽薹，预防软腐病、菜青虫和蚜虫。

2. 平原夏甘蓝栽培

平原地区夏甘蓝栽培 3～4 月播种，4～5 月露地定植，6～8 月采收。由于夏季持续高温干旱，不利于甘蓝结球，病虫杂草危害严重，特别是小菜蛾为害猖獗，对夏甘蓝的生长极为不利，高山反季节越夏种植后，平原夏甘蓝基本上种植很少。夏甘蓝宜选用抗（耐）病虫性强、耐热、耐储运、适应性广的优质、高产、定植后 50～60 天能上市的早中熟品种，如'强力 50'等。夏甘蓝生产需要覆盖遮阳网、防虫网等；要注意预防病毒病、黑腐病、蚜虫、菜青虫、小菜蛾等；采收要及时，防裂球和腐烂。

3. 平原秋甘蓝栽培

秋季一般适合甘蓝的生长，是甘蓝的主栽季节。秋甘蓝对产量、商品性要求较高，宜选用前期耐高温干旱、抗病、外观好、球形圆整、球色绿、绿叶层多、叶质脆嫩、风味好、耐裂、耐储、高产的品种。早秋栽培，6 月中下旬至 7 月上旬采用遮阴防雨方式育苗，7 月中旬至 8 月上旬露地定植，9 月至 10 月采收，可选用'夏秋绿冠王'、'强力 50'(日本)等早熟品种；秋季栽培，7 月中旬至 8 月下旬采用遮阴防雨方式育苗，8 月中旬至 9 月下旬露地定植，11～12 月采收，可选用'永明'、'两冠'、'希望'等品种。秋甘蓝育苗期正值炎热多雨季节，育苗床应选择地势较高，能排、能灌且遮阴的地块；生长中期加强抗旱灌溉，预防黑腐病及小菜蛾、斜纹夜蛾、蚜虫等发生。

4. 平原冬甘蓝栽培

越冬甘蓝栽培一般 7 月下旬至 8 月下旬露地育苗，8 月下旬至 9 月下旬露地定植，12～4 月上旬采收。宜选择耐寒抗冻能力强、冬季低温条件下不易抽薹、抗裂性好、收获时间长、耐储运的中晚熟或晚熟品种。例如，中熟品种有'旺旺'、'绿缘'、'优胜者'、'紫薇 1 号'、'比久 1039'等，12～3 月上市；晚熟品种有'迎风'、'佳丽'、'晚春'、'春鸣'、'冬升'、'冬强'等，2～4 月初上市。越冬甘蓝收获期长，可根据市场行情酌情上市。

5. 高山越夏甘蓝栽培

高山地区不同海拔高度呈现不同气候梯度、立体气温差异明显，具有冬长春短无夏、气候冷凉湿润的特点。同一品种在不同海拔、不同播期及栽培方式(覆盖地膜与否)等不同条件下，生育期差异明显，适宜的始播期也随着海拔高度的升高而延后。利用不同海拔高度可以排开播种，延长甘蓝供应期，缓解大中城市秋淡。海拔高度 800～1200m，2～5 月播种，3～6 月定植，5～9 月采收；海拔高度 1200～1600m 是最适合甘蓝生长的季节，3～7 月播种，3 月下旬～8 月定植，6～11 月采收；海拔高度 1600～2200m，4～6 月下旬播种，4 月下旬～7 月下旬定植，7 月至 11 月采收。宜选择结球整齐、球形圆整、球色鲜艳、抗逆性强、耐储运性强的中熟品种，如'京丰 1 号'、'西园 6 号'、'寒胜'、'春夏王'等。高山越夏甘蓝育苗宜采用火粪土作基质，苗床上搭建拱棚保湿，育苗期间注意防止冻害、烫伤、徒长、缺肥和病害；抢墒整地、定植；地膜栽培定植时穴口周围要用土封好，以防热气冲苗；预防根肿病、黑腐病，以及苗期黄曲条跳甲、小菜蛾等。

二、配茬模式

(一)平原露地间套作模式

1. 春冬瓜—秋(冬)甘蓝

为湖北嘉鱼地区主要种植模式。春冬瓜可选用'广东特选黑皮冬瓜'、'墨宝'、'黑先锋'、'金钢'、'广东炮弹头'等品种，2 月下旬～3 月上旬播种，营养土育苗，3 月下旬～4 月上旬定植，7 月下旬～8 月采收。后茬接秋甘蓝或越冬甘蓝，秋甘蓝可选用'夏秋绿冠王'、'永明'等品种，7 月中旬播种，8 月上中旬定植，10～11 月采收；冬甘蓝可选用'绿缘'、'佳丽'、'晚春'等品种，8 月中旬播种，9 月中旬～9 月底定植，12 月至翌年 4 月采收。

2. 春南瓜—秋(冬)甘蓝

为湖北嘉鱼地区主要种植模式。春南瓜可选用'蜜本'、'北莎'、'南瓜王'、'翡翠'等品种，2 月中下旬～3 月上旬播种育苗，营养土育苗，3 月下旬～4 月上旬定植，7 月下旬～8 月采收。后茬接秋甘蓝或越冬甘蓝，秋甘蓝可选用'夏秋绿冠王'、'永明'等品种，7 月中旬播种，8 月上中旬定植，10～11 月采收；冬甘蓝可选用'绿缘'、'佳丽'、'晚春'等品种，8 月中旬播种，9 月中旬至 9 月底定植，12 月至翌年 4 月采收。

3. 迟辣椒—春甘蓝

为湖北武汉汉南区主要种植模式。迟辣椒可选用'佳美'、'湘研 10 号'等品种，3～4 月播种育苗，4～5 月定植，6～11 月上旬采收。春甘蓝可选用'金春甘蓝'、'KA773'等品种，10～11 月上旬播种育苗，

11 月中旬～12 月中旬定植，翌年 4 月采收。

4. 冬春萝卜—夏西瓜—秋甘蓝

冬春萝卜可选用韩国的'白玉春'、'春白玉 2 号'等品种，11 月中旬播种，3 月下旬～4 月上旬采收上市。西瓜可选用'超级 2011'、'春秋瓜王'、'博莱凯'等品种，3 月中旬营养钵拱棚育苗，4 月中旬定植，7 月底采收完毕。秋甘蓝可选用'永明'等品种，7 月下旬育苗，8 月中旬移栽，11～12 月收获。

5. 春番茄—夏秋豇豆－越冬甘蓝

春番茄可选用'合作 903'、'金鹏 1 号'等品种，12 月上中旬大棚播种育苗，3 月下旬～4 月上旬露地定植，5 月下旬始收，7 月上旬采收完毕。夏秋豇豆可选用'特长 201'、'克拉'等品种，7 月上旬播种，9 月采收完毕。越冬甘蓝可选用'绿缘'、'佳丽'等品种，8 月上旬播种，9 月露地定植，翌年 12 月～4 月上旬采收。

(二)平原保护地间套作模式

1. 春番茄—夏大白菜秧—秋甘蓝

春番茄可选用'铁果 4 号'、'瑞菲'等品种，11 月上中旬播种，2 月上旬大棚定植，4 月下旬始收，6 月中旬采收完毕。夏大白菜秧可选用'早熟 5 号'等品种，6 月下旬播种，7 月下旬始收，8 月上旬采收完毕。秋甘蓝可选用'永明'等品种，7 月上中旬播种，8 月上中旬定植，12 月始收，翌年 1 月下旬采收完毕。

2. 早辣椒—早大白菜—秋冬甘蓝

早辣椒可选用'楚椒佳美'等品种，10 月上旬播种育苗，1 月下旬定植，6 月中旬采收完毕。早大白菜可选用'夏阳'、'早熟 5 号'等品种，7 月上旬直播，8 月下旬采收完毕。秋冬甘蓝可选用'京丰 1 号'、'荷兰比久'等品种，8 月上旬播种育苗，9 月上旬定植，12 月中旬采收完毕。

3. 春番茄—夏小白菜—秋甘蓝—冬芹菜

春番茄可选用'改良 903'、'金鹏 1 号'等品种，大棚春番茄 11 月中旬播种育苗，采用电加温线升温，翌年 2 月上中旬定植，5 月上旬开始采收，6 月下旬采收完毕。夏小白菜可选用'华冠'、'抗热 605'等品种，6 月下旬至 7 月上旬播种，7 月下旬开始间拔上市"一播三卖"。秋甘蓝可选用'夏秋绿冠王'等品种，秋甘蓝 7 月上中旬播种育苗，8 月上中旬定植，10 月上中旬采收。芹菜可选用'津南实芹'、'文图拉'等品种，8 月中旬采用遮阳网遮阳育苗，10 月中下旬定植，11 月下旬覆盖大棚膜防寒，翌年 1～2 月采收。

4. 中棚芹菜—春甘蓝—夏秋黄瓜

芹菜可选用'津南实芹'、'文图拉'等品种，7 月中下旬采用遮阳网遮阳播种育苗，9 月中旬定植，翌年 1 月底采收上市。春甘蓝可选用'京丰 1 号'等品种，11 月下旬播种育苗，翌年 2 月上旬定植，4 月底采收完毕。黄瓜可选用'鄂黄瓜 3 号'等品种，5 月上旬直播，6 月中下旬开始采收，9 月上旬拉秧。

(三)平原瓜菜与大田作物间套作模式

1. 莴苣套春甘蓝—棉花

莴苣可选用'雪里松'、'嫩香四季王'、'太空三斤棒'等品种，10 月 20 日左右播种育苗，11 月下旬定植，翌年 3 月下旬至 4 月上旬收获；春甘蓝可选用'京丰 1 号'等品种，10 月 20 日左右播种育苗，翌年 1 月上旬定植，5 月中下旬收获。棉花可选用'鄂杂棉 7 号'、'鄂杂棉 1 号'等品种，4 月初播种，营养钵保温育苗，4 月定植，11 月中旬拔秆。

2. 冬春甘蓝—中稻—秋甘蓝

冬春甘蓝可选用爱春等品种，10～11 月播种，小拱棚保湿育苗，12 月下旬定植，翌年 5 月上旬上市。中稻可选择生长清秀、熟期适中、耐肥抗倒、穗大粒多的早籼稻品种，5 月中旬播种，6 月上旬栽种，8 月中旬收获。秋甘蓝可选用'永明'等品种，7月下旬播种，11月上旬开始采收。

(四)高山间套作模式

1. 甘蓝—萝卜

适合鄂西海拔1200m以上高山地区的种植模式。甘蓝可选用'京丰1号'等品种，3月下旬播种育苗，4月下旬定植，7月收获。萝卜可选用'雪单1号'、'美如玉'等品种，8月地膜直播，10月采收。

2. 甘蓝—大白菜

适合鄂西海拔1200m以上高山地区的种植模式。甘蓝可选用'京丰1号'等品种，3月下旬播种育苗，4月下旬定植，7月收获。大白菜可选用'山地王2号'、'金锦3号'(抗根肿)等品种，7月下旬～8月中旬播种，8月上旬至9月上旬定植，地膜覆盖栽培，10～11月采收。

3. 早甘蓝套种番茄

适合鄂西海拔800～1500m高山地区的种植模式。甘蓝可选用'京丰1号'等品种，3月播种，4月下旬定植，7月上旬采收。番茄可选用'戴粉'、'瑞菲'等品种，3月下旬至4月上旬播种育苗，5月定植，8月上旬始收，9月下旬拉秋。

4. 早甘蓝套种辣椒

适合鄂西海拔800～1600m高山地区的种植模式。甘蓝可选用'京丰1号'等品种。3月播种，4月下旬定植，7月上旬采收。辣椒可选用'楚椒佳美'、'中椒6号'等品种，3～4月播种育苗，4月中下旬至5月上旬定植，8月上旬采收，9月下旬拉秋。

5. 地膜甜玉米套种甘蓝

适合鄂西海拔800～1400m高山地区的种植模式。甜玉米可选用'鄂甜4号'、'华甜玉'等品种；甘蓝可选用'京丰1号'等品种。甜玉米和结球甘蓝均3月中旬育苗，4月上中旬移栽，甘蓝6月下旬～7月采收，甜玉米7～8月采收。

(朱凤娟　邱正明　聂启军　邓晓辉)

第五节　高山春大白菜—夏西瓜—秋红萝卜周年栽培模式

2013年湖北省农科院在海拔800m的长阳县资丘镇凉水寺村成功示范春大白菜—夏西瓜—秋红萝卜周年三茬三熟模式，是一种值得推广的高效栽培新模式，适合湖北海拔800～1200m的二高山地区推广。长阳县传统的大白菜—玉米种植模式，主要收益来自大白菜，二茬玉米产值低。新模式二茬改种反季节西瓜，高山地区昼夜温差大，生产的西瓜品质好，可在8～9月上市，此时平原地区气温高，西瓜消费需求大，且平原地区春茬西瓜已采收完毕，秋西瓜尚未上市，此时上市的西瓜正好填补了平原西瓜的空档期，可高价入市，取得较好的经济效益。新模式中春大白菜亩产量5000kg，收入4100元；夏西瓜亩产量2400kg，收入3800元；秋红萝卜亩产量2500kg，收入2000元。全年三茬合计亩产量可达9900kg，收入9900元。

一、茬口安排

大白菜4月上旬播种，4月中旬定植，定植后55天上市，6月上中旬采收；西瓜6月上旬播种，6月下旬定植，8月中下旬采收。红萝卜8月下旬播种，10～11月采收。

二、大白菜栽培技术要点

1. 品种选择

要求抗病性好、耐抽薹、炮弹形、球重1.5kg左右、生育期少于60天的品种，如'山地黄金'等。

2. 营养钵育苗

4 月上旬播种于营养钵，播后盖细营养土，用喷雾器均匀喷水。搭小拱棚，苗床用薄的塑料薄膜密封好，以增温、保湿、避雨，并疏通苗床四周沟。

2～3 天出苗，出苗后揭开小拱棚两头或将中间两边边膜拱起进行通风降温，必要时加盖遮阳网降温。傍晚时将薄膜放下保温，在遇到寒冷天气时，还需要加盖草帘或再加盖一层薄膜保温，以防冻害。保持苗床见干见湿。育苗后期适当补充养分。大白菜苗龄 15～18 天定植。定植前 1 周炼苗。

3. 整地定植

定植前 10～15 天，用旋耕机深翻，及时抢墒整厢。开厢施足底肥，每亩施腐熟农家肥 2500kg、复合肥 100kg，有条件的地方可加施 50kg 饼肥，起垄作成深沟高畦并覆地膜，一般畦连沟宽 90～93cm。

4 月中旬定植，苗龄适中，土壤足墒时定植。株距 40～43cm，每亩种植 3600～3700 株。定植后将根部土稍压一下，并且特别要注意穴口四周的地膜要用土封严，否则以后地膜下高温蒸气从孔口冲出易灼伤植株。定植后浇定根水。

4. 田间管理

定植后半个月，清除杂草。高山种植大白菜只要基肥充足，不需追肥，加强病虫害防治。主要病害有霜霉病、软腐病、白斑病、黑斑病和病毒病。霜霉病可选用 70%代森锰锌可湿性粉剂 500～800 倍液喷雾。软腐病发病初期用 72%农用链霉素 3000 倍液喷雾。白斑病、黑斑病可选用 10%世高(苯醚甲环唑)1500 倍液喷雾。病毒病发病初期用 1.5%植病灵 2 号乳油 1000 倍液喷雾防治。

主要虫害有地下害虫、黄条跳甲、蜗牛、蚜虫、小菜蛾、菜青虫等。地下害虫可选用 50%辛硫磷 800 倍液浇灌。黄条跳甲可选用 1%苦参碱醇溶液 500 倍液防治。蜗牛可选用 6%四聚乙醛颗粒诱剂每亩 0.5kg 撒到菜株附近。蚜虫可选用 10%吡虫啉可湿性粉剂 1500 倍液喷雾。小菜蛾、甜菜夜蛾、斜纹夜蛾、菜青虫可选用 16 000IU/mg Bt 可湿性粉剂 1500 倍液、8%阿维·高氯乳油 1500～2000 倍液或 0.5%印楝素乳油 800 倍液喷雾，蜡质较多的蔬菜上使用农药时，应按水量的 0.2%加入洗衣粉或硅石粉以增加展着性。

三、西瓜

(一)品种选择

选择抗病性强、耐贮运的中熟西瓜品种，如'超级 2011'、'极品花王'。

(二)播种育苗

1. 浸种、消毒、催芽

浸种前选晴好天气晒种 1～2 天，然后用 55℃的温水浸种并充分搅拌 15min，当水温降至 30℃左右时让其自然冷却，再浸种 2～4h，清水搓洗后用湿毛巾包裹种子，外面用农膜包好保湿，放在 28～32℃的环境中催芽，24～36h 后等芽尖刚露白时，及时播种。

2. 播种育苗

6 月上旬采用营养钵或穴盘育苗。营养土必须疏松、透气、肥沃、发酵充分、无病虫害，可用 85%无菌田土和 14%充分腐熟的堆肥，加入 1%左右的三元复合肥及少量杀菌、杀虫药物，充分拌匀后堆制发酵。制作营养钵后打足底水，播种时出芽的种子平放，芽尖向下，上覆 1cm 厚的营养土，再在苗床插上小拱棚盖一层薄膜进行保暖、保湿。苗床管理做到出苗前保温，保湿促出苗，出苗后控温控湿，防猝倒病和高脚苗。定植前 1 周炼苗。

（三）整地

大白菜收获后，清除田间残叶，及时翻耕深约 30cm，作成 3m 宽的斜坡式畦，西瓜采用爬地栽培，在较高的一侧离沟边 50cm 处开沟，沟深在 20cm 以上，施足基肥，每亩施腐熟猪粪 1500kg 或腐熟菜饼 100kg，含硫三元复合肥 50kg。整厢作畦，铺地膜。

（四）适时定植

6 月下旬定植，当苗龄 15 天、具 2～4 片真叶时抢晴天下午移栽。每畦种 1 行，定植于垄头上离灌水沟 15cm 处，株距 45～50cm，每亩定植 450～500 株；移栽时打穴放入苗坨，用土填实，浇足定根水。

（五）整枝压蔓

地爬式栽培，三蔓整枝，在主蔓长到 50cm 时，留下主蔓和 2 条健壮侧蔓，其余侧蔓均摘除。整枝宜在晴天进行，整枝后喷 1 次杀菌剂，可有效控制发病。在整枝的同时进行引蔓，用土块压蔓，使蔓分布均匀，压蔓最好在午后进行，清晨瓜蔓脆易断。

（六）选瓜留瓜、垫瓜、翻瓜

中果型品种每株选留 1～2 个瓜。一般选主蔓第 2～3 雌花留瓜，如主蔓未坐住，可选侧蔓第 1～2 雌花留瓜。选留的幼果果形周正，尽早摘除多余果、畸形果及虫蛀果。

等果实膨大快结束时，适时用稻草、麦秆、泡沫等物垫瓜，使瓜和土壤分开，以防虫蛀及烂瓜，成熟前适当翻瓜使瓜着色均匀。

（七）肥水管理

定植成活后用清粪水提苗，伸蔓期和膨果初期，植株对肥水的需求急剧增加，这时应结合灌水，每亩施三元复合肥 25kg、硫酸钾 5～10kg 及少量微肥；膨果中后期（坐果后 15 天左右）植株表现肥力不足（如下部叶片轻微发黄），可每隔 2～3 天叶面喷 0.3%的复合肥水，防止植株早衰；膨果结束到果实成熟，停止灌水。

（八）病虫害防治

采取预防为主、防治结合的原则。炭疽病可选用 25%咪鲜胺乳油 1000 倍液或 25%嘧菌酯悬浮剂 1500 倍液喷雾。蔓枯病可选用 50%扑海因（异菌脲）可湿性粉剂 1000～1500 倍液喷雾。霜霉病可选用 58%瑞毒霉 500～600 倍液或 72%霜脲·锰锌可湿性粉剂 800～1000 倍液喷雾。白粉病可选用 15%粉锈宁（三唑酮）可湿性粉剂 1000～1500 倍液或 10%苯醚甲环唑水分散粒剂 1000～2000 倍液喷雾。每 7～10 天喷 1 次，共喷 2～3 次。

虫害防治可在田间设置黄板诱杀、灯光诱杀。瓜实蝇可选用 10%顺式氯氰菊酯乳油 2500 倍液或 40%辛硫磷乳油 900 倍液喷雾。黄守瓜可选用 5%鱼藤酮乳油 1000 倍液、20%氰戊菊酯乳油 3000 倍液喷雾。蚜虫可选用 10%吡虫啉可湿性粉剂 1500～2000 倍液或 3%啶虫脒乳油 1500 倍液喷雾。潜叶蝇可选用 50%灭蝇胺可湿性粉剂 1500～2000 倍液喷雾。瓜绢螟可选用 20%氰戊菊酯乳油 2000 倍液或 24%甲氧虫酰肼乳油 2500 倍液喷雾。

（九）适时采收

由于高山西瓜长途运输，因此一般西瓜 8 月中下旬瓜九成熟时采收较为适宜。采收时间以上午为宜。为防止西瓜滚动，用玉米叶隔离。

四、秋红萝卜

(一)品种选择

选择抗寒性好、抗病性好、产量高、果形好的红萝卜品种，如'满身红'萝卜。

(二)施足基肥，整地作畦

西瓜收获完毕后及时清田，深翻，然后全园每亩撒施腐熟有机肥 2000kg、三元复合肥 25kg 作基肥，然后旋耕碎细，平整作成深沟高畦。

(三)适期播种，合理密植

整好地后及时播种，8 月下旬播种，撒播或点播，每亩撒播用种量 1000g，点播用种量 350g。撒播要均匀，点播一般 3～4 粒/穴，穴距 10cm。播种后覆土厚约 2cm，疏松土宜播种稍深，黏重土宜稍浅，除覆土外还要用谷壳、草木灰等物覆盖，并避免因暴雨冲刷而使土壤板结妨碍出苗。

(四)田间管理

1. 及时间苗，中耕除草

可将间苗、除草、中耕结合起来。红萝卜应及早间苗，确保全苗。在 2 片真叶时分期间苗，株距 15cm，确保每穴 1 株壮苗。第 1 次间苗后松土除草 1 次。

2. 水肥管理

红萝卜生长需要较多的水分，发芽期和直根膨大期应保持土壤湿润。生长期间土壤不宜太湿。基肥充足可以少施追肥，萝卜破白后及直根开始膨大期各追 1 次稀粪水，切忌肥料浓度过大或肥料靠根部太近，以免烧根。

(五)病虫害防治

生长期主要的病虫害有霜霉病、黄条跳甲、蚜虫和菜青虫等，防治方法参见大白菜病虫害防治。

(六)采收

一般播种后 45～60 天即可分批采收，红萝卜采收期为 10～11 月。

(朱凤娟　邱正明　聂启军　邓晓辉)

第六节　华中地区高山蔬菜主要栽培种类和主栽品种

长江流域是我国高山蔬菜主产区，生产基地主要集中在鄂西山区，该区域大都是海拔 1000m 左右的山地，生态优良，日照充足，可耕地土层深厚肥沃，雨量充沛，夏季气候冷凉，发展高山蔬菜条件得天独厚，到 2010 年长江流域高山蔬菜生产面积已达 520 万亩，总产近 2000 万吨，产值已突破 40 亿元，高山蔬菜产业为满足山下夏季鲜菜市场供应和山区农民致富方面发挥了重要作用。

一、湖北高山蔬菜主要种植区域

湖北高山蔬菜基地以长阳、利川为核心，遍及全省 16 个县(市)，包括：恩施自治州的利川、恩施、巴东、鹤峰、建始、咸峰、来凤、等县(市)；宜昌市的长阳、五峰、兴山、秭归、夷陵、远安等县(市)，神农架林区，十堰市的茅箭、房县、竹山、竹溪等县(市)，襄樊市的保康、南漳等县(市)，以及咸宁通山等县(市)等。

二、主要种植模式(栽培种类和茬口)

1. 主要蔬菜种类

海拔 1200～2200m 的高山地区以甘蓝、萝卜、大白菜、花菜等喜冷凉十字花科蔬菜为主,少量种有小白菜、莴苣、香菜、菠菜、芥菜、红菜薹等喜冷凉叶菜;海拔 800～1400m 的二高山地区以辣椒、番茄、四季豆为主,少量种有豇豆、茄子、黄瓜等喜温蔬菜,以及高山食用菌、山野菜等。

2. 主要茬口模式

高山以萝卜、大白菜、甘蓝等为主,4～7 月早季菜和 8～10 月二季菜模式为主,或喜冷凉叶菜类精细蔬菜一年 3～4 茬循环播种和采收;二高山以番茄、辣椒为主体,4 月播种,7～10 月采收,或四季豆、黄瓜等播种两季。

3. 主要产品与市场

恩施州基地产品以精细蔬菜和出口加工型山野蔬菜为主;新鲜精细蔬菜重点面向我国西南部市场,出口加工和部分新鲜蔬菜主要面向日本和韩国为主的东南亚市场。宜昌市基地产品以高山传统六大品种的新鲜蔬菜(大白菜、萝卜、甘蓝、番茄、辣椒、四季豆)为主;市场重点面向华东和华南市场。远安以食用菌为主。襄樊市和十堰市基地产品以萝卜、包菜、辣椒、番茄为主,重点供应周边市场。

三、主要栽培品种

自 2006 年以来,我们在宜昌长阳、恩施、利川、十堰、保康等高山蔬菜产地对萝卜、大白菜、甘蓝、辣椒、番茄、四季豆等主要高山蔬菜的种植分布、面积和品种进行了多年的实地调查,调查面积 24 万亩,调查品种总数 55 个,国外进口品种数 22 个,占 40%,其中萝卜、大白菜、番茄等种类的品种主要来自国外;甘蓝、辣椒、四季豆则主要来源于国内平原地区品种。另外,通过广泛征集和引进国内外适合湖北省高山种植的优良蔬菜新品种,以现有高山蔬菜栽培品种为对照,通过对其植物学、生物学特性的观察、比较、鉴定,以及产量、抗病性、商品性的评价,遴选出一批优良高山蔬菜优良品种,包括遴选出部分高山精细蔬菜优良品种,其中花菜、莴苣、甜玉米等已在生产中有一定面积的应用,红菜薹、香菜、四棱豆、蚕豆等则是在高海拔山地首次试种成功,高山精细蔬菜成功种植填补了山下市场供应空缺,极大地丰富了夏季鲜菜市场。

和低海拔平原地区相比,高山地区具有夏季冷凉、日照时数长、紫外线强、气温低和空气相对湿度高且变化快等独特的小气候特点,且 98%高山蔬菜都要经过相对较差的交通条件长途外运,因此在高山栽培中对蔬菜品种的抗逆性和耐储运性要求严格。经品种比较结合广泛调研,主要蔬菜对品种的具体要求及现有主栽品种和潜力品种的罗列简介如下。

湖北省主要高山蔬菜种植分布、面积和品种见表 17-7。

表 17-7 湖北省主要高山蔬菜种植分布、面积和品种

种类	适合海拔/m	主要分布	种植面积/万亩	主栽品种	潜力品种
萝卜	1200～2200	长阳火烧坪、椰坪云台荒、五峰、利川寒池、鹤峰、襄樊保康、神农架等地	40～50	汉白玉、天鸿春、长阳龙、白玉春、圣玉 008	雪单 1 号
甘蓝	1200～2600	长阳火烧坪、利川齐跃山等地	45～60	京丰 1 号、署王、春禧	高峰
大白菜	1200～2000	长阳椰坪文家坪	30～35	山地王 2 号、高冷地、新观春	28 号大白菜
辣椒	800～1600	长阳椰坪乐园村、资丘、渔峡口、宜昌兴山、恩施沙地等地	20～25	青椒:高山薄皮王(芜湖椒)、楚椒佳美、新福椒 4 号、早杂 2 号;红椒:中椒 6 号;线椒:红秀 8 号	红椒:鄂红椒 108
番茄	800～1400	长阳椰坪乐园村、龙舟坪,襄樊南漳等地	10～15	粉果:粉瑞达、戴粉、芬里娜;大红果:瑞菲、海尼拉、鸿福 4 号	粉果:金粉钻
四季豆	700～1200	长阳贺家坪天堰观、青岗坪等地	5～8	红花白荚、美国供给者、双青玉豆王	精选双青 12 号玉豆

（一）高山萝卜

1. 对品种的要求

高山种植萝卜要求萝卜前期植株耐低温抽薹，后期抗病，商品肉质根要求条形整齐、产量高、商品性好、耐储运等，抗病特别是指抗黑斑病、软腐病、病毒病及根肿病；商品性好是指根直尖尾，无开叉，不易青头，单根重 1.5kg 左右。

2. 主栽品种和潜力品种介绍

1）汉白玉

主栽品种，韩国引进，早熟，播种后 60 天开始收获，根白皮白肉，裂根少，商品性高，根重 1.4～1.6kg；耐抽薹，产量高，适应性广；适合高山地区栽培。同类型的品种有‘天鸿春’、‘长阳龙’、‘白玉春’、‘圣玉 008’。

2）雪单 1 号

潜力品种，湖北省农业科学院蔬菜科技中心利用单倍体育种技术选育的春白萝卜新品种。早熟，商品生育期 60 天左右；耐抽薹，肉质根皮色洁白光滑、圆柱形，根长 25～30cm，横径 6～8cm；品质优，脆嫩多汁，辣味轻，不易糠心；单根重 1～1.5kg，亩产量 4000kg 左右，是理想的春萝卜品种。

（二）高山甘蓝

1. 对品种的要求

高山甘蓝品种要求前期植株耐低温抽薹，后期抗病，商品性好，耐裂球、耐储运等，球形低扁、园整，结球整齐，球色鲜，单球重 1.5kg 左右；耐储运性强，生育期较短的早中熟品种最好。

2. 主栽品种和潜力品种介绍

1）京丰 1 号

主栽品种，中国农科院蔬菜花卉研究所育成春秋甘蓝杂种一代。植株开展度 70～80cm，外叶 12～14 片，叶色深绿，蜡粉中等。叶球紧实，扁圆形，单球重 1.5～3.0kg，冬性较强，不易先期抽薹，丰产，亩产可达 3000kg 以上。从定植到商品成熟 75～90 天。同类型的品种有‘暑王’、‘春禧’。

2）高峰

潜力品种，中熟品种，株形直立，不易倒伏，开展度 55cm 左右；外叶少且短，叶片深绿，有蜡粉。球形扁平圆整，球色偏绿，叶球紧实，球高 12cm，球径 20cm 左右，单球重约 1.6kg，净菜率高。植株耐热性强，抗病，不易裂球，定植到收获 75 天左右。亩产一般在 3000kg 以上，适合高山夏季栽培。

（三）高山大白菜

1. 对品种的要求

高山大白菜品种要求前期植株耐低温抽薹，后期抗病，商品性好，耐裂球、耐储运等，抗病性强，特别是抗根肿病、白斑病、黑斑病、缘枯病；球形炮弹形、黄心、心柱短，结球紧实。

2. 主栽品种和潜力品种介绍

1）山地王 2 号

主栽品种，适合高山冷凉地区蔬菜基地种植。株形立、株形紧凑、较抗根肿病，外叶浓绿，内叶嫩黄，品质佳，叶球圆筒形，球重 2～3kg，球高 29～33cm，球径 20～25cm，结球紧实，运输时不易脱叶，商品性好，丰产性好，13℃以上可播种。同类型的品种有‘高冷地’、‘山地王 3 号’。

2）吉祥如意大白菜

潜力品种，抗根肿病特强。早春耐低温，早夏耐高温，适合早春大棚和高冷地早夏种植。株形立、株形紧凑、叶色绿，叶数中，品质佳，中筒形，球重 1～2kg，球高 25～30cm，球径 15～20cm，结球紧实，运输时不易脱叶，商品性好，13℃以上可播种。

(四)高山辣椒

1. 对品种的要求

高山辣椒要求前期植株耐低温，高湿，后期耐雨水，商品果要求耐储运，抗疫病、青枯病性、疮痂病性强；青椒品种要求果面光滑、中等肉厚、产量高。红椒要求果颜色鲜红、果硬肉厚、光滑不裂果、果柄处无果凹，早熟、产量高的品种。

2. 主栽品种和潜力品种介绍

1)高山薄皮王(芜湖椒)

主栽青椒品种，早熟、大果、皮薄，皱缩、马嘴形，嫩果颜色偏浅黄绿色，商品性好。果实膨大速度快，采收间期短，植株生长势强，不易落花，坐果率高，具有抗病能力强、产量高等特点。

2)楚椒佳美

主栽青椒品种，湖北省农业科学院经济作物研究所选育，该品种早熟，株高 68cm，开展度 45cm×48cm，第一雌花节位 7～9 节，果长 14～18cm，果肩宽 4.5～5.0cm，单果重 80g 以上，最大可达 120g，果色浅绿偏黄，早期产量高、品质优，味微辣，品质佳，抗病性强。适合高山栽培。

3)中椒 6 号

主栽红椒品种，中国农科院蔬菜花卉研究所育成。中熟，植株生长势较强，连续坐果力较强，果实为粗牛角形，果面光滑，果长 14cm，果实横径 4.8cm，果肉厚 0.4cm，红果颜色鲜艳，耐储运，亩产 2000kg以上。

4)鄂红椒 108

潜力红椒品种，湖北省农科院经济作物研究所最新育成高产、抗病红果专用品种。中早熟，粗牛角型，红果鲜红色，光泽度好，果肉厚，红果硬度好，耐储运，味微辣，果长 18～20cm，果粗 4～5cm，果肉厚0.5cm，果面光滑，一般单果重 100～150g，抗病性强、产量高，是红果种植地区的理想品种。

(五)高山番茄

1. 对品种的要求

番茄品种要求前期植株耐低温，高湿，后期耐雨水，商品果要求耐储运，最好抗青枯病病；中果型、花蒂要小；果硬耐运的品种。

2. 主栽品种和潜力品种介绍

1)粉瑞达

主栽粉果品种，上海威迈种苗有限公司品种，杂交一代种，无限生长型，植株长势强，果实高圆形，果型好，单果重 250g 左右，果实颜色桃红色，色泽均匀诱人，无青肩，抗病能力强，产量高，品质好，适合在高山反季节蔬菜种植区种植。

2)金粉钻

潜力粉果品种，中早熟，无限生长型，植株长势强，果粉红无绿肩。果实高圆形，硬度大，坐果能力强，单果重 220g 左右，较耐储运，抗病毒病、叶霉病能力较强。

3)瑞菲

主栽大红果品种，先正达品种，中早熟，无限生长型，植株长势强，叶量较稀，果大红无绿肩。果形圆正，硬度大，坐果能力强，单序坐果 8～10 个。单果重 200g 左右，抗病毒病、叶霉病、青枯病，耐灰霉病、晚疫病。

(六)高山四季豆

1. 对品种的要求

高山四季豆要求具备抗病、耐储运、生长势强、分枝性强、早熟性好、产量高、商品性好、纤维少的品种。

2. 主栽品种和潜力品种介绍

1)红花白荚四季豆

主栽品种，极早熟，适应性强，植株蔓生，蔓长 3.0m 左右，叶绿色，叶片小而少，花紫红色，主蔓结荚，结荚部位低，每花序 3～4 荚，前期产量高，可连续结荚至顶部。荚近圆棍形，荚长 17～20cm，鲜荚嫩白色，肉厚，籽小，品质极佳，亩产可达 1500kg 以上。

2)精选双青 12 号玉豆

潜力品种，早生，植株蔓生，生长势强，分枝性强，结荚率高，荚扁圆形，单荚重 11.7g，荚长 19cm，荚厚 1.0～1.4cm，条顺长匀称，嫩荚浅绿色、脆嫩、纤维少，商品性好、适应性广、耐涝，产量高，抗病好，亩产 1600kg 以上。

四、高山蔬菜主要栽培种类和主栽品种

高山蔬菜主要栽培种类和主栽品种见表 17-8 和表 17-9。

表 17-8　高山大宗蔬菜品种一览表

种类	市场品种	要求
萝卜	花叶品种：特新白玉春、天鸿春、玉山白雪、白剑、雪单1号等、CR 捷如春4号、新白良子萝卜、九天如意 板叶品种：世农301、美如玉等	抗病：抗黑斑病、软腐病、病毒病及根肿病 高产：亩产4000kg 以上 商品性好：条形好、整齐，长宽比例适中，根直根白，根眼小，收尾好，无开叉，不易青头，不易糠心，单根重1.5kg 左右 耐低温不易先期抽薹，厚皮耐运输
甘蓝	扁球类型：京丰1号、豪艳、春禧、寒胜、永明 圆球类型：中甘21、澳丽58、盈宝536； 牛心类型：苏甘70、春兰	抗病：抗黑腐病；耐储运性好 高产：亩产3000kg 以上 商品性好：球圆整，色绿，球不太大但重 根肿病地区要求抗根肿病品种
大白菜	抗根肿病：金锦3号(德高 CR1016)、春美、CR 春泰、吉祥如意、文鼎春宝等、根抗518 不抗根肿病：山地王2号、山地黄金、楚龙黄蕊、吉春	耐低温、耐抽薹、抗病：半边疯、白斑病、黑斑病、缘枯病，对根肿病地区要求抗根肿病 高产：亩产4000kg 以上 商品性好：炮弹型，叶色深绿，叶柄平，球内黄、心柱短，结球紧实 耐储运，运输时不易脱叶的中熟品种
辣椒	青椒：高山薄皮王、新福椒4号、楚椒佳美、新佳美等 红椒：中椒6号、中椒106号、鄂红椒108号等 线椒：红秀8号、盛世美玉、湘辣7号、杭椒等	青椒应选择抗病(抗疫病、疮痂病、炭疽病)；丰产、果色浅绿、皮薄的泡椒品种 红椒应选择抗病、耐储运，果色鲜红、果硬肉厚、光滑不裂果、果柄处无果凹，早熟、产量高，亩产3000kg 以上的品种 线椒应选择抗病、丰产、抗寒耐热品种
番茄	粉果：戴粉、金粉钻、粉瑞达、芬里娜、完美10号等 大红果：瑞菲、铁果4号、以色列阿福达996F1番茄、戴蒙德等 小番茄：千禧	耐低温，高湿，后期耐雨水，抗病，特别是抗青枯病病、早疫病、晚疫病；品质优良 商品性好：果型正，果面光滑圆整，光泽好，畸形果、裂果少，着色均匀，中果型，花蒂要小 高产：亩产5000kg 以上 果硬耐运的中早熟无限生长型品种
四季豆	红花白荚、泰国架豆王、精选双青12号玉豆、龙丰四季豆	具备耐湿、抗病性强，特别是抗炭疽病、细菌性疫病、灰霉病生长势强，分枝性好，产量高，亩产1500kg 以上 商品性好，条形直，均匀不鼓筋 品质好，纤维少，嫩，耐储运的早熟性品种
甜玉米	奇珍208、金中玉、鄂甜玉四号、华甜玉三号、金晶龙2号、双色蜜脆	抗热性和抗寒性都较好、抗病、抗倒伏 高产：亩产1500kg 以上 商品性好：棒饱满，均匀，无秃顶 品质好：纤维少，渣少 口感好，生育期约100天左右的品种

表 17-9　高山精细蔬菜用种一览表

种类	市场品种	要求
小白菜	兔耳白、上海青、春油 1 号、春秋之冠、夏越、美惠	抗病：抗霜霉病、软腐病、病毒病、黑斑病 冬性强：不易先期抽薹 商品性好：叶色鲜绿有光泽 品质好：纤维少，嫩
花椰菜	紧花类型：富士山 315、神良 100 天、雪樱、观雪、雪妃等 松花类型：华美青梗松花 80 天	耐低温，后期耐高温，耐高湿，抗病：抗黑腐病、细菌性缘枯病 丰产性好，亩产 1000kg 以上 商品性好：花球圆整、球面光滑、颜色洁白、大小适中，生育期 65 天以上的中晚熟品种
青花菜	优秀、蔓陀绿、绿王 2 号、冰岛绿、绿铃等	生长势强，耐热、抗病：抗黑腐病、细菌性缘枯病 丰产性好，亩产 1000kg 以上 商品性好：花球圆整、紧实、蕾粒细小，不易散球，花球不出现毛花、猫眼等异常现象。茎不易空心。一般定植后 60～80 天采收品种
红菜苔	高山红、洪山菜薹(大股子)、鄂红 2 号、十月红 2 号、胭脂红等	耐热、晚抽薹，生长势强，抗病性强(抗软腐病、黑斑病、霜霉病)，分枝性强 商品性好：薹粗、匀直，薹叶小 品质好：纤维少，不苦 生育期 75～120 天的中晚熟品种
娃娃菜	迷您黄 1 号、黔白 1 号、春玉黄、夏用娃娃菜、雅菲等	耐低温抽薹、耐湿、后期耐热、抗病，特别是抗半边疯、白斑病、黑斑病、缘枯病，根肿病产区还要求抗根肿病 株型好、适宜密植、早熟、商品性好，外绿内黄、球心短，结球紧实 高产；耐储运品种
苤蓝	吉利、脆嫩紫苤兰、紫冠等	耐抽薹，抗病性强(抗霜霉病)，商品性好。球型圆整，色紫均匀，叶痕小而平的品种
芥蓝	绿宝、翠宝、齐宝、吉宝、乐宝	不易先期抽薹 抗病：抗霜霉病 高产：亩产 1500kg 以上 商品性好：薹粗、匀直、节间较稀，不易空洞的品种
盘菜	中缨盘菜、白玉盘菜	耐抽薹，抗病性强(抗霜霉病、黑斑病、病毒病)，在根肿病的区域要求抗根肿病，商品性好的品种
豆瓣菜	广东豆瓣菜等	抗逆性强，产量高，抗病，品质好，纤维少，茎不易空心的品种
豇豆	特长 201、克拉	耐湿、抗病性强，特别是抗锈病、炭疽病、细菌性疫病、灰霉病；抗逆，尤其是苗期抗寒、早熟、生长势强，分枝性好，产量高，亩产 1500kg 以上 商品性好：条形直，均匀 品质好：纤维少，嫩。耐储运的早熟性品种
豌豆	特选 11 荚豌豆、台中 13 号、奇珍 76、中豌 4 号、食荚大菜豌 1 号、脆皮蜜等	耐热耐湿，抗病：抗白粉病、枯萎病 高产：亩产 1500kg 以上 商品性好：条形直，均匀 品质好：纤维少，嫩
西瓜	超级 2011、春秋花王、京抗 2 号、黑美人、西农 8 号等	选择熟性较早、抗病性较强(抗枯萎病、炭病病)。耐储运的早熟有籽西瓜品种
甜瓜	富康 M688、丰甜 1 号、伊丽莎白、甜宝等	熟性较早、抗病性较强(抗白粉病、霜霉病、枯萎病)、耐运输的品种
黄瓜	山黄瓜、超级耐热王、亮优绿箭、津春 4 号、津研 4 号	抗病：抗霜霉病 高产：座瓜率高，亩产 1500kg 以上 商品性好：瓜条均直、瓜把短 品质好，口感好，耐运输的优良品种
南瓜	中国类型：蜜本南瓜等 日本类型：一品、冬升、乐乐、翡翠栗味南瓜等	抗病，特别是抗白粉病、霜霉病、病毒病 高产：亩产 1500kg 以上 商品性好：品质优、耐储运的品种
西葫芦	早青一代	抗病，特别是抗白粉病、霜霉病 高产：亩产 3500kg 以上 商品性好：瓜条匀直、瓜把短，耐储运的品种
瓠子	鄂瓠杂 3 号	抗病，特别是抗白粉病、霜霉病 高产：亩产 3500kg 以上 商品性好：瓜条均直、瓜把短，品质优、耐储运的品种

种类	市场品种	要求
莴苣	精品抗热王子、香优9号、四季白尖叶、超越	抗病：抗霜霉病 高产：亩产2000kg以上 商品性好：茎粗、匀直、不裂口、不空洞 不易先期抽薹
香菜	意大利拉菲尔香菜、澳洲耐抽薹细粒芫荽、泰国种147	抗热耐寒性好，抗病、耐湿、不易先期抽薹 商品性好：嫩、香味浓的品种
茼蒿	光杆茼蒿、广州板叶茼蒿、虎耳大叶茼蒿501等	抗病，特别是抗霜霉病 高产：亩产1500kg以上 商品性好：嫩；不易先期抽薹
菠菜	巨能超级菠菜、全能菠菜、华菠1号	耐热性较强，抗霜霉病，生长迅速，长日照不易抽薹的品种
菊苣	黄心花叶苦苣、意大利细叶苦苣、细叶苦苣等	抗霜霉病，商品性好的品种
芹菜	西芹：津南实芹、文图拉、千芳等 土芹：黑猫芹菜、雪白芹菜等	耐热性强，抗病性强(抗斑枯病)，品质好，纤维少，不易空心，分蘖性强，产量高的品种
生菜	结球生菜：皇帝、皇后、凯撒等； 半结球生菜：意大利全年耐抽薹、抗寒奶油生菜等； 散叶生菜：美国大速生、玻璃生菜等	耐热性强，夏季高温不易抽薹，适应性较广，抗病(抗霜霉病、软腐病)。高产品种
茄子	紫龙7号、紫龙3号、韩国将军、东洋黑光等	前期耐低温后期耐高温，抗病性好，特别是抗黄萎病；丰产性好，亩产5000kg以上；商品性好，条形直，均匀；品质好：纤维少，嫩；耐储运中早熟品种
胡萝卜	五寸人参、新黑田五寸人参	选用抗病性强(抗软腐病)，不易裂根的品种

（朱凤娟）

第十八章　高山蔬菜专用品种选育

第一节　双单倍体高山萝卜新品种'雪单1号'的选育

一、选育经过

(一)材料准备

1. 育种材料的准备

与雄性不育系的回交转育对国内萝卜育种材料与韩国春白萝卜的杂交组合进行单倍体培养，获得单倍体胚状体2800多个，经再生培养与田间移栽，成活试管苗1600余株，经田间移栽、单株隔离授粉，收获双单倍体单株材料928份，再经田间性状比较，筛选出耐抽薹且综合经济性状优良的纯系9份，对这9份纯系材料进行雄性不育保持力测定，共有4个株系不育率为100%，采用一年多代的加代技术对这4个株系进行4轮回交，获得4份双单倍体雄性不育系。

2. 杂交组合的配制

通过上述育种程序获得的基本稳定的晚抽薹雄性不育系包括ED108A、ED0126A、ED0152A、ED0198A，以及上述5个无保持力的纯系ED0128、ED0236、ED0268、ED0276、ED0295作父本系，进行双列杂交，于2004年春季配制杂交组合，共配组合20个，用于2004～2005年的配合力测定试验和多点品比试验。

(二)配合力测定与组合筛选

2004年夏季在高山菜区对上述试配组合进行品比试验，2005年对最优组合ED0108A×ED0268在湖北省农业科学院蔬菜试验基地进行试配组合品比试验，2005～2006年进行多点区域试验，2007年进行生产示范，2008年通过湖北省农作物品种审定委员会审(认)定，定名为'雪单1号'。

二、选育结果

1. 丰产性(表18-1)

表18-1　'雪单1号'品种比较试验产量结果

年份	播种期	品种	小区产量 kg/13.3m²	差异显著性	比 CK±%
2001	高山 6 月 9 日	雪单 1 号 白光	143.0 127.7	bB efgEF	12.6
2004	高山 7 月 2 日	雪单 1 号 白光	157.0 129.0	A efgEF	21.7
	高山 8 月 12 日	雪单 1 号 白光	155.3 131.7	aA bcl D	——
	武汉 2 月 27 日	雪单 1 号 白光	133.7 127.0	Bb cB	
2005	武汉 3 月 13 日	雪单 1 号 白光	156.7 127.0	aA eC	
	武汉 3 月 28 日	雪单 1 号 白光	155.3 128.7	aA cB	

2. 抗病性(表 18-2)

表 18-2 ‘雪单 1 号’与白光抗病性比较

调查项目与品种		恩施		长阳		均值
		2005	2006	2005	2006	
病毒病 病情指数	雪单 1 号	11.07	18.22	11.77	11.33	13.10
	白光	1.2	11.33	18.67	11.33	10.63
黑腐病 病情指数	雪单 1 号	6.32	9.33	5.36	11.77	8.20
	白光	38.24	28.74	20.67	8.25	23.98
霜霉病 病情指数	雪单 1 号	2.57	6.25	3.33	5.24	4.35
	白光	4.67	4.85	1.33	4.66	3.88

3. 多点试验与试种结果

2005～2006 年萝卜组合 ED0108A×ED0268(雪单 1 号)开始在恩施、长阳等地的高山菜区及蕲春等地的平原菜区开展品比试验。ED0108A×ED0268 表现生长势强,抗逆性也强,较耐抽蔓,肉质根光滑顺直,商品性状好,高产、稳产;抗黑腐、霜霉病;平均亩产 4000kg 左右,平均比主栽品种‘白光’显著增产。

2006～2007 年,萝卜组合 ED0108A×ED0268(雪单 1 号)在恩施、宜昌、黄冈等地推广,因其生长势强、肉质根膨大速度快、产量高、品质佳、商品性好,受到菜农的一致好评。

三、特征特性

早熟、耐抽蔓,在长江流域 3 月中旬以后或高山菜区 5 月中旬以后播种不易发生先期抽蔓,裂叶,叶簇半直立,叶色深绿,长 25～30cm,横径 8～10cm,品质优,脆嫩多汁,肉质根皮色光滑洁白,辣味轻,不易糠心,亩产量 4000kg 左右,商品生育期 60 天左右。

四、栽培要点

高海拔地区一般从 5 月中旬至 8 月中旬期间连续排开播种。长江中下游平原地区早春播,宜在 3 月中旬至 4 月中旬播种。

在高山菜区夏季栽培产地应位于海拔 1400m 以上的高山地区,平原地区早春播要求土质疏松肥沃,所有产地周围均要求无三废污染源。应选取土层深厚,耕层不少于 30cm,肥沃、疏松、保水保肥、排灌方便、土壤 pH 呈微酸性至中睦的田块,并避免与十字花科作物连作。整地前应施足基肥并平衡施肥。

高山菜区按包沟 67cm 开畦,长江中下游平原菜区按包沟 1m 开畦,在畦正中开施肥沟,施足基肥后,覆盖作垄,作成深沟高畦。高山菜区无灌溉条件,以抢雨播种为宜,5 月中旬以前播种应覆地膜,提高地温以利于生长,防止抽蔓,5 月下旬至 8 月播种的可以不覆膜。长江中下游平原菜区早春播须覆地膜,播种后浸灌,一水齐苗。行距 33cm,株距 20cm,每亩播种 8000 株左右。长江中下游平原菜区行距 50cm,株距 25cm,每亩播种 5000 株左右。幼苗 2 叶 1 心时每亩追施尿素 3kg,5 叶 1 心时每亩追施尿素 5kg、硫酸钾 5kg,抢雨撒施。在破肚前,再追施一次速效性氮肥,促进同化叶和吸收根生长。采用地膜覆盖播种的一次性施足基肥。

病害防治以综合防治为主、化学防治为辅。植株生长期间注意田园清洁,防止田间过干或过湿。保持植株生长健壮,防止病害发生。发病初期可采用化学防治。重点防治霜霉病、黑腐病、软腐病、病毒病。虫害防治应搞好田园清洁,尽量减少虫源。重防地下害虫,随积肥喷洒杀地虫药一次,覆膜播种前喷药一次,一周后播种。生长期重点防治菜青虫、蚜虫、小菜蛾。

采收标准为萝卜根长 28～35cm,横径 6～8cm,根皮全白,单根重 1.0～1.5kg,带萝卜缨 3～4cm。选晴天或阴天采收为宜,避免雨天采收。将萝卜拔出、去樱、清洗、分级、包装、预冷后保温运往消费市场。

播种后 56 天开始采收，65 天采收结束。

（梅时勇　何云启　甘彩霞）

第二节　春白萝卜新品种‘雪单 3 号’的选育

一、选育过程

母本‘ED0108A’是由‘梅花春萝卜’ב白玉春萝卜’进行单倍体培养获得的 DH 系。以‘梅花春萝卜’为母本、‘白玉春萝卜’为父本，配制互补组合，并对该组合进行单倍体培养，获得单倍体胚状体，经再生培养与田间移栽、单株隔离授粉，收获双单倍体单株材料，再经田间性状比较，筛选出耐抽薹且综合经济性状优良的纯系，对其进行雄性不育保持力测定。采用一年多代的加代技术对株系进行多轮回交，获得与轮回亲本性状一致的双单倍体雄性不育系。经组合力测定，ED0108A 配合力符合育种目标，被确定为杂交母本。

父本‘ED3128’是由‘迟花春萝卜’ב天鸿春萝卜’进行单倍体培养获得的 DH 系。以‘迟花春萝卜’为母本、‘天鸿春萝卜’为父本，配制互补组合，并对该组合进行单倍体培养，获得单倍体胚状体，经再生培养与田间移栽、单株隔离授粉，收获双单倍体单株材料，再经田间性状比较，筛选出耐抽薹且综合经济性状优良的纯系，用获得 DH 系与已有的晚薹萝卜雄性不育系配组进行组合力测定，ED3128 配合力符合育种目标，被确定为杂交父本。

该组合于 2010 年测配成功，2011～2012 年进行品种比较试验，2013 年通过湖北省农作物品种审定委员会的审定并定名为‘雪单 3 号’。现已在湖北、湖南、河南、山东等地示范推广 1000hm²。

二、选育结果

(一)丰产性和品质

1. 丰产性

2011 年、2012 年 9 月下旬在湖北省利川市龙潭镇试验基地进行品比试验，以当地主栽品种‘白光’为对照，采用随机区组排列，4 次重复，小区面积 20m²，双行种植，株距 20cm，行距 30cm。试验结果表明，‘雪单 3 号’丰产性佳，2011 年平均每亩产量 4358.0kg，比对照‘白光’增产 12.05%，2012 年平均每亩产量 4452.0kg，比对照‘白光’增产 11.38%，两年差异均达显著水平。

‘雪单 3 号’肉质细密，含水量适中，品质优良，生食无辣味，稍有甜味。据湖北省农业科学院质标所中心实验室品质分析结果，维生素 C 含量较对照品种提高 1.93%，粗纤维和蛋白质较对照品种降低 12.50% 和 14.54%（表 18-3）。

表 18-3　‘雪单 3 号’营养分析结果

品种	可溶性固形物/%	维生素 C/(mg/kg)	粗纤维/%	蛋白质/%	水分/%
雪单 3 号	4.87	116.20	0.80	0.94	94.89
白光(对照)	4.87	114.00	0.90	1.10	95.10
比 CK±%	0	1.93	12.50	14.54	0.22

2. 区域试验

2013 年参加湖北省十字花科蔬菜作物区域试验。9 月 20 日播种，以‘白光’为对照，用随机区组排列，4 次重复。试验结果表明(表 18-4)，‘雪单 3 号’各个试验点均增产，其中利川龙潭和荆州市李埠镇试验点分别比对照增产 9.04% 和 9.62%，其他地区增产差异均达显著水平。

表18-4 '雪单3号'区域试验产量结果

地点	亩产量/kg		比CK±%
	雪单3号	白光(对照)	
利川龙潭	4278.6	3891.8	9.04
荆州市李埠镇	4369.2	3948.9	9.62
湖北省农科院试验基地	4492.4	4132.1	8.02
武汉东西湖	4381.1	4081.0	6.85
长阳火烧坪	4430.7	4099.3	7.48

3. 生产试验

2013年进行小面积多点试种，9月25日播种，以'白光'为对照，小区面积80 m^2，播种、田间管理均与白光萝卜相同。试验结果表明(表18-5)，在不同地区'雪单3号'均表现为增产，其中恩施三元坝和荆州市李埠镇试验点分别比对照增产8.34%和9.01%，其他地区增产差异也均达显著水平。

表18-5 '雪单3号'生产试验产量结果

地点	产量/kg		比CK±%
	雪单3号	白光(对照)	
恩施三元坝	4301.5	3942.7	8.34
湖北省农科院试验基地	4412.7	4059.2	9.01
荆州市李埠镇	4298.6	3993.0	7.11
武汉黄陂	4294.2	3998.7	6.88
长阳火烧坪	4375.8	4042.4	7.62

(二)抗病性

1. 田间抗病性调查

2013年进行区域试验时，对湖北省农科院试验基地萝卜新品种'雪单3号'和对照'白光'进行了田间自然发病率调查。结果表明(表18-6)，'雪单3号'对芜菁花叶病毒病、黑腐病和霜霉病的抗性均强于对照品种'白光'。

表18-6 '雪单3号'田间自然发病情况调查结果

品种	芜菁花叶病毒病(TuMV)		黑腐病		霜霉病	
	发病率/%	病情指数	发病率/%	病情指数	发病率/%	病情指数
雪单3号	12.4	12.7	9.18	11.31	2.65	10.28
白光(对照)	33.1	36.8	33.47	38.54	20.34	35.12

2. 室内人工接种抗病性鉴定

2013年由湖北省农科院进行黑腐病、病毒病、霜霉病的室内人工接种抗病性鉴定。其中，黑腐病于10月下旬进行，采取病菌悬液灌根接种；芜菁花叶病毒、黄瓜花叶病毒和花椰菜病毒采用常规汁液摩擦接种法接种；霜霉病鉴定于10月下旬进行，采取病菌悬液喷雾接种，分级标准参照洪健等(2001)的标准。试验结果表明(表18-7)，'雪单3号'在芜菁花叶病毒病、黑腐病和霜霉病上表现为抗病，在黄瓜花叶病毒病、花椰菜花叶病毒病上表现为高抗，且均优于对照'白光'。

表 18-7　'雪单 3 号'室内人工接种抗病性鉴定结果

品种	黑腐病		霜霉病		芜菁花叶病毒病		黄瓜花叶病毒病		花椰菜花叶病毒病	
	发病率/%	病情指数	发病率/%	病情指数	发病率/%	病情指数	发病率/%	病情指数	发病率/%	病情指数
雪单 3 号	9.2	3.0	39.8	12.6	24.5	5.3	12.7	4.3	7.9	2.2
白光(对照)	7.1	1.6	60.4	20.2	38.4	11.0	22.6	8.1	10.3	5.4

三、品种特征特性

'雪单 3 号'品种品质好，早熟，耐抽薹，抗病抗寒力强。生育期 60 天，植株开展度 45cm，裂叶，小叶 11 对，叶片数 20，叶簇平展，叶色深绿；肉质根长圆柱形，白皮白肉，根长 36cm，横径 7.1cm，单根重 1.1kg，高抗黑腐病、霜霉病、黄瓜花叶病毒病和花椰菜花叶病毒病，群体整齐度高。亩产量 4000～5000kg。适宜在湖北、湖南、河南、山东等地区种植。

四、栽培技术要点

高海拔地区解冻后即可播种，一般 4～8 月期间连续排开播种。长江中下游平原菜区越冬栽培宜在 9 月下旬至 10 月下旬露地播种，早春播宜在 2 月下旬至 4 月中旬覆地膜播种。高海拔地区按包沟 67cm 开畦，长江中下游平原菜区按包沟 1m 开畦，在畦正中开施肥沟，施足基肥后，覆盖作垄，作成深沟高畦。高海拔地区一般行距 33cm，株距 20cm，每亩播种 8000 株左右。长江中下游平原菜区行距 50cm，株距 25cm，每亩播种 5000 株左右。整地前，每亩施腐熟有机肥 2000kg 或饼肥(发酵)200kg，并根据土壤肥力情况加施 4～5kg N(相当于 9～11kg 尿素)、3～4kg P_2O_5(相当于 23～31kg 过磷酸钙)、7～8kg K_2O(相当于 12～14kg 氯化钾)，并增施优质硼肥 1kg。苗期保持地面湿润，莲座叶后期应适当蹲苗，肉质根膨大期要注意营养、水分均匀供应，防止肉质根生长不整齐或开裂。播种后 60 天开始采收，70 天采收结束。

(袁伟玲　甘彩霞　王晴芳　崔　磊　梅时勇)

第三节　耐热红皮萝卜'向阳红'的选育

一、选育经过

'向阳红'是以 DH2037A 为母本、DHX2152 为父本配制的一代杂种。母本 DH2037A 是用花药培养方法对湖北本地品种'七叶红'的花药进行培养，获得双单倍体单株，再经田间性状比较，筛选出耐热且综合经济性状优良的纯系，然后转入 Ogura CMS 而成的雄性不育系。其熟性比'七叶红'略有提早，耐热性比'七叶红'增强，配合力高。父本父本 DHX2152 也是用花药培养方法对徐州'大红袍'进行单倍体培养获得的早熟 DH 系，其熟性比徐州'大红袍'提前 7 天左右，颜色鲜红，不形成鼠尾，收尾好。

2012 年春，以配制早熟组合为目的，利用新选育的 4 份不育系和筛选出的 10 份早熟优良 DH 系进行杂交配组，配制组合 40 个；2012 年夏季在农科院蔬菜试验基地对配制的 40 个组合进行组合比较试验，以'双红'为对照品种，筛选出 8 个；2012 年秋季对筛选出的 8 个组合在湖北省农科院蔬菜基地继续进行组合比较试验，以'双红'为对照，筛选出 DH2037A×DHX2152，该组合早熟、耐热，产量最高，肉质根上下通红，商品性好，符合育种目标；2013～2014 年对筛选出的最优组合 DH2037A×DHX2152 以商品名'向阳红'在武汉、黄石、松滋等地进行了多年多点的品种比较和试种示范，反映良好。

二、特征特性

早熟，播种到收获 45 天左右，株高 31cm，开展度 55cm，裂叶，小叶 6 对，叶簇半直立，叶色嫩绿；肉质根长椭圆形，肉质根长 11cm 左右，横径 8.5cm 左右，红皮白肉，肉质根上下通红，品质好；抗病抗热能力较强。一般亩产 2300～2600kg。

三、栽培要点

(一)播种期

适宜的播期为 7 月中旬至 9 月上旬播种。

(二)整地施肥

萝卜前茬最好是前茬未种过白菜类十字花科蔬菜的地，一般应在播前一个月整好，高温炕地，长江流域一般高温暴雨多，宜采用深沟高畦栽培，一般将地整成包沟 1.2m，播种前将有机肥均匀地撒于地表再耕耙 1～2 次，复合肥宜于在畦作好后，在畦的中央开沟深埋基肥，必须下足基肥，否则易早衰减产。基肥每亩施腐熟有机肥 2500kg，复合肥 50kg。

(三)播种

宜选晴天下午或阴天进行，实行条播，亩用种量为 300～400g，播种深度为 1.5～2cm。足墒播种，播后用遮阳网覆盖，以防高温烈日的暴晒导致干旱、死株，出苗后，根据天气和土壤情况酌情喷水。

(四)田间管理

1. 早间苗和早定苗

因该品种生育期短，间苗定苗要早，拉十字时第一次间苗，二叶一心时即可定苗，以促进早发棵，否则影响品质和产量。株距为 20cm 左右，行距 45cm 左右，每亩定苗 6500～7500 株。

2. 及时浇水

由于夏季蒸发量大，天旱时易缺水，所以在其全生育期中均应保持土壤湿润，干旱时应及时灌水。

3. 施肥

定苗后一周应追施速效肥一次，每亩施尿素 5kg 兑水浇施，在封行前应逐渐增大追肥浓度追施 2～3 次。

4. 病虫防治

虫害主要有黄条跳甲、蚜虫、菜螟和菜青虫等，可用毒死蜱、啶虫咪、吡虫啉和阿维菌素等防治。主要病害有病毒病、霜霉病和黑腐病，可采用病毒 A、甲霜锰锌、克露可湿性粉剂和农用链霉素等防治。

(五)采收

根据市场行情，在萝卜圆腚后及时采收。

(邓晓辉　汪红胜　崔　磊　甘彩霞　袁伟玲)

第四节　高山红菜薹栽培新品种'高山红'的选育

红菜薹又名紫菜薹、芸薹、紫菘等，是长江流域地区秋冬季节露地蔬菜生产的一种重要栽培作物。在生产中为了延长红菜薹供应期，近年来人们在鄂西利川、长阳等高山蔬菜产地引进红菜薹，利用高山地区夏季具有相对冷凉的气候和较大的昼夜温差，尝试红菜薹高山夏季栽培，可以实现 7、8 月就有红菜薹上市，弥补平原地区夏季供应缺口，从而获得较高的种植效益。提高高山红菜薹栽培品种的产量、品质和品种的抗病性是高山红菜薹栽培需要解决的问题，一般中晚熟品种更适于高山栽培，目前在高山栽培应用较多的是大股子等地方品种，适于高山栽培的杂交品种相对缺乏，'高山红'是湖北省最新选育的适于高山夏季栽培的红菜薹杂交品种。

一、品种来源

湖北省农业科学院经济作物研究所、湖北蔬谷农业科技有限公司利用 *Ogura* 细胞质雄性不育系'ZY1020'作母本、双单倍体纯系'DH1042'作父本配组育成的杂交红菜薹品种。

二、品质产量

品质经农业部食品质量监督检验测试中心(武汉)对送样测定，维生素 C 含量 300.2mg/kg FW，总糖含量 2.45%，蛋白质 1.47%，粗纤维 1.0%。2012~2014 年在武汉、黄石、长阳等地试验、试种，平原秋冬露地栽培一般亩产 1800~2000kg，高山夏季栽培 1200~1400kg。

三、特征特性

属晚熟杂交红菜薹品种，武汉地区从播种到始收 90~95 天，鄂西地区高山夏季栽培播种至始收 55~60 天。株高 50~55cm，开展度 65~70cm，基生莲座叶阔叶型、9~10 片，叶片椭圆形，主薹正常，主薹基部横径 2.5cm 左右，侧薹 7~9 根，分蘖能力较强。薹色紫红，无蜡粉，色泽鲜艳，薹肉浅绿色，薹叶较小，单薹重 40~60g，薹长 25~40cm。

四、高山夏季栽培技术要点

(1)地块选择：宜选择海拔 1200~1800m 的高山可耕地，土质肥沃、前茬未种过白菜类的地块。

(2)播种期：6 月中旬前后为宜。

(3)遮光育苗：采用遮光育苗技术能有效克服高山红菜薹栽培早薹现象，初薹期可延迟 7~10 天，从而提高产量和产品品质。播种后在苗床搭建小拱棚，覆盖遮光黑膜材料，遮光率 100%；遮光时间：傍晚 17：30 时覆盖，早 7：30 时揭开，保持连续 14h 的暗期。苗龄 25~30 天。遇晴日高温天气午间覆盖遮阳网。

(4)整地施肥：定植前整地开厢，每亩施腐熟有机肥 2000~3000kg、过磷酸钙 10~13kg、硫酸钾 13~18kg、硼肥 2kg。

(5)定植：起垄定植，覆盖地膜。定植株距为 30cm，每亩栽 4000 株左右。

(6)田间管理：苗定植后一周需追肥，莲座期追肥于植株封行前进行，采薹期追肥在侧薹采收后进行。追肥每亩可用 10%~20%稀粪水 1000~1500kg 浇施。

(7)采收与贮藏保鲜：高山红菜薹夏季栽培一般 7 月底至 8 月初开始采收，可采收至 10 月，菜薹需及时采收，收获后就地整修，及时包装、冷藏保鲜。可采用普通保鲜膜包装，贮藏温度保持在 5℃，空气相对湿度保持在 85%~90%。

(8)病虫害防治：苗期主要防治猝倒病，定植后主要防治黑斑病、软腐病、霜霉病、根肿病等。苗期主要防治黄曲条跳甲，定植后主要防治黄曲条跳甲、小菜蛾、豌豆彩潜蝇等。

在山下平原地区，'高山红'也可作为晚熟品种进行露地越冬栽培，播种期宜为 8 月中下旬至 9 月上中旬播种，一般在 11 月下旬至翌年 2 月采收。

(聂启军　邱正明　朱凤娟　邓晓辉　董斌峰)

第五节　早熟红菜薹新品种'鄂红 4 号'的选育

目前生产上所应用的红菜薹早熟品种熟性多为 60 天左右，在国庆节后能采收上市，此时市场上红菜薹供应量相对较少，价格较高，能获得较高早期上市效益。但对于现有早熟品种，由于前期生长是在夏季高温干旱季节，导致早上市的红菜薹有苦味、粗纤维含量高、色泽不鲜艳、薹较细等，品质下降明显，难以满足消费者需要。因此生产上迫切需要更加优质高产的早熟新品种，以改进品质，提高产量。

一、选育过程

自 2001 年开始利用游离小孢子培养技术对从湖北、湖南、四川等地搜集引进的不同生态类型的红菜薹品种进行单倍体培养，对诱导出的单倍体苗经过自然加倍、驯化、田间移栽、自交留种而获得 DH 系，至 2003年获得 150 余份 DH 系，熟性(从播种至开始采收商品薹)为 30～120 天。2003 年秋通过田间观察比较，筛选出熟性在 75～120 天的不同类型的优良 DH 系 22 个，2004 年春收获的该 22 个 DH 系分别编号为 DH0411～DH0432。同时自 2000 年以来，通过多代回交转育，于 2004 年育成熟性 30d 的极早熟不育系 0401。

2005 年春，以配制早熟组合为目的，利用 30 天的极早熟不育系作为母本(0401)，选择熟性在 75～120天的不同类型的 22 个优良 DH 系(DH0411～DH0432)作为父本进行杂交配组，共配制组合 22 个。

2005 年秋在农科院蔬菜试验基地对配制的 22 个组合进行比较试验，以'鄂红 1 号'和'鄂红 2 号'为对照。通过组合比较试验发现，5 个组合(0401×DH0422、0401×DH0425、0401×DH0427、0401×DH0430、0401×DH0432)早期产量高于对照，差异显著，熟性在 50～60 天。

2006 年秋对筛选出的 5 个组合继续进行组合比较试验，以'鄂红 1 号'和'鄂红 2 号'为对照。通过组合比较试验发现，4 个组合(0401×DH0422、0401×DH0425、0401×DH0430、0401×DH0432)早期产量高于对照，组合 0401×DH0422、0401×DH0432 与对照差异显著。其中，组合 0401×DH0432 无蜡粉，薹亮紫红，薹叶小，具有更好的商品性和品质，抗病性较好，熟性为 55～60 天。该组和具有早熟丰产、商品性佳的优点，于 2010 年 3 月通过湖北省品种审定委员会认定，并定名为'鄂红 4 号'。

二、选育结果

于 2007～2009 年在湖北省农科院蔬菜试验基地、武汉市蔡甸永安安排了品种比较试验，对照品种有'鄂红 2 号'、'华红 2 号'、'红杂 60'。历年品比试验结果如下。

1. 早熟性

从表 18-8 可以看出，从三年的试验结果可知'鄂红 4 号'均表现最早熟，从播种至始收的天数为 55～60 天，'华红 2 号'为 60～65 天，'鄂红 2 号'为 68～70 天，'十月红 2 号'为 73～74 天，'红杂 60'为61 天。因此'鄂红 4 号'熟性最早，分别较'华红 2 号'、'鄂红 2 号'平均提早 5 天、12 天。

2. 丰产性

从表 18-8 可以看出，三年的试验结果表明'鄂红 4 号'早期产量和总产量均最高，'鄂红 4 号'早期亩产量平均为 1187.9kg，早期产量较'华红 2 号'平均增产 13.5%，较'鄂红 2 号'增产 30.7%。'鄂红 4号'亩总产量平均为 2126.4kg，总产量较'华红 2 号'平均增产 8.8%，较'鄂红 2 号'增产 13.2%。

表 18-8　历年品比试验早熟性和丰产性比较

年份	品种	播种期	早熟性/d	早期产量/kg	较对照增产/%	总产量/kg	较对照增产/%
2007	0401×DH0432	8.29	57	1260.5	+9.2	2146.2	+6.6
	华红 2 号	8.29	65	1155.6	—	2012.8	—
2008	0401×DH0432	8.18	55	1233.8	+11.7	2166.8	+9.1
	红杂 60	8.18	61	1104.1	—	1986.7	—
2009	0401×DH0432	8.18	57	937.0	+30.7	1953.4	+15.9
	鄂红 2 号	8.18	68	717.1	—	1684.5	—

3. 品质

2009 年 12 月在农业部食品质量监督检验测试中心(武汉)对'鄂红 4 号'的营养品质进行了检测分析，

结果表明含粗纤维 0.7%，维生素 C 385.1mg/kg，总糖 2.29%，蛋白质 2.33%，从检测结果看，该品种粗纤维含量低，维生素 C 含量高。

4. 抗病性

历年品比试验的抗病性结果见表 18-9，从三年的试验结果可以看出'鄂红 4 号'霜霉病、软腐病、黑腐病、黑斑病发生情况与'华红 2 号'、'红杂 60'、'鄂红 2 号'等对照品种无明显差异，其中霜霉病的病情指数、软腐病发病率略低于对照品种，而黑腐病、黑斑病的病情指数略高于对照品种。

表 18-9　历年品比试验抗病性比较

年份	品种	霜霉病病情指	软腐病发病率/%	黑腐病病指	黑斑病病指
2007	0401×DH0432	13.8	4.2	11.6	14.3
	华红 2 号	16.8	4.3	7.4	13.5
2008	0401×DH0432	10.6	5.6	13.3	9.6
	红杂 60	17.9	6.2	11.6	9.3
2009	0401×DH0432	14.3	4.0	2.0	6.2
	鄂红 2 号	15.6	4.0	1.6	5.2

三、特征特性

生长势强，早熟，从播种到始收 55～60 天。株高 50～60cm，开展度 65～75cm，基生莲座叶 7～9 片，叶片椭圆形，叶色绿，叶柄、叶主脉为紫红色，侧薹分蘖力强，菜薹匀称整齐，薹长 30～40cm，薹基部横径 1.5cm 左右，单薹重 30～50g，薹叶小，薹亮紫红色，色泽鲜艳，无蜡粉，肉绿白色，薹质脆嫩，前期产量高，采收期可至春节前后，一般每亩产量可达 2000kg。

四、栽培要点

1. 播种期

适宜的播期为 8 月中旬至 9 月上旬播种，播种期不宜提前，对早熟品种而言，苗龄不宜太大，苗龄为 20～25 天为宜，否则易过早抽薹影响品质和产量。

2. 苗期管理

早期播种的红菜薹最好盖上遮阳网，以防高温烈日的暴晒导致干旱、死株，出苗后，根据天气和土壤情况酌情喷水，在苗期还要喷施农用链霉素 2～3 次，防软腐病发生和追肥 1～2 次，以育壮苗，健康苗。

3. 整地施肥

在定植前一个月整地。长江流域一般高温暴雨多，宜采用深沟高畦栽培，一般将地整成 1.1～1.3m，也可采用宽厢起垄整平定植，定植前将农家肥均匀地撒于地表再耕耙 1～2 次，若是水肥或复合肥宜于在畦作好后，在畦的中央深埋底肥，种植早熟红菜薹必须把底肥下足，否则易早衰减产。基肥每亩施腐熟有机肥 2500kg 或复合肥 50kg。

4. 定植

定植宜选晴天下午或阴天进行，定植后必须灌 1 次水，以保证幼苗成活，株距为 30～33cm，行距 60～70cm，每亩栽 3200～3500 株。

5. 田间管理

在其全生育期中均应保持土壤湿润，干旱时应及时灌水。幼苗定植后一周应追施速效肥 1 次，每亩施尿素 5kg 或人畜粪尿 1000～1500kg 兑水浇施，在封行前应逐渐增大追肥浓度追施 2～3 次，以后每采收 2～3 次再追施尿素 1 次。在病虫防治方面，苗期主要有黄条跳甲、菜螟，可用卡死克、杀螟松防治。大田生产时主要病害有软腐、霜霉、黑腐病，可分别用 200ppm 农用链霉素、300 倍乙磷乳、50%氯溴异氰尿酸可溶性粉剂 1200 倍液或 14%络氨铜水剂 600 倍液防治。虫害主要是蚜虫、菜螟、菜青虫等危害，可分别用 BT 乳剂和菊酯类农药加以防治。

6. 采收

宜在晴天的上午和阴天下午采收，避免雨天采收。主薹采收切口节位宜为节间明显伸长的基部节位，侧薹宜为基部第 2～3 节，即基部留腋芽 2～3 个，采收切口平滑，略微呈斜面。

（聂启军　邱正明　邓晓辉　朱凤娟　汪红胜）

第六节　中晚熟杂交红菜薹新品种'鄂红 5 号'的选育

红菜薹性喜冷凉，是湖北、湖南等长江流域地区的露地秋冬蔬菜的骨干品种之一，自商品化种植以来至今，已成为长江流域地区农民秋冬季节增加收入的一种高效蔬菜作物。生产者为了红菜薹能够均衡供应市场，往往选择早、中、晚熟品种搭配种植，从而更好地获得种植效益。目前生产中应用的杂交品种多以早、中熟品种为主，晚熟杂交品种相对缺乏，生产中应用的晚熟品种多以地方品种或常规品种为主，如'大股子'等，品质优但产量较低，难以满足生产需要。

目前适于秋季栽培的中晚熟杂交品种相对较少。为此，湖北省蔬菜科学研究所红菜薹育种课题组自 2003 年开始选育适于平原秋冬种植的中晚熟杂交品种。

一、育种目标

适于平原秋冬种植的中晚熟红菜薹杂交品种。新组合主要性状：中晚熟，平原秋冬栽培播种至始收 80 天以上；薹叶小，披针形，商品性好；丰产，侧薹抽生能力强，平原秋冬栽培商品薹产量达 2000kg，综合抗病性强。

二、选育过程

到 2003 年，湖北省蔬菜科学研究所累计从湖北、湖南、四川搜集、引进 100 余份不同类型的红菜薹品种资源，包括地方品种、常规品种和 F_1 代品种，在引进品种资源的同时利用自交纯化和游离小孢子培养技术开展育种材料的分离、筛选和纯化工作。至 2010 年春，从 121 份高代自交系和 153 份 DH 系中筛选出中晚熟优良自交系 8 个（WK、JH、HCT1042、HCT1067、HCT1071、HCT1085、HCT10103、HCT10114）、优良 DH 系 5 个（DH0947、DH09101、DH09115、DH1023、DH1042）。

自 2006 年开始了红菜薹 Ogura CMS 不育系的选育工作。2007 年春至 2010 年春通过 6 代连续回交转育技术将苏州青菜心 Ogura CMS 雄性不育源转入红菜薹，育成 28 份 Ogura CMS 不育系，编号为 ZY1001～ZY1028，相应地回交父本为保持系，其中 4 份为中晚熟 Ogura CMS 不育系（ZY1001、ZY1012、ZY1020、ZY1022）。

2011 年春，以配制中晚熟组合为目的，利用新选育的 4 份中晚熟 Ogura CMS 不育系和筛选出的 8 份中晚熟优良自交系、5 份 DH 系进行杂交配组，共配制组合 48 个。

2011 年秋在农科院蔬菜试验基地对配制的 48 个组合进行组合比较试验，以'十月红 2 号'和'大股子'等对照品种。通过组合比较试验发现，8 个组合 ZY1012×HCT1067、ZY1020×DH042、ZY1012×HCT1071、ZY1020×DH09101、ZY1001×HCT1071、ZY1012×DH1042、ZY1020×HCT1085、ZY1012×DH09115 产量高于对照'大股子'和'十月红 2 号'，熟性在 80～115 天，其中 ZY1012×HCT1067、ZY1020×DH1042 产量显著高于对照'十月红 2 号'。

2012 年夏对筛选出的 8 个组合在长阳火烧坪的湖北省高山蔬菜试验站（海拔 1800m）继续进行组合比较试验，以'十月红 2 号'和'大股子'为对照。通过高山的组合比较试验发现，4 个组合 ZY1012×HCT1067、ZY1020×DH1042、ZY1020×DH09101、ZY1012×HCT1071 产量高于对照'大股子'、'十月红 2 号'和

'胭脂红',组合 ZY1012×HCT1067、ZY1020×DH1042 产量显著高于对照'十月红 2 号'和'胭脂红'。

根据两次组合比较试验结果筛选出丰产性最好的 2 个组合 ZY1012×HCT1067 和 ZY1020×DH1042。

其中,组合 ZY1012×HCT1067 中晚熟,生长势旺,丰产性好,薹少蜡粉,薹叶小,商品性好,符合育种目标。

2012 年秋至 2015 年春对筛选出的组合 ZY1012×HCT1067 以商品名'鄂红 5 号'在武汉、黄石、谷城以及长阳进行了 3 年多点的试种示范,反映良好。

三、品种特征特性

该品种中晚熟,从播种到始收 80～85 天。生长势旺盛,株高 55～60cm,开展度 70～75cm,基生莲座叶 9～10 片,叶片椭圆形,叶色绿,叶柄、叶主脉为紫红色,菜薹少蜡粉,色泽红色,薹粗质嫩,单薹重 30～50g,薹长 25～40cm,薹叶披针形,风味品质佳,外观商品性好,综合性状优良,露地秋冬种植元旦至春节为盛采期,一般每亩产 2000kg 左右,品质经农业部食品质量监督检验测试中心对送样测定,维生素 C 含量 263.6mg/kg FW,总糖含量 2.15%,蛋白质 1.60%,粗纤维 0.9%。该品种的主要优点在于蜡粉少,薹色红,薹叶小,薹商品性好,品质优良。

四、栽培技术要点

1. 播种期

8 月中旬至 9 月上旬。

2. 苗床准备

宜选择地势较高、水源好、无杂草、土壤有机质含量高的阴凉地块或凉棚、前茬为非十字花科作物的地块做苗床,土层深度 20～25cm,播种前施腐熟有机肥 4～5kg/m²,按 1.2～1.5m 宽度开厢做畦,畦沟深 15～25cm。畦面应耙平、整细。苗床播种面积与大田定植面积之比宜为 1：15。

3. 播种

可撒播或条播。撒播先将苗床浇透水,再将种子均匀撒播或条播于畦面,之后覆盖 2～3mm 厚细碎干土。撒播每亩苗床播种量不超过 300g。播种后,畦面覆盖遮阳网。

4. 苗床管理

3 天即可出苗,种芽露出后及时揭开遮阳网。根据天气和苗床情况酌情浇水,少量多次,保持床面见湿即可。遇晴热高温天气中午前后采用遮阳网遮阴。及时间苗,剔除拥挤苗和弱苗,并同时拔除田间杂草,苗距 5cm 左右。苗期追肥 1～2 次,浇施 20%稀粪水提苗。苗龄 20～25 天。

5. 大田整地施肥

应选土层深厚、肥力好、排水良好的地块,要求土壤中性或弱酸性,前茬不应为十字花科作物,前作收获后及时翻耕炕地。定植前 15～20 天翻耕炕地,耕层 25～30cm,施足底肥,底肥用量有机肥 2000kg 或饼肥 100kg,加复合肥 40kg。可采用深沟高畦或平畦宽厢的方式进行开厢作畦,高畦厢宽 80cm,沟深 30cm,平畦厢宽 160cm。

6. 定植

宜在幼苗 5～6 片叶、苗龄约 25 天时选择节间短、茎粗、无病虫害、根系发达的健康壮苗定植。以阴天或雨前带土移栽为宜,定植后浇足定根水。高畦宽 80cm 种 2 行或平畦宽 160cm 种 4 行,定植株距 30～33cm,亩栽 3700～4000 株。缓苗期约 1 周。缓苗期间遇高温晴热天气要早晚补水促进成活。

7. 肥水管理

红菜薹根系浅,不耐旱、不耐涝,及时排灌、及时追肥。定植成活后 7～10 天追肥 1 次,每亩追施尿素 10～15kg,或者稀粪水 1000kg;封行前追肥 1 次,每亩施复合肥 15kg。采收期每采收 1 轮菜薹追肥 1 次,追施尿素和硫酸钾各 3～5kg，需追肥 2～3 次。在抽薹期适当增施硼肥，每亩可施 1kg 硼肥，提高菜薹品质。

8. 采收

适宜采收标准为菜薹长 25～45cm 并带有花蕾，要求花蕾开放花朵少。宜在晴天的上午和阴天下午采收，避免雨天采收。主薹采收切口节位宜为节间明显伸长的基部节位，侧薹宜为基部第 2～3 节，即基部留腋芽 2～3 个，采收切口光滑，略微呈斜面。采后就地整理、装框，转运至冷库预冷。

9. 主要病虫害

苗期主要有黄条跳甲、菜螟、菜青虫等虫害。大田主要病害有软腐、霜霉、黑腐病，虫害主要有蚜虫、菜螟、菜青虫等危害，可分别用 BT 乳剂和菊酯类农药加以防治。

（聂启军　朱凤娟　邱正明　邓晓辉　董斌峰）

第七节　小白菜品种'兔耳白'的选育

一、育种过程

'兔耳白'小白菜是湖北省农科院经济作物研究所利用 GP134 和 GP17 两个自交不亲和系配制而成的一代杂种。

母本'GP134'是'新场青'×'新华王'后代经过多代系统选育而成。亲和指数 1.1，晚抽薹性强、抗病性好、丰产稳产、品质好。生长势较旺，束腰美观，株直立，叶片椭圆近圆形，叶面较平，叶色绿，柄宽绿。株高 16cm，开展度 23cm；柄长 5.5cm，柄宽 3.5cm，厚 0.4cm，叶片数 15 片，亩产 1950kg 左右。

父本'GP17'是从日本武藏野公司杂交种'早生华京'自交后代经过多代系统选育而成。亲和指数 2.5，植株商品性好，株型直立，株高 17cm，开展度 27cm；叶片长椭圆形，叶片张舞，叶色鲜绿光亮，光泽度好。叶柄宽绿有光泽，柄长 7.0cm，柄宽 4.0cm，厚 0.3cm，叶片数 14 片，纤维少，长势强，较抗霜霉病，耐抽薹力稍弱。亩产 1700kg 左右。

2008 年春季试配组合，同年在武汉、咸宁、随州同时试种，组合兔耳白(GP134×GP17)抗逆性强、生长速度快、叶片数较多，极耐抽薹，产量高、生产稳定、商品外观性好(叶色鲜绿、光泽度好)。2009～2010 年分别在武汉、咸宁、随州、长阳、利川、江夏、蔡甸等地进行了多季多点试验，均表现出生长势强、抗病性好、耐热、丰产性好、商品性好的特点。

二、选育结果

1. 品种比较试验

2008 年和 2009 年连续两年在武汉、咸宁和随州进行了组合品种比较试验，以'上海青'为对照品种。两年的品种比较试验显示：与对照'上海青'相比：组合'兔耳白'（'GP134'×'GP17'）综合性状优异，表现高于对照，'兔耳白'(GP134×GP17)组合的商品性表现好，束腰美观，叶片颜色鲜绿光亮，光泽度好，叶柄宽，浅绿，叶片数多些。而'上海青'的商品性则较之稍差，株形直立但半束腰，叶色绿，无光泽，叶柄中长，叶片数少些；抗病性方面，'兔耳白'（'GP134'×'GP17'）病毒病和霜霉病病情指数、软腐病发病率分别为 2.75%、4.97%、2.22%，较对照'上海青'均低或相平，表现出较强的抗病性；产量方面，'兔耳白'（'GP134'×'GP17'）品种折合亩均产量为 2390.0kg，比对照品种'上海青'增产，增产幅度 23.62%，表现良好的丰产性；抽薹性方面，组合'兔耳白'（'GP134'×'GP17'）和对照品种至播种后 40 天调查时，'兔耳白'和对照品种都未出现抽薹现象，晚抽薹性较强。

2. 生产试验

我们 2010～2012 年期间对小白菜'兔耳白'（'GP134'×'GP17'）进行了平原地区和高山不同海拔

地区的分期播种生产试验。

平原地区进行了'兔耳白'（'GP134'×'GP17'）从3～10月分期播种试验，试验结果显示，'兔耳白'（'GP134'×'GP17'）小白菜耐热性和耐寒性都较好，适合平原地区3～10月播种。在各个生育阶段需要注意栽培要点：3月和10月播种前期和后期温度低，及时采收防抽薹；1～2月严寒时防鸟食；4～8月播种高温时注意干旱和虫害的管理防治；9～10月播种适宜，商品外观好，品质佳。

高山地区进行了'兔耳白'（'GP134'×'GP17'）小白菜从3～9月分期播种试验，地点在湖北省宜昌市长阳县5个不同海拔点，分别是资丘村百沙坪四组沙坡地田昌海责任田(海拔400m)、天堰乡凉水寺村田科学责任田(海拔800m)、田家坪吴责任田(海拔1200m)、大漩涡登坛溪汪学峰家责任田(海拔1600m)、火烧坪高山蔬菜试验站试验地(海拔1800m)。试验结果显示：'兔耳白'小白菜在低海拔种植时，纤维多，虫害重，虫孔多，影响商品品质和外观。在高海拔地区种植时，太早播种和太晚播种都容易先期抽薹，失去市场价值。'兔耳白'适合在海拔1200m以上地区5～9月播种，商品外观及品质好。

三、品种特征特性

该品种为杂种一代。田间表现整齐一致，株形直立，束腰。株高21.3cm，开展度24cm×22cm；叶片椭圆形，最大叶长22.2cm、宽11.4cm，叶色鲜绿、有光泽；主叶脉白色；叶柄浅绿色，长8.2cm，柄宽4.5cm，叶片数14片。田间种植密度19 209株/亩，单株重176g，一般每亩产2000kg以上，产量高。抗病性好，较抗霜霉病、软腐病、病毒病。播种后30～40天左右采收，晚抽薹性较强，适应性广。最适宜平原地区3月中旬至10月播种，高山地区5～9月播种。

四、栽培要点

'兔耳白'小白菜适于我省平原地区和高山地区栽培。平原地区3月中旬至10月均可播种，海拔1200m以上高山地区一般5月上旬至9月下旬均可播种。选择排灌方便地块，深耕晒土，每亩均匀撒施腐熟粪肥1500kg、复合肥50kg基肥作畦，小高畦或平畦栽培，畦宽1.5～3.0m、高20～30cm，沟宽30～40cm。大株或小株都可食，可用直播和育苗两种方法。直播亩用种量500g，育苗亩用种量100g。一般苗期为25天，株行距10～15cm见方，25天内采收亩栽25 000株。30天后采收亩栽20 000株左右。一年种植3～4茬。小白菜喜湿，要经常保持园土湿润，栽培时雨水较多，应注意排水。注意加强病虫害防治。不同温度生长速度不同，一般生育期25～50天，收获期不严格，当株高约20～50cm都可收获，直播栽培一般分三批均匀间苗采收，育苗移栽一般一次采收。采收要及时，否则易老化。

（朱凤娟）

第八节　优质、早熟辣椒新品种'佳美2号'的选育

一、选育经过

'佳美2号'是以'P07-13-1'为母本、'HP07-36-1'为父本配制的长灯笼型杂交一代。母本'P07-13-1'是'洛椒1号'×'南非MAOR'后代经过多代系统选育而成的自交系；该株系早熟，植株生长势强，始花节位8～9节，果实为方灯笼形，长约9cm，粗7cm，肉厚0.35cm，果色绿，单果重约60g，果面光滑，味不辣。父本'HP07-36-1'是从内蒙古牛角椒×长阳乐园羊角椒后代经过多代系统选育而成的自交系，该株系早熟，植株生长势强，始花节位8～9节，果实为粗牛角形，长约19cm，果粗3.2cm，肉厚0.15cm，果色浅绿，单果重28g，果形顺直，底端钝尖，肉质脆，辣味中等。

2007年对多个自交系进行双列杂交半轮配法配制杂交组合24个，2008～2010年进行组合比较和品种比较试验，2009～2011年武汉市东西湖、蔡甸、黄石、鄂州、当阳、仙桃、潜江、安陆、长阳、利川、兴山等地进行试种示范，反映较好。该品种的主要特点是早熟，植株分枝性、连续坐果能力和抗逆性均较强，

果色浅绿，果实商品性好，口感好，品质佳，产量高，2013 年 5 月通过湖北省农作物品种审定委员会认定。

二、选育结果

(一)丰产性

1. 多年多地品种比较试验

2008～2010 年湖北省农科院蔬菜试验基地、武汉市东西湖农业科学研究所蔬菜试验基地和黄石市蔬菜科学研究所科研基地进行了三年三地的品比试验，每年 10 月上旬播种，翌年 2 月下旬定植，4 月中下旬开始采收，6 月下旬罢园；小区面积 15m^2，株距 33cm，行距为 55cm，采用随机区组设计，3 次重复，四周设保护行，分别以'楚椒 808'、'湘早秀'作对照。'佳美 2 号'上市期分别比'湘早秀'和'楚椒 808'早 4 天和 9 天；'佳美 2 号'和'楚椒 808'采收期比'湘早秀'要长 5 天。'佳美 2 号'和'楚椒 808'果色浅绿，肉脆，上下粗细均匀，外观有光泽；'佳美 2 号'较'楚椒 808'果更长而粗，'湘早秀'果色绿色，单果重和外观不如前者。'佳美 2 号'的维生素 C 含量较高，比对照'湘早秀'要高出 32.1%，粗蛋白含量虽不及对照'湘早秀'，但都在 0.90%左右，品质都比较好。'佳美 2 号'比'楚椒 808'增产 21.5%，差异达极显著水平，比'湘早秀'增产 9.4%，差异达极显著水平；从总产量来看，'佳美 2 号'产量最高，比'湘早秀'增产 18.5%，差异达极显著水平，比'楚椒 808'增产 6.4%，差异达极显著水平(表 18-10)。

表 18-10 佳美 2 号品种比较试验结果

年份	品种	小区平均产量/kg	比 CK$_1$增产/%	比 CK$_2$增产/%	差异显著性 5%	差异显著性 1%	小区前期平均产量/kg	比 CK$_1$增产/%	比 CK$_2$增产/%	差异显著性 5%	差异显著性 1%
2008 年	佳美 2 号	84.2	7.5	20.8	a	A	33.1	21.2	10.4	a	A
	楚椒 808 CK$_1$	78.3			b	B	27.3			c	C
	湘早秀 CK$_2$	69.7			c	C	30.0			b	B
2009 年	佳美 2 号	83.9	6.2	17.4	a	A	34.5	24.6	10.9	a	A
	楚椒 808 CK$_1$	78.9			b	B	27.7			c	C
	湘早秀 CK$_2$	71.5			c	C	31.1			b	B
2010 年	佳美 2 号	80.7	5.6	17.3	a	A	32.3	18.8	7.2	a	A
	楚椒 808 CK$_1$	76.4			b	B	27.2			c	C
	湘早秀 CK$_2$	68.8			c	C	30.2			b	B
平均值			6.4	18.5				21.5	9.4		

2. 生产示范

2009～2011 年，'佳美 2 号'在武汉市东西湖、蔡甸、黄石、鄂州、当阳、仙桃、潜江、安陆、长阳、利川、兴山等地进行了大面积生产示范，春季大棚栽培总产量平均每亩为 3580kg，比当地同类辣椒主栽品种增产 12%～25%，高山露地栽培总产量平均每亩为 4200kg，比当地同类辣椒主栽品种增产 18%～29%。而且该品种的突出特点是早熟、植株分枝性、连续坐果能力和抗逆性均较强，果色浅绿，果实商品性好，口感好，品质佳，深受市场的欢迎。

(二)抗病性

经湖北省农业科学院经济作物研究所苗期人工接种抗病性鉴定，'佳美 2 号'对疮痂病、炭疽病、病毒病均表现抗病，病情指数分别为 8.2、8.1 和 6.9。

(三)品质

经农业部食品质量监督检验测试中心(武汉)测定，'佳美 2 号'青果中维生素 C 的含量为 443.8mg/kg(鲜质量），粗蛋白含量为 0.858%。

三、品种特征特性

早熟，植株生长势较强，株高 100cm，开展度 60cm×72cm 左右，叶片绿色，卵圆形，少茸毛，单叶互生，分枝力强，分枝处有紫色斑块，始花节位 8～9 节，花冠白色，花萼平展；坐果力较强，果实长 16cm 左右，果实横径 4.5cm 左右，果肉厚 0.3cm 左右，果形长灯笼形，果肩微凹渐平，果顶凹陷带尖，三心室，单果重 50g 左右，商品果色浅绿色，味微辣；耐病性较强，亩产 3500kg 左右。

四、栽培技术要点

1. 种适合长江中下游地区平原大棚春秋栽培和鄂西高山露地栽培

湖北早春大棚栽培于 10 月上中旬播种，翌年 2 月中下旬定植，4 月下旬至 7 月收获；秋季栽培于 7 月上中旬播种，8 月中旬定植，9 月下旬至 12 月收获；高山栽培于 3 月下旬～4 月中旬播种，5 月中下旬定植，7 月中下旬至 10 月上旬收获。高山辣椒种植以海拔 800～1400m 地带最为适宜，采收期较长，产量高，并以坐西朝东、坐北朝南的地形方向为佳。

2. 培育壮苗

该品种为早熟品种，春季栽培先冷床育苗，当辣椒有 3～4 片真叶时开始分苗到营养钵内并进入大棚管理；秋季栽培辣椒可营养钵直播育苗，使用遮阳网覆盖管理；高山栽培辣椒可使用营养块育苗。

3. 合理密植

春秋大棚栽培，采用 1.3m 包沟作畦，畦高 15～20cm，高山露地栽培畦面宜高，秋季宜低，畦面宽 0.9m，双行定植，株行距为 33cm×55cm 为宜。

4. 田间管理

肥水管理应注意定植后经常保持土壤半干半湿，缓苗至植株封垄期间要经常浇水；封垄后，可采用沟灌。进入开花结果期后，每 15～20 天可结合浇水进行施肥，一般每亩施复合肥 15kg（前期可用人粪尿代替）；如果单独施肥，则可采用条施，但施肥后必须进行覆土。由于该品种植株高大、坐果多、产量高，因此中后期注意加强肥水和培土立架，以免影响后期坐果和倒伏。覆盖防冻：秋季栽培进入 10 月下旬后，应对大棚进行覆盖保温，包括覆盖裙膜；但到了 11 月下旬后，外界气温较低，通风一般只能在中午前后进行；进入 12 月后，除了大棚覆盖外，还可以在棚内加盖内膜进行多层覆盖，以确保适宜的温度和延长上市时间。

5. 及时采收

当辣椒达到其固有的大小、形状、色泽时应及时采收，特别是前期采收更应及时。高山地区采后的果实要放到阴凉处，及时分级包装，可用纸板箱包装，储运过程要防止果实损伤，采后迅速装上冷藏车进入冷库冷却，再及时销售。

（姚明华　王　飞　李　宁）

第九节　优质、薄皮辣椒新品种'佳美 3 号'的选育

一、选育经过

'佳美 3 号'是以'XSSW-M-2'为母本、'LAWS-M-2'为父本配制的长灯笼型杂交一代。母本为'以色列 FAR-3'×'长阳地方种 75-1'后代经过多代系统定向选育而成的自交系；该株系早熟，植株生长势强，分枝性好，始花节位 8～9 节，果实为灯笼形，长约 13cm，粗 3.2cm，肉厚 0.15cm，果色绿，单果重约 24g，果面微皱，微辣。父本'LAWS-M-2'是从'南非 MIRO'分离后代经过多年定向选育出的综合

性状优良的大果形灯笼椒自交系；该株系中熟，始花节位 10～12 节，果实为长方灯笼形，长约 11.6cm，果粗 7.8cm，肉厚 0.3cm，果色绿，单果重 146g，果面皱缩，肉质脆，辣味中等。

2007 年对多个自交系进行双列杂交半轮配法配制杂交组合 16 个，2010～2012 年进行了三年三地组合比较和品种比较试验，2009～2011 年麻城市、兴山县、武汉市东西湖区、神农架林区、赤壁市、长阳县、利川市等地进行试种示范，反映较好。该品种的主要特点是早熟，植株分枝性、连续坐果能力和抗逆性均较强，果皮薄、果面有光泽带褶皱，上下粗细均匀，果大而长，市场价格高，深受广大消费者的喜欢，2016 年 6 月通过湖北省农作物品种审定委员会的认定。

二、选育结果

(一)丰产性

1. 多年多地品种比较试验

2010～2012 年湖北省农科院蔬菜试验基地、武汉市东西湖农业科学研究所蔬菜试验基地和麻城市兆至蔬菜专业合作社生产基地进行了三年三地的品比试验，每年 10 月上旬播种，翌年 2 月下旬或 3 月上旬定植，4 月下旬或 5 月上旬开始采收，7 月中旬罢园；小区面积 15m²，株距 33cm，行距为 55cm，采用随机区组设计，3 次重复，四周设保护行，分别以'苏椒 5 号'、'安徽芜湖椒'作对照。'佳美 3 号'上市期和'苏椒 5 号'熟性相当，'安徽芜湖椒'略晚 3～4 天；'佳美 3 号'和'安徽芜湖椒'采收期比'苏椒 5 号'要长 7 天。'佳美 3 号'果个大，果色浅绿色，皮薄，果面有光泽带褶皱，肉脆；'苏椒 5 号'和'安徽芜湖椒'果实均较短，单果重和外观不如'佳美 3 号'。'佳美 3 号'的维生素 C 含量为 238.5mg/kg，维生素 C 及粗蛋白含量均与'苏椒 5 号'相当，品质都比较好。从早期产量来看，'佳美 3 号'产量最高，比'苏椒 5 号'增产 16.8%，差异极显著，比安徽芜湖椒增产 10.3%，差异极显著；从总产量来看，'佳美 3 号'产量最高，比'苏椒 5 号'增产 15.9%，差异达极显著水平，比'安徽芜湖椒'增产 9.8%，差异极显著(表 18-11)。

表 18-11　'佳美 3 号'品种比较试验结果

年份	品种	小区平均产量/kg	比 CK1 增产/%	比 CK2 增产/%	差异显著性 5%	差异显著性 1%	小区前期平均产量/kg	比 CK1 增产/%	比 CK2 增产/%	差异显著性 5%	差异显著性 1%
2010	佳美 3 号	80.0	15.3	10.0	a	A	33.4	15.9	10.4	a	A
	苏椒 5 号 CK1	69.4			b	B	28.8			b	B
	安徽芜湖椒 CK2	72.7			b	B	30.3			b	B
2011	佳美 3 号	84.2	15.7	10.2	a	A	30.9	17.2	9.6	a	A
	苏椒 5 号 CK1	72.8			b	B	26.4			b	B
	安徽芜湖椒 CK2	76.4			b	B	28.2			b	B
2012	佳美 3 号	80.4	16.7	9.2	a	A	32.6	17.3	10.9	a	A
	苏椒 5 号 CK1	68.9			b	B	27.8			b	B
	安徽芜湖椒 CK2	73.6			b	B	29.4			b	B
平均值			15.9	9.8				16.8	10.3		

2. 生产示范

2012～2014 年，'佳美 3 号'在麻城市、兴山县、武汉市东西湖区、神农架林区、赤壁市、长阳县、利川市等地进行了大面积生产示范，春季大棚栽培总产量平均每亩为 3443kg，比当地同类辣椒主栽品种增产 11%～20%，高山露地栽培总产量平均每亩为 4400kg，比当地同类辣椒主栽品种增产 15%～26%。该品种的突出特点是早熟，植株分枝性、连续坐果能力和抗逆性均较强，果皮薄、果面有光泽带褶皱，上下粗细均匀，果大而长，市场价格高，深受广大消费者的喜欢。

(二)抗病性

经湖北省农业科学院经济作物研究所苗期人工接种抗病性鉴定，'佳美 2 号'对疮痂病、炭疽病、病毒病均表现抗病，病情指数分别为 8.8、9.1 和 6.8。

（三）品质

经农业部食品质量监督检验测试中心（武汉）测定，'佳美 3 号' 青果中维生素 C 的含量为 238.5mg/kg 鲜重，粗蛋白含量为 1.18%。

三、品种特征特性

中早熟，植株生长势较强，株高 90cm，开展度 66cm×54cm，叶片绿色，卵圆形，少茸毛，单叶互生，分枝性强且分枝处有紫色斑块，始花节位 9～11 节，花冠白色，花萼平展；坐果力较强，果实长 12～14cm，果实横径 4.3cm 左右，果肉厚 0.20cm，果实长灯笼形，果面有褶皱，三心室，单果重 50g 左右，果色浅绿色，肉质脆，味微辣，亩产 3600kg 左右。

四、栽培技术要点

1. 品种适合长江中下游地区平原大棚春秋栽培和鄂西高山露地栽培

湖北早春大棚栽培于 10 月上中旬播种，翌年 2 月中下旬定植，4 月下旬至 7 月收获；秋季栽培于 7 月上中旬播种，8 月中旬定植，9 月下旬至 12 月收获；高山栽培于 3 月下旬～4 月中旬播种，5 月中下旬定植，7 月中下旬至 10 月上旬收获。高山辣椒种植以海拔 800～1400m 地带最为适宜，采收期较长，产量高。并以坐西朝东、坐北朝南的地形方向为佳。

2. 培育壮苗

该品种为早熟品种，春季栽培先冷床育苗，当辣椒有 3～4 片真叶时开始分苗到营养钵内并进入大棚管理；秋季栽培辣椒可营养钵直播育苗，使用遮阳网覆盖管理；高山栽培辣椒可使用营养块育苗。

3. 合理密植

春秋大棚栽培，采用 1.3m 包沟作畦，畦高 15～20cm，高山露地栽培畦面宜高，秋季宜低，畦面宽 0.9m，双行定植，株行距为 33cm×55cm 为宜。

4. 田间管理

肥水管理应注意定植后经常保持土壤半干半湿，缓苗至植株封垄期间要经常浇水；封垄后，可采用沟灌。进入开花结果期后，每 15～20 天可结合浇水进行施肥，一般每亩施复合肥 15kg（前期可用人粪尿代替）；如果单独施肥，则可采用条施，但施肥后，必须进行覆土。由于该品种植株高大、坐果多、产量高，因此中后期注意加强肥水和培土立架，以免影响后期坐果和倒伏。覆盖防冻：秋季栽培进入 10 月下旬后，应对大棚进行覆盖保温，包括覆盖裙膜；但到了 11 月下旬后，外界气温较低，通风一般只能在中午前后进行；进入 12 月后，除了大棚覆盖外，还可以在棚内加盖内膜进行多层覆盖，以确保适宜的温度和延长上市时间。

5. 及时采收

当辣椒达到其固有的大小、形状、色泽时应及时采收，特别是前期采收更应及时。高山地区采后的果实要放到阴凉处，及时分级包装，可用纸板箱包装，储运过程要防止果实损伤，采后迅速装上冷藏车进入冷库冷却，再及时销售。

（姚明华　王　飞　李　宁　尹延旭）

第十节　耐储抗病辣椒新品种 '鄂红椒 108' 的选育

一、选育经过

'鄂红椒 108' 是以 'HP03-2-1' 为母本、'P03-1-1' 为父本配制的一代杂种。'HP03-2-1' 是从内蒙古牛角椒和泰国热带蔬菜研究中心引进辣椒的杂交后代经过多代系统选育而成的自交系。该株系中熟，植株生长势强，株高62cm，开展度60cm×55cm，叶片卵圆形，始花节位9～10节，果实为粗牛角形，长19～23cm，果粗3.4cm，肉厚0.35cm，果色绿，单果重60g左右，果形顺直，底端钝尖，肉质脆，辣味中等，红果鲜红色，抗病性强。父本是从'洛椒1号'和'中椒4号'的杂交后代经过多代系统选育而成。该品种中熟，株高48cm，开展度45cm×50cm，叶片卵圆形，始花节位9～10节，果实为灯笼形，长约9cm，果粗8cm，肉厚0.5cm，青果绿色，单果重110g左右，果面光滑，味不辣，红果鲜红。

2004年对多个自交系进行双列杂交半轮配法配制杂交组合24个，2005～2007年进行组合比较和品种比较试验，2007～2008年在湖北武汉、长阳、利川等地进行多点区域试验，2009～2010年在长阳、利川、恩施、巴东、汉南、汉川、潜江等地进行大面积生产示范均获得成功。该品种的主要特点是中熟，坐果能力强，红果鲜艳，果肩平、商品性好，肉厚、耐储运，果大、产量高，2010年4月通过湖北省农作物品种审定委员会认定。

二、选育结果

(一)丰产性

1. 品种比较试验

2005～2007年在湖北省农科院蔬菜试验基地进行大棚品种比较试验，每年在2月20日播种，4月20日定植，6月25日开始采收，7月28日罢园；小区面积15m²，株距33cm，行距为50cm，采用随机区组设计，3次重复，分别以'中椒6号'、'汴椒1号'作对照。'鄂红椒108'的始收期比对照'中椒6号'早5～9天，与'汴椒1号'相当；采收期比'中椒6号'长5～10天，与'汴椒1号'相当。'鄂红椒108'果长，果肉厚，果肩平、不积水、烂果少；'中椒6号'果实较短，果肉较厚，果肩凹陷；'汴椒1号'果肉较薄，果肩微凹，也易积水。'鄂红椒108'总产量平均每亩为3481kg，比对照'中椒6号'增产21.5%，比对照'汴椒1号'增产37%，差异均达极显著水平(表18-12)。

表18-12　'鄂红椒108'品种比较试验结果

年份	品种	每亩总产量	比CK1±%	比CK2±%
2005	鄂红椒108	3529	20.3**	37.8**
	中椒6号CK1	2949		
	汴椒1号CK2	2574		
2006	鄂红椒108	3462	21.4**	38.9**
	中椒6号CK1	2851		
	汴椒1号CK2	2492		
2007	鄂红椒108	3431	22.8**	34.4**
	中椒6号CK1	2795		
	汴椒1号CK2	2553		
平均	鄂红椒108	3481	21.5**	37**
	中椒6号CK1	2865		
	汴椒1号CK2	2540		

**表示方差分析达1%的极显著水平。

2. 多点区域试验

2007～2008年在武汉、长阳、利川等地进行多点平原大棚及高山露地栽培试验，结果表明(表18-13)：'鄂红椒108'两年平均总产量每亩为4075kg，比对照'中椒6号'增产20.2%，比对照'汴椒1号'增产36.6%，增产均达极显著水平；'鄂红椒108'和'汴椒1号'表现良好的抗逆性和抗病性。

表 18-13　'鄂红椒 108' 多点区域试验两年平均产量结果

地点	每亩总产量/kg				
	鄂红椒 108	中椒 6 号	比 CK1±%	汴椒 1 号	比 CK2±%
武汉	3495	2903	20.4	2555	36.8
长阳	4459	3738	19.3	3275	36.2
利川	4272	3535	20.8	3122	36.8
平均	4075	3389	20.2	2984	36.6

3. 生产示范

2009～2010 年'鄂红椒 108'在长阳、利川、恩施、巴东、汉南、汉川、潜江等地进行了大面积生产示范，春季大棚栽培总产量平均每亩为 3620kg，比当地同类辣椒主栽品种增产 14.2%～28.9%。该品种的突出特点是植株株高中等、坐果能力和抗病性均较强，果肩平齐、不积水，果大，果色鲜红有光泽、商品性好，深受市场的欢迎。

（二）抗病性

经湖北省农业科学院经济作物研究所苗期人工接种抗病性鉴定，'鄂红椒 108'对疮痂病、炭疽病、病毒病均表现抗病，病情指数分别为 9.2、17.7 和 11.2。

（三）品质

经农业部食品质量监督检验测试中心（武汉）测定，'鄂红椒 108'红果中维生素 C 的含量为 310.2mg/kg FW，粗蛋白含量为 1.49%。

三、品种特征特性

该品种中熟，植株生长势中等，株高 55cm，开展度 50cm×55cm，叶片卵圆形，始花节位 9～10 节，花冠白色，花萼平展，果实为粗牛角形，长 15cm 左右，果粗 5.0cm，上下粗细均匀，果肉厚 0.45cm，3 心室，果肩平，平均单果重 100g 左右，果色绿，红果鲜红，耐储运，微辣，红果维生素 C 含量为 310.2mg/kg、粗蛋白含量达 1.49%，品质佳，平均亩产 3500kg 左右。

该品种适于长江中下游地区作早春、延秋及高山地区红果栽培。在栽培过程中应注意以下几点。

1. 播种育苗

苗床地应提早深翻、晒垡，施足底肥，而后打碎作厢。春季栽培先冷床育苗，当辣椒有 3～4 片真叶时开始假植并进入管理；秋季栽培辣椒可用营养钵直播育苗或假植幼苗。播种时浇足底水，搭起小拱棚，使用遮阳网覆盖，出苗后 12 天左右，当有 2～3 片真叶时，一次性假植进钵，假植宜选阴天或晴天傍晚进行，假植后要盖好遮阳网，以避免强光照射后使秧苗萎蔫。

2. 整地施基肥

长江流域辣椒栽培宜深沟高畦，按畦宽（连沟）1.3m，即畦面宽 90cm，畦沟宽 40cm，深 20～30cm 规划筑畦。同时开好围沟、腰沟、畦沟、达到三沟配套，能排能灌。辣椒生长期长，根系发达，需肥量大，所以要求施足基肥，亩施农家有机肥 2500～3000kg，复合肥料 50kg、过磷酸钙 50kg、钾肥 15kg。有机肥料在犁地前撒施，复合肥需在畦中间开沟深施。

3. 定植

平原地区春季露地于 2 中旬播种，4 月下旬定植；秋季栽培于 7 月上旬播种，8 月上旬定植；高山栽培于 4 月上中旬播种，5 月下旬定植；株行距为 33cm×55cm。

4. 田间管理

肥水管理应注意定植后经常保持土壤半干半湿，缓苗至植株封垄期间要经常浇水；封垄后，可采用沟灌。进入开花结果期后，每15～20天可结合浇水进行施肥，一般每亩施复合肥15kg（前期可用人粪尿代替）；由于是红果栽培，中后期注意加强肥水，以免影响后期坐果。秋季栽培进入10月中旬后，应对大棚进行覆盖保温，包括覆盖裙膜。但到了11月后，外界气温较低，通风一般只能在中午前后进行。进入12月后，除了大棚覆盖外，还需要多层覆盖，以确保适宜的温度，促进辣椒转红。

5. 防治病虫害

重点防治疮痂病、疫病、炭疽病、病毒病、黑斑病、烟青虫、蚜虫。疮痂病用72%农用链霉素或新植霉素可湿性粉剂3000～5000倍液或77%可杀得可湿性粉剂500～800倍液；疫病用64%杀毒矾可湿性粉剂800倍液或50%甲霜铜可湿性粉剂500倍液交替防治；病毒病关键在于预防蚜虫、烟粉虱，病毒病防治可用20%病毒A可湿性粉剂400～600倍液，或5%菌毒清水剂200～300倍液等喷雾。炭疽病、黑斑病用75%百菌清可湿性粉剂800倍液加70%甲基托布津可湿性粉剂800倍液混合喷洒，隔7～10天1次，连续2～3次；主要虫害有烟青虫、蚜虫、茶黄螨、蓟马、红蜘蛛，烟青虫用2.5%高效溴氰菊酯、2.5%功夫2000～4000倍液，蚜虫、茶黄螨、蓟马、红蜘蛛可用20%吡虫啉可溶剂6000～8000倍液等药剂防治。

6. 采收

根据红辣椒运输距离的远近选择红果成熟程度，本品种果肉厚、转红慢、耐储运。高山红果远距离销售应在果大部分转红时采收，平原地区红果近距离销售应在果完全转红时采收。

（姚明华　郭　英　王　飞　李　宁　汪红胜　丁自立）

第十一节　优质、广适辣椒新品种'楚椒808'的选育

一、选育经过

'楚椒808'是以'9462'为母本、'9408'为父本配制的一代杂种。母本'9462'是从河南一地方品种经多代单株选择而成的自交系。该株系早熟，植株生长势及连续坐果能力较强，始花节位7～8节，果实为灯笼形，果长10cm左右，果宽6cm左右，果肉厚0.3cm左右，果色浅绿，单果重50g左右，果面光滑，味不辣。父本'9408'是从安徽收集的农家品种中经多代单株选择而成的自交系。该株系中早熟，植株生长势强，始花节位9～10节，果实为牛角形，果长15cm左右，果宽2.0cm，果肉厚0.2cm，果色浅绿，单果重27g左右，果实顺直，底端钝尖，味辣，抗病性较强。

2000年对多个自交系进行双列杂交半轮配法配制杂交组合24个，2001～2003年进行组合比较和品种比较试验，2004～2005年在湖北武汉、黄石、鄂州、蕲春等地进行多点区域试验，2006～2007年在湖北、重庆、海南等地进行大面积生产示范均获得成功。该品种的主要特点是早熟，植株分枝性、连续坐果能力和抗逆性均较强，果色浅绿，果实商品性好，口感好，品质佳，产量高，2008年3月通过湖北省农作物品种审定委员会认定。

二、选育结果

（一）丰产性

1. 品种比较试验

2001～2003年在武汉湖北省农科院蔬菜试验基地进行露地品种比较试验，每年在前一年10月上旬播种，翌年2月20日定植，4月22日开始采收，6月25日罢园；小区面积15m^2，株距33cm，行距为50cm，采用随机区组设计，3次重复，分别以'洛椒4号'、'汴椒1号'作对照。'楚椒808'的始收期比对

照'洛椒 4 号'和'汴椒 1 号'分别早 2~3 天和 8~10 天，采收期要比'洛椒 4 号'长 12~15 天，与'汴椒 1 号'相当。'楚椒 808'果色浅绿、果面微皱、果实膨大速度快、抗逆性强，'洛椒 4 号'果色深绿、果面皱、抗逆性一般，'汴椒 1 号'果色深绿、果面微皱、果肉偏厚、抗逆性强。'楚椒 808'前期产量平均每亩为 1141.31kg，比对照'洛椒 4 号'增产 25.8%，比对照'汴椒 1 号'增产 36.4%；'楚椒 808'总产量平均每亩为 3558.83kg，比对照'洛椒 4 号'增产 27.3%，比对照'汴椒 1 号'增产 16.3%，差异均达极显著水平(表 18-14)。

表 18-14　'楚椒 808'品种比较试验结果

年份	品种	前期每亩产量/kg	比 CK1±%	比 CK2±%	每亩总产量/kg	比 CK1±%	比 CK2±%
2001	楚椒 808	1227.28	+21.6**	+33.3**	3508.45	+29.3**	+16.5**
	洛椒 4 号 CK1	1009.39			2712.46		
	汴椒 1 号 CK2	920.46			3010.39		
2002	楚椒 808	1120.56	+27.9**	+38.5**	3535.10	+27.6**	+16.6**
	洛椒 4 号 CK1	875.99			2770.27		
	汴椒 1 号 CK2	809.29			3032.63		
2003	楚椒 808	1076.09	+28.0**	+37.5**	3632.93	+24.9**	+15.9**
	洛椒 4 号 CK1	840.42			2908.12		
	汴椒 1 号 CK2	782.61			3134.90		
平均	楚椒 808	1141.31	+25.8**	+36.4**	3558.83	+27.3**	+16.3**
	洛椒 4 号 CK1	908.60			2796.95		
	汴椒 1 号 CK2	837.45			3059.31		

**表示方差分析达 1%的极显著水平。

2. 多点区域试验

2004~2005 年'楚椒 808'在湖北武汉蔡甸、鄂州、黄石、蕲春等地进行多点春季大棚栽培试验，结果表明(表 18-15)：'楚椒 808'两年平均每亩总产量为 3534.38kg，比对照'洛椒 4 号'增产 27.6%，比对照'汴椒 1 号'增产 16.3%，增产均达极显著水平；'楚椒 808'和'汴椒 1 号'并表现良好的抗逆性和抗病性。

表 18-15　'楚椒 808'多点区域试验两年平均产量结果

地点	每亩总产量/kg				
	楚椒 808	洛椒 4 号	比 CK1±%	汴椒 1 号	比 CK2±%
武汉	3536.25	2752.40	25.5	3045.40	16.1
鄂州	3564.56	2776.52	28.4	3062.36	16.4
黄石	3484.45	2730.46	27.6	2987.65	16.6
蕲春	3552.26	2816.75	26.1	3063.29	16.0
平均	3534.38	2769.03	27.6	3039.68	16.3

3. 生产示范

2006~2007 年'楚椒 808'在武汉蔡甸、鄂州、黄石、荆州、长阳及重庆、海南等地进行了大面积生产示范，春季大棚栽培总产量平均每亩为 3520kg，比当地同类辣椒主栽品种增产 15%~30%，秋季大棚栽培总产量平均每亩为 2550kg，比当地同类辣椒主栽品种增产 20%~35%。该品种的突出特点是早熟，植株分枝性、连续坐果能力和抗逆性均较强，果色浅绿，果实商品性好，口感好，品质佳，深受市场的欢迎。

（二）抗病性

经湖北省农业科学院经济作物研究所苗期人工接种抗病性鉴定，'楚椒 808'对炭疽病、疫病、病毒病均表现抗病，病情指数分别为 9.5、14.8 和 12.6。

（三）品质

经农业部食品质量监督检验测试中心(武汉)测定，'楚椒 808'青果中维生素 C 的含量为 757.3mg/kg FW，粗蛋白含量为 1.30%。

三、品种特征特性

早熟，植株生长势和连续坐果能力强，株高 85cm，开展度 60cm×65cm，分枝性强且分枝处有紫色斑块，始花节位 8～9 节，花冠白色，花萼平展，果实长 12～14cm，果宽 4.0cm，果肉厚 0.25cm，三心室，单果重 40g 左右，果色浅绿，微辣，品质佳，适宜长江流域早春、延秋大棚栽培、露地栽培及高山栽培。

四、栽培技术要点

该品种适合湖北等地春秋栽培。湖北早春大棚栽培于 10 月上中旬播种，翌年 2 月中下旬定植，4 月下旬～7 月收获；秋季栽培于 7 月上中旬播种，8 月中旬定植，9 月下旬～12 月收获；高山栽培于 4 月上中旬播种，5 月中下旬定植，7 月中下旬～10 月上旬收获。在栽培过程中应注意以下几点：

（一）培育壮苗

本品种为早熟品种，春季栽培先冷床育苗，当辣椒有 3～4 片真叶时开始分苗到营养钵内并进入大棚管理；秋季栽培辣椒可营养钵直播育苗，使用遮阳网覆盖管理；高山栽培辣椒可使用营养块育苗。

（二）合理密植

春秋大棚栽培，采用 1.3m 包沟作畦，畦高 15～20cm，露地春季高，秋季低，其面宽 0.9m，双行定植，株行距为 33cm×55cm 为宜。

（三）田间管理

1. 肥水管理

定植后应经常保持土壤半干半湿，缓苗至植株封垄期间要经常浇水；封垄后，可采用沟灌。进入开花结果期后，每 15～20 天可结合浇水进行施肥，一般每个标准大棚(0.2 亩)施复合肥 3kg(前期可用人粪尿代替)；如果单独施肥，则可采用条施，但施肥后，必须进行覆土。由于该品种植株高大、坐果多，产量高，因此，中后期注意加强肥水和培土立架，以免影响后期坐果和倒伏。

2. 覆盖防冻

秋季栽培进入 10 月下旬后，应对大棚进行覆盖保温，包括覆盖裙膜。但到了 11 月下旬后，外界气温较低，通风一般只能在中午前后进行。进入 12 月后，除了大棚覆盖外，还可以在棚内加盖内膜进行多层覆盖，以确保适宜的温度和延长上市时间。

（四）及时采收

当辣椒达到其固有的大小、形状、色泽时应及时采收，特别是前期采收更应及时。

（姚明华　王　飞　李　宁）

第十二节　橘黄瓤小型西瓜新品种'橘宝'的选育

一、选育过程

母本'W_2-24-3'是由台湾地区引进的西瓜材料'W-24'经 6 代自交选育获得。早熟，果实发育天数 28～30 天。植株生长势较强，易座果，耐湿性、耐旱性强；果实圆形，果形指数 1.04；果皮绿色覆深绿条带；果肉橘黄色，中心糖含量 11%～12%，纤维极少，无空心，剖面美观；单果重 2～2.5kg。

父本'W_2-54-16-8'，是由台湾地区引进的西瓜材料'W-54'经 7 代自交选育获得。早熟，果实发育天数 27～30 天。植株生长势强，耐湿性、耐旱性、抗病性强；果实圆形，果形指数 1.05；果皮绿色覆深绿条带；果肉鲜黄色，中心糖含量 11%左右，肉质细腻，纤维极少，无空心，剖面美观；单果重 1.5～2.0kg。

1998 年秋季进行配组，1999 年和 2000 年进行了两年品比试验，2002 年和 2003 年参加了湖北省西瓜品种区域试验，总体表现为品质优，丰产性一般，抗病性与对照'西农 8 号'相当。2004 年 3 月通过了湖北省农作物品种审定委员会审定，定名为'鄂西瓜 10 号'，商品名'桔宝'。

二、选育结果

1. 品比试验

在 1999 年和 2000 年的品比试验中，'橘宝'的全生育期为 89.5 天，果实发育天数 29 天。生长势较强，耐湿性、耐旱性、抗病性均表现强。皮厚 0.96cm，是参试品种中最薄的；平均中心糖含量达到 11.6%，超过对照 0.2%，是参试品种中最高的，剖面美观，无空心，综合品质最优。平均产量每亩 2516.7kg，居第一位，比对照品种'黄小玉'增产 18.71%，达极显著水平（表 18-16）。

表 18-16　桔宝品比试验结果

品种	果实发育天数/d	中心糖含量/%	边糖含量/%	皮厚/cm	单瓜重/kg	每亩产量/kg	±CK/%
橘宝（W9903）	29.0	11.6	7.80	0.96	2.28	2516.7	18.71
黄小玉（CK）	29.5	11.4	7.15	0.98	2.08	2120.1	—

注：本表结果为两年试验结果平均值。

2. 区域试验

2002 年、2003 年，'橘宝'参加了湖北省西瓜区域试验（有籽组），对照品种为'西农 8 号'，两年平均结果表现为：中心糖含量 10.31%，比对照品种高 0.33%，边糖含量 7.35%，皮厚 0.96cm；可食率 63.76%，比对照品种高 3.88%；商品产量 1858.9kg/亩，比对照品种减产 13.2%，单果重 4.26kg，商品率 91.94%；果实发育天数 33.5 天，坐果率 111.36%。

综合两年区域试验结果，'橘宝'品质优，丰产性一般，抗病性与对照品种相当（表 18-17）。

表 18-17　橘宝区域试验结果

年份	品种	果实发育天数/d	中心糖含量/%	边糖含量/%	皮厚/cm	单瓜重/kg	每亩商品产量/kg	产量±CK/%
2002	橘宝（W9903）	31.3	9.96	7.30	0.98	2.50	1758.8	-14.7
	西农 8 号（CK）	34.3	9.62	6.90	1.15	3.80	2112.4	—
2003	橘宝（W9903）	31.9	10.66	7.40	0.93	2.95	1959.0	-9.82
	西农 8 号（CK）	34.0	10.33	7.13	1.06	3.80	2172.3	—
两年平均	橘宝（W9903）	31.6	10.31	7.35	0.96	2.73	1858.9	-13.2
	西农 8 号（CK）	34.2	9.98	7.02	1.11	3.94	2142.3	—

3. 生产试验

2003 年'橘宝'参加了由湖北省种子管理站组织的生产试验,试验在武汉市农科所、孝感市农科所和湖北省农科院三点进行,以'西农 8 号'作对照。在生产试验中,'橘宝'全生育期 98 天,比对照品种早5.7 天;果实发育天数 32.7 天,比对照品种早 2 天,早熟。坐果指数 1.20,比对照品种高 21.99%。中心糖含量 11.35%,比对照品种高 0.65%,边糖含量 8.90%,比对照品种高 0.5%。皮厚 0.8cm。果实整齐度好,商品率高。每亩商品产量 2163.3kg,比对照增产 4.19%。综合以上性状,'橘宝'品质优于对照,产量与对照相当。

4. 生产示范

2001~2003 年'橘宝'在湖北黄石、鄂州、江夏、长阳、天门、荆州等地进行生产示范,示范面积已超过 4000hm²,每公顷产量在 37.5t 以上,每公顷产值在 2.6 万元以上,纯收入在 1.8 万元以上。生产示范中,普遍反映'橘宝'的产量和商品性明显强于当地小果型西瓜主栽品种'黄小玉'、'早春红玉'等,而且瓜瓤橘黄色,独特新颖,农民增产又增收。

三、品种特征特性

'橘宝'果实圆形,果形指数 1.06,果皮绿色覆深绿条带,果皮厚度 0.95~1.00cm。单果重 1.5~2.0kg。果肉橘黄色,剖面美观,纤维少,无空心;中心糖含量 11%左右,边糖含量 7%~8%。生长势强,易座果。耐湿性、耐旱性强,抗病性较强。第一雌花着生节位 5~7 节,以后每隔 4~6 节着生一朵雌花,部分植株有两节连生雌花现象,花为雌雄同株异花,极个别植株有两性花现象。早熟,春季栽培全生育期 80 天左右,夏秋栽培全生育期 70 天左右,果实发育期 27~30 天。

四、栽培技术要点

'橘宝'适于早春栽培及夏季、秋季栽培。选用非连作田块,旱地要求间隔 5~7 年,水田要求间隔3~4 年。春季中小棚早熟栽培一般 2 月上中旬播种育苗,露地地膜覆盖栽培一般在 3 月上中旬育苗,秋季栽培可在 7 月中旬育苗或直播,育苗采用营养钵。一般三叶一心时移栽。密度每亩 700~750 株。采用三蔓整枝,留主蔓和二条健壮子蔓,其余侧蔓全部除去,坐果后一般不再整枝。每株可留双果,节位以主蔓第三雌花(16~20 节)或侧蔓第二雌花(13~16 节)为宜。清沟排渍,适时防治病虫,并注意安全间隔期。'橘宝'的果实发育期在 27~30 天,采收时可依据此日期或其他性状指标适时采收。

(邱正明　戴照义　郭凤领　汪红胜　李金泉)

第十三节　优质早熟西瓜新品种'鄂西瓜 17'的选育

西瓜在世界十大水果中排名第五,素有"夏季水果之王"的美誉。我国是世界上西瓜生产规模最大的国家,年种植面积稳定在 1800 万亩以上,总产值约为 165 亿元,面积和产量均占世界的 45%,居第一位。湖北省 2012 年西瓜种植面积 131.4 万亩,产量 343.66 万吨,在全国排名第 5。花皮圆形早熟有籽西瓜由于栽培简单、上市期早、经济效益好,一直是湖北省西瓜主栽类型之一,主要分布在鄂东南、江汉平原等产区,年种植面积 50 万亩左右,占湖北省西瓜面积 30%以上。

当前湖北省种植的早熟中果型有籽西瓜品种多数是 20 世纪末引进的北方地区选育的品种,如'京欣 1号'等,虽然品质较优,但耐湿性、抗病性较差,对湖北省夏季高温多湿的气候条件适应性不强,开花坐果期如果遇阴雨天气常常坐果减少,稳产性不强,从而制约了湖北省早熟有籽西瓜的发展。为了满足市场对优质抗病耐湿的早熟花皮有籽西瓜品种的需求,我们开展了相关育种研究。经过 10 余年的工作,育成了优质、早熟、耐湿性较强的'鄂西瓜 17'。

一、选育过程

(一)亲本选育

1. 母本选育

母本'W2-203'是由日本西瓜品种'早生日章'经 5 年 8 代的连续自交选育而成的花皮二倍体自交系。果实发育天数 28 天左右。植株生长势稳健,易坐果,耐湿性、耐旱性强。果实圆形,果皮为浅绿色覆深绿条带,厚度 0.9cm 左右,较硬,不易裂果。果肉大红色,中心糖含量 12%以上,纤维细,果肉较硬,剖面美观。单果重 4kg 左右。种子中等大小,麻籽。

2. 父本选育

父本'W2-25-6'系从美国奥本大学引进的'AU Producer'(编号 W25)中发现一株麻籽变异株经 4 年 7 代连续自交筛选,获得的早熟、耐湿性强的自交系。果实发育天数 30 天左右。植株生长势较强,耐湿性强。果实圆形,果皮绿色覆深绿锯齿条带,厚度 1.1cm 左右。果肉红色,细脆多汁,口感极佳,剖面美观,中心糖含量 12%左右。单果重 4～5kg。种子为中小籽,麻籽。

(二)组合配制与筛选

2007 年春季,我们用'W2-203'、'W2-25-6'等西瓜自交系进行选配,共配制了 12 个西瓜组合。2007 年秋季进行了组合观察,每组合种植 50 株,不设重复。根据含糖量、皮厚、单果重、丰产性等指标进行筛选,筛选了'W2-203'×'W2-25-6'('鄂西瓜 17')等 2 个组合作物中选组合。

二、选育结果

1. 品种比较试验

2008～2009 年进行了 2 年品种比较试验,以'超级 2011'为对照。2 年试验结果表明,'鄂西瓜 17'的果实发育天数为 29.9 天,熟性早;平均皮厚 1.01cm,中心可溶性固形物含量 12.0%,边缘 8.7%;瓤色大红,剖面美观,纤维少,无空心。平均每亩产量 2423.1kg,比对照增产 14.76%(表 18-18)。

表 18-18 2008 年、2009 年品种比较试验结果

| 品种 | 果实发育天数/d | 皮厚/cm | 可溶性固形物含量/% | | 瓤色 | 单果重/kg | 亩产量/kg | ±CK/% |
			中心	边缘				
鄂西瓜 17	29.9	1.01	12.0	8.7	大红	4.08	2423.1	14.76
超级 2011(CK)	31.8	1.09	11.9	8.4	红	3.75	2111.4	——

2. 区域试验

'鄂西瓜 17'(区试名'春秋花王')于 2010～2012 年参加了湖北省西瓜品种区域试验。结果表明,'鄂西瓜 17'果实发育天数 31.4 天,早中熟;中心可溶性固形物含量 11.32%,比对照品种'鄂西瓜 13'高 3.00%,边缘 8.56%,梯度 2.76%;果皮厚度 1.02cm,可食率 61.42%;单果重 3.28kg,裂果率 2.39%;商品亩产量 2228.35kg,比'鄂西瓜 13'增产 10.80%;综合抗病性与'鄂西瓜 13'相当(表 18-19)。

表 18-19　2008 年、2009 年品种比较试验结果

品种	年份	果实发育天数/d	皮厚/cm	可食率/%	可溶性固形物含量/%		单果重/kg	亩产量/kg	±CK/%
					中心	边缘			
鄂西瓜 17	2010	30.8	1.14	57.68	11.38	8.30	3.57	2628.16	14.64
	2011	31.5	0.96	63.83	11.09	8.55	2.87	1599.64	0.58
	2012	31.9	0.96	62.72	11.49	8.82	3.41	2457.24	7.36
	平均	31.4	1.02	61.42	11.32	8.56	3.28	2228.35	10.80
鄂西瓜 13(CK)	2010	30.3	1.14	57.51	10.64	8.26	3.26	2292.54	—
	2011	31.1	0.93	59.56	10.82	8.72	2.87	1590.41	—
	2012	31.4	0.93	63.31	11.52	9.53	3.01	2150.53	—
	平均	30.9	1.00	60.13	10.99	8.85	3.05	2011.16	—

三、品种特征特性

‘鄂西瓜 17’为早熟花皮圆形中果型有籽西瓜杂交一代品种。全生育期 100 天左右，果实发育天数 30 天左右。植株生长势较强，易坐果。耐湿性、耐旱性强，抗病性较强。植株主蔓长约 4m，主茎粗约 0.5～0.6cm；叶片羽裂状，叶色绿。第一雌花着生节位 6～7 节，极个别植株有两性花现象。果实圆形，果皮绿色覆深绿色条带，皮薄，厚度 0.9cm 左右。果肉大红色，剖面美观，纤维少，无空心现象；中心可溶性固形物含量 12%左右，边缘 9%左右。平均单果重 4kg 左右，一般亩产量 2500kg/亩左右。种子中等大小，麻籽，千粒重约 50.2g。

四、栽培技术要点

‘鄂西瓜 17’西瓜早熟，生育期较短，春秋两季均可栽培。在湖北早春大棚栽培适宜播期一般在 1 月底至 2 月上旬，小拱棚双覆盖栽培在 2 月下旬至 3 月初，地膜覆盖栽培在 3 月上中旬。自根栽培定植密度为每亩 600～650 株，嫁接栽培则以每亩 350～400 株为宜。采用双蔓整枝，自根栽培每株留 1 果，嫁接栽培可留 2 果，坐果节位以主蔓第三雌花(13～16 节)或侧蔓第二雌花(10～14 节)最佳。重施基肥，每亩施土杂肥 2000kg、菜籽饼 40～50kg、含硫三元复合肥 40kg，伸蔓后根据瓜苗长势施伸蔓肥，一般每亩不多于含硫三元复合肥 10kg；坐果后每亩施含硫三元复合肥和尿素各 5kg 作膨瓜肥。田间做到三沟配套，雨水及时排渍，干旱时适量浇水；采收前 1 周停止浇水。适时采收，保证产品品质。

（戴照义　王运强　郭凤领　刘志雄　汪红胜　韦向阳）

第十四节　优质西瓜新品种‘鄂西瓜 15 号’的选育

台湾农友种苗公司选育的‘黑美人’自 20 世纪 90 年代引入大陆种植，由于其含糖量高、果肉硬脆、果皮坚韧、极耐运输，风靡一时，开创了一个全新的西瓜品种类型。但由于农友公司的种子价格高，随着种植面积的扩大，市场承受能力有限，因而各地的育种单位均开展该类型品种的选育，育成了一大批类似的品种。由于品种繁杂，市场上鱼龙混杂，高峰时市场上有上百个‘黑美人’相互争夺市场，部分品种表现适应性不强，坐果性差且畸形果多、品质下降等问题，给瓜农带来很大损失。

为了满足市场需求，提高市场对质优价廉的‘黑美人’种子的需求，提高湖北省‘黑美人’类型西瓜的品质、产量和效益，湖北省农科院经济作物研究所等单位于 20 世纪末开展该类型品种选育，经过 10 余年的工作，育成了商品性好、高产、优质、较抗病、适应性强的‘黑美人’类型品种‘鄂西瓜 15 号’。

一、材料与方法

(一)材料

1. 母本

20 世纪 90 年代，引进台湾农友公司的'黑美人'西瓜品种进行试种和示范，从中发现一株白皮长椭圆形单株，经过 2 年种植观察发现没有分离。1998 年，将其作为母本与自有的果型较大、椭圆形的白皮核桃纹类型材料 No.36-02 进行杂交，对杂交后代进行 5 年 11 代的连续自交选育，获得稳定自交系'WM213'。

'WM213'早熟，果实发育天数 28 天左右。植株生长势稳健，易坐果，耐湿性、耐旱性强。果实长椭圆形，果皮为淡绿色覆不规则细网纹，厚度 0.7cm 左右，较脆；果肉大红色，肉质脆，中心糖含量 12% 左右，纤维极细，剖面美观；单果重 2kg 左右。

2. 父本

鉴于'黑美人'类型的西瓜普遍存在果型偏小的问题，于 1999 年用'黑美人'的杂交一代和广西地方品种'广西长黑瓜'进行杂交，并从当年秋季开始进行 4 年 9 代的自交选育，获得稳定的自交系'WM235'。

'WM235'早熟，果实发育天数 28~30 天。植株生长势较强，耐湿性、耐旱性、抗病性均较强。果实长椭圆形，果皮墨绿色覆隐条带，厚度 1.0~1.1cm，特硬；果肉红色，肉质硬脆，中心糖含量 11% 左右；单果重 2.5kg 左右。

(二)方法

2004 年春季，我们用'WM213'、'WM235'等西瓜自交系进行选配，共配制了 9 份西瓜组合，经当年秋季初步观察鉴定，根据含糖量、皮厚、单果重、丰产性等指标进行筛选，选择了 5 个组合。2005 年和 2006 年进行了 2 年品种比较试验，从中筛选了优势最强的组合为'WM213'×'WM235'。2009~2010 年我们将其以'耶利亚'的商品名参加湖北省西瓜品种区域试验，2011 年通过湖北省农作物品种审定委员会审定，审定编号为"鄂审瓜 2011001"，审定名为'鄂西瓜 15 号'。

二、结果

1. 组合观察试验

2004 年春季，利用'WM213'、'WM235'等西瓜自交系选配了 9 个'黑美人'类型西瓜新组合。当年秋季进行了组合观察试验，根据皮色、皮厚、单果重、耐储运性、品质、产量等性状，从中筛选了 5 个优势较强的组合(表 18-20)。

表 18-20　组合观察试验结果

组合	皮色	中心糖/%	边糖/%	皮厚/cm	生长势	抗病性	全生育期/d
WM213×WM235	暗花	12.4	9.0	0.90	较强	强	96
WM213×WM297	暗花	12.1	8.6	0.95	较强	强	97
WM213×WM298	暗花	11.9	8.8	0.90	较强	较强	97
WM220×WM235	暗花	11.9	8.5	1.00	较强	强	95
WM220×WM298	暗花	12.0	8.9	0.95	较强	较强	98

2. 品种比较试验

2005~2006 年，将上述组合分别编号为 R01~R05，以合肥江淮园艺研究所的'黑美人'类型品种'夏丽'(CK1)和台湾农友种苗有限公司的'黑美人'(CK2)作对照，进行了两年品比试验。结果表明，R01(WM213×WM235)平均全生育期为 96.0 天，果实发育天数为 28.5 天，熟性早；生长势较强，耐湿性、耐旱性强，抗病性较强；平均皮厚 0.96cm，比 CK1 薄 0.02cm，比 CK2 薄 0.07cm；中心糖含量 12.2%，比

CK1 高 0.9%，比 CK2 高 0.5%，边糖含量 9.1%，均是参试组合中最高的；果肉大红色，剖面美观，纤维极少，无空心，综合品质最优；果皮硬脆、果肉硬，耐储运性强。平均产量 32 347.5kg/hm²，居第一位，比 CK1 增产 9.38%，比 CK2 增产 12.14%（表 18-21 和表 18-22）。

表 18-21　两年品种比较试验结果

组合代号	全生育期/d	果实发育天数/d	生长势	耐湿性	耐旱性	抗病性	皮色	皮厚/cm
R01	96.0	28.5	较强	较强	强	强	暗花皮	0.96
R02	98.0	30.0	较强	较强	强	较强	暗花皮	0.96
R03	99.0	30.0	较强	强	强	强	暗花皮	1.09
R04	101.0	31.0	较强	较强	强	较强	暗花皮	1.08
R05	100.5	30.5	较强	强	强	强	暗花皮	1.15
R06（CK1）	101.5	30.5	较强	较强	强	较强	暗花皮	0.98
R07（CK2）	100.0	30.0	较强	较强	强	较强	暗花皮	1.03

注：本表结果为两年试验结果平均值。

表 18-22　两年品种比较试验结果

组合代号	瓤色	中心糖含量/%	边糖含量/%	单果重/kg	产量/(kg/hm²)	比 CK1±/%	比 CK2±/%	名次
R01	大红	12.2	9.1	3.85	32 347.5	9.38	12.14	1
R02	大红	11.6	8.8	3.78	30 390.0	2.76	5.36	3
R03	大红	12.0	9.1	3.57	31 365.0	6.06	8.74	2
R04	大红	11.5	8.9	3.54	30 315.0	2.51	5.10	4
R05	大红	11.4	8.7	3.88	28 890.0	−2.31	0.16	6
R06（CK1）	大红	11.3	8.8	3.68	29 565.5	—	—	5
R07（CK2）	大红	11.7	8.6	3.67	28 845.0	—	—	7

注：本表结果为两年试验结果平均值。

3. 湖北省西瓜区域试验

'鄂西瓜 15 号'参加了 2009～2010 年的湖北省西瓜品种区域试验。两年的试验结果中，'鄂西瓜 15 号'的果实发育期平均为 29.3 天，全生育期 98.7 天，为早熟品种。中心糖含量平均为 11.90%，比对照品种'鄂西瓜 13 号'高 0.67%；边部 9.55%，比'鄂西瓜 13 号'高 0.87%，均居第一位。果皮厚 1.03cm，可食率平均为 56.52%；畸形果率 0.77%，裂果率 0%，空心率 0%。单果重平均为 2.10kg，两年平均产量为 28 214.4kg/hm²，比'鄂西瓜 13 号'减产 6.66%；其中 2009 年产量为 25 058.85kg/hm²，比'鄂西瓜 13 号'减产 3.87%，2010 年产量 31 369.8kg/hm²，比'鄂西瓜 13 号'减产 8.78%。2 年病害发病较重的炭疽病病情指数 33.72，疫病病情指数 11.30，病毒病病情指数 0.84，蔓枯病病情指数 1.06，枯萎病病株率 4.80%。综合两年区试结果，'鄂西瓜 15 号'为早熟品种，果实含糖量最高，综合品质显著优于对照品种'鄂西瓜 13 号'；对炭疽病、疫病、病毒病、蔓枯病、枯萎病的抗(耐)病性均与'鄂西瓜 13 号'相当，综合抗病性与'鄂西瓜 13 号'相当（表 18-23）。

表 18-23　'鄂西瓜 15 号'参加湖北省西瓜区域试验结果

年份	品种	果实发育天数/d	中心糖含量/%	边糖含量/%	皮厚/cm	单瓜重/kg	产量/(kg/hm²)	产量±CK/%
2009	鄂西瓜 15 号	30.0	12.13	9.63	1.09	2.14	25 058.85	−3.87
	鄂西瓜 13 号（CK）	30.0	11.81	9.06	0.94	2.75	26 068.05	—
2010	鄂西瓜 15 号	28.6	11.66	9.46	0.97	2.05	31 369.80	−8.78
	鄂西瓜 13 号（CK）	30.3	10.64	8.29	1.14	3.26	34 388.10	—
两年平均	鄂西瓜 15 号	29.3	11.90	9.55	1.03	2.10	13 214.40	−6.66
	鄂西瓜 13 号（CK）	30.2	11.23	8.68	1.04	3.01	30 228.15	—

4. 专家现场考察情况

2010 年 7 月 7 日，湖北省农作物品种审定委员会办公室组织西瓜专业组部分委员及专家，对'鄂西瓜 15 号'进行了现场考察。结果表明，'鄂西瓜 15 号'为早中熟有籽西瓜品种，果实长椭圆形，果皮墨绿色覆深墨绿色条纹，果皮厚 1.45cm；果肉大红色，中心糖含量 12.2%，边糖含量 9.0%。粗纤维较粗，无空心。第一坐果节位 12 节；坐果率 130%，平均单果重 2.74kg。专家组认为，'鄂西瓜 15 号'田间表现整齐一致，坐果率高，品质优，丰产性和商品性好。

三、结论

1. '鄂西瓜 15 号'特征特性

'鄂西瓜 15 号'为优质中果型有子西瓜品种，早熟，果实发育期 28～30 天；植株生长势较强，易座果；耐湿性、耐旱性强，抗病性较强；植株主蔓长约 4m，主蔓基部粗 0.5～0.6cm；叶片羽裂状，叶色绿；花为雌雄同株异花，极个别植株有两性花现象。果实长椭圆形，果形指数 1.8 左右；果皮墨绿色覆深墨绿色网状条带。果皮厚度 0.9cm 左右，坚韧，极耐储运；果肉硬脆，大红色，剖面美观，纤维少，无空心现象；中心糖含量 12% 左右，边糖含量 9% 左右，品质优；平均单瓜重 2.5kg 左右，30 000～33 000kg/hm^2；种子较长，黑色，中等大小，千粒重 47.8g 左右。

2. '鄂西瓜 15 号'栽培要点

(1)选用非连作田块，旱地要求间隔 5～7 年，水田要求间隔 3～4 年。

(2)育苗移栽。湖北省采用地膜覆盖栽培一般 3 月上中旬播种，苗龄 30 天左右，三叶一心移栽，栽培密度为每公顷定植 9750～10 500 株。

(3)自根栽培采用三蔓整枝，嫁接栽培采用三蔓或四蔓整枝，主蔓第三雌花或侧蔓第二雌花留果，每株可留 2～3 果；'鄂西瓜 15 号'坐果力强，注意及时疏果。

(4)科学管理肥水。氮磷钾肥均衡施用，膨瓜期保证肥水均衡供应，以防出现畸形果、空心果。

(5)注意防治病虫害，及时采收。

（戴照义　王运强　郭凤领　汪红胜　荣佩文）

第十五节　黄瓤无籽西瓜新品种'鄂西瓜 8 号'的选育

一、选育经过

1. 亲本选育

为了选育优质特色无籽西瓜新品种，我们通过收集、引进、分离筛选等方法手段，获得了一批优良西瓜育种材料；1995 年，我们又从美国、中国台湾等地引进了一批西瓜材料。通过对这些材料进行特征特性观察、适应性鉴定，从中筛选了一批特色西瓜育种材料，其中黄瓤材料 12 份，黄皮材料 2 份。1996 年我们对其中 8 份材料用秋水仙素处理幼苗进行加倍，有 6 份材料获得染色体加倍的四倍体西瓜材料。1997 年春、秋季和 1998 年春季，通过对诱变成功的四倍体西瓜材料进行观察、定向培育和选择，获得了 2 份生长健壮、坐果率高、果皮较薄、含糖量高、风味好的黄瓤四倍体西瓜新材料。同时，我们对二倍体材料进行加代选择，筛选了 3 份花皮黄瓤二倍体西瓜材料。

母本'W$_4$-36-12'是由美国引进的材料 W-36 中筛选的后代自交系诱变加倍选育而成。植株生长势强，易坐果，果实发育天数 35～38 天。果实圆球形，果型指数 0.98，单果重 4kg 左右。果皮墨绿色，皮厚 1.2cm 左右。果肉鲜黄色，中心糖含量 11%～12%。

父本'W$_2$-49-80-1'是由中国台湾引进的材料 W-49 中筛选出的后代自交系。果实发育天数 33～35 天，耐湿性、抗病性强。果实圆球形，果型指数 1.05，单果重 5～6kg。果皮绿色覆深绿条带，皮厚 0.95 左右。

果肉鲜黄色，纤维少，中心糖含量 11%左右。

2. 组合选配

1998 年秋季，我们根据这些四倍体和二倍体材料的特征特性，选配了 5 个黄瓤无籽西瓜新组合，分别为'W$_4$-36-12'×'W$_2$-29-12-7'、'W$_4$-36-12'×'W$_2$-49-80-1'、'W$_4$-36-12'×'W$_2$-54-16-8'、'W$_4$-39-8'×'W$_2$-49-80-1'、'W$_4$-39-8'×'W$_2$-54-16-8'。

3. 组合筛选

1999 年和 2000 年将上述组合分别编号为 W9911～W9915，在湖北省农科院进行了 2 年的比较试验，对照品种为'黑蜜 2 号'。结果表明，W9912、W9913、W9914 的综合性状均超过对照，其中以 W9912（W$_4$-36-12×W$_2$-49-80-1）表现最优，品质、抗性、产量表现优良且稳定，为中选组合。

二、选育结果

1. 品比试验

在 1999 年和 2000 年的品比试验中，W9912 的全生育期为 106.5 天，果实发育天数 36.0 天，在参试品种中熟性最早；生长势、耐湿性、耐旱性、抗病性均表现强；皮厚 1.17cm，是参试品种中最薄的；平均中心糖含量达到 11.6%，超过对照 0.45%，是参试品种中最高的，剖面美观，无空心，无着色籽，白秕子少且小，综合品质最优；平均亩产量 3286.7kg，居第一位，比对照品种'黑蜜 2 号'增产 12.82%，达极显著水平（表 18-24）。

表 18-24　'鄂西瓜 8 号'（W9912）品比试验结果

品种	果实发育天数/d	中心糖含量/%	边糖含量/%	皮厚/cm	单瓜重/kg	亩产量/kg	±CK/%
鄂西瓜 8 号	36.0	11.60	7.65	1.17	4.30	3286.7	12.82
黑蜜 2 号（CK）	36.5	11.15	7.20	1.33	4.25	2913.3	—

注：本表结果为两年试验结果平均值。

2. 区域试验

2002 年、2003 年，W9912 参加了湖北省西瓜区域试验（无籽组），两年平均结果表现为：中心糖含量 10.75%，比'黑蜜 5 号'高 1.90%，边糖含量 8.11%，皮厚 1.16cm；可食率 56.84%，比'黑蜜 5 号'高 2.79%；商品亩产量 2512.1kg，比'黑蜜 5 号'增产 3.10%；坐果指数 1.11，比'黑蜜 5 号'高 6.13%；单果重 4.26kg，商品率 91.94%；果实发育天数 33.5 天。

综合两年区域试验结果，W9912 品质较优，丰产性较强，抗病性比对照强（表 18-25）。

表 18-25　'鄂西瓜 8 号'（W9912）区域试验结果

年份	品种	果实发育天数/d	中心糖含量/%	边糖含量/%	皮厚/cm	单瓜重/kg	亩产量/kg	±CK/%
2002	鄂西瓜 8 号	32.8	10.73	7.86	1.17	4.40	2651.8	−1.31
	黑蜜 5 号（CK）	34.7	10.10	6.88	1.39	4.45	2687.1	—
2003	鄂西瓜 8 号	34.1	10.76	8.36	1.15	4.11	2372.3	8.50
	黑蜜 5 号（CK）	35.6	10.99	8.09	1.18	4.04	2185.8	—
两年平均	鄂西瓜 8 号	33.5	10.75	8.11	1.16	4.26	2512.1	3.10
	黑蜜 5 号（CK）	35.1	10.55	7.49	1.29	4.25	2436.5	—

3. 生产试验

2003 年'鄂西瓜 8 号'参加了由湖北省种子管理站组织的生产试验，试验在武汉市农科所、孝感市农科所和湖北省农科院三点进行。在生产试验中，'鄂西瓜 8 号'果实发育天数 33.7 天，中熟；坐果率 1.02，比对照品种'黑蜜5号'高9.1%；中心糖含量11.3%，边糖含量8.35%，含糖量比对照略高，无空心，皮厚1.2cm；果实整齐度好，综合发率病率10.55%，比对照低11.35%，综合抗病性比对照强。商品亩产量2317.53kg，比对照增产3.64%。综合以上性状，'鄂西瓜8号'品质优于'黑蜜5号'，亩产量与'黑蜜5号'相当，综合抗病性比'黑蜜5号'强。

4. 生产示范

2001～2003年'鄂西瓜8号'在湖北黄石、鄂州、长阳、天门、嘉鱼、荆州、广西、湖南等地进行生产示范，示范面积已超过5300hm²，每公顷产量在42～46.5t，每公顷产值在4.2万元以上，纯收入在2.25万元以上。示范中，'鄂西瓜8号'表现两大优点：一是抗病、耐湿、易坐果，植株生长旺盛；二是糖分高、品质好、瓜瓤鲜黄有特色。

三、品种特征特性

'鄂西瓜8号'中晚熟，全生育期105天左右，果实发育天数约35天。植株生长旺盛，分枝性好，易坐果，耐湿性、耐旱性强，抗病性强；植株主蔓长约5.0m，主茎粗约0.85cm；叶色浓绿；第一雌花着生节位7～9节，以后每隔4～6节着生一朵雌花，部分植株有两节连生雌花现象；果实圆球形，果形指数1.02；果皮墨绿色有隐暗条纹，上有蜡粉，果皮厚度1.15～1.20cm；果肉鲜黄色，剖面美观，纤维少，无空心及黄块；中心糖含量11%左右，边糖含量7%～8%；单果重5～7kg，一般亩产量在3000kg左右。

四、栽培技术要点

选用非连作田块种植，湖北省地膜覆盖栽培一般在3月中下旬育苗。嗑种催芽，催芽适温33～35℃，芽长0.5～1.0cm时播种。幼苗出土后应及时人工去除夹在子叶上的种壳(即摘帽)。一般在4月下旬，当苗龄30～35天，三叶一心时定植。定植时厢宽3～3.5m，每厢定植1行，株距34～37cm，种植密度每亩600～650株。定植时按8～10：1的比例配植有籽西瓜作授粉株。采用双蔓整枝，留主蔓和一条健壮子蔓，其余侧蔓全部除去。进行人工辅助授粉，一般在上午6：00～8：00进行，遇阴雨天气可推迟1h进行。选留主蔓第三雌花(16～20节)或侧蔓第二雌花(13～16节)上果实。生长中后期注意病虫害防治。'鄂西瓜8号'的果实发育期在35天左右，授粉时可作标记，采收时可依据此日期或其他性状指标适时采收。

（戴照义　邱正明　郭凤领　汪红胜）

第十六节　优质无籽西瓜新品种'鄂西瓜12号'的选育

一、选育过程

母本'W₄-48-3'是由台湾地区引进材料'W-48'用秋水仙碱加倍处理后经多年加代选育，获得了稳定的黑皮红瓤四倍体材料。中晚熟，果实发育天数37天左右；植株生长势强，耐湿性、耐旱性强，易坐果，抗病性强；果实近圆形，果形指数0.97；果皮深墨绿色，厚度1.2cm左右；果肉大红色，纤维较少；中心糖含量11%～12%；单果质量5～6kg。父本'W₂-38-42-1'是由美国引进的西瓜材料'W-38'经多年自交定向选育而成。早中熟，果实发育天数33天左右；植株生长势强，耐湿性、耐旱性强，抗病性较强；果实圆形，果形指数1.05；果皮绿色覆深绿条带，厚度0.95cm左右；果肉红色，纤维较少，细脆多汁，中心糖含量11%左右，剖面无空心；单果质量5～6kg。

1998年秋季进行配组，1999～2000年进行2年品种比较试验，2003～2004年参加湖北省无籽西瓜品种区域试验，总体表现为品质优，丰产性强，适应性强。2005年通过湖北省农作物品种审定委员会审定，定名为'鄂西瓜12号'，商品名'新黑蜜'。

二、选育结果

1. 品种比较试验

1999～2000 年在湖北省农业科学院试验基地进行品种比较试验，露地爬地栽培，小区面积 33.3m²，每小区定植 30 株，随机区组排列，3 次重复。两年播期分别为 4 月 1 日和 3 月 26 日。试验结果表明：'鄂西瓜 12 号'的全生育期为 106.5 天，果实发育天数 36.0 天。皮厚 1.20cm，是参试品种中最薄的；平均中心糖含量 11.60%，边糖 7.35%，均为参试品种中最高的，无空心，无着色籽，白秕子少且小，综合品质最优。生长势、耐湿性、耐旱性、抗病性均表现强。两年平均亩产量 2878.7kg，居第 1 位，比对照品种'黑蜜 2 号'增产 10.27%，差异显著（表 18-26）。

表 18-26　'鄂西瓜 12 号'品种比较试验结果

年份	品种	果实发育天数/d	中心糖含量/%	边糖含量/%	皮厚/cm	单瓜质量/kg	亩产量/kg	比 CK±/%
1999	鄂西瓜 12 号	36	11.7	7.7	1.2	4.7	3064.0	10.06
	黑蜜 2 号	37	11.0	7.1	1.3	4.6	2784.0	—
2000	鄂西瓜 12 号	36	11.5	7.4	1.2	4.3	2693.4	10.50
	黑蜜 2 号	36	11.3	7.2	1.3	4.3	2437.4	—

*表示与对照差异显著（α=0.05）；**表示与对照差异极显著（α=0.01）。

2. 区域试验

2003～2004 年'鄂西瓜 12 号'参加了湖北省西瓜品种区域试验（无籽组），采用露地爬地栽培，每年均设 8 个试验点（2003 年、2004 年分别有 3 个和 2 个试验点未能参加汇总），小区面积 22.2m²，定植 20 株，随机区组排列，3 次重复，对照品种为'黑蜜 5 号'。试验采用双蔓整枝，其他栽培管理方式参照当地栽培习惯。试验结果表明，'鄂西瓜 12 号'两年平均中心糖含量 10.88%，比对照高 0.05 个百分点，边糖含量 8.06%，皮厚 1.33cm，可食率 54.41%；每亩产量 2483.9kg，比对照增产 19.88%（2003 年、2004 年分别增产 19.40%、20.35%），单果质量 4.23kg；果实发育天数 35.0 天，与对照相当；炭疽病、疫病病情指数分别为 4.75%、2.05%，炭疽病发病率 4.35%，均比对照略低（表 18-27）。

表 18-27　'鄂西瓜 12 号'区域试验产量结果

年份	地点	亩产量/kg		比 CK±/%
		鄂西瓜 12 号	黑蜜 5 号（CK）	
2003	荆门	2612	2552	+2.35
	荆州	1672	925	+80.76
	武汉农科所	2909	2726	+6.71
	湖北省农科院	3333	2486	+34.07
	宜昌	2627	2240	+17.28
2004	荆门	4089.3	2810.9	+45.48
	孝感	2393.9	2560.6	−6.51
	荆州	1128.6	1048.5	+7.64
	武汉农科所	1324.1	982.7	+34.74
	湖北省农科院	2782.0	2585.0	+7.62
	宜昌	2304.2	1761.0	+30.85

3. 生产试验和示范

2001～2004 年，'鄂西瓜 12 号'在江夏、新洲、黄陂、黄石、鄂州、天门、嘉鱼、荆州等地进行生产试验和示范试种，普遍反映'鄂西瓜 12 号'的商品性和产量明显强于当地的主栽品种'黑蜜 2 号'、'黑蜜 5 号'，同时其耐湿性、抗病性较强，增产又增收，深受瓜农欢迎。

2002 年鄂州市杜山镇的试种结果：平均单产 2900kg，最高单产 3480kg，瓜农普遍反映'鄂西瓜 12 号'耐湿性强，多雨季节易坐果，果型大而整齐，商品性好，单瓜重 7～10kg，最大的达到 15kg；黄石市百亩连片的'鄂西瓜 12 号'平均单产 3000kg 以上，平均产值 2100 元以上，比'黑蜜 5 号'增产增收近 20%，经济效益显著；天门市反映'鄂西瓜 12 号'易坐果，平均单瓜重 7kg 以上，每亩单产 3000kg 左右，而且'鄂西瓜 12 号'瓜皮韧性好，不裂果，有利于长途运销。

三、品种特征特性

'鄂西瓜 12 号'为中熟大果型无籽西瓜，果实发育天数 35 天左右。果实圆球形，果形指数 1.02，果皮墨绿色，上有蜡粉，厚 1.2cm 左右；单果质量 5～7kg；果肉红色，剖面美观，纤维少，无空心及黄块，白秕子少且小；中心糖含量 11%～12%，边糖含量 7%～8%；植株生长势强，易坐果；耐湿性、耐旱性强，抗病性强；第 1 雌花着生节位 5～7 节，以后每隔 4～6 节着生一朵雌花。一般亩产量在 3000kg 左右。

四、栽培技术要点

'鄂西瓜 12 号'适于湖北省及周边省市种植。选用非连作田块，旱地要求间隔 5～7 年，水田要求间隔 3～4 年。播种期依各地气候条件和栽培方式而定，湖北省春季地膜覆盖栽培一般在 3 月下旬播种育苗，小拱棚半覆盖早熟栽培播种期可适当提前，秋季栽培可在 7 月中旬育苗或直播，育苗宜采用营养钵。一般三叶一心时移栽。密度为每亩 600～650 株。采用双蔓或三蔓整枝，留主蔓和 1～2 条健壮子蔓，其余侧蔓全部除去，坐果后一般不再整枝。坐果节位以主蔓第三雌花(16～20 节)或侧蔓第二雌花(13～16 节)为宜，每株选留一个果形圆整的果实。田间注意清沟排渍，适时防治病虫害，并注意农药安全间隔期。

（戴照义　郭凤领　李金泉　邱正明　汪红胜）

第十九章　高山蔬菜品种比较试验

第一节　高山大白菜(2011—2016)

一、2011 年

大白菜是高山蔬菜主要栽培的作物之一，但目前高山大白菜栽培的品种很杂，有的品种退化严重、抗病性差。我们在高山蔬菜主产区长阳进行了大白菜品种比较试验，调查不同品种的生育期、商品性、抗病性、产量等各方面的性状及市场适应性。2011 年试验结果报告如下。

(一)材料与方法

1. 供试品种

试验中参试品种一律使用代号，供试品种 34 个，对照品种为'山地王 2 号'，具体见表 19-1。

表 19-1　大白菜品种及来源

品种代号	品种名	品种来源
HC-1	10-41	国家区试品种
HC-2	10-42	国家区试品种
HC-3	10-43	国家区试品种
HC-4	10-44	国家区试品种
HC-5	10-45	国家区试品种
HC-6	10-47	国家区试品种
HC-7	10-48	国家区试品种
HC-8	春美	常兴种业
HC-9	德高 CR1016(原金锦 3 号)	常兴种业
HC-10	金锦 2 号	常兴种业
HC-11	金锦 3 号	常兴种业
HC-12	鄂春白 1 号	湖北省农科院
HC-13	鄂春白 2 号	湖北省农科院
HC-14	豫园春秋 1 号	河南郑州农科院
HC-15	豫园春秋 2 号	河南郑州农科院
HC-16	三口乐春白菜	浙江神良种业有限公司
HC-17	顶峰	北京丰桥国际种子有限公司
HC-18	四季霸王	云南中禾种业有限公司
HC-19	金福	云南中禾种业有限公司
HC-20	神青冬宝	中国郑州市蔬菜研究所
HC-21	B94163	中国农科院蔬菜花卉所
HC-22	B95512	中国农科院蔬菜花卉所
HC-23	CB9	常兴种业
HC-24	CB10	常兴种业
HC-25	CB11	常兴种业

品种代号	品种名	品种来源
HC-26	京春娃 2 号	国家蔬菜工程技术研究中心
HC-27	京春白 2 号	国家蔬菜工程技术研究中心
HC-28	10S-1	国家蔬菜工程技术研究中心
HC-29	10S-2	国家蔬菜工程技术研究中心
HC-30	10 娃 4	国家蔬菜工程技术研究中心
HC-31	09-185	青岛国际种苗有限公司
HC-32	09-W-17	青岛国际种苗有限公司
HC-33	CH34	青岛国际种苗有限公司
HC-34	豫园春天	河南郑州农科院

2. 试验方法

本试验安排在海拔 1800m 的宜昌长阳火烧坪高山蔬菜试验站基地进行，播种期 4 月 30 日，定植期 5 月 20 日，采用穴盘育苗，试验地前作为冬闲地，砂质壤土，地势平坦，土层深厚、肥沃，有机质含量丰富，犁耙精细，排水状况较好，露地栽培，采用随机区组排列，每小区定植 30 株，每亩定植 3500 株。试验地四周设保护行。栽培方式及田间管理完全按当地大田生产的无公害大白菜生产操作规程管理水平进行。

(二)结果与分析

1. 生育期比较

参试品种生育期表现为从定植至成熟适收期在 48～63 天(表 19-2)。

生育期少于 50 天的品种有：HC-5、HC-21、HC-27，生育期为 48 天，特别早熟。

生育期少于 50～55 天的品种有：HC-2、HC-3、HC-4、HC-15、HC-19、HC-22、HC-26、HC-30、HC-32、HC-33，较早熟。

生育期 55～60 天的品种有：HC-1、HC-6、HC-7、HC-8、HC-9、HC-10、HC-11、HC-12、HC-13、HC-14、HC-16、HC-17、HC-18、HC-28、HC-31、HC-34，中熟。

生育期 60～70 天的品种有：HC-20、HC-24、HC-29。

先期抽薹的品种有：HC-8、HC-23、HC-25。

表 19-2　不同大白菜品种生育期比较

品种代号	适收期(月/日)	抽薹期(月/日)	生育期/d
HC-1	7/19	—	59
HC-2	7/12	—	52
HC-3	7/12	—	52
HC-4	7/14	—	54
HC-5	7/8	—	48
HC-6	7/22	—	62
HC-7	7/17	—	57
HC-8	7/19	7/11	59
HC-9	7/17	—	57
HC-10	7/19	—	59
HC-11	7/19	—	59

续表

品种代号	适收期(月/日)	抽薹期(月/日)	生育期/d
HC-12	7/17	—	57
HC-13	7/16	—	56
HC-14	7/19	—	59
HC-15	7/12	—	52
HC-16	7/19	—	59
HC-17	7/19	—	59
HC-18	7/17	—	57
HC-19	7/11	—	51
HC-20	7/23	—	63
HC-21	7/8	—	48
HC-22	7/12	—	52
HC-23		7/20	
HC-24	7/23	—	63
HC-25		7/11	
HC-26	7/12	—	52
HC-27	7/8	—	48
HC-28	7/20	—	60
HC-29	7/21	—	61
HC-30	7/12	—	52
HC-31	7/20	—	60
HC-32	7/13	—	53
HC-33	7/14	—	54
HC-34	7/19	—	59

2. 植物学性状比较

各参试品种植特学性状特性见表 19-3。HC-2、HC-19、HC-33 为黄绿球，其余为绿球。

表 19-3　不同大白菜品种植物学性状比较

品种代号	生长势	株高×株幅 /(cm×cm)	外叶数	球形	球色	叶柄色	包球方式	球高×径 /(cm×cm)	中心柱 /cm	紧实度
HC-1	,++++	35.0×69.0	17	中筒	外绿内黄	白色	合抱	29.0×18.0	4.5	中−
HC-2	,+++++	35.0×58.0	18	高筒	外鲜绿内黄+	白色	合抱	39.0×18.0	1.4	中
HC-3	,++++	31.0×71.0	12	卵形	外绿内黄	白色	合抱	29.0×27.5	1.6	紧
HC-4	,+++++	28.0×57.0	13	中筒	外绿内黄−	白色	合抱	26.0×16.0	3.0	中
HC-5	,+++	32.0×50.0	16	短筒	外绿内黄+	浅白色	合抱	23.0×13.0	2.6	紧+
HC-6	,+++++	33.0×48.0	16	中筒	外浅绿内黄	浅绿色	合抱	25.0×22.0	4.0	松
HC-7	,+++	31.0×49.0	16	中筒	外浅绿内黄+	浅白色	合抱	28.0×16.0	2.3	中
HC-8	,++++	34.0×55.0	17	中筒	外绿内黄	白色	合抱	33.0×20.0	14.0	中
HC-9	,+++++	33.0×52.0	17	中筒	外绿内黄	白色	合抱	27.5×15.5	8.5	中
HC-10	,++++	33.0×55.0	20	中筒	外绿内黄	白色	合抱	31.0×17.0	7.0	松
HC-11	,++++	33.0×58.0	14	中筒	外绿内黄	白色	合抱	29.0×16.0	8.0	中
HC-12	,+++	32.0×56.0	15	中筒	外绿-内黄−	白色	合抱	26.0×20.5	3.1	紧
HC-13	,+++	37.0×62.0	19	长筒	外绿内白	白色	合抱	29.0×17.0	4.5	中+

续表

品种代号	生长势	株高×株幅/(cm×cm)	外叶数	球形	球色	叶柄色	包球方式	球高×径/(cm×cm)	中心柱/cm	紧实度
HC-14	,++++	32.0×50.0	12	短筒	外绿内黄	浅白色	合抱	23.0×13.0	6.0	紧实+
HC-15	,++++	34.0×50.0	11	中-筒	外绿内黄-	浅白色	合抱	26.0×16.0	7.0	中
HC-16	,++++	35.0×50.0	14	短筒	外浅绿内黄+	白色	合抱	27.0×17.5	3.7	中
HC-17	,+++++	30.0×49.0	17	中筒	外绿-内黄	白色	合抱	34.0×15.0	4.0	紧实+
HC-18	,+++++	32.0×58.0	17	短筒	外绿-内黄+	白色	合抱	28.0×16.0	3.5	中
HC-19	,+++++	37.0×50.0	12	中筒	外绿内黄-	白色	合抱	34.0×19.0	2.9	中
HC-20	,+++++	36.0×60.0	16	中筒	外绿内黄+	浅绿色	合抱	31.0×18.0	12.5	松
HC-21	,++++	30.0×55.0	17	短筒	外绿内橘红	白色	合抱	24.0×18.0	13.0	紧
HC-22	,++++	30.0×52.0	9	短筒	外绿内黄	白色	叠抱	25.5×14.5	2.7	紧实
HC-23	,+++++	33.0×57.0	17	中筒	外绿内黄	浅绿色	合抱	26.0×18.0	17.5	松
HC-24	,+++++	33.0×52.0	19	短筒	外浅绿内黄+	白色	合抱	21.0×15.5	4.7	松
HC-25	,+++++	26.0×48.0	15	短筒	外绿内黄	浅绿色	合抱	26.0×17.0	24.0	未包球
HC-26	,++++	36.0×55.0	11	炮弹型	外浅绿内浅黄绿	浅青色	合抱	26.0×17.0	3.1	紧
HC-27	,++++	27.0×50.0	10	短筒	外绿内黄-	浅青色	合抱	24.0×16.6	3.2	紧实
HC-28	,+++++	39.0×65.0	16	中筒	外浅绿内黄	浅绿色	合抱	30.0×17.0	2.7	中+
HC-29	,+++++	41.0×59.0	17	中宽筒	外浅绿内黄	白色	合抱	30.0×19.0	4.5	中
HC-30	,+++	30.0×54.0	13	短+筒	外绿内黄+	浅白绿色	叠抱	24.0×13.5	2.3	中
HC-31	,++++	31.0×51.0	16	短筒	外绿内黄	浅白色	合抱	26.0×15.5	2.5	中
HC-32	,+++	30.0×50.0	16	短筒	外绿内黄+	白色	合抱	33.0×14.5	3.4	紧实
HC-33	,+++++	36.0×60.0	14	长筒	外鲜黄绿内黄+	白色	合抱	31.0×20.0	1.9	中
HC-34	,++++	36.0×52.0	13	中筒	外绿内黄-	白色	合抱	26.0×15.5	9.0	紧实

3. 抗病性比较

我们于大白菜采收盛期调查田间病害发生情况，主要是霜霉病、根肿病(表 19-4)。

结果显示，抗病性品种有 HC-8、HC-9、HC-10、HC-11、HC-17，表现为免疫，有较强的抗病性；其余品种有不同程度的感病。

表 19-4　不同大白菜品种抗病性比较

品种名	霜霉病	根肿病	品种名	霜霉病	根肿病
HC-1	,+	,+	HC-18	,++	,++++
HC-2	,+++	,+	HC-19	/	,++
HC-3	/	,+	HC-20	/	,++++
HC-4	/	,+	HC-21	,+	,+
HC-5	,+	,+++	HC-22	,+	,++
HC-6	/	,+++	HC-23	/	,+
HC-7	,+++	,+	HC-24	,+++	,++++
HC-8	/	/	HC-25	/	,+
HC-9	/	/	HC-26	,+	,+
HC-10	/	/	HC-27	/	,++
HC-11	/	/	HC-28	,++++	,++
HC-12	,+	,+	HC-29	,++	,++
HC-13	,++	,+	HC-30	,++	,+++
HC-14	/	,+	HC-31	,++	,++
HC-15	,+	,+	HC-32	,++	,++++
HC-16	,+	,++	HC-33	,+++	,+
HC-17	/	/	HC-34	,+++	,+++

4. 产量比较

采取全区收获计产,然后以每亩 3500 株折算成亩产量(表 19-5),可以看出品种亩平均产量在 4995.00～12 555.0kg(表 19-5)。

表 19-5　大白菜品种产量比较

品种名	小区折合亩产均产量/kg	品种名	小区折合亩产均产量/kg
HC-1	6 150.0	HC-18	7 875.0
HC-2	5 175.0	HC-19	8 175.0
HC-3	5 100.0	HC-20	9 570.0
HC-4	8 475.0	HC-21	5 100.0
HC-5	5 475.0	HC-22	6 900.0
HC-6	8 325.0	HC-23	7 500.0
HC-7	5 850.0	HC-24	7 275.0
HC-8	8 775.0	HC-25	4 995.0
HC-9	9 300.0	HC-26	8 475.0
HC-10	7 725.0	HC-27	6 000.0
HC-11	8 325.0	HC-28	6 300.0
HC-12	7 500.0	HC-29	8 550.0
HC-13	11 175.0	HC-30	5 400.0
HC-14	6 825.0	HC-31	7 125.0
HC-15	6 450.0	HC-32	5 325.0
HC-16	7 650.0	HC-33	6 525.0
HC-17	8 025.0	HC-34	12 555.0

(三)结论与讨论

综上可知,综合性状表现品种如下:

黄绿球类型表现较好的有:HC-19;

绿球品种类型表现较好的有:HC-4、HC-6、HC-10、HC-11、HC-27。

二、2012 年

大白菜是高山蔬菜主要栽培的作物之一,但目前高山大白菜栽培的品种很杂,有的品种退化严重、抗病性差等。我们在高山蔬菜主产区长阳进行了大白菜品种比较试验,调查不同品种的生育期、商品性、抗病性、产量等各方面的性状及市场适应性。2012 年试验结果报告如下。

(一)材料与方法

1. 供试品种

试验中参试品种一律使用代号,供试品种 52 个,对照品种为'山地王 2 号',详情见表 19-6。

表 19-6　大白菜品种及来源

品种名	品种来源	品种名	品种来源
春美 2 号	湖北省农业科学院	B95512	中国农业科学院蔬菜花卉研究所
京春娃 2 号	国家蔬菜工程技术研究中心	CB9	常兴种业
京春白 2 号	国家蔬菜工程技术研究中心	CB10	常兴种业
11S-1	国家蔬菜工程技术研究中心	CB11	常兴种业
11S-2	国家蔬菜工程技术研究中心	CH34	青岛国际种苗有限公司
11CR-1	国家蔬菜工程技术研究中心	高冷地	圣尼斯种子北京有限公司
津秀 1 号	天津科润蔬菜研究所	利群-5F1	沈阳农大
津秀 2 号	天津科润蔬菜研究所	利群-10F1	沈阳农大
春绿 1 号	天津科润蔬菜研究所	CR 青春	北京世邦佳和种子有限公司
CR 高冷地		CR 夏光	北京世邦佳和种子有限公司
CR 春佳	东部韩农种苗科技北京有限公司	CR 盛夏	北京世邦佳和种子有限公司
抗病黄心 F_1	青岛明山农产种苗公司	CR 夏王	北京利田种苗开发中心
CR 夏秀白菜	青岛明山农产种苗公司	CR 春大黄	北京利田种苗开发中心
CR 黄心秋 F_1	青岛明山农产种苗公司	吉春	福建省福州市台江区排尾路 68 号
高抗黄冠	山东省临朐县沂丰种子有限公司	山地王	中央种苗株式会社
沂丰橘红心	山东省临朐县沂丰种子有限公司	山地王 2 号	中央种苗株式会社
青丰秋抗 3 号	青州市新科种业	夏秋王子	潍坊惠农种业科技有限公司
宝丰新秀 F_1	青州市新科种业	CR001	北京世友喜德种业科技有限公司
CCR11242	云南农科院	CR002	北京世友喜德种业科技有限公司
金锦	福州农播王种苗有限公司	GL-N60	广良引进
金锦 3 号	常兴种业	GL-N50	广良引进
豫园春秋 1 号	河南郑州农科院	D-4101	镇江瑞繁
顶峰	北京丰桥国际种子有限公司	D-4102	镇江瑞繁
金福	云南中禾种业有限公司	黄爱 75	李鹏程
神青冬宝	中国郑州市蔬菜研究所	特 1×10070	北京利田种苗开发中心
B94163	中国农科院蔬菜花卉所	特 1×10040	北京利田种苗开发中心

2. 方法

本试验安排在海拔 1800m 的宜昌长阳火烧坪高山蔬菜试验站基地进行,播种期 5 月 30 日,定植期 6 月 22 日,采用穴盘育苗,试验地前作为冬闲地,砂质壤土,地势平坦,土层深厚、肥沃,有机质含量丰富,犁耙精细,排水状况较好,露地栽培,采用随机区组排列,每小区定植 30 株,每亩定植 3500 株。试验地四周设保护行。栽培方式及田间管理完全按当地大田生产的无公害大白菜生产操作规程管理水平进行。

(二)结果与分析

1. 生育期比较

参试品种生育期表现为从定植至成熟适收期在 41~66 天(表 19-7)。

表 19-7 不同大白菜品种生育期比较

品种名	适收期(月/日)	抽薹期(月/日)	生育期/d	品种名	适收期(月/日)	抽薹期(月/日)	生育期/d
春美 2 号	8/7	—	46	B95512	8/7	—	46
京春娃 2 号	8/2	—	41	CB9	8/29	—	68
京春白 2 号	8/2	—	41	CB10	—	—	—
11S-1	8/12	—	51	CB11	8/10	—	49
11S-2	8/10	—	49	CH34	8/2	—	41
11CR-1	8/9	—	48	高冷地	8/10	—	49
津秀 1 号	8/7	—	46	利群-5F1	8/15	—	54
津秀 2 号	8/2	—	41	利群-10F1	8/10	—	49
春绿 1 号	8/9	—	48	CR 青春	8/9	—	48
CR 高冷地	8/12	—	51	CR 夏光	8/10	—	49
CR 春佳	8/7	—	46	CR 盛夏	8/7	—	46
抗病黄心 F_1	8/9	—	48	CR 夏王	8/11	—	50
CR 夏秀白菜	8/10	—	49	CR 春大黄	8/8	—	47
CR 黄心秋 F_1	8/9	—	48	吉春	8/14	—	53
高抗黄冠	8/7	—	46	山地王	8/7	—	46
沂丰橘红心	8/7	—	46	山地王 2 号	8/17	—	56
青丰秋抗 3 号	—	—	—	夏秋王子	8/3	7/24	42
宝丰新秀 F_1	8/12	—	51	CR001	8/10	—	49
CCR11242	8/27	—	66	CR002	8/13	—	52
金锦	8/7	—	46	GL-N60	8/26	—	65
金锦 3 号	8/7	—	46	GL-N50	8/26	—	65
豫园春秋 1 号	8/7	—	46	D-4101	8/2	8/2	41
顶峰	—	—	—	D-4102	8/7	—	46
金福	8/2	—	41	黄爱 75	8/26	—	65
神青冬宝	—	—	—	特 1×10070	8/11	—	50
B94163	8/2	—	41	特 1×10040	8/9	—	48

定植后于 50～60 天成熟的品种有：11S-1、'CR 高冷地'、'宝丰新秀 F_1'、'利群-5F1'、'CR 夏王'、'吉春'、'山地王 2 号'、'CR002'、'特 1×10070'，中熟；

定植后 60～70 天成熟品种有：'CCR11242'、'CB9'、'GL-N60'、'GL-N50'、'黄爱 75'。

其余品种定植后少于 50 天成熟，特别早熟。

先期抽薹的品种有：'夏秋王子'、'D-4101'。

2. 植物学性状比较

各参试品种植特学性状特性见表 19-8。'金福'、CH34 为黄绿球，其余为绿球。

娃娃菜型有 '豫园春秋 1 号'、GL-N50；球形短筒型有 '津秀 1 号'、'津秀 2 号'、'CR 高冷地'、'CR 春佳'、'CR 夏秀白菜'、'CR 黄心秋 F_1'、'沂丰橘红心'、'B94163'、'CR 青春'、'CR 盛夏'、'CR 夏王'；球形近圆球形有 '高冷地'；球形倒锥形有 '金福'、CH34、'夏秋王子'、D-4101，其余的能结球的都是中筒型球形。

外叶数较多的品种有 GL-N60、GL-N50，外叶叶片数达 20 片以上。

'青丰秋抗 3 号'、'顶峰'、'神青冬宝'、CB10 严重根肿病，无法形成商品。

表 19-8　不同大白菜品种植物学性状比较

品种名	株形	株高×株幅 /(cm×cm)	叶色	叶柄色	外叶数	球形	球色	球重/g	球高×径 /(cm×cm)	中心柱 /cm	紧实度
春美 2 号	直立	30.0×52.0	鲜绿	绿	8	炮弹形	外绿内黄	1462.5	26.5×15.0	2.7×3.5	紧
京春娃 2 号	直立	29.5×51.0	暗绿	浅绿	14	中筒	外绿内黄	1016.6	24.0×12.6	2.2×3.4	中+
京春白 2 号	半立	32.0×56.0	浅绿	浅绿	12	中筒	外浅绿内浅绿黄	1490.0	26.3×14.6	2.0×3.2	中
11S-1	直立	37.0×55.0	绿	浅绿	13	中筒	外绿内黄	1200.0	32.0×14.0	2.6×3.5	中
11S-2	直立	27.5×54.0	绿	浅绿	10	中-筒	外绿内黄+	1033.3	26.0×12.7	2.4×3.5	中+
11CR-1	直立	34.5×52.5	深绿	绿	13	中筒	外绿内黄	1093.3	27.5×15.0	2.7×4.0	中
津秀 1 号	直立	26.0×50.0	绿	绿	9	短筒	外绿内黄+	1045.0	21.5×14.0	2.0×2.5	中
津秀 2 号	半立	26.0×56.0	绿	浅绿	8	短筒	外绿内黄	1033.3	19.5×14.7	2.8×3.2	紧
春绿 1 号	直立	33.0×60.5	深绿	绿	9	锥形	外深鲜内黄	893.3	34.0×12.0	1.5×2.4	中
CR 高冷地	直立	35.0×47.0	绿	绿	16	炮弹形 短筒	外绿内黄	900.0	24.0×12.2	2.0×3.5	中-
CR 春佳	半立	20.0×52.0	绿	浅绿	13	短筒	外绿内黄	1056.7	23.0×15.5	2.8×4.0	紧
抗病黄心 F_1	半立	28.0×58.0	鲜绿	绿	14	炮弹	外绿内黄	1300.0	28.5×14.5	3.5×4.0	紧
CR 夏秀白菜	半立	24.0×49.0	深绿	绿	9	短筒	外绿内黄-	900.0	22.0×13.2	2.5×3.0	中 +
CR 黄心秋 F_1	半立	27.0×47.0	绿	浅绿	19	短筒	外浅绿内黄	800.0	26.7×15.0	1.7×3.5	紧
高抗黄冠	半开	31.0×56.0	绿	绿	9	中筒	外绿内黄	1340.0	30.0×19.0	4.5×3.5	中松
沂丰桔红心	半立	29.0×40.0	绿	浅绿	15	小+短筒	外绿内黄+	500.0	21.5×11.5	2.5×2.7	中
宝丰新秀 F_1	半立	29.5×64.5	深绿	绿	7	中筒	外绿内黄	1300.0	27.0×14.0	4.3×2.8	中
CCR11242	立	42.0×52.0	绿	绿	15	尖长筒	外绿内黄+	1550.0	32.5×14.5	2.0×3.8	中
金锦	直立	36.0×50.0	绿	浅绿	9	中筒	外鲜绿内黄	1108.3	28.0×14.0	1.6×3.0	松
金锦 3 号	直立	32.0×50.0	绿	浅绿	11	炮弹	外鲜绿内黄	1266.7	27.0×13.0	3.0×3.5	中
豫园春秋 1 号	半立	19.5×40.8	绿	绿	9	短 + 筒	外绿内黄	741.7	26.0×10.5	2.2×2.7	紧
金福	直立	33.0×54.5	黄绿	浅白	10	倒锥	外黄内黄	1101.6	30.0×13.4	1.6×3.0	紧
B94163	半立	22.5×48.5	绿	浅白	11	短筒近圆	外绿内橘红	687.5	20.5×10.4	1.3×3.0	紧
B95512	半立	30.0×66.0	深绿	浅绿	9	中筒	外浅绿内黄+	748.3	23.5×10.3	3.5×2.5	紧
CB9	立	38.0×43.0	绿	浅绿	12	中筒	外绿内黄	1750.0	27.0×15.5	3.0×4.7	
CB11	立	26.0×47.0	绿	浅白	11	中短筒	外绿内浅黄	820.0	24.0×15.0	2.5×3.5	中
CH34	直立	28.0×66.0	黄绿	浅白	16	倒锥	外浅黄内黄	901.7	28.5×14.5	1.9×3.6	紧
高冷地	半开	25.0×60.0	绿	浅绿	13	短筒近圆	外浅绿内浅黄	966.7	24.0×14.5	1.0×3.2	中
利群-5F_1	立	28.0×47.0	鲜浅绿	浅绿	14	中筒	外绿内黄	990.0	25.0×13.6	2.8×3.6	
利群-10F_1	立	35.0×44.0	深绿	绿	17	中+圆球	外绿内黄	1450.0	25.0×17.0	3.0×4.0	
CR 青春	立	31.0×58.0	深鲜绿	浅绿	12	短筒	外绿内黄	1400.0	26.0×16.5	3.4×4.0	中+
CR 夏光	立	32.0×53.0	绿	浅绿	14	炮弹	外绿内黄+	958.3	26.5×12.0	2.0×3.0	松
CR 盛夏	半立	33.0×56.0	深绿	浅绿	17	短筒炮弹	外绿内黄	993.3	26.0×14.5	2.5×2.6	中
CR 夏王	半立	29.5×46.0	绿	浅绿	17	短筒炮弹	外绿内黄	940.0	24.0×14.0	3.5×2.6	中
CR 春大黄	半立	34.0×70.0	绿	浅白	13	中筒	外绿内黄+	1200.0	27.0×14.0	1.9×3.2	中
吉春	半立	37.0×60.0	鲜绿	绿	12	炮弹中筒	外绿内黄	1166.7	25.0×14.5	2.6×3.5	中

续表

品种名	株形	株高×株幅/(cm×cm)	叶色	叶柄色	外叶数	球形	球色	球重/g	球高×径/(cm×cm)	中心柱/cm	紧实度
山地王	半立	31.0×55.0	绿	浅绿	10	中-筒炮弹	外绿内浅黄	1233.3	25.0×15.0	2.2×3.2	中
山地王2号	立	40.5×53.0	深绿	绿	14	炮弹	外绿内黄	1180.0	25.0×14.5	3.5×3.2	
夏秋王子	立	30.0×50.0	浅绿	浅绿	10	倒锥	外绿内黄-	1050.0	23.0×13.5	13.0×2.7	中+
CR001	立	34.0×55.0	绿		17	中筒	外绿内黄+	925.0	23.5×11.5	2.0×3.3	中+
CR002		35.0×45.0	绿		14	中筒	外绿内黄+	800.0	22.0×10.5	2.2×2.8	松
GL-N60	立	36.0×50.0	鲜绿	绿	24	中筒	外绿内黄	1500.0	24.8×16.0	3.4×4.3	中+
GL-N50	开	35.0×52.0	黑绿	浅绿	21	尖小筒娃	外绿内黄	1000.0	23.7×12.3	2.0×3.8	中
D-4101	立	31.0×56.0	浅黄	浅白	14	倒锥	外浅绿内绿	836.7	31.0×13.0	2.8×2.5	松
D-4102	立	33.0×52.0	浅黄绿	浅绿	9	中筒	外绿内黄	1200.0	22.5×15.0	2.2×3.0	中+
黄爱75	半立	41.0×50.0	深绿	浅绿	15	中长筒	外绿内黄	1750.0	30.0×16.0	2.0×4.3	中
特1×10070	立	34.0×56.0	深绿	绿	16	中炮弹	外绿内黄+	875.0	25.0×11.6	1.4×3.3	
特1×10040	立	37.5×67.0	深绿	绿	12	长炮弹	外绿内黄+	1266.7	32.0×13.0	2.0×3.0	中

3. 抗病性比较

我们于大白菜采收盛期调查田间病害发生情况，主要是根肿病、黑斑病、软腐病、霜霉病(表19-9)。由于田间根肿病病原土壤分布不均匀，发现根肿病的品种一定是感根肿病的品种，未发现根肿病的品种不一定全部都是抗根肿病的品种，只能作为参考。

结果显示：生育期内未感根肿病的品种有'春美2号'、'CR高冷地'、'抗病黄心F$_1$'、CCR11242、'金锦'、'金锦3号'、CH34、'高冷地'、'利群-5F$_1$'、'CR青春'、GL-N60、GL-N50、D-4101，表现为免疫，有较强的抗病性；其余品种有不同程度的感病，特别是'青丰秋抗3号'、'顶峰'、'神青冬宝'、'CB10'感病严重，全部提早死亡。

综合表现抗病好的品种有'春美2号'、'高冷地'、'利群-5F$_1$'、'CR青春'。

表19-9　不同大白菜品种抗病性比较

品种名	根肿病发病率/%	黑斑病	软腐病	霜霉病	品种名	根肿病发病率/%	黑斑病	软腐病	霜霉病
春美2号	0	—	—	霜霉+	B95512	50.0	—	—	—
京春娃2号	59.1	—	—	—	CB9	4.2	—	—	—
京春白2号	14.2	—	—	霜霉++	CB10	100	—	—	—
11S-1	38.1	—	—	—	CB11	41.7	—	—	—
11S-2	63.6	—	—	—	CH34	0	—	软腐	霜霉
11CR-1	4.1	—	—	—	高冷地	0	—	—	—
津秀1号	45.5	—	—	—	利群-5F1	0	—	—	—
津秀2号	81.8	—	—	—	利群-10F1	9.5	—	—	—
春绿1号	45.5	—	—	—	CR青春	0	—	—	—
CR高冷地	0	—	—	霜霉	CR夏光	9.1	—	—	—
CR春佳	66.7	—	—	—	CR盛夏	18.2	—	黑腐软腐	霜霉
抗病黄心F$_1$	0	—	黑腐	霜霉	CR夏王	4.8	—	黑斑	霜霉
CR夏秀白菜	9.5	—	—	—	CR春大黄	9.1	—	黑斑+++	
CR黄心秋F$_1$	86.4	—	—	—	吉春	25.0	—	—	霜霉
高抗黄冠	66.7	—	—	—	山地王	28.6	—	软腐	—

品种名	根肿病发病率/%	黑斑病	软腐病	霜霉病	品种名	根肿病发病率/%	黑斑病	软腐病	霜霉病
沂丰橘红心	77.3	—	—	—	山地王 2 号	20.0	—	—	霜霉++
青丰秋抗 3 号	100	—	—	—	夏秋王子	65.0	—	—	—
宝丰新秀 F1	26.1	—	—	霜霉	CR001	5.0	—	—	—
CCR11242	0	—	—	霜霉	CR002	19.0	—	—	—
金锦	0	—	黑斑	霜霉	GL-N60	0	—	黑斑	霜霉
金锦 3 号	0	—	软腐	霜霉	GL-N50	0	—	黑斑	—
豫园春秋 1 号	65.2	—	—	—	D-4101	0	—	软腐	—
顶峰	100	—	—	—	D-4102	9.1	—	心桩烂	霜霉+
金福	36.0	—	软腐重	—	黄爱 75	25.0	—	软腐	—
神青冬宝	78.3	—	—	—	特 1×10070	44.4	—	—	—
B94163	91.3	—	炭疽	—	特 1×10040	22.7	—	黑斑黑腐	—

4. 产量比较

采取全区收获计产,然后以每亩 3500 株折算成亩产量(表 19-10),可以看出品种亩平均产量在 1750.0～6125.0kg。

表 19-10 大白菜品种产量比较

品种名	小区折合亩均产量/kg	品种名	小区折合亩均产量/kg
春美 2 号	5206.3	B95512	2619.2
京春娃 2 号	3558.3	CB9	6125.0
京春白 2 号	5215.0	CB10	—
11S-1	4200.0	CB11	2870.0
11S-2	3616.7	CH34	3155.8
11CR-1	3826.7	高冷地	3383.3
津秀 1 号	3657.5	利群-5F₁	3465.0
津秀 2 号	3616.7	利群-10F₁	5075.0
春绿 1 号	3126.7	CR 青春	4900.0
CR 高冷地	3150.0	CR 夏光	3354.2
CR 春佳	3698.3	CR 盛夏	3476.7
抗病黄心 F₁	4550.0	CR 夏王	3290.0
CR 夏秀白菜	3150.0	CR 春大黄	4200.0
CR 黄心秋 F₁	2800.0	吉春	4083.3
高抗黄冠	4690.0	山地王	4316.7
沂丰橘红心	1750.0	山地王 2 号	4130.0
青丰秋抗 3 号	—	夏秋王子	3675.0
宝丰新秀 F₁	4550.0	CR001	3237.5
CCR11242	5425.0	CR002	2800.0
金锦	3879.2	GL-N60	5250.0
金锦 3 号	4433.3	GL-N50	3500.0
豫园春秋 1 号	2595.8	D-4101	2928.3
顶峰	—	D-4102	4200.0
金福	3855.8	黄爱 75	6125.0
神青冬宝	—	特 1×10070	3062.5
B94163	2406.3	特 1×10040	4433.3

亩均产量在 5000kg 以上的品种有'CB9'、'黄爱 75'、'CCR11242'、'GL-N60'、'京春白 2 号'、'春美 2 号'、'利群-10F₁'，产量分别为 6125.0kg、6125.0kg、5425.0kg、5250.0kg、5215.0kg、5206.3kg、5075.0kg。亩均产量在 3000kg 以下的品种有 D-4101、CB11、'CR 黄心秋 F₁'、'CR002'、'B95512'、'豫园春秋 1 号'、'B94163'、'沂丰橘红心'，产量分别为 2928.3kg、2870.0kg、2800.0kg、2800.0kg、2619.2kg、2595.8kg、2406.3kg、1750.0kg。

(三)结论与讨论

综上可知，综合性状表现品种如下：
娃娃菜类型表现较好的有'GL-N50'；
近圆球形表现较好的有'高冷地'；
短筒型表现较好的有'CR 高冷地'、'CR 青春'；
长筒型表现较好的有'CCR11242'；
中筒型表现较好的有'春美 2 号'、'11CR-1'、'抗病黄心 F₁'、'CB9'、'利群-5F₁'、'利群-10F₁'、'CR 夏光'、'GL-N60'、'D-4102'、'黄爱 75'、'特 1×10070'。

在根肿病地区可推广的品种有'春美 2 号'、'CR 高冷地'、'抗病黄心 F₁'、CCR11242、'利群-5F₁'、'CR 青春'、'GL-N60'、'GL-N50'、'D-4101'。

三、2013 年

大白菜是高山蔬菜主要栽培的作物之一，但目前高山大白菜栽培的品种很杂，有的品种退化严重、抗病性差等，我们在高山蔬菜主产区长阳进行了大白菜品种比较试验，调查不同品种的生育期、商品性、抗病性、产量等各方面的性状及市场适应性。2013 年试验结果报告如下。

(一)材料与方法

1. 供试品种

试验中参试品种一律使用代号，供试品种 34 个，对照品种为'山地王'，详情见表 19-11。

表 19-11　大白菜品种及来源

品种名	品种来源	品种名	品种来源
春抗 001	中国种子集团	春美 2 号	湖北省农科院
春抗 002	中国种子集团	京春娃 2 号	北京蔬菜中心
春抗 003	中国种子集团	京春白 2 号	北京蔬菜中心
Cr 白菜 12-101	中国种子集团	11CR-1	北京蔬菜中心
CR 中宝黄	中国种子集团	CR 高冷地	常兴种业
特 1×10020	北京利田种苗开发中心	抗病黄心 F₁	青岛明山农产种苗公司
特 1×10040	北京利田种苗开发中心	金锦	福州农播王种苗有限公司
特 1×10070	北京利田种苗开发中心	金锦 3 号	常兴种业
GL-N50	广良引进	CB9	常兴种业
GL-N60	广良引进	利群 5F₁	沈阳农大
CL-N65	广良引进	利群 10F₁	沈阳农大
12CR-1	北京蔬菜中心	CR 青春	北京世邦佳和种子有限公司
3×C	贵州农科院	CR 夏王	北京利田种苗开发中心
黔白 1 号	贵州农科院	吉春	北京利田种苗开发中心
抗大 3 号	云南农科院	山地王	中央种苗株式会社
迷你娃娃菜	云南农科院	D4102	镇江瑞繁
精典	湖北省农科院	黄爱 75	李鹏程
B94163	中国农科院蔬菜花卉所	特 1×10040	北京利田种苗开发中心

2. 方法

本试验安排在海拔 1800m 的宜昌长阳火烧坪高山蔬菜试验站基地进行，播种期 5 月 16 日，定植期 6 月 2 日，采用穴盘育苗，试验地前作为冬闲地，砂质壤土，地势平坦，土层深厚、肥沃，有机质含量丰富，犁耙精细，排水状况较好，露地栽培，采用随机区组排列，每小区定植 30 株，每亩定植 3500 株。试验地四周设保护行。栽培方式及田间管理完全按当地大田生产的无公害大白菜生产操作规程管理水平进行。

(二)结果与分析

1. 生育期比较

参试品种生育期表现为从定植至成熟适收期在 47～60 天(表 19-12)。

表 19-12　不同大白菜品种生育期比较

品种名	适收期(月/日)	抽薹期(月/日)	生育期/d	品种名	适收期(月/日)	抽薹期(月/日)	生育期/d
春抗 001	8/1	—	60	春美 2 号	8/1	—	60
春抗 002	8/1	—	60	京春娃 2 号	8/1	—	60
春抗 003	8/1	—	60	京春白 2 号	8/1	—	60
Cr 白菜 12-101	8/1	—	60	11CR-1	8/1	—	60
CR 中宝黄	8/1	—	60	CR 高冷地	8/1	—	60
特 1×10020	8/1	—	60	抗病黄心 F_1	8/1	—	60
特 1×10040	8/1	—	60	金锦	8/1	—	60
特 1×10070	8/1	—	60	金锦 3 号	8/1	—	60
GL-N50	8/1	—	60	CB9	8/1	—	60
GL-N60	8/1	—	60	利群 5F$_1$	8/1	—	60
CL-N65	8/1	—	60	利群 10F$_1$	8/1	—	60
12CR-1	8/1	—	60	CR 青春	8/1	—	60
3×C	7/19	—	47	CR 夏王	8/1	—	60
黔白 1 号	7/19	—	47	吉春	8/1	—	60
抗大 3 号	8/1	—	60	山地王	8/1	—	60
迷你娃娃菜	7/19	—	47	D4102	8/1	—	60
精典	8/1	—	60	黄爱 75	8/1	—	60

定植后 47 天成熟的品种有'3×C'、'黔白 1 号'、'迷你娃娃菜'，其余品种为 60 天。都未发生先期抽薹。

2. 植物学性状比较

各参试品种植特学性状特性见表 19-13。'黔白 1 号'为黄绿球，其余为绿球。

娃娃菜型有迷你娃娃菜；其余的能结球的都是中筒型球形。

表 19-13　不同大白菜品种植物学性状比较

品种名	株高/cm	株幅/cm	外叶数	球形	球色	球重/g	球高×径/(cm×cm)	中心柱/cm	紧实度
春抗 001	27.0	42.5	15	短筒	外绿内黄+叶肉多	1005.0	24.0×13.5	2.1	紧
春抗 002	29.5	65.0	15	短椭圆	外绿内浅黄叶肉多	1175.0	23.5×17.0	2.9	紧
春抗 003	33.0	51.0	14	长炮弹	外绿内白	2050.0	28.5×17.0	12.3	紧
Cr 白菜 12-101	28.5	56.0	14	短筒	外绿内黄+叶肉多	1450.0	26.0×15.5	3.7	紧
CR 中宝黄	32.0	53.0	10	中筒	外绿内浅黄	1857.5	26.0×14.0	4.9	紧
特 1×10020	28.0	49.0	9	短细筒	外绿内黄	1190.0	26.0×13.0	2.5	紧
特 1×10040	38.0	62.0	15	长细筒	外绿内黄	1600.0	30.5×14.0	3.8 心尖	紧
特 1×10070	31.0	55.0	17	短筒	外绿内黄叶肉多	1510.0	26.0×15.5	7 心长	紧
GL-N50	32.0	61.0	14	短筒	外绿内黄	1810.0	26.0×16.0	9.3 心长	紧
GL-N60	27.0	56.0	15	中短筒	外绿内黄	2025.0	27.0×17.0	9.5 心长尖	紧
CL-N65	36.0	56.0	14	长筒	外绿内黄+叶肉多	1925.0	30.0×14.0	2.2	紧
12CR-1	35.0	54.0	20	中胖筒	外浅绿内黄	1987.5	27.0×18.0	2.5	紧
3×C	38.0	51.0	7	直筒	外绿内黄绿	510.0	29.5×6.0	1.8	紧
黔白 1 号	37.0	50.0	9	直筒	外黄绿内黄心	1100.0	32.5×8.8	2.2	紧
抗大 3 号	38.0	61.0	11	中长筒	外绿内黄柄多	1720.0	30.0×14.0	11.0	紧
迷你娃娃菜	30.0	47.0		短筒	外绿内黄+	510.0	21.8×11.0	1.5	紧
精典	28.0	53.0	12	短筒	外浅绿内浅黄叶肉多	1595.0	26.0×14.0	10.2	紧
春美 2 号	32.0	62.0	14	中筒炮弹	外绿内浅黄柄多	2175.0	27.0×15.0	4.6	紧
京春娃 2 号	30.0	57.0	7	短筒紧实	外浅绿内黄	1560.0	22.0×14.0	3.2	紧
京春白 2 号	28.0	50.0	8	短筒	外浅绿内浅白	1637.5	26.0×16.0	4.3	紧
11CR-1	30.0	58.0	18	短筒	外绿内黄+	1637.5	25.5×16.0	3.0	紧
CR 高冷地	30.0	60.0	14	短筒	外绿内浅黄	1912.5	25.0×16.0	5.0	紧
抗病黄心 F_1	27.0	54.0	17	小短筒	外绿内黄+叶肉多	1175.0	23.0×14.5	3.5	紧
金锦	30.0	52.0	7	中筒炮弹	外浅绿内浅黄柄多	1465.0	27.0×15.0	2.2	紧
金锦 3 号	31.0	56.0	17	短筒	外绿内黄	1350.0	28.0×16.0	3.0	紧
CB9	35.0	64.0	14	中筒	外绿内黄+	1687.5	28.0×17.0	5.5	紧
利群 5F_1	30.0	56.0	15	短筒	外绿内浅黄柄多	1487.5	24.0×12.5	9.0	紧
利群 10F_1	32.0	65.0	15	胖中筒	外绿内黄+叶肉多	1770.0	25.0×15.5	3.2	紧
CR 青春	30.0	49.0	14	短筒	外浅绿内浅黄叶肉多	1462.5	23.5×15.5	6.0	紧
CR 夏王	29.0	49.0	16	中短筒	外绿内黄	1462.5	25.0×15.0	3.2	紧
吉春	28.0	50.0	12	中短筒	外绿内白柄多	1862.5	28.0×16.0	5.0	紧
山地王	26.0	54.0	11	中短筒	外绿内黄绿	1390.0	25.0×14.0	2.0	紧
D4102	28.0	50.0	10	中短筒	外浅绿内黄柄多	1540.0	27.0×14.0	2.0	紧
黄爱 75	30.0	50.0	14	大中筒	外浅绿内黄柄多	2175.0	29.5×15.0	5.3	紧

3. 抗病性比较

我们于大白菜采收盛期调查田间病害发生情况，主要是根肿病、枯边病、柄污病、霜霉病（表 19-14）。

表 19-14　不同大白菜品种抗病性比较

品种名	根肿病	枯边病	柄污病	霜霉病	品种名	根肿病	枯边病	柄污病	霜霉病
春抗 001	有	—	—	—	春美 2 号	无	—	柄污	—
春抗 002	有	—	内叶有病	—	京春娃 2 号	有	—	早衰	—
春抗 003	有	—	柄污	—	京春白 2 号	有	—	早衰	—
Cr 白菜 12-101	部分有	—	—	—	11CR-1	少	—	—	—
CR 中宝黄	—	枯边	柄污	—	CR 高冷地	无	—	—	—
特 1×10020	有	—	柄污	—	抗病黄心 F₁	有	—	柄污	—
特 1×10040	无	—	—	—	金锦	无	—	—	—
特 1×10070	有	—	—	—	金锦 3 号	无	—	柄污	—
GL-N50	2/58	—	—	—	CB9	有	—	—	—
GL-N60	2/58	—	—	病重	利群 5F₁	少	—	—	—
CL-N65	5/56	—	—	—	利群 10F₁	有	—	—	—
12CR-1	有	—	—	—	CR 青春	少	—	—	—
3×C	有	—	—	—	CR 夏王	中	—	柄污	—
黔白 1 号	有	—	—	—	吉春	少	—	柄污	—
抗大 3 号	无	—	柄污	—	山地王	有	—	—	—
迷你娃娃菜	有	—	—	—	D4102	有	—	—	—
精典	有	—	—	—	黄爱 75	无	—	柄污	—

结果显示：生育期内未感根肿病的品种有'CR 中宝黄'、'特 1×10040'、'抗大 3 号'、'春美 2 号'、'CR 高冷地'、'金锦'、'金锦 3 号'、'黄爱 75'、'GL-N50'、'CL-N65'，表现为免疫，有较强的抗病性；'GL-N60'、'11CR-1'、'利群 5F₁'、'CR 青春'、'吉春'根部有少量的感病；其余品种感病。

综合表现抗病好的品种有'抗大 3 号'、'春美 2 号'、'CR 高冷地'、'金锦'、'金锦 3 号'、'黄爱 75'、GL-N50、CL-N65、11CR-1。

4. 产量比较

采取全区收获计产，然后以每亩 3500 株折算成亩产量(表 19-15)，可以看出品种亩平均产量在 1785.0～7612.5kg。

表 19-15　大白菜品种产量比较

品种名	小区折合亩均产量/kg	产量排名	品种名	小区折合亩均产量/kg	产量排名
春抗 001	3517.5	32	春美 2 号	7612.5	1
春抗 002	4112.5	29	京春娃 2 号	5460.0	18
春抗 003	7175.0	3	京春白 2 号	5731.3	14
Cr 白菜 12-101	5075.0	25	11CR-1	5731.3	15
CR 中宝黄	6501.3	9	CR 高冷地	6693.8	7
特 1×10020	4165.0	28	抗病黄心 F₁	4112.5	30
特 1×10040	5600.0	16	金锦	5127.5	22
特 1×10070	5285.0	20	金锦 3 号	4725.0	27
GL-N50	6335.0	10	CB9	5906.3	13
GL-N60	7087.5	4	利群 5F₁	5206.3	21
CL-N65	6737.5	6	利群 10F₁	6195.0	11
12CR-1	6956.3	5	CR 青春	5118.8	23
3×C	1785.0	33	CR 夏王	5118.8	24
黔白 1 号	3850.0	31	吉春	6518.8	8
抗大 3 号	6020.0	12	山地王	4865.0	26
迷你娃娃菜	1785.0	34	D4102	5390.0	19
精典	5582.5	17	黄爱 75	7612.5	2

亩均产量在7000kg以上的品种有'春美2号'、'黄爱75'、'春抗003'、'GL-N60'；亩均产量在6000kg以上的品种有'12CR-1'、'CL-N65'、'CR高冷地'、'吉春'、'CR中宝黄'、'GL-N50'、'利群10F$_1$'、'抗大3号'；其余品种为5000kg以下。

（三）结论与讨论

综上可知，综合性状表现品种如下：

娃娃菜类型表现较好的有迷你娃娃菜；

球形长筒型表现较好的有'抗大3号'；

中筒型球形类型表现较好的有'Cr白菜12-101'、'特1×10040'、'CL-N65'、'12CR-1'、'黔白1号'、'春美2号'、'京春娃2号'、'11CR-1'、'金锦3号'、'CB9'、'利群10F$_1$'、'黄爱75'。

四、2014年

大白菜是高山蔬菜主要栽培的作物之一，但目前高山部分地区根肿病严重，部分抗根肿病品种商品性较差，我们在高山蔬菜主产区长阳进行了大白菜品种比较试验，以期筛选出综合性状优良的品种。2014年试验结果报告如下。

（一）材料与方法

1. 供试品种

试验中参试品种一律使用代号，供试品种61个，对照品种为'文鼎春宝'，详情见表19-16。

表19-16　大白菜品种及来源

品种名	品种来源	品种名	品种来源
金-45	金穗公司	14GF3	天津科润公司
金-46	金穗公司	14GF4	天津科润公司
金-47	金穗公司	14GF5	天津科润公司
金-48	金穗公司	14GF6	天津科润公司
金-49	金穗公司	14GF7	天津科润公司
金-50	金穗公司	14GF8	天津科润公司
金-76	金穗公司	CR水师营91-12号	沈阳农大
金-77	金穗公司	CR水师营16号	沈阳农大
CR-11	金穗公司	CCR13068	云南省农科院
CR-12	金穗公司	D-4108	湖北蔬谷公司
CR-13	金穗公司	CR314	中种集团
CR-14	金穗公司	CR14-11	中种集团
125	金穗公司	CR301	中种集团
126	金穗公司	CR106	中种集团
127	金穗公司	春季专用大白菜	常兴种业
128	金穗公司	晚抽春王大白菜	常兴种业
129	金穗公司	超级65大白菜	常兴种业
70	金穗公司	春秋60大白菜	常兴种业
73	金穗公司	夏用娃娃菜	常兴种业
2号	金穗公司	13011#	亚非种业
3号	金穗公司	14001#	亚非种业

品种名	品种来源	品种名	品种来源
4 号	金穗公司	14002#	亚非种业
5 号	金穗公司	14004#	亚非种业
6 号	金穗公司	14005#	亚非种业
7 号	金穗公司	14006#	亚非种业
8 号	金穗公司	14007#	亚非种业
9 号	金穗公司	14008#	亚非种业
10 号	金穗公司	14009#	亚非种业
JS99	武汉文鼎	14010#	亚非种业
14GF1	天津科润公司	14011#	亚非种业
14GF2	天津科润公司		

2. 方法

本试验安排在海拔 1800m 的宜昌长阳火烧坪高山蔬菜试验站基地进行，多批播种，6 月 2 日直播一批；5 月 16 日播种，6 月 12 日定植一批；6 月 12 日直播一批。试验地前作为冬闲地，砂质壤土，露地栽培，地膜覆盖，采用随机区组排列，每小区定植 30 株，每亩定植 3500 株。试验地四周设保护行。栽培方式及田间管理完全按当地大田生产的无公害大白菜生产操作规程管理水平进行。

(二)结果与分析

1. 生育期比较(表 19-17)

表 19-17　不同大白菜品种生育期比较

品种名	播种期 (月/日)	定植期 (月/日)	适收期 (月/日)	生育期/d	品种名	播种期 (月/日)	定植期 (月/日)	适收期 (月/日)	生育期/d
金-45	6/2	—			14GF3	5/16	6/12	8/9	57
金-46	6/2	—	8/10	68	14GF4	5/16	6/12	8/9	57
金-47	6/2	—	8/10	68	14GF5	5/16	6/12	8/9	57
金-48	6/2	—	8/7	65	14GF6	5/16	6/12	8/8	56
金-49	6/2	—			14GF7	5/16	6/12	8/8	56
金-50	6/2	—	8/10	68	14GF8	5/16	6/12	8/9	57
金-76	6/2	—	8/14	72	CR 水师营 91-12 号	6/2	—	8/30	88
金-77	6/2	—	8/14	72	CR 水师营 16 号	6/2	—	8/19	77
CR-11	6/2	—	8/11	69	CCR13068	6/2	—	8/30	88
CR-12	6/2	—	8/8	66	D-4108	6/2	—	8/31	89
CR-13	6/2	—	8/10	68	CR314	6/2	—	8/25	83
CR-14	6/2	—	8/10	68	CR14-11	6/2	—	8/31	89
125	6/2	—			CR301	6/2	—	8/27	85
126	6/2	—	8/11	69	CR106	6/2	—	8/30	88
127	6/2	—	8/9	67	春季专用大白菜	6/2	—	8/28	76
128	6/2	—	8/9	67	晚抽春王大白菜	6/2	—	8/28	76
129	6/2	—			超级 65 大白菜	6/2	—	8/28	76

续表

品种名	播种期（月/日）	定植期（月/日）	适收期（月/日）	生育期/d	品种名	播种期（月/日）	定植期（月/日）	适收期（月/日）	生育期/d
70	6/2	—			春秋 60 大白菜	6/2	—	8/28	76
73	6/2	—	8/9	67	夏用娃娃菜	6/2	—	8/28	76
2 号	6/2	—	8/13	71	13011#	5/16	6/12	8/28	76
3 号	6/2	—	8/9	67	14001#	5/16	6/12	8/20	68
4 号	6/2	—	8/12	70	14002#	5/16	6/12	8/6	54
5 号	6/2	—	8/9	67	14004#	5/16	6/12	8/6	54
6 号	6/2	—	8/9	67	14005#	5/16	6/12	8/6	54
7 号	6/2	—	8/9	67	14006#	5/16	6/12	8/6	54
8 号	6/2	—			14007#	5/16	6/12	8/6	54
9 号	6/2	—	8/9	67	14008#	5/16	6/12	8/7	55
10 号	6/2	—	8/9	67	14009#	5/16	6/12	8/7	55
JS99	6/2	—	8/9	67	14010#	5/16	6/12	8/7	55
14GF1	5/16	6/12	8/6	54	14011#	5/16	6/12	8/7	55
14GF2	5/16	6/12	8/9	57					

2. 植物学性状比较

各参试品种植特学性状特性见表 19-18。

娃娃菜型有'CR314'、'夏用娃娃菜'，其余的都是普通结球大白菜。

表 19-18 不同大白菜品种植物学性状比较

品种名	株高/cm	株幅/cm	外叶数	球色	毛重/g	净重/g	球形	球高/cm	球径/cm	中心柱/cm
金-46	36.0	59.0	14	外绿内浅黄	2850.5	2122.0	中筒	32.5	17.0	2.8
金-47	32.0	56.0	12	外绿内黄+	2184.0	1620.0	中短筒	28.0	16.0	3.0
金-48	26.0	51.0	12	外绿内黄心	2090.5	1544.0	中筒	28.5	16.0	2.5
金-50	29.0	55.0	14	外绿内黄	2195.5	1547.5	中筒	30.0	18.0	2.6
金-76	33.5	52.0	13	外绿内黄	2164.0	1642.5	中短筒	29.0	16.5	2.6
金-77	32.0	54.0	16	外绿内黄	2878.0	1865.5	中+筒	31.0	16.0	2.6
CR-11	31.0	55.0	16	外深绿内黄心	2147.5	1563.0	中筒	27.5	17.0	2.9
CR-12	29.5	55.0	15	外绿内浅黄	2241.0	1519.0	中-短筒	29.5	15.5	2.3
CR-13	28.0	52.0	12	外绿内黄	2345.5	1696.0	尖中筒	29.5	14.0	2.1
CR-14	32.0	47.0	15	外绿内黄	3014.0	2179.5	中胖筒	32.0	18.0	4.1
126	28.0	45.0	16	外绿内黄	2222.0	1510.0	中筒	29.0	18.5	1.6
127	24.0	43.0	10	外绿内黄	1558.0	1195.0	中短筒	25.5	14.5	2.6
128	25.0	50.0	10	外绿内黄	2056.0	1506.0	中筒	31.0	19.0	2.5
73	34.0	65.0	14	外绿内黄-	2375.5	1712.5	中筒	26.0	17.0	3.2
2 号	24.0	44.0	12	外绿内黄+	1715.0	1269.0	中-筒	26.0	14.5	2.2
3 号	28.0	56.0	15	外绿内黄	2143.5	1559.5	尖中筒	28.0	16.0	3.8
4 号	22.0	54.0	9	外绿内黄+	1842.0	1367.0	短桩近圆球	23.0	16.5	2.7
5 号	32.0	62.0	9	外绿内黄	2134.5	1671.5	短筒	25.5	14.5	3.2

品种名	株高/cm	株幅/cm	外叶数	球色	毛重/g	净重/g	球形	球高/cm	球径/cm	中心柱/cm
6 号	26.0	47.0	11	外绿内黄	1966.0	1449.0	中短筒	26.5	13.5	2.9
7 号	27.0	48.0	14	外绿内黄	1908.5	1408.5	短筒	26.0	15.0	2.4
9 号	29.0	49.0	9	外绿内黄	2295.5	1772.5	中筒	30.0	14.5	3.2
10 号	27.0	49.0	11	外绿内黄	2065.0	1508.5	中筒	27.0	15.0	2.6
JS99	33.0	54.0	10	外绿内黄	2292.5	1784.5	中筒	27.5	16.5	3.5
14GF1	34	61	13	外绿内浅黄	2887.0	2057.5	中筒稍锥	29.5	17.0	2.8
14GF2	29	53	13	外绿内浅黄	2190.0	1550.0	中短筒	27.0	17.0	3.3
14GF3	32	56	11	外绿内浅黄	2668.0	1603.5	中胖筒	28.0	17.0	3.6 稍尖
14GF4	36	62	14	外绿内浅黄	2330.5	1646.0	短胖筒	28.0	17.0	3.8 稍尖
14GF5	30	52	14	外鲜绿内浅黄	2943.5	2110.5	短胖筒	27.5	18.5	2.8
14GF6	26	50	10	外浅白内橘红	1929.0	1562.5	短+筒	21.0	15.5	5.2 尖
14GF7	30	54	10	外绿内橘黄	2446.5	1815.0	短+筒锥	22.0	16.5	5 尖
14GF8	28	54	10	外鲜绿内橘黄	2491.0	1683.0	短+筒近圆	23.5	17.0	4.1 尖
CR 水师营91-12 号	42.0	41.0	21	外绿内黄	2974.5	1764.5	细长筒	33.0	14.0	20.0
CR 水师营 16 号	29.0	47.0	14	外绿内浅黄	2745.0	2141.0	胖中筒	26.0	16.0	6.0
CCR13068	38.0	44.0	12	外绿内黄	1966.5	1339.0	中短筒	32.50	14.0	2.6
D-4108	34.0	40.0	21	外绿内黄	3064.0	2064.0	胖中筒	30.0	19.0	5.0
CR314	24.0	43.0	14	外绿内黄	1704.0	1195.0	短筒	22.5	13.0	1.5
CR14-11	30.0	46.0	19	外绿内黄+	2518.0	1591.0	中筒	30.0	15.0	2.8
CR301	35.0	46.0	18	外绿内浅黄	3331.5	2346.5	中筒	31.0	14.0	2.5
CR106	26.0	40.0	20	外绿内黄	2618.5	1896.0	中短筒	29.0	20.0	2.5
春季专用大白菜	28	49	22	外绿内黄	2546.0	1477.5	中短筒	26.0	15.0	1.0
晚抽春王大白菜	29	51	16	外绿内黄	2177.0	1458.5	中短筒	25.0	14.0	2.1
超级 65 大白菜	26	44	18	外绿内黄	2375.0	1599.5	中短筒	26.0	15.0	1.6
春秋 60 大白菜	27	62	20	外绿内黄	2364.5	1388.0	中短筒	26.5	15.0	1.4
夏用娃娃菜	29	51	23	外绿内黄	2387.7	1405.0	中短筒	25.8	15.5	12.8
13011#	30	64	18	外绿内黄	3064	2145	中筒	27.5	18.0	19.0
14001#	33	59	20	外绿内黄	3286	2260	中长筒	33.0	18.0	6.0
14002#	32	55	14	外绿内黄–	3005	2160	中筒	27.0	16.0	3.1
14004#	28	55	12	外绿内黄–	2755	2095	中短筒	27.5	15.0	3.5
14005#	29	46	7	外绿内浅黄	2037	1576	短筒	23.0	14.0	3.0
14006#	35	56	15	外绿内黄–	3516	2543	中筒	30.0	17.0	3.9
14007#	36	57	13	外绿内黄	3560	2685	中筒	31.5	17.0	4.0
14008#	34	59	22	外绿内黄+	2704	1618	中筒	29.5	15.5	2.2
14009#	33	52	14	外绿内黄	3397	2560	中短胖筒	27.0	17.5	3.8
14010#	27	54	10	外绿内黄	1452	1015	小短筒	25.0	14.0	2.5
14011#	33	52	14	外绿内白黄–	2726	1905	中筒炮弹	27.5	17.0	3.3

3. 抗病性比较

我们于大白菜采收盛期调查田间病害发生情况(表19-19)。

结果显示,生育期内未感根肿病的品种有'金-47'、'金-48'、'CR-11'、'CR-12'、'CR-13'、'CR-14'、'128'、'129'、'3号'、'6号'、'14GF1'、'14GF2'、'14GF3'、'14GF4'、'14GF5'、'14GF6'、'14GF7'、'14GF8'、'CR水师营91-12号'、'CR水师营16号'、'CCR13068'、'CR14-11'、'CR301'、'CR106'、'春季专用大白菜'、'晚抽春王大白菜'、'超级65大白菜'、'春秋60大白菜'、'夏用娃娃菜'、'14001#'、'14002#'、'14004#'、'14005#'、'14007#'、'14008#'、'14009#'、'14010#'、'14011#'。

表19-19　不同大白菜品种抗病性比较

品种名	病害情况	品种名	病害情况
金-45	根肿	14GF3	软腐1株柄污
金-46	轻小肿瘤	14GF4	柄污
金-47	黄叶多	14GF5	
金-48	外叶有点黄	14GF6	柄污
金-49	根肿	14GF7	软腐1株
金-50	黑斑++轻根肿	14GF8	
金-76	轻根肿	CR水师营91-12号	有炭疽病,抗根肿病
金-77	柄污轻根肿	CR水师营16号	有黑斑病,抗根肿病
CR-11	黑斑病	CCR13068	黑斑病
CR-12	—	D-4108	有炭疽病,黑斑病,根肿病
CR-13	—	CR314	有根肿病
CR-14	抗病	CR14-11	有黑斑病,无根肿病
125	根肿	CR301	有炭疽病,黑斑病,无根肿病
126	黑斑轻根肿	CR106	软腐,无根肿
127	柄污轻根肿	春季专用大白菜	黑斑病
128	黄叶黑腐黑斑	晚抽春王大白菜	黑斑病
129		超级65大白菜	
70	根肿	春秋60大白菜	
73	根肿严重	夏用娃娃菜	抗病
2号	一半根肿	13011#	根肿
3号	霜霉柄污	14001#	黄叶枯边
4号	根肿	14002#	轻黑斑
5号	霜霉轻根肿	14004#	—
6号	黑腐++	14005#	柄污黑斑炭疽
7号	黑腐+柄污根肿	14006#	根肿
8号	根肿	14007#	柄污
9号	柄污轻根肿	14008#	—
10号	柄污轻根肿	14009#	黑斑
JS99	根肿+++	14010#	柄污
14GF1	—	14011#	柄污
14GF2	—		

4. 产量比较

采取全区收获计产,然后以每亩3500株折算成亩产量(表19-20),可以看出品种亩平均产量在3552.5~9397.5kg。'JS99'(文鼎春宝)亩均净产量为6245.8kg。

表19-20 大白菜品种产量比较

品种名	小区折合亩均产量/kg	品种名	小区折合亩均产量/kg
金-45		14GF3	5612.3
金-46	7427.0	14GF4	5761.0
金-47	5670.0	14GF5	7386.8
金-48	5404.0	14GF6	5468.8
金-49	0.0	14GF7	6352.5
金-50	5416.3	14GF8	5890.5
金-76	5748.8	CR 水师营 91-12 号	6175.8
金-77	6529.3	CR 水师营 16 号	7493.5
CR-11	5470.5	CCR13068	4686.5
CR-12	5316.5	D-4108	7224.0
CR-13	5936.0	CR314	4182.5
CR-14	7628.3	CR14-11	5568.5
125	0.0	CR301	8212.8
126	5285.0	CR106	6636.0
127	4182.5	春季专用大白菜	5171.3
128	5271.0	晚抽春王大白菜	5104.8
129	0.0	超级 65 大白菜	5598.3
70	0.0	春秋 60 大白菜	4858.0
73	5993.8	夏用娃娃菜	4917.5
2 号	4441.5	13011#	7507.5
3 号	5458.3	14001#	7910.0
4 号	4784.5	14002#	7560.0
5 号	5850.3	14004#	7332.5
6 号	5071.5	14005#	5516.0
7 号	4929.8	14006#	8900.5
8 号	0.0	14007#	9397.5
9 号	6203.8	14008#	5663.0
10 号	5279.8	14009#	8960.0
JS99	6245.8	14010#	3552.5
14GF1	7201.3	14011#	6667.5
14GF2	5425.0		

(三)结论与讨论

综上可知,综合性状表现较好的有'金-48'、'CR-12'、'14GF1'、'14GF2'、'14GF8'、'14002#'、'14008#'这几个品种(表19-21)。

表 19-21　大白菜品种综合评价

品种名	评价	备注	品种名	评价	备注
金-45	×	未包球	14GF3	○-	特饱满胖
金-46	○	球叶柄多	14GF4	○-	饱满
金-47	○		14GF5	○+	皱叶饱满鲜绿
金-48	◎	球叶肉多	14GF6	○	外叶少
金-49	×	未包球	14GF7	○	叶皱
金-50	○	叶柄粗	14GF8	◎-	叶皱长势强抗性好
金-76	○	球不齐长短球	CR 水师营 91-12 号	△	生育期晚，外叶数多，易抽薹
金-77	○+	整齐球肉叶多	CR 水师营 16 号	○+	紧实，球重，可再试推广
CR-11	○+	球形好看娃娃菜类型	CCR13068	○+	
CR-12	◎		D-4108	△	柄粗，柄凸
CR-13	○+	光叶抗病尖球	CR314	○+	小株，球好，整齐
CR-14	○	产量高叶柄厚	CR14-11	○+	叶肉多
125	×	未包球	CR301	○-	球重
126	△	柄厚	CR106	○	
127	○-		春季专用大白菜	○	
128	○		晚抽春王大白菜	○+	株直立、紧凑，小巧，整齐
129	×	抽薹	超级 65 大白菜	○+	胖型，整齐
70	×	未包球	春秋 60 大白菜	○-	叶肉多
73	○	一半抗病	夏用娃娃菜	○	球心有点长
2 号	○-	球内好看叶肉多	13011#	△	叶色深绿，散晚，易抽薹
3 号	○	光叶	14001#	△	外叶浅绿，柄粗。外球叶短，松
4 号	○-	皱叶内叶细内球叶好看	14002#	◎	外叶深绿，早熟，紧实
5 号	○-		14004#	○	娃娃菜型，早熟，矮，皱
6 号	○	内叶多细好看	14005#	○	小株娃娃菜型，早熟，紧实，皱叶
7 号	○	外观好整齐	14006#	○+	外浅绿球竖直，胖肚型
8 号	×	未包球	14007#	○+	球形好，饱满型，合抱，抗病
9 号	○	长势好齐叶柄大	14008#	◎	饱满胖型，中松
10 号	○	叶柄大	14009#	○+	中心柄糠
JS99	○-	鼓肚叶柄大	14010#	○-	小株，叶色深绿，松，抗病，叶肉多
14GF1	◎		14011#	○	皱
14GF2	◎	饱满			

注：◎表示优秀；○表示良好；○+表示偏更良好；○-表示偏良差一点；△表示中等；×表示差。

五、2015 年

大白菜是高山蔬菜主要栽培的作物之一，但目前高山部分地区根肿病严重，部分抗根肿病品种商品性较差，我们在高山蔬菜主产区长阳进行了大白菜品种比较试验，以期筛选出综合性状优良的品种。2015 年试验结果报告如下。

(一)材料与方法

1. 供试品种

试验中参试品种一律使用代号，供试品种 58 个，对照品种为'文鼎春宝'，详情见表 19-22。

表 19-22　大白菜品种及来源

品种名	品种来源	品种名	品种来源
GL-55	广良公司	水师营 12 号	沈阳农大
吉祥如意	湖北鄂蔬科技公司	水师营 16 号	沈阳农大
2C-004	金穗公司	1 号大白菜	常兴种业
2C-005	金穗公司	2 号大白菜	常兴种业
2C-006	金穗公司	3 号大白菜	常兴种业
2C-007	金穗公司	4 号大白菜	常兴种业
2C-008	金穗公司	5 号大白菜	常兴种业
2C-009	金穗公司	6 号大白菜	常兴种业
2C-010	金穗公司	7 号大白菜	常兴种业
2C-012	金穗公司	8 号大白菜	常兴种业
2C-014	金穗公司	9 号大白菜	常兴种业
2C-015	金穗公司	10 号大白菜	常兴种业
CR-12	金穗公司	11 号大白菜	常兴种业
CR-13	金穗公司	12 号大白菜	常兴种业
CR-14	金穗公司	13 号大白菜	常兴种业
2C-018	金穗公司	CR 1 号	常兴种业
2C-026	金穗公司	CR 2 号	常兴种业
2C-032	金穗公司	CR 3 号	常兴种业
2C-033	金穗公司	CR 4 号	常兴种业
2C-034	金穗公司	CR 5 号	常兴种业
2C-035	金穗公司	CR 6 号	常兴种业
2C-036	金穗公司	CR 7 号	常兴种业
2C-037	金穗公司	CR 8 号	常兴种业
2C-042	金穗公司	试种种	常兴种业
2C-043	金穗公司	德高 1016	常兴种业
2C-044	金穗公司	TH531	福建农播王
2C-047	金穗公司	CR 春玉	东部韩农种苗科技(北京)公司
JS-CK(文鼎春宝)	武汉文鼎	CR 金丽	东部韩农种苗科技(北京)公司
2C-048	金穗公司	CR 秀丽	东部韩农种苗科技(北京)公司

2. 方法

本试验安排在海拔 1800m 的宜昌长阳火烧坪高山蔬菜试验站基地进行，播种期 5 月 16 日，定植期 6 月 8 日，采用穴盘育苗，试验地前作为冬闲地，砂质壤土，露地栽培，地膜覆盖，采用随机区组排列，每小区定植 30 株，每亩定植 3500 株。试验地四周设保护行。栽培方式及田间管理完全按当地大田生产的无公害大白菜生产操作规程管理水平进行。

(二)结果与分析

1. 生育期比较

参试品种生育期表现为从定植至成熟适收期在 55~80 天(表 19-23)。

先期抽薹的品种有'水师营 12 号'、'水师营 16 号'、'CR 2 号'。

表 19-23　不同大白菜品种生育期比较

品种名	适收期（月/日）	抽薹期（月/日）	生育期/d	品种名	适收期（月/日）	抽薹期（月/日）	生育期/d
GL-55	8/14	—	66	水师营 12 号	8/8	8.5	57
吉祥如意	8/24	—	76	水师营 16 号	8/8	8.20	72
2C-004	8/13	—	65	1 号大白菜	8/13	—	65
2C-005	8/13	—	65	2 号大白菜	8/13	—	65
2C-006	8/16	—	68	3 号大白菜	8/13	—	65
2C-007	8/13	—	65	4 号大白菜	8/13	—	65
2C-008	8/13	—	65	5 号大白菜	8/20	—	72
2C-009	8/18	—	70	6 号大白菜	8/18	—	70
2C-010	8/13	—	65	7 号大白菜	8/18	—	70
2C-012	8/10	—	62	8 号大白菜	8/20	—	72
2C-014	8/20	—	72	9 号大白菜	8/16	—	68
2C-015	8/16	—	68	10 号大白菜	8/18	—	70
CR-12	8/10	—	62	11 号大白菜	8/18	—	70
CR-13	8/10	—	62	12 号大白菜	8/18	—	70
CR-14	8/15	—	67	13 号大白菜	8/14	—	66
2C-018	8/10	—	62	CR 1 号	8/14	—	66
2C-026	8/10	—	62	CR 2 号	8/13	8.14	65
2C-032	8/15	—	67	CR 3 号	8/23	—	75
2C-033	8/21	—	73	CR 4 号	8/28	—	80
2C-034	8/21	—	73	CR 5 号	8/23	—	75
2C-035	8/21	—	73	CR 6 号	8/18	—	70
2C-036	8/13	—	65	CR 7 号	8/14	—	66
2C-037	8/10	—	62	CR 8 号	8/21	—	73
2C-042	8/16	—	68	试种种	8/14	—	66
2C-043	8/10	—	62	德高 1016	8/17	—	69
2C-044	8/12	—	64	TH531	8/10	—	62
2C-047	8/16	—	68	CR 春玉	8/10	—	62
JS-CK（文鼎春宝）	8/15	—	65	CR 金丽	8/3	—	55
2C-048	8/30	—	80	CR 秀丽	8/14	—	66

2. 植物学性状比较

各参试品种植特学性状特性见表 19-24。

娃娃菜型有'CR 春玉'、'CR 金丽'、'CR 秀丽'，其余的都是普通结球大白菜。

表 19-24　不同大白菜品种植物学性状比较

品种名	株高/cm	株幅/cm	外叶数	球色	毛重/g	净重/g	球形	球高/cm	球径/cm	中心柱/cm	紧实度
GL-55	26.0	48.0	14	外绿内黄+	2860.0	2150	中筒	25.5	14.0	1.6	紧实
吉祥如意	28.0	45.0	20	外绿内黄	2200.0	1700.0	中筒	27.0	15.0	4.8	中紧实
2C-004	35.0	58.0	22	外绿内浅黄	2550.0	1790.0	中胖筒	24.5	17.0	6.6	紧实
2C-005	28.0	53.0	22	外绿内黄	2900.0	1600.0	中窄筒	27.0	15.0	1.8	中+紧实
2C-006	30.0	53.0	18	外绿内黄	2965.0	1940.0	中筒	27.0	16.0	2.2	中松

品种名	株高/cm	株幅/cm	外叶数	球色	毛重/g	净重/g	球形	球高/cm	球径/cm	中心柱/cm	紧实度
2C-007	27.0	52.0	22	外绿内黄	2700.0	1525.0	中筒、短筒	21.0	13.0	1.5	紧实
2C-008	28.0	46.0	16	外绿内黄+	2225.0	1400.0	中尖短筒	25.0	13.0	2.5	紧实
2C-009	27.0	47.0	24	外绿内黄	2665.0	2250.0	中胖筒	25.5	16.0	3.0	中紧实
2C-010	32.0	47.0	20	外绿内浅黄	2190.0	1345.0	中尖筒	25.0	12.0	2.6	中紧实
2C-012	29.0	44.0	16	外绿内浅黄	3090.0	2150.0	中胖筒	26.9	18.0	2.5	紧实+
2C-014	36.0	56.0	22	外深绿内黄+	3800.0	2480.0	中胖筒	27.0	22.0	2.5	中松
2C-015	31.5	46.0	21	外绿内黄+	2985.0	1635.0	中筒	26.0	16.0	2.5	中松
CR-12	26.0	47.0	21	外绿内黄+	1605.0	1050.0	短筒	22.0	14.0	1.5	紧实
CR-13	30.0	50.0	19	外绿内黄	2270.0	1480.0	中-短筒	25.0	14.0	2.3	紧实
CR-14	30.0	44.0	19	外深绿内黄-	3115.0	2230.0	中筒	26.0	15.0	3.8	紧实
2C-018	27.0	47.0	17	外浅绿内黄	3830.0	2820.0	中-胖筒	27.0	16.0	3.2	紧实+
2C-026	27.0	50.0	15	外浅绿内黄	3430.0	2005.0	中筒	27.0	16.0	2.7	紧实+
2C-032	26.0	48.0	27	外绿内黄	3855.0	2425.0	短胖筒	27.0	17.0	1.8	中+紧实
2C-033	28.0	43.0	21	外绿内浅黄	2960.0	1900.0	中尖筒	25.0	15.0	2.0	松
2C-034	31.0	51.0	27	外浅绿内黄+	3520.0	1930.0	中尖筒	27.7	15.0	2.7	松
2C-035	34.0	51.0	18	外绿内黄	2950.0	1975.0	中锥筒	28.0	14.0	3.2	松
2C-036	29.0	50.0	18	外绿内黄	2270.0	1395.0	短筒	23.0	14.0	1.8	紧实
2C-037	23.0	51.0	15	外绿内黄	1825.0	1225.0	特短筒	21.5	14.0	2.3	紧实+
2C-042	27.0	51.0	20	外绿内黄+	2650.0	1550.0	短锥筒	24.0	12.0	2.0	中紧实
2C-043	27.0	45.0	15	外绿内浅黄	2615.0	1845.0	短筒	22.0	15.0	2.5	紧实+
2C-044	24.0	40.0	18	外绿内黄+	1910.0	1170.0	短筒	20.0	13.0	2.0	紧实
2C-047	25.0	46.0	19	外绿内黄	2365.0	1550.0	中短筒	23.0	14.0	2.2	松
JS-CK（文鼎春宝）	28.0	45.0	21	外绿内黄+	1945.0	1205.0	中筒	23.0	11.0	1.5	紧实
2C-048	31.0	49.0	23	外绿内黄	3080.0	2150.0	中胖筒	26.0	19.0	3.8	中紧实
水师营 12 号	29.0	41.0	15	外绿内黄	2510.0	1675.0	中筒	28.5	10.0	19.0	中紧实
水师营 16 号	30.0	50.0	13	外绿内白	2500.0	1850.0	中筒				中紧实
1 号大白菜	30.0	52.0	14	外绿内黄	2937.5	2080.0	中-胖筒	25.0	19.5	3.0	紧实+
2 号大白菜	28.0	45.0	11	外绿内黄	2000.0	1402.5	短筒	21.8	18.5	3.0	紧实
3 号大白菜	27.0	50.0	18	外绿内黄	2915.0	1800.0	中筒	23.8	16.0	2.6	紧实
4 号大白菜	23.0	49.0	24	外绿内黄	1725.0	975.0	特短筒	19.0	12.0	1.7	中紧实
5 号大白菜	27.0	47.0	29	外绿内黄+	2650.0	1400.0	中筒	26.0	15.0	1.8	松
6 号大白菜	33.0	49.0	17	外绿内黄	1540.0	815.0	小短筒	22.0	12.0	1.5	松
7 号大白菜	34.0	48.0	16	外绿内黄	2625.0	1790.0	短筒	24.0	19.0	3.0	松
8 号大白菜	28.0	50.0	16	外绿内黄+	1780.0	1090.0	小短筒	24.0	14.0	2.0	松
9 号大白菜	34.0	47.0	15	外绿内黄	3170.0	2150.0	中筒	28.0	20.0	2.5	中紧实
10 号大白菜	28.0	47.0	13	外绿内黄	1240.0	710.0	短筒	18.0	11.0	2.0	松
11 号大白菜	28.0	45.0	20	外绿内黄	2075.0	1150.0	中-短筒	23.0	15.0	3.5	中紧实
12 号大白菜	27.0	49.0	13	外绿内黄	1525.0	1000.0	中短筒	21.0	16.0	1.7	中紧实
13 号大白菜	28.0	47.0	22	外深绿内黄+	2350.0	1275.0	中尖筒	27.0	14.0	1.8	中紧实
CR 1 号	24.0	45.0	19	外绿内黄+	1100.0	550.0	小短筒	19.0	9.0	1.0	中紧实
CR 2 号	34.0	47.0	20	外浅绿内黄	2790.0	1665.0	中筒	25.0	16.0	2.5	中紧实

续表

品种名	株高/cm	株幅/cm	外叶数	球色	毛重/g	净重/g	球形	球高/cm	球径/cm	中心柱/cm	紧实度
CR 3 号	32.0	51.0	18	外绿内黄	1925.0	1180.0	中筒	23.0	12.0	2.3	松
CR 4 号	31.0	48.0	29	外深绿内黄	2870.0	1700.0	中筒	24.0	18.0	3.0	松
CR 5 号	32.0	47.0	21	外绿内黄+	1825.0	1000.0	中短筒	23.0	12.0	1.2	松
CR 6 号	43.0	50.0	14	外浅绿内浅黄	2125.0	1350.0	中长筒	26.0	11.0	1.6	松
CR 7 号	32.0	55.0	28	外绿内黄+	2500.0	1275.0	中短筒	25.0	13.0	2.5	中紧实
CR 8 号	35.0	52.0	30	外绿内黄++	2590.0	990.0	短筒	25.0	13.0	1.4	松
试种种	34.0	47.0	22	外绿内黄+	1927.0	1185.0	短筒	23.5	11.0	1.2	紧实
德高 1016	33.0	56.0	12.0	外绿内黄	3050.0	2275.0	中筒	27.0	15.0	2.6	紧实
TH531	29.0	46.0	13	外深绿内黄	3330.0	2500.0	中筒	28.0	17.0	5.3	紧实
CR 春玉	26.0	45.0	12	外绿内黄	1855.0	1440.0	短筒	21.0	13.0	2.0	紧实+
CR 金丽	26.0	45.0	16	外绿内黄	2555.0	1925.0	短胖筒	24.5	15.5	2.7	紧实+
CR 秀丽	26.0	49.0	18	外绿内黄+	2090.0	1360.0	短筒	23.0	14.0	3.0	紧实+

3. 抗病性比较

我们于大白菜采收盛期调查田间病害发生情况，主要是根肿病及其他柄污、枯边、黑斑病、软腐病、霜霉病等病害（表 19-25）。

结果显示，生育期内未感根肿病的品种有'GL-55'、'吉祥如意'、'2C-004'、'2C-008'、'2C-010'、'2C-012'、'2C-014'、'2C-015'、'CR-12'、'CR-13'、'CR-14'、'2C-018'、'2C-043'、'2C-044'、'2C-048'、'JS-CK'（'文鼎春宝'）、'水师营 12 号'、'水师营 16 号'、'7 号大白菜'、'试种种'、'德高 1016'、'TH531'。

表 19-25　不同大白菜品种抗病性比较

品种名	根肿病	其他	品种名	根肿病	其他	品种名	根肿病	其他
GL-55	—	—	2C-035	根肿	柄污	10 号大白菜	根肿	—
吉祥如意	—	—	2C-036	根肿++	—	11 号大白菜	根肿	内黑
2C-004	—	柄污	2C-037	根肿	—	12 号大白菜	根肿	—
2C-005	根肿	—	2C-042	根肿	—	13 号大白菜	根肿	—
2C-006	根肿	柄污	2C-043	—	—	CR 1 号	根肿	—
2C-007	根肿	—	2C-044	—	—	CR 2 号	根肿	柄污
2C-008	—	柄污	2C-047	根肿	黑斑病	CR 3 号	根肿	—
2C-009	根肿	—	JS-CK（文鼎春宝）	—	—	CR 4 号	根肿	—
2C-010	—	柄污	2C-048	—	—	CR 5 号	根肿	软腐
2C-012	—	—	水师营 12 号	—	—	CR 6 号	根肿	—
2C-014	—	—	水师营 16 号	—	—	CR 7 号	根肿	—
2C-015	—	—	1 号大白菜	根肿	—	CR 8 号	根肿	—
CR-12	—	—	2 号大白菜	根肿	—	试种种	/	—
CR-13	—	—	3 号大白菜	根肿	—	德高 1016	/	—
CR-14	—	—	4 号大白菜	根肿	柄污	TH531	/	—
2C-018	—	柄污	5 号大白菜	根肿	—	CR 春玉	根肿	柄污
2C-026	根肿	柄污	6 号大白菜	根肿	柄污	CR 金丽	根肿	—
2C-032	根肿	—	7 号大白菜	—	—	CR 秀丽	根肿	柄污
2C-033	根肿	—	8 号大白菜	根肿	柄污			
2C-034	根肿	柄污枯边	9 号大白菜	根肿	—			

4. 产量比较

采取全区收获计产,然后以每亩 3500 株折算成亩产量(表 19-26),可以看出品种亩平均产量在 1925.0～9870.0kg。'JS-CK'('文鼎春宝')亩均净产量为 4217.5kg,低于对照品种的有'CR-12'、'2C-044'、'4 号大白菜'、'6 号大白菜'、'8 号大白菜'、'10 号大白菜'、'11 号大白菜'、'12 号大白菜'、'CR 1 号'、'CR 3 号'、'CR 5 号'、'CR 8 号'、'试种种'。其余品种比对照高。

表 19-26　大白菜品种产量比较

品种名	小区折合亩均产量/kg	品种名	小区折合亩均产量/kg	品种名	小区折合亩均产量/kg
GL-55	7525.0	2C-035	6912.5	10 号大白菜	2485.0
吉祥如意	5950.0	2C-036	4882.5	11 号大白菜	4025.0
2C-004	6265.0	2C-037	4287.5	12 号大白菜	3500.0
2C-005	5600.0	2C-042	5425.0	13 号大白菜	4462.5
2C-006	6790.0	2C-043	6457.5	CR 1 号	1925.0
2C-007	5337.5	2C-044	4095.0	CR 2 号	5827.5
2C-008	4900.0	2C-047	5425.0	CR 3 号	4130.0
2C-009	7875.0	JS-CK(文鼎春宝)	4217.5	CR 4 号	5950.0
2C-010	4707.5	2C-048	7525.0	CR 5 号	3500.0
2C-012	7525.0	水师营 12 号	5862.5	CR 6 号	4725.0
2C-014	8680.0	水师营 16 号	6475.0	CR 7 号	4462.5
2C-015	5722.5	1 号大白菜	7280.0	CR 8 号	3465.0
CR-12	3675.0	2 号大白菜	4908.8	试种种	4147.5
CR-13	5180.0	3 号大白菜	6300.0	德高 1016	7962.5
CR-14	7805.0	4 号大白菜	3412.5	TH531	8750.0
2C-018	9870.0	5 号大白菜	4900.0	CR 春玉	5040.0
2C-026	7017.5	6 号大白菜	2852.5	CR 金丽	6737.5
2C-032	8487.5	7 号大白菜	6265.0	CR 秀丽	4760.0
2C-033	6650.0	8 号大白菜	3815.0		
2C-034	6755.0	9 号大白菜	7525.0		

(三) 结论与讨论

综上可知,综合性状表现品种如下:

娃娃菜类型表现较好的有'CR 金丽',但不是完全抗根肿病;

大白菜综合性表现好的在根肿病地区可推广的品种有'GL-55'、'吉祥如意'(表 19-27)。

表 19-27　大白菜品种综合评价

品种名	评价	备注	品种名	评价	备注
GL-55	◎		水师营 12 号	△	
吉祥如意	◎		水师营 16 号	△	
2C-004	△	心柱尖长	1 大白菜	◎	
2C-005	○		2 号大白菜	○	有杂株
2C-006	○		3 号大白菜	○+	有杂株
2C-007	○+		4 号大白菜	○-	
2C-008	○	叶肉细	5 号大白菜	○+	色绿,晚熟
2C-009	○-	叶柄粗	6 号大白菜	△	
2C-010	○-		7 号大白菜	○+	柄粗
2C-012	○+		8 号大白菜	△-	
2C-014	◎-	大株,晚熟	9 号大白菜	○	柄多
2C-015	○+		10 号大白菜	×	叶肉细
CR-12	◎-	抗病,叶肉细,产量稍低	11 号大白菜	○-	叶肉细

续表

品种名	评价	备注	品种名	评价	备注
CR-13	◎-	抗病	12号大白菜	△	叶肉细
CR-14	◎+	抗病好	13号大白菜	○	叶色绿
2C-018	○-		CR 1号	×	
2C-026	△	内包球不好看	CR 2号	○	1株抽薹
2C-032	○		CR 3号	○-	
2C-033	○		CR 4号	○	晚熟
2C-034	△	柄凸，特大株	CR 5号	○-	
2C-035	○-	柄凸，晚熟	CR 6号	○-	柄凸，生长势强
2C-036	○-		CR 7号	○	叶肉细
2C-037	○		CR 8号	○	晚熟
2C-042	○-	叶肉细	试种种	◎-	稍晚，表现好
2C-043	○		德高1016	○	
2C-044	○		TH531	○	
2C-047	○-		CR春玉	○-	
JS-CK	○+	叶肉细	CR金丽	○+	
2C-048	○	球形	CR秀丽	○	

注：◎表示优秀；○表示良好；△表示中等；×表示差。

六、2016年

　　大白菜是高山蔬菜主要栽培的作物之一，但目前高山部分地区根肿病严重，部分抗根肿病品种商品性较差，我们在高山蔬菜主产区长阳进行了大白菜品种比较试验，以期筛选出综合性状优良的品种。2016年试验结果报告如下。

(一)材料与方法

1. 供试品种

试验中参试品种一律使用代号，供试品种28个，对照品种为'文鼎春宝'，详情见表19-28。

表19-28　大白菜品种及来源

品种名	品种来源	品种名	品种来源
N63	广良公司	BC-72	北京捷利亚种业有限公司
广良55大白菜	广良公司	BC-73	北京捷利亚种业有限公司
大白菜513	广良公司	BC-74	北京捷利亚种业有限公司
吉祥如意	广良公司	CR迷你黄	北京捷利亚种业有限公司
京春CR2	北京蔬菜中心	中白16-3	中种集团
京春CR3	北京蔬菜中心	中白16-4	中种集团
启航	湖北九头鸟种业有限公司	白菜1号	湖北常兴种业
黄芯翡翠	湖北九头鸟种业有限公司	白菜2号	湖北常兴种业
金美	北京捷利亚种业有限公司	白菜3号	湖北常兴种业
BC-65	北京捷利亚种业有限公司	白菜4号	湖北常兴种业
BC-68	北京捷利亚种业有限公司	白菜5号	湖北常兴种业
BC-69	北京捷利亚种业有限公司	德高CR1016	湖北常兴种业
BC-70	北京捷利亚种业有限公司	试种大白菜	湖北常兴种业
BC-71	北京捷利亚种业有限公司	文鼎春宝	文鼎种苗

2. 方法

本试验安排在海拔 1800m 的宜昌长阳火烧坪高山蔬菜试验站基地进行，播种期 6 月 12 日，直播，试验地前作为冬闲地，砂质壤土，露地栽培，地膜覆盖，采用随机区组排列，每小区定植 30 株，每亩定植 3500 株。试验地四周设保护行。栽培方式及田间管理完全按当地大田生产的无公害大白菜生产操作规程管理水平进行。

(二)结果与分析

1. 生育期比较

参试品种生育期表现为从播种至成熟适收期在 63～98 天(表 19-29)。

品种无先期抽薹现象。

表 19-29　不同大白菜品种生育期比较

品种名	适收期(月/日)	生育期/d	品种名	适收期(月/日)	生育期/d
N63	9/20	98	BC-72	—	—
广良 55 大白菜	8/18	66	BC-73	—	—
大白菜 513	8/24	72	BC-74	—	—
吉祥如意	8/15	63	CR 迷你黄	—	—
京春 CR2	8/15	63	中白 16-3	—	—
京春 CR3	8/15	63	中白 16-4	—	—
启航	9/1	78	白菜 1 号	—	—
黄芯翡翠	9/1	78	白菜 2 号	—	—
金美	—	—	白菜 3 号	—	—
BC-65	9/1	78	白菜 4 号	—	—
BC-68	8/18	66	白菜 5 号	8/15	63
BC-69	8/31	77	德高 CR1016	8/18	66
BC-70	—	—	试种大白菜	8/15	63
BC-71	8/31	77	文鼎春宝	8/15	63

2. 植物学性状比较

各参试品种植特学性状特性见表 19-30。

表 19-30　不同大白菜品种植物学性状比较

品种名	株高 /cm	株幅 /cm	外叶数	球色	毛重/g	净重/g	球形	球高 /cm	球径 /cm	中心柱 /cm
N63	30.0	53.0	20	外绿内黄+	3500	2450	中筒	26.0	22.0	5.0
广良 55 大白菜	30.0	53.0	12	外绿内黄	2500	1750	中筒	28.0	18.0	2.0
大白菜 513	27.5	66.0	25	外绿内黄	3170	2300	短胖	26.0	19.0	5.3
吉祥如意	31.0	53.0	12	外绿内黄	2450	1750	中筒	29.0	17.0	2.5
京春 CR2	32.0	56.0	15	外绿内黄	3250	2400	中胖筒	30.0	19.0	2.7
京春 CR3	28.0	70.0	14	外绿内黄	3750	2800	短胖筒	27.0	21.0	4.5
启航	28.0	54.0	14	外绿内黄	2675	2125	短筒	24.0	14.0	4.5
黄芯翡翠	35.0	62.0	17	外绿内黄	2500	1750	短筒	21.0	14.5	3.5
金美	23.0	41.0		未包球						
BC-65	32.0	53.0	18	外绿内黄	1912.5	1162.5	短筒	24.0	13.5	2.4

续表

品种名	株高/cm	株幅/cm	外叶数	球色	毛重/g	净重/g	球形	球高/cm	球径/cm	中心柱/cm
BC-68	30.0	54.0	20	外绿内黄	2350	1512.5	短筒	24.3	14.0	2.6
BC-69	34.0	53.0	20	外绿内黄+	2450	1412.5	中筒	26.0	15.1	2.8
BC-70				未包球						
BC-71	31.0	65.0	25	外绿内黄+	2925	1737.5	中筒	26.5	14.0	2.4
BC-72				未包球						
BC-73				未包球						
BC-74				未包球						
CR 迷你黄				未包球						
中白 16-3				未包球						
中白 16-4				未包球						
白菜 1 号				未包球						
白菜 2 号				未包球						
白菜 3 号				未包球						
白菜 4 号				未包球						
白菜 5 号	37.0	59.0	16	外绿内黄	320	2200	中筒	28.0	18.0	3.0
德高 CR1016	38.0	58.0	14	外绿内黄	3550	2500	中筒	29.0	18.5	4.5
试种大白菜	36.0	57.0	10	外绿内黄	2750	2200	中筒	31.0	18.0	1.9
文鼎春宝	32.0	63.0	10	外绿内黄	1900	1400	中筒	29.0	17.0	2.5

3. 抗病性比较

我们于大白菜采收盛期调查田间病害发生情况，主要是根肿病等病害(表 19-31)。

结果显示，生育期内未感根肿病的品种有'N63'、'广良 55 大白菜'、'大白菜 513'、'CR 春泰'、'京春 CR2'、'京春 CR3'、'白菜 5 号'、'德高 CR1016'、'试种大白菜'、'文鼎春宝'。

表 19-31　不同大白菜品种抗病性比较

品种名	根肿病	其他	品种名	根肿病	其他	品种名	根肿病	其他
N63	无根肿	—	BC-68	根肿	—	白菜 1 号	根肿	—
广良 55 大白菜	无根肿	—	BC-69	根肿	白锈\枯边	白菜 2 号	根肿	—
大白菜 513	无根肿	—	BC-70	根肿	—	白菜 3 号	根肿	—
吉祥如意	无根肿	—	BC-71	根肿	软腐	白菜 4 号	根肿	—
京春 CR2	无根肿	—	BC-72	根肿	—	白菜 5 号	无根肿	—
京春 CR3	无根肿	—	BC-73	根肿	—	德高 CR1016	无根肿	—
启航	根肿	—	BC-74	根肿	—	试种大白菜	无根肿	—
黄芯翡翠	根肿	—	CR 迷你黄	根肿	—	文鼎春宝	无根肿	—
金美	根肿	—	中白 16-3	根肿	—			
BC-65	根肿	白锈	中白 16-4	根肿	—			

4. 产量比较

采取全区收获计产，然后以每亩 3500 株折算成亩产量(表 19-32)，可以看出品种亩平均产量在 4900.0～9800.0kg。CK('文鼎春宝')亩均净产量为 4900.0kg，抗根肿病品种产量都比对照品种高。

表 19-32 大白菜品种产量比较

品种名	小区折合亩均产量/kg	品种名	小区折合亩均产量/kg	品种名	小区折合亩均产量/kg
N63	8575.0	BC-68	5293.8	白菜 1 号	—
广良 55 大白菜	6125.0	BC-69	4943.8	白菜 2 号	—
大白菜 513	8050.0	BC-70	—	白菜 3 号	—
吉祥如意	6125.0	BC-71	6081.3	白菜 4 号	—
京春 CR2	8400.0	BC-72	—	白菜 5 号	7700.0
京春 CR3	9800.0	BC-73	—	德高 CR1016	8750.0
启航	7437.5	BC-74	—	试种大白菜	7700.0
黄芯翡翠	6125.0	CR 迷你黄	—	文鼎春宝	4900.0
金美	—	中白 16-3	—		
BC-65	4068.8	中白 16-4	—		

(三)结论与讨论

综上可知,综合性状表现品种有'广良 55 大白菜'、'吉祥如意'、'白菜 5 号'、'德高 CR1016'、'试种大白菜'、'文鼎春宝'这几个品种(表 19-33)。

表 19-33 大白菜品种综合评价

品种名	评价	备注	品种名	评价
N63	○-		BC-72	×
广良 55 大白菜	◎	叶肉多	BC-73	×
大白菜 513	○-	球形不好	BC-74	×
吉祥如意	○+	叶肉多	CR 迷你黄	×
京春 CR2	○	枯边	中白 16-3	×
京春 CR3	○-	枯边,叶柄多	中白 16-4	×
启航	△		白菜 1 号	×
黄芯翡翠	△		白菜 2 号	×
金美	×		白菜 3 号	×
BC-65	○	心短,叶肉多	白菜 4 号	×
BC-68	○	球形球色好	白菜 5 号	○+
BC-69	○	球小了点	德高 CR1016	◎-
BC-70	×		试种大白菜	◎
BC-71	○	长势强,球形好,球色稍浅	文鼎春宝	○+

注:◎表示优秀;○表示良好;△表示中等;×表示差。

(朱凤娟)

第二节 高山甘蓝(2011—2016)

一、2011 年

甘蓝是高山蔬菜主要栽培的作物之一,但目前高山甘蓝栽培的品种退化严重、抗病性差、生育期长,我们在高山蔬菜主产区长阳进行了甘蓝品种比较试验,调查不同品种的生育期、商品性、抗病性、产量等各方面的性状及市场适应性。2011 年试验结果报告如下。

(一)材料与方法

1. 供试品种

试验中参试品种一律使用代号，供试品种 55 个，对照品种为‘京丰 1 号’，详情见表 19-34。

表 19-34　甘蓝品种及来源

品种代号	品种名	品种来源
C-1	11-1	中国农业科学院蔬菜花卉研究所
C-2	11-2	中国农业科学院蔬菜花卉研究所
C-3	11-3	中国农业科学院蔬菜花卉研究所
C-4	11-4	中国农业科学院蔬菜花卉研究所
C-5	11-5	中国农业科学院蔬菜花卉研究所
C-6	11-6	中国农业科学院蔬菜花卉研究所
C-7	11-7	中国农业科学院蔬菜花卉研究所
C-8	11-8	中国农业科学院蔬菜花卉研究所
C-9	11-9	中国农业科学院蔬菜花卉研究所
C-10	11-10	中国农业科学院蔬菜花卉研究所
C-11	11-11	中国农业科学院蔬菜花卉研究所
C-12	11-12	中国农业科学院蔬菜花卉研究所
C-13	11-13	中国农业科学院蔬菜花卉研究所
C-14	11-14	中国农业科学院蔬菜花卉研究所
C-15	11-15	中国农业科学院蔬菜花卉研究所
C-16	11-16	中国农业科学院蔬菜花卉研究所
C-17	双环 49	邢台双环种业有限公司
C-18	双环 60	邢台双环种业有限公司
C-19	双环 66	邢台双环种业有限公司
C-20	西星甘蓝	山东登海种业股份有限公司西由种子分公司
C-21	天宝春秋	邢台玉丰种业有限公司
C-22	康岛 305 甘	青岛明山农产种苗有限公司
C-23	绿冠	河北省邯郸市裕康蔬菜服务中心总代理
C-24	春秀	河北省邯郸市裕康蔬菜服务中心总代理
C-25	高峰	湖北省农业科学院
C-26	双环 B	邢台双环种业有限公司
C-27	广福	邢台市双龙种苗有限公司
C-28	玲珑四季	邢台市双龙种苗有限公司
C-29	平优	邢台市双龙种苗有限公司
C-30	08-5	邢台市双龙种苗有限公司
C-31	08-14	邢台市双龙种苗有限公司
C-32	09-21	邢台市双龙种苗有限公司
C-33	特优马特	汪经理提供
C-34	盛夏王	河北省邢台市三农种业有限公司
C-35	紫晶	河北省邢台市三农种业有限责任公司
C-36	齐田 159	常兴种业
C-37	齐田 116	常兴种业
C-38	田园 501	常兴种业
C-39	超前甘蓝	常兴种业
C-40	CB1	常兴种业

品种代号	品种名	品种来源
C-41	CB2	常兴种业
C-42	CB3	常兴种业
C-43	CB4	常兴种业
C-44	春秋极早	常兴种业
C-45	耐热平头极早熟	常兴种业
C-46	夏秋绿冠王	常兴种业
C-47	CB5	常兴种业
C-48	CB6	常兴种业
C-49	CB7	常兴种业
C-50	CB8	常兴种业
C-51	06秋99甘蓝	青岛国际种苗有限公司
C-52	京丰一号	中蔬
C-53	金娃甘蓝	广东省良种引进服务公司
C-54	快乐甘蓝	广东省良种引进服务公司
C-55	BT-3	广东省良种引进服务公司

2. 方法

本试验安排在海拔1800m的宜昌长阳火烧坪高山蔬菜试验站基地进行，播种期4月30日，定植期5月30日，采用苗床育苗，试验地前作为冬闲地，砂质壤土，地势平坦，土层深厚、肥沃，有机质含量丰富，犁耙精细，排水状况较好，露地栽培，采用随机区组排列，每小区定植30株，每亩定植3400株。试验地四周设保护行。栽培方式及田间管理完全按当地大田生产的无公害甘蓝生产操作规程管理水平进行。

(二) 结果与分析

1. 生育期比较

参试品种生育期表现为从定植至成熟适收期在48～82天（表19-35）。

少于50天的品种有C-1、C-17、C-21、C-22、C-23、C-24、C-36、C-38，生育期为48～50天，特别早熟。

50～60天品种有C-2、C-3、C-4、C-5、C-39。

表19-35　不同甘蓝品种生育期比较

品种代号	适收期(月/日)	生育期/d	品种代号	适收期(月/日)	生育期/d
C-1	7/20	50	C-13	8/9	69
C-2	7/23	53	C-14	8/9	69
C-3	7/23	53	C-15	8/9	69
C-4	7/23	53	C-16	8/12	72
C-5	7/23	53	C-17	7/20	50
C-6	8/9	69	C-18	8/4	64
C-7	8/14	74	C-19	8/5	65
C-8	8/9	69	C-20	8/1	61
C-9	8/9	69	C-21	7/20	50
C-10	8/6	66	C-22	7/20	50
C-11	8/16	76	C-23	7/18	48
C-12	8/9	69	C-24	7/18	48

续表

品种代号	适收期(月/日)	生育期/d	品种代号	适收期(月/日)	生育期/d
C-25	8/12	72	C-41	8/9	69
C-26	8/16	76	C-42	8/19	79
C-27	8/19	79	C-43	8/19	79
C-28	8/19	79	C-44	8/24	84
C-29	8/9	69	C-45	8/24	84
C-30	8/15	75	C-46	8/15	75
C-31	8/19	79	C-47	8/25	85
C-32	8/12	72	C-48	8/15	75
C-33	8/19	79	C-49	8/19	79
C-34	8/20	80	C-50	8/24	84
C-35	8/22	82	C-51	8/2	62
C-36	7/20	50	C-52	8/9	69
C-37	8/9	69	C-53	8/9	69
C-38	7/20	50	C-54	8/19	79
C-39	7/24	54	C-55	8/8	68
C-40	8/4	64			

60~70 天品种有 C-6、C-8~C-10、C-12~C-15、C-18~C-20、C-29、C-37、C-40、C-41、C-51~C-53、C-55；

70 天以上品种有 C-7、C-11、C-16、C-25~C-28、C-30~C-35、C-42~C-50、C-54。

从上可以看出，圆球的品种一般生育期较早，扁球形品种生育期稍晚一点。

2. 植物学性状比较

各参试品种植特学性状特性见表 19-36。

调查可知：供试品种球形有圆球、牛心和扁球类型。其中，圆球类型品种有 C-1~C-5、C-17~C-24、C-33、C-35~C-42、C-44、C-45、C-49~C-51、C-54；牛心类型品种有 C-53、C-55；其余品种为扁球形，其中低扁球形品种有 C-8、C-11、C-12~C-16、C-29、C-52，中扁球形品种有 C-7、C-25、C-28、C-34、C-43、C-48，高扁球形品种有 C-6、C-9、C-10、C-26、C-27、C-30、C-31、C-32、C-46、C-47。

供试品种株高为 14.0~43.0cm，株幅为 18.0~74.0cm；

球高为 10.0~19.2cm，球径为 11.0~23.5cm，中心柱长为 2.8~11.0cm，中心柱宽为 2.8~4.5cm。

表 19-36　不同甘蓝品种植物学性状比较

品种代号	株高×株幅/(cm×cm)	外叶数	球形	球色	球高×径/(cm×cm)	中心柱/cm	紧实度	叶脉粗细
C-1	26.0×62.0	11	中圆球	外鲜绿内黄+	18.0×17.0	5.6×4.0	紧实	细
C-2	28.0×59.0	14	中+圆球	外鲜绿内黄+	18.5×18.0	8.2×4.1	紧实	细
C-3	30.0×58.0	11	中圆球	外绿内浅黄	19.0×18.0	5.8×4.5	紧实	中-
C-4	30.0×52.0	13	中圆球	外浅绿内浅黄	17.5×16.0	7.2×4.5	紧实	中-
C-5	31.0×60.0	11	中圆球	外鲜绿内黄	17.0×17.5	6.0×4.0	紧实	中
C-6	32.0×62.0	13	中高扁	暗内内黄	15.5×20.0	6.3×4.0	紧实	中
C-7	37.5×67.8	16	中扁平	暗绿内浅黄	14.0×22.0	7.5×4.0	紧实	细
C-8	31.0×73.0	14	中低扁平	绿内浅黄	11.5×21.8	6.7×3.5	紧实	细
C-9	34.0×71.0	12	中高扁圆	绿+内浅黄	13.2×19.0	6.0×4.0	紧实	细

品种代号	株高×株幅/(cm×cm)	外叶数	球形	球色	球高×径/(cm×cm)	中心柱/cm	紧实度	叶脉粗细
C-10	42.0×63.0	12	高扁圆	绿内浅黄	13.0×20.1	5.5×4.3	紧实	细
C-11	25.0×63.0	13	低扁圆，圆整	绿内浅黄	11.6×22.0	7.0×4.2	紧实	
C-12	29.0×62.0	12	小低扁，圆整	绿内浅黄	12.0×20.0	7.0×4.0	紧实	细
C-13	32.0×62.0	10	大低扁，圆整	绿内浅黄	11.5×22.5	5.5×4.2	中紧实	细
C-14	37.0×63.0	10	大低扁，圆整	绿内浅黄	11.6×22.6	5.5×3.5	中紧实	细
C-15	29.0×55.0	11	大低扁，圆整	绿内浅黄	10.5×21.2	5.3×3.8	中紧实	细
C-16	29.0×49.0	10	中低+扁，圆整	绿内浅黄	11.5×23.5	5.3×3.5	中紧实	细
C-17	19.0×42.0	15	小圆球	外浅绿内黄	16.8×15.5	6.9×3.5	中紧实	细+
C-18	24.0×47.0	15	小圆球	外浅绿紫脉内黄绿	14.1×13.9	6.2×3.9	紧实	细+
C-19	28.0×58.0	15	小圆球	外绿+紫内黄+	15.2×15.5	6.5×3.9	紧实	细
C-20	21.0×54.0	13	小圆球	外青绿内黄脉紫	15.5×16.0	5.0×4.0	紧实	细
C-21	26.0×39.0	13	小+圆球	外浅绿内黄+	14.6×14.5	5.6×3.0	紧实	细
C-22	16.0×47.0	13	小+圆球	外青绿内黄绿	13.0×11.5	4.2×3.1	紧实	细
C-23	20.0×43.0	11	小圆球	外浅绿内黄	13.8×15.5	4.5×3.0	紧实	细
C-24	15.0×46.0	12	小圆球	外浅绿内黄	14.5×15.5	5.8×4.3	紧实	细
C-25	26.0×55.0	13	中小扁	绿内浅黄	11.0×17.5	5.0×3.6	紧实	细
C-26	32.0×64.0	12	中高扁	暗绿内黄	13.5×19.3	5.8×3.2	紧实	中
C-27	40.0×70.0	15	中高扁圆整光	绿内黄	12.5×19.5	5.0×4.5	紧实	细
C-28	24.0×49.0	14	小+扁圆	暗绿内黄	11.5×15.5	5.0×3.7	紧实	细
C-29	25.0×60.0	14	中低角扁	外浅绿内白	10.5×17.8	3.5×3.5	紧实	细
C-30	28.0×65.0	12	中高扁	绿内黄	12.3×17.9	7.5×4.5	紧实	细
C-31	33.0×50.0	10	中高扁	绿内浅黄	13.0×19.5	8.0×3.8	紧实	细
C-32	24.0×45.0	12	中-高圆近圆	绿内黄	13.5×16.5	5.7×3.2	中+紧实	细
C-33	25.0×58.0	14	中-圆球	暗绿内黄	13.9×15.8	5.5×3.1	紧实	中-
C-34	24.0×64.0	15	小扁圆	暗绿内浅黄	11.5×17.3	5.6×3.7	紧实	细
C-35	23.0×58.0	17	中圆球	外紫内紫白	15.1×15.2	11.0×3.0	紧实	细
C-36	37.0×41.0	15	小圆球	外绿内黄	13.0×11.5	6.5×3.4	紧实	细
C-37	18.0×34.0	18	小圆球	外鲜绿内黄	12.0×12.1	4.1×3.0	紧实	细
C-38	18.0×44.0	14	中-圆球	外浅绿内黄	14.0×14.0	5.0×3.6	紧实	细
C-39	21.0×51.0	11	中-圆球	外浅绿内黄+	14.5×14.0	6.4×3.0	紧实	细
C-40	20.0×44.0	13	小圆球	外浅绿内黄	14.2×13.0	6.0×3.1	紧实	细
C-41	22.0×46.0	19	小圆球	外青内黄	13.8×14.4	6.2×4.4	紧实+	细
C-42	30.0×56.0	13	中圆球	外绿内黄+	14.5×17.2	5.4×3.2	紧实	细
C-43	28.0×61.0	12	中扁平	鲜+绿内黄	13.0×18.0	6.0×4.0	紧实	细
C-44	32.0×56.0	17	小圆球	暗绿内黄	13.4×13.0	4.5×4.5	紧实	细
C-45	28.0×61.0	13	小圆球	暗绿内黄	13.0×11.6	2.8×3.2	紧实	细
C-46	33.0×54.0	14	小高扁圆	暗绿内黄	12.6×19.8	4.9×3.8	紧实	中
C-47	27.0×59.0	11	小高扁圆	绿+内黄	10.0×15.0	6.0×3.6	紧实	细

品种 代号	株高×株幅 /(cm×cm)	外叶数	球形	球色	球高×径 /(cm×cm)	中心柱 /cm	紧实度	叶脉 粗细
C-48	33.0×74.0	10	中扁平	鲜+绿内黄	14.3×20.2	8.0×4.0	紧实	中-
C-49	43.0×61.0	13	中-近圆	暗绿内黄	15.3×17.0	5.0×3.5	紧实	中
C-50	34.0×52.0	16	小圆球	暗绿内黄	12.0×13.5	5.0×3.4	紧实	细
C-51	20.0×18.0	13	小圆球	外浅绿紫内黄	14.5×15.0	6.0×3.4	紧实	细
C-52	24.0×53.0	13	中低扁平	绿内黄	10.0×19.5	6.2×2.8	紧实	细
C-53	26.0×54.0	13	中小牛心	外鲜绿内黄+	19.2×16.0	5.5×3.5	紧实	细
C-54	14.0×36.0	12	小圆球	绿内黄	11.0×11.0	4.0×3.2	紧实	细
C-55	25.0×44.0	13	中-牛心	外鲜绿内黄	18.0×14.0	5.8×3.0	紧实	细

3. 裂球性比较

不同品种裂球性调查见表19-37。

在适收后10天内易裂球的品种有C-12、C-17、C-19、C-23、C-24、C-37、C-43、C-48、C-51、C-54、C-55。

在适收后10~30天内较易裂球的品种有C-9、C-18、C-21、C-28、C-29、C-36、C-38、C-39、C-47、C-53。

裂球在适收后30天以上，较晚裂球或不裂球的品种有C-1~C-8、C-10、C-11、C-13~C-16、C-20、C-22、C-25~C-27、C-30~C-35、C-40~C-42、C-44~C-46、C-49、C-50、C-52。

其中，特别耐裂球的品种为C-7、C-33、C-35、C-40、C-42、C-44、C-45，始终未裂球。

表19-37　不同甘蓝品种裂球性比较

品种代号	始收期(月/日)	裂球期(月/日)	田间持放天数/d	品种代号	始收期(月/日)	裂球期(月/日)	田间持放天数/d
C-1	7/20	—	—	C-21	7/20	8/2	12
C-2	7/23	—	—	C-22	7/20	8/26	36
C-3	7/23	8/9	46	C-23	7/18	7/20	2
C-4	7/23	8/9	46	C-24	7/18	7/20	2
C-5	7/23	—	—	C-25	8/12	—	—
C-6	8/9	—	—	C-26	8/16	9/17	31
C-7	8/14	—	—	C-27	8/19	—	—
C-8	8/9	9/17	38	C-28	8/19	9/17	28
C-9	8/9	8/25	16	C-29	8/9	8/25	16
C-10	8/6	9/17	41	C-30	8/15	9/17	32
C-11	8/16	9/17	31	C-31	8/19	—	—
C-12	8/9	8/9	0	C-32	8/12	9/17	35
C-13	8/9	—	—	C-33	8/19	—	—
C-14	8/9	—	—	C-34	8/20	—	—
C-15	8/9	—	—	C-35	8/22	—	—
C-16	8/12	—	—	C-36	7/20	8/8	18
C-17	7/20	8/1	10	C-37	8/9	8/9	0
C-18	8/4	8/25	21	C-38	7/20	8/1	11
C-19	8/5	8/2	0	C-39	7/24	8/9	15
C-20	8/1	—	—	C-40	8/4	9/17	43

品种代号	始收期(月/日)	裂球期(月/日)	田间持放天数/d	品种代号	始收期(月/日)	裂球期(月/日)	田间持放天数/d
C-41	8/9	—	—	C-49	8/19	—	—
C-42	8/19	—	—	C-50	8/24	—	—
C-43	8/19	8/25	6	C-51	8/2	8/9	7
C-44	8/24	—	—	C-52	8/9	—	—
C-45	8/24	—	—	C-53	8/9	8/25	16
C-46	8/15	—	—	C-54	8/19	8/25	6
C-47	8/25	9/16	21	C-55	8/8	8/9	1
C-48	8/15	8/19	4				

4. 抗病性比较

我们于甘蓝采收盛期调查田间病害发生情况，甘蓝田间病害较轻，主要是黑斑病、霜霉病、软腐病和黑腐病（表 19-38）。

结果显示，抗病性品种有 C-17、C-30、C-33、C-35、C-37、C-38、C-42、C-47，表现为免疫，有较强的抗病性；其余品种在采收前期较抗病，后期对不同病害有不同程度的感病。

表 19-38　不同甘蓝品种抗病性比较

品种代号	黑斑病	霜霉病	软腐病	黑腐病	品种代号	黑斑病	霜霉病	软腐病	黑腐病
C-1	/	/	/	/	C-29	/	/	/	, +
C-2	, +	/	/	/	C-30	/	/	/	/
C-3	, +	/	/	/	C-31	/	/	/	/
C-4	, +	/	/	/	C-32	/	/	/	/
C-5	, +	/	/	/	C-33	/	/	/	/
C-6	/	/	/	/	C-34	/	/	/	, +
C-7	/	/	/	, +	C-35	/	/	/	/
C-8	/	/	/	, +	C-36	/	/	/	/
C-9	/	/	, +	/	C-37	/	/	/	/
C-10	/	/	, +	/	C-38	/	/	/	/
C-11	/	/	, +	, +	C-39	/	/	/	, +
C-12	/	/	, +	, +	C-40	/	/	/	/
C-13		, +	/	, +	C-41	/	/	/	, +
C-14	/	, +	, +	/	C-42	/	/	/	/
C-15		, +	/	, +	C-43	/	/	/	/
C-16		, +	/	, +++	C-44	, +	/	/	/
C-17	/	/	/	/	C-45	/	/	/	, +
C-18	, +	/	/	/	C-46	/	/	/	, +
C-19	, +	/	/	/	C-47	/	/	/	/
C-20	, +	/	/	/	C-48	/	/	/	/
C-21	/	/	/	/	C-49	/	/	/	/
C-22	, +	/	/	/	C-50	/	/	/	/
C-23	/	/	/	/	C-51	/	/	/	, +
C-24	/	/	/	/	C-52	/	/	/	, +
C-25	/	/	/	, +	C-53	/	/	/	/
C-26	/	/	/	, +	C-54	/	/	/	/
C-27	/	/	/	, +	C-55	/	/	/	/
C-28	/	/	/	, +					

5. 产量比较

采取全区收获计产，然后以每亩 3400 株折算成亩产量(表 19-39～表 19-41)，可以看出圆球品种亩平均产量在 1360.0～7480.0kg，牛心品种亩平均产量在 3740.0～4624.0kg，扁球品种亩平均产量在 2788.0～8636.0kg，对照品种为 3604.0kg。

表 19-39　圆球甘蓝品种产量比较

品种代号	小区折合亩产均产量/kg	排名	品种代号	小区折合亩产均产量/kg	排名
C-3	7480	1	C-42	4352	15
C-2	6290	2	C-20	4250	16
C-4	5950	3	C-41	3842	17
C-1	5780	4	C-18	3570	18
C-49	5372	5	C-44	3264	19
C-5	5100	6	C-38	3230	20
C-17	4930	7	C-50	3060	21
C-35	4760	8	C-36	3060	22
C-21	4760	9	C-23	2890	23
C-33	4624	10	C-37	2720	24
C-51	4590	11	C-45	2448	25
C-19	4590	12	C-40	2380	26
C-39	4420	13	C-22	1870	27
C-24	4420	14	C-54	1360	28

表 19-40　牛心甘蓝品种产量比较

品种代号	小区折合亩产均产量/kg	排名
C-53	4624	1
C-55	3740	2

表 19-41　扁球甘蓝品种产量比较

品种代号	小区折合亩产均产量/kg	排名	品种代号	小区折合亩产均产量/kg	排名
C-6	8636	1	C-32	4760	15
C-43	6732	2	C-53	4624	16
C-48	6630	3	C-26	4352	17
C-7	6460	4	C-25	4216	18
C-46	6460	5	C-15	4080	19
C-10	6426	6	C-12	4080	20
C-27	5848	7	C-31	3808	21
C-16	5780	8	C-55	3740	22
C-11	5712	9	C-29	3740	23
C-9	5610	10	C-52	3604	24
C-30	5576	11	C-34	3400	25
C-13	5440	12	C-47	2924	26
C-8	5372	13	C-28	2788	27
C-14	5032	14			

（三）结果与讨论

综上可知，综合性状表现品种如下：

圆球品种类型表现较好的有 C-1、C-2、C-3、C-4、C-5、C-21、C-33、C-36、C-38、C-39、C-40、C-42、C-49。

牛心品种类型表现较好的有 C-53、C-55。

扁球品种类型表现较好的有 C-6、C-8、C-13、C-14、C-15，C-30、C-31、C-43、C-48。

二、2012 年

甘蓝是高山蔬菜主要栽培的作物之一，但目前高山甘蓝栽培的品种出现退化严重、抗病性差、生育期长等现象，我们在高山蔬菜主产区长阳进行了甘蓝品种比较试验，调查不同品种的生育期、商品性、抗病性、产量等各方面的性状及市场适应性。2012 年试验结果报告如下。

（一）材料与方法

1. 供试品种

试验中参试品种一律使用代号，供试品种 44 个，对照品种为'京丰 1 号'，详情见表 19-42。

表 19-42　甘蓝品种及来源

品种名	品种来源	品种名	品种来源
高峰	湖北省农科院	双环 B	邢台双环种业有限公司
改良高峰	湖北省农科院	广福	邢台市双龙种苗有限公司
永明	广东省良种引进服务公司	平优	邢台市双龙种苗有限公司
02-68	西北农林科技大学园艺学院	09-21	邢台市双龙种苗有限公司
澳丽 58	武汉金正现代种业有限公司	特优马特	北京利田种苗开发中心
F1 清光姜	上海农科种子公司	齐田 159	常兴种业
F2 姜	上海农科种子公司	齐田 116	常兴种业
西圆四号	河北省邢台华丰种子有限公司	田园 501	常兴种业
夏光	河北省邢台市绿硕种苗中心	超前甘蓝	常兴种业
强力 50	香港怡兴种兴公司	CB1	常兴种业
新夏月	福州农播王种苗有限公司	CB3	常兴种业
京丰 1 号	河北省邢台市绿硕种苗中心	CB4	常兴种业
渥美	河北省邢台市三农种业有限责任公司	耐热平头极早熟	常兴种业
日本铁头（50 天）	河北省邢台华丰种子有限公司	夏秋绿冠王	常兴种业
双环 49	邢台双环种业有限公司	CB6	常兴种业
双环 60	邢台双环种业有限公司	CB7	常兴种业
双环 66	邢台双环种业有限公司	06 秋 99 甘蓝	青岛国际种苗有限公司
西星甘蓝	山东登海种业股份有限公司西由种子分公司	日本铁头（65 天）	河北省邢台华丰种子有限公司
天宝春秋	邢台玉丰种业有限公司	金娃甘蓝	广东省良种引进服务公司
康岛 305 甘	青岛明山农产种苗有限公司	快乐甘蓝	广东省良种引进服务公司
绿冠	河北省邯郸市裕康蔬菜服务中心总代理	BT-3	广东省良种引进服务公司

2. 方法

本试验安排在海拔 1800m 的宜昌长阳火烧坪高山蔬菜试验站基地进行，播种期 5 月 7 日，定植期 6 月 7 日，采用苗床育苗，试验地前作为冬闲地，砂质壤土，地势平坦，土层深厚、肥沃，有机质含量丰富，犁耙精细，排水状况较好，露地栽培，采用随机区组排列，每小区定植 30 株，每亩定植 3400 株。试验地四周设保护行。栽培方式及田间管理完全按当地大田生产的无公害甘蓝生产操作规程管理水平进行。

(二)结果与分析

1. 生育期比较

参试品种因大部分品种种植地感染根肿病，植株萎蔫提早拔除。剩下的在未感染根肿病田间生长正常。生育期表现为从定植至成熟适收期在 47～76 天(表 19-43)。

定植后生育期少于 50 天成熟的品种有'双环 49'，特别早熟；

50～60 天品种有'渥美'；

60～70 天品种有'高峰'、'改良高峰'、'永明'、'02-68'、'澳丽 58'、'F2 姜'、'夏光'、'新夏月'、'双环 66'、'天宝春秋'；

70 天以上品种有'绿冠'。

表 19-43　不同甘蓝品种生育期比较

品种名	适收期(月/日)	生育期/d
高峰	8.15	68
改良高峰	8.8	61
永明	8.15	68
02-68	8.15	68
澳丽 58	8.9	62
F2 姜	8.15	68
夏光	8.15	68
新夏月	8.15	68
渥美	8.2	55
双环 49	7.24	47
双环 66	8.15	68
天宝春秋	7.13	66
绿冠	7.23	76

2. 植物学性状比较

各参试品种植特学性状特性见表 19-44。

调查可知，供试品种球形有圆球和扁球类型。其中圆球类型有'澳丽 58'、'渥美'、'双环 49'、'天宝春秋'、'绿冠'；扁球型类型品种有'高峰'、'改良高峰'、'永明'、'02-68'、'F2 姜'、'夏光'、'新夏月'、'双环 66'。

供试品种耐裂球品种有'永明'、'澳丽 58'。稍易裂球品种有'渥美'、'双环 49'、'天宝春秋'、'绿冠'。

表 19-44　不同甘蓝品种植物学性状比较

品种代号	株形	株高×株幅/(cm×cm)	外叶数	球形	球色	球重/g	球大小/g	中心柱/g	裂球	叶脉粗细	紧实度
高峰	半立	23.0×65.0	14	中⁻扁圆	浅绿内浅黄	975	12.0×18.0	6.0×3.5		细	中+
改良高峰	半开	33.0×63.0	15	中+低扁圆	绿内黄	1425	13.0×21.0	5.0×3.7		细	中
永明	半立	33.0×64.0	16	中扁圆	绿内黄绿	1500	12.5×18.0	5.0×4.0		中	紧
02-68	半立	39.0×56.0	14	中扁圆	浅绿内黄+	1340	12.5×18.4	5.1×3.8		中	中+
澳丽58	立	29.0×51.0	14	中圆球	外绿内黄	1375	16.0×14.5	7.7×3.7	/	细	中+紧
F2姜		32.0×57.5	16	中+中圆圆	外绿内黄	1550	13.5×22.3	6.5×3.9		细	中+
夏光	半立	41.5×67.0	15	角大扁圆	外绿内黄+	1430	16.0×23.0	6.0×4.3	/		松
新夏月	半立	34.0×69.0	13	小高扁圆	鲜+内黄+	1050	11.5×17.0	7.0×3.2			紧
渥美	立	25.0×54.0	17	中⁻圆球带角	鲜绿内黄+	1035	15.2×17.0	7.5×3.0	7.29	中	紧+
双环49	立	23.0×45.0	14	圆球角圆	鲜绿内浅白	1115	15.8×15.0	7.2×3.3	7.29	中+	紧+
双环66	半立	34.0×66.0	15	小高扁圆	外绿内黄	1550	15.5×16.7	6.0×4.0		中	紧
天宝春秋	半立	22.0×48.0	14	圆球	绿	962	14.7×15.2	5.9×3.0	7.29	中+	
绿冠	半立	23.0×48.0	13	圆球	绿内黄+	913	13.7×15.0	6.2×3.3	7.29	细	紧

3. 抗病性比较

甘蓝种植田块发生根肿病,田间根肿病地块分布不均匀,中间地块全部感染,边缘地块未被感染的品种幸存下来。其余的病害发生较轻或未见发生。

4. 产量比较

采取全区收获计产,然后以每亩3400株折算成亩产量(表19-45)。

可以看出亩平均产量在3104.2~5270.0kg,其中'F2姜'亩产量5270.0kg,产量最高;'绿冠'产量3104.2kg,产量最低;亩产在5000.0kg以上的品种有'永明'、'F2姜'、'双环66'。

表 19-45　品种产量比较

品种名	小区折合亩均产量/kg	品种名	小区折合亩均产量/kg
高峰	3315.0	新夏月	3570.0
改良高峰	4845.0	渥美	3519.0
永明	5100.0	双环49	3791.0
02-68	4556.0	双环66	5270.0
澳丽58	4675.0	天宝春秋	3270.8
F2姜	5270.0	绿冠	3104.2
夏光	4862.0		

(三)结论与讨论

综上可知,综合性状表现品种如下:

圆球品种类型表现较好的有'澳丽58'、'渥美'、'双环49'、'天宝春秋'。

扁球品种类型表现较好的有'改良高峰'、'永明'、'F2姜'。

三、2013 年

甘蓝是高山蔬菜主要栽培的作物之一,但目前高山甘蓝栽培的品种出现退化严重、抗病性差、生育期长等现象,我们在高山蔬菜主产区长阳进行了甘蓝品种比较试验,调查不同品种的生育期、商品性、抗病性、产量等各方面的性状及市场适应性。2013年试验结果报告如下。

（一）材料与方法

1. 供试品种

供试品种 43 个，对照品种为'京丰 1 号'，详情见表 19-46。

表 19-46　甘蓝品种及来源

品种名	品种来源	品种名	品种来源
甘 13-1	西北农林大学	日本铁头(50 天)	河北省邢台华丰种子有限公司
甘 13-2	西北农林大学	双环 49	邢台双环种业有限公司
甘 13-3	西北农林大学	双环 60	邢台双环种业有限公司
甘 13-4	西北农林大学	双环 66	邢台双环种业有限公司
CR 福宝	中国种子集团	西星甘蓝	山东登海种业股份有限公司西由种子分公司
平优	邢台市双龙种苗有限公司	天宝春秋	邢台玉丰种业有限公司
广福	邢台市双龙种苗有限公司	康岛 305 甘	青岛明山农产种苗有限公司
三美	厦门	绿冠	河北省邯郸市裕康蔬菜服务中心总代理
九州	厦门	双环 B	邢台双环种业有限公司
特 6×10001	鄂蔬	广福	邢台市双龙种苗有限公司
高峰	湖北省农科院	平优	邢台市双龙种苗有限公司
改良高峰	湖北省农科院	09-21	邢台市双龙种苗有限公司
永明	广东省良种引进服务公司	特优马特	北京利田种苗开发中心
02—68	西北农林科技大学园艺学院	田园 501	常青种业
澳丽 58 甘蓝	武汉金正现代种业有限公司	CB1	常青种业
F1 清光姜	姜学新	CB3	常青种业
F2 姜	姜学新	CB4	常青种业
夏光	河北省邢台市绿硕种苗中心	耐热平头极早熟	常青种业
强力 50	香港怡兴种兴公司	夏秋绿冠王	常青种业
新夏月	福州农播王种苗有限公司	CB6	常青种业
京丰 1 号	河北省邢台市绿硕种苗中心	CB7	常青种业
渥美	河北省邢台市三农种业有限责任公司		

2. 方法

本试验安排在海拔 1800m 的宜昌长阳火烧坪高山蔬菜试验站基地进行，播种期 5 月 13 日，定植期 6 月 8 日，采用苗床育苗，试验地前作为冬闲地，砂质壤土，地势平坦，土层深厚、肥沃，有机质含量丰富，犁耙精细，排水状况较好，露地栽培，采用随机区组排列，每小区定植 30 株，每亩定植 3400 株。试验地四周设保护行。栽培方式及田间管理完全按当地大田生产的无公害甘蓝生产操作规程管理水平进行。

（二）结果与分析

1. 生育期比较

生育期表现为从定植至成熟适收期在 54～95 天(表 19-47)。

定植后生育期少于 60 天成熟的品种有'三美'、'九州'、'特 6×10001'、'渥美'、'日本铁头'(50 天)、'双环 49'、'双环 60'、'双环 66'、'西星甘蓝'、'天宝春秋'、'康岛 305 甘'、'双环 B'、'田园 501'；

表 19-47 不同甘蓝品种生育期比较

品种名	适收期(月/日)	生育期/d	品种名	适收期(月/日)	生育期/d
甘 13-1	9.12	94	日本铁头(50 天)	8.3	55
甘 13-2	9.10	92	双环 49	8.3	55
甘 13-3	9.10	92	双环 60	8.3	55
甘 13-4	9.10	92	双环 66	8.3	55
CR 福宝	9.13	95	西星甘蓝	8.5	57
平优	9.13	95	天宝春秋	8.3	55
广福	9.13	95	康岛 305 甘	8.5	57
三美	8.7	59	绿冠	9.13	95
九州	8.5	57	双环 B	8.1	53
特 6×10001	8.2	54	广福	9.13	95
高峰	9.13	95	平优	9.13	95
改良高峰	9.13	95	09-21	9.13	95
永明	9.13	95	特优马特	9.13	95
02—68	9.13	95	田园 501	8.3	55
澳丽 58 甘蓝	9.13	95	CB1	9.13	95
F1 清光姜	9.13	95	CB3	9.13	95
F2 姜	9.13	95	CB4	9.13	95
夏光	9.13	95	耐热平头极早熟	9.13	95
强力 50	9.1	83	夏秋绿冠王	9.13	95
新夏月	9.1	83	CB6	9.1	83
京丰 1 号	9.1	83	CB7	9.1	83
渥美	8.3	55			

60～90 天品种有'强力 50'、'新夏月'、'京丰 1 号'、'CB6'、'CB7';

90 天以上品种有'甘 13-1'、'甘 13-2'、'甘 13-3'、'甘 13-4'、'CR 福宝'、'平优'、'广福'、'高峰'、'改良高峰'、'永明'、'02-68'、'澳丽 58'、'F1 清光姜'、'F2 姜'、'绿冠'、'广福'、'平优'、'09-21'、'特优马特'、'CB1'、'CB3'、'CB4'、'耐热平头极早熟'、'夏秋绿冠王'。

2. 植物学性状比较

各参试品种植特学性状特性见表 19-48。

调查可知,供试品种球形有圆球和扁球类型。

表 19-48 不同甘蓝品种植物学性状比较

品种名	株高 /cm	株幅 /cm	球形	球色	紧实度	球重/g	球大小 /(cm×cm)	中心柱	炸球	叶脉
甘 13-1	23	52	中高扁圆	外暗绿内浅黄	紧实+	1940.0	14.0×18.0	4.5	未炸球	细
甘 13-2	22	56	中高扁圆	外绿内浅黄	紧实	1840.0	12.8×19.0	4.5	未炸球	细
甘 13-3	19	50	中+近圆球	外绿内绿	紧实	2112.5	15.0×21.0	6.7	13/9 炸	细
甘 13-4	28	60	小扁圆	外绿紫脉内绿	紧实	1240.0	12.0×17.5	6.0	未炸球	细
CR 福宝	27	49	中高扁圆	外浅白内浅黄	紧实	1840.0	12.0×17.5	5.0	未炸球	细
平优	27	48	中圆球	外绿内黄	紧实	1535.0	16.5×15.5	4.0	未炸球	细
广福	35	50	中扁圆	外绿内浅黄	紧实	2277.5	13.7×19.2	5.0	未炸球	中

续表

品种名	株高/cm	株幅/cm	球形	球色	紧实度	球重/g	球大小/(cm×cm)	中心柱	炸球	叶脉
三美	22	51	小圆球	外绿内黄	紧实	862.5	12.8×13.0	3.5	12/9 全炸	细
九州	22	57	中-圆球	外绿内黄	紧实	1240.0	15.0×15.0	6.5	12/9 全炸	细
特 6×10001	16	48	小圆球	外绿+内黄	紧实	1000.0	13.7×14.0	4.0	8.2 炸	细
高峰	22	53	中高扁	外绿内黄绿	紧实	1650.0	13.5×17.0	5.1	未炸球	细
改良高峰	29	50	中高扁	外绿内浅黄	紧实	1950.0	13.5×18.0	4.3	未炸球	细
永明	27	52	小近圆球	外暗绿紫内黄绿	紧实	1550.0	14.5×16.0	4.2	未炸球	细
02—68	22	53	近圆球	外暗绿内黄绿	紧实	1550.0	14.3×17.2	4.5	未炸球	细
澳丽 58 甘蓝	23	55	中圆球	外绿内黄绿	紧实	1030.0	15.0×12.8	4.8	未炸球	细
F1 清光姜	34	44	中低扁圆	外绿内黄绿	紧实	1900.0	13.0×19.0	6.2	未炸球	细
F2 姜	33	52	中高扁	外绿内黄绿	紧实	1450.0	11.5×18.0	5.0	未炸球	细
夏光	26	52	中+高扁	外绿内绿	紧实	2625.0	12.5×21.0	7.5	未炸球	细
强力 50	27	54	中扁圆	外绿内绿	紧实	1925.0	13.5×19.0	5.8	13/9 炸球	细
新夏月	27	32	中扁	外绿紫内黄绿	紧实	1975.0	13.5×18.0	6.8	13/9 炸球	细
京丰 1 号	29	47	中低+扁	外绿内黄绿	紧实	2575.0	12.5×23.0	6.8	13/9 炸球	细
渥美	26	50	中圆球	外浅绿内黄	紧实	1407.5	16.0×14.8	5.6	3/8 炸球	细
日本铁头(50 天)	20	42	小圆球	外绿内黄	紧实	1247.5	14.5×14.5	5.5	3/8 炸球	细
双环 49	20	65	圆球	外绿内黄	紧实	1622.5	16.0×17.0	5.2	未炸球	细
双环 60	21	61	圆球	外绿内黄	紧实	1250.0	12.7×16.0	4.3	未炸球	细
双环 66	22	56	圆球	外绿内黄	紧实	1157.5	15.2×14.0	4.8	未炸球	细
西星甘蓝	23	64	中圆球	外绿内黄	紧实	1657.5	15.5×16.0	6.0	未炸球	细
天宝春秋	22	55	小圆球	外绿内黄	紧实	1637.5	15.5×17.0	5.8	未炸球	细
康岛 305 甘	19	54	小圆球	外绿内黄	紧实	1162.5	15.5×14.5	5.7	未炸球	细
绿冠	29	66	中+高扁近圆	外鲜绿内浅黄	紧实	3300.0	19.0×24.0	6.5	未炸球	细
双环 B	19	50	小圆球	外绿内黄	紧实	932.5	14.5×14.0	5.0	8.2 炸球	细
广福	25	55	中扁圆	外绿+内浅黄	紧实	2625.0	12.5×20.0	4.5	未炸球	细
平优	33	62	中-扁圆	外绿内白	紧实	3150.0	14.0×20.0	6.5	未炸球	细
09-21	29	50	中扁圆近圆	外绿内黄绿+	紧实	2575.0	14.5×19.5	5.5	未炸球	细
特优马特	24	51	中圆球	外暗绿紫内黄	紧实	1600.0	14.0×15.5	5.5	未炸球	细
田园 501	18	54	小圆球	外绿内黄	紧实	1187.5	15.2×14.5	5.4	8.3 炸球	细
CB1	17	44	中圆球	外鲜绿内黄绿	紧实	1525.0	16.5×15.0	4.5	未炸球	细
CB3	21	45	小圆球	外暗绿内黄	紧实	1125.0	13.5×13.0	4.0	未炸球	细
CB4	24	58	中扁近圆球	外鲜绿+内浅黄	紧实	1800.0	13.5×16.5	4.5	未炸球	细
耐热平头极早熟	32	55	小圆球	外暗绿内黄	紧实	1000.0	14.5×12.0	2.8	未炸球	细
夏秋绿冠王	29	52	中-圆球	外绿内黄	紧实	1675.0	14.5×16.0	3.8	未炸球	细
CB6	21	52	中扁近圆	外绿内黄	紧实	2100.0	15.0×18.5	6.5	13/9 炸球	细
CB7	29	43	小圆球	外绿内黄	紧实	1225.0	16.0×13.5	4.0	未炸球	细

3. 抗病性比较

特别抗病的品种 '甘 13-1'、'永明'、'02-68'、'特优马特'。易感病的品种有 '平优'、'改良高峰'、'耐热平头极早熟'、'CB6'。其余品种前期抗病性尚可，后期出现病害(表 19-49)。

表 19-49　不同甘蓝品种抗病性比较

品种名	抗病性	品种名	抗病性
甘 13-1	特抗病	日本铁头(50 天)	较抗病
甘 13-2	较抗病	双环 49	较抗病
甘 13-3	较抗病	双环 60	较抗病
甘 13-4	较抗病	双环 66	较抗病
CR 福宝	较抗病	西星甘蓝	较抗病
平优	较抗病	天宝春秋	较抗病
广福	较抗病	康岛 305 甘	较抗病
三美	较抗病	绿冠	较抗病
九州	较抗病	双环 B	较抗病
特 6×10001	较抗病	广福	较抗病
高峰	较抗病	平优	病重
改良高峰	病	09-21	较抗病
永明	特抗病	特优马特	特抗病
02-68	特抗病	田园 501	较抗病
澳丽 58 甘蓝	较抗病	CB1	较抗病
F1 清光姜	较抗病	CB3	较抗病
F2 姜	较抗病	CB4	较抗病
夏光	较抗病	耐热平头极早熟	病，弱
强力 50	较抗病	夏秋绿冠王	较抗病
新夏月	较抗病	CB6	病
京丰 1 号	较抗病	CB7	较抗病
渥美	较抗病		

4. 产量比较

采取全区收获计产，然后以每亩 3400 株折算成亩产量(表 19-50)，可以看出亩平均产量在 2932.5～11 220.0kg，其中'绿冠'产量最高，'三美'产量最低。

表 19-50　不同甘蓝品种产量比较

品种名	小区折合亩均产量/kg	排名	品种名	小区折合亩均产量/kg	排名
甘 13-1	6596.0	12	日本铁头(50 天)	4241.5	31
甘 13-2	6256.0	15	双环 49	5516.5	22
甘 13-3	7182.5	8	双环 60	4250.0	30
甘 13-4	4216.0	32	双环 66	3935.5	37
CR 福宝	6256.0	16	西星甘蓝	5635.5	19
平优	5219.0	26	天宝春秋	5567.5	21
广福	7743.5	7	康岛 305 甘	3952.5	36
三美	2932.5	43	绿冠	11 220.0	1
九州	4216.0	33	双环 B	3170.5	42
特 6×10001	3400.0	40	广福	8925.0	4
高峰	5610.0	20	平优	10 710.0	2
改良高峰	6630.0	11	09-21	8755.0	6
永明	5270.0	24	特优马特	5440.0	23
02-68	5270.0	25	田园 501	4037.5	35

续表

品种名	小区折合亩均产量/kg	排名	品种名	小区折合亩均产量/kg	排名
澳丽 58 甘蓝	3502.0	39	CB1	5185.0	27
F1 清光姜	6460.0	14	CB3	3825.0	38
F2 姜	4930.0	28	CB4	6120.0	17
夏光	8925.0	3	耐热平头极早熟	3400.0	41
强力 50	6545.0	13	夏秋绿冠王	5695.0	18
新夏月	6715.0	10	CB6	7140.0	9
京丰 1 号	8755.0	5	CB7	4165.0	34
渥美	4785.5	29			

产量在 7000kg 以上的品种有'绿冠'、'平优'、'夏光'、'广福'、'京丰 1 号'、'09-21'、'广福'、'甘 13-3'、'CB6'。产量在 4000kg 以下的品种有'康岛 305 甘'、'双环 66'、'CB3'、'澳丽 58 甘蓝'、'特 6×10001'、'耐热平头极早熟'、'双环 B'、'三美'。低产的大多都是圆球的品种，适合密植。

（三）结论与讨论

综合性状表现品种如下：

表现优秀的品种有'甘 13-1'（扁球）、'平优'（扁球）、'广福'（扁球）、'九州'（圆球）、'澳丽 58'（圆球）、'F2 姜'（扁球）、'CB1'（圆球）。

表现较好的有'CR 福宝'（扁球）、'高峰'（扁球）、'永明'（扁球）、'02-68'（扁球）、'F1 清光姜'（扁球）、'双环 49'（圆球）、'双环 60'（圆球）、'双环 66'（圆球）、'绿冠'（扁球）、'广福 2'（扁球）。

表现差的品种有'甘 13-4'（扁球）、'改良高峰'（扁球）、'强力 50'（扁球）、'新夏月'（扁球）、'双环 B'（圆球）、'平优 2'（扁球）、'09-21'（扁球）、'耐热平头极早熟'（圆球）、'CB6'（扁球）、'CB7'（圆球）。

四、2014 年

甘蓝是高山蔬菜主要栽培的作物之一，但目前高山甘蓝栽培的品种退化严重，我们在高山蔬菜主产区长阳进行了甘蓝品种比较试验。2014 年试验结果报告如下。

（一）材料与方法

1. 供试品种

试验中参试品种品种 17 个，详情见表 19-51。

表 19-51　甘蓝品种及来源

品种名	品种来源	品种名	品种来源
苏甘 70	江苏农科院	盈宝(536)	广东鹤山市沙坪鸿图种子店
甘 14-1	西北农林科技大学	前途(533)	广东鹤山市沙坪鸿图种子店
甘 14-2	西北农林科技大学	8398	广东鹤山市沙坪鸿图种子店
甘 14-4	西北农林科技大学	CR14-1	湖北蔬谷
甘 14-5	西北农林科技大学	CR14-4	中种集团
甘 14-6	西北农林科技大学	CR14-1	中种集团
Cb1414	广东鹤山市沙坪鸿图种子店	13087#	亚非公司
希望	广东鹤山市沙坪鸿图种子店	13088#	亚非公司
春兰	广东鹤山市沙坪鸿图种子店		

2. 方法

本试验安排在海拔 1800m 的宜昌长阳火烧坪高山蔬菜试验站基地进行，播种期 5 月 16 日，定植期 6 月 19 日，采用苗床育苗，试验地前作为冬闲地，砂质壤土，露地栽培，地膜覆盖。每小区定植 30 株，每亩定植 3400 株。栽培方式及田间管理完全按当地大田生产管理水平进行。

(二)结果与分析

1. 生育期比较

这批甘蓝播种期为 5 月 16 日，定植期为 6 月 19 日，从表中可以看出，甘蓝从定植到采收的生育期为 54～77 天，圆球和牛心甘蓝的生育期较短，扁球的生育期较长(表 19-52)。

表 19-52　不同甘蓝品种生育期比较

品种名	适收期(月/日)	生育期/d
苏甘 70	8.29	70
甘 14-1	8.29	70
甘 14-2	9.4	76
甘 14-4	8.29	70
甘 14-5	8.29	70
甘 14-6	8.27	68
Cb1414	8.29	70
希望	8.27	68
春兰	8.13	54
盈宝(536)	8.27	68
前途(533)	8.27	68
8398	8.25	66
CR14-1	9.5	77
CR14-4	8.29	70
CR14-1	8.13	54
13087#	8.27	68
13088#	9.5	77

2. 植物学性状比较

各参试品种植特学性状特性见表 19-53。

表 19-53　不同甘蓝品种植物学性状比较

品种名	株高/cm	株幅/cm	外叶数	球色	球重/g	球形	球高/cm	球径/cm	中心柱/cm
苏甘 70	31.0	65.0	11	外鲜绿内黄	1701.5	中牛心	22.5	18.0	10.5
甘 14-1	25.5	56.0	9	外绿内黄	1447.0	中高扁	16.5	20.5	7.7
甘 14-2	25.0	46.0	11	外绿内黄	779.5	中-高扁	10.5	18.0	5.2
甘 14-4	36.0	74.0	14	外绿内黄	1489.0	中高扁	13.0	23.5	6.8
甘 14-5	27.0	69.0	12	外绿内黄	1409.5	中扁圆	11.5	21.0	4.8
甘 14-6	24.0	60.0	12	外绿内黄	1418.5	圆球	15.0	15.0	4.8
Cb1414	30.0	63.0	14	绿内浅黄	1782.0	中扁圆	12.0	19.5	6.5
希望	20.0	46.0	8	外绿内黄	1113.5	中圆球	15.0	14.0	7.0
春兰	23.0	48.0	8	外鲜绿内黄	1147.5	小牛心	16.0	12.0	7.0
盈宝(536)	19.0	38.0	10	外绿内黄	1000.0	小圆球	15.0	13.5	5.3

续表

品种名	株高/cm	株幅/cm	外叶数	球色	球重/g	球形	球高/cm	球径/cm	中心柱/cm
前途(533)	24.0	47.0	11	外绿内黄	1007.0	小圆球	14.5	13.5	6.3
8398	20.0	45.0	8	外浅绿内黄	850.0	中-圆球	14.0	12.5	7.0
CR14-1	24.0	57.0	11	外绿内黄	898.0	中扁圆	11.0	17.0	6.0
CR14-4	27.0	52.0	12	暗绿内浅黄	1849.5	中高扁	13.5	19.0	5.8
CR14-1	18.0	38.0	10	绿内黄	1025.0	小圆球	13.0	13.0	4.4
13087#	18.0	38.0	13	外绿内黄	728.0	小圆球	12.0	12.0	4.5
13088#	31.0	52.0	16	外绿内黄+	1800.2	中高扁圆	16.5	22.0	7.0

3. 抗病性比较(表 19-54)

表 19-54　不同甘蓝品种田间抗病性比较

品种名	病害	品种名	病害
苏甘 70	个别株根肿病	盈宝(536)	根肿、黑腐
甘 14-1	根肿病	前途(533)	抗病强
甘 14-2	根肿病、黑腐病	8398	烂根
甘 14-4	根肿病	CR14-1	球面斑点，无根肿病
甘 14-5	根肿病、黑腐病	CR14-4	抗病，无根肿病
甘 14-6	根肿病、黑腐病	CR14-1	有黑腐病，黑斑病，无根肿病
Cb1414	轻根肿病	13087#	有根肿病
希望	软腐	13088#	无根肿病
春兰	根肿		

4. 产量比较

采取全区收获计产，然后以每亩 3400 株折算成亩产量(表 19-55)。

可以看出亩平均产量在 2475.2~6288.3kg，其中'CR14-4'产量最高，'13087#'产量最低。

表 19-55　甘蓝品种产量比较

品种名	小区折合亩均产量/kg	品种名	小区折合亩均产量/kg
苏甘 70	5785.1	盈宝(536)	3400.0
甘 14-1	4919.8	前途(533)	3423.8
甘 14-2	2650.3	8398	2890.0
甘 14-4	5062.6	CR14-1	3053.2
甘 14-5	4792.3	CR14-4	6288.3
甘 14-6	4822.9	CR14-1	3485.0
Cb1414	6058.8	13087#	2475.2
希望	3785.9	13088#	6120.7
春兰	3901.5		

(三)结论与讨论

综上可知，综合性状表现品种如下(表 19-56)：

牛心品种类型表现较好的有'苏甘 70'。

扁球品种类型表现较好的有'Cb1414'、'CR14-4'、'13088#'。

表 19-56　甘蓝品种综合评价

品种名	评价	品种名	评价
苏甘 70	◎	盈宝(536)	○-
甘 14-1	○	前途(533)	○+
甘 14-2	△	8398	△
甘 14-4	○-	CR14-1	△
甘 14-5	○-	CR14-4	◎
甘 14-6	○-	CR14-1	○-
Cb1414	◎	13087#	×
希望	○	13088#	◎
春兰	○		

注：◎表示优秀；○表示良好；○+表示偏更良好；○-表示偏良差一点；△表示中等；×表示差。

五、2015 年

甘蓝是高山蔬菜主要栽培的作物之一，但目前高山甘蓝栽培的品种退化严重，我们在高山蔬菜主产区长阳进行了甘蓝品种比较试验。2015 年试验结果报告如下。

(一)材料与方法

1. 供试品种

试验中参试品种品种 16 个，对照品种为'京丰 1 号'，详情见表 19-57。

表 19-57　甘蓝品种及来源

品种名	品种来源	品种名	品种来源
邢台 70 天圆球甘蓝	常兴种业	远征	福州农播王
邢台 75 天圆球甘蓝	常兴种业	明珠	福州农播王
大绿	常兴种业	CB1414	广东鸿图
绿星	常兴种业	盈宝 536	广东鸿图
Jaas-1	江苏农科院	盛珍 2 号	邢台市双龙种苗有限公司
Jaas-2	江苏农科院	CB015	金穗公司
Jaas-3	江苏农科院	春冠甘蓝	金穗公司
Jaas-4	江苏农科院	京丰 1 号	河北省邢台市绿硕种苗中心
苏甘 70	江苏农科院		

2. 方法

本试验安排在海拔 1800m 的宜昌长阳火烧坪高山蔬菜试验站基地进行，播种期 5 月 18 日，定植期 6 月 15 日，采用苗床育苗，试验地前作为冬闲地，砂质壤土，露地栽培，地膜覆盖。每小区定植 30 株，每亩定植 3400 株。栽培方式及田间管理完全按当地大田生产管理水平进行。

(二)结果与分析

1. 生育期比较

这批甘蓝播种期为 5 月 18 日，定植期为 6 月 15 日，从表中可以看出，甘蓝从定植到采收的生育期为 60～90 天，圆球和牛心甘蓝的生育期较短，扁球的生育期较长(表 19-58)。

表 19-58　不同甘蓝品种生育期比较

品种名	适收期(月/日)	生育期/d
邢台 70 天圆球甘蓝	8/18	63
邢台 75 天圆球甘蓝	8/18	63
大绿	8/18	63
绿星	8/18	63
Jaas-1	8/18	63
Jaas-2	8/18	63
Jaas-3	8/15	60
Jaas-4	8/16	61
苏甘 70	8/18	63
远征	9/15	90
明珠	8/28	73
CB1414	9/12	87
盈宝 536	8/28	73
盛珍 2 号	8/28	73
CB015	9/9	84
春冠甘蓝	8/30	75
京丰 1 号	9/15	90

2. 植物学性状比较

各参试品种植特学性状特性见表 19-59。

调查可知，供试品种球形有圆球和扁球类型。其中圆球类型有'邢台 70 天圆球'、'邢台 75 天圆球'、'大绿'、'绿星'、'Jaas-2'、'Jaas-4'、'盈宝 536'、'盛珍 2 号'、'CB015'；牛心类型有'Jaas-1'、'苏甘 70'；其余为扁球形类型品种。

表 19-59　不同甘蓝品种植物学性状比较

品种名	株高×株幅/(cm×cm)	外叶数	球形	球色	球重/g	球大小/(cm×cm)	中心柱/cm	裂球期(月/日)	叶脉粗细	紧实度
邢台 70 天圆球	21.0×44.0	14	小圆球	外绿内黄	1100	14.7×14.7	4.7	/	细	紧实+
邢台 75 天圆球	25.0×53.0	13	中圆球	外绿内黄	1600	18.0×17.8	8.0	/	中	中紧实
大绿	23.0×56.0	12	中-圆球	外绿内黄	1200	14.7×15.8	5.0	/	中	中紧实
绿星	21.0×52.0	10	中-圆球	外绿内黄	1240	16.0×14.5	4.3	8.18	中	中紧实
Jaas-1	27.0×56.0	11	中-牛心	外绿内黄	950	16.8×14.1	4.6	/	细	紧实
Jaas-2	26.0×54.0	13	中-圆球	外绿内黄	1150	14.5×14.5	5.4	/	中	紧实
Jaas-3	19.0×45.0	8	中圆球	外绿内黄	1200	14.0×14.0	5.4	8.15	中-	紧实+
Jaas-4	19.0×47.0	12	中圆球	外绿内黄	1175	14.8×12.5	6.3	/	细	紧实+
苏甘 70	27.0×57.0	13	中-牛心	外绿内黄	1900	22.5×16.5	4.6	8.18	中	中紧实
远征	32.0×48.0	17	中扁圆	外绿内黄	1520	16.5×18.0	6.0	8.27	中	紧实+
明珠	26.0×55.0	15	中高扁圆	外浅绿内黄	1680	13.5×18.2	5.0	/	中	紧实
CB1414	28.0×58.0	14	中低扁圆	外绿内黄	1625	12.0×18.0	7.0	/	中+	紧实
盈宝 536	17.0×46.0	12	中-圆球	外绿+内黄	1300	15.0×14.0	4.5	9.9	细	紧实+
盛珍二号	24.5×52.0	15	中圆球	外浅绿内黄	1570	15.0×15.0	5.1	/	细	紧实+
CB015	23.0×50.5	15	中圆球	外绿内黄	1400	14.5×15.0	9.0	/	细	紧实
春冠甘蓝	29.0×57.0	9	中角扁圆	外浅绿内黄	1500	12.0×19.0	5.7	9.8	中	紧实
京丰 1 号	17.0×54.0	14	中扁	外浅绿内黄	1750	12.5×21.0	6.0	/		紧实

3. 抗病性比较

甘蓝田间生长较好，种植期间未发生病害。

4. 产量比较

采取全区收获计产，然后以每亩 3400 株折算成亩产量（表 19-60）。

可以看出亩平均产量在 3230.0～6460.0kg，其中'苏甘 70'产量 6460.0kg，产量最高，'Jaas-1'产量 3230.0kg，产量最低。对照品种'京丰 1 号'产量 5950kg。圆球品种相对比扁球品种产量低点。圆球品种通过适当密植还可以提高产量。

表 19-60　不同甘蓝品种产量比较

品种名	小区折合亩均产量/kg	品种名	小区折合亩均产量/kg
邢台 70 天圆球	3740	远征	5168
邢台 75 天圆球	5440	明珠	5712
大绿	4080	CB1414	5525
绿星	4216	盈宝 536	4420
Jaas-1	3230	盛珍 2 号	5338
Jaas-2	3910	CB015	4760
Jaas-3	4080	春冠甘蓝	5100
Jaas-4	3995	京丰 1 号	5950
苏甘 70	6460		

（三）结论与讨论

综上可知，综合性状表现品种如下：

圆球品种类型表现较好的有'邢台 70 天圆球'、'大绿'、'Jaas-3'、'Jaas-4'、'盈宝 536'、'CB015'。

扁球品种类型表现较好的有'明珠'、'京丰 1 号'。

六、2016 年

甘蓝是高山蔬菜主要栽培的作物之一，但目前高山甘蓝栽培的品种退化严重，我们在高山蔬菜主产区长阳进行了甘蓝品种比较试验。2016 年试验结果报告如下。

（一）材料与方法

1. 供试品种

试验中参试品种品种 32 个，对照品种为'京丰 1 号'，详情见表 19-61。

表 19-61　甘蓝品种及来源

品种名	品种来源	品种名	品种来源
CR 卡多	广良公司	WS-4	武汉市农科院
绿抗 9 号	湖北九头鸟种业有限公司	京丰 1 号	邢台双环中业有限公司
美丰 70	湖北九头鸟种业有限公司	希望	广东鸿图
掌中宝	湖北九头鸟种业有限公司	盈宝 536	广东鸿图
元宝	湖北九头鸟种业有限公司	CB1414	广东鸿图
绿娃娃	湖北九头鸟种业有限公司	Jass-1	江苏农科院
丸丽	湖北九头鸟种业有限公司	Jass-2	江苏农科院
WS-1	武汉市农科院	Jass-3	江苏农科院
WS-2	武汉市农科院	Jass-4	江苏农科院
WS-3	武汉市农科院		

2. 方法

本试验安排在海拔 1800m 的宜昌长阳火烧坪高山蔬菜试验站基地进行，播种期 5 月 24 日，定植期 6 月 27 日，采用苗床育苗，试验地前作为冬闲地，砂质壤土，露地栽培，地膜覆盖。每小区定植 30 株，每亩定植 3400 株。栽培方式及田间管理完全按当地大田生产管理水平进行。

(二)结果与分析

1. 生育期比较

这批甘蓝播种期为 5 月 24 日，定植期为 6 月 27 日，从 (表 19-62) 中可以看出，甘蓝从定植到采收的生育期为 46～69 天，圆球和牛心甘蓝的生育期较短，扁球的生育期较长。

表 19-62　不同甘蓝品种生育期比较

品种名	适收期(月/日)	裂球期(月/日)	生育期/d	品种名	适收期(月/日)	裂球期(月/日)	生育期/d
CR 卡多	8/15	8/31	48	WS-4	9/1	—	65
绿抗 9 号	8/15	8/31	48	京丰 1 号	9/1	—	65
美丰 70	9/5	—	69	希望	8/18	—	51
掌中宝	8/15	—	48	盈宝 536	8/18	—	51
元宝	8/18	9/1	51	CB1414	9/5	—	69
绿娃娃	8/18	8/18	51	Jass-1	8/18	—	51
丸丽	8/31	—	64	Jass-2	9/1	9.1	65
WS-1	—	—	—	Jass-3	9/1	—	65
WS-2	9/1	—	65	Jass-4	9/1	—	65
WS-3	9/1	—	65				

2. 植物学性状比较

各参试品种植特学性状特性见表 19-63。

表 19-63　不同甘蓝品种植物学性状比较

品种名	株高/cm	株幅/cm	外叶数	球形	球色	球重/g	球高/cm	球宽/cm	中心柱/cm
CR 卡多	24	51	13	小圆球	外鲜绿内黄	1480	16.0	17.0	7.0
绿抗 9 号	17	48	14	小圆球	外绿-内黄	1100	14.0	14.0	6.5
美丰 70	34	72	14	中扁球	外绿内黄	2500	14.0	22.0	6.0
掌中宝	15	40	11	小+圆球	外绿+内黄+	1000	14.0	13.0	4.5
元宝	24	46	15	小圆球	外绿内黄-	1700	16.0	17.0	8.0
绿娃娃	20	48	15	小长圆球	外绿+内黄	1250	15.2	15.0	5.0
丸丽	29	48	18	中-圆球	外绿+内黄	1300	15.0	15.0	5.0
中甘 101	25	54	12	扁球	外绿内黄	625	9.9	12.0	3.9
中甘 102	22	49	17	扁球	外绿内黄+	775	9.9	14.0	4.8
中甘 96	22	49	16	圆球	外绿内黄	900	12.1	13.2	4.6
中甘 828	18	46	13	小圆球	外绿内黄-	900	13.0	11.8	5.0
15 早 1	—	—	—	—	—	—	—	—	—
15 早 2	—	—	—	—	—	—	—	—	—
15 早 6	22	47	20	圆球	外绿内黄	550	8.8	14.0	4.7
15 晚 2	28	55	16	扁球	外绿内黄	575	9.4	13.8	5.0
15 晚 5	26	56	20	扁球	外绿内黄	600	10.2	13.0	5.4

续表

品种名	株高/cm	株幅/cm	外叶数	球形	球色	球重/g	球高/cm	球宽/cm	中心柱/cm
中 21	18	35	14	小长圆球	外绿内黄	950	13.5	12.5	7.0
中 56	14	35	12	小圆球	外绿内黄	600	13.0	13.0	3.9
S1947	15	35	14	小圆球	外绿内黄	600	12.0	10.5	4.5
S1952	14	40	13	小圆球	外绿内黄	550	12.0	11.5	4.7
WS-1	—	—	—	—	—	—	—	—	—
WS-2	20	40	14	高扁近圆球	外绿内黄+	620	12.2	11.0	3.6
WS-3	15	49	15	扁球	外绿内黄	1325	11.0	18.6	4.0
WS-4	17	52	21	高近圆球	外绿内黄	525	11.2	9.2	2.6
京丰 1 号	15	41	20	扁球	外绿内黄	1050	9.3	18.0	5.3
希望	14	39	13	小圆球	外绿内黄	450	10.5	10.0	4.3
盈宝 536	13	40	13	小+长圆球	外绿内黄	350	9.8	8.5	3.7
CB1414	34	62	20	扁球	外绿内黄+	1625	12.9	19.2	5.5
Jass-1	23	49	11	中-牛心	外绿内黄	550	14.0	12.0	4.8
Jass-2	23	42	15	小圆球	外绿内黄+	650	12.4	12.5	4.7
Jass-3	15	44	13	小圆球	外绿内黄+	570	10.4	10.4	4.5
Jass-4	16	35	20	圆球	外绿内黄+	470	11.5	10.3	5.6

调查可知，供试品种球形有圆球、牛心和扁球类型。

其中圆球类型有美丰 70、中甘 101、中甘 102、15 晚 2、WS-3、京丰 1 号、CB1414。

牛心类型有 Jass-1，其余全为圆球。

3. 抗病性比较

甘蓝田间主要发生根肿病病害。抗病品种有'CR 卡多'。耐病品种有'绿抗 9 号'、'掌中宝'、'CB1414'。其余品种根肿病发病严重（表 19-64）。

表 19-64 不同甘蓝品种抗病性比较

品种名	根肿病	品种名	根肿病
CR 卡多	/	中 21	根肿
绿抗 9 号	轻微根肿	中 56	根肿
美丰 70	轻根肿	S1947	根肿
掌中宝	无根肿	S1952	根肿
元宝	根肿	WS-1	根肿
绿娃娃	根肿	WS-2	根肿
丸丽	根肿	WS-3	根肿
中甘 101	根肿	WS-4	根肿
中甘 102	根肿	京丰 1 号	根肿
中甘 96	根肿	希望	根肿
中甘 828	根肿	盈宝 536	根肿
15 早 1	根肿	CB1414	轻根肿
15 早 2	根肿	Jass-1	轻根肿
15 早 6	根肿	Jass-2	根肿
15 晚 2	根肿	Jass-3	根肿
15 晚 5	根肿	Jass-4	根肿

4. 产量比较

采取全区收获计产，然后以每亩3400株折算成亩产量（表19-65）。

可以看出亩平均产量在 1190.0～8500.0kg。对照品种'京丰1号'3570.0kg。田间由于感染根肿病，植株未正常生长，产量不能反映植株正常水平。

表 19-65　不同甘蓝品种产量比较

品种名	小区折合亩均产量/kg	品种名	小区折合亩均产量/kg
CR 卡多	5032.0	中 21	3230.0
绿抗 9 号	3740.0	中 56	2040.0
美丰 70	8500.0	S1947	2040.0
掌中宝	3400.0	S1952	1870.0
元宝	5780.0	WS-1	/
绿娃娃	4250.0	WS-2	2108.0
丸丽	4420.0	WS-3	4505.0
中甘 101	2125.0	WS-4	1785.0
中甘 102	2635.0	京丰 1 号	3570.0
中甘 96	3060.0	希望	1530.0
中甘 828	3060.0	盈宝 536	1190.0
15 早 1	/	CB1414	5525.0
15 早 2	/	Jass-1	1870.0
15 早 6	1870.0	Jass-2	2210.0
15 晚 2	1955.0	Jass-3	1938.0
15 晚 5	2040.0	Jass-4	1598.0

(三)结论与讨论

综上可知，综合性状表现品种如下：圆球品种有'CR 卡多'、'绿抗 9 号'、'掌中宝'，扁球品种有'CB1414'。这几个品种可以推荐种植（表 19-66）。

表 19-66　不同甘蓝品种综合比较

品种名称	评价	备注	品种名称	评价	备注
CR 卡多	◎		中 21	○-	
绿抗 9 号	○+		中 56	×	特小株，特小球
美丰 70	○-		S1947	×	特小株，特小球
掌中宝	◎	包球好，漂亮	S1952	×	特小株，特小球
元宝	○-		WS-1		
绿娃娃	○	球色鲜，形状好	WS-2	○	
丸丽	○-	球色绿，底皱，好看	WS-3	○	
中甘 101	×		WS-4	×	
中甘 102	×		京丰 1 号	△	
中甘 96	×		希望	○-	紫面
中甘 828	×		盈宝 536	×	
15 早 1	×		CB1414	○+	
15 早 2	×		Jass-1	○-	叶肉多，细
15 早 6	×		Jass-2	△	
15 晚 2	×		Jass-3	△	
15 晚 5	×		Jass-4	△	

注：◎表示优秀；○表示良好；○+表示偏更良好；○-表示偏良差一点；△表示中等；×表示差。

（朱凤娟）

第三节　高山萝卜(2012—2016)

一、2012 年

为筛选适合高山种植的萝卜专用品种，我们 2012 年继续在高山蔬菜主产区长阳高山蔬菜试验站进行了萝卜品种比较试验，调查不同品种的生育期、商品性、抗病性、产量等各方面的性状及市场适应性。

(一)材料与方法

1. 供试品种

试验中参试品种一律使用代号，共 22 个品种，详情见表 19-67。

表 19-67　萝卜品种及来源

品种代号	品种名	品种来源	类型
RD-01	1 号	常兴种业	白皮类型
RD-02	2 号	常兴种业	白皮类型
RD-03	3 号	常兴种业	白皮类型
RD-04	4 号	常兴种业	白皮类型
RD-05	雪单 1 号	鄂蔬农业科技有限公司	白皮类型
RD-06	寒雪	青岛国际种苗有限公司	白皮类型
RD-07	特新白玉	浙江神良种业有限公司	红皮类型
RD-08	春秋早红	绵阳市涪城区正兴种业经营部	红皮类型
RD-09	红优	绵阳市涪城区正兴种业经营部	红皮类型
RD-10	绵阳满身红	四川省绵阳市绵蔬种业科技有限公司	红皮类型
RD-11	西星萝卜 1 号	山东澄海种业股份有限公司	青皮类型
RD-12	K 青	青岛国际种苗有限公司	青皮类型
RD-13	圣玉 008		白皮类型
RD-14	汉白玉		白皮类型
RD-15	R-1	北京大一种苗有限公司	白皮类型
RD-16	R-2	北京大一种苗有限公司	白皮类型
RD-17	R-3	北京大一种苗有限公司	白皮类型
RD-18	R-4	北京大一种苗有限公司	白皮类型
RD-19	R-5	北京大一种苗有限公司	白皮类型
RD-20	R-6	北京大一种苗有限公司	白皮类型
RD-21	R-7	北京大一种苗有限公司	白皮类型
RD-22	R-8	北京大一种苗有限公司	白皮类型

2. 试验方法

本试验安排在海拔 1800m 的宜昌长阳火烧坪高山蔬菜试验站基地根肿病发病严重的地块进行，以 RD-13 '圣玉 008' 作为对照，播种期 5 月 13 日，采用直播，试验地前作为冬闲地，砂质壤土，地势平坦、土层深厚、肥沃，有机质含量丰富，犁耙精细，排水状况较好，露地栽培，覆盖地膜，采用随机区组排列，3 次重复，每小区定植 60 株，每亩定植 5000 株。试验地四周设保护行。栽培方式及田间管理完全按当地大田生产的无公害萝卜生产操作规程管理水平进行。

(二)结果与分析

1. 生育期比较

供试品种生育期表现为从播种至成熟适收期在44～58天。白皮萝卜成熟期都在58天；红皮萝卜和青皮萝卜是未熟先期抽薹。红皮萝卜生育期为44～46天；青皮萝卜生育期为46～55天，见表19-68。

表19-68　不同萝卜品种生育期比较

品种代号	生育期/d
RD-01	58
RD-02	58
RD-03	58
RD-04	58
RD-05	58
RD-06	58
RD-07	58
RD-08	44
RD-09	44
RD-10	46
RD-11	46
RD-12	55
RD-13	58
RD-14	58
RD-15	58
RD-16	58
RD-17	58
RD-18	58
RD-19	58
RD-20	58
RD-21	58
RD-22	58

2. 植物学性状比较

植物学性状调查见表19-69。

白皮类型：参试品种 RD-1～RD-7、RD-13～RD-22 为白皮类型萝卜，都为白皮白肉；RD-8～RD-10 为红皮白肉；RD-11 和 RD-12 为青皮类型萝卜。

商品性表现好的品种有 RD-1、RD-3、RD-5、RD-14、RD-16、RD-17、RD-21，萝卜整齐，根直匀，光洁，根眼小，须根少，收尾好。

红皮类型：参试品种 RD-8～RD-10 为红皮类型萝卜，形状为纺锤形和棒状。须根都比较少，耐低温差出现先期抽薹现象，应适当晚播。

青皮类型：参试品种 RD-11～RD-12 为青皮类型萝卜，品质较好，但也会先期抽薹，应适当晚播。

表 19-69　不同萝卜品种植物学性状比较

品种代号	株形	株高×株幅/(cm×cm)	叶色	叶形	叶数	皮色	收尾	青头	根形	萝卜长径/(cm×cm)	须根	叉根
RD-01	半开	33×84	绿	裂叶	21叶	白皮白肉	好	/	中长中宽直匀	38.0×7.0	少	/
RD-02	半开	35×65	绿	裂叶	27叶	白皮白肉	好	/	中长中宽直不匀	36.0×7.5	中	/
RD-03	半开	30×64	绿	裂叶	16叶	白皮白肉	好	/	中长中宽直匀-	35.0×7.0	少	/
RD-04	半开	28×78	鲜-绿	裂叶	19叶	白皮白肉	好	/	中长中宽直-匀	35.5×7.1	少	/
RD-05	半开	40×80	绿	裂叶	24叶	白皮白肉	好	/	中长中宽直-匀	37.6×6.8	少	/
RD-06	半立	46×74	灰绿	裂叶	32叶	白皮白肉	尖	/	长中-粗直-匀-	44.6×6.6	中	,++
RD-07	开	31×74	鲜-绿	裂叶	22叶	白皮白肉	好	/	长中-粗直-匀	36.0×6.9	中	/
RD-08	半立+	27×60	绿	板叶	15叶	红皮白肉	好	/	长细直-匀	29.1×4.8	中+	/
RD-09	半立+	40×60	浅绿	板叶	13叶	红皮白肉	好	/	短筒直-匀-	16.2×8.2	少	/
RD-10	立	40×52	浅绿	板叶	28叶	红皮白肉	好	/	短棒直-匀-	19.0×8.1	少	/
RD-11	半立	50×60	鲜绿	裂叶	27叶	青头白皮白肉	尖	青	中-长中粗直-匀-	27.0×7.1	中+	,++
RD-12	半开	37×58	灰绿-	裂叶	11叶	青头白皮白肉	钝	青	短棒直匀	24.0×7.6	中	/
RD-13	半开+	41×80	鲜绿	裂叶	17叶	白皮白肉	好	/	中-短中直-匀-	35.0×6.2	少	/
RD-14	半开	38×70	鲜绿	裂叶	19叶	白皮白肉	好	/	中长中粗直-匀	34.0×6.6	少	/
RD-15	半开	50×80	鲜绿+	板叶	31叶	白皮白肉	好	/	中长中粗直-匀	34.0×6.3	中-	,+
RD-16	半开	43×80	鲜绿+	咧叶	26叶	白皮白肉	好	/	中长中+粗直-匀	34.0×7.2	少	,+
RD-17	半开	40×80	鲜绿+	板叶	19叶	白皮白肉	好	/	中长中粗直-匀+	36.0×6.9	少	/
RD-18	半立	38×70	绿	小裂叶	22叶	白皮白肉	好	/	中长中粗直-匀-	36.5×6.8	少	/
RD-19	半立	43×72	绿	裂叶	22叶	白皮白肉	尖长尾	/	细长中粗直-匀	39.0×6.7	少	/
RD-20	开	34×80	灰绿	裂叶	30叶	白皮白肉	尖长尾	/	中-长中+粗直-匀-	33.0×7.3	中	,+
RD-21	半开+	43×80	鲜绿	裂叶	18叶	白皮白肉	中	/	中长中粗直-匀	35.0×6.3	少	,+
RD-22	半开	41×80	鲜绿	裂叶	26叶	白皮白肉	尖长尾	/	中长中粗直-匀-	34.0×6.7	中-	/

3. 抗病性比较

我们于萝卜采收盛期调查田间病害发生情况。大部分品种抗病，个别品种抗性稍差，RD-04 和 RD-08 有黑匝现象，RD-19 有黑心现象，影响商品性及产量。

4. 产量比较

采取全区收获计产，然后以每亩 5000 株折算成亩产量，产量测定见表 19-70。从表中可以看出，产量最高的品种是 RD-03，产量为 6716.7kg，对照产量为 3083.3kg，除 3 个红皮品种外，产量都超过对照。

(三)结论与讨论

从试验来看，红皮品种和青皮品种因播期太早，出现先期抽薹的现象。

白皮品种表现较好的品种有 RD-1、RD-3、RD-16、RD-18，共性是萝卜整齐，根直匀，光洁，根眼小，须根少，收尾好，产量高，最低产量在 5000kg 以上。

表 19-70　不同萝卜品种产量比较

品种	平均产量/kg	与对照相比±%
RD-01	5000.0	62.2
RD-02	5833.3	89.2
RD-03	6716.7	117.8
RD-04	5750.0	86.5
RD-05	4866.7	57.8
RD-06	6150.0	99.5

品种	平均产量/kg	与对照相比±%
RD-07	5083.3	64.9
RD-08	1850.0	−40.0
RD-09	2583.3	−16.2
RD-10	3000.0	−2.7
RD-11	3400.0	10.3
RD-12	3500.0	13.5
RD-13	3083.3	0.0
RD-14	4250.0	37.8
RD-15	3916.7	27.0
RD-16	6250.0	102.7
RD-17	5000.0	62.2
RD-18	5000.0	62.2
RD-19	4250.0	37.8
RD-20	4333.3	40.5
RD-21	4850.0	57.3
RD-22	4816.7	56.2

二、2013 年

为筛选适合高山种植的萝卜专用品种，我们 2013 年继续在高山蔬菜主产区长阳高山蔬菜试验站进行了萝卜品种比较试验，调查不同品种的生育期、商品性、抗病性、产量等各方面的性状及市场适应性。

(一)材料与方法

1. 供试品种

试验中参试品种一律使用代号，共 14 个品种，详情见表 19-71。

表 19-71　萝卜品种及来源

品种名	品种来源
新白良子	常兴种业
田园春	常兴种业
L1012	常兴种业
L1108	常兴种业
L1217	常兴种业
R567	常兴种业
长城 2 号	中国种子集团
雪单 1 号	湖北省农科院
圆红萝卜	武汉市菜科所
小圆红萝卜	武汉市菜科所
长红萝卜	武汉市菜科所
贵红萝卜	武汉市菜科所
春白皮萝卜	武汉市菜科所
秋白皮萝卜	武汉市菜科所

2. 方法

本试验安排在海拔 1800m 的宜昌长阳火烧坪高山蔬菜试验站基地，播种期 6 月 2 日、8 月 1 日和 8 月 11 日，采用直播，试验地前作为萝卜种植地，砂质壤土，地势平坦，土层深厚、肥沃，有机质含量丰富，犁耙精细，排水状况较好，露地栽培，覆盖地膜，采用随机区组排列，3 次重复，每小区定植 60 株，每亩定植 5000 株。试验地四周设保护行。栽培方式及田间管理完全按当地大田生产的无公害萝卜生产操作规程管理水平进行。

(二)结果与分析

1. 生育期比较

供试品种生育期表现为从播种至成熟适收期在 58～70 天，见表 19-72。

表 19-72　不同萝卜品种生育期比较

品种代号	播种期(月/日)	适收期(月/日)	生育期/d
新白良子	6/2	7/30	58
田园春	6/2	7/30	58
L1012	6/2	7/30	58
L1108	6/2	7/30	58
L1217	6/2	7/30	58
R567	6/2	7/30	58
长城 2 号	6/2	7/30	58
圆红萝卜	8/11	10/8	57
小圆红萝卜	8/11	10/8	57
长红萝卜	8/11	10/8	57
贵红萝卜	8/11	10/8	57
春白皮萝卜	8/11	10/21	70
秋白皮萝卜	8/11	10/21	70
春白皮萝卜	8/1	10/7	66
秋白皮萝卜	8/1	10/7	66

2. 植物学性状比较

植物学性状调查见表 19-73。

表 19-73　不同萝卜品种植物学性状比较

品种名	株形	株高/cm	株幅/cm	叶形	叶数	皮色	青头	根形	收尾	萝卜长径	须根	叉根
新白良子	直立	42.5	75.5	裂	15	白皮白肉	青-头	中长	尖	37.5×7.4	少	/
田园春	直立	46.0	74.0	裂	15	白皮白肉	青头	特长细	尖	40.0×7.1	少	/
L1012	直立	45.5	63.0	板	23	白皮白肉	白	长粗	好	36.0×7.1	少	/
L1108	直立	45.5	58.0	板	18	白皮白肉	白	短中长胖	好	28.5×8.5	少	/
L1217	直立	37.0	70.0	裂	16	白皮白肉	青头	长细	可以	32.0×6.7	少	/
R567	直立	48.5	61.5	长板	21	白皮白肉	不青头	长胖	好	37.3×8.5	少	/
长城 2 号	直立	28.0	58.0	短裂	28	白皮白肉	不青头	短胖	好	25.5×9.8	少	/
圆红萝卜	半开	15	35	短浅裂	15	外红内白	/	中-扁圆	好	7.0×6.5	少	/
小圆红萝卜	半开	12	32	短浅裂	12	外红+内白	/	小扁圆	好	3.8×5.0	少	/
长红萝卜	开	13	37	短浅裂	13	外红内白	/	短棒	好	13.0×7.5	少	/

续表

品种名	株形	株高/cm	株幅/cm	叶形	叶数	皮色	青头	根形	收尾	萝卜长径	须根	叉根
贵红萝卜	开	15	35	短浅裂	12	外红内白	/	短棒	好	10.0×6.5	少	/
春白皮萝卜	立	32	62	长裂	15	白皮白肉	/	长尖尾	好	27.0×7.5	少	/
秋白皮萝卜	立	39	65	长裂	12	白皮白肉	/	长胖钝尾	好	31.0×7.0	少	/
春白皮萝卜	立	29	58	长裂	14	白皮白肉	/	长尖尾	好	33.0×6.2	少	/
秋白皮萝卜	立	27	53	长裂	14	白皮白肉	/	长胖钝尾	好	32.0×7.0	少	/

3. 抗病性比较

我们于萝卜采收盛期调查田间病害发生情况。大部分品种抗病，个别品种抗性稍差，‘田园春’、‘L1217’有根肿病发生。

4. 产量比较

采取全区收获计产，然后以每亩 5000 株折算成亩产量，产量测定见表 19-74。

表 19-74　不同萝卜品种产量比较

品种	折合亩产量平均产量/kg	品种	折合亩产量平均产量/kg
新白良子	6016.7	小圆红萝卜	275.0
田园春	6216.7	长红萝卜	1200.0
L1012	7033.3	贵红萝卜	1175.0
L1108	5383.3	春白皮萝卜	3275.0
L1217	5066.7	秋白皮萝卜	3525.0
R567	7916.7	春白皮萝卜	4125.0
长城 2 号	7083.3	秋白皮萝卜	5375.0
圆红萝卜	805.0		

(三)结论与讨论

从试验来看，表现较好的品种‘R567’、‘长城 2 号’、‘春白皮萝卜’、‘秋白皮萝卜’，萝卜整齐，根直匀，光洁，根眼小，须根少，收尾好，产量高。田园春表现较差。‘圆红萝卜’、‘小圆红萝卜’、‘长红萝卜’、‘贵红萝卜’这几个红皮萝卜品种表现不错。

三、2014 年

为筛选适合高山种植的萝卜专用品种，我们 2014 年继续在高山蔬菜主产区长阳高山蔬菜试验站进行了萝卜品种比较试验，调查不同品种的生育期、商品性、抗病性、产量等各方面的性状及市场适应性。

(一)材料与方法

1. 供试品种

试验品种 11 个，品种来源为常兴种业公司，品种分别为‘H1201’、‘H567’、‘H1201’、‘H567’、‘R618’、‘耐热板叶萝卜’、‘美如玉板叶萝卜’、‘L1231 板叶萝卜’、‘L1108 板叶萝卜’、‘L9801 板叶萝卜’、‘L1012 板叶萝卜’。

2. 方法

本试验安排在海拔 1800m 的宜昌长阳火烧坪高山蔬菜试验站进行，萝卜分别于 6 月 2 日、6 月 22 日、

7月9日播种。采用直播，试验地前作为冬凌空闲地，砂质壤土，地势平坦，土层深厚、肥沃，有机质含量丰富，犁耙精细，排水状况较好，露地栽培，覆盖地膜，采用随机区组排列，3次重复，每小区定植60株，每亩定植5000株。试验地四周设保护行。栽培方式及田间管理完全按当地大田生产的无公害萝卜生产操作规程管理水平进行。

(二)结果与分析

1. 生育期比较

供试品种生育期在54~67天，见表19-75。

H567这个板叶萝卜在1800m海拔高度高山播种期为6月2日和6月22日出现先期抽薹。

表19-75　不同萝卜品种生育期比较

品种	播种期(月/日)	适收期(月/日)	抽薹期	生育期/d
H1201	6/2	8/2	/	60
H567	6/2	8/2	5/8抽薹	
H1201	6/22	8/29	/	60
H567	6/22	8/29	易抽薹	67
R618	7/9	9/3	/	54
耐热板叶萝卜	7/9	9/3	/	54
美如玉板叶萝卜	7/9	9/3	/	54
L1231板叶萝卜	7/9	9/3	/	54
L1108板叶萝卜	7/9	9/3	/	54
L9801板叶萝卜	7/9	9/3	/	54
L1012板叶萝卜	7/9	9/3	/	54

2. 植物学性状比较

植物学性状调查见表19-76。参试品种都为白皮白肉。

表19-76　不同萝卜品种植物学性状比较

品种名	株高/cm	株幅/cm	叶形	叶片数	单根重/g	根大小/(cm×cm)	形状	颜色	裂口青头	须根	叉根
H1201	50	56	裂叶	31	1046.0	37.0×6.8	长棒尖尾	白皮白肉	—	—	—
H567	58	67	裂板	23	1163.5	34.0×8.0	长棒钝尾	白皮白肉	—	—	—
H1201	35	54	裂叶	25	1212.5	34.0×6.8	长棒尖尾	白皮白肉	裂口	—	—
H567	40	70	裂板	21	1115.5	31.0×8.2	长棒钝尾	白皮白肉	—	—	—
R618	41	47	板叶	18	956.0	32.0×7.2	长棒尖尾	白皮白肉	—	—	—
耐热板叶	49	65	板叶	15	415.5	20.0×5.5	短棒尖尾	白皮白肉	—	—	—
美如玉板叶	40	55	板叶	19	777.5	26.0×6.6	中棒圆底	白皮白肉	—	—	—
L1231板叶	45	59	裂叶	19	1095.0	37.0×6.6	长+棒尖尾	白皮白肉	—	—	—
L1108板叶	44	54	板叶+	19	981.0	32.0×6.5	长棒钝尾	白皮白肉	—	—	—
L9801板叶	56	70	裂叶	15	803.0	33.0×6.4	细长棒	白皮白肉	青头	—	—
L1012板叶	45	50	板叶	21	1016.5	34.0×6.1	长棒圆底	白皮白肉	青-头	—	—

3. 抗病性比较

我们于萝卜采收盛期调查田间病害发生情况(表19-77)。

表 19-77 不同萝卜品种病害比较

品种名	病害	品种名	病害
H1201	—	美如玉板叶	老叶黄缺镁
H567	—	L1231 板叶	—
H1201	—	L1108 板叶	老叶黄缺镁
H567	—	L9801 板叶	老叶黄缺镁
R618	老叶黄缺镁	L1012 板叶	老叶黄缺镁
耐热板叶	稍抗		

4. 产量比较

采取全区收获计产，然后以每亩 5000 株折算成亩产量，产量测定见表 19-78。

表 19-78 不同萝卜品种产量比较

品种名	折合亩产量/kg	品种名	折合亩产量/kg
H1201	5230.0	美如玉板叶	3887.5
H567	5817.5	L1231 板叶	5475.0
H1201	6062.5	L1108 板叶	4905.0
H567	5577.5	L9801 板叶	4015.0
R618	4780.0	L1012 板叶	5082.5
耐热板叶	2077.5		

(三)结论与讨论

综合以上可见表现最好的品种为'H1201'、'美如玉板叶'、'L1231 板叶'这几个品种(表 19-79)。

表 19-79 不同萝卜品种综合比较

品种名	评价	备注	品种名	评价	备注
H1201	◎	整齐度好	美如玉板叶	◎	萝卜形状好
H567	○-	5/8 抽薹	L1231 板叶	◎	萝卜太长
H1201	○	雨水多易裂口	L1108 板叶	○+	萝卜形状可以
H567	○-	易抽薹，不纯	L9801 板叶	○-	
R618	○+	萝卜形状可以，杂紫皮	L1012 板叶	○-	青头
耐热板叶	○-	生长慢，外叶少，短			

注：◎表示优秀；○表示良好；○+表示偏更良好；○-表示偏良差一点；△表示中等；×表示差。

四、2016 年

为筛选适合高山种植的萝卜专用品种，我们 2016 年继续在高山蔬菜主产区长阳高山蔬菜试验站进行了萝卜品种比较试验，调查不同品种的生育期、商品性、抗病性、产量等各方面的性状及市场适应性。

(一)材料与方法

1. 供试品种

试验品种 70 个，详情见表 19-80。

表 19-80　萝卜品种及来源

品种名	品种来源	品种名	品种来源
日本秋宝	湖北九头鸟种业有限公司	花叶 14 号～16 号	湖北常兴种业
白宫宝罗	湖北九头鸟种业有限公司	花叶 18 号	湖北常兴种业
白铁龙	湖北九头鸟种业有限公司	板叶 1 号～3 号	湖北常兴种业
九天如意	湖北九头鸟种业有限公司	板叶 5 号	湖北常兴种业
九天玉冠	湖北九头鸟种业有限公司	花叶 9 号	湖北常兴种业
九天白丽	湖北九头鸟种业有限公司	板叶 11 号	湖北常兴种业
韩金夏宝	湖北九头鸟种业有限公司	板叶 13 号	湖北常兴种业
九天玉峰	湖北九头鸟种业有限公司	板叶 17 号	湖北常兴种业
汉城美玉	湖北九头鸟种业有限公司	板叶 18 号	湖北常兴种业
CR 捷如秀	北京捷利亚种业有限公司	德日 2 号	河南民权种业有限公司
捷美 149	北京捷利亚种业有限公司	德日 3 号	河南民权种业有限公司
CR 捷如春 4 号	北京捷利亚种业有限公司	德日 4 号	河南民权种业有限公司
板叶美如玉	湖北常兴种业	德日 5 号(红皮)	河南民权种业有限公司
对照板叶美如玉	湖北常兴种业	民权青	河南民权种业有限公司
板叶美如玉 3 号 301	湖北常兴种业	民权红	河南民权种业有限公司
板叶美如玉 4 号	湖北常兴种业	民权 791	河南民权种业有限公司
对照板叶美如玉 3、4 号	湖北常兴种业	雪单 1 号	湖北省农业科学院
萝卜 1 号～6 号	湖北常兴种业	蔬谷板玉	湖北省农业科学院
花叶 1 号～12 号	湖北常兴种业	SGHY	湖北省农业科学院

2. 方法

本试验安排在海拔 1800m 的宜昌长阳火烧坪高山蔬菜试验站进行,以'雪单 1 号'作为对照,播种期 6 月 12 日和 7 月 7 日两批播种,采用直播。试验地前作为冬凌空闲地,砂质壤土,地势平坦,土层深厚、肥沃,有机质含量丰富,犁耙精细,排水状况较好,露地栽培,覆盖地膜,采用随机区组排列,3 次重复,每小区栽植 60 株,每亩定植 5000 株。试验地四周设保护行。栽培方式及田间管理完全按当地大田生产的无公害萝卜生产操作规程管理水平进行。

(二) 结果与分析

1. 生育期比较(表 19-81)

表 19-81　不同萝卜品种生育期比较

品种名	播种期 (月/日)	抽薹期 (月/日)	品种名	播种期 (月/日)	抽薹期 (月/日)	品种名	播种期 (月/日)	抽薹期 (月/日)
日本秋宝	6/12	8/18	CR 捷如秀	6/12	8/20	花叶 1 号	6/12	
白宫宝罗	6/12		捷美 149	6/12	8/18	花叶 2 号	6/12	叶太多
白铁龙	6/12		CR 捷如美 4 号	6/12		花叶 3 号	6/12	
九天如意	6/12	不齐	萝卜 1 号	6/12	弱	花叶 4 号	6/12	强特长
九天玉冠	6/12		萝卜 2 号	6/12	特长	花叶 5 号	6/12	特长
九天白丽	6/12		萝卜 3 号	6/12		花叶 6 号	6/12	
韩金夏宝	6/12	弱	萝卜 4 号	6/12	杂紫色	花叶 7 号	6/12	
九天玉峰	6/12	强	萝卜 5 号	6/12	粗细不均	花叶 8 号	6/12	8/9
汉城美玉	6/12	特长	萝卜 6 号	6/12		花叶 9 号	6/12	7/29

品种名	播种期 （月/日）	抽薹期 （月/日）	品种名	播种期 （月/日）	抽薹期 （月/日）	品种名	播种期 （月/日）	抽薹期 （月/日）
花叶 10 号	6/12	弱小	板叶 17 号	7/7	—	九天白丽	7/7	—
花叶 11 号	6/12		板叶 18 号	7/7	—	韩金夏宝	7/7	—
花叶 12 号	6/12		板叶美如玉	7/7	—	九天玉峰	7/7	—
花叶 2 号	7/7	—	对照板叶美如玉	7/7	—	汉城美玉	7/7	—
花叶 3 号	7/7	—	板叶美如玉 3 号 301	7/7	—	CR 捷如秀	7/7	—
花叶 4 号	7/7	—	板叶美如玉 4 号	7/7	—	捷美 149	7/7	—
花叶 5 号	7/7		对照板叶美如玉 3、4 号	7/7	—	CR 捷如美 4 号	7/7	—
花叶 6 号	7/7	—	板叶 1 号	7/7	—	雪单 1 号	7/7	—
花叶 7 号	7/7	—	板叶 2 号	7/7	—	德日 2 号	7/7	—
花叶 8 号	7/7	—	板叶 3 号	7/7	—	德日 3 号	7/7	—
花叶 9 号	7/7	—	板叶 5 号	7/7	—	德日 4 号	7/7	9/26
花叶 12 号	7/7	—	花叶 9 号	7/7	—	德日 5 号	7/7	—
花叶 14 号	7/7	—	花叶 10 号	7/7	—	民权青	7/7	—
花叶 15 号	7/7	—	板叶 18 号	7/7	—	民权红	7/7	—
花叶 16 号	7/7	—	日本秋宝	7/7	—	民权 791	7/7	9/1
板叶 1 号	7/7	—	白宫宝罗	7/7	—	蔬谷板玉	7/7	—
板叶 11 号	7/7	—	白铁龙	7/7	—	SGHY	7/7	—
板叶 13 号	7/7	—	九天如意	7/7	—			
			九天玉冠	7/7	—			

2. 植物学性状比较（表 19-82 和表 19-83）

表 19-82　第一批播种（播种期：6 月 12 日）不同萝卜品种植物学性状比较

品种名	株高×株幅/cm	叶形	叶色	叶数叶	皮色	收尾	根形	萝卜长径 /(cm×cm)	须根	裂根	叉根	青头
日本秋宝	49×52	裂叶	鲜绿	28	白皮白肉	好	长棒	32.0×6.5	,+	/	,+	/
白宫宝罗	53×76	裂叶	深绿	22	白皮白肉	好	长棒中棒	36.0×8.0	,++	/	,+++	/
白铁龙	27×51	裂叶	绿	23	白皮白肉	钝	短棒	30.0×7.0	,++	,+++	/	/
九天如意	40×61	裂叶	绿	20	白皮白肉	好	长棒	33.0×7.5	/	/	/	/
九天玉冠	39×60	板叶	鲜绿	26	白皮白肉	好	中棒	30.0×8.5	,+	/	,+	/
九天白丽	30×56	板叶裂	鲜绿	24	白皮白肉	好	中棒	29.0×7.0	/	/	/	/
韩金夏宝	29×45	板叶	鲜绿	27	白皮白肉	好	长棒	39.0×6.0	/	,+	/	/
九天玉峰	36×63	板浅裂	鲜绿	25	白皮白肉	稍尖	中棒	31.0×8.0	/	,+	,++	/
汉城美玉	50×84	裂叶	深绿	17	白皮白肉	尖	特长棒	45.0×8.0	,+	/	,+	/
CR 捷如秀	46×60	板浅裂	绿	27	白皮白肉	尖	长棒	40.0×7.0	/	/	/	/
捷美 149	48×57	板叶	绿	23	白皮白肉	尖	中长棒	28.0×7.0	,+	/	/	/
CR 捷如美 4 号	46×62	裂叶	深绿	30	白皮白肉	好	长棒	35.0×9.0	/	/	/	,+
萝卜 1 号	31×46	板叶	绿	20	白皮白肉		短棒	21.0×6.0	,+++	,+++	,++	/
萝卜 2 号	45×77	裂叶	深绿	21	白皮白肉	好	长棒	37.5×7.5	,+	,+	/	/
萝卜 3 号	33×54	裂叶	浅绿	30	白皮白肉	太尖	长棒	38.0×8.5	,+	,+++	/	/

品种名	株高×株幅/cm	叶形	叶色	叶数叶	皮色	收尾	根形	萝卜长径/(cm×cm)	须根	裂根	叉根	青头
萝卜4号	37×75	裂叶	深绿	20	白皮白肉	太尖	长棒	39.0×7.0	,+	/	,++	/
萝卜5号	28×63	裂叶	深绿	20	白皮白肉	太尖	长+棒	41.0×8.5	/	/	/	/
萝卜6号	30×61	裂叶	深绿	16	白皮白肉	太尖	长棒	31.0×8.0	,+	/	/	/
花叶1号	38×54	裂叶	深绿	24	白皮白肉	好	长棒	32.0×6.5	,+	/	,+++	/
花叶2号	32×63	裂叶	深绿	42	白皮白肉	太尖	长棒	36.0×7.0	,+++	/	,+++	/
花叶3号	49×70	裂叶	深绿	20	白皮白肉		长棒	35.0×6.5	,+	/	/	/
花叶4号	37×82	裂叶	深绿	16	白皮白肉	好	长+棒	50.0×8.0	/	/	/	/
花叶5号	32×61	裂叶	深绿	16	白皮白肉	尖	长+棒	41.0×7.5	/	/	/	/
花叶6号	40×75	裂叶	深绿	20	白皮白肉		中-短棒	21.0×5.5	,+	/	/	/
花叶7号	40×82	裂叶	深绿	23	白皮白肉	尖	长棒	36.0×6.0	/	/	/	/
花叶8号	30×60	裂叶	浅绿	18	白皮白肉		中棒	21.0×6.0	/	/	/	/
花叶9号	27×63	裂叶	鲜绿	21	白皮白肉	太尖	长棒	37.0×6.0	/	/	/	/
花叶10号	22×53	裂叶	浅绿	16	白皮白肉		圆球	8.0×5.0	/	/	/	/
花叶11号	39×78	裂叶	深绿	15	白皮白肉	好	长+棒	39.0×8.0	/	/	,++++	/
花叶12号	39×69	裂叶	深绿	18	白皮白肉	好	长棒	37.5×8.5	,+++	/	,+++	/

表 19-83　第二批播种(播种期 7 月 7 日)不同萝卜品种植物学性状比较

品种名	株高×株幅/cm	叶形	叶色	叶数叶	皮色	收尾	根形	萝卜长径/(cm×cm)	须根	裂根	叉根	青头
花叶2号	24×68	裂叶	绿	28	白皮白肉	好	长棒	35.0×7.8	/	,+	/	,+
花叶3号	37×47	裂叶	绿	17	白皮白肉	尖尾	中棒	21.5×7.4	/	,+	,++	,+
花叶4号	30×44	裂叶	绿	18	白皮白肉	钝尾	中短棒	21.5×7.5	/	/	,+	,+
花叶5号	27×60	裂叶	绿	17	白皮白肉	尖尾	中棒	23.6×8.0	/	,+	,+	/
花叶6号	47×64	裂叶	绿	19	白皮白肉	好	中长棒	30.0×7.8	/	,+	,+	,+
花叶7号	39×56	裂叶	绿	20	白皮白肉	好	中长棒	33.0×9.0	,+	/	/	/
花叶8号	43×70	裂叶	绿	19	白皮白肉	钝尾	中胖棒	22.5×8.5	/	/	,+++	/
花叶9号	42×51	板叶	浅绿	23	白皮白肉	好	中短棒	21.5×7.5	,+	,+	/	/
花叶10号	31×41	板叶	浅绿	26	白皮白肉	好	中短棒	26.5×8.2	/	/	,+	/
花叶12号	27×45	裂叶	绿	23	白皮白肉	好	中棒	26.5×7.7	,+	/	/	/
花叶14号	30×46	裂叶	绿	23	白皮白肉	钝尾	中棒	26.0×7.2	/	/	,+	/
花叶15号	40×55	裂叶	绿	33	白皮白肉	钝尾	中棒	25.0×7.6	,+++	/	/	,+
花叶16号	36×47	裂叶	绿	20	白皮白肉	好	短胖棒	21.0×8.1	/	/	,+	/
板叶1号	35×47	板叶	浅绿	25	白皮白肉	好	短胖棒	17.5×7.0	/	,+	/	/
板叶11号	34×56	板叶	绿	24	白皮白肉	好	短胖棒	20.5×7.2	/	/	,+	/
板叶13号	39×57	板叶	绿	33	白皮白肉	尖尾	中短棒	24.5×7.3	/	/	,+	/
板叶17号	38×60	板叶	绿	26	白皮白肉	好	中胖棒	28.5×9.0	,+	/	,+	/
板叶18号	37×49	板叶	绿	25	白皮白肉	好	中棒	24.0×7.5	/	/	,+	/
板叶美如玉	40×55	板叶	绿	26	白皮白肉	钝尾	短棒	21.0×8.2	/	/	,+	/
对照板叶美如玉	37×56	板叶	绿	22	白皮白肉	尖尾	短棒	21.0×7.8	/	,+	,+	/

续表

品种名	株高×株幅/cm	叶形	叶色	叶数叶	皮色	收尾	根形	萝卜长径/(cm×cm)	须根	裂根	叉根	青头
板叶美如玉3号301	33×47	板叶	绿	27	白皮白肉	尖尾	短胖棒	22.0×8.3	/	,++	,+	/
板叶美如玉4号	38×65	板叶	绿	26	白皮白肉	钝尾	短胖棒	19.5×8.8	/	/	,+	/
对照板叶美如玉3、4号	34×59	板叶	绿	23	白皮白肉	好	短胖棒	21.0×8.1	,+	/	,+	/
板叶1号	30×52	板叶	绿	25	白皮白肉	好	短胖棒	20.0×7.9	,+	+	,+	/
板叶2号	29×53	板叶	绿	24	白皮白肉	好	短胖棒	20.5×7.7	,+	+	/	/
板叶3号	36×49	板叶	绿	21	白皮白肉	好	短胖棒	21.0×7.9	/	/	/	/
板叶5号	34×56	板叶裂叶	绿	24	白皮白肉	好	中短棒	24.5×8.7	/	/	/	/
花叶9号	49×61	裂叶	绿	29	白皮白肉	好	长棒	35.0×9.3	/	/	/	/
花叶10号	53×67	半裂叶	绿	28	白皮白肉	好	长棒	40.0×10.3	/	,+	/	/
板叶18号	23×46	半裂叶	绿	30	白皮白肉	好	短园柱	13.0×8.4	/	/	,++++	,+
日本秋宝	41×65	裂叶	绿	24	白皮白肉	好	长棒	25.0×6.3	,+	/	/	,+
白宫宝罗	41×51	裂叶	绿	27	白皮白肉	好	短棒	25.0×8.1	/	/	,+++	,+
白铁龙	24×48	裂叶	绿	22	白皮白肉	好	长棒	21.5×6.6	/	/	,+	,+
九天如意	36×45	裂叶	绿	19	白皮白肉	好	长棒	20.5×5.7	/	/	/	,+
九天玉冠	33×38	裂叶	浅绿	26	白皮白肉	好	中长棒	25.5×8.4	,+	/	/	/
九天白丽	38×54	板叶	浅绿	22	白皮白肉	尖尾	短尖棒	16.5×6.3	,+	+	/	/
韩金夏宝	36×50	板叶	绿	28	白皮白肉	好	中短棒	25.5×7.7	/	/	,+	/
九天玉峰	37×60	板叶	绿	25	白皮白肉	好	短棒	17.0×7.3	,+	/	,+++	/
汉城美玉	46×70	裂叶	绿	19	白皮白肉	好	中棒	25.0×5.2	,+	/	,+++	,+
CR捷如秀	34×60	板叶	绿	26	白皮白肉	好	短棒	20.5×7.7	/	,+	,+	,+
捷美149	41×63	板叶	浅绿	26	白皮白肉	好	短棒	21.5×6.9	/	/	,+	,+
CR捷如美4号	40×80	裂叶	绿	21	白皮白肉	钝尾	短棒	25.0×6.4	/	/	/	,+
雪单1号	39×69	裂叶	绿	19	白皮白肉	好	中棒	32.5×8.6	/	,+	/	/
德日2号	54×61	裂叶	浅绿	23	白皮白肉	好	细长+棒	31.5×5.7	,+	/	,+	,+++
德日3号	53×67	裂叶	绿	20	白皮白肉	好	细长+棒	31.5×6.3	,+	/	,+	,+
德日4号	41×81	裂叶	绿	22	白皮白肉	好	细长+棒	31.5×6.5	,+++	/	,+	,+
德日5号	41×60	裂叶	绿红茎	15	红皮白肉	好	短棒	30.0×6.5	,+	/	,+	/
民权青	45×63	裂叶	绿	15	半青皮白肉	好	短棒	12.0×5.7	/	/	/	,+++
民权红	48×68	裂叶	绿红茎	19	红皮白肉	好	中长棒	30.0×8.3	,+	/	/	/
民权791	56×59	板叶裂叶	绿	19	青皮白肉	好	中短棒	19.0×6.9	/	/	/	,+++
蔬谷板玉	23×50	板叶	绿	23	白皮白肉	好	中短棒	19.5×7.5	/	/	/	/
GHY	40×64	裂叶	绿	22	白皮白肉	尖尾	中棒	27.0×	/	/	,+	,+

3. 抗病性比较

我们于萝卜采收盛期调查田间病害发生情况。田间病害发生主要是根肿病，根中病在田间分布不是很均匀。第一批播种田间根肿病严重。第二批播种田间有根肿病，但分布不均匀(表19-84)。

表 19-84　两批播种萝卜田间病害发生情况

品种名	病害	品种名	病害	品种名	病害
日本秋宝	—	花叶 2 号	—	日本秋宝	—
白宫宝罗	轻根肿	花叶 3 号	—	白宫宝罗	—
白铁龙	软腐\叶斑	花叶 4 号	—	白铁龙	—
九天如意	—	花叶 5 号	—	九天如意	—
九天玉冠	—	花叶 6 号	—	九天玉冠	—
九天白丽	根肿	花叶 7 号	—	九天白丽	—
韩金夏宝	根肿/黄叶	花叶 8 号	黄叶	韩金夏宝	根肿
九天玉峰		花叶 9 号	—	九天玉峰	—
汉城美玉	根肿叶斑/黄叶	花叶 10 号	—	汉城美玉	—
CR 捷如秀	根肿	花叶 12 号	黑肩	CR 捷如秀	根肿
捷美 149	根肿	花叶 14 号	黄叶	捷美 149	—
CR 捷如美 4 号	—	花叶 15 号	黑肩	CR 捷如美 4 号	—
萝卜 1 号	根肿	花叶 16 号	黑腐	雪单 1 号	根肿
萝卜 2 号	根肿	板叶 1 号	—	德日 2 号	—
萝卜 3 号	斑点/软腐	板叶 11 号	—	德日 3 号	—
萝卜 4 号	根肿软腐	板叶 13 号	—	德日 4 号	—
萝卜 5 号	斑点	板叶 17 号	—	德日 5 号	根肿
萝卜 6 号	斑点黄叶	板叶 18 号	—	民权青	—
花叶 1 号	根肿	板叶美如玉	—	民权红	—
花叶 2 号	根肿	对照板叶美如玉	—	民权 791	—
花叶 3 号	根肿/软腐	板叶美如玉 3 号 301	—	蔬谷板玉	—
花叶 4 号	根肿	板叶美如玉 4 号	—	SGHY	病毒
花叶 5 号	根肿斑点	对照板叶美如玉 3、4 号	—		
花叶 6 号	根肿斑点	板叶 1 号	—		
花叶 7 号	根肿	板叶 2 号	—		
花叶 8 号	根肿	板叶 3 号	—		
花叶 9 号	根肿	板叶 5 号	—		
花叶 10 号	根肿	花叶 9 号	—		
花叶 11 号	根肿	花叶 10 号	—		
花叶 12 号	斑点	板叶 18 号	根肿		

4. 产量比较

采取全区收获计产，然后以每亩 5000 株折算成亩产量，产量测定见表 19-85。

表 19-85　两批播种萝卜品种产量比较

品种名 （第一批）	平均折合亩 产量/kg	品种名 （第二批）	平均折合亩 产量/kg	品种名 （第二批）	平均折合亩 产量/kg
日本秋宝	5500.0	花叶 2 号	7383.5	日本秋宝	4591.5
白宫宝罗	7187.5	花叶 3 号	4375.0	白宫宝罗	5883.5
白铁龙	6075.0	花叶 4 号	4166.5	白铁龙	5858.5
九天如意	8875.0	花叶 5 号	6033.5	九天如意	4583.5
九天玉冠	7375.0	花叶 6 号	7825.0	九天玉冠	5108.5
九天白丽	5625.0	花叶 7 号	6583.5	九天白丽	4791.5

续表

品种名（第一批）	平均折合亩产量/kg	品种名（第二批）	平均折合亩产量/kg	品种名（第二批）	平均折合亩产量/kg
韩金夏宝	5500.0	花叶 8 号	6616.5	韩金夏宝	5158.5
九天玉峰	8062.5	花叶 9 号	4666.5	九天玉峰	5125.0
汉城美玉	8156.5	花叶 10 号	5575.0	汉城美玉	5291.5
CR 捷如秀	4810.0	花叶 12 号	5791.5	CR 捷如秀	6958.5
捷美 149	7375.0	花叶 14 号	5800.0	捷美 149	5541.5
CR 捷如美 4 号	7500.0	花叶 15 号	5866.5	CR 捷如美 4 号	6666.5
萝卜 1 号	3750.0	花叶 16 号	4791.5	雪单 1 号	8183.5
萝卜 2 号	8187.5	板叶 1 号	5758.5	德日 2 号	5133.5
萝卜 3 号	7425.0	板叶 11 号	6200.0	德日 3 号	4750.0
萝卜 4 号	7125.0	板叶 13 号	5983.5	德日 4 号	5025.0
萝卜 5 号	9958.5	板叶 17 号	6333.5	德日 5 号	3283.5
萝卜 6 号	6175.0	板叶 18 号	5208.5	民权青	2883.5
花叶 1 号	6675.0	板叶美如玉	6258.5	民权红	4316.5
花叶 2 号	4230.0	对照板叶美如玉	7541.5	民权 791	4158.5
花叶 3 号	9656.5	板叶美如玉 3 号 301	5375.0	蔬谷板玉	3083.5
花叶 4 号	8255.0	板叶美如玉 4 号	5658.5	SGHY	5175.0
花叶 5 号	4600.0	对照板叶美如玉 3、4 号	7883.5		
花叶 6 号	2437.5	板叶 1 号	5575.0		
花叶 7 号	4125.0	板叶 2 号	5975.0		
花叶 8 号	3031.5	板叶 3 号	5116.5		
花叶 9 号	5000.0	板叶 5 号	7016.5		
花叶 10 号	400.0	花叶 9 号	9650.0		
花叶 11 号	8825.0	花叶 10 号	10200.0		
花叶 12 号	9125.0	板叶 18 号	2125.0		

（三）结论与讨论

综合以上可见表现最好的品种为'日本秋宝'、'九天玉冠'、'CR 捷如美 4 号'、'萝卜 6 号'、'花叶二号'、'花叶六号'、'花叶九号'、'花叶十号'、'板叶十八号'、'板叶美如玉'、'对照板叶美如玉'、'板叶三号'、'花叶九号'、'蔬谷板玉'、'雪单 1 号'这几个品种（表 19-86）。

表 19-86　两批播种萝卜田间综合评价

品种名（第一批）	评价	品种名（第二批）	评价	品种名（第二批）	评价
日本秋宝	◎	花叶二号	○+	日本秋宝	◎
白宫宝罗	○	花叶三号	△	白宫宝罗	○
白铁龙	×	花叶 4 号	○-	白铁龙	○-
九天如意	◎-	花叶 5 号	○--	九天如意	○
九天玉冠	◎+	花叶 6 号	○+	九天玉冠	○
九天白丽	△	花叶 7 号	○-	九天白丽	○-
韩金夏宝	△	花叶 8 号	○-	韩金夏宝	○
九天玉峰	○	花叶 9 号	◎-	九天玉峰	○
汉城美玉	○-	花叶 10 号	◎-	汉城美玉	○
CR 捷如秀	○-	花叶 12 号	○-	CR 捷如秀	○
捷美 149	○	花叶 14 号	○	捷美 149	○+

续表

品种名(第一批)	评价	品种名(第二批)	评价	品种名(第二批)	评价
CR 捷如美 4 号	◎	花叶 15 号	○-	CR 捷如美 4 号	○
萝卜 1 号	×	花叶 16 号	○-	雪单 1 号	○+
萝卜 2 号	○-	板叶 1 号	○	德日 2 号	○-
萝卜 3 号	△	板叶 11 号	○	德日 3 号	○+
萝卜 4 号	×	板叶 13 号	○	德日 4 号	○-
萝卜 5 号	○	板叶 17 号	○	德日 5 号	○-
萝卜 6 号	○+	板叶 18 号	○+	民权青	○
花叶 1 号	○-	板叶美如玉	○+	民权红	○
花叶 2 号	×	对照板叶美如玉	◎	民权 791	○
花叶 3 号	△-	板叶美如玉 3 号 301	○-	蔬谷板玉	◎
花叶 4 号	○-	板叶美如玉 4 号	○+	SGHY	○
花叶 5 号	△	对照板叶美如玉 3、4 号			
花叶 6 号	×	板叶 1 号	○		
花叶 7 号	×	板叶 2 号	○-		
花叶 8 号	×	板叶 3 号	◎-		
花叶 9 号	×	板叶 5 号	○		
花叶 10 号	×	花叶 9 号	○+		
花叶 11 号	○-	花叶 10 号	○		
花叶 12 号	○-	板叶 18 号	×		

注：◎表示优秀；○表示良好；○+表示偏更良好；○-表示偏良差一点；△表示中等；×表示差。

（朱凤娟）

第四节　高山番茄(2011—2013、2016)

一、2011 年

以湖北省现有高山番茄主栽品种为对照，引进和比较国内外适合我省高山种植的优良番茄新品种，通过对其植物学、生物学特性的鉴定、产量、抗病性、商品性的评价，筛选出适合我省高山地区种植的番茄新品种，为我省高山番茄生产提供技术支撑。

(一)材料与方法

1. 品种

本次试验品种由国内外番茄育种及种子公司提供，包括来自国内外的优良番茄品种。为了保证试验结果的准确性，所有参试品种一律使用代号，共有 55 个品种参加品种比较试验，分别为 To01～To08、To11～To22、To25～To59 号。其中，To26 号为对照品种'湖北鄂蔬金粉钻'，To27 号为对照品种'以色列粉钻番茄'。

2. 地点

试验地点选在恩施州利川市汪营镇，海拔高度为 1200m；前作玉米，冬闲地，砂质壤土，pH6.0，地势平坦，土层深厚、肥沃，有机质含量中等，犁耙精细，排水状况较好。

3. 方法

1) 试验设计

品种比较试验按照随机区组排列，三次重复，每个小区 20 株，种植密度每亩 2000 株，试验地四周设保护行。

2) 田间管理

4 月 28 日播种，6 月 13 日移栽，采用营养块育苗，苗厢 3.6×1.2m，每厢施复合肥 1.5kg、粪水 3～5 担，每厢划块 4000 个，每块 1 穴播种 1 粒，播完后用农膜覆盖厢面，四周压实。出苗 50%后，升为小拱棚。注意晴天通风、排湿、降温，以防烧苗。厢面见干及时浇清粪水。移栽前 5～7 天揭膜，控水炼苗。田间管理完全按当地大田生产的一般管理水平进行。

肥料以每亩 100kg 复合肥、50kg 磷肥、15kg 钾肥为基肥，中后期不追肥。

3) 调查记载与统计分析

调查记载每个品种的植物学、生物学特性，商品性、抗病性及小区产量。

(二)结果与分析

1. 植物学性状比较

从表 19-87 可知，所有参试品种为无限生长型；To1、To2、To3、To16、To22、To29、To35、To44、To49 果型扁圆形，To30、To48、To52 高圆形，其他为圆形；To3、To11、To13、To33～To39、To41～To43、To45、To46 有绿肩，To1、To14、To16～To22、To26、To27、To28、To31、To40、To44、To48、To50、To55、To56、To57、To59 无绿肩，其他少绿肩；To1～To5、To11～To22、To28～To30、To33、To37、To40～To42、To44～To47、To51～To54 为大红果，其他是粉红果；所有参试品种都表现皮厚、耐贮运，除 To16 果肉较软外，其他肉质较脆；就单果重而言，To6、To7、To25、To26、To27、To28、To30、To37、To39、To55、To57 为大果，单果重都在 220g 以上，To42、To46、To54 的单果重为 150g，为中小果，其他单果重集中在 170～200g，为中大果。

表 19-87　不同品种番茄植物学性状比较

品种代号	有/无限型	果型	果肩	果色	皮厚	风味	单果重/g
To1	无限	扁圆形	无绿肩	大红	厚	脆	200
To2	无限	扁圆形	少绿肩	大红	厚	脆	180
To3	无限	扁圆形	有绿肩	大红	厚	脆	200
To4	无限	圆形	少绿肩	大红	厚	脆	180
To5	无限	圆形	少绿肩	大红	厚	脆	180
To6	无限	圆形	少绿肩	粉红	厚	脆	220
To7	无限	圆形	少绿肩	粉红	厚	脆	250
To8	无限	圆形	少绿肩	粉红	厚	脆	200
To11	无限	圆形	有绿肩	大红	厚	脆	180
To12	无限	圆形	少绿肩	大红	厚	脆	180
To13	无限	圆形	有绿肩	大红	厚	脆	190
To14	无限	圆形	无绿肩	大红	厚	脆	170
To15	无限	圆形	少绿肩	大红	厚	脆	180
To16	无限	扁圆形	无绿肩	大红	软	脆	175
To17	无限	圆形	无绿肩	大红	厚	脆	170
To18	无限	圆形	无绿肩	大红	厚	脆	200
To19	无限	圆形	无绿肩	大红	厚	脆	190

品种代号	有/无限型	果型	果肩	果色	皮厚	风味	单果重/g
To20	无限	圆形	无绿肩	大红	厚	脆	190
To21	无限	圆形	无绿肩	大红	厚	脆	190
To22	无限	扁圆形	无绿肩	大红	厚	脆	170
To25	无限	圆形	少绿肩	粉红	厚	脆	300
To26(CK)	无限	圆形	少绿肩	粉红	厚	脆	300
To27(CK)	无限	圆形	无绿肩	粉红	厚	脆	270
To28	无限	圆形	无绿肩	大红	厚	脆	230
To29	无限	扁圆形	少绿肩	大红	厚	脆	200
To30	无限	高圆形	少绿肩	大红	厚	脆	230
To31	无限	圆形	无绿肩	粉红	厚	脆	200
To32	无限	圆形	有绿肩	粉红	厚	脆	210
To33	无限	圆形	有绿肩	大红	厚	脆	200
To34	无限	圆形	有绿肩	粉红	厚	脆	200
To35	无限	扁圆形	有绿肩	粉红	厚	脆	200
To36	无限	圆形	有绿肩	粉红	厚	脆	200
To37	无限	圆形	有绿肩	大红	厚	脆	230
To38	无限	圆形	有绿肩	粉红	厚	脆	200
To39	无限	圆形	有绿肩	粉红	厚	脆	250
To40	无限	圆形	无绿肩	大红	厚	脆	180
To41	无限	圆形	有绿肩	大红	厚	脆	200
To42	无限	圆形	有绿肩	大红	厚	脆	150
To43	无限	圆形	有绿肩	粉红	厚	脆	210
To44	无限	扁圆形	无绿肩	大红	厚	脆	210
To45	无限	圆形	有绿肩	大红	厚	脆	200
To46	无限	圆形	有绿肩	大红	厚	脆	150
To47	无限	圆形	少绿肩	大红	厚	脆	170
To48	无限	高圆形	无绿肩	粉红	厚	脆	230
To49	无限	扁圆形	少绿肩	粉红	厚	脆	200
To50	无限	圆形	无绿肩	粉红	厚	脆	210
To51	无限	圆形	少绿肩	大红	厚	脆	180
To52	无限	高圆形	少绿肩	大红	厚	脆	190
To53	无限	圆形	少绿肩	大红	厚	脆	200
To54	无限	圆形	少绿肩	大红	厚	脆	150
To55	无限	圆形	无绿肩	粉红	厚	脆	260
To56	无限	圆形	无绿肩	粉红	厚	脆	200
To57	无限	圆形	无绿肩	粉红	厚	脆	230
To58	无限	圆形	少绿肩	粉红	厚	脆	210
To59	无限	圆形	无绿肩	粉红	厚	脆	210

2. 生育期和抗病性比较

由表 19-88 可知，所有品种均在 4 月 28 日播种，6 月 2 日定植，To35 表现为极早熟，To3、To8、To12、To28、To41、To43 表现为早熟，To4、To32 表现为中熟，To38 表现为中晚熟，其他品种表现为中早熟；

To5、To19、To35 在 9 月 17 日开始罢园，生育期较短，其他品种都在 10 月 12 日罢园，生育期较长；就抗病性而言，To8、To44、To48 抗病性最强，To4、To20 抗病性较差，To4 有 10%植株感染青枯病，To20 有 20%感染果腐病，其他表现为抗病性一般或较强。

表 19-88　不同品种番茄生育期和抗病性比较

品种代号	熟性	罢园期(月/日)	抗病性
To1	中早	10/12	抗病性较强
To2	中早	10/12	抗病性一般
To3	早	10/12	抗病性一般
To4	中	10/12	差，感青枯
To5	中早	9/17	抗病性一般
To6	中早	10/12	抗病性较强
To7	中早	10/12	抗病性一般
To8	早	10/12	抗病性强
To11	中早	10/12	抗病性较强
To12	早	10/12	抗病性较强
To13	中早	10/12	抗病性较强
To14	中早	10/12	抗病性一般
To15	中早	10/12	抗病性一般
To16	中早	10/12	抗病性一般
To17	中早	10/12	抗病性一般
To18	中早	10/12	抗病性一般
To19	中早	9/17	抗病性一般
To20	中早	10/12	差，果腐
To21	中早	10/12	抗病性较强
To22	中早	10/12	抗病性较强
To25	中早	10/12	抗病性一般
To26(CK)	中早	10/12	抗病性较强
To27(CK)	中早	10/12	抗病性较强
To28	早	10/12	抗病性较强
To29	中早	10/12	抗病性一般
To30	中早	10/12	抗病性一般
To31	中早	10/12	抗病性一般
To32	中	10/12	抗病性一般
To33	中早	10/12	抗病性一般
To34	中早	10/12	抗病性一般
To35	极早	9/17	抗病性一般
To36	中早	10/12	抗病性一般
To37	中早	10/12	抗病性一般
To38	中早	10/12	抗病性较强
To39	中早	10/12	抗病性一般
To40	中早	10/12	抗病性较强
To41	早	10/12	抗病性一般
To42	中早	10/12	抗病性一般

续表

品种代号	熟性	罢园期(月/日)	抗病性
To43	早	10/12	抗病性一般
To44	中早	10/12	抗病性强
To45	中早	10/12	抗病性一般
To46	中早	9/17	抗病性一般
To47	中早	10/12	抗病性较强
To48	中晚	10/12	抗病性强
To49	中早	10/12	抗病性较强
To50	中早	10/12	抗病性较强
To51	中早	10/12	抗病性较强
To52	中早	10/12	抗病性较强
To53	中早	10/12	抗病性一般
To54	中早	10/12	抗病性一般
To55	中早	10/12	抗病性一般
To56	中早	10/12	抗病性一般
To57	中早	10/12	抗病性一般
To58	中早	10/12	抗病性一般
To59	中早	10/12	抗病性一般

3. 产量比较

表 19-89 中的产量为 3 个小区的产量平均值。在参试的 55 个品比试验(含 2 个对照)中,产量最高的是 To25,每亩产量为 6815.89kg,分别比对照 1 和对照 2 增产 0.55% 和 0.58%。To26(CK)、To27(CK)产量分别为 6778.66kg 和 6776.21kg,亩产量位于参试品种的第二位和第三位。总之,每亩产量介于 6000~7000kg 的品种有 To25、To26(CK)、To27(CK)、To39、To55、To7、To57、To28、To30、To37、To3、To43、To8、To18、To34、To29、To31、To59、To58、To6、To49、To56、To52、To5、To12、To19、To48、To33、To32,每亩产量介于 5000~6000kg 的品种有 To44、To11、To45、To36、To50、To13、To22、To1、To21、To38、To35、To53、To20、To51、To16、To47、To41、To4、To14、To40,每亩产量介于 4000~5000kg 的品种有 To17、To42,每亩产量低于 4000kg 的品种有 To2、To15、To54、To46。

表 19-89　不同品种番茄产量比较

品种代号	折合亩产/kg	较 CK1 增产/%	较 CK2 增产/%	排名
To1	5809.17	−14.30	−14.27	37
To2	3423.16	−49.50	−49.48	52
To3	6622.45	−2.30	−2.27	11
To4	5453.33	−19.55	−19.52	47
To5	6169.17	−8.98	−8.96	24
To6	6355.78	−6.24	−6.21	20
To7	6722.14	−0.83	−0.80	6
To8	6612.65	−2.45	−2.42	13
To11	5938.33	−12.39	−12.37	31
To12	6169.12	−8.98	−8.96	25
To13	5812.5	−14.25	−14.23	35
To14	5412.05	−20.15	−20.13	48
To15	3331.12	−50.86	−50.84	53

续表

品种代号	折合亩产/kg	较CK1增产%	较CK2增产/%	排名
To16	5613.74	−17.19	−17.16	44
To17	4534.65	−33.11	−33.09	50
To18	6573.33	−3.02	−3.00	14
To19	6016.45	−11.24	−11.22	26
To20	5634.23	−16.88	−16.85	42
To21	5763.46	−14.97	−14.95	38
To22	5812.43	−14.25	−14.23	36
To25	6815.89	0.55	0.58	1
To26（CK1）	6778.66	/	/	2
To27（CK2）	6776.21	/	/	3
To28	6699.23	−1.17	−1.14	8
To29	6556.18	−3.28	−3.25	16
To30	6678.56	−1.48	−1.45	9
To31	6515.98	−3.88	−3.85	17
To32	6012.16	−11.30	−11.28	29
To33	6014.56	−11.27	−11.25	28
To34	6568.96	−3.10	−3.07	15
To35	5712.19	−15.73	−15.70	40
To36	5897.47	−13.00	−12.97	33
To37	6634.12	−2.12	−2.10	10
To38	5743.20	−15.27	−15.24	38
To39	6775.00	−0.04	−0.01	4
To40	5013.25	−26.04	−26.02	49
To41	5545.19	−18.19	−18.17	46
To42	4333.34	−36.07	−36.05	51
To43	6612.67	−2.45	−2.42	12
To44	5945.60	−12.29	−12.26	30
To45	5912.17	−12.78	−12.75	32
To46	3234.35	−52.29	−52.27	55
To47	5613.58	−17.19	−17.16	45
To48	6015.43	−11.26	−11.23	27
To49	6271.67	−7.48	−7.45	21
To50	5843.65	−13.79	−13.77	34
To51	5618.62	−17.11	−17.09	43
To52	6205.97	−8.45	−8.43	23
To53	5644.22	−16.73	−16.71	41
To54	3256.20	−51.96	−51.95	54
To55	6745.30	−0.49	−0.46	5
To56	6213.14	−8.34	−8.31	22
To57	6713.45	−0.96	−0.93	7
To58	6387.36	−5.77	−5.74	19
To59	6476.67	−4.44	−4.41	18

(三)结论与讨论

(1)从参试的 55 个品种(含 2 个对照品种)的比较试验来看，每亩产量高于 6500kg 的品种有 To25、To26(CK)、To27(CK)、To39、To55、To7、To57、To28、To30、To37、To3、To43、To8、To18、To34、To29、To31；每亩产量高于 6000kg 的品种有 To59、To58、To6、To49、To56、To52、To5、To12、To19、To48、To33、To32；其他品种每亩产量低于 6000kg 以下。

(2)商品性状表现好的品种为 To1、To18、To29、To44、To48、To50、To25、To26、To28、To55、To57、To59，表现为中大果、无绿肩；To42、To46、To54 为中小果形，产量较低，不好卖；其他品种的商品性一般。

(3)就抗病性而言，To8、To44、To48 抗病性最强，To4、To20 抗病性较差，To4 有 10%植株感染青枯病，To20 有 20%感染果腐病，其他表现为抗病性一般或较强。

总之，在本次试验中综合性状表现好的品种除了对照外，还有 To25、To48、To50、To57，表现较好的品种有 To07、To09、To18、To21、To28、To29、To31 、To44、To59，这些品种还有待进一步验正(表 19-90)。

表 19-90　高山番茄品种信息

品种代号	品种名	品种来源
To1	To1	武汉百姓种业
To2	To2	武汉百姓种业
To3	To3	武汉百姓种业
To4	To4	武汉百姓种业
To5	To5	武汉百姓种业
To6	To6	武汉百姓种业
To7	To7	武汉百姓种业
To8	To8	武汉百姓种业
To11	To11	武汉百姓种业
To12	To12	武汉百姓种业
To13	To13	武汉百姓种业
To14	To14	武汉百姓种业
To15	To15	武汉百姓种业
To16	To16	武汉百姓种业
To17	To17	武汉百姓种业
To18	To18	武汉百姓种业
To19	To19	武汉百姓种业
To20	To20	武汉百姓种业
To21	To21	武汉百姓种业
To22	To22	武汉百姓种业
To25	番茄 10-092	上海市迈迪农业发展有限公司
To26(CK)	金粉钻	上海市迈迪农业发展有限公司
To27	以色列粉钻番茄	上海市迈迪农业发展有限公司
To28	戴蒙德	上海市迈迪农业发展有限公司
To29	以色列 200	上海市迈迪农业发展有限公司
To30	迪芬特	上海市迈迪农业发展有限公司

品种代号	品种名	品种来源
To31	番茄 10-091	上海市迈迪农业发展有限公司
To32	北研 2 号	辽宁省抚顺市北方农业科学研究所
To33	艾丽娜	广州市绿霸种苗有限公司
To34	铁甲 2 号	西安市临潼长丰良种繁育场
To35	硬粉番茄	西安市临潼长丰良种繁育场
To36	红粉冠军	郑州蔬菜研究所
To37	秦皇巨冠	西安秦皇种苗有限公司
To38	秦皇 0718	西安秦皇种苗有限公司
To39	秦皇奥星	西安秦皇种苗有限公司
To40	秦皇龙珠	西安秦皇种苗有限公司
To41	柿都红星 2 号	山东省单县番茄研究所
To42	红金刚	成都金百盛种业
To43	YI NONG	广州华叶种苗科技有限公司
To44	瑰美	北京绿百旺农业技术研究所
To45	希尔顿	山东省寿光市瑞丰种业有限公司
To46	钢果	西安市三星种苗有限公司
To47	金棚 2161	西安金鹏种苗有限公司
To48	金棚 2101	西安金鹏种苗有限公司
To49	金棚 1521	西安金鹏种苗有限公司
To50	美国粉王	济南学超种业有限公司
To51	莱顿西红柿	山东省寿光市瑞丰种业有限公司
To52	威曼 83-06	山东省寿光市瑞丰种业有限公司
To53	瓯秀 808	温州市农科院蔬菜所
To54	瓯秀 301	温州市农科院蔬菜所
To55	瓯秀 202	温州市农科院蔬菜所
To56	09-106	东北农业大学园艺学院
To57	09-145	东北农业大学园艺学院
To58	09-267	东北农业大学园艺学院
To59	715	东北农业大学园艺学院

（李　宁　姚明华　王　飞）

二、2012 年

番茄是鄂西高山地区海拔 800～1400m 的主栽作物。近年来，随着湖北省高山蔬菜产业的迅猛发展，高山番茄的栽培面积不断增加。为筛选出适合鄂西高山地区种植的丰产、优质、抗病番茄新品种，以湖北省现有高山番茄主栽品种为对照，比较国内外适合湖北省高山种植的优良番茄新品种，对其植物学特性、产量、抗病性和商品性进行评价，筛选出适合湖北省高山地区种植的番茄新品种，为湖北省高山番茄生产提供技术支撑。

（一）材料与方法

1. 材料

参试番茄品种共计 41 份，分别由国内外番茄育种单位及种子公司提供，品种编号、名称及来源见表 19-91。其中以 To17 和 To26 为对照（CK1 和 CK2）。

表 19-91　品种编号、名称及来源

编号	品种名称	来源	编号	品种名称	来源
To01	YT0910	烟台农科院蔬菜所	To22	浙粉 202	浙江浙农种业公司
To02	HN4×HN11	华中农业大学	To23	浙粉 203	浙江浙农种业公司
To03	HN10×HN11	华中农业大学	To24	西大 1 号	广西大学农学院
To04	HN7×HN13	华中农业大学	To25	西大 2 号	广西大学农学院
To05	HN3×HN13	华中农业大学	To26（CK2）	粉丽特	以色列
To06	HN8×HN9	华中农业大学	To27	雷诺	以色列
To07	HN13×HN11	华中农业大学	To28	粉钻	上海迈迪国际种业
To08	HN12×HN13	华中农业大学	To29	戴蒙德	上海迈迪国际种业
To09	HN10×HN13	华中农业大学	To30	以色列 250	上海迈迪国际种业
To10	HN5×HN13	华中农业大学	To31	09-106	东北农业大学
To11	HN12×HN11	华中农业大学	To32	09-145	东北农业大学
To12	HN6×HN9	华中农业大学	To33	09-267	东北农业大学
To13	申粉 8 号	上海科园种子有限公司	To34	715	东北农业大学
To14	申粉 998	上海科园种子有限公司	To35	1115	中国农业科学院蔬菜花卉所
To15	杰瑞德	上海迈迪国际种业	To36	1112	中国农业科学院蔬菜花卉所
To16	以色列 200	上海迈迪国际种业	To37	1113	中国农业科学院蔬菜花卉所
To17（CK1）	迪芬特	上海迈迪国际种业	To38	中杂 201	中国农业科学院蔬菜花卉所
To18	粉曼琪	上海迈迪国际种业	To39	红粉 102	以色列
To19	2323	浙江浙农种业公司	To40	克蒂拉	以色列
To20	浙粉 701	浙江浙农种业公司	To41	阿斯蒂 610	以色列
To21	浙粉 702	浙江浙农种业公司			

2. 方法

试验地点选在湖北省襄阳市南漳县薛坪镇秦家坪村，海拔高度为 1000m；冬闲地，砂质壤土，地势平坦，土层深厚、肥沃，有机质含量中等，犁耙精细，排水状况较好。试验按照随机区组排列，三次重复，每个小区 30 株，种植密度每亩 1778 株，试验地四周设保护行。4 月 15 日播种，5 月 22 日移栽，采用营养块育苗，厢长 3.6m×1.2m，每厢施复合肥 1.5kg、粪水 200kg，每厢划块 4000 个，每块 1 穴播种 1 粒，播完后用农膜覆盖厢面，四周压实。出苗 50%后，升为小拱棚。注意晴天通风、排湿、降温，以防烧苗。厢面见干及时浇清粪水。移栽前 5～7 天揭膜，控水炼苗。田间管理完全按当地大田生产的一般管理水平进行；肥料以每亩 100kg 复合肥、50kg 磷肥、15kg 钾肥为基肥，中后期追肥。调查记载每个品种的植物学性状、生育期、商品性、抗病性及小区产量。

（二）结果与分析

1. 植物学性状比较

41 个参试品种均为无限生长型。To02、To15、To16、To21、To22、To23、To30 果型为高圆形，To17、

To18、To28 果型为扁圆形，其他为圆形；To15、To29 号少绿肩，其他无绿肩；To02～To12、To16、To17、To23、To29、To30、To35、To36、To37 为大红果，其他是粉红果；所有参试品种都表现皮厚、耐贮运、肉质脆；就单果重而言，To01、To09、To20、To21、To22、To23、To25、To30、To34 为大果，单果质量都在 220g 以上（包括 220g），其他单果质量集中在 180～210g 范围内，为中大果（表 19-92）。

表 19-92　不同番茄品种植物学性状比较

代号	有/无限型	果型	果肩	果色	皮厚	风味	单果质量/g
To01	无限	圆形	无绿肩	粉红	厚	脆	230
To02	无限	高圆形	无绿肩	大红	厚	脆	200
To03	无限	圆形	无绿肩	大红	厚	脆	205
To04	无限	圆形	无绿肩	大红	厚	脆	210
To05	无限	圆形	无绿肩	大红	厚	脆	205
To06	无限	圆形	无绿肩	大红	厚	脆	200
To07	无限	圆形	无绿肩	大红	厚	脆	200
To08	无限	圆形	无绿肩	大红	厚	脆	210
To09	无限	圆形	无绿肩	大红	厚	脆	220
To10	无限	圆形	无绿肩	大红	厚	脆	200
To11	无限	圆形	无绿肩	大红	厚	脆	205
To12	无限	圆形	无绿肩	大红	厚	脆	210
To13	无限	圆形	无绿肩	粉红	厚	脆	210
To14	无限	圆形	无绿肩	粉红	厚	脆	200
To15	无限	高圆形	少绿肩	粉红	厚	脆	180
To16	无限	高圆形	无绿肩	大红	厚	脆	210
To17(CK1)	无限	扁圆形	无绿肩	大红	厚	脆	180
To18	无限	扁圆形	无绿肩	粉红	厚	脆	200
To19	无限	圆形	无绿肩	粉红	厚	脆	205
To20	无限	圆形	无绿肩	粉红	厚	脆	220
To21	无限	高圆形	无绿肩	粉红	厚	脆	300
To22	无限	高圆形	无绿肩	粉红	厚	脆	300
To23	无限	高圆形	无绿肩	大红	厚	脆	250
To24	无限	圆形	无绿肩	粉红	厚	脆	200
To25	无限	圆形	无绿肩	粉红	厚	脆	220
To26(CK2)	无限	圆形	无绿肩	粉红	厚	脆	200
To27	无限	圆形	无绿肩	粉红	厚	脆	200
To28	无限	扁圆形	无绿肩	粉红	厚	脆	200
To29	无限	圆形	少绿肩	大红	厚	脆	200
To30	无限	高圆形	无绿肩	大红	厚	脆	250
To31	无限	圆形	无绿肩	粉红	厚	脆	210
To32	无限	圆形	无绿肩	粉红	厚	脆	200
To33	无限	圆形	无绿肩	粉红	厚	脆	205
To34	无限	圆形	无绿肩	粉红	厚	脆	230

代号	有/无限型	果型	果肩	果色	皮厚	风味	单果质量/g
To35	无限	圆形	无绿肩	大红	厚	脆	210
To36	无限	圆形	无绿肩	大红	厚	脆	200
To37	无限	圆形	无绿肩	大红	厚	脆	210
To38	无限	圆形	无绿肩	粉红	厚	脆	200
To39	无限	圆形	无绿肩	粉红	厚	脆	210
To40	无限	圆形	无绿肩	粉红	厚	脆	200
To41	无限	圆形	无绿肩	粉红	厚	脆	210

2. 生育期和抗病性比较

由表 19-93 可知，所有品种均在 4 月 15 日播种，5 月 22 日定植，To03、To12、To21、To22、To28、To38 表现为早熟，To14、To32 表现为中熟，To31、To34 表现为中晚熟，其他品种表现为中早熟；所有品种均在 10 月 14 日罢园，生育期较长；就抗病性而言，To05、To06、To07、To09、To11、To14、To16、To18、To21、To26、To27、To28、To38、To39、To40、To41 抗晚疫病、耐青枯病，To19、To20、To30、To31 早期易感叶斑病，To15 有 20%感染果腐病，其他品种表现为抗病性一般。

表 19-93　不同品种番茄生育期和抗病性比较

代号	熟性	罢园期(月/日)	抗病性
To01	中早	10/14	抗病性一般
To02	中早	10/14	抗病性一般
To03	早	10/14	抗病性一般
To04	中早	10/14	抗病性一般
To05	中早	10/14	抗病性较强
To06	中早	10/14	抗病性较强
To07	中早	10/14	抗病性较强
To08	中早	10/14	抗病性一般
To09	中早	10/14	抗病性较强
To10	中晚	10/14	抗病性一般
To11	中早	10/14	抗病性较强
To12	早	10/14	抗病性一般
To13	中早	10/14	抗病性一般
To14	中	10/14	抗病性较强
To15	中早	10/14	易感果腐病
To16	中早	10/14	抗病性较强
To17(CK$_1$)	中早	10/14	抗病性一般
To18	中早	10/14	抗病性较强
To19	中早	10/14	易感叶斑病
To20	中早	10/14	易感叶斑病
To21	早	10/14	抗病性较强
To22	早	10/14	抗病性一般
To23	中早	10/14	抗病性一般
To24	中早	10/14	抗病性一般

续表

代号	熟性	罢园期(月/日)	抗病性
To25	中早	10/14	抗病性较强
To26(CK₂)	中早	10/14	抗病性较强
To27	中早	10/14	抗病性较强
To28	早	10/14	抗病性较强
To29	中早	10/14	抗病性一般
To30	中早	10/14	易感叶斑病
To31	中晚	10/14	易感叶斑病
To32	中	10/14	抗病性一般
To33	中晚	10/14	抗病性一般
To34	中晚	10/14	抗病性一般
To35	中早	10/14	抗病性较强
To36	中早	10/14	抗病性较强
To37	中早	10/14	抗病性较强
To38	早	10/14	抗病性较强
To39	中早	10/14	抗病性较强
To40	中早	10/14	抗病性较强
To41	中早	10/14	抗病性较强

3. 产量比较

参试品种中亩产量最高的是 To41(6955.35kg)，分别比 CK1 和 CK2 增产 16.91%和 7.93%，高于 CK1 和 CK2，差异极显著。亩产量大于 6000kg 的有 To07、To13、To16、To18、To21、To26、To27、To34、To37、To38、To40、To41；其余参试番茄品种的亩产量均介于 5000~6000kg(表 19-94)。

表 19-94　不同品种番茄产量比较

品种代号	小区产量/kg	较 CK₁ 增产/%	较 CK₂ 增产/%	亩产量/kg	显著水平 5%	显著水平 1%	名次
To01	101.04	0.66	−7.08	5988.42	efg	EFGH	18
To02	100.21	−0.17	−7.84	5938.83	efgh	EFGHI	24
To03	98.02	−2.35	−9.86	5809.42	ghijk	GHIJK	32
To04	96.89	−3.48	−10.90	5742.11	ijk	IJK	35
To05	100.38	0.00	−7.69	5949.11	efgh	EFGHI	22
To06	90.21	−10.13	−17.04	5346.44	mn	MN	40
To07	102.93	2.54	−5.34	6100.45	de	DE	9
To08	92.50	−7.85	−14.93	5482.36	lm	LM	39
To09	98.64	−1.73	−9.29	5846.04	fghij	FGHIJK	31
To10	95.58	−4.78	−12.10	5664.52	jkl	JKL	36
To11	101.21	0.83	−6.92	5998.43	efg	EFGH	13
To12	100.06	−0.32	−7.98	5930.15	efghi	EFGHI	25
To13	101.86	1.48	−6.33	6037.11	ef	EF	11
To14	99.56	−0.82	−8.44	5900.52	fghi	EFGHI	27
To15	88.57	−11.77	−18.55	5249.25	n	N	41
To16	101.89	1.51	−6.30	6038.86	ef	EF	10
To17(CK1)	100.38	/	−7.69	5949.11	efgh	EFGHI	22
To18	110.42	10.00	1.54	6544.08	b	B	2

续表

品种代号	小区产量/kg	较CK₁增产/%	较CK₂增产/%	亩产量/kg	显著水平		名次
					5%	1%	
To19	97.67	−2.70	−10.18	5788.43	hijk	HIJK	34
To20	95.24	−5.12	−12.41	5644.52	kl	KL	38
To21	105.90	5.50	−2.61	6276.53	cd	CD	6
To22	101.01	0.63	−7.11	5986.62	efg	EFGH	19
To23	100.89	0.51	−7.22	5979.33	efgh	EFGH	20
To24	99.88	−0.50	−8.15	5919.48	efghi	EFGHI	26
To25	101.14	0.76	−6.99	5994.15	efg	EFGH	16
To26(CK2)	108.74	8.33	/	6444.53	bc	BC	3
To27	102.95	2.56	−5.32	6101.42	de	DE	8
To28	95.57	−4.79	−12.11	5664.07	jkl	JKL	37
To29	99.44	−0.94	−8.55	5893.41	fghi	EFGHI	28
To30	98.02	−2.35	−9.86	5809.26	ghijk	GHIJK	33
To31	99.30	−1.08	−8.68	5885.11	fghi	EFGHI	29
To32	99.15	−1.22	−8.82	5876.33	fghi	FGHIJ	30
To33	101.21	0.83	−6.92	5998.42	efg	EFGH	14
To34	108.11	7.70	−0.58	6407.19	bc	BC	4
To35	101.04	0.66	−7.08	5988.44	efg	EFGH	17
To36	100.84	0.46	−7.27	5976.54	efgh	EFGH	21
To37	102.97	2.58	−5.31	6102.65	de	DE	7
To38	101.41	1.03	−6.74	6010.42	ef	EFG	12
To39	101.19	0.81	−6.94	5997.11	efg	EFGH	15
To40	106.78	6.37	−1.80	6328.38	c	BC	5
To41	117.36	16.91	7.93	6955.35	a	A	1

注：小区产量为3个小区的产量平均值。

(三) 结论与讨论

(1) 就单果重而言，To01、To09、To20、To21、To22、To23、To25、To30、To34 为大果，单果质量都在 220g 以上 (包括 220g)，其他单果质量集中在 180～210g 范围内，为中大果。

(2) 就商品性而言，参试品种均为大果或中大果，皮厚，耐储运，肉质脆，除 To15、To29 号少绿肩外，其余品种均无绿肩，商品性整体表现比去年有大幅提升。

(3) 就抗病性而言，To05、To06、To07、To09、To11、To14、To16、To18、To21、To26、To27、To28、To38、To39、To40、To41 抗晚疫病、耐青枯病，To19、To20、To30、To31 早期易感叶斑病，To15 有 20% 感染果腐病，其他品种表现为抗病性一般。由于试验地基本上无病毒病发生，故未在田间开展番茄品种抗 Ty 病毒的鉴定。

(4) 从亩产量上看，亩产量最高的是 To41 (6955.35kg)，分别比 CK1 和 CK2 增产 16.91% 和 7.93%，高于 CK1 和 CK2，差异极显著。亩产量大于 6000kg 的有 To07、To13、To16、To18、To21、To26、To27、To34、To37、To38、To40、To41；其余参试番茄品种的亩产量均介于 5000～6000kg。

总之，在本次试验中综合性状表现良好的品种有 To07、To16、To18、To21、To26、To27、To34、To37、To40、To41，这 10 个品种还有待进一步验正。

(李 宁 王 飞 姚明华)

三、2013 年

番茄是鄂西高山地区海拔 800～1400m 的主栽作物。近年来,随着湖北省高山蔬菜产业的迅猛发展,高山番茄的栽培面积不断增加。为筛选出适合鄂西高山地区种植的丰产、优质、抗病番茄新品种,以湖北省现有高山番茄主栽品种为对照,比较国内外适合湖北省高山种植的优良番茄新品种,对其植物学特性、产量、抗病性和商品性进行评价,筛选出适合湖北省高山地区种植的番茄新品种,为湖北省高山番茄生产提供技术支撑。

(一)材料与方法

1. 材料

参试番茄品种共计 46 份,分别由国内外番茄育种单位及种子公司提供,品种编号、名称及来源见表 19-103。其中以 T42 和 T43 为对照(CK1 和 CK2)。

2. 方法

试验地点选在湖北省宜昌市长阳县榔坪镇八角庙村,海拔高度为 1000m;冬闲地,砂质壤土,地势平坦,土层深厚、肥沃,有机质含量中等,犁耙精细,排水状况较好。试验按照随机区组排列,三次重复,每个小区 20 株,种植密度每亩 2200 株,试验地四周设保护行。4 月 15 日播种,5 月 22 日移栽,采用营养块育苗,厢长 3.6m×1.2m,每厢施复合肥 1.5kg、粪水 150～200kg,每厢划块 4000 个,每块 1 穴播种 1 粒,播完后用农膜覆盖厢面,四周压实。出苗 50% 后,升为小拱棚。注意晴天通风、排湿、降温,以防烧苗。厢面见干及时浇清粪水。移栽前 5～7 天揭膜,控水炼苗。田间管理完全按当地大田生产的一般管理水平进行;肥料以每亩 100kg 复合肥、50kg 磷肥、15kg 钾肥为基肥,中后期追肥。调查记载每个品种的植物学、生物学特性,商品性、抗病性及小区产量。

表 19-95 番茄品种代号、名称及来源

品种代号	品种名	品种来源	品种代号	品种名	品种来源
T01	RER13	沈阳市农业科学院	T24	多喜 2 号	北京春奥种苗科技有限公司
T02	12h017	中国农业科学院蔬菜花卉研究所	T25	多喜 6 号	北京春奥种苗科技有限公司
T03	122h510	中国农业科学院蔬菜花卉研究所	T26	多喜 3 号	北京春奥种苗科技有限公司
T04	12243.37	中国农业科学院蔬菜花卉研究所	T27	多喜 8 号	北京春奥种苗科技有限公司
T05	122h521	中国农业科学院蔬菜花卉研究所	T28	多喜	北京春奥种苗科技有限公司
T06	中杂 207	中国农业科学院蔬菜花卉研究所	T29	CN10	中国种子集团公司
T07	122h517	中国农业科学院蔬菜花卉研究所	T30	中番红 1201	中国种子集团公司
T08	烟红 101	烟台市农科院蔬菜所	T31	11T034	日本
T09	瑞特 09	以色列	T32	粉果 1 号	纽内姆种子公司(荷兰)
T10	红金刚	以色列	T33	Red-1	纽内姆种子公司(荷兰)
T11	瑞特 29	以色列	T34	Red-2	纽内姆种子公司(荷兰)
T12	华 1 号	华中农业大学	T35	Red-3	纽内姆种子公司(荷兰)
T13	华 2 号	华中农业大学	T36	Red-4	纽内姆种子公司(荷兰)
T14	华 3 号	华中农业大学	T37	Red-5	纽内姆种子公司(荷兰)
T15	华 4 号	华中农业大学	T38	FST	湖北蔬谷农业科技有限公司
T16	华 5 号	华中农业大学	T39	TY1705	日本
T17	华 6 号	华中农业大学	T40	粉曼琪	上海迈迪国际种苗
T18	华 7 号	华中农业大学	T41	金棚 11-21	西安金鹏种苗有限公司
T19	华 8 号	华中农业大学	T42	瑞菲	先正达
T20	华 9 号	华中农业大学	T43	戴粉	法国 Griflaton 种子公司
T21	华 10 号	华中农业大学	T44	洛美	以色列
T22	华番 2 号	华中农业大学	T45	丽秀	四川希野种业
T23	华番 3 号	华中农业大学	T46	富盈	广州南蔬种业

(二)结果与分析

1. 生育期和抗病性比较

所有品种均在 4 月 4 日播种，5 月 13 日定植，10 月 12 日罢园，生育期较长。除 T09 生长习性为有限生长类型外，其他品种均为无限生长类型。以首花节位和始收期为熟性参照标准，T04、T18、T19、T21、T22、T30、T32 为早熟，T01、T02、T13、T24、T26、T27、T28、T40、T41、T42 为中晚熟，其余品种均为早中熟。所有品种均不同程度发生细菌性斑点病，其中 T09、T15、T19、T28、T41、T45、T46 叶片发病较重，而其他品种叶片发病较轻；其他病害发生情况如下：T02、T03 发生少量裂果，T18 发生转色不匀，T37、T42、T44 早、晚疫病发生较重，其他品种均少量发生早、晚疫病(表 19-96)。

表 19-96　不同品种番茄生物学特性和抗病性比较

品种代号	首花节位	生长习性	病害发生情况	
			斑点病	其他
T01	10~11	无限	少	少量疫病
T02	10	无限	少	少量裂果
T03	7	无限	少	少量裂果
T04	6	无限	少	少量疫病
T05	8~9	无限	少	少量疫病
T06	9	无限	少	少量疫病
T07	7	无限	少	少量疫病
T08	6~7	无限	少	少量疫病
T09	8~9	无限	重(叶片)	少量疫病
T10	6~7	有限	少	少量疫病
T11	8	无限	少	少量疫病
T12	8	无限	少	少量疫病
T13	11	无限	少	少量疫病
T14	6~7	无限	少	少量疫病
T15	7	无限	重(叶片)	少量疫病
T16	8	无限	少	少量疫病
T17	7~8	无限	少	少量疫病
T18	6	无限	少	转色不匀
T19	6	无限	重(叶片)	少量疫病
T20	6~7	无限	少	少量疫病
T21	5	无限	少	少量疫病
T22	6	无限	少	少量疫病
T23	7	无限	少	少量疫病
T24	10~11	无限	少	少量疫病
T25	8	无限	少	少量疫病
T26	11~13	无限	少	少量疫病
T27	10~12	无限	少	少量疫病
T28	13	无限	重(叶片)	少量疫病
T29	9	无限	少	少量疫病
T30	6	无限	少	少量疫病

品种代号	首花节位	生长习性	病害发生情况	
			斑点病	其他
T31	8	无限	少	少量疫病
T32	5	无限	少	少量疫病
T33	6～8	无限	少	少量疫病
T34	6～8	无限	少	少量疫病
T35	7～8	无限	少	少量疫病
T36	7～8	无限	少	少量疫病
T37	7～8	无限	少	疫病(重)
T38	7～8	无限	少	少量疫病
T39	8	无限	极少	少量疫病
T40	11	无限	少	少量疫病
T41	9～10	无限	重(叶片)	少量疫病
T42(CK1)	10～11	无限	少	疫病(重)
T43(CK2)	8～9	无限	少	少量疫病
T44	8～9	无限	少	疫病(重)
T45	8	无限	重(叶片)	少量疫病
T46	9	无限	重(叶片)	少量疫病

2. 果实性状比较

除 T10 为有限生长型外，其他 45 个参试品种均为无限生长型。T02、T06、T12、T28、T29、T32、T38、T43、T44 果型为圆形，其他为扁圆形；所有参试品种均无绿肩；T02、T06、T12、T13、T24～T28、T32、T38、T41、T43、T44 为粉红果，其他为红果；所有参试品种都表现皮厚、耐贮运、肉质脆；就单果重而言，T05、T06、T09、T10、T11、T13、T14、T15、T18、T21、T24～T28、T34、T40、T42、T44 为大果型，单果质量都在 220g 以上(包括 220g)，T01、T07、T22、T31、T32、T33、T35、T36、T37、T41、T46 为小果型，单果质量都在 180g 以下，其他均为中大果型(表 19-97)。

表 19-97　不同品种番茄果实性状比较

品种代号	成熟果色	果形	果肩有无	纵径/cm	横径/cm	平均单果重/g
T01	红	扁圆	无	5.8	7.5	174
T02	粉红	圆形	无	7.5	7.6	204
T03	红	扁圆	无	5.3	7.8	200
T04	红	扁圆	无	6.1	8.0	210
T05	红	扁圆	无	6.3	8.5	220
T06	粉红	圆形	无	7.2	7.0	246
T07	红	扁圆	无	4.8	6.5	123
T08	红	扁圆	无	4.5	6.7	186
T09	红	扁圆	无	6.3	7.7	220
T10	红	扁圆	无	6.5	8.3	349
T11	红	扁圆	无	5.7	7.5	252
T12	粉红	圆形	无	5.4	6.9	215
T13	粉红	扁圆	无	5.2	7.0	225

品种代号	成熟果色	果形	果肩有无	纵径/cm	横径/cm	平均单果重/g
T14	红	扁圆	无	5.6	7.2	228
T15	红	扁圆	无	5.6	7.5	231
T16	红	扁圆	无	5.5	7.2	191
T17	红	扁圆	无	5.5	7.3	200
T18	红	扁圆	无	5.4	7.5	224
T19	红	扁圆	无	5.3	6.7	194
T20	红	扁圆	无	5.0	7.0	186
T21	红	扁圆	无	5.5	7.5	221
T22	红	扁圆	无	5.5	6.0	142
T23	红	扁圆	无	5.0	7.0	189
T24	粉红	扁圆	无	5.5	8.5	254
T25	粉红	扁圆	无	6.0	8.0	227
T26	粉红	扁圆	无	5.7	8.3	237
T27	粉红	扁圆	无	6.0	7.0	230
T28	粉红	圆形	无	6.5	7.0	227
T29	红	圆形	无	6.0	6.7	180
T30	红	扁圆	无	5.3	7.5	189
T31	红	扁圆	无	5.3	7.8	163
T32	粉红	圆形	无	5.5	6.5	172
T33	红	扁圆	无	5.0	6.8	156
T34	红	扁圆	无	6.0	7.5	246
T35	红	扁圆	无	5.5	7.0	169
T36	红	扁圆	无	5.0	6.5	135
T37	红	扁圆	无	5.0	6.5	145
T38	粉红	圆形	无	6.0	6.5	202
T39	红	扁圆	无	5.3	7.0	208
T40	粉红	扁圆	无	6.3	7.7	244
T41	粉红	扁圆	无	5.0	7.0	173
T42(CK1)	红	扁圆	无	6.0	8.0	245
T43(CK2)	粉红	圆形	无	6.0	6.5	188
T44	粉红	圆形	无	6.0	6.5	220
T45	红	扁圆	无	5.5	6.8	211
T46	红	扁圆	无	5.3	7.0	170

3. 产量分析

参试品种中亩产量最高的是To24(6945.88kg)，分别比CK1和CK2增产3.09%和0.66%，与CK1相比差异显著，与CK2相比差异不显著。亩产量大于6000kg的有To03、To05、To06、To14、To17、To24、To40、To42、To43、To44、To45、To46；其余参试番茄品种的亩产量均介于4000～6000kg(表19-98)。

表 19-98　不同番茄品种产量比较

品种代号	小区产量/kg	较 CK1 增产/%	较 CK2 增产/%	亩产量/kg	显著水平		排名
					5%	1%	
T01	52.18	−13.87	−15.89	5218.22	uv	RS	38
T02	57.18	−5.61	−7.83	5718.26	klmn	IJKLM	27
T03	60.12	−0.76	−3.09	6012.27	cdefg	CDEF	9
T04	59.08	−2.48	−4.77	5908.60	efghi	EFGH	18
T05	61.08	0.83	−1.55	6108.22	abc	ABCD	4
T06	60.01	−0.94	−3.27	6001.41	cdefg	CDEF	11
T07	47.26	−21.99	−23.82	4726.55	xy	TU	44
T08	59.86	−1.19	−3.51	5986.44	cdefg	CDEF	14
T09	59.66	−1.52	−3.84	5966.73	cdefg	CDEF	16
T10	48.96	−19.18	−21.08	4896.32	w	T	41
T11	55.97	−7.61	−9.78	5597.63	mnopq	KLMNO	30
T12	55.62	−8.19	−10.35	5562.43	nopqr	LMNOP	31
T13	58.67	−3.15	−5.43	5867.54	fghijk	FGHIJ	21
T14	60.17	−0.68	−3.01	6017.54	cdef	BCDEF	8
T15	59.04	−2.54	−4.84	5904.18	efghij	EFGHI	19
T16	56.04	−7.49	−9.67	5604.22	mnopq	KLMNO	29
T17	60.06	−0.86	−3.19	6006.65	cdefg	CDEF	10
T18	58.44	−3.53	−5.80	5844.87	ghijkl	FGHIJ	22
T19	53.08	−12.38	−14.44	5308.10	stu	QR	36
T20	57.63	−4.87	−7.11	5763.55	hijklm	GHIJK	23
T21	57.55	−5.00	−7.24	5755.34	ijklm	GHIJK	24
T22	47.68	−21.29	−23.15	4768.33	wxy	TU	43
T23	48.56	−19.84	−21.73	4856.32	wx	T	42
T24	62.45	3.09	0.66	6245.88	a	A	1
T25	58.79	−2.95	−5.24	5879.43	lmno	JKLM	20
T26	59.75	−1.37	−3.69	5975.22	cdefg	CDEF	15
T27	59.98	−0.99	−3.32	5998.32	cdefg	CDEF	13
T28	55.43	−8.50	−10.65	5543.56	opqr	MNOP	32
T29	54.37	−10.25	−12.36	5437.22	qrs	OPQ	34
T30	51.06	−15.71	−17.70	5106.87	v	s	40
T31	53.96	−10.93	−13.02	5396.54	rst	PQR	35
T32	56.32	−7.03	−9.22	5632.89	mnop	KLMN	28
T33	52.08	−14.03	−16.05	5208.18	uv	RS	39
T34	59.32	−2.08	−4.38	5932.18	defgh	DEFG	17
T35	52.45	−13.42	−15.46	5245.65	tuv	RS	37
T36	46.12	−23.87	−25.66	4612.32	y	U	46
T37	46.48	−23.28	−25.08	4648.57	y	U	45
T38	54.68	−9.74	−11.86	5468.86	pqrs	NOPQ	33
T39	57.38	−5.28	−7.51	5735.74	jklm	HIJKL	25
T40	60.00	−0.96	−3.29	6000.64	cdefg	CDEF	12
T41	57.24	−5.51	−7.74	5724.68	klmn	HIJKLM	26
T42（CK1）	60.58	/	−2.35	6058.42	bcde	ABCDE	6
T43（CK2）	62.04	2.41	/	6204.86	ab	AB	2
T44	61.28	1.16	−1.23	6128.54	abc	ABC	3
T45	61.00	0.69	−1.68	6100.32	abcd	ABCD	5
T46	60.19	−0.64	−2.98	6019.34	cdef	BCDEF	7

注：小区产量为 3 个小区的产量平均值。

（三）结论与讨论

（1）就单果重而言，T05、T06、T09、T10、T11、T13、T14、T15、T18、T21、T24～T28、T34、T40、T42、T44 为大果型，单果质量都在 220g 以上(包括 220g)；T01、T07、T22、T31、T32、T33、T35、T36、T37、T41、T46 为小果型，单果质量都在 180g 以下，其他均为中大果型。

（2）就商品性而言，参试品种均为大果或中大果，无绿肩、皮厚、耐储运、肉质脆，商品性整体表现比去年有大幅提升。

（3）就抗病性而言，所有品种均不同程度发生斑点病，其中 T09、T15、T19、T28、T41、T45、T46 叶片发病较重，而其他品种叶片发病较轻；其他病害发生情况如下：T02、T03 发生少量裂果，T18 发生转色不匀，T37、T42、T44 早、晚疫病发生较重，其他品种均少量发生早、晚疫病。由于试验地基本上无病毒病发生，故未在田间开展番茄品种抗 Ty 病毒的鉴定。

（4）从亩产量上看，亩产量最高的是 To24(6945.88kg)，分别比 CK1 和 CK2 增产 3.09%和 0.66%，与 CK1 相比差异显著，与 CK2 相比差异不显著。亩产量大于 6000kg 的有 To03、To05、To06、To14、To17、To24、To40、To42、To43、To44、To45、To46；其余参试番茄品种的亩产量均介于 4000～6000kg。

总之，在本次试验中综合性状表现良好的品种有 To03、To5、T14、To17、To24、To43,这 6 个品种还有待进一步验正。

（李　宁　王　飞　姚明华）

第五节　高山辣椒（2011—2013）

一、2011 年

以湖北省现有高山辣椒主栽品种为对照，引进和比较国内外适合湖北省高山种植的优良辣椒新品种，通过对其植物学性状、生育期、产量、抗病性、商品性的评价，筛选出适合湖北省高山地区种植的辣椒新品种，为湖北省高山辣椒生产提供技术支撑。

（一）材料与方法

1. 品种

本次试验品种由湖北省农科院及其他单位提供，包括来自全国各地的优良辣椒品种。为了保证试验结果的准确性，所有参试品种一律使用代号，共有 21 个品种参加品种比较试验，分别为 PE01～PE21，PE05 为红椒对照品种'鄂红椒 108'，PE10 为青椒对照品种'佳美'，其中 PE07、PE19、PE20、PE21 未出苗。

2. 地点

试验地点选在恩施州利川市汪营镇，海拔高度为 1200m；前作冬闲地，砂质壤土，pH6.0，地势平坦，土层深厚、肥沃，有机质含量中等，犁耙精细，排水状况较好。

3. 方法

1）试验设计

品种比较与观察试验按照随机区组排列，三次重复，每个小区 24 株，种植密度株距 33cm，行距 55cm，试验地四周设保护行。

2）田间管理

4 月 28 日播种，6 月 13 日移栽，采用营养块育苗，苗厢 3.6m×1.2m，每厢施复合肥 1.5kg、粪水 150～

200kg，每厢划块 4000 个，每块 1 穴播种 1 粒，播完后用农膜覆盖厢面，四周压实。出苗 50%后，升为小拱棚。注意晴天通风、排湿、降温，以防烧苗。厢面见干及时浇清粪水。移栽前 5～7 天揭膜，控水炼苗。田间管理完全按当地大田生产的一般管理水平进行；肥料以亩施复合肥 100kg、磷肥 50kg、钾肥 15kg 为底肥，中后期不追肥。

3）调查记载与统计分析

调查记载每个品种的植物学性状、生育期、商品性、抗病性及小区红辣椒产量。

（二）结果与分析

1. 植株学性状比较

从表 19-99 可知，PE03、PE12 的株高较矮，PE01、PE02、PE10、PE16 植株高大，其他中等；PE04 的开展度较小，适宜密植，PE11 的开展度较大，适宜稀植；PE01～PE05 为厚皮型，PE06～PE18 为薄皮型；PE01、PE04 较辣外，其他均为微辣型；除 PE01～PE05 为尖头外，其他为马嘴型；PE03、PE05、PE06、PE09、PE12 红果为深红色，PE08 红果为红中带黄色，其余红果均为鲜红色。

表 19-99　不同辣椒品种植物学性状比较

品种代号	株高/cm	开展度/(cm×cm)	果长/cm	果粗/cm	红果色	皮厚/mm	辣味	单果重/g	果底
PE01	75	50×60	13.9	3.4	鲜红	4.3	较辣	55	尖
PE02	80	50×60	10.8	3.9	鲜红	4.5	微辣	54	尖
PE03	35	50×55	13.5	4.1	深红	4.5	微辣	60	尖
PE04	60	30×40	8.9	4.1	深红	4.4	较辣	55	尖
PE05（CK1）	55	60×65	13.7	4.8	鲜红	4.5	微辣	70	尖
PE06	50	60×60	12.2	3.7	深红	2	微辣	35	凹
PE08	66	50×60	16.6	3.3	黄红	2	微辣	38	尖
PE09	65	45×50	17.2	3.5	深红	2.5	微辣	35	凹
PE10（CK2）	70	55×60	13.9	3.6	鲜红	2.3	微辣	40	凹
PE11	62	65×75	10.6	4.1	鲜红	2	微辣	35	凹
PE12	38	45×50	9.4	4.4	深红	2	微辣	32	凹
PE13	65	42×50	10.2	4.0	鲜红	2	微辣	36	凹
PE14	55	40×55	8.5	4.4	鲜红	1.5	微辣	24	凹
PE15	53	40×55	13.1	4.3	鲜红	2	微辣	32	凹
PE16	45	60×68	16.5	3.3	鲜红	2	微辣	35	凹
PE17	65	60×60	10.6	4.0	鲜红	2.5	微辣	45	凹
PE18	50	55×58	10.8	3.9	鲜红	1.8	微辣	34	凹

2. 生育期和抗病性比较

由表 19-114 可知，所有品种均在 4 月 28 日播种，6 月 13 日定植，薄皮辣椒中 PE11、PE12 于 7 月 28 日开始收获青果，表现为极早熟，PE13 于 8 月 21 日开始收获青果，表现为晚熟；厚皮红椒转红较慢，其中 PE05 采收时间最早为 9 月 11 日。就抗性而言，PE06 抗性较差，表现为裂果严重，PE01、PE02、PE04 都有 5%左右的病果率，其他品种抗性都较强。

表 19-100　　不同辣椒品种生育期和抗病性比较

品种代号	始收期(月/日)	罢园期(月/日)	抗病性
PE01	9/19	10/14	中抗
PE02	9/19	10/14	中抗
PE03	9/17	10/14	抗
PE04	9/21	10/14	中抗
PE05(CK1)	9/11	10/14	抗
PE06	9/15	10/14	不抗
PE08	8/1	10/14	抗
PE09	8/21	10/14	抗
PE10(CK2)	8/1	10/14	抗
PE11	7/28	10/14	抗
PE12	7/28	10/14	抗
PE13	8/21	10/14	抗
PE14	8/2	10/14	抗
PE15	8/4	10/14	抗
PE16	7/29	10/14	抗
PE17	8/5	10/14	抗
PE18	8/5	10/14	抗

3. 产量比较

表 19-101 中的产量为 3 个小区的产量之和。在参试的 17 个品种(含 2 个对照)中,产量最高的是 PE03,每亩产量为 4917.50kg,分别比对照 1 和对照 2 增产 49.15%和 0.38%,其次是 PE10,每亩产量为 4898.55kg,总之,每亩产量高于 4000kg 的品种有 PE03、PE06、PE08、PE10,每亩产量低于于 3000kg 的品种有 PE04、PE11,其余品种的亩产量为 3000～4000kg。

表 19-101　　不同辣椒品种产量比较

品种代号	小区产量/kg	较 CK1 增产/%	较 CK2 增产/%	折合亩产/kg	排名
PE01	53.40	−5.52	−36.41	3114.82	15
PE02	55.87	−1.15	−33.47	3258.90	14
PE03	84.30	49.15	0.38	4917.22	1
PE04	49.92	−11.68	−40.56	2911.83	16
PE05(CK1)	56.52	—	—	3296.81	10
PE06	74.47	31.76	−11.32	4343.84	3
PE08	71.37	26.27	−15.02	4163.01	4
PE09	66.70	18.01	−20.58	3890.61	5
PE10(CK2)	83.98	—	—	4898.55	2
PE11	45.65	−19.23	−45.64	2662.76	17
PE12	64.30	13.77	−23.43	3750.62	8
PE13	56.12	−0.71	−33.17	3273.48	13
PE14	64.34	13.84	−23.39	3752.95	7
PE15	56.45	−0.12	−32.78	3292.73	11
PE16	65.46	15.82	−22.05	3818.28	6
PE17	57.86	2.37	−31.10	3374.97	9
PE18	56.23	−0.51	−33.04	3279.90	12

(三)结论与讨论

从参试的 17 个品种(含 2 个对照品种)的品种比较试验来看,产量高的品种有 PE03、PE06、PE08、PE10;红椒商品性状表现好的品种为 PE02、PE05、PE06,这 3 个品种表皮光滑,红果鲜红;对照品种 PE10 在青椒中表现最好,主要为商品性好,果色浅绿,皮薄,PE16 商品性也较好,熟性较早,商品果比 PE10 更长。

总之,在本次试验中综合性状超过对照品种 PE05 和 PE10 或与之相当的为 PE06、PE08、PE03,这 3 个品种还有待进一步验证(表 19-102)。

表 19-102　高山辣椒品种信息

品种编号	品种名	品种来源
PE01	梨乡春秋红	安徽福达辣椒种苗繁育中心
PE02	禾椒 21	安徽福达辣椒种苗繁育中心
PE03	红双喜	安徽福达辣椒种苗繁育中心
PE04	春秋红艳	安徽砀山县日月种苗研究所
PE05(CK1)	鄂红椒 108	湖北农科院
PE06	红椒新秀	安徽砀山县日月种苗研究所
PE08	808B	湖北鄂蔬农业科技有限公司
PE09	楚秀大椒	武汉金正现代种业有限公司
PE10(CK2)	佳美	湖北农科院
PE11	康美 5 号	郑州市蔬菜所
PE12	康美 6 号	郑州市蔬菜所
PE13	春秋早冠	安徽砀山县日月种苗研究所
PE14	翡翠薄皮	安徽福达辣椒种苗繁育中心
PE15	报春状元	安徽萧县华强蔬菜研究所
PE16	新佳美	湖北鄂蔬农业科技有限公司
PE17	金春	安徽砀山县良禾种苗研究所
PE18	高山薄皮王	湖北鄂蔬农业科技有限公司
PE19	3 号	湖北农科院
PE20	4 号	湖北农科院
PE21	5 号	湖北农科院

二、2012 年

为筛选出适合湖北高山蔬菜产区种植的丰产、优质、抗病辣椒新品种,以湖北省现有高山辣椒主栽品种为对照,比较国内外适合湖北省高山种植的优良辣椒新品种,对其植物学性状、生育期、产量、抗病性和商品性进行评价,筛选出适合湖北省高山地区种植的辣椒新品种,为湖北省高山辣椒生产提供技术支撑。

(一)材料与方法

1. 材料

参试辣椒品种共计 20 份,分别由国内外辣椒育种单位及种子公司提供,品种编号、名称及来源见表 19-103。其中以 PE17 为对照(CK)。

表 19-103　品种编号、名称及来源

品种编号	品种名	品种来源	品种编号	品种名	品种来源
PE01	艳椒 11 号	重庆科光种苗有限公司	PE11	高山薄皮王	湖北省蔬菜科学研究所
PE02	渝椒 12 号	重庆科光种苗有限公司	PE12	鄂红椒 108	湖北省蔬菜科学研究所
PE03	福湘秀丽	湖南省蔬菜研究所	PE13	10LJZH001	湖北省蔬菜科学研究所
PE04	博辣 5 号	湖南省蔬菜研究所	PE14	10LJZH002	湖北省蔬菜科学研究所
PE05	苏椒 14	江苏省江蔬种苗科技有限公司	PE15	10LJZH003	湖北省蔬菜科学研究所
PE06	苏椒 15 号	江苏省江蔬种苗科技有限公司	PE16	10LJZH004	湖北省蔬菜科学研究所
PE07	苏椒 16 号	江苏省江蔬种苗科技有限公司	PE17(CK)	佳美	湖北省蔬菜科学研究所
PE08	楚龙 10 号	湖北荆州市金穗种子有限公司	PE18	赣丰辣玉	江西省农科院蔬菜花卉所
PE09	七寸红	甘肃飞天种业	PE19	赣丰 18 号	江西省农科院蔬菜花卉所
PE10	中椒 106	中国农科院蔬菜花卉所	PE20	赣丰 15 号	江西省农科院蔬菜花卉所

2. 方法

试验地点选在湖北省襄阳市南漳县薛坪镇秦家坪村，海拔高度为 1000m；冬闲地，砂质壤土，pH6.0，地势平坦，土层深厚、肥沃，有机质含量中等，犁耙精细，排水状况较好。试验按照随机区组排列，三次重复，每个小区 40 株，种植密度为每亩 3600 株，试验地四周设保护行。4 月 15 日播种，5 月 26 日移栽，采用营养块育苗，厢长 3.6m×1.2m，每厢施复合肥 1.5kg，粪水 150～200kg，每厢划块 4000 个，每块 1 穴播种 1 粒，播完后用农膜覆盖厢面，四周压实。出苗 50%后，升为小拱棚。注意晴天通风、排湿、降温，以防烧苗。厢面见干及时浇清粪水。移栽前 5～7 天揭膜，控水炼苗。田间管理完全按当地大田生产的一般管理水平进行；肥料以每亩 100kg 复合肥、50kg 磷肥、15kg 钾肥为基肥，中后期追肥。调查记载每个品种的植物学、生物学特性，商品性、抗病性及小区产量。由于参试品种类型差异较大，故在产量统计时区别对待：商品果适宜作青椒上市的就留 1～2 株调查果实转红时间，其余的均作为青椒采收；商品果适宜作青、红两用上市的前期采收 1～2 次青椒后全部留作红椒，采收的青椒和红椒均计入小区产量。

(二)结果与分析

1. 植株学性状比较

从表 19-104 可知，参试辣椒品种有'牛角椒'9 个、'长灯笼椒'8 个、'长羊角椒'2 个、'长线椒'1 个。PE14 的株高最低，为 45cm，PE17 株高最高，为 76cm，其他品种株高介于 50～68cm；PE01 的果实最长，为 25.5cm，PE13 的果实最短，为 12.1cm，其他品种的果长介于 12.4～22.5cm；PE11 的果肩宽最大，为 5.4cm，PE04 的果肩宽最小，为 1.4cm，其他品种的果肩宽介于 2.0～5.2cm；P12 的果肉厚度最大，达到 0.45cm，PE02、PE03、PE05、PE06、PE10、PE12、PE13、PE14、PE18 的果肉较厚，肉厚＞0.35cm，其他品种的果肉厚度≤0.30cm；PE01、PE04、PE09 辣味浓，PE18 辣味中等，其他均为微辣型；PE10 的单果重最大，为 87g，PE04 的单果重最小，为 21g，其他品种的单果重介于 24～85g。从整体来讲，'牛角椒'中商品果适宜做青椒和红椒上市的品种有 PE03、PE05、PE06、PE09、PE10、PE12、PE18，表现为果大肉厚、耐储运；'灯笼椒'中商品果适宜作青椒上市的品种有 PE02、PE11、PE17，表现为果表光亮，商品性好；而 3 个'长羊角椒'和'线椒'商品性好，均适宜做鲜食辣椒上市。

表 19-104　不同辣椒品种植物学性状比较

品种编号	株高/cm	开展度/(cm×cm)	果形	青熟果色	老熟果色	果长/cm	果肩宽/cm	肉厚/cm	辣味	单果重/g
PE01	65	52×58	长羊角形	绿	鲜红	25.5	2.0	0.20	辣	29
PE02	57	49×55	长灯笼形	绿	鲜红	16.7	4.8	0.35	微辣	63
PE03	65	64×65	粗牛角形	绿	鲜红	16.5	5.2	0.40	微辣	85
PE04	66	54×60	长羊角形	绿	鲜红	22.5	1.4	0.20	辣	21
PE05	53	55×60	粗牛角形	绿	鲜红	20.4	4.7	0.40	微辣	82
PE06	62	50×58	粗牛角形	浅绿	鲜红	17.5	4.8	0.35	微辣	56.8
PE07	50	52×55	长灯笼形	绿	鲜红	12.4	4.5	0.30	微辣	46
PE08	55	52×57	粗牛角形	绿	鲜红	17.2	4.0	0.30	微辣	63
PE09	50	52×57	长牛角形	绿	鲜红	19.1	2.2	0.20	微辣	25
PE10	50	65×55	粗牛角形	绿	鲜红	14.7	5.0	0.40	微辣	87
PE11	68	55×60	长灯笼形	绿	鲜红	17.5	5.4	0.20	微辣	62
PE12	52	55×60	粗牛角形	绿	鲜红	14.0	5.0	0.45	微辣	83
PE13	50	50×55	长灯笼形	绿	鲜红	12.1	4.3	0.35	微辣	45
PE14	45	50×54	长灯笼形	绿	鲜红	12.5	4.4	0.35	微辣	49
PE15	50	52×57	长灯笼形	绿	鲜红	13.5	4.0	0.30	微辣	42
PE16	54	50×55	长灯笼形	绿	鲜红	13.5	4.6	0.25	微辣	38
PE17(CK)	76	60×65	长灯笼形	绿	鲜红	12.8	4.0	0.25	微辣	37
PE18	60	64×72	粗牛角形	绿	鲜红	18.5	3.7	0.35	中辣	59
PE19	62	60×65	长线形	绿	鲜红	21.0	2.0	0.15	辣	24
PE20	54	57×62	粗牛角形	绿	鲜红	17.0	4.2	0.30	微辣	38

2. 生育期及抗病性比较

由表 19-105 可知,所有品种均在 4 月 15 日播种,5 月 26 日定植。PE07 上市时间最早,7 月 3 日即可采摘青椒上市,PE09 上市时间最晚,7 月 29 日才能采摘青椒上市;PE07 于 8 月 1 日果实就可完全转红,而 PE09 于 9 月 28 日果实才完全转红。PE02、PE05、PE07、PE11～PE17 熟性为早熟,PE03、PE06、PE10、PE20 熟性为早中熟,PE01、PE08、PE18、PE19 熟性为中熟,PE04、PE09 熟性为晚熟。PE02、PE09、PE10、PE12、PE16、PE19 易感炭疽病,均有 5%左右的病果率;PE03、PE04、PE05、PE06、PE11、PE17、PE18 较抗炭疽病;其他品种抗性一般。

表 19-105　不同辣椒品种生育期及抗病性比较

品种编号	青(红)果始收期(月/日)	罢园期(月/日)	熟性	抗病性
PE01	7/10(8/3)	10/15	中熟	抗病性一般
PE02	7/6(8/7)	10/15	早熟	感炭疽病
PE03	7/12(8/15)	10/15	早中熟	较抗炭疽病
PE04	7/25(8/20)	10/15	晚熟	较抗炭疽病
PE05	7/14(8/13)	10/15	早熟	较抗炭疽病
PE06	7/15(8/13)	10/15	早中熟	较抗炭疽病
PE07	7/3(8/1)	10/15	早熟	抗病性一般
PE08	7/26(8/26)	10/15	中熟	抗病性一般

续表

品种编号	青(红)果始收期(月/日)	罢园期(月/日)	熟性	抗病性
PE09	7/29(8/28)	10/15	晚熟	感炭疽病
PE10	7/16(8/14)	10/15	早中熟	感炭疽病
PE11	7/11(8/8)	10/15	早熟	较抗炭疽病
PE12	7/14(8/12)	10/15	早熟	感炭疽病
PE13	7/13(8/13)	10/15	早熟	抗病性一般
PE14	7/17(8/18)	10/15	早熟	抗病性一般
PE15	7/16(8/15)	10/15	早熟	抗病性一般
PE16	7/17(8/14)	10/15	早熟	感炭疽病
PE17(CK)	7/15(8/10)	10/15	早熟	较抗炭疽病
PE18	7/26(8/27)	10/15	中熟	较抗炭疽病
PE19	7/26(8/20)	10/15	中熟	感炭疽病
PE20	7/27(8/26)	10/15	中早熟	抗病性一般

3. 产量比较

在参试的20个品种(含CK)中,牛角椒中产量最高的是PE03,每亩产量为3956.08kg,比CK增产9.86%,高于对照,差异极显著,排在第二位的是PE10,每亩产量为3796.43kg,比CK增产5.43%,高于对照,差异不显著;长灯笼椒中产量最高是CK,每亩产量为3600.85kg;长羊角椒和线椒参试品种数量少,与CK果实类型完全不同,产量差距较大,产量由高到低依次为PE04、PE19、PE01。每亩产量低于3000kg的品种有PE01、PE04、PE11、PE13、PE14、PE19,其他品种产量均在3000kg以上(表19-106)。

表19-106　不同辣椒品种产量

品种编号	小区产量/kg	较CK增产/%	亩产量/kg	显著水平 5%	显著水平 1%	排名
PE01	24.46	−38.87	2201.40	j	I	19
PE02	37.29	−6.79	3356.46	def	CD	9
PE03	43.96	9.86	3956.08	a	A	1
PE04	29.88	−25.31	2689.42	h	FG	15
PE05	40.58	1.43	3652.56	bc	ABC	5
PE06	35.11	−12.24	3160.25	efg	DE	11
PE07	38.07	−4.86	3425.87	cde	CD	8
PE08	38.08	−4.83	3426.85	cde	CD	7
PE09	35.63	−10.94	3206.84	efg	DE	10
PE10	42.18	5.43	3796.43	ab	AB	2
PE11	29.12	−27.23	2620.54	h	GH	16
PE12	41.85	4.59	3766.31	ab	AB	3
PE13	23.40	−41.51	2106.19	j	I	20
PE14	28.48	−28.82	2562.98	hi	GH	17
PE15	33.40	−16.53	3005.65	g	EF	14
PE16	33.45	−16.40	3010.25	g	EF	13
PE17(CK)	40.01	/	3600.85	bcd	BC	6
PE18	40.59	1.44	3652.68	bc	ABC	4
PE19	25.58	−36.07	2302.11	ij	HI	18
PE20	34.50	−13.76	3105.44	fg	DE	12

(三)结论与讨论

(1)从参试品种的商品性上看，牛角椒中商品果适宜做青椒和红椒上市的品种有 PE03、PE05、PE06、PE09、PE10、PE12、PE18，表现为果大肉厚、耐储运；灯笼椒中商品果适宜作青椒上市的品种有 PE02、PE11、PE17，表现为果表光亮，商品性好；而 3 个长羊角椒和线椒商品性好，均适宜做鲜食辣椒上市。

(2)从参试品种的熟性上看，PE07 的熟性最早。PE02、PE05、PE07、PE11～PE17 熟性为早熟，PE03、PE06、PE10、PE20 熟性为早中熟，PE01、PE08、PE18、PE19 熟性为中熟，PE04、PE09 熟性为晚熟。

(3)在参试的 20 个品种(含 CK)中，牛角椒中产量最高的是 PE03，每亩产量为 3956.08kg，比 CK 增产 9.86%，高于对照，差异极显著，排在第二位的是 PE10，每亩产量为 3796.43kg，比 CK 增产 5.43%，高于对照，差异不显著；长灯笼椒中产量最高是 CK，每亩产量为 3600.85kg；长羊角椒和线椒参试品种数量少，与 CK 果实类型完全不同，产量差距较大，产量由高到低依次为 PE04、PE19、PE01。每亩产量低于 3000kg 的品种有 PE01、PE04、PE11、PE13、PE14、PE19，其他品种产量均在 3000kg 以上。

(4)从参试品种的抗病性上看，PE02、PE09、PE10、PE12、PE16、PE19 易感炭疽病，均有 5%左右的病果率；PE03、PE04、PE05、PE06、PE11、PE17、PE18 较抗炭疽病；其他品种抗性一般。

总之，在本次试验中综合性状表现良好的牛角椒品种有 PE03、PE05、PE08、PE10、PE12、PE18；表现较好的灯笼椒品种有 PE02、PE07、PE17；另外，3 个长羊角椒和线椒品种的商品性也不错；这些品种还有待进一步验证。

三、2013 年

为筛选出适合湖北高山蔬菜产区种植的丰产、优质、抗病辣椒新品种，以湖北省现有高山辣椒主栽品种为对照，比较国内外适合湖北省高山种植的优良辣椒新品种，对其植物学性状、产量、抗病性和商品性进行评价，筛选出适合湖北省高山地区种植的辣椒新品种，为湖北省高山辣椒生产提供技术支撑。

(一)材料与方法

1. 材料

参试辣椒品种共计 21 份，分别由国内外辣椒育种单位及种子公司提供，品种编号、名称及来源见表19-107。其中以 PE21 为对照(CK)。

表 19-107　品种编号、名称及来源

品种编号	品种名	品种来源	品种编号	品种名	品种来源
PE01	苏椒 14 号	江苏省农业科学院蔬菜研究所	PE12	高山薄皮王	湖北省农科院经济作物研究所
PE02	苏椒 15 号	江苏省农业科学院蔬菜研究所	PE13	赣丰辣玉	江西省农科院蔬菜花卉所
PE03	苏椒 16 号	江苏省农业科学院蔬菜研究所	PE14	赣丰 18 号	江西省农科院蔬菜花卉所
PE04	福湘秀丽	湖南省蔬菜研究所	PE15	赣丰 15 号	江西省农科院蔬菜花卉所
PE05	博辣 8 号	湖南省蔬菜研究所	PE16	瑞红	寿光市富华种业有限责任公司
PE06	红椒 104	湖北省农科院经济作物研究所	PE17	瑞红 2 号	寿光市富华种业有限责任公司
PE07	沈研 17 号	沈阳市农业科学院	PE18	晋新六号	山西晋黎来种业有限公司
PE08	沈研 13-23	沈阳市农业科学院	PE19	秀龙 1 号	北京禾典园艺科技发展有限公司
PE09	鄂红椒 108	湖北省农科院经济作物研究所	PE20	正宗芜湖椒	安徽省砀山县丰源辣椒研究所
PE10	佳美	湖北省农科院经济作物研究所	PE21(CK)	中椒 6 号	中国农科院蔬菜花卉研究所
PE11	新佳美	湖北省农科院经济作物研究所			

2. 方法

试验地点选在湖北省宜昌市长阳县榔坪镇八角庙村，海拔高度为 1000m；冬闲地，砂质壤土，pH6.0，地势平坦，土层深厚、肥沃，有机质含量中等，犁耙精细，排水状况较好。试验按照随机区组排列，三次重复，每个小区 30 株，种植密度为每亩 3600 株，试验地四周设保护行。4 月 4 日播种，5 月 24 日移栽，采用营养块育苗，厢长 3.6m×1.2m，每厢施复合肥 1.5kg、粪水 150～200kg，每厢划块 4000 个，每块 1 穴播种 1 粒，播完后用农膜覆盖厢面，四周压实。出苗 50%后，升为小拱棚。注意晴天通风、排湿、降温，以防烧苗。厢面见干及时浇清粪水。移栽前 5～7 天揭膜，控水炼苗。田间管理完全按当地大田生产的一般管理水平进行；肥料以每亩 100kg 复合肥、50kg 磷肥、15kg 钾肥为基肥，中后期追肥。调查记载每个品种的植物学、生物学特性，商品性、抗病性及小区产量。由于参试品种类型差异较大，故在产量统计时区别对待：商品果适宜作青椒上市的就留 1～2 株调查果实转红时间，其余的均作为青椒采收；商品果适宜作青、红两用上市的前期采收 1～2 次青椒后全部留作红椒，采收的青椒和红椒均计入小区产量。

(二)结果与分析

1. 植株学性状比较

从表 19-108 可知，参试辣椒品种有长牛角椒 13 个、长灯笼椒 6 个、线椒 2 个。PE14 的株高最低，为 47cm，PE17 株高最高，为 76cm，其他品种株高介于 50～68cm；PE05、PE06 的果实最长，为 25.5cm，PE08 的果实最短，为 10.0cm，其他品种的果长介于 12.0～21.0cm；PE08 的果肩宽最大，为 7.5cm，PE14 的果肩宽最小，为 1.5cm，其他品种的果肩宽介于 1.7～6.5cm；P09、P16、P18、P19 的果肉厚度最大，达到 0.45cm，PE01、PE02、PE04、PE06、PE17、PE21 的果肉较厚，肉厚>0.35cm，其他品种的果肉厚度≤0.30cm；PE05、PE07、PE13、PE14 味辣，其他均为微辣型；PE16 的单果重最大，为 110g，PE14 的单果重最小，为 18g，其他品种的单果重介于 24～106g。PE01、PE02、PE03、PE08、PE17～PE21 果肩形状为凹陷，PE05、PE13、PE14 果肩形状为无果肩，其他品种的果肩形状均为微凹渐平。从整体来讲，牛角椒中商品果适宜做青椒和红椒上市的品种有 PE04、PE06、PE09、PE16、PE18、PE19 、PE21、，表现为果大肉厚、耐储运；灯笼椒中商品果适宜作青椒上市的品种有 PE02、PE10、PE11、PE12、PE20，表现为果表光亮，商品性好；而 2 个线椒商品性较好，均适宜做鲜食辣椒上市。

表 19-108 不同辣椒品种植物学性状比较

品种编号	株高/cm	开展度/(cm×cm)	果形	青熟果色	老熟果色	果长/cm	果肩宽/cm	肉厚/cm	辣味	果肩形状	单果重/g
PE01	65	52×58	长牛角	绿	红	21.0	5.5	0.38	微辣	凹陷	102
PE02	57	49×55	长牛角	浅绿	红	16.0	6.0	0.35	微辣	凹陷	106
PE03	65	64×65	长灯笼	绿	红	12.0	5.5	0.30	微辣	凹陷	70
PE04	66	54×60	长牛角	绿	红	14.7	6.2	0.40	微辣	微凹近平	101
PE05	53	55×60	线形	浅绿	红	25.5	1.7	0.20	辣	无果肩	28
PE06	62	50×58	长牛角	绿	红	25.5	5.9	0.40	微辣	微凹近平	96
PE07	50	52×55	长牛角	绿	红	14.0	2.5	0.25	辣	微凹近平	24
PE08	55	52×57	长灯笼	绿	红	10.0	7.5	0.30	微辣	凹陷	91
PE09	50	52×57	长牛角	绿	红	15.5	5.2	0.45	微辣	微凹近平	106
PE10	50	65×55	长灯笼	绿	红	13.5	4.0	0.25	微辣	微凹近平	52
PE11	68	55×60	长灯笼	绿	红	14.5	5.0	0.25	微辣	微凹近平	68
PE12	52	55×60	长灯笼	绿	红	14.0	5.3	0.20	微辣	微凹近平	65
PE13	50	50×55	长牛角	绿	红	14.0	2.8	0.30	辣	无果肩	34
PE14	47	50×54	线形	绿	红	17.5	1.5	0.15	辣	无果肩	18
PE15	50	52×57	长牛角	绿	红	17.5	2.5	0.25	微辣	微凹近平	27

续表

品种编号	株高/cm	开展度/(cm×cm)	果形	青熟果色	老熟果色	果长/cm	果肩宽/cm	肉厚/cm	辣味	果肩形状	单果重/g
PE16	54	50×55	长牛角	绿	红	14.3	6.5	0.45	微辣	微凹近平	110
PE17	76	60×65	长牛角	绿	红	12.0	5.0	0.40	微辣	凹陷	81
PE18	60	64×72	长牛角	绿	红	13.6	5.5	0.45	微辣	凹陷	101
PE19	62	60×65	长牛角	绿	红	16.8	5.5	0.45	微辣	凹陷	102
PE20	54	57×62	长灯笼	绿	红	12.5	5.7	0.25	微辣	凹陷	65
PE21（CK）	62	60×64	长牛角	绿	红	14.0	5.7	0.40	微辣	凹陷	104

2. 生育期及抗病性比较

由表 19-109 可知，所有品种均在 4 月 4 日播种，5 月 24 日定植。以首花节位和始收期为熟性判定标准，PE11 为极早熟，PE01、PE03、PE06、PE07、PE08、PE12、PE18 为早熟，其余品种熟性均为中熟。除'中椒 6 号'后期发生软腐病外，其余品种生长期内均未发病。

表 19-109　不同辣椒品种生育期及抗病性比较

品种编号	首花节位	熟性	抗病性
PE01	9	早熟	未发病
PE02	10	中熟	未发病
PE03	8	早熟	未发病
PE04	10	中熟	未发病
PE05	11	中熟	未发病
PE06	9	早熟	未发病
PE07	9	早熟	未发病
PE08	7	早熟	未发病
PE09	11	中熟	未发病
PE10	10	中熟	未发病
PE11	6	极早熟	未发病
PE12	8	早熟	未发病
PE13	11	中熟	未发病
PE14	10	中熟	未发病
PE15	11	中熟	未发病
PE16	11	中熟	未发病
PE17	10	中熟	未发病
PE18	9	早熟	未发病
PE19	10	中熟	未发病
PE20	10	中熟	未发病
PE21（CK）	11	中熟	后期软腐病

3. 产量比较

在参试的 21 个品种（含 CK）中，牛角椒中产量最高的是 PE06，每亩产量为 3981.60kg，比 CK 增产 9.83%，高于对照，差异极显著，排在第二位的是 PE04，每亩产量为 3955.20kg，比 CK 增产 9.10%，高于对照，差异极显著；灯笼椒中产量最高是 PE11，每亩产量为 3847.20kg，高于对照，差异极显著；线椒参试品种数量少，与 CK 果实类型完全不同，产量差距较大，产量由高到低依次为 PE05、PE14。每亩产量低于 3000kg 的品种有 PE05、PE14，其他品种产量均在 3000kg 以上（表 19-110）。

表 19-110　不同辣椒品种产量比较

产品编号	小区产量/kg	较 CK 增产/%	亩产量/kg	显著水平 5%	显著水平 1%	排名
PE01	31.56	4.47	3787.20	cde	CDE	8
PE02	31.22	3.34	3746.40	cde	CDEF	9
PE03	30.88	2.22	3705.60	def	DEF	10
PE04	32.96	9.10	3955.20	ab	AB	2
PE05	22.54	−25.39	2704.80	j	J	20
PE06	33.18	9.83	3981.60	a	A	1
PE07	28.65	−5.16	3438.00	h	H	18
PE08	29.43	−2.58	3531.60	gh	GH	14
PE09	32.00	5.93	3840.00	bc	BC	5
PE10	30.78	1.89	3693.60	ef	DEF	11
PE11	32.06	6.12	3847.20	bc	BC	3
PE12	28.69	−5.03	3442.80	h	H	17
PE13	26.78	−11.35	3213.60	i	I	19
PE14	22.05	−27.01	2646.00	k	K	21
PE15	28.84	−4.53	3460.80	h	H	16
PE16	32.04	6.06	3844.80	bc	BC	4
PE17	30.67	1.52	3680.40	ef	EF	12
PE18	31.86	5.46	3823.20	c	BCD	6
PE19	31.84	5.40	3820.80	cd	CD	7
PE20	29.16	−3.48	3499.20	h	GH	15
PE21(CK)	30.21	/	3625.20	fg	FG	13

（三）结论与讨论

（1）从参试品种的商品性上看，牛角椒中商品果适宜做青椒和红椒上市的品种有 PE04、PE06、PE09、PE16、PE18、PE19、PE21，表现为果大肉厚、耐储运；灯笼椒中商品果适宜作青椒上市的品种有 PE02、PE10、PE11、PE12、PE20，表现为果表光亮，商品性好；而 2 个线椒商品性较好，均适宜做鲜食辣椒上市。

（2）从参试品种的熟性上看，PE11 为极早熟，PE01、PE03、PE06、PE07、PE08、PE12、PE18 为早熟，其余品种熟性均为中熟。

（3）在参试的 21 个品种（含 CK）中，牛角椒中产量最高的是 PE06，每亩产量为 3981.60kg，比 CK 增产 9.83%，高于对照，差异极显著，排在第二位的是 PE04，每亩产量为 3955.20kg，比 CK 增产 9.10%，高于对照，差异极显著；灯笼椒中产量最高是 PE11，每亩产量为 3847.20kg，高于对照，差异极显著；线椒参试品种数量少，与 CK 果实类型完全不同，产量差距较大，产量由高到低依次为 PE05、PE14。每亩产量低于 3000kg 的品种有 PE05、PE14，其他品种产量均在 3000kg 以上。

（4）从参试品种的病害发生情况看，除'中椒 6 号'后期发生软腐病外，其余品种生长期内均未发病。

总之，在本次试验中综合性状表现良好的牛角椒品种有 PE04、PE06、PE09、PE16、PE18、PE19；表现较好的灯笼椒品种有 PE03、PE08；另外，2 个长线椒品种的商品性也不错；这些品种还有待进一步验证。

（王　飞　姚明华　李　宁）

第六节　高山青花菜(2012)

我们在高山蔬菜主产区长阳进行了青花菜品种比较试验，调查不同品种的生育期、商品性、抗病性、产量等各方面的性状及市场适应性，以筛选出适合高山种植的品种。2012年试验结果报告如下。

(一)材料与方法

1. 供试品种

试验中参试品种一律使用代号，供试品种10个，详情见表19-111。

表 19-111　青花菜品种及来源

品种代号	品种名	品种来源
B1	12SB1	中国农科院蔬菜花卉研究所
B2	12SB2	中国农科院蔬菜花卉研究所
B3	12SB3	中国农科院蔬菜花卉研究所
B4	12SB4	中国农科院蔬菜花卉研究所
B5	12SB5	中国农科院蔬菜花卉研究所
B6	12SB6	中国农科院蔬菜花卉研究所
B7	12SB7	中国农科院蔬菜花卉研究所
B8	12SB8	中国农科院蔬菜花卉研究所
B9	12SB9	中国农科院蔬菜花卉研究所
B10	12SB10	中国农科院蔬菜花卉研究所
B11	12SB11	中国农科院蔬菜花卉研究所
B12	绿美二号(80天)	台湾长胜种苗股份有限公司
B13	冰岛绿(80~85天)	香港惟勤农业公司

2. 方法

本试验安排在海拔1800m的宜昌长阳火烧坪高山蔬菜试验站基地进行，播种期5月14日，定植期6月12日，采用苗床育苗，试验地前作为冬闲地，砂质壤土，地势平坦，土层深厚、肥沃，有机质含量丰富，犁耙精细，排水状况较好，露地栽培，采用随机区组排列，每小区定植30株。试验地四周设保护行。栽培方式及田间管理完全按当地大田生产的无公害花椰菜生产操作规程管理水平进行。

(二)结果与分析

1. 生育期比较

参试品种生育期表现为从定植至成熟适收期在56~75天(表19-112)。

少于60天的品种有B4、B9、B10；

60~70天品种有B1~B3、B5~B8、B11；

70天以上品种有B12、B13。

表 19-112　不同青花菜品种生育期比较

品种代号	播种期(月/日)	定植期(月/日)	适收期(月/日)	生育期(月/日)
B1	5/14	6/12	8/13	61
B2	5/14	6/12	8/15	63
B3	5/14	6/12	8/12	60
B4	5/14	6/12	8/10	58
B5	5/14	6/12	8/12	60
B6	5/14	6/12	8/18	66
B7	5/14	6/12	8/16	64
B8	5/14	6/12	8/12	60
B9	5/14	6/12	8/7	55
B10	5/14	6/12	8/8	56
B11	5/14	6/12	8/13	61
B12	5/14	6/12	8/27	75
B13	5/14	6/12	8/27	75

2. 植物学性状比较

各参试品种植特学性状特性见表 19-113。

表 19-113　不同青花菜品种植物学性状比较

品种代号	生长势	株形	株高×株幅/(cm×cm)	叶形	叶色	叶数	球形	球色	花球表面	球重/g	蕾粒	球大小/(cm×cm)	小花球大小/(cm×cm)	径口/cm	紧实度
B1	,++++	半立	40.0×60.0	板	蓝绿	16	中扁圆	碧绿	圆整	190	中	8.5×11.0	5.0×7.0	3.3	紧
B2	,++++	半立	46.0×54.0	短板	青绿	14	半圆	碧绿	圆整	180	中	10.5×11.0	5.0×6.0	3.5	紧
B3	,++++	半开	37.0×75.0	板	蓝绿	12	低扁圆	碧绿	圆整	240	中	10.0×14.0	7.0×7.0	3.6	紧
B4	,+++	半立	38.0×60.0	短圆	蓝绿	14	中扁圆	碧绿	圆整	180	小	9.5×11.0	5.5×5.0	2.5	紧
B5	,++++	半开	45.0×79.0	细长板	蓝绿	14	大扁圆	碧绿	圆整	250	中	11.0×13.0	6.5×5.5	3.5	紧
B6	,++++	半立	45.0×63.0	短板	蓝绿	12					中				
B7	,++++	半立	31.0×57.0	短板	蓝绿	14	高扁圆	碧绿	圆整	180	中	10.0×10.5	4.5×4.0	3.7	紧+
B8	,+++	半立	40.0×63.0	短板	蓝绿	12	中﹣扁	碧绿	圆整	120	小	9.0×8.5	4.8×4.5	3.0	
B9	,++++	半开	39.0×70.0	短宽板	蓝绿	13	半圆	翠绿	圆整	260	细	12.5×12.5	5.6×5.4	3.9	紧
B10	,++++	半开	41.0×64.0	中板	蓝绿	16	半圆	碧绿	圆整	260	中-	13.0×13.5	7.1×7.9	3.5	紧
B11	,++++	半开	39.0×58.0	短宽板	蓝绿	14	半圆	碧绿	圆整	200	粗	10.0×11.0	5.0×5.0	3.0	紧
B12	,++++	半立	46.0×66.0	裂	蓝绿	19	高圆	碧绿	圆整	225	细	10.0×11.5	4.7×4.2	3.3	紧
B13	,++++	半立	34.0×65.0	板	蓝绿	14	高圆	碧绿	圆整	225	粗	8.9×12.0	5.2×4.3	3.5	紧

3. 抗病性比较

我们于青花菜采收盛期调查田间病害发生情况，结果显示 B7 有轻微的霜霉病，基本上都比较抗病。

4. 产量比较

采取全区收获计产，然后以每亩 2800 株折算成亩产量(表 19-114)，可以看出品种亩平均产量在 336.0～728.0kg，B9 产量最高。

表 19-114　青花菜品种产量比较

品种代号	小区折合亩产均产量/kg	品种代号	小区折合亩产均产量/kg
B1	532	B8	336
B2	504	B9	728
B3	672	B10	728
B4	504	B11	560
B5	700	B12	630
B6	0	B13	630
B7	504		

(三)结论与讨论

综上可知,综合性状表现品种'B4'、'B9'、'B13'表现最好。

（朱凤娟）

第七节　高山花椰菜(2011、2015、2016)

一、2011 年

花椰菜可以作为精细菜在高山种植,有很好的效益,但高山种植对品种的选择非常严格,不适合的品种种植容易失败,造成无商品性、产量低等情况,我们在高山蔬菜主产区长阳进行了花椰菜品种比较试验,调查不同品种的生育期、商品性、抗病性、产量等各方面的性状及市场适应性,以筛选出适合高山种植的品种。2011 年试验结果报告如下。

(一)材料与方法

1. 供试品种

试验中参试品种一律使用代号,供试品种 10 个,详情见表 19-115。

表 19-115　花椰菜品种及来源

品种代号	品种名	品种来源
CF-1	富士白 3 号	浙江神良种业有限公司
CF-2	富士白 8 号	浙江神良种业有限公司
CF-3	庆松 65 天	浙江神良种业有限公司
CF-4	庆松 100 天	浙江神良种业有限公司
CF-5	台松 80 天	浙江神良种业有限公司
CF-6	台松 100 天	浙江神良种业有限公司
CF-7	神良 100 天花椰菜	浙江神良种业有限公司
CF-8	雪剑三号	天津市耕耘种业有限公司
CF-9	雪剑四号	天津市耕耘种业有限公司
CF-10	雪剑五号	天津市耕耘种业有限公司

2. 方法

本试验安排在海拔 1800m 的宜昌长阳火烧坪高山蔬菜试验站基地进行,播种期 4 月 30 日,定植期 5 月 31 日,采用苗床育苗,试验地前作为冬闲地,砂质壤土,地势平坦,土层深厚、肥沃,有机质含量丰富,犁耙精细,排水状况较好,露地栽培,采用随机区组排列,每小区定植 30 株。试验地四周设保护行。栽培方式及田间管理完全按当地大田生产的无公害花椰菜生产操作规程管理水平进行。

(二)结果与分析

1. 生育期比较

参试品种生育期表现为从定植至成熟适收期在 48～82 天(表 19-116)。

表 19-116　不同花椰菜品种生育期比较

品种代号	播种期(月/日)	定植期(月/日)	适收期(月/日)	生育期/d
CF-1	4/30	5/31	7/19	49
CF-2	4/30	5/31	8/1	61
CF-3	4/30	5/31	7/19	49
CF-4	4/30	5/31	8/10	70
CF-5	4/30	5/31	7/30	59
CF-6	4/30	5/31	8/8	68
CF-7	4/30	5/31	7/24	54
CF-8	4/30	5/31	7/18	48
CF-9	4/30	5/31	7/18	48
CF-10	4/30	5/31	8/9	69

少于 50 天的品种有 CF-1、CF-3、CF-8、CF-9，生育期为 48～49 天，特别早熟；

50～60 天品种有 CF-5、CF-7；

60～70 天品种有 CF-2、CF-4、CF-6、CF-10。

2. 植物学性状比较

各参试品种植特学性状特性见表 19-117。

调查可知，供试品种球形有紧球和松球类型。其中松球类型有 CF-1、CF-3、CF-4、CF-5、CF-6，紧球类型有 CF-2、CF-7、CF-8、CF-9、CF-10。

表 19-117　不同花椰菜品种植物学性状比较

品种代号	生长势	株形	株高×株幅/(cm×cm)	叶形	叶数	球形	球色	径色	球高×径/(cm×cm)	球径/cm	小花高×径/(cm×cm)	紧硬度	花球表面
CF-1	,++	半立	39.0×55.0	中长宽板	12	低扁	白	白	7.5×11.8 9.4×13.2	3.0 3.2	4.8×1.1 6.3×4.8	松	/
CF-2	,++++	半立+	43.0×77.0	中长宽板	14	中扁	白	白	10.5×14.5 11.9×16.0	3.5 4.3	6.4×3.5 8.0×6.0	紧	米状
CF-3	,+++	立	29.0×49.0	中-长板	13	大中扁	黄	浅绿	9.8×17.6 12.0×19.5	3.2 3.3	8.4×3.2 8.3×8.0	松	/
CF-4	,++++	立	54.0×63.0	长细光板	12	低扁	浅黄	浅绿	10.5×18.0		8.0×7.0	松	黄毛状
CF-5	,++++	立	52.0×57.0	长细光板	12	低扁	黄	浅绿	12.0×17.5 11.5×18.0	3.2	10.0×6.0 10.5×8.2	松+	/
CF-6	,++++	立	56.0×80.0	长中细光板	15	低扁	黄	浅绿	12.5×20.5		10.0×8.0	松	/
CF-7	,++++	立	36.0×68.0	中细光板	13	中高扁	浅黄	白	10.0×16.0 8.9×15.4	4.3	7.0×6.0 5.9×5.2	紧	/
CF-8	,+++	半立	27.0×58.0	短板	12	中扁	白	浅绿	9.5×14.5 10.0×15.0	3.8	6.4×6.9 6.0×5.0	紧	/
CF-9	,+++	半开	24.0×57.0	短板	12	中扁	白	白	9.9×15.6 10.0×15.0	4.0	6.2×5.8 6.5×5.0	紧	/
CF-10	,++++	半立	57.0×100.0	中大合折板	15	高圆	白	白	12.3×17.5		× ×	紧	黄毛

3. 抗病性比较

我们于花椰菜采收盛期调查田间病害发生情况，结果显示：抗病性品种有 CF-2、CF-3、CF-7、CF-8、CF-9、CF-10，表现为免疫，有较强的抗病性；其余品种在采收前期较抗病，后期对不同病害有不同程度的感病，CF-1 感根肿病 CF-4 感根肿病并缺钙，CF-5 和 CF-6 缺钙。

4. 产量比较

采取全区收获计产，然后以每亩 2800 株折算成亩产量（表 19-118），可以看出品种亩平均产量在 1820～4480kg，CF-10 产量最高。

表 19-118　花椰菜品种产量比较

品种代号	小区折合亩产均产量/kg	排名
CF-10	4480	1
CF-6	2660	2
CF-9	2492	3
CF-8	2380	4
CF-7	2240	5
CF-1	2212	6
CF-3	2184	7
CF-2	2100	8
CF-4	1820	9
CF-5	1820	10

（三）结论与讨论

综上可知，综合性状表现品种如下：CF-7 表现最好，CF-2、CF-8、CF-9、CF-10 表现其次。

二、2015 年

2015 年在高山蔬菜主产区长阳进行了花椰菜品种比较试验。试验结果报告如下。

（一）材料与方法

1. 供试品种

试验中参试品种 10 个（表 19-119）。

表 19-119　花椰菜、青花菜品种及来源

类型	品种名	品种来源
花椰菜	C5-1	北京蔬菜中心
	C5-2	北京蔬菜中心
	C5-3	北京蔬菜中心
	C5-5	北京蔬菜中心
	雪樱	广良公司
	大顺	广东鸿图
青花菜	C9-1	北京蔬菜中心
	C9-2	北京蔬菜中心
	C9-3	北京蔬菜中心
	C9-5	北京蔬菜中心

2. 试验方法

本试验安排在海拔 1800m 的宜昌长阳火烧坪高山蔬菜试验站基地进行，播种期 5 月 18 日，定植期 6 月 15 日，采用苗床育苗，试验地前作为冬闲地，砂质壤土，露地栽培，地膜覆盖。每小区定植 30 株，每亩定植 3400 株。栽培方式及田间管理完全按当地大田生产管理水平进行。

(二)结果与分析

1. 生育期比较(表 19-120)

表 19-120 不同品种生育期比较

品种名	播种期(月/日)	定植期(月/日)	适收期(月/日)	生育期/d
C5-1	5/18	6/15	8/24	69
C5-2	5/18	6/15	8/22	67
C5-3	5/18	6/15	8/24	69
C5-5	5/18	6/15	8/20	65
雪樱	5/18	6/15	8/27	72
大顺	5/18	6/15	9/3	78
C9-1	5/18	6/15	8/22	67
C9-2	5/18	6/15	8/18	63
C9-3	5/18	6/15	8/26	71
C9-5	5/18	6/15	8/23	68

2. 植物学性状比较

各参试品种植特学性状特性见表 19-121。

表 19-121 不同品种植物学性状比较

品种名	株高/cm×株幅/cm	外叶数	球形	球色	球重/g	球高/cm	冠高/cm	球径/cm	径口/cm	小花球高/cm	小花球径/cm	径色	球面	侧芽
C5-1	48.0×82.0	17		白									变粉	
C5-2	48.0×70.0	16	扁圆	白	580	9.5	6.5	15.0	3.9	6.2	7.3	白	紫\黄蕾	//
C5-3	50.0×90.0	16	高扁圆	白	1000	10.9	8.0	20.0	4.1	6.9	7.0	白	紫蕾	/
C5-5	46.0×72.0	15	扁圆	白	380	10.0	8.5	18.0	3.4	7.2	5.8	浅绿	黄蕾	/
雪樱	45.0×58.0	12	半圆	白	800	11.7		14.5	3.3	5.8	4.8	白	正常	/
大顺	39.0×47.0		扁圆	白	420	7.5		11.5	3.5	4.5	4.2	白		/
C9-1	50.0×72.0	13	半圆	碧绿	300	12.0	8.0	12.5	4.0	7.2	5.0	绿—		少
C9-2	55.0×69.0	13	半圆	碧绿	300	15.5	7.7	14.0	4.0	6.8	6.2	绿	黄蕾	多
C9-3	40.0×72.0	11	浅扁	碧绿	220	15.5	8.0	13.9	2.9	9.5	6.5	绿+	黄蕾	少
C9-5	45.0×68.0	14	半圆	碧绿	350	15.0	9.5	16.0	4.7	7.7	4.5	绿—	黄蕾	中

3. 抗病性比较

前期无病害发生，后期轻微霜霉病。C5-1、C5-2、C5-3、C5-5、C9-2、C9-3、C9-5 这几个品种不耐高低温出现的球面异常状况。

(三)结论与讨论

综上可知，白花椰品种类型表现较好的有 '雪樱'、C5-3；

青花菜品种类型表现较好的有 C9-2、C9-5。

三、2016 年

2016 年在高山蔬菜主产区长阳海拔 1800m 湖北省高山蔬菜试验站进行了花椰菜品种比较试验。试验结果报告如下。

(一)材料与方法

1. 供试品种

试验中参试品种 37 个(表 19-122)。

表 19-122　花椰菜品种及来源

品种名	品种来源	品种名	品种来源
青梗松花菜(70 天)	厦门中厦蔬菜种子有限公司	台花青梗松花	福建省厦门市集美区
青梗松花菜(90 天)	厦门中厦蔬菜种子有限公司	庆松 65 天松花菜	中国浙江神良种业有限公司
丰田 2 号青梗松花菜(65 天)	厦门中厦蔬菜种子有限公司	黄金-75	天津生优达种子有限公司
丰田华美青梗松花 65 天	厦门中厦蔬菜种子有限公司	京松 1 号 70 天	北京蔬菜中心
神鹿绿松 65 天松花菜	温州市神鹿种业有限公司	京松 2 号 75 天	北京蔬菜中心
东方松花菜 90 天	浙江瑞安市瑞农蔬菜种苗有限公司	紫花 2 号 70 天	北京蔬菜中心
宝岛(90 天)青梗松花菜	浙江瑞安市瑞农蔬菜种苗有限公司	紫花 75 天	北京蔬菜中心
正能松 60 日青梗松花菜	厦门文兴蔬菜种苗有限公司	C5-1	北京蔬菜中心
正能松 70 日青梗松花菜	厦门文兴蔬菜种苗有限公司	C5-2	北京蔬菜中心
正能松 85 日青梗松花菜	厦门文兴蔬菜种苗有限公司	C5-3	北京蔬菜中心
正能松 90 日青梗松花菜	厦门文兴蔬菜种苗有限公司	C5-5	北京蔬菜中心
正能松 100 日青梗松花菜	厦门文兴蔬菜种苗有限公司	青松 65	捷利亚公司
正能松 110 日青梗松花菜	厦门文兴蔬菜种苗有限公司	雪樱	广良公司
长胜 60 天 F1 青梗松花菜	台湾长胜种苗股份有限公司	C9-3	北京蔬菜中心
长胜 65 天 F1 青梗松花菜	台湾长胜种苗股份有限公司	C9-5	北京蔬菜中心
长胜 70 天 F1 青梗松花菜	台湾长胜种苗股份有限公司	长庆 60	厦门台友宏展种苗有限公司
长胜 80 天 F1 青梗松花菜	台湾长胜种苗股份有限公司	长庆 70	厦门台友宏展种苗有限公司
青松 68	天津市耕耘种业有限公司	富农 90	福建省厦门市集美区
富农(65 日)青梗花椰菜	福建省厦门市集美区		

2. 方法

本试验安排在海拔 1800m 的宜昌长阳火烧坪高山蔬菜试验站基地进行，播种期 5 月 24 日，定植期 6 月 28 日，采用苗床育苗，试验地前作为冬闲地，砂质壤土，露地栽培，地膜覆盖。每小区定植 30 株，每亩定植 3400 株。栽培方式及田间管理完全按当地大田生产管理水平进行。

(二)结果与分析

1. 生育期比较(表 19-123)

表 19-123　不同花椰菜品种生育期比较

品种名	适收期(月/日)	生育期/d	品种名	适收期(月/日)	生育期/d
青梗松花 70 天	8/20	52	台花青梗	9/23	85
青梗松花 90 天	9/29	91	庆松 65 天	8/22	84
丰田 2 号 65 天	8/23	55	黄金 75	8/5	37
丰田华美 65 天	8/20	52	京松 1 号 70 天	9/16	78
神鹿绿松 65 天	8/8	40	京松 2 号 75 天	9/26	88
东方松花 90 天	9/26	88	紫花 2 号 70 天	8/20	82
宝岛 90 天	10/3	95	紫松 75 天	晚	
正能松 60 日	8/5	37	C5-1	9/26	88
正能松 70 日			C5-2		
正能松 85 日			C5-3		
正能松 90 日			C5-5	10/1	93
正能松 100 日			青松 65	9/26	88
正能松 110 日			雪樱	9/26	88
长胜 60 天	8/12	44	C9-3	8/5	37
长胜 65 天	8/27	89	C9-5	9/26	88
长胜 70 天	8/24	86	长庆 60	8/5～8/26	40
长胜 80 天	9/20	82	长庆 70	9/21	83
青松 68 天	8/22	84	富农 90	9/26	88
富农 65 日					

2. 植物学性状比较

各参试品种植特学性状比较见表 19-124。

表 19-124　不同花椰菜品种植物学性状比较

品种名	株高	株幅	外叶数	球重/g	球色	径色	球高×径/(cm×cm)	径口	小花球高×径/(cm×cm)	球面
青梗松花 70 天	58	83	31	720	白	浅绿	11.6×16.7	2.7	7.5×5.0	
青梗松花 90 天	60	99	29	1075	白	绿	12.2×20.5	2.8	9.3×8.7	
丰田 2 号 65 天	61	101	20	475	黄	绿	13.5×23.0	2.5	13.0×11.5	黄毛
丰田华美 65 天	57	76	20	425	黄	绿	15.0×24.0	3.0	12.5×8.5	
神鹿绿松 65 天	34	60	14	320	白色	茎绿	13.5×15.0	2.5	9.5×7.0	
东方松花 90 天	74	94	33	1150	白色	茎绿	11.4×24.5	2.9	12.0×16.0	
宝岛 90 天	78	100	30	800			11.2×17.1	3.1	7.8×8.6	
正能松 60 日	31	48	16	220			9.0×17.0	2.1	9.0×6.5	
正能松 70 日										
正能松 85 日										
正能松 90 日	74	114		1325	白色	茎绿	17.2×28.6	3.0	14.4×13.8	
正能松 100 日	69	116	33	1050			10.5×24.7	2.7	12.3×9.4	
正能松 110 日	79	96					×	×	×	
长胜 60 天	30	56	16	250	白	浅绿	16.0×17.5	2.5	14.0×9.5	

续表

品种名	株高	株幅	外叶数	球重/g	球色	径色	球高×径/(cm×cm)	径口	小花球高×径/(cm×cm)	球面
长胜65天	60	107	16	2390	黄	浅绿	14.8×26.7	3.4	12.2×12.0	
长胜70天	52	67	19	550	白	浅绿	14.0×19.5	3.0	9.5×7.0	
长胜80天	54	86	31	590	白	绿	11.8×22.5	2.2	9.7×7.4	
青松68天	50	63	22	425	黄	绿	14.5×20.0	2.8	11.0×9.5	球面老化
富农65日	56	77	17							
台花青梗	67	121	29	1410	白	白绿	13.9×26.5	3.0	12.7×11.2	
庆松65天	57	72	23	490	白	浅绿	12.5×20.0	3.0	10.5×7.5	
黄金75	31	47	18	185	橘黄		8.5×11.0	1.7	8.0×5.0	紫蕾
京松1号70天	70	89	30	400	黄	浅绿	9.0×18.3	2.0	9.0×8.4	毛花紫蕾
京松2号75天	53	84	30	375		绿	9.6×16.3	2.2	9.8×8.6	
紫花2号70天	47	71	18	260	紫花	绿紫	14.1×17.6	2.8	6.7×8.0	
紫松75天	80	118								
C5-1	44	70	27	575	白	白	8.8×16.0	2.7	7.4×6.0	紧，毛球
C5-2										
C5-3	67	98					×	×	×	
C5-5	60	91	30	430	白	绿	9.2×20.0	2.6	9.2×5.0	黄毛
青松65	61	91	33	775	白	绿-	12.4×21.0	2.6	11.7×8.6	
雪樱	58	76	31	1030	白	白	11.5×17.2	3.7	7.9×7.9	
C9-3	26	52	14	225	白		9.2×11.5	2.0	8.5×8.0	
C9-5	50	68	24	330			15.2×15.8	3.4	8.0×7.1	夹小叶
长庆60	23	37	15	50/790	白		6.0×5.0/10.6×18.0	2.0/2.2	9.4×11.0	
长庆70	70	101	32	930	白	绿茎	13.6×24.0	2.9	11.8×13.6	
富农90	68	109	32	1120		浅绿	12.6×21.0	2.5	10.0×8.8	

3. 抗病性比较

花椰菜田间抗病性强，基本上没有什么病害发生。只是'青梗松花70天'个别株缺Ca，'丰田华美65天'细菌性缘枯，'宝岛90天'轻微缺Ca。

(三)结论与讨论

综上可知，白花椰品种类型表现较好的有'丰田华美65天'、'东方松花90天'、'正能松90日'、'青松68天'、'庆松65天'、'长庆70'(表19-125)。

表19-125　不同花椰菜品种综合评价

品种名称	评价	备注	品种名称	评价	备注
青梗松花70天	○	花球中等，株大小合适	正能松85日		
青梗松花90天	○		正能松90日	○+	
丰田2号65天	○		正能松100日		
丰田华美65天	○+	球漂亮	正能松110日		
神鹿绿松65天	○-	早	长胜60天	△	小株中小球
东方松花90天	◎		长胜65天	○-	球中等，株大小合适
宝岛90天			长胜70天	○	球中等，株大小合适
正能松60日	△		长胜80天	○	
正能松70日	△		青松68天	○+	花球好，株大小合适

续表

品种名称	评价	备注	品种名称	评价	备注
富农 65 日	○		C5-3		
台花青梗	○		C5-5	○-	
庆松 65 天	◎	花球好，株大小合适	青松 65	○	产量低
黄金 75	×	小小株小花球	雪樱	○	
京松 1 号 70 天	×		C9-3	×	球小，株小
京松 2 号 75 天	○-		C9-5	○-	夹小叶
紫花 2 号 70 天	○	花球好，中小株花球	长庆 60	△	小小株抽花枝
紫松 75 天			长庆 70	◎+	
C5-1	×	小株现花球	富农 90	○-	
C5-2	△-				

（朱凤娟）

第八节 高山小白菜(2011、2012、2016)

一、2011 年

小白菜是高山精细菜种植的作物之一，但有的品种在高山种植生长速度慢，商品性差，抗病性差，易抽薹等现象，我们在高山蔬菜主产区长阳进行了小白菜品种比较试验，调查不同品种的生育期、商品性、抗病性、产量等各方面的性状及市场适应性。2011 年试验结果报告如下。

(一)材料与方法

1. 供试品种

试验中参试品种一律使用代号，供试品种 25 个，对照品种为上海青，详情见表 19-126。

表 19-126 小白菜品种及来源

品种代号	品种名	类型	品种来源
P-1	春油一号	青梗白菜	国家蔬菜工程技术研究中心
P-2	春油三号	青梗白菜	国家蔬菜工程技术研究中心
P-3	春秋之冠	青梗白菜	青岛国际种苗有限公司
P-4	速生秀华	青梗白菜	青岛国际种苗有限公司
P-5	F-1 青梗白菜	青梗白菜	姜学新提供
P-6	F-2 青梗白菜	青梗白菜	姜学新提供
P-7	F-3 广东菜心	油菜心	姜学新提供
P-8	134 小白菜	青梗白菜	田尚新提供
P-9	134 反交	青梗白菜	朱凤娟提供
P-10	象耳白正交	青梗白菜	朱凤娟提供
P-11	象耳白反交	青梗白菜	朱凤娟提供
P-12	上帝	青梗白菜	广州鸿海种业有限公司
P-13	上海青	青梗白菜	
P-14	134X	青梗白菜	朱凤娟提供

品种代号	品种名	类型	品种来源
P-15	134Y	青梗白菜	朱凤娟提供
P-16	香港鸡毛菜	青梗白菜	驻马店市天群种子有限公司
P-17	速生快绿小白菜	快菜	河北永年县宏冠种业有限公司
P-18	夏越	青梗白菜	
P-19	美惠	青梗白菜	
P-20	P-1 国外引种	青梗白菜	
P-21	P-2 国外引种	青梗白菜	
P-22	P-3 国外引种	青梗白菜	
P-23	P-4 国外引种	青梗白菜	
P-24	P-5 国外引种	青梗白菜	
P-25	P-6 国外引种	快菜	

2. 方法

本试验安排在海拔 1800m 的宜昌长阳火烧坪高山蔬菜试验站基地进行，播种期 5 月 12 日直播，试验地前作为冬闲地，砂质壤土，地势平坦，土层深厚、肥沃，有机质含量丰富，犁耙精细，排水状况较好，露地栽培，采用随机区组排列。

(二)结果与分析

1. 生育期比较

此批小白菜播种期 5 月 12 日直播，适收期 6 月 20 日。5 月高山播种，气温较低，冬性较弱的品种易低温春化抽薹。适收期后有的品种开始陆续抽薹，其中特别耐抽薹的品种有 P-1、P-2、P-13、P-14、P-17、P-21(表 19-127)。

表 19-127　不同小白菜品种生育期比较

品种代号	抽薹期(月/日)
P-1	/
P-2	/
P-3	6/25
P-4	6/21
P-5	7/1
P-6	7/1
P-7	6/18
P-8	7/2
P-9	7/2
P-10	7/3
P-11	7/1
P-12	6/21
P-13	/
P-14	/
P-15	7/1
P-16	7/3

续表

品种代号	抽薹期(月/日)
P-17	/
P-18	6/24
P-19	7/3
P-20	6/21
P-21	/
P-22	6/20
P-23	6/21
P-24	6/22
P-25	6/21

2. 植物学性状比较(表 19-128)

表 19-128　不同小白菜品种植物学性状比较

品种代号	生长势	株高/cm	株幅/cm	叶色	梗色	梗形	柄长宽/(cm×cm)	叶片数	束腰性
P-1	，+++++	14	19	绿	绿	宽短	7.0×2.2	6	/
P-2	，++++	15	18	绿	绿	中细中长	9.0×2.6	6	/
P-3	，++++	16	19	绿	绿+	宽短	6.0×3.0	7	/
P-4	，++++	15	20	绿光泽	绿	中宽中-长	7.0×1.8	7	/
P-5	，+++	12	16	绿偏黑	绿	中宽中短	5.0×2.0	6	/
P-6	，+++	13	20	鲜绿光泽	浅白绿	中宽短	6.0×1.8	7	/
P-7	，+++	20	0.9	绿	苔绿	细长	7.0×0.5		/
P-8	，+++++	15	19	绿	绿	中宽短	7.0×1.9	6	/
P-9	，++	14	12	绿	绿-	中宽短	6.0×1.5	4	/
P-10	，+	10	15	绿	绿	细短	5.0×0.8	4	/
P-11	，+	6	10	绿	绿	细短	3.0×0.7	4	/
P-12	，+++++	15	22	绿	绿	宽短	7.0×2.1	6	/
P-13	，+++	16	14	深绿	浅绿	细长	8.0×1.4	6	/
P-14	，+	8	13	绿	绿				/
P-15	，+	6	11	鲜绿	绿				/
P-16	，+++++	19	20	绿	绿-	中宽中长	9.0×2.0	5	/
P-17	，++	19	25	鲜绿	绿	短	4.5×1.7	9	/
P-18	，++++	14	15	灰绿	绿	中宽短	6.0×1.8	6	/
P-19	，++	15	21	鲜绿	绿+	宽短	6.0×3.5	7	/
P-20	，+++	17	18	绿	浅绿	宽短	6.5×2.2	8	/
P-21	，++	15	17	绿	绿	细长	10.0×1.5	4	/
P-22	，++	17	19	绿	浅白绿	宽短	7.0×2.0	7	/
P-23	，++	14	16	绿	绿	宽短	5.0×2.5	8	/
P-24	，++	13	17	绿	绿	中宽中长	7.0×2.0	8	/
P-25	，++	22	21	绿	白	中宽长	11.0×1.6	6	/

3. 抗病性比较

我们于小白菜采收期调查田间病害发生情况，几乎没什么病害发生。

4. 产量比较（表 19-129）

表 19-129　不同小白菜品种产量比较

品种代号	小区折合亩产均产量/kg	品种代号	小区折合亩产均产量/kg
P-1	55	P-14	
P-2	90	P-15	
P-3	140	P-16	50
P-4	90	P-17	110
P-5	50	P-18	80
P-6	100	P-19	120
P-7	20	P-20	90
P-8	50	P-21	40
P-9	30	P-22	90
P-10	10	P-23	90
P-11	8	P-24	70
P-12	60	P-25	100
P-13	30		

（三）结论与讨论

综上可知，在这批早期播种试验中，综合性状表现品种如下：表现最好的有 P-3、P-4、P-19、P-23，表现其次有 P-1、P-2、P-6、P-18、P-20。

二、2012 年

为了筛选高山种植小白菜品种，我们 2012 年在高山蔬菜试验站进行了小白菜品比试验，试验结果报告如下。

（一）材料与方法

1. 供试品种

试验中参试品种一律使用代号，供试品种 36 个，对照品种为上海青，详情见表 19-130。

2. 方法

本试验安排在海拔 1800m 的宜昌长阳火烧坪高山蔬菜试验站基地进行，播种期 7 月 14 日，试验地前作为冬闲地，砂质壤土，地势平坦，土层深厚、肥沃，有机质含量丰富，犁耙精细，排水状况较好，露地栽培。

表 19-130　不同小白菜品种及来源

品种代号	品种名	品种来源	品种代号	品种名	品种来源
PT-1	兔耳白	湖北省农科院	PT-22	香港鸡毛菜	
PT-2	青梗 F1	上海市种子公司	PT-23	白圣	
PT-3	青梗 F3	上海市种子公司	PT-24	楚农兔子腿	
PT-4	青梗 F5	上海市种子公司	PT-25	绿领兔子矮脚黄	
PT-5	青梗 F6	上海市种子公司	PT-26	P-10 短白梗	
PT-6	青梗 F7	上海市种子公司	PT-27	精选黄心乌	
PT-10	上帝	广州鸿海种业有限公司	PT-28	春油一号	国家蔬菜工程技术研究中心
PT-11	春丰	上海伟诺种业有限公司	PT-29	春油三号	国家蔬菜工程技术研究中心
PT-12	科奇	上海伟诺种业有限公司	PT-30	速生秀华	青岛国际种苗有限公司
PT-13	青夏	上海伟诺种业有限公司	PT-31	春秋之冠	青岛国际种苗有限公司
PT-14	华星	上海伟诺种业有限公司	PT-32	小白菜田	常青种业
PT-15	绿宝二号	上海伟诺种业有限公司	PT-33	上帝	广州鸿海种业有限公司
PT-16	香菇菜		PT-34	短白梗胡	
PT-17	绿领矮抗青		PT-35	短白梗蔡	
PT-18	爱绿小白菜		PT-36	短白梗汪	
PT-21	上海青	河北省泊头市兴农种苗有限公司			

(二)结果与分析

1. 植物学性状比较

各参试品种植特学性状特性见表 19-131。白梗品种有 PT-23、PT-24、PT-25、PT-26、PT-34、PT-35、PT-36。其余都是绿梗品种。

表 19-131　不同小白菜品种植物学性状比较

品种代号	生长势	株形	株高/cm	株幅/cm	叶色	叶柄色	叶柄长宽/(cm×cm)	叶片数	单株重 g/10 株
PT-1	,+++++	立	15.0	18.6	鲜绿光亮	浅绿	6.5×2.2	11	200
PT-2	,++	半开矮桩	11.5	16.5	绿	绿+光亮	4.5×1.8	9	100
PT-3	,++++	半开	14.5	21.0	绿光亮	绿+光亮	5.6×1.6	8	160
PT-4	,+	矮桩	12.5	17.0	绿	绿+	5.0×1.8	9	150
PT-5	,++++		16.5	18.5	浅绿	浅绿	5.5×2.2	9	220
PT-6	,+++++		16.0	18.0	绿	浅白绿	7.0×1.9	10	250
PT-10	,+++++		15.0	19.0	鲜绿	浅绿	5.5×2.4	10	250
PT-11	,+++	半开矮桩	14.0	19.0	绿	绿+	4.0×1.7	9	150
PT-12	,+++++		18.0	18.5	鲜浅绿	浅白绿	6.5×2.1	9	180
PT-13	,+++	矮桩	13.0	18.0	绿+	绿+	5.0×2.1	10	200
PT-14	,+++++		16.5	18.0	鲜绿光亮	绿	5.0×2.2	9	180
PT-15	,+++++	半立矮桩	14.0	17.5	绿亮	绿+	5.0×1.9	9	180
PT-16	,++	矮桩	13.0	18.2	黑绿浅绿	绿+	4.3×1.9	11	130
PT-17	,++		14.0	17.5	浅绿	绿	5.0×1.3	9	100
PT-18	,++++	矮桩	13.0	18.0	绿	绿	4.6×1.6	11	150
PT-21	,+++++		18.0	21.0	黑绿	绿+	8.5×1.3	9	150

续表

品种代号	生长势	株形	株高/cm	株幅/cm	叶色	叶柄色	叶柄长宽/(cm×cm)	叶片数	单株重 g/10 株
PT-22	,+++++		17.5	18.0	鲜绿	浅白绿	8.5×1.4	8	150
PT-23	,+++++		17.5	23.5	鲜黄绿	白	6.5×1.5	7	140
PT-24	,+++++		13.0	18.5	鲜绿	白	4.5×1.6	9	180
PT-25	,++		12.5	18.5	浅绿	白	4.0×1.1	8	80
PT-26	,+++		11.5	15.0	浅绿	白	3.2×1.4	9	100
PT-27	,++		11.5	18.4	深绿	浅白绿	5.0×1.0	9	50
PT-28	,+++++	矮桩	12.5	18.0	绿	绿+	5.0×2.0	9	200
PT-29	,+++++	高桩	15.5	23.6	油绿	绿+	7.0×1.8	8	200
PT-30	,+++++		17.0	19.5	鲜绿	绿+光泽	5.5×2.0	11	200
PT-31	,+++++	矮桩	16.5	23.0	鲜绿亮	绿+光亮	5.5×2.5	9	250
PT-32	,+++++	矮桩	16.5	20.5	鲜绿	绿	5.5×1.8	10	200
PT-33	,+++++	矮桩	13.0	17.0	绿	绿+	5.5×2.3	10	190
PT-34	,++++		14.5	19.5	鲜黄绿	白	5.5×1.6	8	150
PT-35	,++++		13.5	19.0	鲜黄绿	白	4.5×1.5	8	149
PT-36	,++++		16.0	19.0	鲜黄绿	白	4.0×1.5	8	100

2. 抗病性比较

我们于小白菜采收盛期调查田间病害发生情况，主要是霜霉病、软腐病、黑斑病（表 19-132），结果显示，综合表现抗病好的品种有 PT-1、PT-2、PT-6、PT-11、PT-12、PT-13、PT-14、PT-17、PT-18、PT-21、PT-23、PT-25、PT-27、PT-28、PT-30。

表 19-132 不同小白菜品种抗病性比较

品种代号	霜霉病	软腐病	黑斑病	品种代号	霜霉病	软腐病	黑斑病
PT-1	/	/	/	PT-22	霜霉+	/	/
PT-2	/	/	/	PT-23	/	/	/
PT-3	霜霉+	/	/	PT-24	霜霉+	/	/
PT-4	霜霉+	/	/	PT-25	/	/	/
PT-5	霜霉+	/	/	PT-26	霜霉+	/	/
PT-6	/	/	/	PT-27	/	/	/
PT-10	霜霉+/	/	/	PT-28	/	/	/
PT-11	/	/	/	PT-29	霜霉+	/	/
PT-12	/	/	/	PT-30	/	/	/
PT-13	/	/	/	PT-31	霜霉+	/	/
PT-14	/	/	/	PT-32	霜霉+	/	/
PT-15	霜霉+	/	/	PT-33	霜霉+	/	/
PT-16	/	/	黑斑+	PT-34	霜霉+	/	/
PT-17	/	/	/	PT-35	霜霉+	/	/
PT-18	/	/	/	PT-36	霜霉+	/	/
PT-21	/	/	/				

3. 产量比较

采取全区收获计产,然后以每亩 25 000 株折算成亩产量(表 19-133),可以看出品种亩平均产量在 125.0～625.0kg。

亩均产量在 500kg 以上的品种有 PT-6、PT-10、PT-31、PT-5、PT-1、PT-13、PT-28、PT-29、PT-30、PT-32。

亩均产量在 250kg 以下的品种有 PT-2、PT-17、PT-26、PT-36、PT-25、PT-27。

表 19-133　小白菜品种产量比较

品种代号	小区折合亩均产量/kg	品种代号	小区折合亩均产量/kg
PT-1	500.0	PT-22	375.0
PT-2	250.0	PT-23	350.0
PT-3	400.0	PT-24	450.0
PT-4	375.0	PT-25	200.0
PT-5	550.0	PT-26	250.0
PT-6	625.0	PT-27	125.0
PT-10	625.0	PT-28	500.0
PT-11	375.0	PT-29	500.0
PT-12	450.0	PT-30	500.0
PT-13	500.0	PT-31	625.0
PT-14	450.0	PT-32	500.0
PT-15	450.0	PT-33	475.0
PT-16	325.0	PT-34	375.0
PT-17	250.0	PT-35	372.5
PT-18	375.0	PT-36	250.0
PT-21	375.0	HC-42	

(三)结论与讨论

综上可知,综合性状表现品种如下：PT-1、PT-6、PT-12、PT-18、PT-28、PT-30。

三、2016 年

为了筛选高山种植小白菜品种,我们 2016 年在高山蔬菜试验站进行了小白菜品比试验,试验结果报告如下。

(一)材料与方法

1. 供试品种

供试品种 4 个,分别为 P12011、P12051、P14002、P14018。品种来源为广良公司。

2. 方法

本试验安排在海拔 1800m 的宜昌长阳火烧坪高山蔬菜试验站基地进行,播种期 7 月 11 日,试验地前作为冬闲地,砂质壤土,地势平坦,土层深厚、肥沃,有机质含量丰富,犁耙精细,排水状况较好,露地栽培。

（二）结果与分析

1. 植物学性状比较（表 19-134）

表 19-134　不同小白菜品种植物学性状比较

品种名称	株高/cm	株幅/cm	叶数	叶色	叶柄	单株重/g	束腰
P12011	17.5	27.0	16	绿	绿	125	/
P12051	20.0	25.0	17	深绿	绿	150	/
P14002	16.0	24.5	14	绿	浅绿	100	松
P14018	22.0	32.5	15	深绿	绿	225	束腰

2. 抗病性比较

我们于小白菜采收盛期调查田间病害发生情况，P12011、P12051、P14002、P14018 这几个品种都有发生根肿病，并且 P12011 还有轻微的霜霉病。

（三）结论与讨论

综上可知，综合性状表现品种如下：P12051 表现最好。其余品种表现也不错（表 19-135）。

表 19-135　不同小白菜品种综合评价

品种名称	评价	备注
P12011	○	
P12051	◎	生长快，色绿
P140021	○	柔和，嫩
P14018	○	生长慢

注：◎表示优秀；○表示良好。

（朱凤娟）

第九节　高山莴苣（2012、2015）

一、2012 年

湖北反季节高山蔬菜传统主要种植甘蓝、大白菜、萝卜、番茄、辣椒等大宗蔬菜，蔬菜长期连作会导致病害加重，影响田地再生能力。莴苣是一种经济价值较高的作物，可与大宗蔬菜轮作换茬，但高山夏季高温、长日照越夏栽培情况下有些莴苣品种易出现营养生长期短、莲座叶少、花芽分化早、茎细节稀、嫩茎徒长窜高的先期抽薹现象，影响产量、降低品质。为此我们 2012 年在湖北长阳高山进行了越夏莴苣品种筛选试验，以筛选适宜高山种植的莴苣品种在高山示范推广。

（一）材料与方法

1. 供试品种

供试品种共 19 个，品种代号、名称及来源见表 19-136。

表 19-136　莴苣品种及来源

品种代号	品种名	品种来源
LT-1	精品抗热王子	绵阳市涪城区正兴种业经营部
LT-2	香优 9 号	绵阳市涪城区正兴种业经营部
LT-3	金正兴 3 号	绵阳市涪城区正兴种业经营部
LT-4	精品正兴 3 号	四川绵阳市中跃进北段万宝市场种子区 3-6
LT-5	金正绿秀莴苣	武汉金正现代种业有限公司
LT-6	超越	四川省绵阳市绵蔬种业科技有限公司
LT-7	六月雪笋	重庆市合川丝瓜研究所
LT-8	川塔青 8 号	重庆市合川丝瓜研究所
LT-9	青峰王	四川种都种业有限公司
LT-10	夏抗 38	四川种都种业有限公司
LT-11	澳立 2 号	绵阳市华灵高科良种繁育研究中心
LT-12	澳立金澳抗热极品 1 号	绵阳市华灵高科良种繁育研究中心
LT-13	抗热先锋	绵阳市培城区正兴种业经营部
LT-14	明天先锋	重庆市明天种子商行
LT-15	明天青翠	重庆市明天种子商行
LT-16	台湾金秋白玉白尖叶	重庆圣华种业有限公司
LT-17	极品三伏	四川省绵阳市建安街 3 号
LT-18	四季香冠	绵阳市涪城区正兴种业经营部
LT-19	四季白尖叶	绵阳全兴种业研制绵阳市全兴种业有限公司

2. 试验方法

本试验安排在海拔 1800m 的宜昌长阳火烧坪高山蔬菜试验站基地进行。试验品种于 5 月 7 日播种,采用苗床育苗,6 月 8 日定植。苗龄 31 天。采用随机区组排列,三次重复,每亩沟施蔬菜专用肥 50kg、腐熟鸡粪 15kg、钾肥 8kg、硼砂 1kg 作底肥。厢宽 800m,株距 30cm,地膜覆盖,双行高畦种植,折合每亩定植 5550 株。小区栽植株数 50 株。栽培管理按大田生产管理。调查不同品种的抽薹性、生育期、商品性、抗病性、产量等各性状的综合表现。

(二)结果与分析

1. 生育期比较

从表 19-137 可见,莴笋平尖后为最佳采收期,当茎部膨大,茎顶端与外叶尖端等高时,即可分批采收。若为延后采收获得最大产量,又不影响商品性,试验中是在植株形成商品刚抽薹时为适收期。从表中可见,供试品种生育期在 61 天左右,LT-5、LT-8、LT-18 先期抽薹。

表 19-137　不同莴苣品种生育期比较

品种代号	适收期(月/日)	生育期/d	抽薹期(月/日)
LT-1	8/9	61	8/9
LT-2	8/9	61	8/9
LT-3	8/9	61	8/9
LT-4	8/9	61	8/9
LT-5	7/25	47	7/23
LT-6	8/9	61	8/9
LT-7	8/9	61	8/9
LT-8	7/29	51	7/24
LT-9	8/9	61	8/9

续表

品种代号	适收期(月/日)	生育期/d	抽薹期(月/日)
LT-10	8/9	61	8/10
LT-11	8/9	61	8/2
LT-13	8/2	54	8/2
LT-14	8/9	61	8/9
LT-15	8/9	61	8/9
LT-16	8/9	61	/
LT-17	8/9	61	/
LT-18	7/29	51	7/29
LT-19	8/9	61	8/9

2. 植物学性状比较

由表 19-138 可知，叶形有尖叶、圆叶。市场一般比较喜欢尖叶品种，大多尖叶品种表现耐热性好些，圆叶品种耐热性稍差些。

表 19-138　不同莴苣品种植物学性状比较

品种	叶形	叶色	单茎重/g	茎色肉色	茎大小/(cm×cm)
LT-1	尖叶	鲜绿	550	白皮浅绿肉	24.5×4.6
LT-2	尖叶	鲜绿	550	白皮黄绿肉	21.0×5.3
LT-3	尖叶	鲜绿	510	白皮绿肉	24.0×4.9
LT-4	尖叶	鲜绿	550	白皮绿肉	24.5×5.4
LT-5	长板叶(圆)	青绿	425	白皮绿肉	36.0×5.0
LT-6	尖叶	鲜绿	450	白皮浅绿肉	25.0×4.5
LT-7	尖叶	鲜绿	430	白皮浅黄肉	24.0×4.8
LT-8	尖叶	鲜绿	400	白皮绿肉	43.0×5.3
LT-9	尖叶	鲜绿	420	白皮绿肉	22.5×4.6
LT-10	尖叶	鲜绿	480	白皮绿肉	25.0×5.2
LT-11	尖叶	绿	325	白皮黄肉	24.0×4.3
LT-13	尖叶	鲜绿	470	白皮黄肉	22.0×5.0
LT-14	尖叶	鲜绿	520	白皮黄肉	22.0×5.5
LT-15	尖叶	鲜绿	460	浅绿皮绿肉	22.5×5.0
LT-16	尖叶	鲜绿	625	白皮绿肉	15.5×5.2
LT-17	尖叶	鲜绿	550	白皮黄肉	19.0×5.0
LT-18	长板叶(圆)	青	325	绿皮浅绿肉	26.5×5.4
LT-19	尖叶	鲜绿	380	浅绿皮绿⁺肉	24.5×4.5

此批莴苣茎色有白皮、绿皮，莴苣老熟后茎肉色会由绿色转为黄绿色。

3. 抗性比较

抗性主要是抗病性及抗裂口和空心的一些性状。于莴苣采收盛期调查霜霉病、菌核病、软腐病和黑心、裂口和空心。抗性强的品种有 LT-1、LT-2、LT-3、LT-6、LT-9、LT-11、LT-13、LT-15、LT-19，这些品种没有病害和裂口、空心现象发生。

4. 产量比较

茎毛重是按莴苣商品性带一半叶称重，净重是除去全部叶片后称重。产量采取全区收获计产，然后折算成每亩产量。

由表 19-139 可见，每亩茎均毛重产量在 1718.8～3428.3kg，其中 LT-16、LT-17、LT-4、LT-2 的每亩茎均毛重产量最较高，在 3000kg 以上。产量较低的品种有 LT-11、LT-18。

由表 19-140 可见，每亩茎均净重产量在 893.8～1705.0kg，其中 LT-2、LT-14、LT-1、LT-4 的每亩茎均净重产量最较高，在 1000kg 以上。产量较低的品种有 LT-11、LT-13。

净重与毛重大多是相一致的。LT-2、LT-4 在毛重和净重中都是较高的.除了个别品种有点浮动，浮动幅度不大。

表 19-139　不同莴苣品种毛重产量比较

品种代号	每亩茎均毛重/kg
LT-1	2942.5
LT-2	3116.7
LT-3	2786.7
LT-4	3208.3
LT-5	2062.5
LT-6	2383.3
LT-7	2291.7
LT-8	2131.3
LT-9	2181.7
LT-10	2640.0
LT-11	1718.8
LT-12	0.0
LT-13	2557.5
LT-14	2970.0
LT-15	2420.0
LT-16	3428.3
LT-17	3245.0
LT-18	1787.5
LT-19	1980.0

表 19-140　不同莴苣品种净重产量比较

品种代号	每亩茎均净重/kg
LT-1	1613.3
LT-2	1705.0
LT-3	1338.3
LT-4	1521.7
LT-5	0.0
LT-6	1228.3
LT-7	1155.0
LT-8	0.0
LT-9	1191.7
LT-10	1375.0
LT-11	893.8
LT-12	0.0
LT-13	962.5
LT-14	1650.0
LT-15	1430.0
LT-16	1136.7
LT-17	1393.3
LT-18	1100.0
LT-19	1246.7

（三）结论与讨论

通过此次试验，筛选出在高山可试种推广的优良莴苣品种，LT-2、LT-6、LT-15、LT-19 表现较好，植株长势强，抗病性好，商品性好，产量较高。

二、2015 年

湖北反季节高山蔬菜传统主要种植甘蓝、大白菜、萝卜、番茄、辣椒等大宗蔬菜，蔬菜长期连作会导致病害加重，影响田地再生能力。莴苣是一种经济价值较高的作物，可与大宗蔬菜轮作换茬，但高山夏季高温、长日照越夏栽培情况下有些莴苣品种易出现营养生长期短、莲座叶少、花芽分化早、茎细节稀、嫩茎徒长窜高的先期抽薹现象，影响产量、降低品质。为此我们 2015 年在湖北长阳高山进行了越夏莴苣品种筛选试验，以筛选适宜高山种植的莴苣品种在高山示范推广。

（一）材料与方法

1. 供试品种

供试品种共 11 个，品种名称及来源见表 19-141，其中对照品种为‘抗热王子’。

表 19-141　莴苣品种及来源

品种名	品种来源
天香三号	四川省绵阳市华灵高科良种繁育研究中心
华夏热王	四川省绵阳市华夏种业总经销
热冠军	四川省绵阳市华灵高科良种繁育研究中心
绵蔬香冠	绵阳市绵蔬种业科技有限公司
超越	四川省绵阳市绵蔬种业科技有限公司
中华青剑	四川广汉龙盛种业有限公司
红色佳人	绵阳市绵蔬种业科技有限公司
映山红	四川省绵阳市华灵高科良种繁育研究中心
红芙蓉	四川省绵阳市华灵高科良种繁育研究中心
红锦天	四川省绵阳市华灵高科良种繁育研究中心
抗热王子	湖北鄂蔬农业科技有限公司

2. 方法

本试验安排在海拔 1800m 的宜昌长阳火烧坪高山蔬菜试验站基地进行。试验品种于 5 月 18 日播种，采用苗床育苗，6 月 20 日定植。地膜覆盖，双行高畦种植，小区栽植株数 50 株。栽培管理按大田生产管理。

（二）结果与分析

1. 生育期比较

从表 19-142 可见，莴笋平尖后为最佳采收期，从表中可见，供试品种的适收期在 8 月 2 日至 8 月 28 日，生育期在 42～68 天。不同品种抽薹期不一样，‘超越’、‘红色佳人’、‘映山红’、‘红芙蓉’、‘红锦天’这些青叶、红叶品种极容易抽薹，品种抽薹期在 8 月 2 日～8 月 3 日，这些品种定植后生长期不足 45 天，营养体未充分长成就先期抽薹，茎较细，商品性较差，这些品种应予淘汰。大部分绿叶品种‘天香 3 号’、‘华夏热王’、‘热冠军’、‘绵蔬香冠’、‘抗热王子’不易抽薹，‘中华青剑’较耐抽薹。

表 19-142　不同莴苣品种生育期比较

品种名	播种期(月/日)	定植期(月/日)	适收期(月/日)	生育期/d	抽薹期(月/日)
天香 3 号	5/18	6/20	8/28	68	—
华夏热王	5/18	6/20	8/28	68	—
热冠军	5/18	6/20	8/28	68	—
绵蔬香冠	5/18	6/20	8/28	68	—
超越	5/18	6/20	8/3	43	8/3
中华青剑	5/18	6/20	8/27	67	8/28
红色佳人	5/18	6/20	8/2	42	8/2
映山红	5/18	6/20	8/2	42	8/2
红芙蓉	5/18	6/20	8/2	42	8/2
红锦天	5/18	6/20	8/2	42	8/2
抗热王子	5/18	6/20	8/28	68	—

2. 植物学性状比较

市场上需求紫皮莴苣,或是青皮绿肉类型的莴苣。

由表 19-143 可知,叶形有尖叶、圆叶;叶色有青叶、红叶和绿叶。青叶品种有'中华青剑',红叶品种有'红色佳人'、'映山红'、'红芙蓉'、'红锦天',绿叶品种有'天香 3 号'、'华夏热王'、'热冠军'、'绵蔬香冠'、'抗热王子'。此批莴苣茎色青皮有'超越'、'中华青剑',皮色非常受欢迎。红皮'红色佳人'、'映山红'、'红芙蓉'、'红锦天'皮色非常受欢迎。

表 19-143　不同莴苣品种植物学性状比较

品种名	株高/cm	叶形	叶色	茎形	茎色肉色	茎大小/(cm×cm)
天香 3 号	46.0	尖叶	鲜绿	粗中长	浅绿皮绿肉	26.5×4.7
华夏热王	37.0	尖叶	鲜绿	粗短	浅白皮绿-肉	18.0×4.5
热冠军	46.0	尖叶	鲜绿	粗中长	浅绿皮绿肉	26.5×4.7
绵蔬香冠	35.0	尖叶	鲜绿	粗中长	浅绿皮绿肉	24.0×4.4
超越	48.0	短板叶	鲜绿	细长+	青皮绿+肉	54.0×3.5
中华青剑	65.0	尖叶	青叶	细长	青皮绿+肉	37.0×2.9
红色佳人	—	尖叶	红叶	—	红皮绿肉	—
映山红	—	短板叶	红叶	—	红皮绿肉	—
红芙蓉	—	细尖叶	红叶	—	红皮绿肉	—
红锦天	—	细尖叶	红叶	—	红皮绿肉	—
抗热王子	50.0	尖叶	鲜绿	粗长	浅绿皮绿-肉	30.5×4.5

3. 抗性比较

莴苣主要病害是霜霉病。8 月 4 日前生长好,无病害发生。后期有尖叶品种有轻微霜霉病。

4. 产量比较

莴苣按每亩定植 5550 株折合计产(表 19-144)。

(三)结论与讨论

综以上分析可知,综合性状较好的优良品种有'天香 3 号'、'华夏热王'、'热冠军'、'绵蔬香冠'、'抗热王子'这几个品种,虽然皮色不是市场最受欢迎的类型,但这些品种主要特点是耐抽薹,抗病性好,产量较高,商品性好,均可以在生产上试种推广。

表 19-144　不同莴苣品种净重产量比较

品种名	每亩茎均净重/kg	品种名	每亩茎均净重/kg
天香 3 号	2200	红色佳人	/
华夏热王	1650	映山红	/
热冠军	2200	红芙蓉	/
绵蔬香冠	2200	红锦天	/
超越	2310	抗热王子	2530
中华青剑	1650		

（朱凤娟）

第十节　高山娃娃菜（2016）

我们在高山蔬菜主产区长阳进行了娃娃菜品种比较试验，以期筛选出综合性状优良的品种。2016 年秋季试验结果报告如下。

（一）材料与方法

1. 供试品种

试验品种 11 个，分别为'15CR143'、'15 春 139'、'15 春 33'、'15CR151'、'15CR176'、'新中 28（15CR80）'、'15CR190'、'15 春 113（14CR112）'、'15CR225'、'15CR298（陆良 21）'、'15CR308'。从德州市德高蔬菜种苗研究所引进。

2. 方法

本试验安排在海拔 1800m 的宜昌长阳火烧坪高山蔬菜试验站基地进行，播种期 7 月 24 日，直播，试验地前作为冬闲地，砂质壤土，露地栽培，地膜覆盖，采用随机区组排列，每小区定植 30 株。试验地四周设保护行。

（二）结果与分析

1. 生育期比较

除'15 春 33'、'15CR225'，其他各参试品种生育期表现为从播种至成熟适收期在 94～101 天。各品种无先期抽薹现象（表 19-145）。

表 19-145　不同娃娃菜品种生育期比较

品种名	适收期(月/日)	抽薹期(月/日)	生育期/d	品种名	适收期(月/日)	抽薹期(月/日)	生育期/d
15CR143	10/30	—	96	15CR190	11/3	—	99
15 春 139	10/28	—	94	15 春 113(14CR112)	11/5	—	101
15 春 33	—	—	—	15CR225			
15CR151	11/5	—	101	15CR298(陆良 21)	11/3	—	99
15CR176	10/28	—	94	15CR308	11/3	—	99
新中 28(15CR80)	11/5	—	101				

2. 植物学性状比较

各参试品种植特学性状特性见表 19-146。

表 19-146　不同娃娃菜品种植物学性状比较

品种名	株高/cm	株幅/cm	外叶数	球色	毛重/g	净重/g	球形	球高/cm	球宽/cm	中心柱/cm
15CR143	19	42	24	黄绿	905	340	圆柱	18	9.6	1.5
15春139	18	38	25	黄绿	1325	600	圆柱	15	11.4	1.1
15春33	18	42	26	黄绿	585	0	圆柱			
15CR151	21	39	26	黄	575	350	圆柱	18.4	10.2	0.5
15CR176	18	38	19	绿	785	205	圆柱	13.8	8.1	0.7
新中28(15CR80)	21	42	27	黄绿	700	200	圆柱	15	8	0.5
15CR190	19.5	37	20	黄	700	250	圆柱	18	7.6	1.1
15春113(14CR112)	20	41	29	绿	800	170	圆柱	14.5	7.4	0.4
15CR225	23.5	41	26	绿	420	0	圆柱			
15CR298(陆良21)	23.5	44	28	黄绿	910	200	圆柱	16	7.8	1.1
15CR308	16	42	27	绿	1000	200	倒卵	17	8.4	1.0

3. 抗病性比较

我们于娃娃菜采收盛期调查田间病害发生情况，主要是根肿病等病害(表19-147)。

结果显示，秋播大白菜在生育期内均未感根肿病，黑斑病发生普遍。

表 19-147　不同娃娃菜品种抗病性比较

品种名	根肿病	其他	品种名	根肿病	其他	品种名	根肿病	其他
15CR143	无	黑斑、黑腐轻	15CR176	无	黑斑重	15CR225	无	黑斑轻
15春139	无	有黑斑发生	新中28(15CR80)	无	无	15CR298(陆良21)	无	黑斑轻
15春33	无	无	15CR190	无	黑斑重	15CR308	无	无
15CR151	无	黑腐轻	15春113(14CR112)	无	无			

4. 产量比较

采取全区收获计产，然后以每亩3500株折算成亩产量(表19-148)，可以看出品种亩平均产量在595～2100kg。

表 19-148　娃娃菜品种产量比较

品种名	小区折合亩均产量/kg	品种名	小区折合亩均产量/kg	品种名	小区折合亩均产量/kg
15CR143	1190	15CR176	717.5	15CR225	
15春139	2100	新中28(15CR80)	700	15CR298(陆良21)	700
15春33		15CR190	875	15CR308	700
15CR151	1225	15春113(14CR112)	595		

(三)结论与讨论

综上可知，综合性状表现较好的品种有'15CR308'、'15春139'、'15CR143'这几个品种(表19-149)。

表 19-149　娃娃菜品种综合评价

品种名	评价	备注	品种名	评价	备注
15CR143	○	球形好	15CR190	△	枯边，病害多
15 春 139	○	球形好	15 春 113（14CR112）	△	长势差
15 春 33	△	无叶球	15CR225	△	无叶球
15CR151	○	叶肉多	15CR298（陆良 21）	○	有病害，结球不好
15CR176	△	病害多	15CR308	○+	结球好，抗病
新中 28（15CR80）	△	枯边			

注：○表示良好，△表示中等。

（朱凤娟）

第六篇

高山蔬菜采后处理技术研究

第二十章　主要高山蔬菜采后处理技术

高山蔬菜 80%以上外运,所以收获后实行整理、分选、包装、预冷等商品化处理,对保证高山蔬菜商品品质和提高高山蔬菜流通中的质量起着关键作用。世界上经济发达国家都非常重视蔬菜采后商品化处理,如美国农业投资的 30%用于采前,而 70%用于采后,其采后的产值与采收时产值比为 3.7∶1,日本、欧美一些国家都把蔬菜的采后处理列为重要的加工产业,取得了较好的社会经济效益。

一、高山蔬菜采后处理的意义

1. 高山蔬菜的采后处理是大生产、大市场、大流通"菜篮子"工程的必然结果

随着高山蔬菜的快速发展,夏、秋季基本上货源充足,流通渠道通畅,高山蔬菜在异地销售过程中如采后处理跟不上,就会影响产销的紧密衔接,影响生产和流通的效率。

2. 采后处理是提高产品商品化的必由之路

我国目前无论是高山蔬菜还是低山、平原城郊高山蔬菜基地上市的高山蔬菜绝大部分还是"毛"菜、大路菜,商品率较低,而采后处理正是以提高高山蔬菜商品性为主要目的的。通过对收购的产品进行集中清洗、修整、分选、包装、预冷,再经过储运将高山蔬菜运往批发市场或者超市,减少了产品损耗,保证了产品质量,提高了专业化、组织化程度。因而,增加高山蔬菜产品加工、保鲜、储运的科技含量,实现流通增值,高山蔬菜采后处理可以带动产地商品化、流通"冷链"化建设,这是市场经济下现代产业的必然选择。

3. 采后处理是现代高山蔬菜流通的重要组成部分

高山蔬菜具有明显的季节性,与平原、低山、河谷地区相比具有明显的地域差异,其特点是农户居住分散,土地不集中,因此发展采后处理的大市场、大流通是今后高山蔬菜产业发展的必然趋势。高山蔬菜流通的产业化是从生产到消费者的一套整体流通体系的构筑,包括高山蔬菜采后处理商品化、流通合理化、交易规范化等,采后处理是商品化的基础,亦是高山蔬菜流通现代化的重要组成部分。

二、采后加工整理

商品高山蔬菜生产的目的是向市场提供新鲜高山蔬菜,经过采后整理的高山蔬菜既能保持优良的品质,提高商品性,方便市民生活,又利于减少高山蔬菜腐烂,避免浪费,使高山蔬菜增值。目前高山蔬菜生产者,都已开始重视采后整理工作。过去在上市的高山蔬菜产品中,由于采后整理没跟上,非食用部分随高山蔬菜一起进入市场,又以垃圾的形式运回产地或作城市垃圾处理,这样浪费了人力、物力和财力,同时由于非食用部分在夏、秋高温季节,高山蔬菜经过长途运输,极易造成腐烂,降低高山蔬菜品质,有的甚至失去商业价值。高山蔬菜的采后整理是净菜上市和采后处理工作的重要环节之一。

1. 整理与清洗

高山蔬菜的采收时节是在气温高的 6~10 月,采收后,必须进行整理,叶菜类高山蔬菜应去除老黄叶、病虫叶;根菜类高山蔬菜应去掉不能食用的部分,但有些高山蔬菜如萝卜可根据市场消费习惯带少量的柄叶。高山蔬菜的清洗,主要是洗掉泥土、杂物、农药残留等,洗后的高山蔬菜显得光亮,颜色美观,以净菜标准上市的高山蔬菜必须分 2~3 次洗净。经过清洗的高山蔬菜在清洗后要晾去表面水分。高山蔬菜清洗时也分品种而异,有的高山蔬菜不能清洗,如马铃薯清洗后容易腐烂,影响贮藏运输。

各种高山蔬菜整理和清洗的标准是:块根(茎)类,去掉茎叶,不带泥沙,红、白萝卜可根据市场需要留下少量叶柄,马铃薯不能用水清洗;叶菜类,包括大白菜、生菜、菠菜、芹菜、结球甘蓝应去掉菜头或根,不带黄叶,不带根。花菜类,要求无根,可保留少量叶片;香料菜类,包括葱、蒜等,不带泥沙、杂物,但可保留须根,作加工原料的香葱和作蒜头用的大蒜不留须根;瓜豆类高山蔬菜不留茎叶。

2. 催熟

主要是针对番茄等少量高山蔬菜品种秋季气温变冷时，田间部分番茄还未着色变红，采取人工催熟的技术措施，使其着色变红后上市。秋后的番茄，因气温低，可用 2000mg/kg 乙烯利浸果，浸后稍晾干，用薄膜覆盖密闭，在室内保持 25～28℃，5 天左右即可催熟变红，但要求番茄必须本身生理成熟。

3. 分级

高山蔬菜在上市之前进行分级，分级时要考虑到市场消费习惯，以及高山蔬菜品质、色泽、大小、成熟度、清洁度等方面的商品性来进行，做到优质优级，优级优价，减少浪费，方便包装和运输。

三、采后预冷

预冷是高山蔬菜在采后、运输中减少高山蔬菜损失的一项重要措施，大大提高了运输中的保鲜率，提高了经济效益。

高山蔬菜含水量一般都在 90% 左右，组织脆嫩，采后易受伤破损、萎蔫，致使产品变质，或者遭受病菌侵染而大量腐烂。高山蔬菜由于生产地是在海拔 800～2000m 的高山和半高山，生产出的高山蔬菜鲜嫩可口，品质好，但是如果不通过预冷、包装进行长途运输，有的是在半路上变质腐烂，有的则在市场因遇高温而很快损失。近几年湖北省的一些高山蔬菜基地，大多是先将高山蔬菜通过机械预冷，然后运向市场销售，从而使高山蔬菜的损失率由过去的 60% 降低到 5%～10%，取得了明显的社会和经济效益。

(一)预冷设备

机械冷藏是在一个适当设计的绝缘建筑中借机械冷凝系统的作用，将库内的热传送到库外，使库内的温度降低并保持在有利于延长高山蔬菜贮藏寿命的范围内，其优点是不受外界环境条件的影响，可以长时间维持冷藏库内需要的低温，冷库内的温度、相对湿度及空气的流通都可以控制调节，以适于产品冷藏时的需要。

1. 真空预冷

目前高山蔬菜基地大多选用深圳市源洲科技有限公司生产的机组型号为 YLK110735 型真空预冷库。该库为拼装式高温冷库，可任意分割增容或搬迁，主要包括库体、制冷系统、控制系统、配管工程、公用工程等几个部分。

1)主要参数

库体规格：11.4m(L)×0.7m(W)×3.5m(W)；

冷藏量：30 000kg 果蔬；

日进货量：预冷后的可随意；

库温：+1～+5℃；

制冷功率：8HP×2。

2)基本构成

库体：包括库板(采用聚苯乙烯芯材，隔热性能好，而且有很好气压、抗拉强度，库板内外面板采用表面经多次处理过的热锌彩钢板，库板厚度为 150mm)、库门[规格 1.5M(W)×2.25M(H)]，手动平移门、风幕机(型号 FM-909，功率 250W×1)，风幕机油门上方的行程开关控制，当库门移开时可自动形成空气幕，防止库内大的冷热交换，库门关闭后风幕机自动关闭、库内照明灯为吸顶式防潮灯、库内地坪分为四层结构，即混凝土层、油毡沥青防潮层、聚苯乙烯保温层、钢筋混凝土层。

制冷系统：包括制冷压缩机组(型号 MT-100，功率 8HP×2)，还有冷凝器、储凝器、油分离器、视液镜、电磁阀、截止阀、热力膨胀阀、吊顶风机(蒸发面积 40 020m²/台，功率 550W×4，除霜方式为电热除霜)。

控制系统：包括操作面板[按钮操作自动闭锁式，规格 0.7M(W)×1.8M(H)]、控制器、温度显示器。

配管工程：包括制冷管道(材料为紫铜、高压端、低压端)、库内排水管道(材料为 PVC)。

公用工程：包括所需电力及机房占地面积(2m×8m)。

2. 半封闭制冷压缩机组(氟利昂制冷机组)

高山蔬菜预冷处理时主要选用的是浙江商业机械厂生产的半封闭制冷压缩机组。

1)特点

形小体轻:体积小,重量轻,占地面积小。

使用广泛:该机用 R22 作制冷剂,从低温到高温都能广泛地应用。

部件通用化:压缩机阀板组件、活塞、连杆等多种部件可以通用,便于维修。

运转噪音小:机器的动平衡性好,运转平稳,噪声小。

可靠性强:由于机组为内装式,既无轴封装置,外部又无可动部件,因此可实现无制冷剂泄漏、无油泄漏的可靠运转;另外,由于压缩机内部附有油分离机构,运转时排油量很小,尤其是在低温区域也能稳定工作。同时,还在压缩机内部装有热保护装置,可以防止电动机及压缩机的过热运转。

2)主要参数

机组型号:NJBF3.7Z、NBF5.5Z、NJBF7.5Z、NJBF10Z;

使用温度:中温和高温;

冷却方式:风冷式和水冷式。

3)基本构成

主要包括压缩机、蒸发器、制冷剂、冷炼油、汽液分离器、水冷凝器、贮藏器、连接管等。

3. 氨制冷压缩机组

高山蔬菜预冷、贮藏选用大连华阳制冷设备有限公司生产的 170 系列型氨制冷压缩机组。

1)主要结构

该系列压缩机有单机、双级两种机型,属高速多缸逆流活塞式压缩机。设有能量调节装置,可实现无负荷启动。设有装放油三通阀,可在运转中加油,机器用联轴器直接与电机连接。

压缩机组由压缩机、电动机、联轴器、控制(自动保护)台组成,安装在同一公共底座上。控制台上装有高压、中压、油压继电器,保护机器运行安全可靠。

2)适用范围

该系列制冷压缩机组在冷凝温度≤40℃,蒸发温度单级+5～–30℃,双级–25～–45℃的范围内,可以广泛应用于各种需要实现空调、制冷设备的场所,以及食品低温加工与冷藏等。氨制冷主要用于大型冷库,优点是吸热效率高,在0℃蒸发的热量是 301kcal/kg。

3)技术参数(表 20-1)

表 20-1　技术参数

项目			单位	型号			
				4AV17	6AW17	8AS17	8ASJ17
机组	制冷量	标准工况	kW(kcal/h)	256(220000)	384(330000)	512(440000)	163(140000)
		空调工况		558(480000)	840(720000)	1116(960000)	
	轴功率	标准工况	kW	71.9	107.1	142	83.9
		空调工况		107	160	213	
压缩机	气缸数		Pcs	4	6	7	高2低6
	主轴转数		R/min	720			
	能量调节范围			0,1/2,1	0,1/3,2/3,1	0,1/4,1/2,3/4,1	0,1/3,2/3,1
	曲轴箱装油量		kg	30	44	50	50
	冷却水耗量		kg/h	2000	3000	4000	2000
电机	功率	标准工况	kW	95	132	190	132
		空调工况		132	190	250	
	电压	标准工况	V	380			
		空调工况					
	转数	标准工况	r/min	750			
		空调工况					

（二）预冷方法

真空预冷保鲜是将果蔬放置在真空状态的专用槽内，每槽可装 2t 左右，在低压下水分从果蔬表面蒸发出去，利用水从果蔬表面夺取蒸发潜热的方法达到冷却的效果。一般果蔬只需冷却 20～30min，然后放于衡温库中待出库装车。这种方法使果蔬除去的水分量不多，只占总量的 2%～3%。

氟制冷和氨制冷是利用制冷设备，通过使用液态制冷剂的蒸发，大量吸收周围环境中的热量，使库温迅速下降，制冷剂的汽化和液化不断地交替循环，不断降低库内温度。上述制冷设备主要由冷藏和冷却系统组成，鼓风冷却系统的蒸发器安装在空气冷却室内。借助鼓风机的作用将库内空气吸进空气冷却室，降温后通过送风管送入冷库内，循环降温。这种制冷方法一般要 6～10h 才能出库一批果蔬，高山地区夏秋季进库的高山蔬菜需通过 3～4 次反复降温才能达到果蔬体内充分降温的效果。

（三）预冷的标准

1. 高山根菜类蔬菜

白萝卜、胡萝卜在机械冷藏中，温度不能过高或过低，一般在 0℃为宜，在–2℃预冷时，易造成不同程度的冻伤，当高山蔬菜原生质受冻后，易遇室外温度升高而迅速腐烂，造成损失。冷藏温度过高，没有把萝卜体内的热抽出来，达不到降温的目的，在长途运输中也因迅速升温而烂菜。因此，采用真空预冷方式，通过设计 0℃制冷 30min、氟机制冷在 0℃条件下 10h、氨机制冷在 0℃经过 8h 制冷均可达到制冷的目的。不同的萝卜品种，预冷后上市时表皮光泽度有所差异。

2. 高山叶菜类蔬菜

大白菜在预冷出库时看不出明显的冻伤程度，但经过长途运输，上市时可发现制冷效果，在预冷库因温度过低而使菜叶受冻伤，出库后遇高温而烂菜，如果因预冷温度过高，没有将菜的体内温度抽出，达不到制冷目的，所以出库后遇高温会加重大白菜的病害浸染而发病，加速叶片萎蔫，降低品质。采用机械预冷方式按 0℃设置，真空预冷、氟机制冷、氨机制冷分别与萝卜制冷的时间差不多。

3. 高山豆类蔬菜

高山菜豆、豌豆不耐低温，以 5℃预冷为好，预冷温度低于 0℃时，产品因受冻害而一遇高温就会腐烂变质，不能耐长途运输，而冷藏温度超过 5℃时，因温度越高，耐长途运输越差。通过采用竹、木包装箱或是塑料包装箱的产品，在 5℃条件下，真空预冷 20～25min，氟机预冷 7h、氨机预冷 5h 都能达到预冷效果。

4. 高山花菜类蔬菜

主要有菜花和青花菜，预冷温度以 1℃为宜，在冷藏过程中，温度过高，会使产品变黄、老化、腐烂损失率高。温度过低会冻坏致密的花球，一遇高温就发生腐烂。在冷藏时，真空制冷 25min，氟机制冷 8h，氨机制冷 5h 均能达到冷制标准。

四、采后保鲜

高山蔬菜的保鲜方法目前包括利用简易贮藏场所保鲜法、通风贮藏库保鲜法、机械冷藏保鲜法和气调保鲜法等。但在高山蔬菜生产区因机械制冷保鲜成本高而只用于采后预冷，大多是利用简易贮藏场所为家庭越冬自食高山蔬菜保鲜。高山蔬菜贮藏方式多种多样，各种贮藏方式都存在优点和缺点，在实际工作中，贮藏保鲜工艺还在不断改进和提高。

（一）沟藏

沟藏适合于湿度小、温度冷凉的高原地区，在海拔 1200m 以上，人们为了冬季和次年春季有菜吃，采用地下挖沟，沟深 1.5m，长不限，宽 1～1.5m，将萝卜、胡萝卜整齐堆放在沟中，盖土厚度根据当地的雪凌状况而定，盖土后再盖上杂草或薄膜。需要食用时，从一头挖出，挖后立即盖严。这种方法，可以贮藏 100～120 天，保持萝卜不糠心，烂菜不严重。

(二)堆藏

堆藏是北部高原地区把蔬菜堆码在田间地面或是荫棚下，用秸秆等材料覆盖，海拔 800～1200m 地带有堆置大白菜、萝卜的习惯。堆置时，应选择地势略高的地方，用杂草、秸秆、稻草等铺垫，采用小堆码实心，大堆码空心，堆置整齐，然后用覆盖材料盖好。此方法要注意观察堆码内高山蔬菜温度变化，温度高时，适当翻堆散热，堆置地面两侧应开好排水沟，以便排水，防止高温烂菜。用堆藏法贮藏的高山蔬菜，一般可贮藏 2 个月左右，取菜食用时，去掉外叶。

(三)窖藏

高山蔬菜种植区，利用窖藏方法可以贮藏马铃薯、魔芋、生姜等块茎高山蔬菜。窖藏是将居住或是专用屋内挖地窖，在冬季室外温度低易使块茎高山蔬菜冻坏的情况下，将菜贮藏在地窖，贮藏期约 3 个月左右。地窖的大小因需贮藏的高山蔬菜数量而定，一般挖一口地窖可多年贮藏、多次使用，每年在使用时，可用秸秆、杂草等点燃火烧 10～15min，以消灭窖内病菌及害虫，然后清理打扫地窖。进行窖藏时，在地窖堆码高山蔬菜，轻堆轻码，不能人为损伤块茎。地窖在挖置时，窖口径呈上细下粗，可用木材制作窖盖。高山蔬菜入窖初期，因窖内温度高、湿度大，应敞窖通风降温，或是木板盖窖口一半。

(四)保鲜袋贮藏

将高山秋季上市的青椒用 TV 型保鲜袋在 9 月下旬至 10 月中旬贮藏保鲜，使青椒贮藏到元旦至春节上市。采用哈尔滨龙华保鲜袋厂研制生产的 TV 保鲜袋和防霉灵为贮藏材料，贮藏库面积以 66 700m² 为宜，室内用竹、木搭架成三层，每层高 1m，接近地面的底层留 0.5m 空层。贮藏方法如下。

1. 选择好保鲜袋和防霉灵

TV 保鲜袋是一种可自动调节袋内气体组成的保鲜袋，它由聚烯烃树脂、水分气体透过剂等物质和助剂混合加工制成。通过选用先进的透气性物质，可以改变塑料薄膜的透气、透湿性，使其适用于高山蔬菜的保鲜生理要求；同时，也具有较好的无滴性，可以防止袋内壁产生水气，从而抑制霉菌的繁殖，也可调节袋内氧气和二氧化碳含量，达到延长高山蔬菜保鲜期、保持自然色泽的目的。防霉灵是一种无色、具有氨臭味、低毒、高效的熏蒸型杀菌剂。

2. 青椒采摘

于上午 10：00～4：00 进行采摘，采前 4 天内菜地不进行人工灌水和降水，采收饱满、无腐烂、无虫蛀的果实，采收时应戴手套操作，连柄采摘，用篓装好。

3. 贮藏库杀菌消毒

搭好架的贮藏库内，应严格室内清洁，在门窗封闭的状况下，用 1000g 硫磺粉拌上干燥锯末装于 6 个瓷盆内，点燃后进行室内消毒，共消毒 24h。

4. 装袋入库上架

将采后放了 2 天的青椒装入 TV 保鲜袋中，在装袋时加入滴有防霉灵的棉球(每袋青椒用药 0.1～0.2mL)3～4 个，扎好袋口，分别放到三层架上。

5. 贮藏管理

贮藏期内，注意适当通风，低温时用炭火升温 1～2 次，保持室内温度在 7～12℃，同时，避免日光灯和阳光照射。

TV 保鲜袋贮藏法贮藏青椒，贮藏期能够达到 70～90 天仍然保持果皮光亮、果柄颜色不变。此方法贮藏可以大批量，也可小批量，采取大批量贮藏效益更好。出库时可一次性出库或多次出库。

（五）隧洞贮藏

隧洞贮藏是利用人造隧道（洞）或是天然溶洞进行某些高山蔬菜的贮藏。高山地区一般大型隧洞道（洞）7～9 月温度为 3～8℃，温度随洞外气温的降低而变高，9 月温度比 7～8 月温度略高。夏、秋季隧道（洞）湿度大，温度低，较适宜贮藏番茄：一方面，因番茄属于红熟后不能在田间久留的高山蔬菜；另一方面，高山基地大面积番茄如遇市场行情不好，均可采取利用隧道（洞）贮藏，贮藏期能达到 40～60 天。贮藏时，应注意留足通风道和人行道，用于贮藏的包装箱最好选用透气、透水、耐压的塑料箱，并用 50%多菌灵可湿性粉剂 1000 倍液杀菌处理，然后装入番茄贮藏。

五、采后包装与运输

（一）包装

高山蔬菜因品种不同，不同的品种间形态特征差异较大，合理的包装对高山蔬菜的损失和品质保证有极大的作用。高山蔬菜作为鲜活商品，进行一定的包装，这是高山蔬菜商品化处理的重要一环，随着高山蔬菜商品化生产发展和流通日趋商品化，对包装的要求也越来越迫切。合理的包装，可减轻储运过程中的机械损伤，减少病害蔓延和水分蒸发，保证商品质量。过去，高山蔬菜虽然实行了方便运输的包装，但包装十分粗糙，如竹篓、木箱等，包装方法比较落后。目前有的地方正在开始将运输包装同高山蔬菜商品包装相结合，包装材料也显得比较精致，这对高山蔬菜的净菜上市和提高对生产者、经营者的经济效益都有好处。

1. 木质材料包装

利用木质材料制成高山蔬菜运输包装的好处：一是就地取材，在有树木的高山地区，利用木质材料制成包装，成本低；二是经久耐用，木质材料包装只要注意收拾保管，不让其长时间渍水，可以使用多年；三是耐压，由于木质材料坚硬，在装运时，堆放 5～6 层，不会损坏包装，所以包装耐压性能好，不损伤高山蔬菜。但是木质材料包装有几个方面的不足：一是破坏生态环境，成批的树木砍伐对生态环境带来影响；二是运输成本高，木质包装由于体积大，无法浓缩，所以在运输返回时，还得将包装运回，增加了运输成本。进行木质包装的高山蔬菜大多为番茄，一般每个木质箱可装 25kg 番茄，方便上下车，木质包装箱的大小可根据自己的实际情况确定，一般情况下按照长 48cm、宽 34cm、高 28cm 设计制成的木质箱比较适宜。

2. 塑料材料包装

塑料材料包装都是在塑料包装厂定制的。塑料材料包装除了包装番茄、辣椒、豆类、菜花、菜苔等长途远销外，还可以用来专门贮藏高山蔬菜。塑料材料包装的优点是经久耐用，在保管好的情况下，可用多年，成本低，同时由于塑料材料包装具有耐潮湿的功能，在运输、贮藏中不怕雨水淋、不怕湿度大，优于其他类型的包装，还有耐压的作用。不足之处就是塑料包装因不是一次性包装，高山蔬菜上市后，包装需回收，在市场上不好管理，同时还存在运输返回，增加运输成本。塑料材料包装的大小，要根据高山蔬菜品种确定包装大小规格，一般装番茄包装的规格按照长 48cm、宽 34cm、高 30cm 的规格设计为好，每箱可装番茄 25kg，而装红椒、青椒的包装规格应比装番茄的包装大一些。

3. 纸箱包装

选用有防潮性能的瓦楞纸板制成的高山蔬菜包装箱，其优点有：一是纸箱包装可一次性随菜售出，不需回收，节约运菜车辆返回的费用；二是包装成本低，方便城市小商贩成批购买高山蔬菜，不需自备包装；三是利用纸箱打品牌，高山蔬菜产地有些已获"绿色食品"、"无公害食品"、名优品牌及注册商标，高山蔬菜产地都可印刷在包装上。但纸箱包装的不足是在运输时要装厢紧凑，防雨水淋湿，还应注意采收时对水分含量高的高山蔬菜如番茄，不能过熟采收，以免出现在包装箱内腐烂，损坏包装。纸箱包装不宜体积过大，无论是装番茄还是辣椒等，包装均应小于塑料包装。

4. 泡沫材料包装

采用泡沫材料包装是目前最好的运输包装方式，主要优点是重量轻、耐渍水、成本低、美观，还具有保温功能，无论什么高山蔬菜都可采用泡沫材料包装；缺点是泡沫材料不是每个高山蔬菜基地都能生产的，须从泡沫材料厂定制后运到基地，而且泡沫材料包装在运输中体积大、重量轻，专车运输成本高。使用泡沫材料包装目前多用于经过预冷，而且需要长途运输的高山蔬菜，如白萝卜、青花菜、荷兰豆、红椒、紫甘蓝、大白菜、菜薹、生菜、结球甘蓝等，经过预冷的高山蔬菜采用泡沫材料包装或运输，7 天内高山蔬菜基本不受损失。

除了方便运输的包装以外，有条件地方还应该配套进行高山蔬菜的商品包装，商品包装多在产地和批发市场采用，商品包装有人认为就是分包装、小包装、精包装等，如夏、秋季出口日本、韩国的白萝卜采用泡沫套将洗净、预冷后的每一个萝卜逐一包装，然后放在包装箱内。又如，夏、秋季远销的大白菜、结球生菜、结球甘蓝等，先整理后，进行单个包装，用吸潮纸逐个包装，再进行装箱，装入纸箱或是泡沫箱，部分地方采用编织袋作包装，放箱前经过预冷，利用编织袋包装的高山蔬菜可先装袋后预冷。作商品包装的包装材料还有塑料薄膜等，采用塑料薄膜包装一般透气性差，应打些小孔，使体内气体交换，减少高山蔬菜损失。实行商品包装可防止水分蒸发，保持高山蔬菜鲜嫩、美观，便于消费者携带。

(二) 运输

运输也是高山蔬菜产销过程中的重要环节。我国的高山蔬菜运输条件目前还相对落后于发达国家。高山蔬菜由于生产基地在高海拔的冷凉地带，而高山蔬菜的销售又在夏秋炎热的长江流域或沿海大中城市，气温的差异和远距离运输，不考虑运输的各个环节是不行的。发达国家早已实现了"冷链"流通系统，而我国高山蔬菜的流通，还是以公路运输为主，除部分订单出口高山蔬菜通过航空运输外，大部分高山蔬菜仍是通过普通卡车和货车运输。

汽车运输一般从高山将高山蔬菜运下山需要数日，然后还要经过一段长距离行程才能到达市场，在用汽车运输时，应注意减少流通环节和装卸次数，加快流通速度。同时用汽车运输主要是突出一个"快"字，即快装、快运、快销。

1. 车辆安排

用于长距离运输的车辆，要以大型车为主，使用的车辆应车况良好，有高墙板车箱，有顶篷，有两名驾驶员。

2. 装车

装车时从车厢头按顺序往后装车，做到每小包装箱排放整齐，用绳子捆车时不能把绳子直接捆在高山蔬菜上，以免造成机械损伤。如经过预冷后的高山蔬菜，应在装车前将车厢底面和箱板四周铺上专用保温棉套，然后装车，边装边覆盖棉套，装完后检查覆盖是否完好。

3. 运输距离

长距离运输的高山蔬菜应采取机械制冷设备预冷后用包装箱装好再运，有些高山蔬菜如马铃薯、结球甘蓝、冬瓜等短距离运输，有无包装均可。高山蔬菜长距离运输一般在 24～48h 以内到达预定市场。除菠菜、芫荽、菜薹等易萎蔫的高山蔬菜外，一般高山蔬菜从采收到销售的天数可以达到 3～5 天。

4. 通风

没有经过预冷的高山蔬菜，装车时，要注意包装箱之间的空隙，车前及车两边要留通风口，在行驶时，让冷凉空气带走高山蔬菜的呼吸热。运输在 500km 左右，可用竹制通风筒放于车厢中间，行车时，从前往后通风，效果很好。

（周　明）

第一节　高山大白菜采后处理技术

高山蔬菜采后处理是针对其含水量高、容易失鲜和腐烂变质的特点，为保持和改进蔬菜产品质量，使其从农产品转化成商品所采取的一系列技术措施，包括采收、挑选、清洁、整理、分级、包装、预冷、贮藏、保鲜、运输、销售等一系列过程，从而使之清洁、整齐、悦目，实现保鲜、保质、延长货架期，便于销售和食用，提高其商品价值的目的。高山蔬菜的采后处理会因蔬菜品种、消费目的、消费习惯及消费群体的不同而采用不同的方法。现以湖北省主要高山蔬菜产地现有的生产条件、交通现状、设备条件及冷链系统为参照，以 2009 年湖北长阳火烧坪的市场价格水平为基准，简要描述大白菜经济实用的采后处理及物流过程规程，以供参考。

一、采后处理流程

采收→转运→筛选→包装→预冷→贮藏→运输→销售

二、采收

大白菜的生长期一般为 55~60 天，采收期在每年的 6 月中旬到 10 月下旬。当大白菜结球紧实、形如炮弹时，即可在天气晴朗的上午 9：00 以后，露水风干时采收，如果雨天则应等待天气晴稳、大白菜上雨水风干时采收。采收时选无病虫、无腐烂脱帮的大白菜，保留靠近地面的老叶、黄叶，用快刀整齐砍下，砍下的大白菜一般保留 3~4 片外叶，在田间晾晒 1~2 天，待外叶萎蔫变软后集中装车运回处理。大白菜装车堆放时应轻拿轻放、首尾相对、水平摆放。

三、挑选

将从田间转运回来的大白菜进行挑选，剔除黄帮烂叶及在转运过程中挤压破损严重和有病虫为害的大白菜。

四、整理

按照保留 1~3 片外叶的标准，用快刀切去多余的外叶，保持切口光滑整齐，尽量不用手指触摸切口。

五、包装

将经过挑选、整理的大白菜用卫生纸或黄表纸按照只包中间、露出根部和顶端的标准，将大白菜逐个呈卷筒状包好，整齐地水平排放装进厚度为 0.5mm 带孔的聚乙烯透明塑料薄膜袋中，每袋装菜 15kg，袋口用胶带粘封。

六、真空预冷

将包装好的大白菜整齐摆放在真空预冷箱内进行预冷，真空预冷箱容量为 7~8t。预冷过程自关闭箱门开启电源至箱体中心位置大白菜的温度达到 –2~0℃ 需要 70~90min。真空预冷过程中，大白菜的水分损失率为 10%~12%。

贮藏：经过真空预冷的大白菜，如果不是直接装车运走，应立即将真空预冷箱中的产品搬进冷库贮藏。搬入冷库的大白菜，以平置的方式堆码，堆码的层数不宜过高，一般以 5 层为宜。产品的堆放应成列、成行整齐排列，行、列之间要留有 30cm 左右的间隙，以便气流交换、观察及操作。冷库的贮藏温度应保持在 0~1℃，相对湿度保持在 95% 以上。为了有效地利用冷库空间，提高冷库使用面积，可用钢或木质材料将其分隔成两层，这样可使冷库的容量成倍增长。

七、运输

先在车厢底部垫一层长 18m、宽 13m 的 PVC 薄膜，薄膜上平铺一层棉被，棉被上再放一层与底层相同规格的 PVC 薄膜，然后，将从真空预冷箱或冷库内贮藏的袋装大白菜平放、整齐堆放至与车厢上沿相平(不要超高，每车装载 25t 左右)，用胶带封好内层 PVC 薄膜，用专用针线缝好棉被，最后用胶带封好外层 PVC 薄膜，起运。实践证明，用这种方法可将产品安全地运达广州、福建等地。运往广州的产品大约需要 42h，运往福建需 50～60h。一般情况下，只要不开启密封，可保持大白菜 3～5 天不变坏。用上述方法进行采后处理的产品，由于缺少规范的物流过程和销售的冷链环节，产品的货架期一般仅为 48～50h，直发大白菜的货架期仅 20h 左右。

八、销售前处理

产品运达消费目的集散地后，一般多以超市销售和直接批发给经销商的方式销售。用于超市销售的产品上市前，首先要剔除在物流过程中破损、腐烂变质的大白菜，用快刀切掉全部外叶，保持切口光滑整齐，然后用保鲜膜包裹，称重，贴上价格标签，入市销售。在售前处理的过程中，尽量不要用手触摸切口。批发给经销商在农贸市场销售的大白菜，只需在为顾客称质量时，切去外叶即可。

九、采后处理成本

目前长阳县火烧坪、巴东县绿葱坡每吨大白菜采后处理的成本为：人工费 80 元包装费 180 元；真空预冷及冷藏费 100 元；经营成本费(销售人员工资)40 元；运输费，长阳火烧坪至武汉 250 元，长阳火烧坪至广州 420 元左右，长阳火烧坪至南昌 310～320 元，长阳火烧坪至上海 410～420 元，长阳火烧坪至长沙 300 元；巴东县绿葱坡至南昌 350 元；巴东县绿葱坡至广州 500 元；巴东县绿葱坡至上海 460 元。

(郭凤领　周　明　邱正明)

第二节　高山萝卜采后处理技术

高山萝卜采后处理是针对其含水量高、容易失鲜和腐烂变质的特点，为保持和改进萝卜品质，使其从农产品转化成商品所采取的一系列技术措施，包括采收、转运、清洁、筛选、分级、包装、预冷、贮藏、运输、销售等过程，从而使之清洁、整齐、悦目，实现保鲜、保质、延长产品货架期，便于销售和食用，提高其商品价值。高山萝卜的采后处理会因其品种、消费地区、消费习惯及消费群体的不同而采用不同的方法。现以湖北省主要高山蔬菜产地现有的生产条件、交通现状、设备条件及冷链系统为参照，以 2009 年湖北长阳火烧坪的市场价格水平为基准，简要描述经济实用的高山萝卜的采后处理及物流过程规程，以供参考。

一、采后处理流程

采收→转运→清洗→筛选→分级→包装→预冷→贮藏→运输→销售

二、采收与清洗

萝卜的采收期在 6 月至 10 月下旬。萝卜的生长期一般为 55～65 天，但生长期的长短会受市场需求和消费地市民的消费习惯左右，长的可达 65～70 天，短的仅 50～55 天。萝卜的采收对天气和时间没有严格的要求，只要不碍操作、搬运即可。但为了便于安排工作日程和采后处理流程，一般情况下多在上午采收、下午或晚上进行采后处理。采收时，将萝卜从地中拔起，剥去泥块，按照保留叶片长 7～10cm 的标准，用快刀砍掉多余叶片，再集中堆放在装载的车上，堆放时按照由低到高、由里到外的方法将萝卜根部与根部水平摆放。从田间运回的萝卜先进行初洗，再进行清洗，在进行初洗、清洗的过程中要经常换水。

三、筛选分级

1. 筛选

筛选、分级是同时进行的工作。在筛选、分级的过程中，首先剔除分叉、裂口、弯曲、有黑斑、受病虫为害及转运过程中破损的萝卜。合格的萝卜应该是单个质量 0.4～1.0kg，无绿头、偏头；无黑斑、叉根、断根；无创伤、裂痕且叶柄嫩绿，体形匀称，色泽白亮。

2. 分级

分级是根据不同的消费群体、消费地区、市民消费习惯和市场需求，按萝卜直径、长短分为精品级和普通级。一般销往南京市场的萝卜要求长 36cm，直径 5～6cm；销往广州、深圳市场的萝卜要求长 30～32cm，直径 3～4cm；销往福建用于加工的萝卜要求长 28～30cm，直径 4～5cm；精品萝卜要求长约 27cm，直径 5～6cm；无特殊要求的产品，只要萝卜长为 20～40cm 即可。

四、包装

多用化纤编织袋包装，装袋时将萝卜从下往上朝同一个方向整齐平放。销往超市和用作精品的萝卜，先用网状套套在萝卜中段，然后用纸箱包装。

五、预冷

将经过整理并用化纤编织袋包装的萝卜搬入冷库，以水平方式堆码，堆码的层数不宜过高，一般以 5 层为宜。销往超市和用作精品的萝卜用塑料筐装载，搬运进冷库，将萝卜根对根、叶片朝外，整齐排列，成行堆放，堆码的高度以便于人工操作为宜。无论是袋装、筐装还是尚未包装的产品，在冷库中堆放时都应成列、成行整齐排列，每行和每列之间，要留有 30cm 左右的间隙，以便于观察、人工操作及气流交换。通常情况下，使萝卜的中心温度达到 2～4℃、表面温度达–2℃约需预冷 8h。

六、贮藏

经过预冷的萝卜，如果不是直接装车销售，应在冷库中贮藏，冷库应保持 0～3℃的温度、90%～95%的相对湿度，如果贮藏时温、湿度保持不当，萝卜出库时会变黄、有斑点。

七、运输

萝卜的运输采用先在车厢底部铺垫一层长 18m、宽 13m 的 PVC 薄膜，薄膜上平铺一层棉被，棉被上再放一层与底层规格相同的 PVC 薄膜，然后，将真空预冷箱或冷库内贮藏的袋装萝卜平放、整齐堆叠至车厢上沿(不要超高，每车大约装载 25t)，用胶带封好内层 PVC 薄膜，用专用针线缝好棉被，最后用胶带封好外层 PVC 薄膜，启运。实践证明，用这种方法可将产品安全地运达广州、福建等地。一般情况下，只要不开启密封，可保证萝卜 3～5 天不变坏。长阳火烧坪至武汉 10h 左右，长阳火烧坪至广州 42h 左右，长阳火烧坪至福建 50～60h。

八、销售前处理及销售

产品运达消费目的集散地后，一般多以超市销售和直接批发给经销商的方式销售。上市前要剔除带有黑斑和在物流过程中破损、断裂的萝卜。

九、采后处理成本

萝卜的采后处理成本仍以长阳火烧坪和巴东县绿葱坡为例，以 1t 计，需人工费 70 元，包装费 180 元，冷库贮藏费 70 元，经营成本费(销售人员工资)40 元，运输费分别为长阳火烧坪至武汉 230 元，长阳火烧坪至广州 380～420 元，长阳火烧坪至南昌 310～320 元，长阳火烧坪至上海 410～420 元，长阳火烧坪至长沙 300 元，长阳火烧坪至福建 470～480 元，巴东县绿葱坡至南昌 350 元，巴东县绿葱坡至广州 500 元，巴东县绿葱坡至上海 460 元。

（郭凤领　周　明）

第三节　高山结球甘蓝的采后处理

一、采后处理流程

采收→转运→筛选→包装→预冷→贮藏→运输→销售

二、采收与堆放

正常情况下，甘蓝的生长期一般为 60～65 天，有的品种可达 90 天。结球甘蓝的收获期在 7 月上旬至 10 月下旬。当甘蓝成熟时，应选择在天气晴朗的上午 9：00 以后，露水风干的条件下采收，如果下雨则应等待天气晴稳、甘蓝上无明显水渍时采收。采收时选取无病无虫的成熟甘蓝，保留靠近地面的 1～2 层的外叶，用快刀整齐砍下，一般每个甘蓝球上保留 4～5 片外叶，切去多余的外叶，轻拿轻放，集中堆放在有外叶铺垫的地上，稍事风干，集中搬往车上。堆放时将甘蓝根部朝下，按照由低到高、由内向外的方法整齐摆放；在整个采后处理的过程中一直要保持轻拿轻放、轻装轻卸，防止碰伤、挤压破裂。

三、挑选整理

将从田间转运回来的甘蓝进行挑选，剔除在转运过程中挤压破损和病虫危害的甘蓝。按照保留 1～3 片外叶的标准，用快刀切去多余的外叶，保持切口光滑整齐，尽量不让手指触摸切口。

四、包装与预冷

将经过挑选、整理的甘蓝整齐地排放在厚度为 5 丝带孔的聚乙烯透明塑料薄膜袋中，每袋装菜 20～25kg，袋口用胶带封口。"预冷"是高山蔬菜采后处理的重要环节，其主要目的是快速除去田间热、降低甘蓝的呼吸强度、延缓生理代谢过程、减少微生物的侵袭。目前被广泛应用的是真空预冷法和常规预冷法，其中以真空预冷法的效果为好。真空预冷法是将包装好的甘蓝整齐摆放在真空预冷箱内进行预冷。预冷过程自关闭箱门开启电源至箱体中心位置甘蓝的温度达到 -2～0℃时，需要 70～90min。真空预冷过程中的水分损失率为 3%～5%。采用常规方法进行预冷时，可先包装后预冷，亦可先预冷后包装。

五、贮藏

经过真空预冷的甘蓝，如果不是直接装车运走，应立即将真空预冷箱中的产品直接搬进冷库贮藏。搬入冷库的甘蓝，以平置的方式堆码，堆码的层数不宜过高。产品的堆放应成列、成行整齐排列，行、列之间要留有 30cm 左右的间隙，以便气流交换和观察及操作。冷库的贮藏温度和相对湿度应分别保持在 0～1℃和 85%～95%。为了有效地利用冷库空间，提高冷库使用效率，可用钢或木质材料将其分隔成两层，这样可使冷库的容量成倍增长。

六、运输

目前，高山蔬菜的运输因道路和运输成本等综合因素的制约，高山蔬菜采后处理的冷链系统尚不完备，高山蔬菜的运输多采用我国高山蔬菜的发源地——湖北省长阳县火烧坪通用的简易、实用的仿冷链设备运输，具体方法是：先在车厢底部铺垫一层 18m 长、13m 宽的 PVC 薄膜，薄膜上平铺一层棉被，棉被上再放一层与底层相同规格的 PVC 薄膜，然后，将从真空预冷箱或冷库内贮藏的袋装甘蓝平放、整齐堆叠至与车厢上沿(不要超高，每车大约装载 25t 左右)，用胶带封好内层 PVC 薄膜，用专用针线缝好棉被，最后用胶带封好外层 PVC 薄膜，启运。实践证明，用这种方法可将产品安全地运达广州、福建等地。运往广州的产品大约需要 42h 左右，运往福建需 50～60h。一般情况下，只要不开启密封，可保持甘蓝 7～10 天不会变坏。用上述方法进行采后处理的产品，由于缺少规范的物流过程和销售的冷链环节，产品的货架期一般仅为 48h 左右。

七、销售及销售前处理

产品运达消费目的集散地后，一般多以超市销售和直接批发给经销商的方式销售。用于超市销售的产品上市前，首先要剔除在物流过程中破损、腐烂变质的甘蓝，用快刀切去所有的外叶，保持切口光滑整齐，用保鲜膜包裹整个甘蓝，称重，贴上价格标签，入市销售。在售前处理的过程中，尽量不要用手触摸切口。批发给经销商在农贸市场销售的甘蓝，只需在为顾客称重时随时切去外叶即可。

八、采后处理成本

根据 2007 年 8 月对湖北省高山蔬菜采后处理成本的调查结果表明，目前长阳县火烧坪和巴东县绿葱坡高山蔬菜采后处理的全部成本分别为：人工费 60 元/t；包装费：40 元/t；真空预冷费：100 元/t；经营成本费(销售人员工资)：40 元/t；运输费(按载货量25t/车计算)：长阳火烧坪—武汉 250 元/t，长阳火烧坪—广州 400～420 元/t，长阳火烧坪—福建 500 元/t；巴东县绿葱坡—南昌 350 元/t；巴东县绿葱坡—广州 500 元/t，巴东县绿葱坡—上海 460 元/t。

九、直发型采后处理

"直发"顾名思义即直接发送，亦即将产品直接从田间运送到消费目的地的方式。这种方式一般仅适用于近距离、短途运输的消费目的地，如武汉、长沙、南昌等地。"直发"方式的采后处理过程较为简单，其具体做法是：将堆放在田间的甘蓝进行分级挑选，剔除破损和病虫危害的甘蓝，按照保留 1～3 片外叶的标准，用快刀切去多余的外叶，并保持切口光滑整齐，尽量不让手指触摸切口；然后不做任何处理，直接堆装在普通运输车辆上，运送到消费目的集散地面市。从长阳火烧坪运达武汉的时间大约 10h。

(周　明)

第四节　高山辣椒的采后处理

一、采后处理流程

采收→转运→筛选→分级→包装→运输→销售

二、采收

高山辣椒按其品种特性和颜色分为青椒和红椒两种类型。青椒的收获期在 7 月下旬至 10 月上旬，红椒的收获期为 8 月上旬至 10 月上旬。辣椒采收应选择在天气晴朗、果上的露水完全风干的条件下采收，下雨则应等待雨后天晴、无明显水渍时采收。采收时选取无病无虫、发育饱满的青椒，保留果柄。采收、运输过程中都要轻拿轻放，以防造成机械损伤。

三、预冷

辣椒的预冷方法可根据青椒外运目的地距离决定。近距离运输的一般是直接外运，通常是将采收的辣椒放在阴凉通风的地方，使其自然散热。用作远距离运输的辣椒，从田间采收运回后，立即进入冷库在温度为 8～10℃、相对湿度90%～95%的条件下预冷12h。

四、筛选包装

经过预冷的辣椒要集中进行筛选、包装，剔除有病、虫危害和腐烂、破损的辣椒，然后按每箱 13.5kg 的标准称重，用专用的纸箱包装、纸箱用胶带封口。

五、运输

未经冷库预冷的辣椒，因其运输距离较近，一般只用普通的载货车辆运输。装车时将纸箱一层一层地整齐堆放，同时在每一层纸箱之间放一层 3mm 厚的木质夹板，以扩大纸箱受压面积、降低单位面积压力、防止纸箱破损。

对于远距离运输的辣椒，依然采用先在车厢底部铺垫一层 18m 长、13m 宽的 PVC 薄膜，薄膜上平铺一层棉被，棉被上再放一层与底层相同规格的 PVC 薄膜，将从冷库内贮藏的箱装青椒平放、整齐堆叠至与车厢上沿，在每一层纸箱之间同时放一层 3mm 厚的木质夹板，以防包装破损。然后，用胶带封好内层 PVC 薄膜，用针线缝好棉被，最后用胶带封好外层 PVC 薄膜，启运。其运输目的地和运输时间分别为：巴东县绿葱坡—广州，42h；巴东县绿葱坡—福建，50～60h；巴东县绿葱坡—武汉，15h；巴东县绿葱坡—南昌，26h；巴东县绿葱坡—上海，36h。从启运到目的地的运输时间一般控制在 48～72h。

六、销售前处理及销售

产品上市前，先要剔除破损和烂果烂柄的辣椒。无论是用于超市还是农贸市场销售的产品，一般应在 48h 内售完。

七、采后处理成本

辣椒的采后处理成本以巴东县绿葱坡为例，其全部成本分别为：人工费 300 元/t；包装费 100 元/t；冷库贮藏费 160 元/t；经营成本费 100 元/t；运输费：巴东县绿葱坡—广州，550 元/t；巴东县绿葱坡—武汉，300 元/t；巴东县绿葱坡—南昌，450 元/t；巴东县绿葱坡—上海，460 元/t。

（周　明）

第五节　高山番茄的采后处理

一、采后收处理流程

采收→转运→筛选→分级→包装→运输→销售

二、采收

番茄的采收时机直接关系到番茄的采后收处理效果和产品货架期。成熟度低的番茄品质不好，易于皱皮、完全成熟的番茄又不耐贮藏。因此，番茄的采收要根据产品的运输距离和贮藏时间的长短而定。用于长距离运输和长时间贮藏的产品，应选择在番茄的成熟前期也就是果顶有一点红色时就可以采收。反之则在番茄基本红透时采收。

采收时应选择生长健壮、果实丰满、果肉厚实、果皮厚的番茄，不要病果、虫果、裂果和畸形果。采摘时不留果柄，以免在装运中相互刺伤。采摘好的番茄直接放置在塑料筐内转运到仓库集中处理。

三、分级包装

从田间运回的番茄，先要按照番茄的大小或番茄运达目的地的消费习惯进行分级。一般情况下，番茄的单果重≥100g；小于 100g 的番茄，只要大小一致，品质优良，也是深受我国部分南方城市欢迎的产品。产品分级后，按照 20 千克/箱的标准用定制的纸箱包装，纸箱用胶带封口。

四、贮藏

经过分级包装的产品，如果不能及时装车外运，应堆放在冷库中贮藏，其贮藏温度依番茄的成熟程度不同分别为：绿熟期或变色期 12～13℃；红熟前期-红熟中期 9～11℃；红熟后期 0～2℃。贮藏的相对湿度均为 85%～90%。

五、运输与销售

产品装车时将纸箱一层一层地整齐堆放，同时在每一层纸箱之间放一层 3mm 厚的木质夹板，以扩大纸箱受压面积、降低单位面积压力、防止纸箱破损，车载量为 20t/车。由巴东县绿葱坡运往上海的时间大约需要 36h。产品运达目的地后，批发给农贸市场销售的产品直接开箱面市。用于超市销售的产品先要剔除破损和腐烂的番茄才能上市；供应给追求消费品位人群消费的产品应将番茄整齐摆放在专用白色托盘中，然后用保鲜膜包封。番茄在产品集散地分销后的货架期为 3～4 天。

六、采后处理成本

番茄采收至装车的人员工资、包装费：500 元/t，其中包装材料费和夹板费为 300 元/t；从长阳县资丘镇到上海的运输费为 500 元/t。

（周　明）

第六节　高山豇豆的保鲜技术研究

豇豆是一种鲜嫩可口，色、香、味俱全营养丰富的优质蔬菜。豇豆豆荚较长、嫩脆、含水量高、易老化和腐烂，采收后如不及时处理，豆荚中的物质会很快被消耗掉，导致豆荚迅速衰老、变软变黄、失水皱缩、豆粒发芽，可见豇豆具有极强的季节性和区域性。为了更好地满足广大消费者的需要，减少生产者的损失，急需解决豇豆采后保鲜的问题。本试验通过研究不同包装材料、贮藏温度对高山豇豆的贮藏效果的影响，以期探索高山豇豆最佳保鲜工艺及技术。

一、材料与方法

（一）材料与试剂

豇豆采自湖北长阳火烧坪；氢氧化钠、草酸、乙醇、氢氧化钠、碳酸氢钠等均为分析纯。

（二）主要仪器

LXJ-ⅡB 离心机，上海安亭科学仪器有限公司；UV2800 紫外分光光度计，尤尼柯仪器有限公司；XMTD-6000 恒温水浴锅，北京市长风仪器仪表公司。

（三）方法

用清水清洗豇豆并进行分组（每组 10 条豆荚），称重并记录，再进行原料处理，贮藏，每隔 4 天进行一次观察测定。

1. 原料处理

包装材料：分别设计 PE、纳米保鲜袋及自制硅窗袋三种包装材料。将豇豆清洗干净晾干，套袋贮藏在(8±1)℃的环境中，观察其贮藏效果。

贮藏温度：分别设计 8℃、10℃两个贮藏温度处理组。将豇豆清洗干净晾干，分别套袋贮藏在(8±1)℃、(10±1)℃的环境中，观察其贮藏效果。

2. 贮藏指标测定

失重率测定：称重法。维生素 C 含量测定：2，6-二氯酚靛酚滴定法。叶绿素测定：分光光度法。

锈斑指数测定：锈斑共分为 5 级，0 级为无锈斑，1 级为锈斑面积<10%，2 级为锈斑面积 10%~25%，3 级锈斑面积 25%~50%，4 级为锈斑面积>50%。

二、结果与分析

1. 不同包装材料对豇豆保鲜的影响

本试验选择纳米保鲜袋、普通 PE 袋与自制硅窗袋作为包装材料，比较其保鲜效果。

图 20-1 表明，在贮藏的前 4 天内，硅窗袋的豇豆减重最少，纳米保鲜袋与普通 PE 袋减重相当，为 4% 左右，随后，自制硅窗袋的豇豆减重速度加剧，12 天的时候达到 13.5%，为纳米保鲜袋与普通 PE 袋的 1.5 倍左右，12 天的时候，纳米保鲜袋的失重率最小，为 7.44%，说明在这三种包装材料中，纳米保鲜袋的保水效果最好，采用纳米保鲜袋，有利于减少豇豆失水，提高其商品质量。

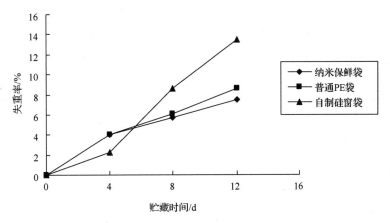

图 20-1　不同包装材料下豇豆水分变化

图 20-2 表明，在贮藏期间内，普通 PE 袋的锈斑指数增长幅度最小，最终产生的锈斑最少，为 0.175，硅窗袋产生的锈斑最多，为 0.25。

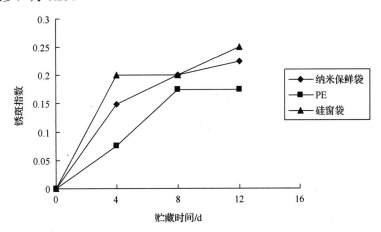

图 20-2　不同包装材料下豇豆锈斑指数变化

图 20-3 表明，纳米保鲜袋贮藏条件下，维生素 C 含量在贮藏前期有上升趋势，达到最高 19.9064mg

随后下降，最终含量为 13.026mg，为三种贮藏方式中最高。普通 PE 袋维生素 C 呈现下降趋势，最终含量为三种贮藏方式中最低 9.018mg。硅窗袋维生素 C 保持恒定含量，说明纳米保鲜袋有利于减少豇豆中维生素 C 的分解，延缓果实衰老。

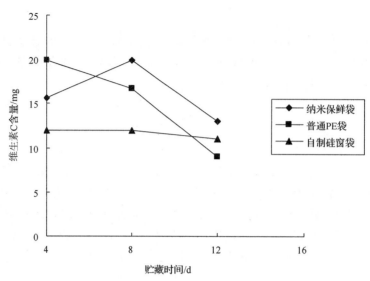

图 20-3 不同包装材料下豇豆维生素 C 的变化

图 20-4 表明，纳米保鲜袋贮藏条件下,叶绿素含量呈平稳趋势，贮藏后期逐渐减少，最终含量为 0.042 05mg/g，而普通 PE 与硅窗条件下，叶绿素含量损失速度均大于纳米保鲜袋组，其中普通 PE 损失速度最快，最终叶绿素含量最少。

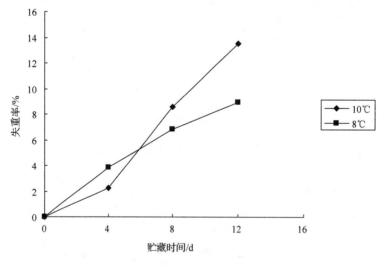

图 20-4 不同包装材料下叶绿素变化

综上分析，纳米保鲜袋是豇豆贮藏保鲜的最佳包装方式，有利于减少豇豆失水，减缓可溶固形物的损失，对呼吸作用有更好的抑制，减缓维生素 C 与叶绿素的分解，延长贮藏寿命。

2. 贮藏温度对豇豆保鲜的影响

本试验选择 8℃、10℃作为贮藏温度，比较其保鲜效果。

图 20-5 表明，贮藏期间内，8℃下豇豆失水速度几乎保持恒定，10℃前 4 天失水速度较 8℃慢，之后变快，在 8 天后失水超过了 8℃，最终失水比 8℃多，为 13.5%，说明采用 8℃来贮藏豇豆，有利于减少豇豆失水，提高其商品质量。

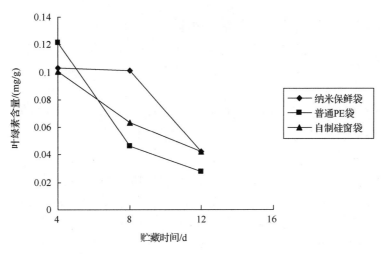

图 20-5　不同温度下豇豆水分变化

图 20-6 表明，在贮藏期间内，8℃的锈斑指数增长幅度较 10℃大，最终产生的锈斑多，为 0.275，说明 10℃的贮藏温度有利于减少豇豆产生的锈斑。

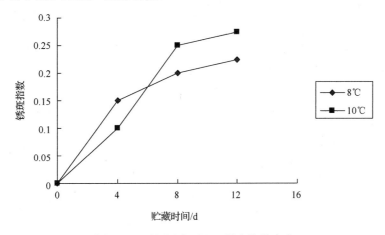

图 20-6　不同温度下豇豆锈斑指数变化

三、结论与讨论

综合考虑高山豇豆采后失重指数、锈斑指数、维生素 C 含量、叶绿素含量等指标，研究得出高山豇豆采后宜用纳米保鲜袋包装、贮藏于 8℃，有利于减少豇豆失水，减缓可溶固形物的损失，对呼吸作用有更好的抑制，减缓维生素 C 与叶绿素的分解，延长其贮藏寿命。

（陈学玲　何建军）

第七节　莼菜保鲜加工方法

莼菜不仅有丰富的营养，药用价值也很大，其性甘、味寒，有清热解毒、止呕之功效，主要治疗高血压、痢疾、胃炎、胃溃疡、疮疖肿毒等。《齐民要术》称"诸菜之中莼为第一"，莼菜与鲈鱼、茭白列为江南三大名菜。莼菜也是我国具有国际竞争优势的农产品之一，出口创汇作用显著。利川莼菜，由于生长环境独特，在口感和胶质含量方面都优于其他产区产品。

莼菜的可食部分是附有透明胶质的嫩梢和初生卷叶，组织柔嫩，容易变色和变质。莼菜的保鲜加工最重要的是要防止胶质脱落和保持绿色。胶质的厚薄是评价原料和产品品质的重要指标，其胶质主要成分是莼菜多糖，它是一种碱溶性的酸性多糖。现介绍几种莼菜保鲜加工技术。

一、保鲜莼菜加工技术

1. 工艺流程

采摘莼菜→运至工厂→清水清洗→挑选→沥干水分→杀菌→护色保鲜→计量灌装→真空封盖→检验→装箱→贮藏→出厂检验→销售

2. 操作要点

(1)采摘莼菜时动作不宜过大，防止田间水混浊，使泥土粘在莼菜原料上。

(2)采摘好的莼菜在 4h 内尽快运至加工厂，如路程较远，则需要进行冷链运输。

(3)用洁净的清水漂洗莼菜 3 次，注意将莼菜胶质中粘有泥土和叶片展开了的莼菜挑选出来另用。

(4)在 0.2%的柠檬酸水溶液中加入已活化好的 ClO_2 0.5g/1000g(ClO_2 活度为 8%，转化率为 98%)，杀菌 15min 后沥干水分。

(5)计量装入已杀菌并沥干水分的莼菜，注入 0.3%的柠檬酸水溶液中加入已活化好的 ClO_2 0.25g/1000g(ClO_2 活度为 8%，转化率为 98%)使其浸没莼菜。

(6)在适宜真空度条件下进行封盖，防止胶质溢出。

(7)对封盖后的莼菜产品进行检验，剔除不合格的产品。

(8)将检验合格的产品进行装箱。

(9)在常温或低温(0~5℃)环境条件下贮藏莼菜产品。

(10)进行产品出厂前的检验，合格产品发放合格证，销毁不合格产品。

3. 产品质量标准

(1)用此方法生产的莼菜在常温条件贮藏时，其胶质基本无脱落，接近新鲜原料；贮藏期在 6 个月内绿色接近新鲜原料。贮藏期达 12 个月时，其胶质基本无脱落，接近新鲜原料，绿色转为黄绿色，但优于市售莼菜产品的颜色。

(2)用此方法生产的莼菜在低温(0~5℃)条件贮藏时，贮藏期达 12 个月时，其胶质基本无脱落，接近新鲜原料；绿色接近新鲜原料。

二、速冻莼菜加工技术

1. 工艺流程

采摘莼菜→运至工厂→清水清洗→挑选→沥干水分→杀菌→沥干水分→计量包装→真空封口→速冻→检验→装箱→贮藏→出厂检验→冷链运输→冷链销售

2. 操作要点

(1)采摘莼菜时动作不宜过大，防止田间水混浊，使泥土粘在莼菜原料上。

(2)采摘好的莼菜在 4h 内尽快运至加工厂，如路程较远，则需要进行冷链运输。

(3)用洁净的清水漂洗莼菜 3 次，注意将莼菜胶质中粘有泥土和莼菜叶片展开了的莼菜挑选出来另用。

(4)在 0.2%的柠檬酸水溶液中加入已活化好的 ClO_2 0.5g/1000g(ClO_2 活度为 8%，转化率为 98%)，杀菌 15min 后沥干水分。

(5)将杀菌后沥干水分的莼菜进行计量包装。

(6)将包装好的莼菜在适宜真空度条件下进行封口，防止胶质溢出。

(7)用速冻机将已真空封口的莼菜在-36~-40℃温度下进行速冻，使其中心温度迅速降至-18℃以下。

(8)对速冻后的莼菜产品进行检验，剔除不合格的产品。

(9)将检验合格的产品进行装箱。

(10)在-18℃低温库中贮藏莼菜产品。

(11)进行产品出厂前的检验，对合格产品发放合格证，销毁不合格产品。

(12)在-18℃温度条件下冷链运输莼菜产品。

(13)在-18℃温度条件下冷链销售莼菜产品。

3. 产品质量标准

用此方法生产的莼菜产品，贮藏期达12个月时，其胶质厚度和绿色与新鲜原料相比基本无变化。

三、冻干莼菜加工技术

1. 工艺流程

采摘莼菜→运至工厂→清水清洗→挑选→沥干水分→杀菌→沥干水分→计量装盘→速冻→真空冻干→包装→检验→装箱→贮藏→出厂检验→销售

2. 操作要点

(1)采摘莼菜时动作不宜过大，防止田间水混浊，使泥土粘在莼菜原料上。

(2)采摘好的莼菜在4h内尽快运至加工厂，如路程较远，则需要进行冷链运输。

(3)用洁净的清水漂洗莼菜3次，注意将莼菜胶质中粘有泥土和莼菜叶片展开了的莼菜挑选出来另用。

(4)在0.2%的柠檬酸水溶液中加入已活化好的ClO_2 0.5g/1000g(ClO_2活度为8%，转化率为98%)，杀菌15min后沥干水分。

(5)将杀菌后沥干水分的莼菜进行计量装盘。

(6)用速冻机将已装盘的莼菜在-36～-40℃温度下进行速冻，使其中心温度迅速降至-18℃以下。

(7)将速冻好的莼菜在冻干机上进行冻干，使其水分含量低于5%(m/m)。

(8)对冻干后的莼菜产品进行检验，剔除不合格的产品。

(9)将检验合格的产品进行包装并装箱。

(10)在0～5℃低温库中贮藏莼菜产品。

(11)进行产品出厂前的检验，对合格产品发放合格证，销毁不合格产品。

3. 产品质量标准

冻干后的莼菜表面有明显可见的胶质多糖，颜色变为黄绿色(如在避光条件下，颜色变化要缓慢些)；复水后胶质多糖部分溶解于水中，颜色仍为黄绿色，但优于市售莼菜产品的颜色。

（何建军　陈学玲　关　健　梅　新　王少华　邱正明）

第二十一章　高山蔬菜保鲜技术研究

第一节　高山萝卜贮藏过程中生理变化研究

近年来，湖北的高山蔬菜发展取得稳步发展。据统计，湖北省高山蔬菜常年播种面积达到150万亩，年产量约300万吨，产值达30亿元。萝卜是湖北高山蔬菜的主要栽种品种之一，其产量约占高山蔬菜产量的1/3左右。高山萝卜因其生长于特有的少有污染、昼夜温差大、空气洁净的高山气候条件和肥沃的山区土壤，其味道鲜美、营养可口，备受喜爱。同时其上市期跨8～10月，从而不仅极大地丰富了市场供应，满足了南方各大城市夏秋蔬菜淡季市场的需求，而且为人们提供了大量品质优良、味道鲜美的蔬菜产品，增加了农民收入。然而，由于近年来白萝卜产量的增加，萝卜的售价有时较为低廉，人们对白萝卜的贮藏存有疑虑。为此，本试验就高山与平原白萝卜贮藏过程中生理生化变化规律进行了研究，旨在为评价高山与平原白萝卜贮藏价值提供理论参考依据。

一、材料与方法

(一)材料

1. 供试萝卜品种

白萝卜'雪单1号'，由湖北省蔬菜科学研究所提供。

2. 白萝卜产地

高山萝卜产自湖北省长阳县火烧坪镇，平原萝卜产自湖北省蔬菜科学研究所蔬菜试验基地。

(二)方法

1. 材料处理

将分别产自湖北省长阳县火烧坪镇和湖北省农科院经济作物研究所(武汉)试验基地的萝卜采收后清洗干净，挑选大小一致、无病虫害侵袭和破损的萝卜，置于设定温度为(2±1)℃、相对湿度90%～95%条件下贮藏，分别于0、5天、10天、15天、20天、25天、30天随机取样测定其可溶性固形物、维生素C和水分含量，以及POD和CAT活性。

2. 分析测试

水分含量测定：GB/T8858—1988。维生素C测定：HPLC法。可溶性固形物测定：GB/T12295—1990。POD、CAT测定：分别采用愈创木酚比色法和紫外吸收法测定过氧化物酶(POD)及过氧化氢酶(CAT)酶活性。维生素C含量和可溶性固形物含量测定由湖北省农业科学院测试中心完成。

二、结果与分析

1. 高山和平原萝卜贮藏过程中维生素C含量变化

首次样品的测定结果表明，平原地区栽培的白萝卜果肉中维生素C的含量比高山萝卜维生素C含量高15%(113.9mg/kg)，同时，图21-1的结果表明，无论是高山萝卜还是平原萝卜，其贮藏过程中的维生素C含量都呈下降趋势，当贮藏时间达30天时，高山萝卜的维生素C含量下降了13.5%，平原萝卜维生素C含量下降了19.6%。

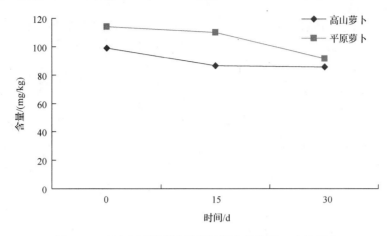

图 21-1　高山和平原萝卜贮藏过程中维生素 C 含量变化

2. 高山和平原萝卜贮藏过程中可溶性固形物含量变化

由图 21-2 显示的结果可以看出，平原萝卜果肉中可溶性固形物含量比高山萝卜的可溶性固形物含量高，无论是高山萝卜还是平原萝卜，其贮藏过程中可溶性固形物含量都呈下降的趋势，在一定的贮藏期内，可溶性固形物含量下降的速度是平原萝卜比高山萝卜快，在贮藏的第 30 天，高山萝卜可溶性固形物含量下降了 7.5%，平原萝卜可溶性固形物含量下降了 11.3%。

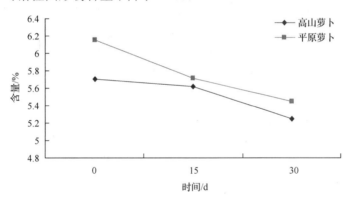

图 21-2　高山和平原萝卜贮藏过程中可溶性固形物含量变化

3. 不同贮藏期内高山和平原萝卜保护酶活性的变化

在贮藏过程中，平原萝卜中 POD 酶活性随贮藏时间的延长呈下降的趋势，而高山萝卜 POD 酶活性则先升后降(图 21-3)，在一定贮藏时间里，高山萝卜的 POD 酶活性比平原萝卜低。

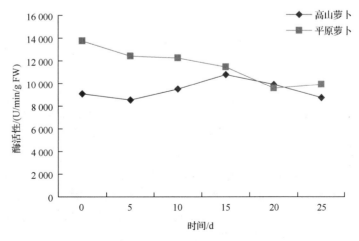

图 21-3　高山和平原萝卜贮藏过程中 POD 活性变化

实验结果表明，无论是高山还是平原产地萝卜的 CAT 活性都呈先升高后降低的变化趋势(图 21-4)，平原萝卜在第 15 天时 CAT 活性最高，高山萝卜在第 10 天时活性最高。

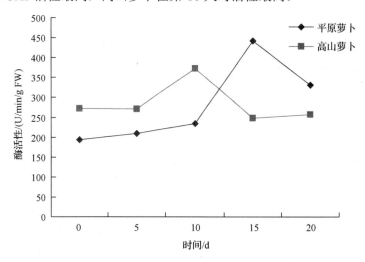

图 21-4　高山萝卜和平原萝卜贮藏过程中 CAT 活性变化

4. 高山和平原萝卜贮藏过程中的水分含量变化

高山萝卜和平原萝卜在相同设定贮藏条件[温度(2±1)℃、相对湿度 90%~95%]下，萝卜的水分含量的总体变化趋势是随贮藏时间延长而下降，但下降的幅度不大(图 21-5)，当贮藏时间达 30 天时，高山萝卜的水分含量下降量约 0.7%，平原萝卜下降 1%；高山萝卜的水分含量比平原萝卜高 1.1%。

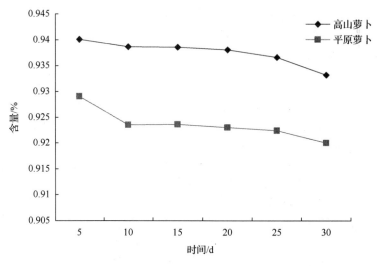

图 21-5　高山和平原萝卜贮藏过程中水分含量变化

三、结论与讨论

(1)研究结果表明，平原白萝卜果肉中维生素 C 和可溶性固形物含量都比高山萝卜高，无论是高山还是平原的萝卜，在一定的贮藏期内，维生素 C 和可溶性固形物含量都呈下降趋势。

(2)POD 和 CAT 是植物细胞抗氧化系统中重要的两种酶，高山萝卜的 POD 酶活性比平原萝卜低，在一定的贮藏期内，平原萝卜中 POD 酶活性随时间的延长而下降的，而高山萝卜 POD 酶活性则先升后降；无论是原产于高山还是平原的萝卜，其 CAT 活性在都贮藏过程中均呈先升后降趋势。

(3)萝卜的水分含量在一定的贮藏期内，其总体变化呈下降趋势，但下降幅度不大。

(4)萝卜是高山蔬菜中的大宗品种之一，在贮藏的过程中往往出现生根发芽、水分散失、糠心、腐烂等现象，对萝卜品质产生不良影响，因此，研究萝卜贮藏过程中的生理变化和保鲜技术对萝卜产业发展具重要意义。萝卜贮藏过程中需要的温度较低，低温虽然有利于萝卜的保鲜，但会引起细胞线粒体中电子传递链破坏，从而导致活性氧的产生，并进一步引起其膜脂过氧化，引起组织衰老。

（5）贮藏期间生理变化的差异可能与生长环境有关。高山萝卜的播种期在 4 月下旬到 6 月上旬，主要的生长期一般是在夏季，雨水较多，昼夜温差相对较小，因此其品质比秋栽的平原萝卜低，贮藏特性也和平原萝卜不同。

（6）研究结果表明，高山萝卜含水量较高，但其可溶性固形物和维生素 C 含量都不及平原萝卜，说明高山萝卜的部分内在品质不及平原萝卜，这可能与其生长环境、生长季节、品种特性有关，还有待于进一步探讨。虽是如此，因其上市季节能够满足蔬菜淡季的市场需求，这对于丰富人们的菜篮子、满足和提高人们生活水平具有重要意义。

（杨　德　周　明　邱正明　程　薇　何建军　梅时勇　杜　欣　朱凤娟　熊光权）

第二节　温度对高山红菜薹贮藏效果的影响

红菜薹又名芸薹或紫菜薹，属十字花科，是长江流域春节前后供应的主要蔬菜之一，质地脆嫩，风味独特。但是，采收后的离体红菜薹，呼吸作用和蒸腾作用旺盛，在自然条件下放置，3～4 天即失水萎蔫，花蕾开放，内容物大量消耗，薹茎空心并纤维化，严重降低食用和经济价值。高山种植的红菜薹，经过长距离运输，保鲜难题更显突出。本研究针对红菜薹采后贮藏难题，重点研究了自选育三个品种红菜薹在不同贮藏温度下其呼吸强度和感官品质的变化规律，以期延长红菜薹贮藏期。

一、材料与方法

（一）材料

红菜薹为湖北省农业科学院经济作物研究所选育，品种编号分别为 JHB、YZH 和 SYH。试剂均为分析纯。

（二）方法

1. 分组

从田间采收新鲜的红菜薹，分 A、B、C、D 共 4 组，每组设平行 3 个，用普通保鲜袋包装；将 A、B、C、D 组分别置于 0℃、5℃、10℃、室温（20℃）条件下贮藏，每隔 2 天测其呼吸强度，并评价感官。

2. 呼吸强度的测定

采用静置碱液吸收法，测定时使不含 CO_2 的气流通过果蔬呼吸室，将果蔬呼吸时释放的 CO_2 带入吸收管，被管中定量的碱液所吸收，经一定时间的吸收后，取出碱液，用酸滴定，由碱量差值计算出 CO_2 量。取三组的平均值。

3. 感官评价

对不同处理的红菜薹，根据色泽、组织、气味三个方面采用评分法，以固定的 10 位专业研究人员按以下标准评分：

10 分：色泽紫红，组织饱满，无纤维化和褐变现象，有正常的青香味。

8 分：色泽紫红，有轻度萎蔫，无纤维化，切口处稍微褐变，有正常的叶香味。

6 分：色泽开始变暗，袋内壁有水珠，茎出现轻微软化。

4 分：色泽变暗，叶出现较多萎蔫，袋内出现积水，茎有尾部空心，褐变程度加深，开袋有轻微异味。

2 分：色泽暗红，叶片萎蔫加重，花脱落，切口处褐变进一步加重，尾部空心并伴有纤维化，出现轻微腐败味。此为商品界限。

1分：色泽暗红，叶出现重度萎蔫，空心和纤维化严重，并伴有胀袋现象出现，腐败味加重。

0分：袋内积水增多，叶片和茎腐烂，呈黏稠状，有胀袋现象，较大酸败味。

二、结果与分析

1. 温度对红菜薹呼吸强度的影响

呼吸强度是植物体新陈代谢强弱的一个重要指标，它是指单位面积或单位质量的植物体，在单位时间内所吸收的 O_2 或释放的 CO_2 或损失的干重，本研究以 CO_2 计。贮藏温度对三个品种红菜薹的呼吸强度的影响见下图 21-6。

红菜薹 JHB 在贮藏过程中，呼吸强度随温度变化的规律如图 21-6 所示。采后贮藏于 20℃、10℃时，红菜薹 JHB 贮藏 2～4d 期间呼吸强度有上升趋势，4d 后逐渐下降；采后贮藏于 5℃、0℃时，在贮藏过程中红菜薹 JHB 的呼吸强度呈整体下降的趋势。

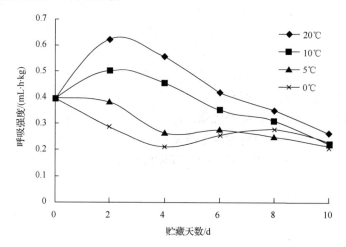

图 21-6　贮藏温度对红菜薹(JHB)呼吸强度的影响

图 21-7 显示了红菜薹 YZH 在贮藏过程中呼吸强度随温度变化的规律。采后贮藏于 20℃、10℃时，红菜薹 YZH 贮藏 2～4 天期间呼吸强度有上升趋势，4 天后逐渐下降；采后贮藏于 5℃、0℃时，在贮藏过程中红菜薹 YZH 的呼吸强度呈整体下降的趋势。

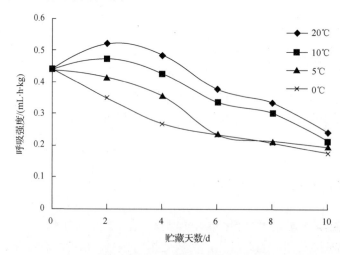

图 21-7　贮藏温度对红菜薹(YZH)呼吸强度的影响

由图 21-8 可见红菜薹 SYH 在贮藏过程中，温度对其呼吸强度的影响。采后贮藏 20℃、10℃时，红菜薹 SYH 贮藏 2～4 天期间呼吸强度有上升趋势，4 天后逐渐下降；采后贮藏于 5℃和 0℃的红菜薹 SYH 的呼吸强度呈下降趋势，6天后呼吸强度趋接近。

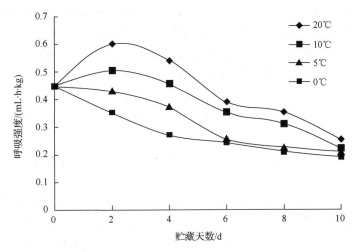

图 21-8　贮藏温度对红菜薹(SYH)呼吸强度的影响

综上可知，贮藏温度为 5℃和 10℃，贮藏 10 天，红菜薹呼吸强度从大到小的品种依次为：JHB＞YZH＞SYH。

2. 温度对红菜薹感官品质的影响

表 21-1　贮藏过程中三个品种红菜薹感官评价表

感官分值	天数/d	0	2	4	6	8	10
JHB	0℃	10	8	6	5	4	2
	5℃	10	10	8	7	6	4
	10℃	10	10	8	6	4	3
	20℃	10	7	5	4	3	0
YZH	0℃	10	8	8	6	6	4
	5℃	10	10	8	8	6	5
	10℃	10	8	7	6	5	4
	20℃	10	7	6	5	3	1
SYH	0℃	10	10	8	6	6	4
	5℃	10	10	9	8	8	6
	10℃	10	9	8	7	6	5
	20℃	10	8	7	6	4	2

由表 21-1 可见，通过分析比较 3 个品种红菜薹在贮藏过程中的感官特性，红菜薹 SYH 耐储性最高，5℃时达到 10 天；其次为红菜薹 YZH，5℃时达到 8 天；红菜薹 JHB 耐储性最差。贮藏温度对红菜薹感官评分的贡献从大到小依次为：5℃＞10℃＞0℃＞20℃；3 个品种的红菜薹耐贮性从大到小依次为：SYH＞YZH＞JHB。

三、结论与讨论

贮藏温度对 3 个品种红菜薹的呼吸强度的影响具有相同的规律：采后贮藏 20℃、10℃时，贮藏 2～4 天，红菜薹呼吸强度呈上升趋势，4 天后逐渐下降；贮藏于 5℃和 0℃的红菜薹的呼吸强度呈下降趋势，6 天后呼吸强度趋接近。

经综合比较贮藏温度对红菜苔呼吸强度和感官品质的影响，确定最适的红菜薹贮藏温度为 5～10℃；

相同贮藏条件下，3 个品种的红菜薹耐储性从大到小依次为：SYH＞YZH＞JHB。

通常，在一定的贮藏温度范围内，温度越低，蔬菜的呼吸强度越弱，贮藏期越长。但过低也会影响组织正常的生理代谢，造成损伤。因此，在不破坏蔬菜正常生理代谢的条件下，尽可能维持较低的贮藏温度，使其呼吸作用降至最低限度。此外，贮藏温度忽高忽低的波动也会刺激蔬菜的呼吸作用，增加营养物质消耗，缩短贮藏期。因此，要尽量保持稳定而适宜的低温。

（陈学玲　关　健　何建军　梅　新　施建斌　邱正明　聂启军）

第三节　鲜切高山生菜保鲜技术研究

鲜切蔬菜(fresh-cut vegetables)又称最少加工蔬菜、轻度加工蔬菜，是指新鲜蔬菜原料经分级、整理、清洗、去皮、切分和包装等处理而制成可直接烹调(即用型)或直接食用(即食型)的新鲜蔬菜制品，具有品质新鲜、使用方便和营养卫生的特点。但是，鲜切蔬菜由于受到机械损伤，营养物质外流，造成微生物的大量繁殖，从而影响其安全性，缩短了其货架期。生菜又名叶用莴苣，是菊科一年或两年生蔬菜，其营养丰富，属于低糖、低脂肪蔬菜，富含维生素、矿物质。该蔬菜以生食为主，对高血压和心脏病有一定的医疗作用。但是生菜是一种较难保鲜的蔬菜，高山生菜保鲜的研究甚少，我们对影响生菜保鲜因素如杀菌剂、保鲜剂、包装材料进行了初步的研究。

一、材料与方法

1. 材料

取至长阳高山蔬菜基地。

2. 鲜切高山生菜制备工艺流程

新鲜高山生菜→挑选整理→清洗→切分→沥干→杀菌剂处理→沥干→保鲜液处理→沥干→包装→低温贮藏

3. 杀菌剂的筛选实验

鲜切高山生菜经清洗、沥干后用杀菌剂(次氯酸钠和二氧化氯)处理，检测细菌总数和大肠菌群，进行杀菌剂筛选试验。

4. 保鲜剂的筛选实验

焦磷酸钠、氯化钙、柠檬酸、维生素 C 均是目前世界上蔬菜保鲜加工中安全性很高的成分物质，世界卫生组织列为 GRAS 型(即普遍认为是安全的)成分物质。按照正交表 21-2 进行组配实验，筛选护色保鲜剂。每天检查鲜切高山生菜的贮藏情况，确定最佳保鲜剂和最佳剂量。

表 21-2　鲜切高山生菜保鲜剂组配的正交实验表

实验号	因素/%			
	焦磷酸钠	氯化钙	柠檬酸	维生素 C
1	0.3	0.3	0.3	0.2
2	0.3	0.5	0.1	0
3	0.3	0.8	0.2	0.4
4	0.5	0.3	0.2	0
5	0.5	0.5	0.3	0.4
6	0.5	0.8	0.1	0.2
7	0.8	0.3	0.1	0.4
8	0.8	0.5	0.2	0.2
9	0.8	0.8	0.3	0
10(CK)	0	0	0	0

5. 包装材料的筛选实验

采用高密度聚乙烯(HDPE)、低密度聚乙烯(LDPE)、尼龙/聚乙烯复合包装袋、聚酯/聚乙烯复合包装袋进行真空包装,观察比较不同包装材料对鲜切高山生菜的保鲜效果的影响。

6. 微生物的测定

细菌总数按照 GB/T 4789.2—2003 测定;大肠菌群按照 GB/T4789.3—2003 测定。

二、结果与分析

1. 杀菌剂的筛选

用浓度为 0、20mg/kg、40mg/kg、60mg/kg、80mg/kg、100mg/kg 的次氯酸钠和二氧化氯分别处理鲜切高山生菜,杀菌时间分别为 1.5min、2.0min、2.5min,杀菌效果如表 21-3 和表 21-4 所示。

表 21-3 次氯酸钠杀菌实验

实验号	浓度/(mg/kg)	杀菌时间/min	细菌总数/(CFU/g)	大肠菌群/(MNP/100g)
1(CK)	0	0	28 000	230
2	20	1.5	19 000	<30
		2.0	12 000	<30
		2.5	7 000	<30
3	40	1.5	6 000	<30
		2.0	4 000	<30
		2.5	3 000	<30
4	60	1.5	3 000	<30
		2.0	2 000	<30
		2.5	1 000	<30
5	80	1.5	1 600	<30
		2.0	900	<30
		2.5	150	<30
6	100	1.5	1 000	<30
		2.0	500	<30
		2.5	100	<30

表 21-4 二氧化氯杀菌实验

实验号	浓度/(mg/kg)	杀菌时间/min	细菌总数/(CFU/g)	大肠菌群/(MNP/100g)
1(CK)	0	0	28 000	230
2	20	1.5	15 500	<30
		2.0	9 000	<30
		2.5	5 000	<30
3	40	1.5	5 000	<30
		2.0	3 600	<30
		2.5	2 000	<30
4	60	1.5	2 000	<30
		2.0	1 800	<30
		2.5	1 000	<30
5	80	1.5	1 500	<30
		2.0	600	<30
		2.5	100	<30
6	100	1.5	1 000	<30
		2.0	500	<30
		2.5	100	<30

由表 21-3 和表 21-4 可知,在相同浓度、相同杀菌时间下,二氧化氯的杀菌效果优于次氯酸钠,二者均较对照组的微生物大大减少。要使细菌数降低为小于 100CFU/g,大肠杆菌群降低为小于 30MPN/100g,次氯酸钠、二氧化氯使用的剂量和杀菌时间分别是 100mg/kg、2.5min 和 80mg/kg、2.5min。

表 21-5 结果表明,所有保鲜液处理的微生物均在 10^3 数量级以下,而对照组的细菌总数在 10^4 数量级以上,说明次氯酸钠和二氧化氯的协同作用效果显著。要达到使细菌数降低为小于 100CFU/g,大肠杆菌群降低为小于 30MPN/100g,次氯酸钠、二氧化氯使用的剂量分别是 100mg/kg、60mg/kg 和杀菌时间 2.0min。

表 21-5　次氯酸钠和二氧化氯交互杀菌实验

实验号	二氧化氯浓度/(mg/kg)	次氯酸钠浓度/(mg/kg)	杀菌时间/min	细菌总数/(CFU/g)	大肠菌群/(MNP/100g)
1(CK)	0	0	0	28 000	230
2	40	100	1.5	1 500	<30
			2.0	1 000	<30
			2.5	700	<30
		150	1.5	1 000	<30
			2.0	800	<30
			2.5	450	<30
		200	1.5	800	<30
			2.0	600	<30
			2.5	400	<30
3	60	100	1.5	400	<30
			2.0	100	<30
			2.5	60	<30
		150	1.5	300	<30
			2.0	100	<30
			2.5	50	<30
		200	1.5	300	<30
			2.0	100	<30
			2.5	45	<30
4	80	100	1.5	100	<30
			2.0	50	<30
			2.5	35	<30
		150	1.5	100	<30
			2.0	60	<30
			2.5	35	<30
		200	1.5	90	<30
			2.0	50	<30
			2.5	35	<30

2. 保鲜剂的筛选

由表 21-6 结果可知，可筛选出的组配保鲜液，最佳水平组合为：0.5%焦磷酸钠、0.5%氯化钙、0.2%柠檬酸、0%维生素 C。此配方组合能对鲜切高山生菜的护色保鲜起到很好的作用，维生素 C 的作用不十分明显，但鉴于维生素 C 对人体是有益物质，且具有一定的抗氧化能力，建议在鲜切高山生菜工业化生产中使用 0.2%～0.4%的维生素 C。

表 21-6　鲜切高山生菜保鲜液处理后贮藏情况

实验号	贮藏期/d													不可食天数
	1	2	3	4	5	6	7	8	9	10	11	12	13	
1	−	−	−	−	±	+								6
2	−	−	−	−	±	±	+							7
3	−	−	−	−	−	±	±	+						8
4	−	−	−	−	−	−	−	−	−	−	±	±	+	13
5	−	−	−	−	−	−	−	−	−	±	+			11
6	−	−	−	−	−	−	−	−	−	±	±	+		12
7	−	−	−	−	−	−	−	−	±	±	+			11
8	−	−	−	−	−	−	−	−	±	+				10
9	−	−	−	−	−	−	−	±	+					9
10(CK)	−	±	+											3

注：“−”表示新鲜，“±”表示不可售，“+”表示不可食。

3. 包装材料的筛选

通过鲜切高山生菜在贮藏期中品质的变化，比较不同包装材料对其保鲜效果的影响，结果见表 21-7。

表 21-7 包装材料对鲜切高山生菜贮藏的影响

包装材料					贮藏期/d					
1	2	3	4	5	6	7	8	9	10	11
高密度聚乙烯 −	−	−	−	±	+					
低密度聚乙烯 −	−	−	−	±	±	+				
尼龙/聚乙烯 −	−	−	−	−	−	−	−	±	+	
聚酯/聚乙烯 −	−	−	−	−	−	−	−	±	±	+

注："−"表示新鲜，"±"表示不可售，"+"表示不可食。

由表 21-7 可知，尼龙/聚乙烯复合包装袋、聚酯/聚乙烯复合包装袋均适宜包装鲜切高山生菜，而高密度聚乙烯及低密度聚乙烯包装袋虽能包装鲜切高山生菜，但不能达到长期保鲜的目的。

三、结论

(1)在相同浓度相同杀菌时间下，二氧化氯的杀菌效果优于次氯酸钠。

(2)次氯酸钠最佳使用的剂量和杀菌时间是 100mg/kg、2.5min。

(3)二氧化氯最佳使用的剂量和杀菌时间是 80mg/kg、2.5min。

(4)次氯酸钠和二氧化氯的协同作用显著，次氯酸钠、二氧化氯使用的剂量分别是 100mg/kg、60mg/kg，杀菌时间 2.0min。

(5)组配保鲜液最佳组合为：0.5%焦磷酸钠、0.5%氯化钙、0.2%柠檬酸，维生素 C 的作用不显著。

(6)尼龙/聚乙烯复合包装袋、聚酯/聚乙烯复合包装袋均适宜包装鲜切高山生菜，高密度聚乙烯及低密度聚乙烯包装袋包装鲜切高山生菜不能达到长期保鲜的目的。

（陈学玲 何建军）

第四节 不同包装材料对鲜切西兰花贮藏品质的影响

西兰花又称为称花椰菜、青花菜等，原产于意大利，属十字花科芸薹属甘蓝种。西兰花营养丰富，其中主要含有碳水化合物、蛋白质、胡萝卜素、各种维生素等，其营养丰富居蔬菜之首。然而，西兰花采后呼吸旺盛，叶绿素在贮藏过程中容易降解，茎和花蕾失水后松软，营养成分逐渐降解，西兰花在常温放置 2～3 天就开始变黄，严重影响其商品价值。

鲜切蔬菜是指以新鲜果蔬为原料，经分级、清洗、整修、去皮、切分、保鲜、包装等一系列处理后，再用塑料薄膜袋或以塑料托盘盛装外覆塑料膜包装，最后经过低温运输进入冷柜销售的果蔬制品，具有天然、营养、新鲜、方便以及可利用度高等特点，可满足人们追求天然、营养、快节奏的生活方式等方面的需求。西兰花非常适合于鲜切菜切割加工，但其采后代谢旺盛，贮藏期短。有研究表明其在室温下 24h 就黄化，失水衰老，营养成分逐渐流失；由于鲜切果蔬受到机械损伤，其组织细胞破裂，营养物质外流，因此如何提高鲜切产品的质量，是延长其货架期的关键。

近年来，鲜切蔬菜在欧美、日本、中国等国家和地区的消费量逐渐增加，具有很高的开发价值和广阔的市场前景。目前我国成品鲜切菜的货架期只有 0～7 天，对于包装材料保鲜这一方面也少有报道。本研究通过对西兰花切分后选择不同的包装材料，通过测定生理、生化指标进行品质评定，确定关键环节合理的加工工艺参数和方法，延缓鲜切西兰花的腐败变质，控制产品中微生物的数量，延长货架期，为鲜切西兰花在国内的进一步发展奠定理论基础。

一、材料与方法

(一)材料

1. 原料

市售西兰花：购于湖北省农业科学院菜市场。

一次性果蔬保鲜 PET 托盘：型号为 ZY-T1912D，北京正耀包装制品有限公司。

巧心食品保鲜膜：食品包装级 PE 聚乙烯，30cm×(30+10)m，宁波新力包装材料有限公司。

食品用妙洁巧撕保鲜膜：PVDC 聚偏二氯乙烯，30cm×(15+5)m，脱普日用化学品(中国)有限公司。

惠宜保鲜膜：低密度聚乙烯(LDPE 食品包装用)，30cm×90m，中山市新美包装机械制品有限公司。

食品包装用妙洁耐高温保鲜膜：PMP 聚甲基戊烯，30cm×20m，理研华普洛株式会社。

2. 仪器与设备

722G 可见分光光度计，上海精密科学仪器有限公司；RE-52 二氧化碳测定仪，上海亚荣生化仪器厂。

(二)方法

1. 工艺流程

原材料→整理分级→修整→杀菌剂清洗→沥干→包装

2. 操作要点

1)原材料的选择

选择新鲜、饱满、成熟度适中、无异味、无病虫害的西兰花。

2)整理分级

按照西兰花大小进行分级。

3)修整

用锋利的刀具将其切分成直径 3～4cm 的小花球。

4)杀菌剂清洗

先用清水冲洗西兰花，再用配制好的 100mg/mL 的次氯酸钠溶液浸泡 3min，取出后用清水漂洗 1min，避免杀菌剂残留过量。

5)沥干

漂洗后必须沥干西兰花表面水分，避免西兰花腐败，采用沥水法去除西兰花表面的水分。

6)包装

将切分后的西兰花放入 PET 塑料盘中摆放整齐，每盘 6 个，再用保鲜膜密封，称重，贴上标签，在 4℃下冷藏。

3. 不同包装材料对鲜切西兰花的贮藏品质影响

将处理好的西兰花分别用 PE、PVDC、LDPE 和 PMP 保鲜膜密封，在 4℃下冷藏。每 3 天测一次指标。

(三)指标测定与方法

维生素 C 测定参考果蔬采后生理生化实验指导方法测定；叶绿素测定采用王丹等的方法测定；可溶性固形物采用手持折光仪测定；呼吸强度的测定采用 Telaire7001 便携式 O_2/CO_2 测定仪测定；失重率采用质量法测定；丙二醛、多酚氧化酶(PPO)、超氧化物歧化酶(SOD)、过氧化物酶(POD)分别采用丙二醛、多酚氧化酶、超氧化物歧化酶、过氧化物酶试剂盒(南京建成生物工程研究所)测定。

（四）统计分析

试验数据为 3 次重复试验的平均值，用 SPSS.19 软件进行"one-way ANOVA"差异显著性分析。$P<$ 0.05 表示差异显著，$P<0.01$ 表示差异极显著。

二、结果与讨论

（一）对鲜切西兰花贮藏期维生素 C 含量的影响

鲜切处理由于切分，组织遭破坏，易于接触氧气，而使维生素 C 被氧化。不同包装材料对鲜切西兰花贮藏期维生素 C 含量的变化见图 21-9。

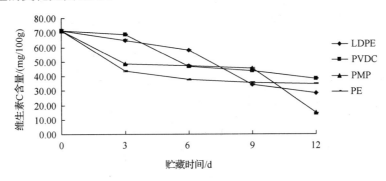

图 21-9　不同包装材料对鲜切西兰花贮藏期维生素 C 含量的影响

维生素 C 是果蔬重要的营养成分，其含量的变化可作为评价果蔬贮藏品质的一个指标。由图 21-9 可知，贮藏期间，四种膜包装的鲜切西兰花维生素 C 含量变化趋势基本一致，即随着时间的延长，维生素 C 含量逐渐下降，这主要是因为维生素 C 在中性和碱性条件下很容易被氧化，维生素 C 含量降低到一定程度时，自由基会积累，会对细胞组织产生损害而加快衰老速度。贮藏 12 天后，四种保鲜膜包装的西兰花维生素 C 含量差异极显著（$P<0.01$）。PVDC 膜包装的西兰花贮藏 12 天后维生素 C 含量最高为 38.18mg/100g，仅下降了 46%，可能是 PVDC 膜抑制了西兰花中多种酶的活性，使组织代谢减慢；PMP 膜包装的鲜切西兰花维生素 C 含量从 0～9 天逐渐降低，9 天以后开始急剧下降，到 12 天时，维生素 C 含量仅为 14.82mg/100g，贮藏期间维生素 C 含量损失了 79%；PE 膜包装的西兰花维生素 C 含量比 LDPE 膜包装贮藏的维生素 C 含量要高 6.37mg/100g。因此，PVDC 膜能更好地保持了西兰花的营养品质。

（二）对鲜切西兰花贮藏期叶绿素含量的影响

鲜切西兰花贮藏过程中，其花球失绿变黄是西兰花衰老的重要标志，这被称为"褪绿黄化"，主要是由于叶绿素的降解所致。贮藏期鲜切西兰花的叶绿素含量的变化见图 21-10。

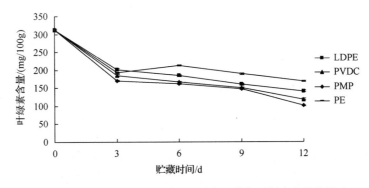

图 21-10　不同包装材料对鲜切西兰花贮藏期叶绿素含量的影响

由图 21-10 可知，鲜切西兰花在贮藏过程中，不同膜包装的西兰花叶绿素含量均呈下降趋势。前 3 天，四种膜包装的鲜切西兰花叶绿素含量急剧下降，极显著低于新鲜西兰花叶绿素含量（$P<0.01$），从第 4 天到第 12 天叶绿素下降趋于平缓，且第 12 天四种保鲜膜包装的鲜切西兰花叶绿素含量极显著（$P<0.01$）。其中，PE 膜包装的鲜切西兰花的叶绿素含量下降趋势最为平缓，至第 12 天时叶绿素含量为 0 天的 54%，由原来的 313mg/100g 降到 168mg/100g，差异极显著（$P<0.01$），组织外观色泽开始出现明显的褪绿黄化而达到商品极限。PMP 膜包装的鲜切西兰花叶绿素含量下降最为迅速，叶绿素含量由 313mg/100g 降到 101mg/100g。LDPE 和 PVDC 两种膜包装的鲜切西兰花的叶绿素含量下降差异不显著，12 天后的叶绿素含量分别为 152mg/100g 和 118mg/100g。由此可见，PE 膜能有效地延缓西兰花叶绿素的降解，效果优于其他几种。

（三）对鲜切西兰花贮藏期可溶性固形物含量的影响

可溶性固形物含量是判断果蔬适时采收和耐贮藏性的一个重要指标，也是决定鲜切西兰花品质的主要因素。不同包装材料对鲜切西兰花贮藏期可溶性固形物含量的影响见图 21-11。

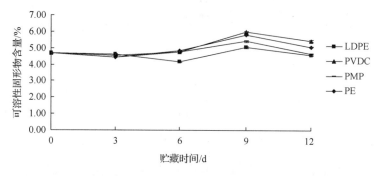

图 21-11　不同包装材料对鲜切西兰花贮藏期可溶性固形物含量的影响

由图 21-11 可知，鲜切西兰花可溶性固形物含量呈现先升再下降的趋势，主要原因是组织细胞受到损伤后呼吸作用加剧、呼吸基质消耗速度加快，营养物质逐渐流失；而贮藏前期其含量上升，与组织急速衰败、大分子贮藏物质降解速度加快，从而使其可溶性固形物含量增加。随着贮藏时间的延长至 9 天后，其大分子物质降解速度开始小于代谢速度，导致可溶性糖又开始出现下降趋势。其中，在贮藏第 9 天时，PVDC 膜包装的鲜切西兰花可溶性固形物含量达到最高，相比第 0 天鲜切西兰花含量高 1.31%，差异显著（$P<0.05$）；其次是 PE 膜包装的鲜切西兰花可溶性固形物含量从 4.66% 增加至 5.80%；贮藏 12d 后，LDPE 和 PMP 膜包装的鲜切西兰花可溶性固形物含量分别为 4.58%、4.68%，无显著性差异（$P>0.05$）。由此可见，PVDC 膜能更好地延缓鲜切西兰花组织的代谢速率、降低物质消耗、延缓组织衰老，较好地保持鲜切西兰花营养。

（四）对鲜切西兰花贮藏期呼吸强度的影响

呼吸作用是植物体新陈代谢强弱的一个重要指标，可用呼吸强度衡量呼吸作用的强弱，其值与果蔬贮藏密切相关，呼吸强度越大即呼吸作用越旺盛，则营养物质消耗越快，果蔬越易衰老。贮藏期鲜切西兰花呼吸强度的变化见图 21-12。

由于呼吸作用会加速果蔬贮藏物质的消耗，使果蔬的品质下降，因此只有有效地抑制果蔬的呼吸作用，才能提高其保鲜品质。由图 21-12 可知，四种膜包装的鲜切西兰花均具有较明显的呼吸峰，故西兰花属呼吸跃变型蔬菜。西兰花在贮藏初期的呼吸强度较高，这可能是预冷不充分使西兰花自身温度高，导致内部呼吸强度较大。PVDC 膜包装的鲜切西兰花对西兰花呼吸强度的抑制效果最明显，贮藏 12 天后，呼吸强度由 13.53mg/(kg·h) 下降至 8.57mg/(kg·h)，差异极显著（$P<0.01$），其次是 LDPE 保鲜膜，呼吸强度为 9.51mg/(kg·h)，PMP 和 PE 保鲜膜的效果略差，两者之间无显著性差异（$P>0.05$）。可见，PVDC 膜包装的西兰花维持了较低的呼吸强度，而另外三种保鲜膜包装的西兰花则呼吸较旺盛，受抑制程度较低，衰老得较快。

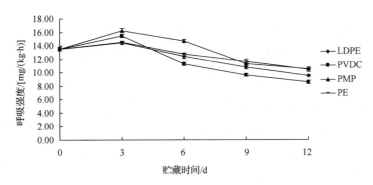

图 21-12 不同包装材料对鲜切西兰花贮藏期呼吸强度的影响

(五)对鲜切西兰花贮藏期失重率的影响

果蔬的呼吸作用和蒸腾作用使得果蔬在贮藏期间水分损失,质量减少,即失重率的变化反映果蔬品质的变化,失重率越高表明果蔬品质下降越严重。鲜切西兰花贮藏期失重率的变化见图 21-13。

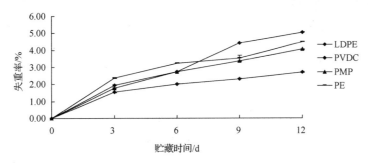

图 21-13 不同包装材料对鲜切西兰花贮藏期失重率的影响

由图 21-13 可知,随着贮藏时间的延长,不同保鲜膜包装鲜切西兰花的失重率均呈现上升的趋势。有研究表明,这是由于在贮藏过程中西兰花因蒸腾和呼吸作用而造成水分的流失,导致组织疲软,甚至出现萎蔫状态。水分的损失不仅造成西兰花失鲜失重,而且会影响西兰花的食用品质和营养价值。贮藏 12 天后,四种保鲜膜的西兰花失重率差异极显著($P<0.01$),其中,经 PVDC 膜包装的鲜切西兰花失重率最小,仅 2.7%;其次是 PE 和 PMP 膜包装的西兰花,而 LDPE 包装的西兰花失重率最高为 5.08%。由此可见,PVDC 膜能更好地保持西兰花水分。

(六)对鲜切西兰花丙二醛(MDA)含量的影响

植物器官在衰老时或在逆境条件下,往往发生膜脂过氧化作用,丙二醛(MDA)是其产物之一,通常利用它作为脂质过氧化指标,膜脂过氧化可产生过多的自由基对膜造成破坏和伤害。贮藏期鲜切西兰花丙二醛含量的变化见图 21-14。

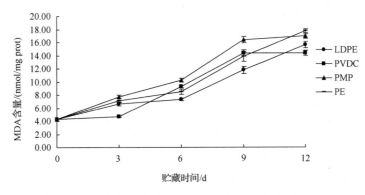

图 21-14 不同包装材料对鲜切西兰花贮藏期丙二醛含量的影响

丙二醛(MDA)含量的升高是膜结构损伤的重要标志，由图 21-14 可知，随着贮藏时间的延长，鲜切西兰花丙二醛不断积累，呈不断升高的趋势，导致细胞透性增加，代谢失调，膜结构及功能被破坏，西兰花衰老进程加快。其中，PVDC 膜包装的鲜切西兰花贮藏 12 天后，丙二醛含量由原来的 4.31nmol/mg prot 增加至 14.32nmol/mg prot，是 0 天西兰花的 3.32 倍，相比其他几种保鲜膜包装的鲜切西兰花，丙二醛含量最低；其次是 LDPE 包装的鲜切西兰花，12 天的丙二醛含量为 15.59nmol/mg prot，比 PVDC 包装的西兰花丙二醛含量高 1.27nmol/mg prot；而贮藏 12 天后，PMP 保鲜膜包装的鲜切西兰花丙二醛含量为 16.95nmol/mg prot，相比 0 天丙二醛含量增加了 12.64 nmol/mg prot；PE 保鲜膜包装的鲜切西兰花丙二醛含量最高为 17.71 nmol/mg prot。经统计分析，四种膜包装的鲜切西兰花 MDA 含量差异显著(P<0.05)，由此可见 PVDC 保鲜膜能更好地延缓鲜切西兰花的衰老。

(七)对鲜切西兰花多酚氧化酶(PPO)含量的影响

PPO 是引起果蔬酶促褐变的主要酶类，PPO 催化果蔬原料中的内源性多酚物质氧化生成黑色素，严重影响制品的营养，风味及外观品质，故常被用作反映果蔬衰老的指标之一。不同包装膜对鲜切西兰花多酚氧化酶(PPO)含量的影响见图 21-15。

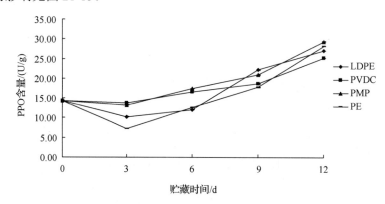

图 21-15　不同包装材料对鲜切西兰花贮藏期多酚氧化酶的影响

多酚氧化酶(PPO)活性往往在果蔬趋向衰老时升高，常被用作反映果蔬衰老的指标之一。由图 21-15 可以看出，在鲜切西兰花贮藏过程中 PPO 含量均随贮藏时间的延长而呈先下降后上升趋势，在 12 天时已达到贮藏极限，此时不同膜包装的西兰花 PPO 含量差异极显著(P<0.01)。贮藏 12 天后，PVDC 膜包装的鲜切西兰花 PPO 含量最低为 25.21U/g，相比 0 天鲜切西兰花 PPO 含量增加了 10.81U/g；LDPE、PE 膜包装的鲜切西兰花 PPO 含量分别为 27.02U/g、28.23U/g；PMP 保鲜膜包装的鲜切西兰花 PPO 含量最高为 29.42U/g，比 PVDC 包装的西兰花高 4.20U/g。这说明 PVDC 保鲜膜能更好地延长贮藏期。

(八)对鲜切西兰花超氧化物歧化酶(SOD)含量的影响

超氧化物歧化酶(SOD)为自由基清除剂，能清除自由基($O_2^- \cdot$)，而 $O_2^- \cdot$ 具有细胞毒性，可使脂质过氧化，并可能促使机体衰老。不同膜包装对鲜切西兰花超氧化物歧化酶(SOD)含量的影响见图 21-16。

由图 21-16 可见，鲜切西兰花在贮藏过程中，氧化物歧化酶(SOD)含量均呈现先上升后下降的趋势，均在 6 天是出现 SOD 活性高峰，PVDC 膜包装的鲜切西兰花 SOD 活性显著高于其他 3 种膜，贮藏 12 天后 SOD 含量极显著高于其他 3 种膜包装的西兰(P<0.01)，其含量为 5650.71U/g；其次是 LDPE 包装的鲜切西兰花，贮藏 12 天后其含量为 4180.37U/g；PMP、PE 膜包装的鲜切西兰花 SOD 含量分别为 4105.19U/g、4048.95U/g。由此可见，PVDC 膜能更好地保持 SOD 活性。

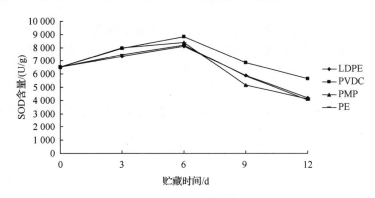

图 21-16　不同包装材料对鲜切西兰花贮藏期超氧化物歧化酶(SOD)含量的影响

(九)对鲜切西兰花过氧化物酶(POD)含量的影响

过氧化物酶(POD)与呼吸作用、光合作用及生长素的氧化等有着密切的关系,可以反映某一时期体内代谢的变化。

POD 利用过氧化氢氧化各种底物,如酚、甲酸、甲醛和乙醇等,能将 H_2O_2 分解成 O_2 和 H_2O,清除果蔬体内过量的活性氧,从而使机体免受过氧化物的毒害,维持活性氧代谢平衡,保持膜结构完整,延缓果蔬衰老。图 21-17 为不同膜包装的鲜切西兰花 POD 含量变化,差异显著($P<0.05$)。由图可知,4 种膜包装的西兰花 POD 含量均呈现逐渐增加的趋势。贮藏 12 天,PVDC 膜包装的西兰花 POD 含量最高,由原来的 114.34U/mg prot 增加至 523.01U/mg prot,差异极显著($P<0.01$);PE 膜包装的鲜切西兰花 POD 含量贮藏 12 天增加了 373.26U/mg prot;鲜切西兰花经过 PMP 膜包装处理,贮藏 12 天后 POD 含量为 432.53U/mg prot;LDPE 膜包装的西兰花 POD 含量最小为 415.7U/mg prot。因此 PVDC 膜更好地提高了西兰花的 POD 比活力,有利于保持果实品质延缓衰老。

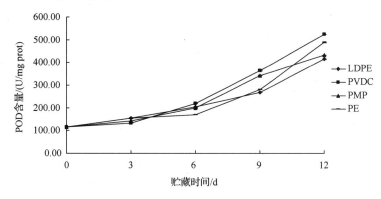

图 21-17　不同包装材料对鲜切西兰花贮藏期过氧化物酶(POD)含量的影响

三、结论与讨论

鲜切西兰花用 PVDC、PE、LDPE、PMP 四种保鲜膜包装,均可在一定程度上提高鲜切西兰花的品质,抑制其呼吸代谢强度,减少水分和可溶性固形物损失,延缓维生素 C、叶绿素含量的下降速率,改善鲜切西兰花的保鲜质量,并在一定程度上提高了超氧化物歧化酶(SOD)、过氧化物酶(POD)活性,降低了丙二醛(MDA)、多酚氧化酶(PPO)的活性,从而延缓了西兰花的衰老。其中以 PVDC 效果最佳,其次是 PE,而 LDPE 和 PMP 效果较差。

试验结果表明,贮藏 12 天后,PVDC 膜包装的鲜切西兰花与 PE、LDPE、PMP 包装的鲜切西兰花相比,维生素 C 含量分别高出 3.63mg/100g、10mg/100g、23.36mg/100g;但 PE 膜包装的鲜切西兰花叶绿素含量最高,PVDC 膜次之;PVDC 膜包装的鲜切西兰花可溶性固形物含量明显高于其他三种保鲜膜,且较好地抑制了鲜切西兰花的呼吸，维持了较低的呼吸强度和水分的损失；PVDC 更好地提高了西兰花 POD 和 SOD 的活性，降低了 MDA、PPO 活性。因此，经 PVDC 保鲜膜可延缓其组织衰老而导致的品质劣变，有效延长西兰花的贮藏期，并提高其食用价值和商品价值。

（陈学玲 张莉会 梅 新 施建斌 蔡 沙 隋 勇 何建军）

参 考 文 献

白小军, 王晓菁, 毛国璋, 等. 2000. 青枯菌的运动性野生型菌株的发现和鉴定. 西北农业学报, 9(2): 28-32.

鲍士旦. 2000. 土壤农化分析. 北京: 中国农业出版社: 42-56.

毕守东, 柯胜兵, 徐劲峰, 等. 2011. 3 种海拔高度茶园中 2 种害虫与其天敌见的数量和空间关系. 生态学报, 31(2): 455-464.

毕武, 周佳民, 黄艳宁, 等. 2014. 湖南地区玉竹根腐病病原鉴定及其生物学特性研究. 中国现代中药, (2): 133-137.

蔡吉苗, 李超萍, 时涛, 等. 2010. 木薯炭疽病原鉴定及其生物学特性研究. 安徽农业科学, 38(10): 5435-5438, 5467.

蔡开地. 2004. 结球甘蓝平衡施用氮磷钾肥效应研究. 植物营养与肥料学报, 10(1): 73-77.

曹春霞, 龙同, 刘翠君, 等. 2010. 大白菜根肿病防治药剂筛选盆栽试验, 湖北农业科学, 49(12): 3055-3056.

曹春霞, 王沫, 龙同, 等. 2012. 16000IU/mg 苏云金杆菌悬浮剂对稻纵卷叶螟的防治效果. 湖北农业科学, 51(23): 5352-5353, 5356.

曹建康, 姜微波, 赵玉梅. 2007. 果蔬采后生理生化实验指导. 北京: 中国轻工业出版社: 39-41.

曹力强, 王廷禧. 2012. 菊芋新品种定芋 1 号. 中国蔬菜, (3): 32-33.

曹小芳, 何林, 赵志模, 等. 2004. 朱砂叶螨不同抗性品系酯酶同工酶研究. 蛛形学报, 13(2): 95-102.

曹毅, 任吉君, 崔志新, 等. 2002. 我国 PIM 策略的发展与害虫控制. 农业系统科学与综合研究, 18: 69-71.

昌盛, 陈爽, 李晓光. 2012. 菊芋的种植现状研究. 北方园艺, (05): 186-187.

常纪良. 2008. 玉竹主要病虫害及综合防治措施. 特种经济动植物, 11(5): 52-53.

陈海英, 廖富蘋, 林健荣, 等. 2008. 拮抗细菌在植物病害防治中的应用及展望. 安徽农业科学, 36: 8690-8691.

陈虎, 何新华, 罗聪, 等. 2012. 龙眼水通道蛋白基因(DLPIP1)的克隆与表达分析. 果树学报, 29(2): 225-230.

陈金宏, 邵耕耘, 张雅东, 等. 2007. 几种药剂防治莲藕食根金花虫药效试验. 植物医生, 20(3): 31.

陈明昌, 许仙菊, 张强. 2005. 磷、钾与钙配合对保护地番茄钙吸收的影响. 植物营养与肥料学报, 11(2): 236-242.

陈品三. 2001. 杀线虫剂主要类型、特性及其作用机制. 农药科学与管理, 22: 33-35.

陈萍, 祝佳强, 祝双田, 等. 2010. 西瓜种质材料果实性状的变异性和聚类分析. 北方园艺, 17: 182-184.

陈儒钢, 朱文超, 巩振辉, 等. 2010. 辣椒水通道蛋白基因 CaAQP 的克隆与序列分析. 中国农业科学, 43(20): 4323-4329.

陈仕学, 杨俊, 唐红, 等. 2013. 梵净山野生阳荷水溶性膳食纤维的工艺研究. 食品工业科技, 8: 266-269.

陈松林. 2001. 福建山地生态系统的脆弱性及其生态重建探讨. 福建地理, (6): 9-11.

陈天景, 柳唐镜. 2010. 黑美人类型西瓜新品种比较试验研究. 安徽农业科学, 38(25): 13650-13652.

陈文杰. 2009. 葛根研究进展. 中国中医药现代远程教育, 7(1): 6-8.

陈翕兰. 2002. 南通名特蔬菜——襄荷. 农业科技通讯, 2(10): 17.

陈先雄. 2004. 红菜薹主要病虫害识别及其综合防治措施. 长江蔬菜, (1): 32-33.

陈小春. 2005. 几种药剂防治白菜根肿病效果试验初报. 福建农业科技, (4): 36-37.

陈小帆. 2004. 出口蔬菜安全质量保证实用手册. 北京: 中国农业出版社.

陈秀双, 贾秋生, 贾彦华, 等. 2008. 农民使用农药调查与分析. 农药科学与管理, 29(7): 54-56.

陈学君, 曹广才, 吴东兵, 等. 2005. 海拔对甘肃河西走廊玉米生育期的影响. 植物遗传资源学报, (2): 168-171.

陈雁. 2001. 魔芋种传病害管理探讨. 种子, 116(4): 40-42.

褚清河, 潘根兴, 李晋陵. 2013. 不同施肥量及养分配比对马铃薯和结球甘蓝产量及其硝酸盐含量的影响. 山西农业科学, 41(2): 149-151, 159.

崔东亚, 蒋继志, 杨美玲, 等. 2009. 植物源活性成分与植物病害防治研究进展. 农业与技术, 29: 39-41.

崔蕾, 刘塔斯, 龚力民, 等. 2013. 玉竹根腐病病原菌鉴定及抑菌剂筛选试验研究. 中国农学通报, 29(31): 159-162.

崔鸣, 赵兴喜, 谢利华, 等. 2001. 安康地区魔芋病害发生与危害调查研究. 陕西农业科学, 1: 42-44.

崔鸣, 赵兴喜. 2007. 魔芋防病药袋应用试验研究. 长江蔬菜, 6: 37-38.

戴率善, 李宗冠, 李艳红. 2002. 徐州地区甜菜夜蛾发生规律的初步研究. 植保技术与推广, 22(5): 3-5.

丁国强, 郁樊敏, 张瑞明. 2009. 上海市蔬菜土壤连作障碍问题及原因对策分析. 中国蔬菜, (15): 17-20.

丁文雅. 2015. 氮肥对蔬菜品质影响的研究进展. 北京农业, (12): 117-118.

丁云花, 简元才, 余阳俊, 等. 2013. 我国 8 省市十字花科蔬菜根肿病菌生理小种的鉴定. 中国蔬菜, 16: 85-88.

董锦艳, 李国红, 张克勤. 2001. 真菌杀线虫代谢物的研究进展. 菌物系统, 20: 286-296.

董钧锋, 张友军, 朱国仁, 等. 2012. 甜菜夜蛾在四种寄主植物上的生命表参数比较研究. 应用昆虫学报, 49(6): 1468-1473.

董全, 丁红梅. 2009. 菊芋低聚果糖生产与前景展望. 中国食物与营养, 4: 16-17.

段永照, 刘歆, 潘竟军. 2010. 拮抗生防细菌对土传性病害的抑菌机理及应用现状. 新疆农业科技, 3: 50.

段玉权, 佟世生, 冯双庆, 等. 2002. 绿色野菜卵叶韭. 中国果菜, (1): 31.

范敏, 宫国义, 张瑞麟, 等. 2004. 美国资源库西瓜种质的初步观察与数量分类. 中国西瓜甜瓜, 4: 1-3.

范淑英, 吴才君, 盛蕾, 等. 2004. 野生保健蔬菜蘘荷的人工栽培技术. 蔬菜, 3(3): 14.

范晓龙, 朱建华, 周旭, 等. 2006. 南方红豆杉炭疽病病原鉴定及其生物学特性. 福建林学院学报, 26(2): 117-112.

方芳, 王芳, 昌洪飞. 2001. 高山无公害蔬菜与平原一般蔬菜栽培和营养成分的比较. 浙江师范大学报(自然科学版), 24(3): 217-220.

方志先, 廖朝林. 2006. 湖北恩施药用植物志(下). 武汉: 湖北科学技术出版社.

方智远, 侯喜林, 等. 2004. 蔬菜学. 南京: 江苏科学技术出版社: 10.

费甫华, 盛正遒, 李松, 等. 2000. 我国魔芋病害近年持续流行原因及其综合防治对策. 湖北植保, 1: 21-22.

冯俊涛, 苏祖尚, 王俊儒. 2007. 大花金耳花蕾中精油的化学组成及其杀菌活性研究. 西北植物学报, 27: 156-162.

冯世江, 邹圣东, 彭灿. 2004. 净菜保鲜技术研究. 食品研究与开发, 25(1): 76-77.

冯文婷. 2007. 萝卜的冬季贮藏技术. 四川农业科技, (1): 58.

冯义, 蔡明佳, 阎卫红. 2014. 应用防虫网和黄板防治大棚辣椒秋延后栽培主要病虫害试验; 长江蔬菜, (10): 61-62.

冯志新. 2010. 植物线虫学. 北京: 中国农业出版社.

甘彩霞, 李鹏程, 邓晓辉, 等. 2016. 长阳白萝卜栽培现状及优势品种推荐. 长江蔬菜, 11: 15.

高启田, 张盛林. 2004. 魔芋软腐病和白绢病及其综合防治技术. 广西园艺, 15(2): 26-28.

高小华. 2008. 不同施氮量对甘蓝产量和硝酸盐含量的影响. 福建农业科技, 3: 56-57.

高学玲, 岳鹏翔. 2001. 蘘荷的营养成分分析和综合开发利用研究. 食品科学, 22(3): 58-40.

高雪, 杨绍兰, 王然, 等. 2013. 近冰温贮藏对鲜切西兰花保鲜效果的影响. 中国食品学报, 13(8): 140-146.

葛妍, 刘文亚, 魏书琴. 2011. 不同温度、光照对曼陀罗黑斑病菌孢子萌发率的影响. 吉林农业科技学院学报, 20(3): 14-17.

葛忠强, 赵春江, 鲁绍伟, 等. 2006. 北京郊区近13年来水土流失变化监测分析——以房山区为例. 水土保持研究, 13(5): 288-291.

关雄, 蔡峻. 2014. 我国苏云金杆菌研究60年. 微生物学通报, 41(3): 459-465.

郭凤领, 周长辉, 邱正明, 等. 2012. 高山特有蔬菜薇菜及其栽培技术. 长江蔬菜, (13): 11-14.

郭凤领, 李俊丽, 王运强, 等. 2014. 高山野生韭菜资源营养成分分析. 湖北农业科学, 53(22): 5523-5525.

郭凤领, 邱正明, 邓晓辉, 等. 2013. 高山特有蔬菜资源——卵叶韭的调查. 中国蔬菜, (2): 87-90.

郭海凤, 周永红, 沈向群, 等. 2005. 十字花科植物根肿病抗病遗传及分子学研究进展. 辽宁农业科学, (1): 29-30.

郭熙盛, 朱宏斌, 王文军, 等. 2004. 不同氮钾水平对结球甘蓝产量和品质的影响. 植物营养与肥料学报, 10(2): 161-166.

郭香凤, 向进乐, 李秀珍, 等. 2008. 贮藏温度对西兰花净菜品质的影响. 农业机械学报, 39(2): 201-204.

郭小密. 2000. 魔芋软腐病、白绢病的发生及防治对策. 湖北植保, 6: 17-18.

郭亚平, 李月梅, 马恩波, 等. 2000. 山西省金针虫种类、分布及生物学特性的研究. 华北农学报, 15(1): 53-56.

韩嘉义. 2005. 根韭菜的种植与加工. 致富天地, 03: 27.

韩兰芝, 翟保平, 张孝羲. 2003. 不同温度下的甜菜夜蛾实验种群生命表研究. 昆虫学报, 6(2): 184-189.

韩睿, 赵孟良, 李莉. 2013. 3个菊芋品种的ISSR引物筛选及分子鉴别. 西南农业学报, 26(1): 290-293.

郝南明, 赵保发, 胡国海, 等. 2004. 阳荷的化学成分的研究. 文山师范高等专科学校学报, 17(4): 379-380.

何洪巨, 唐晓伟, 宋曙辉, 等. 2004. 韭葱挥发性物质的气相色谱-质谱分析. 中国质谱学会. 中国质谱学会第七届会员代表大会暨学术报告会论文集. 中国质谱学会: 2.

何洪巨, 王希丽, 张建丽. 2004. GC-MS法测定大葱、细香葱、小葱中的挥发性物质. 分析测试学报, (23): 98-101.

何林, 赵志模, 邓新平, 等. 2003. 朱砂叶螨对3种杀螨剂的抗性选育及抗性治理研究. 中国农业科学, 36(4): 403-408.

何义发. 2002. 经济蕨类植物紫萁的研究进展与展望. 湖北农业科学, (6): 103-105.

何义发. 2002. 薇菜种苑生产及模式栽培经济效益浅析. 特产研究, 24(1): 50-52.

洪海林, 曹春霞, 龙同, 等. 2013. 高含量苏云金杆菌可湿性粉剂防治甘蓝鳞翅目害虫试验. 湖北植保, (1): 9-10.

侯金权, 张杨珠, 龙怀玉, 等. 2005. 不同施肥结构对甘蓝干物质积累及养分吸收的影响. 湖南农业科学, (5): 53-57.

胡定汉, 潘熙曙, 罗文辉, 等. 2004. 大冶市长腿水叶甲的发生危害情况及防治对策. 中国植保导刊, 24(7): 20.

胡庆国, 张懋, 杜卫华, 等. 2006. 不同干燥方式对颗粒状果蔬品质变化的影响的研究. 食品与生物技术学报, 4(3): 28-32.

胡琼波. 2004. 我国地下害虫蛴螬的发生与防治研究进展. 湖北农业科学, (6): 87-92.

胡文忠. 2009. 鲜切果蔬科学与技术. 北京: 化学工业出版社.

华丽, 钱平, 陈潇, 等. 2011. 甘蓝的新型组合干燥工艺. 食品与发酵工业, 37(12): 1-5.

黄保宏, 林桂娥, 王学辉, 等. 2013. 防虫网对设施蔬菜害虫控害作用研究. 植物保护, 39(6): 164-165.

黄雪松. 2004. 大葱挥发油含量与化学成分的分析. 食品与发酵工业, (10): 114-117.

黄远新, 何凤发, 玉永雄, 等. 2004. 青蒿花序轴离体培养的初步研究. 四川草原, (4): 15-17.

黄云, 马淑青, 李晓琴, 等. 2007. 油菜根肿病菌的形态和休眠孢子生物学特性. 中国农业科学, (7): 1388-1394.

黄忠闯, 李全阳, 姚春杰, 等. 2011. 热风干燥和真空冷冻干燥芒果品质的比较研究. 食品工程, 26(9): 101-104.

吉星, 李新民, 王爽, 等. 2014. 杀虫剂对哈尔滨地区小菜蛾幼虫的毒力研究. 北方园艺, (10): 102-104.

耿俊臣, 张敏, 刘铭, 等. 2004. 四川省姜瘟病菌生物型鉴定初报. 四川农业大学学报, 4(22): 391-394.

纪海波, 张玉鑫, 李玉明, 等. 2013. 西瓜种质资源主要性状的表型多样性. 西北农林科技大学学报(自然科学版), 41(8): 34-38.

纪拥军, 杨呈芹, 马秀凤. 2008. 莲藕食根金花虫的发生及防治. 现代农业科技, (13): 161.

蹇黎, 朱利泉. 2009. 贵州几种葱属植物的营养成分比较分析. 长江蔬菜, (1): 30-32.

江幸福, 罗礼智, 李克斌, 等. 2011. 甜菜夜蛾抗寒与越冬能力研究. 生态学报, 21(10): 1575-1581.

姜达炳. 2004. 运用生物梗治理三峡库区坡耕地水土流失技术研究. 长江流域资源与环境, (3): 163-167.

姜会飞, 温德, 永李楠, 等. 2010. 利用正弦分段法模拟气温日变化. 气象与减灾研究, 33(3): 61-65.

姜述君, 等. 2001. 薇菜孢子人工繁殖的环境条件. 中国蔬菜, (5): 11-13.

蒋光毅, 史东海, 卢喜平, 等. 2004. 紫色土坡地不同种植模式下径流及养分流失研究. 水土保持学报, 18(5): 54-58.

焦力, 商万有. 2011. 百合加工价值研究. 吉林农业, 10: 199.

焦忠久, 矫振彪, 聂启军, 等. 2012. 长阳高山红菜薹主要病虫害种类及防治技术. 长江蔬菜, (4): 31-32.

焦忠久, 矫振彪, 朱凤娟, 等. 2012. 湖北长阳高山蔬菜主产区农药使用状况调查与分析. 长江蔬菜, (11): 30-32.

颉建明, 郁继华, 黄高宝, 等. 2007. 低恒温和低变温弱光对辣椒光合作用的影响. 兰州大学学报(自然科学版), 43(6): 39-44.

解成骏. 2011. 阳荷红色素的提取工艺及稳定性研究. 杨陵: 西北农林科技大学.

金长娟, 弭道彬. 2010. 我国果品蔬菜贮藏保鲜的现状与发展对策. 中国园艺文摘, (1): 51-52.

金坷旭, 王正银, 樊驰, 等. 2014. 不同钾肥对甘蓝产量、品质和营养元素形态的影响. 土壤学报, 51(6): 1369-1377.

金玲莉. 2000. 光周期对甘蓝夜蛾夏季滞育诱导和解除的影响. 江西园艺, (5): 39-40.

柯胜兵, 党凤花, 毕守东, 等. 2011. 不同海拔茶园害虫、天敌种群及其群落结构差异. 生态学报, 31(14): 4161-4168.

雷必胜, 王玲. 2013. 莼菜有机生态型高产栽培技术. 科技咨询, (12): 153.

黎运红, 谭鹤群. 2015. 湖北省畜禽粪便资源分布及其环境负荷研究. 广东农业科学, 18: 21-23.

李波, 芦菲, 刘本国, 等. 2010. 双孢菇片微波真空干燥特性及工艺优化. 农业工程学报, 26(6): 380-383.

李成伟, 姚晓惠, 陈新兵. 2008. 2,4-D 和 6-BA 对菊芋愈伤组织诱导的影响. 北方园艺, (2): 203-205.

李程鹏, 张世娟, 刘春发, 等. 2006. 高山菜地活性钙土壤调理剂的应用与测土配方施肥. 湖北农业科学, 45(5): 579-580.

李大庆, 夏忠敏, 张忠民. 2004. 贵州省玉竹主要病虫种类调查及防治技术. 植物医生, 17(5): 18-19.

李德山, 段刚, 赵汗青. 2003. 植物检疫除害处理研究现状及方向. 植物检疫, 17: 289-292.

李杰, 顾杨娟, 李富威, 等. 2012. 不同干燥方式对脱水甘蓝品质的影响. 湖南农业科学, (1): 101-103.

李杰远, 覃江文. 2012. 高山番茄早疫病和晚疫病的识别与综合防治. 湖北植保, (6): 34-35.

李金萍, 柴阿丽, 孙日飞, 等. 2012. 十字花科蔬菜根肿病研究新进展. 中国蔬菜, (8): 1-4.

李金萍, 朱玉芹, 李宝聚. 2010. 十字花科蔬菜根肿病的传播途径. 中国蔬菜, 5: 21-22.

李军, 黄敬峰. 2004. 山区气温空间分布推算方法评述. 山地学报, 22(1): 126-132.

李敏, 卫书杰, 谢守贵, 等. 2005. 魔芋软腐病综合防治技术. 湖北植保, 3: 17-19.

李宁, 姚明华, 焦春海, 等. 2014. 亚洲及非洲茄子种质资源主要农艺性状的遗传多样性分析. 湖北农业科学, 53(23): 5769-5774.

李朋飞, 霍秀爱, 程永强, 等. 2013. 基于 SRAP 的西瓜种质资源遗传多样性评价. 中国农业科技导报, (2): 89-96.

李青, 吴兆录, 刘玲玲, 等. 2007. 滇西北亚高山草甸草丛昆虫多样性研究. 云南农业大学(自然科学版), 29(1): 94-100.

李清春, 张景强. 2011. 速溶保健姜粉的研究. 中国调味品, 3: 11-12.

李尚金, 夏良荣, 卫书杰. 2007. 应用沼液防治魔芋软腐病技术试验初报. 湖北植保, 4: 33-34.

李绍进. 2001. 利用气候资源发展高山蔬菜, 23(2): 20-22.

李仕东, 刘佑林. 2007. 建始县魔芋无公害栽培及病虫防治技术要点. 湖北植保, 5: 25-26.

李首昌. 2002. 生物农药的开发与应用. 现代蔬菜, (7): 10-11.

李淑清. 2002. 甜菜夜蛾的生长发育与温湿度的关系. 华中农业大学学报, 21(4): 352-355.

李武. 2000. 绿菜花采收、保鲜技术规程. 蔬菜, (5): 19-20.

李霄. 2009. 高效防治生姜姜瘟病. 中国蔬菜, 05: 28.

李烨. 2007. 人参黑斑病菌生物学特性及分子检测技术的研究. 延边: 延边大学硕士学位论文.

李永秀, 罗卫红, 倪纪恒, 等. 2005. 用辐热积法模拟温室黄瓜叶面积、光合速率与干物质产量. 农业工程学报, 21(12): 131-136.

李月文. 2005. 生姜资源及开发利用. 中国林副特产, 1: 24-25.

李志新, 邢丹英, 王晓玲. 2005. PGPR 菌剂对油菜的促生作用和菌核病防治效果. 中国油料作物学报, 27: 51-54.

梁冬妮. 2003. 鲜切蔬菜清洗、护色和包装技术的研究. 南京: 南京农业大学.

梁运江, 李伟, 王维娜, 等. 2010. 薇菜的生物学特性及人工繁殖. 北华大学学报(自然科学版), 11(2): 183-185.

廖文华, 高志岭, 刘建玲. 2010. 磷素供应对三种蔬菜磷吸收分配的影响. 中国土壤与肥料, 3: 45-47.

林本芳, 鲁晓翔, 李江阔, 等. 2012. 冰温贮藏对西兰花保鲜的影响. 食品工业科技, 19: 312-316.

林超文, 罗春燕, 庞良玉, 等. 2010. 不同耕作和覆盖方式对紫色丘陵区坡耕地水土及养分流失的影响. 生态学报, 30(22): 6091-6101.

林清洪, 林光荣, 刘福平, 等. 2006. 鹤望兰炭疽病的生物学特性及杀菌剂的药效研究. 福建农业学报, 21(3): 13-20.

林星华, 胡小敏, 王云虎, 等. 2011. 捕杀特·黄板对大棚番茄桃蚜及蚜传病毒病的防治效果. 西北农业学报, 20(3): 199.

林尤胜, 李劲松, 孙裕蕴, 等. 2006. 黑美人大果型西瓜新品种女神的选育. 中国瓜菜, (2): 10-12.

林玉锁, 龚瑞忠, 朱忠林. 2000. 农药与生态环境保护. 北京: 化学工业出版社.

凌杏元. 2000. 植物胞质雄性不育分子机理研究进展. 植物学通报, 17(4): 319-332.

刘峰. 2005. 野生蔬菜蒌蒿的高产栽培. 上海蔬菜, 6: 7-8.

刘海顺, 叶青松, 姚强, 等. 2006. 生物药肥防治魔芋软腐病和白绢病试验初报. 湖北农业科学, 45(4): 465-466.

刘欢欢, 黄海棠, 朱金峰, 等. 2015. 不同黄板悬挂高度及密度对防治烟蚜及烟草病毒病的影响; 江西农业学报, 27(7): 76.

刘建林, 夏明忠, 袁颖, 等. 2003. 杨红葛藤的繁殖方法及其栽培技术. 西昌农业高等专科学校学报, 17(4): 25-26.

刘建平. 2010. 不同氮肥及用量对潍县萝卜硝酸盐和亚硝酸盐含量的影响. 山东农业科学, 11: 55-59.

刘可群, 陈正洪, 夏智宏. 2007. 湖北省太阳能资源时空分布特征及区划研究. 华中农业大学学报(自然版), 26(6): 888-894.

刘磊, 刘世琦. 2005. 植物春化作用条件及机理研究进展. 西北农业学报, 14(2): 178-182.

刘莉. 2014. 蔬菜营养学. 天津: 天津大学出版社.

刘丽娟, 舒烈波, 罗利军, 等. 2011. SRAP 标记与形态学标记在西瓜 DUS 测试中的比较. 植物遗传资源学报, 5: 790-795.

刘铭, 张敏, 戚俊臣, 等. 2005. 中国姜瘟病的研究进展. 中国农学通报, 21(6): 337-357.

刘鹏, 王秀飞, 张维东, 等. 2012. 菊芋新品种种吉菊芋1号选育报告. 园艺与种苗, (10): 30-32.

刘淑萍, 邸丁. 2012. 不同种类蔬菜中黄酮类成分的含量分布. 河北联合大学学报, 34(3): 112-114.

刘铁梅, 胡立勇, 赵祖红, 等. 2004. 油菜发育过程及生育期机理模型的研究 I: 模型的描述. 中国油料作物学报, 26(1): 27-31.

刘万学, 万方浩, 郭建英, 等. 2003. 人工释放赤眼蜂对棉铃虫的防治作用及相关生态效应; 昆虫学报, 46(3): 311-317.

刘维志. 2000. 植物病原线虫学. 北京: 中国农业出版社.

刘晓艳, 张薇, 刘翠君, 等. 2010. 湖北省高山蔬菜根肿病的关键防治技术. 长江蔬菜, 11: 35-36.

刘咏, 行春丽, 成战胜, 等. 2005. 从桑叶中提取多酚、黄酮和多糖的优化试验. 林产化工通讯, 39(1): 10-13.

刘勇, 杨文强, 黄小琴, 等. 2009. 影响小白菜根肿病菌休眠孢子萌发的主要因子研究. 中国菌物学会 2009 学术年会论文摘要集: 49-50.

刘玉章, 高景义, 陈丽萍, 等. 2009. 辽宁地区栽培玉竹常见病害及其防治. 特种经济动植物, 12(5): 50-51.

刘源, 周光宏, 徐幸莲. 2003. 固相微萃取及其在食品分析中的应用. 食品与发酵工业, 29(7): 83-87.

刘云, 杨青, 胡海荣, 等. 2013. 宜昌市高山蔬菜基地土壤肥力状况及培肥措施. 长江蔬菜, (2): 71-75.

刘云亭. 2015. 设施番茄测土配方施肥技术应用分析; 农业科技通讯, (12): 277.

刘祖昕, 谢光辉. 2012. 菊芋作为能源植物的研究进展. 中国农业大学学报, 17(6): 122-132.

龙同, 曹春霞, 万中义, 等. 2010. 7 种药剂对大白菜根肿病田间防效的比较. 湖北农业科学, 49(7): 1616-1618.

楼兵干, 张炳欣, Maarten Ryder. 2001. 铜绿单胞菌株 CR56 在黄瓜和番茄根围的定殖能力. 浙江大学学报(农业与生命科学版), 27(2): 183-186.

陆恒, 陈炳旭, 董易之, 等. 2010. 新型杀螨剂螺螨酯对桔全爪螨的活性及药效评价. 中国南方果树, 39(5): 43-46.

陆秀红, 刘志明. 2004. 杀线虫植物的研究进展. 广西农业科学, 35: 140-142.

陆旋, 周达炜. 2012. 桑叶黄酮多酚类物质提取优化实验. 浙江化工, 43(11): 26-29.

逯明辉, 宋慧, 李晓明. 2005. 冷害过程中黄瓜叶片 SOD、CAT、POD 活性的变化. 西北植物学报, 25(8): 1570-1573.

路昭亮, 柳李旺, 龚义勤, 等. 2009. 萝卜干物重和可溶性总糖含量的遗传分析. 南京农业大学学报, 32(3): 25-29.

吕宸, 吕建强, 王国平. 2012. 我国农作物秸秆收集存在的问题及对策. 现代农业科技, 22:203-204.

吕佩珂, 苏慧兰, 高振江, 等. 2008. 中国现代蔬菜病虫害原色图鉴. 呼和浩特: 远方出版社.

吕鹏, 张吉旺, 刘伟, 等. 2011. 施氮量对超高产夏玉米产量及氮素吸收利用的影响. 植物营养与肥料学报, 17(4): 852-860.

吕文彦, 楼国强. 2009. 十字花科蔬菜常见害虫的为害特点及综合防治措施. 长江蔬菜, (12): 27-28.

罗春燕. 2013. 青海省特色野生蔬菜的调查研究. 安徽农业科学, (04): 1473-1475.

罗天宽, 张小玲. 2009. 生姜脱毒与高产高效栽培. 北京: 中国农业出版社: 6-7.

骆海波, 张雪清, 哀尚勇. 2007. 湖北省高山蔬菜生产现状及对策. 上海蔬菜, (1): 10-11.

马德英, 郭惠琳, 刘芳政, 等. 2000. 暗黑赤眼蜂防治新疆棉铃虫试验初报; 中国生物防治, 16(3): 143.

马双武, 王吉明, 邱江涛, 等. 2003. 我国西瓜甜瓜种质资源收集保存现状及建议. 中国西瓜甜瓜, 5: 17-19.

马双武, 王吉明, 韦小敏. 2006. 我国西瓜特异种质资源研究利用进展. 植物遗传资源学报, 7(4): 484-487.

马跃. 2011. 透过国际分析, 看中国西瓜甜瓜的现状与未来. 中国瓜菜, 24(2): 64-67.

孟焕文, 伊卫东, 韩云亭, 等. 2001. 大庆山山区昆虫垂直分布现象的研究. 内蒙古农业大学学报, 22(3): 118-120.

孟祥生. 2006. 恩施州高山蔬菜产业发展现状及对策. 现代农业科技, (11): 67-68.

缪体云, 薄天岳, 陈锦秀, 等. 2010. 甘蓝种质资源遗传多样性的 SRAP 分析. 分子植物育种, 8(1): 94-98.

穆启运. 2001. 细叶韭花化学成分的研究. 西北植物学报, 21(6): 1204-1220.

倪纪恒, 罗卫红, 李永秀, 等. 2005. 温室番茄发育模拟模型研究. 中国农业科学, 38(6): 1219-1225.

牛义, 张盛林. 2003. 魔芋软腐病和白绢病的发生及综合防治措施. 西南园艺, 31(1): 34-35.

牛振明, 张国斌, 刘赵帆, 等. 2013. 氮素形态及配比对甘蓝养分吸、产量以及品质的影响。草业学报, 22(6): 68-76.

欧国武, 黎华君, 李崇慧, 等. 2012. 贵州蕨菜孢子繁殖育苗技术研究. 贵州农业科学, 40(8): 92-94.

潘圣刚, 黄胜奇, 翟晶, 等. 2012. 氮肥用量与运筹对水稻氮肥吸收转运及产量的影响. 土壤, 44(1): 23-29.

潘文亮, 党志红, 高占林, 等. 2000. 几种蚜虫对吡虫啉抗药性的研究, 农药学报, 2(3): 85-87.

潘玉娇. 2007. 不同水分条件下辣椒生长发育与干物质积累模拟模型的研究. 吉林: 吉林农业大学博士学位论文.

彭长江, 李坤清. 2012. 图说南方生姜高效栽培. 北京: 金盾出版社: 9.

蒲玉琳, 谢德体, 林超文, 等. 2013. 植物篱-农作模式坡耕地土壤综合抗蚀性特征. 农业工程学报, 29(18): 125-135.

濮绍京, 石峰, 金文林. 2003. 7 个小豆核心种质杂交亲和力的研究. 北京农学院学报, (2): 81-85.

邱正明, 郭凤领, 曹春霞. 2011. 高山蔬菜栽培地区土壤保育技术. 长江蔬菜, 23: 65-69.

邱正明, 郭凤领, 聂启军, 等. 2006. 我国高山蔬菜产业可持续发展对策. 长江蔬菜, 11: 1-4.

邱正明, 郭凤领, 姚明华, 等. 2008. 促进我国高山蔬菜产业可持续发展的生态技术措施. 中国蔬菜, (7): 5-7.

邱正明, 刘可群, 聂启军. 2014. 高山立体气候资源与高山蔬菜种植分布规律研究. 中国蔬菜, (12): 33-38.

邱正明, 万福祥. 2010. 湖北外向型蔬菜产业发展区位优势分析. 长江蔬菜, (4): 65-69.

邱正明, 肖长惜. 2008. 生态型高山蔬菜可持续生产技术. 北京: 中国农业科学技术出版社: 2-52.

邱正明, 肖长惜. 2008. 生态型高山蔬菜可持续生产技术. 北京: 中国农业技术出版社.

邱正明, 朱凤娟, 聂启军, 等. 2011. 湖北省高山蔬菜主要栽培种类和品种; 中国蔬菜, (5): 30-32.

任小杰, 梁艳, 陆金萍, 等. 2008. 上海地区草莓炭疽病病原鉴定. 植物病理学报, 38(3): 325-328.

桑维钧, 李小霞, 练启仙, 等. 2007. 赤水金钗石斛黑斑病菌生物学特性及防治研究. 云南大学学报(自然科学版), 29(1): 90-93.

剡根姣, 杨敏丽, 李建涛. 2012. 牛心朴子提取物对小菜蛾的生物活性研究. 中国农学通报, 28(9): 205-208.

尚慧, 杨佩文, 董丽英, 等. 2008. 福帅得(氟啶胺)防治大白菜根肿病田间药效试验报告. 蔬菜, (3): 32-33.

申双和, 张方敏, 盛琼. 2009. 1975—2004 年中国湿润指数时空变化特征. 农业工程学报, 25(1): 11-15.

沈福英. 2010. 小菜蛾抗药性治理及研究进展. 河北农业科学, 14(8): 58-60.

沈向群, 聂凯, 吴琼, 等. 2009. 大白菜根肿病主要生理小种种群分化鉴定初报. 中国蔬菜, (8): 59-62.

师恭曜, 王玉美, 华金平. 2012. 水通道蛋白与高等植物的耐盐性. 中国农业科学导报, 14(04): 31-38.

施泽平, 郭世荣, 康云艳, 等. 2005. 基于生长度日的温室甜瓜发育模拟模型的研究. 南京农业大学学报, 28(2): 129-132.

石爱丽, 邢占民, 张铃. 2014. 4 种生物农药对白菜菜青虫的田间防效评价, 河北农业科学, 18(3): 31-34, 93.

石拥军, 李进, 顾绘, 等. 2006. 襄荷脱毒组培苗培养技术. 江苏农业科学, 5: 131-132.

石玉, 于振文, 王东, 等. 2006. 施氮量和底追比例对小麦氮素吸收转运及产量的影响. 作物学报, 32(12): 1860-1866.

史秀娟, 刘振伟, 李立国, 等. 2011. 生姜品种资源对姜瘟病的抗病性鉴定. 植物保护, 2: 124-126, 132.

司升云, 吴仁峰, 刘小明, 等. 2003. 蔬菜地下害虫的识别与防治. 长江蔬菜, (4): 18-19.

宋立晓, 严继勇, 曾爱松, 等. 2013. 结球甘蓝遗传多样性的 SSR 分析. 江苏农业学报, 29(1): 151-156.

宋月芹, 孙会忠, 仵均祥, 等. 2009. 不同温度对甜菜夜蛾保护酶活性的影响. 西北农业学报, 18(3): 285-288.

苏玉环, 王静华, 李文芹, 等. 2008. 西瓜种质资源果实性状及聚类分析. 河北农业大学学报, 31(06): 21-25.

孙道旺, 杨家鸾, 杨明英, 等. 2004. 75%达科宁防治白菜根肿病产量损失测定及残留分析. 西南农业学报, 17(2): 189-191.

覃春华, 陈冲, 万虎, 等. 2009. 莲藕食根金花虫的生物学特性研究. 中国蔬菜, (24): 57-61.

唐征, 张小玲, 刘庆, 等. 2007. 利用花托与花序轴组培快繁青花菜雄性不育株的研究. 江西农业学报, 19(3): 54-56.

唐忠海, 严明, 饶力群, 等. 2010. 桑叶水溶性多糖提取工艺的研究. 中国生物化学与分子生物学会农业分会第二届全国代表大会暨第九次学术研讨会: 7-9.

陶娟, 许慕农, 路秋生, 等. 2007. 中国葛属植物资源和利用情况. 中国野生植物资源, 26(3): 38-41.

陶伟林, 樊国昌, 周娜, 等. 2011. 高山甘蓝根肿病田间防效试验初报. 南方农业, 5(7): 12-14.

滕海媛, 王冬生, 史苹香, 等. 2012. 不同食物对甜菜夜蛾生长发育参数的影响. 应用昆虫学报, 49(6): 1474-1481.

滕海峰. 2012. 我国野生蔬菜资源利用开发问题及对策. 吉林医药学院学报, (6): 390-391.

童蕴慧. 2004. 拮抗细菌诱导番茄植株抗灰霉病机理研究. 植物病理学报, 34: 507-511.

万福祥, 袁尚勇. 2010. 湖北高山蔬菜产业健康可持续发展对策. 长江蔬菜, (17): 1-4.

汪炳良, 邓俭英, 曾广文. 2003. 萌动种子低温处理对萝卜花芽分化及植株生长的影响. 浙江大学学报(农业与生命科学版), 9(5): 504-508.

汪隆植, 何启伟. 2005. 中国萝卜, 北京: 科学技术文献出版社.

汪仁银, 常结枝. 2003. 开发阳荷前景广阔味美奇特的特色蔬菜——阳荷. 上海蔬菜, (2): 11.

汪维红, 余阳俊, 丁云花, 等. 2013. 湖北省长阳县十字花科蔬菜根肿病菌生理小种鉴定及抗源筛选. 中国蔬菜, 12:55-60.

王长生, 王遵义, 苏成, 等. 2004. 保护性耕作技术的发展现状. 农业机械学报, 35(1): 167-169.

王长生. 2012. 20%氯虫苯甲酰胺防治莲藕食根金花虫的药效试验. 植物医生, 25(2): 33.

王超. 2002. 甘蓝类蔬菜的营养与保健. 食品研究与开发, (5): 66-67.

王朝辉, 宗志强, 李生秀. 2002. 菜地和一般农田土壤主要养分累积差异.应用生态学报, 13(9): 1091-1094.

王春明, 金秀琳, 何苏琴. 2009. 花椰菜黑斑病病原鉴定及 6 种杀菌剂的室内药效测定. 甘肃农业科技, (1): 17-19.

王达, 谢欣. 2010. 季酮酸类杀虫杀螨剂品种及其合成方法. 现代农药, 9(6): 40-44.

王丹, 李雪, 马越, 等. 2013. 不同清洗剂对鲜切西兰花贮藏期间品质的影响. 食品与机械, 29(5): 190-193.

王恩彦, 胡秋舲, 杨光礼. 2007. 甘蓝根肿病药剂防效试验. 植物医生, 17(2): 22-23.

王贵斌, 王新生. 2002. 硫酸链霉素等药剂防治魔芋软腐病试验. 植保技术与推广, 22(5): 32.

王桂良, 黄玉芳, 叶优良. 2009. 不同钾肥品种和用量对甘蓝产量、品质及养分吸收利用的影响. 中国蔬菜, (20): 40-45.

王鸿梅, 冯静. 2002. 韭菜挥发油中化学成分的研究. 天津医科大学学报, 02: 191-192.

王开运. 2009. 绿色蔬菜生产中农药的科学使用. 中国果菜, 5: 32-33.

王恺, 李永梅, 毛东丽, 等. 2010. 稻草编织物覆盖对坡耕地红壤水土流失的影响. 林业调查规划, 35(4): 46-49.

王玲, 张恩桥, 余周苹. 2009. 荆州市黄曲条跳甲偏重发生原因及综合防治技术. 湖北植保, (5): 21-22.

王瑞明, 徐文华, 林付根, 等. 2007. 江苏沿海农区甜菜夜蛾发生特点研究进展. 华东昆虫学报 16(2): 81-86.

王少丽, 王然, 张友军, 等. 2009. 11 种常用药剂对蔬菜朱砂叶螨的室内毒力测定. 中国农学通报, 25(24): 386-388.

王淑芬, 徐文玲, 何启伟, 等. 2003. 春化深度对萝卜抽薹的影响及抽薹过程中 GA3 和 IAA 从含量的变化. 山东农业科学, (6): 20-21.

王述彬. 1998. 蔬菜病虫害的综合治理(十二): 蔬菜抗病品种的应用与病害防治. 中国蔬菜, 6: 56-55.

王香萍, 张钟宁, 雷朝亮, 等. 2004. 湖北高海拔地区性信息素对小菜蛾的诱捕防治效果. 昆虫学报, 47(1): 135-140.

王欣. 2008. 不同土壤肥力水平下甘蓝的氮肥效应. 中国土壤与肥料, 5: 80-81.

王信保, 唐发贵. 2005. 魔芋软腐病及其防治. 西南园艺, 33(1): 45-47.

王兴国, 郭兰, 邱正明, 等. 2006. 高山蔬菜栽培. 武汉: 湖北科技出版社.

王雄, 吴润, 张莉, 等. 2012. 韭菜挥发油成分的气相色谱-质谱分析及抗常见病原菌活性研究. 中国兽医科学, 42(2):201-204.

王学海, 刘振伟, 史秀娟, 等. 2006. 姜瘟病拮抗菌筛选研究初报. 现代农业科技, 2: 26.

王永飞, 马三梅, 张鲁刚, 等. 2002. 植物 CMS 的分子机理研究进展. 自然科学进展, 12 (10): 1009-1014.

王泽华, 魏书军, 石宝才, 等. 2012. 七种药剂对朱砂叶螨室内毒力测定及田间药效试验. 北方园艺, (17):135-138.

王志英, 孙丽丽, 张健, 等. 2014. 苏云金杆菌和白僵菌可湿性粉剂研制及杀虫毒力测定. 北京林业大学学报, 36(3): 34-41.

望勇, 邓耀华, 司升云. 2005. 黄曲条跳甲和猿叶甲的识别与防治. 长江蔬菜, (4): 36.

卫煜英, 曹艳平, 李延墨, 等. 2003. 韭菜花挥发性成分的气相色谱-质谱分析. 色谱, 21(1): 96.

魏书琴, 沈育杰, 赵海鹏. 2009. 刺五加黑斑病菌孢子萌发的影响因子. 湖北农业科学, 48(11): 2747-2748.

魏书艳, 陆德玲, 张婧, 等. 2013. 9 种药剂对小菜蛾的室内毒力测定及田间防控试验. 江苏农业科学, 41(7): 116-119.

翁启勇, 何玉仙, 赵健, 等. 2002. 甜菜夜蛾发生规律及其防治研究. 华东昆虫学报, 11(2): 70-73.

吴崇友, 金诚谦, 魏佩敏, 等. 2003. 保护性耕作的本质与发展前景. 中国农机化, (6): 8-11.

吴发启, 赵西宁, 崔卫芳. 2003. 坡耕地耕作管理措施对降雨入渗的影响. 水土保持学报, 17(3): 115-117.

吴丽艳, 柏柯帆, 李石开, 等. 2009. 利用花序轴组培快繁青花菜萝卜胞质雄性不育系的研究. 云南农业大学学报(自然科学版), 24(5):712-716.

吴社高, 吴明志. 2005. 玉竹病害种类及药剂防治技术. 中国植保导刊, (2): 27-28.

吴晓静, 王学敏, 高洪文, 等. 2011. 东方山羊豆水通道蛋白基因的克隆及初步分析. 草地科学, 19(2):331-339.

夏鲁青, 赵博光, 巨云为. 2001. 双稠哌啶类生物碱对 5 个环境细菌菌株的抑制作用. 南京林业大学学报, 25: 81-84.

向益英, 熊建成, 林泽安. 2011. 利川市高山蔬菜产业发展调研报告. 长江蔬菜, (23): 1-4.

肖波, 喻定芳, 赵梅, 等. 2013. 保护性耕作与等高草篱防治坡耕地水土及氮磷流失研究. 中国生态农业学报, 21(3): 315-323.

肖长坤, 李勇, 李健强. 2003. 十字花科蔬菜种传黑斑病研究进展. 中国农业大学学报, 8(5): 61-68.

肖长坤, 吴学宏, 李健强. 2004. 白菜黑斑病菌三个种菌株基本培养条件比较. 菌物学报, 23(4): 573-579.

肖崇刚, 郭向华. 2002. 甘蓝根肿病菌的生物学特性研究. 菌物系统, 21(4): 597-603.

肖敏玲. 2011. 甘蓝夜蛾特征特性及防治技术. 现代农业科技, (7): 168.

肖小勇, 田云. 2012. 长阳高山蔬菜的经济效益分析; 长江蔬菜, (5):2.

熊立夫. 2007. 野葛研究与栽培利用. 长沙: 湖南科学技术出版社.

熊亚梅, 梁银丽, 周茂娟, 等. 2007. 氮肥水平对甘蓝产量和品质及土壤硝态氮含量的影响. 西北植物学报, 27(4): 0839-0843.

熊正琴, 李式军, 刘高琼, 等. 2007. 大蒜花序轴离体培养的研究. 南京农业大学学报, 6: 153-155.

徐春涛, 王瑾. 2009. 不同贮藏温度条件下臭氧水对鲜切花椰菜保鲜效果的研究. 河南工业大学学报(自然科学版), 30(3): 42-43.

徐明, 章莹菁, 何忠银. 2002. 桐庐县高山蔬菜的气候适应性研究. 浙江气象, 24(4): 22-27.

徐能海, 夏晓法. 2005. 湖北高山蔬菜产业现状及发展对策. 长江蔬菜, (11): 53-55.

徐为民, 郑安俭, 严少华. 2007. 萝卜采后生理与保鲜技术研究进展. 江苏农业学报, 23(4): 366-370.

许方程, 林辉, 罗利敏, 等. 2010. 50 目防虫网全程覆盖防控番茄黄化曲叶病毒病试验初报; 中国蔬菜, (8): 61-64.

许善详. 2003. 基于生长模型的温室番茄栽培管理专家系统研究. 杭州: 浙江大学硕士学位论文.

许志刚. 2004. 普通植物病理学(2 版). 北京: 中国农业出版社.

薛纯良, 吴健桦, 徐大钢, 等. 2004. 猪粪经蝇蛆生态处理后粪臭素和排污量的变化. 环境污染与防治, (3): 218-219.

薛敏生, 高九思, 李可兴. 2008. 影响甜菜夜蛾发生程度的原因及预测模式研究. 现代农业科技, (16): 117-118.

晏春耕, 曹瑞芳. 2007. 玉竹的研究进展与开发利用. 中国现代中药, 9(4): 33-35.

杨春海, 余爱农, 易扬慧. 2003. 来凤"凤头姜"化学成分的综合提取及含量测定的研究. 食品工业科技, 02: 22-23, 27.

杨合同, 陈凯, 李纪顺. 2003. 通过导入几丁质酶基因提高巨大芽孢杆菌的生防效果. 山东科学, 16: 12-17.

杨红薇, 张建强, 唐家良, 等. 2008. 紫色土坡地不同种植模式下水土和养分流失动态特征. 中国生态农业学报, 16(3): 615-619.

杨丽员. 2013. 对云南根韭菜的生理分析与高效栽培管理技术. 北京农业, 36: 45-46.

杨猛. 2001. 莲藕食根金花虫无公害防治技术. 上海蔬菜, (6): 32-33.

杨梦云, 郑福平, 段艳, 等. 2011. 溶剂萃取/溶剂辅助风味蒸发-气相色谱/质谱联用分析野韭菜花挥发性成分. 食品科学, 32(20): 211-216.

杨佩文, 尚慧, 董丽英, 等. 2009. 大白菜根肿病发病因素分析与防治技术. 西南农业学报, 22(3): 663-666.

杨再强, 黄海静, 金志凤, 等. 2011. 基于光温效应的杨梅生育期模型的建立与验证. 园艺学报, 38(7): 1259-1266.

杨征敏, 吴文君, 姬志勤. 2001. 苦皮藤果实中农药活性成分的分离和结构鉴定. 西北农林科技大学学报, 29: 61-64.

杨政水, 黄静. 2006. 菊芋多酚氧化酶特性研究. 食品研究与开发, 27(2): 24, 25, 43.

杨志新, 郑大伟, 李永贵. 2004. 北京市土壤侵蚀经济损失分析与价值估算. 水土保持学报, 18(3): 176-178.

杨自保, 姚继贵, 丁祖明. 2004. 生姜姜瘟病发病因素与防治对策. 长江蔬菜, 8: 30-31.

姚建仁, 董丰收, 郑永权. 2003. 绿色安全农产品发展对农药工业的要求——谈我国农作物农药残留问题. 世界农药, 25: 5-8.

姚明华, 叶志彪, 王飞, 等. 2011. 湖北高山地区番茄栽培技术; 长江蔬菜, (15): 5-6.

姚秋菊, 赵艳艳, 原玉香, 等. 2015. 抗根肿病大白菜品种在河南新野的抗性鉴定. 园艺学报, 42(S1): 2663.

叶春, 聂开慧. 2000. 对 40 种新鲜蔬菜中总黄酮含量的测定. 山地农业生物学报, 19(2): 121-124.

易扬慧, 杨春海. 2004. "凤头姜"化学成分综合提取产率影响因素的研究. 食品科技, 01: 33-35.

尹巍, 王帅. 2008. 葛根淀粉分离纯化及其药用价值现状分析. 粮食加工, 33(1): 84-86.

于德才, 李学湛, 吕典秋, 等. 2005. 大蒜茎尖脱毒及快繁研究. 北方园艺, 6: 84-85.

于贺军. 2006. 气象用太阳赤纬和时差计算方法研究. 气象水文海洋仪器, 03-0050-40.

于江南, 阎海龙, 王登元, 等. 2004. 番茄田棉铃虫卵的分布及抽样研究. 昆虫知识, 41(2): 137.

于秋菊, 杜丽, 胡鸢雷, 等. 2002. 油菜质膜水孔蛋白 BnPIP1 基因启动子区的克隆及初步的功能分析. 中国科学(C 辑: 生命科学), 32(6): 519-526, 577.

于淑池, 徐亚茹. 2006. 拮抗细菌产生的活性物质及拮抗机理研究进展. 承德职业学院学报, (1): 67-69.

于淑池, 张利平, 王立安. 2004. 拮抗细菌作为生物防治手段研究进展. 河北农业科学, 8: 62-66.

于新文, 刘晓云. 2001. 昆虫种群空间格局的研究方法评述. 西北林学院学报, 16(3): 83-87.

郁樊敏, 丁国强, 张瑞敏. 2001. 上海菜田的施肥现状及其发展对策. 中国蔬菜, 4: 38-40.

袁昌梅, 罗卫红, 张生飞. 2005. 温室网纹甜瓜发育模拟模型研究. 园艺学报, 32(2): 262-267.

云宝仪, 崔晓琳, 陈晓宁, 等. 2009. 小根蒜组织培养及无性系建立的研究. 山东科学, 22(4): 32-36.

曾明, 张汉明. 2000. 葛属药用植物的资源利用研究概况. 药学实践杂志, 18(5): 344-345.

翟清波, 李诚, 王静, 等. 2012. 植物多酚降血糖和降血脂作用研究进展. 中国药房, 23(3): 279-282.

张成玲, 赵永强, 于晓庆, 等. 2008. 姜瘟病菌拮抗放线菌的筛选与鉴定. 植物病理学报, 38(4): 46-49.

张存利, 李琰. 2000. 我国野菜资源开发利用现状与发展途径. 中国林副特产, (2): 39-40.

张德双, 张凤兰, 王永健, 等. 2006a. 大白菜 CMS96 细胞质雄性不育分子特性研究. 分子植物育种, 4(4): 545-552.

张德双, 张凤兰, 王永健, 等. 2006b. 与大白菜细胞质不育相关 RAPD 特征片段的克隆和序列分析. 农业生物技术科学, 22(2): 44-50.

张法惺, 栾非时, 盛云燕. 2010. 不同生态类型西瓜种质资源遗传多样性的 SSR 分析. 中国蔬菜, 14: 36-43.

张复君, 张秀省, 齐辉, 等. 2004. 中国野生蔬菜资源与开发利用研究现状. 聊城大学学报(自然科学版), 17(1): 47-53.

张海林, 高旺盛, 陈阜, 等. 2005. 保护性耕作研究现状、发展趋势及对策. 中国农业大学学报, 10(1): 16-20.

张景顺, 王树进. 2002. 我国农业高新技术产业化的问题与对策探讨. 农业技术经济, 4: 25-28.

张力. 2006. SPSS13.0 在生物统计中的应用. 厦门: 厦门大学出版社: 68-71.

张鲁斌, 贾志伟, 谷会. 2016. 适宜 1-MCP 处理保持采后菠萝常温贮藏品质. 农业工程学报, 32(4): 290-295.

张敏, 汤志良, 舒凯, 等. 2010. 姜瘟病菌生防芽孢杆菌蛋白的分离及其生物活性. 四川农业大学学报, 28(2): 96-99.

张娜, 郭建英, 万方浩, 等. 2009. 甜菜夜蛾对不同寄主植物的产卵和取食选择. 昆虫学报, 52(11): 1229-1235.

张容鹄, 万祝宁, 何艾, 等. 2012. 菠萝蜜真空冷冻干燥工艺的研究. 食品科技, 37(4): 69-73.

张世法, 章宁. 2014. 高山越夏番茄避雨微滴管物理杀虫技术; 长江蔬菜, (17): 11-13.

张世清, 任文彬, 王华, 等. 2006. 植物寄生线虫生物防治和抗线虫基因工程综述. 热带农业科学, 26: 69-75.

张天字, 2003. 中国真菌志. 北京: 科学出版社: 1-30.

张先平, 邓根生, 李举全. 2003. 魔芋软腐病防治技术初探. 陕西农业科学, 2: 60-61.

张先平, 李爱玲, 王胜宝, 等. 2002. 魔芋软腐病发生规律与防治技术研究. 西北农业学报, 11(1): 78-81.

张筱秀, 连梅力, 李唐, 等. 2007. 甘蓝夜蛾生物学特性观察. 山西农业科学, 35(6): 96-97.

张雪燕, 田永强, 高丽红, 等. 2011. 长期采用不同栽培方式和栽培制度对土壤环境的影响.中国蔬菜, (22/24): 38-44.

张艳, 刘素兰, 杨福强. 2015. 8 个豇豆新品系的比较试验. 长江蔬菜, (6): 21-23.

张滢, 王友海, 张化平. 2005. 火烧坪大白菜根肿病的发生与防治. 湖北植保, (6): 23.

张于光, 肖启明. 2003. 百合的主要病害及其防治.植物杂志, (3):16-17.

张战凤, 张鲁刚, 王绮, 等. 2006. 大白菜胞质雄性不育系育性相关线粒体 DNA 片段的克隆及序列分析. 西北农业学报, 15(3):112-115.

张祯明, 罗学刚, 樊有国, 等. 2016. 地膜降解物对土壤微生物群落结构和多样性的影响.水土保持通报, (2):24-25.

张中平, 陈星. 2006. 山区反季节蔬菜气候适宜性研究. 安徽农业科学, 34(8): 1535-1538.

张钟, 李凤霞, 邱桂林. 2007. 薇菜多糖的提取及纯化. 中国林副特产, (5): 1-4.

张钟, 史竹兰. 2007. 三种薇菜产品营业成分的分析与比较. 中国林副特产, (1): 1-4.

赵大宣, 郑树芳. 2009. 山野菜保健价值及发展前景. 广西农学报, 24(1): 107-108.

赵恒田, 王新华, 沈云霞, 等. 2004. 我国野菜资源人工开发利用及可持续发展. 农业系统科学与综合研究, 20(4): 300-305.

赵书军, 李车书, 邱正明, 等. 2012. 恩施市高山蔬菜施肥及连作现状调查研究. 中国蔬菜, (22):88-93.

赵书军, 梅东海, 陈国华, 等. 2005. 鄂西南植烟土壤微量元素分布及演变特点. 土壤, 37(6):674-678.

赵树英, 孙凯. 2003. 物理防治有害生物的意义与前景. 广西植保, 16(增刊): 37-38.

赵晓川, 王卓龙, 孙金艳. 2006. 菊芋在畜牧生产中的应用. 黑龙江农业科学, (6): 39-40.

赵一鹏, 宋建伟, 周岩, 等. 2002. 植物组织培养及其在园艺上的应用. 河南职业技术师范学院学报, 30(3): 30-32.

赵毓潮, 向祖焕, 张植敏. 2008. 氰霜唑与氟啶胺配套防治十字花科根肿病试验效果. 湖北植保, (4): 51-52.

赵媛媛, 何春阳, 姚辉, 等. 2009. 干旱过程对耕地自然生产功能的影响. 农业工程学报, 25(2): 278-284.

赵卓, 舒佳礼, 葛台明. 2011. 不同浓度的 NAA、6-BA 对凤头姜试管苗生长的影响. 湖北民族学院学报(自然科学版), 03:278-281.

甄天元, 彭晓蓓, 李文香, 等. 2011. 丁香提取液对鲜切西兰花保鲜效果的影响. 食品科学, 32(10): 279-282.

郑传临, 曹雅忠, 倪汉祥. 2000. 我国农作物有害生物可持续治理技术策略的探讨. 广西北海: 无公害农业生态系统与农业可持续防治国际研讨会论文集: 71-76.

郑汉臣. 2003. 中国食用本草. 上海: 上海辞书出版社: 325-326.

郑健仙. 2002. 影响人体健康的第七大营养素. 科技广场, (11): 47-48.

郑良, Howard Ferris. 2001. 58 种中(草)药对植物寄生线虫 *Meloidogyne favanica* 和 *Pragylenchus vulnus* 的药效研究. 植物病理学报, 31: 175-183.

郑圣先, 刘德林, 聂军, 等. 2004. 控释氮肥在淹水稻田土壤上的去向及利用率. 植物营养与肥料学报, 10(2): 137-142.

郑运章. 2002. 有机蔬菜中的病虫草害防治技术. 安徽蔬菜科学技术, (3):408-409.

中国农业科学院蔬菜花卉研究所. 2010. 中国蔬菜栽培学(2 版). 北京: 中国农业出版社: 2.

中国气象局. 2003. 地面气象观测规范. 北京: 气象出版社.

钟刚琼, 滕建勋, 陈永波, 等. 2004. 魔芋软腐病的综合防治. 中国植保导刊, 24(10): 25-26.

钟建明, 陈恩波, 何晓颖, 等. 2010. 云南省玉溪市发展高山蔬菜的市场、气候条件初步分析.中国农学通报, 26(18):242-246.

钟景辉, 蔡秋锦, 张飞萍, 等. 2000. 百合病害及其持续治理. 森林病虫通讯, 19(2):28-31,23.

钟启文, 王怡, 王丽慧, 等. 2007. 菊芋生长发育动态及光合性能指标变化研究. 西北植物学报, 27(9): 1843-1848.

周长辉. 2009. 南方薇菜的人工栽培技术. 农业科技通讯, (8): 192-194.

周春蕾, 李仁, 吴新新, 等. 2013. 多年生黑麦草质膜型水通道蛋白基因 LpAQP 的克隆及功能分析. 中国农业科学, 46(12):2412-2420.

周璟, 何丙辉, 刘立志, 等. 2009. 坡度与种植方式对紫色土侵蚀与养分流失的影响研究. 中国生态农业学报, 17(2): 239-243.

周康, 何树兰. 2000. 食虫植物捕蝇草的花序轴组织培养. 植物资源与环境学报, 9(1): 63-64.

周阳阳, 杨洪一. 2010. 玉竹锐顶镰孢菌的生物学特性及药剂防治. 中国农学通报, 26(9): 315-318.

周燊, 杨挺宪, 杨佩. 2012. 大白菜根肿病综合防治新技术研究. 中国蔬菜, (2): 83-86.

周玉红, 周光来. 2012. 浅谈长阳高山番茄的可持续发展. 现代园艺, (14): 28-30.

朱凤娟, 邱正明, 陈磊夫, 等. 2016. 鄂西高山番茄大棚避雨栽培技术. 长江蔬菜, (3):8-10.

朱凤娟, 邱正明. 2008. 长阳高山蔬菜产销调研报告. 长江蔬菜, 3: 6-7.

朱凤娟. 2008. 长阳高山蔬菜产销调研报告. 长江蔬菜, (3): 4-7.

朱凤娟. 2012. 鄂西高山大宗蔬菜育苗技术. 长江蔬菜, (6): 55-59.

朱凤娟. 2013. 鄂西山区越夏甜玉米栽培技术. 长江蔬菜, (3): 11-12.

朱进, 柳文录. 2009. 恩施州高山蔬菜发展现状、问题及对策. 长江蔬菜, (10): 49-51.

朱静华, 高伟, 李明悦, 等. 2013. 氮素对甘蓝产量、硝酸盐含量及氮吸收量的影响. 山西农业科学, 41(7): 712-715.

朱青, 王兆骞, 尹迪信. 2008. 贵州坡耕地水土保持措施效益研究. 自然资源学报, 23(2): 219-228.

朱士农, 张爱慧, 肖木珠. 2007. 野蒜的植物学特征及其驯化栽培效果研究. 江苏农业科学, 6: 153-155.

朱校奇, 周佳民, 黄艳宁, 等. 2011. 中国葛资源及其利用. 亚热带农业研究, 7(4): 230-234.

朱英东, 赵俊峰, 王静环. 2008. 白菜根肿病生态防控技术. 中国农技推广, (5): 38-39.

祝明亮, 李天飞, 张克勤, 等. 2004. 根结线虫生防资源概况及进展. 微生物学报, 31(1): 100-104.

庄荣福, 胡维骧, 林光荣, 等. 2002. 辐射对青花菜生理生化指标及保鲜效果的影响. 亚热带植物科学, 31(3): 16-18.

邹坤, 陈勇. 2011. 玉竹根腐病的发生与防治. 湖南人文科技学院学报, (2): 82-83.

邹详明, 谢兰霞. 2005. 魔芋软腐病流行原因分析及防治对策. 植物医生, 18(5): 16-17.

Adam M1, Westphal A, Hallmann J, et al. 2014. Specific microbial attachment to root knot nematodes in suppressive soil. Appl Environ Microbiol, 80(9): 2679-2686.

Adria N, Natalia H, Magdalena W, et al. 2012. The impact of freeze-drying on microstructure and rehydration properties of carrot. Food Research International, 49(2): 687-693.

Ahmed Idris H, Labuschagne N, Korsten L. 2007. Screening rhizobacteria for biological control of Fusarium root and crown rot of sorghum in Ethiopia. Biol Cont, 40(1): 97-106.

Alcicek A, Baslar S. 1995. Bitki ve sularda asiri nitrate birikiminin sonuclari. Ekoloji Cevre Dergisi, 14: 15-18.

Ali A, Gaylor MJ. 1992. Effects of temperature and larval diet on development of the beet armyworm. Environ Entomol, 21(4): 780-786.

Amara N, Krom BP, Kaufmann GF, et al. 2011. Macromolecular inhibition of quorum sensing: Enzymes, antibodies, and beyond. Chem Rev, 111, 195-208.

Antoon TP, Paulus CM. 1999. Effect of temperature on suppression of *Meloidogyne incognita* by target cultivars. Supplement J Nematol, 31: 709-714.

Arguelles-Arias A, Ongena M, Halimi B, et al. 2009. Bacillus amyloliquefaciens GA1 as a source of potent antibiotics and other secondary metabolites for biocontrol of plant pathogens. Microb Cell Fact, 8: 63.

Arie T, Kobayashi Y, Okada G, et al. 1998. Control of soilborne clubroot disease of cruciferous plants by epoxydon from Phoma glomerata. Plant Pathology, 47: 743-748.

Baker KL, Langenheder S, Nicol GW, et al. 2009. Environmental and spatial characterisation of bacterial community composition in soil to inform sampling strategies. Soil Biol Biochem, 41: 2292-2298.

Ban H, Chai X, Lin Y, et al. 2009. Transgenic Amorphophallus konjac expressing synthesized acyl-homoserine lactonase(aiiA)gene exhibit enhanced resistance to soft rot disease. Plant Cell Rep, 28: 1847-1855.

Banno S, Yamashita K, Fukumori F, et al. 2009. Characterization of QOI resistance in *Botrytis cinerea* and identification of two types of mitochondrial cytochrome b gene. Plant Pathology, 58: 120-129.

Bao SD. 2000. Analysis of soil and agricultural chemistry. Beijng: Agriculture Press. (in Chinese)

Bekal S, Niblack TL, Lambert KN. 2003. A chorismate mutase from the soybean cyst nematode Heterodera glycines shows polymorphisms that correlate with virulence. Mol Plant Microbe Interact, 16: 439-446.

Bennett TD, Tan JC, Moggach SA, et al. 2010. Mechanical properties of dense zeolitic imidazolate frameworks(ZIFs): a high-pressure X-ray diffraction, nanoindentation and computational study of the zinc framework Zn(Im)2, and its lithium-boron analogue, LiB(Im)4. Chem, 16: 10684-10690.

Bird DM. 2004. Signaling between nematodes and plants. Curr Opin Plant Biol, 7(4): 372-376.

Bohm A, Kleessen B, Henle T. Effect of dry heated inulin on selected intestinal bacteria. Eur Food Res Technol, (222): 737-740.

Boss EA, Filho RM, Toledo ECV. 2004. Freeze drying process:real time model and optimization. Chemical Engineering and Processing, 43(12): 1475-1485.

Brockett BFT, Prescott C.E, Grayston S.J. 2012. Soil moisture is the major factor influencing microbial community structure and enzyme activities across seven biogeoclimatic zones in western Canada. Soil Biol Biochem, 44, 9-20.

Buena AP, Alvarez ÁG, Díez-Rojo MA, et al. 2007. Use of pepper crop residues for the contro of root-knot nematodes. Bioresour Technol, 98: 2846-2851.

Bulman S, Candy JM, Fiers M, et al. 2011. Genomics of biotrophic, plant-infecting plasmodiophorids using in vitro dual cultures. Protist, 162(3): 449-461.

Burkett-Cadena M, Kokalis-Burelle N, Lawrence K S, et al. 2008. Suppressiveness of root-knot nematodes mediated by rhizobacteria. Biological Control, 47: 55-59.

Cai D, Kleine M, Kifle S. 1997. Positional cloning of a gene for nematode resistance in sugar beet. Science, 275: 832-834.

Caranta C, Palloix A, Lefebvre V, et al. 1997. QTLs for a component of partial resistance to cucumber mosaic virus in pepper: restriction of virus installation in host-cells. Theor Appl Genet, 94: 431-438.

Caranta C, Pxiege S, Lefebvre V, et al. 2002. QTLs involved in the restriction of Cucumber mosaic virus(CMV) long-distance movement in pepper. Theor Appl Genet, 104: 586-591.

Chaim BA, Grube RC, Lapidot M, et al. 2001. Identification of quantitative trait loci associated with resistance to *Cucumber mosaic* virus in Capsicum annuum. Theor Appl Genet, 102:1213-1220.

Charendoff MN, Shah HP, Briggs JM. 2013. New insights into the binding and catalytic mechanisms of *Bacillus thuringiensis* lactonase: insights into β-thuringiensis aiiA mechanism. PLoS One, 8: e75395.

Chen H, Wang S, Xing Y, et al. 2003. Comparative analyses of genomic locations and race specificities of loci for quantitative resistance to *Pyricularia grisea* in rice and barley. Proc Natl Acad Sci USA, 100 (5): 2544-2549.

Chen JS, Zheng FC. 2007. Application of ITS sequences in fungi classification and identification. Journal of Anhui Agri Sci, 35(13): 3785-3786, 3792.

Chen R, Zhou Z, Cao Y, et al. 2010 High yield expression of an AHL-lactonase from *Bacillus* sp. B546 in *Pichia pastoris* and its application to reduce *Aeromonas hydrophila* mortality in aquaculture. Microb Cell Fact, 9: 1475-2859.

Chen X, Vater J, Piel J, et al. 2006. Structural and functional characterization of three polyketide synthase gene clusters in *Bacillus amyloliquefaciens* FZB42. J Bacteriol, 188: 4024-4036.

Chen XH, Koumoutsi A, Scholz R, et al. 2007. Comparative analysis of the complete genome sequence of the plant growth-promoting bacterium Bacillus amyloliquefaciens FZB42. Nat Biotechnol, 25: 1007-1014.

China Meteorological Administration. 2003. Surface weatherobserving practices Beijing: China Meteorological Press. (in Chinese)

Chitwood DJ. 2003. Research on plant -parasitic nematode biology conducted by the United States Department of Agriculture Agricultural Research Service. Pest Management Science, 59(6-7): 748-753.

Choi K, Yi Y, Lee S, et al. 2007, Microorganisms against Plasmodiophora brassicae. J Microbiol Biotechnol, 17: 873-877.

David A, Lovelock, Caroline E, et al. 2013. Salicylic acid suppression of clubroot in broccoli(Brassicae oleracea var. italica)caused by the obligate biotroph *Plasmodiophora brassicae*. Australasian Plant Pathol, 42: 141-153.

De Boer JM, McDermott JP, Wang X, et al. 2002. The use of DNA microarrays for the developmental expression analysis of cDNAs from the oesophageal gland cell region of Heterodera glycines. Mol Plant Pathol, 3: 261-270.

de Muetter J, Vanholme B, Bauw G, et al. 2001. Preparation and sequencing of secreted proteins from the pharyngeal glands of the plant parasitic nematode *Heterodera schachtii*. Mol Plant Pathol, 2: 297-301.

Deng MH, Shi XJ, Tian YH, et al. 2012. Optimizing nitrogen fertilizer application for rice production in the Taihu Lake region, China. Pedosphere, 22(1): 48-57.

Deng XH, Qiu ZM, Nie QJ. 2009, Study on the key-factors to isolated Microspore Culture in purple flowering stalk(*Brassica campestris* L.ssp. Chines is var. purpurea Tsen et Lee). Agricultural Science of Hubei, 10: 2347-2350.

Desouhant E, Driessen G, Lapchin L, et al. 2003. Dispersal between host populations in field conditions: navigation rules in the parasitoid *Venturia canescens*. Ecological Entomology, 28(3): 157-267.

Dobermann A, Cassman KG. 2005. Gereal area and nitrogen use efficiency are drivers of future nitrogen fertilizer consumption. Sci China Ser C, 48: 745-758.

Dong N, Li C, Wang Q, et al. 2010. Mixed Inheritance of Earliness and its Related Traits of Short-season Cotton under Different Ecolodical Environments. Cotton Science, 22 (4): 304-311.

Dong YH, Wang LH, Zhang LH. 2007. Quorum-quenching microbial infections: mechanisms and implications. Philos T Roy Soc B, 362: 1201-1211.

Dong YH, Xu JL, Li XZ, et al. 2000. AiiA, an enzyme that inactivates the acylhomoserine lactone quorum-sensing signal and attenuates the virulence of *Erwinia carotovora*. Proc Natl Acad Sci USA, 97: 3526-3531.

Dong YH, Zhang LH. 2005. Quorum sensing and quorum-quenching enzymes. Journal of Microbiology, 43: 101-109.

Doyle EA, Lambert KN. 2002. Cloning and characterization of an esophageal-gland-specific pectate lyase from the root-knot nematode *Meloidogyne javanica*. Mol Plant Microbe Interact, 15: 549-556.

Doyle EA, Lambert KN. 2003. Meloidogyne javanica chorismate mutase 1 alters plant cell development. Mol Plant Microbe Interact, 16:123-131.

EI-Hadad ME, Mustafa MI, Selim ShM, et al. 2011. The nematicidal effect of some bacterial biofertilizers on Meloidogyne incognita in sandy soil. Braz J Microbiol, 42(1): 105-113.

Estevez de Jensen C, Abad G, Roberts P, et al. 2006. First report of wilt and stem canker of Poinsettia(Euphorbia pulcherrima)caused by *Phytophthora nicotianae* in Puerto Rico. Plant Disease, 90 (11): 1459.

Fan JB, Zhang YL, Turner, D, et al. 2010. Root physiological and morphological characteristics of two rice cultivars with different nitrogen-use efficiency. Pedosphere, 20(4): 446-455.

Fan XH, Sun ZW, Wang QT, et al. 2011. Effect of form and amount of nitrogen on yield and quality of cherry radish. Northern Hort, (22): 38-40.

Fawzy ZF, El-Nemr MA, Saleh SA. 2007. Influence of levels and, methods of potassium fertilizer application on growth and yield of eggplant. Journal of Applied Science Research, 27(1): 42-49.

Feng J, Xiao Q, Hwang SF, et al. 2012. Infection of canola by secondary zoospores of *Plasmodiophora brassicae* produced on a nonhost. Eur J Plant Pathol, 132: 309-315.

Fox CA, MacDonald KB. 2003. Challenges related to soil biodiversity research in agroecosystems - Issues within the context of scale of observation. Can J Soil Sci, 83: 231-244.

Fu S, Qi C. 2009. Major gene plus polygene inheritance of oil contention *Brassica napus* L. Jiangsu J of Agr Sci, 25(4): 731-736.

Fung CP. 2003. Manufacturing process optimization for wear property of fiber-reinforced polybutylene terephthalate composites with grey relational analysis. Wear, 254: 298-306.

Furtado EL, Bueno CJ, Oliveira ALD, et al. 2009. Relationship between occurrence of Panama disease in banana trees of cv.Nanicao and nutrients in soil and leaves. Tropical Plant Pathology, 34(4): 211-215.

Gai J, Zhang Y, Wang J. 2003. Genetic System of Quantitative Traits in Plants. Beijing: Science Press: 230-236 (In Chinese).

Gang MA, Wang R, Wang CR, et al. 2007. Effect of 1-methylcyclopropene on the antioxidant enzymes of broccoli flower buds senescening during storage. Japan Crop Sci, 224(9): 274-275.

Gang MA, Wang R, Wang CR, et al. 2009. Effect of 1methylcyclopropene on expression of genes for ethylene biosynthesis enzymes and ethylene receptors in post-harvest broccoli. Plant Growth Regul, 57(3): 223-232.

Gao B, Allen R, Maier T, et al. 2002. Identification of a new beta-1,4-endoglucanase gene expressed in the esophageal subventral gland cells of *Heterodera glycines*. J Nematol, 34:12-15.

Garcia MJM. 2012. Plant nutrition and defense mechanism: frontier knowledge. //Advances in Citrus Nutrition.Springer Netherlands: 12.

Ge BB, Cheng Y, Liu Y, et al. 2015. Biological control of *Botrytis cinerea* on tomato plantsusing *Streptomyces ahygroscopicus* strain CK-15. Letters in Applied Microbiology, 61: 596-602.

Geoffrey RD. 2009. Plasmodiophora brassicae in its Environment. J Plant Growth Regul, 28(3): 212-228.

Girginer N, Kaygisiz Z. 2013. Cost-utility analysis in municipalities: The case of odunpazarı and tepebası municipalities in the city of eskisehir. Habitat Int, 38: 81-89.

Goellner M, Smant G, De Boer JM, et al. 2000. Isolation of beta-1,4 endoglucanase genes from *Globodera tabacum* and their expression during parasitism. J Nematol, 32: 154-165.

Grube RC, Zhang Y, Murphy JF, et al. 2000. New source of resistance to *Cucumber mosaic virus* in *Capsicum frutescens*. Plant Dis, 84: 885-891.

Gruber N, Galloway JN. 2008. An Earth-system perspective of the global nitrogen cycle. Nature, 451: 293-296.

Gu H, Qi C. 2008. Genetic Analysis of lodging resistance with mixed model of major gene plus polygene in *Brassica napus* L. Acta Agronomica Sinica, 34(3): 376-381.

Guan G, Tu SX, Yang JC, et al. 2011. A field study on effects of nitrogen fertilization modes on nutrient uptake, crop yield and soil biological properties in rice wheat rotation system. Agr Sci China, 10: 1254-1261.

Guo JH, Liu XJ, Zhang Y, et al. 2010. Significant acidification in major *Chinese croplands*. Sci, 327: 1008-1010.

Han YL, Ge DJ, Wang Q, et al. 2007. Effect of N fertilizer rate on fate of labeled nitrogen and winter wheat yield on different soil fertility fields in Chao soil area in north Henan. J Soil Water Cons, 1(5): 151-154.

Handelsman J. 2004. Metagenomics: application of genomics touncultured microorganisms. Microbiology and Molecular Biology Reviews, 68(4): 669-685.

He F, Chen Q, Jiang R, et al. 2007. Yield and nitrogen balance of greenhouse tomato (*Lycopersicum esculentum* Mill.) with conventional and site-specific nitrogen management in Northern China. Nutr Cycl Agroecosyst, 77: 1-14.

Huang C, Dai C, Guo M. 2015. A hybrid approach using two-level DEA for financial failure prediction and integrated SE-DEA and GCA for indicators selection. Appl Math Comput, 251: 431-441.

Huang S, Zhang B, Dan M, et al. 2000. Development of pepper SSR markers from sequence databases. Euphytica, 117: 163-167.

Ilhan K, Karabulut OA. 2013. Efficacy and population monitoring of bacterial antagonists for gray mold (*Botrytis cinerea* Pers. ex. Fr.) infecting strawberries. BioControl, 58: 457-470.

Institute of Vegetables and Flowers, Chinese Academy of Agricultural Sciences Editor. 2010. Chinese vegetable cultivation. Beijing: China Agricultural Press. (in Chinese)

Izzah NK, Lee J, Perumal S, et al. 2013. Microsatellite-based analysis of genetic diversity in 91 commercial Brassica oleracea L. cultivars belonging to six varietal groups. Genetic Resources and Crop Evolution, 60(7):1967-1986.

Jiang D, Li X,Liu L, et al. 2010. Reaction rates and mechanism of the ascorbic acid oxidatiaon by molecular oxygen facilitated by Cu(II)-containing amyloid-β complexes and aggregates. The Journal of Physical Chemistry B, 114(14): 4896-4903.

Jilani MS, Burki T, Waseem K. 2010. Effect of nitrogen on growth and yield of radish. J Agric Res, 48(2): 219-225.

Jin H, Li B, Peng X, et al. 2014. Metagenomic analyses reveal phylogenetic diversity of carboxypeptidase gene sequences in activated sludge of a wastewater treatment plant in Shanghai, China Ann Microbiol, 64: 689-697.

Jing Q, Bouman BAM, Hengsdijk H, et al. 2007. Exploring options to combine high yields with high nitrogen use efficiencies in irrigated rice in China. Eur J Agr, 26: 166-177.

Johanson U, Karlsson M, Johansson I, et al. 2001. The complete set of genes encoding major intrinsic proteins in arabidopsis provides a framework for a new nomenclature for major intrinsic proteins in plants. Plant Physiology, 126(4): 1358-1369.

Jung DS, Na YJ, Ryu KH. 2002. Phylogenic analysis of *Alternaria brassicicola* producing bioactive metabolites. J Microbiol, 40: 289-294.

Kageyama K, Asano T. 2009.Life cycle of *Plasmodiophora brassicae*. J Plant Growth Regul, 28: 203-211.

Kamei AK, Tsuro M, Kubo N, et al. 2010. QTL mapping of clubroot resistance in radish (*Raphanus sativus* L.). Theor Appl Genet, 120: 1021-1027.

Kang W, Hoang N, Yang H, et al. 2010. Molecular mapping and characterization of a single dominant gene controlling CMV resistance in peppers (*Capsicum annuum* L.) Theor Appl Genet, 120:1587-1596.

Karol M, Matúš K, Ihsan AA. 2015. Lectotypification of names of Himalayan *Brassicaceae taxa* currently placed in the genus Cardamine. Phyto Keys, 50: 9-23.

Kaur PK, Kaur J, Saini HS. 2015. Antifungal potential of Bacillus vallismortis R2 against different phytopathogenic fungi.Spanish Journal of Agricultural Research, 13(2): 1-10.

Kaye JP, McCulley RL, Burke IC. 2005. Carbon fluxes, nitrogen cycling, and soil microbial communities in adjacent urban, native and agricultural ecosystems. Global Change Biol, 11: 575-587.

Kim S, Park M, Yeom SI, et al. 2014. Genome sequence of the hot pepper provides insights into the evolution of pungency in Capsicum species. Nat Genet, 2014. 46(3):270-278.

Kunikata T, Tatefuji T, Tatefuji T, et al. 2001. Indirubin inhibits inflammatory reactions in delayed-type hypersensitivitu. European Journal of Pharmacology, 1: 93-100.

Lee JM, Nahm SH, Kim YM, et al. 2004. Characterization and molecular genetic mapping of microsatellite loci in pepper. Theor Appl Genet, 108:619-627.

Lee SO, Choi GJ, Choi YH, et al. 2008. Isolation and characterization of endophytic actinomycetes from Chinese cabbage roots as antagonists to *Plasmodiophora brassicae*. J Microbiol Biotechnol, 18: 1741-1746.

Leeuwen TV, Dermauw W, Veire VD, et al. 2005. Systemic useof spinosad to control the two-spotted spider mite (Acari: Tetranychidae) on tomatoes grown in rockwool. Exp Appl Acarol, 37(1/2): 93-105.

Leroux P, Gredt M, Leroch M, et al. 2010. Exploring mechanism of resistance to respiratory inhibitors in field strains of *Botrytis cinerea*, the causal agent of gray mold. Applied and Environmental Microbiology, 76(19): 6615-6630.

Li H, Liang XQ, Chen YX, et al. 2008. Ammonia volatilization from urea in rice fields with zero-drainage water management. Agr Water Management, 95: 887-894.

Li L, Yang J, Tong Q, et al. 2005. A novel approach to prepare extended DNA fibers in plants. Cytom Part A, 63: 114-117.

Li XQ, Wei JZ, Tan A, et al. 2007. Resistance to root-knot nematode in tomato roots expressing a nematicidal *Bacillus thuringiensis* crystal protein. Plant Biotechnol J, 5: 455-464.

Li Z, Wang S, Tao QY, et al. 2012. A putative positive feedback regulation mechanism in CsACS2 expression suggests a modified model for sex determination in cucumber (*Cucumis sativus* L.). J Exp Bot, 63(12):4475-4484.

Liao YL, Rong XM, Zheng SX, et al. 2009. Influences of nitrogen fertilizer application rates on radish yield, nutrition quality, and nitrogen recovery efficiency. Front Agric China, 3(2): 122-129.

Lin DX, Fan XH, Hu F, et al. 2007. Ammonia volatilization and nitrogen utilization efficiency in response to urea application in rice fields of the Taihu Lake Region, China Pedosphere, 17: 639-645.

Liu JP. 2010. Influence of different nitrogen fertilizers and application rates on contents of nitrate and nitrite in Weixian radish. Shandong Agri Sci, 11: 55-59.

Loh J, Pierson EA, Pierson LS, et al. 2002 Quorum sensing in plant-associated bacteria. Curr Opin Plant Biol,5: 285-290.

Lü P, Zhang JW, Liu W, et al. 2011. Effects of nitrogen application on yield and nitrogen use efficiency of summer maize under super-high yield conditions . Plant Nutr Fert Sci, 17(4): 852-860.

Luo X, Si L, Yin W. 2009. Inheritance on major gene plus polygenes of yellow line and fruit length ratio of cucumber. Acta Agriculturae Boreali-Sinica, 23(2): 88-91.

Mahovic M, Gu GY, Rideout S. 2013. Effects of pesticides on the reduction of plant and human pathogenic bacteria in application water. J Food Prot, 76: 719-722.

Marella N, Bhattacharya S, Mukherjee L, et al. 2009. Cell type specific chromosome territory organization in the interphase nucleus of normal and cancer cells. Journal of Cellular Physiology, 221:130-138.

Margit N, Andrea K, Larsen RU. 2004. Predicting the effect of irradiance and temperature on the flower diameter of greenhouse grown Chrysanthemum. Scientia Horticulturae, 99: 319-329.

Martinelli LA, Seitzinger SP, Sutton MA. 2008. Transformation of the nitrogen cycle: recent trends, questions, and potential solutions. Science, 320:889-892.

Mazzi D, Dorn S. 2012. Movement of insect pests in agricultural landscapes. Annals of Applied Biology, 160(2): 97-113.

Miao T, Gao S, Jiang S, et al. 2014. A method suitable for DNA extraction from humus-rich soil. Biotechnol, Lett.1, 1.

Mimura T, Kura-Hotta M, Tsujimura T, et al. 2003. Rapid increase of vacuolar volume in response to salt stress. Planta, 216(3): 397-402.

Mimura Y, Inoue T, Minamiyama Y, et al. 2012. An SSR-based genetic map of pepper (*Capsicum annuum* L.) serves as an anchor for the alignment of major pepper maps. Breeding Science, 62: 93-98.

Minamiyama Y, Tsuro M, Hirai M. 2006. An SSR-based linkage map of Capsicum annuum. Mol Breeding,18:157-169.

Mitani S, Sugimoto K, Hayashi H, et al. 2003. Effects of cyazofamid against *Plasmodiophora brassicae* Woronin on Chinese cabbage. Pest Manag Sci, 59: 287-293.

MitsuoH, KazutakaY, Kenichi Y. 2004. PCR-based specific detection of ralstoniasolanacearum race 4 stains. Journal of General Plant Pathology, 70:278-283.

Mohumad TM, Sijam K. 2010. Ralstoniasolanacearum: The Bacterial Wilt Causal Agent. Asian Journal of Plant Sciences, 9(7): 385-393.

Molina L, Constantinescu F, Michel L, et al. 2003. Degradation of pathogen quorum-sensing molecules by soil bacteria: a preventive and curative biological control mechanism. FEMS Microbiol Eco, l45: 71-81.

Molina LD, Martinez MN, Melgarejo RF, et al. 2005. Molecular properties and prebiotic effect of inulin obtained from artichoke (*Cynara seolymus* L.). Phytoehemistry, 66(12): 1476-1484.

Mondy N, Duplat D, Christides I, et al. 2002. Aroma analysis of freshand preserved onions and leek by dual solid-phase microextration-liquidextraction and gas chromatography-mass spectrometry. Journal of Chromatography A, 903(1/2): 89-93.

Munns R. 2002. Comparative physiology of salt and water stress. Plant Cell and Environment, 25(2):239-250.

Muñoz-Leoz B, Ruiz-Romera E, Antigüedad I, et al. 2011. Tebuconazole application decreases soil microbial biomass and activity. Soil Biol Biochem, 43: 2176-2183.

Myresiotis CK, Karaoglanidis GS, Tzavella-Klonari K. 2007. Resistance of Botrytis cinerea isolates from vegetable crops to anilinopyrimidine, phenylpyrrole, hydroxyanilide, benzimidazole, and dicarboximide fungicide. Plant Disease, 91: 407-413.

Nagy I, Stágel A, Sasvári Z, et al. 2007. Development, characterization, and transferability to other Solanaceae of microsatellite markers in pepper (*Capsicum annuum* L.). Genome, 50(7):668-688.

Nambeesan S, AbuQamar S, Laluk K, et al. 2012. Polyamines attenuate ethylene-mediated defense responses to abrogate resistance to Botrytis cinerea in tomato. Plant Physiology, 158: 1034-1045.

Neuhauser S, Kirchmair M, Gleason F H. 2011. The ecological potentials of Phytomyxea(plasmodiophorids) in aquatic food webs. Hydrobiologia, 659(1): 23-35.

Obalum SE, Obi ME. 2010. Physical properties of a sandy loam Ultisol as affected by tillage-mulch management practices and cropping systems. Soil Till Res, 108: 30-36.

Ogg K, Leifertc K. 2000. Effects of increased intrate availability on the control of plant pathogenic fungi by the soil bacterium Bacillus subtilis. Applied Soil Ecology, 15: 227-231.

Oliveira AP, Pampulha ME, Bennett JP. 2008. A two-year field study with transgenic Bacillus thuringiensis maize: Effects on soil microorganisms. Sci Total Environ, (405) 1-3:351-357.

Ongena M, Jacques P. 2008. Bacillus lipopeptides: versatile weapons for plant disease biocontrol. Trends Microbiol, 16: 115-125.

Orion D, Kritzman G, Meyer SL, et al. 2001. A role of the gelatinous matrix in the resistance of root-knot nematode(*Meloidogyne* spp.) eggs to microorganisms. J Nematol, Dec; 33(4):203-207.

Ortega FSO. 2007. Model for predicting apple diameter by using growing degree days. Cultivar Royal Gala. Acta Hort, 584: 163-167.

Pan SG, Huang SQ, Zhai J, et al. 2012. Effect of nitrogen rate and its basal to dressing ratio on uptake, translocation of nitrogen and yield in rice. Soil, 44(1): 23-29.

Pan SG, Huang SQ, Zhai J, et al. 2012. Effects of N management on yield and N uptake of rice in central China. J Integrative Agr, 11(2):1993-2000.

Pang WX, Li XN, Choi SR, et al. 2015. Development of a leafy *Brassica rapa* fixed line collection for genetic diversity and population structure analysis. Molecular Breeding, 35: 54.

Parada L, Misteli T. 2002, Chromosome positioning in the interphase nucleus. Trends in Cell Biology, 12:425-432.

Park KS, Paul D, Yeh WH. 2006. Bacillus vallismortis EXTN-1-mediated growth promotion and disease suppression in rice.Plant Pathology Journal, 22(3): 278-282.

Peeters N, Guidot A, Vailleau F, et al. 2013. Ralstoniasolanacearum, a widespread bacterial plant pathogen in the post-genomic era. Molecular Plant Pathology, 14(7): 651-662.

Peng SB, Buresh RJ, Huang J L, et al. 2006. Strategies for overcoming low agronomic nitrogen use efficiency in irrigated rice systems in China. Field Crop Res, 96: 37-47.

Piao ZY, Ramchiary N, Lim YP. 2009. Genetics of Clubroot Resistance in Brassica Species. J Plant Growth Regul, 16: 1-13.

Pino JA, Fuentes V. 2001. Volatile constituents of Chinese chive (*Allium tuberosum* Rottl. ex Sprengel) and rakkyo (*Allium chinense* G. Don). Agric Food Chem, 49(3):1328-1330.

Piotr C, Eugeniusz K. 2011. The effect of nitrogen fertilization on radish yielding. Acta Sci Pol, Hortorum Cultus, 10(1): 23-30.

Poll J, Marhan S, Haase S, et al. 2007. Low amounts of herbivory by root-knot nematodes affect microbial community dynamics and carbon allocation in the rhizosphere. FEMS Microbiol Ecol, 62(3): 268-279.

Popeijus H, Blok VC, Cardle L, et al. 2000. Analysis of genes expressed in second stage juveniles of the potato cyst nematodes Globodera rostochiensis and Globodera pallida using the expressed sequence tag approach. Nematol, 2: 567-574.

Popeijus H, Overmars HA, Jones J, et al. 2000. Degradation of plant cell walls by nematode. Nature, 406:36-37.

Prasath D, Karthika R, Habeeba NT, et al. 2014. Comparison of the transcriptomes of Ginger (*Zingiberofficinale* Rocs.) and Mango Ginger (*Curcuma amada* Roxb.) in response to the bacterial wilt infection. PLoS One, 9(6): e99731.

Qin C, Yu C, Shen Y, et al. 2014. Whole-genome sequencing of cultivated and wild peppers provides insights into Capsicum domestication and specialization. Proc Natl Acad Sci USA, 111(14):5135-5140.

Rasool R, Kukal SS, Hira GS. 2007. Soil physical fertility and crop performance as affected by long term application of FYM and inorganic fertilizers in rice-wheat system. Soil Till Res, 96: 64-72.

Rasool R, Kukal SS, Hira GS. 2008. Soil organic carbon and physical properties as affected by long-term application of FYM and inorganic fertilizers in maize-wheat system. Soil Till Res, 101: 31-36.

Rhouma A, Triki MA, Krid S. 2010. First report of a branch dieback of olive trees in tunisia caused by a *Phoma* sp. Plant Disease, 94(5): 636.

Rich JJ, Myrold DD. 2004. Community composition and activities of denitrifying bacteria from adjacent agricultural soil, riparian soil, and creek sediment in Oregon, USA. Soil Biol Biochem, 36: 1431-1441.

Rogets JE, Leblond JD, Moncretff CA. 2006. Phylogenetic relationship of Alexandrium monilatum (Dinophyceae) to other Alexandriym species based on 18S ribosomal RNA gene sequences. Harmful Algae, 5(3):275-280.

Saha S, Gopinath KA, Mina BL, et al. 2008. Influence of continuous application of inorganic nutrients to a Maize-Wheat rotation on soil enzyme activity and grain quality in a rainfed Indian soil. Eur J Soil Biol, 44: 521-531.

Sarfraz M, Keddie AE, Dosdall LM. 2005. Biological control of diamondbackmoth, *Plutella xylostella*(L.), using parasitoids and bacteria: Areview. Biocontrol Science and Technology, 15(8):763-789.

Saxena B, Kaur R, Bhardwaj SV. 2011. Assessment of genetic diversity in cabbage cultivars using RAPD and SSR markers. Journal of Crop Science and Biotechnology, 14(3): 191-196.

Scalbert A, Manach C, Morand C, et al. 2005. Dietary polyphe-nols and the prevention of diseases. Crit Rev Food Sci Nutr, 45(4): 287.

Schneider K, Chen X, Vater J, et al. 2007. Macrolactin is the polyketide biosynthesis product of the pks2 cluster of Bacillus amyloliquefaciens FZB42. J Nat Prod, 70: 1417-1423.

Schnitzer M, McArthur DFE, Schulten HR, et al. 2006. Long-term cultivation effects on the quantity and quality of organic matter in selected Canadian prairie soils. Geoderma, 130: 141-156.

Seitzinger S. 2008. Nitrogen cycle: out of reach. Nature, 452: 162-163.

Seo KI, Moon YH, Choi Su, et al. 2001. Antibacterial activity of S-methyl methane thiosulfinate and S-methyl 2-propene-1-thiosulfinate from Chinese chive toward *Escherichia coli* O157: H7. Biosci Biotechnol Biochem, 65(4): 966-968.

Sheehy JE, Mnzava M, Cassman KG, et al. 2004. Uptake of nitrogen by rice studied with a 15N point-placement technique. Plant Soil, 259: 259-265.

Shen C, Xiong J, Zhang H, et al. 2013. Soil pH drives the spatial distribution of bacterial communities along elevation on Changbai Mountain. Soil Biol Biochem, 57: 204-211.

Shen W, Lin X, Gao N, et al. 2008. Land use intensification affects soil microbial populations, functional diversity and related suppressiveness of cucumber Fusarium wilt in China's Yangtze River Delta. Plant Soil, 306: 117-127.

Shen W, Lin X, Shi W, et al. 2010. Higher rates of nitrogen fertilization decrease soil enzyme activities, microbial functional diversity and nitrification capacity in a Chinese polytunnel greenhouse vegetable land. Plant Soil, 337: 137-150.

Shi SW, Li Y, Liu YT, et al. 2010. CH_4 and N_2O emission from rice field and mitigation options based on field measurements in China: an integration analysis. Scientia Agr Sinica (in Chinese), 43: 2923-2936.

Shi WM, Yao J, Yan F. 2009. Vegetable cultivation under greenhouse conditions leads to rapid accumulation of nutrients, acidification and salinity of soils and groundwater contamination in South-Eastern China. Nutr Cycl Agroecosyst, 83: 73-84.

Shi ZP, Guo SR, Kang YY, et al. 2005. Simulation of greenhouse muskmelon development based on growing degree days.Journal of Nanjing Agricultural University, 28(2): 129-132.(in Chinese).

Solovei I, Cavallo A, Schermelleh L, et al. 2002. Spatial preservation of nuclear chromatin architecture during three-dimensional 2fluorescence in situ hybridization (3D-FISH). Experimental Cell Research, 276: 10-23.

Song G, Zhao X, Wang SQ, et al. 2014. Nitrogen isotopic fractionation related to nitrification capacity in agricultural soils. Pedosphere, 24(2): 186-195.

Song HX, Li SX. 2003. Dynamics of nutrient accumulation in maize plant under different water and N supply conditions, Scientia Agri Sci, 36(1): 71-76.

Sood N, Baker WL, Coleman CI. 2008. Effect of glucomannan on plasma lipid and glucose concentrations, body weight, and blood pressure: systematic review and meta-analysis. Am J Clin Nutr, 88: 1167-1175.

Southwood TRE, Henderson PA. 2000. Ecological Methods (3rd edition). London: Blackwell Science, 377.

Souza JT. 2002. Distribution, Diversity, and Activity of Antibiotic-Producing *Pseudomonas* spp. The Netherl and Wageningen University.

Spann TM, Schumann AW. 2010. Mineral nutrition contributesto plant disease and pest resistance. UF/IFAS Extension, 1:1-4.

Steentoft C, Vakhrushev SY, Joshi HJ, et al. 2013. Precision mapping of the human O-GalNAc glycoproteome through SimpleCell technology. EMBO J, 32: 1478-1488.

Suzuki K, Kuroda T, Miura Y, et al. 2003. Screening and Weld traits of virus resistant source in *Capsicum* spp. Plant Dis, 87:779-783.

Tang HY, Yan D, Zhang SF, et al. 2010. Agglutinated activity bioassay method for the determination of antivirus potency of banlanggen granula. Acta Pharmacol Sin, 45, 479-483.

Tang L, Zhu Y, Liu TM, et al. 2008.A process-based model for simulating phenological development in rapeseed. Scientia Agricultura Sinica, 41(8): 2493-2498. (in Chinese)

The Ministry of Agriculture of China. 2011. China agriculture statistical. Beijing: China Agriculture Press.

Tian Y, Zhang X, Wang J, et al. 2013. Soil microbial communities associated with the rhizosphere of cucumber under different summer cover crops and residue management: A 4-year field experiment. Sci Hortic, 150: 100-109.

Tohnishi M, Nakao K,Furuya T, et al. 2005. Flubendiamide, a novelinsecticide high activity against Lepidoptera insect pests. J Pestic Sci, (30): 354-360.

Toth IK, Bell KS, Holeva MC, et al. 2003. Soft rotErwiniae: from genes to genomes. Mol Plant Pathol, 4: 17-30.

Tsuchiya K. 2014. Genetic diversity of Ralstoniasolanacearum and disease management strategy. Journal of General Plant Pathology, 80(6): 504-509.

Tumer M, Jauneau A, Genin S, et al. 2009. Dissection of bacterial wilt on medicagotruncatula revealed two type III secretion system effectors acting on root infection process and disease development. Plant Physiology, 150(4):1713-1722.

Villanueva RT,Walgenbach J. 2006. Acaricidal properties of spinosadagainst *Tetranychus urticae* and *Panonychus ulmi* (Acari: Tetranychidae). J Econ Entomol, 99(3): 843-849.

Vineela C, Wani SP, Srinivasarao CH, et al. 2008. Microbial properties of soils as affected by cropping and nutrient management practices in several long-term manurial experiments in the semi-arid tropics of India. Appl.Soil Ecol, 40, 165-173.

Voorrips RE. 2002. MapChart: Software for the graphical presentation of linkage maps and QTLs. J Hered, 93(1): 77-78.

Wachstum WVSA, Rettich EUSV. 2002. Effect of nitrogen fertilization on growth, yield and nitrogen content of radishes. Gartenbauwissenschaft, 67(1):23-27.

Wang BL, Deng JY, Zeng GW. 2003. Effects of low temperature pretreatment of germinated seeds on floral bud differentiation and plant growth in radish(*Raphanus sativus* L). Journal of Zhejiang University, 9 (5):504-508. (in Chinese)

Wang DM, Jiang LZ, Zhao XY. 2012. Effect of blanching on p-carotene degradation of cabbages during drying. Advanced Materials Research, (396-398): 1297-1301.

Wang HY, Hu KL, Li BG, et al. 2011. Analysis of water and nitrogen use efficiencies and their environmental impact under different water and nitrogen management practices. Scientia Agr Sinica, 44, 2701-2710. (in Chinese)

Wang J, Gai J. 2001. Mixed inheritance model for resistance to agromyzid beanfly (*Melanagromyza sojae* Zehntner) in soybean. Euphytica, 122:9-18.

Wang J, Wang J, Zhu L, et al. 2000. Major-polygene effect analysis of resistance to bacterial blight (*Xanthomonascampestris* pv. *orzae*) in Rice. Acta Genetica Sinica, 27(1): 34-38

Wang JC, Ma FY, Feng SL, et al. 2008. simulation model for the development stages of processing tomato based on physiological development time. Chinese Journal of Applied Ecology, Jul; 19(7): 1544-1550. (in Chinese)

Wang LZ, He QW. 2005. Chinese radish. Beijing: Science and Technology Press.

Wang Q, Chen H, Li HW, et al. 2009. Controlled traffic farming with no tillage for improved fallow water storage and crop yield on the Chinese Loess Plateau. Soil Till Res, 104: 192-197.

Wang QF, Yuan WL, Gan CX, et al. 2013. Effects of nitrogen application on yield and nitrogen uptake and utilization of radish. J Anhui Agri Sci, 41(20): 8580-8582.

Wang R, Zhang M, Mujumdar AS. 2010. Effects of vacuum and microwave freeze drying on microstructure and quality of potato slices. Journal of Food Engineering, (2): 131-139.

Wang S, Basten CJ, Gaffney P, et al. 2004. Windows QTL Cartographer version2.0. Statistical Genetics, North Carolina State University, Raleigh, North Carolina, USA.

Wang SF, Xu WL, He QW, et al. 2003. Effect of vernalization on bolting and bolting radish process　Changes in the content of GA3 and IAA. Shandong Agricultural Sciences, (6): 20-21. (in Chinese)

Waters CM, Bassler BL. 2005. Quorum sensing: cell-to-cell communication in bacteria. Annu Rev Cell Dev Biol, 21: 319-346.

Wei YY, Mao SB, Tu K. 2014. Effect of preharvest spraying *Cryptococcus laurentii* on postharvest decay and quality of strawberry. Biological Control, 73: 68-74.

Williams KJ, Taylor SP, Bogacki P, et al. 2002. Mapping of the root lesion nematode (*Pratylenchus neglectus*) resistance gene Rlnn1 in Wheat. Theor Appl Genet, 104: 874-879.

Wilson MJ, Jackson TA. 2013. Progress in the commercialisation of bionematicides. Biocontrol, 58(6): 715-722.

Won KH, Akira M, Masakol A. 2005. Suppressive effects and ginger constituents on reactive oxygen and nitrogen species generation, and the expression of inducible pro-inflammatory genes in macrophages. Antioxidants & redox signaling, 7(12): 1621-1629.

Wopereis PMM, Watanabe H, Moreira J, et al. 2002. Effect of later nitrogen application on rice yield, grain quality and profitability in the Senegal River valley. Euro J Argon, 17: 191-198.

Wu LK, Li ZF, Li J, et al. 2013. Assessment of shifts in microbial community structure and catabolic diversity in response to Rehmannia glutinosa monoculture. Appl Soil Ecol, 67: 1-9.

Wu WG, Zhang SH, Zhao JJ, et al. 2007. Nitrogen uptake, utilization and rice yield in the north rimland of double-cropping rice region as affected by different nitrogen management strategies. Plant Nutr Fert Sci 13(5): 757-764.

Xiao H, He D, Xu YJ, 2008. Analysis and comparison of the amino acids in six varieties of Purple-Caitai. Amino Acids & Biotic Resources, 30(4): 59-62.

Xu CL, Wang ZL, Yin YP, et al. 2013. Effect of shading on nitrogen accumulation and translocation of winter wheat with different spike types using ^{15}N tracer technique. Plant Nutr Fert Sci, 19(1): 1-10.

Yan J, Yin B, Zhang S L, et al. 2008. Effect of nitrogen application rate on nitrogen uptake and distribution in rice. Plant Nutr Fert Sci, 14(5): 835- 839.

Yan L, Luo L, Feng Z, et al. 2009. Analysis on mixed major gene and polygene inheritance of parthenocarpy in monoecious cucumber (*Cucumissativus* L.). Acta Botanica Boreali-Occidentalia Sinica, 29(6): 1122-1126. (in Chinese)

Yan MC, Cao WX, Li CD, et al. 2000. Validation and evaluation of a mechanistic model phasic and phenological development of wheat. Scientia Agricultura Sinica, 33(2): 43-50. (in Chinese)

Yan MC, Cao WX, Luo WH, et al. 2000. A mechanistic model of phasic and phonological development of wheat. I. Assumption and description of the model. Chinese Journal of Applied Ecology, 11(3): 355-359. (in Chinese)

Yan Y, Smant G, Davis E. 2001. Functional screening yields a new beta-1,4-endoglucanase gene from *Heterodera glycines* that may be the product of recent gene duplication. Mol Plant Microbe Interact, 14:63-71.

Yang GZ, Chu KY, Tang HY, et al. 2013. Fertilizer ^{15}N accumulation, recovery and distribution in cotton plant as affected by N rate and split. J Integrative Agr, 12(6):999-1007.

Yang JH, Liu HX, Zhu GM, et al. 2008. Diversity analysis of antagonists from rice associated bacteria and their application in biocontrol of rice diseases. J of App Mcrobiol, 104 (1): 91-104.

Yang XM, Drury CF, Reynolds WD, et al. 2008. Impacts of long-term and recently imposed tillage practices on the vertical distribution of soil organic carbon. Soil Till Res, 100: 120-124.

Yang ZQ, Huang HJ, Jin ZF, et al. 2011. Development and validation of a photo-thermal effectiveness based simulation model for development of *Myrica rubra*. Acta Horticulturae Sinica, 38(7):1259-1266. (in Chinese)

Yao H, Jiao X, Wu F. 2006. Effects of continuous cucumber cropping and alternative rotations under protected cultivation on soil microbial community diversity. Plant Soil, 284: 195-203.

Yao M, Wang F, Ye Z. 2009. Subgroup identification and strain analysis of the cucumber mosaic virus infecting pepper plant in Hubei Province. J Huazhong Agricultural University, 28(4): 472-475 (in Chinese)

Yin YX, Guo WL, Zhang YL, et al. 2014. Cloning and characterisation of a pepper aquaporin, CaAQP, which reduces chilling stress in transgenic tobacco plants. Plant Cell Tissue and Organ Culture, 118(3):431-444.

Yin YX, Wang SB, Xiao HJ, et al. 2014. Overexpression of the CaTIP1-1 pepper gene in tobacco enhances resistance to osmotic stresses. Int J Mol Sci, 15(11): 20101-20116.

Yu C, Hu XM, Deng W, et al. 2015. Changes in soil microbial community structure and functional diversity in the rhizosphere surrounding mulberry subjected to long-term fertilization. Appl Soil Ecol, 86: 30-40.

Yu X, Kong Q, Wang Y. 2000. Inheritance of resistance to cucumber mosaic virus pepper isolate (CMV-P) in *Capsicum annum* L. J Shenyang Agricultural University, 31(2):169-171. (in Chinese)

Yuan WL, Yuan SY, Wang QF, et al. 2014. Effect of different amount of N-Fertilizers on Growth, Root Yield and Nitrate Content of White Radishes in Southern China. J. Food, Agri.& Environ, 12(1): 302-304.

Zhang CF, Chen KS, Wang GL. 2013. Combination of the biocontrol yeast *Cryptococcus laurentii* with UV-C treatment for control of postharvest diseases of tomato fruit. Biocontrol, 58: 269-281.

Zhang GL, Ren TZ, Li ZH, et al. 2009. Effects of nitrogen fertilization on nitrate content of radish (*Raphanus sativus* L.) and soil nitrate leaching. Plant Nutr Fert Sci, 15(4): 877-883.

Zhang HY, Wang H, Guo SG, et al. 2012. Identification and validation of a core set of microsatellite markers for genetic diversity analysis in watermelon, Citrullus lanatus Thunb. Matsum. & Nakai. Euphytica, 186: 329-342.

Zhang J, Blackmer AM, Kyveryga PM, et al. 2008. Fertilizer-induced advances in corn growth stage and quantitative definitions of nitrogen deficiencies. Pedosphere, 18(1):60-68.

Zhang JH, Liu JL, Zhang JB, et al. 2013. Nitrate-nitrogen dynamics and nitrogen budgets in rice-wheat rotations in Taihu Lake region, China. Pedosphere, 23(1): 59-69.

Zhang L, Ruan L, Hu C, et al. 2007. Fusion of the genes for AHL-lactonase and S-layer protein in Bacillus thuringiensis increases its ability to inhibit soft rot caused by *Erwinia carotovora*. Appl Microbiol Biotechnol, 74: 667-675.

Zhang X, Cao Y, Tian Y, et al. 2014. Short-term compost application increases rhizosphere soil carbon mineralization and stimulates root growth in long-term continuously cropped cucumber. Sci Hortic, 175, 269-277.

Zhang Y, Gai J. 2000. Identification of two major genes plus polygenes mixed inheritance model of quantitative trait in B1 and B2, and F2. Journal of Biomathematics, 15(3): 358-366.

Zhang Y, Zhang X, Liu X, et al. 2007. Microarray-based analysis of changes in diversity of microbial genes involved in organic carbon decomposition following land use/cover changes. Fems Microbiol Lett, 266: 144-151.

Zhang YM, Ding, YF, Liu ZH, et al. 2010. Effects of panicle nitrogen fertilization on non-structural carbohydrate and grain filling in indica rice. Agr Sci China, 9:1630-1640.

Zhao SJ, Li CS, Wang YJ, et al. 2014. Soil nutrient characteristics under different cropping patterns on upland in southwest Hubei province. Hubei Agricul Sci, 53: 5968-5971. (in Chinese)

Zhao SJ, Li CS, Qiu ZM, et al. 2012. The investigation of Enshi city on high mountain vegetable fertilization and continuous cropping cituation. China Vegetables, 22: 1-6. (in Chinese)

Zhao Y, Tong YA, Zhao HB, et al. 2006. Effects of different N rates on nutrients accumulation, transformation and yield of summer maize, Plant Nutr Fert Sci, 12(5): 622-627.

Zhao ZZ, Shuo Q, Wang K, et al. 2010. Study of the antifungal activity of Bacillus vallismortis ZZ185 in vitro and identification of its antifungal components. Bioresource Technology, 101(1): 292-297.

Zhen SX, Liu DL, Nie J, et al. 2004. Fate and recovery efficiency of controlled release nitrogen fertilizer in flooding paddy soil. Plant Nutr Fert Sci, 10(2): 137-142.

Zhong WH, Cai ZC. 2007. Long-term effects of inorganic fertilizers on microbial biomass and community functional diversity in a paddy soil derived from quaternary red clay. Appl Soil Ecol, 36: 84-91.

Zou X. 2005. Studies on inheritance of main quantitative characters and relative mechanism of male sterility in Capsicum. Doctorate dissertation, Nanjing Agricultural University. (in Chinese)

致 谢

衷心感谢专家同行对本书编著给予的无私帮助，谨此致谢：

蔬菜产业技术体系专家

方智远	杜永臣	李天来	孙日飞	邹学校	郁继华	李崇光	喻景权	李跃建	侯喜林
谢丙炎	李宝聚	叶志彪	刘 勇	戴雄泽	田时炳	吕中华	张其安	侯 栋	苏裕源
巫东堂	王 勇	黄如蔡	王永建	王玉海	程永安	袁远国	李 莉	谢 华	代安国
赵利民	江和明	钟 利							

高山蔬菜技术团队成员

姚明华	郭凤领	戴照义	朱凤娟	梅时勇	吴金平	聂启军	邓晓辉	李金泉	袁伟玲
陈磊夫	矫振彪	焦忠久	杨自文	赵书军	闵 勇	胡洪涛	符家平	王运强	刘志雄
李 宁	王 飞	尹延旭	崔 磊	甘彩霞	杨妮娜	王开梅	黄大野	刘晓艳	龙 同
王兴国	刘可群	侣国涵	李鹏程	董斌峰	何建军	陈学玲	尹延旭	曹春霞	万中义
於校青	朱礼君	龚 瑜							

其他相关研究人员

王天文	陶伟林	向极钎	何文远	孟祥生	袁家富	江爱兵	张莉会	俞静芬	艾永兰
鲍 锐	蔡建华	蔡 沙	陈洪波	陈 鑫	程晓辉	高慧敏	龚亚菊	韩玉萍	李俊丽
胡 燕	康孟利	黎志彬	李车书	李 芳	李 京	廖先清	凌建刚	罗业文	梅 新
孟翠丽	彭成林	隋 勇	谭亚华	唐 丽	田宇曦	王黎松	王荣堂	吴大椿	吴丽艳
向希才	肖玮珏	幸晶晶	熊光权	徐大兵	阳 威	杨 德	杨文刚	杨 义	杨再辉
叶 进	叶良阶	余阳俊	张恩慧	张静柏	张 薇	张亚妮	张志刚	周利琳	周守华
周 婷	朱 麟	朱志刚	徐祥玉						